The 쉬운

소방관계법규

전국소방대학연구소(조동훈)

화수목

머리말

안녕하십니까?

어느덧 필자가 소방세계에 입문한지 어언 30년이 넘었으며, 부족하지만 그 경험을 토대로 소방의 발전이 아직 미약한 국내에서 운 좋게 많은 소방학 교재를 출간하게 되었습니다.

필자의 소방학 서적들이 많은 부족함에도 불구하고 출간한 서적마다 뜨거운 성원과 격려를 보내주신 점에 대해 커다란 영광으로 생각합니다.

과거에 법학(法學)도 전공했던 필자는 지난 1990년대부터 대학, 자격증, 소방공무원쪽으로 집필하였으나 딱딱한 법규과목을 조금 The 쉽게 학습할 수 있도록 다음과 같이 구성하였습니다.

1 **"같은 내용의 조항끼리"** 법과 시행령, 시행규칙을 조합하여 이해하기 쉽고, 관련 조항을 찾는 시간을 줄였으며,

2 어느 시험이든 자주 출제되는 주요 내용을 각 편수 서두에 **요점을 정리**하여 학습하기 쉽도록 편집(**고딕체 등**)하였으며, 원문에 **각 소방법령**의 서식을 제외하고 싣도록 하였습니다.

3 원문에는 법제처의 법령 원문과 함께 과거에 자주 출제되었던 과년도 소방공무원 임용시험과 과년도 소방설비(산업)기사를 비롯한 소방관계시험의 **중요도를 선별하여 법조항 또는 문장의 단어에 밑줄로서 선별**하였습니다.

4 **소방공무원 임용, 소방설비(산업)기사, 소방시설관리사, "어느 수험서 못지않은 국내 최고의 교재"**로서 최선을 다했습니다.

필 자 올림

차례

CONTENTS

차례

CONTENTS

제2편 화재의 예방 및 안전관리에 관한 법률(핵심) p28

제2편 화재의 예방 및 안전관리에 관한 법률(원문)

차례

CONTENTS

제3편 소방시설설치 및 관리에 관한 법률(핵심) p46

제3편 소방시설설치 및 관리에 관한 법률(원문)

차례

CONTENTS

제4편 소방시설공사업법(핵심) p26

제4편 소방시설공사업법(원문)

차례

CONTENTS

제5편 위험물안전관리법(핵 심) p42

제5편 위험물안전관리법(원 문)

차례

CONTENTS

제6편 소방의 화재조사에 관한 법률(핵심) p8

제6편 소방의 화재조사에 관한 법률(원문)

부록 다중이용업법, 최근기출문제, 암기(단축기억)법

01 소방학 도해(圖解)개념 학습

시·도(시도지사)
소방본부장·소방서장(소방관을 칭함)

관계인
관리자(+소유자+점유자)

소방시설
소화·경보·피난·소화용수·소화활동설비 5가지

지하가
지하상가+터널(상점)

방염대상물
다중이용업소+종교·노유자·운동·수련·병원 등

특정소방대상물
소방안전관리대상물(특급·1급·2급·3급)

종합정밀점검
작동기능점검

소방기술자
자격수첩+소방기술사 등 8개 자격증

위험물취급자격자
위험물자격자(위험물기능장·산업기사·기능사 3개)

소방청장
시·도지사

소방
소화+훈련+교육+조사+방염 등

비상경보
비상벨+자동식사이렌설비

인명구조기구
방열복·방화복+공기호흡기

소방대상물
특정소방대상물

소방대상물(1법2조)
특정소방대상물(2법2조)
소방안전관리대상물 → [특급 1~3]

소방시설업(4개업체)
소방시설설계업+공사업+감리업+방염업

"위험물제조소등"
위험물제조소+저장소+취급소

위험물저장 및 처리서설(고체·액체·기체를 취급)
위험물제조소등(고·액체)

• REFERENCE

☎ 하버드 대학교 도서관에 붙어있는 "名文 30訓" 중에서~

01. 지금 잠을 자면 꿈을 꾸지만 지금 공부하면 꿈을 이룬다.
♪ Sleep now, you will be dreaming, Study now, you will be achieving your dream.
02. 내가 헛되이 보낸 오늘은 어제 죽은 이가 갈망하던 내일이다.
♪Today that you wasted is the tomorrow that a dying person wished to live.
03. 늦었다고 생각했을 때가 가장 빠른 때이다.
♪When you think you are slow, you are faster than ever.
04. 오늘 할 일을 내일로 미루지 마라. ♪ Don't postpone today's work to tomorrow.
05. 공부할 때의 고통은 잠깐이지만 못 배운 고통은 평생이다.
♪The pain of study is only for a moment,but the pain of not having studied is forever.
06. 공부는 시간이 부족한 것이 아니라 노력이 부족한 것이다
♪In study, it's not the lack of time, but lack of effort.
07. 행복은 성적순이 아닐지 몰라도 성공은 성적순이다
♪Happiness is not proportional to the academic achievement, but sucess is.
08. 공부가 인생의 전부는 아니다. 그러나 인생의 전부도 아닌 공부 하나도 정복하지 못한다면 과연 무슨 일을 할 수 있겠는가.
09. 피할 수 없는 고통은 즐겨라 ♪You might as well enjoy the pain that you can not avoid.
10. 남보다 더 일찍 더 부지런히 노력해야 성공을 맛 볼 수 있다.
♪To taste success, you shall be earlier and more diligent.
11. 성공은 아무나 하는 것이 아니다. 철저한 자기 관리와 노력에서 비롯된다.
12. 시간은 멈추지 않고 간다. ♪The time never stops.
13. 지금 흘린 침은 내일 흘릴 눈물이 된다.
14. 개같이 공부해서 정승같이 놀자. ♪Study like a dog and play like a premier.
15. 최고를 추구하라. 최대한 노력하라. 최초에는 최고를 위한 최대의 노력을 위해 기도하라.
16. 미래에 투자하는 사람은 현실에 충실한 사람이다.
♪A person who invest in tomorrow, is the person who is faithful to today.
17. 학벌이 돈이다. ♪The academic clique is money itself.
18. 오늘 보낸 하루는 내일 다시 돌아오지 않는다. ♪Today never returns again tomorrow.
19. 지금 이 순간 적들의 책장은 넘어가고 있다.
20. 고통이 없으면 얻는 것도 없다. ♪No pains No gains.
21. 꿈이 바로 앞에 있는데 당신은 왜 팔을 뻗지 않는가.
22. 눈이 감긴다면, 미래를 향한 눈도 감긴다.
♪If you close your eyes to the present, the eyes for the future close as well.
23. 졸지 말고 자라. ♪Sleep instead of dozing. 성적은 투자한 시간의 절대량에 비례한다.
24. 가장 위대한 일은 남들이 자고 있을 때 이뤄진다. 불가능이란 노력하지 않는 자의 변명이다.
25. 지금 헛되이 보내는 이 시간이 시험을 코앞에 둔 시점에서 얼마나 절실하게 느껴지겠는가.
26. 노력의 대가는 이유 없이 사라지지 않는다. 오늘 걷지 않으면 내일은 뛰어야 한다.

- 이하 생략 -

(* 짝수 홀수페이지를 위해 삽입함.)

02 소방법령(6법) 벌칙 구분

소방기본법(1법)

- 5년 이하 징역 또는 5천만 원 이하 벌금
  1. 소방자동차의 출동을 방해한 사람
  2. 사람구출 등 소방활동을 방해한 사람
  3. 소방용수, 비상소화장치 효용·사용 방해자
  4. 현장에 출동한 소방대의 활동을 방해한 자

- 3년 이하 징역, 3천만 원 이하 벌금
  1. 제25조 1항(강제처분)을 방해한 사람 등

- 300만 원 이하 벌금
  1. 제25조 2,3항의 강제처분을 방해한 사람 등

- 100만 원 이하 벌금
  1. 생활안전활동 방해자 / 2. 피난명령 위반자
  3. 사람구출 등, 소방활동을 하지 않은 관계인
  3. 수도개폐 방해자 / 4. 가스·전기 등 차단, 조치

- 500만 원 이하 과태료 :
  ① 화재·구조 등 허위신고자
  ② 화재 등 위급한 재난발생시 신고를 아니한 관계인

- 200만 원 이하 과태료
  ① 한국119청소년단, 한국소방안전원 유사명칭 사용자
  ② 소방자동차의 (사이렌) 출동에 지장을 준 자
  ③ 소방활동구역 출입을 위반한 사람.

- 100만 원 이하 과태료
  1. 전용구역에 차를 주차, 진입 가로막는 행위자

- 20만 원 이하 과태료
  1. 불의 사용 및 화재로 오인할만한 연막소독 을 미신고로서 소방차출동을 하게 한 자

화재예방법(2법)

- 3년 이하 징역 또는 3천만 원 이하 벌금
  1. 화재안전조사에 따른 조치명령 등 위반한 자
  2. 소방안전관리자 선임명령, 업무명령을 위반한 자
  3. 화재예방진단결과 보수·보강 조치명령위반 자
  4. 거짓, 부정한 방법 화재예방진단기관 지정받은자

- 1년 이하 징역 또는 1천만 원 이하 벌금
  1. 화재안전조사시 관계인 업무를 방해, 비밀누설자
  2. 소방안전관리자 자격증 대여 이를 알선한 자
  3. 화재예방진단기관으로부터 진단받지 아니한 자

- 300만 원 이하 벌금
  1. 화재안전조사를 거부·방해·기피한 자
  2. 화재예방조치 명령을 따르지 않거나 방해한 자
  3. 소방안전관리(보조, 총괄)자, 선임하지 아니한 자
  4. 소방시설 위법에 서로 필요조치를 위반한 소방안전관리자(요구)와 관계인(불이익)
  5. 화재예방진단 또는 위탁업무종사자 비밀 누설자

- 300만 원 이하 과태료(2법) :
  ① 정당한 사유 없이 화재의 예방조치에 위반행위를 한 자
  ② 다른 안전관리자가 위법으로 소방안전관리자를 겸한 자
  ③ 안전관리업무 아니한 자(건설현장 포함) 및 관계인(지도·감독)
  ④ 근무자등에게 정기적 피난유도 안내정보를 제공하지 아니한 관계인
  ⑤ 근무자등에게 소방훈련(소화·피난·통보), 교육 하지아니한 관계인
  ⑥ 화재예방안전진단 결과를 제출하지 아니한 안전원 또는 진단기관.

- 200만 원 이하 과태료(2법) :
  ① 불을 사용시 지켜야 하는 사항 및 특수가연물 저장·취급 위반자
  ② 화재예방강화지구 소방설비등의 설치 명령을 따르지 아니한 자
  ③ 안전관리자를 기간 내에 선임신고 않거나 성명 게시하지 아니한 자
  ④ 건설현장 소방안전관리자를 기간 내에 선임신고를 하지 아니한 자
  ⑤ 근무자등의 소방훈련, 교육 결과를 30일 내에 제출하지 아니한 자

- 100만 원 이하 과태료(2법) :
  ① 실무교육을 받지 아니한 소방안전관리(보조)자

소방시설법(3법)

- 5년 이하 징역 또는 5천만 원 이하 벌금(3법)
  1. 소방시설에 폐쇄·차단 등의 행위를 한 사람
     (* 상해: 7년징역, 7천만 /사망: 10년징역, 1억원)

- 3년 이하 징역 또는 3천만 원 이하 벌금
  1. 소방시설관리업 등록없이(무허가) 영업을 한자
  2. 각종 조치명령 등 위반자 / 3. 각종 소방용품 법령 위반자

- 1년 이하 징역 또는 1천만 원 이하 벌금
  1. 소방용품 형식승인 변경승인, 성능인증 변경인증 받지 아니한 자
  2. 소방용품(제품검사·성능인증·우수품질인증)을 합격표시, 위·변조자
  3. 관리업자, 관리사 대여, 알선자, 이중취업자, 정지기간 중 업무한 자
  4. 출입·검사 업무자가 감독업무 시 관계인의 업무방해나 비밀누설자
  5. 자체점검 미실시, 관리업자 등으로 하여금 정기점검을 미실시한 자

- 300만 원 이하 벌금
  1. 성능위주평가단, 위탁업무종사자가 업무 수행 시 비밀 누설자
  2. 방염성능검사 불합격물품에 합격표시 하거나 위조·변조 사용자
  3. 방염업자가 방염성능검사를 위반하여 거짓 시료를 제출한 자
  4. 자체점검결과 중대위반사항 필요조치를 아니한 관계인, 관리업자

- 300만 원 이하 과태료 :
  ① 화재안전기준에 따라 소방시설을 설치·관리지 아니한 자
  ② 임시소방시설을 공사현장에 설치·관리하지 아니한 자
  ③ 피난·방화시설, 방화구획의 폐쇄·훼손·변경 등 행위를 한 자
  ④ 방염대상물품 설치위반자, 각종 신고 업무를 않거나 거짓한 자
  ⑤ 감독명령시 거짓보고, 자료제출 않거나, 조사검사를 거·방·기한 자.
  ⑥ '자체점검'에 관련된 각종 위반자.
  ⑦ '관리업자'에 관련된 각종 위반자.

(* 과태료는 그 순서를 동그라미 번호 ①②③④로 표기함.)

<table>
<tr><th>소방시설공사업법(4법)</th><th>위험물안전관리법(5법)</th></tr>
<tr><td>
- 3년 이하 징역, 3천만 원 이하 벌금
1. 소방시설업 등록없이 영업을 한 자

- 1년 이하 징역, 1천만 원 이하 벌금
1. 영업정지기간 중에 영업을 한 자
2. 화재안전기준 위반한 설계, 시공한 자
3. 공사감리자 지정하지 아니한 자(관계인)
4. 감리결과 통보, 결과보고서를 거짓제출자
5. 도급기준 위반한 자(시설업자 아닌 자에게)
6. 규정을 위반, 제3자에게 하도급한 자(도급인)
7. 소방기술자의 법과 명령 위반된 업무수행자

- 300만 원 이하 벌금
1. 다른 자에게 자기 성명·상호를 사용하여 수급·시공하게 하거나 소방시설 등록증·등록수첩을 대여한자나 자격수첩·경력수첩을 빌려준 자
2. 공사현장에 감리원 배치하지 아니한 감리업자
3. 감리업자의 보완요구에 따르지 아니한 공사업자
4. 공사감리계약을 해지하거나, 대가 지급을 거부하거나 지연시키거나 불이익 준 자.(관계인)
5. 소방시설공사를 다른 업종의 공사와 분리하여 도급하지 아니한 자.(관계인)
6. 동시에 둘이상 업체 취업한 자.(소방기술자)
7. 출입·검사공무원 관계인 업무방해, 비밀누설자

- 100만 원 이하 벌금
1. 소방청장의 명령을 위반하여 보고·자료제출 하지 않거나 거짓으로 한 자.(관계인)
2. 관계공무원 출입, 검사·조사를 "거·방·기"한 자

- 200만 원 이하 과태료
① 등록변경·지위승계·착공(변경)·공사감리자 지정 신고를 하지 않거나 거짓으로 한 자.(관계인)
② 관계인에게 지위승계, 행정처분, 휴업·폐업을 알리지 않거나 거짓으로 알린 자.(시설업자)
③ 하자보수기간동안 서류 미보관자(시설업자)
④ 소방기술자를 공사현장에 미배치자(공사업자)
⑤ 소방시설 완공검사를 받지 아니한 자(공사업자)
⑥ 3일 내에 하자보수를 않거나 하자보수계획을 관계인에게 거짓으로 알린 자.(공사업자)
⑦ 감리 관계서류를 인수·인계하지 아니한 자
⑧ 감리원 배치통보, 변경통보 위반자
⑨ 방염성능기준 미만으로 방염을 한 자
⑩ 도급계약 체결시 의무 미이행자
⑪ 하도급 통지를 하지아니 한 자
⑫ 공사대금 지급보증, 담보제공, 보험료 미지급자
⑬ 시공(사업수행)능력평가 서류 거짓, 위조변조자
⑭ 시,본,서장 명령을 위반, 자료제출 거짓한 자.
</td><td>
- 1년 이상 징역 10년 이하 징역:
1. 위험물을 (고의로)유출, 방출, 확산시킨 자(인체에 상해에 이르면 무기 또는 3년, 사망이면 무기 또는 5년 이상의 징역)

- 7년 이하 금고 또는 7천만 원 이하 벌금:
1. 업무상 과실로 위험물을 유출, 방출, 확산한 자(사상에 이르면 10년 이하의 징역 또는 금고나 1억 원 이하의 벌금.)

- 5년 이하 징역 또는 1억 원 이하 벌금
1. 제조소등의 설치허가를 받지 아니한 자

- 3년 이하 징역 또는 3천만 원 이하 벌금
1. 제조소등이 아닌 장소에서 위험물을 저장·취급 자

- 1년 이하 징역 또는 1천만 원 이하 벌금
1. 탱크시험자로 등록하지 아니하고 업무를 한 자
2. 정기점검을 하지 않거나 점검기록 허위작성자
3. 정기검사를 받지 않거나 자체소방대를 두지 아니하고 허가를 받은 관계인
4. 운반용기 검사를 받지 않고 사용, 유통시킨 자
5. 출입검사 관계공무원의 명령에 대한 보고·자료제출하지 않거나 허위 보고·제출한 자, 출입·검사 또는 수거를 거부·방해·기피한 자
6. 제조소등에 긴급 사용정지·제한명령을 위반한 자

- 1천 5백만 원 이하의 벌금
1. 위험물의 저장·취급에 관한 중요기준을 따르지 않는 자
2. 변경허가를 받지 않고 제조소등을 변경한 자
3. 완공검사를 받지 않고 위험물을 저장·취급한 자
4. 각종 명령(6가지)을 위반한 자
5. 제조소 위치·구조·설비의 수리·개조·이전의 명령에 따르지 아니한 자
6. 위험물안전관리자 선임 및 대리자를 지정하지 않고 허가받은 관계인
7. 탱크안전성능시험, 점검업무를 허위, 그 결과 증명서류 허위 교부자
8. 예방규정 제출하지 않거나 변경명령을 따르지 않은 자로 허가받은 자
9. 이동탱크저장소 정지지시를 거부, 국가기술자격증·교육수료증 신원 확인의 증명서 제시요구, 신원확인 위한 질문에 응하지 아니한 자
10. 탱크시험자에 감독명령에 따르지 아니한 자, 관계공무원 명령 위반하여 (허위)보고, 자료제출 않거나 출입, 조사·검사를 거·방·기한 자.

- 1천만 원 이하 벌금
1. 위험물 취급에 관한 안전관리와 감독하지 않은 자
2. 안전관리자나 그 대리자가 참여하지 않고 위험물을 취급한 자
3. 변경한 예방규정을 제출하지 않고 제조소등 허가받은 자(관계인)
4. 위험물의 운반에 관한 중요기준을 따르지 아니한 자
5. 자격요건, 교육미수료자 등인 위험물 운반자나 운송자
6. 출입·검사시 관계인의 업무를 방해하거나 비밀을 누설한 자(공무원)

- 500만 원 이하 과태료
① 위험물의 임시저장 승인(90일 이내)을 받지 아니한 자
② 위험물 저장·취급·운반의 세부기준을 위반한 자
③ 각종 신고(7가지)를 주로 기간 이내에 하지 않거나 허위로 한 자
④ 정기점검결과를 기록·보존 않거나 그 결과를 제출하지 아니한 자,
⑤ 위험물 운송에 관한 기준 또는 예방규정을 준수하지 아니한 자
⑥ 제조소등에서 흡연자, 금연구역 관련 시정명령을 따르지 아니한 자
</td></tr>
<tr><td>화재조사법(6법)</td><td>
• 300만 원 이하 벌금- 화재현장 물건이동 / 비밀누설자 / 화재조사관 출입 또는 증거물수집 거방기한 자,
• 200만 원 이하 과태료- 허가없이 통제구역 출입자 / 자료제출 거짓한 자 / 출석 거부나 거짓 진술자.
</td></tr>
</table>

소/방/관/계/법/규

☞ 본서의 개정된 법령 날짜.(타법 관계개정 포함)

1편 소방기본법 : 2025년 6월 20일까지 개정 법령으로 수정함.

2편 화재의 예방 및 안전관리에 관한 법률: 26년 1월 2일 개정됨.

3편 소방시설 설치 및 관리에 관한 법률: 2025년 12월 1일까지 수정함.

4편 소방시설공사업법: 2025년 12월 31일까지 개정된 법령에 의해 수정됨.

5편 위험물안전관리법: 2025년 8월 05일까지 개정된 법령에 의하여 수정됨.

6편 소방의 화재조사에 관한 법률: 2024년 12월 20일까지 개정된 법으로 수정함.

제 1 편

소방기본법(주내용)

p22

■ 각 부서별 전화 및 국민신문고 메일로 가능

① 기본법 법령 질문: 대응총괄과 044-205-7562 외 국민신문고 메일
② 화재의 예방 및 안전관리에 관한 법률: 화재예방총괄과. 044-205-7442
③ 소방시설 설치 및 관리에 관한 법률: 소방청(소방분석제도과) 044-205-7546
④ 소방시설공사업법: 소방청(소방산업과) 044-205-7507 외 국민신문고 메일 가능
⑤ 위험물안전관리법: 소방청(위험물안전과) 044-205-7488 외 국민신문고 메일 가능
⑥ 소방의 화재조사에 관한 법률: 소방청(화재대응조사과) 044-205-7475 외 메일 가능

1법 소방기본법 구성이론

법의 단계 개념 (※ 소방법: 특별법)

직위 단계 개념

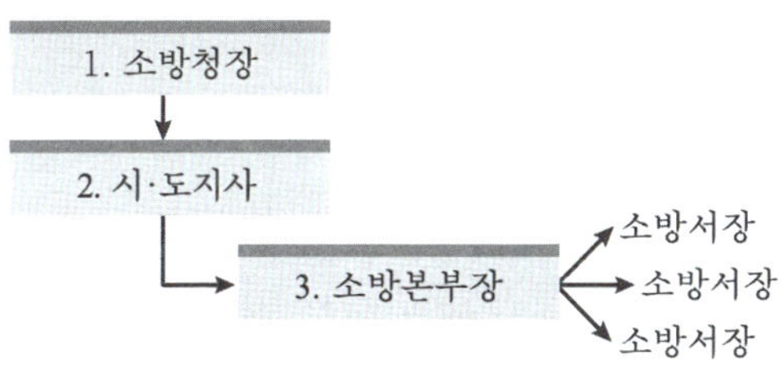

- 소방청장: 중앙의 소방업무책임자
- 시·도지사: 지방자치단체 책임자
- 소방본부장: 소방서장 지휘 감독
- 소방서장: 시·군·구의 소방업무

- 소방법령에서 공무원은 소방청장, 시·도지사, 소방본부장, 소방서장 4사람이며,

(* 그 외 2법: 소방안전관리자(+소방안전관리보조자), 5법: 위험물안전관리자가 등장.)

소방기본법 업무 책임 개념

- 이 법은 4사람의 공무원이 하는 업무와 소방의 가장 기본적인 내용을 소개하는 법이다.

① 소방청장 → 중앙업무의 책임자, 박물관 설치·운영 등.

② 시·도지사 → 관할구역 소방업무 책임자로 소방용수설치, 금전 손실보상, 소방체험관 설립·운영,

③ 소방본부장, 소방서장 → 작은 업무를 담당[예 소방용수 및 지리조사 등]

※ 소방청장, 소방본부장, 소방서장 → 3사람이 함께하는 일은 **중요한 업무**에 해당할 때 등이다.

(예 일반적인 조사, 교육, 훈련 등) 또한 119종합상황실, 설치·운영 등.

제1편 소방기본법(주내용)

▶ 2025년 6월 20일까지 개정 법령에 의하여 주 내용이 편집되었음.

01 총 칙 (* 제정 2003. 5. 29)

【법 제1조】 소방기본법의 목적

이 법은 화재를 예방·경계하거나 진압하고, 화재, 재난·재해[*] 그 밖의 위급한 상황에서의 구조·구급활동 등을 통하여 국민의 생명·신체 및 재산을 보호함으로써 공공의 안녕 및 질서 유지와 복리증진에 이바지함을 목적으로 한다.

(*^^ 소방기본법의 궁극적인 최종목적은 공공의 안녕 및 질서 유지와 복리증진에 이바지함이다.)

【법 제2조】 용어의 정의

이 법에서 사용하는 용어의 뜻은 아래와 같다.

1. 소방대상물

   건축물·차량[*]·선박,[*] 선박건조구조물[*], 산림·인공구조물·물건을 말한다.

   (*^^ 해설: 화재발생 시 출동한 소방대원이 소화가 가능한 물건을 말한다.)

2. 관계지역

   소방대상물이 있는 장소 및 그 이웃 지역으로서 화재의 예방·경계·진압, 구조·구급 등의 활동에 필요한 지역을 말한다.

   (*^^ 해설: 불이 날 수 있는 지역과 연기, 불꽃, 열, 연소가스가 주위로 확대될 수 있는 지역)

3. 관계인: 소방대상물의 소유자,[*] 관리자,[*] 점유자[*]를 말한다.

   (*^^ 해설: 소방기본법에서 관계인은 소방대상물인 건축물 등의 직접적인 관계인을 생각한다.

---

* 재해: 재난으로 입은 피해 * 선박건조구조물: 부두에 선박을 정박시키는 시멘트 축조물. 선거. dock
* 선박: 항구에 매어둔 것에 한함.(기선, 범선, 부선 포함) (* 철도차량: 철도 선로 위로 다니는 기차.)
* 차량: 지하철도차량, 삭도(케이블카), 달리는 차량을 소방대상물로 포함한다. (* 철도: 철길. 철로.)
* 소유자: 사용·임대·파괴할 수 있는 물건의 임자를 말한다.(예 건물의 주인, 버스의 차주)
* 관리자: 재산에 대해서는 처분권이 없고 오직 관리만 하는 사람(예 건물의 경비, 버스의 안내원)
* 점유자: 자기를 위한 의사로서 유체물을 소지하는 권리를 가진 사람 (예 건물의 전세권자, 버스의 기사)

4. 소방본부장: 시·도*에서 화재의 예방·경계·진압·조사 및 구조·구급 등의 업무를 담당하는 부서의 장
(*^^ 소방행정은 국가직이자 지자체 시·도 협력체제로서 소방본부장은 시·도의 부서장이 된다.)
5. 소방대: 화재를 진압하고 화재, 재난, 재해 그 밖의 위급한 상황에서의 구조·구급활동 등을 하기 위한 조직체를 말한다.
① 구성: 소방공무원·의무소방원*·의용소방대원으로 구성됨.
(*^^ 소방대는 소방공무원을 비롯하여 이를 보조하는 의무소방원과 의용소방대원을 말한다.)
6. 소방대장*: 소방본부장 또는 소방서장 등 화재·재난·재해 그 밖의 위급한 상황이 발생한 현장에서 소방대를 지휘하는 사람.
(*^^ 소방대장은 계급이 아니며 현장 지휘 책임자로서 소방공무원 중에서만 가능하다.)

【법 제3조】 소방기관의 설치 등

관할구역 안에서 소방업무를 수행하는 소방본부장, 소방서장은 그 소재지의 시·도지사의 지휘·감독을 받는다.

1. 소방본부장, 소방서장: 시·도지사의 지휘감독을 받는다.
2. 소방청장: 필요시 소방본부장, 소방서장을 지휘·감독할 수 있다.
3. 시·도의 소방업무 수행을 위하여: 시·도지사 직속으로 소방본부를 둔다.
4. 소방기관의 설치에 관하여 필요한 사항: 대통령령으로 한다.

(*^^ 소방업무란? 화재 예방·경계·진압, 조사, 소방안전교육·홍보, 구조·구급 등의 업무를 말한다.)

【법 제4조】 119종합상황실의 설치와 운영

소방청장·소방본부장 및 소방서장은 화재, 재난·재해 그 밖에 구조·구급이 필요한 상황이 발생한 때에 신속한 소방활동(소방업무를 위한 모든 활동)을 위한 정보를 수집·분석과 판단 전파, 상황관리, 현장 지휘 및 조정·통제 등의 업무를 수행하기 위하여 119종합상황실을 설치·운영한다.

1. 설치·운영: 소방청과 소방본부 및 소방서에 설치·운영한다.
2. 필요한 사항: 행정안전부령.(*^^ 구체적인 사항은 행안부령인 시행규칙으로 정한다는 뜻)

---

* 시·도: 특별시, 광역시, 특별자치시(세종시), 도, 특별자치도(제주도, 강원도, 전라북도) 총 17곳을 말한다.
* 의무소방원: 18세 이상의 국가에서 선발·시험에 합격된 군인으로 소방업무를 보조하는 사람을 말한다.
* 소방대장: 소방본부장, 소방서장 등으로서 정해진 계급이 없이 화재 등의 현장에서 잠정적으로 지휘하는 사람.
* 행안부장관: 행전안전부장관(약칭: 행장관) * 청장: 소방청장 * 본부장: 소방본부장 * 서장: 소방서장의 약칭.

【시행규칙 제2조 및 3조】 종합상황실의 설치·운영 및 종합상황실 실장의 업무 등

소방청장이 정하는 유·무선통신을 갖추고 24시간 운영하여야 한다.

1. 보고사항(즉시)

종합상황실장은 지체 없이 서면·모사전송* ·컴퓨터통신등으로 소방서 → 소방본부 → 소방청 종합상황실에 다음 상황을 각각 보고하여야 한다.

① 사망 5인 이상, 사상자* 10인 이상, 재산피해액 50억 이상의 화재

② 이재민 100인 이상, 11층 이상 건축물

③ 지정수량 3천배 이상의 위험물제조소등(제조소·저장소·취급소)

④ 연면적 15,000m² 이상인 공장 또는 화재경계지구의 화재

⑤ 5층 이상이거나 30실 이상인 숙박시설·종합병원·정신병원·한방병원·요양소

⑥ 다중이용업소 및 관광호텔, 관공서, 학교, 정부미 도정공장, 문화재

⑦ 지하철, 지하구,* 지하상가,* 시장, 백화점, 가스 및 화약류 폭발화재

⑧ 언론에 보도된 재난상황 및 통제단장 현장지휘가 필요한 재난상황

⑨ 철도차량, 정박된 1천톤 이상의 선박, 항공기, 발전·변전소에서 발생한 화재

⑩ 그 밖에 소방청장이 정하는 재난상황

2. 종합상황실의 실장의 업무

① 화재, 구조·구급발생 신고접수 ② 사고 수습 ③ 출동지령, 지원요청

④ 현장지휘 및 피해현황의 파악 ⑤ 재난상황 전파·보고, 수습 정보수집·제공

【법 제5조】 소방박물관 등의 설립과 운영

소방의 역사와 안전문화를 발전시키고 국민의 안전의식을 높이기 위해 설립·운영한다.

1. 소방박물관 설립·운영: 소방청장
2. 소방체험관 설립·운영: 시·도지사
3. 소방체험관 설립·운영에 필요한 사항은 시·도의 조례* 로 정한다.

- 박물관의 설립은 행안부령으로 전시, 체험관 설립은 시·도의 조례로 체험의 개념이다.
- 행정안전부령(시행규칙 제4조)에서 소방박물관에 소방박물관장 1명과 부관장 1명, 위원 7명 이내를 두되, 관광업무·조직·운영위원회의 구성 등에 필요사항은 소방청장이 정한다.
- 그러나 소방체험관에는 소방체험관장을 두고 혹은 두지않고 등의 필요한(제반) 사항은 시·도의 조례 즉, 우리나라의 지방자치법인 시·도법으로 정한다는 뜻이 된다.

---

* 사상자: 사망+부상자 (* 부상: 중상+경상)　　* 11층 이상 건축물: 고층건축물(즉, 31m를 말한다)
* 연면적: 한 건물에서 한층의 바닥면적(예: 가로x세로)의 연속된 합산(= 그 건물 내 각층의 모든 바닥면적)
* 지정수량: 규정에 지정된 최소의 수치(즉 법령으로 정해진 수치)　　* 모사전송: 팩시밀리. fax
* 지하구: 너비 1.8m, 높이 2m, 길이 50m 이상.　　* 지하가: 지하상가+상점터널

【법 제6조】 소방업무에 대한 종합계획의 수립·시행 등

1. 소방청장은 소방업무에 관한 종합계획을 5년마다 수립·시행 한다.

시·도지사는 종합계획의 세부계획을 매년 수립하고 소방업무를 성실히 수행한다.

소방업무에 관한 종합계획에는 다음의 상황이 포함되어야 한다.

① 소방서비스의 질 향상을 위한 정책의 기본방향

② 소방업무에 필요한 장비의 구비

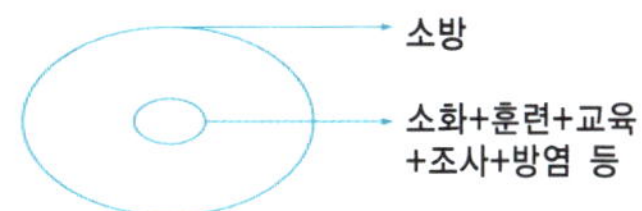

③ 소방전문인력 양성, 소방업무에 필요한 기반조성

④ 소방업무에 필요한 체계의 구축, 소방기술의 연구·개발 및 보급

⑤ 소방업무의 교육 및 홍보(소방자동차 우선통행에 관한 홍보 포함)

⑥ 그 밖에 소방업무의 효율적 수행을 위하여 대통령령으로 정하는 사항 계획·수립·시행.

【시행령 1조의3】 소방업무에 관한 종합계획 및 세부계획의 수립 시행

법 제6조⑥항에서 대통령령으로 정하는 사항이란:

㉠ 재난·재해 환경 변화에 따른 소방업무에 필요한 대응 체계 마련

㉡ 장애인, 노인, 임산부, 영유아, 어린이 등 이동이 어려운 사람의 소방활동에 필요한 조치.

㉢ 소방청장은 소방업무에 관한 종합계획을 전년도 10/31까지 수립하여야 한다.

㉣ 시·도지사는 종합계획의 세부계획을 전년도 12/31까지 수립하여 소방청장에게 제출한다.

【법 제7조】 소방의 날 제정과 운영

국민의 안전의식과 화재에 대한 경각심을 높이고 안전문화의 정착을 위하여 기념행사를 한다. 행사에 필요한 사항은 소방청장 또는 시·도지사가 따로 시행할 수 있다.

1. 소방의 날: 11월 9일을 소방의 날로 정하여 기념행사를 한다.
2. 시행자: 소방청장 또는 시·도지사

▪ 소방 헬기

헬리콥터는 인명구조 및 긴급환자 이송, 화재진압, 산불화재, 공중수송 및 피난유도, 공중지휘, 통제 및 소방력 운반과 공중방역 및 방제지원 그 밖의 시정 임무지원 등을 운영하고 있으며 항공기 조종시간은 1일 8시간 이내로 규정하고 있다. 우리나라는 현재 약 15개의 항공대와 약 30개의 소방 헬리콥터를 보유하고 있다.

02 소방장비 및 소방용수시설 등

【법 제8조】 소방력의 기준 등

시·도지사는 인원과 장비(소방력)의 계획을 수립하고, 소방기관이 소방업무를 수행하는데 필요한 소방력에 관한 기준은 **행정안전부령**으로 정한다.

소방자동차 등 소방장비 분류 · 표준화 등에 필요사항은 따로 법률에서 정한다.

1. **소방력 계획수립자**: 시·도지사*가 수립한다.

【법 제9조】 소방장비 등의 국고 보조

1. **보조**: 국가는 소방장비 구입 등 시·도 업무에 필요한 경비의 일부를 보조한다.
2. **국고보조 대상사업의 범위와 기준보조율**: **대통령령**.(종류와 보조율.)

【시행령 제2조】 국고보조 대상사업의 범위와 기준보조율

① 국고보조 대상사업의 범위(종류)는 다음과 같다.

㉠ 소방자동차, 소방헬리콥터, 소방정*, 소방전용통신설비, 전산설비, 방화복 및 소방장비.

㉡ 소방관서용 청사의 건축

② 국고보조 대상사업의 기준보조율은 "보조금관리에 관한 법률 시행령"에서 정한다.

③ 소방활동장비 및 설비의 규격 및 종류와 기준가격: 행정안전부령

【방화복】

【시행규칙 제5조】 소방활동장비 및 설비의 규격 및 종류와 기준가격

① 국내조달품: 정부고시가격

② 수입물품: 조달청에서 조사한 해외시장의 시가

③ 시가가 없는 물품: 2 이상의 공신력 있는 물가조사기관에서 조사한 가격의 평균가격

■ Reference: 대통령령(시행령) 및 행정안전부령(시행규칙)

- **대통령령**: 국고보조 대상사업의 범위와 기준보조율
  ※ 우리나라는 소방장비 구입 등 경비의 일부를 보조하기로 하며 국고보조대상의 종류와 기준보조율(예 119구조장비 50%)은 국회 법률(법9조)에서 대통령령(영2조)으로 넘긴다는 뜻.
- **행정안전부령**: 소방활동장비·설비 규격·종류와 기준가격 (= 규격은 시행규칙 별표1에 명시됨)
  ※ 일부 보조가격 등 협의적인 사항은 행정안전부령으로 넘긴다는 뜻.

---

* 소방정: 화재 등을 진압하기 위한 소방용 배.　　* 소방관서용 청사: 소방서 등.

【법 제10조】 소방용수시설의 설치 및 관리

시·도지사는 소방활동에 필요한 소화전·급수탑·저수조를 설치하고 유지·관리한다.

1. 소방용수 설치·유지·관리자: 시·도지사
2. 소방용수시설: 소화전*, 급수탑*, 저수조*를 말한다.
   (*^^ 수도소화전은 그 설치자인 일반수도사업자가 유지·관리한다.)
3. 소방용수시설과 비상소화장치 : 설치기준은 행정안전부령으로 정한다.

【소화전, 급수탑, 저수조】

【시행규칙 제7조】 소방용수시설 및 지리조사

소방본부장 또는 소방서장은 원활한 소방활동을 위하여 조사를 실시한다.

① 조사 횟수: 소방본부장, 소방서장이 월 1회 이상
② 지리조사 대상: 도로의 폭, 교통상황, 도로주변 토지의 고저, 건축물의 개황*
③ 조사 보관: 조사 결과를 2년간 보관한다.

(*^^ 정당한 사유 없이 소방용수시설 또는 비상소화장치를 사용하거나, 효용을 해하거나 그 정당한 사용을 방해한 자는 제일 큰 벌칙인 5년 이하의 징역 또는 5천만 원 이하의 벌금에 처한다.)

Check Point 비상소화장치!

화재발생 초기 골든타임 확보를 위해 지역주민이 활용하여 소화하는 시설로서. 전통시장·상가밀집지역, 연립주택의 좁은길 등 소방차 진입이 곤란할 경우에 대비해서 소방용수시설하고 연결하여 옥외에 만들어진 옥내소화전과 유사한 방식이다.

【물탱크소방차】

【비상소화장치】

【펌프차】

* 소화전(消火栓): 소화호스를 장치하기 위하여 상수도의 급수관에 설치하는 시설.(즉, 물을 빼내기 위한 시설)
* 급수탑(給水塔): 소방 물탱크차가 화재현장으로 출발 시 급수에 필요한 시설. 119안전센터·소방서 등에 설치됨.
* 저수조(貯水槽): 물을 담아 놓기 위한 시설.(* 물을 저장하는 수조로서 주로 지하에 위치함.)
* 건축물의 개황: 건축물 대강의 상황.(예 목조 건물 혹은 콘크리트 건물)

【법 제11조】 소방업무의 응원

소방본부장, 소방서장은 소방활동에 있어서 긴급한 때에는 이웃한 소방본부장, 소방서장에게 소방업무의 응원(應援)[*]을 요청할 수 있다.

1. 응원 대상

   ① 요청받은 대상자는 정당한 사유 없이 이를 거절하여서는 아니 된다.

   ② 파견된 소방대원은 요청한 소방본부장, 소방서장의 지휘를 따른다.

   ③ 시·도지사는 응원을 요청하는 경우를 대비하여 출동대상지역 및 규모와 소요경비의 부담 등을 이웃하는 시·도지사와 협의하여 미리 규약(規約)[*]으로 정하여야 한다.

■ Reference

- 응원요청: 소방본부장 및 소방서장
- 응원협정: 시·도지사
- [제11조]는 긴급한 때 시·군·구간의 응원이 아닌 이웃한 시·도간 협정 등에 대한 이론이며,
- [제11조의2]는 이웃한 시·도간에 협력이 안 될 때 소방청장이 각 시·도에 요청하는 이론임

【시행규칙 제8조】 소방업무의 상호응원협정

시·도지사는 이웃하는 다른 시·도지사와 소방업무에 관하여 상호응원협정을 체결하고자 하는 때에는 다음의 사항이 포함되도록 하여야 한다.

1. 다음의 소방활동에 관한 사항
   ① 화재조사활동　② 화재의 경계·진압활동　③ 구조·구급업무의 지원
2. 응원출동대상지역 및 규모
3. 다음 각 목의 소요경비의 부담에 관한 사항
   ① 출동대원의 수당·식사 및 피복의 수선
   ② 소방장비 및 기구의 정비와 연료의 보급 및 그 밖의 경비
4. 응원출동의 요청방법 및 응원출동훈련 및 평가

【법 제11조의2】 소방력의 동원

1. 소방청장은 해당 시·도의 소방력만으로는 소방활동을 효율적으로 수행하기 어려운 상황이 발생하거나 특별히 국가적 차원에서 소방활동을 수행할 필요가 인정될 때에는 각 시·도지사에게 소방력을 동원할 것을 요청할 수 있다.
2. 파견·지원된 소방대원은 특별한 사정이 없으면 관할 소방본부장, 소방서장의 지휘를 따르되 소방청장이 직접편성된 소방활동 경우는 소방청장의 지휘에 따른다.

---

* 응원: 호응하여 도와줌.　* 규약(規約): 서로 지키도록 정해 놓은 칙　* 협정(協定): 협의하여 결정함

03 소방활동 등

【법 제16조, 제16조의2】 소방활동 및 소방지원활동

1. 소방청장, 소방본부장, 소방서장은 위급한 상황이 발생 시 소방대를 현장에 신속하게 출동시켜 소방활동 외에 다음의 소방지원활동을 하게 할 수 있다.
   ① 산불에 대한 예방·진압 등 지원활동
   ② 집회·공연 등 각종 행사 시 사고에 대비한 근접대기 등 지원활동
   ③ 화재·재난·재해로 인한 피해복구 또는
   ④ 자연재해에 따른 급수·배수, 제설 등 지원활동

【칙 제8조의4】 소방시설 오작동 신고의 조치활동, 방송제작·촬영관련 지원활동, 군·경찰 등 유관기관에서 실시하는 훈련지원 활동

2. 소방지원활동에 드는 비용은 지원요청을 한 유관기관·단체 등에게 부담하게 할 수 있다.

【법 제16조의3】 생활안전활동

1. 소방청장, 소방본부장, 소방서장은 신고가 접수된 생활안전 및 위험제거 활동(화재, 재난·재해, 그 밖의 위급한 상황에 해당하는 것은 제외한다)에 대응하기 위하여 소방대를 출동시켜 다음의 활동(이하 "생활안전활동")을 하게 하여야 한다.
   ① 붕괴, 낙하 등이 우려되는 고드름, 나무, 위험 구조물 등의 제거활동
   ② 위해동물, 벌 등의 포획 및 퇴치 활동
   ③ 끼임, 고립 등에 따른 위험제거 및 구출 활동
   ④ 단전(斷電)사고 시 비상전원 또는 조명의 공급
   ⑤ 그 밖에 방치하면 급박해질 우려가 있는 위험을 예방하기 위한 활동

(* 상기 생활안전활동으로 손실을 입은 자가 있으면 소방청장, 시도지사가 보상한다.)

■ Reference(용어 비교 해설)

- 소방활동: 청·본·서장의 기본적 임무(예 화재·재난 위급상황)인 소방에 필요한 활동이다.
- 소방지원활동: "소방시설 오작동 신고에~ 조치활동" 외에는 모두 "지원" 자의 내용들이다.
- 생활안전활동: 국민의 개인생활을 지원하기위한 붕괴, 벌, 끼임, 비상전원 공급 등을 말한다.

【법 제17조】 소방교육·훈련

1. 소방청장, 소방본부장, 소방서장은 소방업무를 수행하기 위하여 소방대원에게 필요한 교육·훈련을 실시하여야 한다.

> 【칙 제9조】 소방교육·훈련의 종류 등
> ① 현장지휘훈련: 소방위, 소방경, 소방령, 소방정
> ② 화재진압훈련: 화재진압업무를 담당하는 소방공무원 및 의무소방원, 의용소방대원
> ③ 인명구조훈련: 구조업무를 담당하는 소방공무원 및 의무소방원, 의용소방대원
> ④ 응급처치훈련: 구급업무를 담당하는 소방공무원 및 의무소방원, 의용소방대원
> ⑤ 인명대피훈련: 소방공무원, 의무소방원, 의용소방대원
> (*^^ 의무소방원, 의용소방대원은 ① 훈련을 받지 않으며, 모든 소방대원은 ⑤의 훈련을 한다.)
> ※ 횟수 및 기간: 2년마다 1회 이상 실시하되, 기간은 2주 이상으로 한다.

2. 소방청장, 소방본부장, 소방서장은 소방안전교육과 훈련을 협의하에 다음에 해당하는 사람을 대상으로 실시할 수 있다.
   또한 소방청장, 소방본부장, 소방서장은 피난 및 행동 방법 등을 홍보하여야 한다.
   ① 어린이집의 영·유아 ② 유치원의 유아 ③ 초·중등 학생, 장애인, 아동, 노인

【법 제17조의2】 소방안전교육사

1. 업무: 소방안전교육의 기획·진행·분석·평가 및 교수업무를 수행한다.
2. 소방청장은 소방안전교육을 위하여 시험실시 및 자격을 부여한다.
   ① 시험실시 및 자격부여: 소방청장
   ② 필요한 사항: 대통령령
   (*^^ 시험출제자는 소방청장, 그 시험에 필요한 응시자격, 과목 등은 시행령으로 정한다는 뜻)

> 【영 별표 2의2】 응시자격
> ① 소방공무원으로서 3년 이상 근무한 경력이 있는 사람이나, 소방공무원으로서 중앙·지방소방학교에서 소방안전교육사 전문교육과정을 2주 이상 이수한 사람
> ② 교원, 어린이집의 원장 또는 보육교사자격을 취득한 사람(3년 이상 경력자)
> ③ 소방안전교과목(교육학·응급구조학·의학과·간호학과 등)을 6학점 이상 이수한 자.
> ④ 안전관리분야의 기술사 또는 소방시설관리사 자격자 및 위험물기능장 자격 취득자
> ⑤ 안전관리분야의 기사 자격을 취득한 후 1년 이상 종사자.(산업기사는 3년 이상)
> ⑥ 간호사·1급응급구조사는 1년 이상 업무종사자(2급응급구조사는 3년 이상)
> ⑦ 소방안전관리자격자로서 특급(1급은 1년, 2급은 3년 이상 경력), 의용소방대 5년 경력자

【영 제7조의4~6】 과목 등

① 1차: ㉠ 소방학개론, ㉡ 구급 · 응급처치론, ㉢ 재난관리론, ㉣ 교육학개론 중 3과목.
2차: 국민안전교육실무.(※ 시험은 1차 선택형, 2차 주관식.)

② 시험의 시행: 2년마다 1회 시행함을 원칙으로 필요시 그 횟수를 증감할 수 있다.

【법 제17조의3】 소방안전교육사 결격사유

소방안전교육사 결격사유란 소방안전교육사가 되기위한 자격이 결여되는 사유로서 시험을 응시하지 못하거나 그 자격을 취소할 수 있다.

① 피성년후견인

② 금고 이상의 실형을 선고 받고 그 집행이 끝나거나(집행이 끝나는 것으로 보는 경우를 포함한다) 집행이 면제된 날부터 2년이 경과되지 아니한 사람

③ 금고 이상의 형의 집행유예를 선고 받고 그 유예기간 중에 있는 자

④ 법원의 판결 또는 다른 법률에 의하여 자격이 정지 또는 상실된 자

【법 제17조의5】 소방안전교육사의 배치 등

1. 배치대상: 소방청, 소방본부, 소방서, 한국소방안전원, 한국소방산업기술원.
그 배치대상 및 배치기준, 그 밖에 필요한 사항은 대통령령으로 정한다.

【영 별표 2의3】 소방안전교육사 배치 대상별 배치기준

1. 소방안전교육사 배치 대상별 배치기준은 다음과 같다

배치대상	배치기준(단위: 명)
① 소방청, 소방본부, 한국소방산업기술원	2 이상
② 소방서	1 이상
③ 한국소방안전원	본회: 2 이상, 시·도지회: 1 이상

【법 17조의6】 한국119청소년단

1. 청소년에게 소방안전에 관한 올바른 이해와 안전의식을 함양시키기 위하여 설립한다.

① 민법 중 사단법인에 관한 규정을 준용하며 필요한 사항은 행정안전부령으로 정한다.

② 국가나 지방자치단체는 한국119청소년단의 시설, 장비, 필요한 경비를 보조할 수 있으며 개인· 법인 또는 단체는 이를 지원하기 위하여 금전이나 그 밖의 재산을 기부할 수 있다.
(*^^ 119청소년단은 사단법인, 제40조 한국소방안전원은 재단법인에 관한 규정을 준용한다.)

【법 제18조】 소방신호

화재예방, 소방활동, 소방훈련을 위한 소방신호의 종류, 방법은 행정안전부령으로 정한다.

1. 소방신호의 목적

① 화재예방　　② 소방활동　　③ 소방훈련

2. 소방신호의 종류와 방법: 행정안전부령

【칙 제10조】 소방신호의 종류와 방법

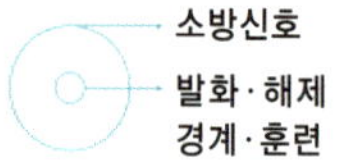

소방신호의 종류와 방법은 다음과 같다.

① 해제신호: 소화활동상 필요 없을 시 발령
② 경계신호: 화재예방상 필요시, 화재위험경보 시 발하는 신호
③ 훈련신호: 훈련 시 발령(* 또는 비상소집 시)
④ 발화신호: 화재발생 시
⑤ 그 밖의 신호: 기, 게시판, 통풍대.

구분	타 종	사이렌신호	그 밖의 신호
① 발화신호	난타	5초 간격 5초씩 3회	“통풍대” “게시판” “기” 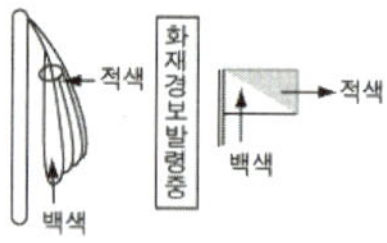
② 해제신호	상당한 간격 1타씩 반복	1분간 1회	
③ 경계신호	1타와 연 2타를 반복	5초 간격 30초씩 3회	
④ 훈련신호	연 3타 반복	10초 간격 1분씩 3회	

【법 제19조】 화재 등의 통지

다음의 지역에서 화재로 오인할 만한 우려가 있는 불을 피우거나 연막소독을 하려는 자는 시·도의 조례로 정하는 바에 따라 관할 소방본부장, 소방서장에게 신고하여야 한다.

① 목조건물이 밀집한 지역
② 석유화학제품을 생산하는 공장이 있는 지역
③ 시·도의 조례가 정하는 지역 또는 장소
④ 위험물의 저장 및 처리시설이 밀집한 지역
⑤ 시장지역
⑥ 공장·창고가 밀집한 지역

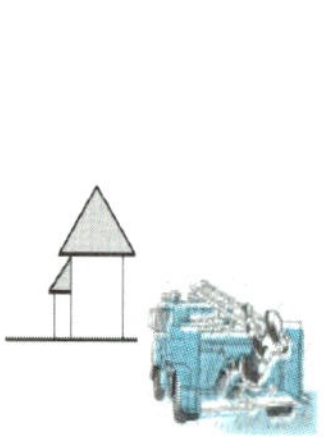

(*^^ 화재로 오인하여 소방차가 출동한 때에는 미신고자는 20만 원 이하의 과태료에 해당됨.)

(*^^ 1법 제19조 ③은 시·도의 조례가 정하는 지역 또는 장소이지만 비교하여
2법 제18조 ③은 소방시설·소방용수시설 또는 소방 출동로가 없는 지역이다.)

【법 제20조】 관계인의 소방활동

관계인은 소방대가 현장에 도착할 때까지 경보를 울리거나 대피 유도를 하는 등의 방법으로 인명구조 또는 불을 끄는 소화작업 등의 필요한 조치를 해야 한다.

(*^^ 소방대가 도착할 때까지 사람구출, 소화활동을 하지 아니한 관계인은 100만 원 이하의 벌금.)

【법 제21조】 소방자동차의 우선통행 등

1. 모든 차와 사람은 소방자동차(지휘·구조·구급차 포함)가 출동 시 방해해서는 안 된다.
2. 화재 진압 및 구조·구급활동을 위한 출동 및 훈련 시 사이렌을 사용할 수 있다.
3. 모든 차와 사람은 소방자동차가 화재진압 및 구조·구급 활동을 위하여 제 2항에 따라 사이렌을 사용하여 출동하는 경우에는 다음의 행위를 해서는 아니 된다.
   ① 소방자동차에 진로를 양보하지 아니하는 행위
   ② 소방자동차 앞에 끼어들거나 소방자동차를 가로막는 행위
   ③ 그 밖에 소방자동차의 출동에 지장을 주는 행위

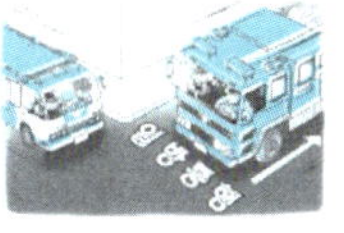

4. 제3항의 경우를 제외하고 소방자동차의 우선통행에 관하여는 도로교통법에 따른다.

(*^^ 소방자동차의 출동을 방해한 자는 5년 이하의 징역 또는 5천만 원 이하의 벌금에 해당한다.)

【법 제21조의2】 소방자동차 전용구역 등

1. 대통령령으로 정하는 공동주택의 건축주는 소방자동차 전용구역을 설치해야 한다.
2. 누구든지 전용구역에 차를 주차하거나 전용구역 진입을 가로막는 방해행위를 해서는 아니 된다

【영 제7조의 12~13】 소방자동차 전용구역 설치 대상

① 100세대 이상인 아파트, 3층 이상의 기숙사는 소방자동차 전용구역을 설치해야 한다.
② 공동주택 건축주는 각 동별 전면·후면에 전용구역을 1개소 이상 설치해야 한다.(단서 생략)

【영 제7조의 14】 전용구역 방해행위 기준

① 전용구역에 물건 등을 쌓거나 주차하는 행위
② 전용구역의 앞면, 뒷면 또는 양 측면에 물건 등을 쌓거나 주차하는 행위.
(다만, 부설주차장의 주차구획 내에 주차하는 경우는 제외한다.)
③ 전용구역 진입로에 물건 등을 쌓거나 주차하여 전용구역으로의 진입을 가로막는 행위
④ 전용구역 노면표지를 지우거나 훼손하는 행위
⑤ 소방자동차가 전용구역에 주차하는 것을 방해하거나 전용구역으로 진입을 방해하는 행위

※ 전용구역 노면표지 외곽선 빗금 두께를 30cm로 하여 50cm 간격으로 표시한다.
※ 전용구역 노면표지 도료의 색채는 황색을, 문자(P, 소방차 전용)는 백색으로 표시한다.

【법 제22조】 소방대의 긴급통행

소방대는 화재, 재난, 재해 그 밖의 위급한 상황이 발생한 현장에 신속하게 출동하기 위하여 긴급할 때에는 일반적인 통행에 쓰이지 아니하는 도로·빈터 또는 물 위로 통행할 수 있다.

(*^^ 물 위란 호수·양식장·댐 등을 말하며, 일반적인 통행에 쓰이지 아니하는 도로란 차량 교통 금지 도로, 가옥 부지 내의 도로, 개인주택 전용도로를 말한다.

【법 제23조】 소방활동구역의 설정

소방대장은 화재, 재난·재해 그 밖의 위급한 상황이 발생한 현장에 소방활동구역을 정하여 소방활동에 필요한 자로서 대통령령으로 정하는 자 외에는 그 구역에 출입하는 것을 제한할 수 있다. 또한 경찰공무원은 소방대가 소방활동구역에 있지 아니하거나 소방대장의 요청이 있을 때에는 규정에 따른 조치를 할 수 있다.

1. 소방대장: 대통령령으로 정하는 사람 외에는 출입을 제한할 수 있다.
   (*^^ 소방활동구역 출입제한을 위반자는 1회에 한하여 100만 원의 과태료에 해당한다.)

(*^^ 제23~제27조까지는 화재 등의 현장에 "소방대장"이 책임자로 들어가는 조항이다.)

【영 제8조】 소방활동구역 출입자

① 소방활동구역 안의 관계인
② 의사·간호사, 그 밖의 구조·구급업무 종사자
③ 수사·보도업무자, 소방대장 출입허가자
④ 전기·통신·가스·수도·교통의 업무에 종사한 자로서 원활한 소방활동을 위하여 필요한 자
(*^^ ④번 업무자는 필수가 아닌, "필요한 자" 만이 소방활동구역을 출입할 수 있다.)

도로교통법(소방기본법 제 21조 관련)

1. (긴급자동차의 정의) 소방자동차, 구급자동차, 혈액 공급 차량 그 밖에 대통령령이 정하는 자동차로서 그 본래의 긴급한 용도로 사용되고 있는 자동차를 말한다.(제2조의 22)
2. (긴급자동차의 우선 통행) 긴급자동차는 도로의 중앙이나 좌측부분을 통행할 수 있다. 또한 긴급하고 부득이한 경우에는 정지하지 아니할 수 있다.(제29조)
3. (긴급자동차에 대한 특례) 앞지르기·끼어들기·신호 위반 등을 적용하지 아니한다.(제30조)

* 소방대: 화재를 진압하고 화재, 재난, 재해 그 밖의 위급한 상황에서의 구조·구급활동 등을 하기 위한 조직체
* 빈터: 개인 소유지로 공지. * 긴급할 때: 긴급 시(* 긴급하게: 긴급히)

【법 제24조】 소방활동종사명령

소방본부장, 소방서장 또는 소방대장은 화재, 재난, 재해, 위급한 상황발생 시 필요할 때에는 그 관할구역 안에 사는 사람 또는 그 현장에 있는 사람으로 하여금 사람을 구출하는 일 또는 불을 끄거나 번지지 아니하도록 하는 일을 하게 할 수 있다. 이 경우 소방활동에 종사한 사람은 시·도지사로부터 소방활동의 비용을 지급받을 수 있다.

1. 의의: 사람 구출, 소화 및 불의 확대방어를 위한 안전조치
2. 소방활동종사 명령자: 보호장구를 지급하는 등 소방활동의 안전조치를 한다.
3. 소방활동종사에 종사한 사람이 시·도지사로부터 소방활동의 비용을 지급받을 수 없는 경우는 다음에 해당된다.
   ① 소방대상물에 화재, 재난·재해 그 밖의 위급한 상황이 발생한 경우 그 관계인.
   ② 고의 또는 과실로 인하여 화재, 구조·구급활동이 필요한 상황을 발생시킨 사람.
   ③ 화재 또는 구조·구급현장에서 물건을 가져간 사람.

【법 제25조】 강제처분

1. 소방본부장, 소방서장 또는 소방대장은 사람을 구출하거나 불이 번지는 것을 막기 위하여 필요할 때에는 화재가 발생하거나 불이 번질 우려가 있는 소방대상물 및 토지를 일시적으로 사용하거나 그 사용의 제한 또는 소방활동에 필요한 처분을 할 수 있다.
2. 소방본부장, 소방서장 또는 소방대장은 긴급하다고 인정할 때에는 제 1항에 따른 소방대상물 또는 토지 외의 소방대상물과 토지에 대하여 제 1항에 따른 처분을 할 수 있다.
3. 소방본부장, 소방서장 또는 소방대장은 소방활동을 위하여 긴급하게 출동할 때에는 소방자동차의 통행과 소방활동에 방해가 되는 주차 또는 정차된 차량 및 물건 등을 제거하거나 이동시킬 수 있다.
   (※ 소방청장, 시·도지사는 제 2항과 3항에 따른 처분으로 인하여 손실을 입은 자가 있으면 그 손실을 보상한다. 단, 제 3항의 경우로서 법령을 위반된 경우에는 그러하지 아니하다.)

■ Reference (개념과 벌칙)

① 1항은 불이 난집 2항은 불똥이 튀는 불이 난 옆집 3항은 진입로에 주·정차된 차량 및 물건으로 생각하면 쉽다. (1항은 "필요할 때" 2항 및 3항은 "긴급할 때" 의 개념이다.)
2, 3항에 따른 처분으로 손실을 입은 경우 그 손실을 소방청장 또는 시·도지사가 보상한다. (단, 주·정차 등 법령을 위반하여 소방자동차 통행과 소방활동에 방해된 경우는 보상이 없다.)

② 1항의 처분(사람구출, 방화상 필요할 때)을 방해한 자나 정당한 사유 없이 따르지 아니한 자는 3년 이하의 징역 또는 3천만 원 이하의 벌금에 해당되며 / 반면 2항, 3항(긴급할 때의 토지 및 불법승용차나 물건의 제거·이동)을 방해한 자는 300만 원 이하의 벌금에 해당된다.

【법 제26조】 피난명령

소방본부장, 소방서장 또는 소방대장은 화재, 재난, 재해 그 밖의 위급한 상황이 발생하여 사람의 생명을 위험하게 할 것으로 인정할 때에는 일정한 구역을 지정하여 그 구역에 있는 사람에게 그 구역 밖으로 피난할 것을 명할 수 있다.

1. 명령권자: 소방본부장, 소방서장, 소방대장
2. 협조대상: 필요시 경찰서장 또는 자치경찰단장에게 협조를 요청할 수 있다.

※ 인간의 불안한계 최고높이 약 11m(4층)에서 뛰어내리는 피난명령 등을 포함한다.

【법 제27조】 위험시설 등에 대한 긴급조치

소방본부장, 소방서장 또는 소방대장은 화재 진압 등 소방활동을 위하여 필요할 때에는 소방용수(소화전, 급수탑, 저수조) 외에 댐, 저수지, 수영장 등의 물을 사용하거나 수도개폐장치 등을 조작할 수 있다. 또한 소방본부장, 소방서장 또는 소방대장은 화재의 발생을 막거나 폭발 등으로 화재가 확대되는 것을 막기 위하여 가스·전기 또는 유류 등의 시설에 대하여 위험물질의 공급을 차단하는 등 필요한 조치를 할 수 있다.

1. 의의: 화재의 진압 등 소방활동을 위하여
2. 대상: 소방용수 외에 댐, 저수지, 수영장, 수도개폐장치

(*^^ 법 제26~27조를 위반한 자는 100만 원 이하의 벌금.)

■ 손실보상:

법 제24·25·27조에 대해 손실을 받은 자는 소방청장, 시·도지사가 보상한다.
모든 손실보상? 중앙은 소방청장, 시·도는 지방자치 체제로서 시·도지사가 된다.
(*^^ 제23~제27조까지는 화재 등의 현장에 "소방대장"이 책임자로 들어가는 조항이다.)

【영 제13조】 손실보상심의위원회의 설치 및 구성

소방청장등은 사건을 심의하기 위해 "보상위원회"를 둔다.

1. 위원장 1명을 포함하여 5명 이상 7명 이하의 위원으로 구성한다.
2. 과반수는 소방공무원이 아닌 사람으로 소방청장등이 위촉·임명한다.
   ① 소방공무원, 판검사·변호사, 법학·행정학 부교수 이상 5년 이상 재직자
   ② 손해사정사, 소방안전 또는 의학 분야에 관한 학식과 경험이 풍부한 사람
3. 위원의 임기는 2년, 간사 1명(간사는 소방공무원 중 소방청장등이 지명한다.)

※ 손실보상 청구 권리는 손실이 있음을 안 날부터 3년, 손실이 발생한 날부터 5년간이다.
(소방청장등은 청구서 받은날부터 60일 이내 결정, 10일 이내 통지, 30일 이내 지급한다.)

04 한국소방안전원

【법 제40조 ~ 제44조의2】 한국소방안전원(안전원) 설립 등

소방기술과 안전관리기술의 향상 및 소방관계 종사자의 기술향상을 위하여 한국소방안전원(이하: "안전원")을 소방청장의 인가를 받아 설립한다.

1. 안전원은 다음의 업무를 수행한다.
   ① 소방기술과 안전관리에 관한 교육 및 조사·연구
   ② 소방기술과 안전관리에 관한 각종 간행물 발간
   ③ 화재 예방과 안전관리의식의 고취를 위한 대국민 홍보
   ④ 소방업무에 관하여 행정기관이 위탁하는 업무
   ⑤ 소방안전에 관한 국제협력
   ⑥ 그 밖에 회원의 복리 증진 등 정관으로 정하는 사항

2. 구성: 민법 중 재단법인 규정을 준용한다.
3. 회원의 관리(자격)
   ① 소방법에 따라 등록을 하거나 허가를 받은 자로서 회원이 되려는 사람.
   ② 소방기술자·소방안전관리자·위험물안전관리자 등으로 선임·채용된 사람.
   ③ 소방분야에 관심이 있거나 학식과 경험이 풍부한 사람으로서 회원이 되려는 사람.
4. 정관: 목적, 명칭, 주된 사무소의 소재지, 사업에 관한 사항, 이사회에 관한 사항, 회원과 임원 및 직원에 관한 사항, 재정 및 회계에 관한 사항, 정관의 변경에 관한 사항.
   (*^^ 안전원은 정관을 변경하려면 소방청장의 인가를 받아야 한다.)
5. 운영경비: 업무의 수입금, 회원의 회비, 자산운영수익금, 부대수입 등으로 충당한다.
6. 임원: 원장 1명 포함 9명 이내 이사와 1명 감사.(*^^ 원장 · 감사는 소방청장이 임명.)

【영 제9조】 교육평가 심의 위원회 구성·운영

1. 안전원장은 다음을 심의하기 위해 "평가위원회" 를 둔다.
   ① 교육평가운영 ② 교육결과 분석·개선 ③ 다음 연도 교육계획에 관한 사항
2. 평가위원회는 위원장 1명을 포함하여 9명 이하의 위원으로 구성한다.
3. 평가위원은 다음에 해당하는 사람 중에서 안전원장이 임명·위촉한다
   ① 소방안전교육 업무 담당 소방공무원 중 소방청장이 추천하는 사람
   ② 소방안전교육전문가, 소방안전교육수료자, 소방안전의 학식·경험이 풍부한 사람

05 벌 칙

다음의 벌칙은 소방기본법의 벌칙으로서 각 조항별로 살펴본다.

【법 제50조】 5년 이하의 징역* 또는 5천만 원 이하의 벌금*

1. 소방자동차 출동을 방해한 사람.(제21조①항)
2. 사람 구출, 또는 불을 끄는 소방활동을 방해한 사람(법 제24조①항)
3. 정당한 사유 없이 소방용수시설·비상소화장치를 사용하거나 효용·사용 방해한 자
4. 위력을 사용하여 출동한 화재진압·인명구조·구급활동을 방해하는 행위
5. 소방대가 화재진압·인명구조, 구급활동을 위한 현장 출동을 고의로 방해하는 행위
6. 출동한 소방대원에게 폭행·협박하여 화재진압·인명구조·구급활동을 방해하는 행위
7. 출동한 소방대의 소방장비를 파손하거나 화재진압·인명구조·구급을 방해하는 행위

(* 4~7번은 현장에 출동한 소방대원의 소방활동 업무를 방해한 사람을 뜻한다.)

【법 제51조】 3년 이하의 징역 또는 3천만 원 이하의 벌금

1. 제25조 ①항(사람구출, 방화상 필요할 때 소방대상물, 토지의 제한 또는 강제처분)의 처분을 방해한 사람이나 정당한 사유없이 따르지 아니한 사람.

(* ^^ 소방기본법에는 1년 이하의 징역 또는 1천만 원 이하의 벌금조항은 없다.)

【법 제52조】 300만 원 이하의 벌금

1. 제25조 ②③항의 강제처분(긴급할 때의 토지 및 주차•정차된 승용차나 물건의 제거, 이동)을 방해한 자 또는 정당한 사유없이 그 처분에 따르지 아니한 자.

【법 제54조】 100만 원 이하의 벌금

1. 정당한 사유 없이 소방대의 생활안전활동을 방해한 사람.
2. 소방대가 도착할 때까지 사람구출, 불을 끄는 등 조치를 아니한 관계인.
3. 피난명령을 위반한 사람
4. 수도개폐장치 사용 등을 방해한 사람.
5. 가스, 전기, 유류 등에 있어서 시설·차단 등의 조치를 방해한 사람.

---

* 징역: 교도소에 구치하여 노역에 복무시키는 자유형
* 벌금: 재산형으로 범죄의 처벌로서 부과하는 돈
* 관계공무원: 담당부서의 소방공무원

【법 제55조】 양벌규정

법인의 대표자나 법인 또는 개인의 대리인, 사용인, 그 밖의 종업원이 그 법인 또는 개인의 업무에 관하여 제50조~제54조까지의 어느 하나에 해당하는 위반행위를 하면 그 행위자를 벌하는 외에 그 법인 또는 개인에게도 해당 조문의 벌금형을 과(科)한다.

【법 제56조】 과태료

1. 500만 원 이하의 과태료는 아래와 같다.
   ① 화재 또는 구조·구급의 필요상황을 거짓으로 알린 사람.
   ② 정당한 사유 없이 화재, 재난, 재해 그 밖의 위급한 상황을 소방본부, 소방서 또는 관계 행정기관에 알리지 않은 경우(제20조 ②항 위반)
   ---------*
2. 200만 원 이하의 과태료는 아래와 같다.
   ① 한국119청소년단 또는 이와 유사한 명칭을 사용한 자.
   ② 한국소방안전원 또는 이와 유사한 명칭을 사용한 자
   ③ 소방자동차의 (사이렌) 출동에 지장을 준 자.(제21조③항)
   ④ 소방활동구역 출입을 위반한 사람.(제21조①항)
   ________*
3. 100만 원 이하의 과태(過怠)료* 는 아래와 같다.
   전용구역에 차를 주차하거나 전용구역에의 진입을 가로막는 등의 방해행위를 한 자.
4. 제56조 과태료: 대통령이 정하는 바에 따라 관할 시·도지사, 소방본부장, 소방서장이 부과·징수한다.

【법 제57조】 20만 원 이하의 과태료

1. 20만 원 이하의 과태(過怠)료는 아래와 같다.
   법 제19조에 해당되는 지역에서 신고를 아니하고 불을 피우거나
   연막소독 등 소방관이 화재로 오인하여 소방차를 출동하게 한 자.
2. 제57조 과태료: 조례로 정하는 바에 따라 관할 소방본부장, 소방서장이 부과·징수한다.

---

* 소방용수시설: 대형건물 화재 시 소화전, 급수탑, 저수조 등 소방대원이 활용하기 위한 시설
* 과태료: 주로 과실(過失), 태만(怠慢)한 자에 부과시키는 요금

【시행령 제19조】 과태료부과

과태료 부과기준은 시행령 별표3과 같다.

【칙 제15조】 과태료의 징수절차

규정에 의한 과태료의 징수절차에 관하여는 "국고금관리법시행칙"을 준용한다.
이 경우 납입고지서에는 이의방법 및 이의기간 등을 함께 기재하여야 한다.

■ 소방관계법규는 그 내용에 있어서 4사람의 공무원이 소개된다.
1번을 소방청장, 2번 시·도지사, 3번 소방본부장, 4번을 소방서장으로 볼 때,

- 소방기본법에서 과태료 부과·징수권자:
  ① 5백만 원, 200만 원, 100만 원 이하는: 2,3,4번 / ② 20만 원 이하는: 3,4번
- 화재예방법에서 과태료 부과·징수권자: 1,2,3,4번
- 소방시설법에서 과태료 부과·징수권자: 1,2,3,4번
- 위험물법에서 과태료 부과·징수권자: 2,3,4번
- 화재조사법에서 과태료 부과·징수권자: 예외(소방관서장, 경찰서장 1,3,4,5)

위반 행위 (시행령 별표3)	과태료 금액(단위: 만 원)
① 소방자동차 출동에 지장을 준 경우(제21조③항)	100만 원
② 소방활동구역 출입·제한을 위반한 경우(제23조①항)	100만 원
③ 한국소방안전원 또는 이와 유사한 명칭을 사용한 자	200만 원
④ 정당한 사유 없이 화재, 재난, 재해 그 밖의 위급한 상황을 소방본부, 소방서, 관계 행정기관에 알리지 않은 경우	500만 원
⑤ 전용구역에 주차, 진입을 가로막는 방해행위 한 경우	1회: 50 2회: 100 3회: 100 4회 이상: 100
⑥ 한국119청소년단 또는 이와 유사명칭 사용한 경우	1회: 50 2회: 100 3회: 150 4회 이상: 200
⑦ 화재 또는 구조·구급의 상황을 허위로 알린 경우	1회: 200 2회: 400 3회: 500 4회 이상: 500

과태료 이야기

■ 200만 원 이하 과태료는 최대가 200만 원이라는 뜻이며, 각 종목마다 그 금액이 정해져 있다. 또한 이 법은 500만 원 이하부터 200만 원·100만 원·20만 원 이하까지 4가지 과태료가 있다. 과태료는 벌금처럼 형벌이 아닌, 질서벌로서 벌금보다는 더 약한 행위에 대한 부과징수이다.
(• 과태료는 주로 과실(過失), 태만(怠慢)한 자에 부과시키는 요금, 지나칠 過, 게으를 怠자.)

소방기본법 기출 시험흐름 파악하기

기출 1 다음 중 소방기본법 총칙에 해당되지 않는 것은?

ㄱ. 소방기관의 설치　　ㄴ. 소방업무에 대한 종합계획의 수립시행
ㄷ. 소방의 날 제정과 운영　　ㄹ. 소방력의 기준　　ㅁ. 소방장비 등의 국고보조

① ㄱ, ㄷ　② ㄷ, ㄹ　③ ㄴ, ㄷ　④ ㄹ, ㅁ

해설: 소방기본법 총칙은 제1조~7조까지이며 오답은 ㄹ, ㅁ 이 된다.(기본법 제1조, 7~9조) // ④

기출 2 소방기본법에서 소방활동구역의 출입자로 가장 옳지 않은 것은?

① 수사업무에 종사자　② 구조·구급업무 종사자
③ 시·도지사가 출입을 허가한 사람　④ 소방활동구역 안에 관계인

해설: 시도지사가 출입을 허가한 사람은 소방활동구역의 출입을 할 수 없다.(기본법 제23조) // ③

기출 3 소방기본법상 제23조제1항을 위반하여 소방활동구역 출입한 경우의 과태료는?

① 500만 원　② 200만 원　③ 100만 원　④ 100만 원 이하

해설: 소방활동구역 출입·제한을 위반한 경우의 과태료는 100만 원이다. 벌칙에 있어서 징역과 벌금은 "이하" 가 성립되지만 과태료는 그 금액이 정해져 있다.(소방기본법 영 별표3) // ③

※ 참고: 전용구역의 설치 방법(제7조의13제2항 관련)

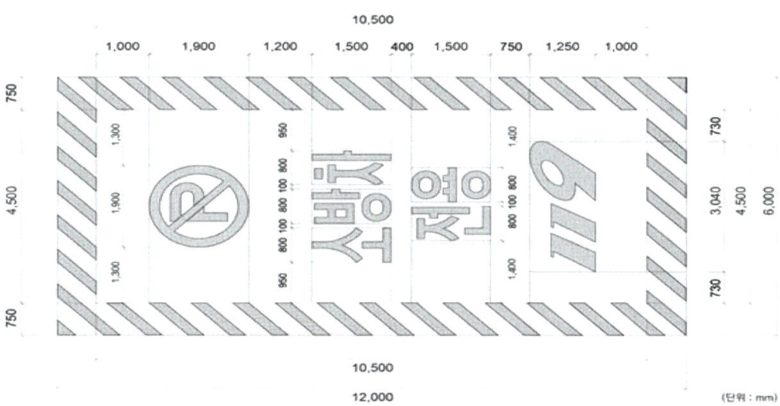

1. 전용구역 노면표지의 외곽선은 빗금무늬로 표시하되, 빗금은 두께 30cm, 간격은 50cm로 표시한다.
2. 전용구역 노면표지 도료의 색채는 황색을 기본으로 하되, 문자(P, 소방차 전용)는 백색으로 표시한다.

06 소방기본법 시행규칙 별표

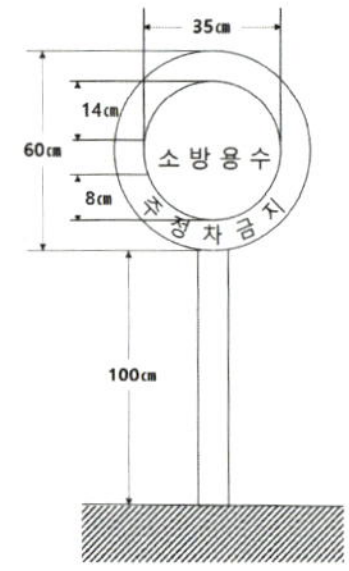

【시행규칙 별표 2】 소방용수표지

1. 지하에 설치하는 소화전, 저수조는 다음의 기준에 의한다.
   ① 맨홀뚜껑은 지름 648mm 이상의 것으로 할 것.
   (다만, 승하강식 소화전의 경우 이를 적용하지 아니한다.)
   ② 맨홀뚜껑은 "소화전 주차금지" 또는 "저수조 주차금지" 표시를 할 것.
   ③ 맨홀뚜껑 부근에 황색 반사도료로 폭 15cm의 선을 그 둘레에 칠할 것.

--------*

2. 지상에 설치하는 소화전·저수조 및 급수탑의 경우 소방용수표지는 다음과 같다.
   ① 안쪽 문자는 흰색, 바깥쪽 문자는 노란색으로, 안쪽 바탕은 붉은색, 바깥쪽 바탕은 파란색으로 하고 반사재료를 사용해야 한다.
   ② 소방용수표지를 세우는 것이 매우 어렵거나 부적당한 경우는 그 규격 등을 다르게 할 수 있다.

> ① 안쪽 바탕은 적색, 안쪽 문자는 백색, / ② 바깥쪽 바탕은 청색, 문자는 황색
> (*^^ 안쪽 적색 바탕은 불을 상징하여 적색, 눈에는 백색 문자가 더 잘 보이며,
> 바깥쪽 청색 바탕은 물로 덮어 끄니 청색이 되며 문자는 황색이 해당한다.)

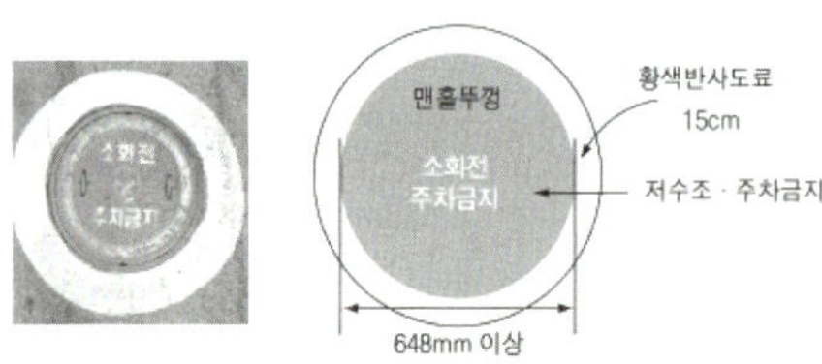

【맨홀뚜껑】

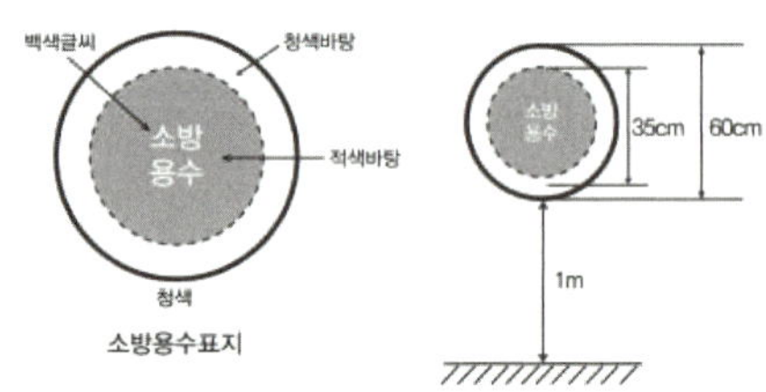

【소방용수표지】

맨홀 수치 등

- 맨홀 뚜껑은 땅속에 묻은 소화전이나 수도관·지하 케이블 등을 검사하거나 청소하기 위해 드나들 수 있게 만든 구멍의 뚜껑이다. 맨홀뚜껑의 지름 648mm 이상이라는 숫자는 맨홀 구멍이 650mm 이상이며 그 뚜껑은 구멍 위로 덮어서 돌출되지 않고 평평하게 구멍 안으로 들어가므로 648mm가 된다. 즉, 맨홀 구멍의 두께가 2mm가 된다는 뜻이다.
- 맨홀뚜껑 부근에는 황색 반사도료로 폭 15cm의 선을 그 둘레를 따라 칠할 것이라는 뜻은 "소화전 주차금지"를 읽기 위해서 황색이 낮에 근거리 눈에 잘 띄기 때문이고 또한 "폭이 15cm, 연결금속구가 65mm" 는 숫치가 더 크면 안 되기 때문에 "이상" 이 아니다.

【시행규칙 별표 3】 소방용수시설의 설치기준

소방용수시설의 설치기준은 다음과 같다.

1. 소방대상물과 수평거리 100m 이하: 주거지역, 상업지역, 공업지역
2. 소방대상물과 수평거리 140m 이하: 기타 지역

【소화전】

【금수탑】

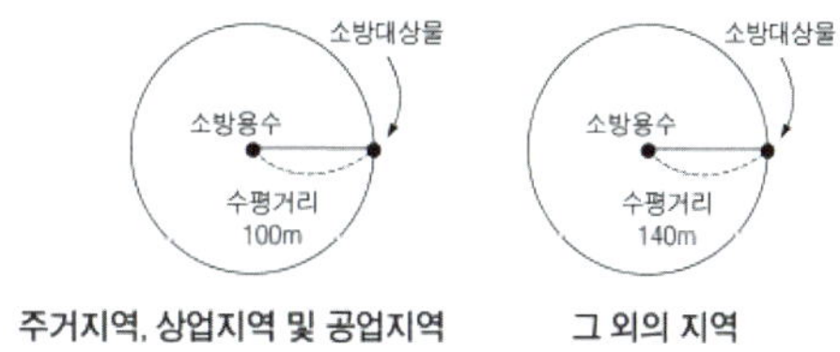

【소방대상물과 수평거리】

3. 소화전 설치기준

   상수도와 연결하여 지하식 또는 지상식의 구조로 하고, 소방용호스와 연결하는 소화전의 연결금속구의 구경은 65mm로 할 것.

4. 급수탑 설치기준

   ① 급수배관구경은 100mm 이상으로 한다.

   ② 개폐밸브는 1.5m 이상~1.7m 이하에 설치한다.

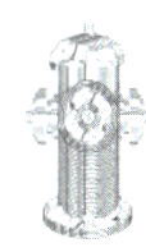

5. 저수조 설치기준

   ① 지면으로부터 낙차가 4.5m 이하일 것

   ② 흡수부분의 수심이 0.5m 이상일 것

   ③ 흡수관*투입구가 사각형의 경우 한 변의 길이가, 원형의 경우 지름이 60cm 이상일 것

   ④ 저수조에 물을 공급하는 방법은 상수도에 연결하여 자동으로 급수되는 구조일 것

   ⑤ 흡수에 지장이 없도록 토사 및 쓰레기 등을 제거할 수 있는 설비를 갖출 것

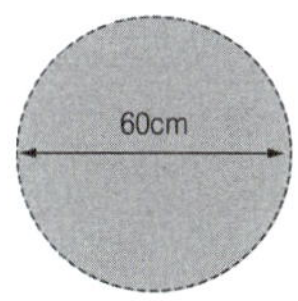

흡수관 투입구

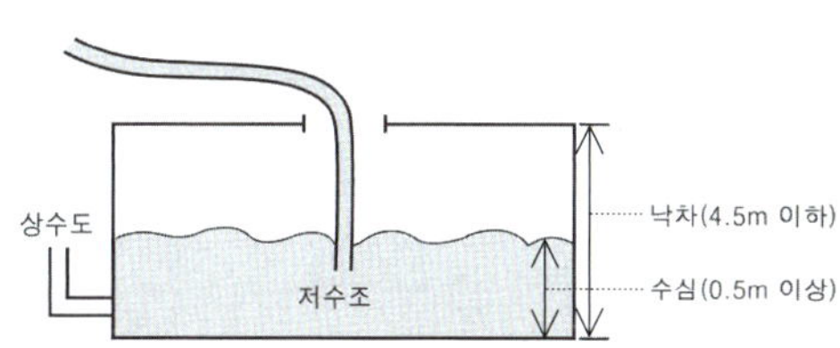

* 흡수관: 저수조의 물을 흡수하기 위한 호스(수관)를 말함.

소/방/관/계/법/규

제 1 편

소방기본법(원문)

시행령·시행규칙·별표

▸ 출제자들이 선호했던 소방관계시험의 중요문제 조항은 그 문장 내용의 단어에 고딕체로서 선별하였음.

※ 기본법 질문: 소방청(대응총괄과) 044-205-7562 외 메일

제1편 소방기본법(원문)

법 개정 2025.1.31 법률 제20727호

시행령
개정 2025.6.20 대통령령 제35597호

시행규칙
개정 2024.8.14 행정안전부령 제511호

제1장 총 칙

제1조 (목적)

이 법은 화재를 예방·경계하거나 진압하고 화재, 재난, 재해 그 밖의 위급한 상황에서의 구조·구급 활동 등을 통하여 국민의 생명·신체 및 재산을 보호함으로써 공공의 안녕 및 질서 유지와 복리증진에 이바지함을 목적으로 한다. 〈개정 2011.5.30.〉

영 제1조 (목적)

이 영은 「소방기본법」에서 위임된 사항과 그 시행에 관하여 필요한 사항을 규정함을 목적으로 한다.

칙 제1조 (목적)

이 규칙은 「소방기본법」 및 같은 법 시행령에서 위임된 사항과 그 시행에 관하여 필요한 사항을 규정함을 목적으로 한다.

제2조 (정의)

이 법에서 사용하는 용어의 뜻은 다음과 같다. 〈개정 2011.5.30〉

1. "소방대상물"이란 건축물, 차량, 선박(선박법 제1조의2 제1항에 따른 선박으로서 항구에 매어둔 선박만 해당한다), 선박건조구조물, 산림 그 밖의 인공구조물 또는 물건을 말한다.
2. "관계지역"이란 소방대상물이 있는 장소 및 이웃 지역으로서 화재의 예방·경계·진압, 구조·구급 등의 활동에 필요한 지역을 말한다.
3. "관계인"이란 소방대상물의 소유자·관리자 또는 점유자를 말한다.
4. "소방본부장"이란 특별시·광역시·특별자치시·도 또는 특별자치도(이하 "시·도"라 한다)에서 화재의 예방·경계·진압·조사 및 구조·구급 등의 업무를 담당하는 부서의 장을 말한다.
5. "소방대(消防隊)"란 화재를 진압하고 화재, 재난, 재해 그 밖의 위급한 상황에서 구조·구급 활동 등을 하기 위하여 다음 각 목의 사람으로 구성된 조직체를 말한다.
   가. 「소방공무원법」에 따른 소방공무원
   나. 「의무소방대설치법」 제3조에 따라 임용된 의무소방원(義務消防員)
   다. 「의용소방대 설치 및 운영에 관한 법률」에 따른 의용소방대원(義勇消防隊員)
6. "소방대장(消防隊長)"이란 소방본부장 또는 소방서장 등 화재, 재난, 재해 그 밖의 위급한 상황이 발생한 현장에서 소방대를 지휘하는 사람을 말한다.

제2조의2 (국가와 지방자치단체의 책무)

국가와 지방자치단체는 화재, 재난·재해, 그 밖의 위급한 상황으로부터 국민의 생명·신체 및 재산을 보호하기 위하여 필요한 시책을 수립·시행하여야 한다.

제3조 (소방기관의 설치 등)

① 시·도의 화재 예방·경계·진압 및 조사, 소방안전교육·홍보와 화재, 재난, 재해 그 밖의 위급한 상황에서의 구조·구급 등의 업무(이하 "소방업무"라 한다)를 수행하는 소방기관의 설치에 필요한 사항은 대통령령으로 정한다.

② 소방업무를 수행하는 소방본부장 또는 소방서장은 그 소재지를 관할하는 특별시장·광역시장·특별자치시장·도지사 또는 특별자치도지사(이하 "시·도지사"라 한다)의 지휘와 감독을 받는다.

③ 제2항에도 불구하고 소방청장은 화재 예방 및 대형 재난 등 필요한 경우 시·도 소방본부장 및 소방서장을 지휘·감독할 수 있다.

④ 시·도에서 소방업무를 수행하기 위하여 시·도지사 직속으로 소방본부를 둔다

제3조의2 (소방공무원의 배치)

제3조제1항의 소방기관 및 같은 조 제4항의 소방본부에는 「지방자치단체에 두는 국가공무원의 정원에 관한 법률」에도 불구하고 대통령령으로 정하는 바에 따라 소방공무원을 둘 수 있다.

제3조의3 (다른 법률과의 관계)

제주특별자치도에는 「제주특별자치도 설치 및 국제자유도시 조성을 위한 특별법」 제44조에도 불구하고 같은 법 제6조제1항 단서에 따라 이 법 제3조의2를 우선하여 적용한다.

제4조 (119종합상황실의 설치와 운영)

① 소방청장, 소방본부장 및 소방서장은 화재, 재난, 재해 그 밖에 구조·구급이 필요한 상황이 발생하였을 때에 신속한 소방활동(소방업무를 위한 모든 활동을 말한다. 이하 같다)을 위한 정보의 수집·분석과 판단·전파, 상황관리, 현장 지휘 및 조정·통제 등의 업무를 수행하기 위하여 119종합상황실을 설치·운영하여야 한다. 〈개정 2014.12.30〉

② 제1항에 따라 소방본부에 설치하는 119종합상황실에는 「지방자치단체에 두는 국가공무원의 정원에 관한 법률」 에도 불구하고 대통령령으로 정하는 바에 따라 경찰공무원을 둘 수 있다.

③ 제1항에 따른 119종합상황실의 설치·운영에 필요한 사항은 행정안전부령으로 정한다.

제4조의2 (소방정보통신망 구축 · 운영)

① 소방청장 및 시·도지사는 119종합상황실 등의 효율적 운영을 위하여 소방정보통신망을 구축·운영할 수 있다. 〈2023.4.11.〉

② 소방청장 및 시·도지사는 소방정보통신망의 안정적 운영을 위하여 소방정보통신망의 회선을 이중화할 수 있다. 이 경우 이중화된 각 회선은 서로 다른 사업자로부터 제공받아야 한다.

③ 제1항 및 제2항에 따른 소방정보통신망의 구축 및 운영에 필요한 사항은 행정안전부령으로 정한다.

칙 제3조의2 (소방정보통신망의 구축·운영)

① 법 제4조의2제1항에 따른 소방정보통신망(이하 "소방정보통신망"이라 한다)은 회선 수, 구간별 용도 및 속도 등을 고려하여 설계·구축해야 한다.

② 법 제4조의2제2항 전단에 따라 소방정보통신망의 회선을 이중화한 경우 하나의 회선에 장애가 발생하면 다른 회선으로 즉시 전환되도록 구축·운영해야 한다.

③ 소방청장 및 시·도지사는 소방정보통신망이 안정적으로 운영될 수 있도록 연 1회 이상 소방정보통신망을 주기적으로 점검·관리해야 한다.

④ 제1항부터 제3항까지에서 규정한 사항 외에 소방정보통신망의 속도, 점검 주기 등에 관한 세부 사항은 소방청장이 정한다. 〈신설 2024.2.27.〉

제4조의3 (소방기술민원센터의 설치·운영)

① 소방청장 또는 소방본부장은 소방시설, 소방공사 및 위험물 안전관리 등과 관련된 법령해석 등의 민원을 종합적으로 접수하여 처리할 수 있는 기구(이하 이 조에서 "소방기술민원센터"라 한다)를 설치·운영할 수 있다.

② 소방기술민원센터의 설치·운영 등에 필요한 사항은 대통령령으로 정한다.

영 제1조의2 (소방기술민원센터의 설치·운영)

① 소방청장 또는 소방본부장은 「소방기본법」(이하 "법"이라 한다) 제4조의2제1항에 따른 소방기술민원센터(이하 "소방기술민원센터"라 한다)를 소방청 또는 소방본부에 각각 설치·운영한다.

② 소방기술민원센터는 센터장을 포함하여 18명 이내로 구성한다.

③ 소방기술민원센터는 다음 각 호의 업무를 수행한다.

1. 소방시설, 소방공사와 위험물 안전관리 등과 관련된 법령해석 등의 민원(이하 "소방기술민원"이라 한다)의 처리
2. 소방기술민원과 관련된 질의회신집 및 해설서 발간
3. 소방기술민원과 관련된 정보시스템의 운영·관리
4. 소방기술민원과 관련된 현장 확인 및 처리
5. 그 밖에 소방기술민원과 관련된 업무로서 소방청장 또는 소방본부장이 필요하다고 인정하여 지시하는 업무

④ 소방청장 또는 소방본부장은 소방기술민원센터의 업무수행을 위하여 필요하다고 인정하는 경우에는 관계 기관의 장에게 소속 공무원 또는 직원의 파견을 요청할 수 있다.

⑤ 제1항부터 제4항까지에서 규정한 사항 외에 소방기술민원센터의 설치·운영에 필요한 사항은 소방청에 설치하는 경우에는 소방청장이 정하고, 소방본부에 설치하는 경우에는 해당 특별시·광역시·특별자치시·도 또는 특별자치도(이하 "시·도"라 한다)의 규칙으로 정한다.

칙 제2조 (종합상황실의 설치·운영)

① 「소방기본법」(이하 "법"이라 한다) 제4조제2항의 규정에 의한 종합상황실은 소방청과 특별시·광역시·특별자치시·도 또는 특별자치도(이하 "시·도"라 한다)의 소방본부 및 소방서에 각각 설치·운영하여야 한다.

② 소방청장, 소방본부장 또는 소방서장은 신속한 소방활동을 위한 정보를 수집·전파하기 위하여

종합상황실에 「소방력 기준에 관한 규칙」에 의한 전산·통신요원을 배치하고, 소방청장이 정하는 유·무선통신시설을 갖추어야 한다.

③ 종합상황실은 24시간 운영체제를 유지하여야 한다.

칙 제3조 (종합상황실의 실장의 업무 등)

① 종합상황실의 실장[종합상황실에 근무하는 자 중 최고직위에 있는 자(최고직위에 있는 자가 2인 이상인 경우에는 선임자)를 말한다. 이하 같다]은 다음 각 호의 업무를 행하고, 그에 관한 내용을 기록·관리하여야 한다.

1. 화재, 재난·재해 그 밖에 구조·구급이 필요한 상황(이하 "재난상황"이라 한다)의 발생의 신고접수
2. 접수된 재난상황을 검토하여 가까운 소방서에 인력 및 장비의 동원을 요청하는 등의 사고수습
3. 하급소방기관에 대한 **출동지령** 또는 동급 이상의 소방기관 및 유관기관에 대한 지원요청
4. 재난상황의 전파 및 보고
5. 재난상황이 발생한 현장에 대한 지휘 및 피해현황의 파악
6. 재난상황의 수습에 필요한 정보수집 및 제공

② 종합상황실의 실장은 다음 각호의 어느 하나에 해당하는 상황이 발생하는 때에는 그 사실을 지체 없이 별지 제1호서식에 의하여 서면·팩스 또는 컴퓨터통신 등으로 소방서의 종합상황실의 경우는 소방본부의 종합상황실에, 소방본부의 종합상황실의 경우는 소방청의 종합상황실에 각각 보고해야 한다.

1. 다음 각 목의 1에 해당하는 화재
   가. 사망자가 5인 이상 발생하거나 사상자가 10인 이상 발생한 화재
   나. 이재민이 100인 이상 발생한 화재
   다. 재산피해액이 50억 원 이상 발생한 화재
   라. 관공서·학교·정부미도정공장·문화재·지하철 또는 지하구의 화재
   마. 관광호텔, 층수(「건축법 시행령」 제119조제1항제9호의 규정에 따라 산정한 층수를 말한다. 이하 이 목에서 같다)가 11층 이상인 건축물, 지하상가, 시장, 백화점, 「위험물안전관리법」 제2조제2항의 규정에 의한 지정수량의 3천배 이상의 위험물의 제조소·저장소·취급소, 층수가 5층 이상이거나 객실이 30실 이상인 숙박시설, 층수가 5층 이상이거나 병상이 30개 이상인 종합병원·정신병원·한방병원·요양소, 연면적 1만5천㎡ 이상인 공장 또는 「화재의 예방 및 안전관리에 관한 법률」 제18제1항 각 목에 따른 화재경계지구에서 발생한 화재
   바. 철도차량, 항구에 매어둔 총 톤수가 1천톤 이상인 선박, 항공기, 발전소 또는 변전소에서 발생한 화재
   사. 가스 및 화약류의 폭발에 의한 화재
   아. 「다중이용업소의 안전관리에 관한 특별법」 제2조에 따른 다중이용업소의 화재
2. 「긴급구조대응활동 및 현장지휘에 관한 규칙」에 의한 통제단장의 현장지휘가 필요한 재난상황
3. 언론에 보도된 재난상황
4. 그 밖에 소방청장이 정하는 재난상황

③ 종합상황실 근무자의 근무방법 등 종합상황실의 운영에 관하여 필요한 사항은 종합상황실을 설치하는 소방청장, 소방본부장 또는 소방서장이 각각 정한다.

제5조 (소방박물관 등의 설립과 운영)

① 소방의 역사와 안전문화를 발전시키고 국민의 안전의식을 높이기 위하여 소방청장은 소방박물관을, 시·도지사는 소방체험관(화재 현장에서의 피난 등을 체험할 수 있는 체험관을 말한다. 이하 이 조에서 같다)을 설립하여 운영할 수 있다.

② 제1항에 따른 소방박물관의 설립과 운영에 필요한 사항은 행정안전부령으로, 소방체험관의 설립과 운영에 필요한 사항은 행정안전부령으로 정하는 기준에 따라 시·도의 조례로 정한다.

칙 제4조 (소방박물관의 설립과 운영)

① 소방청장은 법 제5조제2항의 규정에 따라 소방박물관을 설립·운영하는 경우에는 소방박물관에 소방박물관장 1인과 부관장 1인을 두되, 소방박물관장은 소방공무원 중에서 소방청장이 임명한다.

② 소방박물관은 국내·외의 소방의 역사, 소방공무원의 복장 및 소방장비 등의 변천 및 발전에 관한 자료를 수집·보관 및 전시한다.

③ 소방박물관에는 그 운영에 관한 중요한 사항을 심의하기 위하여 7인 이내의 위원으로 구성된 운영위원회를 둔다.

④ 제1항의 규정에 따라 설립된 소방박물관의 관광업무·조직·운영위원회의 구성 등에 관하여 필요한 사항은 소방청장이 정한다.

칙 제4조의2 (소방체험관의 설립 및 운영)

① 법 제5조제1항에 따라 설립된 소방체험관(이하 "소방체험관"이라 한다)은 다음 각 호의 기능을 수행한다. [본조신설 2017.7.6.]

1. 재난 및 안전사고 유형에 따른 예방, 대처, 대응 등에 관한 체험교육(이하 "체험교육"이라 한다)의 제공
2. 체험교육 프로그램의 개발 및 국민 안전의식 향상을 위한 홍보·전시
3. 체험교육 인력의 양성 및 유관기관·단체 등과의 협력
4. 그 밖에 체험교육을 위하여 시·도지사가 필요하다고 인정하는 사업의 수행

② 법 제5조제2항에서 "행정안전부령으로 정하는 기준"이란 별표 1에 따른 기준을 말한다.

제6조 (소방업무에 관한 종합계획의 수립·시행 등)

① 소방청장은 화재, 재난·재해, 그 밖의 위급한 상황으로부터 국민의 생명·신체 및 재산을 보호하기 위하여 소방업무에 관한 종합계획(이하 이 조에서 "종합계획"이라 한다)을 5년마다 수립·시행하여야 하고, 이에 필요한 재원을 확보하도록 노력하여야 한다.

② 종합계획에는 다음 각 호의 사항이 포함되어야 한다.

1. 소방서비스의 질 향상을 위한 정책의 기본방향
2. 소방업무에 필요한 체계의 구축, 소방기술의 연구·개발 및 보급
3. 소방업무에 필요한 장비의 구비
4. 소방전문인력 양성
5. 소방업무에 필요한 기반조성
6. 소방업무의 교육 및 홍보(제21조에 따른 소방자동차의 우선 통행 등에 관한 홍보를 포함한다)
7. 그 밖에 소방업무의 효율적 수행을 위하여 필요한 사항으로서 대통령령으로 정하는 사항

③ 소방청장은 제1항에 따라 수립한 종합계획을 관계 중앙행정기관의 장, 시·도지사에게 통보하여야 한다.
④ 시·도지사는 관할 지역의 특성을 고려하여 종합계획의 시행에 필요한 세부계획(이하 이 조에서 "세부계획"이라 한다)을 매년 수립하여 소방청장에게 제출하여야 하며, 세부계획에 따른 소방업무를 성실히 수행하여야 한다.
⑤ 소방청장은 소방업무의 체계적 수행을 위하여 필요한 경우 제4항에 따라 시·도지사가 제출한 세부계획의 보완 또는 수정을 요청할 수 있다.
⑥ 그 밖에 종합계획 및 세부계획의 수립·시행에 필요한 사항은 대통령령으로 정한다.

영 제1조의3 (소방업무에 관한 종합계획 및 세부계획의 수립·시행)
① 소방청장은 「소방기본법」(이하 "법"이라 한다) 제6조제1항에 따른 소방업무에 관한 종합계획을 관계 중앙행정기관의 장과의 협의를 거쳐 계획 시행 전년도 10월 31일까지 수립하여야 한다.
② 법 제6조 제2항 제7호에서 "대통령령으로 정하는 사항"이란 다음 각 호의 사항을 말한다.
1. 재난·재해 환경 변화에 따른 소방업무에 필요한 대응 체계 마련
2. 장애인, 노인, 임산부, 영유아 및 어린이 등 이동이 어려운 사람을 대상으로 한 소방활동에 필요한 조치
③ 특별시장·광역시장·특별자치시장·도지사 또는 특별자치도지사(이하 "시·도지사"라 한다)는 법 제6조제4항에 따른 종합계획의 시행에 필요한 세부계획(이하 "세부계획"이라 한다)을 계획 시행 전년도 12월 31일까지 수립하여 소방청장에게 제출하여야 한다. 〈개정 2024.11.9〉

영 제1조의4 (세부계획 추진실적 등의 평가)
① 소방청장은 재난·재해, 그 밖의 위급한 상황으로부터 국민의 생명·신체 및 재산을 보호하기 위하여 세부계획 수립의 적절성, 세부계획 추진실적 등에 대하여 정기적으로 평가할 수 있다.
② 소방청장은 제1항에 따른 평가를 하려는 경우 다음 연도의 평가계획을 11월 30일까지 시·도지사에게 통지해야 한다.
③ 제2항에 따라 통지를 받은 시·도지사는 전년도 세부계획 추진실적 등을 1월 31일까지 소방청장에게 제출해야 하고, 소방청장은 제1항에 따른 평가결과를 3월 31일까지 시·도지사에게 통보해야 한다.
④ 제1항부터 제3항까지에서 규정한 사항 외에 세부계획 추진실적 등의 평가에 필요한 사항은 소방청장이 정한다. 〈본조 신설 2024.11.9〉

제7조 (소방의 날 제정과 운영 등)

① 국민의 안전의식과 화재에 대한 경각심을 높이고 안전문화를 정착시키기 위하여 매년 11월 9일을 소방의 날로 정하여 기념행사를 한다.
② 소방의 날 행사에 관하여 필요한 사항은 소방청장 또는 시·도지사가 따로 정하여 시행할 수 있다.
③ 소방청장은 다음 각 호의 해당하는 사람을 명예직의 소방대원으로 위촉할 수 있다.
1. 「의사상자 등 예우 및 지원에 관한 법률」 제2조에 따른 의사상자(義死傷者)로서 같은 법 제3조제3호 또는 제4호에 해당하는 사람
2. 소방행정 발전에 공로가 있다고 인정되는 사람

제2장 소방장비 및 소방용수시설 등

제8조 (소방력의 기준 등)

① 소방기관이 소방업무를 수행하는 데에 필요한 인력과 장비 등[이하 "소방력(消防力)"이라 한다]에 관한 기준은 행정안전부령으로 정한다.

② 시·도지사는 제1항에 따른 소방력의 기준에 따라 관할구역의 소방력을 확충하기 위하여 필요한 계획을 수립하여 시행하여야 한다. 〈개정 2011.5.30〉

③ 소방자동차 등 소방장비의 분류·표준화와 그 관리 등에 필요한 사항은 따로 법률에서 정한다.

제9조 (소방장비 등에 대한 국고보조)

① 국가는 소방장비의 구입 등 시·도의 소방업무에 필요한 경비의 일부를 보조한다.

② 제1항에 따른 **보조대상사업의 범위와 기준보조율은 대통령령**으로 정한다.

영 제2조 (국고보조의 대상사업의 범위와 기준보조율)

① 법 제9조제2항에 따른 국고보조 대상사업의 범위는 다음 각 호와 같다.

1. 다음 각 목의 소방활동장비와 설비의 구입 및 설치
   가. 소방자동차
   나. 소방헬리콥터 및 소방정
   다. 소방**전용**통신설비 및 전산설비
   라. 그 밖에 방화복 등 소방활동에 필요한 소방장비
2. 소방관서용 청사의 건축(「건축법」 제2조제1항 제8호에 따른 건축을 말한다.)

② 제1항제1호에 따른 소방활동장비 및 설비의 종류와 규격은 **행정안전부령**으로 정한다.

③ 제1항에 따른 국고보조 대상사업의 기준보조율은 「보조금 관리에 관한 법률 시행령」에서 정하는 바에 따른다.

칙 제5조 (소방활동장비 및 설비의 규격 및 종류와 기준가격)

① 영 제2조제2항의 규정에 의한 국고보조의 대상이 되는 소방활동장비 및 설비의 종류 및 규격은 별표 1의2와 같다.

② 영 제2조제2항의 규정에 의한 국고보조산정을 위한 기준가격은 다음 각 호와 같다.

1. 국내조달품: 정부고시가격
2. 수입물품: 조달청에서 조사한 해외시장의 시가
3. 정부고시가격 또는 조달청에서 조사한 해외시장의 시가가 없는 물품: 2 이상의 공신력 있는 물가조사기관에서 조사한 가격의 평균가격

제10조 (소방용수시설의 설치 및 관리 등)

① 시·도지사는 소방활동에 필요한 소화전(消火栓)·급수탑(給水塔)·저수조(貯水槽)(이하 "소방용수시설"이라 한다)를 설치하고 유지·관리하여야 한다. 다만, 「수도법」 제45조에 따라 소화전을 설치하는 일반수도사업자는 관할 소방서장과 사전협의를 거친 후 소화전을 설치하여야 하며, 설치 사실을 관할 소방

서장에게 통지하고, 그 소화전을 유지·관리하여야 한다. 〈개정 2011.3.8〉

② 시·도지사는 제21조제1항에 따른 소방자동차의 진입이 곤란한 지역 등 화재발생 시에 초기 대응이 필요한 지역으로서 대통령령으로 정하는 지역에 소방호스 또는 호스 릴 등을 소방용수시설에 연결하여 화재를 진압하는 시설이나 장치(이하 "비상소화장치"라 한다)를 설치하고 유지·관리할 수 있다.

③ 제1항에 따른 소방용수시설과 제2항의 비상소화장치의 설치기준은 행정안전부령으로 정한다.

영 제2조의2 (비상소화장치의 설치대상지역)

법 제10조제2항에서 "대통령령으로 정하는 지역"이란 다음 각 호의 어느 하나에 해당하는 지역을 말한다.

1. 「화재의 예방 및 안전관리에 관한 법률」 제18조제1항에 따라 지정된 화재예방강화지구
2. 시·도지사가 법 제10조 제2항에 따른 비상소화장치의 설치가 필요하다고 인정하는 지역

직 제6조 (소방용수시설 및 비상소화장치의 설치기준)

① 특별시·광역시·특별자치시·도 또는 특별자치도(이하 "시·도"라 한다)는 법 제10조제1항의 규정에 따라 설치된 소방용수시설에 대하여 별표 2의 소방용수표지를 보기 쉬운 곳에 설치하여야 한다.

② 법 제10조제1항에 따른 소방용수시설의 설치기준은 별표 3과 같다.

③ 법 제10조제2항에 따른 비상소화장치의 설치기준은 다음 각 호와 같다. [본항신설 2018.6.26]

1. 비상소화장치는 비상소화장치함, 소화전, 소방호스(소화전의 방수구에 연결하여 소화용수를 방수하기 위한 도관으로서 호스와 연결금속구로 구성되어 있는 소방용릴호스 또는 소방용고무내장호스를 말한다), 관창(소방호스용 연결금속구 또는 중간연결금속구 등의 끝에 연결하여 소화용수를 방수하기 위한 나사식 또는 차입식 토출기구를 말한다)을 포함하여 구성할 것
2. 소방호스 및 관창은 「소방시설 설치 및 관리에 관한 법률」 제37조제5항에 따라 소방청장이 정하여 고시하는 형식승인 및 제품검사의 기술기준에 적합한 것으로 설치할 것
3. 비상소화장치함은 「소방시설 설치 및 관리에 관한 법률」 제40조제4항에 따라 소방청장이 정하여 고시하는 성능인증 및 제품검사의 기술기준에 적합한 것으로 설치할 것

④ 제3항에서 규정한 사항 외에 비상소화장치의 설치기준에 관한 세부 사항은 소방청장이 정한다.

직 제7조 (소방용수시설 및 지리조사)

① 소방본부장 또는 소방서장은 원활한 소방활동을 위하여 다음 각 호의 조사를 월 1회 이상 실시하여야 한다.

1. 법 제10조의 규정에 따라 설치된 소방용수시설에 대한 조사
2. 소방대상물에 인접한 도로의 폭·교통상황, 도로주변의 토지의 고저·건축물의 개황 그 밖의 소방활동에 필요한 지리에 대한 조사

② 제1항의 조사결과는 전자적 처리가 불가능한 특별한 사유가 없으면 전자적 처리가 가능한 방법으로 작성·관리하여야 한다.

③ 제1항제1호의 조사는 별지 제2호서식에 의하고, 제1항 제2호의 조사는 별지 제3호 서식에 의하되, 그 조사결과를 2년간 보관하여야 한다.

제11조 (소방업무의 응원)

① 소방본부장이나 소방서장은 소방활동을 할 때에 긴급한 경우에는 이웃한 소방본부장 또는 소방서장

에게 소방업무의 응원(應援)을 요청할 수 있다.

② 제1항에 따라 소방업무의 응원 요청을 받은 소방본부장 또는 소방서장은 정당한 사유 없이 그 요청을 거절하여서는 아니 된다.

③ 제1항에 따라 소방업무의 응원을 위하여 파견된 소방대원은 응원을 요청한 소방본부장 또는 소방서장의 지휘에 따라야 한다.

④ 시·도지사는 제1항에 따라 소방업무의 응원을 요청하는 경우를 대비하여 출동 대상지역 및 규모와 필요한 경비의 부담 등에 관하여 필요한 사항을 행정안전부령으로 정하는 바에 따라 이웃하는 시·도지사와 협의하여 미리 규약(規約)으로 정하여야 한다.

칙 제8조 (소방업무의 상호응원협정)

법 제11조제4항에 따라 시·도지사는 이웃하는 다른 시·도지사와 소방업무에 관하여 상호응원협정을 체결하고자 하는 때에는 다음 각 호의 사항이 포함되도록 해야 한다.〈개정 2021.12.10.〉

1. 다음 각 목의 소방활동에 관한 사항
   가. 화재의 경계·진압활동　나. 구조·구급업무의 지원　다. 화재조사활동
2. 응원출동대상지역 및 규모
3. 다음 각 목의 소요경비의 부담에 관한 사항
   가. 출동대원의 수당·식사 및 의복의 수선
   나. 소방장비 및 기구의 정비와 연료의 보급
   다. 그 밖의 경비
4. 응원출동의 요청방법
5. 응원출동훈련 및 평가

제11조의2 (소방력의 동원)

① 소방청장은 해당 시·도의 소방력만으로는 소방활동을 효율적으로 수행하기 어려운 화재, 재난·재해, 그 밖의 구조·구급이 필요한 상황이 발생하거나 특별히 국가적 차원에서 소방활동을 수행할 필요가 인정될 때에는 각 시·도지사에게 행정안전부령으로 정하는 바에 따라 소방력을 동원할 것을 요청할 수 있다.

② 제1항에 따라 동원 요청을 받은 시·도지사는 정당한 사유 없이 요청을 거절하여서는 아니 된다.

③ 소방청장은 시·도지사에게 제1항에 따라 동원된 소방력을 화재, 재난·재해 등이 발생한 지역에 지원·파견하여 줄 것을 요청하거나 필요한 경우 직접 소방대를 편성하여 화재진압 및 인명구조 등 소방에 필요한 활동을 하게 할 수 있다.

④ 제1항에 따라 동원된 소방대원이 다른 시·도에 파견·지원되어 소방활동을 수행할 때에는 특별한 사정이 없으면 화재, 재난·재해 등이 발생한 지역을 관할하는 소방본부장 또는 소방서장의 지휘에 따라야 한다. 다만, 소방청장이 직접 소방대를 편성하여 소방활동을 하게 하는 경우에는 소방청장의 지휘에 따라야 한다.

⑤ 제3항 및 제4항에 따른 소방활동을 수행하는 과정에서 발생하는 경비 부담에 관한 사항, 제3항 및 제4항에 따라 소방활동을 수행한 민간 소방 인력이 사망하거나 부상을 입었을 경우의 보상주체·보상기준 등에 관한 사항, 그 밖에 동원된 소방력의 운용과 관련하여 필요한 사항은 대통령령으로 정한다.

영 제2조의3 (소방력의 동원)

① 법 제11조의2제3항 및 제4항에 따라 동원된 소방력의 소방활동 수행 과정에서 발생하는 경비는 화재, 재난·재해나 그 밖의 구조·구급이 필요한 상황이 발생한 시·도에서 부담하는 것을 원칙으로 하되, 구체적인 내용은 해당 시·도가 서로 협의하여 정한다. 〈개정 2022. 1. 4.〉

② 법 제11조의2제3항 및 제4항에 따라 동원된 민간 소방 인력이 소방활동을 수행하다가 사망하거나 부상을 입은 경우 화재, 재난·재해 또는 그 밖의 구조·구급이 필요한 상황이 발생한 시·도가 해당 시·도의 조례로 정하는 바에 따라 보상한다.

③ 제1항 및 제2항에서 규정한 사항 외에 법 제11조의2에 따라 동원된 소방력의 운용과 관련하여 필요한 사항은 소방청장이 정한다.

칙 제8조의2 (소방력의 동원 요청)

① 소방청장은 법 제11조의2제1항에 따라 각 시·도지사에게 소방력 동원을 요청하는 경우 동원 요청 사실과 다음 각 호의 사항을 팩스 또는 전화 등의 방법으로 통지하여야 한다. 다만, 긴급을 요하는 경우에는 시·도 소방본부 또는 소방서의 종합상황실장에게 직접 요청할 수 있다.

1. 동원을 요청하는 인력 및 장비의 규모
2. 소방력 이송 수단 및 집결장소
3. 소방활동을 수행하게 될 재난의 규모, 원인 등 소방활동에 필요한 정보

② 제1항에서 규정한 사항 외에 그 밖의 시·도 소방력 동원에 필요한 사항은 소방청장이 정한다.

제4장 소방활동

제16조 (소방활동)

① 소방청장, 소방본부장 또는 소방서장은 화재, 재난, 재해 그 밖의 위급한 상황이 발생한 때에는 소방대를 현장에 신속하게 출동시켜 화재진압과 인명구조·구급 등 소방에 필요한 활동(이하 이 조에서 "소방활동"이라 한다)을 하게 하여야 한다.

② 누구든지 정당한 사유 없이 제1항에 따라 출동한 소방대의 소방활동을 방해하여서는 아니 된다.

제16조의2 (소방지원활동)

① 소방청장, 소방본부장 또는 소방서장은 공공의 안녕질서 유지 또는 복리증진을 위하여 필요한 경우 소방활동 외에 다음 각 호의 활동(이하 "소방지원활동"이라 한다)을 하게 할 수 있다.

1. 산불에 대한 예방·진압 등 지원활동
2. 자연재해에 따른 급수·배수 및 제설 등 지원활동
3. 집회·공연 등 각종 행사 시 사고에 대비한 근접대기 등 지원활동
4. 화재, 재난·재해로 인한 피해복구 지원활동
5. 항 〈삭제〉
6. 그 밖에 행정안전부령으로 정하는 활동

② 소방지원활동은 제16조의 소방활동 수행에 지장을 주지 아니하는 범위에서 할 수 있다.

③ 유관기관·단체 등의 요청에 따른 소방지원활동에 드는 비용은 지원요청을 한 유관기관·단체 등에게 부담하게 할 수 있다. 단, 부담금액 및 부담방법에 관하여는 지원요청을 한 유관기관·단체 등과 협의하여 결정한다.

칙 제8조의4 (소방지원활동)

법 제16조의2제1항제6호에서 "그 밖에 행정안전부령으로 정하는 활동"이란 다음 각 호의 어느 하나에 해당하는 활동을 말한다.

1. 군·경찰 등 유관기관에서 실시하는 훈련지원 활동
2. 소방시설 오작동 신고에 따른 조치활동
3. 방송제작 또는 촬영 관련 지원활동

칙 제8조의5 (소방지원활동의 기록관리)

① 소방대원은 법 제16조의2제1항에 따른 소방지원활동 및 법 제16조의3제1항에 따른 생활안전활동(이하 "소방지원활동등"이라 한다)을 한 경우 별지 제3호의2서식의 소방지원활동등 기록지에 해당 활동상황을 상세히 기록하고, 소속 소방관서에 3년간 보관해야 한다.〈본조신설 2024.2.27.〉

② 소방본부장은 소방지원활동등의 상황을 종합하여 연 2회 소방청장에게 보고해야 한다.

제16조의3 (생활안전활동)

① 소방청장·소방본부장 또는 소방서장은 신고가 접수된 생활안전 및 위험제거 활동(화재, 재난·재해, 그 밖의 위급한 상황에 해당하는 것은 제외한다)에 대응하기 위하여 소방대를 출동시켜 다음 각 호의 활동(이하 "생활안전활동"이라 한다)을 하게 하여야 한다.

1. 붕괴, 낙하 등이 우려되는 고드름, 나무, 위험 구조물 등의 제거활동
2. 위해동물, 벌 등의 포획 및 퇴치 활동
3. 끼임, 고립 등에 따른 위험제거 및 구출 활동
4. 단전사고 시 비상전원 또는 조명의 공급
5. 그 밖에 방치하면 급박해질 우려가 있는 위험을 예방하기 위한 활동

② 누구든지 정당한 사유 없이 제1항에 따라 출동하는 소방대의 생활안전활동을 방해하여서는 아니 된다.

제16조의4 (소방자동차의 보험 가입 등)

① 시·도지사는 소방자동차의 공무상 운행 중 교통사고가 발생한 경우 그 운전자의 법률상 분쟁에 소요되는 비용을 지원할 수 있는 보험에 가입하여야 한다.

② 국가는 제1항에 따른 보험 가입비용의 일부를 지원할 수 있다.

제16조의5 (소방활동에 대한 면책)

① 소방공무원이 제16조제1항에 따른 소방활동으로 인하여 타인을 사상(死傷)에 이르게 한 경우 그 소방활동이 불가피하고 소방공무원에게 고의 또는 중대한 과실이 없는 때에는 그 정상을 참작하여 사상에 대한 형사책임을 감경하거나 면제할 수 있다.

제16조의6 (소송지원)

① 소방청장, 소방본부장 또는 소방서장은 소방공무원이 제16조제1항에 따른 소방활동, 제16조의2제1항에 따른 소방지원활동, 제16조의3제1항에 따른 생활안전활동으로 인하여 민·형사상 책임과 관련된 소송을 수행할 경우 변호인 선임 등 소송수행에 필요한 지원을 할 수 있다.

제17조 (소방교육·훈련)

① 소방청장, 소방본부장 또는 소방서장은 소방업무를 전문적이고 효과적으로 수행하기 위하여 소방대원에게 필요한 교육·훈련을 실시하여야 한다.

② 소방청장, 소방본부장 또는 소방서장은 화재를 예방하고 화재 발생 시 인명과 재산피해를 최소화하기 위하여 다음 각 호에 해당하는 사람을 대상으로 행정안전부령으로 정하는 바에 따라 소방안전에 관한 교육과 훈련을 실시할 수 있다. 이 경우 소방청장, 소방본부장 또는 소방서장은 해당 어린이집·유치원·학교·장애인복지시설·아동복지시설의 장 또는 노인복지시설의 장과 교육일정 등에 관하여 협의하여야 한다.〈개정 2025.1.7.〉

1. 「영유아보육법」 제2조에 따른 어린이집의 영유아
2. 「유아교육법」 제2조에 따른 유치원의 유아
3. 「초·중등교육법」 제2조에 따른 학교의 학생
4. 「장애인복지법」 제58조에 따른 장애인복지시설에 거주하거나 해당 시설을 이용하는 장애인
5. 「아동복지법」 제52조에 따른 아동복지시설에 거주하거나 해당 시설을 이용하는 아동
6. 「노인복지법」 제31조에 따른 노인복지시설에 거주하거나 해당 시설을 이용하는 노인

③ 소방청장, 소방본부장 또는 소방서장은 국민의 안전의식을 높이기 위하여 화재 발생 시 피난 및 행동 방법 등을 홍보하여야 한다.

④ 제1항에 따른 교육·훈련의 종류 및 대상자, 그 밖에 교육·훈련의 실시에 필요한 사항은 행정안전부령으로 정한다.

칙 제9조 (소방교육·훈련의 종류 등)

① 법 제17조제1항에 따라 소방대원에게 실시할 교육·훈련의 종류, 해당 교육·훈련을 받아야 할 대상자 및 교육·훈련기간 등은 별표 3의2와 같다.

② 법 제17조제2항에 따른 소방안전에 관한 교육과 훈련(이하 "소방안전교육훈련"이라 한다)에 필요한 시설, 장비, 강사자격 및 교육방법 등의 기준은 별표 3의3과 같다.

③ 소방청장, 소방본부장 또는 소방서장은 소방안전교육훈련을 실시하려는 경우 매년 12월 31일까지 다음 해의 소방안전교육훈련 운영계획을 수립하여야 한다

④ 소방청장은 제3항에 따른 소방안전교육훈련 운영계획의 작성에 필요한 지침을 정하여 소방본부장과 소방서장에게 매년 10월 31일까지 통보하여야 한다.[전문개정 2017.7.6.]

제17조의2 (소방안전교육사)

① 소방청장은 제17조제2항에 따른 소방안전교육을 위하여 소방청장이 실시하는 시험에 합격한 사람에게 소방안전교육사 자격을 부여한다.

② 소방안전교육사는 소방안전교육의 기획·진행·분석·평가 및 교수업무를 수행한다.

③ 제1항에 따른 소방안전교육사 시험의 응시자격, 시험방법, 시험과목, 시험위원, 그 밖에 소방안전교육사 시험의 실시에 필요한 사항은 대통령령으로 정한다.

④ 제1항에 따른 소방안전교육사 시험에 응시하고자 하는 사람은 대통령령으로 정하는 바에 따라 수수료를 내야 한다.

영 제7조의3 (시험방법)

① 소방안전교육사시험은 제1차 시험 및 제2차 시험으로 구분하여 시행한다.

② 제1차 시험은 선택형을, 제2차 시험은 논술형을 원칙으로 한다. 다만, 제2차 시험에는 주관식 단답형 또는 기입형을 포함할 수 있다.

③ 제1차 시험에 합격한 사람에 대해서는 다음 회의 시험에 한정하여 제1차 시험을 면제한다.

영 제7조의4 (시험과목)

① 소방안전교육사시험의 제1차 시험 및 제2차 시험 과목은 다음 각 호와 같다.

1. 제1차 시험: 소방학개론, 구급·응급처치론, 재난관리론 및 교육학개론 중 응시자가 선택하는 3과목
2. 제2차 시험: 국민안전교육 실무

② 제1항에 따른 시험 과목별 출제 범위는 행정안전부령으로 정한다.

영 제7조의5 (시험위원 등)

① 소방청장은 소방안전교육사시험 응시자격심사, 출제 및 채점을 위하여 다음 각 호의 어느 하나에 해당하는 사람을 응시자격심사위원 및 시험위원으로 임명 또는 위촉하여야 한다.

1. 소방안전 관련 학과, 교육학과 또는 응급구조학과 박사학위 취득자
2. 「고등교육법」 제2조제1호부터 제6호까지의 규정 중 어느 하나에 해당하는 학교에서 소방 관련 학과·교육학과 또는 응급구조학과 조교수 이상으로 2년 이상 재직한 자
3. 소방위 이상의 소방공무원
4. 소방안전교육사 자격을 취득한 자

② 제1항에 따른 응시자격심사위원 및 시험위원의 수는 다음 각 호와 같다.

1. 응시자격심사위원: 3명
2. 시험위원 중 출제위원: 시험과목별 3명
3. 시험위원 중 채점위원: 시험과목별 5명
4. 〈삭제〉

③ 제1항에 따라 응시자격심사위원 및 시험위원으로 임명 또는 위촉된 자는 소방청장이 정하는 시험문제 등의 작성 시 유의사항 및 서약서 등에 따른 준수사항을 성실히 이행해야 한다.

④ 제1항에 따라 임명 또는 위촉된 응시자격심사위원 및 시험위원과 시험감독업무에 종사하는 자에 대하여는 예산의 범위에서 수당 및 여비를 지급할 수 있다.

영 제7조의6 (시험의 시행 및 공고)

① 소방안전교육사시험은 2년마다 1회 시행함을 원칙으로 하되, 소방청장이 필요하다고 인정하는 때에는 그 횟수를 증감할 수 있다.

② 소방청장은 소방안전교육사시험을 시행하려는 때에는 응시자격·시험과목·일시·장소 및 응시절차 등에 관하여 필요한 사항을 모든 응시 희망자가 알 수 있도록 소방안전교육사시험의 시행일 90일 전까지 소방청의 인터넷 홈페이지 등에 공고해야 한다.

영 제7조의7 (응시원서 제출 등)

① 소방안전교육사시험에 응시하려는 자는 행정안전부령으로 정하는 소방안전교육사시험응시원서를 소방청장에게 제출(정보통신망에 의한 제출을 포함한다. 이하 이 조에서 같다)해야 한다.

② 소방안전교육사시험에 응시하려는 자는 행정안전부령으로 정하는 제7조의2에 따른 응시자격에 관한 증명서류를 소방청장이 정하는 기간 내에 제출해야 한다.

③ 소방안전교육사시험에 응시하려는 자는 행정안전부령으로 정하는 응시수수료를 납부해야 한다.

④ ~⑦ 생략 (수수료에 관한 내용으로 생략함) – 중요도 없음.

칙 제9조의3 (응시원서)

① 영 제7조의7제1항에 따른 소방안전교육사시험 응시원서는 별지 제4호서식과 같다.

② 영 제7조의7제2항에 따라 응시자가 제출하여야 하는 증명서류는 다음 각 호의 서류 중 응시자에게 해당되는 것으로 한다.

1. 자격증 사본. 다만, 영 별표 2의2 제6호, 제8호 및 제9호에 해당하는 사람이 응시하는 경우

해당 자격증 사본은 제외한다.

2. 교육과정 이수증명서 또는 수료증 3. 교과목 이수증명서 또는 성적증명서

4. 별지 제5호서식에 따른 경력(재직)증명서. 다만, 발행 기관에 별도의 경력(재직)증명서 서식이 있는 경우는 그에 따를 수 있다.

5. 「화재의 예방 및 안전관리에 관한 법률 시행규칙」 제18조에 따른 소방안전관리자자격증 사본

③ 소방청장은 제2항제1호 단서에 따라 응시자가 제출하지 아니한 영 별표 2의2 제6호, 제8호 및 제9호에 해당하는 국가기술자격증에 대해서는 「전자정부법」 제36조제1항에 따른 행정정보의 공동이용을 통하여 확인하여야 한다. 다만, 응시자가 확인에 동의하지 아니하는 경우에는 해당 국가기술자격증 사본을 제출하도록 하여야 한다.

칙 제9조의4 (응시수수료)

① 영 제7조의7제3항에 따른 응시수수료는 제1차 시험의 경우 3만 원, 제2차 시험의 경우 2만5천 원으로 한다. 〈개정 2020.12.10.〉

② 수수료는 수입인지 또는 정보통신망을 이용한 전자화폐·전자결제 등의 방법으로 납부하여야 한다.

영 제7조의8 (시험의 합격자 결정 등)

① 제1차 시험은 매과목 100점을 만점으로 하여 매과목 40점 이상, 전과목 평균 60점 이상 득점한 자를 합격자로 한다.

② 제2차 시험은 100점을 만점으로 하되, 시험위원의 채점점수 중 최고점수와 최저점수를 제외한 점수의 평균이 60점 이상인 사람을 합격자로 한다.

③ 소방청장은 제1항 및 제2항에 따라 소방안전교육사시험 합격자를 결정한 때에는 이를 소방청의 인터넷 홈페이지 등에 공고해야 한다.

④ 소방청장은 제3항에 따른 시험합격자 공고일부터 1개월 이내에 행정안전부령으로 정하는 소방안전교육사증을 시험합격자에게 발급하며, 이를 소방안전교육사증 교부대장에 기재하고 관리하여야 한다. ⑤ 〈삭제〉

제17조의3 (소방안전교육사의 결격사유)

다음 각 호의 어느 하나에 해당하는 사람은 소방안전교육사가 될 수 없다.

1. 피성년후견인
2. 금고 이상의 실형을 선고받고 그 집행이 끝나거나(집행이 끝난 것으로 보는 경우를 포함한다) 집행이 면제된 날부터 2년이 지나지 아니한 사람
3. 금고 이상의 형의 집행유예를 선고 받고 그 유예기간 중에 있는 사람
4. 법원의 판결 또는 다른 법률에 의하여 자격이 정지 또는 상실된 사람

제17조의4 (부정행위자에 대한 조치)

① 소방청장은 제17조의2에 따른 소방안전교육사 시험에서 부정행위를 한 사람에 대하여는 해당 시험을 정지시키거나 무효로 처리한다.

② 제1항에 따라 시험이 정지되거나 무효로 처리된 사람은 그 처분이 있은 날부터 2년간 소방안전교육사 시험에 응시하지 못한다.

제17조의5 (소방안전교육사의 배치)

① 제17조의2제1항에 따른 소방안전교육사를 소방청, 소방본부 또는 소방서 그 밖에 대통령령이 정하는 대상에 배치할 수 있다.

② 제1항에 따른 소방안전교육사의 배치대상 및 배치기준, 그 밖에 필요한 사항은 대통령령으로 정한다.

영 제7조의10 (소방안전교육사의 배치대상)

법 제17조의5제1항에서 "그 밖에 대통령령으로 정하는 대상"이란 다음 각 호의 어느 하나에 해당하는 기관이나 단체를 말한다.

1. 법 제40조에 따라 설립된 한국소방안전원(이하 "안전원"이라 한다)
2. 「소방산업의 진흥에 관한 법률」 제14조에 따른 한국소방산업기술원

제17조의6 (한국119청소년단)

① 청소년에게 소방안전에 관한 올바른 이해와 안전의식을 함양시키기 위하여 한국119청소년단을 설립한다.

② 한국119청소년단은 법인으로 하고, 그 주된 사무소의 소재지에 설립등기를 함으로써 성립한다.

③ 국가나 지방자치단체는 한국119청소년단에 그 조직 및 활동에 필요한 시설·장비를 지원할 수 있으며, 운영경비와 시설비 및 국내외 행사에 필요한 경비를 보조할 수 있다.

④ 개인·법인 또는 단체는 한국119청소년단의 시설 및 운영 등을 지원하기 위하여 금전이나 그 밖의 재산을 기부할 수 있다.

⑤ 이 법에 따른 한국119청소년단이 아닌 자는 한국119청소년단 또는 이와 유사한 명칭을 사용할 수 없다.

⑥ 한국119청소년단의 정관 또는 사업의 범위·지도·감독 및 지원에 필요한 사항은 행정안전부령으로 정한다.

⑦ 한국119청소년단에 관하여 이 법에서 규정한 것을 제외하고는 「민법」 중 사단법인에 관한 규정을 준용한다.

칙 제9조의6 (119청소년단의 사업 범위 등)

① 법 제17조의6에 따른 한국119청소년단의 사업 범위는 다음 각 호와 같다.

1. 한국119청소년단 단원의 선발·육성과 활동 지원
2. 한국119청소년단의 활동·체험 프로그램 개발 및 운영
3. 한국119청소년단의 활동과 관련된 학문·기술의 연구·교육 및 홍보
4. 한국119청소년단 단원의 교육·지도를 위한 전문인력 양성
5. 관련 기관·단체와의 자문 및 협력사업
6. 그 밖에 한국119청소년단의 설립목적에 부합하는 사업

② 소방청장은 한국119청소년단의 설립목적 달성 및 원활한 사업 추진 등을 위하여 필요한 지원과 지도·감독을 할 수 있다.

③ 제1항 및 제2항에서 규정한 사항 외에 한국119청소년단의 구성 및 운영 등에 필요한 사항은 한국119청소년단 정관으로 정한다.[본조신설 2020.12.10.]

제18조 (소방신호)

화재예방, 소방활동 또는 소방훈련을 위하여 사용되는 소방신호의 종류와 방법은 행정안전부령으로 정한다.

칙 제10조 (소방신호의 종류)

① 법 제18조의 규정에 의한 소방신호의 종류는 다음 각 호와 같다.

1. 경계신호: 화재예방상 필요하다고 인정되거나 「화재의 예방 및 안전관리에 관한 법률」 제20조의 규정에 의한 화재위험경보 시 발령
2. 발화신호: 화재가 발생한 때 발령
3. 해제신호: 소화활동이 필요없다고 인정되는 때 발령
4. 훈련신호: 훈련상 필요하다고 인정되는 때 발령

② 제1항의 규정에 의한 소방신호의 종류별 소방신호의 방법은 별표 4와 같다.

제19조 (화재 등의 통지)

① 화재 현장 또는 구조·구급이 필요한 사고현장을 발견한 사람은 그 현장의 상황을 소방본부, 소방서 또는 관계 행정기관에 지체 없이 알려야 한다.

② 다음 각 호의 어느 하나에 해당하는 지역 또는 장소에서 화재로 오인할 만한 우려가 있는 불을 피우거나 연막(煙幕)소독을 하려는 자는 시·도의 조례로 정하는 바에 따라 관할 소방본부장 또는 소방서장에게 신고하여야 한다.

1. 시장지역
2. 공장·창고가 밀집한 지역
3. 목조건물이 밀집한 지역
4. 위험물의 저장 및 처리시설이 밀집한 지역
5. 석유화학제품을 생산하는 공장이 있는 지역
6. 그 밖에 시·도의 조례가 정하는 지역 또는 장소

제20조 (관계인의 소방활동)

① 관계인은 소방대상물에 화재, 재난·재해, 그 밖의 위급한 상황이 발생한 경우에는 소방대가 현장에 도착할 때까지 경보를 울리거나 대피를 유도하는 등의 방법으로 사람을 구출하는 조치 또는 불을 끄거나 불이 번지지 아니하도록 필요한 조치를 하여야 한다.

② 관계인은 소방대상물에 화재, 재난· 재해, 그 밖의 위급한 상황이 발생한 경우에는 이를 소방본부, 소방서 또는 관계 행정기관에 지체 없이 알려야 한다. 〈신설 2022. 4. 26.〉

제20조의2 (자체소방대의 설치·운영)

① 관계인은 화재를 진압하거나 구조·구급 활동을 하기 위하여 상설 조직체(「위험물안전관리법」 제19조 및 그 밖의 다른 법령에 따라 설치된 자체소방대를 포함하며, 이하 이 조에서 "자체소방대"라 한다)를 설치·운영할 수 있다.

② 자체소방대는 소방대가 현장에 도착한 경우 소방대장의 지휘·통제에 따라야 한다.

③ 소방청장, 소방본부장 또는 소방서장은 자체소방대의 역량 향상을 위하여 필요한 교육·훈련 등을 지원할 수 있다.

④ 제3항에 따른 교육·훈련 등의 지원에 필요한 사항은 행정안전부령으로 정한다.〈2022. 12. 15.〉

칙 제11조 (자체소방대의 교육·훈련 등의 지원)

법 제20조의2제3항에 따라 소방청장, 소방본부장 또는 소방서장은 같은 조 제1항에 따른 자체소방대(이하 "자체소방대"라 한다)의 역량 향상을 위하여 다음 각 호에 해당하는 교육·훈련 등을

지원할 수 있다.

1. 「소방공무원 교육훈련규정」 제2조에 따른 교육훈련기관에서의 자체소방대 교육훈련과정
2. 자체소방대에서 수립하는 교육・훈련 계획의 지도・자문
3. 「소방공무원 임용령」 제2조제3호에 따른 소방기관(이하 이 조에서 "소방기관"이라 한다)과 자체소방대와의 합동 소방훈련
4. 소방기관에서 실시하는 자체소방대의 현장실습
5. 그 밖에 소방청장이 자체소방대의 역량 향상을 위하여 필요하다고 인정하는 교육・훈련

제21조 (소방자동차의 우선 통행 등)

① 모든 차와 사람은 소방자동차(지휘를 위한 자동차와 구조·구급차를 포함한다. 이하 같다)가 화재진압 및 구조·구급 활동을 위하여 출동을 할 때에는 이를 방해하여서는 아니 된다.

② 소방자동차가 화재진압 및 구조·구급 활동을 위하여 출동하거나 훈련을 위하여 필요할 때에는 사이렌을 사용할 수 있다.

③ 모든 차와 사람은 소방자동차가 화재진압 및 구조·구급 활동을 위하여 제2항에 따라 사이렌을 사용하여 출동하는 경우에는 다음 각 호의 행위를 하여서는 아니 된다.

1. 소방자동차에 진로를 양보하지 아니하는 행위
2. 소방자동차 앞에 끼어들거나 소방자동차를 가로막는 행위
3. 그 밖에 소방자동차의 출동에 지장을 주는 행위

④ 제3항의 경우를 제외하고 소방자동차의 우선 통행에 관하여는 「도로교통법」에서 정하는 바에 따른다.

칙 제12조 (소방자동차 운행기록장치의 기준)

법 제21조의3제1항에서 "행정안전부령으로 정하는 기준에 적합한 운행기록장치"란 「교통안전법 시행규칙」 별표 4에서 정하는 장치 및 기능을 갖춘 전자식 운행기록장치(이하 "운행기록장치"라 한다)를 말한다.

칙 제13조 (운행기록장치 데이터의 보관)

소방청장, 소방본부장 및 소방서장은 소방자동차 운행기록장치에 기록된 데이터(이하 "운행기록장치 데이터"라 한다)를 6개월 동안 저장、관리해야 한다.

칙 제13조의2 (운행기록장치 데이터의 제출)

① 소방청장은 소방자동차의 안전한 운행 및 교통사고 예방을 위하여 소방본부장 또는 소방서장에게 운행기록장치 데이터 및 그 분석 결과 등 관련 자료의 제출을 요청할 수 있다.

② 소방본부장은 관할 구역 안의 소방서장에게 운행기록장치 데이터 등 관련 자료의 제출을 요청할 수 있다.

③ 소방본부장 또는 소방서장은 제1항 또는 제2항에 따라 자료의 제출을 요청받은 경우에는 소방청장 또는 소방본부장에게 해당 자료를 제출해야 한다. 이 경우 소방서장이 제1항에 따라 소방청장에게 자료를 제출하는 경우에는 소방본부장을 거쳐야 한다.

칙 제13조의3 (운행기록장치 데이터의 분석·활용)

① 소방청장 및 소방본부장은 운행기록장치 데이터 중 과속, 급감속, 급출발 등의 운행기록을 점검・분석해야 한다.

② 소방청장, 소방본부장 및 소방서장은 제1항에 따른 분석 결과를 소방자동차의 안전한 소방활동 수행에 필요한 교통안전정책의 수립, 교육·훈련 등에 활용할 수 있다.

직 제13조의4 (운행기록장치 데이터 보관 등에 관한 세부사항)

제13조, 제13조의2 및 제13조의3에서 규정한 사항 외에 운행기록장치 데이터의 보관, 제출 및 활용 등에 필요한 세부 사항은 소방청장이 정한다.

제21조의2 (소방자동차 전용구역 등)

① 「건축법」 제2조제2항제2호에 따른 공동주택 중 대통령령으로 정하는 공동주택의 건축주는 제16조제1항에 따른 소방활동의 원활한 수행을 위하여 공동주택에 소방자동차 전용구역(이하 "전용구역"이라 한다)을 설치하여야 한다.

② 누구든지 전용구역에 차를 주차하거나 전용구역에의 진입을 가로막는 등의 방해행위를 하여서는 아니 된다.

③ 전용구역의 설치 기준방법, 제2항에 따른 방해행위의 기준, 그 밖의 필요한 사항은 대통령령으로 정한다.

영 제7조의12 (소방자동차 전용구역 설치 대상)

법 제21조의2제1항에서 "대통령령으로 정하는 공동주택"이란 다음 각 호의 주택을 말한다. 다만, 하나의 대지에 하나의 동(棟)으로 구성되고 「도로교통법」 제32조 또는 제33조에 따라 정차 또는 주차가 금지된 편도 2차선 이상의 도로에 직접 접하여 소방자동차가 도로에서 직접 소방활동이 가능한 공동주택은 제외한다.

1. 「건축법 시행령」 별표 1 제2호가목의 아파트 중 세대수가 100세대 이상인 아파트
2. 「건축법 시행령」 별표 1 제2호라목의 기숙사 중 3층 이상의 기숙사[본조신설 2018.8.7]

영 제7조의13 (소방자동차 전용구역 설치 기준방법)

① 제7조의12 각호 외의 부분 본문에 따른 공동주택의 건축주는 소방자동차가 접근하기 쉽고 소방활동이 원활하게 수행될 수 있도록 각 동별 전면 또는 후면에 소방자동차 전용구역(이하 "전용구역"이라 한다)을 1개소 이상 설치하여야 한다. 다만, 하나의 전용구역에서 여러 동에 접근하여 소방활동이 가능한 경우로서 소방청장이 정하는 경우에는 각 동별로 설치하지 설치하지 않을 수 있다. / ② 전용구역의 설치 방법은 별표 2의 5와 같다.[본조신설 2018.8.7.]

영 별표2의5 (전용구역 설치 방법)

① 전용구역 노면표지의 외곽선은 빗금무늬로 표시하되, 빗금은 두께를 30센티미터로 하여 50센티미터 간격으로 표시한다.

② 전용구역 노면표지 도료의 색채는 황색을 기본으로 하되, 문자(P, 소방차 전용)는 백색으로 표시한다.

영 제7조의14 (전용구역 방해해위 기준)

법 제21조의2제2항에 따른 방해행위의 기준은 다음 각 호와 같다.

1. 전용구역에 물건 등을 쌓거나 주차하는 행위
2. 전용구역의 앞면, 뒷면 또는 양 측면에 물건 등을 쌓거나 주차하는 행위. 다만, 「주차장법」 제19조에 따른 부설주차장의 주차구획 내에 주차하는 경우는 제외한다.
3. 전용구역 진입로에 물건 등을 쌓거나 주차하여 전용구역으로의 진입을 가로막는 행위
4. 전용구역 노면표지를 지우거나 훼손하는 행위
5. 그 밖의 방법으로 소방자동차가 전용구역에 주차하는 것을 방해하거나 전용구역으로 진입하는 것을 방해하는 행위.[본조신설 2018.8.7.]

제21조의3 (소방자동차 교통안전 분석 시스템 구축 · 운영)

① 소방청장 또는 소방본부장은 대통령령으로 정하는 소방자동차에 행정안전부령으로 정하는 기준에 적합한 운행기록장치(이하 이 조에서 "운행기록장치"라 한다)를 장착하고 운용하여야 한다.

② 소방청장은 소방자동차의 안전한 운행 및 교통사고 예방을 위하여 운행기록장치 데이터의 수집· 저장· 통합· 분석 등의 업무를 전자적으로 처리하기 위한 시스템(이하 이 조에서 "소방자동차 교통안전 분석 시스템"이라 한다)을 구축· 운영할 수 있다.

③ 소방청장, 소방본부장 및 소방서장은 소방자동차 교통안전 분석 시스템으로 처리된 자료(이하 이 조에서 "전산자료"라 한다)를 이용하여 소방자동차의 장비운용자 등에게 어떠한 불리한 제재나 처벌을 하여서는 아니 된다.

④ 소방자동차 교통안전 분석 시스템의 구축· 운영, 운행기록장치 데이터 및 전산자료의 보관· 활용 등에 필요한 사항은 행정안전부령으로 정한다. [본조신설 2022.4.26.]

영 제7조의15 (운행기록장치 장착 소방자동차의 범위)

법 제21조의3제1항에서 "대통령령으로 정하는 소방자동차"란 「소방장비관리법 시행령」 제6조 및 별표 1 제1호가목에 따른 다음 각 호의 소방자동차를 말한다. 〈.2023년 4월 25일 신설〉

1. 소방펌프차
2. 소방물탱크차
3. 소방화학차
4. 소방고가차(消防高架車)
5. 무인방수차
6. 구조차
7. 그 밖에 소방청장이 소방자동차의 안전한 운행 및 교통사고 예방을 위하여 운행기록장치 장착이 필요하다고 인정하여 정하는 소방자동차.

제22조 (소방대의 긴급통행)

소방대는 화재, 재난·재해, 그 밖의 위급한 상황이 발생한 현장에 신속하게 출동하기 위하여 긴급할 때에는 일반적인 통행에 쓰이지 아니하는 도로·빈터 또는 물 위로 통행할 수 있다.

제23조 (소방활동구역의 설정)

① 소방대장은 화재, 재난·재해, 그 밖의 위급한 상황이 발생한 현장에 소방활동구역을 정하여 소방활동에 필요한 사람으로서 대통령령으로 정하는 사람 외에는 그 구역에 출입하는 것을 제한할 수 있다.

② 경찰공무원은 소방대가 제1항에 따른 소방활동구역에 있지 아니하거나 소방대장의 요청이 있을 때에는 제1항에 따른 조치를 할 수 있다.

영 제8조 (소방활동구역의 출입자)

법 제23조제1항에서 "대통령령으로 정하는 사람"이란 다음 각 호의 사람을 말한다.

1. 소방활동구역 안에 있는 소방대상물의 소유자·관리자 또는 점유자
2. 전기·가스·수도·통신·교통의 업무에 종사하는 자로서 원활한 소방활동을 위하여 필요한 사람
3. 의사·간호사 그 밖의 구조·구급업무에 종사하는 사람
4. 취재인력 등 보도업무에 종사하는 사람
5. 수사업무에 종사하는 사람
6. 그 밖에 소방대장이 소방활동을 위하여 출입을 허가한 사람

제24조 (소방활동 종사명령)

① 소방본부장, 소방서장 또는 소방대장은 화재, 재난·재해, 그 밖의 위급한 상황이 발생한 현장에서 소방활동을 위하여 필요할 때에는 그 관할 구역에 사는 사람 또는 그 현장에 있는 사람으로 하여금 사람을 구출하는 일 또는 불을 끄거나 불이 번지지 아니하도록 하는 일을 하게 할 수 있다. 이 경우 소방본부장, 소방서장 또는 소방대장은 소방활동에 필요한 보호장구를 지급하는 등 안전을 위한 조치를 하여야 한다.

③ 제1항에 따른 명령에 따라 소방활동에 종사한 사람은 시·도지사로부터 소방활동의 비용을 지급받을 수 있다. 다만, 다음 각 호의 어느 하나에 해당하는 사람의 경우에는 그러하지 아니하다.

1. 소방대상물에 화재, 재난, 재해 그 밖의 위급한 상황이 발생한 경우 그 관계인
2. 고의 또는 과실로 화재 또는 구조·구급 활동이 필요한 상황을 발생시킨 사람
3. 화재 또는 구조·구급 현장에서 물건을 가져간 사람 / ② 〈삭제 2017.12.26〉

제25조 (강제처분 등)

① 소방본부장, 소방서장 또는 소방대장은 사람을 구출하거나 불이 번지는 것을 막기 위하여 필요할 때에는 화재가 발생하거나 불이 번질 우려가 있는 소방대상물 및 토지를 일시적으로 사용하거나 그 사용의 제한 또는 소방활동에 필요한 처분을 할 수 있다.

② 소방본부장, 소방서장 또는 소방대장은 사람을 구출하거나 불이 번지는 것을 막기 위하여 긴급하다고 인정할 때에는 제1항에 따른 소방대상물 또는 토지 외의 소방대상물과 토지에 대하여 제1항에 따른 처분을 할 수 있다.

③ 소방본부장, 소방서장 또는 소방대장은 소방활동을 위하여 긴급하게 출동할 때에는 소방자동차의 통행과 소방활동에 방해가 되는 주차 또는 정차된 차량 및 물건 등을 제거하거나 이동시킬 수 있다.

④ 소방본부장, 소방서장 또는 소방대장은 제3항에 따른 소방활동에 방해가 되는 주차 또는 정차된 차량의 제거나 이동을 위하여 관할 지방자치단체 등 관련 기관에 견인차량과 인력 등에 대한 지원을 요청할 수 있고, 요청을 받은 관련 기관의 장은 정당한 사유가 없으면 이에 협조하여야 한다.

⑤ 시·도지사는 제4항에 따라 견인차량과 인력 등을 지원한 자에게 시·도의 조례로 정하는 바에 따라 비용을 지급할 수 있다. 〈④ ⑤항 신설 2018.3.27.〉

제26조 (피난명령)

① 소방본부장, 소방서장 또는 소방대장은 화재, 재난·재해, 그 밖의 위급한 상황이 발생하여 사람의 생명을 위험하게 할 것으로 인정할 때에는 일정한 구역을 지정하여 그 구역에 있는 사람에게 그 구역 밖으로 피난할 것을 명할 수 있다. 〈개정 2011.5.30〉

② 소방본부장, 소방서장 또는 소방대장은 제1항에 따른 명령을 할 때 필요하면 관할 경찰서장 또는 자치경찰단장에게 협조를 요청할 수 있다.

제27조 (위험시설 등에 대한 긴급조치)

① 소방본부장, 소방서장 또는 소방대장은 화재 진압 등 소방활동을 위하여 필요할 때에는 소방용수 외에 댐·저수지 또는 수영장 등의 물을 사용하거나 수도(水道)의 개폐장치 등을 조작할 수 있다.

② 소방본부장, 소방서장 또는 소방대장은 화재 발생을 막거나 폭발 등으로 화재가 확대되는 것을 막기 위하여 가스·전기 또는 유류 등의 시설에 대하여 위험물질의 공급을 차단하는 등 필요한 조치를 할 수 있다.

제27조의2 (방해행위의 제지 등)

소방대원은 제16조제1항에 따른 소방활동 또는 제16조의3제1항에 따른 생활안전활동을 방해하는 행위를 하는 사람에게 필요한 경고를 하고, 그 행위로 인하여 사람의 생명 · 신체에 위해를 끼치거나 재산에 중대한 손해를 끼칠 우려가 있는 긴급한 경우에는 그 행위를 제지할 수 있다.

제28조 (소방용수시설 또는 비상소화장치의 사용금지 등)

누구든지 다음 각 호의 어느 하나에 해당하는 행위를 하여서는 아니 된다.

1. 정당한 사유 없이 소방용수시설 또는 비상소화장치를 사용하는 행위
2. 정당한 사유 없이 손상·파괴, 철거 또는 그 밖의 방법으로 소방용수시설 또는 비상소화장치의 효용(效用)을 해치는 행위
3. 소방용수시설 또는 비상소화장치의 정당한 사용을 방해하는 행위

제7장의2 소방산업의 육성·진흥 및 지원 등

제39조의3 (국가의 책무)

국가는 소방산업(소방용 기계·기구의 제조, 연구·개발 및 판매 등에 관한 일련의 산업을 말한다)의 육성·진흥을 위하여 필요한 계획의 수립 등 행정상·재정상의 지원시책을 마련하여야 한다.

제39조의5 (소방산업과 관련된 기술개발 등의 지원)

① 국가는 소방산업과 관련된 기술(이하 "소방기술"이라 한다)의 개발을 촉진하기 위하여 기술개발을 실시하는 자에게 그 기술개발에 드는 자금의 전부나 일부를 출연하거나 보조할 수 있다.

② 국가는 우수소방제품의 전시·홍보를 위하여 「대외무역법」 제4조제2항에 따른 무역전시장 등을 설치한 자에게 다음 각 호에서 정한 범위에서 재정적인 지원을 할 수 있다.

1. 소방산업전시회 운영에 따른 경비의 일부
2. 소방산업전시회 관련 국외 홍보비
3. 소방산업전시회 기간 중 국외의 구매자 초청 경비

제39조의6 (소방기술의 연구·개발사업의 수행)

① 국가는 국민의 생명과 재산을 보호하기 위하여 다음 각 호의 어느 하나에 해당하는 기관이나 단체로 하여금 소방기술의 연구·개발사업을 수행하게 할 수 있다.

1. 국공립 연구기관
2. 「과학기술분야 정부출연연구기관 등의 설립·운영 및 육성에 관한 법률」에 따라 설립된 연구기관
3. 「특정연구기관 육성법」 제2조에 따른 특정연구기관
4. 「고등교육법」에 따른 대학·산업대학·전문대학 및 기술대학
5. 「민법」이나 다른 법률에 따라 설립된 소방기술 분야의 법인인 연구기관 또는 법인 부설연구소
6. 「기업부설연구소등의 연구개발 지원에 관한 법률」에 관한 법률 제7조제1항에 따라 인정받은 기업부설 연구소 〈2025.1.31. 개정〉

7. 「소방산업의 진흥에 관한 법률」제14조에 따른 한국소방산업기술원
8. 그 밖에 대통령령으로 정하는 소방에 관한 기술개발 및 연구를 수행하는 기관·협회

② 국가가 제1항에 따른 기관이나 단체로 하여금 소방기술의 연구·개발사업을 수행하게 하는 경우에는 필요한 경비를 지원하여야 한다.

제39조의7 (소방기술 및 소방산업의 국제화사업)

① 국가는 소방기술 및 소방산업의 국제경쟁력과 국제적 통용성을 높이는 데 필요한 기반조성을 촉진하기 위한 시책을 마련하여야 한다.

② 소방청장은 소방기술 및 소방산업의 국제경쟁력과 국제적 통용성을 높이기 위하여 다음 각 호의 사업을 추진하여야 한다.

1. 소방기술 및 소방산업의 국제 협력을 위한 조사·연구
2. 소방기술 및 소방산업에 관한 국제 전시회·국제 학술회의의 개최 등 국제 교류
3. 소방기술 및 소방산업의 국외 시장의 개척
4. 그 밖에 소방기술 및 소방산업의 국제경쟁력과 국제적 통용성을 높이기 위하여 필요하다고 인정하는 사업

제8장 한국소방안전원

제40조 (한국소방안전원의 설립 등)

① 소방기술과 안전관리기술의 향상 및 홍보 그 밖의 교육·훈련 등 행정기관이 위탁하는 업무의 수행과 소방 관계 종사자의 기술 향상을 위하여 한국소방안전원(이하 "안전원"이라 한다)을 소방청장의 인가를 받아 설립한다. 〈개정 2017.12.26〉

② 제1항에 따라 설립되는 안전원은 법인으로 한다.

③ 안전원에 관하여 이 법에 규정된 것을 제외하고는 민법 중 재단법인에 관한 규정을 준용한다.

제40조의2 (교육계획의 수립 및 평가 등)

① 안전원의 장(이하 "안전원장"이라 한다)은 소방기술과 안전관리의 기술향상을 위하여 매년 교육 수요조사를 실시하여 교육계획을 수립하고 소방청장의 승인을 받아야 한다.

② 안전원장은 소방청장에게 해당 연도 교육결과를 평가분석하여 보고하여야 하며, 소방청장은 교육평가 결과를 제1항의 교육계획에 반영하게 할 수 있다.

③ 안전원장은 제2항의 교육결과를 객관적이고 정밀하게 분석하기 위하여 필요한 경우 교육 관련 전문가로 구성된 위원회를 운영할 수 있다.

④ 제3항에 따른 위원회의 구성·운영에 필요한 사항은 대통령령으로 정한다.

영 제9조 (교육평가심의위원회 구성운영)

① 안전원의 장(이하 "안전원장"이라 한다)은 법 제40조의2 제3항에 따라 다음 각 호의 사항을 심의하기 위하여 교육평가심의위원회(이하 "평가위원회"라 한다)를 둔다.

1. 교육평가 및 운영에 관한 사항
2. 교육결과 분석 및 개선에 관한 사항
3. 다음 연도의 교육계획에 관한 사항

② 평가위원회는 위원장 1명을 포함하여 9명 이하의 위원으로 성별을 고려하여 구성한다.

③ 평가위원회의 위원장은 위원 중에서 호선(互選)한다.

④ 평가위원회의 위원은 다음 각 호의 어느 하나에 해당하는 사람 중에서 안전원장이 임명 또는 위촉한다.
1. 소방안전교육 업무 담당 소방공무원 중 소방청장이 추천하는 사람
2. 소방안전교육 전문가
3. 소방안전교육 수료자
4. 소방안전에 관한 학식과 경험이 풍부한 사람

⑤ 평가위원회에 참석한 위원에게는 예산의 범위에서 수당을 지급할 수 있다. 다만, 공무원인 위원이 소관 업무와 직접 관련되어 참석하는 경우에는 수당을 지급하지 아니한다.

⑥ 제1항부터 제5항까지에서 규정한 사항 외에 평가위원회의 운영 등에 필요한 사항은 안전원장이 정한다.[본조신설 2018.6.26.]

제41조 (안전원의 업무)

안전원은 다음 각 호의 업무를 수행한다.
1. 소방기술과 안전관리에 관한 교육 및 조사·연구
2. 소방기술과 안전관리에 관한 각종 간행물의 발간
3. 화재 예방과 안전관리의식의 고취를 위한 대국민 홍보
4. 소방업무에 관하여 행정기관이 위탁하는 업무
5. 소방안전에 관한 국제협력 〈개정 2017.12.26〉
6. 그 밖에 회원에 대한 기술지원 등 정관으로 정하는 사항

제42조 (회원의 관리)

안전원은 소방기술과 안전관리 역량의 향상을 위하여 다음 각호의 사람을 회원으로 관리할 수 있다.
1. 「소방시설 설치 및 관리에 관한 법률」, 「소방시설공사업법」 또는 「위험물 안전관리법」에 따라 등록을 하거나 허가를 받은 사람으로서 회원이 되려는 사람
2. 「화재의 예방 및 관리에 관한 법률」, 「소방시설공사업법」 또는 「위험물 안전관리법」에 따라 소방안전관리자, 소방기술자 또는 위험물안전관리자로 선임되거나 채용된 사람으로서 회원이 되려는 사람
3. 그 밖에 소방 분야에 관심이 있거나 학식과 경험이 풍부한 사람으로서 회원이 되려는 사람

제43조 (안전원의 정관)

① 안전원의 정관에는 다음 각 호의 사항이 포함되어야 한다.
1. 목적
2. 명칭
3. 주된 사무소의 소재지
4. 사업에 관한 사항
5. 이사회에 관한 사항
6. 회원과 임원 및 직원에 관한 사항
7. 재정 및 회계에 관한 사항
8. 정관의 변경에 관한 사항

② 안전원은 정관을 변경하려면 소방청장의 인가를 받아야 한다.

제44조 (안전원의 운영경비)

안전원의 운영 및 사업에 소요되는 경비는 다음 각 호의 재원으로 충당한다.

1. 제41조제1호 및 제4호의 업무 수행에 따른 수입금
2. 제42조에 따른 회원의 회비
3. 자산운영수익금
4. 그 밖의 부대수입

제44조의2 (안전원의 임원)

① 안전원에 임원으로 원장 1명을 포함한 9명 이내의 이사와 1명의 감사를 둔다.

② 제1항에 따른 원장과 감사는 소방청장이 임명한다.

제44조의3 (유사명칭 사용금지)

이 법에 따른 안전원이 아닌 자는 한국소방안전원 또는 이와 유사한 명칭을 사용하지 못한다.

제9장 보 칙

제48조 (감독)

① 소방청장은 안전원의 업무를 감독한다.

② 소방청장은 안전원에 대하여 업무·회계 및 재산에 관하여 필요한 사항을 보고하게 하거나, 소속 공무원으로 하여금 안전원의 장부·서류 및 그 밖의 물건을 검사하게 할 수 있다.

③ 소방청장은 제2항에 따른 보고 또는 검사의 결과 필요하다고 인정되면 시정명령 등 필요한 조치를 할 수 있다.

영 제10조 (감독 등)

① 법 제48조에 따라 소방청장은 안전원의 다음 각 호의 업무를 감독하여야 한다.

1. 이사회의 중요의결 사항
2. 회원의 가입·탈퇴 및 회비에 관한 사항
3. 사업계획 및 예산에 관한 사항
4. 기구 및 조직에 관한 사항
5. 그 밖에 소방청장이 위탁한 업무의 수행 또는 정관에서 정하고 있는 업무의 수행에 관한 사항

② 협회(안전원)의 사업계획 및 예산에 관하여는 소방청장의 승인을 얻어야 한다.

③ 소방청장은 협회(안전원)의 업무감독을 위하여 필요한 자료의 제출을 명하거나 「소방시설 설치 및 관리에 관한 법률」 제50조, 「소방시설공사업법」 제33조 및 「위험물안전관리법」 제30조의 규정에 따라 위탁된 업무와 관련된 규정의 개선을 명할 수 있다. 이 경우 협회(안전원은)는 정당한 사유가 없는 한 이에 따라야 한다. 〈개정 2022.11.29.〉

제49조 (권한의 위임)

소방청장은 이 법에 따른 권한의 일부를 대통령령으로 정하는 바에 따라 시·도지사, 소방본부장 또는 소방서장에게 위임할 수 있다. 〈개정 2011.5.30.〉

제49조의2 (손실보상)

① 소방청장 또는 시·도지사는 다음 각 호의 어느 하나에 해당하는 자에게 제3항의 손실보상심의위원회의 심사·의결에 따라 정당한 보상을 하여야 한다.

1. 제16조의3제1항에 따른 조치로 인하여 손실을 입은 자
2. 제24조제1항 전단에 따른 소방활동 종사로 인하여 사망하거나 부상을 입은 자
3. 제25조제2항 또는 제3항에 따른 처분으로 인하여 손실을 입은 자. 다만, 같은 조 제3항에 해당하는 경우로서 법령을 위반하여 소방자동차의 통행과 소방활동에 방해가 된 경우는 제외한다.
4. 제27조제1항 또는 제2항에 따른 조치로 인하여 손실을 입은 자
5. 그 밖에 소방기관 또는 소방대의 적법한 소방업무 또는 소방활동으로 인하여 손실을 입은 자

② 제1항에 따라 손실보상을 청구할 수 있는 권리는 손실이 있음을 안 날부터 3년, 손실이 발생한 날부터 5년간 행사하지 아니하면 시효의 완성으로 소멸한다.

③ 소방청장 또는 시·도지사는 제1항에 따른 손실보상청구사건을 심사·의결하기 위하여 필요한 경우 손실보상심의위원회를 구성·운영할 수 있다. 〈개정 2023.8.16.〉

④ 소방청장 또는 시·도지사는 손실보상심의위원회의 구성 목적을 달성하였다고 인정하는 경우에는 손실보상심의위원회를 해산할 수 있다. 〈개정 2023.8.16.〉

⑤ 제1항에 따른 손실보상의 기준, 보상금액, 지급절차 및 방법, 제3항에 따른 손실보상심의위원회의 구성 및 운영, 그 밖에 필요한 사항은 대통령령으로 정한다. 〈개정 2023. 8. 16.〉

영 제11조 (손실보상의 기준 및 보상금액)

① 법 제49조의2제1항에 따라 같은 항 각 호(제2호는 제외한다)의 어느 하나에 해당하는 자에게 물건의 멸실·훼손으로 인한 손실보상을 하는 때에는 다음 각 호의 기준에 따른 금액으로 보상한다. 이 경우 영업자가 손실을 입은 물건의 수리나 교환으로 인하여 영업을 계속할 수 없는 때에는 영업을 계속할 수 없는 기간의 영업이익액에 상당하는 금액을 더하여 보상한다.[본조신설 2018.6.26]

1. 손실을 입은 물건을 수리할 수 있는 때: 수리비에 상당하는 금액
2. 손실을 입은 물건을 수리할 수 없는 때: 손실을 입은 당시의 해당 물건의 교환가액

② 물건의 멸실·훼손으로 인한 손실 외의 재산상 손실에 대해서는 직무집행과 상당한 인과관계가 있는 범위에서 보상한다.

③ 법 제49조의2제1항제2호에 따른 사상자의 보상금액 등의 기준은 별표 2의4와 같다.

영 제12조 (손실보상의 지급절차 및 방법)

① 법 제49조의2제1항에 따라 소방기관 또는 소방대의 적법한 소방업무 또는 소방활동으로 인하여 발생한 손실을 보상받으려는 자는 행정안전부령으로 정하는 보상금 지급 청구서에 손실내용과 손실금액을 증명할 수 있는 서류를 첨부하여 소방청장 또는 시·도지사(이하 "소방청장등"이라 한다)에게 제출하여야 한다. 이 경우 소방청장등은 손실보상금의 산정을 위하여 필요하면 손실보상을 청구한 자에게 증빙·보완 자료의 제출을 요구할 수 있다.

② 소방청장등은 제13조에 따른 손실보상심의위원회의 심사·의결을 거쳐 특별한 사유가 없으면 보상금 지급 청구서를 받은 날부터 60일 이내에 보상금 지급 여부 및 보상금액을 결정하여야 한다.

③ 소방청장등은 다음 각 호의 어느 하나에 해당하는 경우에는 그 청구를 각하(却下)하는 결정을 하여야 한다.

1. 청구인이 같은 청구 원인으로 보상금 청구를 하여 보상금 지급 여부 결정을 받은 경우. 다만, 기각 결정을 받은 청구인이 손실을 증명할 수 있는 새로운 증거가 발견되었음을 소명(疎明)하는 경우는 제외한다.
2. 손실보상 청구가 요건과 절차를 갖추지 못한 경우. 다만, 그 잘못된 부분을 시정할 수 있는

경우는 제외한다.

④ 소방청장등은 제2항 또는 제3항에 따른 결정일부터 10일 이내에 행정안전부령으로 정하는 바에 따라 결정 내용을 청구인에게 통지하고, 보상금을 지급하기로 결정한 경우에는 특별한 사유가 없으면 통지한 날부터 30일 이내에 보상금을 지급하여야 한다.

⑤ 소방청장등은 보상금을 지급받을 자가 지정하는 예금계좌(「우체국예금 · 보험에 관한 법률」에 따른 체신관서 또는 「은행법」에 따른 은행의 계좌를 말한다)에 입금하는 방법으로 보상금을 지급한다. 다만, 보상금을 지급받을 자가 체신관서 또는 은행이 없는 지역에 거주하는 등 부득이한 사유가 있는 경우에는 그 보상금을 지급받을 자의 신청에 따라 현금으로 지급할 수 있다.

⑥ 보상금은 일시불로 지급하되, 예산 부족 등의 사유로 일시불로 지급할 수 없는 특별한 사정이 있는 경우에는 청구인의 동의를 받아 분할하여 지급할 수 있다.

⑦ 제1항부터 제6항까지에서 규정한 사항 외에 보상금의 청구 및 지급에 필요한 사항은 소방청장이 정한다.[본조신설 2018.6.26.]

칙 제14조 (보상금 지급청구서 등의 서식)

① 영 제12조제1항에 따른 보상금 지급 청구서는 별지 제8호서식에 따른다.

② 영 제12조제4항에 따라 결정 내용을 청구인에게 통지하는 경우에는 다음 각 호의 서식에 따른다.

1. 보상금을 지급하기로 결정한 경우: 별지 제9호서식의 보상금 지급 결정 통지서
2. 보상금을 지급하지 아니하기로 결정하거나 보상금 지급 청구를 각하한 경우: 별지 제10호서식의 보상금 지급 청구 (기각 · 각하) 통지서[본조신설 2018.6.26.]

영 제13조 (손실보상심의위원회의 설치 및 구성)

① 소방청장등은 법 제49조의2제3항에 따라 손실보상청구 사건을 심사·의결하기 위하여 필요한 경우 각각 손실보상심의위원회(이하 "보상위원회"라 한다)를 구성·운영할 수 있다.

② 보상위원회는 위원장 1명을 포함하여 5명 이상 7명 이하의 위원으로 구성한다. 다만, 청구금액이 100만 원 이하인 사건에 대해서는 제3항제1호에 해당하는 위원 3명으로만 구성할 수 있다.

③ 보상위원회의 위원은 다음 각 호의 어느 하나에 해당하는 사람 중에서 소방청장등이 위촉하거나 임명한다. 이 경우 제2항 본문에 따라 보상위원회를 구성할 때에는 위원의 과반수는 성별을 고려하여 소방공무원이 아닌 사람으로 하여야 한다.

1. 소속 소방공무원
2. 판사·검사 또는 변호사로 5년 이상 근무한 사람
3. 「고등교육법」 제2조에 따른 학교에서 법학 또는 행정학을 가르치는 부교수 이상으로 5년 이상 재직한 사람
4. 「보험업법」 제186조에 따른 손해사정사
5. 소방안전 또는 의학 분야에 관한 학식과 경험이 풍부한 사람

④ 제3항에 따라 위촉되는 위원의 임기는 2년으로 한다. 다만, 법 제49조의2제4항에 따라 보상위원회가 해산되는 경우에는 그 해산되는 때에 임기가 만료되는 것으로 한다.

⑤ 보상위원회의 사무를 처리하기 위하여 보상위원회에 간사 1명을 두되, 간사는 소속 소방공무원 중에서 소방청장등이 지명한다.[본조신설 2018.6.26.]

영 제14조 (보상위원회의 위원장)

① 보상위원회의 위원장(이하 "보상위원장"이라 한다)은 제13조제3항제1호에 따른 위원 중에서 소방청장등이 지명한다.

② 보상위원장은 보상위원회를 대표하며, 보상위원회의 업무를 총괄한다.

③ 보상위원장이 부득이한 사유로 직무를 수행할 수 없는 때에는 보상위원장이 미리 지명한 위원이 그 직무를 대행한다.[본조신설 2018.6.26]

영 제15조 (보상위원회의 운영)

① 보상위원장은 보상위원회의 회의를 소집하고, 그 의장이 된다.

② 보상위원회의 회의는 재적위원 과반수의 출석으로 개의(開議)하고, 출석위원 과반수의 찬성으로 의결한다.

③ 보상위원회는 심의를 위하여 필요한 경우에는 관계 공무원이나 관계 기관에 사실조사나 자료의 제출 등을 요구할 수 있으며, 관계 전문가에게 필요한 정보의 제공이나 의견의 진술 등을 요청할 수 있다

영 제16조 (보상위원회의 제척 · 기피 · 회피)

① 보상위원회의 위원이 다음 각 호의 어느 하나에 해당하는 경우에는 보상위원회의 심의 · 의결에서 제척(除斥)된다.

1. 위원 또는 그 배우자나 배우자였던 사람이 심의 안건의 청구인인 경우
2. 위원이 심의 안건의 청구인과 친족이거나 친족이었던 경우
3. 위원이 심의 안건에 대하여 증언, 진술, 자문, 용역 또는 감정을 한 경우
4. 위원이나 위원이 속한 법인(법무조합 및 공증인가합동법률사무소를 포함한다)이 심의 안건 청구인의 대리인이거나 대리인이었던 경우
5. 위원이 해당 심의 안건의 청구인인 법인의 임원인 경우

② 청구인은 보상위원회의 위원에게 공정한 심의 · 의결을 기대하기 어려운 사정이 있는 때에는 보상위원회에 기피 신청을 할 수 있고, 보상위원회는 의결로 이를 결정한다. 이 경우 기피 신청의 대상인 위원은 그 의결에 참여하지 못한다.

③ 보상위원회의 위원이 제1항 각 호에 따른 제척 사유에 해당하는 경우에는 스스로 해당 안건의 심의 · 의결에서 회피(回避)하여야 한다.

영 제17조 (보상위원회의 해촉 및 해임)

① 소방청장등은 보상위원회의 위원이 다음 각 호의 어느 하나에 해당하는 경우에는 해당 위원을 해촉(解囑)하거나 해임할 수 있다.

1. 심신장애로 인하여 직무를 수행할 수 없게 된 경우
2. 직무태만, 품위손상이나 그 밖의 사유로 위원으로 적합하지 아니하다고 인정되는 경우
3. 제16조제1항 각 호의 어느 하나에 해당하는 데에도 불구하고 회피하지 아니한 경우
4. 제17조의2를 위반하여 직무상 알게 된 비밀을 누설한 경우[본조신설 2018.6.26.]

영 제17조의2 (보상위원회의 비밀 누설 금지)

보상위원회의 회의에 참석한 사람은 직무상 알게 된 비밀을 누설해서는 아니 된다.

영 제18조 (보상위원회의 운영 등에 필요한 사항)

제13조부터 제17조까지 및 제17조의2에서 규정한 사항 외에 보상위원회의 운영 등에 필요한 사항은 소방청장등이 정한다.

제49조의2 (벌칙 적용에서 공무원의 의제) 및 영 제18조의2 (고유식별정보의 처리) 생략.

제10장 벌 칙

제50조 (벌칙)

다음 각 호의 어느 하나에 해당하는 사람은 5년 이하의 징역 또는 5천만 원 이하의 벌금에 처한다.

1. 제16조제2항을 위반하여 다음 각 목의 어느 하나에 해당하는 행위를 한 사람
   가. 위력(威力)을 사용하여 출동한 소방대의 화재진압·인명구조 또는 구급활동을 방해하는 행위
   나. 소방대가 화재진압·인명구조 또는 구급활동을 위하여 현장에 출동하거나 현장에 출입하는 것을 고의로 방해하는 행위
   다. 출동한 소방대원에게 폭행 또는 협박을 행사하여 화재진압·인명구조 또는 구급활동을 방해하는 행위
   라. 출동한 소방대의 소방장비를 파손하거나 그 효용을 해하여 화재진압·인명구조 또는 구급활동을 방해하는 행위
2. 제21조제1항을 위반하여 소방자동차의 출동을 방해한 사람
3. 제24조제1항에 따른 사람을 구출하는 일 또는 불을 끄거나 불이 번지지 아니하도록 하는 일을 방해한 사람
4. 제28조를 위반하여 정당한 사유 없이 소방용수시설 또는 비상소화장치를 사용하거나 소방용수시설 또는 비상소화장치의 효용을 해치거나 그 정당한 사용을 방해한 사람

제51조 (벌칙)

제25조제1항에 따른 처분을 방해한 자 또는 정당한 사유 없이 그 처분에 따르지 아니한 자는 3년 이하의 징역 또는 3천만 원 이하의 벌금에 처한다.

제52조 (벌칙)

다음 각 호의 어느 하나에 해당하는 자는 300만 원 이하의 벌금에 처한다.

1. 제25조제2항 및 제3항에 따른 처분을 방해한 자 또는 정당한 사유 없이 그 처분에 따르지 아니한 자
2. 삭제 〈2021. 6. 8.〉 / 제53조 삭제 〈2021. 11. 30.〉

제54조 (벌칙)

다음 각 호의 어느 하나에 해당하는 자는 100만 원 이하의 벌금에 처한다.

1. 삭제 〈2021. 11. 30.〉

1의2. 제16조의3제2항을 위반하여 정당한 사유 없이 소방대의 생활안전활동을 방해한 자

2. 제20조 1항을 위반하여 정당한 사유 없이 소방대가 현장에 도착할 때까지 사람을 구출하는 조치 또는 불을 끄거나 불이 번지지 아니하도록 하는 조치를 하지 아니한 사람
3. 제26조제1항에 따른 피난 명령을 위반한 사람
4. 제27조제1항을 위반하여 정당한 사유 없이 물의 사용이나 수도의 개폐장치의 사용 또는 조작을 하지 못하게 하거나 방해한 자
5. 제27조제2항에 따른 조치를 정당한 사유 없이 방해한 자

제54조의2 (「형법」 상 감경규정에 관한 특례)

음주 또는 약물로 인한 심신장애 상태에서 제50조제1호다목의 죄를 범한 때에는 「형법」 제10조제1항 및 제2항을 적용하지 아니할 수 있다.

제55조 (양벌규정)

법인의 대표자나 법인 또는 개인의 대리인, 사용인, 그 밖의 종업원이 그 법인 또는 개인의 업무에 관하여 제50조부터 제54조까지의 어느 하나에 해당하는 위반행위를 하면 그 행위자를 벌하는 외에 그 법인 또는 개인에게도 해당 조문의 벌금형을 과(科)한다. 다만, 법인 또는 개인이 그 위반행위를 방지하기 위하여 해당 업무에 관하여 상당한 주의와 감독을 게을리하지 아니한 경우에는 그러하지 아니하다.

제56조 (과태료)

① 다음 각 호의 어느 하나에 해당하는 자에게는 500만 원 이하의 과태료를 부과한다.

1. 제19조제1항을 위반하여 화재 또는 구조· 구급이 필요한 상황을 거짓으로 알린 사람
2. 정당한 사유 없이 제20조제2항을 위반하여 화재, 재난· 재해, 그 밖의 위급한 상황을 소방본부, 소방서 또는 관계 행정기관에 알리지 아니한 관계인 〈개정 22.4.26.〉

② 다음 각 호의 어느 하나에 해당하는 자에게는 200만 원 이하의 과태료를 부과한다.

1. 2. 삭제 〈2021. 11. 30.〉 / 3. 삭제 〈2020. 10. 20.〉 / 5. 〈2021. 6. 8〉

2의2. 제17조의6제5항을 위반하여 한국119청소년단 또는 이와 유사한 명칭을 사용한 자

3의2. 제21조제3항을 위반하여 소방자동차의 출동에 지장을 준 자 / 3. 삭제 〈2020. 10. 20.〉

4. 제23조제1항을 위반하여 소방활동구역을 출입한 사람

6. 제44조의3을 위반하여 한국소방안전원 또는 이와 유사한 명칭을 사용한 자

③ 제21조의2제2항을 위반하여 전용구역에 차를 주차하거나 전용구역에의 진입을 가로막는 등의 방해행위를 한 자에게는 100만 원 이하의 과태료를 부과한다.

④ 제1항 및 3항에 따른 과태료는 대통령령으로 정하는 바에 따라 관할 시·도지사, 소방본부장 또는 소방서장이 부과· 징수한다.

제57조 (과태료)

① 제19조제2항에 따른 신고를 하지 아니하여 소방자동차를 출동하게 한 자에게는 20만 원 이하의 과태료에 부과한다.

② 제1항에 따른 과태료는 조례로 정하는 바에 따라 관할 소방본부장 또는 소방서장이 부과· 징수한다.

영 제19조 (과태료 부과기준)

법 제56조제1항 및 제3항의 규정에 따른 과태료의 부과기준은 별표 3과 같다.

칙 제15조 (과태료의 징수절차)

영 제19조제4항 규정에 의한 과태료의 징수절차에 관하여는 「국고금관리법 시행규칙」을 준용한다. 이 경우 납입고지서에는 이의방법 및 이의기간 등을 함께 기재하여야 한다.

시행령

[영 별표 1~2] 삭제 〈2022.11.29.〉

[영 별표 2의2] 소방안전교육사의 응시자격 (제7조의2 관련) 〈2023.9.12〉

1. 소방공무원으로서 다음 각 목의 어느 하나에 해당하는 사람
   가. 소방공무원으로서 3년 이상 근무한 경력이 있는 사람
   나. 중앙소방학교 또는 지방소방학교에서 2주 이상의 소방안전교육사 관련 전문교육과정을 이수한 사람
2. 「초·중등교육법」 제21조에 따라 교원의 자격을 취득한 사람
3. 「유아교육법」 제22조에 따라 교원의 자격을 취득한 사람
4. 「영유아보육법」 제21조에 따라 어린이집의 원장 또는 보육교사의 자격을 취득한 사람(보육교사 자격을 취득한 사람은 보육교사 자격을 취득한 후 3년 이상의 보육업무 경력이 있는 사람만 해당한다)
5. 다음 각 목의 어느 하나에 해당하는 기관에서 교육학과, 응급구조학과, 의학과, 간호학과 또는 소방관련 학과 등 소방청장이 정하여 고시하는 학과에 개설된 교과목 중 소방안전교육과 관련하여 소방청장이 정하여 고시하는 교과목을 총 6학점 이상 이수한 사람
   가. 「고등교육법」 제2조제1호부터 제6호까지의 규정의 어느 하나에 해당하는 학교
   나. 「학점인정 등에 관한 법률」 제3조에 따라 학습과정의 평가인정을 받은 교육훈련기관
6. 「국가기술자격법」 제2조제3호에 따른 국가기술자격의 직무분야 중 안전관리 분야(국가기술자격의 직무분야 및 국가기술자격의 종목 중 중직무분야의 안전관리를 말한다. 이하 같다)의 기술사 자격을 취득한 사람
7. 「소방시설 설치 및 관리에 관한 법률」 제25조에 따른 소방시설관리사 자격을 취득한 사람
8. 「국가기술자격법」 제2조제3호에 따른 국가기술자격의 직무분야 중 안전관리 분야의 기사 자격을 취득한 후 안전관리 분야에 1년 이상 종사한 사람
9. 「국가기술자격법」 제2조제3호에 따른 국가기술자격의 직무분야 중 안전관리 분야의 산업기사 자격을 취득한 후 안전관리 분야에 3년 이상 종사한 사람
10. 「간호법」 제4조에 따라 간호사 면허를 취득한 후 간호업무 분야에 1년 이상 종사한 사람
11. 「응급의료에 관한 법률」 제36조제2항에 따라 1급 응급구조사 자격을 취득한 후 응급의료 업무 분야에 1년 이상 종사한 사람
12. 「응급의료에 관한 법률」 제36조제3항에 따라 2급 응급구조사 자격을 취득한 후 응급의료 업무 분야에 3년 이상 종사한 사람
13. 「화재예방의 예방 및 안전관리에 관한 법률 시행령」 별표4 제1호 나목의 어느 하나에 해당하는 사람
14. 「화재예방의 예방 및 안전관리에 관한 법률 시행령」 별표4 제2호 나목 각 호의 어느 하나에 해당하는 자격을 갖춘 후 소방안전관리대상물의 소방안전관리에 관한 실무경력이 1년 이상 있는 사람
15. 「화재예방의 예방 및 안전관리에 관한 법률 시행령」 별표4 제3호 나목 각 호의 어느 하나에 해당하는 자격을 갖춘 후 소방안전관리대상물의 소방안전관리에 관한 실무경력이 3년 이상 있는 사람
16. 「의용소방대 설치 및 운영에 관한 법률」 제3조에 따라 의용소방대원으로 임명된 후 5년 이상 의용소방대 활동을 한 경력이 있는 사람
17. 「국가기술자격법」 제2조제3호에 따른 국가기술자격의 직무분야 중 위험물 중 직무분야의 기능장 자격을 취득한 사람

[영 별표 2의3] **소방안전교육사의 배치대상별 배치기준** (제7조의11 관련) 〈2022.11.29〉

배치대상	배치기준(단위: 명)
① 소방청, 소방본부, 한국소방산업기술원	2 이상
② 소방서	1 이상
③ 한국소방안전원	본회: 2 이상, 시·도지부: 1 이상

* [영 별표 2의4~5] 소방활동종사 사상자의 보상금액 등의 기준 등 - 생략 -

[영 별표 3] **과태료부과기준** (제19조 관련) 〈2023.9.12〉

1. 일반기준

가. 위반행위의 횟수에 따른 과태료의 가중된 부과기준은 최근 1년간 같은 위반행위로 과태료 부과처분을 받은 경우에 적용한다. 이 경우 기간의 계산은 위반행위에 대하여 과태료 부과처분을 받은 날과 그 처분 후 다시 같은 위반행위를 하여 적발된 날을 기준으로 한다.

나. 가목에 따라 가중된 부과처분을 하는 경우 가중처분의 적용 차수는 그 위반행위 전 부과처분 차수(가목에 따른 기간 내에 과태료 부과처분이 둘 이상 있었던 경우에는 높은 차수를 말한다)의 다음 차수로 한다.

다. 부과권자는 다음의 어느 하나에 해당하는 경우에는 제2호의 개별기준에 따른 과태료의 2분의 1 범위에서 그 금액을 줄여 부과할 수 있다. 다만, 과태료를 체납하고 있는 위반행위자에 대해서는 그렇지 않다.

1) 위반행위가 사소한 부주의나 오류로 인한 것으로 인정되는 경우

2) 위반행위자가 법 위반상태를 시정하거나 해소하기 위하여 노력한 사실이 인정되는 경우

3) 위반행위자가 화재 등 재난으로 재산에 현저한 손실을 입거나 사업 여건의 악화로 그 사업이 중대한 위기에 처하는 등 사정이 있는 경우

4) 그 밖에 위반행위의 정도, 위반행위의 동기와 그 결과 등을 고려하여 과태료 금액을 줄일 필요가 있다고 인정되는 경우

2. 개별기준 (2023.9.12)

위반행위	근거 법조문	과태료 금액(만원)		
		1회	2회	3회
가. 법 제17조의6제5항을 위반하여 한국119청소년단 또는 이와 유사명칭 사용한 경우	법 제56조제1항 제2호의2	100	150	200
나. 법 제19조제1항을 위반하여 화재 또는 구조·구급이 필요한 상황을 허위로 알린 경우	법 제56조제1항제1호	200	400	500
다. 정당한 사유 없이 법 제20조제2항을 위반하여 화재, 재난, 재해 그 밖에 위급한 상황을 소방본부, 소방서, 관계 행정기관에 알리지 않은 경우	법 제56조제1항제2호	500		
라. 법 제21조제3항을 위반하여 소방자동차의 출동에 지장을 준 경우	법 제56조제2항3호의2	100		
마. 법 제21조제2항을 위반하여 전용구역에 차를 주차하거나 전용구역에의 진입을 가로막는 등의 방해행위를 한 경우	법 제56조제3항	50	100	100
바. 법 제23조제1항을 위반하여 소방활동구역 출입한 경우	법 제56조제2항제4호	100		
사. 법 제44조의3을 위반하여 한국소방안전원 또는 이와 유사한 명칭을 사용한 경우	법 제56조제2항제6호	200		

■ 일반기준은 소방관계법규의 모든 법령을 준하여 적용, 개별기준은 소방관계법규의 각 법령이 각각 다르게 적용한다는 뜻이다.

시행규칙

[규칙 별표 1] 소방체험관의 설립 및 운영에 관한 기준 (제4조의2제2항 관련) – 요약

1. 설립 입지 및 규모 기준과 소방체험관의 시설기준 〈2022.12.1〉

소방체험관 중 소방안전 체험실로 사용되는 부분의 바닥면적의 합이 900m²이상이 되어야 한다.

가. 소방체험관에는 다음의 체험실을 모두 갖추어야 한다. 체험실별 바닥면적은 100m²이상이어야 한다.

분 야	체험실	분 야	체험실
생활안전	화재안전 체험실	자연재난안전	기후성 재난 체험실
	시설안전 체험실		지질성 재난 체험실
교통안전	보행안전 체험실	보건안전	응급처치 체험실
	자동차안전 체험실		

나. 소방체험관은 다음 표에 따른 체험실을 갖출 수 있다. 이 경우 바닥면적은 100m²이상이어야 한다.

분 야	체험실
생활안전	전기안전 체험실, 가스안전 체험실, 작업안전 체험실, 여가활동 체험실, 노인안전 체험실
교통안전	버스안전 체험실, 이륜차안전 체험실, 지하철안전 체험실
자연재난안전	생물권 재난안전 체험실(조류독감, 구제역 등)
사회기반안전	화생방·민방위안전체험실, 환경안전체험실, 에너지·정보통신안전체험실, 사이버안전체험실
범죄안전	미아안전체험실, 유괴안전체험실, 폭력안전체험실, 성폭력안전체험실, 사기범죄 안전체험실
보건안전	중독안전체험실(게임·인터넷, 흡연 등), 감염병안전체험실, 식품안전체험실, 자살방지체험실
기 타	시·도지사가 필요하다고 인정하는 체험실

3. 체험교육 인력의 자격 기준

가. 체험실별 체험교육을 총괄하는 교수요원은 소방공무원 중 다음에 해당하는 사람이어야 한다.

1) 소방 관련학과의 석사학위 이상을 취득한 사람
2) 소방안전교육사, 소방시설관리사, 소방기술사 또는 소방설비기사 자격을 취득한 사람
3) 간호사, 응급구조사 자격을 취득한 사람
4) 인명구조사시험 또는 화재대응능력시험에 합격한 사람
5) 「소방기본법」에 따른 소방활동이나 생활안전활동을 3년 이상 수행한 경력이 있는 사람
6) 5년 이상 근무한 소방공무원 중 시·도지사가 체험실의 교수요원으로 적합하다고 인정하는 사람

나. 체험실별 체험교육을 지원하고 실습을 보조하는 조교는 다음에 해당하는 사람이어야 한다.

1) 가목에 따른 교수요원의 자격을 갖춘 사람
2) 「소방기본법」에 따른 소방활동이나 생활안전활동을 1년 이상 수행한 경력이 있는 사람
3) 중앙소방학교 또는 지방소방학교에서 2주 이상의 소방안전교육사 관련 전문교육과정을 이수한 사람
4) 소방체험관에서 2주 이상의 체험교육에 관한 직무교육을 이수한 의무소방원 등

5. 체험교육 인력의 자격 기준 등

- 체험실에는 1명 이상 교수요원을 배치하고, 조교는 체험교육대상자 30명당 1명 이상이 배치되도록 한다.
- 시도지사는 체험교육 운영인력에 대하여 교육훈련을 연간 12시간 이상 이수하도록 하여야 한다.

[규칙 별표 1의2] 〈2021.7.13〉

국고보조의 대상이 되는 소방활동장비 및 설비의 종류와 규격 (제5조제1항관련) – 요약

구분	종 류				규 격
소방활동장비	소방자동차	펌프차	대형		240마력 이상
			중형		170마력 이상 240마력 미만
			소형		120마력 이상 170마력 미만
		물탱크소방차	대형		240마력 이상
			중형		170마력 이상 240마력 미만
		소방정	소방정		100톤 이상 급, 50톤급
			구조정		30톤급
		소방헬리콥터			5~17인승
소방전용통신설비 및 전산설비	통신설비	유선통신장비	디지털전화교환기		국내 100회선 이상, 내선 1000회선 이상
			키폰장치		국내 100회선 이상, 내선 200회선 이상
			팩스		일제 개별 동보 장치
			영상장비 다중화장치		동화상 및 정지화상 E1급 이상
		무선통신기기	극초단파 무선기기	고정용	공중전력 50와트 이하
				이동용	공중전력 20와트 이하
				휴대용	공중전력 5와트 이하
			초단파 무선기기	고정용	공중전력 50와트 이하
				이동용	공중전력 20와트 이하
				휴대용	공중전력 5와트 이하
			단파 무전기	고정용	공중전력 100와트 이하
				이동용	공중전력 50와트 이하
	전산설비				
		단말기	중앙처리장치		클럭속도: 100메가헤르즈 이상
			주기억장치		용량: 16메가바이트 이상
			보조기억장치		용량: 1기가바이트 이상
			모니터		칼라, 15인치 이상
		라우터(네트워크 연결장치)			6시리얼포트 이상
		스위칭 허브			16이더넷포트 이상
		디에스유, 씨에스유			초당 56킬로바이트 이상
		스캐너			A4사이즈, 칼라600, 인치당 2400도트 이상

[규칙 별표 2~3] **소방용수시설 관련** - 본서 주 내용(핵심)에 삽입됨 (p38~39)

[규칙 별표 3~2]

소방대원에게 실시할 교육·훈련의 종류 등 (제9조제1항) 〈2023.4.27〉

종 류	교육을 받아야 할 대상자
가. 화재진압훈련	1) 화재진압업무를 담당하는 소방공무원 2) 의무소방원 3) 의용소방대원
나. 인명구조훈련	1) 구조업무를 담당하는 소방공무원 2) 의무소방원 3) 의용소방대원
다. 응급처치훈련	1) 구급업무를 담당하는 소방공무원 2) 의무소방 3) 의용소방대원
라. 인명대피훈련	1) 소방공무원 2) 의무소방원 3) 의용소방대원
마. 현장지휘훈련	1) 소방정 2) 소방령 3) 소방경 4) 소방위
※ 교육·훈련 횟수 및 기간: 2년마다 1회, 2주 이상	

[규칙 별표 3~3] 〈2022.12.1〉

소방안전교육훈련의 시설, 장비, 강사자격 및 교육방법 등의 기준 (제9조제2항 관련)- 요약

1. 시설 및 장비 기준〈2021.7.13〉
   가. 소방안전교육훈련에 필요한 장소 및 차량의 기준은 다음과 같다.
   1) 소방안전교실: 화재안전 및 생활안전 등을 체험할 수 있는 100m²이상의 실내시설
   2) 이동안전체험차량: 어린이 30명(성인은 15명)을 동시에 수용할 수 있는 실내공간을 갖춘 자동차
   3) 장비: 화재안전 교육용(안전체험복 등), 생활안전 교육용(구명조끼 등), 교육기자재(마이크 등) 등

[규칙 별표 3의4]

소방안전교육사 시험과목별 출제범위 (제9조2 관련) 〈2020.12.10〉

구분	시험과목	출제범위	비고
제1차 시험 ※ 4과목 중 3과목 선택	소방학개론	소방조직, 연소이론, 화재이론, 소화이론. 소방시설(소방시설의 종류, 작동원리 및 사용법 등을 말하며, 소방시설의 구체적인 설치 기준은 제외한다)	선택형 (객관식)
	구급 · 응급처치론	응급환자 관리, 임상응급의학, 인공호흡 및 심폐소생술(기도폐쇄 포함), 화상환자 및 특수환자 응급처치	
	재난관리론	재난의 정의 · 종류, 재난유형론, 재난단계별 대응이론	
	교육학개론	교육의 이해, 교육심리, 교육사회, 교육과정, 교육방법 및 교육공학, 교육평가	
제2차 시험	국민안전교육 실무	재난 및 안전사고의 이해, 안전교육의 개념과 기본원리, 안전교육 지도의 실제	논술형 (주관식)

[규칙 별표 4] **소방신호의 방법** (제10조제2항관련)

신호방법 종별	타종신호	사이렌신호	그 밖의 신호
경계신호	1타와 연 2타를 반복	5초 간격을 두고 30초씩 3회	"통풍대" "게시판" "기" 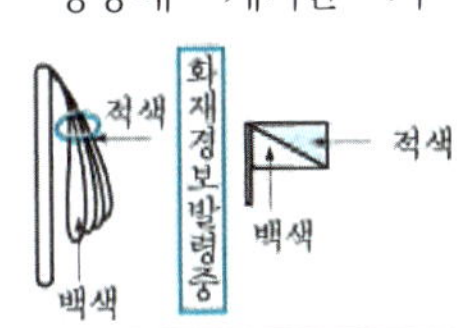
발화신호	난타	5초 간격을 두고 5초씩 3회	
해제신호	상당한 간격을 두고 1타씩 반복	1분간 1회	
훈련신호	연 3타 반복	10초 간격을 두고 1분씩 3회	

※ 비 고
1. 소방신호의 방법은 그 전부 또는 일부를 함께 사용할 수 있다.
2. 게시판을 철거하거나 통풍대 또는 기를 내리는 것으로 소방활동이 해제되었음을 알린다.
3. 소방대의 비상소집을 하는 경우에는 훈련신호를 사용할 수 있다.

학습 문제

▶ 현, 출간일까지 소방관계시험에 기출된 기본 문제를 편집함.

소방기본법

01 **다음은 소방기본법의 목적이다. 가장 궁극적인 최종목적은?** • 학습 1단계

① 화재를 예방·경계하거나 진압
② 화재·재난·재해 그 밖의 위급한 상황에서의 구조·구급활동
③ 국민의 생명·신체 및 재산을 보호함
④ 공공의 안녕 및 질서 유지와 복리증진에 이바지함

소방기본법의 목적: 이 법은 화재를 예방·경계하거나 ~ 재산을 보호함으로써(= 전제조건) 공공의 안녕 및 질서 유지와 복리증진에 이바지함을 목적으로 한다.(= 궁극적인 최종목적) (소방기본법 제1조)

02 **다음 중 소방기본법에서 소방대상물로 옳지 않은 것은?*** • 기본 1단계

① 선박, 달리는 차량
② 항해 중인 선박
③ 산림, 선박건조구조물
④ 건축물, 인공구조물

항해 중인 선박, 나는 비행기는 화재 발생 시 출동이 어렵고 출동한 소방대원이 책임지고 소화가 가능한 물건이 아니어서 소방대상물에서 배제하고 있다. 또한 인축, 지하매설물, 철도, 관계지역,도 일반적인 소화대상의 물건이 아니여서 47년의 소방관계시험에서 소방대상물로 보지 않고 있다.(* 그러나 ①번 달리는 차량은 화재가 났을 경우 소방대가 출동하여 소화해야 할 소방대상물이다) (소방기본법 제2조)

03 **다음은 용어의 정의에 관한 설명이다. 옳지 않은 것은?** • 학습 2단계

① "관계인"이란 소방대상물의 소유자·관리자 또는 점유자를 말한다.
② "관계지역"이란 소방대상물이 있는 장소 및 그 이웃 지역으로 화재의 예방·경계·진압하고 구조·구급 등의 활동에 필요한 지역을 말한다.
③ "소방본부장"이란 시·도의 화재 등의 업무를 담당하는 기관의 장을 말한다.
④ "소방대"란 화재를 진압하는 소방공무원, 의무소방원 및 의용소방대원으로 구성된 단체를 말한다.

③ "소방본부장" 이란 시·도의 화재 등의 업무를 담당하는 부서의 장을 말한다. (소방기본법 제2조)

Ans. 01. ④ 02. ② 03. ③

04 **다음 중 소방대의 구성원이 아닌 것은?*** • 용어 1단계

① 의용소방대 ② 의무소방원 ③ 소방공무원 ④ 자체소방대

▶ 소방대의 구성원은 소방공무원·의무소방원·의용소방대이다. (소방기본법 제2조)

05 **소방기본법에서 그 내용이 옳지 않은 것은?** • 개념 3단계

① 소방본부장이나 소방서장은 지방자치단체장(시·도지사)의 지휘·감독을 받는다.

② 소방청장은 소방업무에 관한 종합계획을 5년마다 수립·시행하여야 한다.

③ 소방업무의 종합계획에는 소방서비스의 양 향상을 위한 정책의 기본방향이 포함된다.

④ 국민의 안전의식과 안전문화를 정착시키기 위하여 11월 9일을 소방의 날로 정한다.

▶ 소방서비스의 질 향상을 위한 정책의 기본방향이 포함된다. (소방기본법 제3조, 6조, 7조)

06 **화재 시 소방서 119종합상황실의 경우 소방본부의 119종합상황실에 지체 없이 보고해야 할 기준으로 옳지 않은 것은?**** • 학습 2단계

① 이재민 100인 이상 발생한 화재

② 재산피해액 50억 원 이상 발생한 화재

③ 사망자 3명 이상 발생하거나 사상자 5명 이상 발생한 화재

④ 관공서, 학교, 정부미 도정공장, 문화재, 지하철 또는 지하구 등에 발생한 화재

▶ 사망 5명 이상, 사상 10명 이상, 재산피해액 50억 원 이상.(* 5x10 = 50) (소방기본법 규칙 제3조)

07 **소방박물관과 소방체험관의 설립과 운영권자는?*** • 기본 1단계

① 문화재청장관, 시·도지사 ② 소방청차관, 시·도지사

③ 소방청장, 시·도지사 ④ 대통령, 소방청장

▶ 소방박물관은 소방청장이며, 소방체험관은 시·도지사가 설립과 운영을 한다.(소방기본법 제5조)

08 **다음 중 일부 국고보조 대상이 아닌 것은?** • 학습 2단계

① 소방자동차 ② 소방정(소방선박)

③ 소방관서용 청사 ④ 소방용수시설

▶ 소방용수시설은 일부 국고보조 대상이 아니다. 시·도지사가 설치·유지·관리 한다.(소방기본법 영 제2조)

Ans. 04. ④ 05. ③ 06. ③ 07. ③ 08. ④

09 다음 중 바르게 설명한 것을 모두 고르시오. • 난도 3단계

a. 국내조달품은 조달청에서 조사한 가격으로 한다.
b. 일부 국고보조의 대상사업의 범위와 기준보조율은 대통령령으로 정한다.
c. 소방기관이 필요한 인력과 장비 등에 관한 기준은 시·도의 조례로 정한다.

① a ② b ③ a, b ④ a, b, c

b.가 옳은 설명이다.(* a. 국내조달품은 정부고시가격으로 한다. C 에서 소방기관이 소방업무를 수행하는 데에 필요한 인력과 장비 등에 관한 기준은 행정안전부령으로 정한다.) (소방기본법 제8조, 제9조)

10 다음 중 소방용수시설을 설치·관리하는 사람은?* • 기본 1단계

① 시·도지사 ② 소방본부장 ③ 소방서장 ④ 소방청장

소방용수시설을 설치·유지·관리하는 자는 시·도지사이다. (소방기본법 제10조)

11 소방용수시설 및 지리조사에 대하여 옳지 않은 것은?** • 학습 2단계

① 소방본부장 또는 소방서장은 원활한 소방활동을 위하여 조사를 실시한다.
② 조사 횟수는 소방본부장 또는 소방서장이 월 1회 이상으로 할 수 있다.
③ 조사 보관에 있어서 조사 결과를 2년간 보관한다.
④ 소방용수 대상은 도로의 폭, 교통상황, 도로주변 토지의 고저, 건축물의 개황이다.

지리조사 대상은 도로의 폭, 교통상황, 도로주변 토지의 고저, 건축물의 개황 등이다.(기본법 규칙 제7조)

12 이웃하는 시·도지사와 소방업무를 미리 규약으로 정하여 체결하는 것은? • 학습 2단계

① 응원협정 ② 예방협정 ③ 대응협정 ④ 방법협정

상호응원협정을 체결하는 것을 말한다. (소방기본법 시행규칙 제8조)

13 다음 중 소방지원활동에 해당하지 않는 것은?* • 개념 3단계

① 단전사고 시 비상전원 공급 ② 산불에 대한 지원활동
③ 소방시설 오작동 신고 조치활동 ④ 급수, 배수, 제설 등 지원활동

단전사고 시 비상전원 공급, 조명의 공급은 생활안전활동에 해당된다. (소방기본법 제16조의2~3)

Ans. 09. ② 10. ① 11. ④ 12. ① 13. ①

14 **소방대원이 할 수 있는 훈련의 종류가 아닌 것은?** • 학습 2단계

① 응급처치훈련　　② 화재복구훈련
③ 현장지휘훈련　　④ 인명구조훈련

소방교육·훈련의 종류는 ①③④ 외 인명대피훈련, 화재진압훈련이 있다. (소방기본법 칙 제9조)

15 **소방신호를 발하는 요건(발령시기, 타종신호, 사이렌신호)으로 틀린 것은?*** • 학습 2단계

① 훈련신호 — 비상소집 시 → 연 3타를 반복 → 10초 간격을 두고 1분씩 3회
② 발화신호 — 화재가 발생한 때 → 난타 → 5초 간격을 두고 5초씩 3회
③ 해제신호 — 해제 시 → 상당한 간격을 두고 1타씩 반복 → 1분간 1회
④ 경계신호 — 화재발생지역에 출동 시 → 연 3타 반복 → 10초 간격을 두고 1분씩 3회

경계신호는 화재예방상 필요하다고 인정되거나 화재위험 경보 시 발령한다. (소방기본법 칙 제10조)

16 **화재로 오인할만한 불을 피우거나 연막소독을 할 때 신고 않아도 되는 지역은?** • 혼동 3단계

① 시장이 밀집한 지역
② 공장·창고가 밀집한 지역
③ 소방시설 소방용수시설 또는 소방 출동로가 없는 지역
④ 석유 화학 제품을 생산하는 공장이 밀집한 지역

③번 지역은 '화재의 예방 및 안전관리에 관한 법률' 제18조 화재예방강화지구 지정지역에 해당하지만 제19조 화재로 오인할만한 불을 피우거나 연막 소독을 실시할 때 신고하지 않아도 되는 지역이다. (소방기본법 제19조, 제57조 참고)

17 **다음 중 소방자동차 관련 사항이 아닌 것은?*** • 개념 2단계

① 소방자동차가 출동 시는 모든 사람과 차는 방해해서는 안 된다.
② 소방자동차의 우선통행에 관하여는 소방기본법에 따른다.
③ 소방자동차가 출동을 할 때에는 차량 교통금지도로, 가옥부지 내의 도로, 개인주택 전용도로를 통행할 수 있다.
④ 긴급한 때에는 도로·빈터·물위를 통행할 수 있다.

소방자동차의 우선통행에 관해서는 도로교통법을 따른다. (소방기본법 제21조)

Ans. 14. ②. 15. ④ 16. ③ 17. ②

18 **다음 중 소방활동구역에 출입할 수 있는 자가 아닌 것은?*** • 개념 2단계

① 소방활동구역 안에 있는 소방대상물의 관계인
② 전기·가스·수도·교통·통신 등의 업무에 종사하는 자
③ 의사·간호사 그 밖의 구조·구급업무에 종사하는 자
④ 수사업무에 종사하는 자

②번의 업무종사자는 원활한 소방활동을 위하여 필요한 자만이 해당된다. (소방기본법 영 제8조)

19 **소방공무원의 강제처분 및 소방활동종사명령에 대한 설명으로 틀린 것은?** • 개념 2단계

① 소방대장은 필요한 때에는 소방대상물 및 토지를 강제처분을 할 수 있다.
② 소방대장은 긴급하게 출동하는 때에는 차량 및 물건 등을 제거 또는 이동시킬 수 있다.
③ 소방대장은 필요한 때에는 현장에 있는 사람에게 불을 끄는 일을 하게 할 수 있다.
④ 소벙청장, 시·도지사는 소방활동에 종사한 자에게 비용을 지급하고 강제처분 등으로 인하여 손실을 받은 자가 있는 경우 모든 손실을 보상한다.

소방청장, 시·도지사는 손실을 받은 자가 있는 경우 모든 손실이 아니고 해당되는 손실만을 보상한다. 즉, 법령에 위반된 경우는 보상하지 아니하다. (소방기본법 제25조)

20 **소방청장 또는 시도지사(소방청장등)가 실시하는 손실보상심의위원회의 설치 및 구성에 대하여 옳지 않은 것은?** • 학습 2단계

① 소방청장등은 손실보상청구 사건을 심사•의결하기 위해 손실보상심의위원회를 둔다.
② 보상위원회는 위원장 1명을 포함하여 7명 이상 9명 이하의 위원으로 구성한다.
③ 보상위원의 과반수는 소방공무원이 아닌 사람으로 소방청장등이 위촉·임명한다.
④ 위원의 임기는 2년(1차 연임 가능), 간사 1명이다.

보상위원회는 위원장 1명을 포함하여 5명 이상 7명 이하의 위원으로 구성한다.(기본법 영 제3조)

21 **다음 중 소방기본법에서 과태료 부과권자가 아닌 것은?*** • 학습 2단계

① 소방본부장 ② 소방서장 ③ 소방청장 ④ 시·도지사

소방기본법에서 100만 원 이하, 200만 원 이하, 500만 원 이하의 과태료부과권자는 시·도지사, 소방본부장, 소방서장이다.(소방기본법 제56조)

Ans. 18. ② 19. ④. 20. ② 21. ③

22 **소방차 출동 방해 시, 몇 년 이하의 징역 또는 몇 만 원 이하의 벌금인가?*** • 이도 1단계

① 3년 — 1,500만 원 ② 1년 — 1,000만 원
③ 5년 — 3,000만 원 ④ 5년 — 5,000만 원

소방자동차의 출동을 방해한 자, 사람을 구출하는 일 또는 소화활동을 방해한 자, 소방용수시설의 효용을 해하거나 그 정당한 사용을 방해한 자는 기본법에서 제일 큰 형벌인 5년 이하의 징역 또는 5천만 원 이하의 벌금에 처한다. (소방기본법 제50조)

23 **다음 중 벌칙 금액이 제일 많은 것은?** • 학습 2단계

① 정당한 사유 없이 소방대의 생활안전활동을 방해한 사람
② 소방대가 도착할 때까지 사람구출, 소화활동을 하지 아니한 관계인
③ 소방대상물 및 토지의 강제처분을 방해한 자
④ 사람의 구출, 또는 불을 끄는 소화활동을 방해한 자

①, ②번: 100만 원 이하의 법금 ③은 3년 이하의 징역 또는 3,000만 원 이하의 법금 ④는 5년 이하의 징역 또는 5,000만 원 이하의 벌금 (소방기본법 제50~54조)

Ans. 22. ④ 23. ④

소/방/관/계/법/규

제 2 편

화재의 예방 및 안전관리에 관한 법률(주내용) p28

■ 각 부서별 전화 및 국민신문고 메일로 가능

① 기본법 법령 질문: 대응총괄과 044-205-7562 외 국민신문고 메일
② 화재의 예방 및 안전관리에 관한 법률: 화재예방총괄과. 044-205-7442
③ 소방시설 설치 및 관리에 관한 법률: 소방청(소방분석제도과) 044-205-7546
④ 소방시설공사업법: 소방청(소방산업과) 044-205-7507 외 국민신문고 메일 가능
⑤ 위험물안전관리법: 소방청(위험물안전과) 044-205-7488 외 국민신문고 메일 가능
⑥ 소방의 화재조사에 관한 법률: 소방청(화재대응조사과) 044-205-7475 외 메일 가능

구성 "화재의 예방 및 안전관리에 관한 법률"

화재예방법의 주 구성

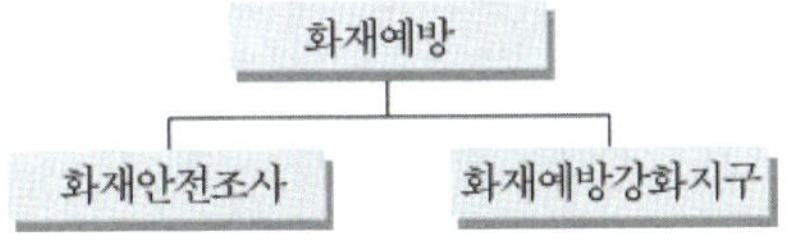

주요개념 도해

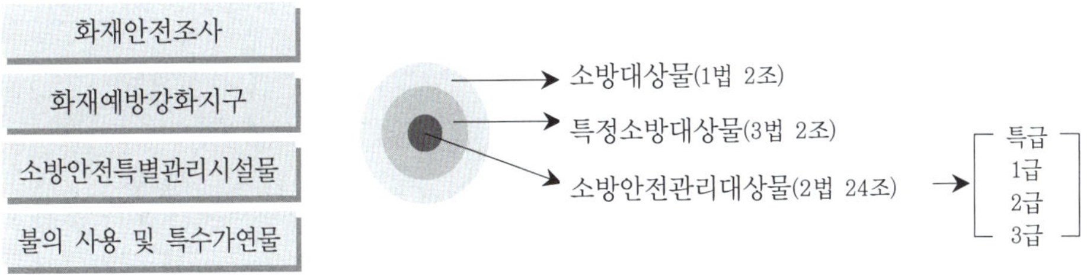

학습방법

- 화재안전조사의 제반사항을 숙지하도록 한다.
- 화재의 예방조치 등에 관련된 시행령의 불을 사용할 때 지켜야 하는 사항 및 특수가연물(特殊可燃物)의 저장 및 취급 기준(별표 1~4번 6번 등)에 관하여 그 숫자 등에 유의하도록 한다
- 화재예방강화지구 지정권자는 시도지사이다. 그 지정지역을 선별한다.
- 소방안전관리자업무와 소방안전관리대상물, 선임대상자 등으로 선별 숙지한다.
- 건설현장의 소방안전관리자 업무 및 관리의 권원이 분리된 특정소방대상물의 소방안전관리의 대상에 대하여도 소방안전관리자와 그 개념을 함께하도록 한다.
- 소방안전 특별관리시설물의 안전관리의 종류도 숙지하도록 한다.
- 청문의 내용은 소방관계법규의 모든 법에서 선별하도록 한다.
- 벌칙의 내용도 많지만 명령위반자와 소방안전관리자쪽으로 선별하도록 한다.

제2편 화재의 예방 및 안전관리에 관한 법률(주내용)

▶ 이 법령은 2026년 1월 2일 개정으로 편집함.

01 총 칙

【법 제1조】 목적

이 법은 화재의 예방과 안전관리에 필요한 사항을 규정함으로써 화재로부터 국민의 생명·신체 및 재산을 보호하고 공공의 안전과 복리 증진에 이바지함을 목적으로 한다.

【법 제2조】 정의

이 법에서 사용하는 용어의 뜻은 다음과 같다.

1. 예방: 화재의 위험으로부터 사람의 생명·신체 및 재산을 보호하기 위하여 화재발생을 사전에 제거하거나 방지하기 위한 모든 활동.
2. 안전관리: 화재로 인한 피해를 최소화하기 위한 예방, 대비, 대응 등의 활동.
3. 화재안전조사: 소방관서장이 소방대상물, 관계지역 또는 관계인에 대하여 소방시설등이 소방 관계 법령에 적합하게 설치·관리되고 있는지, 소방대상물에 화재의 발생 위험 등을 확인하기 위하여 실시하는 현장조사 · 문서열람·보고요구 등을 하는 활동.
4. 화재예방강화지구: 시·도지사가 화재발생 우려가 크거나 화재 발생 시 피해가 클 것으로 예상되는 지역에 화재의 예방 및 안전관리를 강화하기 위해 지정·관리하는 지역.
5. 화재예방안전진단: 화재 발생 시 사회·경제적으로 피해 규모가 클 것으로 예상되는 소방대상물에 화재위험요인을 조사하고 그 위험성을 평가하여 개선대책을 수립하는 것.

【법 제3조】 국가와 지방자치단체 등의 책무

국가는 화재로부터 국민의 생명과 재산을 보호할 수 있도록 화재예방정책을 수립·시행하며, 지방자치단체는 국가의 화재예방정책에 맞추어 지역의 실정에 부합하는 화재예방정책을 수립·시행하며, 관계인은 국가와 지방자치단체의 화재예방정책에 적극 협조한다.

02 화재의 예방 및 안전관리 기본계획의 수립·시행

【법 제4조】 화재의 예방 및 안전관리 기본계획 등의 수립·시행

1. 소방청장은 화재예방정책에 관한 기본계획을 5년마다 수립·시행한다.
2. 화재예방 관련 기본계획은 다음의 상황이 포함되어야 한다.

① 기본목표 및 추진방향 ② 법령·제도의 마련 등 기반 조성
③ 대국민 교육·홍보 ④ 기술의 개발·보급
⑤ 전문인력의 육성·지원 및 관리 ⑥ 산업의 국제경쟁력 향상
⑦ 그 밖에 대통령령으로 정하는 화재의 예방과 안전관리에 필요한 사항

【영 제2~5조】 기본계획, 시행계획, 세부시행계획

① 소방청장은 '기본계획'을(전년도 8월 31일까지 협의 후) 전년도 9월 30일까지 수립한다.
② 소방청장은 기본계획을 시행하기 위한 '시행계획'을 시행 전년도 10월 31일까지 수립한다.
③ 소방청장은 관계 중앙행정기관의 장과 시·도지사에게 기본계획 및 시행계획을 각각 계획 시행 전년도 10월 31일까지 통보해야 하며 / 통보받은 관계 중앙행정기관장 및 시·도지사는 '세부시행계획'을 시행 전년도 12월 31일까지 수립하여 소방청장에게 통보해야 한다.

■ 기본계획: 8.31 협의, 9.30 수립 / 시행계획 10.31 수립, 기본·시행 통보 / 12.31 수립·통보

【영 제3조】 기본계획의 내용

① 화재발생 현황에 관한 사항
② 소방대상물의 환경, 화재위험특성 변화 추세 등 화재예방정책의 여건 변화에 관한 사항
③ 소방시설의 설치·관리 및 화재안전기준의 개선에 관한 사항
④ 계절별·시기별·소방대상물별 화재예방대책의 추진 및 평가 등에 관한 사항
⑤ 그 밖에 화재의 예방 및 안전관리와 관련하여 소방청장이 필요하다고 인정하는 사항

【법 제5조】 실태조사

1. 소방청장은 기초자료를 확보하기 위하여 시작 7일 전까지 조사계획(조사일시, 조사사유, 조사내용)을 조사대상자에게 미리 알리고 다음의 실태조사를 할 수 있다.

① 용도별·규모별 현황 ② 소방시설등 설치·관리 현황
③ 화재의 예방 및 안전관리 현황 ④ 기본·시행계획의 수립·시행을 위해 필요사항

2법

03 화재안전조사

【법 제7조】 화재안전조사

1. 소방관서장은 다음의 경우 화재안전조사를 실시할 수 있다.
   다만, 개인의 주거지는 관계인의 승낙이 있거나, 화재발생 우려가 뚜렷하여 긴급한 필요가 있는 때에 한정한다.(개인의 주거는 실제 주거용도로 사용되는 경우에 한정한다.)
   ① 자체점검이 불성실하거나 불완전하다고 인정되는 경우
   ② 화재예방강화지구 등 법령에서 화재안전조사를 하도록 규정되어 있는 경우
   ③ 화재예방안전진단이 불성실하거나 불완전하다고 인정되는 경우
   ④ 국가적 행사 등 개최장소, 그 주변 관계지역 소방안전관리 실태조사 필요한 경우
   ⑤ 화재가 자주 발생하였거나 발생할 우려가 뚜렷한 곳에 대한 조사가 필요한 경우
   ⑥ 재난예측정보, 기상예보 분석결과 소방대상물에 화재위험이 크다고 판단되는 경우
   ⑦ 화재, 그 밖에 긴급상황 발생 시 인명, 재산피해 우려가 현저하다고 판단되는 경우
2. 화재안전조사의 항목은 대통령령으로 정한다.
   이 경우 화재안전조사의 항목에는 화재의 예방조치 상황, 소방시설등의 관리 상황 및 소방대상물의 화재 등의 발생 위험과 관련된 사항이 포함되어야 한다.

【영 제7조】 화재안전조사 항목

① 화재의 예방조치 등
② 소방안전관리 업무 수행
③ 피난계획의 수립 및 시행
④ 소화·피난·통보·교육(소방훈련·교육)
⑤ 소방자동차 전용구역의 설치
⑥ 감리 및 감리원 배치
⑦ 소방시설의 설치·관리
⑧ 건설현장 임시소방시설 설치·관리
⑨ 피난시설, 방화구획·방화시설의 관리
⑩ 방염에 관한 사항
⑪ 소방시설등의 자체점검
⑫ 다중이용업소의 안전관리
⑬ 위험물 안전관리
⑭ 초고층, 지하연계 복합건축물 안전관리
⑮ 그 밖에 소방관서장이 화재안전조사가 필요하다고 인정하는 사항

■ Reference

법 제7조 1항 단서 부분에서 개인의 주거자는 ① 관계인의 승낙이 있거나 ② 긴급시에 한정한다 에서 ①의 의미는 국내 약 5천만 인구 중 세대수가 2천만 이상이어서 '요청' 을 승낙이라고 표현하고 있다.

【법 제8조】 화재안전조사의 방법·절차 등

1. 소방관서장*은 화재안전조사를 조사의 목적에 따라 화재안전조사의 항목 전체에 대하여 종합적으로 실시하거나 특정 항목에 한정하여 실시할 수 있다.
2. 소방관서장은 화재안전조사를 실시하려는 경우 사전에 관계인에게 조사사유, 조사대상, 조사기간 등을 우편, 전화, 전자메일, 문자전송 등을 통하여 통지하고 공개하여야 한다. 다만, 다음에 해당하는 경우에는 그러하지 아니하다.
   ① 화재가 발생할 우려가 뚜렷하여 긴급하게 조사할 필요가 있는 경우
   ② 화재안전조사를 사전에 통지·공개하면 조사목적을 달성할 수 없다고 인정되는 경우
3. 화재안전조사는 관계인의 승낙 없이 소방대상물의 공개시간 또는 근무시간 이외에는 할 수 없다. 다만, 긴급에 해당하는 경우에는 그러하지 아니하다.
4. 제2항의 통지를 받은 관계인은 천재지변이나 대통령령으로 정하는 사유로 화재안전조사를 받기 곤란한 경우에는 연기하여 줄 것을 신청할 수 있다. (이 경우 연기 여부를 결정하고 그 결과를 관계인에게 알려 주어야 한다.)

2법

【영 제8조】 화재안전조사의 방법·절차

소방관서장은 화재안전조사 목적에 따라 다음의 조사를 실시할 수 있다.

① 조사의 목적에 따라 **종합조사(전부)** 또는 **부분조사(일부)**로 실시할 수 있다.
② 조사를 실시할 경우 **조사사유, 조사대상, 조사기간**을 **7일 이상** 공개해야 한다.
③ 조사를 실시하기 전에 관계인에게 조사사유, 조사범위 등을 현장에서 설명해야 한다.
④ 소속 공무원으로 하여금 관계인에게 보고 또는 자료의 제출을 요구하거나 소방대상물의 위치·구조·설비 또는 관리 상황에 대한 조사·질문을 하게 할 수 있다.
⑤ 조사에 필요한 경우 합동으로 조사반을 편성하여 조사할 수 있다.
   ㉠ 소방청장이 고시한 소방법인, 단체
   ㉡ 중앙행정기관, 지방자치단체
   ㉢ 전기안전공사 ㉣ 화재보험협회
   ㉤ 안전원 ㉥ 가스안전공사 ㉦ 기술원

【영 제9조, 칙4조】 화재안전조사의 연기

조사의 연기를 신청하려는 관계인은 **3일 전까지** 연기의 사유, 기간 등을 소방관서장에게 제출한다.(소방관서장은 **3일 이내**에 연기신청의 승인 여부를 결정하여 통보한다).

① 재난 발생 ② 관계인의 질병, 사고, 장기출장 ③ 자체점검기록부, 교육·훈련일지 등 장부·서류가 압수, 영치된 경우 ④ 증축·용도변경, 대수선 등의 공사로 조사가 어려운 경우.

---

* 소방관서장: 소방청장, 소방본부장 및 소방서장을 말한다.

【법 제9조】 화재안전조사 편성·운영

1. 소방관서장은 화재안전조사를 효율적으로 수행하기 위하여 소방청에는 중앙화재안전조사단을, 소방본부 및 소방서에는 지방화재안전조사사단을 편성하여 운영할 수 있다.
2. 소방관서장은 중앙·지방화재안전조사단의 업무 수행을 위하여 필요 시 관계 기관의 장에게 그 소속 공무원 또는 직원의 파견을 요청할 수 있다.

【영 제10조】 화재안전조사단 편성·운영

중앙조사단 및 지방조사단(이하 조사단)은 각각 단장을 포함하여 50명 이내로 구성한다.

조사단원은 다음 사람 중 소방관서장이, 단장은 단원 중 소방관서장이 임명·위촉한다.

① 소방공무원

② 소방업무 관련 단체, 연구기관 등의 임직원

③ 소방 관련 분야 전문적인 지식·경험이 풍부한 사람.

【법 제10조】 화재안전조사위원회 구성·운영

1. 소방관서장은 화재안전조사의 대상을 객관적이고 공정하게 선정하기 위하여 필요한 경우 화재안전조사위원회를 구성하여 화재안전조사의 대상을 선정할 수 있다.
2. 화재안전조사위원회의 구성·운영 등에 필요한 사항은 대통령령으로 정한다.

【영 제11조】 화재안전조사위원회 구성·운영

1. 조사위원회는 위원장 1명 포함, 7명 이내로 구성하고, 위원장은 소방관서장이 된다.
2. 위원은 다음에 해당하는 사람 중에서 소방관서장이 임명·위촉한다.

① 과장급 이상 소방공무원

② 소방기술사, 소방시설관리사, 소방분야 석사 이상 학위 취득 자

③ 소방 관련 법인·단체에서 소방관련 업무에 5년 이상 종사한 사람

④ 교육기관·대학교·연구소에서 소방 관련 교육·연구에 5년 이상 종사한 사람

3. 위촉위원의 임기는 2년, 한 차례 연임할 수 있다.
4. 심신장애, 직무 비위사실·태만·수행 불능, 품위손상, 제척·기피 위원은 해임할 수 있다.

■ Reference

영 제11조 2항 ①에서 과장급 이상 소방공무원이란 소방정(예 소방서장급) 이상을 말하고 있으며

화재안전조사는 매우 중요한 조사로서 정당한 사유 없이 거부·방해·기피한 자 300만 원 이하 벌금

조사 시 관계인의 업무 방해 또는 그 비밀 누설자는 1년 이하의 징역 또는 1천만 원 이하 벌금이며

화재안전조사에 따른 조치명령 등 위반한 자는 3년 이하의 징역 또는 3천만 원 이하 벌금이 된다.

【법 제11~12조】 화재안전조사 전문가 참여 등

1. 소방관서장은 필요한 경우에는 **소방기술사, 소방시설관리사**, 그 밖에 화재안전 분야에 전문지식을 갖춘 사람을 화재안전조사에 참여하게 할 수 있다.
2. 화재안전조사 시 관계 공무원 및 관계 전문가는 증표를 관계인에게 내보여야 한다.
3. 조사업무 수행 시 알게 된 비밀 등을 누설하거나 목적 외 용도로 사용해서는 안 된다.

【법 제13~15조】 화재안전조사 결과 통보, 조치명령 등

1. 소방관서장은 화재안전조사를 마친 때 그 조사 결과를 관계인에게 서면으로 통지한다.
2. 소방관서장은 소방대상물의 위치·구조·설비 또는 관리의 상황을 행정안전부령으로 정하는 바에 따라 관계인에게 그 소방대상물의 **개수·이전·제거, 사용의 금지·제한·폐쇄, 공사의 정지·중지** 등을 명할 수 있다.

■ 소방청장, 시·도지사는 손실을 입은 자가 있는 경우는 시가(時價)로 보상한다.

【법 제16조】 화재안전조사 결과 공개

1. 소방관서장은 화재안전조사를 실시한 경우 다음의 **전부** 또는 **일부**를 공개할 수 있다.

① 소방대상물의 위치, 연면적, 용도 등 현황

② 소방시설등의 설치 및 관리 현황

③ 피난시설, 방화구획·시설의 설치·관리 현황

④ 그 밖에 대통령령으로 정하는 사항

【영 제15조】 화재안전조사 결과 공개

1. 법 제16조 1항 4호에서'대통령령으로 정하는 사항'이란
   ① 제조소등 설치 현황
   ② 소방안전관리자 선임 현황
   ③ 화재예방안전진단 실시 결과를 말한다.
2. 소방관서장은 조사결과를 공개 시 30일 이상 인터넷 홈페이지 등에 공개해야 한다.
3. 소방관서장은 공개기간, 공개내용, 공개방법을 관계인에게 미리 알려야 한다.
4. 관계인은 공개내용 등을 통보받은 날부터 10일 이내 소방관서장에게 이의신청 할 수 있다.
5. 소방관서장은 이의신청 받은 날부터 10일 이내 심사·결정하여 결과를 신청인에게 알린다.
6. 화재안전조사 결과의 공개가 제3자의 법익을 침해하는 경우에는 제3자와 관련된 사실을 제외하고 공개해야 한다.

04 화재의 예방조치 등

【법 제17조】 화재의 예방조치 등

1. 누구든지 화재예방강화지구 등에서는 다음에 해당하는 행위를 하여서는 아니 된다.
   ① 모닥불, 흡연 등 화기의 취급
   ② 풍등 등 소형열기구 날리기
   ③ 용접·용단 등 불꽃을 발생시키는 행위
   ④ 그 밖에 대통령령으로 정하는 행위

■ ④ 대통령령이란 제조소등, 가스저장소·판매소, 수소가스사용, 화약류 등을 말한다.

2. 소방관서장은 화재 발생 위험 물건에 대하여 관계인 등에게 명령을 할 수 있으며, 물건의 관계인을 알 수 없는 경우 소속 공무원으로 하여금 옮기거나 보관하는 등 필요한 조치를 하게 할 수 있다.
   ① 제1항에 해당하는 행위의 금지 또는 제한
   ② 목재, 플라스틱 등 가연성이 큰 물건의 제거, 이격, 적재 금지 등
   ③ 소방차량의 통행이나 소화 활동에 지장을 줄 수 있는 물건의 이동
3. 그 외의 사항은 대통령령으로 정한다.

【시행령 제17조】 옮긴 물건의 보관기간 및 보관기간 경과 후 처리

소방관서장은 관계인이 없는 옮긴 물건등에 대하여 다음의 행위를 할 수 있다.
① 옮긴 물건등의 보관은 그날부터 14일 동안 소방관서 홈페이지에 공고한다.
② 옮긴 물건의 보관기간은 공고기간의 종료일 다음날부터 7일로 한다.
③ 보관기간 종료시는 보관하고 있는 위험물 또는 물건을 매각·폐기할 수 있다.
④ 매각한 경우는 지체 없이 「국가재정법」에 따라 세입조치를 해야 한다.
⑤ 매각·폐기된 물건의 소유자가 보상 요구 시 금액은 소유자와 협의를 거쳐 보상한다.

【법 제18조】 화재예방강화지구의 지정 등

시·도지사는 다음의 지역을 화재예방강화지구로 지정할 수 있다.

1. 지정권자: 시·도지사

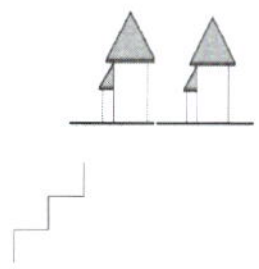

① 목조건물이 밀집한 지역
② 석유화학제품을 생산하는 공장이 있는 지역
③ 소방시설·소방용수시설 또는 소방 출동로가 없는 지역(예: 고지대)
④ 위험물저장 및 처리시설이 밀집한 지역
⑤ 시장지역
⑥ 공장·창고 등이 밀집한 지역
⑦ 노후·불량건축물이 밀집한 지역 ⑧ 산업단지 ⑨ 물류단지
그 밖에 ①~⑨에 준하는 지역으로 소방관서장이 지정 필요를 인정하는 지역.

2. 소방청장은 시·도지사가 화재예방강화지구로 지정할 필요가 있는 지역을 지정하지 아니하는 경우 해당 시·도지사에게 지정을 요청할 수 있다.
3. 소방관서장은 화재예방강화지구 안의 소방대상물의 위치·구조·설비 등에 대해 화재안전조사를 하여야 한다.
4. 소방관서장은 화재안전조사를 한 결과 필요하다고 인정할 때에는 관계인에게 소화기구, 소방용수시설의 소방설비등 설치(보수, 보강 포함)를 명할 수 있다.
(* 이 경우 소방청장은 중앙행정기관장, 시·도지사에게 지원 협조를 요청할 수 있다.)
5. 소방관서장은 화재예방강화지구 안의 관계인에게 필요한 훈련·교육을 실시할 수 있다.
6. 시 · 도지사는 화재예방강화지구의 지정 현황, 화재안전조사의 결과, 소방설비등의 설치 명령 현황, 소방훈련 및 교육 현황 등이 포함된 자료를 매년 작성 · 관리하여야 한다.

【영 제20조】 화재예방강화지구의 관리 (예방차원에서 소방관서장이 연 1회 이상)

1. 화재안전조사: 소방대상물의 위치·구조·설비 등에 대해 실시해야 한다.
2. 소방훈련 및 교육: 10일 전까지 통보, 관계인에 대하여 실시할 수 있다.
3. 시·도지사는 행정안전부령으로 정하는 화재예방지구 관리대장을 매년 작성·관리한다.
① 화재예방강화지구의 지정 현황 ② 화재안전조사의 결과 ③ 소방설비등의 설치 명령
④ 소방훈련·소방교육의 실시 현황 ⑤ 화재예방강화에 필요한 사항

■ Reference

화재예방강화지구(= 화강지구)는 시·도지사가 지정하는 화재발생 우려가 높은 위험지역이다. 그러나 APT는 소방시설이 잘 되어 있으며 경비원 상주 및 목재구조가 아닌 내화구조로서 화강지구 지정지역 등을 비롯하여 소방관계법령에서 대부분 제외가 된다.

• 화강지구의 소방설비등의 설치명령을 따르지 아니한 자는 200만 원 이하의 과태료이다.

【법 제20조】 화재 위험경보

1. 소방관서장은 「기상법」에 따른 기상현상 및 기상영향에 대한 예보·특보에 따라 화재의 발생 위험이 높다고 분석·판단되는 경우에는 행정안전부령으로 정하는 바에 따라 화재에 관한 위험경보를 발령하고 그에 따른 필요한 조치를 할 수 있다.

【법 제21~22조】 화재안전영향평가심의회 등

1. 소방청장은 화재유발요인, 완화방안에 대한 화재안전영향평가를 실시할 수 있다.
2. 소방청장은 화재안전영향평가심의회를 구성·운영할 수 있다.
3. 심의회는 위원장 1명을 포함한 12명 이내의 위원으로 구성하며 위원은 다음과 같다.

① 화재안전 관련법령 정책을 담당하는 직원으로서 대통령령으로 정하는 사람

② 소방기술사 등 대통령령으로 정하는 화재안전전문가로서 소방청장이 위촉한 사람

【영 제22조】 심의 위원회 구성

위촉위원의 임기는 2년으로 하고, 한 차례만 연임할 수 있다.

① 국토교통부·보건복지부·고용노동부·행정안전부·기후에너지환경부 공무원 중

② 소방청에서 소방준감 이상의 소방공무원 중에서 소방청장이 지명하는 사람 중

③ 소방기술사, 부교수 이상, 전기안전공사, 화재보험협회, 안전원, 가스안전공사, 기술원

【법 제23조】 화재안전취약자에 대한 지원

1. 소방관서장은 화재안전취약자 어린이, 노인, 장애인 등에게 지원하기 위해 노력한다.

【영 제24조】 화재안전취약자 지원 대상 및 방법 등

① 대상: 기초수급자, 다문화가족 구성원, 중증장애인, 한부모가족 지원대상자,
홀로사는 노인, 소방관서장이 인정하는 사람.

② 방법: 소방용품의 제공, 소방시설등의 설치·개선, 소방시설등의 안전점검, 전기·가스 등 화재위험 설비의 점검·개선 등

■ Reference

소방관서장은 기상현상 및 기상영향에 대한 예보·특보에 따라 화재의 발생 위험이 높다고 분석·판단되는 경우에는 법 제20조에 따라 화재 위험경보를 발령하고, 보도기관을 이용하거나 정보통신망에 게재하는 등 적절한 방법을 통하여 이를 일반인에게 알려야 한다.

이러한 화재 위험경보 발령 절차 및 조치사항에 관하여 필요한 사항은 소방청장이 정한다.

05 소방대상물의 안전관리

【법 제24조】 특정소방대상물의 소방안전관리

관계인은 대통령령이 정하는 곳(영 별표4)에 행정안전부령에 의해(규칙 14조) 30일 이내로 소방안전관리(보조)자를 선임하고 성명 등 정보를 게시, 14일 이내 본·서장에게 신고한다.

1. 관계인 및 소방안전관리자의 업무

① 피난계획 사항과 소방계획서의 작성•시행.(대통령령이 정하는)
② 자위소방대 및 초기대응체계의 구성•운영•교육
③ 소방(관련)시설의 관리
④ 소방교육 및 훈련

⑤ 화기취급의 감독
⑥ 화재발생 시 초기대응 그 밖에 소방안전관리에 필요한 업무
⑦ 피난시설, 방화구획·시설의 관리
⑧ 소방안전관리 업무수행에 관한 기록•유지(③⑤⑦호 업무)

단, ①②④⑧호의 중요 업무는 소방안전관리대상물의 경우에 한한다.(* 관계인 하지 않음)

※ 소방안전관리자는 월 1회 이상 업무기록을 작성•관리하고 2년간 보관한다.(칙10조)

【영 별표4】 소방안전관리자를 두어야 하는 특정소방대상물

• 특급 소방안전관리대상물
① 아파트: 50층 이상, 200m 이상.
② 일반건물: 30층(지하층 포함) 이상 / 120m 이상 것 / 연면적 10만m^2 이상

• 1급 소방안전관리대상물
① 아파트: 30층 이상, 120m 이상.
② 11층 이상인 것, 연면적 1만 5천m^2 이상.
③ 가연성 가스 1천톤 이상 저장·취급시설. (예 자동차 가스충전소)

※ 특급•1급 제외: 지하구, (위험물)제조소등, 동식물원, 불연성물품창고.

• 2급 소방안전관리대상물
① 보물·국보 지정된 목조건물 / 가연성가스 100톤 이상 ~ 1천톤 미만 저장·취급시설.
② 지하구, 옥내소화전설비·스프링클러·물분무등(호스릴방식 제외) 설치된 대상물
※ 공동주택 300 (*승강기·중앙난방·주택복합식 150)세대 이상 옥내소화전, 스프링 설치.

• 3급 소방안전관리대상물
① 자동화재탐지설비·간이스프링클러(주택용 제외) 설치대상물.

【영 별표4, 별표6】 소방안전관리자 선임자격 및 자격시험 응시자격자

특급 특급소방안전관리자 자격

① 소방기술사, 소방시설관리사 자격자. / 소방공무원 20년 이상 경력자
② 소방설비기사 5년(소방설비산업기사 7년) 1급경력자.
③ 1년 이상 총괄재난관리자 경력자 / 특급소방안전관리의 강습수료자
④ 2년 이상(고등·대학 소방안전학과 졸업, 석사취득자) 1급안전관리경력자
⑤ 3년 이상(고등·대학에서 소방안전교과목 12학점) 1급경력자
⑥ 5년 이상(소방설비기사 2년, 소방설비산업기사 3년) 1급 경력자
⑦ 7년 이상 특급·1급 소방안전관리보조경력자로서 1급 선임자격자
⑧ 10년 이상 소방공무원 경력자 또는 특급 소방안전관리보조자

(③~⑧:번은 특급 소방안전관리자 시험응시자격자를 말함.)

1급 1급소방안전관리자 자격

① 소방설비(산업)기사 자격자,
② 소방공무원 7년 이상 경력자
③ 2년 이상 2·3급 경력자로서 산업안전(산업)기사
④ 2년 이상 2·3급 경력자로서 소방안전관리학과 고등·대학졸업자
⑤ 3년 이상 2·3급 경력자로서 소방관련학과 졸업(고등·대학) 소방교과목 12학점
⑥ 5년 이상 2급 소방안전관리 경력자로서 2급 선임자격자
⑦ 7년(특·1급은 5년) 이상 2급 소방안전관리보조경력자.
⑧ 소방행정학, 소방안전공학분야에서 석사 이상 취득자. / 특급시험자격인정자.

(* ③~⑧번은 1급 시험응시자격자를 말함)

■ 자격 연수(이상) (* 밑줄 경력자는 시험대상 아님)

- 1년: 소방공무원, 자체·경호·별정(3급) / 군부대·의무소방, 본부·서 화재진압보조(=2급)
- 2년: 의용·경찰, 소방안전관리보조자.(= 3급대상) / 경호·별정직·3급안전관리자(= 2급), 산업안전(산업)기사 2·3급, 관리학과졸업2·3급(1급) / 소방설비기사 1급경력(특급). 소방안전관리학과 졸업 또는 석사취득 후 1급 경력자(= 특급자격대상).
- 3년: 소방공무원, 의용·자체·경찰·소방안전관리보조자(2급) / 관련학과 졸업 2·3급(1급), 12학점 이상 졸업자·소방산업기사(5년 경력자) 1급 경력(= 특급자격대상)
- 5년: 소방설비기사 1급경력, 1급경력자(특급) / 2급소방안전관리자, 특·1급보조자(1급)
- 7년: 소방공무원, 2급보조자(=1급대상) / 소방산업기사 1급경력, 특·1급 보조자(=특급).
- 10년: 소방공무원, 보조자(=특급대상) / ■ 20년↑: 소방공무원(=특급자격대상)

2급 2급소방안전관리자 자격

① 소방공무원으로 3년 이상 경력자
② 위험물자격(위험물기능장·산업기사·기능사)을 가진 자
③ 소방안전관리(관련)학과 전공한 고등·대학졸업자
④ 소방안전교과목 이수자로서 6학점 이상
⑤ 1년 이상 의무소방대(본부·서 화재·보조경력) / 군부대(주한 외국군부대 포함)
⑥ 2년 이상 경호·별정직공무원(안전검측업무) / 3급소방안전관리자 경력자
⑦ 3년 이상 의용·자체소방대원, 경찰공무원 / 소방안전관리보조(특급~3급) 경력자
⑧ 산업안전(산업)기사·일반기계기사 / 건축사·건축(산업)기사·건설(산업)기사 / 전기기능장·전기(산업)기사·전기공사(산업)기사 자격자.
⑨ 특급~3급·공공기관 강습교육 수료자 / 특급·1급시험자격인정자.
(* ③~⑨번은 2급시험응시자격자를 말함)

3급 3급소방안전관리자 자격 (※ 상위직은 하위직의 자격이 된다.)

① 소방공무원 1년 이상 경력자.
② 1년 이상 자체소방대원, 경호공무원·별정직공무원(안전검측업무).
③ 2년 이상 의용소방대·경찰공무원, 소방안전관리보조자(특급~3급) 경력자.
④ 특급~3급·공공기관 강습교육 수료자 / 특급~2급시험자격인정자.
(* ②~④번은 3급 시험응시자격자를 말하며 특급~3급 모두 합격 후 선임될 수 있다.)

※^^ 전국소방안전관리대상물- 특급: 약600, 1급: 1만2천, 2급: 15만, 3급: 13만, 공공기관: 5만.)

【칙 제14조】 소방안전관리자 신고 등

1. 선임 시기: 해당 날부터 30일 이내 (*^^ 신고는 14일 이내 소방본부장 서장에게)
   ① 신축·증축 등 사용승인일, / 증축·용도변경 승인일, 건축물관리대장 기재한 날
   ② 양수, 경매 등 권리 취득한 날 / 소방서장으로부터 선임 안내를 받은 날
   ③ 관리의 권원을 조정한 날 / 해임·퇴직 경우 해임·퇴직한 날. (* 즉 재선임: 30일)
   ④ 업무대행이 끝난 날 / 자격이 정지 또는 취소된 날 등
2. 선임 연기: 2·3급(보조자 포함) 관계인은 본부장·서장에게 선임연기를 신청할 수 있다.

【칙 제15조】 소방안전관리자 정보의 개시

① 소방안전관리대상물의 명칭, 등급
② 소방안전관리자의 성명, 선임일자, 연락처
③ 소방안전관리자의 근무 위치(화재 수신기 또는 종합방재실을 말한다)

【영 제27조】 소방안전관리대상물의 소방계획 작성 등

법 제24조 ①에서 대통령령이 정하는 소방계획서의 작성은 다음과 같다.

1. 작성: 소방안전관리자는 소방계획서를 매년 12월 31일까지 작성·시행해야 한다.
2. 지도·감독: 소방본부장, 소방서장은 소방계획의 작성·실시에 관하여 지도·감독한다.
3. 소방계획서에 포함 사항

① 화재예방을 위한 자체점검계획 및 대응대책
② 근무·거주자의 자위소방대 조직과 대원의 임무(화재안전취약자 피난보조임무 포함)
③ 방화구획·제연구획·내부재료·방염물품사용, 방화구조 및 설비의 유지·관리계획
④ 위험물 저장·취급에 관한 사항(* 예방규정을 정하는 제조소등은 제외)
⑤ 위치·구조·용도·연면적·수용인원 현황
⑥ 관리 권원이 분리된 소방안전관리에 관한 사항
⑦ 피난층 등 위치와 경로 등 피난계획
⑧ 소방·방화·전기·가스·위험물시설 현황
⑨ 소방안전관리 기록·유지 사항
⑩ 화재 시 초기대응에 관한 사항
⑪ 소화 및 연소방지에 관한 사항
⑫ 화재취급자격 공사 중 소방안전관리
⑬ 소방훈련·교육에 관한 계획
⑭ 소방시설·피난·방화시설의 점검·정비계획

【칙 제11조】 자위소방대 및 초기대응체계의 구성 운영 및 교육 등

① 업무: 대장, 부대장 각 1명으로 화재 시 비상연락, 초기소화, 피난유도 등의 조치
② 소방안전관리자는 연 1회 이상 자위소방대를 소집하여 그 편성 상태, 초기대응체계를 점검하고, 편성된 근무자에 대한 소방교육·훈련을 실시하고 기록부를 2년간 보관한다.

【영 별표5】 소방안전관리보조자를 선임해야 하는 범위

① 아파트: 300세대 이상 1명.
② 연면적 1만 5천m^2 이상 1명
(②에서 1만 5천m^2 초과시마다 1명 추가, 단 자위소방대, 소방차 운용시 3만m^2 초과)
③ 의료시설, 기숙사, 노유자시설, 수련시설, 숙박시설(1천 5백m^2 제외): 1명
④ 자격: 안전관리자 자격증소지자, 건축·전기·전자·화공·위험물·안전관리·기계(장비)제작 자격증소지자, 소방안전(공공)관리 강습교육자, 소방 관련 업무 2년 이상인 자.

【영 제28조】 소방안전관리 업무의 대행 대상 및 업무

① 11층 이상인 1급소방안전관리대상물(연면적 1만5천m^2 이상과 아파트 제외)
② 2급·3급 소방안전관리대상물의 피난시설, 방화구획·시설의 관리, 소방(관련)시설
(* 소방안전관리업무 대행이란 소규모 대상물로서 이동하여 점검·관리하는 업무이다.)

【칙 제20조】 소방안전관리자 자격시험의 방법

① 특급 소방안전관리자 자격시험: 연 2회 이상
② 1급·2급·3급 자격시험: 월 1회 이상.(* ①②: 30일 전에 공고, 70점 이상)

■ Reference(예외)

소방시설관리업자를 안전관리자로 선임할 경우 3개월 이내에 교육을 받아야 하며, 다른 안전관리자(전기•가스•위험물 등)는 특급·1급의 소방안전관리자를 겸할 수 없다.

【법 제29조】 건설현장 소방안전관리

1. 건설현장 건축물 **공사시공자**는 신축·증축·개축·재축·이전·용도변경·대수선의 경우 착공 신고일부터 사용승인일까지 소방안전관리자를 선임하고 소방본·서장에게 신고한다.
2. 건설현장 소방안전관리자의 업무는 다음과 같다.
   ① 건설현장의 소방계획서의 작성
   ② 임시소방시설의 설치, 관리에 대한 선임
   ③ 공사진행 단계별 피난안전구역, 피난로 등의 확보와 관리
   ④ 건설현장 작업자의 소방안전 교육·훈련
   ⑤ 초기대응체계의 구성·운영·교육
   ⑥ 화기취급의 감독, 화재위험작업의 허가•관리. 그 밖에 소방청장이 고시하는 업무

【영 제29조】 건설현장 소방안전관리대상물
1. 신축·증축·개축·재축·이전·용도변경, 대수선의 연면적의 합계가 1만5천m^2 이상 또는
2. 연면적 5천m^2 이상으로 다음에 해당하는 것
   ① 지하 2층 이상인 것 ② 지상 11층 이상인 것 ③ 냉동창고, 냉장창고, 냉동·냉장창고

【법 제30조】 소방안전관리자 자격 및 자격증의 발급 등

1. 소방청장이 실시하는 소방안전관리자 자격시험에 합격한 사람
2. 소방안전과 관련한 국가기술자격증을 소지한 사람
3. 일정 자격증을 소지한 사람으로서 소방안전관리자로 근무한 실무경력자
4. 소방공무원 경력자
5. 소방안전관리자로 선임된 사람(소방안전관리자로 선임된 기간에 한정한다)

【법 제31조】 소방안전관리자 자격의 정지 및 취소

1. 소방청장은 소방안전관리자 자격증을 발급받은 사람이 다음에 해당하는 경우에는 그 자격을 취소하거나 1년 이하의 기간을 정하여 그 자격을 정지시킬 수 있다.
   ① 거짓이나 그 밖의 부정한 방법으로 자격증을 발급받은 경우(취소!)
   ② 자격증을 다른 사람에게 빌려준 경우(취소!)
   ③ 소방안전관리업무를 게을리한 경우 및 실무교육을 받지 아니한 경우 등
2. 자격이 취소된 사람은 취소된 날부터 2년간 자격증을 발급받을 수 없다.

【법 제33조】 소방안전관리자 등 종합정보망의 구축·운영

소방청장은 다음의 정보를 효율적 관리를 위하여 종합정보망을 구축•운영할 수 있다.

1. 소방안전관리(보조)자의 선임 및 해임 현황
2. 소방안전관리(보조)자의 교육 실시현황
3. 건설현장 소방안전관리자 선임신고 현황
4. 소방안전관리자 시험 합격자, 자격증의 발급 현황
5. 소방안전관리자 자격증의 정지•취소 처분 현황

■ 소방안전관리(보조)자는 소방청장의 강습교육·실무교육(집합·원격·혼용)을 받아야 한다.

【법 제35조】 관리의 권원이 분리된 특정소방대상물의 소방안전관리

관리의 권원이 분리되어 있는 특정소방대상물의 관리의 권원별 관계인은 대통령령으로 정하는 바에 따라 소방안전관리자 및 총괄소방안전관리자를 선임하여야 한다.

(*^^ 지하상가, 시장 등 소규모의 집단 별도관리 대상물로서 여러 곳을 관리한다는 뜻.)

1. 대상: 복합건축물(지하층을 제외한 11층 이상 또는 연면적 3만m^2 이상), 지하가, 판매시설 중 시장(도매시장, 소매시장, 전통시장)을 말한다.

【영 제34조】 관리권원별 소방안전관리자 선임 및 조정 기준

1. 관리의 권원이 분리되어 있는 관계인은 소유권, 관리권, 점유권에 따라 각각 소방안전관리자를 선임해야 한다. (다만, 둘 이상의 소유권, 관리권, 점유권이 동일인에게 귀속된 경우에는 하나의 관리 권원으로 보아 소방안전관리자를 선임할 수 있다.)
2. 제1항에도 불구하고 다음의 경우에 따라 선임할 수 있다.

① 공동관리하는 경우: 하나의 관리권원으로 보고 소방안전관리자 1명 선임
② 하나의 화재수신기, 소화펌프설치 시: 하나의 관리권원으로 보고 소방안전관리자 1명 선임
③ 별도로 화재수신기, 소화펌프 설치 시: 화재수신기, 소화펌프가 화재를 감지·소화, 경보할 수 있는 부분을 각각 하나의 관리권원으로 보고 각각 소방안전관리자 선임.

【영 제37조】 공동소방안전관리 협의회의 구성·운영 및 수행 기준

총괄소방안전관리자등은 공동소방안전관리 업무를 협의회를 거쳐 공동으로 수행한다.

① 전체의 소방계획 수립·시행에 관한 사항
② 전체의 소방훈련·교육의 실시에 관한 사항
③ 공용 부분의 소방시설 및 피난•방화시설의 유지•관리에 관한 사항
④ 그 밖에 공동으로 소방안전관리를 할 필요가 있는 사항

【칙 제23조】 소방안전관리자 자격시험 과목 및 시험위원 위촉

소방청장은 시험문제 출제, 검토, 채점을 위하여 시험 위원을 임명·위촉해야 한다.

① 소방 관련 분야에서 석사 이상, 조교수 이상으로 2년 이상 재직자
② 소방위 이상의 소방공무원, 소방기술사, 소방시설관리사
③ 그 밖에 화재 안전 또는 소방 관련 법령이나 정책에 전문성이 있는자

【칙 제25, 27, 30조】 강습교육의 실시, 강사

① 소방청장의 소방안전관리(보조)자 강습교육 실시는 20전까지 홈페이지에 공고한다.
② 강습교육(실무교육 포함) 강사는 안전원 직원, 소방기술사, 소방시설관리사, 소방관련 학과 부교수 이상, 소방관련분야 석사 이상, 소방공무원 5년 이상 중에서 선정한다.

【칙 제29, 32조】 실무교육 실시

① 소방청장은 소방안전관리(보조)자에 대한 첫 실무교육을 6개월 이내, 그 이후 2년에 1회 이상 실시하되, 실무(실제 근무자)교육은 30일 전까지 인터넷 홈페이지에 공고(통보)한다.
② 소방청장은 매월 15일까지 실무교육 수료자명부를 소방본부장·서장에게 통보한다.

【칙 제34조】 피난계획의 수립·시행 (관계인)

① 화재경보의 수단 및 방식 ② 층별, 구역별 피난대상 인원의 연령별·성별 현황
③ 피난약자의 현황 ④ 피난약자(피난약자를 동반한 사람)의 피난동선과 피난방법
⑤ 각 거실에서 옥외(옥상, 피난안전구역 포함)로 이르는 피난경로를 수립·시행한다.

【법 제37조】 소방안전관리대상물의 근무자 및 거주자 등에 대한 소방훈련 등

① 관계인은 그 장소에 근무·거주하는 자에게 소화·피난·통보 등의 훈련과 교육을 실시하여야 하며, 피난훈련은 그 소방대상물에 출입하는 자를 대피·유도하는 훈련을 포함한다.
② 관계인(특급·1급 대상)은 훈련•교육날부터 30일 이내 결과를 본·서장에게 제출한다.
③ 본부장·서장은 의료·노유자·교육연구시설의 훈련·교육을 불시에 실시, 지도•감독할 수 있다.

【칙 제36조】 근무자 및 거주자에 대한 훈련과 교육

① 횟수: 연 1회 이상.(단, 소방서장이 2회의 범위 안에서 추가로 실시할 수 있다.)
② 훈련 및 보관: 소방서와 합동으로 할 수 있으며, 훈련·교육실시 기록을 2년간 보관.

【법 제39조】 공공기관의 소방안전관리

1. 국가기관, 지방자치단체, 국·공립·(사립)학교 등 공공기관장의 소방안전관리는 다음과 같다.

① 소방안전관리자의 자격, 책임•선임 등 ② 소방안전관리의 업무대행
③ 자위소방대의 구성, 운영•교육 ④ 근무자 등의 소방훈련•교육 등

06 특별관리시설물의 소방안전관리

【법 제40조】 소방안전 특별시설물의 소방안전관리

소방청장은 재난 시 다음의 시설에 소방안전특별관리를 하여야 한다.

1. 대상: 항만·공항·지정문화유산·(도시)철도, 영화상영관 1,000명 이상, 석유비축시설·산업(기술)단지, 천연가스 인수기지·공급망, 초고층건축물·지하연계 복합건물, 전력·통신용 지하구, 발전소, 전통시장(500개 이상 점포), 10만m² 이상 물류창고, 가스공급시설.

【영 제42조】 소방안전 특별관리 기본계획

1. 소방청장은 소방안전 특별관리 기본계획을 5년마다 수립하여 시도에 통보한다.
   ① 화재예방을 위한 중기·장기 안전관리정책
   ② 화재대응과 사후조치에 관한 역할 및 공조체계
   ③ 화재예방을 위한 교육·홍보 및 점검·진단
   ④ 화재대응을 위한 훈련
   ⑤ 그 밖에 화재 등의 안전관리를 위하여 필요한 사항
2. 시·도지사는 시행계획을 수립·시행, 그 결과를 다음 연도 1월 31일까지 청장에게 통보한다.

【법 제41조】 화재예방안전진단

소방안전 특별관리시설물의 관계인은 한국소방안전원 또는 소방청장이 지정하는 진단기관으로부터 정기적으로 화재예방안전진단을 받아야 한다. 그 범위는 다음과 같다.

① 화재위험요인의 조사에 관한 사항
② 소방계획, 피난계획 수립에 관한 사항
③ 소방시설등의 유지·관리에 관한 사항
④ 비상대응조직, 교육훈련에 관한 사항
⑤ 화재 위험성 평가에 관한 사항
⑥ 그 밖에 대통령령으로 정하는 사항

■ Reference

- 법41조에서 그 밖의 대통령령이란?
  재발방지 대책 수립 이행사항 / 보수·보강 등 개선요구 사항 이행 여부 / 지진 등 외부환경 위험요인에 대한 예방·대비·대응사항을 말한다.
- 안전원이나 진단기관은 위험요인조사, 위험성 평가, 위험성 감소대책의 수립을 진단한다.
- 소방청장은 지정신청서를 접수한 경우에는 지정기준 등에 적합한지를 검토하여 60일 이내에 진단기관 지정 여부를 결정해야 한다.

【영 제43조】 화재예방안전진단 대상

소방안전 특별관리시설물은 다음의 시설을 말한다.

① 공항시설로서 여객터미널의 연면적 1천m^2 이상

② 철도시설, 도시철도시설로서 역 시설의 연면적 5천m^2 이상

③ 발전소 또는 항만시설로서 여객이용시설 및 지원시설의 연면적 5천m^2 이상

④ 가스공급시설로서 저장용량 합계 100톤 이상이거나 저장용량 30톤 이상

⑤ 천연가스 인수기지 및 공급망 중 가스시설 및 공동구

【영 제44조】 화재예방안전진단 실시 절차 등

소방안전특별관리시설물의 완공검사를 받은 날부터 5년이 경과한 날이 속하는 해에 받는다. 관계인은 안전등급에 따라 정기적으로 다음의 기간에 화재예방안전진단을 받아야 한다.

① 우수(A): 6년 ② 양호(B)·보통(C): 5년 ③ 미흡(D)·불량(E): 4년

【영 별표7】 화재예방안전진단의 안전등급 기준

① 우수(A): 문제점 없음

② 양호(B): 일부 문제점 발견, 안전 이상 없음(일부 보수·보강 조치명령 필요)

③ 보통(C): 다수 문제점발견, 전반적 안전 이상 없음(다수 조치명령 필요상태)

④ 미흡(D): 광범위한 문제점 발견(조치명령 즉각 이행필요, 사용제한 권고필요)

⑤ 불량(E): 중대한 문제점 발견(조치명령 즉각 이행필요 + 사용중단 권고필요)

【법 제42조】 진단기관의 지정 및 취소

소방청장은 진단기관으로 지정받은 자가 다음의 경우에 그 지정을 취소하거나 6개월 이내의 기간을 정하여 취소 혹은 업무의 전부 또는 일부의 정지를 명할 수 있다.

① 거짓이나 그 밖의 부정한 방법으로 지정을 받은 경우(취소!)

② 업무정지기간에 화재예방안전진단 업무를 한 경우(취소!)

③ 지정기준에 미달하게 된 경우

④ 진단 결과를 소방본•서장, 관계인에게 제출하지 아니한 경우

【법 제46조】 청문

소방청장 또는 시•도지사는 다음에 해당하는 처분을 하려면 청문을 하여야 한다.

1. 소방안전관리자의 자격 취소
2. 화재예방안전진단기관의 지정 취소

07 벌 칙

【법 제50조】 3년 이하의 징역 또는 3천만 원 이하의 벌금

1. 화재안전조사에 따른 조치명령 등을 위반한 자
2. 소방안전관리자 선임명령 또는 업무명령을 위반한 자
3. 화재예방진단결과 보수·보강 등의 조치명령을 위반한 자
4. 거짓, 부정한 방법으로 화재예방진단기관으로 지정을 받은 자

1년 이하의 징역 또는 1천만 원 이하의 벌금

1. 화재안전조사 시 관계인의 업무를 방해하거나, 그 비밀누설자
2. 소방안전관리자 자격증을 빌려주거나 빌리거나 이를 알선한 자
3. 화재예방진단기관으로부터 진단을 받지 아니한 자

300만 원 이하의 벌금

1. 화재안전조사를 정당한 사유 없이 거부·방해·기피한 자
2. 화재 예방조치에 따른 명령을 따르지 아니하거나 방해한 자
3. 소방안전관리(보조)자, 총괄소방안전관리자를 선임하지 아니한 자
4. 소방시설 등이 위법 발견에도 관계인에게 필요 조치를 요구 아니한 소방안전관리자
5. 상기 항에 따라서 필요 조치를 요구한 소방안전관리자에게 불이익한 처우를 한 관계인
6. 화재예방진단 또는 위탁받은 업무에 종사자가 업무수행 시 알게된 그 비밀 누설자.

※ **양벌규정**(제51조): 제50조를 위반하면 행위자 외에 그 법인·개인에게도 벌금형을 과한다.

【법 제52조】 과태료

300만 원 이하의 과태료

1. 정당한 사유 없이 화재의 예방조치에 위반행위를 한 자
2. 다른 안전관리자(전기·가스·위험물)가 위법으로 소방안전관리자를 겸한 자
3. 소방안전관리업무를 하지 아니한 관계인 또는 소방안전관리자
4. 소방안전관리업무의 지도·감독을 하지 아니한 관계인
5. 건설현장에서 그 업무를 하지 아니한 소방안전관리자.
6. 근무자등에게 정기적으로 피난유도 안내정보를 제공하지 아니한 관계인
7. 근무자등에게 소방훈련(소화·피난·통보) 및 교육을 하지 아니한 관계인
8. 화재예방안전진단 결과를 제출하지 아니한 안전원 또는 진단기관.

200만 원 이하의 과태료

1. 불을 사용할 때 지켜야 하는 사항 및 특수가연물의 저장·취급 기준을 위반한 자
2. 화재예방강화지구 소방설비등의 설치 명령을 따르지 아니한 자
3. 소방안전관리자를 기간 내에 선임신고를 않거나 성명 등을 게시하지 아니한 자
4. 건설현장 소방안전관리자를 기간 내에 선임신고를 하지 아니한 자
5. 근무자등의 소방훈련 및 교육 결과를 (30일 내)에 제출하지 아니한 자

100만 원 이하의 과태료

1. 실무교육을 받지 아니한 소방안전관리(보조)자

2법

■ 과태료 부과권자: ① 소방청장 ② 시·도지사 ③ 소방본부장 ④ 소방서장이 부과한다.

- 50조는 일반적인 명령 위반자(1~3번)에 관한 조항이다.
- 52조는 일반적인 소방안전관리자(2~5번)에 관련된 조항이다.

그러나 소방안전관리자 자격증 대여 관련 조항은 1년, 1천만 원이며
해당 소방안전관리자를 선임하지 아니하면 300만 원 이하의 벌금이며
소방안전관리자 선임신고의 지연, 성명의 미개시는 2백만 원 이하 과태료이다.

소방공무원의 경력으로 학습

소방관계법규에서 소방공무원의 경험 자격이 해당되는 분야는 다음과 같다.

- 3년 이상: 2급 소방안전관리자, 소방시설설계업·공사업 보조인력, 소방시설관리사 응시자격, 초급소방감리원(지하구, 연면적 5천m^2 미만), 위험물안전관리자(제4류 위험물 취급) 등
- 5년 이상: 화재안전조사위원회 위원, 중앙소방기술위원회 위원 등
  (*^^ 1년, 3년, 7년, 20년 이상 경력자는, 소방안전관리자 3급, 2급, 1급, 특급의 자격이 된다.)

08 화재의 예방 및 안전관리에 관한 법률 시행령

【시행령 별표 1】 보일러 등의 설비 또는 기구 등의 위치·구조 및 관리와 화재예방을 위하여 불의 사용할 때 지켜야 하는 사항 〈 개정 2022.11.29〉

종 류	내 용
보일러	1. 경유·등유 등 액체연료를 사용하는 경우. (기름보일러를 뜻함.) ① 연료탱크는 보일러 본체로부터 수평거리 1m 이상의 간격을 유지할 것 ② 연료탱크로부터 0.5m 이내에 개폐밸브를 설치할 것 2. 기체연료를 사용하는 경우(가스 보일러를 뜻함.) ① 연료공급관의 재질은 금속관으로 할 것. ② 긴급 시 연료를 차단하는 개폐밸브를 연료용기로부터 0.5m 이내에 설치할 것 3. 화목(火木) 등 고체연료를 사용하는 경우 ① 고체연료는 보일러 본체와 수평거리 2m 이상 간격을 둘 것 ② 연통의 배출구는 보일러 본체보다 2m 이상 높게 설치할 것 ③ 연통은 천장으로부터 0.6m 이격, 배출구는 건물 밖으로 0.6m 이상 설치할 것 4. 보일러와 벽·천장 사이의 거리는 0.6m 이상으로 할 것
난로	1. 연통은 천장에서 0.6m 이상, 배출구는 건물 밖으로 0.6m 이상 설치할 것 2. 이동식난로는 다음의 장소에 사용해서는 안 된다. (단, 난로가 쓰러지지 않도록 받침대로 고정시키거나 쓰러지는 경우 즉시 소화되고 연료 누출을 차단할 수 있는 장치가 부착된 경우는 제외.) ① 다중이용업소 ② 학원, 독서실 / 박물관, 미술관 ③ 숙박업·목욕업·세탁업 / 영화상영관, 공연장 ④ 의원·치과의원·한의원, 조산원 / 병원·치과·한방·요양·정신·종합병원 ⑤ 식품업, 상점가, 가설건축물, 역·터미널 
건조설비	1. 건조설비와 벽·천장 사이의 거리는 0.5m 이상 유지할 것 2. 건조물품이 열원과 직접 접촉하지 않도록 할 것 3. 실내에 설치하는 경우 벽·천장 또는 바닥은 불연재료로 할 것
가스·전기시설	1. 가스시설의 경우 고압가스안전관리법, 도시가스사업법, 액화석유가스의 안전관리 및 사업법에서 정하는 바에 따른다. 2. 전기시설의 경우 「전기사업법」, 「전기안전관리법」 에서 정하는 바에 따른다.
불꽃 용접·용단 기구	1. 용접·용단 작업자로부터 5m 이내에 소화기를 갖출 것 2. 용접·용단 작업장 주변 반경 10m 이내에는 가연물을 쌓아두거나 놓지 말 것 (단, 가연물의 제거가 곤란하여 방지포 등으로 방호조치를 한 경우는 제외.)

노·화덕 설비	1. 노, 화덕 주위에 녹는 물질이 확산되지 않도록 0.1m 이상의 턱을 설치한다. 2. 시간당 열량이 30만 kcal 이상인 노를 설치하는 경우 ① 주요구조부는 불연재료로 할 것 ② 창문과 출입구는 60분+방화문 또는 60분 방화문으로 설치 ③ 노 주위에는 1m 이상의 공간보유
음식조리를 위하여 설치하는 설비	1. 주방 배출덕트는 0.5mm 이상의 아연도금강판, 내식성 불연재료를 설치할 것 2. 주방에는 동·식물의 기름을 제거할 수 있는 필터를 설치할 것 3. 열을 발생하는 조리기구는 반자나 선반으로부터 0.6m 이상 떨어질 것 4. 열을 발생하는 조리기구로부터 0.15m 이내에 있는 가연성 주요구조부는 단열성이 있는 불연재료로 덮어씌울 것.

- 보일러, 건조설비, 노·화덕설비에서 주택용(가정용)은 제외한다.
- 보일러, 난로, 건조설비, 불꽃 용접용단기구, 노화덕설비에는 소화기 1개 이상 비치해야 한다.

■ 불의 사용에 있어서 지켜야 하는 사항 숫자

- 0.5(기준): 개폐밸브, 건조설비, 배출덕트
- 0.6m: 벽·천장(단, 건조설비 0.5m), 조리기구, 연통, (• 0.1m: 턱 / • 1m: 보일러, 노주위)

▸ 내화구조, 불연재료, 갑종방화문 보충설명

- **내화(耐火)구조**는 불에 견딜 수 있는 철근콘크리트 구조로서 두께가 주로 10cm 이상이며
- **방화(防火)구조**는 열·연기를 막을 수 있는 구조로서 주로 2cm 정도 두께 약 5배 차이이다.
- **불연(不燃)재료**는"불에 타지 않는"재료로서 석재, 콘크리트, 알루미늄, 기와 등이며
- **난연(難燃)재료**는"불에 잘 타지 않는" 난연합판, 난연플라스틱 등이다.

※ 학습 시, 구조는 **"내화구조"**를, 재료는 **"불연재료"**를 우선적으로 생각한다.
(*^^ 내화·방화는 구조를, 불연·난연은 재료를 말함.) ▸ 내방구조 불난재료

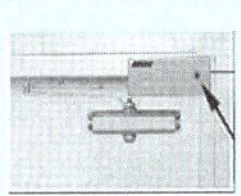

수동방화문

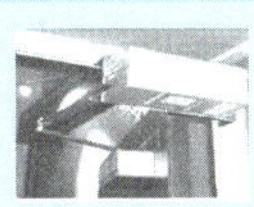

60분+ 방화문

- 60분 방화문: 연기 및 불꽃을 차단할 수 있는 시간이 60분 이상인 방화문
- 60분+방화문: 연기 및 불꽃을 차단 시간이 60분 이상, 열 차단 시간이 30분 이상인 방화문

【영 별표 2】 특수가연물의 품명 및 지정수량

품 명	지정수량[kg]	품 명		지정수량[kg]
① 면화류	200	⑦ 가연성 고체류		3,000
② 나무껍질 및 대팻밥	400	⑧ 석탄·목탄류		10,000
③ 넝마	1,000	⑨ 가연성 액체류		$2m^3$
④ 볏짚류	1,000	⑩ 목재가공품, 나무부스러기		$10[m^3]$
⑤ 종이부스러기	1,000	⑪ 고무류·플라스틱류	발포된 것	$20[m^3]$
⑥ 사류(실과 누에고치)	1,000		그 밖의 것	3,000

■ 비고

②번  ⑩번 

1. "면화류"란 불연성·난연성이 아닌 면상 또는 팽이모양의 섬유와 마사(麻絲)원료를 말한다.
2. 넝마, 종이부스러기는 불연성·난연성이 아닌 것(동식물유가 깊이 스며들어 있는 옷감·종이 등의 제품을 포함)에 한한다.
3. "사류"란 불연성·난연성이 아닌 실(실 부스러기와 솜털을 포함)과 누에고치를 말한다.
4. "볏짚류"란 마른 볏짚·마른 북데기와 이들의 제품 및 건초를 말한다.(* 축산용 제외)
5. "가연성 고체류"란 고체로서 다음의 것을 말한다.
   ① 인화점이 40℃ 이상 100℃ 미만인 것.
   ② 인화점이 100℃ 이상 200℃ 미만이고, 연소열량이 1g당 8kcal 이상인 것
   ③ 인화점이 200℃ 이상이고 연소열량이 1g당 8kcal 이상인 것으로서 융점이 100℃ 미만인 것
   ④ 1기압 20℃ 초과 40℃ 이하 액상에서 인화점이 70℃ 이상 200℃ 미만, ②③에 해당하는 것
6. 석탄·목탄류에는 연탄, 마세크탄(조개탄), 활성탄, 코크스, 석유코크스, 석탄가루를 물에 갠 것.
7. "가연성 액체류"란 다음의 것을 말한다.
   ① 1기압과 20℃ 이하에서 액상인 것으로서 가연성 액체량이 40중량% 이하이면서 인화점이 40℃ 이상 70℃ 미만이고 연소점이 60℃ 이상인 물품
   ② 1기압과 20℃ 액상에서 가연성 액체량이 40중량% 이하이고 인화점이 70℃ 이상 250℃ 미만.
   ③ 1기압 20℃에서 인화점이 250℃ 미만 위험 표시한 것 / 1기압과 20℃에서 인화점이 250℃ 이상
8. "고무류, 플라스틱류"란 불연·난연성이 아닌 고체의 합성수지(반)제품, 원료합성수지, 합성수지부스러기[불연·난연성이 아닌 고무(반)제품, 원료고무, 고무부스러기 포함]를 말한다.
   (다만, 합성수지의 섬유·옷감·종이 및 실과 이들의 넝마와 부스러기를 제외한다.)

■ **비고 요약(주요부분)**

1. 면화류: 불연성 또는 난연성이 아닌 면상 또는 팽이모양의 섬유와 마사원료를 말함.
2. "볏짚류"란 마른 볏짚·마른 북데기와 이들의 제품 및 건초를 말한다.(* 축산용 제외)
3. 석탄·목탄류: 연탄, 조개탄, 활성탄, 코크스, 석유코크스, 석탄가루를 물에 갠 것 등을 말함.
4. 가연성고체류: 인화점이 40℃ 이상 100℃ 미만인 것과 이 외의 조건 등을 말함.
   (* 40℃ 미만에서 불이 붙는 물질은 더 위험하니 제2류 위험물 중 '인화성고체'로 분류한다)
   (* ② 나무껍질은 얇은 나무조각이고 ⑩ 나무부스러기는 가루형태여서 단위가 $[m^3]$이다.)

【영 별표 3】 특수가연물의 저장 및 취급 기준

1. 특수가연물은 다음 기준에 따라 쌓아 저장해야 한다.
   (다만, 석탄·목탄류를 발전용으로 저장하는 경우는 제외한다.)
   ① 품명별로 구분하여 쌓을 것
   ② 높이는 10m 이하가 되도록 한다.
   ③ 바닥면적은 50m² (석탄·목탄은 200m²) 이하로 할 수 있다.
2. 살수설비를 설치하거나 대형수동식소화기를 설치 시
   높이는 15m 이하, 면적은 200m² 이하(석탄·목탄은 300m² 이하로 할 수 있다.)
3. 실외에 쌓아 저장하는 경우 쌓는 부분과 대지경계선, 도로 및 인접 건축물과 최소 6m 이상 간격을 둘 것, (단, 쌓는 높이보다 0.9m 이상 높은 내화구조 벽체 설치 시 그렇지 않다.)
4. 실내 저장 시 주요구조부는 내화구조이면서 불연재료여야 하고, 다른 종류의 특수가연물과 같은 공간 내에서 보관하지 않을 것.(단, 내화구조의 벽으로 분리하는 경우는 제외)
5. 쌓는 부분의 사이는 실내의 경우 1.2m 또는 쌓는 높이의 1/2 중 큰 값 이상으로 간격을 두어야 하며, 실외의 경우 3m 또는 쌓는 높이 중 큰 값 이상으로 간격을 둘 것.

____*

1. 표지 기재사항
   ① 품명 ② 성명, 직책, 연락처 ③ 최대저장수량 ④ 단위 부피(또는 체적)당 질량
   ⑤ "화기취급금지"의 글씨를 기재한 표지를 설치할 것
2. 표지의 규격
   ① 한 변이 0.3m 이상, 다른 한 변은 0.6m 이상인 직사각형으로 할 것
   ② 바탕은 흰색으로, 문자는 검은색(다만, "화기엄금" 표시부분은 제외)
   ③ '화기엄금' 표시부분의 바탕은 붉은색으로, 문자는 백색으로 할 것.
3. 표지는 특수가연물을 저장 또는 취급하는 장소 중 보기 쉬운 곳에 설치해야 한다.

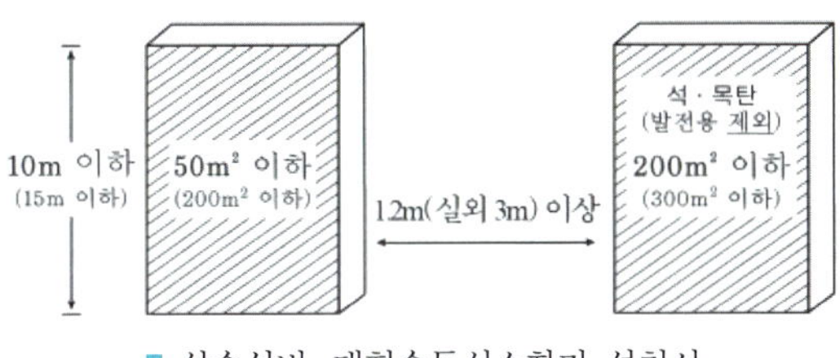

■ 살수설비, 대형수동식소화기 설치시

특수가연물	
화기엄금	
품 명	합성수지류
최대저장수량(배수)	000톤(00배)
단위부피당질량 (단위체적당 질량)	000kg/㎥
관리책임자(직책)	홍길동 팀장
연락처	02-000-0000

※ 【영 별표4~별표7】 본문 주내용(핵심) 이론에 편집·정리됨

2법

【영 별표 8】 화재예방진단 기관의 시설, 전문인력 등 지정기준 등

1. 시설

비영리법인·단체로서 전문인력이 근무할 수 있는 사무실과 장비를 보관할 수 있는 창고를 갖출 것.

2. 전문인력

상근 직원이어야 하며, 한 사람이 다음 자격요건 중 둘 이상을 충족하는 경우에도 한 명으로 본다.

1) 다음에 해당하는 사람 각 1명 이상.

① 소방기술사

② 소방시설관리사

③ 전기안전기술사 · 화공안전기술사 · 가스기술사 · 위험물기능장 또는 건축사.

2) 다음의 분야별로 해당 자격 요건의 어느 하나를 충족하는 사람 각 1명 이상.

분 야	자격 요건
소방	① 소방기술사 ② 소방시설관리사 ③ 소방설비(산업)기사로서 소방관련업무경력 3년(산업기사 5년) 이상
전기	① 전기안전기술사 ② 전기(산업)기사로서 소방관련 경력이 3년(산업기사 5년) 이상
화공	① 화공안전기술사 ② 화공(산업)기사로서 소방관련 경력이 3년(산업기사 5년) 이상
가스	① 가스기술사 ② 가스(산업)기사로서 소방관련업무 경력이 3년(산업기사 5년) 이상
위험물	① 위험물기능장 ② 위험물산업기사로서 소방 관련 업무 경력이 5년 이상인 사람
건축	① 건축사 ② 건축(산업)기사로서 소방 관련 경력이 3년(산업기사 5년) 이상인 사람
교육훈련	① 소방안전교육사

【칙 별표 7】 화재예방진단 기관의 장비 기준 등

분 야	장 비
소방	방수압력측정계, 절연저항계, 전류전압측정계, 저울, 소화전밸브압력계, 헤드결합렌치, 검량계, 기동관누설시험기, 소화약제 저장량 점검기구, 열(연)감지기시험기, 공기주입시험기, 감지기시험기연결폴대, 음량계, 누전계, 무선기, 풍속풍압계, 폐쇄력 측정기, 차압계, 조도계(0.1럭스 이하인 것), 화재 및 피난 모의시험이 가능한 컴퓨터, 화재(또는 피난) 모의시험을 위한 프로그램, 교육·훈련 평가 기자재(연기발생기, 초시계) 등
가스	가스누출검출기, 가스농도측정기, 일산화탄소농도측정기, 가스누출 검지액.
건축	거리측정기, 건축관계 도면검토 프로그램(AUTO CAD) 도막 두께측정장비(0.1mm 이하)
전기	검전기, 클램프미터, 정전기전하량측정기, 적외선열화상카메라, 절연안전모·장화, 고압절연장갑
위험물	접지저항측정기(0.1Ω 이하), 가스농도측정기, 정전기 전위측정기, 토크렌치 진동시험기, 표면온도계(−10℃~300℃), 두께측정기, 소화전밸브압력계, 방수압력측정계, 포콜렉터, 헤드렌치, 포콘테이너.

【영 별표 9】 과태료 부과기준

1. 일반기준

가. 과태료의 가중된 부과기준은 최근 1년간 같은 위반행위로 처분을 받은 경우에 적용한다.(이 경우 기간은 과태료 부과처분을 받은 날과 그 처분 후 다시 같은 위반행위를 하여 적발된 날을 기준으로 한다.)

나. 가목에 따라 가중된 부과처분을 하는 경우 가중처분의 적용 차수는 그 위반행위 전 부과처분 차수(가목에 따른 기간 내에 과태료 부과처분이 둘 이상 있었던 경우에는 높은 차수를 말한다)의 다음 차수로 한다.

다. 다음의 경우에는 과태료의 2분의 1 범위에서 부과할 수 있다.(단, 과태료를 체납자는 제외.)

1) 사소한 부주의나 오류 등 과실로 인한 것으로 인정되는 경우
2) 법 위반상태를 시정하거나 해소하기 위하여 노력한 사실이 인정되는 경우
3) 처음 위반행위를 한 경우로서 3년 이상 해당 업종을 모범적으로 영위한 사실이 인정되는 경우

\- 다항 4)~6) 생략 원문 참조 - 상기'일반기준'의 내용은 타법(소방시설법)과 같다.

2법

2. 개별기준 (2022년 제정)

위반행위	위반 법조문	과태료 금액(만원)		
		1회	2회	3회이상
가. 정당한 사유없이 화재의 예방조치(법 제17조제1항) 위반행위를 한 경우	법 제17조제1항	300		
나. 불을 사용할 때 지켜야 하는 사항 및 특수가연물 저장취급 위반한 경우	법 제17조4·5항	200		
다. (화강지구)소방설비등의 설치 명령을 정당한 사유 없이 따르지 않은 경우	법 제18조제4항	200		
라. 다른(전기·가스·위험물) 안전관리자가 소방안전관리자를 겸한 경우	법 제24조제2항	300		
마. 소방안전관리자가 업무를 하지 않은 경우	법 제24조제5항	100	200	300
바. 소방안전관리자를 기간 내에 선임신고를 하지 않거나 성명 등을 불게시	법 제26조제1항			
1) 지연 신고기간이 1개월 미만인 경우		50		
2) 지연 신고기간이 1개월 이상 3개월 미만인 경우		100		
3) 지연 신고기간이 3개월 이상이거나 신고하지 않은 경우		200		
4) 소방안전관리자의 성명 등을 게시하지 않은 경우		50	100	200
사. (관계인이) 소방안전관리업무의 지도·감독을 하지 않은 경우	법 제27조제2항	300		
아. 기간 내에 (건설현장 소방안전관리자) 선임신고를 하지 않은 경우	법 제29조제1항			
1) 지연신고기간이 1개월 미만인 경우		50		
2) 지연신고기간이 1개월 이상 3개월 미만인 경우		100		
3) 지연신고기간이 3개월 이상이거나 신고하지 않은 경우		200		
자. 건설현장 소방안전관리자가 업무를 하지 않은 경우	법 제29조제2항	100	200	300
차. 소방안전관리자가 실무교육을 받지 않은 경우	법 제34조1항2호	50		
카. (관계인이) 피난유도 안내정보를 제공하지 않은 경우	법 제36조제3항	100	200	300
타. (관계인이) 소방훈련 및 교육을 하지 않은 경우	법 제37조제1항	100	200	300
파. (관계인이) 소방훈련 및 교육 결과를 제출하지 않은 경우	법 제37조제2항			
1) 지연제출기간이 1개월 미만인 경우		50		
2) 지연제출기간이 1개월 이상 3개월 미만인 경우		100		
3) 지연제출기간이 3개월 이상이거나 제출하지 않은 경우		200		
하. (안전원, 진단기관이) 화재예방안전진단 결과를 제출하지 않은 경우	법 제41조제4항			
1) 지연제출기간이 1개월 미만인 경우		100		
2) 지연제출기간이 1개월 이상 3개월 미만인 경우		200		
3) 지연제출기간이 3개월 이상이거나 제출하지 않은 경우		300		

09 화재의 예방 및 안전관리에 관한 법률 시행규칙

【시행규칙 별표 1】 소방안전관리업무 대행인력의 배치기준 · 자격 및 방법 등 준수사항

[표 1] 소방안전관리등급 및 설치된 소방시설에 따른 대행인력의 배치 등급

대상물 등급	설치된 소방시설의 종류	대행인력의 기술등급
1급 또는 2급	스프링클러설비, 물분무등소화설비 또는 제연설비	중급점검자 이상 1명 이상
	옥내소화전설비 또는 옥외소화전설비	초급점검자 이상 1명 이상
3급	자동화재탐지설비 또는 간이스프링클러설비	초급점검자 이상 1명 이상

비고

1. 소방안전관리대상물의 등급은 영 별표 4에 따른 소방안전관리대상물의 등급을 말한다.
2. 대행인력의 기술등급은 소방기술자의 자격 등급에 따른다.
3. 연면적 5천제곱미터 미만으로서 스프링클러설비가 설치된 1급 또는 2급 소방안전관리대상물의 경우에는 초급점검자를 배치할 수 있다. 다만, 스프링클러설비 외에 제연설비 또는 물분무등소화설비가 설치된 경우에는 그렇지 않다
4. 스프링클러설비에는 화재조기진압용 스프링클러설비를 포함하고, 물분무등소화설비에는 호스릴(hose reel)방식은 제외한다.

※ 대행인력 1명의 1일 소방안전관리업무 대행 업무량은 [표 2] 및 [표 3]에 따라 산정한 배점을 합산하여 산정하며, 이 합산점수는 8점(이하 "1일 한도점수"라 한다)을 초과할 수 없다.

【칙 별표 2】 소방안전관리자 현황표

소방안전관리자 현황표 (대상명:)

이 건축물의 소방안전관리자는 다음과 같습니다.

□ 소방안전관리자: (선임일자: 년   월   일)

□ 소방안전관리대상물 등급: 급

□ 소방안전관리자 근무 위치(화재 수신기 위치):

「화재의 예방 및 안전관리에 관한 법률」 제26조제1항에 따라 이 표지를 붙입니다.

소방안전관리자 연락처:

1. 크기: A3 용지(가로 420밀리미터 × 세로 297밀리미터)
2. 재질: 아트지(스티커) 또는 종이
3. 글씨체
   가. 소방안전관리자 현황표: 나눔고딕Extra Bold 46포인트(흰색)
   나. 대상명: 나눔고딕Extra Bold 35포인트(흰색) – 이하생략 –
4. 바탕색: 남색(RGB: 28,61,98), 회색(RGB: 242,242,242)

【칙 별표 3】 소방안전관리자 자격의 정지 및 취소 기준

1. 일반기준
  가. 위반행위가 둘 이상인 경우로서 그에 해당하는 각각의 처분기준이 다른 경우에는 그 중 무거운 처분기준에 따른다.
  나. 위반행위의 횟수에 따른 행정처분 기준은 최근 3년간 같은 위반행위로 행정처분을 받은 경우에 적용한다. 이 경우 기준 적용일은 위반행위에 대한 행정처분일과 그 처분 후에 한 위반행위가 다시 적발된 날을 기준으로 한다.
  다. 나목에 따라 가중된 부과처분을 하는 경우 가중처분의 적용 차수는 그 위반행위 전 부과처분 차수(나목에 따른 기간 내에 처분이 둘 이상 있었던 경우에는 높은 차수를 말한다)의 다음 차수로 한다.
  라. 처분권자는 위반행위의 동기·내용·횟수 및 위반 정도 등 다음의 감경 사유에 해당하는 경우 그 처분기준의 2분의 1의 범위에서 감경할 수 있다.
    1) 위반행위가 사소한 부주의나 오류 등으로 인한 것으로 인정되는 경우
    2) 위반행위를 바로 정정하거나 시정하여 해소한 경우
    3) 그 밖에 위반행위의 정도, 위반행위의 동기와 그 결과 등을 고려하여 처분을 줄일 필요가 있다고 인정되는 경우
2. 개별기준 (2022.12.1)

위반사항	위반 법조문	행정처분기준		
		1차위반	2차위반	3차위반
가. 거짓이나 그 밖의 부정한 방법으로 소방안전관리자 자격증 발급받은 경우		자격취소		
나. 소방안전관리업무를 게을리한 경우	법 제24조제5항	경고(시정명령)	자격정지(3개월)	자격정지(6개월)
다. 소방안전관리자 자격증을 다른 사람에게 빌려준 경우	법 제30조제4항	자격취소		
라. (소방안전관리자) 실무교육을 받지 않는 경우	법 제34조	경고(시정명령)	자격정지(3개월)	자격정지(6개월

【칙 별표 8】 화재예방안전진단기관의 지정취소 및 업무정지의 처분기준

1. 일반기준(생략)
2. 개별기준 (2022.12.1)

위반사항	위반 법조문	행정처분기준		
		1차위반	2차위반	3차위반
가. 거짓이나 그 밖의 부정한 방법으로 안전진단기관으로 지정을 받은 경우		지정취소		
나. 화재예방안전진단 결과를 소방본부장 또는 소방서장, 관계인에게 제출하지 않은 경우	법 제41조제4항	경고(시정명령)	업무정지(3개월)	업무정지(6개월)
다. (진단기관의) 지정기준에 미달하게 된 경우	법 제42조1항	업무정지(3개월)	업무정지(3개월)	지정취소
라. 업무정지기간에 화재예방안전진단 업무를 한 경우	법 제42조제1항	지정취소		

【칙 별표 4~6】 소방안전관리(보조)자 자격시험, 강습교육, 실무교육 과목 등 - 생략 -

【칙 별표 9~10】 수수료 및 교육비, 한국소방안전원이 갖추어야 하는 시설기준 - 생략 -

소/방/관/계/법/규

제 2 편

화재의 예방 및 안전관리에 관한 법률(원문)

제2편 화재의 예방 및 안전관리에 관한 법률 (원문)

법 개정 2023.8.8 법률 제19590호

시행령
개정 2026. 1. 2 대통령령 제35998호

시행규칙
개정 2025. 10. 31 행정안전부령 제587호

제1장 총 칙

제1조 (목적)

이 법은 화재의 예방과 안전관리에 필요한 사항을 규정함으로써 화재로부터 국민의 생명· 신체 및 재산을 보호하고 공공의 안전과 복리 증진에 이바지함을 목적으로 한다.

영 제1조 (목적)

설이 영은 「화재의 예방 및 안전관리에 관한 법률」에서 위임된 사항과 그 시행에 필요한 사항을 규정함을 목적으로 한다.

칙 제1조 (목적)

이 규칙은 「화재의 예방 및 안전관리에 관한 법률」 및 같은 법 시행령에서 위임된 사항과 그 시행에 필요한 사항을 규정함을 목적으로 한다.

제2조 (정의)

① 이 법에서 사용하는 용어의 뜻은 다음과 같다.

1. **"예방"**이란 화재의 위험으로부터 사람의 생명· 신체 및 재산을 보호하기 위하여 화재발생을 사전에 제거하거나 방지하기 위한 모든 활동을 말한다.
2. **"안전관리"**란 화재로 인한 피해를 최소화하기 위한 예방, 대비, 대응 등의 활동을 말한다.
3. **"화재안전조사"**란 소방청장, 소방본부장 또는 소방서장(이하 "소방관서장"이라 한다)이 소방대상물, 관계지역 또는 관계인에 대하여 소방시설등(「소방시설 설치 및 관리에 관한 법률」 제2조제1항제2호에 따른 소방시설등을 말한다. 이하 같다)이 소방 관계 법령에 적합하게 설치· 관리되고 있는지, 소방대상물에 화재의 발생 위험이 있는지 등을 확인하기 위하여 실시하는 현장조사· 문서열람· 보고요구 등을 하는 활동을 말한다.
4. **"화재예방강화지구"**란 특별시장· 광역시장· 특별자치시장· 도지사 또는 특별자치도지사(이하 "시· 도지사"라 한다)가 화재발생 우려가 크거나 화재가 발생할 경우 피해가 클 것으로 예상되는 지역에 대하여 화재의 예방 및 안전관리를 강화하기 위해 지정· 관리하는 지역을 말한다.
5. **"화재예방안전진단"**이란 화재가 발생할 경우 사회· 경제적으로 피해 규모가 클 것으로 예상되는 소방대상물에 대하여 화재위험요인을 조사하고 그 위험성을 평가하여 개선대책을 수립하는 것을 말한다.

② 이 법에서 사용하는 용어의 뜻은 제1항에서 규정하는 것을 제외하고는 「소방기본법」, 「소방시설 설치 및 관리에 관한 법률」, 「소방시설공사업법」, 「위험물안전관리법」 및 「건축법」에서 정하는 바에 따른다.

제3조(국가와 지방자치단체 등의 책무)

① 국가는 화재로부터 국민의 생명과 재산을 보호할 수 있도록 화재의 예방 및 안전관리에 관한 정책(이하 "화재예방정책"이라 한다)을 수립·시행하여야 한다.

② 지방자치단체는 국가의 화재예방정책에 맞추어 지역의 실정에 부합하는 화재예방정책을 수립·시행하여야 한다.

③ 관계인은 국가와 지방자치단체의 화재예방정책에 적극적으로 협조하여야 한다.

제2장 화재의 예방 및 안전관리 기본계획의 수립 · 시행

제4조(화재의 예방 및 안전관리 기본계획 등의 수립 · 시행)

① 소방청장은 화재예방정책을 체계적·효율적으로 추진하고 이에 필요한 기반 확충을 위하여 화재의 예방 및 안전관리에 관한 기본계획(이하 "기본계획"이라 한다)을 5년마다 수립·시행하여야 한다.

② 기본계획은 대통령령으로 정하는 바에 따라 소방청장이 관계 중앙행정기관의 장과 협의하여 수립한다.

③ 기본계획에는 다음 각 호의 사항이 포함되어야 한다.

1. 화재예방정책의 기본목표 및 추진방향
2. 화재의 예방과 안전관리를 위한 법령· 제도의 마련 등 기반 조성
3. 화재의 예방과 안전관리를 위한 대국민 교육· 홍보
4. 화재의 예방과 안전관리 관련 기술의 개발· 보급
5. 화재의 예방과 안전관리 관련 전문인력의 육성· 지원 및 관리
6. 화재의 예방과 안전관리 관련 산업의 국제경쟁력 향상
7. 그 밖에 대통령령으로 정하는 화재의 예방과 안전관리에 필요한 사항

④ 소방청장은 기본계획을 시행하기 위하여 매년 시행계획을 수립·시행하여야 한다.

⑤ 소방청장은 제1항 및 제4항에 따라 수립된 기본계획과 시행계획을 관계 중앙행정기관의 장과 시·도지사에게 통보하여야 한다.

⑥ 제5항에 따라 기본계획과 시행계획을 통보받은 관계 중앙행정기관의 장과 시·도지사는 소관 사무의 특성을 반영한 세부시행계획을 수립·시행하고 그 결과를 소방청장에게 통보하여야 한다.

⑦ 소방청장은 기본계획 및 시행계획을 수립하기 위하여 필요한 경우에는 관계 중앙행정기관의 장 또는 시·도지사에게 관련 자료의 제출을 요청할 수 있다. 이 경우 자료 제출을 요청받은 관계 중앙행정기관의 장 또는 시·도지사는 특별한 사유가 없으면 이에 따라야 한다.

⑧ 제1항부터 제7항까지에서 규정한 사항 외에 기본계획, 시행계획 및 세부시행계획의 수립·시행에 필요한 사항은 대통령령으로 정한다.

영 제2조(화재의 예방 및 안전관리 기본계획의 협의 및 수립)

소방청장은 「화재의 예방 및 안전관리에 관한 법률」(이하"법"이라 한다) 제4조제1항에 따른 화재의 예방 및 안전관리에 관한 기본계획(이하"기본계획"이라 한다)을 계획 시행 전년도 8월 31일까지 관계 중앙행정기관의 장과 협의한 후 계획 시행 전년도 9월 30일까지 수립해야 한다.

영 제3조(기본계획의 내용)

법 제4조제3항제7호에서 "대통령령으로 정하는 화재의 예방과 안전관리에 필요한 사항"이란 다음 각 호의 사항을 말한다.

1. 화재발생 현황
2. 소방대상물의 환경 및 화재위험특성 변화 추세 등 화재예방정책의 여건 변화에 관한 사항
3. 소방시설의 설치·관리 및 화재안전기준의 개선에 관한 사항
4. 계절별·시기별·소방대상물별 화재예방대책의 추진 및 평가 등에 관한 사항
5. 그 밖에 화재의 예방 및 안전관리와 관련하여 소방청장이 필요하다고 인정하는 사항

영 제4조(시행계획의 수립 · 시행)

① 소방청장은 법 제4조제4항에 따라 기본계획을 시행하기 위한 계획(이하 "시행계획"이라 한다)을 계획 시행 전년도 10월 31일까지 수립해야 한다.

② 시행계획에는 다음 각 호의 사항이 포함되어야 한다.

1. 기본계획의 시행을 위하여 필요한 사항
2. 그 밖에 화재의 예방 및 안전관리와 관련하여 소방청장이 필요하다고 인정하는 사항

영 제5조(세부시행계획의 수립 · 시행)

① 소방청장은 법 제4조제5항에 따라 관계 중앙행정기관의 장과 특별시장·광역시장·특별자치시장·도지사 또는 특별자치도지사(이하 "시·도지사"라 한다)에게 기본계획 및 시행계획을 각각 계획 시행 전년도 10월 31일까지 통보해야 한다.

② 제1항에 따라 통보를 받은 관계 중앙행정기관의 장 및 시·도지사는 법 제4조제6항에 따른 세부시행계획(이하 "세부시행계획"이라 한다)을 수립하여 계획 시행 전년도 12월 31일까지 소방청장에게 통보해야 한다.

③ 세부시행계획에는 다음 각 호의 사항이 포함되어야 한다.

1. 기본계획 및 시행계획에 대한 관계 중앙행정기관 또는 특별시·광역시·특별자치시·도·특별자치도(이하 "시·도"라 한다)의 세부 집행계획
2. 직전 세부시행계획의 시행 결과
3. 그 밖에 화재안전과 관련하여 관계 중앙행정기관의 장 또는 시·도지사가 필요하다고 결정한 사항

제5조(실태조사)

① 소방청장은 기본계획 및 시행계획의 수립·시행에 필요한 기초자료를 확보하기 위하여 다음 각 호의 사항에 대하여 실태조사를 할 수 있다. 이 경우 관계 중앙행정기관의 장의 요청이 있는 때에는 합동으로 실태조사를 할 수 있다.

1. 소방대상물의 용도별· 규모별 현황
2. 소방대상물의 화재의 예방 및 안전관리 현황
3. 소방대상물의 소방시설등 설치· 관리 현황
4. 그 밖에 기본계획 및 시행계획의 수립· 시행을 위하여 필요한 사항

② 소방청장은 소방대상물의 현황 등 관련 정보를 보유·운용하고 있는 관계 중앙행정기관의 장, 지방자치단체의 장, 「공공기관의 운영에 관한 법률」 제4조에 따른 공공기관(이하 "공공기관"이라 한다)의 장 또는 관계인 등에게 제1항에 따른 실태조사에 필요한 자료의 제출을 요청할 수 있다. 이 경우 자료 제출을 요청받은 자는 특별한 사유가 없으면 이에 따라야 한다.

③ 제1항에 따른 실태조사의 방법 및 절차 등에 필요한 사항은 행정안전부령으로 정한다.

칙 제2조 (실태조사의 방법 및 절차 등)

① 「화재의 예방 및 안전관리에 관한 법률」(이하 "법"이라 한다) 제5조제1항에 따른 실태조사는 통계조사, 문헌조사 또는 현장조사의 방법으로 하며, 정보통신망 또는 전자적인 방식을 사용할 수 있다.

② 소방청장은 제1항에 따른 실태조사를 실시하려는 경우 실태조사 시작 7일 전까지 조사 일시, 조사 사유 및 조사 내용 등을 포함한 조사계획을 조사대상자에게 서면 또는 전자우편 등의 방법으로 미리 알려야 한다.

③ 관계 공무원 및 제4항에 따라 실태조사를 의뢰받은 관계 전문가 등이 실태조사를 위하여 소방대상물에 출입할 때에는 그 권한 또는 자격을 표시하는 증표를 지니고 이를 관계인에게 내보여야 한다.

④ 소방청장은 실태조사를 전문연구기관·단체나 관계 전문가에게 의뢰하여 실시할 수 있다.

⑤ 소방청장은 실태조사의 결과를 인터넷 홈페이지 등에 공표할 수 있다.

⑥ 제1항부터 제5항까지에서 규정한 사항 외에 실태조사 방법 및 절차 등에 관하여 필요한 사항은 소방청장이 정한다.

제6조(통계의 작성 및 관리)

① 소방청장은 화재의 예방 및 안전관리에 관한 통계를 매년 작성·관리하여야 한다.

② 소방청장은 제1항의 통계자료를 작성·관리하기 위하여 관계 중앙행정기관의 장, 지방자치단체의 장, 공공기관의 장 또는 관계인 등에게 필요한 자료와 정보의 제공을 요청할 수 있다. 이 경우 자료와 정보의 제공을 요청받은 자는 특별한 사정이 없으면 이에 따라야 한다.

③ 소방청장은 제1항에 따른 통계자료의 작성·관리에 관한 업무의 전부 또는 일부를 행정안전부령으로 정하는 바에 따라 전문성이 있는 기관을 지정하여 수행하게 할 수 있다.

④ 제1항에 따른 통계의 작성·관리 등에 필요한 사항은 대통령령으로 정한다.

영 제6조(통계의 작성 · 관리)

① 법 제6조제1항에 따른 통계의 작성·관리 항목은 다음 각 호와 같다.

1. 소방대상물의 현황 및 안전관리에 관한 사항
2. 소방시설등의 설치 및 관리에 관한 사항

3. 「다중이용업소의 안전관리에 관한 특별법」 제2조제1항제1호에 따른 다중이용업 현황 및 안전관리에 관한 사항
4. 「위험물안전관리법」 제2조제1항제6호에 따른 제조소등(이하 "제조소등"이라 한다) 현황
5. 화재발생 이력 및 화재안전조사 등 화재예방 활동에 관한 사항
6. 법 제5조에 따른 실태조사 결과
7. 화재예방강화지구의 현황 및 안전관리에 관한 사항
8. 법 제23조에 따른 어린이, 노인, 장애인 등 화재의 예방 및 안전관리에 취약한 자에 대한 지역별· 성별· 연령별 지원 현황
9. 법 제24조제1항에 따른 소방안전관리자 자격증 발급 및 선임 관련 지역별· 성별· 연령별 현황
10. 화재예방안전진단 대상의 현황 및 그 실시 결과
11. 소방시설업자, 소방기술자 및 「소방시설 설치 및 관리에 관한 법률」 제29조에 따른 소방시설관리업 등록을 한 자의 지역별· 성별· 연령별 현황
12. 그 밖에 화재의 예방 및 안전관리에 관한 자료로서 소방청장이 작성· 관리가 필요하다고 인정하는 사항

② 소방청장은 법 제6조제1항에 따라 통계를 체계적으로 작성 · 관리하고 분석하기 위하여 전산시스템을 구축 · 운영할 수 있다.

③ 소방청장은 제2항에 따른 전산시스템을 구축· 운영하는 경우 빅데이터(대용량의 정형 또는 비정형의 데이터 세트를 말한다. 이하 같다)를 활용하여 화재발생 동향 분석 및 전망 등을 할 수 있다.

④ 제3항에 따른 빅데이터를 활용하기 위한 방법· 절차 등에 관하여 필요한 사항은 소방청장이 정한다.

칙 제3조 (통계의 작성 · 관리)

소방청장은 법 제6조제3항에 따라 다음 각 호의 기관으로 하여금 통계자료의 작성 · 관리에 관한 업무를 수행하게 할 수 있다.

1. 「소방기본법」 제40조제1항에 따라 설립된 한국소방안전원(이하 "안전원"이라 한다)
2. 「정부출연연구기관 등의 설립 · 운영 및 육성에 관한 법률」 제8조에 따라 설립된 정부출연연구기관
3. 「통계법」 제15조에 따라 지정된 통계작성지정기관

제3장 화재안전조사

제7조(화재안전조사)

① 소방관서장은 다음 각 호의 어느 하나에 해당하는 경우 화재안전조사를 실시할 수 있다. 다만, 개인의 주거(실제 주거용도로 사용되는 경우에 한정한다)에 대한 화재안전조사는 관계인의 승낙이 있거나 화재발생의 우려가 뚜렷하여 긴급한 필요가 있는 때에 한정한다.

1. 「소방시설 설치 및 관리에 관한 법률」 제22조에 따른 자체점검이 불성실하거나 불완전하다고

인정되는 경우
2. 화재예방강화지구 등 법령에서 화재안전조사를 하도록 규정되어 있는 경우
3. 화재예방안전진단이 불성실하거나 불완전하다고 인정되는 경우
4. 국가적 행사 등 주요 행사가 개최되는 장소 및 그 주변의 관계 지역에 대하여 소방안전관리 실태를 조사할 필요가 있는 경우
5. 화재가 자주 발생하였거나 발생할 우려가 뚜렷한 곳에 대한 조사가 필요한 경우
6. 재난예측정보, 기상예보 등을 분석한 결과 소방대상물에 화재의 발생 위험이 크다고 판단되는 경우
7. 제1호부터 제6호까지에서 규정한 경우 외에 화재, 그 밖의 긴급한 상황이 발생할 경우 인명 또는 재산 피해의 우려가 현저하다고 판단되는 경우

② 화재안전조사의 항목은 대통령령으로 정한다. 이 경우 화재안전조사의 항목에는 화재의 예방조치 상황, 소방시설등의 관리 상황 및 소방대상물의 화재 등의 발생 위험과 관련된 사항이 포함되어야 한다.

③ 소방관서장은 화재안전조사를 실시하는 경우 다른 목적을 위하여 조사권을 남용하여서는 아니 된다.

영 제7조 (화재안전조사의 항목)

소방청장, 소방본부장 또는 소방서장(이하 "소방관서장"이라 한다)은 법 제7조제1항에 따라 다음 각 호의 항목에 대하여 화재안전조사를 실시한다.

1. 법 제17조에 따른 화재의 예방조치 등에 관한 사항
2. 법 제24조, 제25조, 제27조 및 제29조에 따른 소방안전관리 업무 수행에 관한 사항
3. 법 제36조에 따른 피난계획의 수립 및 시행에 관한 사항
4. 법 제37조에 따른 소화·통보·피난 등의 훈련 및 소방안전관리에 필요한 교육(이하 "소방훈련·교육"이라 한다)에 관한 사항
5. 「소방기본법」 제21조의2에 따른 소방자동차 전용구역의 설치에 관한 사항
6. 「소방시설공사업법」 제12조에 따른 시공, 같은 법 제16조에 따른 감리 및 같은 법 제18조에 따른 감리원의 배치에 관한 사항
7. 「소방시설 설치 및 관리에 관한 법률」 제12조에 따른 소방시설의 설치 및 관리에 관한 사항
8. 「소방시설 설치 및 관리에 관한 법률」 제15조에 따른 건설현장 임시소방시설의 설치 및 관리에 관한 사항
9. 「소방시설 설치 및 관리에 관한 법률」 제16조에 따른 피난시설, 방화구획(防火區劃) 및 방화시설의 관리에 관한 사항
10. 「소방시설 설치 및 관리에 관한 법률」 제20조에 따른 방염(防炎)에 관한 사항
11. 「소방시설 설치 및 관리에 관한 법률」 제22조에 따른 소방시설등의 자체점검에 관한 사항
12. 「다중이용업소의 안전관리에 관한 특별법」 제8조, 제9조, 제9조의2, 제10조, 제10조의2 및 제11조부터 제13조까지의 규정에 따른 안전관리에 관한 사항
13. 「위험물안전관리법」 제5조, 제6조, 제14조, 제15조 및 제18조에 따른 위험물 안전관리에 관한 사항
14. 「초고층 및 지하연계 복합건축물 재난관리에 관한 특별법」 제9조, 제11조, 제12조, 제14조, 제16조 및 제22조에 따른 초고층 및 지하연계 복합건축물의 안전관리에 관한 사항

15. 그 밖에 소방대상물에 화재의 발생 위험이 있는지 등을 확인하기 위해 소방관서장이 화재안전조사가 필요하다고 인정하는 사항

제8조(화재안전조사의 방법 · 절차 등)

① 소방관서장은 화재안전조사를 조사의 목적에 따라 제7조제2항에 따른 화재안전조사의 항목 전체에 대하여 종합적으로 실시하거나 특정 항목에 한정하여 실시할 수 있다.

② 소방관서장은 화재안전조사를 실시하려는 경우 사전에 관계인에게 조사대상, 조사기간 및 조사사유 등을 우편, 전화, 전자메일 또는 문자전송 등을 통하여 통지하고 이를 대통령령으로 정하는 바에 따라 인터넷 홈페이지나 제16조제3항의 전산시스템 등을 통하여 공개하여야 한다. 다만, 다음 각 호의 어느 하나에 해당하는 경우에는 그러하지 아니하다.

1. 화재가 발생할 우려가 뚜렷하여 긴급하게 조사할 필요가 있는 경우
2. 제1호 외에 화재안전조사의 실시를 사전에 통지하거나 공개하면 조사목적을 달성할 수 없다고 인정되는 경우

③ 화재안전조사는 관계인의 승낙 없이 소방대상물의 공개시간 또는 근무시간 이외에는 할 수 없다. 다만, 제2항제1호에 해당하는 경우에는 그러하지 아니하다.

④ 제2항에 따른 통지를 받은 관계인은 천재지변이나 그 밖에 대통령령으로 정하는 사유로 화재안전조사를 받기 곤란한 경우에는 화재안전조사를 통지한 소방관서장에게 대통령령으로 정하는 바에 따라 화재안전조사를 연기하여 줄 것을 신청할 수 있다. 이 경우 소방관서장은 연기신청 승인 여부를 결정하고 그 결과를 조사 시작 전까지 관계인에게 알려 주어야 한다.

⑤ 제1항부터 제4항까지에서 규정한 사항 외에 화재안전조사의 방법 및 절차 등에 필요한 사항은 대통령령으로 정한다.

영 제8조(화재안전조사의 방법 · 절차 등)

① 소방관서장은 화재안전조사의 목적에 따라 다음 각 호의 어느 하나에 해당하는 방법으로 화재안전조사를 실시할 수 있다.

1. 종합조사: 제7조의 화재안전조사 항목 전부를 확인하는 조사
2. 부분조사: 제7조의 화재안전조사 항목 중 일부를 확인하는 조사

② 소방관서장은 화재안전조사를 실시하려는 경우 사전에 법 제8조제2항 각 호 외의 부분 본문에 따라 조사대상, 조사기간 및 조사사유 등 조사계획을 소방청, 소방본부 또는 소방서(이하 "소방관서"라 한다)의 인터넷 홈페이지나 법 제16조제3항에 따른 전산시스템을 통해 7일 이상 공개해야 한다.

③ 소방관서장은 법 제8조제2항 각 호 외의 부분 단서에 따라 사전 통지 없이 화재안전조사를 실시하는 경우에는 화재안전조사를 실시하기 전에 관계인에게 조사사유 및 조사범위 등을 현장에서 설명해야 한다.

④ 소방관서장은 화재안전조사를 위하여 소속 공무원으로 하여금 관계인에게 보고 또는 자료의 제출을 요구하거나 소방대상물의 위치 · 구조 · 설비 또는 관리 상황에 대한 조사 · 질문을 하게 할 수 있다.

⑤ 소방관서장은 화재안전조사를 효율적으로 실시하기 위하여 필요한 경우 다음 각 호의 기관의 장과 합동으로 조사반을 편성하여 화재안전조사를 할 수 있다.
1. 관계 중앙행정기관 또는 지방자치단체
2. 「소방기본법」 제40조에 따른 한국소방안전원(이하 "안전원"이라 한다)
3. 「소방산업의 진흥에 관한 법률」 제14조에 따른 한국소방산업기술원(이하 "기술원"이라 한다)
4. 「화재로 인한 재해보상과 보험가입에 관한 법률」 제11조에 따른 한국화재보험협회(이하 "화재보험협회"라 한다)
5. 「고압가스 안전관리법」 제28조에 따른 한국가스안전공사(이하 "가스안전공사"라 한다)
6. 「전기안전관리법」 제30조에 따른 한국전기안전공사(이하 "전기안전공사"라 한다)
7. 그 밖에 소방청장이 정하여 고시하는 소방 관련 법인 또는 단체

⑥ 제1항부터 제5항까지에서 규정한 사항 외에 화재안전조사 계획의 수립 등 화재안전조사에 필요한 사항은 소방청장이 정한다.

영 제9조(화재안전조사의 연기)

① 법 제8조제4항 전단에서 "대통령령으로 정하는 사유"란 다음 각 호의 어느 하나에 해당하는 사유를 말한다.
1. 「재난 및 안전관리 기본법」 제3조제1호에 해당하는 재난이 발생한 경우
2. 관계인의 질병, 사고, 장기출장의 경우
3. 권한 있는 기관에 자체점검기록부, 교육·훈련일지 등 화재안전조사에 필요한 장부·서류 등이 압수되거나 영치(領置)되어 있는 경우
4. 소방대상물의 증축·용도변경 또는 대수선 등의 공사로 화재안전조사를 실시하기 어려운 경우

② 법 제8조제4항 전단에 따라 화재안전조사의 연기를 신청하려는 관계인은 행정안전부령으로 정하는 바에 따라 연기신청서에 연기의 사유 및 기간 등을 적어 소방관서장에게 제출해야 한다.

③ 소방관서장은 법 제8조제4항 후단에 따라 화재안전조사의 연기를 승인한 경우라도 연기기간이 끝나기 전에 연기사유가 없어졌거나 긴급히 조사를 해야 할 사유가 발생하였을 때는 관계인에게 미리 알리고 화재안전조사를 할 수 있다.

칙 제4조(화재안전조사의 연기신청 등)

① 「화재의 예방 및 안전관리에 관한 법률 시행령」(이하 "영"이라 한다) 제9조제2항에 따라 화재안전조사의 연기를 신청하려는 관계인은 화재안전조사 시작 3일 전까지 별지 제1호서식의 화재안전조사 연기신청서(전자문서를 포함한다)에 화재안전조사를 받기 곤란함을 증명할 수 있는 서류(전자문서를 포함한다)를 첨부하여 소방청장, 소방본부장 또는 소방서장(이하 "소방관서장"이라 한다)에게 제출해야 한다.

② 제1항에 따른 신청서를 제출받은 소방관서장은 3일 이내에 연기신청의 승인 여부를 결정하여 별지 제2호서식의 화재안전조사 연기신청 결과 통지서를 연기신청을 한 자에게 통지해야 하며 연기기간이 종료되면 지체 없이 화재안전조사를 시작해야 한다.

제9조(화재안전조사단 편성 · 운영)

① 소방관서장은 화재안전조사를 효율적으로 수행하기 위하여 대통령령으로 정하는 바에 따라 소방청에는 중앙화재안전조사단을, 소방본부 및 소방서에는 지방화재안전조사단을 편성하여 운영할 수 있다.

② 소방관서장은 제1항에 따른 중앙화재안전조사단 및 지방화재안전조사단의 업무 수행을 위하여 필요한 경우에는 관계 기관의 장에게 그 소속 공무원 또는 직원의 파견을 요청할 수 있다. 이 경우 공무원 또는 직원의 파견 요청을 받은 관계 기관의 장은 특별한 사유가 없으면 이에 협조하여야 한다.

제10조(화재안전조사위원회 구성 · 운영)

① 소방관서장은 화재안전조사의 대상을 객관적이고 공정하게 선정하기 위하여 필요한 경우 화재안전조사위원회를 구성하여 화재안전조사의 대상을 선정할 수 있다.

② 화재안전조사위원회의 구성 · 운영 등에 필요한 사항은 대통령령으로 정한다.

영 제10조(화재안전조사단 편성 · 운영)

① 법 제9조제1항에 따른 중앙화재안전조사단 및 지방화재안전조사단(이하 "조사단"이라 한다)은 각각 단장을 포함하여 50명 이내의 단원으로 성별을 고려하여 구성한다.

② 조사단의 단원은 다음 각 호의 어느 하나에 해당하는 사람 중에서 소방관서장이 임명하거나 위촉하고, 단장은 단원 중에서 소방관서장이 임명하거나 위촉한다.

1. 소방공무원
2. 소방업무와 관련된 단체 또는 연구기관 등의 임직원
3. 소방 관련 분야에서 전문적인 지식이나 경험이 풍부한 사람

영 제11조(화재안전조사위원회의 구성 · 운영 등)

① 법 제10조제1항에 따른 화재안전조사위원회(이하 "위원회"라 한다)는 위원장 1명을 포함하여 7명 이내의 위원으로 성별을 고려하여 구성한다.

② 위원회의 위원장은 소방관서장이 된다.

③ 위원회의 위원은 다음 각 호의 어느 하나에 해당하는 사람 중에서 소방관서장이 임명하거나 위촉한다.

1. 과장급 직위 이상의 소방공무원
2. 소방기술사
3. 소방시설관리사
4. 소방 관련 분야의 석사 이상 학위를 취득한 사람
5. 소방 관련 법인 또는 단체에서 소방 관련 업무에 5년 이상 종사한 사람
6. 「소방공무원 교육훈련규정」 제3조제2항에 따른 소방공무원 교육훈련기관, 「고등교육법」 제2조의 학교 또는 연구소에서 소방과 관련한 교육 또는 연구에 5년 이상 종사한 사람

④ 위촉위원의 임기는 2년으로 하며, 한 차례만 연임할 수 있다.

⑤ 소방관서장은 위원회의 위원이 다음 각 호의 어느 하나에 해당하는 경우에는 해당 위원을 해임하거나 해촉(解囑)할 수 있다.

1. 심신장애로 직무를 수행할 수 없게 된 경우
2. 직무와 관련된 비위사실이 있는 경우
3. 직무태만, 품위손상이나 그 밖의 사유로 위원으로 적합하지 않다고 인정되는 경우
4. 제12조제1항 각 호의 어느 하나에 해당함에도 불구하고 회피하지 않은 경우
5. 위원 스스로 직무를 수행하기 어렵다는 의사를 밝히는 경우

⑥ 위원회에 출석한 위원에게는 예산의 범위에서 수당, 여비, 그 밖에 필요한 경비를 지급할 수 있다. 다만, 공무원인 위원이 소관 업무와 직접 관련하여 위원회에 출석하는 경우에는 그렇지 않다.

영 제12조(위원의 제척 · 기피 · 회피)

① 위원회의 위원이 다음 각 호의 어느 하나에 해당하는 경우에는 위원회의 심의·의결에서 제척(除斥)된다.

1. 위원, 그 배우자나 배우자였던 사람 또는 위원의 친족이거나 친족이었던 사람이 다음 각 목의 어느 하나에 해당하는 경우
   가. 해당 소방대상물의 관계인이거나 그 관계인과 공동권리자 또는 공동의무자인 경우
   나. 해당 소방대상물의 설계, 공사, 감리 또는 자체점검 등을 수행한 경우
   다. 해당 소방대상물에 대하여 제7조 각 호의 업무를 수행한 경우 등 소방대상물과 직접적인 이해관계가 있는 경우
2. 위원이 해당 소방대상물에 관하여 자문, 연구, 용역(하도급을 포함한다), 감정 또는 조사를 한 경우
3. 위원이 임원 또는 직원으로 재직하고 있거나 최근 3년 내에 재직하였던 기업 등이 해당 소방대상물에 관하여 자문, 연구, 용역(하도급을 포함한다), 감정 또는 조사를 한 경우

② 당사자는 제1항에 따른 제척사유가 있거나 위원에게 공정한 심의·의결을 기대하기 어려운 사정이 있는 경우에는 위원회에 기피 신청을 할 수 있고, 위원회는 의결로 기피 여부를 결정한다. 이 경우 기피 신청의 대상인 위원은 그 의결에 참여하지 못한다.

③ 위원이 제1항 또는 제2항의 사유에 해당하는 경우에는 스스로 해당 안건의 심의·의결에서 회피(回避)해야 한다.

영 제13조(위원회 운영 세칙)

제11조 및 제12조에서 규정한 사항 외에 위원회의 구성 및 운영에 필요한 사항은 소방청장이 정한다.

제11조(화재안전조사 전문가 참여)

① 소방관서장은 필요한 경우에는 소방기술사, 소방시설관리사, 그 밖에 화재안전 분야에 전문지식을 갖춘 사람을 화재안전조사에 참여하게 할 수 있다.

② 제1항에 따라 조사에 참여하는 외부 전문가에게는 예산의 범위에서 수당, 여비, 그 밖에 필요한 경비를 지급할 수 있다.

제12조(증표의 제시 및 비밀유지 의무 등)

① 화재안전조사 업무를 수행하는 관계 공무원 및 관계 전문가는 그 권한 또는 자격을 표시하는 증표를 지니고 이를 관계인에게 내보여야 한다.

② 화재안전조사 업무를 수행하는 관계 공무원 및 관계 전문가는 관계인의 정당한 업무를 방해하여서는 아니 되며, 조사업무를 수행하면서 취득한 자료나 알게 된 비밀을 다른 사람 또는 기관에 제공 또는 누설하거나 목적 외의 용도로 사용하여서는 아니 된다.

제13조(화재안전조사 결과 통보)

소방관서장은 화재안전조사를 마친 때에는 그 조사 결과를 관계인에게 서면으로 통지하여야 한다. 다만, 화재안전조사의 현장에서 관계인에게 조사의 결과를 설명하고 화재안전조사 결과서의 부본을 교부한 경우에는 그러하지 아니하다.

제14조(화재안전조사 결과에 따른 조치명령)

① 소방관서장은 화재안전조사 결과에 따른 소방대상물의 위치·구조·설비 또는 관리의 상황이 화재예방을 위하여 보완될 필요가 있거나 화재가 발생하면 인명 또는 재산의 피해가 클 것으로 예상되는 때에는 행정안전부령으로 정하는 바에 따라 관계인에게 그 소방대상물의 개수(改修)·이전·제거, 사용의 금지 또는 제한, 사용폐쇄, 공사의 정지 또는 중지, 그 밖에 필요한 조치를 명할 수 있다.

② 소방관서장은 화재안전조사 결과 소방대상물이 법령을 위반하여 건축 또는 설비되었거나 소방시설등, 피난시설·방화구획, 방화시설 등이 법령에 적합하게 설치 또는 관리되고 있지 아니한 경우에는 관계인에게 제1항에 따른 조치를 명하거나 관계 행정기관의 장에게 필요한 조치를 하여 줄 것을 요청할 수 있다.

칙 제5조(화재안전조사에 따른 조치명령 등의 절차)

① 소방관서장은 법 제14조에 따라 소방대상물의 개수(改修)·이전·제거, 사용의 금지 또는 제한, 사용폐쇄, 공사의 정지 또는 중지, 그 밖에 필요한 조치를 명할 때에는 별지 제3호서식의 화재안전조사 조치명령서를 해당 소방대상물의 관계인에게 발급하고, 별지 제4호서식의 화재안전조사 조치명령 대장에 이를 기록하여 관리해야 한다.

② 소방관서장은 법 제14조에 따른 명령으로 인하여 손실을 입은 자가 있는 경우에는 별지 제5호서식의 화재안전조사 조치명령 손실확인서를 작성하여 관련 사진 및 그 밖의 증명자료와 함께 보관해야 한다.

제15조(손실보상)

소방청장 또는 시·도지사는 제14조제1항에 따른 명령으로 인하여 손실을 입은 자가 있는 경우에는 대통령령으로 정하는 바에 따라 보상하여야 한다.

영 제14조(손실보상)

① 법 제15조에 따라 소방청장 또는 시·도지사가 손실을 보상하는 경우에는 시가(時價)로 보

상해야 한다.

② 제1항에 따른 손실보상에 관하여는 소방청장 또는 시·도지사와 손실을 입은 자가 협의해야 한다.

③ 소방청장 또는 시·도지사는 제2항에 따른 보상금액에 관한 협의가 성립되지 않은 경우에는 그 보상금액을 지급하거나 공탁하고 이를 상대방에게 알려야 한다.

④ 제3항에 따른 보상금의 지급 또는 공탁의 통지에 불복하는 자는 지급 또는 공탁의 통지를 받은 날부터 30일 이내에 「공익사업을 위한 토지 등의 취득 및 보상에 관한 법률」 제49조에 따른 중앙토지수용위원회 또는 관할 지방토지수용위원회에 재결(裁決)을 신청할 수 있다.

칙 제6조(손실보상 청구자가 제출해야 하는 서류 등)

① 법 제14조에 따른 명령으로 인하여 손실을 입은 자가 손실보상을 청구하려는 경우에는 별지 제6호서식의 손실보상 청구서(전자문서를 포함한다)에 다음 각 호의 서류(전자문서를 포함한다)를 첨부하여 소방청장, 특별시장·광역시장·특별자치시장·도지사 또는 특별자치도지사(이하 "시·도지사"라 한다)에게 제출해야 한다. 이 경우 담당 공무원은 「전자정부법」 제36조제1항에 따른 행정정보의 공동이용을 통하여 건축물대장(소방대상물의 관계인임을 증명할 수 있는 서류가 건축물대장인 경우만 해당한다)을 확인해야 한다.

1. 소방대상물의 관계인임을 증명할 수 있는 서류(건축물대장은 제외한다)
2. 손실을 증명할 수 있는 사진 및 그 밖의 증빙자료

② 소방청장 또는 시·도지사는 영 제14조제2항에 따라 손실보상에 관하여 협의가 이루어진 경우에는 손실보상을 청구한 자와 연명으로 별지 제7호서식의 손실보상 합의서를 작성하고 이를 보관해야 한다.

제16조(화재안전조사 결과 공개)

① 소방관서장은 화재안전조사를 실시한 경우 다음 각 호의 전부 또는 일부를 인터넷 홈페이지나 제3항의 전산시스템 등을 통하여 공개할 수 있다.

1. 소방대상물의 위치, 연면적, 용도 등 현황
2. 소방시설등의 설치 및 관리 현황
3. 피난시설, 방화구획 및 방화시설의 설치 및 관리 현황
4. 그 밖에 대통령령으로 정하는 사항

② 제1항에 따라 화재안전조사 결과를 공개하는 경우 공개 절차, 공개 기간 및 공개 방법 등에 필요한 사항은 대통령령으로 정한다.

③ 소방청장은 제1항에 따른 화재안전조사 결과를 체계적으로 관리하고 활용하기 위하여 전산시스템을 구축·운영하여야 한다.

④ 소방청장은 건축, 전기 및 가스 등 화재안전과 관련된 정보를 소방활동 등에 활용하기 위하여 제3항에 따른 전산시스템과 관계 중앙행정기관, 지방자치단체 및 공공기관 등에서 구축·운용하고 있는 전산시스템을 연계하여 구축할 수 있다.

영 제15조(화재안전조사 결과 공개)

① 법 제16조제1항제4호에서 "대통령령으로 정하는 사항"이란 다음 각 호의 사항을 말한다.

1. 제조소등 설치 현황 2. 소방안전관리자 선임 현황 3. 화재예방안전진단 실시 결과

② 소방관서장은 법 제16조제1항에 따라 화재안전조사 결과를 공개하는 경우 30일 이상 해당 소방관서 인터넷 홈페이지나 같은 조 제3항에 따른 전산시스템을 통해 공개해야 한다.

③ 소방관서장은 제2항에 따라 화재안전조사 결과를 공개하려는 경우 공개 기간, 공개 내용 및 공개 방법을 해당 소방대상물의 관계인에게 미리 알려야 한다.

④ 소방대상물의 관계인은 제3항에 따른 공개 내용 등을 통보받은 날부터 10일 이내에 소방관서장에게 이의신청을 할 수 있다.

⑤ 소방관서장은 제4항에 따라 이의신청을 받은 날부터 10일 이내에 심사·결정하여 그 결과를 지체 없이 신청인에게 알려야 한다.

⑥ 화재안전조사 결과의 공개가 제3자의 법익을 침해하는 경우에는 제3자와 관련된 사실을 제외하고 공개해야 한다.

제4장 화재의 예방조치 등

제17조(화재의 예방조치 등)

① 누구든지 화재예방강화지구 및 이에 준하는 대통령령으로 정하는 장소에서는 다음 각 호의 어느 하나에 해당하는 행위를 하여서는 아니 된다. 다만, 행정안전부령으로 정하는 바에 따라 안전조치를 한 경우에는 그러하지 아니한다.

1. 모닥불, 흡연 등 화기의 취급
2. 풍등 등 소형열기구 날리기
3. 용접·용단 등 불꽃을 발생시키는 행위
4. 그 밖에 대통령령으로 정하는 화재 발생 위험이 있는 행위

② 소방관서장은 화재 발생 위험이 크거나 소화 활동에 지장을 줄 수 있다고 인정되는 행위나 물건에 대하여 행위 당사자나 그 물건의 소유자, 관리자 또는 점유자에게 다음 각 호의 명령을 할 수 있다. 다만, 제2호 및 제3호에 해당하는 물건의 소유자, 관리자 또는 점유자를 알 수 없는 경우 소속 공무원으로 하여금 그 물건을 옮기거나 보관하는 등 필요한 조치를 하게 할 수 있다.

1. 제1항 각 호의 어느 하나에 해당하는 행위의 금지 또는 제한
2. 목재, 플라스틱 등 가연성이 큰 물건의 제거, 이격, 적재 금지 등
3. 소방차량의 통행이나 소화 활동에 지장을 줄 수 있는 물건의 이동

③ 제2항 단서에 따라 옮긴 물건 등에 대한 보관기간 및 보관기간 경과 후 처리 등에 필요한 사항은 대통령령으로 정한다.

④ 보일러, 난로, 건조설비, 가스·전기시설, 그 밖에 화재 발생 우려가 있는 대통령령으로 정하는 설비 또는 기구 등의 위치·구조 및 관리와 화재 예방을 위하여 불을 사용할 때 지켜야 하는 사항은 대통령령으로 정한다.

⑤ 화재가 발생하는 경우 불길이 빠르게 번지는 고무류·플라스틱류·석탄 및 목탄 등 대통령령으로 정하는 특수가연물(特殊可燃物)의 저장 및 취급 기준은 대통령령으로 정한다.

영 제16조(화재의 예방조치 등)

① 법 제17조제1항 각 호 외의 부분 본문에서 "대통령령으로 정하는 장소"란 다음 각 호의 장소를 말한다.

1. 제조소등
2. 「고압가스 안전관리법」 제3조제1호에 따른 저장소
3. 「액화석유가스의 안전관리 및 사업법」 제2조제1호에 따른 액화석유가스의 저장소· 판매소
4. 「수소경제 육성 및 수소 안전관리에 관한 법률」 제2조제7호에 따른 수소연료공급시설 및 같은 조 제9호에 따른 수소연료사용시설
5. 「총포· 도검· 화약류 등의 안전관리에 관한 법률」 제2조제3항에 따른 화약류를 저장하는 장소

② 법 제17조제1항제4호에서 "대통령령으로 정하는 화재 발생 위험이 있는 행위"란 「위험물안전관리법」 제2조제1항제1호에 따른 위험물을 방치하는 행위를 말한다.

직 제7조(화재예방 안전조치 등)

① 화재예방강화지구 및 영 제16조제1항 각 호의 장소에서는 다음 각 호의 안전조치를 한 경우에 법 제17조제1항 각 호의 행위를 할 수 있다.

1. 「국민건강증진법」 제9조제4항 각 호 외의 부분 후단에 따라 설치한 흡연실 등 법령에 따라 지정된 장소에서 화기 등을 취급하는 경우
2. 소화기 등 소방시설을 비치 또는 설치한 장소에서 화기 등을 취급하는 경우
3. 「산업안전보건기준에 관한 규칙」 제241조의2제1항에 따른 화재감시자 등 안전요원이 배치된 장소에서 화기 등을 취급하는 경우
4. 그 밖에 소방관서장과 사전 협의하여 안전조치를 한 경우

② 제1항제4호에 따라 소방관서장과 사전 협의하여 안전조치를 하려는 자는 별지 제8호서식의 화재예방 안전조치 협의 신청서를 작성하여 소방관서장에게 제출해야 한다.

③ 소방관서장은 제2항에 따라 협의 신청서를 받은 경우에는 화재예방 안전조치의 적절성을 검토하고 5일 이내에 별지 제9호서식의 화재예방 안전조치 협의 결과 통보서를 협의를 신청한 자에게 통보해야 한다.

④ 소방관서장은 법 제17조제2항 각 호의 명령을 할 때에는 별지 제10호서식의 화재예방 조치 명령서를 해당 관계인에게 발급해야 한다.

영 제17조(옮긴 물건 등의 보관기간 및 보관기간 경과 후 처리)

① 소방관서장은 법 제17조제2항 각 호 외의 부분 단서에 따라 옮긴 물건 등(이하 "옮긴물건등"이라 한다)을 보관하는 경우에는 그날부터 14일 동안 해당 소방관서의 인터넷 홈페이지에 그 사실을 공고해야 한다.

② 옮긴물건등의 보관기간은 제1항에 따른 공고기간의 종료일 다음 날부터 7일까지로 한다.

③ 소방관서장은 제2항에 따른 보관기간이 종료된 때에는 보관하고 있는 옮긴물건등을 매각해야 한다. 다만, 보관하고 있는 옮긴물건 등이 부패· 파손 또는 이와 유사한 사유로 정해진 용도로 계속 사용할 수 없는 경우에는 폐기할 수 있다.

④ 소방관서장은 보관하던 옮긴물건등을 제3항 본문에 따라 매각한 경우에는 지체 없이 「국가

재정법」에 따라 세입조치를 해야 한다.

⑤ 소방관서장은 제3항에 따라 매각되거나 폐기된 옮긴물건등의 소유자가 보상을 요구하는 경우에는 보상금액에 대하여 소유자와의 협의를 거쳐 이를 보상해야 한다.

⑥ 제5항의 손실보상의 방법 및 절차 등에 관하여는 제14조를 준용한다.

영 제18조(불을 사용하는 설비의 관리기준 등)

① 법 제17조제4항에서 "대통령령으로 정하는 설비 또는 기구 등"이란 다음 각 호의 설비 또는 기구를 말한다.

1. 보일러 2. 난로 3. 건조설비 4. 가스·전기시설
5. 불꽃을 사용하는 용접·용단 기구 6. 노(爐)·화덕설비
7. 음식조리를 위하여 설치하는 설비

② 제1항 각 호에 따른 설비 또는 기구의 위치·구조 및 관리와 화재 예방을 위하여 불을 사용할 때 지켜야 하는 사항은 별표 1과 같다.

③ 제1항 및 제2항에서 규정한 사항 외에 화재 발생 우려가 있는 설비 또는 기구의 종류, 해당 설비 또는 기구의 위치·구조 및 관리와 화재 예방을 위하여 불을 사용할 때 지켜야 하는 사항은 시·도의 조례로 정한다.

영 제19조(화재의 확대가 빠른 특수가연물)

① 법 제17조제5항에서 "고무류·플라스틱류·석탄 및 목탄 등 대통령령으로 정하는 특수가연물(特殊可燃物)"이란 별표 2에서 정하는 품명별 수량 이상의 가연물을 말한다.

② 법 제17조제5항에 따른 특수가연물의 저장 및 취급 기준은 별표 3과 같다.

제18조(화재예방강화지구의 지정 등)

① **시·도지사**는 다음 각 호의 어느 하나에 해당하는 지역을 **화재예방강화지구**로 **지정**하여 관리할 수 있다.

1. **시장지역** 2. **공장·창고**가 **밀집**한 지역 3. **목조건물**이 밀집한 지역
4. 노후·불량건축물이 밀집한 지역 5. **위험물**의 저장 및 처리 시설이 밀집한 지역
6. **석유화학제품**을 생산하는 공장이 있는 지역
7. 「산업입지 및 개발에 관한 법률」 제2조제8호에 따른 산업단지
8. **소방시설·소방용수시설** 또는 **소방출동로**가 없는 지역
9. 「물류시설의 개발 및 운영에 관한 법률」 제2조제6호에 따른 물류단지 〈2023.4.11.〉
10. 그 밖에 제1호부터 제9호까지에 준하는 지역으로서 소방관서장이 화재예방강화지구로 지정할 필요가 있다고 인정하는 지역

② 제1항에도 불구하고 시·도지사가 화재예방강화지구로 지정할 필요가 있는 지역을 화재예방강화지구로 지정하지 아니하는 경우 소방청장은 해당 시·도지사에게 해당 지역의 화재예방강화지구 지정을 요청할 수 있다.

③ **소방관서장**은 대통령령으로 정하는 바에 따라 제1항에 따른 화재예방강화지구 안의 소방대상물의 **위치·구조 및 설비** 등에 대하여 **화재안전조사**를 하여야 한다.

④ 소방관서장은 제3항에 따른 **화재안전조사**를 한 결과 화재의 예방강화를 위하여 필요하다고 인정할 때에는 **관계인에게 소화기구, 소방용수시설** 또는 그 밖에 소방에 필요한 설비(이하 "소방설비등"이라 한다)의 설치(보수, 보강을 포함한다. 이하 같다)를 명할 수 있다.

⑤ 소방관서장은 화재예방강화지구 안의 관계인에 대하여 대통령령으로 정하는 바에 따라 소방에 필요한 훈련 및 교육을 실시할 수 있다.

⑥ 시·도지사는 대통령령으로 정하는 바에 따라 제1항에 따른 화재예방강화지구의 지정 현황, 제3항에 따른 화재안전조사의 결과, 제4항에 따른 소방설비등의 설치 명령 현황, 제5항에 따른 소방훈련 및 교육 현황 등이 포함된 화재예방강화지구에서의 화재예방에 필요한 자료를 매년 작성·관리하여야 한다.

영 제20조(화재예방강화지구의 관리)

① 소방관서장은 법 제18조제3항에 따라 화재예방강화지구 안의 소방대상물의 위치·구조 및 설비 등에 대한 화재안전조사를 **연 1회 이상** 실시해야 한다.

② 소방관서장은 법 제18조제5항에 따라 화재예방강화지구 안의 관계인에 대하여 소방에 필요한 **훈련** 및 **교육**을 **연 1회 이상** 실시할 수 있다.

③ 소방관서장은 제2항에 따라 훈련 및 **교육을 실시하려는 경우**에는 화재예방강화지구 안의 **관계인에게 훈련 또는 교육 10일 전까지** 그 사실을 **통보**해야 한다.

④ 시·도지사는 법 제18조제6항에 따라 다음 각 호의 사항을 행정안전부령으로 정하는 화재예방강화지구 관리대장에 작성하고 관리해야 한다.

1. 화재예방강화지구의 지정 현황
2. 화재안전조사의 결과
3. 법 제18조제4항에 따른 소화기구, 소방용수시설 또는 그 밖에 소방에 필요한 설비(이하 "소방설비등"이라 한다)의 설치(보수, 보강을 포함한다) 명령 현황
4. 법 제18조제5항에 따른 소방훈련 및 교육의 실시 현황
5. 그 밖에 화재예방 강화를 위하여 필요한 사항

칙 제8조(화재예방강화지구 관리대장)

영 제20조제4항 각 호 외의 부분에 따른 화재예방강화지구 관리대장은 별지 제11호서식에 따른다.

제19조(화재의 예방 등에 대한 지원)

① 소방청장은 제18조제4항에 따라 소방설비등의 설치를 명하는 경우 해당 관계인에게 소방설비등의 설치에 필요한 지원을 할 수 있다.

② 소방청장은 관계 중앙행정기관의 장 및 시·도지사에게 제1항에 따른 지원에 필요한 협조를 요청할 수 있다.

③ 시·도지사는 제2항에 따라 소방청장의 요청이 있거나 화재예방강화지구 안의 소방대상물의 화재안전성능 향상을 위하여 필요한 경우 특별시·광역시·특별자치시·도 또는 특별자치도(이하 "시·도"라 한다)의 조례로 정하는 바에 따라 소방설비등의 설치에 필요한 비용을 지원할 수 있다.

제20조(화재 위험경보)

소방관서장은 「기상법」 제13조2 및 13조4에 따른 기상현상 및 기상영향에 대한 예보· 특보· 태풍 예보에 따라 화재의 발생 위험이 높다고 분석· 판단되는 경우에는 행정안전부령으로 정하는 바에 따라 화재에 관한 위험경보를 발령하고 그에 따른 필요한 조치를 할 수 있다. 〈2023.2.14.〉

칙 제9조(화재 위험경보)

① 소방관서장은 「기상법」 제13조에 따른 기상현상 및 기상영향에 대한 예보 · 특보에 따라 화재의 발생 위험이 높다고 분석 · 판단되는 경우에는 법 제20조에 따라 화재 위험경보를 발령하고, 보도기관을 이용하거나 정보통신망에 게재하는 등 적절한 방법을 통하여 이를 일반인에게 알려야 한다.

② 제1항에 따른 화재 위험경보 발령 절차 및 조치사항에 관하여 필요한 사항은 소방청장이 정한다.

제21조(화재안전영향평가)

① 소방청장은 화재발생 원인 및 연소과정을 조사 · 분석하는 등의 과정에서 법령이나 정책의 개선이 필요하다고 인정되는 경우 그 법령이나 정책에 대한 화재 위험성의 유발요인 및 완화 방안에 대한 평가(이하 "화재안전영향평가"라 한다)를 실시할 수 있다.

② 소방청장은 제1항에 따라 화재안전영향평가를 실시한 경우 그 결과를 해당 법령이나 정책의 소관 기관의 장에게 통보하여야 한다.

③ 제2항에 따라 결과를 통보받은 소관 기관의 장은 특별한 사정이 없는 한 이를 해당 법령이나 정책에 반영하도록 노력하여야 한다.

④ 화재안전영향평가의 방법 · 절차 · 기준 등에 필요한 사항은 대통령령으로 정한다.

영 제21조(화재안전영향평가의 방법 · 절차 · 기준 등)

① 소방청장은 법 제21조제1항에 따른 화재안전영향평가(이하 "화재안전영향평가"라 한다)를 하는 경우 화재현장 및 자료 조사 등을 기초로 화재 · 피난 모의실험 등 과학적인 예측 · 분석 방법으로 실시할 수 있다.

② 소방청장은 화재안전영향평가를 위하여 필요한 경우 해당 법령이나 정책의 소관 기관의 장에게 관련 자료의 제출을 요청할 수 있다. 이 경우 자료 제출을 요청받은 소관 기관의 장은 특별한 사유가 없으면 이에 따라야 한다.

③ 소방청장은 다음 각 호의 사항이 포함된 화재안전영향평가의 기준을 법 제22조에 따른 화재안전영향평가심의회(이하 "심의회"라 한다)의 심의를 거쳐 정한다.

1. 법령이나 정책의 화재위험 유발요인
2. 법령이나 정책이 소방대상물의 재료, 공간, 이용자 특성 및 화재 확산 경로에 미치는 영향
3. 법령이나 정책이 화재피해에 미치는 영향 등 사회경제적 파급 효과
4. 화재위험 유발요인을 제어 또는 관리할 수 있는 법령이나 정책의 개선 방안

④ 제1항부터 제3항까지에서 규정한 사항 외에 화재안전영향평가의 방법 · 절차 · 기준 등에 관하여 필요한 사항은 소방청장이 정한다.

제22조(화재안전영향평가심의회)

① 소방청장은 화재안전영향평가에 관한 업무를 수행하기 위하여 화재안전영향평가심의회(이하 "심의회"라 한다)를 구성·운영할 수 있다.

② 심의회는 위원장 1명을 포함한 12명 이내의 위원으로 구성한다.

③ 위원장은 위원 중에서 호선하고, 위원은 다음 각 호의 사람으로 한다.

1. 화재안전과 관련되는 법령이나 정책을 담당하는 관계 기관의 소속 직원으로서 대통령령으로 정하는 사람
2. 소방기술사 등 대통령령으로 정하는 화재안전과 관련된 분야의 학식과 경험이 풍부한 전문가로서 소방청장이 위촉한 사람

④ 제2항 및 제3항에서 규정한 사항 외에 심의회의 구성·운영 등에 필요한 사항은 대통령령으로 정한다.

영 제22조(심의회의 구성)

① 법 제22조제3항제1호에서 "대통령령으로 정하는 사람"이란 다음 각 호의 사람을 말한다.

1. 다음 각 목의 중앙행정기관에서 화재안전 관련 법령이나 정책을 담당하는 고위공무원단에 속하는 일반직공무원(이에 상당하는 특정직공무원 및 별정직공무원을 포함한다) 중에서 해당 중앙행정기관의 장이 지명하는 사람 각 1명
   가. 행정안전부·보건복지부·기후에너지환경부·고용노동부·국토교통부
   나. 그 밖에 심의회의 심의에 부치는 안건과 관련된 중앙행정기관
2. 소방청에서 화재안전 관련 업무를 수행하는 소방준감 이상의 소방공무원 중에서 소방청장이 지명하는 사람

② 법 제22조제3항제2호에서 "소방기술사 등 대통령령으로 정하는 화재안전과 관련된 분야의 학식과 경험이 풍부한 전문가"란 다음 각 호의 어느 하나에 해당하는 사람을 말한다.

1. 소방기술사
2. 다음 각 목의 기관이나 법인 또는 단체에서 화재안전 관련 업무를 수행하는 사람으로서 해당 기관이나 법인 또는 단체의 장이 추천하는 사람
   가. 안전원　나. 기술원　다. 화재보험협회　라. 가스안전공사　마. 전기안전공사
3. 「고등교육법」 제2조에 따른 학교 또는 이에 준하는 학교나 공인된 연구기관에서 부교수 이상의 직(職) 또는 이에 상당하는 직에 있거나 있었던 사람으로서 화재안전 또는 관련 법령이나 정책에 전문성이 있는 사람

③ 법 제22조제3항제2호에 따른 위촉위원의 임기는 2년으로 하며 한 차례만 연임할 수 있다.

④ 심의회의 위원장은 심의회를 대표하고 심의회 업무를 총괄한다.

⑤ 위원장이 부득이한 사유로 직무를 수행할 수 없을 때에는 위원장이 지명한 위원이 그 직무를 대행한다.

⑥ 소방청장은 심의회의 위원이 다음 각 호의 어느 하나에 해당하는 경우에는 해당 위원을 해촉할 수 있다.

1. 심신장애로 직무를 수행할 수 없게 된 경우

2. 직무와 관련된 비위사실이 있는 경우
3. 직무태만, 품위손상이나 그 밖의 사유로 위원으로 적합하지 않다고 인정되는 경우
4. 위원 스스로 직무를 수행하기 어렵다는 의사를 밝히는 경우

영 제23조(심의회의 운영)

① 심의회의 업무를 효율적으로 수행하기 위하여 심의회에 분야별로 전문위원회를 둘 수 있다.

② 심의회 및 전문위원회에 출석한 위원 및 전문위원회의 위원에게는 예산의 범위에서 수당, 여비, 그 밖에 필요한 경비를 지급할 수 있다. 다만, 공무원인 위원 또는 전문위원회의 위원이 소관 업무와 직접 관련하여 심의회에 출석하는 경우는 그렇지 않다.

③ 제1항 및 제2항에서 규정한 사항 외에 심의회의 운영 등에 필요한 사항은 소방청장이 정한다.

제23조(화재안전취약자에 대한 지원)

① 소방관서장은 어린이, 노인, 장애인 등 화재의 예방 및 안전관리에 취약한 자(이하 "화재안전취약자"라 한다)의 안전한 생활환경을 조성하기 위하여 소방용품의 제공 및 소방시설의 개선 등 필요한 사항을 지원하기 위하여 노력하여야 한다.

② 제1항에 따른 화재안전취약자에 대한 지원의 대상·범위·방법 및 절차 등에 필요한 사항은 대통령령으로 정한다.

③ 소방관서장은 관계 행정기관의 장에게 제1항에 따른 지원이 원활히 수행되는 데 필요한 협력을 요청할 수 있다. 이 경우 요청받은 관계 행정기관의 장은 특별한 사정이 없으면 요청에 따라야 한다.

영 제24조(화재안전취약자 지원 대상 및 방법 등)

① 법 제23조제1항에 따른 어린이, 노인, 장애인 등 화재의 예방 및 안전관리에 취약한 자(이하 "화재안전취약자"라 한다)에 대한 지원의 대상은 다음 각 호와 같다.

1. 「국민기초생활 보장법」 제2조제2호에 따른 수급자
2. 「장애인복지법」 제6조에 따른 중증장애인
3. 「한부모가족지원법」 제5조에 따른 지원대상자
4. 「노인복지법」 제27조의2에 따른 홀로 사는 노인
5. 「다문화가족지원법」 제2조제1호에 따른 다문화가족의 구성원
6. 그 밖에 화재안전에 취약하다고 소방관서장이 인정하는 사람

② 소방관서장은 법 제23조제1항에 따라 제1항 각 호의 사람에게 다음 각 호의 사항을 지원할 수 있다.

1. 소방시설등의 설치 및 개선
2. 소방시설등의 안전점검
3. 소방용품의 제공
4. 전기·가스 등 화재위험 설비의 점검 및 개선
5. 그 밖에 화재안전을 위하여 필요하다고 인정되는 사항

③ 제1항 및 제2항에서 규정한 사항 외에 지원의 방법 및 절차 등에 관하여 필요한 사항은 소방청장이 정한다.

제5장 소방대상물의 소방안전관리

제24조(특정소방대상물의 소방안전관리)

① 특정소방대상물 중 전문적인 안전관리가 요구되는 대통령령으로 정하는 특정소방대상물(이하 "소방안전관리대상물"이라 한다)의 관계인은 소방안전관리업무를 수행하기 위하여 제30조제1항에 따른 소방안전관리자 자격증을 발급받은 사람을 소방안전관리자로 선임하여야 한다. 이 경우 소방안전관리자의 업무에 대하여 보조가 필요한 대통령령으로 정하는 소방안전관리대상물의 경우에는 소방안전관리자 외에 소방안전관리보조자를 추가로 선임하여야 한다.

② 다른 안전관리자(다른 법령에 따라 전기·가스·위험물 등의 안전관리 업무에 종사하는 자를 말한다. 이하 같다)는 소방안전관리대상물 중 소방안전관리업무의 전담이 필요한 대통령령으로 정하는 소방안전관리대상물의 소방안전관리자를 겸할 수 없다. 다만, 다른 법령에 특별한 규정이 있는 경우에는 그러하지 아니하다.

③ 제1항에도 불구하고 제25조제1항에 따른 소방안전관리대상물의 관계인은 소방안전관리업무를 대행하는 관리업자(「소방시설 설치 및 관리에 관한 법률」 제29조제1항에 따른 소방시설관리업의 등록을 한 자를 말한다. 이하 "관리업자"라 한다)를 감독할 수 있는 사람을 지정하여 소방안전관리자로 선임할 수 있다. 이 경우 소방안전관리자로 선임된 자는 선임된 날부터 3개월 이내에 제34조에 따른 교육을 받아야 한다.

④ 소방안전관리자 및 소방안전관리보조자의 선임 대상별 자격 및 인원기준은 대통령령으로 정하고, 선임 절차 등 그 밖에 필요한 사항은 행정안전부령으로 정한다.

⑤ 특정소방대상물(소방안전관리대상물은 제외한다)의 관계인과 소방안전관리대상물의 소방안전관리자는 다음 각 호의 업무를 수행한다. 다만, 제1호·제2호·제5호 및 제7호의 업무는 소방안전관리대상물의 경우에만 해당한다.

1. 제36조에 따른 피난계획에 관한 사항과 대통령령으로 정하는 사항이 포함된 소방계획서의 작성 및 시행
2. 자위소방대(自衛消防隊) 및 초기대응체계의 구성, 운영 및 교육
3. 「소방시설 설치 및 관리에 관한 법률」 제16조에 따른 피난시설, 방화구획 및 방화시설의 관리
4. 소방시설이나 그 밖의 소방 관련 시설의 관리
5. 제37조에 따른 소방훈련 및 교육
6. 화기(火氣) 취급의 감독
7. 행정안전부령으로 정하는 바에 따른 소방안전관리에 관한 업무수행에 관한 기록·유지(제3호·제4호 및 제6호의 업무를 말한다)
8. 화재발생 시 초기대응
9. 그 밖에 소방안전관리에 필요한 업무

⑥ 제5항제2호에 따른 자위소방대와 초기대응체계의 구성, 운영 및 교육 등에 필요한 사항은 행정안전부령으로 정한다.

영 제25조(소방안전관리자 및 소방안전관리보조자를 두어야 하는 특정소방대상물)

① 법 제24조제1항 전단에 따라 특정소방대상물 중 전문적인 안전관리가 요구되는 특정소방대상물(이하 "소방안전관리대상물"이라 한다)의 범위와 같은 조 제4항에 따른 소방안전관리자

의 선임 대상별 자격 및 인원기준은 별표 4와 같다.

② 법 제24조제1항 후단에 따라 소방안전관리보조자를 추가로 선임해야 하는 소방안전관리대상물의 범위와 같은 조 제4항에 따른 소방안전관리보조자의 선임 대상별 자격 및 인원기준은 별표 5와 같다.

③ 제1항에도 불구하고 건축물대장의 건축물현황도에 표시된 대지경계선 안의 지역 또는 인접한 2개 이상의 대지에 제1항에 따라 소방안전관리자를 두어야 하는 특정소방대상물이 둘 이상 있고, 그 관리에 관한 권원(權原)을 가진 자가 동일인인 경우에는 이를 하나의 특정소방대상물로 본다. 이 경우 해당 특정소방대상물이 별표 4에 따른 등급 중 둘 이상에 해당하면 그중에서 등급이 높은 특정소방대상물로 본다.

칙 제10조(소방안전관리업무 수행에 관한 기록 · 유지)

① 영 제25조제1항의 소방안전관리대상물(이하 "소방안전관리대상물"이라 한다)의 소방안전관리자는 법 제24조제5항제7호에 따른 소방안전관리업무 수행에 관한 기록을 별지 제12호서식에 따라 월 1회 이상 작성 · 관리해야 한다.

② 소방안전관리자는 소방안전관리업무 수행 중 보수 또는 정비가 필요한 사항을 발견한 경우에는 이를 지체 없이 관계인에게 알리고, 별지 제12호서식에 기록해야 한다.

③ 소방안전관리자는 제1항에 따른 업무 수행에 관한 기록을 작성한 날부터 2년간 보관해야 한다.

칙 제16조(소방안전관리보조자의 선임신고 등)

① 소방안전관리대상물의 관계인은 법 제24조제1항 후단에 따라 소방안전관리자보조자를 다음 각 호의 구분에 따라 해당 호에서 정하는 날부터 30일 이내에 선임해야 한다.

1. 신축 · 증축 · 개축 · 재축 · 대수선 또는 용도변경으로 해당 소방안전관리대상물의 소방안전관리보조자를 신규로 선임해야 하는 경우: 해당 소방안전관리대상물의 사용승인일
2. 소방안전관리대상물을 양수하거나 「민사집행법」에 따른 경매, 「채무자 회생 및 파산에 관한 법률」에 따른 환가, 「국세징수법」 · 「관세법」 또는 「지방세기본법」에 따른 압류재산의 매각이나 그 밖에 이에 준하는 절차에 따라 관계인의 권리를 취득한 경우: 해당 권리를 취득한 날 또는 관할 소방서장으로부터 소방안전관리보조자 선임 안내를 받은 날. 다만, 새로 권리를 취득한 관계인이 종전의 소방안전관리대상물의 관계인이 선임신고한 소방안전관리보조자를 해임하지 않는 경우는 제외한다.
3. 소방안전관리보조자의 해임, 퇴직 등으로 해당 소방안전관리보조자의 업무가 종료된 경우: 소방안전관리보조자가 해임된 날, 퇴직한 날 등 근무를 종료한 날

② 법 제24조제1항 후단에 따라 소방안전관리보조자를 선임해야 하는 소방안전관리대상물(이하 "보조자선임대상 소방안전관리대상물"이라 한다)의 관계인은 제25조에 따른 강습교육이 제1항에 따른 소방안전관리보조자 선임기간 내에 있지 않아 소방안전관리보조자를 선임할 수 없는 경우에는 소방안전관리보조자 선임의 연기를 신청할 수 있다.

③ 제2항에 따라 소방안전관리보조자 선임의 연기를 신청하려는 보조자선임대상 소방안전관리대상물의 관계인은 별지 제14호서식의 선임 연기 신청서를 작성하여 소방본부장 또는 소방서장에게 제출해야 한다. 이 경우 소방본부장 또는 소방서장은 종합정보망에서 강습교육의 접수 여부를 확인해야 한다.

④ 소방본부장 또는 소방서장은 제3항에 따라 선임 연기 신청서를 제출받은 경우에는 3일 이내에 소방안전관리보조자 선임기간을 정하여 보조자선임대상 소방안전관리대상물의 관계인에게 통보해야 한다.

⑤ 보조자선임대상 소방안전관리대상물의 관계인은 법 제24조제1항에 따른 소방안전관리보조자를 선임한 경우에는 법 제26조제1항에 따라 별지 제18호서식의 소방안전관리보조자 선임신고서(전자문서를 포함한다)에 다음 각 호의 어느 하나에 해당하는 서류(영 별표 5 제2호의 자격요건 중 해당 자격을 증명할 수 있는 서류를 말하며, 전자문서를 포함한다)를 첨부하여 소방본부장 또는 소방서장에게 제출해야 한다. 이 경우 보조자선임대상 소방안전관리대상물의 관계인은 종합정보망을 이용하여 선임신고를 할 수 있다.

1. 제18조에 따른 소방안전관리자 자격증
2. 영 별표 4에 따른 특급, 1급, 2급 또는 3급 소방안전관리대상물의 소방안전관리자가 되려는 사람에 대한 강습교육 수료증
3. 소방안전관리대상물의 소방안전 관련 업무에 2년 이상 근무한 경력이 있는 사람임을 증명할 수 있는 서류

⑥ 소방본부장 또는 소방서장은 제5항에 따라 보조자선임대상 소방안전관리대상물의 관계인이 선임신고를 하는 경우 「전자정부법」 제36조제1항에 따른 행정정보의 공동이용을 통하여 선임된 소방안전관리보조자의 국가기술자격증(영 별표 5 제2호나목에 해당하는 사람만 해당한다)을 확인해야 한다. 이 경우 선임된 소방안전관리보조자가 확인에 동의하지 않으면 국가기술자격증의 사본을 제출하도록 해야 한다.

⑦ 소방본부장 또는 소방서장은 보조자선임대상 소방안전관리대상물의 관계인이 법 제26조제1항에 따른 소방안전관리보조자를 선임하고 제5항에 따라 신고하는 경우에는 신고인에게 별지 제16호서식의 소방안전관리보조자 선임증을 발급해야 한다. 이 경우 소방본부장 또는 소방서장은 신고인이 종전의 선임이력에 관한 확인을 신청하는 경우에는 별지 제17호서식의 소방안전관리보조자 선임 이력 확인서를 발급해야 한다.

⑧ 소방본부장 또는 소방서장은 소방안전관리보조자의 선임신고를 접수하거나 해임 사실을 확인한 경우에는 지체 없이 관련 사실을 종합정보망에 입력해야 한다.

영 제26조(소방안전관리업무 전담 대상물)

법 제24조제2항 본문에서 "대통령령으로 정하는 소방안전관리대상물"이란 다음 각 호의 소방안전관리대상물을 말한다.

1. 별표 4 제1호에 따른 특급 소방안전관리대상물
2. 별표 4 제2호에 따른 1급 소방안전관리대상물

영 제27조(소방안전관리대상물의 소방계획서 작성 등)

① 법 제24조제5항제1호에서 "대통령령으로 정하는 사항"이란 다음 각 호의 사항을 말한다.

1. 소방안전관리대상물의 위치·구조·연면적(「건축법 시행령」 제119조제1항제4호에 따라 산정된 면적을 말한다. 이하 같다)·용도 및 수용인원 등 일반 현황
2. 소방안전관리대상물에 설치한 소방시설, 방화시설, 전기시설, 가스시설 및 위험물시설의 현황
3. 화재 예방을 위한 자체점검계획 및 대응대책

4. 소방시설· 피난시설 및 방화시설의 점검· 정비계획
5. 피난층 및 피난시설의 위치와 피난경로의 설정, 화재안전취약자의 피난계획 등을 포함한 피난계획
6. 방화구획, 제연구획(除煙區劃), 건축물의 내부 마감재료 및 방염대상물품의 사용 현황과 그 밖의 방화구조 및 설비의 유지· 관리계획
7. 법 제35조제1항에 따른 관리의 권원이 분리된 특정소방대상물의 소방안전관리에 관한 사항
8. 소방훈련· 교육에 관한 계획
9. 법 제37조를 적용받는 소방안전관리대상물의 근무자 및 거주자의 자위소방대 조직과 대원의 임무(화재안전취약자의 피난 보조 임무를 포함한다)에 관한 사항
10. 화기 취급 작업에 대한 사전 안전조치 및 감독 등 공사 중 소방안전관리에 관한 사항
11. 소화에 관한 사항과 연소 방지에 관한 사항
12. 위험물의 저장· 취급에 관한 사항(「위험물안전관리법」 제17조에 따라 예방규정을 정하는 제조소등은 제외한다)
13. 소방안전관리에 대한 업무수행에 관한 기록 및 유지에 관한 사항
14. 화재발생 시 화재경보, 초기소화 및 피난유도 등 초기대응에 관한 사항
15. 그 밖에 소방본부장 또는 소방서장이 소방안전관리대상물의 위치· 구조· 설비 또는 관리 상황 등을 고려하여 소방안전관리에 필요하여 요청하는 사항

② 소방본부장 또는 소방서장은 소방안전관리대상물의 소방계획서의 작성 및 그 실시에 관하여 지도 · 감독한다.

칙 제11조(자위소방대 및 초기대응체계의 구성 · 운영 및 교육 등)

① 소방안전관리대상물의 소방안전관리자는 법 제24조제5항제2호에 따른 자위소방대를 다음 각 호의 기능을 효율적으로 수행할 수 있도록 편성 · 운영하되, 소방안전관리대상물의 규모 · 용도 등의 특성을 고려하여 응급구조 및 방호안전기능 등을 추가하여 수행할 수 있도록 편성할 수 있다.

1. 화재 발생 시 비상연락, 초기소화 및 피난유도
2. 화재 발생 시 인명· 재산피해 최소화를 위한 조치

② 제1항에 따른 자위소방대에는 대장과 부대장 1명을 각각 두며, 편성 조직의 인원은 해당 소방안전관리대상물의 수용인원 등을 고려하여 구성한다. 이 경우 자위소방대의 대장 · 부대장 및 편성조직의 임무는 다음 각 호와 같다.

1. 대장은 자위소방대를 총괄 지휘한다.
2. 부대장은 대장을 보좌하고 대장이 부득이한 사유로 임무를 수행할 수 없는 때에는 그 임무를 대행한다.
3. 비상연락팀은 화재사실의 전파 및 신고 업무를 수행한다.
4. 초기소화팀은 화재 발생 시 초기화재 진압 활동을 수행한다.
5. 피난유도팀은 재실자(在室者) 및 장애인, 노인, 임산부, 영유아 및 어린이 등 이동이 어려운 사람(이하 "피난약자"라 한다)을 안전한 장소로 대피시키는 업무를 수행한다.

6. 응급구조팀은 인명을 구조하고, 부상자에 대한 응급조치를 수행한다.
7. 방호안전팀은 화재확산방지 및 위험시설의 비상정지 등 방호안전 업무를 수행한다.

③ 소방안전관리대상물의 소방안전관리자는 법 제24조제5항제2호에 따른 초기대응체계를 제1항에 따른 자위소방대에 포함하여 편성하되, 화재 발생 시 초기에 신속하게 대처할 수 있도록 해당 소방안전관리대상물에 근무하는 사람의 근무위치, 근무인원 등을 고려한다.

④ 소방안전관리대상물의 소방안전관리자는 해당 소방안전관리대상물이 이용되고 있는 동안 제3항에 따른 초기대응체계를 상시적으로 운영해야 한다.

⑤ 소방안전관리대상물의 소방안전관리자는 연 1회 이상 자위소방대를 소집하여 그 편성 상태 및 초기대응체계를 점검하고, 편성된 근무자에 대한 소방교육을 실시해야 한다. 이 경우 초기대응체계에 편성된 근무자 등에 대해서는 화재 발생 초기대응에 필요한 기본 요령을 숙지할 수 있도록 소방교육을 실시해야 한다.

⑥ 소방안전관리대상물의 소방안전관리자는 제5항에 따른 소방교육을 제36조제1항에 따른 소방훈련과 병행하여 실시할 수 있다.

⑦ 소방안전관리대상물의 소방안전관리자는 제5항에 따른 소방교육을 실시하였을 때는 그 실시 결과를 별지 제13호서식의 자위소방대 및 초기대응체계 교육·훈련 실시 결과 기록부에 기록하고, 교육을 실시한 날부터 2년간 보관해야 한다.

⑧ 소방청장은 자위소방대의 구성·운영 및 교육, 초기대응체계의 편성·운영 등에 필요한 지침을 작성하여 배포할 수 있으며, 소방본부장 또는 소방서장은 소방안전관리대상물의 소방안전관리자가 해당 지침을 준수하도록 지도할 수 있다.

제25조(소방안전관리업무의 대행)

① 소방안전관리대상물 중 연면적 등이 일정규모 미만인 대통령령으로 정하는 소방안전관리대상물의 관계인은 제24조제1항에도 불구하고 관리업자로 하여금 같은 조 제5항에 따른 소방안전관리업무 중 대통령령으로 정하는 업무를 대행하게 할 수 있다. 이 경우 제24조제3항에 따라 선임된 소방안전관리자는 관리업자의 대행업무 수행을 감독하고 대행업무 외의 소방안전관리업무는 직접 수행하여야 한다.

② 제1항 전단에 따라 소방안전관리업무를 대행하는 자는 대행인력의 배치기준·자격·방법 등 행정안전부령으로 정하는 준수사항을 지켜야 한다.

③ 제1항에 따라 소방안전관리업무를 관리업자에게 대행하게 하는 경우의 대가(代價)는 「엔지니어링산업 진흥법」 제31조에 따른 엔지니어링사업의 대가 기준 가운데 행정안전부령으로 정하는 방식에 따라 산정한다.

영 제28조(소방안전관리 업무의 대행 대상 및 업무)

① 법 제25조제1항 전단에서 "대통령령으로 정하는 소방안전관리대상물"이란 다음 각 호의 소방안전관리대상물을 말한다.

1. 별표 4 제2호가목3)에 따른 지상층의 층수가 11층 이상인 1급 소방안전관리대상물(연면적 1만5천제곱미터 이상인 특정소방대상물과 아파트는 제외한다)
2. 별표 4 제3호에 따른 2급 소방안전관리대상물

3. 별표 4 제4호에 따른 3급 소방안전관리대상물

② 법 제25조제1항 전단에서 "대통령령으로 정하는 업무"란 다음 각 호의 업무를 말한다.

1. 법 제24조제5항제3호에 따른 피난시설, 방화구획 및 방화시설의 관리
2. 법 제24조제5항제4호에 따른 소방시설이나 그 밖의 소방 관련 시설의 관리

칙 제12조(소방안전관리업무 대행 기준)

법 제25조제2항에 따른 소방안전관리업무 대행인력의 배치기준·자격·방법 등 준수사항은 별표 1과 같다.

칙 제13조(소방안전관리업무 대행의 대가)

법 제25조제3항에서"행정안전부령으로 정하는 방식"이란 「엔지니어링산업 진흥법」제31조에 따라 산업통상부장관이 고시한 엔지니어링사업 대가의 기준 중 실비정액가산방식을 말한다.

제26조(소방안전관리자 선임신고 등)

① 소방안전관리대상물의 관계인이 제24조에 따라 소방안전관리자 또는 소방안전관리보조자를 선임한 경우에는 행정안전부령으로 정하는 바에 따라 선임한 날부터 14일 이내에 소방본부장 또는 소방서장에게 신고하고, 소방안전관리대상물의 출입자가 쉽게 알 수 있도록 소방안전관리자의 성명과 그 밖에 행정안전부령으로 정하는 사항을 게시하여야 한다.

② 소방안전관리대상물의 관계인이 소방안전관리자 또는 소방안전관리보조자를 해임한 경우에는 그 관계인 또는 해임된 소방안전관리자 또는 소방안전관리보조자는 소방본부장이나 소방서장에게 그 사실을 알려 해임한 사실의 확인을 받을 수 있다.

칙 제14조(소방안전관리자의 선임신고 등)

① 소방안전관리대상물의 관계인은 법 제24조 및 제35조에 따라 소방안전관리자를 다음 각 호의 구분에 따라 해당 호에서 정하는 날부터 30일 이내에 선임해야 한다.

1. 신축·증축·개축·재축·대수선 또는 용도변경으로 해당 특정소방대상물의 소방안전관리자를 신규로 선임해야 하는 경우: 해당 특정소방대상물의 사용승인일(건축물의 경우에는 「건축법」 제22조에 따라 건축물을 사용할 수 있게 된 날을 말한다. 이하 이 조 및 제16조에서 같다)
2. 증축 또는 용도변경으로 인하여 특정소방대상물이 영 제25조제1항에 따른 소방안전관리대상물로 된 경우 또는 특정소방대상물의 소방안전관리 등급이 변경된 경우: 증축공사의 사용승인일 또는 용도변경 사실을 건축물관리대장에 기재한 날
3. 특정소방대상물을 양수하거나 「민사집행법」에 따른 경매, 「채무자 회생 및 파산에 관한 법률」에 따른 환가(換價), 「국세징수법」·「관세법」 또는 「지방세기본법」에 따른 압류재산의 매각이나 그 밖에 이에 준하는 절차에 따라 관계인의 권리를 취득한 경우: 해당 권리를 취득한 날 또는 관할 소방서장으로부터 소방안전관리자 선임 안내를 받은 날. 다만, 새로 권리를 취득한 관계인이 종전의 특정소방대상물의 관계인이 선임신고한 소방안전관리자를 해임하지 않는 경우는 제외한다.
4. 법 제35조에 따른 특정소방대상물의 경우: 관리의 권원이 분리되거나 소방본부장 또는

소방서장이 관리의 권원을 조정한 날

5. 소방안전관리자의 해임, 퇴직 등으로 해당 소방안전관리자의 업무가 종료된 경우: 소방안전관리자가 해임된 날, 퇴직한 날 등 근무를 종료한 날
6. 법 제24조제3항에 따라 소방안전관리업무를 대행하는 자를 감독할 수 있는 사람을 소방안전관리자로 선임한 경우로서 그 업무대행 계약이 해지 또는 종료된 경우: 소방안전관리업무 대행이 끝난 날
7. 법 제31조제1항에 따라 소방안전관리자 자격이 정지 또는 취소된 경우: 소방안전관리자 자격이 정지 또는 취소된 날

② 영 별표 4 제3호 및 제4호에 따른 2급 또는 3급 소방안전관리대상물의 관계인은 제20조에 따른 소방안전관리자 자격시험이나 제25조에 따른 소방안전관리자에 대한 강습교육이 제1항에 따른 소방안전관리자 선임기간 내에 있지 않아 소방안전관리자를 선임할 수 없는 경우에는 소방안전관리자 선임의 연기를 신청할 수 있다.

③ 제2항에 따라 소방안전관리자 선임의 연기를 신청하려는 2급 또는 3급 소방안전관리대상물의 관계인은 별지 제14호서식의 소방안전관리자·소방안전관리보조자 선임 연기 신청서를 작성하여 소방본부장 또는 소방서장에게 제출해야 한다. 이 경우 소방본부장 또는 소방서장은 법 제33조에 따른 종합정보망(이하 "종합정보망"이라 한다)에서 강습교육의 접수 또는 시험응시 여부를 확인해야 하며, 2급 또는 3급 소방안전관리대상물의 관계인은 소방안전관리자가 선임될 때까지 법 제24조제5항의 소방안전관리업무를 수행해야 한다.

④ 소방본부장 또는 소방서장은 제3항에 따라 선임 연기 신청서를 제출받은 경우에는 3일 이내에 소방안전관리자 선임기간을 정하여 2급 또는 3급 소방안전관리대상물의 관계인에게 통보해야 한다.

⑤ 소방안전관리대상물의 관계인은 법 제24조 또는 제35조에 따라 소방안전관리자 또는 총괄소방안전관리자(「기업활동 규제완화에 관한 특별조치법」 제29조제2항·제3항, 제30조제2항 또는 제32조제2항에 따라 소방안전관리자를 겸임하거나 공동으로 선임되는 사람을 포함한다)를 선임한 경우에는 법 제26조제1항에 따라 별지 제15호서식의 소방안전관리자 선임신고서(전자문서를 포함한다)에 다음 각 호의 어느 하나에 해당하는 서류(전자문서를 포함한다)를 첨부하여 소방본부장 또는 소방서장에게 제출해야 한다. 이 경우 소방안전관리대상물의 관계인은 종합정보망을 이용하여 선임신고를 할 수 있다.

1. 제18조에 따른 소방안전관리자 자격증
2. 소방안전관리대상물의 소방안전관리에 관한 업무를 감독할 수 있는 직위에 있는 사람임을 증명하는 서류 및 소방안전관리업무의 대행 계약서 사본(법 제24조제3항에 따라 소방안전관리대상물의 관계인이 소방안전관리업무를 대행하게 하는 경우만 해당한다)
3. 「기업활동 규제완화에 관한 특별조치법」 제29조제2항·제3항, 제30조제2항 또는 제32조제2항에 따라 해당 소방안전관리대상물의 소방안전관리자를 겸임할 수 있는 안전관리자로 선임된 사실을 증명할 수 있는 서류 또는 선임사항이 기록된 자격증(자격수첩을 포함한다)
4. 계약서 또는 권원이 분리됨을 증명하는 관련 서류(법 제35조에 따른 권원별 소방안전관

리자를 선임한 경우만 해당한다)

⑥ 소방본부장 또는 소방서장은 소방안전관리대상물의 관계인이 제5항에 따라 소방안전관리자등을 선임하여 신고하는 경우에는 신고인에게 별지 제16호서식의 선임증을 발급해야 한다. 이 경우 소방본부장 또는 소방서장은 신고인이 종전의 선임이력에 관한 확인을 신청하는 경우에는 별지 제17호서식의 소방안전관리자 선임 이력 확인서를 발급해야 한다.

⑦ 소방본부장 또는 소방서장은 소방안전관리자의 선임신고를 접수하거나 해임 사실을 확인한 경우에는 지체 없이 관련 사실을 종합정보망에 입력해야 한다.

⑧ 소방본부장 또는 소방서장은 선임신고의 효율적 처리를 위하여 소방안전관리대상물이 완공된 경우에는 지체 없이 해당 소방안전관리대상물의 위치, 연면적 등의 정보를 종합정보망에 입력해야 한다.

칙 제15조(소방안전관리자 정보의 게시)

① 법 제26조제1항에서 "행정안전부령으로 정하는 사항"이란 다음 각 호의 사항을 말한다.

1. 소방안전관리대상물의 명칭 및 등급
2. 소방안전관리자의 성명 및 선임일자
3. 소방안전관리자의 연락처
4. 소방안전관리자의 근무 위치(화재 수신기 또는 종합방재실을 말한다)

② 제1항에 따른 소방안전관리자 성명 등의 게시는 별표 2의 소방안전관리자 현황표에 따른다. 이 경우 「소방시설 설치 및 관리에 관한 법률 시행규칙」 별표 5에 따른 소방시설등 자체점검기록표를 함께 게시할 수 있다.

제27조(관계인 등의 의무)

① 특정소방대상물의 관계인은 그 특정소방대상물에 대하여 제24조제5항에 따른 소방안전관리업무를 수행하여야 한다.

② 소방안전관리대상물의 관계인은 소방안전관리자가 소방안전관리업무를 성실하게 수행할 수 있도록 지도·감독하여야 한다.

③ 소방안전관리자는 인명과 재산을 보호하기 위하여 소방시설·피난시설·방화시설 및 방화구획 등이 법령에 위반된 것을 발견한 때에는 지체 없이 소방안전관리대상물의 관계인에게 소방대상물의 개수·이전·제거·수리 등 필요한 조치를 할 것을 요구하여야 하며, 관계인이 시정하지 아니하는 경우 소방본부장 또는 소방서장에게 그 사실을 알려야 한다. 이 경우 소방안전관리자는 공정하고 객관적으로 그 업무를 수행하여야 한다.

④ 소방안전관리자로부터 제3항에 따른 조치요구 등을 받은 소방안전관리대상물의 관계인은 지체 없이 이에 따라야 하며, 이를 이유로 소방안전관리자를 해임하거나 보수(報酬)의 지급을 거부하는 등 불이익한 처우를 하여서는 아니 된다.

제28조(소방안전관리자 선임명령 등)

① 소방본부장 또는 소방서장은 제24조제1항에 따른 소방안전관리자 또는 소방안전관리보조자를 선임하지 아니한 소방안전관리대상물의 관계인에게 소방안전관리자 또는 소방안전관리보조자를

선임하도록 명할 수 있다.

② 소방본부장 또는 소방서장은 제24조제5항에 따른 업무를 다하지 아니하는 특정소방대상물의 관계인 또는 소방안전관리자에게 그 업무의 이행을 명할 수 있다.

제29조(건설현장 소방안전관리)

①「소방시설 설치 및 관리에 관한 법률」 제15조제1항에 따른 공사시공자가 화재발생 및 화재피해의 우려가 큰 대통령령으로 정하는 특정소방대상물(이하 "건설현장 소방안전관리대상물"이라 한다)을 신축·증축·개축·재축·이전·용도변경 또는 대수선 하는 경우에는 제24조제1항에 따른 소방안전관리자로서 제34조에 따른 교육을 받은 사람을 소방시설공사 착공 신고일부터 건축물 사용승인일(「건축법」 제22조에 따라 건축물을 사용할 수 있게 된 날을 말한다)까지 소방안전관리자로 선임하고 행정안전부령으로 정하는 바에 따라 소방본부장 또는 소방서장에게 신고하여야 한다.

② 제1항에 따른 건설현장 소방안전관리대상물의 소방안전관리자의 업무는 다음 각 호와 같다.

1. 건설현장의 소방계획서의 작성
2. 「소방시설 설치 및 관리에 관한 법률」 제15조제1항에 따른 임시소방시설의 설치 및 관리에 대한 감독
3. 공사진행 단계별 피난안전구역, 피난로 등의 확보와 관리
4. 건설현장의 작업자에 대한 소방안전 교육 및 훈련
5. 초기대응체계의 구성· 운영 및 교육
6. 화기취급의 감독, 화재위험작업의 허가 및 관리
7. 그 밖에 건설현장의 소방안전관리와 관련하여 소방청장이 고시하는 업무

③ 그 밖에 건설현장 소방안전관리대상물의 소방안전관리에 관하여는 제26조부터 제28조까지의 규정을 준용한다. 이 경우 "소방안전관리대상물의 관계인" 또는 "특정소방대상물의 관계인"은 "공사시공자"로 본다.

영 제29조(건설현장 소방안전관리대상물)

법 제29조제1항에서 "대통령령으로 정하는 특정소방대상물"이란 다음 각 호의 어느 하나에 해당하는 특정소방대상물을 말한다.

1. 신축· 증축· 개축· 재축· 이전· 용도변경 또는 대수선을 하려는 부분의 연면적의 합계가 1만5천제곱미터 이상인 것
2. 신축· 증축· 개축· 재축· 이전· 용도변경 또는 대수선을 하려는 부분의 연면적이 5천제곱미터 이상인 것으로서 다음 각 목의 어느 하나에 해당하는 것
   가. 지하층의 층수가 2개 층 이상인 것
   나. 지상층의 층수가 11층 이상인 것
   다. 냉동창고, 냉장창고 또는 냉동· 냉장창고

칙 제17조(건설현장 소방안전관리자의 선임신고)

① 법 제29조제1항에 따른 건설현장 소방안전관리대상물(이하 "건설현장 소방안전관리대상물"이라 한다)의 공사시공자는 같은 항에 따라 소방안전관리자를 선임한 경우에는 선임한 날

부터 14일 이내에 별지 제19호서식의 건설현장 소방안전관리자 선임신고서(전자문서를 포함한다)에 다음 각 호의 서류(전자문서를 포함한다)를 첨부하여 소방본부장 또는 소방서장에게 신고해야 한다. 이 경우 건설현장 소방안전관리대상물의 공사시공자는 종합정보망을 이용하여 선임신고를 할 수 있다.

1. 제18조에 따른 소방안전관리자 자격증
2. 건설현장 소방안전관리자가 되려는 사람에 대한 강습교육 수료증
3. 건설현장 소방안전관리대상물의 공사 계약서 사본

② 소방본부장 또는 소방서장은 건설현장 소방안전관리대상물의 공사시공자가 소방안전관리자를 선임하고 제1항에 따라 신고하는 경우에는 신고인에게 별지 제16호서식의 건설현장 소방안전관리자 선임증을 발급해야 한다. 이 경우 소방본부장 또는 소방서장은 신고인이 종전의 선임이력에 관한 확인을 신청하는 경우 별지 제17호서식의 건설현장 소방안전관리자 선임 이력 확인서를 발급해야 한다.

③ 소방본부장 또는 소방서장은 건설현장 소방안전관리자의 선임신고를 접수하거나 해임 사실을 확인한 경우에는 지체 없이 관련 사실을 종합정보망에 입력해야 한다.

④ 소방본부장 또는 소방서장은 건설현장 소방안전관리대상물 선임신고의 효율적 처리를 위하여 「소방시설 설치 및 안전관리에 관한 법률」 제6조제1항에 따라 건축허가등의 동의를 하는 경우에는 지체 없이 해당 소방안전관리대상물의 위치, 연면적 등의 정보를 종합정보망에 입력해야 한다.

제30조(소방안전관리자 자격 및 자격증의 발급 등)

① 제24조제1항에 따른 소방안전관리자의 자격은 다음 각 호의 어느 하나에 해당하는 사람으로서 소방청장으로부터 소방안전관리자 자격증을 발급받은 사람으로 한다.

1. 소방청장이 실시하는 소방안전관리자 자격시험에 합격한 사람
2. 다음 각 목에 해당하는 사람으로서 대통령령으로 정하는 사람
   가. 소방안전과 관련한 국가기술자격증을 소지한 사람
   나. 가목에 해당하는 국가기술자격증 중 일정 자격증을 소지한 사람으로서 소방안전관리자로 근무한 실무경력이 있는 사람
   다. 소방공무원 경력자
   라. 「기업활동 규제완화에 관한 특별조치법」에 따라 소방안전관리자로 선임된 사람(소방안전관리자로 선임된 기간에 한정한다)

② 소방청장은 제1항 각 호에 따른 자격을 갖춘 사람이 소방안전관리자 자격증 발급을 신청하는 경우 행정안전부령으로 정하는 바에 따라 자격증을 발급하여야 한다.

③ 제2항에 따라 소방안전관리자 자격증을 발급받은 사람이 소방안전관리자 자격증을 잃어버렸거나 못 쓰게 된 경우에는 행정안전부령으로 정하는 바에 따라 소방안전관리자 자격증을 재발급 받을 수 있다.

④ 제2항 또는 제3항에 따라 발급 또는 재발급 받은 소방안전관리자 자격증을 다른 사람에게 빌려

주거나 빌려서는 아니 되며, 이를 알선하여서도 아니 된다.

영 제30조(소방안전관리자 자격증의 발급 등)

법 제30조제1항제2호 각 목 외의 부분에서 “대통령령으로 정하는 사람”이란 별표 4 각 호의 소방안전관리대상물별로 선임해야 하는 소방안전관리자의 자격을 갖춘 사람(법 제30조제1항제1호에 해당하는 사람은 제외한다)을 말한다.

칙 제20조(소방안전관리자 자격시험의 방법)

① 소방청장은 법 제30조제1항제1호에 따른 소방안전관리자 자격시험(이하 “소방안전관리자 자격시험”이라 한다)을 다음 각 호와 같이 실시한다. 이 경우 특급 소방안전관리자 자격시험은 제1차시험과 제2차시험으로 나누어 실시한다.

1. 특급 소방안전관리자 자격시험: 연 2회 이상
2. 1급·2급·3급 소방안전관리자 자격시험: 월 1회 이상

② 소방안전관리자 자격시험에 응시하려는 사람은 별지 제23호서식의 소방안전관리자 자격시험 응시원서(전자문서를 포함한다)에 다음 각 호의 서류(전자문서를 포함한다)를 첨부하여 소방청장에게 제출해야 한다.

1. 사진(가로 3.5센티미터 × 세로 4.5센티미터)
2. 응시자격 증명서류

③ 소방청장은 제2항에 따라 소방안전관리자 자격시험 응시원서를 접수한 경우에는 시험응시표를 발급해야 한다.

칙 제21조(소방안전관리자 자격시험의 공고)

소방청장은 특급, 1급, 2급 또는 3급 소방안전관리자 자격시험을 실시하려는 경우에는 응시자격·시험과목·일시·장소 및 응시절차를 모든 응시 희망자가 알 수 있도록 시험 시행일 30일 전에 인터넷 홈페이지에 공고해야 한다.

칙 제22조(소방안전관리자 자격시험의 합격자 결정 등)

① 특급, 1급, 2급 및 3급 소방안전관리자 자격시험은 매과목을 100점 만점으로 하여 매과목 40점 이상, 전과목 평균 70점 이상 득점한 사람을 합격자로 한다.

② 소방안전관리자 자격시험은 다음 각 호의 방법으로 채점한다. 이 경우 특급 소방안전관리자 자격시험의 제2차시험 채점은 제1차시험 합격자의 답안지에 대해서만 실시한다.

1. 선택형 문제: 답안지 기재사항을 전산으로 판독하여 채점
2. 주관식 서술형 문제: 제23조제2항에 따라 임명·위촉된 시험위원이 채점. 이 경우 3명 이상의 채점자가 문항별 배점과 채점 기준표에 따라 별도로 채점하고 그 평균 점수를 해당 문제의 점수로 한다.

③ 특급 소방안전관리자 자격시험의 제1차시험에 합격한 사람은 제1차시험에 합격한 날부터 2년간 제1차시험을 면제한다.

④ 소방청장은 소방안전관리자 자격시험을 종료한 날부터 30일(특급 소방안전관리 자격시험의 경우에는 60일) 이내에 인터넷 홈페이지에 합격자를 공고하고, 응시자에게 휴대전화 문자메시지로 합격 여부를 알려 줄 수 있다.

칙 제23조(소방안전관리자 자격시험 과목 및 시험위원 위촉 등)

① 소방안전관리자 자격시험 과목 및 시험방법은 별표 4와 같다.

② 소방청장은 소방안전관리자 자격시험의 시험문제 출제, 검토 및 채점을 위하여 다음 각 호의 어느 하나에 해당하는 사람 중에서 시험 위원을 임명 또는 위촉해야 한다.

1. 소방 관련 분야에서 석사 이상의 학위를 취득한 사람
2. 「고등교육법」 제2조제1호부터 제6호까지에 해당하는 학교에서 소방안전 관련 학과의 조교수 이상으로 2년 이상 재직한 사람
3. 소방위 이상의 소방공무원
4. 소방기술사
5. 소방시설관리사
6. 그 밖에 화재안전 또는 소방 관련 법령이나 정책에 전문성이 있는 사람

③ 제2항에 따라 위촉된 시험위원에게는 예산의 범위에서 수당, 여비 및 그 밖에 필요한 경비를 지급할 수 있다.

④ 제1항부터 제3항까지에서 규정한 사항 외에 소방안전관리자 자격시험의 운영 등에 필요한 세부적인 사항은 소방청장이 정한다.

제24조(부정행위 기준 등) ① 소방안전관리자 자격시험에서의 부정행위는 다음 각 호와 같다.

1. 대리시험을 의뢰하거나 대리로 시험에 응시한 행위
2. 다른 수험자의 답안지 또는 문제지를 엿보거나, 다른 수험자에게 이를 알려주는 행위
3. 다른 수험자와 답안지 또는 문제지를 교환하는 행위
4. 시험 중 다른 수험자와 시험과 관련된 대화를 하는 행위
5. 시험 중 시험문제 내용과 관련된 물건을 휴대하여 사용하거나 이를 주고받는 행위(해당 물건의 휴대 여부를 확인하기 위한 검색 요구에 따르지 않는 행위를 포함한다)
6. 시험장 안이나 밖의 사람으로부터 도움을 받아 답안지를 작성하는 행위
7. 다른 수험자와 성명 또는 수험번호를 바꾸어 제출하는 행위
8. 수험자가 시험시간에 통신기기 및 전자기기 등을 사용하여 답안지를 작성하거나 다른 수험자를 위하여 답안을 송신하는 행위(해당 물건의 휴대 여부를 확인하기 위한 검색 요구에 따르지 않는 행위를 포함한다)
9. 감독관의 본인 확인 요구에 따르지 않는 행위
10. 시험 종료 후에도 계속해서 답안을 작성하거나 수정하는 행위
11. 그 밖의 부정 또는 불공정한 방법으로 시험을 치르는 행위

② 제1항 각 호에 따른 부정행위를 하는 응시자를 적발한 경우에는 해당 시험을 정지하고 무효로 처리한다.

칙 제18조(소방안전관리자 자격증의 발급 및 재발급 등)

① 소방안전관리자 자격증을 발급받으려는 사람은 법 제30조제2항에 따라 별지 제20호서식의 소방안전관리자 자격증 발급 신청서(전자문서를 포함한다)에 다음 각 호의 서류(전자문서를 포함한다)를 첨부하여 소방청장에게 제출해야 한다. 이 경우 소방청장은 「전자정부법」 제36조제1항에 따른 행정정보의 공동이용을 통하여 소방안전관리자 자격증의 발급 요건인 국가기술자격증(자격증 발급을 위하여 필요한 경우만 해당한다)을 확인할 수 있으며, 신청인이 확인에 동의하지 않는 경우에는 그 사본을 제출하도록 해야 한다.

1. 법 제30조제1항 각 호의 어느 하나에 해당하는 사람임을 증명하는 서류

2. 신분증 사본　　　　　　　　　　3. 사진(가로 3.5센티미터 × 세로 4.5센티미터)

② 제1항에 따라 소방안전관리자 자격증의 발급을 신청받은 소방청장은 3일 이내에 법 제30조제1항 각 호에 따른 자격을 갖춘 사람에게 별지 제21호서식의 소방안전관리자 자격증을 발급해야 한다. 이 경우 소방청장은 별지 제22호서식의 소방안전관리자 자격증 발급대장에 등급별로 기록하고 관리해야 한다.

③ 제2항에 따라 소방안전관리자 자격증을 발급받은 사람이 그 자격증을 잃어버렸거나 자격증이 못 쓰게 된 경우에는 별지 제20호서식의 소방안전관리자 자격증 재발급 신청서(전자문서를 포함한다)를 작성하여 소방청장에게 자격증의 재발급을 신청할 수 있다. 이 경우 소방청장은 신청자에게 자격증을 3일 이내에 재발급하고 별지 제22호서식의 소방안전관리자 자격증 재발급대장에 재발급 사항을 기록하고 관리해야 한다.

④ 소방청장은 별지 제22호서식의 소방안전관리자 자격증 (재)발급대장을 종합정보망에서 전자적 처리가 가능한 방법으로 작성·관리해야 한다.

제31조(소방안전관리자 자격의 정지 및 취소)

① 소방청장은 제30조제2항에 따라 소방안전관리자 자격증을 발급받은 사람이 다음 각 호의 어느 하나에 해당하는 경우에는 행정안전부령으로 정하는 바에 따라 그 자격을 취소하거나 1년 이하의 기간을 정하여 그 자격을 정지시킬 수 있다. 다만, 제1호 또는 제3호에 해당하는 경우에는 그 자격을 취소하여야 한다.

1. 거짓이나 그 밖의 부정한 방법으로 소방안전관리자 자격증을 발급받은 경우
2. 제24조제5항에 따른 소방안전관리업무를 게을리한 경우
3. 제30조제4항을 위반하여 소방안전관리자 자격증을 다른 사람에게 빌려준 경우
4. 제34조에 따른 실무교육을 받지 아니한 경우
5. 이 법 또는 이 법에 따른 명령을 위반한 경우

② 제1항에 따라 소방안전관리자 자격이 취소된 사람은 취소된 날부터 2년간 소방안전관리자 자격증을 발급받을 수 없다.

칙 제19조(소방안전관리자 자격의 정지 및 취소 기준)

법 제31조제1항에 따른 소방안전관리자 자격의 정지 및 취소 기준은 별표 3과 같다.

제32조(소방안전관리자 자격시험)

① 제30조제1항제1호에 따른 소방안전관리자 자격시험에 응시할 수 있는 사람의 자격은 대통령령으로 정한다.

② 제1항에 따른 소방안전관리자 자격의 시험방법, 시험의 공고 및 합격자 결정 등 소방안전관리자의 자격시험에 필요한 사항은 행정안전부령으로 정한다.

영 제31조(소방안전관리자 자격시험 응시자격)

법 제32조제1항에 따라 소방안전관리자 자격시험에 응시할 수 있는 사람의 자격은 별표 6과 같다.

제33조(소방안전관리자 등 종합정보망의 구축 · 운영)

① 소방청장은 소방안전관리자 및 소방안전관리보조자에 대한 다음 각 호의 정보를 효율적으로 관리하기 위하여 종합정보망을 구축·운영할 수 있다.

1. 제26조제1항에 따른 소방안전관리자 및 소방안전관리보조자의 선임신고 현황
2. 제26조제2항에 따른 소방안전관리자 및 소방안전관리보조자의 해임 사실의 확인 현황
3. 제29조제1항에 따른 건설현장 소방안전관리자 선임신고 현황
4. 제30조제1항 및 제2항에 따른 소방안전관리자 자격시험 합격자 및 자격증의 발급 현황
5. 제31조제1항에 따른 소방안전관리자 자격증의 정지· 취소 처분 현황
6. 제34조에 따른 소방안전관리자 및 소방안전관리보조자의 교육 실시현황

② 제1항에 따른 종합정보망의 구축·운영 등에 필요한 사항은 대통령령으로 정한다.

영 제32조(종합정보망의 구축 · 운영)

소방청장은 법 제33조제1항에 따른 종합정보망(이하 "종합정보망"이라 한다)의 효율적인 운영을 위해 필요한 경우 다음 각 호의 업무를 수행할 수 있다.

1. 종합정보망과 유관 정보시스템의 연계· 운영
2. 법 제33조제1항 각 호의 정보를 저장· 가공 및 제공하기 위한 시스템의 구축· 운영

제34조(소방안전관리자 등에 대한 교육)

① 소방안전관리자가 되려고 하는 사람 또는 소방안전관리자(소방안전관리보조자를 포함한다)로 선임된 사람은 소방안전관리업무에 관한 능력의 습득 또는 향상을 위하여 행정안전부령으로 정하는 바에 따라 소방청장이 실시하는 다음 각 호의 강습교육 또는 실무교육을 받아야 한다.

1. 강습교육
   가. 소방안전관리자의 자격을 인정받으려는 사람으로서 대통령령으로 정하는 사람
   나. 제24조제3항에 따른 소방안전관리자로 선임되고자 하는 사람
   다. 제29조에 따른 소방안전관리자로 선임되고자 하는 사람
2. 실무교육
   가. 제24조제1항에 따라 선임된 소방안전관리자 및 소방안전관리보조자
   나. 제24조제3항에 따라 선임된 소방안전관리자

② 제1항에 따른 교육실시방법은 다음 각 호와 같다. 다만, 「감염병의 예방 및 관리에 관한 법률」 제2조에 따른 감염병 등 불가피한 사유가 있는 경우에는 행정안전부령으로 정하는 바에 따라 제1호 또는 제3호의 교육을 제2호의 교육으로 실시할 수 있다.

1. 집합교육
2. 정보통신매체를 이용한 원격교육
3. 제1호 및 제2호를 혼용한 교육

영 제33조(소방안전관리자의 자격을 인정받으려는 사람)

법 제34조제1항제1호가목에서 "대통령령으로 정하는 사람"이란 다음 각 호의 사람을 말한다.

1. 특급 소방안전관리대상물의 소방안전관리자가 되려는 사람
2. 1급 소방안전관리대상물의 소방안전관리자가 되려는 사람

3. 2급 소방안전관리대상물의 소방안전관리자가 되려는 사람
4. 3급 소방안전관리대상물의 소방안전관리자가 되려는 사람
5. 「공공기관의 소방안전관리에 관한 규정」 제2조에 따른 공공기관의 소방안전관리자가 되려는 사람

칙 제25조(강습교육의 실시)

① 소방청장은 법 제34조제1항제1호에 따른 강습교육(이하 "강습교육"이라 한다)의 대상 · 일정 · 횟수 등을 포함한 강습교육의 실시계획을 매년 수립 · 시행해야 한다.

② 소방청장은 강습교육을 실시하려는 경우에는 강습교육 실시 20일 전까지 일시 · 장소, 그 밖에 강습교육 실시에 필요한 사항을 인터넷 홈페이지에 공고해야 한다.

③ 소방청장은 강습교육을 실시한 경우에는 수료자에게 별지 제24호서식의 수료증(전자문서를 포함한다)을 발급하고 강습교육의 과정별로 별지 제25호서식의 강습교육수료자 명부대장(전자문서를 포함한다)을 작성 · 보관해야 한다.

칙 제26조(강습교육 수강신청 등)

① 강습교육을 받으려는 사람은 강습교육의 과정별로 별지 제26호서식의 강습교육 수강신청서(전자문서를 포함한다)에 다음 각 호의 서류(전자문서를 포함한다)를 첨부하여 소방청장에게 제출해야 한다. / 1. 사진(가로 3.5센티미터 × 세로 4.5센티미터) / 2. 재직증명서(법 제39조제1항에 따른 공공기관에 재직하는 사람만 해당한다)

② 소방청장은 강습교육 수강신청서를 접수한 경우에는 수강증을 발급해야 한다.

칙 제27조(강습교육의 강사)

강습교육을 담당할 강사는 과목별로 다음 각 호의 어느 하나에 해당하는 사람 중에서 소방에 관한 학식 · 경험 · 능력 등을 고려하여 소방청장이 임명 또는 위촉한다.

1. 안전원 직원　　2. 소방기술사　　3. 소방시설관리사
4. 소방안전 관련 학과에서 부교수 이상의 직(職)에 재직 중이거나 재직한 사람
5. 소방안전 관련 분야에서 석사 이상의 학위를 취득한 사람
6. 소방공무원으로 5년 이상 근무한 사람
7. 제1호부터 제6호까지에서 규정한 사람 외에 소방안전관리업무에 관한 전문적 지식과 경험이 있다고 소방청장이 인정하는 사람 〈2025.6.26 개정〉

칙 제28조(강습교육의 과목, 시간 및 운영방법) 강습교육의 과목, 시간 및 운영방법은 별표 5와 같다.

칙 제29조(실무교육의 실시)

① 소방청장은 법 제34조제1항제2호에 따른 실무교육(이하 "실무교육"이라 한다)의 대상 · 일정 · 횟수 등을 포함한 실무교육의 실시 계획을 매년 수립 · 시행해야 한다.

② 소방청장은 실무교육을 실시하려는 경우에는 실무교육 실시 30일 전까지 일시 · 장소, 그 밖에 실무교육 실시에 필요한 사항을 인터넷 홈페이지에 공고하고 교육대상자에게 통보해야 한다.

③ 소방안전관리자는 소방안전관리자로 선임된 날부터 6개월 이내에 실무교육을 받아야 하며, 그 이후에는 2년마다(최초 실무교육을 받은 날을 기준일로 하여 매 2년이 되는 해의 기준일과 같은 날 전까지를 말한다) 1회 이상 실무교육을 받아야 한다. 다만, 소방안전관리 강

습교육 또는 실무교육을 받은 후 1년 이내에 소방안전관리자로 선임된 사람은 해당 강습교육 또는 실무교육을 이수한 날을 실무교육을 받은 날로 본다.〈2025.6.26 개정〉

④ 소방안전관리보조자는 그 선임된 날부터 6개월(영 별표 5 제2호마목에 따라 소방안전관리보조자로 지정된 사람의 경우 3개월을 말한다) 이내에 실무교육을 받아야 하며, 그 이후에는 2년마다(최초 실무교육을 받은 날을 기준일로 하여 매 2년이 되는 해의 기준일과 같은 날 전까지를 말한다) 1회 이상 실무교육을 받아야 한다. 다만, 소방안전관리자 강습교육 또는 실무교육이나 소방안전관리보조자 실무교육을 받은 후 1년 이내에 소방안전관리보조자로 선임된 사람은 해당 강습교육 또는 실무교육을 이수한 날을 실무교육을 받은 날로 본다.〈2025.6.26 개정〉

칙 **제30조(실무교육의 강사)**

실무교육을 담당할 강사는 다음 각 호의 어느 하나에 해당하는 사람 중에서 소방에 관한 학식·경험·능력 등을 종합적으로 고려하여 소방청장이 임명 또는 위촉한다.

1. 안전원 직원
2. 소방기술사
3. 소방시설관리사
4. 소방안전 관련 학과에서 부교수 이상의 직에 재직 중이거나 재직한 사람
5. 소방안전 관련 분야에서 석사 이상의 학위를 취득한 사람
6. 소방공무원으로 5년 이상 근무한 사람
7. 제1호부터 제6호까지에서 규정한 사람 외에 소방안전관리업무에 관한 전문적 지식과 경험이 있다고 소방청장이 인정하는 사람 〈2025.6.26 개정〉

칙 **제31조(실무교육의 과목, 시간 및 운영방법)**

실무교육의 과목, 시간 및 운영방법은 별표 6과 같다.

칙 **제32조(실무교육 수료증 발급 및 수료자명부의 통보)**

① 소방청장은 실무교육을 수료한 사람에게 실무교육 수료증(전자문서를 포함한다)을 발급하고, 별지 제27호서식의 실무교육 수료자명부(전자문서를 포함한다)에 작성·관리해야 한다.

② 소방청장은 매월 15일까지 제1항에 따른 실무교육 수료자명부를를 소방본부장 또는 소방서장에게 통보해야 한다.

칙 **제33조(원격교육 실시방법)**

법 제34조제2항제2호에 따른 원격교육은 실시간 양방향 교육, 인터넷을 통한 영상강의 등 정보통신매체를 이용하여 실시한다.

제35조(관리의 권원이 분리된 특정소방대상물의 소방안전관리)

① 다음 각 호의 어느 하나에 해당하는 특정소방대상물로서 그 관리의 권원(權原)이 분리되어 있는 특정소방대상물의 경우 그 관리의 권원별 관계인은 대통령령으로 정하는 바에 따라 제24조 제1항에 따른 소방안전관리자를 선임하여야 한다. 다만, 소방본부장 또는 소방서장은 관리의 권원이 많아 효율적인 소방안전관리가 이루어지지 아니한다고 판단되는 경우 대통령령으로 정하는 바에 따라 관리의 권원을 조정하여 소방안전관리자를 선임하도록 할 수 있다.

1. 복합건축물(지하층을 제외한 층수가 11층 이상 또는 연면적 3만제곱미터 이상인 건축물)

2. 지하가(지하의 인공구조물 안에 설치된 상점 및 사무실, 그 밖에 이와 비슷한 시설이 연속하여 지하도에 접하여 설치된 것과 그 지하도를 합한 것을 말한다)
3. 그 밖에 대통령령으로 정하는 특정소방대상물

② 제1항에 따른 관리의 권원별 관계인은 상호 협의하여 특정소방대상물의 전체에 걸쳐 소방안전관리상 필요한 업무를 총괄하는 소방안전관리자(이하 "총괄소방안전관리자"라 한다)를 제1항에 따라 선임된 소방안전관리자 중에서 선임하거나 별도로 선임하여야 한다. 이 경우 총괄소방안전관리자의 자격은 대통령령으로 정하고 업무수행 등에 필요한 사항은 행정안전부령으로 정한다.

③ 제2항에 따른 총괄소방안전관리자에 대하여는 제24조, 제26조부터 제28조까지 및 제30조부터 제34조까지에서 규정한 사항 중 소방안전관리자에 관한 사항을 준용한다.

④ 제1항 및 제2항에 따라 선임된 소방안전관리자 및 총괄소방안전관리자는 해당 특정소방대상물의 소방안전관리를 효율적으로 수행하기 위하여 공동소방안전관리협의회를 구성하고, 해당 특정소방대상물에 대한 소방안전관리를 공동으로 수행하여야 한다. 이 경우 공동소방안전관리협의회의 구성·운영 및 공동소방안전관리의 수행 등에 필요한 사항은 대통령령으로 정한다.

영 제34조(관리의 권원별 소방안전관리자 선임 및 조정 기준)

① 법 제35조제1항 본문에 따라 관리의 권원이 분리되어 있는 특정소방대상물의 관계인은 소유권, 관리권 및 점유권에 따라 각각 소방안전관리자를 선임해야 한다. 다만, 둘 이상의 소유권, 관리권 또는 점유권이 동일인에게 귀속된 경우에는 하나의 관리 권원으로 보아 소방안전관리자를 선임할 수 있다.

② 제1항에도 불구하고 다음 각 호의 어느 하나에 해당하는 경우에는 해당 호에서 정하는 바에 따라 소방안전관리자를 선임할 수 있다.

1. 법령 또는 계약 등에 따라 공동으로 관리하는 경우: 하나의 관리 권원으로 보아 소방안전관리자 1명 선임
2. 화재 수신기 또는 소화펌프(가압송수장치를 포함한다. 이하 이 항에서 같다)가 별도로 설치되어 있는 경우: 설치된 화재 수신기 또는 소화펌프가 화재를 감지·소화 또는 경보할 수 있는 부분을 각각 하나의 관리 권원으로 보아 각각 소방안전관리자 선임
3. 하나의 화재 수신기 및 소화펌프가 설치된 경우: 하나의 관리 권원으로 보아 소방안전관리자 1명 선임

③ 제1항 및 제2항에도 불구하고 소방본부장 또는 소방서장은 법 제35조제1항 각 호 외의 부분 단서에 따라 관리의 권원이 많아 효율적인 소방안전관리가 이루어지지 않는다고 판단되는 경우 제1항 각 호의 기준 및 해당 특정소방대상물의 화재위험성 등을 고려하여 관리의 권원이 분리되어 있는 특정소방대상물의 관리의 권원을 조정하여 소방안전관리자를 선임하도록 할 수 있다.

영 제35조(관리의 권원이 분리된 특정소방대상물)

법 제35조제1항제3호에서"대통령령으로 정하는 특정소방대상물"이란「소방시설설치 및 관리에 관한법률 시행령」별표 2에 따른 판매시설 중 도매시장, 소매시장 및 전통시장을 말한다.

영 제36조(총괄소방안전관리자 선임자격)

법 제35조제2항에 따른 특정소방대상물의 전체에 걸쳐 소방안전관리상 필요한 업무를 총괄하는 소방안전관리자(이하 "총괄소방안전관리자"라 한다)는 별표 4에 따른 소방안전관리대상물의 등급별 선임자격을 갖춰야 한다. 이 경우 관리의 권원이 분리되어 있는 특정소방대상물에 대하여 소방안전관리대상물의 등급을 결정할 때에는 해당 특정소방대상물 전체를 기준으로 한다.

영 제37조(공동소방안전관리협의회의 구성 · 운영 등)

① 법 제35조제4항에 따른 공동소방안전관리협의회(이하 "협의회"라 한다)는 같은 조제1항 및 제2항에 따라 선임된 소방안전관리자 및 총괄소방안전관리자(이하 이 조에서 "총괄소방안전관리자등"이라 한다)로 구성한다.

② 총괄소방안전관리자등은 법 제35조제4항에 따라 다음 각 호의 공동소방안전관리 업무를 협의회의 협의를 거쳐 공동으로 수행한다.

1. 특정소방대상물 전체의 소방계획 수립 및 시행에 관한 사항
2. 특정소방대상물 전체의 소방훈련· 교육의 실시에 관한 사항
3. 공용 부분의 소방시설 및 피난· 방화시설의 유지· 관리에 관한 사항
4. 그 밖에 공동으로 소방안전관리를 할 필요가 있는 사항

③ 협의회는 공동소방안전관리 업무의 수행에 필요한 기준을 정하여 운영할 수 있다.

제36조(피난계획의 수립 및 시행)

① 소방안전관리대상물의 관계인은 그 장소에 근무하거나 거주 또는 출입하는 사람들이 화재가 발생한 경우에 안전하게 피난할 수 있도록 피난계획을 수립 · 시행하여야 한다.

② 제1항의 피난계획에는 그 소방안전관리대상물의 구조, 피난시설 등을 고려하여 설정한 피난경로가 포함되어야 한다.

③ 소방안전관리대상물의 관계인은 피난시설의 위치, 피난경로 또는 대피요령이 포함된 피난유도 안내정보를 근무자 또는 거주자에게 정기적으로 제공하여야 한다.

④ 제1항에 따른 피난계획의 수립 · 시행, 제3항에 따른 피난유도 안내정보 제공에 필요한 사항은 행정안전부령으로 정한다.

칙 제34조(피난계획의 수립 · 시행)

① 법 제36조제1항에 따른 피난계획(이하 "피난계획"이라 한다)에는 다음 각 호의 사항이 포함되어야 한다.

1. 화재경보의 수단 및 방식
2. 층별, 구역별 피난대상 인원의 연령별· 성별 현황
3. 피난약자의 현황
4. 각 거실에서 옥외(옥상 또는 피난안전구역을 포함한다)로 이르는 피난경로
5. 피난약자 및 피난약자를 동반한 사람의 피난동선과 피난방법
6. 피난시설, 방화구획, 그 밖에 피난에 영향을 줄 수 있는 제반 사항

② 소방안전관리대상물의 관계인은 해당 소방안전관리대상물의 구조· 위치, 소방시설 등을 고

려하여 피난계획을 수립해야 한다.

③ 소방안전관리대상물의 관계인은 해당 소방안전관리대상물의 피난시설이 변경된 경우에는 그 변경사항을 반영하여 피난계획을 정비해야 한다.

④ 제1항부터 제3항까지에서 규정한 사항 외에 피난계획의 수립·시행에 필요한 세부 사항은 소방청장이 정하여 고시한다.

직 제35조(피난유도 안내정보의 제공)

① 법 제36조제3항에 따른 피난유도 안내정보는 다음 각 호의 어느 하나의 방법으로 제공한다.

1. 연 2회 피난안내 교육을 실시하는 방법
2. 분기별 1회 이상 피난안내방송을 실시하는 방법
3. 피난안내도를 층마다 보기 쉬운 위치에 게시하는 방법
4. 엘리베이터, 출입구 등 시청이 용이한 장소에 피난안내영상을 제공하는 방법

② 제1항에서 규정한 사항 외에 피난유도 안내정보의 제공에 필요한 세부 사항은 소방청장이 정하여 고시한다.

제37조(소방안전관리대상물 근무자 및 거주자 등에 대한 소방훈련 등)

① 소방안전관리대상물의 관계인은 그 장소에 근무하거나 거주하는 사람 등(이하 이 조에서 "근무자등"이라 한다)에게 소화·통보·피난 등의 훈련(이하 "소방훈련"이라 한다)과 소방안전관리에 필요한 교육을 하여야 하고, 피난훈련은 그 소방대상물에 출입하는 사람을 안전한 장소로 대피시키고 유도하는 훈련을 포함하여야 한다. 이 경우 소방훈련과 교육의 횟수 및 방법 등에 관하여 필요한 사항은 행정안전부령으로 정한다.

② 소방안전관리대상물 중 소방안전관리업무의 전담이 필요한 대통령령으로 정하는 소방안전관리대상물의 관계인은 제1항에 따른 소방훈련 및 교육을 한 날부터 30일 이내에 소방훈련 및 교육 결과를 행정안전부령으로 정하는 바에 따라 소방본부장 또는 소방서장에게 제출하여야 한다.

③ 소방본부장 또는 소방서장은 제1항에 따라 소방안전관리대상물의 관계인이 실시하는 소방훈련과 교육을 지도·감독할 수 있다.

④ 소방본부장 또는 소방서장은 소방안전관리대상물 중 불특정 다수인이 이용하는 대통령령으로 정하는 특정소방대상물의 근무자등에게 불시에 소방훈련과 교육을 실시할 수 있다. 이 경우 소방본부장 또는 소방서장은 그 특정소방대상물 근무자등의 불편을 최소화하고 안전 등을 확보하는 대책을 마련하여야 하며, 소방훈련과 교육의 내용, 방법 및 절차 등은 행정안전부령으로 정하는 바에 따라 관계인에게 사전에 통지하여야 한다.

⑤ 소방본부장 또는 소방서장은 제4항에 따라 소방훈련과 교육을 실시한 경우에는 그 결과를 평가할 수 있다. 이 경우 소방훈련과 교육의 평가방법 및 절차 등에 필요한 사항은 행정안전부령으로 정한다.

영 제38조(소방훈련·교육 결과 제출의 대상)

법 제37조제2항에서 "대통령령으로 정하는 소방안전관리대상물"이란 다음 각 호의 소방안전관리대상물을 말한다.

1. 별표4 제1호에 따른 특급 소방안전관리대상물

2. 별표4 제2호에 따른 1급 소방안전관리대상물

영 제39조(불시 소방훈련 · 교육의 대상)

법 제37조제4항에서 "대통령령으로 정하는 특정소방대상물"이란 소방안전관리대상물 중 다음 각 호의 특정소방대상물을 말한다.

1. 「소방시설 설치 및 관리에 관한 법률 시행령」 별표 2 제7호에 따른 의료시설
2. 「소방시설 설치 및 관리에 관한 법률 시행령」 별표 2 제8호에 따른 교육연구시설
3. 「소방시설 설치 및 관리에 관한 법률 시행령」 별표 2 제9호에 따른 노유자 시설
4. 그 밖에 화재 발생 시 불특정 다수의 인명피해가 예상되어 소방본부장 또는 소방서장이 소방훈련· 교육이 필요하다고 인정하는 특정소방대상물

영 제40조(공공기관의 소방안전관리)

법 제39조에 따른 공공기관의 소방안전관리에 관하여는 「공공기관의 소방안전관리에 관한 규정」으로 정한다.

칙 제36조(근무자 및 거주자에 대한 소방훈련과 교육)

① 소방안전관리대상물의 관계인은 법 제37조제1항에 따른 소방훈련과 교육을 연 1회 이상 실시해야 한다. 다만, 소방본부장 또는 소방서장이 화재예방을 위하여 필요하다고 인정하여 2회의 범위에서 추가로 실시할 것을 요청하는 경우에는 소방훈련과 교육을 추가로 실시해야 한다.

② 소방본부장 또는 소방서장은 특급 및 1급 소방안전관리대상물의 관계인으로 하여금 제1항에 따른 소방훈련과 교육을 소방기관과 합동으로 실시하게 할 수 있다.

③ 소방안전관리대상물의 관계인은 소방훈련과 교육을 실시하는 경우 소방훈련 및 교육에 필요한 장비 및 교재 등을 갖추어야 한다.

④ 소방안전관리대상물의 관계인은 제1항에 따라 소방훈련과 교육을 실시했을 때에는 그 실시 결과를 별지 제28호서식의 소방훈련· 교육 실시 결과 기록부에 기록하고, 이를 소방훈련 및 교육을 실시한 날부터 2년간 보관해야 한다.

칙 제38조(불시 소방훈련 및 교육 사전통지)

소방본부장 또는 소방서장은 법 제37조제4항에 따라 불시 소방훈련과 교육(이하 "불시 소방훈련· 교육"이라 한다)을 실시하려는 경우에는 소방안전관리대상물의 관계인에게 불시 소방훈련 · 교육 실시 10일 전까지 별지 제30호서식의 불시 소방훈련· 교육 계획서를 통지해야 한다.

칙 제37조(소방훈련 및 교육 실시 결과의 제출)

영 제38조 각 호에 따른 소방안전관리대상물의 관계인은 제36조제1항에 따라 소방훈련 및 교육을 실시한 날부터 30일 이내에 별지 제29호서식의 소방훈련· 교육 실시 결과서를 작성하여 소방본부장 또는 소방서장에게 제출해야 한다.

칙 제39조(불시 소방훈련 · 교육의 평가 방법 및 절차)

① 소방본부장 또는 소방서장은 법 제37조제5항 전단에 따라 불시 소방훈련· 교육 실시 결과에 대한 평가를 실시하려는 경우에는 평가 계획을 사전에 수립해야 한다.

② 제1항에 따른 평가의 기준은 다음 각 호와 같다.

1. 불시 소방훈련· 교육 내용의 적절성
2. 불시 소방훈련· 교육 유형 및 방법의 적합성

3. 불시 소방훈련· 교육 참여인력, 시설 및 장비 등의 적정성
4. 불시 소방훈련· 교육 여건 및 참여도

③ 제1항에 따른 평가는 현장평가를 원칙으로 하되, 필요에 따라 서면평가 등을 병행할 수 있다. 이 경우 불시 소방훈련·교육 참가자에 대한 설문조사 또는 면접조사 등을 함께 실시할 수 있다.

④ 소방본부장 또는 소방서장은 제1항에 따른 평가를 실시한 경우 소방안전관리대상물의 관계인에게 불시 소방훈련·교육 종료일부터 10일 이내에 별지 제31호서식의 불시 소방훈련·교육 평가 결과서를 통지해야 한다.

제38조(특정소방대상물의 관계인에 대한 소방안전교육)

① 소방본부장이나 소방서장은 제37조를 적용받지 아니하는 특정소방대상물의 관계인에 대하여 특정소방대상물의 화재예방과 소방안전을 위하여 행정안전부령으로 정하는 바에 따라 소방안전교육을 할 수 있다.

② 제1항에 따른 교육대상자 및 특정소방대상물의 범위 등에 필요한 사항은 행정안전부령으로 정한다.

칙 제40조(소방안전교육 대상자 등)

① 법 제38조제1항에 따른 소방안전교육의 교육대상자는 법 제37조를 적용받지 않는 특정소방대상물 중 다음 각 호의 어느 하나에 해당하는 특정소방대상물의 관계인으로서 관할 소방서장이 소방안전교육이 필요하다고 인정하는 사람으로 한다.

1. 소화기 또는 비상경보설비가 설치된 공장· 창고 등의 특정소방대상물
2. 그 밖에 관할 소방본부장 또는 소방서장이 화재에 대한 취약성이 높다고 인정하는 특정소방대상물

② 소방본부장 또는 소방서장은 법 제38조제1항에 따른 소방안전교육을 실시하려는 경우에는 교육일 10일 전까지 별지 제32호서식의 특정소방대상물 관계인 소방안전교육 계획서를 작성하여 통보해야 한다.

제39조(공공기관의 소방안전관리)

① 국가, 지방자치단체, 국공립학교 등 대통령령으로 정하는 공공기관의 장은 소관 기관의 근무자 등의 생명·신체와 건축물·인공구조물 및 물품 등을 화재로부터 보호하기 위하여 화재예방, 자위소방대의 조직 및 편성, 소방시설등의 자체점검과 소방훈련 등의 소방안전관리를 하여야 한다.

② 제1항에 따른 공공기관에 대한 다음 각 호의 사항에 관하여는 제24조부터 제38조까지의 규정에도 불구하고 대통령령으로 정하는 바에 따른다.

1. 소방안전관리자의 자격· 책임 및 선임 등
2. 소방안전관리의 업무대행
3. 자위소방대의 구성· 운영 및 교육
4. 근무자 등에 대한 소방훈련 및 교육
5. 그 밖에 소방안전관리에 필요한 사항

제6장 특별관리시설물의 소방안전관리

제40조(소방안전 특별관리시설물의 안전관리)

① 소방청장은 화재 등 재난이 발생할 경우 사회·경제적으로 피해가 큰 다음 각 호의 시설(이하 "소방안전 특별관리시설물"이라 한다)에 대하여 소방안전 특별관리를 하여야 한다.

1. 「공항시설법」 제2조제7호의 공항시설
2. 「철도산업발전기본법」 제3조제2호의 철도시설
3. 「도시철도법」 제2조제3호의 도시철도시설
4. 「항만법」 제2조제5호의 항만시설
5. 「문화유산의 보존 및 활용에 관한 법률」제2조제3항의 지정문화유산 및 「자연유산의 보존 및 활용에 관한 법률」제2조제5호에 따른 천연기념물등인 시설(시설이 아닌 지정문화유산 및 천연기념물등을 보호하거나 소장하고 있는 시설을 포함한다) 〈2023.8.8.〉
6. 「산업기술단지 지원에 관한 특례법」 제2조제1호의 산업기술단지
7. 「산업입지 및 개발에 관한 법률」 제2조제8호의 산업단지
8. 「초고층 및 지하연계 복합건축물 재난관리에 관한 특별법」 제2조제1호·제2호의 초고층 건축물 및 지하연계 복합건축물
9. 「영화 및 비디오물의 진흥에 관한 법률」 제2조제10호의 영화상영관 중 수용인원 1천명 이상인 영화상영관
10. 전력용 및 통신용 지하구
11. 「한국석유공사법」 제10조제1항제3호의 석유비축시설
12. 「한국가스공사법」 제11조제1항제2호의 천연가스 인수기지 및 공급망
13. 「전통시장 및 상점가 육성을 위한 특별법」 제2조제1호의 전통시장으로서 대통령령으로 정하는 전통시장
14. 그 밖에 대통령령으로 정하는 시설물

② 소방청장은 제1항에 따른 특별관리를 체계적이고 효율적으로 하기 위하여 시·도지사와 협의하여 소방안전 특별관리기본계획을 제4조제1항에 따른 기본계획에 포함하여 수립 및 시행하여야 한다.

③ 시·도지사는 제2항에 따른 소방안전 특별관리기본계획에 저촉되지 아니하는 범위에서 관할 구역에 있는 소방안전 특별관리시설물의 안전관리에 적합한 소방안전 특별관리시행계획을 제4조제6항에 따른 세부시행계획에 포함하여 수립 및 시행하여야 한다.

④ 그 밖에 제2항 및 제3항에 따른 소방안전 특별관리기본계획 및 소방안전 특별관리시행계획의 수립·시행에 필요한 사항은 대통령령으로 정한다.

영 제41조(소방안전 특별관리시설물)

① 법 제40조제1항제13호에서 "대통령령으로 정하는 전통시장"이란 점포가 500개 이상인 전통시장을 말한다.

② 법 제40조제1항제14호에서 "대통령령으로 정하는 시설물"이란 다음 각 호의 시설물을 말한다.

1. 「전기사업법」 제2조제4호에 따른 발전사업자가 가동 중인 발전소(「발전소주변지역 지원에 관한 법률 시행령」 제2조제2항에 따른 발전소는 제외한다)
2. 「물류시설의 개발 및 운영에 관한 법률」 제2조제5호의2에 따른 물류창고로서 연면적 10

만제곱미터 이상인 것

3. 「도시가스사업법」 제2조제5호에 따른 가스공급시설

영 제42조(소방안전 특별관리기본계획 · 시행계획의 수립 · 시행)

① 소방청장은 법 제40조제2항에 따른 소방안전 특별관리기본계획(이하"특별관리기본계획"이라 한다)을 5년마다 수립하여 시 · 도에 통보해야 한다.

② 특별관리기본계획에는 다음 각 호의 사항이 포함되어야 한다.

1. 화재예방을 위한 중기· 장기 안전관리정책
2. 화재예방을 위한 교육· 홍보 및 점검· 진단
3. 화재대응을 위한 훈련
4. 화재대응과 사후 조치에 관한 역할 및 공조체계
5. 그 밖에 화재 등의 안전관리를 위하여 필요한 사항

③ 시 · 도지사는 특별관리기본계획을 시행하기 위하여 매년 법 제40조제3항에 따른 소방안전 특별관리시행계획(이하 "특별관리시행계획"이라 한다)을 수립 · 시행하고, 그 결과를 다음 연도 1월 31일까지 소방청장에게 통보해야 한다.

④ 특별관리시행계획에는 다음 각 호의 사항이 포함되어야 한다.

1. 특별관리기본계획의 집행을 위하여 필요한 사항
2. 시· 도에서 화재 등의 안전관리를 위하여 필요한 사항

⑤ 소방청장 및 시 · 도지사는 특별관리기본계획 또는 특별관리시행계획을 수립하는 경우 성별, 연령별, 화재안전취약자별 화재 피해현황 및 실태 등을 고려해야 한다.

제41조(화재예방안전진단)

① 대통령령으로 정하는 소방안전 특별관리시설물의 관계인은 화재의 예방 및 안전관리를 체계적 · 효율적으로 수행하기 위하여 대통령령으로 정하는 바에 따라 「소방기본법」 제40조에 따른 한국소방안전원(이하 "안전원"이라 한다) 또는 소방청장이 지정하는 화재예방안전진단기관(이하 "진단기관"이라 한다)으로부터 정기적으로 화재예방안전진단을 받아야 한다.

② 제1항에 따른 화재예방안전진단의 범위는 다음 각 호와 같다.

1. 화재위험요인의 조사에 관한 사항
2. 소방계획 및 피난계획 수립에 관한 사항
3. 소방시설등의 유지· 관리에 관한 사항
4. 비상대응조직 및 교육훈련에 관한 사항
5. 화재 위험성 평가에 관한 사항
6. 그 밖에 화재예방진단을 위하여 대통령령으로 정하는 사항

③ 제1항에 따라 안전원 또는 진단기관의 화재예방안전진단을 받은 연도에는 제37조에 따른 소방훈련과 교육 및 「소방시설 설치 및 관리에 관한 법률」 제22조에 따른 자체점검을 받은 것으로 본다.

④ 안전원 또는 진단기관은 제1항에 따른 화재예방안전진단 결과를 행정안전부령으로 정하는 바에 따라 소방본부장 또는 소방서장, 관계인에게 제출하여야 한다.

⑤ 소방본부장 또는 소방서장은 제4항에 따라 제출받은 화재예방안전진단 결과에 따라 보수· 보강 등의 조치가 필요하다고 인정하는 경우에는 해당 소방안전 특별관리시설물의 관계인에게 보수

· 보강 등의 조치를 취할 것을 명할 수 있다.

⑥ 화재예방안전진단 업무에 종사하고 있거나 종사하였던 사람은 업무를 수행하면서 알게 된 비밀을 이 법에서 정한 목적 외의 용도로 사용하거나 다른 사람 또는 기관에 제공하거나 누설하여서는 아니 된다.

영 제43조(화재예방안전진단의 대상)

법 제41조제1항에서 "대통령령으로 정하는 소방안전 특별관리시설물"이란 다음 각 호의 시설을 말한다.

1. 법 제40조제1항제1호에 따른 공항시설 중 여객터미널의 연면적이 1천제곱미터 이상인 공항시설
2. 법 제40조제1항제2호에 따른 철도시설 중 역 시설의 연면적이 5천제곱미터 이상인 철도시설
3. 법 제40조제1항제3호에 따른 도시철도시설 중 역사 및 역 시설의 연면적이 5천제곱미터 이상인 도시철도시설
4. 법 제40조제1항제4호에 따른 항만시설 중 여객이용시설 및 지원시설의 연면적이 5천제곱미터 이상인 항만시설
5. 법 제40조제1항제10호에 따른 전력용 및 통신용 지하구 중 「국토의 계획 및 이용에 관한 법률」 제2조제9호에 따른 공동구
6. 법 제40조제1항제12호에 따른 천연가스 인수기지 및 공급망 중 「소방시설 설치 및 관리에 관한 법률 시행령」 별표 2 제17호나목에 따른 가스시설
7. 제41조제2항제1호에 따른 발전소 중 연면적이 5천제곱미터 이상인 발전소
8. 제41조제2항제3호에 따른 가스공급시설 중 가연성 가스 탱크의 저장용량의 합계가 100톤 이상이거나 저장용량이 30톤 이상인 가연성 가스 탱크가 있는 가스공급시설

영 제44조(화재예방안전진단의 실시 절차 등)

① 소방안전관리대상물이 건축되어 제43조 각 호의 소방안전 특별관리시설물에 해당하게 된 경우 해당 소방안전 특별관리시설물의 관계인은 「건축법」 제22조에 따른 사용승인 또는 「소방시설공사업법」 제14조에 따른 완공검사를 받은 날부터 5년이 경과한 날이 속하는 해에 법 제41조제1항에 따라 최초의 화재예방안전진단을 받아야 한다.

② 화재예방안전진단을 받은 소방안전 특별관리시설물의 관계인은 제3항에 따른 안전등급(이하 "안전등급"이라 한다)에 따라 정기적으로 다음 각 호의 기간에 법 제41조제1항에 따라 화재예방안전진단을 받아야 한다.

1. 안전등급이 우수인 경우: 안전등급을 통보받은 날부터 6년이 경과한 날이 속하는 해
2. 안전등급이 양호·보통인 경우: 안전등급을 통보받은 날부터 5년이 경과한 날이 속하는 해
3. 안전등급이 미흡·불량인 경우: 안전등급을 통보받은 날부터 4년이 경과한 날이 속하는 해

③ 화재예방안전진단 결과는 우수, 양호, 보통, 미흡 및 불량의 안전등급으로 구분하며, 안전등급의 기준은 별표 7과 같다.

④ 제1항부터 제3항까지에서 규정한 사항 외에 화재예방안전진단 절차 및 방법 등에 관하여 필요한 사항은 행정안전부령으로 정한다.

영 제45조(화재예방안전진단의 범위)
법 제41조제2항제6호에서 "대통령령으로 정하는 사항"이란 다음 각 호의 사항을 말한다.
1. 화재 등의 재난 발생 후 재발방지 대책의 수립 및 그 이행에 관한 사항
2. 지진 등 외부 환경 위험요인 등에 대한 예방· 대비· 대응에 관한 사항
3. 화재예방안전진단 결과 보수· 보강 등 개선요구 사항 등에 대한 이행 여부

칙 제41조(화재예방안전진단의 절차 및 방법)
① 법 제41조제1항에 따라 화재예방안전진단을 받아야 하는 소방안전 특별관리시설물(이하 "소방안전 특별관리시설물"이라 한다)의 관계인은 별지 제33호서식을 안전원 또는 소방청장이 지정하는 화재예방안전진단기관(이하 "진단기관"이라 한다)에 신청해야 한다.
② 제1항에 따라 화재예방안전진단 신청을 받은 안전원 또는 진단기관은 다음 각 호의 절차에 따라 화재예방안전진단을 실시한다.
1. 위험요인 조사　2. 위험성 평가　3. 위험성 감소대책의 수립
③ 화재예방안전진단은 다음 각 호의 방법으로 실시한다.
1. 준공도면, 시설 현황, 소방계획서 등 자료수집 및 분석
2. 화재위험요인 조사, 소방시설등의 성능점검 등 현장조사 및 점검
3. 정성적· 정량적 방법을 통한 화재위험성 평가
4. 불시· 무각본 훈련에 의한 비상대응훈련 평가
5. 그 밖에 지진 등 외부 환경 위험요인에 대한 예방· 대비· 대응태세 평가
④ 제1항에 따라 화재예방안전진단을 신청한 소방안전 특별관리시설물의 관계인은 화재예방안전진단에 필요한 자료의 열람 및 화재예방안전진단에 적극 협조해야 한다.
⑤ 제1항부터 제4항까지에서 규정한 사항 외에 화재예방안전진단의 세부 절차 및 평가방법 등에 관하여 필요한 사항은 소방청장이 정하여 고시한다.

칙 제42조(화재예방안전진단 결과 제출)
① 화재예방안전진단을 실시한 안전원 또는 진단기관은 법 제41조제4항에 따라 화재예방안전진단이 완료된 날부터 60일 이내에 소방본부장 또는 소방서장, 관계인에게 별지 제34호서식의 화재예방안전진단 결과 보고서(전자문서를 포함한다)에 다음 각 호의 서류(전자문서를 포함한다)를 첨부하여 제출해야 한다.
1. 화재예방안전진단 결과 세부 보고서　2. 화재예방안전진단기관 지정서
② 제1항에 따른 화재예방안전진단 결과 보고서에는 다음 각 호의 사항이 포함되어야 한다.
1. 해당 소방안전 특별관리시설물 현황
2. 화재예방안전진단 실시 기관 및 참여인력
3. 화재예방안전진단 범위 및 내용
4. 화재위험요인의 조사· 분석 및 평가 결과
5. 영 제44조제2항에 따른 안전등급 및 위험성 감소대책
6. 그 밖에 소방안전 특별관리시설물의 화재예방 강화를 위하여 소방청장이 정하는 사항
③ 소방본부장 또는 소방서장은 제1항에 따라 제출받은 화재예방안전진단 결과 보고서에 건축

· 전기· 가스 등의 시설에 대한 관계 법령 위반 사실이 포함되어 있는 경우에는 관계 기관에 해당 내용을 통보해야 한다. 〈2025.6.26 신설〉

제42조(진단기관의 지정 및 취소)

① 제41조제1항에 따라 소방청장으로부터 진단기관으로 지정을 받으려는 자는 대통령령으로 정하는 시설과 전문인력 등 지정기준을 갖추어 소방청장에게 지정을 신청하여야 한다.

② 소방청장은 진단기관으로 지정받은 자가 다음 각 호의 어느 하나에 해당하는 경우에는 그 지정을 취소하거나 6개월 이내의 기간을 정하여 업무의 전부 또는 일부의 정지를 명할 수 있다. 다만, 제1호 또는 제4호에 해당하는 경우에는 그 지정을 취소하여야 한다.

1. 거짓이나 그 밖의 부정한 방법으로 지정을 받은 경우
2. 제41조제4항에 따른 화재예방안전진단 결과를 소방본부장 또는 소방서장, 관계인에게 제출하지 아니한 경우
3. 제1항에 따른 지정기준에 미달하게 된 경우
4. 업무정지기간에 화재예방안전진단 업무를 한 경우

③ 진단기관의 지정절차, 지정취소 또는 업무정지의 처분 등에 필요한 사항은 행정안전부령으로 정한다.

영 제46조(화재예방안전진단기관의 지정기준)

법 제42조제1항에서 "대통령령으로 정하는 시설과 전문인력 등 지정기준"이란 별표 8에서 정하는 기준을 말한다.

칙 제43조(진단기관의 장비기준)

영 별표 8 제3호에서 "행정안전부령으로 정하는 장비"란 별표 7의 장비를 말한다.

칙 제44조(진단기관의 지정신청)

① 진단기관으로 지정받으려는 자는 법 제42조제1항에 따라 별지 제35호서식의 화재예방안전진단기관 지정신청서(전자문서를 포함한다)에 다음 각 호의 서류(전자문서를 포함한다)를 첨부하여 소방청장에게 제출해야 한다.

1. 정관 사본
2. 시설 요건을 증명하는 서류 및 장비 명세서
3. 경력증명서 또는 재직증명서 등 기술인력의 자격요건을 증명하는 서류

② 제1항에 따른 화재예방안전진단기관 지정신청서를 제출받은 담당 공무원은 「전자정부법」 제36조제1항에 따른 행정정보의 공동이용을 통하여 법인등기부 등본(법인인 경우만 해당한다) 및 국가기술자격증을 확인해야 한다. 다만, 신청인이 확인에 동의하지 않는 경우에는 이를 제출하도록 해야 한다.

제7장 보칙

제43조(화재의 예방과 안전문화 진흥을 위한 시책의 추진)

① 소방관서장은 국민의 화재 예방과 안전에 관한 의식을 높이고 화재의 예방과 안전문화를 진흥시키기 위한 다음 각 호의 활동을 적극 추진하여야 한다.

1. 화재의 예방 및 안전관리에 관한 의식을 높이기 위한 활동 및 홍보
2. 소방대상물 특성별 화재의 예방과 안전관리에 필요한 행동요령의 개발· 보급
3. 화재의 예방과 안전문화 우수사례의 발굴 및 확산
4. 화재 관련 통계 현황의 관리· 활용 및 공개
5. 화재의 예방과 안전관리 취약계층에 대한 화재의 예방 및 안전관리 강화
6. 그 밖에 화재의 예방과 안전문화를 진흥하기 위한 활동

② 소방관서장은 화재의 예방과 안전문화 활동에 국민 또는 주민이 참여할 수 있는 제도를 마련하여 시행할 수 있다.

③ 소방청장은 국민이 화재의 예방과 안전문화를 실천하고 체험할 수 있는 체험시설을 설치·운영할 수 있다.

④ 국가와 지방자치단체는 지방자치단체 또는 그 밖의 기관·단체에서 추진하는 화재의 예방과 안전문화활동을 위하여 필요한 예산을 지원할 수 있다.

제44조(우수 소방대상물 관계인에 대한 포상 등)

① 소방청장은 소방대상물의 자율적인 안전관리를 유도하기 위하여 안전관리 상태가 우수한 소방대상물을 선정하여 우수 소방대상물 표지를 발급하고, 소방대상물의 관계인을 포상할 수 있다.

② 제1항에 따른 우수 소방대상물의 선정 방법, 평가 대상물의 범위 및 평가 절차 등에 필요한 사항은 행정안전부령으로 정한다.

칙 제45조(진단기관의 지정 절차)

① 소방청장은 제44조제1항에 따라 지정신청서를 접수한 경우에는 지정기준 등에 적합한지를 검토하여 60일 이내에 진단기관 지정 여부를 결정해야 한다.

② 소방청장은 제1항에 따라 진단기관의 지정을 결정한 경우에는 별지 제36호서식의 화재예방안전진단기관 지정서를 발급하고, 별지 제37호서식의 화재예방안전진단기관 관리대장에 기록하고 관리해야 한다.

③ 소방청장은 제2항에 따라 지정서를 발급한 경우에는 그 내용을 소방청 인터넷 홈페이지에 공고해야 한다.

칙 제47조(우수 소방대상물의 선정 등)

① 소방청장은 법 제44조제1항에 따른 우수 소방대상물의 선정 및 관계인에 대한 포상을 위하여 우수 소방대상물의 선정방법, 평가 대상물의 범위 및 평가 절차 등에 관한 내용이 포함된 시행계획(이하 "시행계획"이라 한다)을 매년 수립·시행해야 한다.

② 소방청장은 우수 소방대상물 선정을 위하여 필요한 경우에는 소방대상물을 직접 방문하여 필요한 사항을 확인할 수 있다.

③ 소방청장은 우수 소방대상물 선정의 객관성 및 전문성을 확보하기 위하여 필요한 경우에는 다음 각 호의 어느 하나에 해당하는 사람이 2명 이상 포함된 평가위원회(이하 이 조에서 "평가위원회"라 한다)를 성별을 고려하여 구성·운영할 수 있다. 이 경우 평가위원회의 위원에게는 예산의 범위에서 수당, 여비 등 필요한 경비를 지급할 수 있다.

1. 소방기술사(소방안전관리자로 선임된 사람은 제외한다)
2. 소방시설관리사
3. 소방 관련 석사 이상의 학위를 취득한 사람
4. 소방 관련 법인 또는 단체에서 소방 관련 업무에 5년 이상 종사한 사람
5. 소방공무원 교육기관, 대학 또는 연구소에서 소방과 관련한 교육 또는 연구에 5년 이상 종사한 사람

④ 제1항부터 제3항까지에서 규정한 사항 외에 우수 소방대상물의 평가, 평가위원회 구성·운영, 포상의 종류·명칭 및 우수 소방대상물 표지 등에 관하여 필요한 사항은 소방청장이 정하여 고시한다.

제45조(조치명령 등의 기간연장)

① 다음 각 호에 따른 조치명령·선임명령 또는 이행명령(이하 "조치명령등"이라 한다)을 받은 관계인 등은 천재지변이나 그 밖에 대통령령으로 정하는 사유로 조치명령등을 그 기간 내에 이행할 수 없는 경우에는 조치명령등을 명령한 소방관서장에게 대통령령으로 정하는 바에 따라 조치명령등의 이행시기를 연장하여 줄 것을 신청할 수 있다.

1. 제14조에 따른 소방대상물의 개수·이전·제거, 사용의 금지 또는 제한, 사용폐쇄, 공사의 정지 또는 중지, 그 밖의 필요한 조치명령
2. 제28조제1항에 따른 소방안전관리자 또는 소방안전관리보조자 선임명령
3. 제28조제2항에 따른 소방안전관리업무 이행명령

② 제1항에 따라 연장신청을 받은 소방관서장은 연장신청 승인 여부를 결정하고 그 결과를 조치명령등의 이행 기간 내에 관계인 등에게 알려 주어야 한다.

영 제47조(조치명령등의 기간연장)

① 법 제45조제1항 각 호 외의 부분에서 "대통령령으로 정하는 사유"란 다음 각 호의 어느 하나에 해당하는 사유를 말한다.

1. 「재난 및 안전관리 기본법」 제3조제1호에 해당하는 재난이 발생한 경우
2. 경매 등의 사유로 소유권이 변동 중이거나 변동된 경우
3. 관계인의 질병, 사고, 장기출장의 경우
4. 시장·상가·복합건축물 등 소방대상물의 관계인이 여러 명으로 구성되어 법 제45조제1항 각 호에 따른 조치명령·선임명령 또는 이행명령(이하 "조치명령등"이라 한다)의 이행에 대한 의견을 조정하기 어려운 경우
5. 그 밖에 관계인이 운영하는 사업에 부도 또는 도산 등 중대한 위기가 발생하여 조치명령등을 그 기간 내에 이행할 수 없는 경우

② 법 제45조제1항에 따라 조치명령등의 이행시기 연장을 신청하려는 관계인 등은 행정안전부령으로 정하는 바에 따라 연장신청서에 기간연장의 사유 및 기간 등을 적어 소방관서장에게 제출해야 한다.

③ 제2항에 따른 기간연장의 신청 및 연장신청서의 처리에 필요한 사항은 행정안전부령으로 정한다.

칙 제48조(조치명령등의 기간연장)

① 법 제45조제1항에 따른 조치명령·선임명령 또는 이행명령(이하 "조치명령등"이라 한다)의 기간연장을 신청하려는 관계인 등은 영 제47조제2항에 따라 별지 제38호서식에 따른 조치명령등의 기간연장 신청서(전자문서를 포함한다)에 조치명령등을 이행할 수 없음을 증명할 수 있는 서류(전자문서를 포함한다)를 첨부하여 소방관서장에게 제출해야 한다.

② 제1항에 따른 신청서를 제출받은 소방관서장은 신청받은 날부터 3일 이내에 조치명령등의 기간연장 여부를 결정하여 별지 제39호서식의 조치명령등의 기간연장 신청 결과 통지서를 관계인 등에게 통지해야 한다.

제46조(청문)

소방청장 또는 시·도지사는 다음 각 호의 어느 하나에 해당하는 처분을 하려면 청문을 하여야 한다.

1. 제31조제1항에 따른 소방안전관리자의 자격 취소
2. 제42조제2항에 따른 진단기관의 지정 취소

제47조(수수료 등)

다음 각 호의 어느 하나에 해당하는 자는 행정안전부령으로 정하는 수수료 또는 교육비를 내야 한다.

1. 제30조제1항에 따른 소방안전관리자 자격시험에 응시하려는 사람
2. 제30조제2항 및 제3항에 따른 소방안전관리자 자격증을 발급 또는 재발급 받으려는 사람
3. 제34조에 따른 강습교육 또는 실무교육을 받으려는 사람
4. 제41조제1항에 따라 화재예방안전진단을 받으려는 관계인

제48조(권한의 위임 · 위탁 등)

① 이 법에 따른 소방청장 또는 시·도지사의 권한은 그 일부를 대통령령으로 정하는 바에 따라 시·도지사, 소방본부장 또는 소방서장에게 위임할 수 있다.

② 소방관서장은 다음 각 호에 해당하는 업무를 안전원에 위탁할 수 있다.

1. 제26조제1항에 따른 소방안전관리자 또는 소방안전관리보조자 선임신고의 접수
2. 제26조제2항에 따른 소방안전관리자 또는 소방안전관리보조자 해임 사실의 확인
3. 제29조제1항에 따른 건설현장 소방안전관리자 선임신고의 접수
4. 제30조제1항제1호에 따른 소방안전관리자 자격시험
5. 제30조제2항 및 제3항에 따른 소방안전관리자 자격증의 발급 및 재발급
6. 제33조에 따른 소방안전관리 등에 관한 종합정보망의 구축· 운영
7. 제34조에 따른 강습교육 및 실무교육

③ 제2항에 따라 위탁받은 업무에 종사하고 있거나 종사하였던 사람은 업무를 수행하면서 알게 된 비밀을 이 법에서 정한 목적 외의 용도로 사용하거나 다른 사람 또는 기관에 제공하거나 누설하여서는 아니 된다.

영 제48조(권한의 위임 · 위탁 등)

소방청장은 법 제48조제1항에 따라 법 제31조에 따른 소방안전관리자 자격의 정지 및 취소에 관한 업무를 소방서장에게 위임한다. **영** 제49조(고유식별정보의 처리)- 생략

제49조(벌칙 적용에서 공무원 의제)

다음 각 호의 어느 하나에 해당하는 자 중 공무원이 아닌 사람은 「형법」 제129조부터 제132조까지의 규정을 적용할 때에는 공무원으로 본다.

1. 제9조에 따른 화재안전조사단의 구성원
2. 제10조에 따른 화재안전조사위원회의 위원
3. 제11조에 따라 화재안전조사에 참여하는 자
4. 제22조에 따른 화재안전영향평가심의회 위원
5. 제41조제1항에 따른 화재예방안전진단업무 수행 기관의 임원 및 직원
6. 제48조제2항에 따라 위탁받은 업무에 종사하는 안전원의 담당 임원 및 직원

칙 제49조(수수료 및 교육비) 법 제47조에 따른 수수료 및 교육비는 별표 9와 같다. - 생략

제8장 벌칙

제50조(벌칙)

① 다음 각 호의 어느 하나에 해당하는 자는 3년 이하의 징역 또는 3천만원 이하의 벌금에 처한다.

1. 제14조제1항 및 제2항에 따른 조치명령을 정당한 사유 없이 위반한 자
2. 제28조제1항 및 제2항에 따른 명령을 정당한 사유 없이 위반한 자
3. 제41조제5항에 따른 보수· 보강 등의 조치명령을 정당한 사유 없이 위반한 자
4. 거짓이나 그 밖의 부정한 방법으로 제42조제1항에 따른 진단기관으로 지정을 받은 자

② 다음 각 호의 어느 하나에 해당하는 자는 1년 이하의 징역 또는 1천만원 이하의 벌금에 처한다.

1. 제12조제2항을 위반하여 관계인의 정당한 업무를 방해하거나, 조사업무를 수행하면서 취득한 자료나 알게 된 비밀을 다른 사람 또는 기관에게 제공 또는 누설하거나 목적 외의 용도로 사용한 자
2. 제30조제4항을 위반하여 자격증을 다른 사람에게 빌려 주거나 빌리거나 이를 알선한 자
3. 제41조제1항을 위반하여 진단기관으로부터 화재예방안전진단을 받지 아니한 자

③ 다음 각 호의 어느 하나에 해당하는 자는 300만원 이하의 벌금에 처한다.

1. 제7조제1항에 따른 화재안전조사를 정당한 사유 없이 거부· 방해 또는 기피한 자
2. 제17조제2항 각 호의 어느 하나에 따른 명령을 정당한 사유 없이 따르지 아니하거나 방해한 자
3. 제24조제1항· 제3항, 제29조제1항 및 제35조제1항· 제2항을 위반하여 소방안전관리자, 총괄소방안전관리자 또는 소방안전관리보조자를 선임하지 아니한 자
4. 제27조제3항을 위반하여 소방시설· 피난시설· 방화시설 및 방화구획 등이 법령에 위반된 것을 발견하였음에도 필요한 조치를 할 것을 요구하지 아니한 소방안전관리자

5. 제27조제4항을 위반하여 소방안전관리자에게 불이익한 처우를 한 관계인
6. 제41조제6항 및 제48조제3항을 위반하여 업무를 수행하면서 알게 된 비밀을 이 법에서 정한 목적 외의 용도로 사용하거나 다른 사람 또는 기관에 제공하거나 누설한 자

제51조(양벌규정)

법인의 대표자나 법인 또는 개인의 대리인, 사용인, 그 밖의 종업원이 그 법인 또는 개인의 업무에 관하여 제50조에 해당하는 위반행위를 하면 그 행위자를 벌하는 외에 그 법인 또는 개인에게도 해당 조문의 벌금형을 과(科)한다. 다만, 법인 또는 개인이 그 위반행위를 방지하기 위하여 해당 업무에 관하여 상당한 주의와 감독을 게을리하지 아니한 경우에는 그러하지 아니하다.

제52조(과태료)

① 다음 각 호의 어느 하나에 해당하는 자에게는 300만원 이하의 과태료를 부과한다.

1. 정당한 사유 없이 제17조제1항 각 호의 어느 하나에 해당하는 행위를 한 자
2. 제24조제2항을 위반하여 소방안전관리자를 겸한 자
3. 제24조제5항에 따른 소방안전관리업무를 하지 아니한 특정소방대상물의 관계인 또는 소방안전관리대상물의 소방안전관리자
4. 제27조제2항을 위반하여 소방안전관리업무의 지도·감독을 하지 아니한 자
5. 제29조제2항에 따른 건설현장 소방안전관리대상물의 소방안전관리자의 업무를 하지 아니한 소방안전관리자
6. 제36조제3항을 위반하여 피난유도 안내정보를 제공하지 아니한 자
7. 제37조제1항을 위반하여 소방훈련 및 교육을 하지 아니한 자
8. 제41조제4항을 위반하여 화재예방안전진단 결과를 제출하지 아니한 자

② 다음 각 호의 어느 하나에 해당하는 자에게는 200만원 이하의 과태료를 부과한다.

1. 제17조제4항에 따른 불을 사용할 때 지켜야 하는 사항 및 같은 조 제5항에 따른 특수가연물의 저장 및 취급 기준을 위반한 자
2. 제18조제4항에 따른 소방설비등의 설치 명령을 정당한 사유 없이 따르지 아니한 자
3. 제26조제1항을 위반하여 기간 내에 선임신고를 하지 아니하거나 소방안전관리자의 성명 등을 게시하지 아니한 자
4. 제29조제1항을 위반하여 기간 내에 선임신고를 하지 아니한 자
5. 제37조제2항을 위반하여 기간 내에 소방훈련 및 교육 결과를 제출하지 아니한 자

③ 제34조제1항제2호를 위반하여 실무교육을 받지 아니한 소방안전관리자 및 소방안전관리보조자에게는 100만원 이하의 과태료를 부과한다.

④ 제1항부터 제3항까지에 따른 과태료는 대통령령으로 정하는 바에 따라 소방청장, 시·도지사, 소방본부장 또는 소방서장이 부과·징수한다.

영 제51조(과태료의 부과기준)

법 제52조제1항부터 제3항까지의 규정에 따른 과태료의 부과기준은 별표 9와 같다.

시행령

[영 별표 1]

보일러 등의 설비 또는 기구 등의 위치 · 구조 및 관리와 화재예방을 위하여 불을 사용할 때 지켜야 하는 사항 (제18조제2항 관련)

종 류	내 용
보일러	가. 가연성 벽 · 바닥 또는 천장과 접촉하는 증기기관 또는 연통의 부분은 규조토 등 난연성 또는 불연성 단열재로 덮어씌워야 한다. 나. 경유 · 등유 등 액체연료를 사용할 때에는 다음 사항을 지켜야 한다. 1) 연료탱크는 보일러 본체로부터 수평거리 1미터 이상의 간격을 두어 설치할 것 2) 연료탱크에는 화재 등 긴급상황이 발생하는 경우 연료를 차단할 수 있는 개폐밸브를 연료탱크로부터 0.5미터 이내에 설치할 것 3) 연료탱크 또는 보일러 등에 연료를 공급하는 배관에는 여과장치를 설치할 것 4) 사용이 허용된 연료 외의 것을 사용하지 않을 것 5) 연료탱크가 넘어지지 않도록 받침대를 설치하고, 연료탱크 및 연료탱크 받침대는 「건축법 시행령」 제2조제10호에 따른 불연재료(이하 "불연재료"라 한다)로 할 것 다. 기체연료를 사용할 때에는 다음 사항을 지켜야 한다. 1) 보일러를 설치하는 장소에는 환기구를 설치하는 등 가연성 가스가 머무르지 않도록 할 것 2) 연료를 공급하는 배관은 금속관으로 할 것 3) 화재 등 긴급 시 연료를 차단할 수 있는 개폐밸브를 연료용기 등으로부터 0.5미터 이내에 설치할 것 4) 보일러가 설치된 장소에는 가스누설경보기를 설치할 것 라. 화목(火木) 등 고체연료를 사용할 때에는 다음 사항을 지켜야 한다. 1) 고체연료는 보일러 본체와 수평거리 2미터 이상 간격을 두어 보관하거나 불연재료로 된 별도의 구획된 공간에 보관할 것 2) 연통은 천장으로부터 0.6미터 떨어지고, 연통의 배출구는 건물 밖으로 0.6미터 이상 나오도록 설치할 것 3) 연통의 배출구는 보일러 본체보다 2미터 이상 높게 설치할 것 4) 연통이 관통하는 벽면, 지붕 등은 불연재료로 처리할 것 5) 연통재질은 불연재료로 사용하고 연결부에 청소구를 설치할 것 마. 보일러 본체와 벽 · 천장 사이의 거리는 0.6미터 이상이어야 한다. 바. 보일러를 실내에 설치하는 경우에는 콘크리트바닥 또는 금속 외의 불연재료로 된 바닥 위에 설치해야 한다.
난 로	가. 연통은 천장으로부터 0.6미터 이상 떨어지고, 연통의 배출구는 건물 밖으로 0.6미터 이상 나오게 설치해야 한다. 나. 가연성 벽 · 바닥 또는 천장과 접촉하는 연통의 부분은 규조토 등 난연성 또는 불연성의 단열재로 덮어씌워야 한다. 다. 이동식난로는 다음의 장소에서 사용해서는 안 된다. 다만, 난로가 쓰러지지 않도록 받침대를 두어 고정시키거나 쓰러지는 경우 즉시 소화되고 연료의 누출을 차단할 수 있는 장치가 부착된 경우에는 그렇지 않다. 1) 「다중이용업소의 안전관리에 관한 특별법」 제2조제1항제4호에 따른 다중이용업소 2) 「학원의 설립 · 운영 및 과외교습에 관한 법률」 제2조제1호에 따른 학원 3) 「학원의 설립 · 운영 및 과외교습에 관한 법률 시행령」 제2조제1항제4호에 따른 독서실 4) 「공중위생관리법」 제2조제1항제2호에 따른 숙박업, 같은 항 제3호에 따른 목욕장업 및 같은 항 제6호에 따른 세탁업의 영업장 5) 「의료법」 제3조제2항제1호에 따른 의원 · 치과의원 · 한의원, 같은 항 제2호에 따른 조산원 및 같은 항 제3호에 따른 병원 · 치과병원 · 한방병원 · 요양병원 · 정신병원 · 종합병원

종 류	내 용
	6) 「식품위생법 시행령」 제21조제8호에 따른 식품접객업의 영업장 7) 「영화 및 비디오물의 진흥에 관한 법률」 제2조제10호에 따른 영화상영관 8) 「공연법」 제2조제4호에 따른 공연장 9) 「박물관 및 미술관 진흥법」 제2조제1호에 따른 박물관 및 같은 조 제2호에 따른 미술관 10) 「유통산업발전법」 제2조제7호에 따른 상점가 11) 「건축법」 제20조에 따른 가설건축물 12) 역·터미널
건조 설비	가. 건조설비와 벽·천장 사이의 거리는 0.5미터 이상이어야 한다. 나. 건조물품이 열원과 직접 접촉하지 않도록 해야 한다. 다. 실내에 설치하는 경우에 벽·천장 및 바닥은 불연재료로 해야 한다.
가스·전기시설	가. 가스시설의 경우 「고압가스 안전관리법」, 「도시가스사업법」 및 「액화석유가스의 안전관리 및 사업법」에서 정하는 바에 따른다. 나. 전기시설의 경우 「전기사업법」 및 「전기안전관리법」에서 정하는 바에 따른다.
불꽃을 사용하는 용접·용단 기구	용접 또는 용단 작업장에서는 다음 각 목의 사항을 지켜야 한다. 다만, 「산업안전보건법」 제38조의 적용을 받는 사업장에는 적용하지 않는다. 가. 용접 또는 용단 작업장 주변 반경 5미터 이내에 소화기를 갖추어 둘 것 나. 용접 또는 용단 작업장 주변 반경 10미터 이내에는 가연물을 쌓아두거나 놓아두지 말 것. 다만, 가연물의 제거가 곤란하여 방화포 등으로 방호조치를 한 경우는 제외한다.
노·화덕 설비	가. 실내에 설치하는 경우에는 흙바닥 또는 금속 외의 불연재료로 된 바닥에 설치해야 한다. 나. 노 또는 화덕을 설치하는 장소의 벽·천장은 불연재료로 된 것이어야 한다. 다. 노 또는 화덕의 주위에는 녹는 물질이 확산되지 않도록 높이 0.1미터 이상의 턱을 설치해야 한다. 라. 시간당 열량이 30만킬로칼로리 이상인 노를 설치하는 경우에는 다음의 사항을 지켜야 한다. 1) 「건축법」 제2조제1항제7호에 따른 주요구조부(이하 "주요구조부"라 한다)는 불연재료 이상으로 할 것 2) 창문과 출입구는 「건축법 시행령」 제64조에 따른 60분+ 방화문 또는 60분 방화문으로 설치할 것 3) 노 주위에는 1미터 이상 공간을 확보할 것
음식 조리를 위하여 설치하는 설비	「식품위생법 시행령」 제21조제8호에 따른 식품접객업 중 일반음식점 주방에서 조리를 위하여 불을 사용하는 설비를 설치하는 경우에는 다음 각 목의 사항을 지켜야 한다. 가. 주방설비에 부속된 배출덕트(공기 배출통로)는 0.5밀리미터 이상의 아연도금강판 또는 이와 같거나 그 이상의 내식성 불연재료로 설치할 것 나. 주방시설에는 동물 또는 식물의 기름을 제거할 수 있는 필터 등을 설치할 것 다. 열을 발생하는 조리기구는 반자 또는 선반으로부터 0.6미터 이상 떨어지게 할 것 라. 열을 발생하는 조리기구로부터 0.15미터 이내의 거리에 있는 가연성 주요구조부는 단열성이 있는 불연재료로 덮어 씌울 것

※ 비 고

1. 보일러란 사업장 또는 영업장 등에서 사용하는 것을 말하며, 주택에서 사용하는 가정용 보일러는 제외한다.
2. 건조설비"란 산업용 건조설비를 말하며, 주택에서 사용하는 건조설비는 제외한다.
3. 노화덕설비란 제조업·가공업에서 사용되는 것을 말하며, 주택에서 조리용도로 사용되는 화덕은 제외한다.
4. 보일러, 난로, 건조설비, 불꽃을 사용하는 용접·용단기구 및 노·화덕설비가 설치된 장소에는 소화기 1개 이상을 갖추어 두어야 한다.

[영 별표 2]

특수가연물(제19조제1항 관련)

<table>
<tr><th>품 명</th><th>지정수량[kg] 이상</th><th colspan="2">품 명</th><th>지정수량[kg] 이상</th></tr>
<tr><td>면화류</td><td>200</td><td colspan="2">석탄 · 목탄류</td><td>10,000</td></tr>
<tr><td>나무껍질 및 대팻밥</td><td>400</td><td colspan="2">가연성 액체류</td><td>2㎥</td></tr>
<tr><td>넝마 및 종이부스러기</td><td>1,000</td><td colspan="2">목재가공품 및
나무부스러기</td><td>10[㎥]</td></tr>
<tr><td>사류(絲類)</td><td>1,000</td><td rowspan="3">고무류 ·
플라스틱류</td><td rowspan="2">발포시킨 것</td><td rowspan="2">20[㎥]</td></tr>
<tr><td>볏짚류</td><td>1,000</td></tr>
<tr><td>가연성 고체류</td><td>3,000</td><td>그 밖의 것</td><td>3,000</td></tr>
</table>

※ 비 고

1. “**면화류**”란 불연성 또는 난연성이 아닌 **면상**(綿狀) **또는 팽이모양의 섬유와 마사**(麻絲) 원료를 말한다.
2. **넝마 및 종이부스러기**는 **불연성 또는 난연성**이 아닌 것(동물 또는 식물의 기름이 깊이 스며들어 있는 옷감 · 종이 및 이들의 제품을 포함한다)으로 한정한다.
3. “**사류**”란 불연성 또는 난연성이 아닌 **실**(실부스러기와 솜털을 포함한다)과 **누에고치**를 말한다.
4. “**볏짚류**”란 **마른 볏짚** · 북데기와 이들의 제품 및 건초를 말한다. 다만, 축산용도로 사용하는 것은 제외한다.
5. “**가연성 고체류**”란 고체로서 다음 각 목에 해당하는 것을 말한다.
   가. 인화점이 **섭씨 40도 이상 100도** 미만인 것
   나. 인화점이 섭씨 100도 이상 200도 미만이고, 연소열량이 1그램당 8킬로칼로리 이상인 것
   다. 인화점이 섭씨 200도 이상이고 연소열량이 1그램당 8킬로칼로리 이상인 것으로서 녹는점(융점)이 100도 미만인 것
   라. 1기압과 섭씨 20도 초과 40도 이하에서 액상인 것으로서 인화점이 섭씨 70도 이상 섭씨 200도 미만이거나 나목 또는 다목에 해당하는 것
6. **석탄 · 목탄류**에는 **코크스, 석탄가루를 물에 갠 것, 마세크탄(조개탄), 연탄, 석유코크스, 활성탄** 및 이와 유사한 것을 포함한다.
7. “**가연성 액체류**”란 다음 각 목의 것을 말한다.
   가. 1기압과 섭씨 20도 이하에서 액상인 것으로서 가연성 **액체량이 40중량퍼센트** 이하이면서 **인화점이 섭씨 40도 이상 섭씨 70도 미만이고 연소점이 섭씨 60도** 이상인 것
   나. 1기압과 섭씨 20도에서 액상인 것으로서 가연성 액체량이 40중량퍼센트 이하이고 인화점이 섭씨 70도 이상 섭씨 250도 미만인 것
   다. 동물의 기름과 살코기 또는 식물의 씨나 과일의 살에서 추출한 것으로서 다음의 어느 하나에 해당하는 것
      1) 1기압과 섭씨 20도에서 액상이고 인화점이 250도 미만인 것으로서 「위험물안전관리법」 제20조제1항에 따른 용기기준과 수납 · 저장기준에 적합하고 용기외부에 물품명 · 수량 및 “화기엄금” 등의 표시를 한 것
      2) 1기압과 섭씨 20도에서 액상이고 인화점이 섭씨 250도 이상인 것
8. “**고무류 · 플라스틱류**”란 불연성 또는 난연성이 아닌 고체의 합성수지제품, 합성수지반제품, 원료합성수지 및 합성수지 부스러기(불연성 또는 난연성이 아닌 고무제품, 고무반제품, 원료고무 및 고무 부스러기를 포함한다)를 말한다. 다만, 합성수지의 **섬유 · 옷감 · 종이 및 실과 이들의 넝마와 부스러기는 제외**한다.

[영 별표 3]

특수가연물의 저장 및 취급 기준(제19조제2항 관련)

1. 특수가연물의 저장·취급 기준

특수가연물은 다음 각 목의 기준에 따라 쌓아 저장해야 한다. 다만, 석탄·목탄류를 발전용(發電用)으로 저장하는 경우는 제외한다.

가. 품명별로 구분하여 쌓을 것

나. 다음의 기준에 맞게 쌓을 것

구분	살수설비를 설치하거나 방사능력 범위에 해당 특수가연물이 포함되도록 대형수동식소화기를 설치하는 경우	그 밖의 경우
높이	15미터 이하	10미터 이하
쌓는 부분의 바닥면적	200제곱미터(석탄·목탄류의 경우에는 300제곱미터) 이하	50제곱미터(석탄·목탄류의 경우에는 200제곱미터) 이하

다. 실외에 쌓아 저장하는 경우 쌓는 부분이 대지경계선, 도로 및 인접 건축물과 최소 6미터 이상 간격을 둘 것. 다만, 쌓는 높이보다 0.9미터 이상 높은 「건축법 시행령」 제2조제7호에 따른 내화구조(이하 "내화구조"라 한다) 벽체를 설치한 경우는 그렇지 않다.

라. 실내에 쌓아 저장하는 경우 주요구조부는 내화구조이면서 불연재료여야 하고, 다른 종류의 특수가연물과 같은 공간에 보관하지 않을 것. 다만, 내화구조의 벽으로 분리하는 경우는 그렇지 않다.

마. 쌓는 부분 바닥면적의 사이는 실내의 경우 1.2미터 또는 쌓는 높이의 1/2 중 큰 값 이상으로 간격을 두어야 하며, 실외의 경우 3미터 또는 쌓는 높이 중 큰 값 이상으로 간격을 둘 것

2. 특수가연물 표지

가. 특수가연물을 저장 또는 취급하는 장소에는 품명, 최대저장수량, 단위부피당 질량 또는 단위체적당 질량, 관리책임자 성명·직책, 연락처 및 화기취급의 금지표시가 포함된 특수가연물 표지를 설치해야 한다.

나. 특수가연물 표지의 규격은 다음과 같다.

특수가연물

화기엄금

품 명	합성수지류
최대저장수량 (배수)	000톤(00배)
단위부피당 질량(단위체적당 질량)	000kg/㎥
관리책임자 (직책)	홍길동 팀장
연락처	02-000-0000

1) 특수가연물 표지는 한 변의 길이가 0.3미터 이상, 다른 한 변의 길이가 0.6미터 이상인 직사각형으로 할 것

2) 특수가연물 표지의 바탕은 흰색으로, 문자는 검은색으로 할 것. 다만, "화기엄금" 표시 부분은 제외한다.

3) 특수가연물 표지 중 화기엄금 표시 부분의 바탕은 붉은색으로, 문자는 백색으로 할 것

다. 특수가연물 표지는 특수가연물을 저장하거나 취급하는 장소 중 보기 쉬운 곳에 설치해야 한다.

[영 별표 4]

소방안전관리자를 선임해야 하는 소방안전관리대상물의 범위와 소방안전관리자의 선임 대상별 자격 및 인원기준 (제25조제1항 관련)

종 류	내 용
특급 소방안전 관리 대상물	가. 특급 소방안전관리대상물의 범위 「소방시설 설치 및 관리에 관한 법률 시행령」 별표 2의 특정소방대상물 중 다음의 어느 하나에 해당하는 것 1) 50층 이상(지하층은 제외한다)이거나 지상으로부터 높이가 200미터 이상인 아파트 2) 30층 이상(지하층을 포함한다)이거나 지상으로부터 높이가 120미터 이상인 특정소방대상물(아파트는 제외한다) 3) 2)에 해당하지 않는 특정소방대상물로서 연면적이 10만제곱미터 이상인 특정소방대상물(아파트는 제외한다) 나. 특급 소방안전관리대상물에 선임해야 하는 소방안전관리자의 자격 다음의 어느 하나에 해당하는 사람으로서 특급 소방안전관리자 자격증을 발급받은 사람 1) 소방기술사 또는 소방시설관리사의 자격이 있는 사람 2) 소방설비기사의 자격을 취득한 후 5년 이상 1급 소방안전관리대상물의 소방안전관리자로 근무한 실무경력(법 제24조제3항에 따라 소방안전관리자로 선임되어 근무한 경력은 제외한다. 이하 이 표에서 같다)이 있는 사람 3) 소방설비산업기사의 자격을 취득한 후 7년 이상 1급 소방안전관리대상물의 소방안전관리자로 근무한 실무경력이 있는 사람 4) 소방공무원으로 20년 이상 근무한 경력이 있는 사람 5) 소방청장이 실시하는 특급 소방안전관리대상물의 소방안전관리에 관한 시험에 합격한 사람 다. 선임인원: 1명 이상
1급 소방안전 관리 대상물	가. 1급 소방안전관리대상물의 범위 「소방시설 설치 및 관리에 관한 법률 시행령」 별표 2의 특정소방대상물 중 다음의 어느 하나에 해당하는 것(제1호에 따른 특급 소방안전관리대상물은 제외한다) 1) 30층 이상(지하층은 제외한다)이거나 지상으로부터 높이가 120미터 이상인 아파트 2) 연면적 1만5천제곱미터 이상인 특정소방대상물(아파트 및 연립주택은 제외한다) 3) 2)에 해당하지 않는 특정소방대상물로서 지상층의 층수가 11층 이상인 특정소방대상물(아파트는 제외한다) 4) 가연성 가스를 1천톤 이상 저장·취급하는 시설 나. 1급 소방안전관리대상물에 선임해야 하는 소방안전관리자의 자격 다음의 어느 하나에 해당하는 사람으로서 1급 소방안전관리자 자격증을 발급받은 사람 또는 제1호에 따른 특급 소방안전관리대상물의 소방안전관리자 자격증을 발급받은 사람 1) 소방설비기사 또는 소방설비산업기사의 자격이 있는 사람 2) 소방공무원으로 7년 이상 근무한 경력이 있는 사람 3) 소방청장이 실시하는 1급 소방안전관리대상물의 소방안전관리에 관한 시험에 합격한 사람 다. 선임인원: 1명 이상
2급 소방안전 관리 대상물	가. 2급 소방안전관리대상물의 범위 「소방시설 설치 및 관리에 관한 법률 시행령」 별표 2의 특정소방대상물 중 다음의 어느 하나에 해당하는 것(제1호에 따른 특급 소방안전관리대상물 및 제2호에 따른 1급 소방안전관리대상물은 제외한다) 1) 「소방시설 설치 및 관리에 관한 법률 시행령」 별표 4 제1호다목에 따라 옥내소화전설비를 설치해야 하는 특정소방대상물, 같은 호 라목에 따라 스프링클러설비를 설치해야 하는 특정소방대상물 또는 같은 호 바목에 따라 물분무등소화설비[화재안전기준에 따라 호스릴(hose reel) 방식의 물분무등소화설비만을 설치할 수 있는 특정소방대상물은 제외한다]를 설치해야 하는 특정소방대상물 2) 가스 제조설비를 갖추고 도시가스사업의 허가를 받아야 하는 시설 또는 가연성 가스를 100톤 이상 1천

종 류	내 용
	톤 미만 저장·취급하는 시설 3) 지하구 4) 「공동주택관리법」 제2조제1항제2호의 어느 하나에 해당하는 공동주택(「소방시설 설치 및 관리에 관한 법률 시행령」 별표 4 제1호다목 또는 라목에 따른 옥내소화전설비 또는 스프링클러설비가 설치된 공동주택으로 한정한다) 5) 「문화유산의 보존 및 활용에 관한 법률」 제23조에 따라 보물 또는 국보로 지정된 목조건축물 나. 2급 소방안전관리대상물에 선임해야 하는 소방안전관리자의 자격 다음의 어느 하나에 해당하는 사람으로서 2급 소방안전관리자 자격증을 발급받은 사람, 제1호에 따른 특급 소방안전관리대상물 또는 제2호에 따른 1급 소방안전관리대상물의 소방안전관리자 자격증을 발급받은 사람 1) 위험물기능장·위험물산업기사 또는 위험물기능사 자격이 있는 사람 2) 소방공무원으로 3년 이상 근무한 경력이 있는 사람 3) 소방청장이 실시하는 2급 소방안전관리대상물의 소방안전관리에 관한 시험에 합격한 사람 4) 「기업활동 규제완화에 관한 특별조치법」 제29조, 제30조 및 제32조에 따라 소방안전관리자로 선임된 사람(소방안전관리자로 선임된 기간으로 한정한다) 다. 선임인원: 1명 이상
3급 소방안전 관리 대상물	가. 3급 소방안전관리대상물의 범위 「소방시설 설치 및 관리에 관한 법률 시행령」 별표 2의 특정소방대상물 중 다음의 어느 하나에 해당하는 것(제1호에 따른 특급 소방안전관리대상물, 제2호에 따른 1급 소방안전관리대상물 및 제3호에 따른 2급 소방안전관리대상물은 제외한다) 1) 「소방시설 설치 및 관리에 관한 법률 시행령」 별표 4 제1호마목에 따라 간이스프링클러설비(주택전용 간이스프링클러설비는 제외한다)를 설치해야 하는 특정소방대상물 2) 「소방시설 설치 및 관리에 관한 법률 시행령」 별표 4 제2호다목에 따른 자동화재탐지설비를 설치해야 하는 특정소방대상물 나. 3급 소방안전관리대상물에 선임해야 하는 소방안전관리자의 자격 다음의 어느 하나에 해당하는 사람으로서 3급 소방안전관리자 자격증을 발급받은 사람 또는 제1호부터 제3호까지의 규정에 따라 특급 소방안전관리대상물, 1급 소방안전관리대상물 또는 2급 소방안전관리대상물의 소방안전관리자 자격증을 발급받은 사람 1) 소방공무원으로 1년 이상 근무한 경력이 있는 사람 2) 소방청장이 실시하는 3급 소방안전관리대상물의 소방안전관리에 관한 시험에 합격한 사람 3) 「기업활동 규제완화에 관한 특별조치법」 제29조, 제30조 및 제32조에 따라 소방안전관리자로 선임된 사람(소방안전관리자로 선임된 기간으로 한정한다) 다. 선임인원: 1명 이상

※ 비 고

1. 동식물원, 철강 등 불연성 물품을 저장·취급하는 창고, 위험물 저장 및 처리 시설 중 제조소등과 지하구는 특급 소방안전관리대상물 및 1급 소방안전관리대상물에서 제외한다.
2. 이 표 제1호에 따른 특급 소방안전관리대상물에 선임해야 하는 소방안전관리자의 자격을 산정할 때에는 동일한 기간에 수행한 경력이 두 가지 이상의 자격기준에 해당하는 경우 하나의 자격기준에 대해서만 그 기간을 인정하고 기간이 중복되지 않는 소방안전관리자 실무경력의 경우에는 각각의 기간을 실무경력으로 인정한다. 이 경우 자격기준별 실무경력 기간을 해당 실무경력 기준기간으로 나누어 합한 값이 1 이상이면 선임자격을 갖춘 것으로 본다.

[영 별표 5]

소방안전관리보조자를 선임해야 하는 소방안전관리대상물의 범위와 선임 대상별 자격 및 인원기준(제25조제2항 관련)

1. 소방안전관리보조자를 선임해야 하는 소방안전관리대상물의 범위
   별표 4에 따라 소방안전관리자를 선임해야 하는 소방안전관리대상물 중 다음 각 목의 어느 하나에 해당하는 소방안전관리대상물
   가. 「건축법 시행령」 별표 1 제2호가목에 따른 아파트 중 300세대 이상인 아파트
   나. 연면적이 1만5천제곱미터 이상인 특정소방대상물(아파트 및 연립주택은 제외한다)
   다. 가목 및 나목에 따른 특정소방대상물을 제외한 특정소방대상물 중 다음의 어느 하나에 해당하는 특정소방대상물
      1) 공동주택 중 기숙사
      2) 의료시설
      3) 노유자 시설
      4) 수련시설
      5) 숙박시설(숙박시설로 사용되는 바닥면적의 합계가 1천500제곱미터 미만이고 관계인이 24시간 상시 근무하고 있는 숙박시설은 제외한다)
2. 소방안전관리보조자의 자격
   가. 별표 4에 따른 특급 소방안전관리대상물, 1급 소방안전관리대상물, 2급 소방안전관리대상물 또는 3급 소방안전관리대상물의 소방안전관리자 자격이 있는 사람
   나. 「국가기술자격법」 제2조제3호에 따른 국가기술자격의 직무분야 중 건축, 기계제작, 기계장비설비·설치, 화공, 위험물, 전기, 전자 및 안전관리에 해당하는 국가기술자격이 있는 사람
   다. 「공공기관의 소방안전관리에 관한 규정」 제5조제1항제2호나목에 따른 강습교육을 수료한 사람
   라. 법 제34조제1항제1호에 따른 강습교육 중 이 영 제33조제1호부터 제4호까지에 해당하는 사람을 대상으로 하는 강습교육을 수료한 사람
   마. 소방안전관리대상물에서 소방안전 관련 업무에 2년 이상 근무한 경력이 있는 사람
3. 선임인원
   가. 제1호가목에 따른 소방안전관리대상물의 경우에는 1명. 다만, 초과되는 300세대마다 1명 이상을 추가로 선임해야 한다.
   나. 제1호나목에 따른 소방안전관리대상물의 경우에는 1명. 다만, 초과되는 연면적 1만5천제곱미터(특정소방대상물의 방재실에 자위소방대가 24시간 상시 근무하고 「소방장비관리법 시행령」 별표 1 제1호가목에 따른 소방자동차 중 소방펌프차, 소방물탱크차, 소방화학차 또는 무인방수차를 운용하는 경우에는 3만제곱미터로 한다)마다 1명 이상을 추가로 선임해야 한다.
   다. 제1호다목에 따른 소방안전관리대상물의 경우에는 1명. 다만, 해당 특정소방대상물이 소재하는 지역을 관할하는 소방서장이 야간이나 휴일에 해당 특정소방대상물이 이용되지 않는다는 것을 확인한 경우에는 소방안전관리보조자를 선임하지 않을 수 있다.

[영 별표 6] 소방안전관리자 자격시험에 응시할 수 있는 사람의 자격 (제31조 관련)

종 류	내 용
특급 소방안전 관리자	가. 1급 소방안전관리대상물의 소방안전관리자로 5년(소방설비기사의 경우에는 자격 취득 후 2년, 소방설비산업기사의 경우에는 자격 취득 후 3년) 이상 근무한 실무경력(법 제24조제3항에 따라 소방안전관리자로 선임되어 근무한 경력은 제외한다. 이하 이 표에서 같다)이 있는 사람 나. 1급 소방안전관리대상물의 소방안전관리자로 선임될 수 있는 자격을 갖춘 후 특급 또는 1급 소방안전관리대상물의 소방안전관리보조자로 7년 이상 근무한 실무경력이 있는 사람 다. 소방공무원으로 10년 이상 근무한 경력이 있는 사람 라. 「고등교육법」 제2조제1호부터 제6호까지 규정 중 어느 하나에 해당하는 학교(이하 "대학"이라 한다) 또는 「초·중등교육법 시행령」 제90조제1항제10호 및 제91조에 따른 고등학교(이하 "고등학교"라 한다)에서 소방안전관리학과(소방청장이 정하여 고시하는 학과를 말한다. 이하 이 표에서 같다)를 전공하고 졸업한 사람(법령에 따라 이와 같은 수준의 학력이 있다고 인정되는 사람을 포함한다)으로서 해당 학과를 졸업한 후 2년 이상 1급 소방안전관리대상물의 소방안전관리자로 근무한 실무경력이 있는 사람 마. 다음의 어느 하나에 해당하는 요건을 갖춘 후 3년 이상 1급 소방안전관리대상물의 소방안전관리자로 근무한 실무경력이 있는 사람 1) 대학 또는 고등학교에서 소방안전 관련 교과목(소방청장이 정하여 고시하는 교과목을 말한다. 이하 이 표에서 같다)을 12학점 이상 이수하고 졸업한 사람 2) 법령에 따라 1)에 해당하는 사람과 같은 수준의 학력이 있다고 인정되는 사람으로서 해당 학력 취득 과정에서 소방안전 관련 교과목을 12학점 이상 이수한 사람 3) 대학 또는 고등학교에서 소방안전 관련 학과(소방청장이 정하여 고시하는 학과를 말한다. 이하 이 표에서 같다)를 전공하고 졸업한 사람(법령에 따라 이와 같은 수준의 학력이 있다고 인정되는 사람을 포함한다) 바. 소방행정학(소방학 및 소방방재학을 포함한다) 또는 소방안전공학(소방방재공학 및 안전공학을 포함한다) 분야에서 석사 이상 학위를 취득한 후 2년 이상 1급 소방안전관리대상물의 소방안전관리자로 근무한 실무경력이 있는 사람 사. 특급 소방안전관리대상물의 소방안전관리보조자로 10년 이상 근무한 실무경력이 있는 사람 아. 법 제34조제1항제1호에 따른 강습교육 중 이 영 제33조제1호에 해당하는 사람을 대상으로 하는 강습교육을 수료한 사람 자. 「초고층 및 지하연계 복합건축물 재난관리에 관한 특별법」 제12조제1항 각 호 외의 부분 본문에 따라 총괄재난관리자로 지정되어 1년 이상 근무한 경력이 있는 사람
1급 소방안전 관리자	가. 대학 또는 고등학교에서 소방안전관리학과를 전공하고 졸업한 사람(법령에 따라 이와 같은 수준의 학력이 있다고 인정되는 사람을 포함한다)으로서 해당 학과를 졸업한 후 2년 이상 2급 소방안전관리대상물 또는 3급 소방안전관리대상물의 소방안전관리자로 근무한 실무경력이 있는 사람 나. 다음의 어느 하나에 해당하는 요건을 갖춘 후 3년 이상 2급 소방안전관리대상물 또는 3급 소방안전관리대상물의 소방안전관리자로 근무한 실무경력이 있는 사람 1) 대학 또는 고등학교에서 소방안전 관련 교과목을 12학점 이상 이수하고 졸업한 사람 2) 법령에 따라 1)에 해당하는 사람과 같은 수준의 학력이 있다고 인정되는 사람으로서 해당 학력 취득 과정에서 소방안전 관련 교과목을 12학점 이상 이수한 사람 3) 대학 또는 고등학교에서 소방안전 관련 학과를 전공하고 졸업한 사람(법령에 따라 이와 같은 수준의 학력이 있다고 인정되는 사람을 포함한다) 다. 소방행정학(소방학 및 소방방재학을 포함한다) 또는 소방안전공학(소방방재공학 및 안전공학을 포함한

종 류	내 용
	다) 분야에서 석사 이상 학위를 취득한 사람 라. 5년 이상 2급 소방안전관리대상물의 소방안전관리자로 근무한 실무경력이 있는 사람 마. 법 제34조제1항제1호에 따른 강습교육 중 이 영 제33조제1호 및 제2호에 해당하는 사람을 대상으로 하는 강습교육을 수료한 사람 바. 2급 소방안전관리대상물의 소방안전관리자로 선임될 수 있는 자격을 갖춘 후 특급 또는 1급 소방안전관리대상물의 소방안전관리보조자로 5년 이상 근무한 실무경력이 있는 사람 사. 2급 소방안전관리대상물의 소방안전관리자로 선임될 수 있는 자격을 갖춘 후 2급 소방안전관리대상물의 소방안전관리보조자로 7년 이상 근무한 실무경력(특급 또는 1급 소방안전관리대상물의 소방안전관리보조자로 근무한 실무경력이 있는 경우에는 이를 포함하여 합산한다)이 있는 사람 아. 산업안전기사 또는 산업안전산업기사의 자격을 취득한 후 2년 이상 2급 소방안전관리대상물 또는 3급 소방안전관리대상물의 소방안전관리자로 근무한 실무경력이 있는 사람 자. 제1호에 따라 특급 소방안전관리대상물의 소방안전관리자 시험응시 자격이 인정되는 사람
2급 소방안전 관리자	가. 대학 또는 고등학교에서 소방안전관리학과를 전공하고 졸업한 사람(법령에 따라 이와 같은 수준의 학력이 있다고 인정되는 사람을 포함한다) 나. 다음의 어느 하나에 해당하는 사람 1) 대학 또는 고등학교에서 소방안전 관련 교과목을 6학점 이상 이수하고 졸업한 사람 2) 법령에 따라 1)에 해당하는 사람과 같은 수준의 학력이 있다고 인정되는 사람으로서 해당 학력 취득 과정에서 소방안전 관련 교과목을 6학점 이상 이수한 사람 3) 대학 또는 고등학교에서 소방안전 관련 학과를 전공하고 졸업한 사람(법령에 따라 이와 같은 수준의 학력이 있다고 인정되는 사람을 포함한다) 다. 소방본부 또는 소방서에서 1년 이상 화재진압 또는 그 보조 업무에 종사한 경력이 있는 사람 라. 「의용소방대 설치 및 운영에 관한 법률」 제3조에 따라 의용소방대원으로 임명되어 3년 이상 근무한 경력이 있는 사람 마. 군부대(주한 외국군부대를 포함한다) 및 의무소방대의 소방대원으로 1년 이상 근무한 경력이 있는 사람 바. 「위험물안전관리법」 제19조에 따른 자체소방대의 소방대원으로 3년 이상 근무한 경력이 있는 사람 사. 「대통령 등의 경호에 관한 법률」에 따른 경호공무원 또는 별정직공무원으로서 2년 이상 안전검측 업무에 종사한 경력이 있는 사람 아. 경찰공무원으로 3년 이상 근무한 경력이 있는 사람 자. 법 제34조제1항제1호에 따른 강습교육 중 이 영 제33조제1호부터 제3호까지에 해당하는 사람을 대상으로 하는 강습교육을 수료한 사람 차. 「공공기관의 소방안전관리에 관한 규정」 제5조제1항제2호나목에 따른 강습교육을 수료한 사람 카. 특급 소방안전관리대상물, 1급 소방안전관리대상물, 2급 소방안전관리대상물 또는 3급 소방안전관리대상물의 소방안전관리보조자로 3년 이상 근무한 실무경력이 있는 사람 타. 3급 소방안전관리대상물의 소방안전관리자로 2년 이상 근무한 실무경력이 있는 사람 파. 건축사·산업안전기사·산업안전산업기사·건축기사·건축산업기사·일반기계기사·전기기능장·전기기사·전기산업기사·전기공사기사·전기공사산업기사·건설안전기사 또는 건설안전산업기사 자격을 가진 사람 하. 제1호 및 제2호에 따라 특급 또는 1급 소방안전관리대상물의 소방안전관리자 시험응시 자격이 인정되는 사람
3급 소방안전 관리자	가. 「의용소방대 설치 및 운영에 관한 법률」 제3조에 따라 의용소방대원으로 임명되어 의용소방대원으로 2년 이상 근무한 경력이 있는 사람 나. 「위험물안전관리법」 제19조에 따른 자체소방대의 소방대원으로 1년 이상 근무한 경력이 있는 사람

종 류	내 용
	다. 「대통령 등의 경호에 관한 법률」에 따른 경호공무원 또는 별정직공무원으로 1년 이상 안전검측 업무에 종사한 경력이 있는 사람 라. 경찰공무원으로 2년 이상 근무한 경력이 있는 사람 마. 법 제34조제1항제1호에 따른 강습교육 중 이 영 제33조제1호부터 제4호까지에 해당하는 사람을 대상으로 하는 강습교육을 수료한 사람 바. 「공공기관의 소방안전관리에 관한 규정」 제5조제1항제2호나목에 따른 강습교육을 수료한 사람 사. 특급 소방안전관리대상물, 1급 소방안전관리대상물, 2급 소방안전관리대상물 또는 3급 소방안전관리대상물의 소방안전관리보조자로 2년 이상 근무한 실무경력이 있는 사람 아. 제1호부터 제3호까지의 규정에 따라 특급 소방안전관리대상물, 1급 소방안전관리대상물 또는 2급 소방안전관리대상물의 소방안전관리자 시험응시 자격이 인정되는 사람

[영 별표 7] 화재예방안전진단 결과에 따른 안전등급 기준 (제44조제3항 관련)

안전등급	화재예방안전진단 대상물의 상태
우수(A)	화재예방안전진단 실시 결과 문제점이 발견되지 않은 상태
양호(B)	화재예방안전진단 실시 결과 문제점이 일부 발견되었으나 대상물의 화재안전에는 이상이 없으며 대상물 일부에 대해 법 제41조제5항에 따른 보수 · 보강 등의 조치명령(이하 이 표에서 "조치명령"이라 한다)이 필요한 상태
보통(C)	화재예방안전진단 실시 결과 문제점이 다수 발견되었으나 대상물의 전반적인 화재안전에는 이상이 없으며 대상물에 대한 다수의 조치명령이 필요한 상태
미흡(D)	화재예방안전진단 실시 결과 광범위한 문제점이 발견되어 대상물의 화재안전을 위해 조치명령의 즉각적인 이행이 필요하고 대상물의 사용 제한을 권고할 필요가 있는 상태
불량(E)	화재예방안전진단 실시 결과 중대한 문제점이 발견되어 대상물의 화재안전을 위해 조치명령의 즉각적인 이행이 필요하고 대상물의 사용 중단을 권고할 필요가 있는 상태

※ 비 고 : 안전등급의 세부적인 기준은 소방청장이 정하여 고시한다.

[영 별표 8] 화재예방안전진단기관의 시설, 전문인력 등 지정기준 (제46조 관련)

1. 시설

화재예방안전진단을 목적으로 설립된 비영리법인 · 단체로서 제2호에 따른 전문인력이 근무할 수 있는 사무실과 제3호에 따른 장비를 보관할 수 있는 창고를 갖출 것. 이 경우 사무실과 창고를 임차하여 사용하는 경우도 사무실과 창고를 갖춘 것으로 본다.

2. 전문인력

다음 각 목의 전문인력을 모두 갖출 것. 이 경우 전문인력은 해당 화재예방안전진단기관의 상근 직원이어야 하며, 한 사람이 다음 각 목의 자격 요건 중 둘 이상을 충족하는 경우에도 한 명의 전문인력으로 본다.

가. 다음에 해당하는 사람

1) 소방기술사: 1명 이상
2) 소방시설관리사: 1명 이상
3) 전기안전기술사 · 화공안전기술사 · 가스기술사 · 위험물기능장 또는 건축사: 1명 이상

나. 다음의 분야별로 각 1명 이상

분야	자격요건
소방	1) 소방기술사 / 2) 소방시설관리사 / 3) 소방설비기사(산업기사를 포함한다) 자격 취득 후 소방 관련 업무경력이 3년(소방설비산업기사의 경우 5년) 이상인 사람
전기	1) 전기안전기술사 / 2) 전기기사(산업기사를 포함한다) 자격 취득 후 소방 관련 업무 경력이 3년(전기산업기사의 경우 5년) 이상인 사람
화공	1) 화공안전기술사 / 2) 화공기사(산업기사를 포함한다) 자격 취득 후 소방 관련 업무 경력이 3년(화공산업기사의 경우 5년) 이상인 사람
가스	1) 가스기술사 / 2) 가스기사(산업기사를 포함한다) 자격 취득 후 소방 관련 업무 경력이 3년(가스산업기사의 경우 5년) 이상인 사람
위험물	1) 위험물기능장 / 2) 위험물산업기사 자격 취득 후 소방 관련 업무 경력이 5년 이상인 사람
건축	1) 건축사 / 2) 건축기사(산업기사를 포함한다) 자격 취득 후 소방 관련 업무 경력이 3년(건축산업기사의 경우 5년) 이상인 사람
교육훈련	소방안전교육사

※ 비고 : 소방 관련 업무 경력은 소방청장이 정하여 고시하는 기준에 따른다.

3. 장비 : 소방, 전기, 가스, 위험물, 건축 분야별로 행정안전부령으로 정하는 장비를 갖출 것

[영 별표 9] 과태료부과기준 (제51조 관련)

1. 일반기준

가. 위반행위의 횟수에 따른 과태료의 가중된 부과기준은 최근 1년간 같은 위반행위로 과태료 부과처분을 받은 경우에 적용한다. 이 경우 기간의 계산은 위반행위에 대하여 과태료 부과처분을 받은 날과 그 처분 후 다시 같은 위반행위를 하여 적발된 날을 기준으로 한다.

나. 가목에 따라 가중된 부과처분을 하는 경우 가중처분의 적용 차수는 그 위반행위 전 부과처분 차수(가목에 따른 기간 내에 과태료 부과처분이 둘 이상 있었던 경우에는 높은 차수를 말한다)의 다음 차수로 한다.

다. 부과권자는 다음의 어느 하나에 해당하는 경우에는 제2호의 개별기준에 따른 과태료의 2분의 1 범위에서 그 금액을 줄여 부과할 수 있다. 다만, 과태료를 체납하고 있는 위반행위자에 대해서는 그렇지 않다.

1) 위반행위가 사소한 부주의나 오류로 인한 것으로 인정되는 경우
2) 위반행위자가 법 위반상태를 시정하거나 해소하기 위하여 노력한 사실이 인정되는 경우
3) 위반행위자가 처음 위반행위를 한 경우로서 3년 이상 해당 업종을 모범적으로 영위한 사실이 인정되는 경우
4) 위반행위자가 화재 등 재난으로 재산에 현저한 손실을 입거나 사업 여건의 악화로 그 사업이 중대한 위기에 처하는 등 사정이 있는 경우
5) 위반행위자가 같은 위반행위로 다른 법률에 따라 과태료・벌금・영업정지 등의 처분을 받은 경우
6) 그 밖에 위반행위의 정도, 위반행위의 동기와 그 결과 등을 고려하여 과태료 금액을 줄일 필요가 있다고 인정되는 경우

2. 개별기준 (2021.1.19)

위반행위	근거 법조문	과태료 금액(만원)		
		1차위반	2차위반	3차이상위반
가. 정당한 사유 없이 법 제17조제1항 각 호의 어느 하나에 해당하는 행위를 한 경우	법 제52조 제1항제1호	300		
나. 법 제17조제4항에 따른 불을 사용할 때 지켜야 하는 사항 및 같은 조 제5항에 따른 특수가연물의 저장 및 취급 기준을 위반한 경우	법 제52조 제2항제1호	200		
다. 법 제18조제4항에 따른 소방설비등의 설치 명령을 정당한 사유 없이 따르지 않은 경우	법 제52조 제2항제2호	200		
라. 법 제24조제2항을 위반하여 소방안전관리자를 겸한 경우	법 제52조 제1항제2호	300		
마. 법 제24조제5항에 따른 소방안전관리업무를 하지 않은 경우	법 제52조 제1항제3호	100	200	300
바. 법 제26조제1항을 위반하여 기간 내에 선임신고를 하지 않거나 소방안전관리자의 성명 등을 게시하지 않은 경우	법 제52조 제2항제3호			
1) 지연 신고기간이 1개월 미만인 경우		50		
2) 지연 신고기간이 1개월 이상 3개월 미만인 경우		100		
3) 지연 신고기간이 3개월 이상이거나 신고하지 않은 경우		200		
4) 소방안전관리자의 성명 등을 게시하지 않은 경우		50	100	200
사. 법 제27조제2항을 위반하여 소방안전관리업무의 지도·감독을 하지 않은 경우	법 제52조 제1항제4호	300		
아. 법 제29조제1항을 위반하여 기간 내에 선임신고를 하지 않은 경우	법 제52조 제2항제4호			
1) 지연 신고기간이 1개월 미만인 경우		50		
2) 지연 신고기간이 1개월 이상 3개월 미만인 경우		100		
3) 지연 신고기간이 3개월 이상이거나 신고하지 않은 경우		200		
자. 법 제29조제2항에 따른 건설현장 소방안전관리대상물의 소방안전관리자의 업무를 하지 않은 경우	법 제52조 제1항제5호	100	200	300
차. 법 제34조제1항제2호를 위반하여 실무교육을 받지 않은 경우	법 제52조 제3항	50		
카. 법 제36조제3항을 위반하여 피난유도 안내정보를 제공하지 않은 경우	법 제52조 제1항제6호	100	200	300
타. 법 제37조제1항을 위반하여 소방훈련 및 교육을 하지 않은 경우	법 제52조 제1항제7호	100	200	300
파. 법 제37조제2항을 위반하여 기간 내에 소방훈련 및 교육 결과를 제출하지 않은 경우	법 제52조 제2항제5호			
1) 지연 제출기간이 1개월 미만인 경우		50		
2) 지연 제출기간이 1개월 이상 3개월 미만인 경우		100		
3) 지연 제출기간이 3개월 이상이거나 제출을 하지 않은 경우		200		
하. 법 제41조제4항을 위반하여 화재예방안전진단 결과를 제출하지 않은 경우	법 제52조 제1항제8호			
1) 지연 제출기간이 1개월 미만인 경우		100		
2) 지연 제출기간이 1개월 이상 3개월 미만인 경우		200		
3) 지연 제출기간이 3개월 이상이거나 제출하지 않은 경우		300		

시행규칙

[규칙 별표 1]

소방안전관리업무 대행인력의 배치기준 · 자격 및 방법 등 준수사항(제12조 관련)

1. 업무대행 인력의 배치기준

「소방시설 설치 및 관리에 관한 법률」 제29조에 따라 소방시설관리업을 등록한 소방시설관리업자가 법 제25조제1항에 따라 영 제28조제2항 각 호의 소방안전관리업무를 대행하는 경우에는 다음 각 목에 따른 소방안전관리업무 대행인력(이하 "대행인력"이라 한다)을 배치해야 한다.

가. 소방안전관리대상물의 등급 및 소방시설의 종류에 따른 대행인력의 배치기준.

[표 1] 소방안전관리등급 및 설치된 소방시설에 따른 대행인력의 배치 등급

소방안전관리대상물의 등급	설치된 소방시설의 종류	대행인력의 기술등급
1급 또는 2급	스프링클러설비, 물분무등소화설비 또는 제연설비	중급점검자 이상 1명 이상
	옥내소화전설비 또는 옥외소화전설비	초급점검자 이상 1명 이상
3급	자동화재탐지설비 또는 간이스프링클러설비	초급점검자 이상 1명 이상

1. 소방안전관리대상물의 등급은 영 별표 4에 따른 소방안전관리대상물의 등급을 말한다.
2. 대행인력의 기술등급은 「소방시설공사업법 시행규칙」 별표 4의2에 따른 소방기술자의 자격 등급에 따른다.
3. 연면적 5천제곱미터 미만으로서 스프링클러설비가 설치된 1급 또는 2급 소방안전관리대상물의 경우에는 초급점검자를 배치할 수 있다. 다만, 스프링클러설비 외에 제연설비 또는 물분무등소화설비가 설치된 경우에는 그렇지 않다
4. 스프링클러설비에는 화재조기진압용 스프링클러설비를 포함하고, 물분무등소화설비에는 호스릴방식은 제외한다.

나. 대행인력 1명의 1일 소방안전관리업무 대행 업무량은 [표 2] 및 [표 3]에 따라 산정한 배점을 합산하여 산정하며, 이 합산점수는 8점(이하 "1일 한도점수"라 한다)을 초과할 수 없다.

[표 2] 하나의 소방안전관리대상물의 면적별 배점기준표(아파트는 제외한다)

소방안전관리대상물의 등급	연면적	대행인력 등급별 배점		
		초급점검자	중급점검자	고급점검자 이상
3급	전체	0.7		
1급 또는 2급	1,500㎡ 미만	0.8	0.7	0.6
	1,500㎡ 이상 3,000㎡ 미만	1.0	0.8	0.7
	3,000㎡ 이상 5,000㎡ 미만	1.2	1.0	0.8
	5,000㎡ 이상 10,000㎡ 이하	1.9	1.3	1.1
	10,000㎡ 초과 15,000㎡ 이하	-	1.6	1.4

※ 비고 : 주상복합아파트의 경우 세대부를 제외한 연면적과 세대수에 「소방시설 설치 및 관리에 관한 법률 시행규칙」 별표 3의 종합점검 대상의 경우 32, 작동점검 대상의 경우 40을 곱하여 계산된 값을 더하여 연면적을 산정한다. 다만, 환산한 연면적이 1만5천제곱미터를 초과한 경우에는 1만5천제곱미터로 본다.

[표 3] 하나의 소방안전관리대상물 중 아파트 배점기준표

소방안전관리대상물의 등급	세대구분	대행인력 등급별 배점		
		초급점검자	중급점검자	고급점검자 이상
3급	30세대 미만	0.8		
1급 또는 2급	30세대 이상 50세대 미만	1.0	0.8	0.7
	50세대 이상 150세대 미만	1.2	1.0	0.8
	150세대 이상 300세대 미만	1.9	1.3	1.1
	300세대 이상 500세대 미만	–	1.6	1.4
	500세대 이상 1,000세대 미만	–	2.0	1.8
	1,000세대 초과	–	2.3	2.1

다. 하루에 2개 이상의 대행 업무를 수행하는 경우에는 소방안전관리대상물 간의 이동거리(좌표거리를 말한다) 5킬로미터 마다 1일 한도점수에 0.01를 곱하여 계산된 값을 1일 한도점수에서 뺀다. 다만, 육지와 도서지역 간에 차량 출입이 가능한 교량으로 연결되지 않은 지역 또는 소방시설관리업자가 없는 시·군 지역은 제외한다.

라. 2명 이상의 대행인력이 함께 대행업무를 수행하는 경우 [표 2] 및 [표 3]의 배점을 인원수로 나누어 적용하되, 소수점 둘째자리에서 절사한다.

마. 영 별표 4 제2호가목3)에 해당하는 1급 소방안전관리대상물은 [표 2]의 배점에 10%를 할증하여 적용한다.

2. 대행인력의 자격기준 및 점검표

가. 대행인력은 「소방시설 설치 및 관리에 관한 법률」 제29조에 따라 소방시설관리업에 등록된 기술인력을 말한다.

나. 대행인력의 기술등급은 「소방시설공사업법 시행규칙」 별표 4의2 제3호다목의 소방시설 자체점검 점검자의 기술등급 자격에 따른다.

[규칙 별표 2] **소방안전관리자 현황표** (제15조제2항 관련) – 주 내용에 삽입됨

[규칙 별표 3] **소방안전관리자 자격의 정지 및 취소 기준** (제19조 관련) – 주 내용에도 삽입됨

위반 사항	근거 법령	행정처분기준		
		1차 위반	2차 위반	3차이상 위반
가. 거짓이나 그 밖의 부정한 방법으로 소방안전관리자 자격증을 발급받은 경우	법 제31조 제1항제1호	자격취소		
나. 법 제24조제5항에 따른 소방안전관리업무를 게을리한 경우	법 제31조 제1항제2호	경고 (시정명령)	자격정지 (3개월)	자격정지 (6개월)
다. 법 제30조제4항을 위반하여 소방안전관리자 자격증을 다른 사람에게 빌려준 경우	법 제31조 제1항제3호	자격취소		
라. 제34조에 따른 실무교육을 받지 않는 경우	법 제31조 제1항제4호	경고 (시정명령)	자격정지 (3개월)	자격정지 (6개월)

[규칙 별표 4]

소방안전관리자 자격의 정지 및 취소 기준(제19조 관련) 〈2025. 6. 26 개정〉

1. 특급 소방안전관리자

구분	과목	시험 내용	문항수	시험 방법	시험 시간
제1차 시험	제1과목	소방안전관리자 제도, 화재통계 및 피해분석, 위험물안전관리 법령 및 안전관리, 직업윤리 및 리더십, 소방 관계 법령, 건축 · 전기 · 가스 관계 법령 및 안전관리, 재난관리 일반 및 관련 법령, 초고층재난관리 법령, 화재예방 사례 및 홍보	50문항	선택형	120분
	제2과목	소방기초이론, 연소 · 방화 · 방폭공학, 고층건축물 소방시설 적용기준, 공사장 안전관리 계획 및 감독, 화기취급감독 및 화재위험작업 허가 · 관리, 종합방재실 운용, 고층건축물 화재 등 재난사례 및 대응방법, 화재원인 조사실무, 소방시설의 종류 및 기준, 피난안전구역 운영, 위험성 평가기법 및 성능위주 설계, 화재피해 복구	50문항		
제2차 시험	제1과목	소방시설(소화 · 경보 · 피난구조 · 소화용수 · 소화활동설비)의 구조 점검 · 실습 · 평가	10문항	주관식 서술형 (단답형, 기입형 또는 계산형 문제를 포함할 수 있다)	90분
	제2과목	피난시설, 방화구획 및 방화시설의 관리, 통합안전점검 실시(가스, 전기, 승강기 등), 소방계획 수립 이론 · 실습 · 평가(피난약자의 피난계획 등 포함), 방재계획 수립 이론 · 실습 · 평가, 소방시설 등 자체점검서식의 작성 실습 · 평가, 구조 및 응급처치 이론 · 실습 · 평가, 소방안전 교육 및 훈련 이론 · 실습 · 평가, 화재 시 초기대응 및 피난 실습 · 평가, 재난예방 및 피해경감계획 수립 이론 · 실습 · 평가, 자위소방대 및 초기대응체계 구성 등 이론 · 실습 · 평가, 업무 수행기록의 작성 · 유지 및 실습 · 평가	10문항		

2. 1급 소방안전관리자

구분	시험 내용	문항수	시험 방법	시험 시간
제1과목	소방안전관리자 제도, 소방 관계 법령, 건축 관계 법령, 소방학개론, 화기취급감독 및 화재위험작업 허가 · 관리, 공사장 안전관리 계획 및 감독, 위험물 · 전기 · 가스 안전관리, 종합방재실 운영, 피난시설, 방화구획 및 방화시설의 관리, 소방시설의 종류 및 기준, 소방시설(소화 · 경보 · 피난구조 · 소화용수 · 소화활동설비)의 구조	25문항	선택형 (기입형을 포함할 수 있다)	60분
제2과목	소방시설(소화 · 경보 · 피난구조 · 소화용수 · 소화활동설비)의 점검 · 실습 · 평가, 소방계획 수립 이론 · 실습 · 평가(피난약자의 피난계획 등 포함), 자위소방대 및 초기대응체계 구성 등 이론 · 실습 · 평가, 소방시설 등 자체점검서식 작성 실습 · 평가, 업무 수행기록의 작성 · 유지 및 실습 · 평가, 구조 및 응급처치 이론 · 실습 · 평가, 소방안전 교육 및 훈련 이론 · 실습 · 평가, 화재 시 초기대응 및 피난 실습 · 평가	25문항		

3. 2급 소방안전관리자

구분	시험 내용	문항수	시험 방법	시험 시간
제1과목	소방안전관리자 제도, 소방 관계 법령(건축 관계 법령 포함), 소방학개론, 화기취급감독 및 화재위험작업 허가·관리, 위험물·전기·가스 안전관리, 피난시설, 방화구획 및 방화시설의 관리, 소방시설의 종류 및 기준, 소방시설(소화설비, 경보설비, 피난구조설비)의 구조	25문항	선택형(기입형을 포함할 수 있다)	60분
제2과목	소방시설(소화설비, 경보설비, 피난구조설비)의 점검·실습·평가, 소방계획 수립 이론·실습·평가(피난약자의 피난계획 등 포함), 자위소방대 및 초기대응체계 구성 등 이론·실습·평가, 소방시설 등 자체점검서식 작성 실습·평가, 응급처치 이론·실습·평가, 소방안전 교육 및 훈련 이론·실습·평가, 화재 시 초기대응 및 피난 실습·평가, 업무 수행기록의 작성·유지 실습·평가	25문항		

4. 3급 소방안전관리자

구분	시험 내용	문항수	시험 방법	시험 시간
제1과목	소방 관계 법령, 화재일반, 화기취급감독 및 화재위험작업 허가·관리, 위험물·전기·가스 안전관리, 소방시설(소화설비, 경보설비, 피난구조설비)의 구조	25문항	선택형(기입형을 포함할 수 있다)	60분
제2과목	소방시설(소화설비, 경보설비, 피난구조설비)의 점검·실습·평가, 소방계획 수립 이론·실습·평가(업무 수행기록의 작성·유지 실습·평가, 피난약자의 피난계획 등 포함), 소방시설 등 자체점검서식 작성 실습·평가, 응급처치 이론·실습·평가, 소방안전 교육 및 훈련 이론·실습·평가, 화재 시 초기대응 및 피난 실습·평가	25문항		

[규칙 별표 5] **강습교육 과목, 시간 및 운영방법** (제28조 관련)

1. 교육과정별 과목 및 시간 〈2025. 6. 26 개정〉

교육대상 및 시간	교육과목
가. 영 별표 4의 특급 소방안전관리대상물에 소방안전관리자가 되려는 사람 (* 교육시간: 160시간)	소방안전관리자 제도, 화재통계 및 피해분석, 직업윤리 및 리더십, 소방 관계 법령, 건축·전기·가스 관계 법령 및 안전관리, 위험물안전관계 법령 및 안전관리, 재난관리 일반 및 관련 법령, 초고층재난관리 법령, 소방기초이론, 연소·방화·방폭공학, 화재예방 사례 및 홍보, 고층건축물 소방시설 적용기준, 소방시설의 종류 및 기준, 소방시설(소화설비, 경보설비, 피난구조설비, 소화용수설비, 소화활동설비)의 구조·점검·실습·평가, 공사장 안전관리 계획 및 감독, 화기취급감독 및 화재위험작업 허가·관리, 종합방재실 운용, 피난안전구역 운영, 고층건축물 화재 등 재난사례 및 대응방법, 화재원인 조사실무, 위험성 평가기법 및 성능위주 설계, 소방계획의 수립 이론·실습·평가(피약자의 피난계획 등 포함), 자위소방대 및 초기대응체계 구성 등 이론·실습·평가, 방재계획 수립 이론·실습·평가, 재난예방 및 피해경감계획 수립 이론·실습·평가, 소방시설 등 자체점검 서식의 작성 실습·평가, 통합안전점검 실시(가스, 전기, 승강기 등), 피난시설, 방화구획 및 방화시설의 관리, 구조 및 응급처치 이론·실습·평가, 소방안전 교육 및 훈련 이론·실습·평가, 화재 시 초기대응 및 피난 실습·평가, 업무 수행기록의 작성·유지 실습·평가, 화재피해 복구, 초고층 건축물 안전관리 우수사례 토의, 소방신기술 동향, 시청각 교육

교육대상 및 시간	교육과목
나. 영 별표 4의 1급 소방안전관리대상물에 소방안전관리자가 되려는 사람 (* 교육시간: 80시간)	소방안전관리자 제도, 소방 관계 법령, 건축 관계 법령, 소방학개론, 화기취급감독 및 화재위험작업 허가·관리, 공사장 안전관리 계획 및 감독, 위험물·전기·가스 안전관리, 종합방재실 운영, 소방시설의 종류 및 기준, 소방시설(소화설비, 경보설비, 피난구조설비, 소화용수설비, 소화활동설비)의 구조·점검·실습·평가, 소방계획의 수립 이론·실습·평가(피난약자의 피난계획 등 포함), 자위소방대 및 초기대응체계 구성 등 이론·실습·평가, 소방시설 등 자체점검 서식 작성 실습·평가, 피난시설, 방화구획 및 방화시설의 관리, 구조 및 응급처치 이론·실습·평가, 소방안전 교육 및 훈련 이론·실습·평가, 화재 시 초기대응 및 피난 실습·평가, 업무 수행기록의 작성·유지 실습·평가, 형성평가(시험)
다. 영 별표 4의 2급 소방안전관리대상물에 소방안전관리자가 되려는 사람 (* 교육시간: 40시간)	소방안전관리자 제도, 소방 관계 법령(건축 관계 법령 포함), 소방학개론, 화기취급감독 및 화재위험작업 허가·관리, 위험물·전기·가스 안전관리, 소방시설의 종류 및 기준, 소방시설(소화설비, 경보설비, 피난구조설비)의 구조·점검·실습·평가, 소방계획의 수립 이론·실습·평가(피난약자의 피난계획 등 포함), 자위소방대 및 초기대응체계 구성 등 이론·실습·평가, 소방시설 등 자체점검 서식작성 실습·평가, 피난시설, 방화구획 및 방화시설의 관리, 응급처치 이론·실습·평가, 소방안전 교육 및 훈련 이론·실습·평가, 화재 시 초기대응 및 피난 실습·평가, 업무 수행기록의 작성·유지 실습·평가, 형성평가(시험)
라. 영 별표 4의 3급소방안전관리대상물에 소방안전관리자가 되려는 사람 (* 교육시간: 24시간)	소방 관계 법령, 화재일반, 화기취급감독 및 화재위험작업 허가·관리, 위험물·전기·가스 안전관리, 소방시설(소화설비, 경보설비, 피난구조설비)의 구조·점검·실습·평가, 소방계획의 수립 이론·실습·평가(업무 수행기록의 작성·유지 실습·평가 및 피난약자의 피난계획 등 포함), 소방시설 등 자체점검 서식 작성 실습·평가, 응급처치 이론·실습·평가, 소방안전 교육 및 훈련 이론·실습·평가, 화재 시 초기대응 및 피난 실습·평가, 형성평가(시험)
마. 영 제40조의 공공기관에 소방안전관리자가 되려는 사람 (* 교육시간: 40시간)	소방안전관리자 제도, 직업윤리 및 리더십, 소방 관계 법령, 건축 관계 법령, 공공기관 소방안전규정의 이해, 소방학개론, 소방시설의 종류 및 기준, 소방시설(소화설비, 경보설비, 피난구조설비, 소화용수설비, 소화활동설비)의 구조·점검·실습·평가, 소방안전관리업무 대행 감독, 공사장 안전관리 계획 및 감독, 화기취급감독 및 화재위험작업 허가·관리, 위험물·전기·가스 안전관리, 소방계획의 수립 이론·실습·평가(피난약자의 피난계획 등 포함), 자위소방대 및 초기대응체계 구성 등 이론·실습·평가, 소방시설 등 자체점검 서식 및 외관점검표 작성 실습·평가, 피난시설, 방화구획 및 방화시설의 관리, 응급처치 이론·실습·평가, 소방안전 교육 및 훈련 이론·실습·평가, 화재 시 초기대응 및 피난 실습·평가, 업무 수행기록의 작성·유지 실습·평가, 공공기관 소방안전관리 우수사례 토의, 형성평가(수료)
바. 법 제24조제3항에 따른 업무대행 감독 소방안전관리자가 되려는 사람 (* 교육시간: 16시간)	소방 관계 법령, 소방안전관리업무대행 감독, 소방시설 유지·관리, 화기취급감독 및 위험물·전기·가스 안전관리, 소방계획의 수립 이론·실습·평가(업무 수행기록의 작성·유지 및 피난약자의 피난계획 등 포함), 자위소방대 구성운영 등 이론·실습·평가, 응급처치 이론·실습·평가, 소방안전 교육 및 훈련 이론·실습·평가, 화재 시 초기대응 및 피난 실습·평가, 형성평가(수료)
사. 법 제29조제1항에 따른 건설현장 소방안전관리자가 되려는 사람 (* 교육시간: 24시간)	소방 관계 법령, 건설현장 관련 법령, 건설현장 화재일반, 건설현장 위험물·전기·가스 안전관리, 임시소방시설의 구조·점검·실습·평가, 화기취급감독 및 화재위험작업 허가·관리, 건설현장 소방계획 이론·실습·평가, 초기대응체계 구성·운영 이론·실습·평가, 건설현장 피난계획 수립, 건설현장 작업자 교육훈련 이론·실습·평가, 응급처치 이론·실습·평가, 형성평가(수료)

2. 교육 운영 방법 등
   가. 교육과정별 교육시간 편성기준
   나. 가목에 따른 평가는 서식작성, 설비운용(소방시설에 대한 점검능력을 포함한다) 및 비상대응 등 실습내용에 대한 평가를 말한다.
   다. 교육과정을 수료하려는 사람은 가목에 따른 교육시간 합계의 90퍼센트 이상을 출석하고, 나목에 따른 실습내용 평가에 합격(해당 평가항목을 이수하거나 평가기준을 충족한 경우를 말한다)해야 한다. 다만, 결강시간은 1일 최대 3시간을 초과할 수 없다.

라. 공공기관 소방안전관리업무에 관한 강습과목 중 일부 과목은 16시간 범위에서 원격교육으로 실시할 수 있다.

마. 구조 및 응급처치과목에는 「응급의료에 관한 법률 시행규칙」 제6조제1항에 따른 구조 및 응급처치에 관한 교육의 내용과 시간이 포함되어야 한다.

교육대상	시간 합계	이론(30%)	실무(70%)	
			일반(30%)	실습 및 평가(40%)
특급 소방안전관리자	160시간	48시간	48시간	64시간
1급 소방안전관리자	80시간	24시간	24시간	32시간
2급 및 공공기관 소방안전관리자	40시간	12시간	12시간	16시간
3급 소방안전관리자	24시간	7시간	7시간	10시간
업무 대행감독 소방안전관리자	16시간	5시간	5시간	6시간
건설현장 소방안전관리자	24시간	7시간	7시간	10시간

[규칙 별표 6]

소방안전관리자 및 소방안전관리보조자에 대한 실무교육의 과목, 시간 및 운영방법(제31조 관련)

1. 소방안전관리자에 대한 실무교육의 과목 및 시간

교육과목		교육시간
가. 소방 관계 법규 및 화재 사례 나. 소방시설의 구조원리 및 현장실습 다. 소방시설의 유지·관리요령 라. 소방계획서의 작성 및 운영 마. 업무 수행 기록·유지에 관한 사항	바. 자위소방대의 조직과 소방 훈련 및 교육 사. 피난시설 및 방화시설의 유지·관리 아. 화재 시 초기대응 및 인명 대피 요령 자. 소방 관련 질의회신 등	8시간 이내

※ 비고 : 교육과목 중 이론 과목 및 서식작성 등은 4시간 이내에서 원격교육으로 실시할 수 있다.

2. 소방안전관리보조자에 대한 실무교육의 과목 및 시간

교육과목		교육시간
가. 소방 관계 법규 및 화재 사례 나. 화재의 예방·대비 다. 소방시설 유지관리 실습	라. 초기대응체계 교육 및 훈련 실습 마. 화재발생 시 대응 실습 등	4시간

3. 교육운영 방법

가. 실무교육은 이론·실습 또는 실습·평가로 구분하여 실시할 수 있다. 이 경우 실습·평가는 교육시간을 달리 정할 수 있다.

나. 실무교육의 수료를 위한 출석기준은 제1호 및 제2호에 따른 교육시간의 90퍼센트 이상으로 한다. 다만, 실습·평가의 경우에는 가목 후단에 따라 달리 정한 시간의 100퍼센트로 한다.

[규칙 별표 7]

화재예방안전진단기관의 장비기준 (제43조 관련)

다음의 분야별 장비를 모두 갖출 것. 다만, 해당 장비의 기능을 2개 이상 갖춘 복합기능 장비를 갖춘 경우에는 개별 장비를 갖춘 것으로 본다.

분야	장비
소방	1) 방수압력측정계, 절연저항계, 전류전압측정계　2) 저울 3) 소화전밸브압력계　4) 헤드결합렌치 5) 검량계, 기동관누설시험기, 그 밖에 소화약제의 저장량을측정할 수 있는 점검기구 6) 열감지기시험기, 연(煙)감지기시험기, 공기주입시험기, 감지기시험기연결폴대, 음량계 7) 누전계(누전전류 측정용)　8) 무선기(통화시험용) 9) 풍속풍압계, 폐쇄력측정기, 차압계(압력차 측정기) 10) 조도계(최소눈금이 0.1럭스 이하인 것)　11) 화재 및 피난 모의시험이 가능한 컴퓨터 12) 화재 모의시험을 위한 프로그램　13) 피난 모의시험을 위한 프로그램 14) 교육·훈련 평가 기자재　가) 연기발생기　나) 초시계
전기	1) 정전기 전하량 측정기　2) 적외선 열화상 카메라 3) 검전기　4) 클램프미터 5) 절연안전모　6) 고압절연장갑 7) 절연장화
가스	1) 가스누출검출기　2) 가스농도측정기 3) 일산화탄소농도측정기　4) 가스누출 검지액
위험물	1) 접지저항측정기(최소눈금 0.1옴 이하) 2) 가스농도측정기(탄화수소계 가스의 농도측정 가능할 것) 3) 정전기 전위측정기 4) 토크렌치(torque wrench: 볼트와 너트를 규정된 회전력에 맞춰 조이는데 사용하는 도구) 5) 진동시험기　6) 표면온도계(섭씨 영하 10도 ~ 300도) 7) 두께측정기　8) 소화전밸브압력계 9) 방수압력측정계　10) 포콜렉터 11) 헤드렌치　12) 포콘테이너
건축	1) 거리측정기 2) 건축 관계 도면 검토가 가능한 프로그램(AUTO CAD 등) 3) 도막(도료, 도포막) 두께측정장비(측정범위가 0.1밀리미터 이하일 것)

[규칙 별표 8]

화재예방안전진단기관의 지정취소 및 업무정지의 처분기준(제46조 관련)

1. 일반기준
   가. 위반행위가 둘 이상인 경우에는 각 위반행위에 따라 각각 처분한다.
   나. 위반행위의 횟수에 따른 행정처분 기준은 최근 3년간 같은 위반행위로 행정처분을 받은 경우에 적용한다. 이 경우 기준 적용일은 위반행위에 대한 행정처분일과 그 처분 후에 한 위반행위가 다시 적발된 날을 기준으로 한다.
   다. 나목에 따라 가중된 부과처분을 하는 경우 가중처분의 적용 차수는 그 위반행위 전 부과처분 차수(나목에 따른 기간 내에 처분이 둘 이상 있었던 경우에는 높은 차수를 말한다)의 다음 차수로 한다.
   라. 처분권자는 위반행위의 동기·내용·횟수 및 위반 정도 등 다음의 감경 사유에 해당하는 경우 그 처분기준의 2분의 1의 범위에서 감경할 수 있다.
      1) 위반행위가 사소한 부주의나 오류로 인한 것으로 인정되는 경우
      2) 위반의 내용 및 정도가 경미하여 화재예방안전진단등의 업무를 수행하는데 문제가 발생하지 않는 경우
      3) 그 밖에 위반행위의 정도, 위반행위의 동기와 그 결과 등을 고려하여 감경할 필요가 있다고 인정되는 경우
2. 개별기준

위반 내용	근거 법조문	처분기준		
		1차 위반	2차 위반	3차이상 위반
가. 거짓이나 그 밖의 부정한 방법으로 안전진단기관으로 지정을 받은 경우	법 제42조 제2항제1호	지정취소		
나. 법 제41조제4항에 따른 화재예방안전진단 결과를 소방본부장 또는 소방서장, 관계인에게 제출하지 않은 경우	법 제42조 제2항제2호	경고 (시정명령)	업무정지 3개월	업무정지 6개월
다. 법 제42조제1항에 따른 지정기준에 미달하게 된 경우	법 제42조 제2항제3호	업무정지 3개월	업무정지 6개월	지정취소
라. 업무정지기간에 화재예방안전진단 업무를 한 경우	법 제42조 제2항제4호	지정취소		

[규칙 별표 9] **수수료 및 교육비** - 생략(중요도 없음)

[규칙 별표 10]

한국소방안전원이 갖추어야 하는 시설기준(제50조제2항 관련)

1. 사무실: 바닥면적 60제곱미터 이상일 것
2. 강의실: 바닥면적 100제곱미터 이상이고 책상・의자, 음향시설, 컴퓨터 및 빔프로젝터 등 교육에 필요한 비품을 갖출 것
3. 실습실: 바닥면적 100제곱미터 이상이고, 교육과정별 실습・평가를 위한 교육기자재 등을 갖출 것
4. 교육용기자재 등 〈2025. 6. 26 개정〉

교육대상	교육용기자재 등	수량
공통 (특급 · 1급 · 2급 · 3급 소방안전관리자, 소방안전관리보조자, 업무대행감독 소방안전관리자, 건설현장 소방안전관리자)	1. 소화기(분말, 이산화탄소, 할로겐화합물 및 불활성기체) 2. 소화기 실습 · 평가설비 3. 자동화재탐지설비(P형) 실습 · 평가설비 4. 응급처치 실습 · 평가장비(마네킹, 심장충격기) 5. 피난구조설비(유도등, 완강기) 6. 「소방시설 설치 및 관리에 관한 법률 시행규칙」 별표 3에 따른 소방시설별 점검 장비 7. 원격교육을 위한 스튜디오, 영상장비 및 콘텐츠 8. 가상체험 장비 및 기기	각 1개 1식 3식 각 1개 각 1식 각 1개 1식 1식
특급 소방안전관리자	1. 옥내소화전설비 실습 · 평가설비 2. 스프링클러설비 실습 · 평가설비 3. 가스계소화설비 실습 · 평가설비 4. 자동화재탐지설비(R형) 실습 · 평가설비 5. 제연설비 실습 · 평가설비	1식 1식 1식 1식 1식
1급 소방안전관리자	1. 옥내소화전설비 실습 · 평가설비 2. 스프링클러설비 실습 · 평가설비 3. 자동화재탐지설비(R형) 실습 · 평가설비	1식 1식 1식
2급 소방안전관리자, 「공공기관의 소방안전관리에 관한 규정」 제2조에 따른 공공기관의 소방안전관리자	1. 옥내소화전설비 실습 · 평가설비 2. 스프링클러설비 실습 · 평가설비	1식 1식
건설현장 소방안전관리자	1. 임시소방시설 실습 · 평가설비 2. 화기취급작업 안전장비	1식 1식

학습 문제(화재예방법)

▸ 현, 출간일까지 소방관계시험에 기출된 기본문제임.

화재의 예방 및 안전관리에 관한 법률

01 **다음 중 화재예방정책에 관한 기본계획을 몇 년마다 수립·시행하는가?*** • 학습 1단계

① 매년 ② 3년 ③ 5년 ④ 10년

소방청장은 화재예방정책에 관한 기본계획을 5년마다 수립·시행한다.(화재예방법 제4조)

02 **다음 중 화재안전조사에 대한 설명 중 틀린 것은?** • 개념 2단계

① 원칙적으로 공개시간 또는 근무시간만 가능하다.

② 주거지에 관하여서는 관계인의 동의가 있어야만 가능하다.

③ 관계공무원은 그 권한을 표시하는 증표를 지니고 관계인에게 내보여야 한다.

④ 화재안전조사를 할 경우는 사전에 관계인에게 우편, 전화 등으로 통지하여야 한다.

거주지에 관하여서는 관계인의 동의가 있어야만 가능한 것이 아니고, 개인의 주거에 있어서는 관계인의 승낙이 있거나 화재발생의 우려가 뚜렷하여 긴급한 필요가 있는 때에 한한다. (화재예방법 제7조, 제8조, 제12조)

03 **소방대상물의 화재안전조사와 관련된 사항이다. 가장 틀린 것은?** • 혼동 2단계

① 화재안전조사는 소방대상물에 대하여 소방관서장이 실시한다.

② 화재안전조사의 실시할 때는 조사사유, 조사대상 및 조사내용을 알려야 한다.

③ 소방관서장은 필요하면 화재안전조사위원회를 구성할 수 있다.

④ 화재안전조사위원회 위원은 위원장 1명을 포함하여 7명 이내의 위원으로 구성하고, 위원장은 소방관서장이 된다.

소방관서장은 화재안전조사의 실시를 사전에 통지하면 조사목적을 달성할 수 없다고 인정되는 경우는 조사사유, 조사대상, 조사기간 등을 우편, 전화, 전자메일, 문자전송 등으로 알랴야 한다. (* 단, 긴급시나 조사목적을 달성할 수 없을 때는 알리지 않을 수 있다.)(화재예방법 제7조, 8조, 10조, 영11조)

Ans. 01. ③ 02. ② 03. ②

04 화재안전조사 결과에 따른 조치명령으로 인한 손실보상자는?

• 개념 1단계

① 소방본부장 ② 소방서장 ③ 소방대장 ④ 시•도지사

▶ 소방관서장이 화재안전조사를 한다. 이후 피해를 입은 사람에게 소방청장 또는 시도지사가 이를 시가로 보상하여야 한다. (화재예방법 제15조)

05 다음 중 화재의 예방조치 명령권자로서 옳은 것은?*

• 필수 1단계

① 시장, 군수 또는 구청장 ② 시·도지사
③ 소방본부장 또는 소방서장 ④ 소방청장, 소방본부장 또는 소방서장

▶ 소방관서장(소방청장, 소방본부장 또는 소방서장)은 화재 발생 위험 물건에 대하여 관계인 등에게 명령을 할 수 있으며, 물건의 관계인을 알 수 없는 경우 소속 공무원으로 하여금 옮기거나 보관하는 등 필요한 조치를 하게 할 수 있다. (화재예방법 제17조)

06 옮긴 물건의 보관기간 및 보관기간 경과 후 처리로 옳은 것은?

• 개념 3단계

① 옮긴물건의 보관기간은 공고기간의 종료일로부터 7일로 한다.
② 옮긴물건등의 보관은 그날부터 7일 동안 소방관서 홈페이지에 공고한다.
③ 보관기간 종료시는 보관하고 있는 위험물 또는 물건을 매각·폐기할 수 없다.
④ 매각·폐기된 물건의 소유자가 보상 요구 시 소유자와 협의를 거쳐 보상한다.

▶ 매각·폐기된 물건의 소유자가 보상 요구 시 소유자와 협의를 거쳐 보상한다.(* ① 종료일 다음날로부터 7일 ② 14일 ③ 매각·폐기할 수 있다) (화재예방법 시행령 제17조)

07 다음 중 화재예방강화지구의 지정권자는?***

• 필수 1단계

① 소방관서장 ② 소방청장 ③ 시·도시자 ④ 소방서장

▶ 화재예방강화지구의 지정권자는 시·도지사에 해당된다. (화재예방법 제18조)

08 다음 중 화재예방강화지구 지정대상 기준이 아닌 것은?***

• 개념 3단계

① 시장지역, 물류단지 ② 한옥건물이 밀집한 지역
③ 공장·창고 등이 밀집한 지역 ④ 위험물저장 및 처리시설 지역

▶ 위험물저장 및 처리시설이 밀집한 지역이 해당한다. (* 한옥건물= 목조건물) (화재예방법 제18조)

Ans. 04. ④ 05. ④ 06. ④ 07. ③ 08. ④

09 **화재예방강화지구 관리에 대한 설명의 기준으로 옳지 않은 것은?**** • 개념 3단계

① 화재예방강화지구 화재안전조사, 훈련 및 교육은 소방관서장이 한다.
② 화재안전조사는 소방대상물의 위치·구조·설비 등에 대해 연 1회 이상 실시할 수 있다.
③ 소방관서장은 관계인에게 10일 전까지 통보 후 훈련 및 교육을 실시할 수 있다.
④ 시·도지사는 행정안전부령으로 정하는 화재예방지구 관리대장을 매년 작성, 관리한다.

소방관서장은 화재예방강화지구 안의 소방대상물의 위치·구조·설비 등에 대한 화재안전조사를 연 1회 이상 실시해야 한다(필수!). (* 소방관계시험 기출문제이다) (화재예방법 시행령 제12조)

10 **다음 중 관계인 및 소방안전관리자의 업무가 아닌 것은?**** • 개념 2단계

① 화기취급자의 선임 ② 화재발생 시 초기대응
③ 소방훈련 및 교육 ④ 소방계획서의 작성 및 시행

①은 화기취급자의 선임이 아니며 화기취급의 감독에 해당된다. (화재예방법 제24조) • 소방설비기사

11 **다음 중 각 급수별 소방안전관리대상물에 대하여 틀린 것은?*** • 학습 2단계

① 특급대상물 - 30층(지하층 제외) 이상, 높이 120m 이상, 연면적 10만m^2 이상
② 1급대상물 - 11층(지하층 제외) 이상, 연면적 1만5천m^2 이상, 가스 1천톤 이상
③ 2급대상물 - 지하구, 옥내소화전, 스프링클러설비, 가스 1백톤 이상 1천톤 미만
④ 3급대상물 - 자동화재탐지설비, 간이스프링클러(주택용 포함) 설치대상물.

3급- 자동화재탐지설비·간이스프링클러(주택용 제외) 설치대상물대상물이다.(화재예방법 영 별표4)

12 **다음 중 각 급수별 소방안전관리자 선임자격에 대하여 틀린 것은?** • 난도 3단계

① 특급대상물 - 소방기술사, 소방시설관리사 자격이 있는 사람
② 1급대상물 - 소방설비기사 또는 소방설비산업기사 자격이 있는 사람
③ 2급대상물 - 의용소방대원·자체소방대원·경찰공무원으로서 3년 이상인 사람
④ 3급대상물 - 소방공무원으로서 1년 이상 근무한 경력이 있는 사람

③에서 2급- 의용소방대원·자체소방대원, 경찰공무원 3년 이상인 사람로서 시험을 칠 수 있는 조건이며, ③의 조건은 시험에 합격한 사람이 선임대상이 된다.(화재예방법 영 별표6)

Ans. 09. ② 10. ① 11. ④ 12 ③

13 소방안전관리대상물의 소방계획서의 작성에 관하여 옳지 않은 것은? • 난도 3단계

① 화재예방을 위한 자체점검계획 및 진압대책
② 위험물 저장·취급에 관한 사항(예방규정을 정하는 제조소등은 제외)
③ 피난시설의 규모와 피난 수용인원의 설정 등을 포함한 피난계획
④ 소방안전관리대상물의 위치·구조·연면적·용도, 수용인원 등 일반현황

소방안전관리대상물의 소방계획서의 작성에서 ③에서"피난층 및 피난시설의 위치와 피난경로의 설정, 화재안전취약자의 피난계획 등을 포함한 피난계획"에 해당한다. (화재예방법 시행령 제27조)

14 다음 중 관리의 권원이 분리된 소방안전관리대상이 아닌 것은?* • 혼동 2단계

① 지하가
② 복합건축물로서 지하층 제외한 11층 이상
③ 복합건축물로서 연면적 5만m² 이상인 건축물
④ 판매시설 중 도매시장, 소매시장 및 전통시장

복합건축물(지하층을 제외한 층수가 11층 이상 또는 연면적 3만m² 이상인 건축물) (화재예방법 제35조, 영 제35조)

15 소방안전 특별시설물의 소방안전관리에 대하여 옳지 않은 것은?** • 혼동 2단계

① 10개 이상의 영화상영관
② 천연가스 인수기지 및 공급망
③ 석유비축시설, 전통시장(500개 이상 점포)
④ 초고층건축물, 10만m² 이상의 물류창고, 가스공급시설

영화상영관 중 수용인원 1,000명 이상인 영화상영관에 해당된다.(화재예방법 제40조, 영 제41조)

16 화재예방진단실시 안전등급 기준으로 옳지 않은 것은? • 혼동 2단계

① 우수(A) - 문제점 없음
② 양호(B) - 일부 문제점 발견, 안전 이상 없음
③ 보통(C) - 다수 문제점발견, 전반적 안전 이상 없음
④ 미흡(D) - 중대한 문제점 발견, 대상물 사용중단 권고 필요

중대한 문제점 발견은 불량(E)에 해당된다.(화재예방법 영 별표7)

Ans. 13. ③ 14. ③ 15. ① 16 ④

17 **화재예방진단실시 안전등급 진단 기간으로 옳은 것은?** • 혼동 2단계

① 우수 - 7년 ② 양호 - 6년 ③ 보통 - 5년 ④ 미흡 - 3년

우수: 6년 / 양호·보통: 5년 / 미흡·불량: 4년에 해당된다.(화재예방법 영 제44조)

18 **불의 사용할 때 지켜야 하는 사항에 있어서 옳지 않은 것은?**** • 학습 3단계

① 기체연료를 사용하는 경우 연료공급관의 재질은 금속관으로 할 것
② 건조설비와 벽·천장 사이의 거리는 0.6m 이상 유지할 것
③ 불꽃 용접·용단 기구는 작업자로부터 5m 이내에 소화기를 갖출 것
④ 노, 화덕 주위에 녹는 물질이 확산되지 않도록 0.1m 이상의 턱을 설치한다.

건조설비와 벽·천장 사이의 거리는 0.5m 이상 유지할 것. (화재예방법 시행령 별표1)

19 **화목(火木) 등 고체연료를 사용하는 경우에 있어서 옳지 않은 것은?** • 학습 3단계

① 연통이 관통하는 벽면, 지붕 등은 불연재료로 처리할 것
② 고체연료는 보일러 본체와 수평거리 2m 이상 간격을 둘 것
③ 연통의 배출구는 보일러 본체보다 0.5m 이상 높게 설치할 것
④ 연통은 천장으로부터 0.6m 떨어지고, 배출구는 건물 밖으로 0.6m 이상 설치할 것

연통의 배출구는 보일러 본체보다 2m 이상 높게 설치할 것. (화재예방법 시행령 별표1)

20 **특수가연물의 품명 및 지정수량으로 옳지 않은 것은?**** • 학습 2단계

① 면화류 - 200kg ② 나무껍질 및 대팻밥 - 400kg
③ 사류, 볏짚류 - 1,000kg ④ 넝마, 종이부스러기 - 3,000kg

넝마, 종이부스러기 - 1,000kg(화재예방법 시행령 별표2)

Ans. 17. ③ 18. ③ 19. ③ 20. ④

소/방/관/계/법/규

제 3 편

소방시설설치 및 관리에 관한 법률(주내용) p46

■ 각 부서별 전화 및 국민신문고 메일로 가능

① 기본법 법령 질문: 대응총괄과 044-205-7562 외 국민신문고 메일
② 화재의 예방 및 안전관리에 관한 법률: 화재예방총괄과. 044-205-7442
③ 소방시설 설치 및 관리에 관한 법률: 소방청(소방분석제도과) 044-205-7546
④ 소방시설공사업법: 소방청(소방산업과) 044-205-7507 외 국민신문고 메일 가능
⑤ 위험물안전관리법: 소방청(위험물안전과) 044-205-7488 외 국민신문고 메일 가능
⑥ 소방의 화재조사에 관한 법률: 소방청(화재대응조사과) 044-205-7475 외 메일 가능

구성 "소방시설 설치 및 관리에 관한 법률"

소방시설법의 주 구성

- 설치 · 관리
  - 건축허가등
  - 방염

주요구성 이론

건축허가등의 동의	성능위주설계	방염, 소방시설	특정소방대상물

학습방법

- 건축허가등의 동의: 그 절차를 숙지하여야 하며 동의범위(면적과 비면적)를 숙지한다.
- 내진설계에 대하여도 소방청장이 정하는 시설을 익히도록 한다.
- 성능위주설계의 대상물을 숙지하며 그 개념에 대하여 이해한다.
- 주택에 설치하는 소방시설과 자동차에 설치 또는 비치하는 소화기를 선별한다.
- 소방시설기준 적용의 특례는 증축과 용도변경에 대한 이해력을 요구한다.
- **기술심의 위원회:** 중앙기술심의위원회, 지방기술심의위원회 업무 등을 잘 파악하도록 한다.
- 방염대상물, 방염물품, 방염성능기준 등 모두 중요하다.
- **관리업 결격사유:** 모든 업체의 결격사유는 유사하며 2년이라는 단어에 유의한다.
- **소방시설:** 소화설비를 비롯하여 소화활동설비까지 그 구체적인 분류 약 60가지가 매우 중요하다.
- **특정소방대상물:** 근린생활을 비롯하여 30가지의 분류가 다소 복잡하여 여기서 학습의 흐름이 끊길 수 있지만 그 줄의 첫 대상물에 유의하며 그 흐름을 익히는 방법이 필요하다.
- 이 법에서 자격증과 업체는 소방시설관리사와 소방시설관리업이 소개된다.

3법

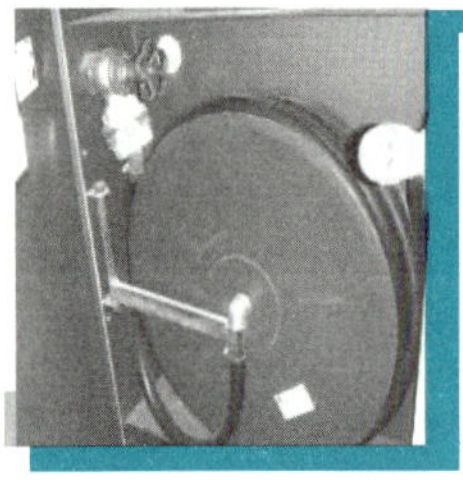

호스릴 옥내소화전

제3편 소방시설설치 및 관리에 관한 법률(주내용)

▶ 이 법령은 2025년 12월 1일 기준으로 편집함.

01 총 칙

【법 제1조】 목적

이 법은 특정소방대상물 등에 설치하여야 하는 소방시설등의 설치·관리와 소방용품 성능관리에 필요한 사항을 규정함으로써 국민의 생명·신체 및 재산을 보호하고 공공의 안전과 복리 증진에 이바지함을 목적으로 한다.

【법 제2조】 정의

1. **소방시설**: 소화설비, 경보설비, 피난구조설비, 소화용수설비, 소화활동설비로서 대통령령으로 정하는 것.
2. **소방시설등**: 소방시설과 비상구, 그 밖에 소방 관련 시설로서 대통령령으로 정하는 것.
3. **특정소방대상물**: 건축물 등의 규모 · 용도 및 수용인원 등을 고려하여 소방시설을 설치하여야 하는 소방대상물로서 대통령령으로 정하는 것.
4. **화재안전성능**: 화재를 예방하고 화재발생 시 피해를 최소화하기 위하여 소방대상물의 재료, 공간 및 설비 등에 요구되는 안전성능.
5. **성능위주설계**: 건축물 등의 재료, 공간, 이용자, 화재 특성 등을 종합적으로 고려하여 공학적 방법으로 화재 위험성을 평가하고 그 결과에 따라 화재안전성능이 확보될 수 있도록 특정소방대상물을 설계하는 것.
6. **화재안전기준**: 소방시설 설치 및 관리를 위한 다음의 기준을 말한다.
   ① **성능기준**: 화재안전 확보를 위하여 재료, 공간 및 설비 등에 요구되는 안전성능으로서 소방청장이 고시로 정하는 기준
   ② **기술기준**: 성능기준을 충족하는 상세한 규격, 특정한 수치 및 시험방법 등에 관한 기준으로서 행정안전부령으로 정하는 절차에 따라 소방청장의 승인을 받은 기준.
7. **소방용품**: 소방시설등을 구성하거나 소방용으로 사용되는 제품 또는 기기로서 대통령령으로 정하는 것.

【영 제2조】 용어의 정의

이 영에서 사용하는 용어의 정의는 다음과 같다.

1. **무창층**: 지상층 중 개구부*가 바닥면적*의 1/30 이하가 되는 층을 말한다.

2. 개구부*(무창층에 대한)
   ① 지름 50cm 이상의 원이 내접할 것
   ② 바닥으로부터 개구부 밑 부분까지 높이가 1.2m 이내일 것
   ③ 도로 또는 차량이 진입할 수 있는 빈터를 향할 것
   ④ 창살이나 장애물이 설치되지 아니할 것
   ⑤ 내부 또는 외부에서 쉽게 부수거나 열수 있을 것.

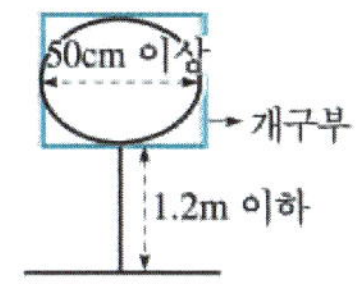

[개구부]

3. **피난층**: 곧바로 지상으로 갈 수 있는 출입구가 있는 층.

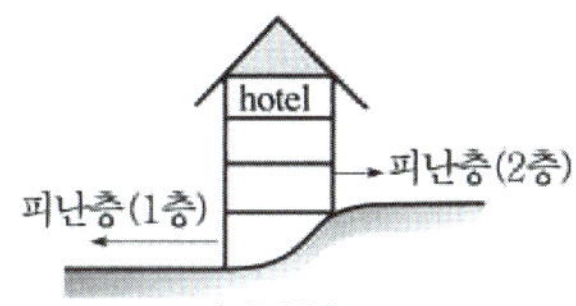

[피난층]

【영 제4조】 소방시설등

법2조에서 소방시설등이란 소방시설과 **비상구, 방화문 및 방화셔터**을 말한다.
(* 비상구란: 문틀을 제외하고 가로 75㎝ × 세로 150㎝ 이상)

■ 소방대상물과 특정소방대상물의 차이
- 소방대상물: 불이 날 수 있는 대상물.
  예 단독주택, 산림 등(소방기본법 제2조)
- 특정소방대상물: 소방대상물에 **소방시설이** 설치된 대상물
  예 아파트, 공장 등(시행령 별표2)

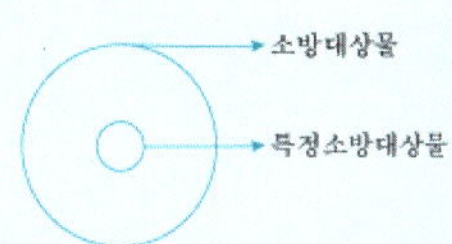

공간 이용(해설)

■ 관찰력을 요구하는 단어의 차이- (과거 자격증 시험에서)
- 지름 50cm 이상의 원이 내접할 것이란? 개구부 속에 원이 내접해야 한다는 뜻이다.
- 지름 50cm 이상의 원에 내접할 것이란? 원 속에 개구부가 내접해야 한다는 뜻이다.

---

* **개구부**: 채광, 통풍, 환기, 출입목적으로 열린 구멍 등(* 문틀은 아님)
* 지름 50cm 이상의 원이 내접할 것이란. / * 원에(x) ⋯→ 원이(o)
* **연면적**: 각층 바닥면적의 합계(지하층 등 포함), 즉, 각 층의 연속된 바닥면적의 합계
* **바닥면적**: 수평투영 면적(한 층을 눈으로 투영한 것처럼 볼 수 있는 면적을 말한다.
  (* 일반적으로는 가로×세로 크기의 면적이나, 바닥이 다각형의 경우는 가로×세로가 아님.)
* 소방시설: 시행령 별표1의 5개로 분류한 세부적으로 약 60가지 이상을 말한다.
* 특정소방대상물: 시행령 별표2의 30개로 분류한 세부적으로 약 300가지 가까운 분류이다.

02 소방시설등의 설치·관리 및 방염

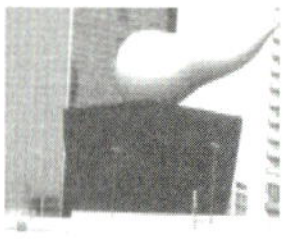

【법 제6조】 건축허가등의 동의 등

1. 신축·증축·개축·재축·이전·용도변경·대수선, 허가·협의, 사용승인 권한이 있는 **행정기관**은 건축허가등을 할 때 미리 관할 소방본부장이나 소방서장의 동의를 받아야 한다.
2. 증축·개축·재축·용도변경, 대수선 신고를 수리(受理)하는 행정기관은 그 신고를 수리하면 관할 소방본부장이나 소방서장에게 지체 없이 그 사실을 알려야 한다.
3. 행정기관은 관할 소방본부장이나 소방서장에게 건축허가등을 받으려는 자 또는 신고를 한 자가 제출한 설계도서 중 건축물 내부구조를 알 수 있는 설계도면을 제출해야 한다.
4. 소방본부장 또는 소방서장은 제1항에 따른 동의를 요구받은 경우 이 법에 따른 명령과 소방자동차 전용구역의 설치에 대하여 행정기관에 동의 여부를 알려야 한다.
5. 제4항의 동의여부를 알릴 때에는 **피난시설, 방화구획, 소방관 진입창, 방화시설**(방화벽, 마감재료), 그 밖에 대통령령으로 정하는 사항에 검토 자료, 의견서를 첨부할 수 있다.

> 상기 5항에서 대통령령으로 정하는 사항"이란
> ㉠ 소방자동차의 접근이 가능한 통로의 설치, 주택단지 안 도로의 설치
> ㉡ 승강기의 설치, 비상문자동개폐장치, 옥상광장 등 설치, 헬리포트의 설치 등

6. 소방본부장, 소방서장은 사용승인에 대한 동의를 함에 있어서 소방시설공사의 완공검사증명서의 발급으로 동의를 갈음할 수 있다.

※ **건축허가등- 동의 요구자:** 행정기관 / **보완요구 및 동의권자:** 소방본부장, 소방서장

【법 제6조】 건축허가등의 동의 등 (■ 허가동의 절차)

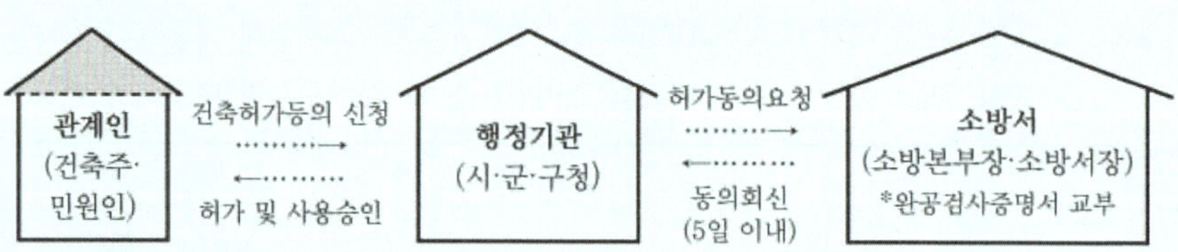

※ 특급소방(안전관리)대상물의 동의회신기간: 10일 이내 (*미비서류 보완 시 4일 이내.)

(*^^ 건축물의 건축허가 동의 절차: 건축주(발주자) – 설계사무소 – 행정기관(구청) – 소방서 순.)

---

* 건축허가등: 건축허가 외 그 건축물 내의 소방시설, 가스시설, 지하구 등의 전부를 말함
* 위험물저장 및 처리시설: 위험물제조소등(고체+액체)과 가스시설(기체) . * 항공기격납고: 비행기 넣는 창고

【영 제7조】 건축허가등의 동의범위 등

미리 소방본부장 또는 소방서장의 동의를 받아야 하는 범위는 다음과 같다.

1. 범 위

① 6층 이상의 건축물

② 승강기 등 기계장치에 의한 주차시설을 이용하여 차량을 주차할 수 있는 시설

③ 학교시설은 100m² 이상, / 지하층·무창층은 바닥면적 150m²(단, 공연장 100m²) 이상

④ 지상 탱크의 저장용량 합계 100톤 이상인 가스시설

⑤ "노유자"·수련시설은 200m² 이상, / 차고·주차장·주차용도 건축물이나 주차시설

⑥ 장애인의료재활시설, 정신의료기관(입원실 없는 정신건강의학과의원 제외) 300m² 이상

⑦ 상기 외 연면적 400m² 이상

⑧ 750배 이상의 특수가연물 저장·취급하는 공장·창고시설.

⑨ 지하구, 방송용송수신탑 , 항공기격납고, 항공관제탑, 관망탑, 풍력발전소, 전기저장시설

⑩ 요양병원(의료재활시설 제외), 의원(입원실, 인공신장실 있는 것), 조산원, 산후조리원,

⑪ 위험물저장 및 처리시설, 공동주택, 숙박시설.

⑫ 상기 ⑤의 "노유자시설"이 아닌(* 즉, 200m² 미만)

㉠ 노인주거(의료)복지 · 재가노인복지시설.

㉡ 학대피해노인 전용쉼터.(* ㉡~㉥ 1층의 단독주택 · 공동주택은 제외)

㉢ 아동복지시설(아동상담소, 아동전용시설, 지역아동센터는 제외)

㉣ 장애인 거주시설 ㉤ 정신질환관련시설(24시간 주거하지 않으면 제외)

㉥ 노숙인자활(재활 · 요양)시설 및 결핵환자 · 한센인이 24시간 생활하는 노유자시설.

2. 건축허가등의 동의 제외대상.

누전경보기, 가스누설경보기, 소화기구, 자동소화장치, 단독경보형감지기, 피난구조설비(비상조명등은 제외)가 화재안전기준에 적합한 경우 / 증축 · 용도변경으로 추가 소방시설이 설치되지 않는 경우 / 착공신고 대상에 해당하지 않는 경우의 해당 특정소방대상물.

【규칙 제3조】 건축허가등의 동의 요구

① 소방본부장·서장은 건축허가등의 동의 요구서류를 접수한 날부터 5일 이내에 건축허가등의 동의여부를 회신하여야 한다.(단, 특급소방안전관리대상물인 경우에는 10일 이내)

② 소방본부장·서장은 동의요구서 등의 보완이 필요한 경우에는 4일 이내에 보완을 요구할 수 있다.(* 보완기간은 본·서장의 동의여부 회신기간에 산입하지 않는다)

③ 건축허가등의 동의를 요구한 기관이 그 건축허가등을 취소 시, 취소한 날부터 7일 이내에 소방본부장·서장에게 통보한다. (* 소방시설 인·허가 요청 시 본·서장은 7일 이내 통보한다.)

3법

【법 제7조】 소방시설의 내진설계기준

특정소방대상물에 소방시설을 설치하려는 자는 지진 발생에 대비하여 **소방청장**이 정하는 내진설계기준에 맞게 소방시설을 설치해야 한다.

1. 대상: ① 옥내소화전설비, 스프링클러설비, 물분무등소화설비
   ② "지진·화산재해대책법" 제10조 제1항의 시설.

➲ 실내의 무게감 있는 소방시설이다! (옥외소화전·소화활동·소화용수·경보·피난설비 등 제외)
(※ 물분무등: 물분무·포·이산화탄소·미분무·고체에어졸·할론·분말·강화액·할불 소화약제)

【법 제8조】 성능위주설계

연면적·높이·층수 등이 일정 규모 이상인 특정소방대상물(신축만 해당한다)에 소방시설을 설치하려는 자는 설계 후 → 건축허가를 신청하기 전에 관할 소방서장에게 신고 → 성능위주설계평가단의 검토·평가를 거쳐야 한다.

【영 제9조】 성능위주설계를 해야 할 특정소방대상물의 범위

신축건축물에만 해당되며 그 범위는 다음과 같다.

① 아파트등: 50층 이상, 200m 이상.
② 30층(지하층 포함) 이상, 120m 이상.
③ 연면적 20만m²이상.(* 아파트등 제외)
④ 연면적 3만m²이상인 **철도**, 도시철도, 공항시설
⑤ 지하연계 복합건축물
⑥ 한 건축물에 **영화상영관**이 10개 이상. 수저(水底)터널 또는 길이가 5천m 이상 터널.
⑦ 창고시설 중 연면적 10만m² 이상 또는 지하 2층 이상이고 바닥면적 합이 3만m² 이상.

(* 이 설계는 전문소방설계업에서 소방기술사 2명 이상이 하는 크고 중요한 신축건축물에 한한다.)

- 이 성능위주설계를 요청받은 심의·의결 혹은 검토·평가 기관은 20일 이내에 통보한다.

【규칙 제9조】 성능위주설계 기준

성능위주설계의 기준은 다음과 같다.

① 소방자동차 진입(통로) 동선 및 소방관 진입경로 확보
② 화재·피난 모의실험을 통한 화재위험성 및 피난안전성 검증
③ 건축물의 규모와 특성을 고려한 최적의 소방시설 설치
④ 소화수 공급시스템 최적화를 통한 화재피해 최소화방안 마련
⑤ 특별피난계단을 포함한 피난경로의 안전성 확보,
⑥ 건축물의 용도별 방화구획의 적정성
⑦ 침수 등 재난상황을 포함한 지하층 안전확보방안 마련

【규칙 제10조】 성능위주설계 평가단의 구성

① 평가단은 평가단장을 포함하여 50명 이내의 평가단원으로 구성한다.

② 평가단원은 다음의 사람 중에서 소방청장, 소방본부장이 임명하거나 위촉한다.

(* 다만, 관할 소방서의 해당 업무 담당 과장은 당연직 평가단원으로 한다.)

㉠ 소방기술사, 소방시설관리사

㉡ 소방설비기사, 건축·소방 석사 이상, 1년 이상 업무경력자로 중앙소방학교 교육이수자

③ 건축 및 소방방재 분야 전문가 중 지방소방기술심의위원회 위원, 기술사, 소방시설관리사 건축사, 건축구조기술사, 특급감리원으로 소방 현장 감리업무를 10년 이상 수행한 사람

④ 위촉된 평가단원의 임기는 2년으로 하되, 2회에 한정하여 연임할 수 있다.

【법 제10조】 주택에 설치하는 소방시설

시·도의 조례로 정하는 주택의 소유자는 소방시설 중 소화기 및 단독경보형 감지기를 설치하여야 한다. (소방시설의 설치기준에 관한 사항은 시·도의 조례로 정한다.)

① 대상: 단독주택, 공동주택(아파트 및 기숙사는 제외한다.)

② 종류: 소화기 및 단독경보형감지기

【법 제11조】 자동차에 설치 또는 비치하는 소화기

자동차 제작·조립·수입·판매자나 소유자는 차량용 소화기를 설치하여야 한다. 국토교통부장관은 설치 확인 후 그 결과를 매년 12월 31일까지 소방청장에게 통보하여야 한다.

① 승용자동차(5인승 이상)　　② 승합자동차

③ 화물자동차　　④ 특수자동차

【칙 제17조】 연소우려가 있는 건축물의 구조

같은 구내에 2 이상의 건물이 다음 조건에 해당될 때에는 이를 하나의 소방대상물로 본다.

1. 건축물대장의 건축물현황도에 표시된 대지경계선 안에 2 이상의 건축물이 있는 경우.
2. 각각의 건축물이 다른 건축물의 외벽과 수평거리는
   ① 1층: 6m 이하
   ② 2층: 10m 이하인 경우.
3. 개구부*가 다른 건축물을 향하여 설치되어 있는 경우.

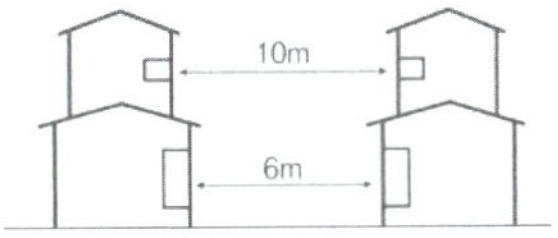

※ 이를 하나의 특정대상물로 본다.

【영 제12조】 소방시설정보관리시스템 구축 · 운영 대상 등

소방관서장이 소방시설정보관리시스템을 구축·운영하는 경우 다음의 대상물로 한다.

문화 및 집회시설, 종교시설, 위험물저장 및 처리시설, 업무시설, / 노유자시설, 판매시설, 창고시설 / 지하상가, 터널, 의료시설, (숙박 가능한) 수련시설 / 지하구, 공장, 숙박시설 등

【법 제13조】 소방시설기준 적용의 특례

[원칙] 소방본부장, 소방서장은 대통령령 또는 화재안전기준이 변경되어 그 기준이 강화되는 경우, 기존의 소방시설 등에 대하여는 변경 전의 대통령령 또는 화재안전기준을 적용한다.(* 즉, 법이 변경되어도 기존 소방시설은 법 변경 전, 그대로 사용하는 게 원칙)

[특례] **다만,** 다음의 경우에는 대통령령, 화재안전기준 **변경으로** 강화된 기준을 적용한다.

① 소화기구·비상경보설비·자동화재탐지(속보)설비 및 피난구조설비

② 공동구, 지하구(전력 및 통신사업용)

③ 노유자시설, 의료시설

(* 즉, 법이 변경되면 특별한 예외사항 즉, 특례로 법령 등을 적용 하겠다는 뜻)

【영 제13조】 강화된 소방시설기준의 적용대상

노유자시설, 의료시설, 공동구, 지하구에 설치하여야 하는 소방시설은 다음과 같다.

① 노유자시설에 설치하는 간이스프링클러 설비, 자동화재탐지설비, 단독경보형감지기

② 의료시설에 설치하는 (간이)스프링클러설비, 자동화재탐지설비, 자동화재속보설비.

③ 공동구 또는 전력·통신사업용 지하구에 설치하는
소화기, 자동소화장치, 자동화재탐지설비, 통합감시설비, 유도등, 연소방지설비.

특례법 해설

구분	원 칙	단 서
내용	본디 변경 전의 대통령령 또는 화재안전기준 그대로를 적용하는 것이 원칙인데.	새로운 대통령령이나 화재안전기준 변경으로 강화된 기준을 적용하겠다는 법령.
대상	• 소화기구·비상경보설비·자동화재탐지(속보)설비·피난구조설비(예 유도등) • 공동구, 지하구에 설치하는 시설(예 연소방지설비) • 노유자시설 : 간이스프링클러, 자동화재탐지설비. 단독경보형감지기(3가지) • 의료시설 : 간이스프링클러, 자동화재탐지, 스프링클러, 자동화재속보설비.(4가지) • 공동구와 지하구에 설치하는 소화기, 자동소화장치, 자동화재탐지, 통합감시설비, 유도등, 연소방지설비 ▸ 밑줄 자음으로 변경: 단축기억: 교토단, 교토스시 / 소자 탕감 유연(유소연 감자탐지) ➲ 비교:노유자시설보다 환자가 있는 의료시설이 더 중요하니 소방시설이 4가지가 되며 공동구나 지하구는 큰 면적과 복잡성으로 6가지의 해당 소방시설이 필요하게 된다.)	

* **특례**: 특별한 예　　　* **화재안전기준**: 소방시설의 규제를 기준으로 만든 소방청 담당의 고시 법령.
* **공동구**: 지하시설물(전기·가스·수도, 하수도 등)을 공동 수용하여 지하에 설치하는 시설물.

【영 제15조】 특정소방대상물의 증축 또는 용도변경시의 소방시설기준 적용의 특례

1. 증축의 특례

소방본부장, 소방서장은 특정소방대상물이 증축되는 경우에는 기존 부분을 포함한 특정소방대상물의 **전체**에 대하여 **증축 당시** 소방시설 설치에 관한 대통령령 또는 화재안전기준을 적용하여야 한다. (*^^ 여기까지 설명은 원칙을 얘기하고 있다, 그러나 단서는 아래와 같다)

다만, 다음 어느 하나에 해당하는 경우에는 **기존 부분**에 대하여 증축 당시 소방시설의 설치에 관한 대통령령 또는 화재안전기준을 적용하지 않는다.

① 기존 부분과 증축부분이 내화구조로 된 바닥과 벽으로 구획된 경우
② 기존 부분과 증축부분이 자동방화셔터, 60+방화문(또는 60방화문)으로 구획된 경우
③ 자동차생산공장 등 화재위험이 낮은 내부에 연면적 $33m^2$이하의 직원휴게실의 증축
④ 화재위험이 낮은 곳에 캐노피(3면 이상에 벽이 없는 구조 캐노피)를 설치하는 경우.

해설: 예 5층 건물에서 11층의 증축 시, 6층~11층에만 소방시설을 필요로 하는 특례임.

구 분	원 칙	단 서(특례)
증 축	• 기존 부분을 포함한 전체에 대하여	• 기존 부분에 대하여는 적용하지 아니함

2. 용도변경의 특례

소방본부장, 소방서장은 특정소방대상물이 **용도변경** 되는 경우에는 **용도변경 되는 부분**에 한하여 용도변경 당시의 소방시설의 설치에 관한 대통령령 또는 화재안전기준을 적용한다. (*^^ 여기까지 설명은 원칙을 얘기하고 있다, 그러나 단서 즉, 특례는 아래와 같다)

다만, 다음의 경우 특정소방대상물 **전체**에 대하여 **용도변경 전**에 해당 특정소방대상물에 적용되던 소방시설의 설치에 관한 대통령령 또는 화재안전기준을 적용한다.

① 연소확대 요인이 적어지거나 피난·화재진압이 쉬워지도록 변경되는 경우
② 용도변경으로 천장·바닥·벽 등에 고정된 가연물질의 양이 줄어드는 경우

해설: 용도변경시라도 전체에 대하여 새로운 소방시설을 필요로 하지 않는 특례임.

구 분	원 칙	단 서(특례)
용도변경	• 용도변경 되는 그 부분에 한하여	• 전체에 대하여 용도변경 전 그대로

법13조와 영15조에서 "소방시설기준 적용 특례"란 일반상식이 아닌 특별한 예로서 법령이나 기준의 변경으로 일반인의 상식적인 생각을 벗어난 소방시설 등의 특별한 법률 예외사항(특례)을 말한다. 즉, 법령이 변경되어도 원칙에 따르지 않고 단서에 따르는 조건으로서 소방시설을 강화 혹은 완화를 시킬 수 있는 특별법 내용의 조건이다.
또한 이 법령(법과 영)에서 '대통령령' 이란 소방시설 관련 법령(이 법 시행령 별표5)을 말한다.

【법 제14조】 특정소방대상물별로 설치하여야 하는 소방시설의 정비 등

소방청장은 규모•용도 및 수용인원, 이용자 특성 등을 고려하며, 건축 환경 및 화재위험특성 변화사항을 효과적으로 반영할 수 있도록 소방시설 규정을 3년에 1회 이상 정비한다.

【법 제15조】 건설현장의 임시소방시설 설치 및 관리

1. 특정소방대상물의 신축·증축 등을 위한 공사 현장에서 인화성 물품을 취급하는 작업 등 화재위험작업을 하기 전에 설치, 철거가 쉬운 임시소방시설을 설치하고 관리해야 한다.
2. 소방본부장 또는 소방서장은 임시소방시설 또는 소방시설이 설치 및 관리되지 아니할 때에는 해당 공사시공자에게 필요한 조치를 명할 수 있다.

【영 제18조】 화재위험 작업 및 임시소방시설 등

인화성 물품을 취급하는 작업 등이란 다음의 어느 하나에 해당하는 것을 말한다.

① 인화성·가연성·폭발성 물질을 취급하거나 가연성 가스를 발생시키는 작업
② 용접·용단, 불꽃을 발생시키거나 화기를 취급하는 작업
③ 전열기구, 가열전선 등 열이 발생시키는 작업
④ 알루미늄, 마그네슘 등 폭발성 부유분진을 발생시킬 수 있는 작업
⑤ 그 밖에 소방청장이 정하여 고시하는 작업

【법 제16조】 피난시설, 방화구획 및 방화시설의 관리

관계인은 피난시설, 방화구획 및 방화시설에 대하여 다음의 행위를 하여서는 아니 된다. 소방본부장, 소방서장은 필요 시 조치를 명할 수 있다.

① 시설을 폐쇄하거나 훼손하는 등의 행위
② 시설의 주위에 물건을 쌓아두거나 장애물을 설치하는 행위
③ 시설의 용도에 장애를 주거나 소방활동에 지장을 주는 행위
④ 그 밖에 피난시설, 방화구획 및 방화시설을 변경하는 행위

【법 제17조】 소방용품의 내용연수 등

특정소방대상물의 관계인은 내용 연수가 경과한 소방용품을 교체하여야 한다.

【영 제19조】 내용연수 설정대상 소방용품

내용연수를 설정해야 하는 소방용품은 분말형태의 소화약제 소화기로 10년으로 한다.

소방시설법 주요기출 시험흐름 파악하기

기출 1 다음 중 소방시설에 관한 용어로서 중 옳지 않은 것은?

① 무창층: 지상층 중 개구부가 바닥면적의 1/30 이하가 되는 층
② 피난층: 내부로부터 지상 그 밖의 안전한 곳으로 피난할 수 있는 층
③ 소방시설등: 소방시설, 비상구, 그 밖의 대통령령으로 정하는 소방 관련시설
④ 특정소방대상물: 소방시설을 설치하여야 하는 소방대상물로서 대통령령으로 정한 것

해설: 피난층은 곧바로 지상으로 갈 수 있는 출입구가 있는 층을 말한다. (소방시설법 제2조 시행령 제2조, 시행령 제4조) // ②

기출 2 다음 중 건축허가등의 동의 대상 기준이 아닌 것은?

① 항공관제탑, 관망탑
② 6층 이상의 건축물
③ 바닥면적 150㎡ 일반건축물
④ 공연장 바닥면적 100㎡

해설: 건축허가등의 동의 대상은 연면적 400㎡ 이상의 일반건축물에 해당된다. (* 바닥면적 150㎡ 이상은 지하층·무창층 건물에 해당한다.) (소방시설법 시행령 제7조) // ③

기출 3 다음 중 성능위주설계에 해당하지 않는 것은?

① 연면적 20만㎡ 이상인 특정소방대상물 신축(아파트등 제외)
② 연면적 2만㎡ 이상인 철도 및 도시철도시설, 공항시설 신축
③ 하나의 건축물에 영화상영관이 10개 이상인 특정소방대상물 신축
④ 30층(지하층 제외) 이상이거나 높이가 120m 이상인 특정소방대상물 증축

해설: 30층(지하층 포함) 이상이거나 높이가 120m 이상인 특정소방대상물 신축공사에만 기술사 2명 이상이 하는 성능위주 설계에 해당한다.(소방시설법 시행령 제9조) // ④

기출 4 소방시설기준 적용의 특례에서 강화된 기준으로 설치하여야 하는 소방시설이 아닌 것은?

① 노유자시설에 설치하는 스프링클러설비, 간이스프링클러설비
② 노유자시설에 설치하는 자동화재탐지설비, 단독경보형감지기
③ 의료시설에 설치하는 스프링클러설비 및 간이스프링클러설비
④ 의료시설에 설치하는 자동화재탐지설비 및 자동화재속보설비

해설: 노유자시설에 설치하는 스프링클러설비는 강화된 기준의 특례로 소방시설을 설치하지 않아도 된다.(소방시설법 시행령 제13조) // ①

【법 제18조】 소방기술심의위원회

다음의 사항을 심의하기 위하여 소방청에 중앙위원회, 시·도에 지방위원회를 둔다.

1. 중앙소방기술심의위원회(이하"중앙위원회")

① 화재안전기준에 관한 사항

② 소방시설의 구조 및 원리 등에서 공법이 특수한 설계 및 시공에 관한 사항

③ 소방시설의 설계 및 공사감리의 방법에 관한 사항

④ 소방시설공사의 하자를 판단하는 기준에 관한 사항

⑤ 성능위주설계의 신기술·신공법 등에 소방서장이 중앙위원회에 심의를 요청한 사항

⑥ 그 밖에 소방기술 등에 관하여 대통령령이 정하는 사항

2. 지방소방기술심의위원회(이하"지방위원회")

① 소방시설에 하자가 있는지의 판단에 관한 사항

② 그 밖에 소방기술 등에 관하여 대통령령이 정하는 사항

3. 제1항, 제2항에 따른 위원회의 구성 및 운영 등에 필요한 사항은 대통령령으로 정한다.

■ Reference(주 내용 비교)

1. 중앙: 소방시설공사의 하자를 판단하는 기준에 관한 사항
2. 지방: 소방시설에 하자가 있는지의 판단에 관한 사항

해 설

중앙위원회 하는 내용이 6개의 안이고, 지방위원회 하는 내용이 2개의 안이다.
그렇지만 중앙위원회 내용 중 ⑥번과, 지방위원회 내용 중 ②번이 같은 내용이다.
그렇다면 지방위원회 내용 ①번만 숙지하면, 나머지 내용은 중앙이 하는 일이 된다.
그러나 중앙위원회 ④번과 지방위원회 ①번이 유사한 단어로서 혼동되기 쉬우므로
▸ 중공기준 ▸ 지시있는 으로 비교 요약하도록 한다.
또한 심의사항에서 중앙의 책임자는 소방청장이며, 지방의 책임자는 시·도지사가 된다.
중앙은 10만㎡ 이상을 심의하며, 지방은 10만㎡ 미만을 심의한다.

【영 제20~21조】 소방기술위원회의 심의사항

1. 중앙위원회심의사항 (위원장 포함 60명 이내)
   — 회의는 위원장과 위원장이 회의마다 지정하는 6~12명으로 구성함 —
   (*^^ 중앙위원회는 분야별 소위원회를 구성할 수 있다.)
   ① 연면적 10만㎡ 이상에 설치된 소방시설 설계·시공·감리의 하자유무에 관한 사항
   ② 새로운 소방시설과 소방용품 등의 도입 여부에 관한 사항
   ③ 그 밖에 소방기술과 관련하여 소방청장이 심의에 부치는 사항

2. 지방위원회심의사항 (위원장을 포함 5~9명으로 함)
   ① 연면적 10만㎡ 미만의 설계·시공·감리의 하자유무에 관한 사항
   ② 소방본부장, 소방서장이 화재안전기준 또는 위험물제조소등에 기술검토 요청사항
   ③ 그 밖에 소방기술과 관련하여 시·도지사가 심의에 부치는 사항

■ Reference(기술위원회 주 내용)
   1. 중앙: 10만㎡ 이상, 60명(회의 6~12명으로). 소방용품 도입 등. 소방청장 심의.
   2. 지방: 10만㎡ 미만, 5~9명으로, 소방본부장·서장의 기술검토, 시·도지사 심의.

【영 제22조】 위원회 임명·위촉

1. 중앙위원회 및 지방위원회의 위원은 다음의 사람 중에서 임명·위촉한다.
   ① 소방기술사, 소방시설관리사, 소방분야 석사 이상 학위 취득 자
   ② 소방 관련 법인·단체에서 소방관련 업무에 5년 이상 종사한 자
   ③ 교육기관, 대학교, 연구소에서 소방관련 교육·연구에 5년 이상 종사한 자
2. 중앙위원회는 소방청장이, 지방위원회의 위원장은 시 · 도지사가 임명·위촉한다.
3. 위촉위원의 임기는 2년, 한 차례 연임할 수 있다.
   (*^^ 위원은 [화재예방법 영11조] "화재안전조사위원회"에서 과장급 공무원이 제외된다.)

【법 제19조】 화재안전기준의 관리 · 운영

소방청장은 화재안전기준을 효율적으로 관리·운영하기 위해 다음의 업무를 수행한다.

① 제정·개정, 운영 ② 연구·개발, 보급 ③ 국제협력
④ 정보체계 구축 ⑤ 교육, 홍보 ⑥ 검증, 평가
⑦ 국외화재안전기준 제도·정책 동향 조사·분석 ⑧ 그 밖에 대통령령으로 정하는 사항

■ Reference ⑧에서 그 밖에 대통령령으로 정하는 사항이란 화재안전기준에 대한 자문, 해설서 제작, 보급, 국외 신기술·신제품의 조사·분석 등을 말한다

【법 제20, 21조】 특정소방대상물의 방염 등

대통령령의 기준으로 정하는 실내장식물 등의 물품은 방염성능기준 이상으로 설치를 하며, 소방본부장, 소방서장은 필요 시 제거나 검사 등 관계인에게 조치를 명할 수 있다.

(* 방염성능검사는 소방청장이 실시하며, 단 대통령령으로 정하면 시·도지사가 실시한다.)

【영 제30조】 방염성능기준 이상의 실내장식물 등을 설치하여야 하는 특정소방대상물

1. 방염대상물

① 옥내의 문화 및 집회시설 · 종교시설 · 운동시설(수영장 제외)

② 노유자시설, 합숙소, 11층 이상 건축물(아파트 제외)

③ 의원(치과 · 한의원), 의료시설, 조산원, 산후조리원, 숙박시설, (숙박 가능한)수련시설,

④ 공연장 및 종교집회장, 방송국 및 촬영소, 체력단련장, 다중이용업소

【영 제31조】 방염대상물품 및 방염성능기준

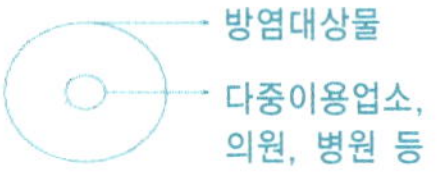

1. 방염물품

(1) 제조·가공공정에서 방염처리한 다음의 물품.

① 커튼류(블라인드 포함)

② 카펫, 벽지류(2㎜ 미만인 종이벽지 제외.)

③ 무대용·전시용의 합판 · 목재 · 섬유판, 암막 · 무대막(스크린 포함)

④ 다중이용업소(노래연습장, 유흥 · 단란주점)의 섬유류, 합성수지류의 의자 · 소파.

(합판목재는 불가피하게 설치 현장에서 방염처리한 것을 포함. - 시·도지사가 검사실시)

(2) 건축물 내부의 천장·벽에 부착·설치하는 것

① 종이류(두께 2㎜ 이상인 것) · 합성수지류 · 섬유류 물품

② 합판·목재, 흡음재 · 방음재.(흡음 · 방음용 커튼 포함)

③ 간이칸막이(이동 가능한 접이식 벽체나 천장이 실내에 접하는 곳까지 구획하지 않는 벽체.)

- 다만, 가구류(옷장, 찬장, 계산대, 식탁 · 식탁용 의자, 사무용 책상 · 의자)와 너비 10cm 이하인 반자돌림대 등과 내부마감재료는 제외한다.

2. 방염권장물품:

소방본부장, 소방서장은 제1항의 방염물품 외에 권장할 수 있다.

① 방염권장 대상물: 노유자시설, 다중이용업소 · 숙박시설 · 의료시설 · 장례식장

② 방염권장 물품: 의자, 가구류, 소파, 침구류.

3. 방염성능기준

① 불꽃에 의해 완전히 녹을 때까지 불꽃의 접촉 횟수는 3회 이상.

② 버너의 불꽃을 제거한 때부터 불꽃을 올리고 연소상태가 그칠 때까지 20초 이내.

③ 버너의 불꽃을 제거한 때부터 불꽃 올리지 아니하고 연소상태 그칠 때까지 30초 이내

④ 탄화한 면적 50㎠ 이내, 탄화한 길이 20㎝ 이내.

⑤ 발연량을 측정하는 경우 최대 연기밀도는 400 이하.

소방법령에서 방염에 대한 해설 등

•화재 시 큰 피해가 예상되는 특정 대상물과 물품을 대통령령으로 방염을 법제화하고 있다. 방염대상물품 설치 위반자는 300만 원 이하 과태료이지만 소방관들의 방염성능물품의 조치명령을 위반한 사람은 3년 이하 징역 또는 3천만 원 이하의 벌금이다.

•그러나 방염처리가 고가이다 보니 숙박시설 등 (5곳)의 침구류, 가구류 등 (4가지) 물품은 방염권장물품으로 소방본부장·서장(소방관들)소이 업소 등에 부탁을 하고 있다.

그러므로 이 방염권장물품은 미이행시 방염물품과 달리 행정지도로서 벌칙 등 강제력이 없다.

(* 영 제30조 제목에서 방염성능 기준 이상의 실내장식물이란? 약품처리로 하는 방염처리 외에 그 이상의 성능을 가진 난연재료, 준불연재료, 불연재료로 설치해도 된다는 뜻이다.)

- 또한 영 제31조에서 방염성능기준이란 방염이 세탁공장의 드라이크리닝처럼 액체 가공처리이다보니 방염이 기준 이상으로 되지 않았을 때를 대비하여 방염된 물품을 시험하는 기준치를 정하고 있다. 그 기준치에서 ②항 버너의 불을 붙여 불꽃이 그치는 시간을 잔염시간이라 하며, ③항 버너의 불을 붙여 작은 불씨가 있는 상태에서 그치는 시간을 잔신(잔진)시간이라 한다.

---* 자격 수험생 빈출문제 단축기억(암기) 및 연상기억

1. 방염대상물: 종노운수 조문숙의 11층 공산다방 합의체
2. 방염물품: ① "제조·가공공정에서 방염처리한 것": 막판 커블 스카이, 다의소
   ② "건축물 내부의 천장·벽에 부착·설치하는 것": 합섬 합목간 흡방종이
3. 방염권장물품: 노다숙 의장, 의가소침. (* 노다숙 의장이 의기소침)
4. 방염성능기준: 올리이십, 아니삼십, 면오길이, 연밀 400.

예제 다음 중 방염대상 물품에 관한 내용으로 옳지 않은 것은?

① 커튼류(블라인드 포함)
② 벽지류(2㎜ 미만인 종이벽지.)
③ 암막·무대막(스크린 포함)
④ 종이류(두께 2㎜ 이상인 것)

해설: 벽지류로서 2mm미만 종이벽지는 제외한다. (소방시설법 시행령 제29조) // ②

03 소방시설 등의 자체점검

【법 제22조】 소방시설 등의 자체점검 등

1. 특정소방대상물의 관계인은 그 대상물에 설치된 소방시설 등에 대하여 다음 기간 내에 스스로 점검하거나 관리업자등에게 자체점검을 받아야 한다. (이 경우 관리업자등이 점검한 경우에는 그 결과를 행정안전부령으로 정하는 바에 따라 관계인에게 제출한다.)
   ① 소방시설등이 신설된 경우: 건축물을 사용할 수 있게 된 날부터 60일
   ② 상기 외의 경우: 행정안전부령으로 정하는 기간
2. 자체점검의 구분·대상, 점검인력 배치, 점검 방법·횟수 등은 행정안전부령으로 정한다.

【영 제33조】 소방시설등의 자체점검 면제 또는 연기

조사의 연기를 신청하는 관계인은 연기 사유·기간 등을 소방본부장·서장에게 제출한다.
㉠ 재난 발생 ㉡ 관계인의 질병, 사고, 장기출장 ㉢ 관계인 사업의 부도, 도산
㉣ 경매 등으로 소유권이 변동 중이거나 변동된 경우
(* 영 35조의 '자체점검 결과에 따른 이행계획 완료의 연기' 내용도 상기 영33조 내용과 같다)

【영 제34조】 소방시설등의 자체점검 결과의 조치 등

소화펌프 고장 등으로 지체 없이 수리 등 필요한 조치를 하여야 하는 경우
① 화재 수신기 고장으로 경보음이 울리지 않거나 연동된 소방시설 작동이 불가능한 경우
② 소화펌프(가압송수장치), 제어반, 전원(비상전원 포함) 고장으로 소방시설이 미작동
③ 소화배관 등이 폐쇄·차단되어 소화수 또는 소화약제가 자동 방출되지 않는 경우
④ 방화문 또는 자동방화셔터가 훼손되거나 철거되어 본래의 기능을 못하는 경우.

【영 제36조】 자체점검 결과 공개

① 소방본부장·서장은 자체점검 결과를 30일 이상 전산시스템 등을 통해 공개해야 한다.
② 소방본부장·서장은 점검 결과를 공개 기간·내용·방법을 관계인에게 통보해야 한다.
③ 통보받은 관계인은 10일 이내 관할 소방본부장·서장에게 이의신청을 할 수 있다.
④ 이의신청 받은 날부터 10일 이내 심사·결정하여 그 결과를 신청인에게 알려야 한다.
⑤ 자체점검 결과가 제3자의 법익을 침해하는 경우 그 관련사실을 제외하고 공개한다.

【칙 제23, 25조】 자체점검 결과의 조치 등

① 점검자(관리업자등)는 자체점검이 끝나면 10일 이내 관계인에게 제출한다.
② 관계인은 점검이 끝난 날부터 15일 이내에 본·서장에게 서류를 첨부하여 보고한다.
③ 점검이상 시 소방용 기계·기구를 수리·정비는 10일 / 철거·교체는 20일 이내로 한다.
④ 관계인은 본·서장에게 보고 후 10일 이내 자체점검기록표를 작성 30일 이상 게시한다.
⑤ 관계인은'자체점검실시결과보고서'를 점검이 끝난 날부터 2년간 자체 보관해야 한다.

【칙 별표3】 소방시설 점검

1. 작동점검 (연 1회)

소방시설등이 정상적으로 작동하는지를 연 1회 이상 점검하는 것.

① 자격: 관계인, 소방시설관리사, 선임된(소방시설관리사, 소방기술사) / 특급점검자.

② 제외: 위험물제조소등, 소방안전관리자가 없는 대상물, 특급소방안전관리대상물.

③ 종합점검대상: 종합점검을 받은 달부터 6월 되는 달 실시. 그 외 사용승인일 말일 등

2. 종합점검 (연 1회 혹은 반기별 1회)

소방시설등의 작동점검을 포함하여 주요 구성부품의 구조기준을 점검하는 것.

최초점검: 소방시설 설치 60일 이내 점검, (* 학교는 6월 말, 물분무등은 그 다음 해부터)

① 횟수: 연 1회 (특급소방대상물: 반기별 1회) 이상. (*^^ 우수업체는 3년간 면제.)

② 자격: 관리업에 등록된 관리사, 소방안전관리자로 선임된(시설관리사·소방기술사)

③ 연 1회 이상 대상:

㉠ 제연설비가 설치된 터널. 스프링클러 설치, 신설된 건축물(60일 이내)

㉡ 물분무등설비가 설치된 연면적 5천m^2 이상(호스릴설비 제외, 제조소등 제외)

㉢ 연면적 1천m^2 이상: 옥내소화전, 자동화재탐지설비가 설치된 공공기관.

㉣ 연면적 2천m^2 이상: 다중이용업소(고시원, 산후조리업, 노래연습장업, 단란주점영업, 유흥주점영업, 영화상영관, 비디오물 감상실업, 복합영상물제공업, 안마시술소)

- 관계인 안전관리자 등이 맨눈으로 하는 작동·종합 외관점검은 월 1회하고 2년간 보관.
- 아파트등 관리자는 2년 이내 모든 세대를 점검하며, 1회에 작동 50%, 종합 30% 이상

【칙 별표4】 자체점검 시 점검인력 배치기준

① 1일 점검한도 면적(1단위): • 종합점검은 8,000m^2 / 작동점검: 10,000m^2

(보조인력 1명씩 추가 시 종합점검: 2,000m^2 / 작동점검: 2,500m^2씩 더한다.)

- 인력은 하루 5곳까지 배치 가능.(단, 2곳 이상을 2일 이상 점검 시 배치기한 초과금지)

② 1단위가 할 수 있는 아파트등 점검한도:

- 종합 · 작동 모두 250세대(보조인력 1명씩 추가 시: 60세대 추가.)

① 50층 이상 성능위주대상물: 관리사 경력 5년 이상 1명 (보조: 고급·중급 각 1명 이상)

② 특급 소방대상물: 관리사 경력 3년 이상 1명 이상 (보조: 고급·초급 각 1명 이상)

③ 1~2급 소방대상물: 관리사 1명 이상 (보조: 중급·초급 이상 각 1명 이상)

④ 3급 소방대상물: 소방시설관리사 1명 이상 (보조: 초급 이상 2명 이상)

- 관리업자가 점검시는 관리사 또는 특급점검자 1명, 보조 2명을 점검인력 1단위로, 점검인력 1단위에 2명(같은 건축물 점검시 4명) 이내 보조인력을 추가 가능.
- 선임된 관리사 · 기술사가 점검시 관리사나 기술사 중 1명과 보조인력 2명을 점검인력 1단위로 하되, 점검인력 1단위에 2명 이내의 보조인력을 추가할 수 있다.
- 관계인 또는 안전관리자 점검시 관계인 또는 안전관리자 1명과 보조인력 2명을 1단위.

04 소방시설관리사 및 소방시설관리업

【법 제25조】 소방시설관리사*

소방시설관리사가 되고자 하는 자는 소방청장이 실시하는 관리사 시험에 합격하여야 한다. 시험실시에 관하여 필요한 사항은 **대통령령**으로 한다.

【영 제37조】 소방시설관리사 자격의 응시자격

① 소방기술사, 소방설비(산업)기사, 위험물기능장,
② 소방공무원으로 3년 이상 실무경력이 있는 사람
③ 공조냉동기계기술사, 건축사, 건축기계(전기)설비기술사
④ 이공계 분야 박사학위를 취득, 소방분야 석사 이상 학위를 취득한 사람

【영 제39조】 시험 과목

제 1차시험: 소방안전관리론, 소방관계법령, 소방기계점검실무, 소방전기점검실무
제 2차시험: 소방시설등 점검실무, 소방시설등 관리실무.

【영 제40조】 시험위원의 임명 · 위촉

① 소방 관련 박사학위를 취득한 사람
② 대학에서 소방관련 조교수 이상 2년 이상 재직한 사람
③ 소방위 이상의 소방공무원, 소방시설관리사, 소방기술사
④ 출제위원: 시험 과목별 3명
⑤ 채점위원: 시험 과목별 5명 이내(제2차시험에 한정)
(* 시험은 매년 1회, 60점 이상, 시행일 90일 전까지 소방청 홈페이지 등에 공고.)
(* 시험 합격자에게 합격자 공고일부터 1개월 이내에 소방시설관리사증을 발급한다.)

【법 제28조】 관리사 자격의 취소·정지

소방청장은 다음의 경우 그 자격을 취소하거나 1년 이하의 정지를 명할 수 있다.

1. 거짓, 부정한 방법으로 시험에 합격한 때 또는 결격사유에 해당될 때.(취소)
2. 관리사증을 빌려준 때 또는 동시에 둘 이상의 업체에 취업한 때.(취소)
3. 성실하게 자체점검업무를 수행하지 아니한 때 (정지)
4. 소방안전관리업무 및 점검을 하지 아니하거나 거짓으로 한 때.(정지)
5. 대행인력의 배치기준·자격·방법 등 준수사항을 지키지 아니한 때(정지)

【법 제29, 33조】 소방시설관리업

소방시설 등의 **점검 및 관리업** 또는 소방안전관리업무의 대행을 하려는 자는 시·도지사에게 관리업 등록을 하여야 한다. 또한 관리업자가 지위를 승계한 경우, 영업정지나 취소처분을 받은 경우, 휴·폐업을 한 경우는 관계인에게 지체 없이 그 사실을 알려야 한다.

1. 등록: 시·도지사에게 (* 본서 소방관계법규의 모든 업체)
2. 관계인에게 즉시 알려야 하는 경우:
   ① 관리업자가 지위를 승계한 경우
   ② 영업정지나 취소처분을 받은 경우
   ③ 휴·폐업을 한 경우.

(* 변경신고: 명칭·상호, 영업소소재지, 대표자, 기술인력 변경 시 30일 이내 시·도에 제출한다)

【법 제30조】 (관리업) 등록의 결격사유

다음 어느 하나에 해당하는 자는 관리업의 등록을 할 수 없다.

1. 피성년후견인
2. 금고 이상 실형을 선고받고 그 집행이 끝나거나 면제된 날부터 2년이 지나지 아니한 자
3. 금고 이상의 형의 집행유예를 선고받고 그 유예기간 중에 있는 사람
4. 관리업의 등록이 취소된 날부터 2년이 지나지 아니한 자
5. 임원 중에 제1호부터 제4호까지의 어느 하나에 해당하는 사람이 있는 법인

(*^^ 법 제30조 1~4번까지는 '관리사' 결격사유와 같다)

【법 제36조】 과징금 처분

시·도지사는 그 영업정지가 **국민에게 심한 불편**을 주거나 그 밖에 **공익을 해칠** 우려가 있는 때에는 영업정지처분에 갈음하여 **3천만 원 이하**의 과징금을 부과할 수 있다.

1. 부과권자: 시·도지사가
2. 금액: 3천만 원 이하
3. 계산방법: 영업정지 1월은 30일로 계산
4. 필요한 사항: 행정안전부령

* 소방시설관리사: 법규정에 의한 큰 건축물 등에서 소방시설을 점검할 수 있는 소방시설관리업의 주인력
* 피성년후견인: 법률상의 무능력자. 금치산자. * 금고: 노동을 하지 않는 교도소(감옥) 생활.
* 파산자(破産者): 파산 선고를 받은 사람. 파산채무자.

05 소방용품의 품질관리 및 보칙

【법 제37조】 소방용품의 형식승인

1. 소방용품을 제조하거나 수입하고자 하는 자는 **소방청장의 심사** → <u>형식승인</u> → **제품검사**를 받아야 한다.(단, 연구개발 목적으로 제조·수입하는 것은 제외한다.)
   ① 형식승인권자 등 권한자: 소방청장.
2. 누구든지 **형식승인**을 받지 아니한 것, **형상 등을 임의로 변경**한 것, 제품검사를 받지 아니하거나 합격표시를 하지 아니한 것을 판매·진열 및 소방시설공사에 사용할 수 없다.
3. 하나의 소방용품에 2가지 이상의 형식승인 또는 성능인증이 결합된 경우는 두 가지 이상의 시험을 함께 실시하고 하나의 형식승인을 할 수 있다. 또한 공인기관 평가가 있는 경우 군수품, 주한외국공관, 외국차관, 소방청장 인정 소방용품은 일부만 적용할 수 있다.
4. 형식승인의 방법·절차 등과 제품검사 등에 필요한 사항은 행정안전부령으로 정한다.

■ 요 약

- 제조·수입자: 소방청장의 ① 심사 ② 형식승인 ③ 제품검사를 받아야 한다.
- 판매·진열·공사시: ① 형식승인 ② 제품검사 ③ 형상유지 ④ 합격표시를 한다.

【법 제49조】 청 문

소방청장 또는 시·도지사는 다음의 처분을 하고자 하는 경우에는 청문을 실시한다.

① 소방시설 관리사 자격의 취소 및 정지
② 소방시설 관리업의 등록 취소 및 영업정지
③ 소방용품 형식승인 취소 및 제품검사 중지
④ 소방용품 전문기관의 지정 취소 및 업무정지
⑤ 소방용품 우수품질인증의 취소
⑥ 소방용품 성능인증의 취소

▸ 보충수업(청문)

청문(聽聞)이란 행정기관이 규칙 제정·쟁송을 해결함에 이해관계인이나 제3자로부터 의견을 듣는 것을 말하며 자격증이나 업체의 정지나 취소할 때 실시한다. (* ⑤, ⑥은 본디 정지가 없다.)

【법 제50조】 권한 또는 업무의 위임·위탁 등

1. 이 법에 따른 소방청장, 시·도지사의 권한은 그 일부를 소속 기관의 장, 시·도지사, 소방본부장 또는 소방서장에게 위임할 수 있다.

2. 소방청장은 다음의 업무를 한국소방산업기술원(기술원)에 위탁할 수 있다. 이 경우 소방청장은 기술원에 소방시설, 소방용품 기술개발·연구에 경비의 일부를 보조할 수 있다.

① 방염성능검사 중 대통령령으로 정하는 검사

② 소방용품의 형식승인

③ 소방용품 형식승인의 변경승인

④ 소방용품 성능인증 및 성능인증의 취소

⑤ 소방용품 성능인증의 변경인증

⑥ 소방용품 우수품질인증의 취소

【영 제48조】 권한 또는 업무의 위임 · 위탁 등

① 소방청장은 기술기준에 대한 관리·운영 권한을 국립소방연구원장에게 위임한다.

② 법 50조 2항 ①호에서"대통령령으로 정하는 검사"란 방염대상물품에 대한 방염성능검사(설치 현장에서 방염처리를 하는 합판·목재류에 대한 방염성능검사는 제외)를 말한다.

【법 제54조】 조치명령등의 기간연장

조치명령 또는 이행명령(이하"조치명령등")을 받은 관계인 등은 천재지변이나 그 밖에 대통령령으로 정하는 사유로 조치명령등을 그 기간 내에 이행할 수 없는 경우에는 조치명령등(예 소방시설에 대한 조치명령)을 명령한 소방청장, 소방본부장 또는 소방서장에게 조치명령등을 연기하여 줄 것을 신청할 수 있다.

- 연기 대상: 재난 발생, 경매 등의 사유로 소유권 변동, 관계인의 질병, 사고, 장기출장 등.

【법 제55조】 위반행위의 신고 및 신고포상금의 지급

소방본부장, 소방서장은 다음의 신고자에게 시•도의 조례에 따라 포상금을 지급할 수 있다.

1. 소방시설을 폐쇄·차단 등의 행위를 한 자

2. 규정을 위반하여 소방시설을 설치 또는 유지·관리한 자
3. 피난시설, 방화구획 및 방화시설에 법적 규정 위반자.(폐쇄·훼손·변경, 용도 장애, 소방활동에 지장행위, 주위에 물건 쌓거나 장애물 설치 행위 등)

06 벌 칙

【법 제56조】 5년 이하의 징역 또는 5천만 원 이하의 벌금

1. 소방시설에 **폐쇄·차단** 등 행위를 한 사람.(예 옥내소화전 차단)
2. 제1항의 죄를 범하여 사람을 상해에 이르면 7년 이하의 징역 또는 7천만 원 이하의 벌금, 사망 시는 10년 이하의 징역 또는 1억 원 이하의 벌금에 처한다.

【법 제57조】 3년 이하의 징역 또는 3천만 원 이하의 벌금

1. 소방시설 관리업의 등록을 하지 아니하고 영업을 한 사람.
2. 화재안전조사 결과, 화재안전기준에 따른 소방시설 조치명령 등 위반자
3. 건설현장 (임시)소방시설 등의 조치명령을 위반한 자
4. 피난시설·방화시설, 방화구획 관리의 조치명령을 위반한 자
5. 방염성능물품이나, 자체점검 이행계획의 조치명령을 위반한 자
6. 소방용품 제조자·수입자 등에 대한 회수·교환·폐기, 판매중지 명령 등 위반자
7. 소방용품을 형식승인 없이 제조·수입한 자, 부정한 방법으로 형식승인 받은자
8. 소방용품의 제품검사를 받지 아니한 자 또는 부정한 방법으로 제품검사 받은자
9. 소방용품을 규정에 위반하여 판매·진열 또는 소방시설공사에 사용한 자
10. 소방용품을 거짓, 부정한 방법으로 성능인정, 전문기관으로 지정을 받은 자

- 57조는 주로 명령(조치) 위반자(2~5번) 및 소방용품(6~10번) 위반자에 관한 조항이다.
- 57조의 6~10을 위반 시 3년 3천이지만, / 58조 1~2번의 변경이나 위변조는 1년1천이다.
- 61조 4(방염)를 위반시는 과태료, 57조 5의 조치명령 위반자는 3년~3천 벌금이다.
(* 그러나 제59조 방염업자가 위반하는 사항은 300만 원 이하의 벌금에 해당한다.)

【법 제58조】 1년 이하의 징역 또는 1천만 원 이하의 벌금

1. 소방용품 형식승인 변경승인이나, 성능인증 변경인증을 받지 아니한 자
2. 소방용품(제품검사·성능인증·우수품질인증)을 합격표시 또는 위조·변조자
3. **관리업등록증·관리사증** 대여, 알선자, 이중취업자, 정지기간 중 업무한 자
4. 출입·검사 업무자가 감독업무 수행 시 관계인의 업무방해나 비밀누설자
5. 자체점검 미실시, 관리업자 등으로 하여금 정기점검을 미실시한 사람

【법 제59조】 300만 원 이하의 벌금

1. 성능위주평가단, 위탁업무종사자가 업무 수행시 비밀 누설자
2. 방염성능검사 불합격물품에 합격표시 하거나 위조·변조 사용자
3. 방염업자가 방염성능검사를 위반하여 거짓 시료를 제출한 자
4. 자체점검결과 중대위반사항에 필요한 조치를 아니한 관계인, 관리업자

- 58조 4는 출입검사·감독시 비밀누설 / 59조 1은 평가단·위탁업무자 비밀누설
- 58조 2는 소방용품 위조·변조자 / 59조 2는 방염물품 위조·변조자에 해당한다.

※ 양벌규정(제60조): 제56조~59조까지 타 법의 양벌규정에 준용한다.

【법 제61조】 300만 원 이하의 과태료

1. 화재안전기준에 따라 소방시설을 설치·관리지 아니한 자
2. 임시소방시설을 공사현장에 설치·관리하지 아니한 자
3. 피난·방화시설, 방화구획의 폐쇄·훼손·변경 등 행위를 한 자
4. 방염대상물품 설치 위반자 또는 각종 신고·업무를 하지 않거나 거짓으로 한 자
5. 감독명령 위반하여 거짓보고, 자료제출 않거나 출입, 조사·검사를 거부·방해·기피한 자.
6. '자체점검'에 관련된 위반자.

점검능력평가를 받지 않고 점검한 관리업자 / 관계인에게 점검결과를 제출하지 아니한 관리업자등 / 점검인력 배치기준 등 자체점검 사항 위반자 / 자체점검결과나 이행계획결과를 소방본부장·서장에게 보고 않거나 거짓보고한 관계인 / 점검기록표를 제출하지 않거나 출입자가 보도록 게시하지 아니한 관계인.

7. '관리업자'에 관련된 위반자.

신고를 하지 않거나 거짓으로 신고한 관리업자 / 지위승계, 행정처분, 휴업·폐업을 관계인에게 알리지 않거나 거짓으로 알린 관리업자 / 기술인력의 참여 없이 자체점검을 한 관리업자 / 점검실적을 증명서류 등을 거짓으로 제출한 관리업자

- 과태료 부과권자: ① 소방청장 ② 시·도지사 ③ 소방본부장 ④ 소방서장이 부과한다.

07 소방시설 설치 및 관리에 관한 법률 시행령

【영 별표 1】 소방시설*

1. 소화설비*

물 그 밖의 소화약제를 사용하여 소화하는 기계·기구 또는 설비로서 다음과 같다.

① 소화기구:

㉠ 소화기

㉡ 자동확산소화기

㉢ 간이소화용구: 소공간용 소화용구, 에어로졸식소화용구, 투척용 소화용구 및 소화약제 외의 것을 이용한 간이소화용구.(예 모래)

② 자동소화장치

㉠ 분말자동소화장치	㉡ 주거용 주방자동소화장치
㉢ 가스자동소화장치	㉣ 고체에어로졸자동소화장치
㉤ 상업용 주방자동소화장치	㉥ 캐비닛형자동소화장치

③ 옥내소화전설비(호스릴 옥내소화전설비를 포함)

④ **스프링클러설비등**: 스프링클러, 간이스프링클러(캐비닛형 포함), 화재조기진압용 스프링클러설비

⑤ **물분무등소화설비**: 물분무·포·이산화탄소·미분무·고체에어로졸·할론·분말·강화액·할로겐화합물 및 불활성기체 소화약제,

⑥ 옥외소화전설비

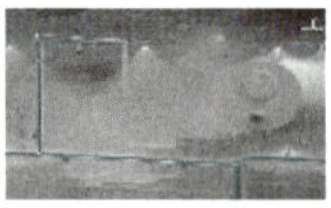

[물분무소화설비]

2. 경보설비

화재 발생 사실을 통보하는 기계·기구 또는 설비로서 다음과 같다.

① 비상경보(비상벨설비, 자동식사이렌설비)

② 비상방송설비

③ 자동화재속보설비

④ 자동화재탐지설비

⑤ 시각경보기, 누전경보기, 가스누설경보기

⑥ 화재알림설비

⑦ 통합감시시설

⑧ 단독경보형감지기

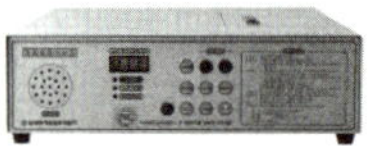

[자동화재속보설비]

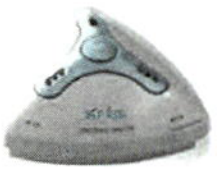

[단독경보형감지기]

* 소방시설: 소방과 관련된 소화·경보·피난구조·소화용수·소화활동설비 5가지를 말한다.
* 소화설비: 관계인 등이 할 수 있는 1차적 소화(초기소화)설비를 말한다.

3. 피난구조설비

화재 시 피난하기 위하여 사용하는 기계·기구 또는 설비로서 다음과 같다.

① **인명구조기구**:* 방열복, 방화복, 공기호흡기, 인공소생기
  (*^^ 방화복: 안전모, 보호장갑, 안전화를 포함한다.)

② 비상조명등 및 휴대용 비상조명등

③ **유도등**(피난구유도등, 통로유도등, 객석유도등, 피난유도선, 유도표지)

④ **피난기구**(피난사다리, 구조대, 완강기, 간이완강기), 그 밖에 소방청장이 정하여 고시하는 화재안전기준으로 정하는 것.(예 공기안전매트)

[방열복]

4. 소화용수설비

화재를 진압하는데 필요한 물을 공급하거나 저장하는 설비로서 다음과 같다.

① 상수도소화용수설비

② 소화수조·저수조 그 밖의 소화용수설비
  (*^^ **소화용수설비**는 현장에서 필요한 물이며, **소방용수시설**은 예방차원에서 필요한 물이다.)

5. 소화활동설비

화재를 진압하거나 **인명구조활동**을 위하여 사용하는 설비로서 다음과 같다.

① 무선통신보조설비 ② 제연설비

③ 비상콘센트설비 ④ 연결살수설비

⑤ 연소방지설비 ⑥ 연결송수관설비

(*^^ **소화용수설비** 및 **소화활동설비**는 현장에서 소방대원이 수동 조작하는 본격소화설비이며 **소화설비**는 관계인 등이 하는 1차적 초기 소화설비이다.)

※ **참고:** 연결송수관은 외부 송수구를 통해 복도 등의 방수구로 물이 쏟아지는 봉상주수이며, 연결살수설비 및 연소방지설비는 송수구를 통해 천장 헤드로 물이 나오는 적상주수이다.
[•연결송수관: 송수구→방수구(봉상주수) •연결살수, 연소방지: 송수구→헤드(적상주수)]

■ 인공소생기

호흡부전상태인 사람에 대하여 인공호흡을 시켜 환자를 보호하거나 구급하는 기구이다. 즉, 유독성가스에 질식되었거나 중독성에 의하여 심폐기능이 악화되어 정상적으로 호흡을 할 수 없는 사람에게 인공호흡시켜, 소생하도록 하는 구급용기구이다.(*사진 하단: 산소통, 상단: 산소마스크)

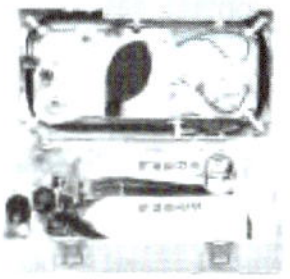

* **피난유도선**: 햇빛이나 전등불에 따라 축광(이하 "축광방식")하거나 전류에 따라 빛을 발하는(이하 "광원점등방식") 유도체로서 어두운 상태에서 피난을 유도할 수 있도록 띠 형태로 설치되는 피난유도시설을 말한다.

* **3.피난설비 ④에서 소방청장이 정하여 고시하는 화재안전기준으로 정하는 것**: 미끄럼대, 피난교, 피난용트랩, 간이완강기, 공기안전매트, 다수인피난장비, 승강식피난기를 말한다.(피난기구 화재안전기준 제2조)

【영 별표 2】 특정소방대상물

소방시설 설치 및 관리에 관한 법률 제2조의 특정소방대상물(소방시설을 설치하여야 하는 소방대상물)에서 대통령령이 정하는 것이란 아래와 같다.

1. 공동주택

① **아파트등**: 주택으로 쓰이는 5층 이상인 주택을 말한다.

② **연립주택**(660m² 초과)이나 **다세대주택**(660m² 이하): 1개 동이 4층 이하인 주택.
(* 2개 이상의 동을 지하주차장으로 연결하는 경우, 각각의 동으로 본다.)

③ **기숙사**: 학교, 공장 등에서 공동 취사가 50% 이상으로서, 독립된 주거형태를 갖추지 않은 것.
(*^^ 공동취사의 구조라면, 위험하니 특별소방대상물로 분류하여 소방시설을 설치한다는 뜻)

2. 근린생활시설

① **슈퍼마켓과 일용품**(식품, 잡화, 의류, 완구, 서적, 건축자재, 의약품, 의료기기 등) 등의 소매점으로서 같은 건축물에 해당 용도로 쓰는 바닥면적 1천m² 미만인 것. (* ⇄ 판매시설)
(*^^ 하나의 대지에 2동 이상의 건축물이 있는 경우에는 같은 건축물로 본다.)

② **노래연습장, 단란주점**(바닥면적 **150m²** 미만인 것) (* 단란주점 ⇄ 위락시설)

③ **휴게음식점, 제과점, 일반음식점, 기원, 이·미용원·목욕장 및 세탁소**(세탁공장은 제외)

④ **의원, 치과의원, 한의원, 침술원, 접골원, 조산원,** 산후조리원 및 **안마원**(안마시술소 포함)

⑤ **탁구장, 테니스장, 체육도장, 체력단련장, 에어로빅장, 볼링장, 당구장, 실내낚시터, 골프연습장, 물놀이형 시설** 등으로서 바닥면적 **500m²** 미만인 것 (⇄ 운동시설)

⑥ ㉠ **공연장**(극장, 영화상영관, 연예장, 음악당, 서커스장, 비디오물감상실업·소극장업의 시설)
　㉡ **종교집회장**[교회, 성당, 사찰, 기도원, 수도원, 수녀원, 제실(祭室), 사당]으로서 바닥면적 300m² 미만인 것 (⇄ 문화·집회시설)

⑦ **금융업소, 사무소, 부동산중개사무소, 결혼상담소 등 소개업소, 출판사, 서점 등** 바닥면적 500m² 미만인 것 (⇄ 업무시설)

⑧ **제조업소, 수리점** 등 바닥면적 500m² 미만이고 "대기환경보전법" "물환경보전법" "소음진동관리법" 배출시설의 설치허가 또는 신고의 대상이 아닌 것.

⑨ **청소년게임제공업 및 일반게임제공업의 시설, 인터넷컴퓨터게임시설제공업**(PC방)의 시설 및 **복합유통게임제공업의 시설** 등 바닥면적 **500m²** 미만인 것 (* 4개의 게임제공업) (⇄ 판매시설)

⑩ **사진관, 표구점, 학원 등**(바닥면적 500m² 미만인 것에 한하되, **자동차학원 및 무도학원을 제외**), **독서실, 고시원**(독립된 주거의 형태를 갖추지 않은 것으로서 바닥면적 합계가 500m² 미만인 것), **장의사, 동물병원, 총포판매사** 등 (* 학원 ⇄ 교육연구시설, / * 고시원 ⇄ 숙박시설)

⑪ **의약품 판매소, 의료기기 판매소 및 자동차 영업소**로서 같은 건축물에 해당 용도로 쓰는 바닥면적 1천m² 미만인 것.

■ 근린생활시설은 가까운 이웃의 필수적인 생활로서 주로 500m² 미만의 작은시설로 생각하면 쉽다.
(단, ①⑪번 1천m²↑: 판매시설 / ② 단란주점: 150m²↑: 위락시설 / ⑥ 300m²↑: 문화 및 집회시설.)

3. 문화 및 집회시설(*^^ 사람이 많이 모이는 시설)
   ① 공연장(극장 등)으로서 근린생활시설에 해당하지 않는 것(* 즉, 300m² 이상인 것)
   ② 집회장: 예식장, 공회당, 회의장, 마권(馬券) 장외 발매소, 마권 전화투표소 등 근린생활시설에 해당하지 않는 것.(*^^ 300m² 이상인 것)
   ③ 관람장: 경마장, 경륜장, 경정장, 자동차 경기장 등과 체육관, 운동장으로서 관람석의 바닥면적의 합계가 1천m² 이상인 것. (⇄ 운동시설)
   ④ 전시장: 박물관, 미술관, 과학관, 문화관, 체험관, 기념관, 산업전시장, 박람회장, 견본주택 등
   ⑤ 동·식물원: 동물원, 식물원, 수족관 등 (동·식물관련시설 x.)

4. 종교시설
   ① 종교집회장으로서 근린생활시설에 해당하지 않는 것(*^^ 300m² 이상인 것)
   ② 종교집회장 안에 설치하는 봉안당(奉安堂) (* 밖에: ⇄ 묘지·관련시설) * 봉안당: 납골당

5. 판매시설
   ① 도매시장: 농수산물도매시장, 농수산물공판장 등(그 안에 있는 근린생활시설을 포함)
   ② 소매시장: 대규모점포 등(그 안에 있는 근린생활시설을 포함) (*^^ 백화점, 할인마트 등)
   ③ 상점: 아래에 해당하는 것(상점 안에 있는 근린생활시설을 포함) 및 전통시장
      ㉠ 근린생활(①번)에 해당되는 "슈퍼마켓 일용품" 바닥면적 1천m² 이상. (⇄ 근린생활)
      ㉡ 근린생활(⑨번)에 해당되는 "게임제공업" 바닥면적 500m² 이상인 것. (⇄ 근린생활)

6. 운수시설 (*^^ 버스 . 기차 . 항공기 . 배를 타는 시설)

   ① 여객자동차터미널
   ② 철도 및 도시철도시설(정비창 등 관련시설을 포함한다)
   ③ 공항시설(항공관제탑을 포함한다)
   ④ 항만시설 및 종합여객시설
   (*^^ ②, ③에서 주된 시설 용도기능에 부수되는 시설로서 필수적인 시설은 주된 시설에 포함한다.)

7. 의료시설
   ① 병원: 종합병원, 병원, 치과병원, 한방병원, 요양병원
   ② 격리병원: 전염병원, 마약진료소 등
   ③ 정신의료기관
   ④ 장애인 의료재활시설
   (*^^ 치과의원은 근린생활이나 치과병원은 의료시설이며, 장애인의료시설은 노유자시설이 아닌 의료시설이다)

8. 교육연구시설
   ① 학 교
      ㉠ 초등학교(병설유치원을 제외), 중학교, 고등학교, 특수학교 등: 교사(교실·도서실 등 교수·학습활동에 직·간접적으로 필요한 시설물.), 체육관, 급식시설, 합숙소(학교의 운동부, 기능선수 등이 집단으로 숙식하는 장소를 말한다.) (* 병설유치원: 노유자시설)
      ㉡ 대학, 대학교 그 밖에 이에 준하는 각종 학교: 교사 및 합숙소
   ② 교육원(연수원 등)
   ③ 직업훈련소
   ④ 학원(근린생활시설에 해당하는 것과 자동차 운전학원·정비학원, 무도학원을 제외한다.)
   (*^^ 500m² 미만 학원은 근린생활시설 / 자동차운전학원·정비학원은 항공기·자동차시설 / 무도학원은 위락시설)
   ⑤ 도서관 및 연구소(시험소와 계량계측소 포함)

9. 노유자시설(老幼者) (*^^ 노인, 유아, 장애인 등 피난 시 고려해야할 시설)

① 노인 관련시설: 노인복지시설(요양기관을 포함), 노인의료복지시설, 학대피해노인 쉼터 등
② 아동 관련시설: 어린이집, 아동복지시설, 유치원(병설유치원은 포함)
③ 장애인 관련시설: 장애인 거주·지역사회·직업재활 시설(심부름·수어통역·출판시설 제외) 등
④ 정신질환자 관련시설: 정신요양시설, 정신재활시설(생산품판매시설을 제외.)
⑤ 노숙인 관련시설: 노숙인 복지시설(요양·자활·재활·일시보호시설 및 쪽방상담소만 해당한다) 등
⑥ 사회복지시설 중 결핵환자 또는 한센인 요양시설 등 다른 용도로 분류되지 않는 것.
(*^^ ③ 장애인 심부름센터는 비장애인이 하며, ④ 정신질환자 생산품판매는 비정신질환자가 하기 때문.)

10. 수련시설

① 생활권 수련시설: 청소년수련관·청소년문화의 집, 청소년특화시설 등
② 자연권 수련시설: 청소년수련원·청소년야영장 등
③ 유스호스텔

11. 운동시설

① 탁구장, 테니스장, 체육도장, 체력단련장, 에어로빅장, 볼링장, 당구장, 실내낚시터, 골프연습장, 물놀이형 시설 등 근린생활시설에 해당하지 않는 것(*^^ 500m² 이상인 것) (⇄ 근린생활)
② 체육관으로서 관람석이 없거나 관람석의 바닥면적이 1천m² 미만인 것. (* ②③은 실내에 한함)
③ 운동장: 육상장, 구기장, 볼링장, 수영장, 스케이트장, 롤러스케이트장, 승마장, 사격장, 궁도장, 골프장 등과 이에 딸린 건축물로서 관람석이 없거나 관람석의 바닥면적이 1천m² 미만인 것
(*^^ ② 체육관, 운동장으로서 1천m² 이상은 많은 사람이 집회, 선거 등을 하니 문화 및 집회시설로 분류.)

12. 업무시설

① 공공업무시설: 국가·지방자치단체 청사와 외국공관의 건물로서 근린생활에 해당하지 않는 것.
② 일반업무시설: 금융업소, 사무소, 신문사, 오피스텔(업무를 주로 하며, 분양하거나 임대하는 구획 중 일부의 구획에서 숙식을 할 수 있도록 한 건축물) 등 근린생활시설에 해당하지 않는 것
③ 주민자치센터(동사무소), 공공도서관, 국민건강보험공단, 우체국, 경찰서, 지구대, 파출소, 소방서, 119안전센터, 보건소 등 * 독서실(근린생활) ⇄ 도서관(교육연구) ⇄ 공공도서관(업무시설)
④ 마을회관, 마을공동작업소·공동구판장, 변전소, 양수장, 정수장, 대피소, 공중화장실 등

13. 숙박시설

① 일반형 숙박시설: 손님이 잠을 자고 머물 수 있는 시설(취사시설 제외)
② 생활형 숙박시설: 손님이 잠을 자고 머물 수 있는 시설(취사시설 포함)
③ 고시원(근린생활에 해당하지 않는 바닥면적의 합계가 500m² 이상인 것) (⇄ 근린생활)

14. 위락시설

① 단란주점(근린생활시설에 해당하지 않는 바닥면적 150m² 이상) (⇄ 근린생활)
② 유흥주점(나이트클럽, 카바레 등)
③ 테마파크업의 시설
④ 무도장, 무도학원(춤학원) 및 카지노영업소

15. 공 장

물품의 제조·가공(세탁·염색·도장·표백·재봉·건조·인쇄 등 포함) 또는 수리에 계속적으로 이용되는 건축물로서 타 시설로 따로 분류되지 아니한 것

16. 창고시설(위험물 저장 및 처리 시설 또는 그 부속용도에 해당하는 것은 제외)

① 창고(냉장·냉동창고 포함), 하역장,

② 물류터미널, 집배송 시설

17. 위험물저장 및 처리시설 (*^^ 위험물제조소등+가스시설)

① 위험물제조소등(* 고체+액체의 제조소·저장소·취급소)

② 가스시설 : 산소 또는 가연성 가스를 제조·저장·취급하는 시설 중 지상의 탱크 저장용량의 합계가 100톤 이상이거나 저장용량이 30톤 이상인 탱크가 있는 가스시설로서 다음에 해당하는 것

(*^^ 가스는 일반적인 법적기준이 "합계" 라는 단어가 나오면 100톤, 그 외는 30톤으로 분류된다.)

㉠ 가스제조시설 :

•고압가스의 제조허가나 도시가스사업허가를 받아야 하는 시설

㉡ 가스저장시설

•고압가스 저장소의 설치허가나 액화석유가스 저장소의 설치허가를 받아야 하는 시설

㉢ 가스취급시설 : 액화석유가스 충전사업이나 액화석유가스 집단공급사업 허가를 받는 시설

3법

18. 항공기 및 자동차관련시설(건설기계 관련 시설을 포함)

① 항공기 격납고

② 차고, 주차용건축물·철골조립식·기계장치 주차시설

③ 세차장, 폐차장

④ 자동차 검사장·매매장·정비공장

⑤ 운전학원·정비학원

⑥ (여객자동차운수사업법·화물자동차운수사업법·건설기계관리법에 의한) 차고 및 주기장

⑦ 단독주택 또는 공동주택 중 50세대 미만인 연립주택·다세대주택을 제외한 건축물 내부의 주차장

19. 동·식물관련시설

① 축사(부화장을 포함한다.)

② 가축시설 : 가축용 운동시설·인공수정센터·관리사(管理舍)·가축용창고·시장·검역소·실험 사육시설

③ 도축장　　④ 도계장

⑤ 작물재배사　　⑥ 종묘배양시설

⑦ 화초 및 분재 등의 온실

⑧ 식물과 관련된 시설과 비슷한 것(동·식물원을 제외)

(*^^ 동식물원은 다수인이 모이는 곳이므로 소방시설이 강화되어 "문화 및 집회시설"로 분류된다.)

20. 자원순환 관련시설

① 하수 등 처리시설　　② 고물상

③ 폐기물처분시설, 폐기물재활용시설, 폐기물감량화시설

21. 교정 및 군사시설

① 보호감호소, 보호시설, 교도소, 구치소 및 그 지소
② 보호관찰소, 갱생보호시설, 갱생·보호·교육·보건 등의 용도의 시설
③ 치료감호시설 ④ 소년원, 소년분류심사원
⑤ 유치장 ⑥ 국방·군사시설

22. 방송통신시설

① **방송국**(방송프로그램 제작시설, 송신·수신·중계시설 포함)
② **촬영소** ③ **전신전화국** ④ **통신용시설** 그 밖에 이와 비슷한 것

23. 발전시설

① 원자력발전소 ② 수력·조력발전소* ③ 풍력발전소 ④ 화력발전소
⑤ 전기저장시설 ⑥ 데이터센터 ⑦ 그 밖에 비슷한 시설(집단에너지 공급시설을 포함)

24. 묘지 관련 시설

① 화장시설 ② 봉안당*(종교집회장에 설치되는 봉안당 제외)
③ 묘지와 자연장지에 부수되는 건축물

25. 관광휴게시설

① 야외음악당, 야외극장 (* 극장: 근린생활 혹은 문화·집회)
② 어린이회관 (* 어린이집: 노유자)
③ 관망탑, 휴게소
④ 공원·유원지 또는 관광지에 부수되는 건축물

26. 장례시설(의료시설의 부수시설은 제외.) ① 장례식장(동물전용 장례식장 포함)
(예 병원 안의 장례식장은 의료시설로 본다는 뜻) (* 장의사: 근린생활)

27. 지하상가

지하의 건물 안에 설치되어 있는 상점·사무실 등으로서 지하도에 설치되거나 그 지하도를 합한 것

27의2. 터널

① 터널: 차량(궤도차량용 제외) 등의 통행을 목적으로 지하, 수저, 산을 뚫어 만든 것
② 방음터널

28. 지하구

① 전력·통신용의 전선이나 가스·냉난방용의 배관 등을 집합수용하기 위하여 설치한 지하 구조물로서 사람이 점검, 보수하기 위해 출입이 가능한 것 중 전력구(케이블 접속부가 없는 경우는 제외), 통신구 방식으로 설치된 것이거나, 폭 1.8m 이상이고 높이가 2m 이상이며 길이가 50m 이상인 것.
② 공동구

29. 국가유산

가. 「문화유산의 보존 및 활용에 관한 법률」에 따른 지정문화유산 중 건축물
나. 「자연유산의 보존 및 활용에 관한 법률」에 따른 천연기념물등 중 건축물

30. 복합건축물

1) 하나의 건축물 안에 제1호 내지 제27호의 것 중 2 이상의 용도로 사용되는 것.
다만, 다음에 해당하는 경우에는 복합건축물로 보지 아니한다.
① 관계 법령에서 주된 용도의 부수시설로서 그 설치를 의무화하고 있는 용도 또는 시설
② 주택 안에 설치하는 부대시설 또는 복리시설이 설치되는 것
③ 건축물의 주된 용도의 기능에 필수적인 용도로서 다음에 해당하는 용도
㉠ 건축물의 설비·대피, 위생용도 등 ㉡ 사무·작업·집회·물품저장·주차 등
㉢ 구내식당·세탁소·운동시설 등 종업원후생복리시설(기숙사 제외) 및 구내소각시설 등
2) 하나의 건축물이 근린생활·판매·업무·숙박시설 또는 위락용도와 주택용도로 함께 사용되는 것.

※ 비 고

1. 내화구조로 된 하나의 특정소방대상물의 개구부[*] 및 연소확대가 **없는** 내화구조의 바닥과 벽으로 구획되어 있는 경우에는 그 구획된 부분을 각각 **별개**로 본다.(* 단, 성능위주 설계시는 하나로 본다)
(*^^ 건축물이 완전히 구획되어 별개로 보니까 소방시설이 완화된다)
2. 둘 이상의 특정소방대상물이 다음에 해당되는 구조의 복도 또는 통로(이하 "**연결통로**")로 연결된 경우에는 이를 **하나**로 본다. (*^^ 하나로 보니까 둘 이상의 면적이 합쳐져서 소방시설이 강화된다)
① 내화구조로 된 연결통로가 다음의 어느 하나에 해당되는 경우
㉠ 벽이 없는 구조로서 그 길이가 6m 이하인 경우 (*^^ 벽이 없으니 화재진압이 빠르다)
㉡ 벽이 있는 구조로서 그 길이가 10m 이하인 경우(단, 벽 높이가 바닥에서 천장 높이의 1/2 이상인 경우에는 벽이 있는 구조로 보고, 벽 높이가 천장 높이의 1/2 미만인 경우에는 벽이 없는 구조로 본다.)

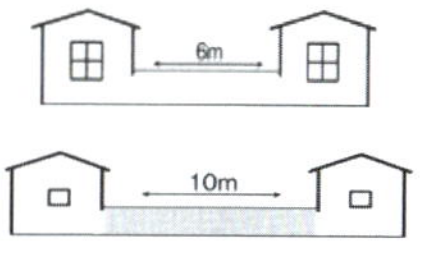

※ 이를 하나의 특정대상물로 본다.

② 내화구조가 아닌 연결통로로 연결된 경우
③ **지하보도, 지하상가, 지하가로 연결된** 경우
④ 컨베이어로 연결되거나 플랜트설비의 배관 등으로 연결되어 있는 경우
⑤ 자동방화셔터, 60분+ 방화문이 설치되지 **아니한** 피트로 연결된 경우. (*즉, 위험함)
⑥ 지하구로 연결된 경우 (*^^ ②~⑥까지는 모두 끝자가 "연결된 경우" 로서 하나로 본다)
3. 제2호의 규정에 불구하고 연결통로 또는 지하구와 특정소방대상물의 양쪽에 다음의 어느 하나에 적합한 경우에는 **별개**로 본다. (*^^ 소방시설이 잘 되어 있으니 별개로 본다는 뜻)
① 화재 시 경보설비, 자동소화설비의 작동과 연동되는 자동방화셔터 또는 60+ 방화문이 설치된 경우
② 화재 시 자동으로 방수되는 드랜처설비 또는 개방형스프링클러 헤드가 설치된 경우
4. 제1호~제30호까지에서 지하층이 지하가와 연결되어 있는 경우 지하층을 **지하가**로 본다. (**다만,** 다음 지하가와 연결되는 지하층에 지하층 또는 지하가에 설치된 자동방화셔터 또는 60+ 방화문이 화재 시 경보설비 또는 자동소화설비와 연동하여 자동으로 닫히는 구조이거나 상부에 드렌처설비를 설치한 경우에는 지하가로 보지 않는다.) (*^^ 자동폐쇄장치 등 소방시설이 잘 되어 있으니 지하가로 보지 아니하고 별개로 본다)

---

* **개구부**: 건축물에서 채광·환기·통풍·출입목적으로 만든 창이나 출입구를 말한다. * 1자: 약 30cm
* **60+방화문**: 연기나 불꽃의 차단 시간이 60분 이상이고, 열을 30분 이상 차단할 수 있는 방화문.
* **드렌처**: 인접 건물의 화재 연소를 방어하기 위해 해당 건축물(주로 개구부) 외벽에 물을 살수하는 시설.

주내용(별표2)

【영 별표 2】 특정소방대상물

대통령령이 정하는 특정소방대상물을 요약하여 정리하면 다음과 같다.

1. 근린생활시설
   ① 슈퍼마켓, 일용품점, 자동차영업소, 의약품판매소 등: 1,000m² 미만에 해당
   ② 사무소, 금융업소, 탁구장, 체육도장, 당구장, 볼링장, 학원, 고시원: 500m² 미만에 해당
   ③ 공연장(실내극장, 영화관 등), 종교집회장: 300m² 미만
   ④ 단란주점(150m² 미만)
   ⑤ 기원, 부동산중개업소, 결혼상담소, 한의원, 안마시술소 및 산후조리원, 접골원, 장의사, 치과의원, 독서실, 학원(무도·자동차학원 제외) 등

   - 150m²: 단란주점, • 300m²: 공연장, 종교집회장.
   - 1,000m²: 슈퍼마켓, 일용품점.(의약품·의료기판매소, 자동차영업소).

2. 문화 및 집회시설: 300m² 이상인 공연장·집회장·예식장·마권장외발매소, 동·식물원 등

3. 의료시설
   ① 병원: 병원, 종합병원, 치과병원, 한방병원, 요양병원
   ② 격리병원: 전염병원, 마약진료소
   ③ 정신의료기관
   ④ 장애인 의료재활시설

4 교육연구시설: 도서관, 학교, 직업훈련소

5. 위락시설
   ① 테마파크업
   ② 단란주점(150m² 이상)
   ③ 주점영업(유흥주점)
   ④ 무도장 및 무도학원
   ⑤ 카지노영업소

6. 노유자시설
   ① 노인관련시설, 노숙인관련시설
   ② 장애인관련시설, 정신질환자관련시설
   ③ 아동관련시설
   ④ 사회복지시설(결핵, 한센인)

7. 수련시설: 유스호스텔, 청소년수련원 등
8. 업무시설: 오피스텔, 변전소, 공중화장실, 동사무소, 마을회관, 공공도서관, 국민건강보험공단 등
9. 관광휴게시설: 어린이회관, 야외극장, 공원, 휴게소, 관망탑, 야외음악당, 유원지 등
10. 묘지관련시설: 화장시설, 봉안당(종교집회장 안에 설치 제외) 등
11. 지하구: 폭 1.8m 이상, 높이가 2m 이상, 길이가 50m 이상.

근린생활시설 중 면적에 따라 다른 특정소방대상물로 바뀌는 장소(분류)

근린생활시설 대상물의 용도	면적의 한계 ⇒	타 용도로 달라지는 특정소방대상물 종류
• 슈퍼마켓, 일용품 등 소매점— (①호)	1,000m² 이상	판매시설(상점) — (5번)
• 의약품 및 의료기기 판매소, 자동차영업소		판매시설 — (5번)
• 탁구장, 테니스장, 체육도장, 체력단련장, 볼링장, 당구장, 골프연습장, 물놀이형시설 등 — (⑤호)	500m² 이상	운동시설—(11번) 단, 체육관 1천m² 이상 문화집회·운동시설
• 금융업소·사무소 등 — (⑦호)		업무시설 — (12번)
• 제조업소·수리점 등 — (⑧호)		공장 — (15번)
• 게임제공업 등 —(⑨호)		판매시설(상점) — (5번)
• 학원 (⑩호)		교육연구시설 — (8번)
• 고시원 — (⑩호)		숙박시설 — (13번)
• 공연장·집회장 — (⑥호)	300m² 이상	문화 및 집회시설 — (3번)
• 단란주점 — (②호)	150m² 이상	위락시설 — (14번)

※ 체육관은 관람석이 없거나 1,000m² 미만은 운동시설, 1,000m² 이상은 문화 및 집회시설로 분류한다.

혼동되는 특정소방대상물

- **오피스텔:** 업무시설(O) - 숙박시설(×) • **유스호스텔:** 수련시설(O) - 숙박시설(×)
- **동식물원, 마권장외발매소:** 문화 및 집회시설(O) - 동식물관련(×) 판매시설(×)

유사명칭 시설의 분류

특정대상물	유사명칭 특정대상물
• 치과의원: 근린생활시설	• 치과병원: 의료시설
• 동물병원: 근린생활시설	• 병원: 의료시설
• 독서실: 근린생활시설	• 도서관: 교육연구시설 •공공도서관: 업무시설
• 장의사: 근린생활시설	• 봉안당: 묘지관련시설(* 종교집회장에 설치 시 종교시설)
세탁소: 근린생활시설	• 가공(세탁): 공장
• 학원(500m² 미만): 근린생활시설	• 학원(500m² 이상): 교육연구시설 • 무도학원: 위락시설 • 운전학원·정비학원: 항공기 및 자동차 관련시설
• 정신요양시설: 노유자시설	• 요양병원: 의료시설
• 어린이집: 노유자시설	• 어린이회관: 관광휴게시설
• 야외극장: 관광휴게시설	• (실내)극장: 근린생활시설 또는 문화 및 집회시설(300m² 이상)

참고 소방용품(소화설비 등)

▶ 소방용품은 소방청장의 심사→ 형식승인→ 제품검사를 받아야 한다.

【제3종 분말소화기】

【이산화탄소 소화기】

【할론소화기】

【할·불소화기】

▶ 상기 분말소화기부터 할·불소화기까지 4가지는 "가스계소화설비 소화약제"에 해당됨.

【캐비닛형 자동소화장치】

【자동확산 소화기】

【에어로졸식소화용구】

【투척용소화용구】

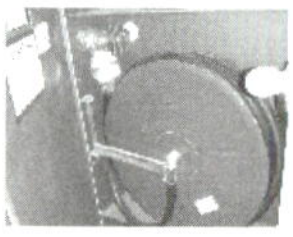
【호스릴옥내소화전】

【옥외소화전】

【소화전함】

【관창=노즐】

【소방호스】

【자동소화장치】

【방수구】

【스프링클러헤드】

【가스관선택밸브 】

【기동용수압개폐장치】

【습식제어밸브】

【건식제어밸브】

【준비작동식제어밸브】

【일제개방제어밸브】

참고 소방용품(기타설비)

【감지기】

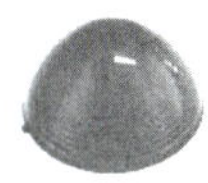
【표시등】

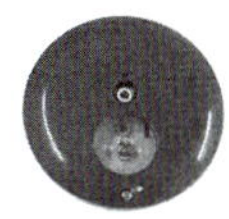
【발신기】

【경종】

【중계기】

【(간이)수신기】

【누전경보기】

【가스누설경보기】

▸ 상기 감지기부터 수신기까지 6개 사진은 "자동화재탐지설비" 구성요소임.

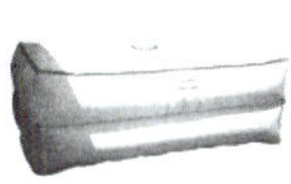
【공기안전매트】

【피난사다리】

【구조대】

【비상조명등(예비전원내장)】

【공기호흡기】

【공기호흡기충전기】

【유도등】

【유도표지】

【완강기】

【완강기 지지대】

【간이완강기】

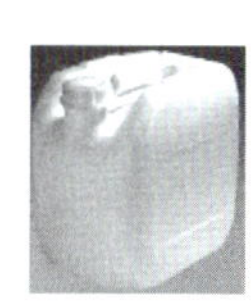
【방염제】

■ 형식승인 제외: 유도표지, 예비전원, 비상콘센트, 표시등, 소화전함, 배관, 전선, 압력계, 공기안전매트, 시각경보기, (물분무)헤드, 자동화재속보기, 방수구 등은 소방용품이지만 형식승인을 받지 않는다.

【영 별표 3】 소방용품 (법 제6조 관련)

1. 소화설비를 구성하는 제품 또는 기기
   ① 소화기구
   ㉠ 소화기
   ㉡ 자동확산소화기
   ㉢ 간이소화용구: 에어로졸식 소화용구, 투척용 소화용구, 소공간용 소화용구
   (단, 소화약제 외의 것을 이용한 간이소화용구는 제외)
   → 모래 등은 본디 소화약제 외의 건축용이기 때문에 형식승인을 받는 소방용품에서 제외.
   ② 자동소화장치
   - 분말자동소화장치
   - 가스자동소화장치
   - 캐비닛형 자동소화장치
   - 주거용 주방자동소화장치
   - 고체에어로졸자동소화장치
   - 상업용 주방자동소화장치(= 형식승인 제외)
   ③ 소화설비를 구성하는 소화전, 관창(菅槍), 소방호스, 스프링클러헤드, 기동용수압개폐장치, 유수제어밸브 및 가스관선택밸브
2. 경보설비를 구성하는 제품 또는 기기
   ① 누전경보기 및 가스누설경보기
   ② 발신기, 수신기, 중계기, 감지기 및 음향장치(경종만 해당함)
3. 피난구조설비를 구성하는 제품 또는 기기

   ① 피난사다리, 구조대, 완강기(간이완강기 및 지지대를 포함)
   ② 공기호흡기(충전기를 포함)
   ③ 피난구유도등, 통로유도등, 객석유도등 및 예비전원이 내장된 비상조명등
4. 소화용으로 사용하는 제품 또는 기기
   ① 상업용주방·캐비닛형 자동소화장치
   ② 포·이산화탄소·할론·분말·강화액·할로겐화합물 및 불활성기체 소화설비
   ③ 방염제(방염액·방염도료·방염성물질)
5. 그 밖에 행정안전부령으로 정하는 소방 관련 제품 또는 기기(* 형식승인을 제외한다.)

■ "소방용품의 품질관리 등에 관한 규칙" (상기 5항 행정안전부령)
다음의 소방용품은 소방청장의 형식승인을 제외한다.
축광표지, 예비전원, 비상콘센트설비, 표시등, 소화전함, 소방용전선, 공기안전매트, 자동화재속보기, 소화설비용 헤드(물분무헤드·살수·분말·포), 방수구 등(별표7 요약)
- 그 외 소방청장이 고시하는 소방용품("성능인증의 대상이 되는 소방용품의 품목에 관한 고시")
분기배관, 시각경보장치, 방염제품, 포소화약제 혼합장치, 가스계소화설비 설계프로그램, 캐비닛형 간이스프링클러설비, 미분무헤드, 상업용주방자동소화장치 등(제2조 요약)

- **포함:** 완강기(간이완강기, 지지대), 공기호흡기(충전기), 음향장치(경종) 등
- **제외:** 소화기구 중 소화약제 외의 것을 이용한 간이소화용구 등(예 모래).

3법

시행령 별표 4

【영 별표 4】 특정소방시설의 종류
화재안전기준에 따라 설치해야 하는 소방시설 등의 종류는 다음과 같다.

소화설비

① 소화기구 설치대상물
㉠ 소화기구: 연면적 $33m^2$ 이상, 가스·전기저장시설, 국가유산, 터널, 지하구
(* 노유자시설은 투척용소화용구 등을 산정된 수량의 1/2 이상으로 설치할 수 있다.)
㉡ 주거용 주방자동소화장치: 아파트등 및 오피스텔의 모든 층
② 옥내소화전*설비 설치대상물(가스시설, 지하구, 무인변전소 제외)
㉠ 연면적 $3,000m^2$ 이상, 4층 이상으로 바닥면적 $600m^2$ 이상
㉡ 근린생활·판매·숙박·운수·의료·노유자·업무·복합시설 등 연면적 $1,500m^2$ 이상
③ 옥외소화전*설비 설치대상물(가스시설, 지하구, 터널, 아파트등 제외)
㉠ 지상 1·2층의 바닥면적의 합계가 $9,000m^2$ 이상.
㉡ 보물 또는 국보로 지정된 목조건축물
㉢ 공장·창고 등 지정수량 750배 이상 특수가연물을 저장·취급하는 것
④ 스프링클러설비 설치대상물(가스시설, 지하구 제외)
㉠ 6층 이상은 모든 층
㉡ 문화 및 집회·종교·운동시설로서 수용인원 100인 이상 또는
영화상영관 지하층·무창층인 경우 $500m^2$ 이상, 그 밖의 층은 1천m^2 이상인 것은 모든 층
㉢ 판매·운수·창고시설(물류터미널에 한정)로서 바닥면적 합계가 5천m^2 이상이거나 수용인원 500인 이상인 경우 모든 층 / 기숙사, 복합건축물로서 5천m^2 이상
㉣ 조산원, 산후조리원, 병원 등으로서 $600m^2$ 이상 / 지하가로서 연면적 $1,000m^2$ 이상
㉤ 부속된 보일러실 또는 연결통로 / 전기저장시설
㉥ 「출입국관리법」에 의한 보호시설로 사용하는 부분 등
⑤ 간이스프링클러설비를 설치하여야 하는 특정소방대상물
㉠ 근린생활시설로서 바닥면적 합계가 1천m^2 이상인 것은 모든 층
㉡ 교육연구시설 내에 합숙소로서 연면적 $100m^2$ 이상인 것
㉢ 조산원, 산후조리원으로서 $600m^2$ 미만 / 의원, 치과의원, 한의원. 조산원 등 (▸ 의원들)
㉣ 공동·연립·다세대주택 / 건물을 임차하여 「출입국관리법」 보호시설로 사용하는 부분
⑥ 물분무등 소화설비 설치대상물(가스시설, 지하구 제외)
㉠ 주차용 건축물 연면적 $800m^2$ 이상
㉡ 주차장 차고 바닥면적 $200m^2$ 이상 / 기계식 주차시설 20대 이상
㉢ 항공기 격납고
㉣ 전기실, 발전실 바닥면적 $300m^2$ 이상

경보설비

① 누전경보기(가스시설, 지하구, 터널 제외): 계약전류용량 합계 100A 초과.

② 시각경보기: 근린생활시설, 교육연구시설 중 도서관 / 방송통신시설 중 방송국, 지하상가.

③ 비상경보설비(가스시설, 지하구, 축사 등 제외)

㉠ 연면적 400m² 이상 모든 층

㉡ 50인 이상의 옥내작업장 / 터널 500m 이상

㉢ 지하층·무창층의 바닥면적 150m² (공연장 100m²) 이상

④ 비상방송설비(가스시설, 지하구, 축사 등 제외)

㉠ 연면적 3,500m² 이상 ㉡ 11층 이상 ㉢ 지하 3층 이상

⑤ 화재알림설비: 전통시장 / 통합감시시설: 지하구

⑥ 자동화재탐지설비 설치대상물

특정소방대상물	연면적
정신의료기관 또는 의료재활시설(* 창살 설치시 300m² 미만)→ 바닥면적 합계 300m² 이상	
노유자시설로서 연면적 400m² 이상 및 숙박시설이 있는 수련시설로서 수용인원 100인 이상	
장례시설, 근린생활시설(목욕탕 제외), 위락시설, 의료시설, 복합건축물.	600m² 이상
목욕장, 공장, 운수시설, 창고시설, 문화 및 집회시설, 판매시설, 지하가(터널제외), 국방·군사시설, 방송통신시설, 위험물저장 및 처리시설, 운동시설, 항공기 및 자동차 관련시설, 업무시설, 종교시설, 발전시설, 관광휴게시설.	1,000m² 이상
교육연구시설(기숙사, 합숙소 포함), 묘지관련시설, 동·식물관련시설, 수련시설(숙박된 시설 제외, 자원순환 관련시설, 교정·군사시설(국방·군사시설 제외)	2,000m² 이상
지하구, 1천m 이상 터널, 조산원, 산후조리원, 요양병원, 노유자생활시설, 전기저장시설, 공장, 창고에서 특수가연물 500배 이상 등 / 아파트등, 기숙사, 숙박시설 / 6층 이상 모든 층, 전통시장.	

피난구조설비

① 피난기구는 모든 층에 설치한다.
(단, 피난층, 지상 1·2층, 11층 이상, 가스시설, 지하구, 터널 제외).

② 인명구조기구(방열복, 방화복, 공기호흡기, 인공소생기) 설치장소

㉠ 7층 이상의 관광호텔

㉡ 5층 이상의 병원(㉠㉡ 지하층 포함) (* 단, 병원은 인공소생기 제외)

㉢ 공기호흡기: 수용인원 100인 이상의 영화상영관, 지하상가·역사, 대규모점포 등

③ 비상조명등* 설치장소: 지하층을 포함한 5층 이상으로서 연면적 3,000m² 이상에 설치.

④ 피난구유도등·통로유도등, 유도표지: 별표 2의 특정소방대상물 모두.

⑤ 객석유도등: 유흥주점영업, 문화 및 집회시설, 종교·운동시설에 설치.

⑥ 휴대용 비상조명등을 설치하여야 하는 대상물.

㉠ 숙박시설 ㉡ 수용인원 100인 이상의 영화상영관, 지하역사 등

소화용수(상수도) 설비의 설치대상물

① 연면적 5,000m² 이상(가스시설, 지하구, 터널 제외).

② 가스시설로 저장용량 합계 100톤 이상 / 폐기물재활용(처분)시설

소화활동설비

① 제연설비

㉠ 문화 및 집회·종교·운동시설로 무대부 바닥면적 200m² 이상
또는 문화·집회시설 중 영화관으로서 수용인원 100명 이상인 것.

㉡ 지하층·무창층에 설치된 근린생활·판매·운수·숙박·위락시설 등 바닥면적 1,000m² 이상

㉢ 지하가로서 연면적이 1,000m² 이상 등

㉣ 특별피난계단, 비상용·피난용 승강기의 승강장

② 연결송수관설비(가스시설, 지하구 제외)

㉠ 지하 3층 이상이고 지하층 바닥면적 1,000m² 이상

㉡ 5층 이상 연면적 6,000m² 이상,

㉢ ㉡항 이외 지하층을 포함한 7층 이상인 것

③ 연결살수설비(지하구 제외)

㉠ 학교, 아파트 지하층 700m² 이상(그 외 지하층은 바닥면적 150m² 이상)

㉡ 판매시설 등으로서 바닥면적 1,000m² 이상.

㉢ 부속된 연결통로, 가스시설로 탱크용량 30톤 이상

④ 비상콘센트(가스시설, 지하구 제외)

㉠ 11층 이상인 경우에는 11층 이상의 층 / 터널 500m 이상

㉡ 지하 3층 이상이고 지하층 바닥면적 합계가 1,000m² 이상 모든 층

⑤ 무선통신보조설비

㉠ 지하공동구

㉡ 지하가로 연면적 1,000m² 이상 / 지하층 바닥면적 3,000m² 이상

⑥ 연소방지설비: 지하구(전력, 통신사업용)에 설치

- 5층: 인명구조기구, 비상조명등, 연결송수관설비.
- 11층: 비상방송설비, 비상콘센트 설비

【연결송수관 송수구】

【항공기격납고】

【할로겐화합물 및 불활성기체 소화기】

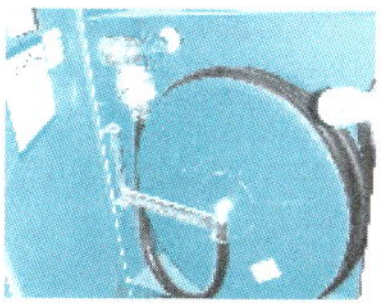

【호스릴옥내소화전】

참고 소방시설 보충정리

■ 1. 소방법령 상 중복되는 단어 요약

- 3연: 연결송수관설비, 연결살수설비, 연소방지설비 - [3법 영 별표1]
- 3경보기: 경보설비(누전경보기, 가스누설경보기, 시각경보기) - [3법 영 별표1]
- 4비: 비상경보·비상방송(경보설비), 비상조명등(피난구조설비), 비상콘센트(소화활동설비)
- 4밀집: 화재예방강화지구(목조건물, 위험물저장 및 처리시설, 공장·창고, 노후·불량) - [2법 법18조]

[소방시설법 시행령 별표4 등]

■ 1. 수용인원(해당 대상물)

- 공기호흡기, 자동화재탐지설비, 제연설비, 휴대용비상조명등, 스프링클러설비(100인, 500, 250명)

■ 2. 특수가연물(해당 대상물)

- 500배 이상 : 자동화재탐지 • 750배 이상: 옥내·옥외소화전, • 1천배 이상: 스프링클러설비

■ 3. 지하층 포함

연결송수관, 인명구조기구, 특급소방안전관리대상물, 비상조명등, 성능위주설계, 감리원 배치(4법)

■ 4. 터널의 길이에 따른 소방시설

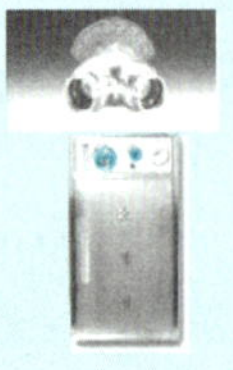

- 모든 터널: 소화기구
- 터널 500m 이상: 비상경보, 비상조명등, 비상콘센트, 무선통신보조설비. 연결송수관,
- 터널 1천m 이상: 자동화재탐지, 옥내소화전설비.

■ 5. 지하가에 따른 소방시설

- 지하가 연면적 1천m^2 이상: 스프링클러, 무선통신보조, 제연설비, 자동화재탐지설비.

■ 6. 지하가, 지하구, 지하상가 등의 분류

- 지하상가: 종합상황실(1법), 현장확인(4법)
- 지하가: 공동(관리의 권원이 분리된)소방안전관리(2법)
- 지하구: 소화설비·통합감시시설·자동화재탐지·연소방지(전력·통신 사업용)(3법), 종합상황실(1법), 2급소방안전관리대상물(2법), 건축허가등의 동의(3법), 초급감리(4법)
- 지하구 중 공동구: 무선통신보조설비.

■ 7. 가스시설, 지하구 제외:

- 적용대상 : 옥내·외소화전, 스프링클러, 물분무등, 누전경보기, 비상경보, 비상방송, 피난기구, 비상콘센트 상수도소화설비, 연결송수관, 연결살수설비(지하구만 제외) 등이다.

【영 별표 5】 특정소방대상물의 소방시설 설치의 면제기준

특정소방대상물의 소방시설 설치의 면제기준은 다음과 같다.

설치가 면제되는 소방시설	설치 면제 요건
1. 자동소화장치	물분무등소화설비를 설치한 경우. 자동소화장치(주거용·상업용) 제외
2. 옥내소화전	호스릴방식의 미분무소화설비, 옥외소화전을 설치한 경우 그 설치가 면제된다
3. 옥외소화전설비	목조문화유산에 상수도소화용수를 방수압력·방수량 등이 기준에 적합한 경우
4. 연결송수관설비	옥외에 연결송수구, 옥내에 방수구가 부설된 옥내소화전설비·스프링클러, 간이스프링클러설비, 연결살수 설치시(단 최상층 방수구가 70m 이상인 경우 제외)
5. 연결살수설비	• 송수구를 부설한 스프링클러설비·간이스프링클러설비, 물분무소화설비, 미분무소화설비를 설치시. / • 물분무장치 등에 소방대가 사용가능한 연결송수구가 설치되거나 물분무장치 등에 6시간 이상 공급할 수 있는 수원이 확보된 경우.
6. 물분무등소화설비	차고·주차장에 스프링클러설비를 설치한 경우에는 그 설치가 면제된다.
7. 스프링클러설비	자동소화장치 또는 물분무등소화설비를 설치한 경우 그 설치가 면제된다. (소방청장이 정하여 고시하는 설치방법 외 전기저장시설 제외)
8. 간이스프링클러 설비	스프링클러설비, 물분무소화설비, 미분무소화설비를 설치한 경우는 면제된다.
9. 연소방지설비	스프링클러설비, 물분무소화설비, 미분무소화설비를 설치한 경우는 면제된다.
10. 화재알림설비	자동화재탐지설비를 설치한 경우에는 그 설치가 면제된다.
11. 자동화재탐지설비	화재알림설비, 스프링클러설비, 물분무소화설비를 설치한 경우 면제된다.
12. 자동화재속보설비	화재알림설비를 설치한 경우에는 그 설치가 면제된다.
13. 비상경보설비 또는 단독경보형 감지기	자동화재탐지설비 또는 화재알림설비를 설치한 경우에는 그 설치가 면제된다.
14. 비상방송설비	자동화재탐지설비 또는 비상경보설비와 같은 수준 음향의 방송설비를 설치 시
15. 비상경보설비	단독경보형감지기를 2개 이상의 단독경보형감지기와 연동하여 설치하는 경우
16. 비상조명등	피난구유도등 또는 통로유도등을 설치한 경우
17. 누전경보기	아크경보기 또는 지락차단장치를 설치한 경우
18. 상수도소화용수설비	수평거리 140m 이내에 공공소화전, 소화수조, 저수조가 설치되어 있는 경우
19. 제연설비	제연설비 설치대상물(별표4 제5호가목6)은 제외)의 면제조건. ① 공기조화설비를 제연설비기준에 적합하게 설치하고 공기조화설비가 화재 시 제연설비기능으로 자동전환되는 구조로 설치되어 있는 경우 ② 직접 외부공기와 통하는 배출구 면적의 합계가 해당 제연구역 바닥면적의 100분의 1 이상이고, 배출구부터 각 부분까지의 수평거리가 30m 이내이며, ③ 별표4 제5호가목6의 경우 노대(露臺)와 연결된 특별피난계단, 노대가 설치된 비상용 승강기의 승강장, 배연설비가 설치된 피난용 승강기의 승강장
20. 무선통신보조설비	이동통신 구내 중계기 선로설비 또는 무선이동중계기 등을 설치한 경우
21. 피난구조설비	그 위치·구조 또는 설비의 상황에 따라 피난상 지장이 없다고 인정되는 경우

(*^^ 왼쪽 칸의 "설치가 면제되는 소방시설" 을 오른쪽 칸의 "설치 면제요건" 의 소방설비 대체시설로서 화재안전기준에 적합하게 설치한 경우에는 그 설비의 유효범위에서 왼쪽의 소방시설 설치가 면제된다.)

【영 별표 6】 소방시설을 설치하지 아니할 수 있는 특정소방대상물 및 소방시설의 범위

소방시설 설치가 모두 면제되는 특정소방대상물로서 그 구분은 다음과 같다.

구 분	특정소방대상물	소방시설 (*^^모두면제)
1.화재위험도가 낮은 대상물	석재·불연성금속·불연성 건축재료 등 가공·기계조립·불연성 물품 저장·창고	옥외소화전 및 연결살수
2.화재안전기준을 적용하기 어려운 대상물	[펄프공장의 작업장·음료수공장의 세정 또는 충전하는 작업장 등	① 스프링클러 ② 상수도소화용수 ③ 연결살수설비
	정수장, 수영장, 목욕장, 농예·축산·어류 양식용시설 등	① 자동화재탐지 ② 상수도소화용수 ③ 연결살수설비
3.화재안전기준을 달리 적용하는 특수용도와 구조대상물	원자력발전소 중 저준위 방사선폐기물	연결송수관, 연결살수
4.자체소방대가 설치된 대상물	자체소방대가 설치된 제조소등에 부속된 사무실	옥내소화전, 소화용수 연결송수관, 연결살수

【영 별표 7】 수용인원의 산정방법(제11조 관련)

1. 숙박시설이 있는 특정소방대상물
   ① 침대가 있는 숙박시설: 종사자의 수에 침대의 수(2인용 침대는 2인으로 산정한다)를 합한 수
   ② 침대가 없는 숙박시설: 종사자의 수에 바닥면적의 합계를 $3m^2$로 나누어 얻은 수를 합한 수

2. 제1호 외의 특정소방대상물
   ① 강의실, 상담실, 실습실, 휴게실, 교무실: 바닥면적의 합계를 $1.9m^2$로 나누어 얻은 수
   ② 강당·문화 및 집회시설, 운동시설, 종교시설: 바닥면적의 합계를 $4.6m^2$로 나누어 얻은 수
   (긴 의자의 경우에는 의자의 정면 너비를 0.45m로 나누어 얻은 수로 한다)
   ③ 그 밖의 것: 해당 용도로 사용하는 바닥면적의 합계를 $3m^2$로 나누어 얻은 수

   1. 위 표에서 바닥면적 산정시 복도(준불연재료 이상의 것을 사용하여 바닥에서 천장까지 벽으로 구획한 것)·계단 및 화장실을 포함하지 않는다.
   2. 계산결과 소수점 이하는 반올림한다.

■ 수용인원 산정방법 단축 (예 기숙학원 등)
① 침대가 있는 숙박시설: 종사자수+침대의 수(2인용은 2인)
② 침대가 없는 숙박시설: 종사자수+(바닥면적의 합계÷ $3m^2$)
③ 강의실, 상담실, 실습실, 휴게실, 교무실: 바닥면적의 합계÷$1.9m^2$
④ 강당, 문화 및 집회시설, 운동시설, 종교시설: 바닥면적 합계÷ $4.6m^2$
(긴 의자의 경우에는 의자의 정면너비를 0.45m로 나누어 얻은 수)
⑤ 기타: $3m^2$로 나눈 수 / 제외 장소: 복도, 계단, 화장실 / 소수점 이하: 반올림.

【영 별표 8】 임시소방시설의 종류와 설치기준 등

1. 임시소방시설의 종류

① 소화기 ② 간이소화장치 ③ 간이피난유도선 ④ 가스누설경보기
⑤ 비상조명등 ⑥ 비상경보장치 ⑦ 방화포

2. 임시소방시설을 설치하여야 하는 공사의 종류와 규모

① 소화기: 소방본부장, 소방서장의 동의를 받아야 하는 특정소방대상물에 설치한다.
② 간이소화장치: ㉠ 연면적 3천m² 이상 ㉡ 지하층·무창층 4층 이상 바닥면적 600m² 이상
③ 간이피난유도선, 가스누설경보기, 비상조명등 : 바닥면적이 150m² 이상 지하층·무창층
④ 비상경보장치: ㉠ 연면적 400m² 이상 ㉡ 지하층·무창층 바닥면적 150m² 이상
⑤ 방화포: 용접·용단 작업이 진행되는 화재위험작업현장에 설치한다.

3. 임시소방시설과 기능 및 성능이 유사한 소방시설로서 임시소방시설을 설치한 것으로 보는 소방시설

① 간이소화장치: 소화기, 옥내소화전
② 비상경보장치: 비상방송설비, 자동화재탐지설비
③ 간이피난유도선: 피난유도선, 피난구유도등, 통로유도등, 비상조명등

■ 방열복·방화복

- 방열복: 화재진압현장 등에서 고온의 복사열에 근접할 수 있는 고열 근접 보호장비로서 내열섬유 표면에 알루미늄으로 특수코팅 처리한다. 방화복과 함께 [영 별표1]의 인명구조기구에 포함된다.
- 방화복: 내열성능과 방열·방수효과가 뛰어난 소재를 사용하여 상·하의로 분리 제작한 화재현장의 주된 활동복의 화재진압용 피복이다. 소방기본법 [기본법 영 제2조] 국고보조대상에 포함된다.(* 570℃, 4kg)
- 방수복: 반코트식 소방작업 피복으로 방수용 목적의 피복이다. 화재 진압용이 아닌 주로 구조·구급 시 사용한다. 그 외 보통 화재진압대 "기동복"(작업복)과 행정근무할 때 입는 "근무복" 등이 있다.

【방열복】

【방화복】

【방수복】

【영 별표 9】 소방시설관리업의 등록 기준 및 영업범위

1. 전문 소방시설관리업 인력기준
   ① 주된 기술인력: 소방시설관리사 취득 후 경력 3년·5년 이상 각 1명 이상
   ② 보조 기술인력: 고급·중급·초급 점검자 각 2명 이상
   ③ 영업 범위: 모든 대상물
2. 일반 소방시설관리업 인력기준
   ① 주된 기술인력: 소방시설관리사 취득 후 경력 1년 이상 각 1명 이상
   ② 보조 기술인력: 중급·초급 점검자 각 1명 이상
   ③ 영업 범위: 1, 2, 3급 대상물

【누전경보기】

【가스누설경보기】

【시각경보기】

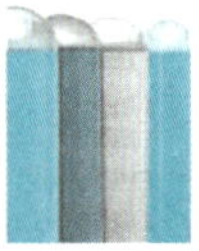
【투척용소화기】

【비상콘센트】

【비상조명등】

【휴대용비상조명등】

【자동확산소화장치】

【경종】

【자동식사이렌】

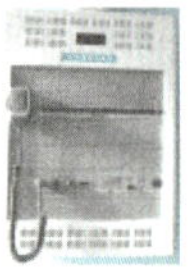
【비상방송설비】

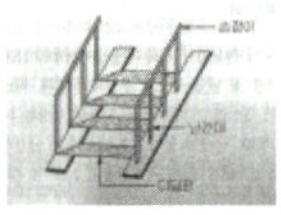
【피난사다리】

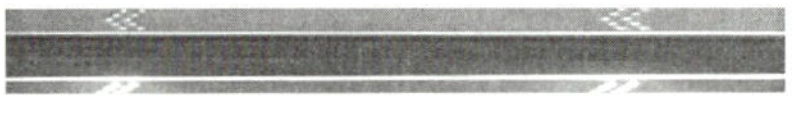
【피난유도선(축광식)】

【피난유도선(광원점등식)】

【피난구유도등】

【통로유도등】

【거실통로유도등】

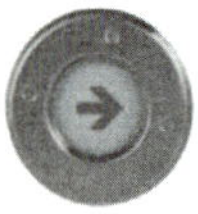
【객석유도등】

【피난구유도표지】

【영 별표 10】 과태료 부과기준

1. 일반기준

다항, 다음의 경우에는 과태료의 2분의 1 범위에서 부과할 수 있다.(단, 과태료를 체납자는 제외)
1) 사소한 부주의나 오류 등 과실로 인한 것으로 인정되는 경우
2) 법 위반상태를 시정하거나 해소하기 위하여 노력한 사실이 인정되는 경우
3) 처음 위반행위를 한 경우로서 3년 이상 해당 업종을 모범적으로 영위한 사실이 인정되는 경우
4) 화재 등 재난으로 재산에 현저한 손실을 입거나 사업 여건의 악화로 그 사업이 중대한 위기에 처하는 경우
5) 같은 위반행위로 다른 법률에 따라 과태료·벌금·영업정지 등의 처분을 받은 경우
6) 위반행위의 정도, 위반행위의 동기와 그 결과 등을 고려하여 과태료 금액을 줄일 필요가 있다고 인정되는 경우

– 가, 나항 생략 – 상기 일반기준의 내용은 타법(화재예방법)과 같다

2. 개별기준 (2022년 제정)

위반행위	위반 법조문	과태료 금액(만원)		
		1회	2회	3회이상
가. 특정소방대상물에 설치하는 소방시설을 위반한 경우(관계인이) 1) 2) 및 3)의 규정을 제외하고 최근 1년 이내 2회 이상 위반한 경우 2) 소방시설을 다음에 해당하는 고장상태 등으로 방치한 경우 가) 소화펌프를 고장상태로 방치한 경우 나) 수신기, 제어반, 전원을 차단하거나 고장 방치, 미작동되도록 한 경우 3) 소방시설을 설치하지 않은 경우	법 제12조제1항	100 200 300		
나. (건설공사자가) 공사현장에 임시소방시설을 설치관리하지 않은 경우	법 제15조제1항	300		
다. 피난시설, 방화구획(시설)을 폐쇄·훼손·변경등의 행위를 한 경우	법 제16조제1항	100	200	300
라. 방염대상물품을 방염성능기준 이상으로 설치하지 않은 경우	법 제20조제2항	200		
마. 점검능력평가를 받지 않고 점검을 한 경우(자체점검을 위반하여)	법 제22조제1항	300		
바. 관계인에게 (자체)점검 결과를 제출하지 않은 경우	법 제22조제2항	300		
사. (자체) 점검인력의 배치기준 등 자체점검 시 준수사항을 위반한 경우	법 제22조제3항	300		
아. (자체)점검 결과를 보고하지 않거나 거짓으로 보고한 경우 1) 지연 보고기간이 10일 미만인 경우 2) 지연 보고기간이 10일 이상 1개월 미만인 경우 3) 지연 보고기간이 1개월 이상이거나 보고하지 않은 경우 4) 점검 결과를 축소·삭제하는 등 거짓으로 보고한 경우	법 제23조제3항	50 100 200 300		
자. 이행계획을 기간 내에 완료하지 않은 경우.(자체점검 이행계획) 또는 이행계획 완료 결과를 보고하지 않거나 거짓으로 보고한 경우 1) 지연 완료기간 또는 지연 보고기간이 10일 미만인 경우 2) 지연 완료기간(보고기간)이 10일 이상 1개월 미만인 경우 3) 지연 완료기간(보고기간)이 1개월 이상이거나 완료나 보고하지 않은 경우 4) 이행계획 완료를 거짓으로 보고한 경우	법 제23조제4항	50 100 200 300		
차. (자체) 점검기록표를 기록하지 않거나 출입자가 쉽게 보도록 게시하지 않은 경우	법 제24조제1항	100	200	300
카. 관리업 변경(관리자 지위)신고를 하지 않거나 거짓으로 신고한 경우 1) 지연 신고기간이 1개월 미만인 경우 2) 지연 신고기간이 1개월 이상 3개월 미만인 경우 3) 지연 신고기간이 3개월 이상이거나 신고하지 않은 경우 4) 거짓으로 신고한 경우	법 제31조 또는 법 제32조제3항	50 100 200 300		
타. 관리업의 지위승계, 행정처분 또는 휴업·폐업의 사실을 관계인에게 알리지 않거나 거짓으로 알린 경우	법 제33조3항	300		
파. (자체점검 시) 소속 기술인력의 참여 없이 자체점검을 한 경우	법 제33조제4항	300		
하. (관리업자가) 점검실적을 증명하는 서류 등을 거짓으로 제출한 경우	법 제34조제2항	300		
거. 감독에 따른 명령을 위반하여 보고, 자료제출을 하지 않거나 거짓으로 보고 자료제출을 한 경우 또는 공무원의 출입, 검사를 거부, 방해, 기피한 경우	법 제52조제1항	50	100	300

08 소방시설 설치 및 관리에 관한 법률 시행규칙

【칙 별표 1】 성능위주설계 평가단 및 중앙소방심의위원회의 검토 · 평가 구분 및 통보 시기

구 분		성립요건	통보시기
수리	원안 채택	신고서(도면 등) 내용에 수정이 없거나 경미한 경우 원안대로 수리	지체 없이
	보 완	평가단 또는 중앙위원회에서 검토·평가한 결과 보완이 요구되는 경우로서 보완이 완료되면 수리	보완 완료 후 지체 없이 통보
불수리	재검토	평가단 또는 중앙위원회에서 검토·평가한 결과 보완이 요구되나 단기간에 보완될 수 없는 경우	지체 없이
	부 결	자체소방대가 설치된 제조소등에 부속된 사무실	지체 없이

* 비고: 보완으로 결정된 경우 보완기간은 21일 이내로 부여하고 보완이 완료되면 지체 없이 수리 여부를 통보해야 한다.

【칙 별표 2】 차량용 소화기의 설치 또는 비치 기준

자동차에는 형식승인을 받은 차량용 소화기를 다음의 기준에 따라 설치·비치해야 한다.

1. **승용자동차**: 능력단위 1 이상의 소화기 1개 이상을 사용하기 쉬운 곳에 설치·비치한다.
2. **승합자동차**
   가. **경형승합자동차**: 능력단위 1 이상의 소화기 1개 이상을 사용하기 쉬운 곳에 설치·비치한다.
   나. **정원 15인 이하**: 능력단위 2 이상인 소화기 1개 이상 또는 능력단위 1 이상인 소화기 2개 이상을 설치한다. (정원 11인 이상 승합차는 운전석·운전석과 옆으로 나란한 좌석 주위에 1개 이상을 설치한다.)
   다. **정원 16인~35인 이하**: 능력단위 2 이상인 소화기 2개 이상을 설치한다. 이 경우 승차정원 23인을 초과하는 승합자동차로서 너비 2.3m를 초과하는 경우에는 운전자 좌석 부근에 가로 600mm, 세로 200mm 이상의 공간을 확보하고 1개 이상의 소화기를 설치한다.
   라. **정원 36인 이상**: 능력단위 3 이상인 소화기 1개 이상 및 능력단위 2 이상인 소화기 1개 이상을 설치한다. 다만, 2층 대형승합자동차의 경우에는 위층 차실에 능력단위 3 이상인 소화기 1개 이상을 추가 설치한다.
3. **화물자동차**(피견인자동차는 제외) **및 특수자동차**
   가. **중형 이하**: 능력단위 1 이상인 소화기 1개 이상을 사용하기 쉬운 곳에 설치한다.
   나. **대형 이상**: 능력단위 2 이상인 소화기 1개 이상 또는 능력단위 1 이상인 소화기 2개 이상을 설치한다.
4. 지정수량 이상의 위험물 또는 고압가스를 운송하는 특수자동차(피견인자동차를 연결한 경우에는 견인자동차를 포함한다): 이동탱크저장소 자동차용소화기의 설치기준란에 해당하는 능력단위와 수량 이상을 설치한다.

【칙 별표 8】 행정처분 기준

1. 개별기준 〈2022.12.1.〉 일반기준.〈생략〉

가. 소방시설관리사에 대한 행정처분기준

위반행위	위반 법조문	행정처분기준		
		1차	2차	3차
1) 거짓, 그 밖의 부정한 방법으로 시험에 합격한 경우	법 제28조제1호	자격취소		
2) 소방안전관리 업무에 따른 대행인력의 배치기준・자격・방법 등 준수사항을 지키지 않은 경우	2법 제25조제2항	경고(시정명령)	자격정지 6개월	자격취소
3) 자체점검을 하지 않거나 거짓으로 한 경우	법 제22조			
가) 점검을 하지 않은 경우		자격정지 1개월	자격정지 6개월	자격취소
나) 거짓으로 점검한 경우		경고(시정명령)	자격정지 6개월	자격취소
4) 소방시설관리증을 다른 자에게 빌려준 경우	법 제25조제7항	자격취소		
5) 동시에 둘 이상의 업체에 취업한 경우	법 제25조제8항	자격취소		
6) 성실하게 자체점검업무를 수행하지 아니한 경우	법 제25조제9항	경고(시정명령)	자격정지 6월	자격취소
7) 결격사유에 해당하게 된 경우	법 제27조	자격취소		

나. 소방시설관리업에 대한 행정처분기준

위반행위	위반 법조문	행정처분기준		
		1차	2차	3차
1) 거짓, 그 밖의 부정한 방법으로 등록을 한 경우	법 제35조제1호	등록취소		
2) 자체점검을 하지 않거나 거짓으로 한 경우	법 제22조			
가) 점검을 하지 않은 경우		영업정지 1개월	영업정지 3개월	등록취소
나) 거짓으로 점검한 경우		경고(시정명령)	영업정지 3개월	등록취소
3) 등록기준에 미달하게 된 경우. (다만, 기술인력이 퇴직하거나 해임되어 30일 이내에 재선임하여 신고한 경우는 제외한다.)	법 제29조제2항	경고(시정명령)	영업정지 3개월	등록취소
4) 관리업 등록의 결격사유에 해당하게 된 경우. (다만, 임원 중에 법인으로서 결격사유에 해당하게 된 날부터 2개월 이내에 그 임원을 결격사유가 없는 임원으로 바꾸어 선임한 경우는 제외한다.)	법 제30조	등록취소		
5) 등록증 또는 등록수첩을 빌려준 경우	법 제33조제2항	등록취소		
6) 점검능력 평가를 받지 않고 자체점검을 한 경우	법 제34조제1항	영업정지 1월	영업정지 6월	등록취소

【칙 별표 9】 과징금 부과기준

위반행위	위반 법조문	행정처분기준		
		1차	2차	3차
1) 자체점검을 하지 않거나 거짓으로 한 경우	법 제22조	영업정지1개월	영업정지3개월	
2) 자체점검 등록을미달하게 된 경우	법 제29조제2항		영업정지3개월	
3) 점검능력 평가를 받지 않고 자체점검을 한 경우	법 제34조제1항	영업정지1개월	영업정지3개월	

소/방/관/계/법/규

제 3 편

소방시설설치 및 관리에 관한 법률(원문)

시행령·시행규칙·별표

▸ 출제자들이 선호했던 소방관계시험의 중요문제 조항은 그 (<u>법조항</u>) 밑에 단어 문제는 그 문장의 <u>단어</u> 밑에 고딕체 및 밑줄로서 선별하였음.

※ 소방시설법 질문: 소방청(소방분석제도과) 044-205-7546 외 메일

제3편 소방시설 설치 및 관리에 관한 법률 (원문)

법 개정 2023.1.3 법률 제19160호

시행령	시행규칙
개정 2025. 11. 25 대통령령 제35860호	개정 2025. 12. 1 행정안전부령 제590호

제1장 총칙

제1조 (목적)

이 법은 특정소방대상물 등에 설치하여야 하는 소방시설등의 설치·관리와 소방용품 성능관리에 필요한 사항을 규정함으로써 국민의 생명·신체 및 재산을 보호하고 공공의 안전과 복리 증진에 이바지함을 목적으로 한다.

영 제1조(목적)

이 영은 「소방시설 설치 및 관리에 관한 법률」에서 위임된 사항과 그 시행에 필요한 사항을 규정함을 목적으로 한다.

칙 제1조(목적)

이 규칙은 「소방시설 설치 및 관리에 관한 법률」 및 같은 법 시행령에서 위임된 사항과 그 시행에 필요한 사항을 규정함을 목적으로 한다.

칙 제2조(기술기준의 제정·개정 절차)

① 국립소방연구원장은 화재안전기준 중 기술기준(이하 "기술기준"이라 한다)을 제정·개정하려는 경우 제정안·개정안을 작성하여 「소방시설 설치 및 관리에 관한 법률」(이하 "법"이라 한다) 제18조제1항에 따른 중앙소방기술심의위원회(이하 "중앙위원회"라 한다)의 심의·의결을 거쳐야 한다. 이 경우 제정안·개정안의 작성을 위해 소방 관련 기관·단체 및 개인 등의 의견을 수렴할 수 있다.

② 국립소방연구원장은 제1항에 따라 중앙위원회의 심의·의결을 거쳐 다음 각 호의 사항이 포함된 승인신청서를 소방청장에게 제출해야 한다.

1. 기술기준의 제정안 또는 개정안
2. 기술기준의 제정 또는 개정 이유
3. 기술기준의 심의 경과 및 결과

③ 제2항에 따라 승인신청서를 제출받은 소방청장은 제정안 또는 개정안이 화재안전기준 중 성능기준 등을 충족하는지를 검토하여 승인 여부를 결정하고 국립소방연구원장에게 통보해야 한다.

④ 제3항에 따라 승인을 통보받은 국립소방연구원장은 승인받은 기술기준을 관보에 게재하고, 국립소방연구원 인터넷 홈페이지를 통해 공개해야 한다.

⑤ 제1항부터 제4항까지에서 규정한 사항 외에 기술기준의 제정·개정을 위하여 필요한 사항은 국립소방연구원장이 정한다.

제2조(정의)

① 이 법에서 사용하는 용어의 뜻은 다음과 같다.

1. "소방시설"이란 소화설비, 경보설비, 피난구조설비, 소화용수설비, 그 밖에 소화활동설비로서 대통령령으로 정하는 것을 말한다.
2. "소방시설등"이란 소방시설과 비상구(非常口), 그 밖에 소방 관련 시설로서 대통령령으로 정하는 것을 말한다.
3. "특정소방대상물"이란 건축물 등의 규모·용도 및 수용인원 등을 고려하여 소방시설을 설치하여야 하는 소방대상물로서 대통령령으로 정하는 것을 말한다.
4. "화재안전성능"이란 화재를 예방하고 화재발생 시 피해를 최소화하기 위하여 소방대상물의 재료, 공간 및 설비 등에 요구되는 안전성능을 말한다.
5. "성능위주설계"란 건축물 등의 재료, 공간, 이용자, 화재 특성 등을 종합적으로 고려하여 공학적 방법으로 화재 위험성을 평가하고 그 결과에 따라 화재안전성능이 확보될 수 있도록 특정소방대상물을 설계하는 것을 말한다.
6. "화재안전기준"이란 소방시설 설치 및 관리를 위한 다음 각 목의 기준을 말한다.
   가. 성능기준: 화재안전 확보를 위하여 재료, 공간 및 설비 등에 요구되는 안전성능으로서 소방청장이 고시로 정하는 기준
   나. 기술기준: 가목에 따른 성능기준을 충족하는 상세한 규격, 특정한 수치 및 시험방법 등에 관한 기준으로서 행정안전부령으로 정하는 절차에 따라 소방청장의 승인을 받은 기준
7. "소방용품"이란 소방시설등을 구성하거나 소방용으로 사용되는 제품 또는 기기로서 대통령령으로 정하는 것을 말한다.

② 이 법에서 사용하는 용어의 뜻은 제1항에서 규정하는 것을 제외하고는 「소방기본법」, 「화재의 예방 및 안전관리에 관한 법률」, 「소방시설공사업법」, 「위험물안전관리법」 및 「건축법」에서 정하는 바에 따른다.

영 제2조(정의)

이 영에서 사용하는 용어의 뜻은 다음과 같다.

1. "무창층"(無窓層)이란 지상층 중 다음 각 목의 요건을 모두 갖춘 개구부(건축물에서 채광·환기·통풍 또는 출입 등을 위하여 만든 창·출입구, 그 밖에 이와 비슷한 것을 말한다. 이하 같다)의 면적의 합계가 해당 층의 바닥면적(「건축법 시행령」 제119조제1항제3호에 따라 산정된 면적을 말한다. 이하 같다)의 30분의 1 이하가 되는 층을 말한다.
   가. 크기는 지름 50센티미터 이상의 원이 통과할 수 있을 것
   나. 해당 층의 바닥면으로부터 개구부 밑부분까지의 높이가 1.2미터 이내일 것

다. 도로 또는 차량이 진입할 수 있는 빈터를 향할 것
라. 화재 시 건축물로부터 쉽게 피난할 수 있도록 창살이나 그 밖의 장애물이 설치되지 않을 것
마. 내부 또는 외부에서 쉽게 부수거나 열 수 있을 것

2. "피난층"이란 곧바로 지상으로 갈 수 있는 출입구가 있는 층을 말한다.

영 제3조(소방시설)
「소방시설 설치 및 관리에 관한 법률」(이하 "법"이라 한다) 제2조제1항제1호에서 "대통령령으로 정하는 것"이란 별표 1의 설비를 말한다.

영 제4조(소방시설등)
법 제2조제1항제2호에서 "대통령령으로 정하는 것"이란 방화문 및 자동방화셔터를 말한다.

영 제5조(특정소방대상물)
법 제2조제1항제3호에서 "대통령령으로 정하는 것"이란 별표 2의 소방대상물을 말한다.

영 제6조(소방용품)
법 제2조제1항제7호에서 "대통령령으로 정하는 것"이란 별표 3의 제품 또는 기기를 말한다.

제3조(국가 및 지방자치단체의 책무)

① 국가와 지방자치단체는 소방시설등의 설치·관리와 소방용품의 품질 향상 등을 위하여 필요한 정책을 수립하고 시행하여야 한다.
② 국가와 지방자치단체는 새로운 소방 기술·기준의 개발 및 조사·연구, 전문인력 양성 등 필요한 노력을 하여야 한다.
③ 국가와 지방자치단체는 제1항 및 제2항에 따른 정책을 수립·시행하는 데 있어 필요한 행정적·재정적 지원을 하여야 한다.

제4조(관계인의 의무)

① 관계인(「소방기본법」 제2조제3호에 따른 관계인을 말한다. 이하 같다)은 소방시설등의 기능과 성능을 보전·향상시키고 이용자의 편의와 안전성을 높이기 위하여 노력하여야 한다.
② 관계인은 매년 소방시설등의 관리에 필요한 재원을 확보하도록 노력하여야 한다.
③ 관계인은 국가 및 지방자치단체의 소방시설등의 설치 및 관리 활동에 적극 협조하여야 한다.
④ 관계인 중 점유자는 소유자 및 관리자의 소방시설등 관리 업무에 적극 협조하여야 한다.

제5조(다른 법률과의 관계)

특정소방대상물 가운데 「위험물안전관리법」에 따른 위험물 제조소등의 안전관리와 위험물 제조소등에 설치하는 소방시설등의 설치기준에 관하여는 「위험물안전관리법」에서 정하는 바에 따른다.

제2장 소방시설등의 설치·관리 및 방염

제1절 건축허가등의 동의 등

제6조(건축허가등의 동의 등)

① 건축물 등의 신축·증축·개축·재축(再築)·이전·용도변경 또는 대수선(大修繕)의 허가·협의 및 사용승인(「주택법」 제15조에 따른 승인 및 같은 법 제49조에 따른 사용검사, 「학교시설사업 촉진법」 제4조에 따른 승인 및 같은 법 제13조에 따른 사용승인을 포함하며, 이하 "건축허가등"이라 한다)의 권한이 있는 행정기관은 건축허가등을 할 때 미리 그 건축물 등의 시공지(施工地) 또는 소재지를 관할하는 소방본부장이나 소방서장의 동의를 받아야 한다.

② 건축물 등의 증축·개축·재축·용도변경 또는 대수선의 신고를 수리(受理)할 권한이 있는 행정기관은 그 신고를 수리하면 그 건축물 등의 시공지 또는 소재지를 관할하는 소방본부장이나 소방서장에게 지체 없이 그 사실을 알려야 한다.

③ 제1항에 따른 건축허가등의 권한이 있는 행정기관과 제2항에 따른 신고를 수리할 권한이 있는 행정기관은 제1항에 따라 건축허가등의 동의를 받거나 제2항에 따른 신고를 수리한 사실을 알릴 때 관할 소방본부장이나 소방서장에게 건축허가등을 하거나 신고를 수리할 때 건축허가등을 받으려는 자 또는 신고를 한 자가 제출한 설계도서 중 건축물의 내부구조를 알 수 있는 설계도면을 제출하여야 한다. 다만, 국가안보상 중요하거나 국가기밀에 속하는 건축물을 건축하는 경우로서 관계 법령에 따라 행정기관이 설계도면을 확보할 수 없는 경우에는 그러하지 아니하다.

④ 소방본부장 또는 소방서장은 제1항에 따른 동의를 요구받은 경우 해당 건축물 등이 다음 각 호의 사항을 따르고 있는지를 검토하여 행정안전부령으로 정하는 기간 내에 해당 행정기관에 동의 여부를 알려야 한다.

1. 이 법 또는 이 법에 따른 명령
2. 「소방기본법」 제21조의2에 따른 소방자동차 전용구역의 설치

⑤ 소방본부장 또는 소방서장은 제4항에 따른 건축허가등의 동의 여부를 알릴 경우에는 원활한 소방활동 및 건축물 등의 화재안전성능을 확보하기 위하여 필요한 다음 각 호의 사항에 대한 검토 자료 또는 의견서를 첨부할 수 있다.

1. 「건축법」 제49조제1항 및 제2항에 따른 피난시설, 방화구획(防火區劃)
2. 「건축법」 제49조제3항에 따른 소방관 진입창
3. 「건축법」 제50조, 제50조의2, 제51조, 제52조, 제52조의2 및 제53조에 따른 방화벽, 마감재료 등(이하 "방화시설"이라 한다)
4. 그 밖에 소방자동차의 접근이 가능한 통로의 설치 등 대통령령으로 정하는 사항

⑥ 제1항에 따라 사용승인에 대한 동의를 할 때에는 「소방시설공사업법」 제14조제3항에 따른 소방시설공사의 완공검사증명서를 발급하는 것으로 동의를 갈음할 수 있다. 이 경우 제1항에 따른 건축허가등의 권한이 있는 행정기관은 소방시설공사의 완공검사증명서를 확인하여야 한다.

⑦ 제1항에 따른 건축허가등을 할 때 소방본부장이나 소방서장의 동의를 받아야 하는 건축물 등의 범위는 대통령령으로 정한다.

⑧ 다른 법령에 따른 인가·허가 또는 신고 등(건축허가등과 제2항에 따른 신고는 제외하며, 이하 이 항에서 "인허가등"이라 한다)의 시설기준에 소방시설등의 설치·관리 등에 관한 사항이 포함

되어 있는 경우 해당 인허가등의 권한이 있는 행정기관은 인허가등을 할 때 미리 그 시설의 소재지를 관할하는 소방본부장이나 소방서장에게 그 시설이 이 법 또는 이 법에 따른 명령을 따르고 있는지를 확인하여 줄 것을 요청할 수 있다. 이 경우 요청을 받은 소방본부장 또는 소방서장은 행정안전부령으로 정하는 기간 내에 확인 결과를 알려야 한다.

영 제7조(건축허가등의 동의대상물의 범위 등)

① 법 제6조제1항에 따라 건축물 등의 신축 · 증축 · 개축 · 재축 · 이전 · 용도변경 또는 대수선의 허가 · 협의 및 사용승인(「주택법」 제15조에 따른 승인 및 같은 법 제49조에 따른 사용검사, 「학교시설사업 촉진법」 제4조에 따른 승인 및 같은 법 제13조에 따른 사용승인을 포함하며, 이하 "건축허가등"이라 한다)을 할 때 미리 소방본부장 또는 소방서장의 동의를 받아야 하는 건축물 등의 범위는 다음 각 호와 같다. 〈2025. 11. 25〉

1. 연면적(「건축법 시행령」 제119조제1항제4호에 따라 산정된 면적을 말한다. 이하 같다)이 400제곱미터 이상인 건축물이나 시설. 다만, 다음 각 목의 어느 하나에 해당하는 건축물이나 시설은 해당 목에서 정한 기준 이상인 건축물이나 시설로 한다.
   가. 「학교시설사업 촉진법」 제5조의2제1항에 따라 건축등을 하려는 학교시설: 100제곱미터
   나. 별표 2의 특정소방대상물 중 노유자(老幼者) 시설 및 수련시설: 200제곱미터
   다. 「정신건강증진 및 정신질환자 복지서비스 지원에 관한 법률」 제3조제5호에 따른 정신의료기관(입원실이 없는 정신건강의학과 의원은 제외하며, 이하 "정신의료기관"이라 한다): 300제곱미터
   라. 「장애인복지법」 제58조제1항제4호에 따른 장애인 의료재활시설(이하 "의료재활시설"이라 한다): 300제곱미터
2. 지하층 또는 무창층이 있는 건축물로서 바닥면적이 150제곱미터(공연장의 경우에는 100제곱미터) 이상인 층이 있는 것
3. 차고· 주차장 또는 주차 용도로 사용되는 층이 있는 건축물이나 주차시설

3의2. 승강기 등 기계장치에 의한 주차시설을 이용하여 차량을 주차할 수 있는 시설

4. 층수(「건축법 시행령」 제119조제1항제9호에 따라 산정된 층수를 말한다. 이하 같다)가 6층 이상인 건축물
5. 항공기 격납고, 관망탑, 항공관제탑, 방송용 송수신탑
6. 별표 2의 특정소방대상물 중 공동주택, 의원(입원실 또는 인공신장실이 있는 것으로 한정한다) · 조산원· 산후조리원, 숙박시설· 위험물 저장 및 처리 시설, 발전시설 중 풍력발전소· 전기저장시설, 지하구(地下溝) 〈2024.12.31. 개정〉
7. 제1호나목에 해당하지 않는 노유자 시설 중 다음 각 목의 어느 하나에 해당하는 시설. 다만, 가목2) 및 나목부터 바목까지의 시설 중 「건축법 시행령」 별표 1의 단독주택 또는 공동주택에 설치되는 시설은 제외한다.
   가. 별표 2 제9호가목에 따른 노인 관련 시설 중 다음의 어느 하나에 해당하는 시설
      1) 「노인복지법」 제31조제1호에 따른 노인주거복지시설, 같은 조 제2호에 따른 노인의료복지시설 및 같은 조 제4호에 따른 재가노인복지시설
      2) 「노인복지법」 제31조제7호에 따른 학대피해노인 전용쉼터

나. 「아동복지법」 제52조에 따른 아동복지시설(아동상담소, 아동전용시설 및 지역아동센터는 제외한다)

다. 「장애인복지법」 제58조제1항제1호에 따른 장애인 거주시설

라. 정신질환자 관련 시설(「정신건강증진 및 정신질환자 복지서비스 지원에 관한 법률」 제27조제1항제2호에 따른 공동생활가정을 제외한 재활훈련시설과 같은 법 시행령 제16조제3호에 따른 종합시설 중 24시간 주거를 제공하지 않는 시설은 제외한다)

마. 별표 2 제9호마목에 따른 노숙인 관련 시설 중 노숙인자활시설, 노숙인재활시설 및 노숙인요양시설

바. 결핵환자나 한센인이 24시간 생활하는 노유자 시설

8. 「의료법」 제3조제2항제3호라목에 따른 요양병원(이하 "요양병원"이라 한다). 다만, 의료재활시설은 제외한다.
9. 별표 2의 특정소방대상물 중 공장 또는 창고시설로서 「화재의 예방 및 안전관리에 관한 법률 시행령」 별표 2에서 정하는 수량의 750배 이상의 특수가연물을 저장·취급하는 것
10. 별표 2 제17호나목에 따른 가스시설로서 지상에 노출된 탱크의 저장용량의 합계가 100톤 이상인 것

② 제1항에도 불구하고 다음 각 호의 어느 하나에 해당하는 특정소방대상물은 소방본부장 또는 소방서장의 건축허가등의 동의대상에서 제외한다.

1. 별표 4에 따라 특정소방대상물에 설치되는 소화기구, 자동소화장치, 누전경보기, 단독경보형감지기, 가스누설경보기 및 피난구조설비(비상조명등은 제외한다)가 화재안전기준에 적합한 경우 해당 특정소방대상물
2. 건축물의 증축 또는 용도변경으로 인하여 해당 특정소방대상물에 추가로 소방시설이 설치되지 않는 경우 해당 특정소방대상물
3. 「소방시설공사업법 시행령」 제4조에 따른 소방시설공사의 착공신고 대상에 해당하지 않는 경우 해당 특정소방대상물

③ 법 제6조제1항에 따라 건축허가등의 권한이 있는 행정기관은 건축허가등의 동의를 받으려는 경우에는 동의요구서에 행정안전부령으로 정하는 서류를 첨부하여 해당 건축물 등의 소재지를 관할하는 소방본부장 또는 소방서장에게 동의를 요구해야 한다. 이 경우 동의 요구를 받은 소방본부장 또는 소방서장은 첨부서류 등이 미비한 경우에는 그 서류의 보완을 요구할 수 있다.

④ 법 제6조제5항제4호에서 "소방자동차의 접근이 가능한 통로의 설치 등 대통령령으로 정하는 사항"이란 다음 각 호의 사항을 말한다.

1. 소방자동차의 접근이 가능한 통로의 설치
2. 「건축법」 제64조 및 「주택건설기준 등에 관한 규정」 제15조에 따른 승강기의 설치
3. 「주택건설기준 등에 관한 규정」 제26조에 따른 주택단지 안 도로의 설치
4. 「건축법 시행령」 제40조제2항에 따른 옥상광장, 같은 조 제3항에 따른 비상문자동개폐장치 또는 같은 조 제4항에 따른 헬리포트의 설치
5. 그 밖에 소방본부장 또는 소방서장이 소화활동 및 피난을 위해 필요하다고 인정하는 사항

칙 제3조(건축허가등의 동의 요구)

① 법 제6조제1항에 따른 건축물 등의 신축·증축·개축·재축·이전·용도변경 또는 대수선의 허가·협의 및 사용승인(「주택법」 제15조에 따른 승인 및 같은 법 제49조에 따른 사용검사, 「학교시설사업 촉진법」 제4조에 따른 승인 및 같은 법 제13조에 따른 사용승인을 포함하며, 이하 "건축허가등"이라 한다)의 동의 요구는 다음 각 호의 권한이 있는 행정기관이 「소방시설 설치 및 관리에 관한 법률 시행령」(이하 "영"이라 한다) 제7조제1항 각 호에 따른 동의대상물의 시공지 또는 소재지를 관할하는 소방본부장 또는 소방서장에게 해야 한다.

1. 「건축법」 제11조에 따른 허가 및 같은 법 제29조제2항에 따른 협의의 권한이 있는 행정기관
2. 「주택법」 제15조에 따른 승인 및 같은 법 제49조에 따른 사용검사의 권한이 있는 행정기관
3. 「학교시설사업 촉진법」 제4조에 따른 승인 및 같은 법 제13조에 따른 사용승인의 권한이 있는 행정기관
4. 「고압가스 안전관리법」 제4조에 따른 허가의 권한이 있는 행정기관
5. 「도시가스사업법」 제3조에 따른 허가의 권한이 있는 행정기관
6. 「액화석유가스의 안전관리 및 사업법」 제5조 및 제6조에 따른 허가의 권한이 있는 행정기관
7. 「전기안전관리법」 제8조에 따른 자가용전기설비의 공사계획의 인가의 권한이 있는 행정기관
8. 「전기사업법」 제61조에 따른 전기사업용전기설비의 공사계획에 대한 인가의 권한이 있는 행정기관
9. 「국토의 계획 및 이용에 관한 법률」 제88조제2항에 따른 도시·군계획시설사업 실시계획 인가의 권한이 있는 행정기관

② 제1항 각 호의 어느 하나에 해당하는 기관은 영 제7조제3항에 따라 건축허가등의 동의를 요구하는 경우에는 동의요구서(전자문서로 된 요구서를 포함한다)에 다음 각 호의 서류(전자문서를 포함한다)를 첨부해야 한다.〈2025. 12. 1〉

1. 「건축법 시행규칙」 제6조에 따른 건축허가신청서, 같은 법 시행규칙 제8조에 따른 건축허가서 또는 같은 법 시행규칙 제12조에 따른 건축·대수선·용도변경신고서 등 건축허가등을 확인할 수 있는 서류의 사본. 이 경우 동의 요구를 받은 담당 공무원은 특별한 사정이 있는 경우를 제외하고는 「전자정부법」 제36조제1항에 따른 행정정보의 공동이용을 통하여 건축허가서를 확인함으로써 첨부서류의 제출을 갈음할 수 있다.
2. 다음 각 목의 설계도서. 다만, 가목 및 나목2)·4)의 설계도서는 「소방시설공사업법 시행령」 제4조에 따른 소방시설공사 착공신고 대상에 해당되는 경우에만 제출하고, 이 경우 나목4)의 서류 중 내진 시방서 및 계산서 등 세부 내용이 포함된 상세 설계도면은 「소방시설공사업법」 제13조에 따른 착공신고 시까지 제출해야 한다. 〈24.11.29, 개정〉
   가. 건축물 설계도서
      1) 건축물 개요 및 배치도
      2) 주단면도 및 입면도(立面圖: 물체를 정면에서 본 대로 그린 그림을 말한다. 이하 같다)
      3) 층별 평면도(용도별 기준층 평면도를 포함한다. 이하 같다)
      4) 방화구획도(창호도를 포함한다)
      5) 실내·실외 마감재료표

6) 소방자동차 진입 동선도 및 부서 공간 위치도(조경계획을 포함한다)

나. 소방시설 설계도서

1) 소방시설(기계· 전기 분야의 시설을 말한다)의 계통도(시설별 계산서를 포함한다)

2) 소방시설별 층별 평면도

3) 실내장식물 방염대상물품 설치 계획(「건축법」 제52조에 따른 건축물의 마감재료는 제외한다)

4) 소방시설의 내진설계 계통도 및 기준층 평면도(내진 시방서 및 계산서 등 세부 내용이 포함된 상세 설계도면은 포함한다) 〈24.11.29 개정〉

3. 소방시설 설치계획표

4. 임시소방시설 설치계획서(설치시기· 위치· 종류· 방법 등 임시소방시설의 설치와 관련된 세부 사항을 포함한다)

5. 「소방시설공사업법」 제4조제1항에 따라 등록한 소방시설설계업등록증과 소방시설을 설계한 기술인력의 기술자격증 사본

6. 「소방시설공사업법」 제21조 및 제21조의3제2항에 따라 체결한 소방시설설계 계약서 사본

7. 「화재의 예방 및 안전관리에 관한 법률」 제17조제5항에 따른 특수가연물의 저장· 취급 계획서(공장 또는 창고에 대한 건축허가등의 동의를 요구하는 경우로 한정한다)

③ 제1항에 따른 동의 요구를 받은 소방본부장 또는 소방서장은 법 제6조제4항에 따라 건축허가등의 동의 요구서류를 접수한 날부터 5일(허가를 신청한 건축물 등이 「화재의 예방 및 안전관리에 관한 법률 시행령」 별표 4 제1호가목의 어느 하나에 해당하는 경우에는 10일) 이내에 건축허가등의 동의 여부를 회신해야 한다.

④ 소방본부장 또는 소방서장은 제3항에도 불구하고 제2항에 따른 동의요구서 및 첨부서류의 보완이 필요한 경우에는 4일 이내의 기간을 정하여 보완을 요구할 수 있다. 이 경우 보완 기간은 제3항에 따른 회신 기간에 산입하지 않으며 보완 기간 내에 보완하지 않는 경우에는 동의요구서를 반려해야 한다.

⑤ 제1항에 따라 건축허가등의 동의를 요구한 기관이 그 건축허가등을 취소했을 때에는 취소한 날부터 7일 이내에 건축물 등의 시공지 또는 소재지를 관할하는 소방본부장 또는 소방서장에게 그 사실을 통보해야 한다.

⑥ 소방본부장 또는 소방서장은 제3항에 따라 동의 여부를 회신하는 경우에는 별지 제1호서식의 건축허가등의 동의대장에 이를 기록하고 관리해야 한다.

⑦ 법 제6조제8항 후단에서 "행정안전부령으로 정하는 기간"이란 7일을 말한다.

제7조(소방시설의 내진설계기준)

「지진·화산재해대책법」 제14조제1항 각 호의 시설 중 대통령령으로 정하는 특정소방대상물에 대통령령으로 정하는 소방시설을 설치하려는 자는 지진이 발생할 경우 소방시설이 정상적으로 작동될 수 있도록 소방청장이 정하는 내진설계기준에 맞게 소방시설을 설치하여야 한다.

영 제8조(소방시설의 내진설계)

① 법 제7조에서“대통령령으로 정하는 특정소방대상물”이란「건축법」제2조제1항제2호에 따른 건축물로서「지진 · 화산재해대책법 시행령」제10조제1항 각 호에 해당하는 시설을 말한다.

② 법 제7조에서 “대통령령으로 정하는 소방시설”이란 소방시설 중 옥내소화전설비, 스프링클러설비 및 물분무등소화설비를 말한다.

제8조(성능위주설계)

① 연면적 · 높이 · 층수 등이 일정 규모 이상인 대통령령으로 정하는 특정소방대상물(신축하는 것만 해당한다)에 소방시설을 설치하려는 자는 성능위주설계를 하여야 한다.

② 제1항에 따라 소방시설을 설치하려는 자가 성능위주설계를 한 경우에는 「건축법」 제11조에 따른 건축허가를 신청하기 전에 해당 특정소방대상물의 시공지 또는 소재지를 관할하는 소방서장에게 신고하여야 한다. 해당 특정소방대상물의 연면적 · 높이 · 층수의 변경 등 행정안전부령으로 정하는 사유로 신고한 성능위주설계를 변경하려는 경우에도 또한 같다.

③ 소방서장은 제2항에 따른 신고 또는 변경신고를 받은 경우 그 내용을 검토하여 이 법에 적합하면 신고를 수리하여야 한다.

④ 제2항에 따라 성능위주설계의 신고 또는 변경신고를 하려는 자는 해당 특정소방대상물이 「건축법」 제4조의2에 따른 건축위원회의 심의를 받아야 하는 건축물인 경우에는 그 심의를 신청하기 전에 성능위주설계의 기본설계도서(基本設計圖書) 등에 대해서 해당 특정소방대상물의 시공지 또는 소재지를 관할하는 소방서장의 사전검토를 받아야 한다.

⑤ 소방서장은 제2항 또는 제4항에 따라 성능위주설계의 신고, 변경신고 또는 사전검토 신청을 받은 경우에는 소방청 또는 관할 소방본부에 설치된 제9조제1항에 따른 성능위주설계평가단의 검토 · 평가를 거쳐야 한다. 다만, 소방서장은 신기술 · 신공법 등 검토 · 평가에 고도의 기술이 필요한 경우에는 제18조제1항에 따른 중앙소방기술심의위원회에 심의를 요청할 수 있다.

⑥ 소방서장은 제5항에 따른 검토 · 평가 결과 성능위주설계의 수정 또는 보완이 필요하다고 인정되는 경우에는 성능위주설계를 한 자에게 그 수정 또는 보완을 요청할 수 있으며, 수정 또는 보완 요청을 받은 자는 정당한 사유가 없으면 그 요청에 따라야 한다.

⑦ 제2항부터 제6항까지에서 규정한 사항 외에 성능위주설계의 신고, 변경신고 및 사전검토의 절차 · 방법 등에 필요한 사항과 성능위주설계의 기준은 행정안전부령으로 정한다.

영 제9조(성능위주설계를 해야 하는 특정소방대상물의 범위)

법 제8조제1항에서 “대통령령으로 정하는 특정소방대상물”이란 다음 각 호의 어느 하나에 해당하는 특정소방대상물(신축하는 것만 해당한다)을 말한다.

1. 연면적 20만제곱미터 이상인 특정소방대상물. 다만, 별표 2 제1호가목에 따른 아파트등(이하“아파트등”이라 한다)은 제외한다.
2. 50층 이상(지하층은 제외한다)이거나 지상으로부터 높이가 200미터 이상인 아파트등
3. 30층 이상(지하층을 포함한다)이거나 지상으로부터 높이가 120미터 이상인 특정소방대상물(아파트등은 제외한다)
4. 연면적 3만제곱미터 이상인 특정소방대상물로서 다음 각 목의 어느 하나에 해당하는 특

정소방대상물

가. 별표 2 제6호나목의 철도 및 도시철도 시설

나. 별표 2 제6호다목의 공항시설

5. 별표 2 제16호의 창고시설 중 연면적 10만제곱미터 이상인 것 또는 지하층의 층수가 2개 층 이상이고 지하층의 바닥면적의 합계가 3만제곱미터 이상인 것
6. 하나의 건축물에 「영화 및 비디오물의 진흥에 관한 법률」 제2조제10호에 따른 영화상영관이 10개 이상인 특정소방대상물
7. 「초고층 및 지하연계 복합건축물 재난관리에 관한 특별법」 제2조제2호에 따른 지하연계 복합건축물에 해당하는 특정소방대상물
8. 별표 2 제27호의 터널 중 수저(水底)터널 또는 길이가 5천미터 이상인 것

칙 제4조(성능위주설계의 신고)

① 성능위주설계를 한 자는 법 제8조제2항에 따라 「건축법」 제11조에 따른 건축허가를 신청하기 전에 별지 제2호서식의 성능위주설계 신고서(전자문서로 된 신고서를 포함한다)에 다음 각 호의 서류(전자문서를 포함한다)를 첨부하여 관할 소방서장에게 신고해야 한다. 이 경우 다음 각 호의 서류에는 사전검토 결과에 따라 보완된 내용을 포함해야 하며, 제7조제1항에 따른 사전검토 신청 시 제출한 서류와 동일한 내용의 서류는 제외한다.

1. 다음 각 목의 사항이 포함된 설계도서

가. 건축물의 개요(위치, 구조, 규모, 용도)

나. 부지 및 도로의 설치 계획(소방차량 진입 동선을 포함한다)

다. 화재안전성능의 확보 계획

라. 성능위주설계 요소에 대한 성능평가(화재 및 피난 모의실험 결과를 포함한다)

마. 성능위주설계 적용으로 인한 화재안전성능 비교표

바. 다음의 건축물 설계도면

1) 주단면도 및 입면도 2) 층별 평면도 및 창호도

3) 실내·실외 마감재료표 4) 방화구획도(화재 확대 방지계획을 포함한다)

5) 건축물의 구조 설계에 따른 피난계획 및 피난 동선도

사. 소방시설의 설치계획 및 설계 설명서

아. 다음의 소방시설 설계도면

1) 소방시설 계통도 및 층별평면도 2) 소화용수설비 및 연결송수구 설치위치 평면도

3) 종합방재실 설치 및 운영계획 4) 상용전원 및 비상전원의 설치계획

5) 소방시설의 내진설계 계통도 및 기준층 평면도(내진 시방서 및 계산서 등 세부 내용이 포함된 상세 설계도면은 제외한다)

자. 소방시설에 대한 전기부하 및 소화펌프 등 용량계산서

2. 「소방시설공사업법 시행령」 별표 1의2에 따른 성능위주설계를 할 수 있는 자의 자격·기술인력을 확인할 수 있는 서류
3. 「소방시설공사업법」 제21조 및 제21조의3제2항에 따라 체결한 성능위주설계 계약서 사본

② 소방서장은 제1항에 따라 성능위주설계 신고서를 받은 경우 성능위주설계 대상 및 자격 여부 등을 확인하고, 첨부서류의 보완이 필요한 경우에는 7일 이내의 기간을 정하여 성능위주설계를 한 자에게 보완을 요청할 수 있다.

칙 제5조(신고된 성능위주설계에 대한 검토 · 평가)

① 제4조제1항에 따라 성능위주설계의 신고를 받은 소방서장은 필요한 경우 같은 조 제2항에 따른 보완 절차를 거쳐 소방청장 또는 관할 소방본부장에게 법 제9조제1항에 따른 성능위주설계 평가단(이하 "평가단"이라 한다)의 검토 · 평가를 요청해야 한다.

② 제1항에 따라 검토 · 평가를 요청받은 소방청장 또는 소방본부장은 요청을 받은 날부터 20일 이내에 평가단의 심의 · 의결을 거쳐 해당 건축물의 성능위주설계를 검토 · 평가하고, 별지 제3호서식의 성능위주설계 검토 · 평가 결과서를 작성하여 관할 소방서장에게 지체 없이 통보해야 한다.

③ 제4조제1항에 따라 성능위주설계 신고를 받은 소방서장은 제1항에도 불구하고 신기술 · 신공법 등 검토 · 평가에 고도의 기술이 필요한 경우에는 중앙위원회에 심의를 요청할 수 있다.

④ 중앙위원회는 제3항에 따라 요청된 사항에 대하여 20일 이내에 심의 · 의결을 거쳐 별지 제3호서식의 성능위주설계 검토 · 평가 결과서를 작성하고 관할 소방서장에게 지체 없이 통보해야 한다.

⑤ 제2항 또는 제4항에 따라 성능위주설계 검토 · 평가 결과서를 통보받은 소방서장은 성능위주설계 신고를 한 자에게 별표 1에 따라 수리 여부를 통보해야 한다.

칙 제6조(성능위주설계의 변경신고)

① 법 제8조제2항 후단에서 "해당 특정소방대상물의 연면적 · 높이 · 층수의 변경 등 행정안전부령으로 정하는 사유"란 특정소방대상물의 연면적 · 높이 · 층수의 변경이 있는 경우를 말한다. 다만, 「건축법」 제16조제1항 단서 및 같은 조 제2항에 따른 경우는 제외한다.

② 성능위주설계를 한 자는 법 제8조제2항 후단에 따라 해당 성능위주설계를 한 특정소방대상물이 제1항에 해당하는 경우 별지 제4호서식의 성능위주설계 변경 신고서(전자문서로 된 신고서를 포함한다)에 제4조제1항 각 호의 서류(전자문서를 포함하며, 변경되는 부분만 해당한다)를 첨부하여 관할 소방서장에게 신고해야 한다.

③ 제2항에 따른 성능위주설계의 변경신고에 대한 검토 · 평가, 수리 여부 결정 및 통보에 관하여는 제5조제2항부터 제5항까지의 규정을 준용한다. 이 경우 같은 조 제2항 및 제4항 중 "20일 이내"는 각각 "14일 이내"로 본다.

칙 제7조(성능위주설계의 사전검토 신청)

① 성능위주설계를 한 자는 법 제8조제4항에 따라 「건축법」 제4조의2에 따른 건축위원회의 심의를 받아야 하는 건축물인 경우에는 그 심의를 신청하기 전에 별지 제5호서식의 성능위주설계 사전검토 신청서(전자문서로 된 신청서를 포함한다)에 다음 각 호의 서류(전자문서를 포함한다)를 첨부하여 관할 소방서장에게 사전검토를 신청해야 한다.

1. 건축물의 개요(위치, 구조, 규모, 용도)
2. 부지 및 도로의 설치 계획(소방차량 진입 동선을 포함한다)

3. 화재안전성능의 확보 계획
4. 화재 및 피난 모의실험 결과
5. 다음 각 목의 건축물 설계도면
   가. 주단면도 및 입면도
   나. 층별 평면도 및 창호도
   다. 실내·실외 마감재료표
   라. 방화구획도(화재 확대 방지계획을 포함한다)
   마. 건축물의 구조 설계에 따른 피난계획 및 피난 동선도
6. 소방시설 설치계획 및 설계 설명서(소방시설 기계·전기 분야의 기본계통도를 포함한다)
7. 「소방시설공사업법 시행령」 별표 1의2에 따른 성능위주설계를 할 수 있는 자의 자격·기술인력을 확인할 수 있는 서류
8. 「소방시설공사업법」 제21조 및 제21조의3제2항에 따라 체결한 성능위주설계 계약서 사본

② 소방서장은 제1항에 따른 성능위주설계 사전검토 신청서를 받은 경우 성능위주설계 대상 및 자격 여부 등을 확인하고, 첨부서류의 보완이 필요한 경우에는 7일 이내의 기간을 정하여 성능위주설계를 한 자에게 보완을 요청할 수 있다.

칙 제8조(사전검토가 신청된 성능위주설계에 대한 검토·평가)

① 제7조제1항에 따라 사전검토의 신청을 받은 소방서장은 필요한 경우 같은 조 제2항에 따른 보완 절차를 거쳐 소방청장 또는 관할 소방본부장에게 평가단의 검토·평가를 요청해야 한다.

② 제1항에 따라 검토·평가를 요청받은 소방청장 또는 소방본부장은 평가단의 심의·의결을 거쳐 해당 건축물의 성능위주설계를 검토·평가하고, 별지 제6호서식의 성능위주설계 사전검토 결과서를 작성하여 관할 소방서장에게 지체 없이 통보해야 한다.

③ 제1항에도 불구하고 제7조제1항에 따라 성능위주설계 사전검토의 신청을 받은 소방서장은 신기술·신공법 등 검토·평가에 고도의 기술이 필요한 경우에는 중앙위원회에 심의를 요청할 수 있다.

④ 중앙위원회는 제3항에 따라 요청된 사항에 대하여 심의를 거쳐 별지 제6호서식의 성능위주설계 사전검토 결과서를 작성하고, 관할 소방서장에게 지체 없이 통보해야 한다.

⑤ 제2항 또는 제4항에 따라 성능위주설계 사전검토 결과서를 통보받은 소방서장은 성능위주설계 사전검토를 신청한 자 및 「건축법」 제4조에 따른 해당 건축위원회에 그 결과를 지체 없이 통보해야 한다.

칙 제9조(성능위주설계 기준)

① 법 제8조제7항에 따른 성능위주설계의 기준은 다음 각 호와 같다.
1. 소방자동차 진입(통로) 동선 및 소방관 진입 경로 확보
2. 화재·피난 모의실험을 통한 화재위험성 및 피난안전성 검증
3. 건축물의 규모와 특성을 고려한 최적의 소방시설 설치
4. 소화수 공급시스템 최적화를 통한 화재피해 최소화 방안 마련
5. 특별피난계단을 포함한 피난경로의 안전성 확보
6. 건축물의 용도별 방화구획의 적정성
7. 침수 등 재난상황을 포함한 지하층 안전확보 방안 마련

② 제1항에 따른 성능위주설계의 세부 기준은 소방청장이 정한다.

제9조(성능위주설계평가단)

① 성능위주설계에 대한 전문적·기술적인 검토 및 평가를 위하여 소방청 또는 소방본부에 성능위주설계 평가단(이하 "평가단"이라 한다)을 둔다.

② 평가단에 소속되거나 소속되었던 사람은 평가단의 업무를 수행하면서 알게 된 비밀을 이 법에서 정한 목적 외의 용도로 사용하거나 다른 사람 또는 기관에 제공하거나 누설하여서는 아니 된다.

③ 평가단의 구성 및 운영 등에 필요한 사항은 행정안전부령으로 정한다.

칙 제10조(평가단의 구성)

① 평가단은 평가단장을 포함하여 50명 이내의 평가단원으로 성별을 고려하여 구성한다.

② 평가단장은 화재예방 업무를 담당하는 부서의 장 또는 제3항에 따라 임명 또는 위촉된 평가단원 중에서 학식·경험·전문성 등을 종합적으로 고려하여 소방청장 또는 소방본부장이 임명하거나 위촉한다.

③ 평가단원은 다음 각 호의 어느 하나에 해당하는 사람 중에서 소방청장 또는 관할 소방본부장이 임명하거나 위촉한다. 다만, 관할 소방서의 해당 업무 담당 과장은 당연직 평가단원으로 한다.

1. 소방공무원 중 다음 각 목의 어느 하나에 해당하는 사람

가. 소방기술사

나. 소방시설관리사

다. 다음의 어느 하나에 해당하는 자격을 갖춘 사람으로서 「소방공무원 교육훈련규정」 제3조제2항에 따른 중앙소방학교에서 실시하는 성능위주설계 관련 교육과정을 이수한 사람

1) 소방설비기사 이상의 자격을 가진 사람으로서 제3조에 따른 건축허가등의 동의 업무를 1년 이상 담당한 사람

2) 건축 또는 소방 관련 석사 이상의 학위를 취득한 사람으로서 제3조에 따른 건축허가등의 동의 업무를 1년 이상 담당한 사람

2. 건축 분야 및 소방방재 분야 전문가 중 다음 각 목의 어느 하나에 해당하는 사람

가. 위원회 위원 또는 법 제18조제2항에 따른 지방소방기술심의위원회 위원

나. 「고등교육법」 제2조에 따른 학교 또는 이에 준하는 학교나 공인된 연구기관에서 부교수 이상의 직(職) 또는 이에 상당하는 직에 있거나 있었던 사람으로서 화재안전 또는 관련 법령이나 정책에 전문성이 있는 사람

다. 소방기술사

라. 소방시설관리사

마. 건축계획, 건축구조 또는 도시계획과 관련된 업종에 종사하는 사람으로서 건축사 또는 건축구조기술사 자격을 취득한 사람

바. 「소방시설공사업법」 제28조제3항에 따른 특급감리원 자격을 취득한 사람으로 소방공사 현장 감리업무를 10년 이상 수행한 사람

④ 위촉된 평가단원의 임기는 2년으로 하되, 2회에 한정하여 연임할 수 있다.

⑤ 평가단장은 평가단을 대표하고 평가단의 업무를 총괄한다.

⑥ 평가단장이 부득이한 사유로 직무를 수행할 수 없을 때에는 평가단장이 미리 지정한 평가단원이 그 직무를 대리한다.

칙 제11조(평가단의 운영)

① 평가단의 회의는 평가단장과 평가단장이 회의마다 지명하는 6명 이상 8명 이하의 평가단원으로 구성·운영하며, 과반수의 출석으로 개의(開議)하고 출석 평가단원 과반수의 찬성으로 의결한다. 다만, 제6조제2항에 따른 성능위주설계의 변경신고에 대한 심의·의결을 하는 경우에는 제5조제2항에 따라 건축물의 성능위주설계를 검토·평가한 평가단원 중 5명 이상으로 평가단을 구성·운영할 수 있다.

② 평가단의 회의에 참석한 평가단원에게는 예산의 범위에서 수당, 여비, 그 밖에 필요한 경비를 지급할 수 있다. 다만, 소방공무원인 평가단원이 소관 업무와 관련하여 평가단의 회의에 참석하는 경우에는 그렇지 않다.

③ 제1항 및 제2항에서 규정한 사항 외에 평가단의 운영에 필요한 세부적인 사항은 소방청장 또는 관할 소방본부장이 정한다.

칙 제12조(평가단원의 제척 · 기피 · 회피)

① 평가단원이 다음 각 호의 어느 하나에 해당하는 경우에는 평가단의 심의·의결에서 제척(除斥)된다.

1. 평가단원 또는 그 배우자나 배우자였던 사람이 해당 안건의 당사자(당사자가 법인·단체 등인 경우에는 그 임원을 포함한다. 이하 이 호 및 제2호에서 같다)가 되거나 그 안건의 당사자와 공동권리자 또는 공동의무자인 경우
2. 평가단원이 해당 안건의 당사자와 친족인 경우
3. 평가단원이 해당 안건에 관하여 증언, 진술, 자문, 연구, 용역 또는 감정을 한 경우
4. 평가단원이나 평가단원이 속한 법인·단체 등이 해당 안건의 당사자의 대리인이거나 대리인이었던 경우

② 당사자는 제1항에 따른 제척사유가 있거나 평가단원에게 공정한 심의·의결을 기대하기 어려운 사정이 있는 경우에는 평가단에 기피신청을 할 수 있고, 평가단은 의결로 기피 여부를 결정한다. 이 경우 기피 신청의 대상인 평가단원은 그 의결에 참여하지 못한다.

③ 평가단원이 제1항 각 호의 사유에 해당하는 경우에는 스스로 해당 안건의 심의·의결에서 회피(回避)해야 한다.

칙 제13조(평가단원의 해임 · 해촉)

소방청장 또는 관할 소방본부장은 평가단원이 다음 각 호의 어느 하나에 해당하는 경우에는 해당 평가단원을 해임하거나 해촉(解囑)할 수 있다.

1. 심신장애로 직무를 수행할 수 없게 된 경우
2. 직무와 관련된 비위사실이 있는 경우
3. 직무태만, 품위손상이나 그 밖의 사유로 평가단원으로 적합하지 않다고 인정되는 경우
4. 제12조제1항 각 호의 어느 하나에 해당하는데도 불구하고 회피하지 않은 경우
5. 평가단원 스스로 직무를 수행하기 어렵다는 의사를 밝히는 경우

제10조(주택에 설치하는 소방시설)

① 다음 각 호의 주택의 소유자는 소화기 등 대통령령으로 정하는 소방시설(이하 "주택용소방시설"이라 한다)을 설치하여야 한다.

1. 「건축법」 제2조제2항제1호의 단독주택
2. 「건축법」 제2조제2항제2호의 공동주택(아파트 및 기숙사는 제외한다)

② 국가 및 지방자치단체는 주택용소방시설의 설치 및 국민의 자율적인 안전관리를 촉진하기 위하여 필요한 시책을 마련하여야 한다.

③ 주택용소방시설의 설치기준 및 자율적인 안전관리 등에 관한 사항은 특별시·광역시·특별자치시·도 또는 특별자치도(이하 "시·도"라 한다)의 조례로 정한다.

영 제10조(주택용소방시설)

법 제10조제1항 각 호 외의 부분에서 "소화기 등 대통령령으로 정하는 소방시설"이란 소화기 및 단독경보형 감지기를 말한다.

제11조(자동차에 설치 또는 비치하는 소화기)

① 「자동차관리법」 제3조제1항에 따른 자동차 중 다음 각 호의 어느 하나에 해당하는 자동차를 제작·조립·수입·판매하려는 자 또는 해당 자동차의 소유자는 차량용 소화기를 설치하거나 비치하여야 한다.

1. 5인승 이상의 승용자동차
2. 승합자동차
3. 화물자동차
4. 특수자동차

② 제1항에 따른 차량용 소화기의 설치 또는 비치 기준은 행정안전부령으로 정한다.

③ 국토교통부장관은 「자동차관리법」 제43조제1항에 따른 자동차검사 시 차량용 소화기의 설치 또는 비치 여부 등을 확인하여야 하며, 그 결과를 매년 12월 31일까지 소방청장에게 통보하여야 한다.

칙 제14조(차량용 소화기의 설치 또는 비치 기준)

법 제11조제1항에 따른 차량용 소화기의 설치 또는 비치 기준은 별표 2와 같다.

제2절 특정소방대상물에 설치하는 소방시설의 관리 등

제12조(특정소방대상물에 설치하는 소방시설의 관리 등)

① 특정소방대상물의 관계인은 대통령령으로 정하는 소방시설을 화재안전기준에 따라 설치·관리하여야 한다. 이 경우 「장애인·노인·임산부 등의 편의증진 보장에 관한 법률」 제2조제1호에 따른 장애인등이 사용하는 소방시설(경보설비 및 피난구조설비를 말한다)은 대통령령으로 정하는 바에 따라 장애인등에 적합하게 설치·관리하여야 한다.

② 소방본부장이나 소방서장은 제1항에 따른 소방시설이 화재안전기준에 따라 설치·관리되고 있지 아니할 때에는 해당 특정소방대상물의 관계인에게 필요한 조치를 명할 수 있다.

③ 특정소방대상물의 관계인은 제1항에 따라 소방시설을 설치·관리하는 경우 화재 시 소방시설의 기능과 성능에 지장을 줄 수 있는 폐쇄(잠금을 포함한다. 이하 같다)·차단 등의 행위를 하여서

는 아니 된다. 다만, 소방시설의 점검 · 정비를 위하여 필요한 경우 폐쇄 · 차단은 할 수 있다.

④ 소방청장은 제3항 단서에 따라 특정소방대상물의 관계인이 소방시설의 점검·정비를 위하여 폐쇄·차단을 하는 경우 안전을 확보하기 위하여 필요한 행동요령에 관한 지침을 마련하여 고시하여야 한다.

⑤ 소방청장, 소방본부장 또는 소방서장은 제1항에 따른 소방시설의 작동정보 등을 실시간으로 수집·분석할 수 있는 시스템(이하"소방시설정보관리시스템"이라 한다)을 구축·운영할 수 있다.

⑥ 소방청장, 소방본부장 또는 소방서장은 제5항에 따른 작동정보를 해당 특정소방대상물의 관계인에게 통보하여야 한다.

⑦ 소방시설정보관리시스템 구축·운영의 대상은「화재의 예방 및 안전관리에 관한 법률」제24조제1항 전단에 따른 소방안전관리대상물 중 소방안전관리의 취약성 등을 고려하여 대통령령으로 정하고, 그 밖에 운영방법 및 통보 절차 등에 필요한 사항은 행정안전부령으로 정한다.

영 제11조(특정소방대상물에 설치 · 관리해야 하는 소방시설)

① 법 제12조제1항 전단에 따라 특정소방대상물의 관계인이 특정소방대상물에 설치 · 관리해야 하는 소방시설의 종류는 별표 4와 같다.

② 법 제12조제1항 후단에 따라「장애인 · 노인 · 임산부 등의 편의증진 보장에 관한 법률」제2조제1호에 따른 장애인등이 사용하는 소방시설은 별표 4 제2호 및 제3호에 따라 장애인등에 적합하게 설치 · 관리해야 한다.

영 제12조(소방시설정보관리시스템 구축 · 운영 대상 등)

① 소방청장, 소방본부장 또는 소방서장이 법 제12조제5항에 따라 소방시설의 작동정보 등을 실시간으로 수집 · 분석할 수 있는 시스템(이하 "소방시설정보관리시스템"이라 한다)을 구축 · 운영하는 경우 그 구축 · 운영의 대상은「화재의 예방 및 안전관리에 관한 법률」제24조제1항 전단에 따른 소방안전관리대상물 중 다음 각 호의 특정소방대상물로 한다.

1. 문화 및 집회시설　　2. 종교시설　　3. 판매시설
4. 의료시설　　5. 노유자 시설　　6. 숙박이 가능한 수련시설
7. 업무시설　　8. 숙박시설　　9. 공장
10. 창고시설　　11. 위험물 저장 및 처리 시설
12. 지하상가　　12의2 터널　　13. 지하구. 〈24.12.31, 개정〉
14. 그 밖에 소방청장, 소방본부장 또는 소방서장이 소방안전관리의 취약성과 화재위험성을 고려하여 필요하다고 인정하는 특정소방대상물

② 제1항 각 호에 따른 특정소방대상물의 관계인은 소방청장, 소방본부장 또는 소방서장이 법 제12조제5항에 따라 소방시설정보관리시스템을 구축 · 운영하려는 경우 특별한 사정이 없으면 이에 협조해야 한다.

칙 제15조(소방시설정보관리시스템 운영방법 및 통보 절차 등)

① 소방청장, 소방본부장 또는 소방서장은 법 제12조제4항에 따른 소방시설의 작동정보 등을 실시간으로 수집 · 분석할 수 있는 시스템(이하 "소방시설정보관리시스템"이라 한다)으로 수집되는 소방시설의 작동정보 등을 분석하여 해당 특정소방대상물의 관계인에게 해당 소방시설

의 정상적인 작동에 필요한 사항과 관리 방법 등 개선사항에 관한 정보를 제공할 수 있다.

② 소방청장, 소방본부장 또는 소방서장은 소방시설정보관리시스템을 통하여 소방시설의 고장 등 비정상적인 작동정보를 수집한 경우에는 해당 특정소방대상물의 관계인에게 그 사실을 알려주어야 한다.

③ 소방청장, 소방본부장 또는 소방서장은 소방시설정보관리시스템의 체계적·효율적·전문적인 운영을 위해 전담인력을 둘 수 있다.

④ 제1항부터 제3항까지에서 규정한 사항 외에 소방시설정보관리시스템의 운영방법 및 통보 절차 등에 관하여 필요한 세부 사항은 소방청장이 정한다.

칙 제16조(소방시설을 설치해야 하는 터널)

① 영 별표 4 제1호다목4)나)에서 "행정안전부령으로 정하는 터널"이란 「도로의 구조·시설 기준에 관한 규칙」 제48조에 따라 국토교통부장관이 정하는 도로의 구조 및 시설에 관한 세부 기준에 따라 옥내소화전설비를 설치해야 하는 터널을 말한다.

② 영 별표 4 제1호바목7) 전단에서 "행정안전부령으로 정하는 터널"이란 「도로의 구조·시설 기준에 관한 규칙」 제48조에 따라 국토교통부장관이 정하는 도로의 구조 및 시설에 관한 세부 기준에 따라 물분무소화설비를 설치해야 하는 터널을 말한다.

③ 영 별표 4 제5호가목6)에서 "행정안전부령으로 정하는 터널"이란 「도로의 구조·시설 기준에 관한 규칙」 제48조에 따라 국토교통부장관이 정하는 도로의 구조 및 시설에 관한 세부 기준에 따라 제연설비를 설치해야 하는 터널을 말한다.

칙 제17조(연소 우려가 있는 건축물의 구조)

영 별표 4 제1호사목1) 후단에서 "행정안전부령으로 정하는 연소(延燒) 우려가 있는 구조"란 다음 각 호의 기준에 모두 해당하는 구조를 말한다.

1. 건축물대장의 건축물 현황도에 표시된 대지경계선 안에 둘 이상의 건축물이 있는 경우
2. 각각의 건축물이 다른 건축물의 외벽으로부터 수평거리가 1층의 경우에는 6미터 이하, 2층 이상의 층의 경우에는 10미터 이하인 경우
3. 개구부(영 제2조제1호 각 목 외의 부분에 따른 개구부를 말한다)가 다른 건축물을 향하여 설치되어 있는 경우

제13조(소방시설기준 적용의 특례)

① 소방본부장이나 소방서장은 제12조제1항 전단에 따른 대통령령 또는 화재안전기준이 변경되어 그 기준이 강화되는 경우 기존의 특정소방대상물(건축물의 신축·개축·재축·이전 및 대수선 중인 특정소방대상물을 포함한다)의 소방시설에 대하여는 변경 전의 대통령령 또는 화재안전기준을 적용한다. 다만, 다음 각 호의 어느 하나에 해당하는 소방시설의 경우에는 대통령령 또는 화재안전기준의 변경으로 강화된 기준을 적용할 수 있다.

1. 다음 각 목의 소방시설 중 대통령령 또는 화재안전기준으로 정하는 것

가. 소화기구　　나. 비상경보설비　　다. 자동화재탐지설비
라. 자동화재속보설비　　마. 피난구조설비

2. 다음 각 목의 특정소방대상물에 설치하는 소방시설 중 대통령령 또는 화재안전기준으로 정하는 것
   가. 「국토의 계획 및 이용에 관한 법률」 제2조제9호에 따른 공동구
   나. 전력 및 통신사업용 지하구 다. 노유자(老幼者) 시설 라. 의료시설

② 소방본부장이나 소방서장은 특정소방대상물에 설치하여야 하는 소방시설 가운데 기능과 성능이 유사한 스프링클러설비, 물분무등소화설비, 비상경보설비 및 비상방송설비 등의 소방시설의 경우에는 대통령령으로 정하는 바에 따라 유사한 소방시설의 설치를 면제할 수 있다.

③ 소방본부장이나 소방서장은 기존의 특정소방대상물이 증축되거나 용도변경되는 경우에는 대통령령으로 정하는 바에 따라 증축 또는 용도변경 당시의 소방시설의 설치에 관한 대통령령 또는 화재안전기준을 적용한다.

④ 다음 각 호의 어느 하나에 해당하는 특정소방대상물 가운데 대통령령으로 정하는 특정소방대상물에는 제12조제1항 전단에도 불구하고 대통령령으로 정하는 소방시설을 설치하지 아니할 수 있다.
1. 화재 위험도가 낮은 특정소방대상물
2. 화재안전기준을 적용하기 어려운 특정소방대상물
3. 화재안전기준을 다르게 적용하여야 하는 특수한 용도 또는 구조를 가진 특정소방대상물
4. 「위험물안전관리법」 제19조에 따른 자체소방대가 설치된 특정소방대상물

⑤ 제4항 각 호의 어느 하나에 해당하는 특정소방대상물에 구조 및 원리 등에서 공법이 특수한 설계로 인정된 소방시설을 설치하는 경우에는 제18조제1항에 따른 중앙소방기술심의위원회의 심의를 거쳐 제12조제1항 전단에 따른 화재안전기준을 적용하지 아니할 수 있다.

영 제13조(강화된 소방시설기준의 적용대상)

법 제13조제1항제2호 각 목 외의 부분에서 "대통령령으로 정하는 것"이란 다음 각 호의 소방시설을 말한다.
1. 「국토의 계획 및 이용에 관한 법률」 제2조제9호에 따른 공동구에 설치하는 소화기, 자동소화장치, 자동화재탐지설비, 통합감시시설, 유도등 및 연소방지설비
2. 전력 및 통신사업용 지하구에 설치하는 소화기, 자동소화장치, 자동화재탐지설비, 통합감시시설, 유도등 및 연소방지설비
3. 노유자 시설에 설치하는 간이스프링클러설비, 자동화재탐지설비 및 단독경보형 감지기
4. 의료시설에 설치하는 스프링클러설비, 간이스프링클러설비, 자동화재탐지설비 및 자동화재속보설비

영 제14조(유사한 소방시설의 설치 면제의 기준)

법 제13조제2항에 따라 소방본부장 또는 소방서장은 특정소방대상물에 설치해야 하는 소방시설 가운데 기능과 성능이 유사한 소방시설의 설치를 면제하려는 경우에는 별표 5의 기준에 따른다.

영 제15조(특정소방대상물의 증축 또는 용도변경 시의 소방시설기준 적용의 특례)

① 법 제13조제3항에 따라 소방본부장 또는 소방서장은 특정소방대상물이 증축되는 경우에는 기존 부분을 포함한 특정소방대상물의 전체에 대하여 증축 당시의 소방시설의 설치에 관한 대통령령 또는 화재안전기준을 적용해야 한다. 다만, 다음 각 호의 어느 하나에 해당하는 경우에는 기존 부분에 대해서는 증축 당시의 소방시설의 설치에 관한 대통령령 또는 화재

안전기준을 적용하지 않는다.

1. 기존 부분과 증축 부분이 내화구조(耐火構造)로 된 바닥과 벽으로 구획된 경우
2. 기존 부분과 증축 부분이 다음 각 목의 어느 하나에 해당하는 구조물로 구획되어 있는 경우
   가.「건축법 시행령」 제46조제1항제2호에 따른 자동방화셔터(이하"자동방화셔터"라 함)
   나.「건축법 시행령」 제64조제1항제1호에 따른 60분+ 방화문(이하 "60분+ 방화문"이라 한다) 또는 같은 항 제2호에 따른 60분 방화문(이하"60분 방화문"이라 한다)
3. 자동차 생산공장 등 화재 위험이 낮은 특정소방대상물 내부에 연면적 33제곱미터 이하의 직원 휴게실을 증축하는 경우
4. 자동차 생산공장 등 화재 위험이 낮은 특정소방대상물에 캐노피(기둥으로 받치거나 매달아 놓은 덮개를 말하며, 3면 이상에 벽이 없는 구조의 것을 말한다)를 설치하는 경우

② 법 제13조제3항에 따라 소방본부장 또는 소방서장은 특정소방대상물이 용도변경되는 경우에는 용도변경되는 부분에 대해서만 용도변경 당시의 소방시설의 설치에 관한 대통령령 또는 화재안전기준을 적용한다. 다만, 다음 각 호의 어느 하나에 해당하는 경우에는 특정소방대상물 전체에 대하여 용도변경 전에 해당 특정소방대상물에 적용되던 소방시설의 설치에 관한 대통령령 또는 화재안전기준을 적용한다.

1. 특정소방대상물의 구조· 설비가 화재연소 확대 요인이 적어지거나 피난 또는 화재진압 활동이 쉬워지도록 변경되는 경우
2. 용도변경으로 인하여 천장·바닥·벽 등에 고정되어 있는 가연성 물질의 양이 줄어드는 경우

영 제16조(소방시설을 설치하지 않을 수 있는 특정소방대상물의 범위)

법 제13조제4항에 따라 소방시설을 설치하지 않을 수 있는 특정소방대상물 및 소방시설의 범위는 별표 6과 같다.

제14조(특정소방대상물별로 설치하여야 하는 소방시설의 정비 등)

① 제12조제1항에 따라 대통령령으로 소방시설을 정할 때에는 특정소방대상물의 규모 · 용도 · 수용인원 및 이용자 특성 등을 고려하여야 한다.

② 소방청장은 건축 환경 및 화재위험특성 변화사항을 효과적으로 반영할 수 있도록 제1항에 따른 소방시설 규정을 3년에 1회 이상 정비하여야 한다.

③ 소방청장은 건축 환경 및 화재위험특성 변화 추세를 체계적으로 연구하여 제2항에 따른 정비를 위한 개선방안을 마련하여야 한다.

④ 제3항에 따른 연구의 수행 등에 필요한 사항은 행정안전부령으로 정한다.

영 제17조(특정소방대상물의 수용인원 산정)

법 제14조제1항에 따른 특정소방대상물의 수용인원은 별표 7에 따라 산정한다.

칙 제18조(소방시설 규정의 정비)

소방청장은 법 제14조제3항에 따라 다음 각 호의 연구과제에 대하여 건축 환경 및 화재위험 변화 추세를 체계적으로 연구하여 소방시설 규정의 정비를 위한 개선방안을 마련해야 한다.

1. 공모과제 : 공모에 의하여 심의· 선정된 과제
2. 지정과제 : 소방청장이 필요하다고 인정하여 발굴· 기획하고, 주관 연구기관 및 주관 연구책임자를 지정하는 과제

제15조(건설현장의 임시소방시설 설치 및 관리)

① 「건설산업기본법」 제2조제4호에 따른 건설공사를 하는 자(이하 "공사시공자"라 한다)는 특정소방대상물의 신축·증축·개축·재축·이전·용도변경·대수선 또는 설비 설치 등을 위한 공사 현장에서 인화성(引火性) 물품을 취급하는 작업 등 대통령령으로 정하는 작업(이하 "화재위험작업"이라 한다)을 하기 전에 설치 및 철거가 쉬운 화재대비시설(이하 "임시소방시설"이라 한다)을 설치하고 관리하여야 한다.

② 제1항에도 불구하고 소방시설공사업자가 화재위험작업 현장에 소방시설 중 임시소방시설과 기능 및 성능이 유사한 것으로서 대통령령으로 정하는 소방시설을 화재안전기준에 맞게 설치 및 관리하고 있는 경우에는 공사시공자가 임시소방시설을 설치하고 관리한 것으로 본다.

③ 소방본부장 또는 소방서장은 제1항이나 제2항에 따라 임시소방시설 또는 소방시설이 설치 및 관리되지 아니할 때에는 해당 공사시공자에게 필요한 조치를 명할 수 있다.

④ 제1항에 따라 임시소방시설을 설치하여야 하는 공사의 종류와 규모, 임시소방시설의 종류 등에 필요한 사항은 대통령령으로 정하고, 임시소방시설의 설치 및 관리 기준은 소방청장이 정하여 고시한다.

영 제18조(화재위험작업 및 임시소방시설 등)

① 법 제15조제1항에서"인화성(引火性) 물품을 취급하는 작업 등 대통령령으로 정하는 작업"이란 다음 각 호의 어느 하나에 해당하는 작업을 말한다.

1. 인화성· 가연성· 폭발성 물질을 취급하거나 가연성 가스를 발생시키는 작업
2. 용접· 용단(금속· 유리· 플라스틱 따위를 녹여서 절단하는 일을 말한다) 등 불꽃을 발생시키거나 화기(火氣)를 취급하는 작업
3. 전열기구, 가열전선 등 열을 발생시키는 기구를 취급하는 작업
4. 알루미늄, 마그네슘 등을 취급하여 폭발성 부유분진(공기 중에 떠다니는 미세한 입자를 말한다)을 발생시킬 수 있는 작업
5. 그 밖에 제1호부터 제4호까지와 비슷한 작업으로 소방청장이 정하여 고시하는 작업

② 법 제15조제1항에 따른 임시소방시설(이하"임시소방시설"이라 한다)의 종류와 임시소방시설을 설치해야 하는 공사의 종류 및 규모는 별표 8 제1호 및 제2호와 같다.

③ 법 제15조제2항에 따른 임시소방시설과 기능 및 성능이 유사한 소방시설은 별표 8 제3호와 같다.

제16조(피난시설, 방화구획 및 방화시설의 관리)

① 특정소방대상물의 관계인은 「건축법」 제49조에 따른 피난시설, 방화구획 및 방화시설에 대하여 정당한 사유가 없는 한 다음 각 호의 행위를 하여서는 아니 된다.

1. 피난시설, 방화구획 및 방화시설을 폐쇄하거나 훼손하는 등의 행위

2. 피난시설, 방화구획 및 방화시설의 주위에 물건을 쌓아두거나 장애물을 설치하는 행위
3. 피난시설, 방화구획 및 방화시설의 용도에 장애를 주거나 「소방기본법」 제16조에 따른 소방활동에 지장을 주는 행위
4. 그 밖에 피난시설, 방화구획 및 방화시설을 변경하는 행위

② 소방본부장이나 소방서장은 특정소방대상물의 관계인이 제1항 각 호의 어느 하나에 해당하는 행위를 한 경우에는 피난시설, 방화구획 및 방화시설의 관리를 위하여 필요한 조치를 명할 수 있다.

제17조(소방용품의 내용연수 등)

① 특정소방대상물의 관계인은 내용연수가 경과한 소방용품을 교체하여야 한다. 이 경우 내용연수를 설정하여야 하는 소방용품의 종류 및 그 내용연수 연한에 필요한 사항은 대통령령으로 정한다.

② 제1항에도 불구하고 행정안전부령으로 정하는 절차 및 방법 등에 따라 소방용품의 성능을 확인받은 경우에는 그 사용기한을 연장할 수 있다.

영 제19조(내용연수 설정대상 소방용품)

① 법 제17조제1항 후단에 따라 내용연수를 설정해야 하는 소방용품은 분말형태의 소화약제를 사용하는 소화기로 한다. / ② 제1항에 따른 소방용품의 내용연수는 10년으로 한다.

제18조(소방기술심의위원회)

① 다음 각 호의 사항을 심의하기 위하여 소방청에 중앙소방기술심의위원회(이하 "중앙위원회"라 한다)를 둔다.
1. 화재안전기준에 관한 사항
2. 소방시설의 구조 및 원리 등에서 공법이 특수한 설계 및 시공에 관한 사항
3. 소방시설의 설계 및 공사감리의 방법에 관한 사항
4. 소방시설공사의 하자를 판단하는 기준에 관한 사항
5. 제8조제5항 단서에 따라 신기술· 신공법 등 검토· 평가에 고도의 기술이 필요한 경우로서 중앙위원회에 심의를 요청한 사항
6. 그 밖에 소방기술 등에 관하여 대통령령으로 정하는 사항

② 다음 각 호의 사항을 심의하기 위하여 시 · 도에 지방소방기술심의위원회(이하 "지방위원회"라 한다)를 둔다.
1. 소방시설에 하자가 있는지의 판단에 관한 사항
2. 그 밖에 소방기술 등에 관하여 대통령령으로 정하는 사항

③ 중앙위원회 및 지방위원회의 구성 · 운영 등에 필요한 사항은 대통령령으로 정한다.

영 제20조(소방기술심의위원회의 심의사항)

① 법 제18조제1항제6호에서 "대통령령으로 정하는 사항"이란 다음 각 호의 사항을 말한다.
1. 연면적 10만제곱미터 이상의 특정소방대상물에 설치된 소방시설의 설계 · 시공 · 감리의 하자 유무에 관한 사항

2. 새로운 소방시설과 소방용품 등의 도입 여부에 관한 사항
3. 그 밖에 소방기술과 관련하여 소방청장이 소방기술심의위원회의 심의에 부치는 사항

② 법 제18조제2항제2호에서 "대통령령으로 정하는 사항"이란 다음 각 호의 사항을 말한다.
1. 연면적 10만제곱미터 미만의 특정소방대상물에 설치된 소방시설의 설계 · 시공 · 감리의 하자 유무에 관한 사항
2. 소방본부장 또는 소방서장이 「위험물안전관리법」 제2조제1항제6호에 따른 제조소등(이하 "제조소등"이라 한다)의 시설기준 또는 화재안전기준의 적용에 관하여 기술검토를 요청하는 사항
3. 그 밖에 소방기술과 관련하여 특별시장 · 광역시장 · 특별자치시장 · 도지사 또는 특별자치도지사(이하 "시 · 도지사"라 한다)가 소방기술심의위원회의 심의에 부치는 사항

영 제21조(소방기술심의위원회의 구성 등)

① 법 제18조제1항에 따른 중앙소방기술심의위원회(이하 "중앙위원회"라 한다)는 위원장을 포함하여 60명 이내의 위원으로 성별을 고려하여 구성한다.

② 법 제18조제2항에 따른 지방소방기술심의위원회(이하 "지방위원회"라 한다)는 위원장을 포함하여 5명 이상 9명 이하의 위원으로 구성한다.

③ 중앙위원회의 회의는 위원장과 위원장이 회의마다 지정하는 6명 이상 12명 이하의 위원으로 구성한다.

④ 중앙위원회는 분야별 소위원회를 구성 · 운영할 수 있다.

영 제22조(위원의 임명 · 위촉)

① 중앙위원회의 위원은 과장급 직위 이상의 소방공무원과 다음 각 호의 어느 하나에 해당하는 사람 중에서 소방청장이 임명하거나 성별을 고려하여 위촉한다.
1. 소방기술사
2. 석사 이상의 소방 관련 학위를 소지한 사람
3. 소방시설관리사
4. 소방 관련 법인 · 단체에서 소방 관련 업무에 5년 이상 종사한 사람
5. 소방공무원 교육기관, 대학교 또는 연구소에서 소방과 관련된 교육이나 연구에 5년 이상 종사한 사람

② 지방위원회의 위원은 해당 시 · 도 소속 소방공무원과 제1항 각 호의 어느 하나에 해당하는 사람 중에서 시 · 도지사가 임명하거나 성별을 고려하여 위촉한다.

③ 중앙위원회의 위원장은 소방청장이 해당 위원 중에서 위촉하고, 지방위원회의 위원장은 시 · 도지사가 해당 위원 중에서 위촉한다.

④ 중앙위원회 및 지방위원회의 위원 중 위촉위원의 임기는 2년으로 하되, 한 차례만 연임할 수 있다.

영 제23조(위원장 및 위원의 직무)

① 중앙위원회 및 지방위원회(이하 "위원회"라 한다)의 각 위원장(이하 "위원장"이라 한다)은 각각 위원회의 회의를 소집하고 그 의장이 된다.

② 위원장이 부득이한 사유로 직무를 수행할 수 없을 때에는 위원장이 지정한 위원이 그 직무를 대리한다.

영 제24조(위원의 제척 · 기피 · 회피)

① 위원회의 위원(이하 "위원"이라 한다)이 다음 각 호의 어느 하나에 해당하는 경우에는 위원회의 심의·의결에서 제척(除斥)된다.

1. 위원 또는 그 배우자나 배우자였던 사람이 해당 안건의 당사자(당사자가 법인·단체 등인 경우에는 그 임원을 포함한다. 이하 이 호 및 제2호에서 같다)가 되거나 그 안건의 당사자와 공동권리자 또는 공동의무자인 경우
2. 위원이 해당 안건의 당사자와 친족인 경우
3. 위원이 해당 안건에 관하여 증언, 진술, 자문, 연구, 용역 또는 감정을 한 경우
4. 위원이나 위원이 속한 법인·단체 등이 해당 안건의 당사자의 대리인이거나 대리인이었던 경우

② 당사자는 제1항에 따른 제척사유가 있거나 위원에게 공정한 심의·의결을 기대하기 어려운 사정이 있는 경우에는 위원회에 기피신청을 할 수 있고, 위원회는 의결로 기피 여부를 결정한다. 이 경우 기피신청의 대상인 위원은 그 의결에 참여하지 못한다.

③ 위원이 제1항 또는 제2항의 사유에 해당하는 경우에는 스스로 해당 안건의 심의·의결에서 회피(回避)해야 한다.

영 제25조(위원의 해임 · 해촉)

소방청장 또는 시·도지사는 위원이 다음 각 호의 어느 하나에 해당하는 경우에는 해당 위원을 해임하거나 해촉(解囑)할 수 있다.

1. 심신장애로 직무를 수행할 수 없게 된 경우
2. 직무와 관련된 비위사실이 있는 경우
3. 직무태만, 품위손상이나 그 밖의 사유로 위원으로 적합하지 않다고 인정되는 경우
4. 제24조제1항 각 호의 어느 하나에 해당하는 데도 불구하고 회피하지 않은 경우
5. 위원 스스로 직무를 수행하기 어렵다는 의사를 밝히는 경우

영 제26조(시설 등의 확인 및 의견청취)

소방청장 또는 시·도지사는 위원회의 원활한 운영을 위하여 필요하다고 인정하는 경우 위원회 위원으로 하여금 관련 시설 등을 확인하게 하거나 해당 분야의 전문가 또는 이해관계자 등으로부터 의견을 청취하게 할 수 있다.

영 제27조(위원의 수당)

위원회의 위원에게는 예산의 범위에서 수당, 여비, 그 밖에 필요한 경비를 지급할 수 있다. 다만, 공무원이 그 소관 업무와 직접 관련하여 출석하는 경우에는 그렇지 않다.

영 제28조(운영세칙)

이 영에서 정한 것 외에 위원회의 운영에 필요한 사항은 소방청장 또는 시·도지사가 정한다.

제19조(화재안전기준의 관리 · 운영)

소방청장은 화재안전기준을 효율적으로 관리·운영하기 위하여 다음 각 호의 업무를 수행하여야 한다.

1. 화재안전기준의 제정·개정 및 운영
2. 화재안전기준의 연구·개발 및 보급

3. 화재안전기준의 검증 및 평가
4. 화재안전기준의 정보체계 구축
5. 화재안전기준에 대한 교육 및 홍보
6. 국외 화재안전기준의 제도·정책 동향 조사·분석
7. 화재안전기준 발전을 위한 국제협력
8. 그 밖에 화재안전기준 발전을 위하여 대통령령으로 정하는 사항

영 제29조(화재안전기준의 관리·운영)

법 제19조제8호에서 "대통령령으로 정하는 사항"이란 다음 각 호의 사항을 말한다.

1. 화재안전기준에 대한 자문
2. 화재안전기준에 대한 해설서 제작 및 보급
3. 화재안전에 관한 국외 신기술·신제품의 조사·분석
4. 그 밖에 화재안전기준의 발전을 위하여 소방청장이 필요하다고 인정하는 사항

제3절 방염

제20조(특정소방대상물의 방염 등)

① 대통령령으로 정하는 특정소방대상물에 실내장식 등의 목적으로 설치 또는 부착하는 물품으로서 대통령령으로 정하는 물품(이하 "방염대상물품"이라 한다)은 방염성능기준 이상의 것으로 설치하여야 한다.

② 소방본부장 또는 소방서장은 방염대상물품이 제1항에 따른 방염성능기준에 미치지 못하거나 제21조제1항에 따른 방염성능검사를 받지 아니한 것이면 특정소방대상물의 관계인에게 방염대상물품을 제거하도록 하거나 방염성능검사를 받도록 하는 등 필요한 조치를 명할 수 있다.

③ 제1항에 따른 방염성능기준은 대통령령으로 정한다.

영 제30조(방염성능기준 이상의 실내장식물 등을 설치해야 하는 특정소방대상물)

법 제20조제1항에서 "대통령령으로 정하는 특정소방대상물"이란 다음 각 호의 것을 말한다.

1. 근린생활시설 중 의원, 치과의원, 한의원, 조산원, 산후조리원, 체력단련장, 공연장 및 종교집회장 〈24.12.31 개정〉
2. 건축물의 옥내에 있는 다음 각 목의 시설
   가. 문화 및 집회시설
   나. 종교시설
   다. 운동시설(수영장은 제외한다)
3. 의료시설
4. 교육연구시설 중 합숙소
5. 노유자 시설
6. 숙박이 가능한 수련시설
7. 숙박시설
8. 방송통신시설 중 방송국 및 촬영소
9. 「다중이용업소의 안전관리에 관한 특별법」 제2조제1항제1호에 따른 다중이용업의 영업소(이하 "다중이용업소"라 한다)
10. 제1호부터 제9호까지의 시설에 해당하지 않는 것으로서 층수가 11층 이상인 것(아파트등은 제외한다)

영 제31조(방염대상물품 및 방염성능기준)

① 법 제20조제1항에서 "대통령령으로 정하는 물품"이란 다음 각 호의 것을 말한다.

1. 제조 또는 가공 공정에서 방염처리를 한 다음 각 목의 물품
   가. 창문에 설치하는 커튼류(블라인드를 포함한다)

나. 카펫 다. 벽지류(두께가 2밀리미터 미만인 종이벽지는 제외한다)

라. 전시용 합판· 목재 또는 섬유판, 무대용 합판· 목재 또는 섬유판(합판· 목재류의 경우 불가피하게 설치 현장에서 방염처리한 것을 포함한다)

마. 암막· 무대막(「영화 및 비디오물의 진흥에 관한 법률」 제2조제10호에 따른 영화상영관에 설치하는 스크린과 「다중이용업소의 안전관리에 관한 특별법 시행령」 제2조제7호의4에 따른 가상체험 체육시설업에 설치하는 스크린을 포함한다)

바. 섬유류 또는 합성수지류 등을 원료로 하여 제작된 소파· 의자(「다중이용업소의 안전관리에 관한 특별법 시행령」 제2조제1호나목 및 같은 조 제6호에 따른 단란주점영업, 유흥주점영업 및 노래연습장업의 영업장에 설치하는 것으로 한정한다)

2. 건축물 내부의 천장이나 벽에 부착하거나 설치하는 다음 각 목의 것. 다만, 가구류(옷장, 찬장, 식탁, 식탁용 의자, 사무용 책상, 사무용 의자, 계산대, 그 밖에 이와 비슷한 것을 말한다. 이하 이 조에서 같다)와 너비 10센티미터 이하인 반자돌림대 등과 「건축법」 제52조에 따른 내부 마감재료는 제외한다.

가. 종이류(두께 2밀리미터 이상인 것을 말한다)· 합성수지류 또는 섬유류를 주원료로 한 물품

나. 합판이나 목재

다. 공간을 구획하기 위하여 설치하는 간이 칸막이(접이식 등 이동 가능한 벽체나 천장 또는 반자가 실내에 접하는 부분까지 구획하지 않는 벽체를 말한다)

라. 흡음(吸音)을 위하여 설치하는 흡음재(흡음용 커튼을 포함한다)

마. 방음(防音)을 위하여 설치하는 방음재(방음용 커튼을 포함한다)

② 법 제20조제3항에 따른 방염성능기준은 다음 각 호의 기준에 따르되, 제1항에 따른 방염대상물품의 종류에 따른 구체적인 방염성능기준은 다음 각 호의 기준의 범위에서 소방청장이 정하여 고시하는 바에 따른다.

1. 버너의 불꽃을 제거한 때부터 불꽃을 올리며 연소하는 상태가 그칠 때까지 시간은 20초 이내일 것
2. 버너의 불꽃을 제거한 때부터 불꽃을 올리지 않고 연소하는 상태가 그칠 때까지 시간은 30초 이내일 것
3. 탄화(炭化)한 면적은 50제곱센티미터 이내, 탄화한 길이는 20센티미터 이내일 것
4. 불꽃에 의하여 완전히 녹을 때까지 불꽃의 접촉 횟수는 3회 이상일 것
5. 소방청장이 정하여 고시한 방법으로 발연량(發煙量)을 측정하는 경우 최대연기밀도는 400 이하일 것

③ 소방본부장 또는 소방서장은 제1항에 따른 방염대상물품 외에 다음 각 호의 물품은 방염처리된 물품을 사용하도록 권장할 수 있다.

1. 다중이용업소, 의료시설, 노유자 시설, 숙박시설 또는 장례식장에서 사용하는 침구류· 소파 및 의자
2. 건축물 내부의 천장 또는 벽에 부착하거나 설치하는 가구류

제21조(방염성능의 검사)

① 제20조제1항에 따른 특정소방대상물에 사용하는 방염대상물품은 소방청장이 실시하는 방염성능검사를 받은 것이어야 한다. 다만, 대통령령으로 정하는 방염대상물품의 경우에는 특별시장·광역시장·특별자치시장·도지사 또는 특별자치도지사(이하 "시·도지사"라 한다)가 실시하는 방염성능검사를 받은 것이어야 한다.

② 「소방시설공사업법」 제4조에 따라 방염처리업의 등록을 한 자는 제1항에 따른 방염성능검사를 할 때에 거짓 시료(試料)를 제출하여서는 아니 된다.

③ 제1항에 따른 방염성능검사의 방법과 검사 결과에 따른 합격 표시 등에 필요한 사항은 행정안전부령으로 정한다.

영 제32조(시·도지사가 실시하는 방염성능검사)

법 제21조제1항 단서에서 "대통령령으로 정하는 방염대상물품"이란 다음 각 호의 것을 말한다.

1. 제31조제1항제1호라목의 전시용 합판·목재 또는 무대용 합판·목재 중 설치 현장에서 방염처리를 하는 합판·목재류
2. 제31조제1항제2호에 따른 방염대상물품 중 설치 현장에서 방염처리를 하는 합판·목재류

제3장 소방시설등의 자체점검

제22조(소방시설등의 자체점검)

① 특정소방대상물의 관계인은 그 대상물에 설치되어 있는 소방시설등이 이 법이나 이 법에 따른 명령 등에 적합하게 설치·관리되고 있는지에 대하여 다음 각 호의 구분에 따른 기간 내에 스스로 점검하거나 제34조에 따른 점검능력 평가를 받은 관리업자 또는 행정안전부령으로 정하는 기술자격자(이하 "관리업자등"이라 한다)로 하여금 정기적으로 점검(이하 "자체점검"이라 한다)하게 하여야 한다. 이 경우 관리업자등이 점검한 경우에는 그 점검 결과를 행정안전부령으로 정하는 바에 따라 관계인에게 제출하여야 한다.

1. 해당 특정소방대상물의 소방시설등이 신설된 경우: 「건축법」 제22조에 따라 건축물을 사용할 수 있게 된 날부터 60일
2. 제1호 외의 경우: 행정안전부령으로 정하는 기간

② 자체점검의 구분 및 대상, 점검인력의 배치기준, 점검자의 자격, 점검 장비, 점검 방법 및 횟수 등 자체점검 시 준수하여야 할 사항은 행정안전부령으로 정한다.

③ 제1항에 따라 관리업자등으로 하여금 자체점검하게 하는 경우의 점검 대가는 「엔지니어링산업 진흥법」 제31조에 따른 엔지니어링사업의 대가 기준 가운데 행정안전부령으로 정하는 방식에 따라 산정한다.

④ 제3항에도 불구하고 소방청장은 소방시설등 자체점검에 대한 품질확보를 위하여 필요하다고 인정하는 경우에는 특정소방대상물의 규모, 소방시설등의 종류 및 점검인력 등에 따라 관계인이 부담하여야 할 자체점검 비용의 표준이 될 금액(이하 "표준자체점검비"라 한다)을 정하여 공표하거나 관리업자등에게 이를 소방시설등 자체점검에 관한 표준가격으로 활용하도록 권고할 수 있다.

⑤ 표준자체점검비의 공표 방법 등에 관하여 필요한 사항은 소방청장이 정하여 고시한다.

⑥ 관계인은 천재지변이나 그 밖에 대통령령으로 정하는 사유로 자체점검을 실시하기 곤란한 경우에는 대통령령으로 정하는 바에 따라 소방본부장 또는 소방서장에게 면제 또는 연기 신청을 할 수 있다. 이 경우 소방본부장 또는 소방서장은 그 면제 또는 연기 신청 승인 여부를 결정하고 그 결과를 관계인에게 알려주어야 한다.

영 제33조(소방시설등의 자체점검 면제 또는 연기)

① 법 제22조제6항 전단에서 "대통령령으로 정하는 사유"란 다음 각 호의 어느 하나에 해당하는 사유를 말한다.

1. 「재난 및 안전관리 기본법」 제3조제1호에 해당하는 재난이 발생한 경우
2. 경매 등의 사유로 소유권이 변동 중이거나 변동된 경우
3. 관계인의 질병, 사고, 장기출장의 경우
4. 그 밖에 관계인이 운영하는 사업에 부도 또는 도산 등 중대한 위기가 발생하여 자체점검을 실시하기 곤란한 경우

② 법 제22조제1항에 따른 자체점검(이하 "자체점검"이라 한다)의 면제 또는 연기를 신청하려는 관계인은 행정안전부령으로 정하는 면제 또는 연기신청서에 면제 또는 연기의 사유 및 기간 등을 적어 소방본부장 또는 소방서장에게 제출해야 한다. 이 경우 제1항제1호에 해당하는 경우에만 면제를 신청할 수 있다.

③ 제2항에 따른 면제 또는 연기의 신청 및 신청서의 처리에 필요한 사항은 행정안전부령으로 정한다.

칙 제19조(기술자격자의 범위)

법 제22조제1항 각 호 외의 부분 전단에서 "행정안전부령으로 정하는 기술자격자"란 「화재의 예방 및 안전관리에 관한 법률」 제24조제1항 전단에 따라 소방안전관리자(이하 "소방안전관리자"라 한다)로 선임된 소방시설관리사 및 소방기술사를 말한다.

칙 제20조(소방시설등 자체점검의 구분 및 대상 등)

① 법 제22조제1항에 따른 자체점검(이하 "자체점검"이라 한다)의 구분 및 대상, 점검자의 자격, 점검 장비, 점검 방법 및 횟수 등 자체점검 시 준수해야 할 사항은 별표 3과 같고, 점검인력의 배치기준은 별표 4와 같다.

② 법 제29조에 따라 소방시설관리업을 등록한 자(이하 "관리업자"라 한다)는 제1항에 따라 자체점검을 실시하는 경우 점검 대상과 점검 인력 배치상황을 점검인력을 배치한 날 이후 자체점검이 끝난 날부터 5일 이내에 법 제50조제5항에 따라 관리업자에 대한 점검능력 평가 등에 관한 업무를 위탁받은 법인 또는 단체(이하 "평가기관"이라 한다)에 통보해야 한다.

③ 제1항의 자체점검 구분에 따른 점검사항, 소방시설등점검표, 점검인원 배치상황 통보 및 세부 점검방법 등 자체점검에 필요한 사항은 소방청장이 정하여 고시한다.

칙 제21조(소방시설등의 자체점검 대가)

법 제22조제3항에서 "행정안전부령으로 정하는 방식"이란「엔지니어링산업 진흥법」 제31조에 따라 산업통상부장관이 고시한 엔지니어링사업의 대가 기준 중 실비정액가산방식을 말한다.

칙 제22조(소방시설등의 자체점검 면제 또는 연기 등)

① 법 제22조제6항 및 영 제33조제2항에 따라 자체점검의 면제 또는 연기를 신청하려는 특정소방대상물의 관계인은 자체점검의 실시 만료일 3일 전까지 별지 제7호서식의 소방시설등의 자체점검 면제 또는 연기신청서(전자문서로 된 신청서를 포함한다)에 자체점검을 실시하기 곤란함을 증명할 수 있는 서류(전자문서를 포함한다)를 첨부하여 소방본부장 또는 소방서장에게 제출해야 한다.

② 제1항에 따른 자체점검의 면제 또는 연기 신청서를 제출받은 소방본부장 또는 소방서장은 면제 또는 연기의 신청을 받은 날부터 3일 이내에 자체점검의 면제 또는 연기 여부를 결정하여 별지 제8호서식의 자체점검 면제 또는 연기 신청 결과 통지서를 면제 또는 연기 신청을 한 자에게 통보해야 한다.

칙 제23조(소방시설등의 자체점검 결과의 조치 등)

① 관리업자 또는 소방안전관리자로 선임된 소방시설관리사 및 소방기술사(이하 "관리업자등"이라 한다)는 자체점검을 실시한 경우에는 법 제22조제1항 각 호 외의 부분 후단에 따라 그 점검이 끝난 날부터 10일 이내에 별지 제9호서식의 소방시설등 자체점검 실시결과 보고서(전자문서로 된 보고서를 포함한다)에 소방청장이 정하여 고시하는 소방시설등점검표를 첨부하여 관계인에게 제출해야 한다.

② 제1항에 따른 자체점검 실시결과 보고서를 제출받거나 스스로 자체점검을 실시한 관계인은 법 제23조제3항에 따라 자체점검이 끝난 날부터 15일 이내에 별지 제9호서식의 소방시설등 자체점검 실시결과 보고서(전자문서로 된 보고서를 포함한다)에 다음 각 호의 서류를 첨부하여 소방본부장 또는 소방서장에게 서면이나 소방청장이 지정하는 전산망을 통하여 보고해야 한다.

1. 점검인력 배치확인서(관리업자가 점검한 경우만 해당한다)
2. 별지 제10호서식의 소방시설등의 자체점검 결과 이행계획서

③ 제1항 및 제2항에 따른 자체점검 실시결과의 보고기간에는 공휴일 및 토요일은 산입하지 않는다.

④ 제2항에 따라 소방본부장 또는 소방서장에게 자체점검 실시결과 보고를 마친 관계인은 소방시설등 자체점검 실시결과 보고서(소방시설등점검표를 포함한다)를 점검이 끝난 날부터 2년간 자체 보관해야 한다.

⑤ 제2항에 따라 소방시설등의 자체점검 결과 이행계획서를 보고받은 소방본부장 또는 소방서장은 다음 각 호의 구분에 따라 이행계획의 완료 기간을 정하여 관계인에게 통보해야 한다. 다만, 소방시설등에 대한 수리·교체·정비의 규모 또는 절차가 복잡하여 다음 각 호의 기간 내에 이행을 완료하기가 어려운 경우에는 그 기간을 달리 정할 수 있다.

1. 소방시설등을 구성하고 있는 기계·기구를 수리하거나 정비하는 경우: 보고일부터 10일 이내
2. 소방시설등의 전부 또는 일부를 철거하고 새로 교체하는 경우: 보고일부터 20일 이내

⑥ 제5항에 따른 완료기간 내에 이행계획을 완료한 관계인은 이행을 완료한 날부터 10일 이내에 별지 제11호서식의 소방시설등의 자체점검 결과 이행완료 보고서(전자문서로 된 보고서

를 포함한다)에 다음 각 호의 서류(전자문서를 포함한다)를 첨부하여 소방본부장 또는 소방서장에게 보고해야 한다.

1. 이행계획 건별 전·후 사진 증명자료
2. 소방시설공사 계약서

제23조(소방시설등의 자체점검 결과의 조치 등)

① 특정소방대상물의 관계인은 제22조제1항에 따른 자체점검 결과 소화펌프 고장 등 대통령령으로 정하는 중대위반사항(이하 이 조에서 "중대위반사항"이라 한다)이 발견된 경우에는 지체 없이 수리 등 필요한 조치를 하여야 한다.

② 관리업자등은 자체점검 결과 중대위반사항을 발견한 경우 즉시 관계인에게 알려야 한다. 이 경우 관계인은 지체 없이 수리 등 필요한 조치를 하여야 한다.

③ 특정소방대상물의 관계인은 제22조제1항에 따라 자체점검을 한 경우에는 그 점검 결과를 행정안전부령으로 정하는 바에 따라 소방시설등에 대한 수리·교체·정비에 관한 이행계획(중대위반사항에 대한 조치사항을 포함한다. 이하 이 조에서 같다)을 첨부하여 소방본부장 또는 소방서장에게 보고하여야 한다. 이 경우 소방본부장 또는 소방서장은 점검 결과 및 이행계획이 적합하지 아니하다고 인정되는 경우에는 관계인에게 보완을 요구할 수 있다.

④ 특정소방대상물의 관계인은 제3항에 따른 이행계획을 행정안전부령으로 정하는 바에 따라 기간 내에 완료하고, 소방본부장 또는 소방서장에게 이행계획 완료 결과를 보고하여야 한다. 이 경우 소방본부장 또는 소방서장은 이행계획 완료 결과가 거짓 또는 허위로 작성되었다고 판단되는 경우에는 해당 특정소방대상물을 방문하여 그 이행계획 완료 여부를 확인할 수 있다.

⑤ 제4항에도 불구하고 특정소방대상물의 관계인은 천재지변이나 그 밖에 대통령령으로 정하는 사유로 제3항에 따른 이행계획을 완료하기 곤란한 경우에는 소방본부장 또는 소방서장에게 대통령령으로 정하는 바에 따라 이행계획 완료를 연기하여 줄 것을 신청할 수 있다. 이 경우 소방본부장 또는 소방서장은 연기 신청 승인 여부를 결정하고 그 결과를 관계인에게 알려주어야 한다.

⑥ 소방본부장 또는 소방서장은 관계인이 제4항에 따라 이행계획을 완료하지 아니한 경우에는 필요한 조치의 이행을 명할 수 있고, 관계인은 이에 따라야 한다.

영 제34조(소방시설등의 자체점검 결과의 조치 등)

법 제23조제1항에서 "소화펌프 고장 등 대통령령으로 정하는 중대위반사항"이란 다음 각 호의 어느 하나에 해당하는 경우를 말한다.

1. 소화펌프(가압송수장치를 포함한다. 이하 같다), 동력·감시 제어반 또는 소방시설용 전원(비상전원을 포함한다)의 고장으로 소방시설이 작동되지 않는 경우
2. 화재 수신기의 고장으로 화재경보음이 자동으로 울리지 않거나 화재 수신기와 연동된 소방시설의 작동이 불가능한 경우
3. 소화배관 등이 폐쇄·차단되어 소화수(消火水) 또는 소화약제가 자동 방출되지 않는 경우
4. 방화문 또는 자동방화셔터가 훼손되거나 철거되어 본래의 기능을 못하는 경우

영 제35조(자체점검 결과에 따른 이행계획 완료의 연기)

① 법 제23조제5항 전단에서 "대통령령으로 정하는 사유"란 다음 각 호의 어느 하나에 해당하

는 사유를 말한다.

1. 「재난 및 안전관리 기본법」 제3조제1호에 해당하는 재난이 발생한 경우
2. 경매 등의 사유로 소유권이 변동 중이거나 변동된 경우
3. 관계인의 질병, 사고, 장기출장 등의 경우
4. 그 밖에 관계인이 운영하는 사업에 부도 또는 도산 등 중대한 위기가 발생하여 이행계획을 완료하기 곤란한 경우

② 법 제23조제5항에 따라 이행계획 완료의 연기를 신청하려는 관계인은 행정안전부령으로 정하는 바에 따라 연기신청서에 연기의 사유 및 기간 등을 적어 소방본부장 또는 소방서장에게 제출해야 한다.

③ 제2항에 따른 연기의 신청 및 연기신청서의 처리에 필요한 사항은 행정안전부령으로 정한다.

영 제36조(자체점검 결과 공개)

① 소방본부장 또는 소방서장은 법 제24조제2항에 따라 자체점검 결과를 공개하는 경우 30일 이상 법 제48조에 따른 전산시스템 또는 인터넷 홈페이지 등을 통해 공개해야 한다.

② 소방본부장 또는 소방서장은 제1항에 따라 자체점검 결과를 공개하려는 경우 공개 기간, 공개 내용 및 공개 방법을 해당 특정소방대상물의 관계인에게 미리 알려야 한다.

③ 특정소방대상물의 관계인은 제2항에 따라 공개 내용 등을 통보받은 날부터 10일 이내에 관할 소방본부장 또는 소방서장에게 이의신청을 할 수 있다.

④ 소방본부장 또는 소방서장은 제3항에 따라 이의신청을 받은 날부터 10일 이내에 심사·결정하여 그 결과를 지체 없이 신청인에게 알려야 한다.

⑤ 자체점검 결과의 공개가 제3자의 법익을 침해하는 경우에는 제3자와 관련된 사실을 제외하고 공개해야 한다.

칙 제24조(이행계획 완료의 연기 신청 등)

① 법 제23조제5항 및 영 제35조제2항에 따라 이행계획 완료의 연기를 신청하려는 관계인은 제23조제5항에 따른 완료기간 만료일 3일 전까지 별지 제12호서식의 소방시설등의 자체점검 결과 이행계획 완료 연기신청서(전자문서로 된 신청서를 포함한다)에 기간 내에 이행계획을 완료하기 곤란함을 증명할 수 있는 서류(전자문서를 포함한다)를 첨부하여 소방본부장 또는 소방서장에게 제출해야 한다.

② 제1항에 따른 이행계획 완료의 연기 신청서를 제출받은 소방본부장 또는 소방서장은 연기신청을 받은 날부터 3일 이내에 제23조제5항에 따른 완료기간의 연기 여부를 결정하여 별지 제13호서식의 소방시설등의 자체점검 결과 이행계획 완료 연기신청 결과 통지서를 연기신청을 한 자에게 통보해야 한다.

제24조(점검기록표 게시 등)

① 제23조제3항에 따라 자체점검 결과 보고를 마친 관계인은 관리업자등, 점검일시, 점검자 등 자체점검과 관련된 사항을 점검기록표에 기록하여 특정소방대상물의 출입자가 쉽게 볼 수 있는 장소에 게시하여야 한다. 이 경우 점검기록표의 기록 등에 필요한 사항은 행정안전부령으로 정한다.

② 소방본부장 또는 소방서장은 다음 각 호의 사항을 제48조에 따른 전산시스템 또는 인터넷 홈페이지 등을 통하여 국민에게 공개할 수 있다. 이 경우 공개 절차, 공개 기간 및 공개 방법 등 필요한 사항은 대통령령으로 정한다.

1. 자체점검 기간 및 점검자
2. 특정소방대상물의 정보 및 자체점검 결과
3. 그 밖에 소방본부장 또는 소방서장이 특정소방대상물을 이용하는 불특정다수인의 안전을 위하여 공개가 필요하다고 인정하는 사항

칙 제25조(자체점검 결과의 기록 및 게시)

소방본부장 또는 소방서장에게 자체점검 결과 보고를 마친 관계인은 법 제24조제1항에 따라 보고한 날부터 10일 이내에 별표 5의 소방시설등 자체점검기록표를 작성하여 특정소방대상물의 출입자가 쉽게 볼 수 있는 장소에 게시해야 한다. 이 경우 자체점검기록표를 게시하는 기간은 그 다음 자체점검기록표를 작성·게시하기 전까지로 한다. 〈25.12.1 개정〉

제4장 소방시설관리사 및 소방시설관리업

제1절 소방시설관리사

제25조(소방시설관리사)

① 소방시설관리사(이하 "관리사"라 한다)가 되려는 사람은 소방청장이 실시하는 관리사시험에 합격하여야 한다.

② 제1항에 따른 관리사시험의 응시자격, 시험방법, 시험과목, 시험위원, 그 밖에 관리사시험에 필요한 사항은 대통령령으로 정한다.

③ 관리사시험의 최종 합격자 발표일을 기준으로 제27조의 결격사유에 해당하는 사람은 관리사 시험에 응시할 수 없다.

④ 소방기술사 등 대통령령으로 정하는 사람에 대하여는 대통령령으로 정하는 바에 따라 제2항에 따른 관리사시험 과목 가운데 일부를 면제할 수 있다.

⑤ 소방청장은 제1항에 따른 관리사시험에 합격한 사람에게는 행정안전부령으로 정하는 바에 따라 소방시설관리사증을 발급하여야 한다.

⑥ 제5항에 따라 소방시설관리사증을 발급받은 사람이 소방시설관리사증을 잃어버렸거나 못 쓰게 된 경우에는 행정안전부령으로 정하는 바에 따라 소방시설관리사증을 재발급받을 수 있다.

⑦ 관리사는 제5항 또는 제6항에 따라 발급 또는 재발급받은 소방시설관리사증을 다른 사람에게 빌려주거나 빌려서는 아니 되며, 이를 알선하여서도 아니 된다.

⑧ 관리사는 동시에 둘 이상의 업체에 취업하여서는 아니 된다.

⑨ 제22조제1항에 따른 기술자격자 및 제29조제2항에 따라 관리업의 기술인력으로 등록된 관리사는 이 법과 이 법에 따른 명령에 따라 성실하게 자체점검 업무를 수행하여야 한다.

영 제37조(소방시설관리사시험의 응시자격)

법 제25조제1항에 따른 소방시설관리사시험(이하 "관리사시험"이라 한다)에 응시할 수 있는 사람은 다음 각 호와 같다. 〈개정 2025. 11. 25〉

1. 소방기술사· 건축사· 건축기계설비기술사· 건축전기설비기술사 또는 공조냉동기계기술사
2. 위험물기능장
3. 소방설비기사
4. 「국가과학기술 경쟁력 강화를 위한 이공계지원 특별법」 제2조제1호에 따른 이공계 분야의 박사학위를 취득한 사람
5. 소방청장이 정하여 고시하는 소방안전 관련 분야의 석사 이상의 학위를 취득한 사람
6. 소방공무원 등 소방청장이 정하여 고시하는 사람 중 소방에 관한 실무경력이 3년 이상인 사람
7. 소방설비산업기사 자격을 취득한 사람 중 소방에 관한 실무경력이 3년 이상(자격 취득 후의 경력으로 한정한다)인 사람

영 제38조(시험의 시행방법)

① 관리사시험은 제1차시험과 제2차시험으로 구분하여 시행한다. 이 경우 소방청장은 제1차시험과 제2차시험을 같은 날에 시행할 수 있다.

② 제1차시험은 선택형을 원칙으로 하고, 제2차시험은 논문형을 원칙으로 하되, 제2차시험에는 기입형을 포함할 수 있다.

③ 제1차시험에 합격한 사람에 대해서는 다음 회의 관리사시험만 제1차시험을 면제한다. 다만, 면제받으려는 시험의 응시자격을 갖춘 경우로 한정한다.

④ 제2차시험은 제1차시험에 합격한 사람만 응시할 수 있다. 다만, 제1항 후단에 따라 제1차시험과 제2차시험을 병행하여 시행하는 경우에 제1차시험에 불합격한 사람의 제2차시험 응시는 무효로 한다.

영 제39조(시험 과목)

① 관리사시험의 제1차시험 및 제2차시험 과목은 다음 각 호와 같다.

1. 제1차시험
   가. 소방안전관리론(소방 및 화재의 기초이론으로 연소이론, 화재현상, 위험물 및 소방안전관리 등의 내용을 포함한다)
   나. 소방기계 점검실무(소방시설 기계 분야 점검의 기초이론 및 실무능력을 측정하기 위한 과목으로 소방유체역학, 소방 관련 열역학, 소방기계 분야의 화재안전기준을 포함한다)
   다. 소방전기 점검실무(소방시설 전기· 통신 분야 점검의 기초이론 및 실무능력을 측정하기 위한 과목으로 전기회로, 전기기기, 제어회로, 전자회로 및 소방전기 분야의 화재안전기준을 포함한다)
   라. 다음의 소방 관계 법령
      1) 「소방시설 설치 및 관리에 관한 법률」 및 그 하위법령
      2) 「화재의 예방 및 안전관리에 관한 법률」 및 그 하위법령
      3) 「소방기본법」 및 그 하위법령

4)「다중이용업소의 안전관리에 관한 특별법」 및 그 하위법령

5)「건축법」 및 그 하위법령(소방 분야로 한정한다)

6)「초고층 및 지하연계 복합건축물 재난관리에 관한 특별법」 및 그 하위법령

2. 제2차시험

가. 소방시설등 점검실무(소방시설등의 점검에 필요한 종합적 능력을 측정하기 위한 과목으로 소방시설등의 현장점검 시 점검절차, 성능확인, 이상판단 및 조치 등의 내용을 포함한다)

나. 소방시설등 관리실무(소방시설등 점검 및 관리 관련 행정업무 및 서류작성 등의 업무능력을 측정하기 위한 과목으로 점검보고서의 작성, 인력 및 장비 운용 등 실제 현장에서 요구되는 사무 능력을 포함한다)

② 제1항에 따른 관리사시험 과목의 세부 항목은 행정안전부령으로 정한다.

영 제40조(시험위원의 임명 · 위촉)

① 소방청장은 법 제25조제2항에 따라 관리사시험의 출제 및 채점을 위하여 다음 각 호의 어느 하나에 해당하는 사람 중에서 시험위원을 임명하거나 위촉해야 한다.

1. 소방 관련 분야의 박사학위를 취득한 사람
2. 대학에서 소방안전 관련 학과 조교수 이상으로 2년 이상 재직한 사람
3. 소방위 이상의 소방공무원
4. 소방시설관리사
5. 소방기술사

② 제1항에 따른 시험위원의 수는 다음 각 호의 구분에 따른다.

1. 출제위원: 시험 과목별 3명
2. 채점위원: 시험 과목별 5명 이내(제2차시험의 경우로 한정한다)

③ 제1항에 따라 시험위원으로 임명되거나 위촉된 사람은 소방청장이 정하는 시험문제 등의 출제 시 유의사항 및 서약서 등에 따른 준수사항을 성실히 이행해야 한다.

④ 제1항에 따라 임명되거나 위촉된 시험위원과 시험감독 업무에 종사하는 사람에게는 예산의 범위에서 수당과 여비를 지급할 수 있다.

영 제41조(시험 과목의 일부 면제)

법 제25조제4항에 따라 관리사시험의 제1차시험 과목 가운데 일부를 면제받을 수 있는 사람과 그 면제 과목은 다음 각 호의 구분에 따른다. 다만, 다음 각 호 중 둘 이상에 해당하는 경우에는 본인이 선택한 호의 과목만 면제받을 수 있다.

1. 소방기술사 자격을 취득한 사람: 제39조제1항제1호가목부터 다목까지의 과목
2. 〈삭제 24.12.31〉
3. 다음 각 목의 어느 하나에 해당하는 사람: 제39조제1항제1호나목· 다목의 과목

가. 소방설비기사(기계 또는 전기) 자격을 취득한 후 8년 이상 소방기술과 관련된 경력(「소방시설공사업법」 제28조제3항에 따른 소방기술과 관련된 경력을 말한다)이 있는 사람

나. 소방설비산업기사(기계 또는 전기) 자격을 취득한 후 법 제29조에 따른 소방시설관리업에서 10년 이상 자체점검 업무를 수행한 사람

영 제42조(시험의 시행 및 공고)

① 관리사시험은 매년 1회 시행하는 것을 원칙으로 하되, 소방청장이 필요하다고 인정하는 경우에는 그 횟수를 늘리거나 줄일 수 있다.

② 소방청장은 관리사시험을 시행하려면 응시자격, 시험 과목, 일시·장소 및 응시절차 등을 모든 응시 희망자가 알 수 있도록 관리사시험 시행일 90일 전까지 인터넷 홈페이지에 공고해야 한다.

영 제43조(응시원서 제출 등)

① 관리사시험에 응시하려는 사람은 행정안전부령으로 정하는 바에 따라 관리사시험 응시원서를 소방청장에게 제출해야 한다.

② 제41조에 따라 시험 과목의 일부를 면제받으려는 사람은 제1항에 따른 응시원서에 면제 과목과 그 사유를 적어야 한다.

③ 관리사시험에 응시하는 사람은 제37조에 따른 응시자격에 관한 증명서류를 소방청장이 정하는 원서 접수기간 내에 제출해야 하며, 증명서류는 해당 자격증(「국가기술자격법」에 따른 국가기술자격 취득자의 자격증은 제외한다) 사본과 행정안전부령으로 정하는 경력·재직증명서 또는 「소방시설공사업법 시행령」 제20조제4항에 따른 수탁기관이 발행하는 경력증명서로 한다. 다만, 국가·지방자치단체, 「공공기관의 운영에 관한 법률」 제4조에 따른 공공기관, 「지방공기업법」에 따른 지방공사 또는 지방공단이 증명하는 경력증명원은 해당 기관에서 정하는 서식에 따를 수 있다.

④ 제1항에 따라 응시원서를 받은 소방청장은 「전자정부법」 제36조제1항에 따른 행정정보의 공동이용을 통하여 다음 각 호의 서류를 확인해야 한다. 다만, 응시자가 확인에 동의하지 않는 경우에는 그 사본을 첨부하게 해야 한다.

1. 응시자의 해당 국가기술자격증 2. 국민연금가입자가입증명 또는 건강보험자격득실확인서

영 제44조(시험의 합격자 결정 등)

① 제1차시험에서는 과목당 100점을 만점으로 하여 모든 과목의 점수가 40점 이상이고, 전 과목 평균 점수가 60점 이상인 사람을 합격자로 한다.

② 제2차시험에서는 과목당 100점을 만점으로 하되, 시험위원의 채점점수 중 최고점수와 최저점수를 제외한 점수가 모든 과목에서 40점 이상, 전 과목에서 평균 60점 이상인 사람을 합격자로 한다.

③ 소방청장은 제1항과 제2항에 따라 관리사시험 합격자를 결정했을 때에는 이를 인터넷 홈페이지에 공고해야 한다.

칙 제26조(소방시설관리사증의 발급)

영 제48조제3항제2호에 따라 소방시설관리사증의 발급·재발급에 관한 업무를 위탁받은 법인 또는 단체(이하 "소방시설관리사증발급자"라 한다)는 법 제25조제5항에 따라 소방시설관리사시험에 합격한 사람에게 합격자 공고일부터 1개월 이내에 별지 제14호서식의 소방시설관리사증을 발급해야 하며, 이를 별지 제15호서식의 소방시설관리사증 발급대장에 기록하고 관리해야 한다.

칙 제27조(소방시설관리사증의 재발급)

① 법 제25조제6항에 따라 소방시설관리사가 소방시설관리사증을 잃어버렸거나 못 쓰게 되어 소방시설관리사증의 재발급을 신청하는 경우에는 별지 제16호서식의 소방시설관리사증 재발급 신청서(전자문서로 된 신청서를 포함한다)에 다음 각 호의 서류를 첨부하여 소방시설관리사증발급자에게 제출해야 한다.

1. 소방시설관리사증(못 쓰게 된 경우만 해당한다)
2. 신분증 사본
3. 사진(3센티미터 × 4센티미터) 1장

② 소방시설관리사증발급자는 제1항에 따라 재발급신청서를 제출받은 경우에는 3일 이내에 소방시설관리사증을 재발급해야 한다.

칙 제28조(소방시설관리사시험 과목의 세부 항목 등)

영 제39조제2항에 따른 소방시설관리사시험 과목의 세부 항목은 별표 6과 같다.

칙 제29조(소방시설관리사시험 응시원서 등)

① 영 제43조제1항에 따른 소방시설관리사시험 응시원서는 별지 제17호서식 또는 별지 제18호서식과 같다. / 영 제43조제3항 본문에 따른 경력 · 재직증명서는 별지 제19호서식과 같다.

제26조(부정행위자에 대한 제재)

소방청장은 시험에서 부정한 행위를 한 응시자에 대하여는 그 시험을 정지 또는 무효로 하고, 그 처분이 있은 날부터 2년간 시험 응시자격을 정지한다.

제27조(관리사의 결격사유)

다음 각 호의 어느 하나에 해당하는 사람은 관리사가 될 수 없다.

1. 피성년후견인
2. 이 법, 「소방기본법」, 「화재의 예방 및 안전관리에 관한 법률」, 「소방시설공사업법」 또는 「위험물안전관리법」을 위반하여 금고 이상의 실형을 선고받고 그 집행이 끝나거나(집행이 끝난 것으로 보는 경우를 포함한다) 집행이 면제된 날부터 2년이 지나지 아니한 사람
3. 이 법, 「소방기본법」, 「화재의 예방 및 안전관리에 관한 법률」, 「소방시설공사업법」 또는 「위험물안전관리법」을 위반하여 금고 이상의 형의 집행유예를 선고받고 그 유예기간 중에 있는 사람
4. 제28조에 따라 자격이 취소(이 조 제1호에 해당하여 자격이 취소된 경우는 제외한다)된 날부터 2년이 지나지 아니한 사람

제28조(자격의 취소 · 정지)

소방청장은 관리사가 다음 각 호의 어느 하나에 해당할 때에는 행정안전부령으로 정하는 바에 따라 그 자격을 취소하거나 1년 이내의 기간을 정하여 그 자격의 정지를 명할 수 있다. 다만, 제1호, 제4호, 제5호 또는 제7호에 해당하면 그 자격을 취소하여야 한다.

1. 거짓이나 그 밖의 부정한 방법으로 시험에 합격한 경우

2. 「화재의 예방 및 안전관리에 관한 법률」 제25조제2항에 따른 대행인력의 배치기준·자격·방법 등 준수사항을 지키지 아니한 경우
3. 제22조에 따른 점검을 하지 아니하거나 거짓으로 한 경우
4. 제25조제7항을 위반하여 소방시설관리사증을 다른 사람에게 빌려준 경우
5. 제25조제8항을 위반하여 동시에 둘 이상의 업체에 취업한 경우
6. 제25조제9항을 위반하여 성실하게 자체점검 업무를 수행하지 아니한 경우
7. 제27조 각 호의 어느 하나에 따른 결격사유에 해당하게 된 경우

칙 제39조(행정처분의 기준)

법 제28조에 따른 소방시설관리사 자격의 취소 및 정지 처분과 법 제35조에 따른 소방시설관리업의 등록취소 및 영업정지 처분 기준은 별표 8과 같다.

제2절 소방시설관리업

제29조(소방시설관리업의 등록 등)

① 소방시설등의 점검 및 관리를 업으로 하려는 자 또는 「화재의 예방 및 안전관리에 관한 법률」 제25조에 따른 소방안전관리업무의 대행을 하려는 자는 대통령령으로 정하는 업종별로 시·도지사에게 소방시설관리업(이하 "관리업"이라 한다) 등록을 하여야 한다.

② 제1항에 따른 업종별 기술인력 등 관리업의 등록기준 및 영업범위 등에 필요한 사항은 대통령령으로 정한다.

③ 관리업의 등록신청과 등록증·등록수첩의 발급·재발급 신청, 그 밖에 관리업의 등록에 필요한 사항은 행정안전부령으로 정한다.

영 제45조(소방시설관리업의 등록기준 등)

① 법 제29조제1항에 따른 소방시설관리업의 업종별 등록기준 및 영업범위는 별표 9와 같다.

② 시·도지사는 법 제29조제1항에 따른 등록신청이 다음 각 호의 어느 하나에 해당하는 경우를 제외하고는 등록을 해 주어야 한다.

1. 제1항에 따른 등록기준에 적합하지 않은 경우
2. 등록을 신청한 자가 법 제30조 각 호의 어느 하나에 해당하는 경우
3. 그 밖에 이 법 또는 제39조제1항제1호라목의 소방 관계 법령에 따른 제한에 위배되는 경우

칙 제30조(소방시설관리업의 등록신청 등)

① 소방시설관리업을 하려는 자는 법 제29조제1항에 따라 별지 제20호서식의 소방시설관리업 등록신청서(전자문서로 된 신청서를 포함한다)에 별지 제21호서식의 소방기술인력대장 및 기술자격증(경력수첩을 포함한다)을 첨부하여 특별시장·광역시장·특별자치시장·도지사 또는 특별자치도지사(이하 "시·도지사"라 한다)에게 제출(전자문서로 제출하는 경우를 포함한다)해야 한다.

② 제1항에 따른 신청서를 제출받은 담당 공무원은 「전자정부법」 제36조제1항에 따라 행정정보의 공동이용을 통하여 법인등기부 등본(법인인 경우만 해당한다)과 제1항에 따라 제출하는

소방기술인력대장에 기록된 소방기술인력의 국가기술자격증을 확인해야 한다. 다만, 신청인이 국가기술자격증의 확인에 동의하지 않는 경우에는 그 사본을 제출하도록 해야 한다.

칙 제32조(소방시설관리업의 등록증 · 등록수첩의 재발급 및 반납)

① 관리업자는 소방시설관리업 등록증 또는 등록수첩을 잃어버렸거나 소방시설관리업등록증 또는 등록수첩이 헐어 못 쓰게 된 경우에는 법 제29조제3항에 따라 시 · 도지사에게 소방시설관리업 등록증 또는 등록수첩의 재발급을 신청할 수 있다.

② 관리업자는 제1항에 따라 재발급을 신청하는 경우에는 별지 제25호서식의 소방시설관리업 등록증(등록수첩) 재발급 신청서(전자문서로 된 신청서를 포함한다)에 못 쓰게 된 소방시설관리업 등록증 또는 등록수첩(잃어버린 경우는 제외한다)을 첨부하여 시 · 도지사에게 제출해야 한다.

③ 시 · 도지사는 제2항에 따른 재발급 신청서를 제출받은 경우에는 3일 이내에 소방시설관리업 등록증 또는 등록수첩을 재발급해야 한다.

④ 관리업자는 다음 각 호의 어느 하나에 해당하는 경우에는 지체 없이 시 · 도지사에게 그 소방시설관리업 등록증 및 등록수첩을 반납해야 한다.

1. 법 제35조에 따라 등록이 취소된 경우
2. 소방시설관리업을 폐업한 경우
3. 제1항에 따라 재발급을 받은 경우. 다만, 등록증 또는 등록수첩을 잃어버리고 재발급을 받은 경우에는 이를 다시 찾은 경우로 한정한다.

제30조(등록의 결격사유)

다음 각 호의 어느 하나에 해당하는 자는 관리업의 등록을 할 수 없다.

1. 피성년후견인
2. 이 법, 「소방기본법」, 「화재의 예방 및 안전관리에 관한 법률」, 「소방시설공사업법」 또는 「위험물안전관리법」을 위반하여 금고 이상의 실형을 선고받고 그 집행이 끝나거나(집행이 끝난 것으로 보는 경우를 포함한다) 집행이 면제된 날부터 2년이 지나지 아니한 사람
3. 이 법, 「소방기본법」, 「화재의 예방 및 안전관리에 관한 법률」, 「소방시설공사업법」 또는 「위험물안전관리법」을 위반하여 금고 이상의 형의 집행유예를 선고받고 그 유예기간 중에 있는 사람
4. 제35조제1항에 따라 관리업의 등록이 취소(제1호에 해당하여 등록이 취소된 경우는 제외한다)된 날부터 2년이 지나지 아니한 자
5. 임원 중에 제1호부터 제4호까지의 어느 하나에 해당하는 사람이 있는 법인

칙 제31조(소방시설관리업의 등록증 및 등록수첩 발급 등)

① 시 · 도지사는 제30조에 따른 소방시설관리업의 등록신청 내용이 영 제45조제1항 및 별표 9에 따른 소방시설관리업의 업종별 등록기준에 적합하다고 인정되면 신청인에게 별지 제22호서식의 소방시설관리업 등록증과 별지 제23호서식의 소방시설관리업 등록수첩을 발급하고, 별지 제24호서식의 소방시설관리업 등록대장을 작성하여 관리해야 한다. 이 경우 시 · 도지사는 제30조제1항에 따라 제출된 소방기술인력의 기술자격증(경력수첩을 포함한다)에

해당 소방기술인력이 그 관리업자 소속임을 기록하여 내주어야 한다.

② 시·도지사는 제30조제1항에 따라 제출된 서류를 심사한 결과 다음 각 호의 어느 하나에 해당하는 경우에는 10일 이내의 기간을 정하여 이를 보완하게 할 수 있다.

1. 첨부서류가 미비되어 있는 경우
2. 신청서 및 첨부서류의 기재내용이 명확하지 않은 경우

③ 시·도지사는 제1항에 따라 소방시설관리업 등록증을 발급하거나 법 제35조에 따라 등록을 취소한 경우에는 이를 시·도의 공보에 공고해야 한다.

④ 영 별표 9에 따른 소방시설관리업의 업종별 등록기준 중 기술인력의 종류별 자격은 「소방시설공사업법 시행규칙」 별표 4의2에서 정하는 기준에 따른다. 〈25.12.1 개정〉

제31조(등록사항의 변경신고)

관리업자(관리업의 등록을 한 자를 말한다. 이하 같다)는 제29조에 따라 등록한 사항 중 행정안전부령으로 정하는 중요 사항이 변경되었을 때에는 행정안전부령으로 정하는 바에 따라 시·도지사에게 변경사항을 신고하여야 한다.

칙 제33조(등록사항의 변경신고 사항)

법 제31조에서 "행정안전부령으로 정하는 중요 사항"이란 다음 각 호의 어느 하나에 해당하는 사항을 말한다.

1. 명칭·상호 또는 영업소 소재지 2. 대표자 3. 기술인력

칙 제34조(등록사항의 변경신고 등)

① 관리업자는 등록사항 중 제33조 각 호의 사항이 변경됐을 때에는 법 제31조에 따라 변경일부터 30일 이내에 별지 제26호서식의 소방시설관리업 등록사항 변경신고서(전자문서로 된 신고서를 포함한다)에 그 변경사항별로 다음 각 호의 구분에 따른 서류(전자문서를 포함한다)를 첨부하여 시·도지사에게 제출해야 한다.

1. 명칭·상호 또는 영업소 소재지가 변경된 경우: 소방시설관리업 등록증 및 등록수첩
2. 대표자가 변경된 경우: 소방시설관리업 등록증 및 등록수첩
3. 기술인력이 변경된 경우
   가. 소방시설관리업 등록수첩
   나. 변경된 기술인력의 기술자격증(경력수첩을 포함한다)
   다. 별지 제21호서식의 소방기술인력대장

② 제1항에 따라 신고서를 제출받은 담당 공무원은 「전자정부법」 제36조제1항에 따라 법인등기부등본(법인인 경우만 해당한다), 사업자등록증(개인인 경우만 해당한다) 및 국가기술자격증을 확인해야 한다. 다만, 신고인이 확인에 동의하지 않는 경우에는 이를 첨부하도록 해야 한다.

③ 시·도지사는 제1항에 따라 변경신고를 받은 경우 5일 이내에 소방시설관리업 등록증 및 등록수첩을 새로 발급하거나 제1항에 따라 제출된 소방시설관리업 등록증 및 등록수첩과 기술인력의 기술자격증(경력수첩을 포함한다)에 그 변경된 사항을 적은 후 내주어야 한다. 이 경우 별지 제24호서식의 소방시설관리업 등록대장에 변경사항을 기록하고 관리해야 한다.

제32조(관리업자의 지위승계)

① 다음 각 호의 어느 하나에 해당하는 자는 종전의 관리업자의 지위를 승계한다.

1. 관리업자가 사망한 경우 그 상속인
2. 관리업자가 그 영업을 양도한 경우 그 양수인
3. 법인인 관리업자가 합병한 경우 합병 후 존속하는 법인이나 합병으로 설립되는 법인

② 「민사집행법」에 따른 경매, 「채무자 회생 및 파산에 관한 법률」에 따른 환가, 「국세징수법」, 「관세법」 또는 「지방세징수법」에 따른 압류재산의 매각과 그 밖에 이에 준하는 절차에 따라 관리업의 시설 및 장비의 전부를 인수한 자는 종전의 관리업자의 지위를 승계한다.

③ 제1항이나 제2항에 따라 종전의 관리업자의 지위를 승계한 자는 행정안전부령으로 정하는 바에 따라 시·도지사에게 신고하여야 한다.

④ 제1항이나 제2항에 따라 지위를 승계한 자의 결격사유에 관하여는 제30조를 준용한다. 다만, 상속인이 제30조 각 호의 어느 하나에 해당하는 경우에는 상속받은 날부터 3개월 동안은 그러하지 아니하다.

칙 제35조(지위승계 신고 등)

① 법 제32조제1항제1호·제2호 또는 같은 조 제2항에 따라 관리업자의 지위를 승계한 자는 같은 조 제3항에 따라 그 지위를 승계한 날부터 30일 이내에 별지 제27호서식의 소방시설관리업 지위승계 신고서(전자문서로 된 신고서를 포함한다)에 다음 각 호의 서류(전자문서를 포함한다)를 첨부하여 시·도지사에게 제출해야 한다.

1. 소방시설관리업 등록증 및 등록수첩
2. 계약서 사본 등 지위승계를 증명하는 서류
3. 별지 제21호서식의 소방기술인력대장 및 기술자격증(경력수첩을 포함한다)

② 법 제32조제1항제3호에 따라 관리업자의 지위를 승계한 자는 같은 조 제3항에 따라 그 지위를 승계한 날부터 30일 이내에 별지 제28호서식의 소방시설관리업 합병 신고서(전자문서로 된 신고서를 포함한다)에 제1항 각 호의 서류(전자문서를 포함한다)를 첨부하여 시·도지사에게 제출해야 한다.

③ 제1항 또는 제2항에 따라 신고서를 제출받은 담당 공무원은 「전자정부법」 제36조제1항에 따라 행정정보의 공동이용을 통하여 다음 각 호의 서류를 확인해야 한다. 다만, 신고인이 사업자등록증 및 국가기술자격증의 확인에 동의하지 않는 경우에는 그 사본을 첨부하도록 해야 한다.

1. 법인등기부 등본(지위승계인이 법인인 경우만 해당한다)
2. 사업자등록증(지위승계인이 개인인 경우만 해당한다)
3. 제30조제1항에 따라 제출하는 소방기술인력대장에 기록된 소방기술인력의 국가기술자격증

④ 시·도지사는 제1항 또는 제2항에 따라 신고를 받은 경우에는 소방시설관리업 등록증 및 등록수첩을 새로 발급하고, 기술인력의 자격증 및 경력수첩에 그 변경사항을 적은 후 내주어야 하며, 별지 제24호서식의 소방시설관리업 등록대장에 지위승계에 관한 사항을 기록하고 관리해야 한다.

제33조(관리업의 운영)

① 관리업자는 이 법이나 이 법에 따른 명령 등에 맞게 소방시설등을 점검하거나 관리하여야 한다.

② 관리업자는 관리업의 등록증이나 등록수첩을 다른 자에게 빌려주거나 빌려서는 아니 되며, 이를 알선하여서도 아니 된다.

③ 관리업자는 다음 각 호의 어느 하나에 해당하는 경우에는 「화재의 예방 및 안전관리에 관한 법률」 제25조에 따라 소방안전관리업무를 대행하게 하거나 제22조제1항에 따라 소방시설등의 점검업무를 수행하게 한 특정소방대상물의 관계인에게 지체 없이 그 사실을 알려야 한다.

1. 제32조에 따라 관리업자의 지위를 승계한 경우
2. 제35조제1항에 따라 관리업의 등록취소 또는 영업정지 처분을 받은 경우
3. 휴업 또는 폐업을 한 경우

④ 관리업자는 제22조제1항 및 제2항에 따라 자체점검을 하거나 「화재의 예방 및 안전관리에 관한 법률」제25조에 따른 소방안전관리업무의 대행을 하는 때에는 행정안전부령으로 정하는 바에 따라 소속 기술인력을 참여시켜야 한다.

⑤ 제35조제1항에 따라 등록취소 또는 영업정지 처분을 받은 관리업자는 그 날부터 소방안전관리업무를 대행하거나 소방시설등에 대한 점검을 하여서는 아니 된다. 다만, 영업정지처분의 경우 도급계약이 해지되지 아니한 때에는 대행 또는 점검 중에 있는 특정소방대상물의 소방안전관리업무 대행과 자체점검은 할 수 있다.

칙 제36조(기술인력 참여기준)

법 제33조제4항에 따라 관리업자가 자체점검 또는 소방안전관리업무의 대행을 할 때 참여시켜야 하는 기술인력의 자격 및 배치기준은 다음 각 호와 같다.

1. 자체점검: 별표 3 및 별표 4에 따른 점검인력의 자격 및 배치기준
2. 소방안전관리업무의 대행: 「화재의 예방 및 안전관리에 관한 법률 시행규칙」 별표 1에 따른 대행인력의 자격 및 배치기준

제34조(점검능력 평가 및 공시 등)

① 소방청장은 특정소방대상물의 관계인이 적정한 관리업자를 선정할 수 있도록 하기 위하여 관리업자의 신청이 있는 경우 해당 관리업자의 점검능력을 종합적으로 평가하여 공시하여야 한다.

② 제1항에 따라 점검능력 평가를 신청하려는 관리업자는 소방시설등의 점검실적을 증명하는 서류 등을 행정안전부령으로 정하는 바에 따라 소방청장에게 제출하여야 한다.

③ 제1항에 따른 점검능력 평가 및 공시방법, 수수료 등 필요한 사항은 행정안전부령으로 정한다.

④ 소방청장은 제1항에 따른 점검능력을 평가하기 위하여 관리업자의 기술인력, 장비 보유현황, 점검실적 및 행정처분 이력 등 필요한 사항에 대하여 데이터베이스를 구축·운영할 수 있다.

칙 제37조(점검능력 평가의 신청 등)

① 법 제34조제2항에 따라 점검능력을 평가받으려는 관리업자는 별지 제29호서식의 소방시설등 점검능력 평가신청서(전자문서로 된 신청서를 포함한다)에 다음 각 호의 서류(전자문서를 포함한다)를 첨부하여 평가기관에 매년 2월 15일까지 제출해야 한다.

1. 소방시설등의 점검실적을 증명하는 서류로서 다음 각 목의 구분에 따른 서류
   가. 국내 소방시설등에 대한 점검실적: 발주자가 별지 제30호서식에 따라 발급한 소방시설등의 점검실적 증명서 및 세금계산서(공급자 보관용을 말한다) 사본
   나. 해외 소방시설등에 대한 점검실적: 외국환은행이 발행한 외화입금증명서 및 재외공관장이 발행한 해외점검실적 증명서 또는 점검계약서 사본
   다. 주한 외국군의 기관으로부터 도급받은 소방시설등에 대한 점검실적: 외국환은행이 발행한 외화입금증명서 및 도급계약서 사본
2. 소방시설관리업 등록수첩 사본
3. 별지 제31호서식의 소방기술인력 보유 현황 및 국가기술자격증 사본 등 이를 증명할 수 있는 서류
4. 별지 제32호서식의 신인도평가 가점사항 확인서 및 가점사항을 확인할 수 있는 다음 각 목의 해당 서류
   가. 품질경영인증서(ISO 9000 시리즈) 사본　나. 소방시설등의 점검 관련 표창 사본
   다. 특허증 사본　라. 소방시설관리업 관련 기술 투자를 증명할 수 있는 서류

② 제1항에 따른 신청을 받은 평가기관의 장은 제1항 각 호의 서류가 첨부되어 있지 않은 경우에는 신청인에게 15일 이내의 기간을 정하여 보완하게 할 수 있다.

③ 제1항에도 불구하고 다음 각 호의 어느 하나에 해당하는 자는 상시 점검능력 평가를 신청할 수 있다. 이 경우 신청서·첨부서류의 제출 및 보완에 관하여는 제1항 및 제2항에 따른다.
1. 법 제29조에 따라 신규로 소방시설관리업의 등록을 한 자
2. 법 제32조제1항 또는 제2항에 따라 관리업자의 지위를 승계한 자
3. 제38조제3항에 따라 점검능력 평가 공시 후 다시 점검능력 평가를 신청하는 자

④ 제1항부터 제3항까지에서 규정한 사항 외에 점검능력 평가 등 업무수행에 필요한 세부 규정은 평가기관이 정하되, 소방청장의 승인을 받아야 한다.

칙 제38조(점검능력의 평가)

① 법 제34조제1항에 따른 점검능력 평가의 항목은 다음 각 호와 같고, 점검능력 평가의 세부 기준은 별표 7과 같다
1. 실적
   가. 점검실적(법 제22조제1항에 따른 소방시설등에 대한 자체점검 실적을 말한다). 이 경우 점검실적(제37조제1항제1호나목 및 다목에 따른 점검실적은 제외한다)은 제20조제1항 및 별표 4에 따른 점검인력 배치기준에 적합한 것으로 확인된 것만 인정한다.
   나. 대행실적(「화재의 예방 및 안전관리에 관한 법률」 제25조제1항에 따라 소방안전관리 업무를 대행하여 수행한 실적을 말한다)
2. 기술력　3. 경력　4. 신인도

② 평가기관은 제1항에 따른 점검능력 평가 결과를 지체 없이 소방청장 및 시·도지사에게 통보해야 한다.

③ 평가기관은 제37조제1항에 따른 점검능력 평가 결과는 매년 7월 31일까지 평가기관의 인터넷

홈페이지를 통하여 공시하고, 같은 조 제3항에 따른 점검능력 평가 결과는 소방청장 및 시·도지사에게 통보한 날부터 3일 이내에 평가기관의 인터넷 홈페이지를 통하여 공시해야 한다.

④ 점검능력 평가의 유효기간은 제3항에 따라 점검능력 평가 결과를 공시한 날부터 1년간으로 한다.

제35조(등록의 취소와 영업정지 등)

① 시·도지사는 관리업자가 다음 각 호의 어느 하나에 해당하는 경우에는 행정안전부령으로 정하는 바에 따라 그 등록을 취소하거나 6개월 이내의 기간을 정하여 이의 시정이나 그 영업의 정지를 명할 수 있다. 다만, 제1호·제4호 또는 제5호에 해당할 때에는 등록을 취소하여야 한다.

1. 거짓이나 그 밖의 부정한 방법으로 등록을 한 경우
2. 제22조에 따른 점검을 하지 아니하거나 거짓으로 한 경우
3. 제29조제2항에 따른 <u>등록기준에 미달하게 된 경우</u>
4. 제30조 각 호의 어느 하나에 해당하게 된 경우. 다만, 제30조제5호에 해당하는 법인으로서 결격사유에 해당하게 된 날부터 2개월 이내에 그 임원을 결격사유가 없는 임원으로 바꾸어 선임한 경우는 제외한다.
5. 제33조제2항을 위반하여 등록증 또는 등록수첩을 빌려준 경우
6. 제34조제1항에 따른 점검능력 평가를 받지 아니하고 자체점검을 한 경우

② 제32조에 따라 관리업자의 지위를 승계한 상속인이 제30조 각 호의 어느 하나에 해당하는 경우에는 상속을 개시한 날부터 6개월 동안은 제1항제4호를 적용하지 아니한다.

제36조(과징금처분)

① 시·도지사는 제35조제1항에 따라 영업정지를 명하는 경우로서 그 영업정지가 이용자에게 불편을 주거나 그 밖에 공익을 해칠 우려가 있을 때에는 영업정지처분을 갈음하여 3천만원 이하의 과징금을 부과할 수 있다.

② 제1항에 따른 과징금을 부과하는 위반행위의 종류와 위반 정도 등에 따른 과징금의 금액, 그 밖에 필요한 사항은 행정안전부령으로 정한다.

③ 시·도지사는 제1항에 따른 과징금을 내야 하는 자가 납부기한까지 내지 아니하면 「지방행정제재·부과금의 징수 등에 관한 법률」에 따라 징수한다.

④ 시·도지사는 제1항에 따른 과징금의 부과를 위하여 필요한 경우에는 다음 각 호의 사항을 적은 문서로 관할 세무관서의 장에게 「국세기본법」 제81조의13에 따른 과세정보의 제공을 요청할 수 있다.

1. 납세자의 인적사항　2. 과세정보의 사용 목적　3. 과징금의 부과 기준이 되는 매출액

칙 제40조(과징금의 부과기준 등)

① 법 제36조제1항에 따라 과징금을 부과하는 위반행위의 종류와 위반 정도 등에 따른 과징금의 부과기준은 별표 9와 같다.

② 법 제36조제1항에 따른 과징금의 징수절차에 관하여는 「국고금관리법 시행규칙」을 준용한다.

제5장 소방용품의 품질관리

제37조(소방용품의 형식승인 등)

① 대통령령으로 정하는 소방용품을 제조하거나 수입하려는 자는 소방청장의 형식승인을 받아야 한다. 다만, 연구개발 목적으로 제조하거나 수입하는 소방용품은 그러하지 아니하다.

② 제1항에 따른 형식승인을 받으려는 자는 행정안전부령으로 정하는 기준에 따라 형식승인을 위한 시험시설을 갖추고 소방청장의 심사를 받아야 한다. 다만, 소방용품을 수입하는 자가 판매를 목적으로 하지 아니하고 자신의 건축물에 직접 설치하거나 사용하려는 경우 등 행정안전부령으로 정하는 경우에는 시험시설을 갖추지 아니할 수 있다.

③ 제1항과 제2항에 따라 형식승인을 받은 자는 그 소방용품에 대하여 소방청장이 실시하는 제품검사를 받아야 한다.

④ 제1항에 따른 형식승인의 방법·절차 등과 제3항에 따른 제품검사의 구분·방법·순서·합격표시 등에 필요한 사항은 행정안전부령으로 정한다.

⑤ 소방용품의 형상·구조·재질·성분·성능 등(이하 "형상등"이라 한다)의 형식승인 및 제품검사의 기술기준 등에 필요한 사항은 소방청장이 정하여 고시한다.

⑥ 누구든지 다음 각 호의 어느 하나에 해당하는 소방용품을 판매하거나 판매 목적으로 진열하거나 소방시설공사에 사용할 수 없다.

1. 형식승인을 받지 아니한 것
2. 형상등을 임의로 변경한 것
3. 제품검사를 받지 아니하거나 합격표시를 하지 아니한 것

⑦ 소방청장, 소방본부장 또는 소방서장은 제6항을 위반한 소방용품에 대하여는 그 제조자·수입자·판매자 또는 시공자에게 수거·폐기 또는 교체 등 행정안전부령으로 정하는 필요한 조치를 명할 수 있다.

⑧ 소방청장은 소방용품의 작동기능, 제조방법, 부품 등이 제5항에 따라 소방청장이 고시하는 형식승인 및 제품검사의 기술기준에서 정하고 있는 방법이 아닌 새로운 기술이 적용된 제품의 경우에는 관련 전문가의 평가를 거쳐 행정안전부령으로 정하는 바에 따라 제4항에 따른 방법 및 절차와 다른 방법 및 절차로 형식승인을 할 수 있으며, 외국의 공인기관으로부터 인정받은 신기술 제품은 형식승인을 위한 시험 중 일부를 생략하여 형식승인을 할 수 있다.

⑨ 다음 각 호의 어느 하나에 해당하는 소방용품의 형식승인 내용에 대하여 공인기관의 평가 결과가 있는 경우 형식승인 및 제품검사 시험 중 일부만을 적용하여 형식승인 및 제품검사를 할 수 있다.

1. 「군수품관리법」 제2조에 따른 군수품
2. 주한외국공관 또는 주한외국군 부대에서 사용되는 소방용품
3. 외국의 차관이나 국가 간의 협약 등에 따라 건설되는 공사에 사용되는 소방용품으로서 사전에 합의된 것
4. 그 밖에 특수한 목적으로 사용되는 소방용품으로서 소방청장이 인정하는 것

⑩ 하나의 소방용품에 두 가지 이상의 형식승인 사항 또는 형식승인과 성능인증 사항이 결합된 경

우에는 두 가지 이상의 형식승인 또는 형식승인과 성능인증 시험을 함께 실시하고 하나의 형식승인을 할 수 있다.

⑪ 제9항 및 제10항에 따른 형식승인의 방법 및 절차 등에 필요한 사항은 행정안전부령으로 정한다.

영 제46조(형식승인 대상 소방용품)

법 제37조제1항 본문에서"대통령령으로 정하는 소방용품"이란 별표3 제1호부터 4호까지의 소방용품(같은 표 제1호나목의 자동소화장치 중 상업용 주방자동소화장치는 제외)을 말한다.

제38조(형식승인의 변경)

① 제37조제1항 및 제10항에 따른 형식승인을 받은 자가 해당 소방용품에 대하여 형상등의 일부를 변경하려면 소방청장의 변경승인을 받아야 한다.

② 제1항에 따른 변경승인의 대상 · 구분 · 방법 및 절차 등에 필요한 사항은 행정안전부령으로 정한다.

제39조(형식승인의 취소 등)

① 소방청장은 소방용품의 형식승인을 받았거나 제품검사를 받은 자가 다음 각 호의 어느 하나에 해당할 때에는 행정안전부령으로 정하는 바에 따라 그 형식승인을 취소하거나 6개월 이내의 기간을 정하여 제품검사의 중지를 명할 수 있다. 다만, 제1호 · 제3호 또는 제5호의 경우에는 해당 소방용품의 형식승인을 취소하여야 한다.

1. 거짓이나 그 밖의 부정한 방법으로 제37조제1항 및 제10항에 따른 형식승인을 받은 경우
2. 제37조제2항에 따른 시험시설의 시설기준에 미달되는 경우
3. 거짓이나 그 밖의 부정한 방법으로 제37조제3항에 따른 제품검사를 받은 경우
4. 제품검사 시 제37조제5항에 따른 기술기준에 미달되는 경우
5. 제38조에 따른 변경승인을 받지 아니하거나 거짓이나 그 밖의 부정한 방법으로 변경승인을 받은 경우

② 제1항에 따라 소방용품의 형식승인이 취소된 자는 그 취소된 날부터 2년 이내에는 형식승인이 취소된 소방용품과 동일한 품목에 대하여 형식승인을 받을 수 없다.

제40조(소방용품의 성능인증 등)

① 소방청장은 제조자 또는 수입자 등의 요청이 있는 경우 소방용품에 대하여 성능인증을 할 수 있다.

② 제1항에 따라 성능인증을 받은 자는 그 소방용품에 대하여 소방청장의 제품검사를 받아야 한다.

③ 제1항에 따른 성능인증의 대상 · 신청 · 방법 및 성능인증서 발급에 관한 사항과 제2항에 따른 제품검사의 구분 · 대상 · 절차 · 방법 · 합격표시 및 수수료 등에 필요한 사항은 행정안전부령으로 정한다.

④ 제1항에 따른 성능인증 및 제2항에 따른 제품검사의 기술기준 등에 필요한 사항은 소방청장이 정하여 고시한다.

⑤ 제2항에 따른 제품검사에 합격하지 아니한 소방용품에는 성능인증을 받았다는 표시를 하거나 제품검사에 합격하였다는 표시를 하여서는 아니 되며, 제품검사를 받지 아니하거나 합격표시를

하지 아니한 소방용품을 판매 또는 판매 목적으로 진열하거나 소방시설공사에 사용하여서는 아니 된다.

⑥ 하나의 소방용품에 성능인증 사항이 두 가지 이상 결합된 경우에는 해당 성능인증 시험을 모두 실시하고 하나의 성능인증을 할 수 있다.

⑦ 제6항에 따른 성능인증의 방법 및 절차 등에 필요한 사항은 행정안전부령으로 정한다.

제41조(성능인증의 변경)

① 제40조제1항 및 제6항에 따른 성능인증을 받은 자가 해당 소방용품에 대하여 형상등의 일부를 변경하려면 소방청장의 변경인증을 받아야 한다.

② 제1항에 따른 변경인증의 대상·구분·방법 및 절차 등에 필요한 사항은 행정안전부령으로 정한다.

제42조(성능인증의 취소 등)

① 소방청장은 소방용품의 성능인증을 받았거나 제품검사를 받은 자가 다음 각 호의 어느 하나에 해당하는 때에는 행정안전부령으로 정하는 바에 따라 해당 소방용품의 성능인증을 취소하거나 6개월 이내의 기간을 정하여 해당 소방용품의 제품검사 중지를 명할 수 있다. 다만, 제1호·제2호 또는 제5호에 해당하는 경우에는 해당 소방용품의 성능인증을 취소하여야 한다.

1. 거짓이나 그 밖의 부정한 방법으로 제40조제1항 및 제6항에 따른 성능인증을 받은 경우
2. 거짓이나 그 밖의 부정한 방법으로 제40조제2항에 따른 제품검사를 받은 경우
3. 제품검사 시 제40조제4항에 따른 기술기준에 미달되는 경우
4. 제40조제5항을 위반한 경우
5. 제41조에 따라 변경인증을 받지 아니하고 해당 소방용품에 대하여 형상등의 일부를 변경하거나 거짓이나 그 밖의 부정한 방법으로 변경인증을 받은 경우

② 제1항에 따라 소방용품의 성능인증이 취소된 자는 그 취소된 날부터 2년 이내에는 성능인증이 취소된 소방용품과 동일한 품목에 대하여는 성능인증을 받을 수 없다.

제43조(우수품질 제품에 대한 인증)

① 소방청장은 제37조에 따른 형식승인의 대상이 되는 소방용품 중 품질이 우수하다고 인정하는 소방용품에 대하여 인증(이하 "우수품질인증"이라 한다)을 할 수 있다.

② 우수품질인증을 받으려는 자는 행정안전부령으로 정하는 바에 따라 소방청장에게 신청하여야 한다.

③ 우수품질인증을 받은 소방용품에는 우수품질인증 표시를 할 수 있다.

④ 우수품질인증의 유효기간은 5년의 범위에서 행정안전부령으로 정한다.

⑤ 소방청장은 다음 각 호의 어느 하나에 해당하는 경우에는 우수품질인증을 취소할 수 있다. 다만, 제1호에 해당하는 경우에는 우수품질인증을 취소하여야 한다.

1. 거짓이나 그 밖의 부정한 방법으로 우수품질인증을 받은 경우
2. 우수품질인증을 받은 제품이 「발명진흥법」 제2조제4호에 따른 산업재산권 등 타인의 권리를 침해하였다고 판단되는 경우

⑥ 제1항부터 제5항까지에서 규정한 사항 외에 우수품질인증을 위한 기술기준, 제품의 품질관리 평가, 우수품질인증의 갱신, 수수료, 인증표시 등 우수품질인증에 필요한 사항은 행정안전부령으로 정한다.

제44조(우수품질인증 소방용품에 대한 지원 등)

다음 각 호의 어느 하나에 해당하는 기관 및 단체는 건축물의 신축·증축 및 개축 등으로 소방용품을 변경 또는 신규 비치하여야 하는 경우 우수품질인증 소방용품을 우선 구매·사용하도록 노력하여야 한다.

1. 중앙행정기관
2. 지방자치단체
3. 「공공기관의 운영에 관한 법률」 제4조에 따른 공공기관(이하 "공공기관"이라 한다)
4. 그 밖에 대통령령으로 정하는 기관

영 제47조(우수품질인증 소방용품 우선 구매·사용 기관)

법 제44조제4호에서 "대통령령으로 정하는 기관"이란 다음 각 호의 기관을 말한다.

1. 「지방공기업법」 제49조에 따라 설립된 지방공사 및 같은 법 제76조에 따라 설립된 지방공단
2. 「지방자치단체 출자·출연 기관의 운영에 관한 법률」 제2조에 따른 출자·출연 기관

제45조(소방용품의 제품검사 후 수집검사 등)

① 소방청장은 소방용품의 품질관리를 위하여 필요하다고 인정할 때에는 유통 중인 소방용품을 수집하여 검사할 수 있다.

② 소방청장은 제1항에 따른 수집검사 결과 행정안전부령으로 정하는 중대한 결함이 있다고 인정되는 소방용품에 대하여는 그 제조자 및 수입자에게 행정안전부령으로 정하는 바에 따라 회수·교환·폐기 또는 판매중지를 명하고, 형식승인 또는 성능인증을 취소할 수 있다.

③ 제2항에 따라 소방용품의 회수·교환·폐기 또는 판매중지 명령을 받은 제조자 및 수입자는 해당 소방용품이 이미 판매되어 사용 중인 경우 행정안전부령으로 정하는 바에 따라 구매자에게 그 사실을 알리고 회수 또는 교환 등 필요한 조치를 하여야 한다.

④ 소방청장은 제2항에 따라 회수·교환·폐기 또는 판매중지를 명하거나 형식승인 또는 성능인증을 취소한 때에는 행정안전부령으로 정하는 바에 따라 그 사실을 소방청 홈페이지 등에 공표하여야 한다.

제6장 보칙

제46조(제품검사 전문기관의 지정 등)

① 소방청장은 제37조제3항 및 제40조제2항에 따른 제품검사를 전문적·효율적으로 실시하기 위하여 다음 각 호의 요건을 모두 갖춘 기관을 제품검사 전문기관(이하 "전문기관"이라 한다)으로 지정할 수 있다.

1. 다음 각 목의 어느 하나에 해당하는 기관일 것
   가. 「과학기술분야 정부출연연구기관 등의 설립·운영 및 육성에 관한 법률」 제8조에 따라 설립된 연구기관
   나. 공공기관
   다. 소방용품의 시험·검사 및 연구를 주된 업무로 하는 비영리 법인
2. 「국가표준기본법」 제23조에 따라 인정을 받은 시험·검사기관일 것
3. 행정안전부령으로 정하는 검사인력 및 검사설비를 갖추고 있을 것
4. 기관의 대표자가 제27조제1호부터 제3호까지의 어느 하나에 해당하지 아니할 것
5. 제47조에 따라 전문기관의 지정이 취소된 경우 그 지정이 취소된 날부터 2년이 경과하였을 것

② 전문기관 지정의 방법 및 절차 등에 필요한 사항은 행정안전부령으로 정한다.

③ 소방청장은 제1항에 따라 전문기관을 지정하는 경우에는 소방용품의 품질 향상, 제품검사의 기술개발 등에 드는 비용을 부담하게 하는 등 필요한 조건을 붙일 수 있다. 이 경우 그 조건은 공공의 이익을 증진하기 위하여 필요한 최소한도에 그쳐야 하며, 부당한 의무를 부과하여서는 아니 된다.

④ 전문기관은 행정안전부령으로 정하는 바에 따라 제품검사 실시 현황을 소방청장에게 보고하여야 한다.

⑤ 소방청장은 전문기관을 지정한 경우에는 행정안전부령으로 정하는 바에 따라 전문기관의 제품검사 업무에 대한 평가를 실시할 수 있으며, 제품검사를 받은 소방용품에 대하여 확인검사를 할 수 있다.

⑥ 소방청장은 제5항에 따라 전문기관에 대한 평가를 실시하거나 확인검사를 실시한 때에는 그 평가 결과 또는 확인검사 결과를 행정안전부령으로 정하는 바에 따라 공표할 수 있다.

⑦ 소방청장은 제5항에 따른 확인검사를 실시하는 때에는 행정안전부령으로 정하는 바에 따라 전문기관에 대하여 확인검사에 드는 비용을 부담하게 할 수 있다.

제47조(전문기관의 지정취소 등)

소방청장은 전문기관이 다음 각 호의 어느 하나에 해당할 때에는 그 지정을 취소하거나 6개월 이내의 기간을 정하여 그 업무의 정지를 명할 수 있다. 다만, 제1호에 해당할 때에는 그 지정을 취소하여야 한다.

1. 거짓이나 그 밖의 부정한 방법으로 지정을 받은 경우
2. 정당한 사유 없이 1년 이상 계속하여 제품검사 또는 실무교육 등 지정받은 업무를 수행하지

아니한 경우

3. 제46조제1항 각 호의 요건을 갖추지 못하거나 제46조제3항에 따른 조건을 위반한 경우
4. 제52조제1항제7호에 따른 감독 결과 이 법이나 다른 법령을 위반하여 전문기관으로서의 업무를 수행하는 것이 부적당하다고 인정되는 경우

제48조(전산시스템 구축 및 운영)

① 소방청장, 소방본부장 또는 소방서장은 특정소방대상물의 체계적인 안전관리를 위하여 다음 각 호의 정보가 포함된 전산시스템을 구축 · 운영하여야 한다.

1. 제6조제3항에 따라 제출받은 설계도면의 관리 및 활용
2. 제23조제3항에 따라 보고받은 자체점검 결과의 관리 및 활용
3. 그 밖에 소방청장, 소방본부장 또는 소방서장이 필요하다고 인정하는 자료의 관리 및 활용

② 소방청장, 소방본부장 또는 소방서장은 제1항에 따른 전산시스템의 구축 · 운영에 필요한 자료의 제출 또는 정보의 제공을 관계 행정기관의 장에게 요청할 수 있다. 이 경우 자료의 제출이나 정보의 제공을 요청받은 관계 행정기관의 장은 정당한 사유가 없으면 이에 따라야 한다.

제49조(청문)

소방청장 또는 시 • 도지사는 다음 각 호의 어느 하나에 해당하는 처분을 하려면 청문을 하여야 한다.

1. 제28조에 따른 관리사 자격의 취소 및 정지
2. 제35조제1항에 따른 관리업의 등록취소 및 영업정지
3. 제39조에 따른 소방용품의 형식승인 취소 및 제품검사 중지
4. 제42조에 따른 성능인증의 취소
5. 제43조제5항에 따른 우수품질인증의 취소
6. 제47조에 따른 전문기관의 지정취소 및 업무정지

제50조(권한 또는 업무의 위임 · 위탁 등)

① 이 법에 따른 소방청장 또는 시 · 도지사의 권한은 대통령령으로 정하는 바에 따라 그 일부를 소속 기관의 장, 시 · 도지사, 소방본부장 또는 소방서장에게 위임할 수 있다.

② 소방청장은 다음 각 호의 업무를 「소방산업의 진흥에 관한 법률」 제14조에 따른 한국소방산업기술원(이하 "기술원"이라 한다)에 위탁할 수 있다. 이 경우 소방청장은 기술원에 소방시설 및 소방용품에 관한 기술개발 · 연구 등에 필요한 경비의 일부를 보조할 수 있다.

1. 제21조에 따른 방염성능검사 중 대통령령으로 정하는 검사
2. 제37조제1항 · 제2항 및 제8항부터 제10항까지의 규정에 따른 소방용품의 형식승인
3. 제38조에 따른 형식승인의 변경승인
4. 제39조제1항에 따른 형식승인의 취소
5. 제40조제1항 · 제6항에 따른 성능인증 및 제42조에 따른 성능인증의 취소
6. 제41조에 따른 성능인증의 변경인증

7. 제43조에 따른 우수품질인증 및 그 취소

③ 소방청장은 제37조제3항 및 제40조제2항에 따른 제품검사 업무를 기술원 또는 전문기관에 위탁할 수 있다.

④ 제2항 및 제3항에 따라 위탁받은 업무를 수행하는 기술원 및 전문기관이 갖추어야 하는 시설기준 등에 관하여 필요한 사항은 행정안전부령으로 정한다.

⑤ 소방청장은 다음 각 호의 업무를 대통령령으로 정하는 바에 따라 소방기술과 관련된 법인 또는 단체에 위탁할 수 있다.

1. 표준자체점검비의 산정 및 공표
2. 제25조제5항 및 제6항에 따른 소방시설관리사증의 발급·재발급
3. 제34조제1항에 따른 점검능력 평가 및 공시
4. 제34조제4항에 따른 데이터베이스 구축·운영

⑥ 소방청장은 제14조제3항에 따른 건축 환경 및 화재위험특성 변화 추세 연구에 관한 업무를 대통령령으로 정하는 바에 따라 화재안전 관련 전문연구기관에 위탁할 수 있다. 이 경우 소방청장은 연구에 필요한 경비를 지원할 수 있다.

⑦ 제2항부터 제6항까지의 규정에 따라 위탁받은 업무에 종사하고 있거나 종사하였던 사람은 업무를 수행하면서 알게 된 비밀을 이 법에서 정한 목적 외의 용도로 사용하거나 다른 사람 또는 기관에 제공하거나 누설하여서는 아니 된다.

영 제48조(권한 또는 업무의 위임·위탁 등)

① 소방청장은 법 제50조제1항에 따라 화재안전기준 중 기술기준에 대한 법 제19조 각 호에 따른 관리·운영 권한을 국립소방연구원장에게 위임한다.

② 법 제50조제2항제1호에서 "대통령령으로 정하는 검사"란 제31조제1항에 따른 방염대상물품에 대한 방염성능검사(제32조 각 호에 따라 설치 현장에서 방염처리를 하는 합판·목재류에 대한 방염성능검사는 제외한다)를 말한다.

③ 소방청장은 법 제50조제5항에 따라 다음 각 호의 업무를 소방청장의 허가를 받아 설립한 소방기술과 관련된 법인 또는 단체 중 해당 업무를 처리하는 데 필요한 관련 인력과 장비를 갖춘 법인 또는 단체에 위탁한다. 이 경우 소방청장은 위탁받는 기관의 명칭·주소·대표자 및 위탁 업무의 내용을 고시해야 한다.

1. 표준자체점검비의 산정 및 공표
2. 법 제25조제5항 및 제6항에 따른 소방시설관리사증의 발급·재발급
3. 법 제34조제1항에 따른 점검능력 평가 및 공시
4. 법 제34조제4항에 따른 데이터베이스 구축·운영

제51조(벌칙 적용에서 공무원 의제)

제52조(감독)

① 소방청장, 시·도지사, 소방본부장 또는 소방서장은 다음 각 호의 어느 하나에 해당하는 자, 사업체 또는 소방대상물 등의 감독을 위하여 필요하면 관계인에게 필요한 보고 또는 자료제출을 명할 수 있으며, 관계 공무원으로 하여금 소방대상물·사업소·사무소 또는 사업장에 출입하여

관계 서류·시설 및 제품 등을 검사하게 하거나 관계인에게 질문하게 할 수 있다.

1. 제22조에 따라 관리업자등이 점검한 특정소방대상물
2. 제25조에 따른 관리사
3. 제29조제1항에 따른 등록한 관리업자
4. 제37조제1항부터 제3항까지 및 제10항에 따른 소방용품의 형식승인, 제품검사 또는 시험시설의 심사를 받은 자
5. 제38조제1항에 따라 변경승인을 받은 자
6. 제40조제1항, 제2항 및 제6항에 따라 성능인증 및 제품검사를 받은 자
7. 제46조제1항에 따라 지정을 받은 전문기관
8. 소방용품을 판매하는 자

② 제1항에 따라 출입·검사 업무를 수행하는 관계 공무원은 그 권한을 표시하는 증표를 지니고 이를 관계인에게 내보여야 한다.

③ 제1항에 따라 출입·검사 업무를 수행하는 관계 공무원은 관계인의 정당한 업무를 방해하거나 출입·검사 업무를 수행하면서 알게 된 비밀을 다른 사람에게 누설하여서는 아니 된다.

제53조(수수료 등)

다음 각 호의 어느 하나에 해당하는 자는 행정안전부령으로 정하는 수수료를 내야 한다. - 생략

칙 제41조(수수료)

① 법 제53조에 따른 수수료 및 납부방법은 별표 10과 같다.

제54조(조치명령등의 기간연장)

영 제49조(조치명령등의 기간연장), 제50조(고유식별정보의 처리), 제51조(규제의 재검토)

칙 제42조(조치명령등의 연기 신청)

① 법 제54조제1항에 따라 조치명령 또는 이행명령(이하 "조치명령등"이라 한다)의 연기를 신청하려는 관계인 등은 영 제49조제2항에 따라 조치명령등의 이행기간 만료일 5일 전까지 별지 제33호서식에 따른 조치명령등의 연기신청서(전자문서로 된 신청서를 포함한다)에 조치명령등을 그 기간 내에 이행할 수 없음을 증명할 수 있는 서류(전자문서를 포함한다)를 첨부하여 소방청장, 소방본부장 또는 소방서장에게 제출해야 한다.

② 제1항에 따른 신청서를 제출받은 소방청장, 소방본부장 또는 소방서장은 신청받은 날부터 3일 이내에 조치명령등의 연기 신청 승인 여부를 결정하여 별지 제34호서식의 조치명령등의 연기 통지서를 관계인 등에게 통지해야 한다.

제55조(위반행위의 신고 및 신고포상금의 지급)

① 누구든지 소방본부장 또는 소방서장에게 다음 각 호의 어느 하나에 해당하는 행위를 한 자를 신고할 수 있다.

1. 제12조제1항을 위반하여 소방시설을 설치 또는 관리한 자
2. 제12조제3항을 위반하여 폐쇄·차단 등의 행위를 한 자
3. 제16조제1항 각 호의 어느 하나에 해당하는 행위를 한 자

② 소방본부장 또는 소방서장은 제1항에 따른 신고를 받은 경우 신고 내용을 확인하여 이를 신속

하게 처리하고, 그 처리결과를 행정안전부령으로 정하는 방법 및 절차에 따라 신고자에게 통지하여야 한다.

③ 소방본부장 또는 소방서장은 제1항에 따른 신고를 한 사람에게 예산의 범위에서 포상금을 지급할 수 있다.

④ 제3항에 따른 신고포상금의 지급대상, 지급기준, 지급절차 등에 필요한 사항은 시·도의 조례로 정한다.

칙 제43조(위반행위 신고 내용 처리결과의 통지 등)

① 소방본부장 또는 소방서장은 법 제55조제2항에 따라 위반행위의 신고 내용을 확인하여 이를 처리한 경우에는 처리한 날부터 10일 이내에 별지 제35호서식의 위반행위 신고 내용 처리결과 통지서를 신고자에게 통지해야 한다.

② 제1항에 따른 통지는 우편, 팩스, 정보통신망, 전자우편 또는 휴대전화 문자메시지 등의 방법으로 할 수 있다.

제7장 벌칙

제56조(벌칙)

① 제12조제3항 본문을 위반하여 소방시설에 폐쇄·차단 등의 행위를 한 자는 5년 이하의 징역 또는 5천만원 이하의 벌금에 처한다.

② 제1항의 죄를 범하여 사람을 상해에 이르게 한 때에는 7년 이하의 징역 또는 7천만원 이하의 벌금에 처하며, 사망에 이르게 한 때에는 10년 이하의 징역 또는 1억원 이하의 벌금에 처한다.

제57조(벌칙)

다음 각 호의 어느 하나에 해당하는 자는 3년 이하의 징역 또는 3천만원 이하의 벌금에 처한다.

1. 제12조제2항, 제15조제3항, 제16조제2항, 제20조제2항, 제23조제6항, 제37조제7항 또는 제45조제2항에 따른 명령을 정당한 사유 없이 위반한 자
2. 제29조제1항을 위반하여 관리업의 등록을 하지 아니하고 영업을 한 자
3. 제37조제1항, 제2항 및 제10항을 위반하여 소방용품의 형식승인을 받지 아니하고 소방용품을 제조하거나 수입한 자 또는 거짓이나 그 밖의 부정한 방법으로 형식승인을 받은 자
4. 제37조제3항을 위반하여 제품검사를 받지 아니한 자 또는 거짓이나 그 밖의 부정한 방법으로 제품검사를 받은 자
5. 제37조제6항을 위반하여 소방용품을 판매· 진열하거나 소방시설공사에 사용한 자
6. 제40조제1항 및 제2항을 위반하여 거짓이나 그 밖의 부정한 방법으로 성능인증 또는 제품검사를 받은 자
7. 제40조제5항을 위반하여 제품검사를 받지 아니하거나 합격표시를 하지 아니한 소방용품을 판매· 진열하거나 소방시설공사에 사용한 자

8. 제45조제3항을 위반하여 구매자에게 명령을 받은 사실을 알리지 아니하거나 필요한 조치를 하지 아니한 자
9. 거짓이나 그 밖의 부정한 방법으로 제46조제1항에 따른 전문기관으로 지정을 받은 자

제58조(벌칙)

다음 각 호의 어느 하나에 해당하는 자는 1년 이하의 징역 또는 1천만원 이하의 벌금에 처한다.

1. 제22조제1항을 위반하여 소방시설등에 대하여 스스로 점검을 하지 아니하거나 관리업자등으로 하여금 정기적으로 점검하게 하지 아니한 자
2. 제25조제7항을 위반하여 소방시설관리사증을 다른 사람에게 빌려주거나 빌리거나 이를 알선한 자
3. 제25조제8항을 위반하여 동시에 둘 이상의 업체에 취업한 자
4. 제28조에 따라 자격정지처분을 받고 그 자격정지기간 중에 관리사의 업무를 한 자
5. 제33조제2항을 위반하여 관리업의 등록증이나 등록수첩을 다른 자에게 빌려주거나 빌리거나 이를 알선한 자
6. 제35조제1항에 따라 영업정지처분을 받고 그 영업정지기간 중에 관리업의 업무를 한 자
7. 제37조제3항에 따른 제품검사에 합격하지 아니한 제품에 합격표시를 하거나 합격표시를 위조 또는 변조하여 사용한 자
8. 제38조제1항을 위반하여 형식승인의 변경승인을 받지 아니한 자
9. 제40조제5항을 위반하여 제품검사에 합격하지 아니한 소방용품에 성능인증을 받았다는 표시 또는 제품검사에 합격하였다는 표시를 하거나 성능인증을 받았다는 표시 또는 제품검사에 합격하였다는 표시를 위조 또는 변조하여 사용한 자
10. 제41조제1항을 위반하여 성능인증의 변경인증을 받지 아니한 자
11. 제43조제1항에 따른 우수품질인증을 받지 아니한 제품에 우수품질인증 표시를 하거나 우수품질인증 표시를 위조하거나 변조하여 사용한 자
12. 제52조제3항을 위반하여 관계인의 정당한 업무를 방해하거나 출입·검사 업무를 수행하면서 알게 된 비밀을 다른 사람에게 누설한 자

제59조(벌칙)

다음 각 호의 어느 하나에 해당하는 자는 300만원 이하의 벌금에 처한다.

1. 제9조제2항 및 제50조제7항을 위반하여 업무를 수행하면서 알게 된 비밀을 이 법에서 정한 목적 외의 용도로 사용하거나 다른 사람 또는 기관에 제공하거나 누설한 자
2. 제21조를 위반하여 방염성능검사에 합격하지 아니한 물품에 합격표시를 하거나 합격표시를 위조하거나 변조하여 사용한 자
3. 제21조제2항을 위반하여 거짓 시료를 제출한 자
4. 제23조제1항 및 제2항을 위반하여 필요한 조치를 하지 아니한 관계인 또는 관계인에게 중대위반사항을 알리지 아니한 관리업자등

제60조(양벌규정)

법인의 대표자나 법인 또는 개인의 대리인, 사용인, 그 밖의 종업원이 그 법인 또는 개인의 업무에 관하여 제56조부터 제59조까지의 어느 하나에 해당하는 위반행위를 하면 그 행위자를 벌하는 외에 그 법인 또는 개인에게도 해당 조문의 벌금형을 과(科)한다. 다만, 법인 또는 개인이 그 위반행위를 방지하기 위하여 해당 업무에 관하여 상당한 주의와 감독을 게을리하지 아니한 경우에는 그러하지 아니하다.

제61조(과태료)

① 다음 각 호의 어느 하나에 해당하는 자에게는 300만원 이하의 과태료를 부과한다.

1. 제12조제1항을 위반하여 소방시설을 화재안전기준에 따라 설치·관리하지 아니한 자
2. 제15조제1항을 위반하여 공사 현장에 임시소방시설을 설치·관리하지 아니한 자
3. 제16조제1항을 위반하여 피난시설, 방화구획 또는 방화시설의 폐쇄·훼손·변경 등의 행위를 한 자
4. 제20조제1항을 위반하여 방염대상물품을 방염성능기준 이상으로 설치하지 아니한 자
5. 제22조제1항 전단을 위반하여 점검능력 평가를 받지 아니하고 점검을 한 관리업자
6. 제22조제1항 후단을 위반하여 관계인에게 점검 결과를 제출하지 아니한 관리업자등
7. 제22조제2항에 따른 점검인력의 배치기준 등 자체점검 시 준수사항을 위반한 자
8. 제23조제3항을 위반하여 점검 결과를 보고하지 아니하거나 거짓으로 보고한 자
9. 제23조제4항을 위반하여 이행계획을 기간 내에 완료하지 아니한 자 또는 이행계획 완료 결과를 보고하지 아니하거나 거짓으로 보고한 자
10. 제24조제1항을 위반하여 점검기록표를 기록하지 아니하거나 특정소방대상물의 출입자가 쉽게 볼 수 있는 장소에 게시하지 아니한 관계인
11. 제31조 또는 제32조제3항을 위반하여 신고를 하지 아니하거나 거짓으로 신고한 자
12. 제33조제3항을 위반하여 지위승계, 행정처분 또는 휴업·폐업의 사실을 특정소방대상물의 관계인에게 알리지 아니하거나 거짓으로 알린 관리업자
13. 제33조제4항을 위반하여 소속 기술인력의 참여 없이 자체점검을 한 관리업자
14. 제34조제2항에 따른 점검실적을 증명하는 서류 등을 거짓으로 제출한 자
15. 제52조제1항에 따른 명령을 위반하여 보고 또는 자료제출을 하지 아니하거나 거짓으로 보고 또는 자료제출을 한 자 또는 정당한 사유 없이 관계 공무원의 출입 또는 검사를 거부·방해 또는 기피한 자

② 제1항에 따른 과태료는 대통령령으로 정하는 바에 따라 소방청장, 시·도지사, 소방본부장 또는 소방서장이 부과·징수한다.

영 제52조(과태료의 부과기준)

법 제61조제1항에 따른 과태료의 부과기준은 별표 10과 같다.

시행령

[영 별표 1] 〈시행일 2023.12.1〉

소방시설(제3조관련)

1. **소화설비**: 물 또는 그 밖의 소화약제를 사용하여 소화하는 기계·기구 또는 설비로서 다음 각 목의 것
   가. 소화기구
      1) 소화기 2) 간이소화용구: 에어로졸식 소화용구, 투척용 소화용구, 소공간용 소화용구 및 소화약제 외의 것을 이용한 간이소화용구 3) 자동확산소화기
   나. 자동소화장치
      1) 주거용 주방자동소화장치 2) 상업용 주방자동소화장치 3) 캐비닛형 자동소화장치
      4) 가스자동소화장치 5) 분말자동소화장치 6) 고체에어로졸자동소화장치
   다. 옥내소화전설비[호스릴(hose reel) 옥내소화전설비를 포함한다]
   라. 스프링클러설비등
      1) 스프링클러설비 2) 간이스프링클러설비(캐비닛형 간이스프링클러설비를 포함한다)
      3) 화재조기진압용 스프링클러설비
   마. 물분무등소화설비
      1) 물분무소화설비 2) 미분무소화설비 3) 포소화설비 4) 이산화탄소소화설비
      5) 할론소화설비 6) 할로겐화합물 및 불활성기체(다른 원소와 화학반응을 일으키기 어려운 기체를 말한다. 이하 같다) 소화설비 7) 분말소화설비 8) 강화액소화설비
      9) 고체에어로졸소화설비
   바. 옥외소화전설비
2. **경보설비**: 화재발생 사실을 통보하는 기계·기구 또는 설비로서 다음 각 목의 것
   가. 단독경보형 감지기 나. 비상경보설비 1) 비상벨설비 2) 자동식사이렌설비
   다. 자동화재탐지설비 라. 시각경보기 마. 화재알림설비 바. 비상방송설비
   사. 자동화재속보설비 아. 통합감시시설 자. 누전경보기 차. 가스누설경보기
3. **피난구조설비**: 화재가 발생할 경우 피난하기 위하여 사용하는 기구 또는 설비로서 다음 각 목의 것
   가. 피난기구
      1) 피난사다리 2) 구조대 3) 완강기 4) 간이완강기 5) 그 밖에 화재안전기준으로 정하는 것
   나. 인명구조기구
      1) 방열복, 방화복(안전모, 보호장갑 및 안전화를 포함한다) 2) 공기호흡기 3) 인공소생기
   다. 유도등
      1) 피난유도선 2) 피난구유도등 3) 통로유도등 4) 객석유도등 5) 유도표지
   라. 비상조명등 및 휴대용비상조명등
4. **소화용수설비**: 화재를 진압하는 데 필요한 물을 공급하거나 저장하는 설비로서 다음 각 목의 것
   가. 상수도소화용수설비 나. 소화수조·저수조, 그 밖의 소화용수설비
5. **소화활동설비**: 화재를 진압하거나 인명구조활동을 위하여 사용하는 설비로서 다음 각 목의 것
   가. 제연설비 나. 연결송수관설비 다. 연결살수설비
   라. 비상콘센트설비 마. 무선통신보조설비 바. 연소방지설비

[영 별표 2] 〈개정 2025.11.25〉

특정소방대상물(제5조관련)

1. 공동주택
   가. 아파트등: 주택으로 쓰는 층수가 5층 이상인 주택
   나. 연립주택: 주택으로 쓰는 1개 동의 바닥면적(2개 이상의 동을 지하주차장으로 연결하는 경우에는 각각의 동으로 본다) 합계가 660㎡를 초과하고, 층수가 4개 층 이하인 주택
   다. 다세대주택: 주택으로 쓰는 1개 동의 바닥면적(2개 이상의 동을 지하주차장으로 연결하는 경우에는 각각의 동으로 본다) 합계가 660㎡ 이하이고, 층수가 4개 층 이하인 주택
   라. 기숙사: 학교 또는 공장 등의 학생 또는 종업원 등을 위하여 쓰는 것으로서 1개 동의 공동취사시설 이용 세대 수가 전체의 50퍼센트 이상인 것(「교육기본법」 제27조제2항에 따른 학생복지주택 및 「공공주택 특별법」 제2조제1호의3에 따른 공공매입임대주택 중 독립된 주거의 형태를 갖추지 않은 것을 포함한다)
2. 근린생활시설
   가. **슈퍼마켓과 일용품**(식품, 잡화, 의류, 완구, 서적, 건축자재, 의약품, 의료기기 등) 등의 소매점으로서 같은 건축물(하나의 대지에 두 동 이상의 건축물이 있는 경우에는 이를 같은 건축물로 본다. 이하 같다)에 해당 용도로 쓰는 바닥면적의 합계가 1천㎡ 미만인 것
   나. **휴게음식점, 제과점, 일반음식점, 기원**(棋院), **노래연습장 및 단란주점**(단란주점은 같은 건축물에 해당 용도로 쓰는 바닥면적의 합계가 150㎡ 미만인 것만 해당한다)
   다. **이용원, 미용원, 목욕장 및 세탁소**(공장에 부설된 것과 「대기환경보전법」, 「물환경보전법」 또는 「소음·진동관리법」에 따른 배출시설의 설치허가 또는 신고의 대상인 것은 제외한다)
   라. **의원, 치과의원, 한의원, 침술원, 접골원**(接骨院), **조산원, 산후조리원 및 안마원**(「의료법」 제82조제4항에 따른 안마시술소를 포함한다)
   마. **탁구장, 테니스장, 체육도장, 체력단련장, 에어로빅장, 볼링장, 당구장, 실내낚시터, 골프연습장, 물놀이형 시설**(「관광진흥법」 제33조에 따른 안전성검사의 대상이 되는 물놀이형 시설을 말한다. 이하 같다), 그 밖에 이와 비슷한 것으로서 같은 건축물에 해당 용도로 쓰는 바닥면적의 합계가 500㎡ 미만인 것
   바. **공연장**(**극장**, 영화상영관, 연예장, 음악당, 서커스장, 「영화 및 비디오물의 진흥에 관한 법률」 제2조제16호가목에 따른 **비디오물감상실업**의 시설, 같은 호 나목에 따른 비디오물소극장업의 시설, 그 밖에 이와 비슷한 것을 말한다. 이하 같다) 또는 **종교집회장**[교회, 성당, 사찰, 기도원, 수도원, 수녀원, 제실(祭室), 사당, 그 밖에 이와 비슷한 것을 말한다. 이하 같다]으로서 같은 건축물에 해당 용도로 쓰는 바닥면적의 합계가 300㎡ 미만인 것
   사. **금융업소, 사무소**, 부동산중개사무소, 결혼상담소 등 소개업소, 출판사, 서점, 그 밖에 이와 비슷한 것으로서 같은 건축물에 해당 용도로 쓰는 바닥면적의 합계가 500㎡ 미만인 것
   아. 제조업소, 수리점, 그 밖에 이와 비슷한 것으로서 같은 건축물에 해당 용도로 쓰는 바닥면적의 합계가 500㎡ 미만인 것(「대기환경보전법」, 「물환경보전법」 또는 「소음·진동관리법」에 따른 배출시설의 설치허가 또는 신고의 대상인 것은 제외한다)
   자. 「게임산업진흥에 관한 법률」 제2조제6호의2에 따른 청소년게임제공업 및 일반게임제공업의 시설, 같은 조 제7호에 따른 인터넷컴퓨터게임시설제공업의 시설 및 같은 조 제8호에 따른 복합유통게임제공업의 시설로서 같은 건축물에 해당 용도로 쓰는 바닥면적의 합계가 500㎡ 미만인 것
   차. 사진관, 표구점, 학원(같은 건축물에 해당 용도로 쓰는 바닥면적의 합계가 500㎡ 미만인 것만 해당하며,

자동차학원 및 무도학원은 제외한다), 독서실, 고시원(「다중이용업소의 안전관리에 관한 특별법」에 따른 다중이용업 중 고시원업의 시설로서 독립된 주거의 형태를 갖추지 않은 것으로서 같은 건축물에 해당 용도로 쓰는 바닥면적의 합계가 500㎡ 미만인 것을 말한다), 장의사, 동물병원, 총포판매사, 그 밖에 이와 비슷한 것

카. 의약품 판매소, 의료기기 판매소 및 자동차영업소로서 같은 건축물에 해당 용도로 쓰는 바닥면적의 합계가 1천㎡ 미만인 것

3. 문화 및 집회시설

가. **공연장**으로서 근린생활시설에 해당하지 않는 것

나. **집회장**: **예식장**, 공회당, 회의장, **마권(馬券) 장외 발매소**, 마권 전화투표소, 그 밖에 이와 비슷한 것으로서 근린생활시설에 해당하지 않는 것

다. **관람장**: 경마장, 경륜장, 경정장, 자동차 경기장, 그 밖에 이와 비슷한 것과 체육관 및 운동장으로서 관람석의 바닥면적의 합계가 1천㎡ 이상인 것

라. **전시장**: 박물관, 미술관, 과학관, 문화관, 체험관, 기념관, 산업전시장, 박람회장, 견본주택, 그 밖에 이와 비슷한 것

마. **동식물원**: **동물원**, **식물원**, 수족관, 그 밖에 이와 비슷한 것

4. 종교시설

가. 종교집회장으로서 근린생활시설에 해당하지 않는 것

나. 가목의 종교집회장에 설치하는 봉안당(奉安堂)

5. 판매시설

가. **도매시장**: 「농수산물 유통 및 가격안정에 관한 법률」 제2조제2호에 따른 농수산물도매시장, 같은 조 제5호에 따른 농수산물공판장, 그 밖에 이와 비슷한 것(그 안에 있는 근린생활시설을 포함한다)

나. **소매시장**: 시장, 「유통산업발전법」 제2조제3호에 따른 대규모점포, 그 밖에 이와 비슷한 것(그 안에 있는 근린생활시설을 포함한다)

다. **전통시장**: 「전통시장 및 상점가 육성을 위한 특별법」 제2조제1호에 따른 전통시장(그 안에 있는 근린생활시설을 포함하며, 노점형시장은 제외한다)

라. 상점: 다음의 어느 하나에 해당하는 것(그 안에 있는 근린생활시설을 포함한다)

1) 제2호가목에 해당하는 용도로서 같은 건축물에 해당 용도로 쓰는 바닥면적 합계가 1천㎡ 이상인 것

2) 제2호자목에 해당하는 용도로서 같은 건축물에 해당 용도로 쓰는 바닥면적 합계가 500㎡ 이상인 것

6. 운수시설

가. 여객자동차터미널　　나. 철도 및 도시철도 시설[정비창(整備廠) 등 관련 시설을 포함한다]

다. 공항시설(항공관제탑을 포함한다)　　라. 항만시설 및 종합여객시설

7. 의료시설

가. **병원**: 종합병원, 병원, 치과병원, 한방병원, 요양병원

나. **격리병원**: 전염병원, 마약진료소, 그 밖에 이와 비슷한 것

다. 정신의료기관　라. 「장애인복지법」 제58조제1항제4호에 따른 장애인 의료재활시설

8. 교육연구시설

가. 학교　1) 초등학교, 중학교, 고등학교, 특수학교, 그 밖에 이에 준하는 학교: 「학교시설사업 촉진법」 제2조제1호나목의 교사(校舍)(교실·도서실 등 교수·학습활동에 직접 또는 간접적으로 필요한 시설물을 말하되, 병설유치원으로 사용되는 부분은 제외한다. 이하 같다), 체육관, 「학교급식

법」 제6조에 따른 급식시설, 합숙소(학교의 운동부, 기능선수 등이 집단으로 숙식하는 장소를 말한다. 이하 같다)

2) 대학, 대학교, 그 밖에 이에 준하는 각종 학교: 교사 및 합숙소

나. 교육원(연수원, 그 밖에 이와 비슷한 것을 포함한다)
다. 직업훈련소
라. 학원(근린생활시설에 해당하는 것과 자동차운전학원·정비학원 및 무도학원은 제외한다)
마. 연구소(연구소에 준하는 시험소와 계량계측소를 포함한다)
바. 도서관

9. 노유자 시설

가. **노인 관련 시설**: 「노인복지법」에 따른 노인주거복지시설, 노인의료복지시설, 노인여가복지시설, 주·야간보호서비스나 단기보호서비스를 제공하는 재가노인복지시설(「노인장기요양보험법」에 따른 장기요양기관을 포함한다), 노인보호전문기관, 노인일자리지원기관, 학대피해노인 전용쉼터, 그 밖에 이와 비슷한 것

나. **아동 관련 시설**: 「아동복지법」에 따른 아동복지시설, 「영유아보육법」에 따른 어린이집, 「유아교육법」에 따른 유치원[제8호가목1)에 따른 학교의 교사 중 병설유치원으로 사용되는 부분을 포함한다], 그 밖에 이와 비슷한 것

다. **장애인 관련 시설**: 「장애인복지법」에 따른 장애인 거주시설, 장애인 지역사회재활시설(장애인 심부름센터, 한국수어통역센터, 점자도서 및 녹음서 출판시설 등 장애인이 직접 그 시설 자체를 이용하는 것을 주된 목적으로 하지 않는 시설은 제외한다), 장애인 직업재활시설, 그 밖에 이와 비슷한 것

라. **정신질환자 관련 시설**: 「정신건강증진 및 정신질환자 복지서비스 지원에 관한 법률」에 따른 정신재활시설(생산품판매시설은 제외한다), 정신요양시설, 그 밖에 이와 비슷한 것

마. **노숙인 관련 시설**: 「노숙인 등의 복지 및 자립지원에 관한 법률」 제2조제2호에 따른 노숙인복지시설(노숙인일시보호시설, 노숙인자활시설, 노숙인재활시설, 노숙인요양시설 및 쪽방상담소만 해당한다), 노숙인종합지원센터 및 그 밖에 이와 비슷한 것

바. 가목부터 마목까지에서 규정한 것 외에 「사회복지사업법」에 따른 사회복지시설 중 결핵환자 또는 한센인 요양시설 등 다른 용도로 분류되지 않는 것

10. 수련시설

가. **생활권 수련시설**: 「청소년활동 진흥법」에 따른 청소년수련관, 청소년문화의집, 청소년특화시설, 그 밖에 이와 비슷한 것

나. **자연권 수련시설**: 「청소년활동 진흥법」에 따른 청소년수련원, 청소년야영장, 그 밖에 이와 비슷한 것

다. 「청소년활동 진흥법」에 따른 **유스호스텔**

11. 운동시설

가. 탁구장, **체육도장**, 테니스장, 체력단련장, 에어로빅장, 볼링장, 당구장, 실내낚시터, 골프연습장, 물놀이형 시설, 그 밖에 이와 비슷한 것으로서 근린생활시설에 해당하지 않는 것

나. **체육관**으로서 관람석이 없거나 관람석의 바닥면적이 1천㎡ 미만인 것

다. 운동장: 육상장, 구기장, 볼링장, 수영장, 스케이트장, 롤러스케이트장, 승마장, 사격장, 궁도장, 골프장 등과 이에 딸린 건축물로서 관람석이 없거나 관람석의 바닥면적이 1천㎡ 미만인 것

12. 업무시설

가. **공공업무시설**: 국가 또는 지방자치단체의 청사와 외국공관의 건축물로서 근린생활시설에 해당하지 않는 것

나. **일반업무시설**: 금융업소, 사무소, 신문사, **오피스텔**[업무를 주로 하며, 분양하거나 임대하는 구획 중 일부의 구획에서 숙식을 할 수 있도록 한 건축물로서 「건축법 시행령」 별표 1 제14호나목2)에 따라 국토교통부장관

이 고시하는 기준에 적합한 것을 말한다], 그 밖에 이와 비슷한 것으로서 근린생활시설에 해당하지 않는 것

다. 주민자치센터(동사무소), 경찰서, 지구대, 파출소, 소방서, 119안전센터, 우체국, 보건소, 공공도서관, 국민건강보험공단, 그 밖에 이와 비슷한 용도로 사용하는 것

라. 마을회관, 마을공동작업소, 마을공동구판장, 그 밖에 이와 유사한 용도로 사용되는 것

마. 변전소, 양수장, 정수장, 대피소, 공중화장실, 그 밖에 이와 유사한 용도로 사용되는 것

13. 숙박시설

가. **일반형 숙박시설:** 「공중위생관리법 시행령」 제4조제1호에 따른 숙박업의 시설

나. **생활형 숙박시설:** 「공중위생관리법 시행령」 제4조제2호에 따른 숙박업의 시설

다. 고시원(근린생활시설에 해당하지 않는 것을 말한다)

라. 그 밖에 가목부터 다목까지의 시설과 비슷한 것

14. 위락시설

가. 단란주점으로서 근린생활시설에 해당하지 않는 것

나. 유흥주점, 그 밖에 이와 비슷한 것

다. 「관광진흥법」에 따른 테마파크업의 시설, 그 밖에 이와 비슷한 시설(근린생활시설에 해당하는 것은 제외한다)

라. 무도장 및 무도학원

마. 카지노영업소

15. 공장

물품의 제조·가공[세탁·염색·도장(塗裝)·표백·재봉·건조·인쇄 등을 포함한다] 또는 수리에 계속적으로 이용되는 건축물로서 근린생활시설, 위험물 저장 및 처리 시설, 항공기 및 자동차 관련 시설, 자원순환 관련 시설, 묘지 관련 시설 등으로 따로 분류되지 않는 것

16. 창고시설(위험물 저장 및 처리 시설 또는 그 부속용도에 해당하는 것은 제외한다)

가. 창고(물품저장시설로서 냉장·냉동 창고를 포함한다)

나. 하역장

다. 「물류시설의 개발 및 운영에 관한 법률」에 따른 물류터미널

라. 「유통산업발전법」 제2조제15호에 따른 집배송시설

17. 위험물 저장 및 처리 시설

가. 제조소등

나. **가스시설:** 산소 또는 가연성 가스를 제조·저장 또는 취급하는 시설 중 지상에 노출된 산소 또는 가연성 가스 탱크의 저장용량의 합계가 100톤 이상이거나 저장용량이 30톤 이상인 탱크가 있는 가스시설로서 다음의 어느 하나에 해당하는 것

1) **가스 제조시설**
   가) 「고압가스 안전관리법」 제4조제1항에 따른 고압가스의 제조허가를 받아야 하는 시설
   나) 「도시가스사업법」 제3조에 따른 도시가스사업허가를 받아야 하는 시설

2) **가스 저장시설**
   가) 「고압가스 안전관리법」 제4조제5항에 따른 고압가스 저장소의 설치허가를 받아야 하는 시설
   나) 「액화석유가스의 안전관리 및 사업법」 제8조제1항에 따른 액화석유가스 저장소의 설치 허가를 받아야 하는 시설

3) **가스 취급시설 :** 「액화석유가스의 안전관리 및 사업법」 제5조에 따른 액화석유가스 충전사업 또는 액화석유가스 집단공급사업의 허가를 받아야 하는 시설

18. 항공기 및 자동차 관련 시설(건설기계 관련 시설을 포함한다)

가. 항공기 격납고

나. 차고, 주차용 건축물, 철골 조립식 주차시설(바닥면이 조립식이 아닌 것을 포함한다) 및 기계장치에 의한 주차시설

다. 세차장

라. 폐차장

마. 자동차 검사장 바. 자동차 매매장 사. 자동차 정비공장 아. 운전학원・정비학원

자. 다음의 건축물을 제외한 건축물의 내부(「건축법 시행령」 제119조제1항제3호다목에 따른 필로티와 건축물의 지하를 포함한다)에 설치된 주차장

1) 「건축법 시행령」 별표 1 제1호에 따른 단독주택

2) 「건축법 시행령」 별표 1 제2호에 따른 공동주택 중 50세대 미만인 연립주택 또는 50세대 미만인 다세대주택

차. 「여객자동차 운수사업법」, 「화물자동차 운수사업법」 및 「건설기계관리법」에 따른 차고 및 주기장(駐機場)

19. 동물 및 식물 관련 시설

가. 축사[부화장(孵化場)을 포함한다]

나. 가축시설: 가축용 운동시설, 인공수정센터, 관리사(管理舍), 가축용 창고, 가축시장, 동물검역소, 실험동물 사육시설, 그 밖에 이와 비슷한 것

다. 도축장 라. 도계장 마. 작물 재배사(栽培舍) 바. 종묘배양시설 사. 화초 및 분재 등의 온실

아. 식물과 관련된 마목부터 사목까지의 시설과 비슷한 것(동・식물원은 제외한다)

20. 자원순환 관련 시설

가. 하수 등 처리시설 나. 고물상 다. 폐기물재활용시설 라. 폐기물처분시설 마. 폐기물감량화시설

21. 교정 및 군사시설

가. 보호감호소, 교도소, 구치소 및 그 지소

나. 보호관찰소, 갱생보호시설, 그 밖에 범죄자의 갱생・보호・교육・보건 등의 용도로 쓰는 시설

다. 치료감호시설 라. 소년원 및 소년분류심사원

마. 「출입국관리법」 제52조제2항에 따른 보호시설 바. 「경찰관 직무집행법」 제9조에 따른 유치장

사. 국방・군사시설(「국방・군사시설 사업에 관한 법률」 제2조제1호가목부터 마목까지의 시설을 말한다)

22. 방송통신시설

가. 방송국(방송프로그램 제작시설 및 송신・수신・중계시설을 포함한다) 나. 전신전화국 다. 촬영소

라. 통신용 시설 마. 데이터센터 바. 그 밖에 가목부터 마목까지의 시설과 비슷한 것 〈24.12.31 개정〉

23. 발전시설

가. 원자력발전소 나. 화력발전소 다. 수력발전소(조력발전소를 포함한다) 라. 풍력발전소

마. 전기저장시설[20킬로와트시(kWh)를 초과하는 리튬・나트륨・레독스플로우 계열의 2차 전지를 이용한 전기저장장치 또는 무정전전원공급장치(UPS)의 시설을 말한다. 이하 같다] 〈24.12.31 개정〉

바. 그 밖에 가목부터 마목까지의 시설과 비슷한 것(집단에너지 공급시설을 포함한다)

24. 묘지 관련 시설

가. 화장시설 나. 봉안당(제4호나목의 봉안당은 제외한다) 다. 묘지와 자연장지에 부수되는 건축물

라. 동물화장시설, 동물건조장(乾燥葬)시설 및 동물 전용의 납골시설

25. 관광 휴게시설

가. 야외음악당 나. 야외극장 다. 어린이회관 라. 관망탑 마. 휴게소

바. 공원・유원지 또는 관광지에 부수되는 건축물

26. 장례시설

가. 장례식장[의료시설의 부수시설(「의료법」 제36조제1호에 따른 의료기관의 종류에 따른 시설을 말한다)은 제외한다] 나. 동물 전용의 장례식장

27. 지하상가

지하의 인공구조물 안에 설치되어 있는 상점, 사무실, 그 밖에 이와 비슷한 시설이 연속하여 지하도에 면하여 설치된 것과 그 지하도를 합한 것

27의2. 터널

가. 터널: 차량(궤도차량용은 제외한다) 등의 통행을 목적으로 지하, 수저 또는 산을 뚫어서 만든 것

나. 「도로법」 제50조제2항에 따른 방음터널

28. 지하구

가. 전력・통신용의 전선이나 가스・냉난방용의 배관 또는 이와 비슷한 것을 집합수용하기 위하여 설치한 지하 인공구조물로서 사람이 점검 또는 보수를 하기 위하여 출입이 가능한 것 중 다음의 어느 하나에 해당하는 것

1) 전력 또는 통신사업용 지하 인공구조물로서 전력구(케이블 접속부가 없는 경우는 제외한다) 또는 통신구 방식으로 설치된 것

2) 1)외의 지하 인공구조물로서 폭이 1.8m 이상이고 높이가 2m 이상이며 길이가 50m 이상인 것

나. 「국토의 계획 및 이용에 관한 법률」 제2조제9호에 따른 공동구

29. 국가유산

가. 「문화유산의 보존 및 활용에 관한 법률」 제2조제3항에 따른 지정문화유산 중 건축물

나. 「자연유산의 보존 및 활용에 관한 법률」 에 따른 천연기념물등 중 건축물

30. 복합건축물

가. 하나의 건축물이 제1호부터 제27호까지의 것 중 둘 이상의 용도로 사용되는 것. 다만, 다음의 어느 하나에 해당하는 경우에는 복합건축물로 보지 않는다.

1) 관계 법령에서 주된 용도의 부수시설로서 그 설치를 의무화하고 있는 용도 또는 시설

2) 「주택법」 제35조제1항제3호 및 제4호에 따라 주택 안에 부대시설 또는 복리시설이 설치되는 특정소방대상물

3) 건축물의 주된 용도의 기능에 필수적인 용도로서 다음의 어느 하나에 해당하는 용도

가) 건축물의 설비(제23호마목의 전기저장시설을 포함한다), 대피 또는 위생을 위한 용도, 그 밖에 이와 비슷한 용도

나) 사무, 작업, 집회, 물품저장 또는 주차를 위한 용도, 그 밖에 이와 비슷한 용도

다) 구내식당, 구내세탁소, 구내운동시설 등 종업원후생복리시설(기숙사는 제외한다) 또는 구내소각시설의 용도, 그 밖에 이와 비슷한 용도

나. 하나의 건축물이 근린생활시설, 판매시설, 업무시설, 숙박시설 또는 위락시설의 용도와 주택의 용도로 함께 사용되는 것

※ 비 고

1. 내화구조로 된 하나의 특정소방대상물이 개구부 및 연소 확대 우려가 없는 내화구조의 바닥과 벽으로 구획되어 있는 경우에는 그 구획된 부분을 각각 별개의 특정소방대상물로 본다. 다만, 제9조에 따라 성능위주설계를 해야 하는 범위를 정할 때에는 하나의 특정소방대상물로 본다.
2. 둘 이상의 특정소방대상물이 다음 각 목의 어느 하나에 해당되는 구조의 복도 또는 통로(이하 이 표에서 "연결통로"라 한다)로 연결된 경우에는 이를 하나의 특정소방대상물로 본다.

가. 내화구조로 된 연결통로가 다음의 어느 하나에 해당되는 경우
   1) 벽이 없는 구조로서 그 길이가 6m 이하인 경우
   2) 벽이 있는 구조로서 그 길이가 10m 이하인 경우. 다만, 벽 높이가 바닥에서 천장까지의 높이의 2분의 1 이상인 경우에는 벽이 있는 구조로 보고, 벽 높이가 바닥에서 천장까지의 높이의 2분의 1 미만인 경우에는 벽이 없는 구조로 본다.

나. 내화구조가 아닌 연결통로로 연결된 경우

다. 컨베이어로 연결되거나 플랜트설비의 배관 등으로 연결되어 있는 경우

라. 지하보도, 지하상가, 지하가로 연결된 경우

마. 자동방화셔터 또는 60분+ 방화문이 설치되지 않은 피트(전기설비 또는 배관설비 등이 설치되는 공간을 말한다)로 연결된 경우

바. 지하구로 연결된 경우

3. 제2호에도 불구하고 연결통로 또는 지하구와 특정소방대상물의 양쪽에 다음 각 목의 어느 하나에 해당하는 시설이 적합하게 설치된 경우에는 각각 별개의 특정소방대상물로 본다.
   가. 화재 시 경보설비 또는 자동소화설비의 작동과 연동하여 자동으로 닫히는 자동방화셔터, 60분+ 방화문 또는 60분 방화문이 설치된 경우
   나. 화재 시 자동으로 방수되는 방식의 드렌처설비 또는 개방형 스프링클러헤드가 설치된 경우

4. 위 제1호부터 제30호까지의 특정소방대상물의 지하층이 지하가와 연결되어 있는 경우 해당 지하층의 부분을 지하가로 본다. 다만, 다음 지하가와 연결되는 지하층에 지하층 또는 지하가에 설치된 자동방화셔터 또는 60분+ 방화문이 화재 시 경보설비 또는 자동소화설비의 작동과 연동하여 자동으로 닫히는 구조이거나 그 윗부분에 드렌처설비가 설치된 경우에는 지하가로 보지 않는다.

[영 별표 3]

소방용품(제6조 관련)

1. 소화설비를 구성하는 제품 또는 기기
   가. 별표 1 제1호가목의 소화기구(소화약제 외의 것을 이용한 간이소화용구는 제외한다)
   나. 별표 1 제1호나목의 자동소화장치
   다. 소화설비를 구성하는 소화전, 관창(管槍), 소방호스, 스프링클러헤드, 기동용 수압개폐장치, 유수제어밸브 및 가스관선택밸브

2. 경보설비를 구성하는 제품 또는 기기
   가. 누전경보기 및 가스누설경보기
   나. 경보설비를 구성하는 발신기, 수신기, 중계기, 감지기 및 음향장치(경종만 해당한다)

3. 피난구조설비를 구성하는 제품 또는 기기
   가. 피난사다리, 구조대, 완강기(지지대를 포함한다) 및 간이완강기(지지대를 포함한다)
   나. 공기호흡기(충전기를 포함한다)
   다. 피난구유도등, 통로유도등, 객석유도등 및 예비 전원이 내장된 비상조명등

4. 소화용으로 사용하는 제품 또는 기기
   가. 소화약제[별표 1 제1호나목2) 및 3)의 자동소화장치와 같은 호 마목3)부터 9)까지의 소화설비용만 해당한다]
   나. 방염제(방염액·방염도료 및 방염성물질을 말한다)

5. 그 밖에 행정안전부령으로 정하는 소방 관련 제품 또는 기기

[영 별표 4] 〈개정 2025.11.25〉

특정소방대상물의 관계인이 특정소방대상물에 설치 · 관리해야 하는 소방시설의 종류(제11조 관련)

1. 소화설비

가. 화재안전기준에 따라 소화기구를 설치해야 하는 특정소방대상물은 다음의 어느 하나에 해당하는 것으로 한다.

1) 연면적 33㎡ 이상인 것. 다만, 노유자 시설의 경우에는 투척용 소화용구 등을 화재안전기준에 따라 산정된 소화기 수량의 2분의 1 이상으로 설치할 수 있다.

2) 1)에 해당하지 않는 시설로서 가스시설, 발전시설 중 전기저장시설 및 국가유산

3) 터널

4) 지하구

나. 자동소화장치를 설치해야 하는 특정소방대상물은 다음의 어느 하나에 해당하는 특정소방대상물 중 후드 및 덕트가 설치되어 있는 주방이 있는 특정소방대상물로 한다. 이 경우 해당 주방에 자동소화장치를 설치해야 한다.

1) 주거용 주방자동소화장치를 설치해야 하는 것: 아파트등 및 오피스텔의 모든 층

2) 상업용 주방자동소화장치를 설치해야 하는 것

가) 판매시설 중 「유통산업발전법」 제2조제3호에 해당하는 대규모점포에 입점해 있는 일반음식점

나) 「식품위생법」 제2조제12호에 따른 집단급식소

3) 캐비닛형 자동소화장치, 가스자동소화장치, 분말자동소화장치 또는 고체에어로졸자동소화장치를 설치해야 하는 것: 화재안전기준에서 정하는 장소

다. 옥내소화전설비를 설치해야 하는 특정소방대상물은 다음의 어느 하나에 해당하는 것으로 한다. 다만, 위험물 저장 및 처리 시설 중 가스시설, 지하구 및 업무시설 중 무인변전소(방재실 등에서 스프링클러설비 또는 물분무등소화설비를 원격으로 조정할 수 있는 무인변전소로 한정한다)는 제외한다.

1) 다음의 어느 하나에 해당하는 경우에는 모든 층

가) 연면적 3천㎡ 이상인 것(터널은 제외한다)

나) 지하층 · 무창층(축사는 제외한다)으로서 바닥면적이 600㎡ 이상인 층이 있는 것

다) 층수가 4층 이상인 층 중 바닥면적이 600㎡ 이상인 층이 있는 것

2) 1)에 해당하지 않는 근린생활시설, 판매시설, 운수시설, 의료시설, 노유자 시설, 업무시설, 숙박시설, 위락시설, 공장, 창고시설, 항공기 및 자동차 관련 시설, 교정 및 군사시설 중 국방 · 군사시설, 방송통신시설, 발전시설, 장례시설 또는 복합건축물로서 다음의 어느 하나에 해당하는 경우에는 모든 층

가) 연면적 1천5백㎡ 이상인 것

나) 지하층 · 무창층으로서 바닥면적이 300㎡ 이상인 층이 있는 것

다) 층수가 4층 이상인 층 중 바닥면적이 300㎡ 이상인 층이 있는 것

3) 건축물의 옥상에 설치된 차고 · 주차장으로서 사용되는 면적이 200㎡ 이상인 경우 해당 부분

4) 다음의 어느 하나에 해당하는 터널

가) 길이가 1천m 이상인 터널

나) 예상교통량, 경사도 등 터널의 특성을 고려하여 행정안전부령으로 정하는 터널

5) 1) 및 2)에 해당하지 않는 공장 또는 창고시설로서 「화재의 예방 및 안전관리에 관한 법률 시행령」 별표 2에서 정하는 수량의 750배 이상의 특수가연물을 저장 · 취급하는 것

라. 스프링클러설비를 설치해야 하는 특정소방대상물(위험물 저장 및 처리 시설 중 가스시설 및 지하구는 제외한다)은 다음의 어느 하나에 해당하는 것으로 한다.

1) 층수가 6층 이상인 특정소방대상물의 경우에는 모든 층. 다만, 다음의 어느 하나에 해당하는 경우는 제외한다.

가) 주택 관련 법령에 따라 기존의 아파트등을 리모델링하는 경우로서 건축물의 연면적 및 층의 높이가 변경되지 않는 경우. 이 경우 해당 아파트등의 사용검사 당시의 소방시설의 설치에 관한 대통령령 또는 화재안전기준을 적용한다.

나) 스프링클러설비가 없는 기존의 특정소방대상물을 용도변경하는 경우. 다만, 2)부터 6)까지 및 9)부터 12)까지의 규정에 해당하는 특정소방대상물로 용도변경하는 경우에는 해당 규정에 따라 스프링클러설비를 설치한다.

2) 기숙사(교육연구시설·수련시설 내에 있는 학생 수용을 위한 것을 말한다) 또는 복합건축물로서 연면적 5천㎡ 이상인 경우에는 모든 층

3) 문화 및 집회시설(동·식물원은 제외한다), 종교시설(주요구조부가 목조인 것은 제외한다), 운동시설(물놀이형 시설 및 바닥이 불연재료이고 관람석이 없는 운동시설은 제외한다)로서 다음의 어느 하나에 해당하는 경우에는 모든 층

가) 수용인원이 100명 이상인 것

나) 영화상영관의 용도로 쓰는 층의 바닥면적이 지하층 또는 무창층인 경우에는 500㎡ 이상, 그 밖의 층의 경우에는 1천㎡ 이상인 것

다) 무대부가 지하층·무창층 또는 4층 이상의 층에 있는 경우에는 무대부의 면적이 300㎡ 이상인 것

라) 무대부가 다) 외의 층에 있는 경우에는 무대부의 면적이 500㎡ 이상인 것

4) 판매시설, 운수시설 및 창고시설(물류터미널로 한정한다)로서 바닥면적의 합계가 5천㎡ 이상이거나 수용인원이 500명 이상인 경우에는 모든 층

5) 다음의 어느 하나에 해당하는 용도로 사용되는 시설의 바닥면적의 합계가 600㎡ 이상인 것은 모든 층

가) 근린생활시설 중 조산원 및 산후조리원

나) 의료시설 중 정신의료기관

다) 의료시설 중 종합병원, 병원, 치과병원, 한방병원 및 요양병원

라) 노유자 시설

마) 숙박이 가능한 수련시설

바) 숙박시설

6) 창고시설(물류터미널은 제외한다)로서 바닥면적의 합계가 5천㎡ 이상인 경우에는 모든 층

7) 특정소방대상물의 지하층·무창층(축사는 제외한다) 또는 층수가 4층 이상인 층으로서 바닥면적이 1천㎡ 이상인 층이 있는 경우에는 해당 층

8) 랙(물건을 수납할 수 있는 선반이나 이와 비슷한 것을 말한다. 이하 같다)이 설치된 창고시설로서 천장 또는 반자(반자가 없는 경우에는 지붕의 옥내에 면하는 부분을 말한다)의 높이가 10m를 초과하고, 랙이 설치된 부분의 바닥면적의 합계가 1천5백㎡ 이상인 경우에는 모든 층

9) 공장 또는 창고시설로서 다음의 어느 하나에 해당하는 시설

가) 「화재의 예방 및 안전관리에 관한 법률 시행령」 별표 2에서 정하는 수량의 1천 배 이상의 특수가연물을 저장·취급하는 시설

나) 「원자력안전법 시행령」 제2조제1호에 따른 중·저준위방사성폐기물(이하"중·저준위방사성폐기물"이라 한다)의 저장시설 중 소화수를 수집·처리하는 설비가 있는 저장시설

10) 지붕 또는 외벽이 불연재료가 아니거나 내화구조가 아닌 공장 또는 창고시설로서 다음의 어느 하나에 해당하는 것
   가) 창고시설(물류터미널로 한정한다) 중 4)에 해당하지 않는 것으로서 바닥면적의 합계가 2천5백㎡ 이상이거나 수용인원이 250명 이상인 경우에는 모든 층
   나) 창고시설(물류터미널은 제외한다) 중 6)에 해당하지 않는 것으로서 바닥면적의 합계가 2천5백㎡ 이상인 경우에는 모든 층
   다) 공장 또는 창고시설 중 7)에 해당하지 않는 것으로서 지하층·무창층 또는 층수가 4층 이상인 것 중 바닥면적이 500㎡ 이상인 경우에는 모든 층
   라) 랙식 창고 중 8)에 해당하지 않는 것으로서 바닥면적의 합계가 750㎡ 이상인 경우에는 모든 층
   마) 공장 또는 창고시설 중 9)가)에 해당하지 않는 것으로서 「화재의 예방 및 안전관리에 관한 법률 시행령」 별표 2에서 정하는 수량의 500배 이상의 특수가연물을 저장·취급하는 시설
11) 교정 및 군사시설 중 다음의 어느 하나에 해당하는 경우에는 해당 장소
   가) 보호감호소, 교도소, 구치소 및 그 지소, 보호관찰소, 갱생보호시설, 치료감호시설, 소년원 및 소년분류심사원의 수용거실
   나) 「출입국관리법」 제52조제2항에 따른 보호시설(외국인보호소의 경우에는 보호대상자의 생활공간으로 한정한다. 이하 같다)로 사용하는 부분. 다만, 보호시설이 임차건물에 있는 경우는 제외한다.
   다) 「경찰관 직무집행법」 제9조에 따른 유치장
12) 지하상가로서 연면적 1천㎡ 이상인 것
13) 발전시설 중 전기저장시설
14) 1)부터 13)까지의 특정소방대상물에 부속된 보일러실 또는 연결통로 등

마. 간이스프링클러설비를 설치해야 하는 특정소방대상물은 다음의 어느 하나에 해당하는 것으로 한다.
1) 공동주택 중 연립주택 및 다세대주택(연립주택 및 다세대주택에 설치하는 간이스프링클러설비는 화재안전기준에 따른 주택전용 간이스프링클러설비를 설치한다)
2) 근린생활시설 중 다음의 어느 하나에 해당하는 것
   가) 근린생활시설로 사용하는 부분의 바닥면적 합계가 1천㎡ 이상인 것은 모든 층
   나) 의원, 치과의원 및 한의원으로서 입원실 또는 인공신장실이 있는 시설
   다) 조산원 및 산후조리원으로서 연면적 600㎡ 미만인 시설
3) 의료시설 중 다음의 어느 하나에 해당하는 시설
   가) 종합병원, 병원, 치과병원, 한방병원 및 요양병원(의료재활시설은 제외한다)으로 사용되는 바닥면적의 합계가 600㎡ 미만인 시설
   나) 정신의료기관 또는 의료재활시설로 사용되는 바닥면적의 합계가 300㎡ 이상 600㎡ 미만인 시설
   다) 정신의료기관 또는 의료재활시설로 사용되는 바닥면적의 합계가 300㎡ 미만이고, 창살(철재·플라스틱 또는 목재 등으로 사람의 탈출 등을 막기 위하여 설치한 것을 말하며, 화재 시 자동으로 열리는 구조로 되어 있는 창살은 제외한다)이 설치된 시설
4) 교육연구시설 내에 합숙소로서 연면적 100㎡ 이상인 경우에는 모든 층
5) 노유자 시설로서 다음의 어느 하나에 해당하는 시설
   가) 제7조제1항제7호 각 목에 따른 시설[같은 호 가목2) 및 같은 호 나목부터 바목까지의 시설 중 단독주택 또는 공동주택에 설치되는 시설은 제외하며, 이하 "노유자 생활시설"이라 한다]

나) 가)에 해당하지 않는 노유자 시설로 해당 시설로 사용하는 바닥면적의 합계가 300㎡ 이상 600㎡ 미만인 시설

다) 가)에 해당하지 않는 노유자 시설로 해당 시설로 사용하는 바닥면적의 합계가 300㎡ 미만이고, 창살(철재·플라스틱 또는 목재 등으로 사람의 탈출 등을 막기 위하여 설치한 것을 말하며, 화재 시 자동으로 열리는 구조로 되어 있는 창살은 제외한다)이 설치된 시설

6) 숙박시설로 사용되는 바닥면적의 합계가 300㎡ 이상 600㎡ 미만인 시설

7) 건물을 임차하여 「출입국관리법」 제52조제2항에 따른 보호시설로 사용하는 부분

8) 복합건축물(별표 2 제30호나목의 복합건축물만 해당한다)로서 연면적 1천㎡ 이상인 것은 모든 층

바. 물분무등소화설비를 설치해야 하는 특정소방대상물(위험물 저장 및 처리 시설 중 가스시설, 발전시설의 전기저장시설 중 무정전전원공급장치(UPS)의 시설 및 지하구는 제외한다)은 다음의 어느 하나에 해당하는 것으로 한다.

1) 항공기 및 자동차 관련 시설 중 항공기 격납고

2) 차고, 주차용 건축물 또는 철골 조립식 주차시설. 이 경우 연면적 800㎡ 이상인 것만 해당한다.

3) 건축물의 내부에 설치된 차고·주차장으로서 차고 또는 주차의 용도로 사용되는 면적의 합계가 200㎡ 이상인 경우 해당 부분(50세대 미만 연립주택 및 다세대주택은 제외한다)

4) 기계장치에 의한 주차시설을 이용하여 20대 이상의 차량을 주차할 수 있는 시설

5) 특정소방대상물에 설치된 전기실·발전실·변전실(가연성 절연유를 사용하지 않는 변압기·전류차단기 등의 전기기기와 가연성 피복을 사용하지 않은 전선 및 케이블만을 설치한 전기실·발전실 및 변전실은 제외한다)·축전지실·통신기기실 또는 전산실, 그 밖에 이와 비슷한 것으로서 바닥면적이 300㎡ 이상인 것[하나의 방화구획 내에 둘 이상의 실(室)이 설치되어 있는 경우에는 이를 하나의 실로 보아 바닥면적을 산정한다]. 다만, 내화구조로 된 공정제어실 내에 설치된 주조정실로서 양압시설(외부 오염 공기 침투를 차단하고 내부의 나쁜 공기가 자연스럽게 외부로 흐를 수 있도록 한 시설을 말한다)이 설치되고 전기기기에 220볼트 이하인 저전압이 사용되며 종업원이 24시간 상주하는 곳은 제외한다.

6) 소화수를 수집·처리하는 설비가 설치되어 있지 않은 중·저준위방사성폐기물의 저장시설. 이 시설에는 이산화탄소소화설비, 할론소화설비 또는 할로겐화합물 및 불활성기체 소화설비를 설치해야 한다.

7) 예상 교통량, 경사도 등 터널의 특성을 고려하여 행정안전부령으로 정하는 터널. 이 시설에는 물분무소화설비를 설치해야 한다.

8) 국가유산 중 「문화유산의 보존 및 활용에 관한 법률」에 따른 지정문화유산(문화유산자료를 제외한다) 또는 「자연유산의 보존 및 활용에 관한 법률」에 따른 천연기념물등(자연유산자료를 제외한다)으로서 소방청장이 국가유산청장과 협의하여 정하는 것

사. 옥외소화전설비를 설치해야 하는 특정소방대상물(아파트등, 위험물 저장 및 처리 시설 중 가스시설, 지하구 및 터널은 제외한다)은 다음의 어느 하나에 해당하는 것으로 한다.

1) 지상 1층 및 2층의 바닥면적의 합계가 9천㎡ 이상인 것. 이 경우 같은 구(區) 내의 둘 이상의 특정소방대상물이 행정안전부령으로 정하는 연소(延燒) 우려가 있는 구조인 경우에는 이를 하나의 특정소방대상물로 본다.

2) 문화유산 중 「문화유산의 보존 및 활용~법률」 제23조에 따라 보물 또는 국보로 지정된 목조건축물

3) 1)에 해당하지 않는 공장 또는 창고시설로서 「화재의 예방 및 안전관리에 관한 법률 시행령」 별표 2에서 정하는 수량의 750배 이상의 특수가연물을 저장·취급하는 것

2. 경보설비

가. 단독경보형 감지기를 설치해야 하는 특정소방대상물은 다음의 어느 하나에 해당하는 것으로 한다. 이 경우 5)의 연립주택 및 다세대주택에 설치하는 단독경보형 감지기는 연동형으로 설치해야 한다.

1) 교육연구시설 내에 있는 기숙사 또는 합숙소로서 연면적 2천㎡ 미만인 것
2) 수련시설 내에 있는 기숙사 또는 합숙소로서 연면적 2천㎡ 미만인 것
3) 다목7)에 해당하지 않는 수련시설(숙박시설이 있는 것만 해당한다)
4) 연면적 400㎡ 미만의 유치원
5) 공동주택 중 연립주택 및 다세대주택 6) 건축물의 지하에 차고·주차장이 설치된 경우로서 차고 또는 주차장으로 사용되는 면적의 합계가 200㎡ 미만인 경우에는 해당 차고·주차장 부분

나. 비상경보설비를 설치해야 하는 특정소방대상물(모래·석재 등 불연재료 공장 및 창고시설, 위험물 저장 및 처리 시설 중 가스시설, 사람이 거주하지 않거나 벽이 없는 축사 등 동물 및 식물 관련 시설 및 지하구는 제외한다)은 다음의 어느 하나에 해당하는 것으로 한다.

1) 연면적 400㎡ 이상인 것은 모든 층
2) 지하층 또는 무창층의 바닥면적이 150㎡(공연장의 경우 100㎡) 이상인 것은 모든 층
3) 터널로서 길이가 500m 이상인 것
4) 50명 이상의 근로자가 작업하는 옥내 작업장 5) 건축물의 지하에 차고·주차장이 설치된 경우로서 차고 또는 주차장으로 사용되는 면적의 합계가 200㎡ 미만인 경우에는 해당 건축물의 모든 층

다. 자동화재탐지설비를 설치해야 하는 특정소방대상물은 다음의 어느 하나에 해당하는 것으로 한다.

1) 공동주택 중 아파트등·기숙사 및 숙박시설의 경우에는 모든 층
2) 층수가 6층 이상인 건축물의 경우에는 모든 층
3) 근린생활시설(목욕장은 제외한다), 의료시설(정신의료기관 및 요양병원은 제외한다), 위락시설, 장례시설 및 복합건축물로서 연면적 600㎡ 이상인 경우에는 모든 층
4) 근린생활시설 중 목욕장, 문화 및 집회시설, 종교시설, 판매시설, 운수시설, 운동시설, 업무시설, 공장, 창고시설, 위험물 저장 및 처리 시설, 항공기 및 자동차 관련 시설, 교정 및 군사시설 중 국방·군사시설, 방송통신시설, 발전시설, 관광 휴게시설, 지하상가로서 연면적 1천㎡ 이상인 경우에는 모든 층
5) 교육연구시설(교육시설 내에 있는 기숙사 및 합숙소를 포함한다), 수련시설(수련시설 내에 있는 기숙사 및 합숙소를 포함하며, 숙박시설이 있는 수련시설은 제외한다), 동물 및 식물 관련 시설(기둥과 지붕만으로 구성되어 외부와 기류가 통하는 장소는 제외한다), 자원순환 관련 시설, 교정 및 군사시설(국방·군사시설은 제외한다) 또는 묘지 관련 시설로서 연면적 2천㎡ 이상인 경우에는 모든 층
6) 노유자 생활시설의 경우에는 모든 층
7) 6)에 해당하지 않는 노유자 시설로서 연면적 400㎡ 이상인 노유자 시설 및 숙박시설이 있는 수련시설로서 수용인원 100명 이상인 경우에는 모든 층
8) 의료시설 중 정신의료기관 또는 요양병원으로서 다음의 어느 하나에 해당하는 시설
   가) 요양병원(의료재활시설은 제외한다)
   나) 정신의료기관 또는 의료재활시설로 사용되는 바닥면적의 합계가 300㎡ 이상인 시설
   다) 정신의료기관 또는 의료재활시설로 사용되는 바닥면적의 합계가 300㎡ 미만이고, 창살(철재·플라스틱 또는 목재 등으로 사람의 탈출 등을 막기 위하여 설치한 것을 말하며, 화재 시 자동으로

열리는 구조로 되어 있는 창살은 제외한다)이 설치된 시설

9) 판매시설 중 전통시장 10) 터널로서 길이가 1천m 이상인 것 11) 지하구

12) 3)에 해당하지 않는 근린생활시설 중 조산원 및 산후조리원

13) 4)에 해당하지 않는 공장 및 창고시설로서 「화재의 예방 및 안전관리에 관한 법률 시행령」 별표 2에서 정하는 수량의 500배 이상의 특수가연물을 저장·취급하는 것

14) 4)에 해당하지 않는 발전시설 중 전기저장시설 15) 건축물의 지하에 차고·주차장이 설치된 경우로서 차고 또는 주차장으로 사용되는 면적의 합계가 200㎡ 이상인 경우에는 해당 건축물의 모든 층

라. <u>시각경보기</u>를 설치해야 하는 특정소방대상물은 다목에 따라 자동화재탐지설비를 설치해야 하는 특정소방대상물 중 다음의 어느 하나에 해당하는 것으로 한다.

1) 근린생활시설, 문화 및 집회시설, 종교시설, 판매시설, 운수시설, 의료시설, 노유자 시설

2) 운동시설, 업무시설, 숙박시설, 위락시설, 창고시설 중 물류터미널, 발전시설 및 장례시설

3) 교육연구시설 중 도서관, 방송통신시설 중 방송국 4) 지하상가

5) 리튬1차 전지공장(리튬을 주요 전극재료로 사용하며, 재충전이 불가능한 1차전지를 제조·가공·조립·보관 또는 충전 등을 하는 공장을 말한다)

마. <u>화재알림설비</u>를 설치해야 하는 특정소방대상물은 판매시설 중 전통시장으로 한다.

바. <u>비상방송설비</u>를 설치해야 하는 특정소방대상물(위험물 저장 및 처리 시설 중 가스시설, 사람이 거주하지 않거나 벽이 없는 축사 등 동물 및 식물 관련 시설, 터널 및 지하구는 제외한다)은 다음의 어느 하나에 해당하는 것으로 한다.

1) 연면적 3천5백㎡ 이상인 것은 모든 층 2) 층수가 11층 이상인 것은 모든 층

3) 지하층의 층수가 3층 이상인 것은 모든 층

사. <u>자동화재속보설비</u>를 설치해야 하는 특정소방대상물은 다음의 어느 하나에 해당하는 것으로 한다. 다만, 방재실 등 화재 수신기가 설치된 장소에 24시간 화재를 감시할 수 있는 사람이 근무하고 있는 경우에는 자동화재속보설비를 설치하지 않을 수 있다.

1) 노유자 생활시설 2) 노유자 시설로서 바닥면적이 500㎡ 이상인 층이 있는 것

3) 수련시설(숙박시설이 있는 것만 해당한다)로서 바닥면적이 500㎡ 이상인 층이 있는 것

4) 문화유산 중 「문화유산의 보존 및 활용~법률」 제23조에 따라 보물 또는 국보로 지정된 목조건축물

5) 근린생활시설 중 다음의 어느 하나에 해당하는 시설

가) 의원, 치과의원 및 한의원으로서 입원실이 있는 시설 나) 조산원 및 산후조리원

6) 의료시설 중 다음의 어느 하나에 해당하는 것

가) 종합병원, 병원, 치과병원, 한방병원 및 요양병원(의료재활시설은 제외한다)

나) 정신병원 및 의료재활시설로 사용되는 바닥면적의 합계가 500㎡ 이상인 층이 있는 것

7) 판매시설 중 전통시장

아. <u>통합감시시설</u>을 설치해야 하는 특정소방대상물은 지하구로 한다.

자. <u>누전경보기</u>는 계약전류용량(같은 건축물에 계약 종류가 다른 전기가 공급되는 경우에는 그중 최대계약전류용량을 말한다)이 100암페어를 초과하는 특정소방대상물(내화구조가 아닌 건축물로서 벽·바닥 또는 반자의 전부나 일부를 불연재료 또는 준불연재료가 아닌 재료에 철망을 넣어 만든 것만 해당한다)에 설치해야 한다. 다만, 위험물 저장 및 처리 시설 중 가스시설, 터널 및 지하구의 경우에는 그렇지 않다.

차. 가<u>스누설경보기</u>를 설치해야 하는 특정소방대상물(가스시설이 설치된 경우만 해당한다)은 다음의 어느 하나에 해당하는 것으로 한다.

1) 문화 및 집회시설, 종교시설, 판매시설, 운수시설, 의료시설, 노유자 시설

2) 수련시설, 운동시설, 숙박시설, 공장, 창고시설 중 물류터미널, 장례시설

3. 피난구조설비

가. 피난기구는 특정소방대상물의 모든 층에 화재안전기준에 적합한 것으로 설치해야 한다. 다만, 피난층, 지상 1층, 지상 2층(**노유자 시설** 중 피난층이 아닌 지상 1층과 피난층이 아닌 지상 2층은 제외한다), 층수가 11층 이상인 층과 위험물 저장 및 처리시설 중 가스시설, 터널 및 지하구의 경우에는 그렇지 않다.

나. 인명구조기구를 설치해야 하는 특정소방대상물은 다음의 어느 하나에 해당하는 것으로 한다.

1) 방열복 또는 방화복(안전모, 보호장갑 및 안전화를 포함한다), 인공소생기 및 공기호흡기를 설치해야 하는 특정소방대상물: 지하층을 포함하는 층수가 7층 이상인 것 중 관광호텔 용도로 사용하는 층

2) 방열복 또는 방화복(안전모, 보호장갑 및 안전화를 포함한다) 및 공기호흡기를 설치해야 하는 특정소방대상물: 지하층을 포함하는 층수가 5층 이상인 것 중 병원 용도로 사용하는 층

3) 공기호흡기를 설치해야 하는 특정소방대상물은 다음의 어느 하나에 해당하는 것으로 한다.

가) 수용인원 100명 이상인 문화 및 집회시설 중 영화상영관

나) 판매시설 중 대규모점포　　다) 운수시설 중 지하역사　　라) 지하상가

마) 제1호바목 및 화재안전기준에 따라 이산화탄소소화설비(호스릴이산화탄소소화설비는 제외한다)를 설치해야 하는 특정소방대상물

다. 유도등을 설치해야 하는 특정소방대상물은 다음의 어느 하나에 해당하는 것으로 한다.

1) 피난구유도등, 통로유도등 및 유도표지는 특정소방대상물에 설치한다. 다만, 다음의 어느 하나에 해당하는 경우는 제외한다.

가) 동물 및 식물 관련 시설 중 축사로서 가축을 직접 가두어 사육하는 부분　　나) 터널

2) 객석유도등은 다음의 어느 하나에 해당하는 특정소방대상물에 설치한다.

가) 유흥주점영업시설(「식품위생법 시행령」 제21조제8호라목의 유흥주점영업 중 손님이 춤을 출 수 있는 무대가 설치된 카바레, 나이트클럽 또는 그 밖에 이와 비슷한 영업시설만 해당한다)

나) 문화 및 집회시설　　다) 종교시설　　라) 운동시설

3) 피난유도선은 화재안전기준에서 정하는 장소에 설치한다.

라. 비상조명등을 설치해야 하는 특정소방대상물(창고시설 중 창고 및 하역장, 위험물 저장 및 처리 시설 중 가스시설 및 사람이 거주하지 않거나 벽이 없는 축사 등 동물 및 식물 관련 시설은 제외한다)은 다음의 어느 하나에 해당하는 것으로 한다.

1) 지하층을 포함하는 층수가 5층 이상인 건축물로서 연면적 3천㎡ 이상인 경우에는 모든 층

2) 1)에 해당하지 않는 특정소방대상물로서 그 지하층 또는 무창층의 바닥면적이 450㎡ 이상인 경우에는 해당 층

3) 터널로서 그 길이가 500m 이상인 것

마. 휴대용비상조명등을 설치해야 하는 특정소방대상물은 다음의 어느 하나에 해당하는 것으로 한다.

1) 숙박시설 / 2) 수용인원 100명 이상의 영화상영관, 판매시설 중 대규모점포, 철도 및 도시철도 시설 중 지하역사, 지하상가

4. 소화용수설비

상수도소화용수설비를 설치해야 하는 특정소방대상물은 다음 각 목의 어느 하나에 해당하는 것으로 한다. 다만, 상수도소화용수설비를 설치해야 하는 특정소방대상물의 대지 경계선으로부터 180m 이내에 지름 75mm 이상인 상수도용 배수관이 설치되지 않은 지역의 경우에는 화재안전기준에 따른 소화수조 또는 저수조를 설치해야 한다.

가. **연면적 5천㎡ 이상**인 것. 다만, 위험물 저장 및 처리 시설 중 가스시설, 터널 또는 지하구의 경우에는 제외한다. 나. 가스시설로서 지상에 노출된 탱크의 저장용량의 합계가 100톤 이상인 것 다. 자원순환 관련 시설 중 폐기물재활용시설 및 폐기물처분시설
5. 소화활동설비 가. **제연설비**를 설치해야 하는 특정소방대상물은 다음의 어느 하나에 해당하는 것으로 한다. 1) **문화 및 집회시설**, 종교시설, 운동시설 중 무대부의 바닥면적이 **200㎡ 이상**인 경우에는 해당 무대부 2) 문화 및 집회시설 중 영화상영관으로서 수용인원 **100명 이상**인 경우에는 해당 영화상영관 3) 지하층이나 무창층에 설치된 근린생활시설, 판매시설, 운수시설, 숙박시설, 위락시설, 의료시설, 노유자 시설 또는 창고시설(물류터미널로 한정한다)로서 해당 용도로 사용되는 바닥면적의 합계가 1천㎡ 이상인 경우 해당 부분 4) 운수시설 중 시외버스정류장, 철도 및 도시철도 시설, 공항시설 및 항만시설의 대기실 또는 휴게시설로서 지하층 또는 무창층의 바닥면적이 1천㎡ 이상인 경우에는 모든 층 5) 지하상가로서 연면적 1천㎡ 이상인 것 6) 예상 교통량, 경사도 등 터널의 특성을 고려하여 행정안전부령으로 정하는 터널 7) 특정소방대상물(갓복도형 아파트등은 제외한다)에 부설된 특별피난계단, 비상용 승강기의 승강장 또는 피난용 승강기의 승강장 나. **연결송수관설비**를 설치해야 하는 특정소방대상물(위험물 저장 및 처리 시설 중 가스시설 및 지하구는 제외한다)은 다음의 어느 하나에 해당하는 것으로 한다. 1) 층수가 5층 이상으로서 연면적 6천㎡ 이상인 경우에는 모든 층 2) 1)에 해당하지 않는 특정소방대상물로서 지하층을 포함하는 층수가 7층 이상인 경우에는 모든 층 3) 1) 및 2)에 해당하지 않는 특정소방대상물로서 지하층의 층수가 3층 이상이고 지하층의 바닥면적의 합계가 1천㎡ 이상인 경우에는 모든 층 4) 터널로서 길이가 500m 이상인 것 〈25.11.25 개정〉 다. **연결살수설비**를 설치해야 하는 특정소방대상물(지하구는 제외한다)은 다음의 어느 하나에 해당하는 것으로 한다. 1) 판매시설, 운수시설, 창고시설 중 물류터미널로서 해당 용도로 사용되는 부분의 바닥면적의 합계가 1천㎡ 이상인 경우에는 해당 시설 2) 지하층(피난층으로 주된 출입구가 도로와 접한 경우는 제외한다)으로서 바닥면적의 합계가 150㎡ 이상인 경우에는 지하층의 모든 층. 다만, 「주택법 시행령」 제46조제1항에 따른 국민주택규모 이하인 아파트등의 지하층(대피시설로 사용하는 것만 해당한다)과 교육연구시설 중 **학교의 지하층의 경우에는 700㎡ 이상**인 것으로 한다. 3) 가스시설 중 지상에 노출된 탱크의 용량이 30톤 이상인 탱크시설 4) 1) 및 2)의 특정소방대상물에 **부속된 연결통로** 5) 건축물의 지하에 차고·주차장이 설치된 경우로서 차고 또는 주차장으로 사용되는 면적의 합계가 200㎡ 미만인 경우에는 해당 차고·주차장 부분 6) 기계장치에 의한 주차시설을 이용하여 20대 미만의 차량을 주차할 수 있는 시설(지붕과 외벽이 있는 경우만 해당한다)

라. **비상콘센트설비**를 설치해야 하는 특정소방대상물(위험물 저장 및 처리 시설 중 가스시설 및 지하구는 제외한다)은 다음의 어느 하나에 해당하는 것으로 한다.
1) 층수가 11층 이상인 특정소방대상물의 경우에는 11층 이상의 층
2) 지하층의 층수가 3층 이상이고 지하층의 바닥면적의 합계가 1천㎡ 이상인 것은 지하층의 모든 층
3) 터널로서 길이가 500m 이상인 것

마. **무선통신보조설비**를 설치해야 하는 특정소방대상물(위험물 저장 및 처리 시설 중 가스시설은 제외한다)은 다음의 어느 하나에 해당하는 것으로 한다.
1) 지하상가로서 연면적 1천㎡ 이상인 것
2) 지하층의 바닥면적의 합계가 3천㎡ 이상인 것 또는 지하층의 층수가 3층 이상이고 지하층의 바닥면적의 합계가 1천㎡ 이상인 것은 지하층의 모든 층
3) 터널로서 길이가 500m 이상인 것
4) 지하구 중 공동구
5) 층수가 30층 이상인 것으로서 16층 이상 부분의 모든 층

바. **연소방지설비**는 지하구(전력 또는 통신사업용인 것만 해당한다)에 설치해야 한다.

※ 비 고
1. 별표 2 제1호부터 제27호까지 중 어느 하나에 해당하는 시설(이하 이 호에서 “근린생활시설등”이라 한다)의 소방시설 설치기준이 복합건축물의 소방시설 설치기준보다 강화된 경우 복합건축물 안에 있는 해당 근린생활시설등에 대해서는 그 근린생활시설등의 소방시설 설치기준을 적용한다.
2. 원자력발전소 중 「원자력안전법」 제2조에 따른 원자로 및 관계시설에 설치하는 소방시설에 대해서는 「원자력안전법」 제11조 및 제21조에 따른 허가기준에 따라 설치한다.
3. 특정소방대상물의 관계인은 제8조제1항에 따른 내진설계 대상 특정소방대상물 및 제9조에 따른 성능위주설계 대상 특정소방대상물에 설치·관리해야 하는 소방시설에 대해서는 법 제7조에 따른 소방시설의 내진설계기준 및 법 제8조에 따른 성능위주설계의 기준에 맞게 설치·관리해야 한다.

[영 별표 5]

특정소방대상물의 소방시설 설치의 면제 기준(제14조 관련)

설치가 면제되는 소방시설	설치면제 요건
1. 자동소화장치	자동소화장치(주거용 주방자동소화장치 및 상업용 주방자동소화장치는 제외한다)를 설치해야 하는 특정소방대상물에 물분무등소화설비를 화재안전기준에 적합하게 설치한 경우에는 그 설비의 유효범위(해당 소방시설이 화재를 감지·소화 또는 경보할 수 있는 부분을 말한다. 이하 같다)에서 설치가 면제된다.
2. 옥내소화전설비	소방본부장 또는 소방서장이 옥내소화전설비의 설치가 곤란하다고 인정하는 경우로서 호스릴 방식의 미분무소화설비 또는 옥외소화전설비를 화재안전기준에 적합하게 설치한 경우에는 그 설비의 유효범위에서 설치가 면제된다.
3. 스프링클러설비	가. 스프링클러설비를 설치해야 하는 특정소방대상물(발전시설 중 전기저장시설은 제외한다)에 적응성 있는 자동소화장치 또는 물분무등소화설비를 화재안전기준에 적합하게 설치한 경우에는 그 설비의 유효범위에서 설치가 면제된다. 나. 스프링클러설비를 설치해야 하는 전기저장시설에 소화설비를 소방청장이 정하여 고시하는 방법에 따라 설치한 경우에는 그 설비의 유효범위에서 설치가 면제된다.

설치가 면제되는 소방시설	설치면제 요건
4. 간이스프링클러설비	간이스프링클러설비를 설치해야 하는 특정소방대상물에 <u>스프링클러설비</u>, 물분무소화설비, 미분무소화설비를 화재안전기준에 적합하게 설치한 경우에는 그 설비의 유효범위에서 설치가 면제된다.
5. 물분무등소화설비	물분무등소화설비를 설치해야 하는 차고·주차장에 스프링클러설비를 화재안전기준에 적합하게 설치한 경우에는 그 설비의 유효범위에서 설치가 면제된다.
6. 옥외소화전설비	옥외소화전설비를 설치해야 하는 문화유산인 목조건축물에 상수도소화용수설비를 화재안전기준에서 정하는 방수압력·방수량·옥외소화전함, 호스의 기준에 적합하게 설치한 경우는 면제된다.
7. 비상경보설비	비상경보설비를 설치해야 할 특정소방대상물에 <u>단독경보형 감지기를 2개</u> 이상의 단독경보형 감지기와 연동하여 설치한 경우에는 그 설비의 유효범위에서 설치가 면제된다.
8. 비상경보설비 또는 단독경보형 감지기	비상경보설비 또는 단독경보형 감지기를 설치해야 하는 특정소방대상물에 <u>자동화재탐지설비</u> 또는 화재알림설비를 화재안전기준에 적합하게 설치한 경우 그 설비의 유효범위에서 설치가 면제된다.
9. 자동화재탐지설비	자동화재탐지설비의 기능(감지·수신·경보기능을 말한다)과 성능을 가진 화재알림설비, 스프링클러설비 또는 물분무등소화설비를 화재안전기준에 적합하게 설치한 경우에는 그 설비의 유효범위에서 설치가 면제된다.
10. 화재알림설비	화재알림설비를 설치해야 하는 특정소방대상물에 자동화재탐지설비를 화재안전기준에 적합하게 설치한 경우에는 그 설비의 유효범위에서 설치가 면제된다.
11. 비상방송설비	비상방송설비를 설치해야 하는 특정소방대상물에 자동화재탐지설비 또는 비상경보설비와 같은 수준 이상의 음향을 발하는 장치를 부설한 방송설비를 화재안전기준에 적합하게 설치한 경우에는 그 설비의 유효범위에서 설치가 면제된다.
12. 자동화재속보설비	자동화재속보설비를 설치해야 하는 특정소방대상물에 화재알림설비를 화재안전기준에 적합하게 설치한 경우에는 그 설비의 유효범위에서 설치가 면제된다.
13. 누전경보기	누전경보기를 설치해야 하는 특정소방대상물 또는 그 부분에 아크경보기(옥내 배전선로의 단선이나 선로 손상 등으로 인하여 발생하는 아크를 감지하고 경보하는 장치를 말한다) 또는 전기 관련 법령에 따른 지락차단장치를 설치한 경우에는 그 설비의 유효범위에서 설치가 면제된다.
14. 피난구조설비	피난구조설비를 설치해야 하는 특정소방대상물에 그 위치·구조 또는 설비의 상황에 따라 피난상 지장이 없다고 인정되는 경우에는 화재안전기준에서 정하는 바에 따라 설치가 면제된다.
15. 비상조명등	비상조명등을 설치해야 하는 특정소방대상물에 피난구유도등 또는 통로유도등을 화재안전기준에 적합하게 설치한 경우에는 그 유도등의 유효범위에서 설치가 면제된다.
16. 상수도소화용수설비	가. 상수도소화용수설비를 설치해야 하는 특정소방대상물의 각 부분으로부터 수평거리 140m 이내에 공공의 소방을 위한 소화전이 화재안전기준에 적합하게 설치되어 있는 경우에는 설치가 면제된다. / 나. 소방본부장 또는 소방서장이 상수도소화용수설비의 설치가 곤란하다고 인정하는 경우로서 화재안전기준에 적합한 소화수조 또는 저수조가 설치되어 있거나 이를 설치하는 경우에는 그 설비의 유효범위에서 설치가 면제된다.
17. 제연설비	가. 제연설비를 설치해야 하는 특정소방대상물[별표 4 제5호가목6)은 제외한다]에 다음의 어느 하나에 해당하는 설비를 설치한 경우에는 설치가 면제된다. 1) 공기조화설비를 화재안전기준의 제연설비기준에 적합하게 설치하고 공기조화설비가 화재 시 제연설비기능으로 자동전환되는 구조로 설치되어 있는 경우 2) 직접 외부 공기와 통하는 배출구의 면적의 합계가 해당 제연구역[제연경계(제연설비의 일부인 천장을 포함한다)에 의하여 구획된 건축물 내의 공간을 말한다] 바닥면적의 100분의 1 이상이고, 배출구부터 각 부분까지의 수평거리가 30m 이내이며, 공기유입구가 화재안전기준에 적합하게(외부 공기를 직접 자연 유입할 경우에 유입구의 크기는 배출구의 크기 이상이어야 한다) 설치되어 있는 경우

설치가 면제되는 소방시설	설치면제 요건
	나. 별표 4 제5호가목7)에 따라 제연설비를 설치해야 하는 특정소방대상물 중 노대(露臺)와 연결된 특별피난계단, 노대가 설치된 비상용 승강기의 승강장 또는 「건축법 시행령」 제91조제5호의 기준에 따라 배연설비가 설치된 피난용 승강기의 승강장에는 설치가 면제된다.
18. 연결송수관설비	연결송수관설비를 설치해야 하는 소방대상물에 옥외에 연결송수구 및 옥내에 방수구가 부설된 옥내소화전설비, 스프링클러설비, 간이스프링클러설비 또는 연결살수설비를 화재안전기준에 적합하게 설치한 경우에는 그 설비의 유효범위에서 설치가 면제된다. 다만, 지표면에서 최상층 방수구의 높이가 70m 이상인 경우에는 설치해야 한다.
19. 연결살수설비	가. 연결살수설비를 설치해야 하는 특정소방대상물에 송수구를 부설한 스프링클러설비, 간이스프링클러설비, 물분무소화설비 또는 미분무소화설비를 화재안전기준에 적합하게 설치한 경우에는 그 설비의 유효범위에서 설치가 면제된다. / 나. 가스 관계 법령에 따라 설치되는 물분무장치 등에 소방대가 사용할 수 있는 연결송수구가 설치되거나 물분무장치 등에 6시간 이상 공급할 수 있는 수원(水源)이 확보된 경우에는 설치가 면제된다.
20. 무선통신보조설비	무선통신보조설비를 설치해야 하는 특정소방대상물에 이동통신 구내 중계기 선로설비 또는 무선이동중계기(「전파법」 제58조의2에 따른 적합성평가를 받은 제품만 해당한다) 등을 화재안전기준의 무선통신보조설비기준에 적합하게 설치한 경우에는 설치가 면제된다.
21. 연소방지설비	연소방지설비를 설치해야 하는 특정소방대상물에 스프링클러설비, 물분무소화설비 또는 미분무소화설비를 화재안전기준에 적합하게 설치한 경우에는 그 설비의 유효범위에서 설치가 면제된다.

[영 별표 6] 〈시행일 2023.7.1.〉

소방시설을 설치하지 않을 수 있는 특정소방대상물 및 소방시설의 범위(제16조 관련)

구 분	특정소방대상물	설치하지 않을 수 있는 소방시설
1. 화재 위험도가 낮은 특정소방대상물	석재, 불연성금속, 불연성 건축재료 등의 가공공장·기계조립공장 또는 불연성 물품을 저장하는 창고	옥외소화전 및 연결살수설비
2. 화재안전기준을 적용하기 어려운 특정소방대상물	펄프공장의 작업장, 음료수 공장의 세정 또는 충전을 하는 작업장, 그 밖에 이와 비슷한 용도로 사용하는 것	스프링클러설비, 상수도소화용수설비 및 연결살수설비
	정수장, 수영장, 목욕장, 농예·축산·어류양식용 시설, 그 밖에 이와 비슷한 용도로 사용되는 것	자동화재탐지설비, 상수도소화용수설비 및 연결살수설비
3. 화재안전기준을 달리 적용해야 하는 특수한 용도 또는 구조를 가진 특정소방대상물	원자력발전소, 중·저준위방사성폐기물의 저장시설	연결송수관설비 및 연결살수설비
4. 「위험물 안전관리법」 제19조에 따른 자체소방대가 설치된 특정소방대상물	자체소방대가 설치된 제조소등에 부속된 사무실	옥내소화전설비, 소화용수설비, 연결살수설비 및 연결송수관설비

[영 별표 7]

수용인원의 산정 방법(제17조 관련)

1. 숙박시설이 있는 특정소방대상물
   가. 침대가 있는 숙박시설: 해당 특정소방대상물의 종사자 수에 침대 수(2인용 침대는 2개로 산정한다)를 합한 수
   나. 침대가 없는 숙박시설: 해당 특정소방대상물의 종사자 수에 숙박시설 바닥면적의 합계를 3㎡로 나누어 얻은 수를 합한 수
2. 제1호 외의 특정소방대상물
   가. 강의실·교무실·상담실·실습실·휴게실 용도로 쓰는 특정소방대상물: 해당 용도로 사용하는 바닥면적의 합계를 1.9㎡로 나누어 얻은 수
   나. 강당, 문화 및 집회시설, 운동시설, 종교시설: 해당 용도로 사용하는 바닥면적의 합계를 4.6㎡로 나누어 얻은 수(관람석이 있는 경우 고정식 의자를 설치한 부분은 그 부분의 의자 수로 하고, 긴 의자의 경우에는 의자의 정면너비를 0.45m로 나누어 얻은 수로 한다)
   다. 그 밖의 특정소방대상물: 해당 용도로 사용하는 바닥면적의 합계를 3㎡로 나누어 얻은 수

※ 비 고
  1. 위 표에서 바닥면적을 산정할 때에는 복도(「건축법 시행령」 제2조제11호에 따른 준불연재료 이상의 것을 사용하여 바닥에서 천장까지 벽으로 구획한 것을 말한다), 계단 및 화장실의 바닥면적을 포함하지 않는다.
  2. 계산 결과 소수점 이하의 수는 반올림한다.

[영 별표 8]

임시소방시설의 종류와 설치기준 등(제18조제2항 및 제3항 관련)

1. 임시소방시설의 종류
   가. 소화기
   나. 간이소화장치: 물을 방사(放射)하여 화재를 진화할 수 있는 장치로서 소방청장이 정하는 성능을 갖추고 있을 것
   다. 비상경보장치: 화재가 발생한 경우 주변에 있는 작업자에게 화재사실을 알릴 수 있는 장치로서 소방청장이 정하는 성능을 갖추고 있을 것
   라. 가스누설경보기: 가연성 가스가 누설되거나 발생된 경우 이를 탐지하여 경보하는 장치로서 법 제37조에 따른 형식승인 및 제품검사를 받은 것
   마. 간이피난유도선: 화재가 발생한 경우 피난구 방향을 안내할 수 있는 장치로서 소방청장이 정하는 성능을 갖추고 있을 것
   바. 비상조명등: 화재가 발생한 경우 안전하고 원활한 피난활동을 할 수 있도록 자동 점등되는 조명장치로서 소방청장이 정하는 성능을 갖추고 있을 것
   사. 방화포: 용접·용단 등의 작업 시 발생하는 불티로부터 가연물이 점화되는 것을 방지해주는 천 또는 불연성 물품으로서 소방청장이 정하는 성능을 갖추고 있을 것
2. 임시소방시설을 설치해야 하는 공사의 종류와 규모
   가. 소화기: 법 제6조제1항에 따라 소방본부장 또는 소방서장의 동의를 받아야 하는 특정소방대상물의 신축·증축·개축·재축·이전·용도변경 또는 대수선 등을 위한 공사 중 법 제15조제1항에 따른 화재위험작

업의 현장(이하 이 표에서 "화재위험작업현장"이라 한다)에 설치한다.

나. 간이소화장치: 다음의 어느 하나에 해당하는 공사의 화재위험작업현장에 설치한다.

1) 연면적 3천㎡ 이상

2) 지하층, 무창층 또는 4층 이상의 층. 이 경우 해당 층의 바닥면적이 600㎡ 이상인 경우만 해당한다.

다. 비상경보장치: 다음의 어느 하나에 해당하는 공사의 화재위험작업현장에 설치한다.

1) 연면적 400㎡ 이상

2) 지하층 또는 무창층. 이 경우 해당 층의 바닥면적이 150㎡ 이상인 경우만 해당한다.

라. 가스누설경보기: 바닥면적이 150㎡ 이상인 지하층 또는 무창층의 화재위험작업현장에 설치한다.

마. 간이피난유도선: 바닥면적이 150㎡ 이상인 지하층 또는 무창층의 화재위험작업현장에 설치한다.

바. 비상조명등: 바닥면적이 150㎡ 이상인 지하층 또는 무창층의 화재위험작업현장에 설치한다.

사. 방화포: 용접·용단 작업이 진행되는 화재위험작업현장에 설치한다.

3. 임시소방시설과 기능 및 성능이 유사한 소방시설로서 임시소방시설을 설치한 것으로 보는 소방시설

가. 간이소화장치를 설치한 것으로 보는 소방시설: 소방청장이 정하여 고시하는 기준에 맞는 소화기(연결송수관설비의 방수구 인근에 설치한 경우로 한정한다) 또는 옥내소화전설비

나. 비상경보장치를 설치한 것으로 보는 소방시설: 비상방송설비 또는 자동화재탐지설비

다. 간이피난유도선을 설치한 것으로 보는 소방시설: 피난유도선, 피난구유도등, 통로유도등 또는 비상조명등

[영 별표 9] 〈개정 2025.11.25〉

소방시설관리업의 업종별 등록기준 및 영업범위 (제45조제1항 관련)

업종별 \ 기술인력 등	기술인력	영업범위
전문 소방시설관리업	가. 소방시설관리사 자격을 취득한 후 소방 관련 실무경력이 5년 이상인 특급점검자 1명 이상 나. 소방시설관리사 자격을 취득한 후 소방 관련 실무경력이 3년 이상인 특급점검자 1명 이상 다. 고급점검자 이상의 기술인력: 2명 이상 라. 중급점검자 이상의 기술인력: 2명 이상 마 초급점검자 이상의 기술인력: 2명 이상	모든 특정소방대상물
일반 소방시설관리업	가. 주된 기술인력: 소방시설관리사 자격을 취득한 후 소방 관련 실무경력이 1년 이상인 특급점검자 1명 이상 나. 중급점검자 이상의 기술인력: 1명 이상 다. 초급점검자 이상의 기술인력: 1명 이상	특정소방대상물 중 「화재의 예방 및 안전관리에 관한 법률 시행령」 별표 4에 따른 1급, 2급, 3급 소방안전관리대상물

※ 비 고

1. "소방 관련 실무경력"이란 「소방시설공사업법」 제28조제3항에 따른 소방기술과 관련된 경력을 말한다.
2. 보조 기술인력의 종류별 자격은 「소방시설공사업법」 제28조제3항에 따라 소방기술과 관련된 자격·학력 및 경력을 가진 사람 중에서 행정안전부령으로 정한다.

[영 별표 10]

과태료의 부과기준(제52조 관련) 〈개정 2025.11.25.〉

1. 일반기준

가. 위반행위의 횟수에 따른 과태료의 가중된 부과기준은 최근 1년간 같은 위반행위로 과태료 부과처분을 받은 경우에 적용한다. 이 경우 기간의 계산은 위반행위에 대하여 과태료 부과처분을 받은 날과 그 처분 후 다시 같은 위반행위를 하여 적발된 날을 기준으로 한다.

나. 가목에 따라 가중된 부과처분을 하는 경우 가중처분의 적용 차수는 그 위반행위 전 부과처분 차수(가목에 따른 기간 내에 과태료 부과처분이 둘 이상 있었던 경우에는 높은 차수를 말한다)의 다음 차수로 한다.

다. 부과권자는 다음의 어느 하나에 해당하는 경우에는 제2호의 개별기준에 따른 과태료의 2분의 1 범위에서 그 금액을 줄여 부과할 수 있다. 다만, 과태료를 체납하고 있는 위반행위자에 대해서는 그렇지 않다.

1) 위반행위가 사소한 부주의나 오류로 인한 것으로 인정되는 경우
2) 위반행위자가 법 위반상태를 시정하거나 해소하기 위하여 노력한 사실이 인정되는 경우
3) 위반행위자가 처음 위반행위를 한 경우로서 3년 이상 해당 업종을 모범적으로 영위한 사실이 인정되는 경우
4) 위반행위자가 화재 등 재난으로 재산에 현저한 손실을 입거나 사업 여건의 악화로 그 사업이 중대한 위기에 처하는 등 사정이 있는 경우
5) 위반행위자가 같은 위반행위로 다른 법률에 따라 과태료·벌금·영업정지 등의 처분을 받은 경우
6) 그 밖에 위반행위의 정도, 위반행위의 동기와 그 결과 등을 고려하여 과태료 금액을 줄일 필요가 있다고 인정되는 경우

2. 개별기준

<table>
<tr><th rowspan="2">위반 행위</th><th rowspan="2">근거 법조문</th><th colspan="3">과태료 금액 (단위: 만원)</th></tr>
<tr><th>1차위반</th><th>2차위반</th><th>3차이상 위반</th></tr>
<tr><td>가. 법 제12조제1항을 위반한 경우</td><td rowspan="8">법 제61조 제1항제1호</td><td colspan="3"></td></tr>
<tr><td>1) 2) 및 3)의 규정을 제외하고 소방시설을 최근 1년 이내에 2회 이상 화재안전기준에 따라 관리하지 않은 경우</td><td colspan="3">100</td></tr>
<tr><td>2) 소방시설을 다음에 해당하는 고장 상태 등으로 방치한 경우</td><td colspan="3">200</td></tr>
<tr><td>가) 소화펌프를 고장 상태로 방치한 경우</td><td colspan="3"></td></tr>
<tr><td>나) 화재 수신기, 동력·감시 제어반 또는 소방시설용 전원(비상전원을 포함한다)을 차단하거나, 고장난 상태로 방치하거나, 임의로 조작하여 자동으로 작동이 되지 않도록 한 경우</td><td colspan="3"></td></tr>
<tr><td>다) 소방시설이 작동할 때 소화배관을 통하여 소화수가 방수되지 않는 상태 또는 소화약제가 방출되지 않는 상태로 방치한 경우</td><td colspan="3"></td></tr>
<tr><td>3) 소방시설을 설치하지 않은 경우</td><td colspan="3">300</td></tr>
<tr><td></td><td colspan="3"></td></tr>
<tr><td>나. 법 제15조제1항을 위반하여 공사 현장에 임시소방시설을 설치·관리하지 않은 경우</td><td>법 제61조 제1항제2호</td><td colspan="3">300</td></tr>
<tr><td>다. 법 제16조제1항을 위반하여 피난시설, 방화구획 또는 방화시설을 폐쇄·훼손·변경하는 등의 행위를 한 경우</td><td>법 제61조 제1항제3호</td><td>100</td><td>200</td><td>300</td></tr>
<tr><td>라. 법 제20조제1항을 위반하여 방염대상물품을 방염성능기준 이상으로 설치하지 않은 경우</td><td>법 제61조 제1항제4호</td><td colspan="3">200</td></tr>
<tr><td>마. 법 제22조제1항 전단을 위반하여 점검능력평가를 받지 않고 점검을 한 경우</td><td>법 제61조 제1항제5호</td><td colspan="3">300</td></tr>
</table>

위반 행위	근거 법조문	과태료 금액 (단위: 만원)		
		1차위반	2차위반	3차이상 위반
바. 법 제22조제1항 후단을 위반하여 관계인에게 점검 결과를 제출하지 않은 경우	법 제61조 제1항제6호	300		
사. 법 제22조제2항에 따른 점검인력의 배치기준 등 자체점검 시 준수사항을 위반한 경우 1) 자체점검의 구분 및 대상 등 자체점검시 준수사항에 따른 아파트등 세대별 자체점검을 하지 않은 경우 2) 1)의 규정을 제외하고 자체점검의 구분및 대상, 점검인력의 배치기준 등 자체점	법 제61조 제1항제7호	 50 300		
아. 법 제23조제3항을 위반하여 점검 결과를 보고하지 않거나 거짓으로 보고한 경우 1) 지연 보고 기간이 10일 미만인 경우 2) 지연 보고 기간이 10일 이상 1개월 미만인 경우 3) 지연 보고 기간이 1개월 이상이거나 보고하지 않은 경우 4) 점검 결과를 축소·삭제하는 등 거짓으로 보고한 경우	법 제61조 제1항제8호	 50 100 200 300		
자. 법 제23조제4항을 위반하여 이행계획을 기간 내에 완료하지 않은 경우 또는 이행계획 완료 결과를 보고하지 않거나 거짓으로 보고한 경우 1) 지연 완료 기간 또는 지연 보고 기간이 10일 미만인 경우 2) 지연 완료 기간 또는 지연 보고 기간이 10일 이상 1개월 미만인 경우 3) 지연 완료 기간 또는 지연 보고 기간이 1개월 이상이거나, 완료 또는 보고를 하지 않은 경우 4) 이행계획 완료 결과를 거짓으로 보고한 경우	법 제61조 제1항제9호	 50 100 200 300		
차. 법 제24조제1항을 위반하여 점검기록표를 기록하지 않거나 특정소방대상물의 출입자가 쉽게 볼 수 있는 장소에 게시하지 않은 경우	법 제61조 제1항제10호	100	200	300
카. 법 제31조 또는 제32조제3항을 위반하여 신고를 하지 않거나 거짓으로 신고한 경우 1) 지연 신고 기간이 1개월 미만인 경우 2) 지연 신고 기간이 1개월 이상 3개월 미만인 경우 3) 지연 신고 기간이 3개월 이상이거나 신고를 하지 않은 경우 4) 거짓으로 신고한 경우	법 제61조 제1항제11호	 50 100 200 300		
타. 법 제33조제3항을 위반하여 지위승계, 행정처분 또는 휴업·폐업의 사실을 특정소방대상물의 관계인에게 알리지 않거나 거짓으로 알린 경우	법 제61조 제1항제12호	300		
파. 법 제33조제4항을 위반하여 소속 기술인력의 참여 없이 자체점검을 한 경우	법 제61조 제1항제13호	300		
하. 법 제34조제2항에 따른 점검실적을 증명하는 서류 등을 거짓으로 제출한 경우	법 제61조 제1항제14호	300		
거. 법 제52조제1항에 따른 명령을 위반하여 보고 또는 자료제출을 하지 않거나 거짓으로 보고 또는 자료제출을 한 경우 또는 정당한 사유 없이 관계 공무원의 출입 또는 검사를 거부·방해 또는 기피한 경우	법 제61조 제1항제15호	50	100	300

시행규칙

[규칙 별표 1]
성능위주설계 평가단 및 중앙소방심의위원회의 검토 · 평가 구분 및 통보 시기 (제5조제5항 관련)

구분		성립요건	통보 시기
수리	원안채택	신고서(도면 등) 내용에 수정이 없거나 경미한 경우 원안대로 수리	지체 없이
	보완	평가단 또는 중앙위원회에서 검토・평가한 결과 보완이 요구되는 경우로서 보완이 완료되면 수리	보완완료 후 지체 없이 통보
불수리	재검토	평가단 또는 중앙위원회에서 검토・평가한 결과 보완이 요구되나 단기간에 보완될 수 없는 경우	지체 없이
	부결	평가단 또는 중앙위원회에서 검토・평가한 결과 소방 관련 법령 및 건축 법령에 위반되거나 평가 기준을 충족하지 못한 경우	지체 없이

※ 비고: 보완으로 결정된 경우 보완기간은 21일 이내로 부여하고 보완이 완료되면 지체 없이 수리 여부를 통보해야 한다.

[규칙 별표 2] 차량용 소화기의 설치 또는 비치 기준 (제14조 관련)

자동차에는 법 제37조제5항에 따라 형식승인을 받은 차량용 소화기를 다음 각 호의 기준에 따라 설치 또는 비치해야 한다.

1. 승용자동차: 법 제37조제5항에 따른 능력단위(이하 "능력단위"라 한다) 1 이상의 소화기 1개 이상을 사용하기 쉬운 곳에 설치 또는 비치한다.
2. 승합자동차
   가. 경형승합자동차: 능력단위 1 이상의 소화기 1개 이상을 사용하기 쉬운 곳에 설치 또는 비치한다.
   나. 승차정원 15인 이하: 능력단위 2 이상인 소화기 1개 이상 또는 능력단위 1 이상인 소화기 2개 이상을 설치한다. 이 경우 승차정원 11인 이상 승합자동차는 운전석 또는 운전석과 옆으로 나란한 좌석 주위에 1개 이상을 설치한다.
   다. 승차정원 16인 이상 35인 이하: 능력단위 2 이상인 소화기 2개 이상을 설치한다. 이 경우 승차정원 23인을 초과하는 승합자동차로서 너비 2.3미터를 초과하는 경우에는 운전자 좌석 부근에 가로 600밀리미터, 세로 200밀리미터 이상의 공간을 확보하고 1개 이상의 소화기를 설치한다.
   라. 승차정원 36인 이상: 능력단위 3 이상인 소화기 1개 이상 및 능력단위 2 이상인 소화기 1개 이상을 설치한다. 다만, 2층 대형승합자동차의 경우에는 위층 차실에 능력단위 3 이상인 소화기 1개 이상을 추가 설치한다.
3. 화물자동차(피견인자동차는 제외한다) 및 특수자동차
   가. 중형 이하: 능력단위 1 이상인 소화기 1개 이상을 사용하기 쉬운 곳에 설치한다.
   나. 대형 이상: 능력단위 2 이상인 소화기 1개 이상 또는 능력단위 1 이상인 소화기 2개 이상을 사용하기 쉬

운 곳에 설치한다.

4. 「위험물안전관리법 시행령」 제3조에 따른 지정수량 이상의 위험물 또는 「고압가스 안전관리법 시행령」 제2조에 따라 고압가스를 운송하는 특수자동차(피견인자동차를 연결한 경우에는 이를 연결한 견인자동차를 포함한다): 「위험물안전관리법 시행규칙」 제41조 및 별표 17 제3호나목 중 이동탱크저장소 자동차용소화기의 설치기준란에 해당하는 능력단위와 수량 이상을 설치한다.

[규칙 별표 3] 〈개정 25.12.1〉

소방시설등 자체점검의 구분 및 대상, 점검자의 자격, 점검 장비, 점검 방법 및 횟수 등 자체점검 시 준수해야할 사항(제20조제1항 관련)

1. 소방시설등에 대한 자체점검은 다음과 같이 구분한다.
   가. 작동점검: 소방시설등을 인위적으로 조작하여 소방시설이 정상적으로 작동하는지를 소방청장이 정하여 고시하는 소방시설등 작동점검표에 따라 점검하는 것을 말한다.
   나. 종합점검: 소방시설등의 작동점검을 포함하여 소방시설등의 설비별 주요 구성 부품의 구조기준이 화재안전기준과 「건축법」 등 관련 법령에서 정하는 기준에 적합한 지 여부를 소방청장이 정하여 고시하는 소방시설등 종합점검표에 따라 점검하는 것을 말하며, 다음과 같이 구분한다.
      1) 최초점검: 법 제22조제1항제1호에 따라 신설된 경우 「건축법」 제22조에 따라 건축물을 사용할 수 있게 된 날부터 60일 이내 점검하는 것을 말한다.
      2) 그 밖의 종합점검: 최초점검을 제외한 종합점검을 말한다.

2. 작동점검은 다음의 구분에 따라 실시한다.
   가. 작동점검은 영 제5조에 따른 특정소방대상물을 대상으로 한다. 다만, 다음의 어느 하나에 해당하는 특정소방대상물은 제외한다.
      1) 특정소방대상물 중 「화재의 예방 및 안전관리에 관한 법률」 제24조제1항에 해당하지 않는 특정소방대상물(소방안전관리자를 선임하지 않는 대상을 말한다)
      2) 「위험물안전관리법」 제2조제6호에 따른 제조소등(이하"제조소등"이라 한다)
      3) 「화재의 예방 및 안전관리에 관한 법률 시행령」 별표 4 제1호가목의 특급소방안전관리대상물
   나. 작동점검은 다음의 분류에 따른 기술인력이 점검할 수 있다. 이 경우 별표 4에 따른 점검인력 배치기준을 준수해야 한다.
      1) 영 별표 4 제1호마목의 간이스프링클러설비(주택전용 간이스프링클러설비는 제외한다) 또는 같은 표 제2호다목의 자동화재탐지설비가 설치된 특정소방대상물
         가) 관계인　　　　나) 관리업에 등록된 기술인력 중 소방시설관리사
         다) 「소방시설공사업법 시행규칙」 별표 4의2에 따른 특급점검자
         라) 소방안전관리자로 선임된 소방시설관리사 및 소방기술사
      2) 1)에 해당하지 않는 특정소방대상물
         가) 관리업에 등록된 소방시설관리사　나) 소방안전관리자로 선임된 소방시설관리사 및 소방기술사
   다. 작동점검은 연 1회 이상 실시한다.
   라. 작동점검의 점검 시기는 다음과 같다.
      1) 종합점검 대상은 종합점검(최초점검은 제외한다)을 받은 달부터 6개월이 되는 달에 실시한다.
      2) 1)에 해당하지 않는 특정소방대상물은 특정소방대상물의 사용승인일(건축물의 경우에는 건축물관리대

장 또는 건물 등기사항증명서에 기재되어 있는 날, 시설물의 경우에는 「시설물의 안전 및 유지관리에 관한 특별법」 제55조제1항에 따른 시설물통합정보관리체계에 저장 · 관리되고 있는 날을 말하며, 건축물관리대장, 건물 등기사항증명서 및 시설물통합정보관리체계를 통해 확인되지 않는 경우에는 소방시설완공검사증명서에 기재된 날을 말한다)이 속하는 달의 말일까지 실시한다. 다만, 건축물관리대장 또는 건물 등기사항증명서 등에 기입된 날이 서로 다른 경우에는 건축물관리대장에 기재되어 있는 날을 기준으로 점검한다.

3. 종합점검은 다음의 구분에 따라 실시한다.

가. 종합점검은 다음의 어느 하나에 해당하는 특정소방대상물을 대상으로 한다.

1) 법 제22조제1항제1호에 해당하는 특정소방대상물

2) 스프링클러설비가 설치된 특정소방대상물

3) 물분무등소화설비[호스릴(hose reel) 방식의 물분무등소화설비만을 설치한 경우는 제외한다]가 설치된 연면적 5,000㎡ 이상인 특정소방대상물(제조소등은 제외한다)

4) 「다중이용업소의 안전관리에 관한 특별법 시행령」 제2조제1호나목, 같은 조 제2호(비디오물소극장업은 제외한다) · 제6호 · 제7호 · 제7호의2 및 제7호의5의 다중이용업의 영업장이 설치된 특정소방대상물로서 연면적이 2,000㎡ 이상인 것

5) <u>제연설비가 설치된 터널</u>

6) 「공공기관의 소방안전관리에 관한 규정」 제2조에 따른 공공기관 중 연면적(터널 · 지하구의 경우 그 길이와 평균 폭을 곱하여 계산된 값을 말한다)이 1,000㎡ 이상인 것으로서 <u>옥내소화전설비 또는 자동화재탐지설비가 설치된 것</u>. 다만, 「소방기본법」 제2조제5호에 따른 소방대가 근무하는 공공기관은 제외한다.

나. 종합점검은 다음 어느 하나에 해당하는 기술인력이 점검할 수 있다. 이 경우 별표 4에 따른 점검인력 배치기준을 준수해야 한다.

1) 관리업에 등록된 소방시설관리사

2) 소방안전관리자로 선임된 소방시설관리사 및 소방기술사

다. 종합점검의 점검 횟수는 다음과 같다.

1) 연 1회 이상(「화재의 예방 및 안전에 관한 법률 시행령」 별표 4 제1호가목의 특급 소방안전관리대상물은 반기에 1회 이상) 실시한다.

2) 1)에도 불구하고 소방본부장 또는 소방서장은 소방청장이 소방안전관리가 우수하다고 인정한 특정소방대상물에 대해서는 3년의 범위에서 소방청장이 고시하거나 정한 기간 동안 종합점검을 면제할 수 있다. 다만, 면제기간 중 화재가 발생한 경우는 제외한다.

라. 종합점검의 점검 시기는 다음과 같다.

1) 가목1)에 해당하는 특정소방대상물은 「건축법」 제22조에 따라 건축물을 사용할 수 있게 된 날부터 60일 이내 실시한다.

2) 1)을 제외한 특정소방대상물은 건축물의 사용승인일이 속하는 달에 실시한다. 다만, 「공공기관의 안전관리에 관한 규정」 제2조제2호 또는 제5호에 따른 학교의 경우에는 해당 건축물의 사용승인일이 1월에서 6월 사이에 있는 경우에는 6월 30일까지 실시할 수 있다.

3) 건축물 사용승인일 이후 가목4)에 따라 종합점검 대상에 해당하게 된 경우에는 그 다음 해부터 실시한다.

4) 하나의 대지경계선 안에 2개 이상의 자체점검 대상 건축물 등이 있는 경우에는 그 건축물 중 사용승인일이 가장 빠른 연도의 건축물의 사용승인일을 기준으로 점검할 수 있다.

4. 제1호에도 불구하고 「공공기관의 소방안전관리에 관한 규정」 제2조에 따른 공공기관의 장은 공공기관에 설치된 소방시설등의 유지·관리상태를 맨눈 또는 신체감각을 이용하여 점검하는 외관점검을 월 1회 이상 실시(작동점검 또는 종합점검을 실시한 달에는 실시하지 않을 수 있다)하고, 그 점검 결과를 2년간 자체 보관해야 한다. 이 경우 외관점검의 점검자는 해당 특정소방대상물의 관계인, 소방안전관리자 또는 관리업자(소방시설관리사를 포함하여 등록된 기술인력을 말한다)로 해야 한다.

5. 제1호 및 제4호에도 불구하고 공공기관의 장은 해당 공공기관의 전기시설물 및 가스시설에 대하여 다음 각 목의 구분에 따른 점검 또는 검사를 받아야 한다.
   가. 전기시설물의 경우: 「전기사업법」 제63조에 따른 사용전검사
   나. 가스시설의 경우: 「도시가스사업법」 제17조에 따른 검사, 「고압가스 안전관리법」 제16조의2 및 제20조제4항에 따른 검사 또는 「액화석유가스의 안전관리 및 사업법」 제37조 및 제44조제2항·제4항에 따른 검사

5의2. 관리업자는 자체점검 기간 중 특정소방대상물의 일부가 24시간 운영하는 등의 불가피한 사유로 점검을 수행하지 못한 경우에는 별지 제9호서식 제4호 기타란에 그 내용을 기재하여 점검을 수행하지 못한 해당 소방시설의 점검방법과 함께 관계인에게 알리고, 관계인은 해당 소방시설을 점검한 후 그 점검결과를 제23조제2항에 따른 소방시설 등 자체점검 실시결과 보고서에 포함하여 보고해야 한다. 〈신설 25.12.1〉

6. 공동주택(아파트등으로 한정한다) 세대별 점검방법은 다음과 같다.
   가. 관리자(관리소장, 입주자대표회의 및 소방안전관리자를 포함한다. 이하 같다) 및 입주민(세대 거주자를 말한다)은 2년 주기로 모든 세대에 대하여 점검을 해야 한다.
   나. 가목에도 불구하고 아날로그감지기 등 특수감지기가 설치되어 있는 경우에는 수신기에서 원격 점검할 수 있으며, 점검할 때마다 모든 세대를 점검해야 한다. 다만, 자동화재탐지설비의 선로 단선이 확인되는 때에는 단선이 난 세대 또는 그 경계구역에 대하여 현장점검을 해야 한다.
   다. 관리자는 수신기에서 원격 점검이 불가능한 경우 매년 작동점검만 실시하는 공동주택은 1회 점검 시 마다 전체 세대수의 50퍼센트 이상, 종합점검을 실시하는 공동주택은 1회 점검 시 마다 전체 세대수의 30퍼센트 이상 점검하도록 자체점검 계획을 수립·시행해야 한다.
   라. 관리자 또는 해당 공동주택을 점검하는 관리업자는 입주민이 세대 내에 설치된 소방시설등을 스스로 점검할 수 있도록 소방청 또는 사단법인 한국소방시설관리협회의 홈페이지에 게시되어 있는 공동주택 세대별 점검 동영상을 입주민이 시청할 수 있도록 안내하고, 점검서식(별지 제36호서식 소방시설 외관점검표를 말한다)을 사전에 배부해야 한다.
   마. 입주민은 점검서식에 따라 스스로 점검하거나 관리자 또는 관리업자로 하여금 대신 점검하게 할 수 있다. 입주민이 스스로 점검한 경우에는 그 점검 결과를 관리자에게 제출하고 관리자는 그 결과를 관리업자에게 알려주어야 한다.
   바. 관리자는 관리업자로 하여금 세대별 점검을 하고자 하는 경우에는 사전에 점검 일정을 입주민에게 사전에 공지하고 세대별 점검 일자를 파악하여 관리업자에게 알려주어야 한다. 관리업자는 사전 파악된 일정에 따라 세대별 점검을 한 후 관리자에게 점검 현황을 제출해야 한다.
   사. 관리자는 관리업자가 점검하기로 한 세대에 대하여 입주민의 사정으로 점검을 하지 못한 경우 입주민이 스스로 점검할 수 있도록 다시 안내해야 한다. 이 경우 입주민이 관리업자로 하여금 다시 점검받기를 원하는 경우 관리업자로 하여금 추가로 점검하게 할 수 있다.
   아. 관리자는 세대별 점검현황(입주민 부재 등 불가피한 사유로 점검을 하지 못한 세대 현황을 포함한다)을 작성하여 자체점검이 끝난 날부터 2년간 자체 보관해야 한다.

7. 자체점검은 다음의 점검 장비를 이용하여 점검해야 한다.

소방시설	점검 장비	규격
모든 소방시설	방수압력측정계, 절연저항계(절연저항측정기), 전류전압측정계	
소화기구	저울	
옥내소화전설비 옥외소화전설비	소화전밸브압력계	
스프링클러설비 포소화설비	헤드결합렌치(볼트, 너트, 나사 등을 죄거나 푸는 공구)	
이산화탄소, 분말 할론, 할로겐화합물 및 불활성기체 소화설비	검량계, 기동관누설시험기, 그 밖에 소화약제의 저장량을 측정할 수 있는 점검기구	
자동화재탐지설비 시각경보기	열감지기시험기, 연(煙)감지기시험기, 공기주입시험기, 감지기시험기연결막대, 음량계	
누전경보기	누전계	누전전류 측정용
무선통신보조설비	무선기	통화시험용
제연설비	풍속풍압계, 폐쇄력측정기, 차압계(압력차 측정기)	
통로유도등 비상조명등	조도계(밝기 측정기)	최소눈금이 0.1럭스 이하인 것

※ 비 고

1. 신축·증축·개축·재축·이전·용도변경 또는 대수선 등으로 소방시설이 새로 설치된 경우에는 해당 특정소방대상물의 소방시설 전체에 대하여 실시한다.
2. 작동점검 및 종합점검(최초점검은 제외한다)은 건축물 사용승인 후 그 다음 해부터 실시한다.
3. 특정소방대상물이 증축·용도변경 또는 대수선 등으로 사용승인일이 달라지는 경우 사용승인일이 빠른 날을 기준으로 자체점검을 실시한다.

평수 이야기

우리는 아직까지 m^2에 대한 상식이 습관화되어 있지 않다.
다수의 사람들이 실생활인 아파트에 살면서 평수를 떠올리며 그 규모에 익숙해져 있다.
하지만 모든 교재에서 다루고 있는 면적은 m^2로 표시되고 있으며 우리는 학습하는 데 숫자를 단순히 암기해가고 있다. 그러나 그 규모를 짐작할 수 있는 계산식을 알아두면 m^2에 대한 면적이 좀 더 우리 머릿속에 가까이 접근되며 학습의 기억이 오래 머물 수 있다.

* 계산식: $m^2 \div 3.3058$ = 평 혹은 $m^2 \times 0.3025$ = 평

(예) $33m^2 \div 3.3$ = 10평 / $66m^2 \div 3.3$ = 20평. / $100m^2 \div 3.3$ = 30평.)

(예) 아파트 공급면적: $84m^2 \times 0.3025$=25.41평 / 111.0828×0.3025=33.6평(약 34평)

[규칙 별표 4] 소방시설등의 자체점검 시 점검인력의 배치기준(제20조제1항 관련)

〈개정 2024. 11. 29.〉

1. 점검인력 1단위는 다음과 같다.
   가. 관리업자가 점검하는 경우에는 주된 점검인력인 특급점검자 1명과 보조 점검인력인 영 별표 9에 따른 주된 기술인력 또는 보조 기술인력 2명을 점검인력 1단위로 하되, 점검인력 1단위에 보조 점검인력으로 2명(같은 건축물을 점검할 때는 4명) 이내의 주된 기술인력 또는 보조 기술인력을 추가할 수 있다.
   나. 소방안전관리자로 선임된 소방시설관리사 및 소방기술사가 점검하는 경우에는 주된 점검인력인 소방시설관리사 또는 소방기술사 중 1명과 보조 점검인력 2명을 점검인력 1단위로 하되, 점검인력 1단위에 2명 이내의 보조 점검인력을 추가할 수 있다. 이 경우 보조 점검인력은 해당 특정소방대상물의 관계인, 소방안전관리보조자 또는 관리업자 소속의 소방기술인력으로 할 수 있다.
   다. 관계인이 점검하는 경우에는 주된 점검인력인 관계인 1명과 보조 점검인력 2명을 점검인력 1단위로 한다. 이 경우 보조 점검인력은 해당 특정소방대상물의 관계인, 소방안전관리자, 소방안전관리보조자 또는 관리업자 소속의 소방기술인력으로 할 수 있다.
2. 제1호가목에 따라 관리업자가 점검하는 경우 특정소방대상물의 규모 등에 따른 점검인력의 배치기준은 다음과 같다.

구분	주된 기술인력	보조 기술인력
가. 50층 이상 또는 성능위주설계를 한 특정소방대상물	소방시설관리사 경력 5년 이상인 특급점검자 1명 이상	고급점검자 이상의 기술인력 1명 이상 및 중급점검자 이상의 기술인력 1명 이상
나. 「화재의 예방 및 안전관리에 관한 법률 시행령」 별표 4 제1호에 따른 특급 소방안전관리대상물(가목의 특정소방대상물은 제외한다)	소방시설관리사 경력 3년 이상인 특급점검자 1명 이상	고급점검자 이상의 기술인력 1명 이상 및 초급점검자 이상의 기술인력 1명 이상
다. 「화재의 예방 및 안전관리에 관한 법률 시행령」 별표 4 제2호 및 제3호에 따른 1급 또는 2급 소방안전관리대상물	소방시설관리사 경력 1년 이상인 특급점검자 1명 이상	중급점점검자 이상의 기술인력 1명 이상 및 초급점검자 이상의 기술인력 1명 이상
라. 「화재의 예방 및 안전관리에 관한 법률 시행령」 별표 4 제4호에 따른 3급 소방안전관리대상물	특급점검자 1명 이상	초급점검자 이상의 기술인력 2명 이상

※ 비 고
1. "주된 점검인력"이란 해당 점검 업무 전반을 총괄하는 사람을 말한다.
2. "보조 점검인력"이란 주된 점검인력을 보조하고, 주된 점검인력의 지시를 받아 점검 업무를 수행하는 사람을 말한다.
3. 점검인력의 등급구분(특급점검자, 고급점검자, 중급점검자, 초급점검자)은 「소방시설공사업법 시행규칙」 별표 4의2에서 정하는 기준에 따른다.

3. 점검인력 1단위가 하루 동안 점검할 수 있는 특정소방대상물의 연면적(이하 "점검한도 면적"이라 한다)은 다음 각 목과 같다.
   가. 종합점검: 8,000㎡ 나. 작동점검: 10,000㎡

4. 점검인력 1단위에 보조 점검인력을 1명씩 추가할 때마다 종합점검의 경우에는 2,000㎡, 작동점검의 경우에는 2,500㎡씩을 점검한도 면적에 더한다. 다만, 하루에 2개 이상의 특정소방대상물을 배치할 경우 1일 점검한도면적은 특정소방대상물별로 투입된 점검인력에 따른 점검 한도면적의 평균값으로 적용하여 계산한다.

5. 점검인력은 하루에 5개의 특정소방대상물에 한하여 배치할 수 있다. 다만 2개 이상의 특정소방대상물을 2일 이상 연속하여 점검하는 경우에는 배치기한을 초과해서는 안 된다.

6. 관리업자등이 하루 동안 점검한 면적은 실제 점검면적(지하구는 그 길이에 폭의 길이 1.8m를 곱하여 계산된 값을 말하며, 터널은 3차로 이하인 경우에는 그 길이에 폭의 길이 3.5m를 곱하고, 4차로 이상인 경우에는 그 길이에 폭의 길이 7m를 곱한 값을 말한다. 다만, 한쪽 측벽에 소방시설이 설치된 4차로 이상인 터널의 경우에는 그 길이와 폭의 길이 3.5m를 곱한 값을 말한다. 이하 같다)에 다음의 각 목의 기준을 적용하여 계산한 면적(이하 "점검면적"이라 한다)으로 하되, 점검면적은 점검한도 면적을 초과해서는 안 된다.

가. 실제 점검면적에 다음의 가감계수를 곱한다.

구분	대상용도	가감계수
1류	문화 및 집회시설, 종교시설, 판매시설, 의료시설, 노유자시설, 수련시설, 숙박시설, 위락시설, 창고시설, 교정시설, 발전시설, 지하가, 복합건축물	1.1
2류	공동주택, 근린생활시설, 운수시설, 교육연구시설, 운동시설, 업무시설, 방송통신시설, 공장, 항공기 및 자동차 관련 시설, 군사시설, 관광휴게시설, 장례시설, 지하구	1.0
3류	위험물 저장 및 처리시설, 문화유산, 동물 및 식물 관련 시설, 자원순환 관련 시설, 묘지 관련 시설	0.9

나. 점검한 특정소방대상물이 다음의 어느 하나에 해당할 때에는 다음에 따라 계산된 값을 가목에 따라 계산된 값에서 뺀다.

1) 영 별표 4 제1호라목에 따라 스프링클러설비가 설치되지 않은 경우: 가목에 따라 계산된 값에 0.1을 곱한 값

2) 영 별표 4 제1호바목에 따라 물분무등소화설비(호스릴 방식의 물분무등소화설비는 제외한다)가 설치되지 않은 경우: 가목에 따라 계산된 값에 0.1을 곱한 값

3) 영 별표 4 제5호가목에 따라 제연설비가 설치되지 않은 경우: 가목에 따라 계산된 값에 0.1을 곱한 값

다. 2개 이상의 특정소방대상물을 하루에 점검하는 경우에는 특정소방대상물 상호간의 좌표 최단거리 5km마다 점검 한도면적에 0.02를 곱한 값을 점검 한도면적에서 뺀다.

7. 제3호부터 제6호까지의 규정에도 불구하고 아파트등(공용시설, 부대시설 또는 복리시설은 포함하고, 아파트등이 포함된 복합건축물의 아파트등 외의 부분은 제외한다. 이하 이 표에서 같다)를 점검할 때에는 다음 각 목의 기준에 따른다.

가. 점검인력 1단위가 하루 동안 점검할 수 있는 아파트등의 세대수(이하 "점검한도 세대수"라 한다)는 종합점검 및 작동점검에 관계없이 250세대로 한다.

나. 점검인력 1단위에 보조 점검인력을 1명씩 추가할 때마다 60세대씩을 점검한도 세대수에 더한다.

다. 관리업자등이 하루 동안 점검한 세대수는 실제 점검 세대수에 다음의 기준을 적용하여 계산한 세대수(이하 "점검세대수"라 한다)로 하되, 점검세대수는 점검한도 세대수를 초과해서는 안 된다.

1) 점검한 아파트등이 다음의 어느 하나에 해당할 때에는 다음에 따라 계산된 값을 실제 점검 세대수에서 뺀다.

가) 영 별표 4 제1호라목에 따라 스프링클러설비가 설치되지 않은 경우: 실제 점검 세대수에 0.1을 곱한 값

나) 영 별표 4 제1호바목에 따라 물분무등소화설비(호스릴 방식의 물분무등소화설비는 제외한다)가 설치되지 않은 경우: 실제 점검 세대수에 0.1을 곱한 값

다) 영 별표 4 제5호가목에 따라 제연설비가 설치되지 않은 경우: 실제 점검 세대수에 0.1을 곱한 값

2) 2개 이상의 아파트를 하루에 점검하는 경우에는 아파트 상호간의 좌표 최단거리 5km마다 점검 한도세대수에 0.02를 곱한 값을 점검한도 세대수에서 뺀다.

8. 아파트등과 아파트등 외 용도의 건축물을 하루에 점검할 때에는 종합점검의 경우 제7호에 따라 계산된 값에 32, 작동점검의 경우 제7호에 따라 계산된 값에 40을 곱한 값을 점검대상 연면적으로 보고 제2호 및 제3호를 적용한다.

9. 종합점검과 작동점검을 하루에 점검하는 경우에는 작동점검의 점검대상 연면적 또는 점검대상 세대수에 0.8을 곱한 값을 종합점검 점검대상 연면적 또는 점검대상 세대수로 본다.

10. 제3호부터 제9호까지의 규정에 따라 계산된 값은 소수점 이하 둘째 자리에서 반올림한다.

[규칙 별표 5] 소방시설등 자체점검기록표(제25조 관련) <개정 2025. 12. 1.>

소방시설등 자체점검기록표

- 대상물명 :
- 주　　소 :
- 점검구분 : [ ] 작동점검 [ ] 종합점검
- 점 검 자 :
- 점검기간 : 년 월 일 ~ 년 월 일
- 보유시설 : 스프링클러설비 [ ] 설치(층 ~ 층) [ ] 미설치
- 불량사항 : [ ] 소화설비 [ ] 경보설비 [ ] 피난구조설비
  [ ] 소화용수설비 [ ] 소화활동설비 [ ] 기타설비 [ ] 없음
- 정비기간 : 년 월 일 ~ 년 월 일

년 월 일

「소방시설 설치 및 관리에 관한 법률」 제24조제1항 및 같은 법 시행규칙 제25조에 따라 소방시설등 자체점검결과를 게시합니다.

※ 비 고

점검기록표의 규격은 다음과 같다.

가. 규격: A4 용지(가로 297mm × 세로 210mm)

나. 재질: 아트지(스티커) 또는 종이

다. 외측 테두리: 파랑색(RGB 65, 143, 222)

라. 내측 테두리: 하늘색(RGB 193, 214, 237)

마. 글씨체(색상)
1) 소방시설 점검기록표: HY헤드라인M, 45포인트(외측 테두리와 동일)
2) 본문 제목: 윤고딕230, 20포인트(외측 테두리와 동일)
본문 내용: 윤고딕230, 20포인트(검정색)
3) 하단 내용: 윤고딕240, 20포인트(법명은 파랑색, 그 외 검정색)

[규칙 별표 6]

소방시설관리사시험 과목의 세부 항목(제28조 관련)

1. 제1차시험 과목

   소방안전관리론, 소방기계 점검실무, 소방전기 점검실무, 소방 관계 법령

2. 제2차시험 과목

   소방시설등 점검실무, 소방시설등 관리실무

[규칙 별표 7]

소방시설관리업자의 점검능력 평가의 세부 기준(제38조제1항 관련)

관리업자의 점검능력 평가는 다음 계산식으로 산정하되, 1천원 미만의 숫자는 버린다. 이 경우 산정기준일은 평가를 하는 해의 전년도 말일을 기준으로 한다.

> 점검능력평가액 = 실적평가액 + 기술력평가액 + 경력평가액 ± 신인도평가액

1. 실적평가액은 다음 계산식으로 산정한다.

> 실적평가액 = (연평균점검실적액 + 연평균대행실적액) × 50/100

가. 점검실적액(발주자가 공급하는 자제비를 제외한다) 및 대행실적액은 해당 업체의 수급금액 중 하수급금액은 포함하고 하도급금액은 제외한다.

1) 종합점검과 작동점검 또는 소방안전관리업무 대행을 일괄하여 수급한 경우에는 그 일괄수급금액에 0.55를 곱하여 계산된 금액을 종합점검 실적액으로, 0.45를 곱하여 계산된 금액을 작동점검 또는 소방안전관리업무 대행 실적액으로 본다. 다만, 다른 입증자료가 있는 경우에는 그 자료에 따라 배분한다.

2) 작동점검과 소방안전관리업무 대행을 일괄하여 수급한 경우에는 그 일괄수급금액에 0.5를 곱하여 계산된 금액을 각각 작동점검 및 소방안전관리업무 대행 실적액으로 본다. 다만, 다른 입증자료가 있는 경우에는 그 자료에 따라 배분한다.

3) 종합점검, 작동점검 및 소방안전관리업무 대행을 일괄하여 수급한 경우에는 그 일괄수급금액에 0.38을 곱하여 계산된 금액을 종합점검 실적액으로, 각각 0.31을 곱하여 계산된 금액을 각각 작동점검 및 소방안전관리업무 대행 실적액으로 본다. 다만, 다른 입증자료가 있는 경우에는 그 자료에 따라 배분한다.

나. 소방시설관리업을 경영한 기간이 산정일을 기준으로 3년 이상인 경우에는 최근 3년간의 점검실적액 및 대행실적액을 합산하여 3으로 나눈 금액을 각각 연평균점검실적액 및 연평균대행실적액으로 한다.

다. 소방시설관리업을 경영한 기간이 산정일을 기준으로 1년 이상 3년 미만인 경우에는 그 기간의 점검실적액 및 대행실적액을 합산한 금액을 그 기간의 개월수로 나눈 금액에 12를 곱한 금액을 각각 연평균점검실적액 및 연평균대행실적액으로 한다.

라. 소방시설관리업을 경영한 기간이 산정일을 기준으로 1년 미만인 경우에는 그 기간의 점검실적액 및 대행실적액을 각각 연평균점검실적액 및 연평균대행실적액으로 한다.

마. 법 제32조제1항 각 호 및 제2항에 따라 지위를 승계한 관리업자는 종전 관리업자의 실적액과 관리업을 승계한 자의 실적액을 합산한다.

바. 영 제45조 및 별표 9에 따른 소방시설관리업 업종을 일반소방시설관리업에서 전문소방시설관리업으로 변경하거나 전문소방시설관리업에서 일반소방시설관리업으로 변경한 관리업자의 경우에는 종전 업종의 실적액과 변경된 업종의 실적액을 합산한다.

2. 기술력평가액은 다음 계산식으로 산정한다.

기술력평가액 = 전년도 기술인력 가중치 1단위당 평균 점검실적액
× 보유기술인력 가중치합계 × 40/100

가. 전년도 기술인력 가중치 1단위당 평균 점검실적액은 점검능력 평가를 신청한 관리업자의 국내 총 기성액을 해당 관리업자가 보유한 기술인력의 가중치 총합으로 나눈 금액으로 한다. 이 경우 국내 총 기성액 및 기술인력 가중치 총합은 평가기관이 법 제34조제4항에 따라 구축·관리하고 있는 데이터베이스(보유 기술인력의 경력관리를 포함한다)에 등록된 정보를 기준으로 한다(전년도 기술인력 1단위당 평균 점검실적액이 산출되지 않는 경우에는 전전년도 기술인력 1단위당 평균 점검실적액을 적용한다).

나. 보유 기술인력 가중치의 계산은 다음의 방법에 따른다.

1) 보유 기술인력은 해당 관리업체에 소속되어 6개월 이상 근무한 사람(등록·양도·합병 후 관리업을 한 기간이 6개월 미만인 경우에는 등록신청서·양도신고서·합병신고서에 기재된 기술인력으로 한다)만 해당한다.

2) 보유 기술인력은 주된 기술인력과 보조 기술인력으로 구분하되, 기술등급 구분의 기준은 「소방시설공사업법 시행규칙」 별표 4의2에 따른다. 이 경우 1인이 둘 이상의 자격, 학력 또는 경력을 가지고 있는 경우 대표되는 하나의 것만 적용한다.

3) 보유 기술인력의 등급별 가중치는 다음 표와 같다.

보유기술인력	주된 기술인력		보조 기술인력			
	관리사 (경력 5년이상)	관리사	특급 점검자	고급 점검자	중급 점검자	초급 점검자
가중치	3.5	3.0	2.5	2	1.5	1

3. 경력평가액은 다음 계산식으로 산정한다.

경력평가액 = 실적평가액 × 관리업 경영기간 평점 × 10/100

가. 소방시설관리업 경영기간은 등록일·양도신고일 또는 합병신고일부터 산정기준일까지로 한다.

나. 종전 관리업자의 관리업 경영기간과 관리업을 승계한 자의 관리업 경영기간의 합산에 관하여는 제1호마목을 준용한다.

다. 관리업 경영기간 평점은 다음 표에 따른다.

관리업 경영기간	2년 미만	2년 이상 4년 미만	4년 이상 6년 미만	6년 이상 8년 미만	8년 이상 10년 미만
평점	0.5	0.55	0.6	0.65	0.7
10년 이상 12년 미만	12년 이상 14년 미만	14년 이상 16년 미만	16년 이상 18년 미만	18년 이상 20년 미만	20년 이상
0.75	0.8	0.85	0.9	0.95	1.0

4. 신인도평가액은 다음 계산식으로 산정하되, 신인도평가액은 실적평가액 · 기술력평가액 · 경력평가액을 합친 금액의 ±10%의 범위를 초과할 수 없으며, 가점요소와 감점요소가 있는 경우에는 이를 상계한다.

신인도평가액 = (실적평가액 + 기술력평가액 + 경력평가액) × 신인도 반영비율 합계

가. 신인도 반영비율 가점요소는 다음과 같다.

1) 최근 3년간 국가기관 · 지방자치단체 또는 공공기관으로부터 소방 및 화재안전과 관련된 표창을 받은 경우
- 대통령 표창: +3%
- 장관 이상 표창, 소방청장 또는 광역자치단체장 표창: +2%
- 그 밖의 표창: +1%

2) 소방시설관리에 관한 국제품질경영인증(ISO)을 받은 경우: +2%

3) 소방에 관한 특허를 보유한 경우: +1%

4) 전년도 기술개발투자액: 「조세특례제한법 시행령」 별표 6에 규정된 비용 중 소방시설관리업 분야에 실제로 사용된 금액으로 다음 기준에 따른다.
- 실적평가액의 1%이상 3%미만: +0.5%
- 실적평가액의 3%이상 5%미만: +1.0%
- 실적평가액의 5%이상 10%미만: +1.5%
- 실적평가액의 10%이상: +2%

나. 신인도 반영비율 감점요소는 아래와 같다.

1) 최근 1년간 법 제35조에 따른 영업정지 처분 및 법 제36조에 따른 과징금 처분을 받은 사실이 있는 경우
- 1개월 이상 3개월 이하: -2%
- 3개월 초과: -3%

2) 최근 1년간 국가기관 · 지방자치단체 또는 공공기관으로부터 부정당업자로 제재처분을 받은 사실이 있는 경우: -2%

3) 최근 1년간 이 법에 따른 과태료처분을 받은 사실이 있는 경우: -2%

4) 최근 1년간 이 법에 따라 소방시설관리사가 행정처분을 받은 사실이 있는 경우: -2%

5) 최근 1년간 부도가 발생한 사실이 있는 경우: -2%

5. 제1호부터 제4호까지의 규정에도 불구하고 신규업체의 점검능력 평가는 다음 계산식으로 산정한다.

점검능력평가액 = (전년도 전체 평가업체의 평균 실적액 × 10/100) +
(기술인력 가중치 1단위당 평균 점검면적액 × 보유기술인력가중치합계 × 50/100)

※ 비 고

"신규업체"란 법 제29조에 따라 신규로 소방시설관리업을 등록한 업체로서 등록한 날부터 1년 이내에 점검능력 평가를 신청한 업체를 말한다.

[규칙 별표 8]

행정처분 기준(제39조 관련) 〈개정: 2023.4.19.〉

1. 일반기준

가. 위반행위가 둘 이상이면 그 중 무거운 처분기준(무거운 처분기준이 동일한 경우에는 그 중 하나의 처분기준을 말한다. 이하 같다)에 따른다. 다만, 둘 이상의 처분기준이 모두 영업정지이거나 사용정지인 경우에는 각 처분기준을 합산한 기간을 넘지 않는 범위에서 무거운 처분기준에 각각 나머지 처분기준의 2분의 1 범위에서 가중한다.

나. 영업정지 또는 사용정지 처분기간 중 영업정지 또는 사용정지에 해당하는 위반사항이 있는 경우에는 종전의 처분기간 만료일의 다음 날부터 새로운 위반사항에 따른 영업정지 또는 사용정지의 행정처분을 한다.

다. 위반행위의 횟수에 따른 행정처분의 기준은 최근 1년간 같은 위반행위로 행정처분을 받은 경우에 적용한다. 이 경우 적용일은 위반행위에 대한 행정처분일과 그 처분 후에 한 위반행위가 다시 적발된 날을 기준으로 한다.

라. 다목에 따라 가중된 부과처분을 하는 경우 가중처분의 적용 차수는 그 위반행위 전 부과처분 차수(다목에 따른 기간 내에 행정처분이 둘 이상 있었던 경우에는 높은 차수를 말한다)의 다음 차수로 한다.

마. 처분권자는 위반행위의 동기・내용・횟수 및 위반 정도 등 다음에 해당하는 사유를 고려하여 그 처분을 가중하거나 감경할 수 있다. 이 경우 그 처분이 영업정지 또는 자격정지인 경우에는 그 처분기준의 2분의 1의 범위에서 가중하거나 감경할 수 있고, 등록취소 또는 자격취소인 경우에는 등록취소 또는 자격취소 전 차수의 행정처분이 영업정지 또는 자격정지이면 그 처분기준의 2배 이하의 영업정지 또는 자격정지로 감경(법 제28조제1호・제4호・제5호・제7호 및 법 제35조제1항제1호・제4호・제5호를 위반하여 등록취소 또는 자격취소된 경우는 제외한다)할 수 있다.

1) 가중 사유
   가) 위반행위가 사소한 부주의나 오류가 아닌 고의나 중대한 과실에 의한 것으로 인정되는 경우
   나) 위반의 내용・정도가 중대하여 관계인에게 미치는 피해가 크다고 인정되는 경우

2) 감경 사유
   가) 위반행위가 사소한 부주의나 오류 등 과실로 인한 것으로 인정되는 경우
   나) 위반의 내용・정도가 경미하여 관계인에게 미치는 피해가 적다고 인정되는 경우
   다) 위반 행위자가 처음 해당 위반행위를 한 경우로서 5년 이상 소방시설관리사의 업무, 소방시설관리업 등을 모범적으로 해 온 사실이 인정되는 경우
   라) 그 밖에 다음의 경미한 위반사항에 해당되는 경우
      (1) 스프링클러설비 헤드가 살수반경에 미치지 못하는 경우
      (2) 자동화재탐지설비 감지기 2개 이하가 설치되지 않은 경우
      (3) 유도등이 일시적으로 점등되지 않는 경우
      (4) 유도표지가 정해진 위치에 붙어 있지 않은 경우

바. 처분권자는 고의 또는 중과실이 없는 위반행위자가 「소상공인기본법」 제2조에 따른 소상공인인 경우에는 다음의 사항을 고려하여 제2호나목의 개별기준에 따른 처분을 감경할 수 있다. 이 경우 그 처분이 영업정지인 경우에는 그 처분기준의 100분의 70 범위에서 감경할 수 있고, 그 처분이 등록취소(법 제35조제1항제1호・제4호・제5호를 위반하여 등록취소된 경우는 제외한다)인 경우에는 3개월의 영업정지 처분으로 감경할 수 있다. 다만, 마목에 따른 감경과 중복하여 적용하지 않는다.

1) 해당 행정처분으로 위반행위자가 더 이상 영업을 영위하기 어렵다고 객관적으로 인정되는지 여부
2) 경제위기 등으로 위반행위자가 속한 시장・산업 여건이 현저하게 변동되거나 지속적으로 악화된 상태인지 여부 〈신설: 2023.4.19.〉

2. 개별기준

가. 소방시설관리사에 대한 행정처분기준

위반사항	근거 법조문	행정처분기준		
		1차 위반	2차 위반	3차이상 위반
1) 거짓이나 그 밖의 부정한 방법으로 시험에 합격한 경우	법 제28조 제1호	자격취소		
2) 「화재의 예방 및 안전관리에 관한 법률」 제25조제2항에 따른 대행인력의 배치기준·자격·방법 등 준수사항을 지키지 않은 경우	법 제28조 제2호	경고(시정명령)	자격정지 6개월	자격취소
3) 법 제22조에 따른 점검을 하지 않거나 거짓으로 한 경우	법 제28조 제3호			
가) 점검을 하지 않은 경우		자격정지 1개월	자격정지 6개월	자격취소
나) 거짓으로 점검한 경우		경고(시정명령)	자격정지 6개월	자격취소
4) 법 제25조제7항을 위반하여 소방시설관리사증을 다른 사람에게 빌려준 경우	법 제28조 제4호	자격취소		
5) 법 제25조제8항을 위반하여 동시에 둘 이상의 업체에 취업한 경우	법 제28조 제5호	자격취소		
6) 법 제25조제9항을 위반하여 성실하게 자체점검 업무를 수행하지 않은 경우	법 제28조 제6호	경고(시정명령)	자격정지 6개월	자격취소
7) 법 제27조 각 호의 어느 하나의 결격사유에 해당하게 된 경우	법 제28조 제7호	자격취소		

나. 소방시설관리업자에 대한 행정처분기준

위반사항	근거 법조문	행정처분기준		
		1차 위반	2차 위반	3차이상 위반
1) 거짓이나 그 밖의 부정한 방법으로 등록을 한 경우	법 제35조 제1항제1호	등록취소		
2) 법 제22조에 따른 점검을 하지 않거나 거짓으로 한 경우	법 제35조 제1항제2호			
가) 점검을 하지 않은 경우		영업정지 1개월	영업정지 3개월	등록취소
나) 거짓으로 점검한 경우		경고(시정명령)	영업정지 3개월	등록취소
3) 법 제29조제2항에 따른 등록기준에 미달하게 된 경우. 다만, 기술인력이 퇴직하거나 해임되어 30일 이내에 재선임하여 신고한 경우는 제외한다.	법 제35조 제1항제3호	경고(시정명령)	영업정지 3개월	등록취소
4) 법 제30조 각 호의 어느 하나의 등록의 결격사유에 해당하게 된 경우. 다만, 제30조제5호에 해당하는 법인으로서 결격사유에 해당하게 된 날부터 2개월 이내에 그 임원을 결격사유가 없는 임원으로 바꾸어 선임한 경우는 제외한다.	법 제35조 제1항제4호	등록취소		
5) 법 제33조제2항을 위반하여 등록증 또는 등록수첩을 빌려준 경우	법 제35조 제1항제5호	등록취소		
6) 법 제34조제1항에 따른 점검능력 평가를 받지 않고 자체점검을 한 경우	법 제35조 제1항제6호	영업정지 1개월	영업정지 3개월	등록취소

[규칙 별표 9]

과징금의 부과기준(제40조제1항 관련)

1. 일반기준

가. 영업정지 1개월은 30일로 계산한다.

나. 과징금 산정은 영업정지기간(일)에 제2호나목의 영업
정지 1일에 해당하는 금액을 곱한 금액으로 한다.

다. 위반행위가 둘 이상 발생한 경우 과징금 부과를 위한 영업정지기간(일) 산정은 제2호가목의 개별기준에 따른 각각의 영업정지 처분기간을 합산한 기간으로 한다.

라. 영업정지에 해당하는 위반사항으로서 위반행위의 동기·내용·횟수 또는 그 결과를 고려하여 그 처분기준의 2분의 1까지 감경한 경우 과징금 부과에 의한 영업정지기간(일) 산정은 감경한 영업정지기간으로 한다.

마. 연간 매출액은 해당 업체에 대한 처분일이 속한 연도의 전년도의 1년간 위반사항이 적발된 업종의 각 매출금액을 기준으로 한다. 다만, 신규사업·휴업 등으로 인하여 1년간의 위반사항이 적발된 업종의 각 매출금액을 산출할 수 없거나 1년간의 위반사항이 적발된 업종의 각 매출금액을 기준으로 하는 것이 불합리하다고 인정되는 경우에는 분기별·월별 또는 일별 매출금액을 기준으로 산출 또는 조정한다.

바. 가목부터 마목까지의 규정에도 불구하고 과징금 산정금액이 3천만원을 초과하는 경우 3천만원으로 한다.

2. 개별기준

가. 과징금을 부과할 수 있는 위반행위의 종류

위반사항	근거 법조문	행정처분기준		
		1차 위반	2차 위반	3차이상 위반
1) 법 제22조에 따른 점검을 하지 않거나 거짓으로 한 경우	법 제35조 제1항제2호	영업정지 1개월	영업정지 3개월	
2) 법 제29조제2항에 따른 등록기준에 미달하게 된 경우. 다만, 기술인력이 퇴직하거나 해임되어 30일 이내에 재선임하여 신고한 경우는 제외한다.	법 제35조 제1항제3호		영업정지 3개월	
3) 법 제34조제1항에 따른 점검능력 평가를 받지 않고 자체 점검을 한 경우	법 제35조 제1항제6호	영업정지 1개월	영업정지 3개월	

나. 과징금 금액 산정기준

등급	연간매출액(단위: 백만원)	영업정지 1일에 해당되는 금액(단위: 원)
1	10 이하	25,000
2	10 초과 ~ 30 이하	30,000
3	30 초과 ~ 50 이하	35,000
4	50 초과 ~ 100 이하	45,000
5	100 초과 ~ 150 이하	50,000
6	150 초과 ~ 200 이하	55,000
7	200 초과 ~ 250 이하	65,000
8	250 초과 ~ 300 이하	80,000
9	300 초과 ~ 350 이하	95,000
~	~	~
19	10,000 초과	330,000

학습 문제(소방시설법)

▶ 현, 출간일까지 소방관계시험에 기출된 주요 문제임.

소방시설 설치 및 관리에 관한 법률

01 **다음 중 소방시설에 해당하는 것이 <u>아닌</u> 것은?** • 기본 1단계

① 소화설비 ② 경보설비 ③ 비상구 ④ 소화용수설비

소방시설에는 소화·경보·피난구조·소화용수설비 그 밖에 소화활동설비로서 대통령령이 정하는 것을 말한다. 소방시설에 ③의 비상구는 해당되지 않는다. (소방시설법 제2조)

02 **무창층이 되기 위한 개구부의 요건에 해당되지 <u>않는</u> 것은?**** • 학습 2단계

① 개구부의 크기는 비상구의 크기 이상일 것
② 개구부에 피난상 장애가 되는 창살, 장애물 등이 설치되지 아니할 것
③ 해당 층의 바닥면으로부터 개구부의 밑부분까지의 높이가 1.2m 이내일 것
④ 내부 또는 외부에서 쉽게 부수거나 또는 열 수 있어야 하며 도로 또는 차량이 진입할 수 있는 빈터를 향할 것

"무창층(無窓層)" 이란 지상층 중 개구부(채광, 통풍, 환기 또는 출입 등을 위하여 만든 창·출입구 등)의 면적의 합계가 해당 층의 바닥면적의 1/30 이하가 되는 층을 말하며 개구부의 크기는 지름 50cm 이상의 원이 내접(內接)할 수 있어야 한다. ①번은 개구부의 요건과 무관. (소방시설법 시행령 제2조)

03 **다음 중 피난층이란?*** • 기본 1단계

① 직접 1층으로 갈 수 있는 출입구가 있는 층
② 곧바로 지상으로 갈 수 있는 출입구가 있는 층
③ 개구부가 도로 또는 차량이 진입할 수 있는 층
④ 내부로부터 지상 그 밖의 안전한 곳으로 피난할 수 있는 층

피난층이란 1층만 존재하지 않으며 곧바로 지상으로 갈 수 있는 출입구가 있는 층을 말한다. (* 피난층이란 경사진 언덕 위 건축물에서는 2층·3층 이상도 가능하다.) ((소방시설법 시행령 제2조)

Ans. 01. ③ 02. ① 03. ①

04 **소방본부장 또는 소방서장의 건축허가등의 동의사항 중 옳지 않은 것은?*** • 개념 3단계

① 연면적 500m² 이상인 건축물
② 차고 바닥면적 200m² 이상인 것
③ 연면적 200m² 이상의 학교시설
④ 노유자(老幼者) 시설 및 수련시설 100제곱미터 이상인 것

노유자시설 및 수련시설은 200m² 이상에 해당된다.(* 예 100m² 은 해당하지 않는다)
(* ① 연면적 400m² 이상인 건축물 / ② 차고·주차장·주차용도 건축물이나 주차시설 / ③ 연면적 100m² 이상의 학교시설) (소방시설법 시행령 제7조)

05 **다음 중 건축허가등의 동의 요구사항으로 옳지 않은 것은?** • 학습 2단계

① 건축허가등의 동의요구서류를 접수한 날부터 5일 이내에 회신해야 한다.
② 특급소방안전관리대상물인 경우에는 10일 이내에 동의여부를 회신해야 한다.
③ 소방본부장·소방서장은 보완이 필요한 경우, 3일 이내에 보완을 요구할 수 있다
④ 건축허가등을 취소 시, 취소한 날부터 7일 이내에 소방본부장·소방서장에게 통보한다.

보완이 필요한 경우 4일 이내에 요구할 수 있다.(※ 단, 보완기간은 소방본부장·소방서장의 동의 여부 회신기간에 산입하지 않는다. 즉, 소방본부장·소방서장의 동의 여부 회신기간(5일 혹은 10일)에 상관없이, 별도의 기간으로 4일 이내라는 뜻이다.) (소방시설법 시행규칙 제8조)

06 **다음 중 소방청장이 정하는 내진설계 기준으로 옳지 않은 것은?***** • 개념 2단계

① 옥내소화전설비 ② 비상콘센트설비
③ 강화액소화설비 ④ 스프링클러설비

"소방청장이 정하는 내진설계기준에 해당하는 소방시설" 이란 옥내소화전설비, 스프링클러설비, 물분무등소화설비(물분무 포함 9가지) 및 "지진·화산재해대책법" 시행령 제10조 제1항에 해당하는 시설을 말한다.(* 비상콘센트설비는 소화활동설비에 해당한다.) (소방시설법 제7조 시행령 제8조)

07 **시 · 도의 조례에 의하여 주택에 설치하는 소방시설로 옳은 것은?*** • 개념 2단계

① 소화기구 ② 소화기
③ 단독경보기 ④ 스프링클러설비

시도의 조례에 의하여 단독주택, 공동주택(아파트 및 기숙사는 제외한다.) 에 설치하는 소방시설에 해당하는 시설은 소화기, 단독경보형감지기를 말한다. (소방시설법 제10조)

Ans. 04. ④ 05. ③ 6. ② 7. ②

08 **다음 중 성능위주설계 대상으로 옳지 않은 것은?**** • 개념 2단계

① 연면적 20만㎡ 이상의 특정소방대상물

② 높이 120m 이상의 특정소방대상물의 신축

③ 연면적 3만㎡ 이상인 철도, 도시철도시설, 공항시설

④ 하나의 건축물에 영화관 10개 이상 특정소방대상물의 증축

➡ 영화관 10개 이상 특정소방대상물의 신축에 해당한다.(* 소방기술사 2명 이상이 설계하는 성능위주설계 대상은 전문설계업에서 하는 모든 건축물의 신축에만 적용이 된다.) (소방시설법 시행령 제9조)

09 **다음 중 분말형태 소화약제 소화기 내용연수로 옳은 것은?** • 필수 1단계

① 10년 ② 20년 ③ 30년 ④ 반영구적

➡ 분말형태 소화약제 소화기 내용연수는 10년에 해당한다.(소방시설법 시행령 제19조)

10 **소방시설 적용의 특례에서 강화된 기준으로 설치하지 않아도 되는 것은?*** • 난도 1단계

① 의료시설의 자동화재탐지설비 ② 노유자시설의 자동화재탐지설비

③ 의료시설의 단독경보형감지기 ④ 노유자시설의 자동화재속보설비

➡ 의료시설이 아닌 노유자시설에 단독경보형감지기가 설치 대상이 된다.(소방시설법 제13조, 영 제13조)

11 **증축 또는 용도변경 시의 소방시설기준 적용의 특례에 대하여 틀린 것은?** • 개념 3단계

① 특정소방대상물이 증축되는 경우 - 기존부분을 포함한 전체에 대하여 증축당시의 소방시설등의 설치에 관한 대통령령 또는 화재안전기준을 적용한다.

② 기존부분과 증축부분이 내화구조로 된 바닥과 벽으로 구획된 경우 - 기존부분에 대하여 증축 당시의 대통령령 또는 화재안전기준을 적용하지 아니한다.

③ 용도변경되는 경우 - 기존부분을 포함한 전체에 대하여 용도변경 당시의 소방시설등의 설치에 관한 대통령령 또는 화재안전기준을 적용한다.

④ 용도변경되는 경우에 가연성 물질의 양이 감소되는 경우 - 용도변경되기 전에 적용되던 대통령령 또는 화재안전기준을 적용한다.

➡ 특정소방대상물이 용도변경 경우 용도변경되는 부분에 한하여 용도변경 당시의 기준 등을 적용한다. 법령조문과 단서 규정을 선별할 수 있어야 한다.(소방시설법 시행령 제15조)

Ans. 8. ④ 9. ① 10. ③ 11. ③

12 **다음 중 중앙소방기술심의위원회 심의사항이 아닌 것은?** ** • 개념 2단계

① 소방시설 등 설계 변경 사항의 적합성 검토
② 소방시설의 설계 및 공사감리의 방법에 관한 사항
③ 소방시설공사의 하자를 판단하는 기준에 관한 사항
④ 소방시설의 구조 및 원리 등에서 공법이 특수한 설계 및 시공에 관한 사항

소방시설 등 설계 변경 사항의 적합성 검토는 해당되지 아니한다. 소방기술심의위원회는 소방시설의 기술을 심의(심사 토의)하는 곳이다. (소방시설법 제13조 관련 시행령 제15조)

13 **방염성능기준 이상으로 설치하여야 하는 특정소방대상물로서 틀린 것은?** * • 개념 2단계

① 요양병원, 합숙소 및 다중이용업소
② 지하층을 포함한 층수가 11층 이상인 것
③ 공연장 및 종교집회장, 방송통신시설 중 방송국 및 촬영소
④ 의원, 의료시설, 조산원, 산후조리원, 숙박시설, 숙박시설이 있는 수련시설

지하층을 제외한 층수가 11층 이상(= 소방법에서 명시한 고층건축물)이다.(소방시설법 영 제30조)

14 **다음 중 "제조·가공공정에서 방염처리한 것"으로서 방염물품은?** ** • 혼동 2단계

① 섬유류 ② 2mm 미만의 종이벽지
③ 암막, 무대막(스크린 포함) ④ 흡음재, 방음재(커튼 포함)

"제조·가공공정에서 방염처리한 것"으로서 방염물품은 커튼, 카펫, 블라인드, 전시용 합판, 섬유판 등에 해당되며 ①②④는 방염물품에 해당되지 않는다. (소방시설법 시행령 제20조)

15 **다음 중 방염성능 측정기준에서 옳은 내용은?** * • 난도 2단계

① 잔염시간이란 버너의 불꽃을 올리며 연소상태가 그칠 때까지의 30초 이내이다.
② 잔신시간이란 버너의 불꽃을 올리지 아니하고 연소가 그칠 때까지의 측정시간이다.
③ 탄화한 길이는 탄소화된 시험치의 기준으로 50㎠ 이내, 탄화한 면적은 20㎠ 이내이다.
④ 행정안전부장관 고시에 의하여 연기밀도란 발연량을 측정 시 400 이하가 되어야 한다.

② 잔신시간(잔진시간)은 버너의 불꽃을 올리지 아니하고 연소가 그칠 때까지의 측정시간이다. 그 시험치의 한계는 30초 이내이다. / ① 잔염시간: 20초 이내 / ③ 탄화 면적은 50㎠ 이내, 탄화 길이는 20㎠ 이내 / ④ 소방청장이 고시한 방법어야 한다. (소방시설법 시행령 제30조)

Ans. 12. ① 13. ② 14. ③ 15 ②

16 소방시설의 자체점검 중 종합점검에 대하여 가장 옳지 않은 사항은? • 학습 2단계

① 점검자의 자격은 관리업에 등록된 소방시설관리사 또는 소방안전관리자로 선임된 소방시설관리사·소방기술사 1명 이상을 점검자로 한다.
② 종합점검에서는 소방시설등의 작동점검과는 별도로 소방시설 설비별 주요 구성 부품의 구조기준이 화재안전기준에 적합한지를 점검한다.
③ 종합점검대상은 스프링클러설비가 설치된 특정소방대상물, 물분무등 소화설비가 설치된 연면적 5,000㎡ 이상의 특정소방대상물이다.(단, 위험물제조소등 제외.)
④ 종합점검대상은 고시원, 산후조리업, 노래연습장업, 단란주점영업, ~~유흥주점영업~~, 영화상영관, 비디오물 감상실업(비디오물소극장업 제외), 복합영상물제공업, 안마시술소로서 연면적 2천㎡ 이상이다.

종합점검은 작동기능점검을 포함하여, 소방시설 설비별 주요 구성 부품의 구조기준이 화재안전기준에 적합한지 여부를 점검하는 것을 말한다. (소방시설법 시행규칙 별표3)

17 소방청장 또는 시·도지사가 하는 청문의 내용으로 옳지 않은 것은?* • 혼동 3단계

① 소방시설관리사 자격의 취소 및 정지
② 소방시설관리업의 등록취소 및 영업정지
③ 소방용품 성능시험 취소 및 제품검사 중지
④ 소방용품 전문기관의 지정취소 및 업무정지

소방용품의 성능시험 취소가 아니고 형식승인취소 및 제품검사 중지에 해당한다.(※ 소방용품 성능인증의 취소는 청문 대상에 해당된다. ▸ 성인취소) (소방시설법 제49조)

18 3년 이하의 징역 또는 3천만 원 이하의 벌금이 아닌 것은? • 학습 2단계

① 건설현장 임시소방시설 등의 조치명령을 위반한 사람
② 소방시설이 화재안전기준에 따른 조치명령을 위반한 사람
③ 피난·방화시설, 방화구획의 유지관리의 조치명령을 위반한 사람
④ 소방시설의 기능과 성능에 지장을 초래하는 소방시설에 폐쇄·차단 등 행위를 한 사람

①②③번은 "명령 위반자" 로서 3년 이하의 징역 또는 3천만 원 이하의 벌금이며 ④번은 5년 이하의 징역 또는 5천만 원 이하의 벌금이다. (소방시설법 제56~57조)

Ans. 16. ② 17. ③ 18. ④

19 **다음 중 연결이 바르지 않는 것은?** ** • 기본 1단계

① 소화설비－소화기구, 옥내소화설비

② 경보설비－비상방송설비, 누전경보기

③ 피난구조설비－유도등, 비상조명등, 방열복

④ 소화활동설비－소화수조, 저수조, 제연설비

➡ 소화수조, 저수조는 소화용수설비에 해당된다. (소방시설법 시행령 별표1)

20 **화재를 진압하거나 인명구조활동을 위한 설비가 아닌 것은?** *** • 개념 1단계

① 옥내소화전설비 ② 비상콘센트설비

③ 연결송수관설비 ④ 무선통신보조설비

➡ 설문은 소방대원이 하는 "소화활동설비" 를 묻고 있다. 옥내소화전설비는 관계인이 소방대원 도착 전에 하는 소화설비이다.(소방시설법 별표1)

21 **다음 중 특정소방대상물의 분류가 잘못 연결된 것은?** ** • 개념 1단계

① 숙박시설 － 오피스텔

② 의료시설 － 마약진료소

③ 교육연구시설 － 직업훈련소, 도서관

④ 근린생활시설 － 치과의원, 산후조리원

➡ 오피스텔은 "특정소방대상물"로서 "오피스+호텔"의 합성어로 '오피스'의 단어가 먼저 오니 업무시설에 해당된다고 생각하면 The 쉽다. (소방시설법 시행령 별표2)

22 **인명구조기구를 설치하여야 할 특정소방대상물은?** * • 학습 2단계

① 지하층을 제외한 7층 이상인 관광호텔 및 5층 이상인 병원

② 지하층을 포함한 7층 이상인 관광호텔 및 5층 이상인 병원

③ 지하층을 제외한 5층 이상인 관광호텔 및 7층 이상인 병원

④ 지하층을 포함한 5층 이상인 관광호텔 및 7층 이상인 병원

➡ 지하층을 포함한 7층 이상의 관광호텔(방열복 또는 방화복, 인공소생기, 공기호흡기) 및 5층 이상인 병원(방열복 또는 방화복, 공기호흡기)에 해당한다. (소방시설법 시행령 별표4)

Ans. 19. ④ 20. ① 21. ① 22. ②

소/방/관/계/법/규

제 4 편

소방시설공사업법(주내용) p26

■ 각 부서별 전화 및 국민신문고 메일로 가능

① 기본법 법령 질문: 대응총괄과 044-205-7562 외 국민신문고 메일

② 화재의 예방 및 안전관리에 관한 법률: 화재예방총괄과. 044-205-7442

③ 소방시설 설치 및 관리에 관한 법률: 소방청(소방분석제도과) 044-205-7546

④ 소방시설공사업법: 소방청(소방산업과) 044-205-7507 외 국민신문고 메일 가능

⑤ 위험물안전관리법: 소방청(위험물안전과) 044-205-7488 외 국민신문고 메일 가능

⑥ 소방의 화재조사에 관한 법률: 소방청(화재대응조사과) 044-205-7475 외 메일 가능

구성 소방시설공사업법 구성이론

소방시설공사업법 주 구성

- 소방시설업(4개)
  - (시설)설계업
  - (시설)공사업
  - (공사)감리업
  - 방염처리업

주요구성 이론

- 시설업의 등록
- 착공신고
- 하자보수
- 감리
  - 감리업자의 업무
  - 감리원 배치
- 성능위주설계
- 등록사항 변경신고

학습방법

이 법은 소방시설업(설계업, 공사업, 감리업, 방염업)의 제반사항에 대한 관련법규를 얘기한다.

- **소방시설설계업**: 전문설계업(주인력 소방기술사 1명과 보조 1명)과 일반설계업으로 구분된다. 설계업에서는 전문설계업에서 기술사 2명이 설계하는 성능위주설계가 명시되어 있다.
- **소방시설공사업**: 착공신고대상부터 완공검사, 하자보수의 보증기간이 중요시되고 있다. 또한 하도급 일부를 한번만 관계업자에게 허락하고 있다. 또한 이법에서 모든 업체의 결격사유는 유사하다.
- **소방공사감리업**: 감리업자의 업무가 빈출되고 있으며 감리원의 배치와 감리결과의 통보까지 분류할 수 있어야 한다. 이 법은 난립공사를 방지하기 위해 공사업과 감리업을 동일인에게는 제한한다.
- **방염처리업**: 방염처리업이 소방시설업에 포함된다는 것이 중요하다.
- 이 법은 학습 분량이 적고 각 법조항이 연결되는 이론으로 이를 연결하여 학습할 수 있도록 한다.

제4편 소방시설공사업법(주내용)

▶ 이 법령은 2025년 12월 31일까지 변경기준으로 편집함.

01 총 칙

【법 제1조】 목 적

이 법은 소방시설공사 및 소방기술의 관리에 필요한 사항을 규정함으로써 소방시설업을 건전하게 발전시키고 소방기술을 진흥시켜 화재로부터 공공의 안전을 확보하고 국민경제에 이바지함을 목적으로 한다.

【법 제2조】 용어의 정의

이 법에서 사용하는 용어의 뜻은 아래와 같다.

1. "소방시설업"이란 다음의 영업을 말한다.
   ① 소방시설설계업: 소방시설공사에 기본이 되는 공사계획, 설계도면, 설계설명서, 기술계산서 및 이와 관련된 서류(이하 "설계도서")를 작성(이하 "설계")하는 영업
   ② 소방시설공사업: 설계도서에 따라 소방시설을 신설, 증설, 개설, 이전 및 정비(이하 "시공"이라 한다)하는 영업
   ③ 소방공사감리업: 소방시설공사에 관한 발주자의 권한을 대행하여 소방시설공사가 설계도서와 관계법령에 따라 적법하게 시공되는지를 확인하고, 품질·시공관리에 대한 기술지도를 하는(이하 "감리"라 한다)영업
   ④ 방염처리업: 방염대상물품에 대하여 방염처리(이하 "방염"이라 한다)하는 영업.

■ Reference

소방시설을 하기 위해서는 먼저 설계를 한 다음
공사(+방염)를 시작하고 또 그 공사가 설계의 규정에 맞는지
관계인은 감독·관리를 할 수 있는 감리회사를 지정하여야 한다.

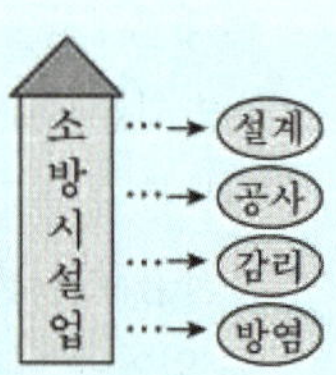

(*^^ 감리회사는 커튼, 카펫 등의 방염처리까지 성능시험을 할 수 있도록 한다.)

2. 소방시설업자: 소방시설업을 경영하기 위하여 제4조에 따라 소방시설업을 등록한 자.
3. 감리원: 소방공사감리업자에 소속된 소방기술자로서 소방시설공사를 감리하는 사람.
4. 소방기술자: 소방기술 경력 등을 인정받은 사람, 소방기술사, 소방시설관리사, 소방설비기사, 소방설비산업기사, 위험물기능장, 위험물산업기사, 위험물기능사.

■ Reference

소방기술자란? 소방기술사를 포함하여 8개의 자격자를 말하는데

① 소방기술사는 "설계업에" 에 근무하며 주로 "설계" 를,(그러나 공사업, 감리업도 가능)

② 소방시설관리사는 "관리업에"근무하며 주로 "점검·유지·관리" 를,(* 타 업은 할 수 없다)

③ 소방설비(산업)기사는 "공사업" 에 근무하며, 주로 "공사" 를,(* 일반설계업, 감리업 가능)

④ 위험물쪽은 기사가 없다.(위험물기능장·산업기사·기능사를 "위험물자격자"라하며 "위험물안전관리자" 는 시험은 치지만 수료소지자로서 "위험물자격자" 나 "소방기술자" 에 포함하지 않는다.

⑤ 또한 "소방기술경력등을 인정받은 사람"이란 이법28조에서 말하는 소방관련 자격증이 있거나 학력·경력이 있는 사람에게 시험을 치지않고 소방청에서 일정한 수수료를 받고 소방기술을 인정하여 발급하는 "기술인정자격수첩(자격수첩)" 소지자를 말한다.

5. 발주자: 소방시설의 설계, 시공, 감리, 방염(이하 "소방시설공사등")을 소방시설업자에게 도급하는 자를 말한다.(다만, 수급인으로서 도급받은 공사를 하도급 하는 자는 제외한다.)

※ 발주자(도급인)란 ①번만을 말하며 ②가 ③에게 하도급(하청)한 것은 발주자라 하지 않는다.

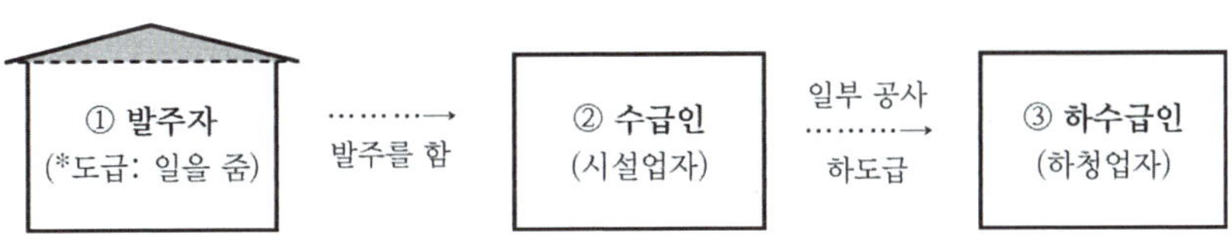

02 소방시설업

【법 제4조】 소방시설업 등록

1. 소방시설공사등을 하려는 자는 업종별로 자본금(개인인 경우: 자산평가액), 기술인력 등 대통령령이 정하는 요건을 갖추어 시·도지사에게 소방시설업의 등록을 하여야 한다.

① 등록: 업종별로 시·도지사에게

② 등록기준: 자본금(개인: 자산평가액), 기술인력

③ 등록서류: 신청인의 성명, 주민등록번호, 주소지 등의 인적사항이 적힌 서류 등.

【법 제5조】 등록의 결격사유

1. 다음에 해당하는 자는 소방시설업의 등록을 할 수 없다.

① 피성년후견인

② 금고* 이상의 실형의 선고를 받고 그 집행이 끝나거나 집행이 면제된 날로부터 2년이 지나지 아니한 사람

③ 금고 이상의 집행유예*선고를 받고 그 유예기간 중에 있는 사람

④ 등록하려는 소방시설업 **등록이 취소된** 날부터 2년이 지나지 아니한 자

⑤ 법인으로서 그 대표자나 임원이 상기 결격사유에 해당하는 경우

■[법 제5조] 2~3번은 이 법(소방시설공사업법), 「소방기본법」, 「화재예방법」, 「소방시설법」 또는 「위험물안전관리법」에 따른 것을 말한다.

【규칙 제3조】 소방시설업 등록증 및 수첩의 교부 등

시·도지사는 등록신청을 받은 날부터 15일 이내에 소방시설업자협회를 경유하여 소방시설업등록증 및 소방시설업등록수첩을 발급한다. 또한 협회는 첨부서류가 미비되어 있는 때에는 10일 이내의 기간을 정하여 이를 보완하게 할 수 있다.

① 발급기간: 등록신청을 받은 날부터 15일 이내

② 서류보완기간: 미비된 첨부서류 등은 10일 이내

【규칙 제4조】 소방시설업등록증 또는 등록수첩의 재교부 및 반납

소방시설업자가 소방시설업 등록수첩 또는 등록수첩을 잃어버리거나 헐어 못 쓰게 된 경우나 기재란이 부족한 경우에 있어서 시·도지사는 재교부신청서를 제출받은 때에는 3일 이내 재발급을 하여야 하며, 소방시설업자는 다음에 해당하는 때에는 지체 없이 시·도지사에게 그 소방시설업 등록증 및 등록수첩을 반납하여야 한다.

① 소방시설업 등록이 취소된 경우

② 헐어 못쓰게 된 경우에 재발급을 받은 경우(다만, 소방시설업등록증 또는 등록수첩을 잃어버리고 재교부를 받은 경우에는 이를 다시 찾은 경우에만 해당한다.)

■ 반납의 경우: 소방시설업등록증 또는 등록수첩을 잃어버리고 재교부를 받은 경우에는 반납을 하지 않고, 이를 다시 찾은 경우에만 2개가 되니 1개를 시·도에 반납한다

(*^^ 소방시설업 등록없이 영업을 한 자는 3년 이하의 징역 또는 3천만 원 이하의 벌금에 처한다.)

---

* 피성년후견인: 법률상 무능력자. 금치산자.
* 금고: 형벌의 하나로서 노동을 하지 않는 감옥살이를 말한다.
* 결격사유: 일정한 공직(公職)이나 자격 따위를 얻는 데 제한(자격이 결여되는)이 되는 사유
* 집행유예: 사유에 의해 형의 집행을 유예하며 그 기간이 지나면 형의 선고효력을 잃는 제도

【법 제6조】 등록사항의 변경신고

소방시설업자는 제4조의 규정에 따라 등록한 사항 중 행정안전부령이 정하는 중요사항을 변경할 때에는 행정안전부령으로 정하는 바에 따라 시·도지사에게 신고하여야 한다.

【규칙 제5조】 등록사항의 변경신고사항

법 제6조에서 "행정안전부령이 정하는 중요사항"이란 다음과 같다.

① 상호(명칭) 또는 영업소 소재지　② 대표자　③ 기술인력

【규칙 제6조】 등록사항의 변경신고 등

소방시설업자는 해당하는 등록사항의 변경이 있는 경우에는 변경일부터 30일 이내에 다음의 서류를 첨부하여 협회에 제출하여야 한다.

또한 협회는 규정에 따라 변경신고를 받은 경우에는 5일 이내에 소방시설업 등록증 및 등록수첩을 새로이 발급하거나 제출된 소방시설업등록증·등록수첩·기술인력의 기술자격증 및 자격수첩에 그 변경된 사항을 기재하여 발급하여야 한다.

1. 상호(명칭), 영업소 소재지를 변경하는 경우의 서류
   ① 소방시설업등록증 및 등록수첩
2. 대표자를 변경하는 경우의 서류
   ① 소방시설업등록증 및 등록수첩
   ② 변경된 대표자의 성명, 주민등록번호, 주소지 등의 인적사항이 적힌 서류
   ③ 외국인인 경우에는 해당 국가의 정부나 공증인, 우리나라 영사가 확인한 서류 등
3. 기술인력(기술자)을 변경하는 경우의 서류
   ① 소방시설업 등록수첩
   ② 기술인력 증빙서류

【규칙 제8조】 소방시설업자가 보관하여야 하는 관계서류

소방시설업자는 다음의 관계서류를 **하자보수 보증기간** 동안 보관하여야 한다.

① **소방시설설계업**: 소방시설 설계기록부 및 소방시설설계도서
② **소방시설공사업**: 소방시설 공사기록부
③ **소방공사감리업**: 소방공사 감리기록부, 소방시설의 완공 당시 설계도서, 소방공사감리일지

예제 다음 중 소방시설업 등록사항의 변경신고사항이 아닌 것은?

① 대표자　② 점검기구 교체
③ 기술인력　④ 상호(명칭) 또는 영업소 소재지

해설: 등록사항의 변경신고사항에 점검기구 교체는 해당하지 않는다.(공사업법 제2조) // ②

【법 제8조】 소방시설업의 운영

1. 영업정지나 취소처분 받은 소방시설업자는 그 날부터 소방시설공사등을 해서는 안 된다.
   (다만, 공사업자, 감리업자, 방염업자가 그 일을 하는 동안에는 그러하지 아니하다.)

또한 소방시설업자는 다음의 5가지 경우는 소방시설공사 등을 맡긴 **관계인**에게 지체 없이 그 사실을 알려야 한다.

① 소방시설업자의 **지위**를 **승계**한 경우

② **영업정지처분** 또는 등록 **취소처분**을 받은 경우

③ **휴업**하거나 **폐업**한 경우

(*^^ 영업정지처분을 받고 영업을 한 자는 1년 이하의 징역 또는 1천만 원 이하의 벌금에 처한다.)

소방시설업 등록 절차(도해) •법 제4조~법 제8조(칙 제2조~칙 제7조)

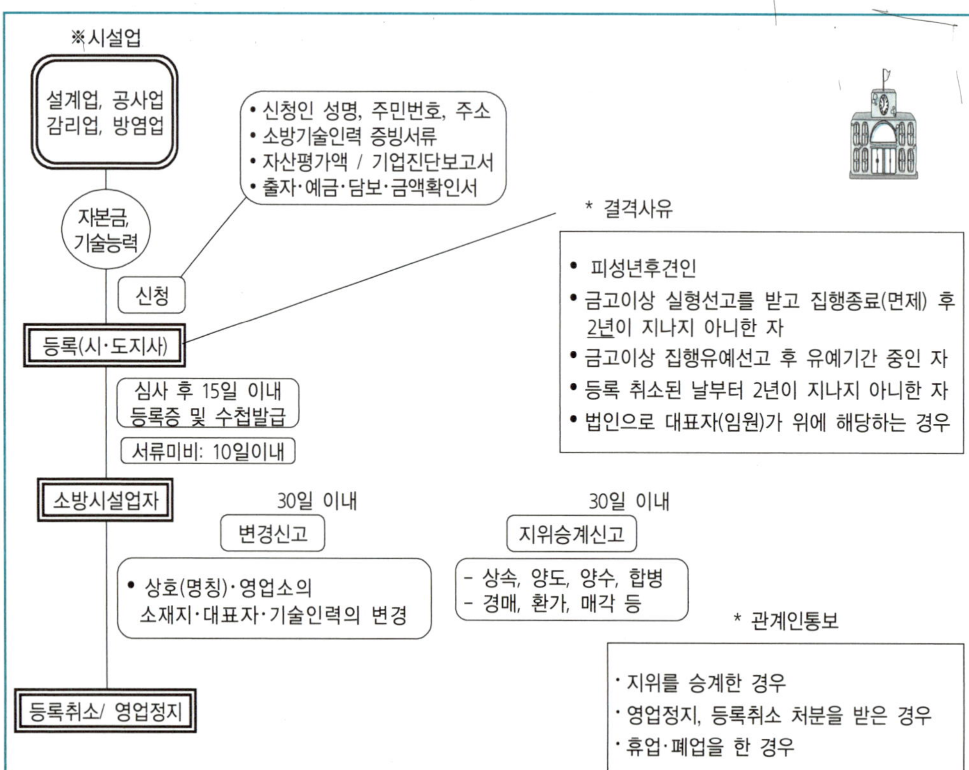

【법 제9조】 등록의 취소와 영업정지 등

시·도지사는 소방시설업자가 다음에 해당하는 때에는 행정안전부령으로 정하는 바에 따라 그 등록을 취소하거나 6월 이내의 기간을 정하여 시정이나 영업의 정지를 명할 수 있다.

1. 등록의 취소
   ① 거짓이나 그 밖의 부정한 방법으로 등록한 경우
   ② 법 제5조 등록의 결격사유에 해당하게 된 때
   ③ 영업정지 기간 중에 소방시설공사등을 한 경우
2. 영업정지 및 시정
   ① 규정에 따른 등록기준에 미달하게 된 후 30일이 경과한 경우
   ② 등록 후 1년이 지날 때까지 영업을 시작하지 않거나 계속하여 1년 이상 휴업한 때
   ③ 규정을 위반하여 다른 자에게 등록증 또는 등록수첩을 빌려준 경우
   ④ 공사감리자를 변경 시 규정을 위반하여 인수·인계를 거부·방해·기피한 경우
   ⑤ 규정을 위반하여 동일인이 공사 및 감리를 한 경우
   ⑥ 관계 공무원의 출입 또는 검사·조사를 거부·방해·기피한 경우 등

4법

03 소방시설공사 등

【법 제11조】 설계- (성능위주설계)

소방시설설계업의 등록을 한 자는 이 법에 따른 명령과 화재안전기준에 맞게 설계해야 한다. (다만, 중앙소방기술심의위원회의 심의를 거쳐 특수한 설계로 인정된 경우는 예외로 한다.)

또한 구조, 용도, 수용인원, 위치, 가연물의 종류 및 양 등을 고려하여 성능위주설계를 해야 한다.

1. 전문 소방시설 설계업에서 기술사 2명 이상이 설계하며 신축건물에 한한다.

■ Reference(성능위주설계란?)

높고 중요한 **신축**건물의 특정소방대상물에 기술사 2명 이상이 하는 설계를 말한다.
영국에서 도입된 설계로서 •아파트등은 50층 이상 또는 높이 200m 이상.
•일반 건축물은 연면적 20만m²이상, 높이 120m 이상(지하층 포함한 30층 이상),
•철도, 도시철도, 공항시설은 연면적 3만m²이상, 한 건축물에 영화상영관이 10개 이상.
•물 속에 설치된 수저(水底)터널 또는 길이가 5천m 이상의 지하나 산을 뚫어 만든 터널.
•창고시설 중 연면적 10만m² 이상 또는 지하 2층 이상이고 바닥면적 합이 3만m²이상.
(*^^ 또한 중앙기술심의위원회의 심의를 거친 내용은 예외사항으로 인정해주고 있다.)

【법 제13조】 착공신고 등

1. 공사업자는 대통령령으로 정하는 소방시설공사를 하려면 행정안전부령이 정하는 바에 따라 그 공사의 내용, 시공 장소 등을 **소방본부장**이나 **소방서장**에게 신고하여야 한다.

① 공사업자: 공사를 하려면 착공 전까지 **소방본부장**이나 **소방서장**에게 신고해야 한다.

② 소방본부장 또는 소방서장: 착공신고 또는 변경신고를 받은 때에는 2일 이내 신고수리 여부를 신고인에게 통지하여야 한다.

【영 제4조】 소방시설공사의 착공신고 대상

신설, 증설, 개설, 이전, 정비하는 공사의 대상은 다음과 같다.(* 위험물제조소등은 제외)

1. 신설하는 공사

① 연결송수관설비, 연결살수, 연소방지, 자동화재탐지, 화재알림설비, 제연설비, 비상콘센트, 옥내소화전, 옥외소화전, 스프링클러설비등, 물분무등소화설비

② 비상경보설비, 비상방송설비, 무선통신보조설비, 소화용수설비

* 스프링클러설비등 : 스프링클러, 간이스프링클러(캐비닛형 포함), 화재조기진압용까지 4가지

(*^^ 단, 소방용 외 용도와 겸용되는 기계가스·상하수도·정보통신·전기공사업자 하는 것은 제외)

예 기계·가스공사·상하수도업자가 하는 소화용수와 전기업자가 하는 비상콘센트는 제외.

2. 증설하는 공사

① 연결송수관설비의 송수구역, 연결살수설비·연소방지설비의 살수구역. 자동화재탐지설비, 화재알림설비의 경계구역, 제연설비의 제연구역, 비상콘센트설비의 전용회로.

② **옥내·옥외소화전설비**.(* 신설·증설: 호스릴 옥내소화전을 포함)

③ 스프링클러설비등 또는 물분무등 소화설비의 방호·방수구역.

(*^^ 단, 소방용 외 용도와 겸용되는 제연설비 중 기계설비공사업자가 하는 것은 제외.)

3. 개설, 이전, 정비하는 공사

전부 또는 일부의 개설, 이전, 정비하는 공사의 신고대상은 다음과 같다.

(* 고장, 파손 등으로 작동시킬 수 없는 긴급히 교체·보수하여야 하는 경우는 제외)

① 수신반　② 소화펌프　③ 동력제어반　④ 감시제어반

■ Reference(착공신고란?)

공사를 완공 후에는 소방관 등이 천장이나 벽 속으로 들어가 있는 소방시설의 점검 등이 어려우므로 공사업자는 공사의 착공 전(시작 전)까지 소방본부장 또는 소방서장에게 신고를 해야 한다.

【규칙 제12조】 착공신고 등

소방시설공사업자는 소방시설공사를 하는 경우 **착공 전까지** 다음 서류를 첨부하여 신고한다.

1. 신고: 소방본부장 및 소방서장
2. 소방시설공사착공(변경)신고서에 첨부할 서류
   ① 공사업자의 소방시설공사업 등록증 사본 1부 및 등록수첩 사본1부
   ② 소방공사책임시공 및 기술관리를 하는 **기술인력의 기술등급을 증명하는 서류** 사본1부
   ③ 설계도서(설계설명서 포함, 건축허가 동의 시 제출된 설계도서에 변동이 있는 경우)
   ④ 소방시설공사등의 하도급통지서 사본(소방시설공사를 하도급 하는 경우)
   (*^^ 요약: **공사업**등록증 사본 및 수첩, 기술등급사본, 설계도서, 하도급통지서 사본)
3. 중요사항인
   ① 시공자
   ② 설치되는 소방시설의 종류
   ③ 책임시공, 기술관리 소방기술자의 변경이 있는 경우에는 30일 이내에 소방본부장, 소방서장에게 신고를 하여야하며 착공신고나 변경신고를 받은 때에는 2일 이내에 처리한다.

【법 제14조】 완공검사

공사업자는 소방시설공사를 완공하면 **소방본부장, 소방서장의 완공검사를** 받아야 한다. 또한 공사업자가 소방대상물의 일부분의 소방시설공사를 마친 경우로서 전체시설의 준공 되기 전에 부분적으로 사용할 필요가 있는 경우에는 **그 일부분에 대하여 소방본부장이나 소방서장에게 완공검사**(이하 "부분완공검사")를 신청할 수 있다.

1. **공사업자**: 소방본부장이나 소방서장의 **완공검사의 신청과 발급을 받음.**

(※ 공사업자 → 소방서에서 완공검사를 받음)

【영 제5조】 완공검사를 위한 현장확인 대상 특정소방대상물의 범위

법 제14조 단서에서 "대통령령으로 정하는 특정소방대상물"이란 가스 1천톤 이상의 시설(지하매립 제외), 연면적 1만m² 이상 특정소방대상물, 스프링클러설비등, 물분무등소화설비(호스릴 소화설비 제외), 11층 이상의 고층건축물(아파트를 제외한다), 문화집회·숙박·종교·노유자·판매·창고·지하상가·운동·수련시설, 다중이용업소를 말한다.

■ Reference(보충 해설)

"업무시설" 이나 "근린생활시설" 은 완공검사를 위한 현장확인 대상이 아니다.
그러나 연면적 1만m² 이상의 업무시설이나 근린생활시설은 현장확인 대상에 해당된다.

(*^^ 소방시설의 완공검사를 받지 아니한 자는 200만 원 이하의 과태료에 처한다.)

【법 제15조】 공사의 하자 보수 보증 등

① 공사업자는 공사결과 하자가 있을 때에는 하자보수 기간동안 그 하자를 보수하여야 한다.

② 관계인은 하자보증기간 이내에 소방시설의 하자가 발생하였을 때에는 공사업자에게 그 사실을 알리며, 통보를 받은 공사업자는 3일 이내에 하자를 보수하거나 보수 일정을 기록한 하자보수계획을 관계인에게 서면으로 알려야 한다.

③ 관계인은 공사업자가 하자보수를 이행하지 아니한 경우, 하자보수계획을 서면으로 알리지 아니한 경우, 하자보수계획이 불합리하다고 인정되는 경우에 소방본부장이나 소방서장에게 그 사실을 알릴 수 있다.

④ 소방본부장, 소방서장은 통보를 받았을 때에는 지방소방기술심의위원회에 심의를 요청하여야 하며, 그 심의 결과에 따라 시공자에게 기간을 정하여 하자보수를 명하여야 한다.

■ Reference(주 내용)

① **하자 보수일**: 공사업자는 관계인에게 통보받은 3일 이내에 이를 보수하거나 보수 일정을 기록한 하자보수계획을 관계인에게 서면으로 알린다.

② **이를 이행치 않을 경우**: 관계인은 소방본부장이나 소방서장에게 그 사실을 알린다.

③ **통보를 받았을 때**: 본부장, 소방서장은 지방소방기술심의위원회에 심의를 요청한다.

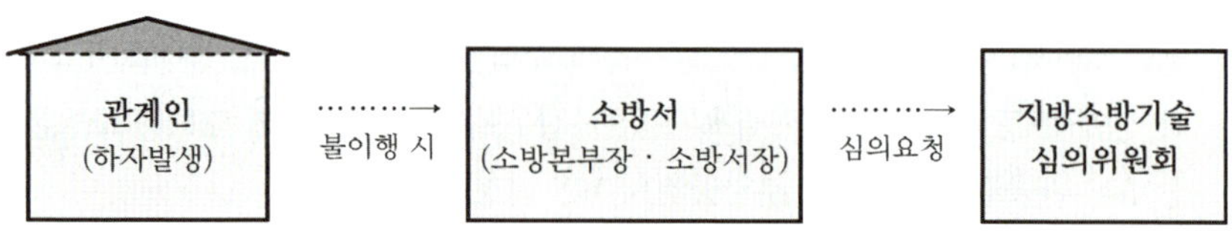

【영 제6조】 하자보증기간

하자보수를 하여야 하는 소방시설과 소방시설별 하자보수 보증기간은 다음 각호와 같다.

① **2년 하자보증기간**: 피난기구, 비상경보설비, 비상방송설비, 비상조명등, 유도등, 유도표지, **무선통신보조설비**.

② **3년의 하자보증기간**: 자동소화장치, 옥내소화전설비, 스프링클러설비, 물분무등소화설비, **자동화재탐지설비**, 옥외소화전설비, 간이스프링클러설비, 상수도소화용수설비 및 소화활동설비(무선통신보조설비를 제외한다)

↳ (* 소화활동설비 6가지 중 무선통신보조설비를 제외한 5가지를 말한다.)

(*^^ **해설**: 2년은 주로 간단한 피난기구와 전기선이 들어가는 소방전기설비분야이며, 3년은 주로 구성이 단순하지 않는 자동화재탐지설비와 소방기계설비분야로 이해한다.)

【예 습】 감 리

시·도 등록기준과 현장 배치기준에 따른 감리업의 구분에 대하여 먼저 알아본다.

등록기준과 배치기준에 따른 감리업의 구분(예습)

시·도 등록기준에 따른 감리업의 구분 (영 별표1 참고)

- 전문소방공사감리업: 소방기계·소방전기 분야의 모든 감리
- 일반소방공사감리업: 하나의 분야만, 3만m² 미만(공장: 1만m² 미만) 감리.

시·도 등록을 할 때 "전문소방감리업"은 소방기계·소방전기의 모든 분야를 감리할 수 있고 기술사감리원·특급감리원·고급감리원·중급감리원·초급감리원의 5명 이상이 있어야 한다.

① 기술사 감리원은 기술사의 자격증을 가지고 있어야 하며,
② 특급감리원은 기사(8년) 산업기사(12년)
③ 고급감리원은 기사(5년) 산업기사(8년)
④ 중급감리원은 기사(3년) 산업기사(6년)
⑤ 초급감리원은 기사(1년) 산업기사(2년) 이상의 경력자로서 기술인정자격자이다.

그러나 "일반소방감리업"은 소방기계분야나 전기분야 중 하나의 분야만 감리할 수 있고 시·도 등록 시 특급감리원, 고급감리원(혹은 중급), 초급감리원의 3명 이상이 있어야 한다.
-----------------*

현장 배치기준에 따른 감리업의 구분 (칙 16조 및 영 별표3 참고)

- 상주공사감리: 매일 방문, 배관 매립 시 부터 완공검사증명서가 나올 때 까지.
  ① 3만m² 이상 특정소방대상물
  ② 아파트는 지하층 포함 16층 이상으로서 500세대 이상.
- 일반공사감리: ① 주 1회 이상 방문, 3만m² 미만,(* 5곳 이하로서 총 10만m² 이하)
  ② 아파트는 지하층을 포함한 16층 미만의 경우 면적 관계없이 5곳 이하.

4법

■ Reference(보충해설)

소방설비기사(및 소방설비산업기사)는 기계분야와 전기분야의 2가지의 자격증 시험이 있다. 현장에 배치될 때는 기계분야와 전기분야의 감리원 자격을 취득한 자를 배치하여야 한다. 단, 한사람이 기계분야와 전기분야의 자격을 함께 취득한 자가 있으면 1명으로 할 수 있다.

① 상주공사감리란?

3만m²(약 1만평) 이상. / 아파트는 지하층 포함 16층 이상으로서 500세대 이상으로서 배관을 설치하거나 매립하는 때부터 소방시설 완공검사증명서를 교부받는 때까지 매일 상주한다.

② 일반공사감리란?

3만m²(약 1만평) 미만 특정소방대상물은 주 1회 이상, 1명이 5군데 까지 감리할 수 있으며 총 10만m² 이하까지 할 수 있다. / 아파트 경우 지하층을 포함한 16층 미만은 연면적 관계없이 1명의 감리원이 5군데(예 월·화·수·목·금) 공사현장을 감리가 가능하다.

【법 제16조】 감 리

감리업자는 소방공사감리를 함에 있어서 다음의 업무를 수행하여야 한다.

또한 용도와 구조에 있어서 특별히 **안전성과 보안성**이 요구되는 소방대상물(원자로, 핵, 계측, 방사선 등)로서 대통령령으로 정하는 장소에 시공되는 소방시설물에 대한 감리는 감리업자가 아닌 자도 할 수 있다.

규정에 감리의 종류, 방법 및 대상은 대통령령으로 정한다.

1. 감리의 종류, 방법 및 대상: 대통령령으로 정한다.
2. 감리업자의 업무

- **적법성 검토**

① 방염물품의 적법성 검토 및 실내장식물의 불연화(부연화)

② 소방시설등의 설치계획표의 적법성 검토

③ 피난시설 및 방화시설의 적법성 검토

- **적합성 검토**

④ 공사업자가 작성한 시공 상세 도면의 적합성 검토

⑤ 공사업자의 소방시설 등 시공이 설계도서, 화재안전기준에 맞는지 지도·감독

⑥ 소방용품의 위치·규격 및 사용 자재에 대한 적합성 검토

⑦ 소방시설 등 설계변경 사항의 적합성 검토

⑧ 소방시설 등 설계도서의 적합성(적법성과 기술상의 합리성을 말한다.) 검토

- **성능시험**

⑨ 완공된 소방시설 등의 성능시험

*^^ 적법성은 법에 맞는가? 적합성은 화재안전기준에 적합한가? 성능시험은 완공 후 한다.

【법 제17조】 공사감리자의 지정 등

관계인이 소방시설공사를 할 때에는 감리업자를 공사감리자로 지정하여야 한다. 다만, 그 공법이 특수한 설계로 인정된 때에는 그 **설계업자**를 공사감리자로 지정할 수 있다.

관계인은 공사감리자를 지정하였을 때에 소방본부장이나 소방서장에게 신고하여야 하며 착공 신고일까지 서류를 첨부하여 소방본부장이나 소방서장에게 제출하여야 한다.

1. 공사감리자를 지정하는 자: 관계인

(*^^ 공사감리자를 지정하지 않으면 1년 이하의 징역 또는 1천만 원 이하의 벌금에 해당한다.)

【영 제10조】 공사감리자 지정대상 특정소방대상물의 범위

대통령령이 정하는 공사감리자 지정대상 특정소방대상물이란 다음과 같다.

① 자동화재탐지설비를 신설·개설할 때
② 옥내·외소화전설비를 신설·개설 또는 증설할 때
③ 스프링클러설비등(캐비닛형 간이스프링클러설비 제외) 또는
물분무등소화설비(호스릴 소화설비 제외)를 신설·개설하거나 방호·방수구역을 증설할 때
④ 비상방송설비·소화용수설비·통합감시시설을 신설 또는 개설할 때
⑤ 소화활동설비 중 연결송수관·무선통신보조설비를 신설 또는 개설할 때
⑥ 제연설비·연결살수·비상콘센트·연소방지설비를 신설·개설하거나 증설할 때
(*^^ 호스릴 소화설비는 소화설비에는 해당되나 일반적인 법령에서 거의 제외가 된다.)

【법 제19조】 위반사항에 대한 조치

감리업자는 감리를 할 때 소방시설공사가 설계도서나 화재안전기준에 맞지 아니한 때에는

① **관계인**에게 알리고,
② 공사업자에게 그 공사의 시정 또는 보완 등을 **요구**하여야 하며, 공사업자가 규정에 따른 요구를 받았을 때에는 그 요구에 따라야 한다.
③ 또한 감리업자는 공사업자가 규정에 따른 요구를 이행하지 아니하고 그 공사를 계속하는 때에는 **소방본부장**이나 **소방서장**에게 그 사실을 보고하여야 한다.(더불어서 관계인은 보고한 것을 이유로 감리계약을 해지하거나 그 밖의 **불이익**을 주어서는 아니 된다.)

【규칙 제17조】 감리원배치통보 등

소방공사감리업자는 규정에 따라 감리원을 소방공사감리현장에 배치하는 경우에는 감리원 배치일부터 **7일 이내**에 **소방본부장 또는 소방서장**에게 통보하여야 한다. 이 경우 소방본부장 또는 소방서장은 통보된 내용을 7일 이내에 소방기술인정자에게 통보하여야 한다.

【규칙 제18조】 위반사항의 보고 등

소방공사감리업자는 공사업자에게 해당 공사의 시정 또는 보완을 요구하였으나 이행하지 아니하고 그 공사를 계속할 때에는 **3일** 이내에 (사진 등 증명서류 포함) 소방시설공사 위반사항 보고서를 **소방본부장 또는 소방서장**에게 **제출**하여야 한다. (* 서류는 전자문서 포함한다.)

---

* **감리**: 감독과 관리.
* **소방기술자인정자**: 소방기술과 관련된 자격·학력 및 경력의 인정업무를 위탁받은 법인

4법

【법 제20조】 공사감리결과의 통보 등

감리업자는 소방공사 감리를 마쳤을 때에는 그 감리 결과를 7일 이내 그 특정소방대상물의 관계인, 소방시설공사의 도급인, 그 특정소방대상물의 공사를 감리한 건축사에게 서면으로 알리고, 소방본부장이나 소방서장에게 공사감리 결과보고서를 제출하여야 한다.

① 알림: 관계인, 도급인, 건축사

② 제출: 소방본부장, 소방서장

【법 제22조】 하도급의 제한 등

소방시설공사 시공을 제3자에게 하도급할 수 없다. 다만, 다음의 경우는 예외이다.

① 도급받은 소방시설공사 일부를 한 번만 제3자에게 하도급*할 수 있다.

② 발주자는 하수급인의 시공 및 수행능력 또는 하도급계약 내용이 적정하지 아니한 경우에는 수급인에게 하수급인 또는 하도급계약 내용을 변경하여 줄 것을 요구할 수 있다.

③ 발주자는 수급인이 정당한 사유 없이 전항의 요구에 따르지 아니하여 공사에 중대한 영향을 끼칠 우려가 있는 경우에는 해당 소방시설공사등의 도급계약을 해지할 수 있다.

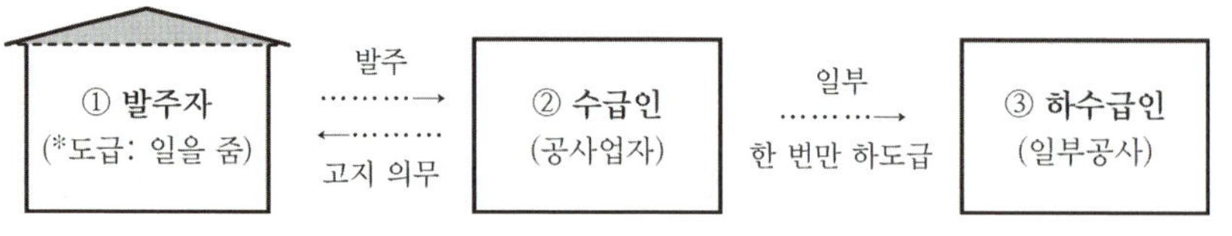

※ 일부 하도급할 수 있는 경우: 주택건설사업, 건설업, 전기공사업, 정보통신공사업

■ Reference(하도급의 제한 해설)

①의 발주자가 ②의 수급인에게 공사를 발주했을 때

②의 공사업자인 수급인은 원칙은 아니지만, 1차에 한해서 미리서 ①의 발주자에게 알리고 (수급인이 건설·주택건설·전기공사·정보통신공사업과 함께 소방시설공사를 함께 할 경우 소방시설공사와 해당 사업의 공사를 함께 도급받은 경우에 일부의 소방공사를.)

③에게 하도급을 할 수 있다. 이 경우 ①, ② 간에는 상호 협조가 있어야 한다.

③의 하수급인은 또 다른 사람에게 공사의 일부를 줄 수 없으므로(도급금지!) 하수급인이 된다.

※ 하도급계약심사위원회는 위원장 1명과 부위원장 1명을 포함하여 10명 이내로 한다.

* 발주(發注): 공사 등을 주문하는 일 ↔ 수주(受注).
* 도급: 해당 공사의 일을 주는 사람
* 하도급: 공사일부를 1차에 한하여 주는 도급. 청부
* 하수급인: 하도급 공사의 도급을 받은 건설업자 등

【법 제23조】 도급계약의 해지

특정소방대상물의 관계인 또는 발주자는 해당 도급계약의 수급인이 다음에 해당하는 때에는 도급계약을 해지할 수 있다.

① 소방시설업이 등록이 취소되거나 영업이 정지된 경우

② 소방시설업을 휴업하거나 폐업한 경우

③ 정당한 사유 없이 30일 이상 소방시설공사를 계속하지 않는 경우

④ 발주자는 하수급인이 적당하지 아니하다고 인정되어 수급인에게 하수급인의 변경을 요구하였으나(법 제22조 2항) 정당한 사유 없이 따르지 아니하는 경우

【법 제24조】 공사업자의 감리제한

다음의 경우 동일한 특정소방대상물의 소방시설에 대한 시공과 감리를 함께 할 수 없다.

① 공사업자와 감리업자가 같은 자인 경우

② 친족관계인 경우나 기업집단의 관계인 경우

③ 법인과 그 법인의 임직원의 관계인 경우

소방시설공사와 도급관련 흐름도

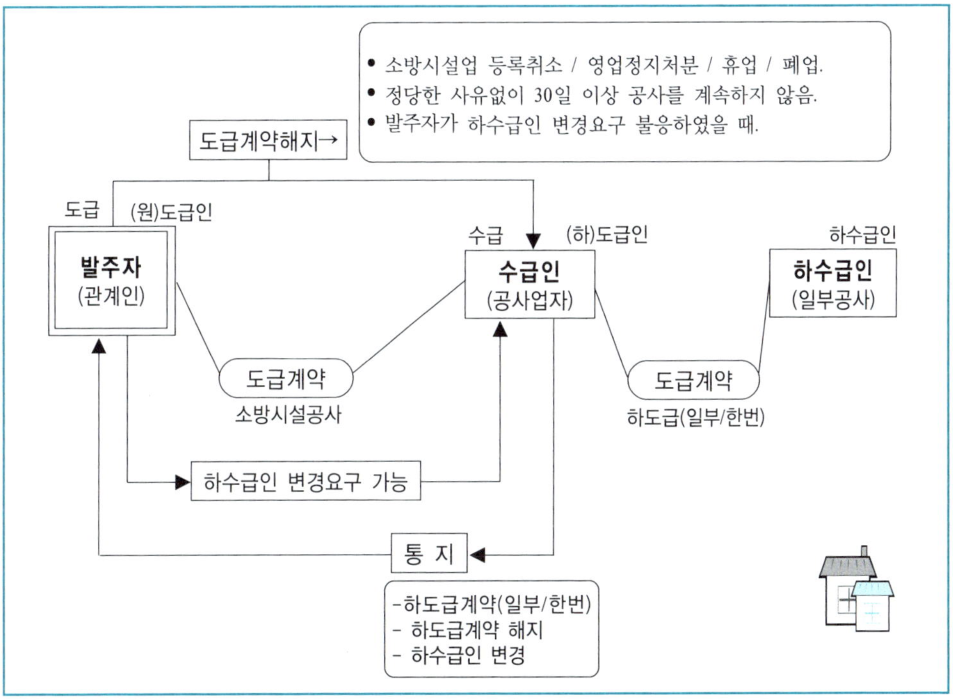

【법 제26조】 시공능력 평가 및 공시

소방청장은 관계인 또는 발주자가 적절한 공사업자를 선정할 수 있도록 하기 위하여 공사업자의 신청이 있으면 해당 공사업자의 소방시설공사 실적, 자본금 등에 따라 시공능력을 평가하여 공시할 수 있다.

1. **공시자**: 소방청장

【규칙 별표 4】 시공능력의 평가의 방법

① **시공능력평가액**: 경력평가액+기술력평가액+자본금평가액+실적평가액 ± 신인도평가액

② 산정방법: 경력평가액(20/100), 기술력평가액(30/100), 자본금평가액(70/100), 실적평가액(연평균공사실적액)

【규칙 제23조】 시공능력의 평가

평가된 시공능력은 공사업자가 도급받을 수 있는 1건의 공사도급금액으로 하고, 시공능력의 유효기간은 공시일부터 1년간으로 한다.

① **기간**: 해당 시공능력평가 결과의 공시일로부터 1년 동안으로 한다.

② **평가**: 매년 7.31까지 각 공사업자의 시공능력을 일간신문 또는 인터넷을 통하여 공시

■ 시공능력 평가 및 공시 보충설명

- 소방시설업(설계·공사·감리·방염업)은 TV의 CF 등 홍보가 없는 비교적 소규모 업체이다.
- 공사업의 최저인원은 2명(설계업 2명, 감리업 3명)이면 시·도에 등록 후 영업할 수 있다.
- 국민들은 큰 빌딩을 지으면서 소방시설공사가 필요할 때 홍보가 없는 이러한 소규모 소방업체를 찾기가 쉽지 않아(설령 찾는다 하여도 믿음이 가지 않을 수 있다.) 불편해 하고 있다.
- 이에 소방청에서는 국민들이 믿음있게 소방공사업자를 선정할 수 있도록 하기 위하여 공사업자에게 매년 2월 15일까지 신청을 받아 그 공사업체의 시공(공사)능력을 평가하여 매년 7.31까지 인터넷 또는 일간신문에 공시(공고)한다.

-----*

소방청의 시공능력의 평가의 방법{칙 별표4]은 다음과 같다.

+경력평가액(몇 년된 업체인가?)
+기술력평가액(기술자가 몇 명 있는가?)
+자본금평가액(자본금 규모가 얼마나 되는가?)
+실적평가액(공시일로부터 1년 동안 실적이 얼마나 되는가? - 연평균공사실적액)
± 신인도평가액(우수소방시설공사업자지정, 품질경영인증취득, 소방시설공사 표창수상 경력)에 따라 시공능력을 평가한다.

04 소방기술자

【법 제28조】 소방기술경력 등의 인정 등

1. 소방청장은 소방기술의 효율적인 활용과 소방기술의 향상을 위하여 소방기술과 관련된 자격·학력 및 경력을 가진 자를 소방기술자로 인정할 수 있으며 **자격·학력 및 경력을 인정받은 자에게 자격수첩과 경력수첩을 발급할 수 있다.**
   *^^ 소방기술 인정(이하 "자격수첩"), 소방기술자 경력수첩(이하 "경력수첩")이라 한다.
2. **소방청장은 규정에 따라 자격수첩을 발급받은 사람이 다음에 해당하는 경우에는 행정안전부령으로 정하는 바에 따라 그 인정자격을 취소하거나 6월 이상 ~ 2년 이하의 기간을 정하여 그 인정자격을 정지시킬 수 있다.**
   다만, 제①호 및 제②호에 해당하는 때에는 그 자격을 **취소**하여야 한다. 취소된 자는 그 날부터 2년간 자격수첩을 발급 받을 수 없다.
   ① 거짓이나 그 밖의 부정한 방법으로 자격수첩 또는 경력수첩을 발급받은 때(취소)
   ② 규정을 위반하여 자격수첩 또는 경력수첩을 다른 사람에게 빌려준 경우(취소)
   ③ 규정을 위반하여 동시에 둘 이상의 업체에 취업한 경우(정지)
   ④ 이 법 또는 이 법에 따른 명령을 위반한 경우(정지)

■ 정 지
1. **시·도지사**: 시·도지사는 **업체의 정지**로서 일반적으로 6개월 이하이다.
2. **소방청장**: 소방청장은 **자격 정지**로서 (6월 이상)~2년 이하로 한정한다.
   ↳ 예 소방시설관리사(2년 이하), 자격수첩과 경력수첩 정지가 있다.

【칙 제24조】 소방기술과 관련된 자격·학력 및 경력의 인정범위 등
① **소방기술과 관련된 자격**: 소방기술사, 소방시설관리사, 소방설비기사, 소방설비산업기사, 위험물기능장, 위험물산업기사, 위험물기능사 등
② **소방기술과 관련된 학력**: 소방안전관리학과, 전기공학과, 산업안전공학과, 기계공학과, 건축공학과, 화학공학과 등을 졸업한 사람
③ **소방기술과 관련된 경력**: 소방시설공사업, 소방시설설계업, 소방공사감리업, 소방시설관리업, 위험물안전관리업무대행기관, 국가, 지방자치단체, 정부출자기관, 지방공사, 지방공단, 한국소방안전원, 한국소방산업기술원, 한국화재보험협회, 협회, 소방안전관리 경력자 등

【칙 제26조, 제29조, 제31조, 제35조】 소방기술자의 실무교육
① **교육횟수 및 통보**: 2년마다 1회 이상, 교육 실시 10일 전까지

【법 제30조의 3】 소방시설업자 협회의 업무

1. 소방시설업자의 권익보호와 소방기술의 개발 등 소방시설업의 건전한 발전을 위하여 소방청장의 인가를 받아 법인으로 설립한다. 그 업무는 다음과 같다.

① 소방시설업의 기술발전과 소방기술의 진흥을 위한 조사·연구·분석 및 평가

② 소방산업의 발전 및 소방기술의 향상을 위한 지원

③ 소방시설업의 기술발전과 관련된 국제교류·활동 및 행사의 유치

④ 이 법에 따른 위탁 업무의 수행

【법 제32조】 청문

소방시설업의 등록취소처분 또는 소방기술 인정 자격취소의 처분을 하려면 청문을 실시하여야 한다. 그 대상은 다음과 같다.

1. 소방시설업(설계업, 공사업, 감리업, 방염업)의 등록취소처분이나 영업정지처분
2. 소방기술인정자격(예 자격수첩) 취소의 처분을 하고자 하는 경우

■ Reference

청문은 행정청이 처분을 하기 앞서 당사자 등의 의견을 직접 듣고 증거를 조사하는 절차로서 업체가 한번 취소되면 2년간 다시 개업을 하지 못하므로 신중하자는 취지이다.

이 법에는 4개의 업체와, 소방기술인정자격에 대한 청문이 있다.

(*^^ 상기 1번은 취소처분이나 정지처분이지만 2번은 취소 처분뿐이며 정지는 해당되지 않는다.)

【영 제12조의3】 하도급계약심사위원회의 구성 및 운영

① 법 제22조의2제4항에 따른 하도급계약심사위원회(이하 "위원회")는 위원장 1명과 부위원장 1명을 포함하여 10명 이내의 위원으로 구성한다.

■ Reference(정지의 비교)

구 분	개월	실시자
• 모든 업체	6개월 이하	시 · 도지사
• 소방기술인정자격	6월 이상~2년 이하	소방청장
• 소방시설관리사	2년 이하	소방청장

※ 동시에 둘 이상 업체에 취업한 경우에 소방시설관리사는 취소, 소방기술인정자격은 정지이다.

• REFERENCE

공사업·감리업 장비

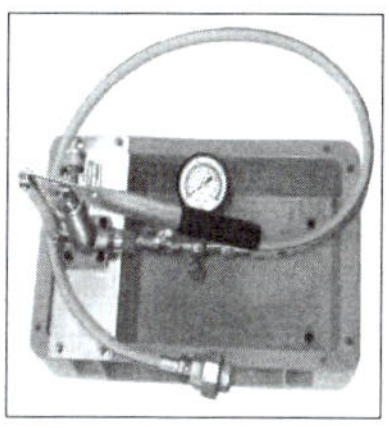

【수압기】

【음량계】

【조도계】

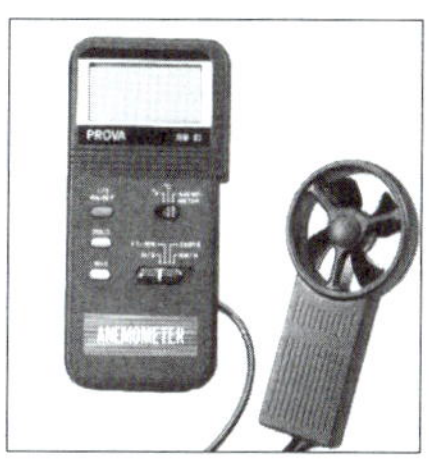

【풍속계】

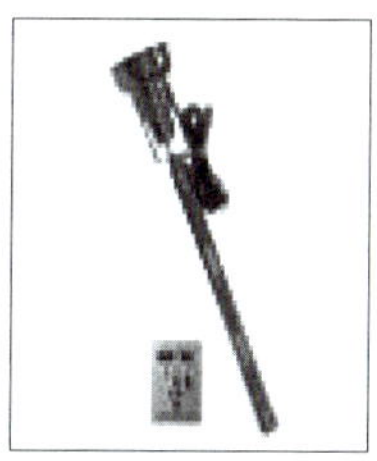

【감지기시험기】

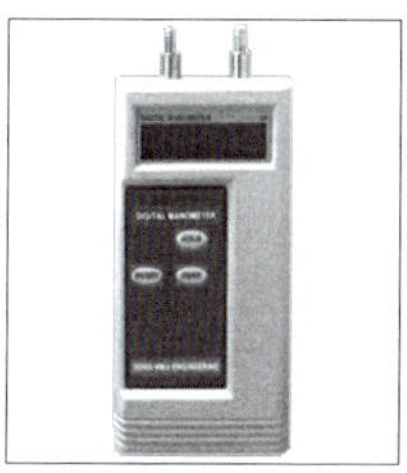

【차압계】

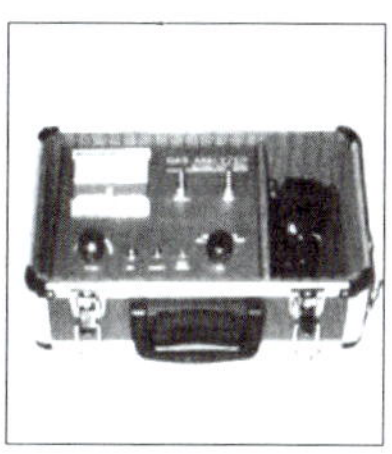

【할론·CO_2 농도측정기】

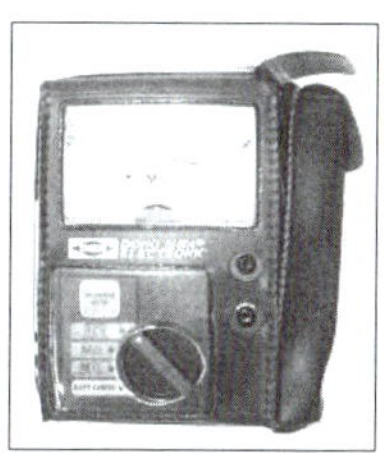

【절연저항시험기】

► 짝수, 홀수 페이지를 맞추기 위하여 삽입됨.

05 벌 칙

【법 제35조】 3년 이하 징역 또는 3,000만 원 이하의 벌금

1. 소방시설업 **등록없이** 소방시설 영업을 한 자.

【법 제36조】 1년 이하 징역 또는 1,000만 원 이하의 벌금

1. 영업정지 처분기간에 소방시설업 영업을 한 자
2. 화재안전기준을 위반하여 설계나 시공을 한 자
3. **공사감리자를** 지정하지 아니한 자.(관계인이)
4. 업무를 위반하여 감리를 하거나 거짓으로 감리한 자
5. 소방본부장·서장에게 거짓 보고 감리자.(감리자 요구를 따르지 않는 공사업자에 대한)
6. **공사 감리결과** 통보 또는 결과보고서를 **거짓으로** 제출한 자.(감리자)
7. 도급기준을 위반한 자.(시설업자가 아닌 자에게 소방시설공사 등을 도급한 자)
8. 규정에 위반하여 제3자에게 공사를 하도급한 자.(도급인)
9. 소방기술자의 **법과 명령에 따르지 아니하고** 업무를 수행한 자.(소방기술자)

【법 제37조】 300만 원 이하의 벌금

1. 다른 자에게 자기 성명·상호를 사용하여 소방시설공사등을 수급·시공하게 하거나 소방시설 등록증·등록수첩을 대여한 자 또는 자격수첩이나 경력수첩을 빌려준 자
2. 소방시설공사 현장에 감리원을 배치하지 아니한 자.(감리업자가)
3. 감리업자의 보완 요구(설계·화재안전기준에 부적합)에 따르지 아니한 자.(공사업자)
4. 공사감리계약을 해지하거나, 대가 지급을 거부, 지연 등 불이익을 준 자.(관계인)
5. 소방시설공사를 다른 업종의 공사와 분리하여 도급하지 아니한 자.(관계인)
6. 동시에 둘 이상의 업체에 취업한 자.(소방기술자)
7. 출입·검사 시 관계인 업무를 방해하거나 업무상 알게 된 비밀 누설한 자.(공무원)

【법 제38조】 100만 원 이하의 벌금

1. 소방청장 명령을 위반하여 보고·자료제출을 하지 않거나 거짓으로 한 자
2. 정당한 사유 없이 관계공무원의 출입, 검사·조사를 거부·방해·기피한 자.(관계인)

※ 양벌규정(제39조): 제35~제38조까지 타 법의 양벌규정에 준용한다.

【법 제40조】 200만 원 이하의 과태료

1. 등록변경·휴폐업·지위승계·착공(변경)·감리자지정 신고를 않거나 거짓한 자.(관계인)
2. 관계인에게 지위승계, 행정처분, 휴·폐업 사실을 거짓으로 알린 자.(시설업자)
3. 하자보수 보증기간 동안 관계 서류를 보관하지 아니한 자.(소방시설업자)
4. 소방기술자를 공사 현장에 배치하지 아니한 자.(공사업자)
5. 소방시설의 완공검사를 받지 아니한 자.(공사업자)
6. 3일 이내에 하자보수를 않거나 보수계획을 관계인에게 거짓 알린 자.(공사업자)
7. 감리 관계 서류를 인수·인계하지 아니한 자.(종전 감리자)
8. 감리원 배치통보, 변경통보를 하지 아니하거나 거짓으로 통보한 자.(공사업자)
9. 방염성능기준 미만으로 방염을 하거나, 방염처리능력평가서류 거짓 제출자.(방염업자)
10. 도급계약 체결시 의무불이행자(계약 당사자), 하도급 통지를 아니한 자.(도급받은자)
11. 공사대금의 지급보증, 담보제공, 보험료등의 지급을 이행하지 아니한 자.(발주자)
12. 시공능력평가 서류를 거짓 제출한 자(공사업자) / 사업수행능력평가 서류를 위조·변조하는 등 거짓, 부정한 방법으로 입찰 참여한 자.(설계·감리업자)
13. 시도지사, 본부장·서장 명령위반 보고·자료제출(거짓)을 하지 아니한 자(시설업자, 관계인)

▪ 과태료는 시·도지사, 소방본부장, 소방서장이 부과·징수한다.

4법

소방 4대법의 벌칙 유무 비교

	기본법(5개)	화재예방법(4)	소방시설법(4)	공사업법(4)	위험물법(7개)
①	5년, 5천만	×	5년, 5천만	×	1년~10년
②	3년, 3천만	3년, 3천만	3년, 3천만	3년, 3천만	7년금고, 7천만
③	×	1년, 1천만	1년, 1천만	1년, 1천만	5년, 1억 원
④	300만	300만	300만	300만	3년, 3천만
⑤	×	×	×	100만	1년, 1천만
⑥	100만	×	×	×	1,5백만 원
⑦	×	×	×	×	1천만 원
과태료	2십, 1백, 2백, 5백	1백, 2백, 3백만	3백만 원	200만 원	500만 원

※ 벌칙에 따른 경중: 5법〉 1법, 3법〉 2법, 4법 〉 6법(화재조사법, 300만 원 벌금, 2백 과태료) 순.

06 소방시설공사업법 시행령

【영 별표 1】 소방시설업의 업종별 등록기준 및 영업범위(영 제2조 관련)

1. 소방시설 설계업의 등록기준 및 영업범위

   소방시설설계업의 등록기준 및 영업범위는 다음과 같다

업종별＼항목		기술 인력 (이상)	영업 범위
전문소방시설설계업		① 주인력: 소방기술사 1명 ② 보조: 1명	• 모든 기계·전기분야의 설계.
일반소방시설설계업	기계분야	① 주인력: 소방기술사나 기계분야소방설비기사 1명 ② 보조: 1명	① 아파트의 기계분야 소방시설. ② 연면적 3만㎡(공장: 1만㎡) 미만에 설치되는 기계분야의 설계(단, ①②항 제연설비 설치대상물은 제외) ③ 위험물제조소등의 기계분야 소방시설 설계.
	전기분야	① 주인력: 소방기술사나 전기분야소방설비기사 1명 ② 보조: 1명	① 아파트에 설치되는 전기분야 소방시설의 설계. ② 연면적 3만㎡(공장: 1만㎡) 미만에 설치되는 전기분야의 설계. ③ 위험물제조소등의 전기분야 소방시설 설계.

※ 비 고

1. 위 표의 일반소방시설설계업에 있어서 기계 및 전기분야 대상이 되는 범위는 다음과 같다.
   ① 기계분야
   ㉠ 소화기구 · 자동소화장치 · 옥내소화전설비 · 스프링클러설비 · 물분무등소화설비 · 옥외소화전설비 · 피난기구 · 인명구조기구 · 상수도소화용수설비 · 소화수조 · 저수조 · 그 밖의 소화용수설비 · 제연설비 · 연결송수관설비 · 연결살수설비 및 연소방지설비
   ㉡ 기계분야 소방시설에 부설되는 전기시설. 단, 비상전원·동력회로·제어회로·기계분야 소방시설을 작동을 위한 화재감지기에 의한 화재감지장치 및 전기신호에 의한 소방시설의 작동장치를 제외
   ② 전기분야
   ㉠ 단독경보형감지기 · 비상경보설비 · 비상방송설비 · 누전경보기 · 자동화재탐지설비 · 시각경보기 · 자동화재속보설비 · 가스누설경보기 · 통합감시시설 · 유도등 · 비상조명등 · 비상조명등 · 휴대용 비상조명등 · 비상콘센트설비, 무선통신보조설비
   ㉡ 기계분야 소방시설에 부설되는 전기시설 중 ①의 ㉡ 단서의 전기시설
2. 일반소방시설설계업의 기계분야 및 전기분야를 함께 하는 경우 주된 기술인력은 소방기술사 또는 기계분야 소방설비기사와 전기분야 소방설비기사 자격을 함께 취득한 자 1명 이상으로 할 수 있다.
3. "보조기술인력"이란 다음에 해당하는 자를 말한다.
   ① 소방기술사, 소방설비기사 또는 소방설비산업기사 자격을 취득한 자
   ② 소방공무원으로 재직한 경력이 3년 이상인 사람
   ③ 행정안전부령으로 정하는 소방기술과 관련된 자격, 경력, 학력을 갖추고 자격수첩을 발급받은 사람

2. 소방시설 공사업의 등록기준 및 영업범위

법인은 “자본금”이 1억 원 이상, 개인은 “자산평가액” 이 1억 원 이상이 필요하다.

업종별 \ 항목		기술 인력 (이상)	자본금 (자산평가액)	영업 범위
전문소방시설공사업		① 주인력: 소방기술사 또는 기계·전기분야의 소방설비기사 각 1명 (혹은 기계·전기분야 함께 취득자 1명) ② 보조: 2명	① 법인: 1억 원 ② 개인: 1억 원	• 모든 기계·전기분야의 공사·개설·이전·정비
일반소방시설공사업	기계분야	① 주인력: 소방기술사 또는 기계분야 소방설비기사 1명 ② 보조: 1명	① 법인: 1억 원 ② 개인: 1억 원	① 연면적 1만m² 미만 기계분야의 공사·개설·이전·정비 ② 위험물제조소등 기계분야의 공사·개설·이전·정비
	전기분야	① 주된 기술인력: 소방기술사 또는 전기분야 소방설비기사 1명 이상 ② 보조기술인력: 1명 이상	① 법인: 1억 원 ② 개인: 1억원	① 연면적 1만m² 미만 전기분야의 공사·개설·이전·정비 ② 위험물제조소등 전기분야의 공사·개설·이전·정비

※ 비 고

1. 기계분야 및 전기분야 대상이 되는 범위는 소방시설설계업에 준용한다
2. 기계분야 및 전기분야의 일반소방시설공사업을 함께 하는 경우 주된 기술인력은 소방기술사 1명 또는 기계분야 및 전기분야의 자격을 취득한 소방설비기사 1명으로 한다.
3. 자본금(자산평가액)은 해당 소방시설공사업의 최근 결산일 현재의 총자산에서 총부채를 뺀 금액을 말하고, 소방시설공사업 외의 다른업을 함께하는 경우에는 자본금에서 겸업비율에 해당하는 금액을 뺀 금액을 말한다.
4. “보조기술인력”이란 소방시설설계업의 등록기준 및 영업범위의 비고란 제4호에 해당하는 자를 말한다.
5. 소방시설공사업을 하려는 자가 소방시설설계업 또는 소방시설관리업 중 어느 하나를 함께 하려는 경우 소방시설설계업 또는 소방시설관리업 기술인력으로 등록된 기술인력은 다음 각 목의 기준에 따라 소방시설공사업 등록 시 갖추어야 하는 해당 자격을 가진 기술인력으로 볼 수 있다.
   가. 전문 소방시설공사업과 전문 소방시설설계업을 함께 하는 경우: 소방기술사 자격을 취득한 사람
   나. 전문 소방시설공사업과 일반 소방시설설계업을 함께 하는 경우: 소방기술사 자격을 취득하거나 기계분야 및 전기분야 소방설비기사 자격을 함께 취득한 사람
   다. 일반 소방시설공사업과 전문 소방시설설계업을 함께 하는 경우: 소방기술사 자격을 취득한 사람
   라. 일반 소방시설공사업과 일반 소방시설설계업을 함께 하는 경우: 소방기술사 자격을 취득하거나 기계분야 또는 전기분야 소방설비기사 자격을 취득한 사람
   마~사 생략(원문 참고)
6. “개설”이란 소방대상물에 설치된 소방시설 등의 전부 또는 일부를 철거하고 새로이 설치하는 것을 말함
7. “이전”이란 이미 설치된 소방시설등을 현재 설치된 장소에서 다른 장소로 옮기어 설치하는 것을 말한다.
8. “정비”란 이미 설치된 소방시설 등을 구성하고 있는 기계·기구를 교체하거나 보수하는 것을 말한다.

※ 기술인력등록기준에서 상위등급의 기술 인력 보유는 하위등급을 보유한 것으로 간주한다.

3. 소방공사 감리업의 등록기준 및 영업범위

소방공사 감리업의 등록기준 및 영업범위는 다음과 같다.

소방공사감리업의 영업범위는 소방시설 설계업의 영업범위와 같으며 등록기준에 있어서 기술인력도 전문소방업체에 있어서는 기술사가 1명 이상이 필수로 있어야 한다

업종별 \ 항목		기술 인력 (이상)	영업 범위(* 설계업과 동일함)
전문소방 공사감리업		① 소방기술사 1명 ② 기계 및 전기분야 특급감리원 각 1명(기계 및 전기분야의 자격을 함께 가지고 있는 자는 그에 해당하는 자 1명 -이하 ③항④항⑤항에서 같다.) ③ 기계분야 및 전기분야의 고급감리원 각 1명 ④ 기계 및 전기분야의 중급감리원 각 1명 ⑤ 기계 및 전기분야의 초급감리원 각 1명	• 모든 기계·전기분야의 소방시설공사 감리
일반 소방 공사 감리 업	기계 분야	① 기계분야 특급감리원 1명 ② 기계분야 고급 또는 중급감리원 1명 ③ 기계분야 초급감리원 1명	① 연면적 3만m² (공장: 1만m²) 미만의 기계분야 감리 ② 아파트에 설치되는 기계분야의 감리(단, ①②항 제연설비 설치대상물은 제외) ③ 위험물제조소등에 설치되는 기계분야의 감리
	전기 분야	① 전기분야 특급감리원 1명 이상 ② 전기분야 고급감리원 또는 중급감리원 1명 이상 ③ 전기분야 초급감리원 1명 이상	① 연면적 3만m²(공장: 1만m²) 미만에 설치되는 전기분야의 감리 ② 아파트의 전기분야 감리 ③ 위험물제조소등의 전기분야 감리

※ 비 고

1. 기계분야 : "실내장식물 및 방염대상물품"을 포함하여 전기분야와 함께 소방시설설계업에 준용한다.
2. 위 표에서 "특급소방감리원", "고급감리원", "중급감리원" 및 "초급감리원"이란 부표 2의 구분에 따라 기술자격을 갖추거나 학력·경력이 있는 사람을 말한다.
3. 일반소방공사감리업의 기계분야 및 전기분야를 함께 하는 경우 기계분야 및 전기분야를 함께 취득한 감리원을 해당 기술인력등급별로 각 1명 이상을 두어야 한다.

4. 방염처리업의 종류

방염업
① 섬유류 방염업 ② 합판·목재류 방염업 ③ 합성수지류 방염업 : 제조설비, 가공설비, 성형설비 중 하나 이상을 갖출 것.

• REFERENCE

시설업 정리

소방시설은 광의적으로 2가지로 분류된다. "소방시설기계분야"와 "소방시설전기분야"이다. 여기서 기계시설과 전기시설 쪽 일을 모두 수용할 수 있으면 "전문"이라 칭하고 기계시설쪽이나 전기시설쪽 한 쪽만 일을 할 수 있으면 "일반" 으로 칭한다.

1. 소방시설 설계업
   ① 전문 소방시설 설계업
   ㉠ 기술인력: 주인력 소방기술사 1명 이상, 보조인력 1명 이상.
   ㉡ 대상: 모든 특정소방대상물의 설계를 할 수 있다.

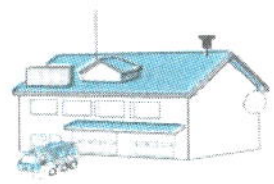

   ② 일반 소방시설 설계업
   ㉠ 기술인력: 소방기술사 또는 각 해당 소방설비기사 1명, (보조인력 1명) 이상
   ㉡ 기계분야: 연면적 3만m²(공장은 1만m²) 미만 특정소방대상물(*아파트 제연설비 제외)
   ㉢ 전기분야: 연면적 3만m²(공장은 1만m²) 미만 특정소방대상물
2. 소방시설 공사업
   ① 전문소방시설 공사업
   ㉠ 주인력: 소방기술사 또는 소방설비기사 기계분야·전기분야 각 1명 이상, 보조 2명 이상
   ㉡ 자본금: 법인 자본금 1억 원 이상, 개인 1억 원 이상
   ② 일반소방시설 공사업(주 인력 소방기술사 또는 소방설비기사 1명 이상, 보조 1명 이상)
   ㉠ 영업범위: 연면적 1만m² 미만의 소방대상물
   ㉡ 기계분야 자본금: 법인 1억 원 이상, 개인 1억 원 이상
   ㉢ 전기분야 자본금: 법인 1억 원 이상, 개인 1억 원 이상
3. 소방공사 감리업
   ① 전문소방공사 감리업: 소방기술사 1명 이상, 특급·고급·중급·초급감리원 각 1명 이상
   • 대상: 모든 특정소방대상물
   ② 일반소방공사 감리업: 각 분야 특급·고급(또는 중급)·초급 감리원 각 1명 이상
   • 대상: 연면적 3만m²(공장은 1만m²)미만의 대상물(* 기계분야: 아파트 제연설비 제외)

종류	구분	분야	기술인력(이상)	범위(미만)	자본금(개인)
소방시설 설계업	전문	·	기술사1인, 보조 1명		
	일반	기계	기술사 또는 해당 기사1인, 보조 1명	3만m²	
		전기	기술사 또는 해당 기사1인, 보조 1명	3만m²	
소방시설 공사업	전문	·	기술사 또는 기사 2명(혹은 1명), 보조 2명		1억
	일반	기계	기술사 또는 기사 1명, 보조 1명	1만m²	〃
		전기	기술사 또는 기사 1명, 보조 1명	1만m²	〃
소방공사 감리업	전문	·	기술사 1인, 특급·고급·중급·초급 각 1명		
	일반	기계	특급·고급(또는 중급)·초급 감리원 각 1명	3만m²	
방염업	① 섬유류방염업 ② 합성수지류방염업(제조·가공·성형설비) ③ 합판·목재류방염업				

4법

【영 별표 1 부표2】

소방시설공사 현장에 배치하기위한 감리원의 구분에서 그 분류(자격수첩)는
소방설비(산업)기사는 각각 해당 년수 이상의 소방관련업무를 수행한 사람을 말한다.

구 분	기 사	산업기사
1. 기술사 특급소방감리원	기술사 시험에 합격 후 기술사자격증이 있는 사람	
2. 특급소방감리원	8년	12년
3. 고급소방감리원	5년	8년
4. 중급소방감리원	3년	6년
5. 초급소방감리원	1년	2년

* 그 외 초급감리원 자격: 소방공무원 3년 또는 전기공학 등 이공계의 학사 1년(전문학사 3년) 이상 경력자.

【영 별표 2】 소방기술자의 배치기준 (영 제3조 관련)

다음 어느 하나에 해당하는 특정소방대상물의 소방시설공사의 경우에는 소방기술자(기계 또는 전기분야)를 공사 현장에 배치하여야 하며 그 배치기준은 다음과 같다.

구 분	배 치 기 준
1. 특급기술자인 소방기술자	① 연면적 20만m² 이상 ② 지하층을 포함한 40층 이상
2. 고급기술자인 소방기술자	① 연면적 3만m²~20만m² 미만(아파트 제외) ② 지하층을 포함한 16층~40층 미만
3. 중급기술자인 소방기술자	① 물분무등소화설비, 제연설비가 설치되는 현장 ② 연면적 5천m² ~ 3만m² 미만(아파트 제외) ③ 연면적 1만m² ~ 20만m² 미만인 아파트의 공사 현장
4. 초급기술자인 소방기술자	① 연면적 1천m²~5천m² 미만(아파트 제외) ② 연면적 1천m² 이상~1만m² 미만인 아파트 및 지하구
5. 자격수첩을 발급자	연면적 1천m² 미만인 특정소방대상물의 공사현장

※ 소방기술자에서 상위등급의 기술 인력 보유는 하위등급을 보유한 것으로 간주한다.

※ 기계분야 및 전기분야의 자격을 모두 갖춘 소방기술자가 있는 경우에는 소방시설공사를 분야별로 구분하지 않고 그 소방기술자를 배치할 수 있다.

※ 공사업자는 다음 각 목의 경우를 제외하고는 1명의 소방기술자를 2개의 공사 현장을 초과하여 배치해서는 아니 된다. 이 경우 공사 현장 간의 거리는 제한받지 아니한다.

① 건축물의 연면적이 5천m² 미만인 공사 현장에만 배치하는 경우. 다만, 그 연면적의 합계는 2만m²를 초과하여서는 아니 된다.

② 건축물의 연면적이 5천m² 이상인 공사 현장 2개 이하와 5천m² 미만인 공사 현장에 같이 배치하는 경우. 다만, 5천m² 미만의 공사 현장의 연면적의 합계는 1만m²를 초과하여서는 아니된다.

【영 별표 3】 소방공사감리의 종류 및 방법(요약) (영 제9조 관련)

공사		내 용
상주 공사 감리	대상	① 연면적 3만m^2 이상의 특정소방대상물(아파트를 제외한다)에 대한 소방시설의 공사. ② 지하층을 포함한 16층 이상으로서 500세대 이상인 아파트에 대한 소방시설 공사
	방법	① 책임감리원이 행정안전부령이 정하는 기간 중 부득이한 사유로 1일 이상 현장을 이탈하는 경우에는 감리일지 등에 기록하여 발주청 또는 발주자의 확인을 받아야 한다.
일반 공사 감리		•상주공사감리에 해당하지 아니하는 소방시설의 공사 (* 연면적 3만m^2 미만)
	방법	① 책임감리원은 공사현장을 방문하여 법 제16조제1항 각호의 규정에 의한 업무를 수행한다. 다만, 법 제16조제1항제9호의 규정에 의한 업무(실내장식물의 불연화 및 방염물품의 적법성 검토)는 행정안전부령이 정하는 기간 중에 공사가 이루어지는 경우만 해당한다. ② 책임감리원은 행정안전부령이 정하는 기간 중에는 주 1회 이상 공사현장에 배치되어 업무를 수행하고 감리일지에 기록하여야 한다. ③ 감리업자는 책임감리원이 부득이한 사유로 14일 이내의 범위에서 나목의 업무를 수행할 수 없는 경우에는 업무대행자를 지정하여 그 업무를 수행하게 하여야 한다. ④ ③항에 의하여 지정된 업무대행자는 주 2회 이상 공사현장을 방문하여 가목의 업무를 수행하며 그 업무수행 내용을 책임감리원에게 통보하고 감리일지에 기록하여야 한다.

【영 별표 4】 소방공사감리원의 배치기준 (영 제11조 관련)

1. 특급감리원 중 소방기술사 1명 이상 배치: 연면적이 20만m^2 이상인 특정소방대상물 또는 지하층을 포함한 40층 이상인 특정소방대상물의 공사현장의 경우.
2. 특급소방감리원 이상의 감리원 1명 이상 배치: 연면적 3만m^2 이상 20만m^2 미만인 특정소방대상물(아파트는 제외) 또는 지하층을 포함한 16층 이상 40층 미만인 특정소방대상물의 공사현장.
3. 고급 이상의 소방감리원 1명 이상 배치: 물분무등소화설비(호스릴방식 제외) 또는 제연설비가 설치되는 특정소방대상물이나 연면적이 3만m^2 이상 20만m^2 미만인 아파트의 공사현장의 경우.
4. 중급 이상의 소방감리원 1명 이상 배치: 연면적이 5천m^2 이상 3만m^2 미만이거나 지하층을 포함한 16층 미만인 특정소방대상물의 공사현장의 경우.
5. 초급소방감리원: 연면적이 5천m^2 미만 특정소방대상물 또는 지하구의 경우 초급 이상의 소방감리원 1명 이상을 배치한다. (*^^1,2,3,번은 초급 이상의 감리원을 보조감리원으로 두어야 한다.)

■ 정 리

구 분	면 적(m^2)	층 수	보조(초급이상)
1. 기술사특급소방감리원	20만 이상	40층 이상	필요
2. 특급소방감리원	3만~20만 미만	16층~40층 미만	필요
3. 고급소방감리원	APT 3만~20만 미만	제연설비, 물분무등	필요
4. 중급소방감리원	5천~3만 미만	16층 미만	x
5. 초급소방감리원	5천 미만	지하구	x

소/방/관/계/법/규

제 4 편

소방시설공사업법(원문)

▸ 출제자들이 선호했던 소방관계시험의 중요문제 조항은 그 (법조항) 밑에 단어 문제는 그 문장의 단어 밑에 고딕체 및 밑줄로서 선별하였음.

※ 공사업법 질문: 소방청(소방산업과) 044-205-7507 외 메일

제4편 소방시설공사업법(원문)

법 개정 2024.1.30 법률 제20157호

시행령
개정 2025.3.12 대통령령 제35382호

시행규칙
개정 2025.12.31 행정안전부령 제598호

제1장 총 칙

제1조 (목적)

이 법은 소방시설공사 및 소방기술의 관리에 필요한 사항을 규정함으로써 소방시설업을 건전하게 발전시키고 소방기술을 진흥시켜 화재로부터 공공의 안전을 확보하고 국민경제에 이바지함을 목적으로 한다.

영 제1조 (목적)

이 영은 「소방시설공사업법」에서 위임된 사항과 그 시행에 필요한 사항을 규정함을 목적으로 한다.

칙 제1조 (목적)

이 규칙은 「소방시설공사업법」 및 같은 법 시행령에서 위임된 사항과 그 시행에 필요한 사항을 규정함을 목적으로 한다.

제2조 (정의)

① 이 법에서 사용하는 용어의 뜻은 다음과 같다.

1. "소방시설업"이란 다음 각목의 영업을 말한다.
   가. 소방시설설계업: 소방시설공사에 기본이 되는 공사계획, 설계도면, 설계설명서, 기술계산서 및 이와 관련된 서류(이하 "설계도서"라 한다)를 작성(이하 "설계"라 한다)하는 영업
   나. 소방시설공사업: 설계도서에 따라 소방시설을 신설, 증설, 개설, 이전 및 정비(이하 "시공"이라 한다)하는 영업
   다. 소방공사감리업: 소방시설공사에 관한 발주자의 권한을 대행하여 소방시설공사가 설계도서와 관계법령에 따라 적법하게 시공되는지를 확인하고, 품질·시공관리에 대한 기술지도를 하는(이하 "감리"라 한다)영업
   라. 방염처리업: 「소방시설 설치 및 관리에 관한 법률」 제20조제1항에 따른 방염대상물품에 대하여 방염처리(이하 "방염"이라 한다)하는 영업
2. "소방시설업자"란 소방시설업을 경영하기 위하여 제4조에 따라 소방시설업을 등록한 자를 말한다.
3. "감리원"이란 소방공사감리업자에 소속된 소방기술자로서 해당 소방시설공사를 감리하는 사람을 말한다.
4. "소방기술자"란 제28조에 따라 소방기술 경력 등을 인정받은 사람과 다음 각 목의 어느 하나에 해당하는 사람으로서 소방시설업과 「소방시설 설치 및 관리에 관한 법률」에 따른 소방시설관리

업의 기술인력으로 등록된 사람을 말한다.

가. 「소방시설 설치 및 관리에 관한 법률」에 따른 소방시설관리사

나. 국가기술자격법령에 따른 소방기술사, 소방설비기사, 소방설비산업기사, 위험물기능장, 위험물산업기사, 위험물기능사

5. "발주자"란 소방시설의 설계, 시공, 감리 및 방염(이하 "소방시설공사등"이라 한다)을 소방시설업자에게 도급하는 자를 말한다. 다만, 수급인으로서 도급받은 공사를 하도급하는 자는 제외한다.

제2조의2 (소방시설공사등 관련 주체의 책무)

① 소방청장은 소방시설공사등의 품질과 안전이 확보되도록 소방시설공사등에 관한 기준 등을 정하여 보급하여야 한다.[①②③ 본조신설 2018.2.9]

② 발주자는 소방시설이 공공의 안전과 복리에 적합하게 시공되도록 공정한 기준과 절차에 따라 능력 있는 소방시설업자를 선정하여야 하고, 소방시설공사등이 적정하게 수행되도록 노력하여야 한다.

③ 소방시설업자는 소방시설공사등의 품질과 안전이 확보되도록 소방시설공사등에 관한 법령을 준수하고, 설계도서·시방서(示方書) 및 도급계약의 내용 등에 따라 성실하게 소방시설공사등을 수행하여야 한다.

제2장 소방시설업

제4조 (소방시설업의 등록)

① 특정소방대상물의 소방시설공사등을 하려는 자는 업종별로 자본금(개인인 경우에는 자산 평가액을 말한다), 기술인력 등 대통령령으로 정하는 요건을 갖추어 특별시장·광역시장·특별자치시장·도지사 또는 특별자치도지사(이하 "시·도지사"라 한다)에게 소방시설업을 등록하여야 한다.

② 제1항에 따른 소방시설업의 업종별 영업범위는 대통령령으로 정한다.

③ 제1항에 따른 소방시설업의 등록신청과 등록증·등록수첩의 발급·재발급 신청, 그 밖에 소방시설업의 등록에 관하여 필요한 사항은 행정안전부령으로 정한다.

④ 제1항의 규정에 불구하고 「공공기관의 운영에 관한 법률」 제5조에 따른 공기업·준정부기관 및 「지방공기업법」 제49조에 따라 설립된 지방공사나 같은 법 제76조에 따라 설립된 지방공단이 다음 각 호의 요건을 모두 갖춘 경우에는 시·도지사에게 등록을 하지 아니하고 자체 기술인력을 활용하여 설계·감리를 할 수 있다. 이 경우 대통령령으로 정하는 기술인력을 보유하여야 한다.

1. 주택의 건설·공급을 목적으로 설립되었을 것
2. 설계·감리 업무를 주요 업무로 규정하고 있을 것

영 제2조 (소방시설업의 등록기준 및 영업범위)

① 「소방시설공사업법」(이하 "법"이라 한다) 제4조제1항 및 제2항에 따른 소방시설업의 업종별 등록기준 및 영업범위는 별표 1과 같다.

② 소방시설공사업의 등록을 하려는 자는 별표 1의 기준을 갖추어 소방청장이 지정하는 금융회사 또는 「소방산업의 진흥에 관한 법률」 제23조에 따른 소방산업공제조합이 별표 1에 따른 자본금 기준금액의 100분의 20 이상에 해당하는 금액의 담보를 제공받거나 현금의 예치 또는 출자를 받은 사실을 증명하여 발행하는 확인서를 특별시장·광역시장·특별자치시장·도지사 또는 특별자치도지사(이하 "시·도지사"라 한다)에게 제출하여야 한다.

③ 시·도지사는 법 제4조제1항에 따른 등록신청이 다음 각 호의 어느 하나에 해당되는 경우를 제외하고는 등록을 해주어야 한다.

1. 제1항에 따른 등록기준을 갖추지 못한 경우 2. 제2항에 따른 확인서를 제출하지 아니한 경우
3. 등록을 신청한 자가 법 제5조 각 호의 어느 하나에 해당하는 경우
4. 그 밖에 법, 이 영 또는 다른 법령에 따른 제한에 위반되는 경우

칙 제2조 (소방시설업의 등록신청)

① 「소방시설공사업법」(이하 "법"이라 한다) 제4조제1항에 따라 소방시설업을 등록하려는 자는 별지 제1호서식의 소방시설업 등록신청서(전자문서로 된 소방시설업 등록신청서를 포함한다)에 다음 각 호의 서류(전자문서를 포함한다)를 첨부하여 「소방시설공사업법 시행령」(이하 "영"이라 한다) 제20조제3항에 따라 법 제30조의2에 따른 소방시설업자협회(이하 "협회"라 한다)에 제출해야 한다. 다만, 「전자정부법」 제36조제1항에 따른 행정정보의 공동이용을 통하여 첨부서류에 대한 정보를 확인할 수 있는 경우에는 그 확인으로 첨부서류를 갈음할 수 있다.

1. 신청인(외국인을 포함하되, 법인의 경우에는 대표자 및 임원을 말한다)의 성명, 주민등록번호 및 주소지 등의 인적사항이 적힌 서류
2. 등록기준 중 기술인력에 관한 사항을 확인할 수 있는 다음 각 목의 어느 하나에 해당하는 서류(이하 "기술인력 증빙서류"라 한다)
   가. 국가기술자격증
   나. 법 제28조제2항에 따라 발급된 소방기술 인정 자격수첩(이하 "자격수첩"이라 한다) 또는 소방기술자 경력수첩(이하 "경력수첩"이라 한다)
3. 영 제2조제2항에 따라 소방청장이 지정하는 금융회사 또는 소방산업공제조합에 출자·예치·담보한 금액 확인서(이하 "출자·예치·담보 금액 확인서"라 한다) 1부(소방시설공사업만 해당한다). 다만, 소방청장이 지정하는 금융회사 또는 소방산업공제조합에 해당 금액을 확인할 수 있는 경우에는 그 확인으로 갈음할 수 있다.
   가. 「공인회계사법」 제7조에 따라 금융위원회에 등록한 공인회계사
   나. 「세무사법」제6조에 따라 기획재정부에 등록한 세무사
   다. 「건설산업기본법」 제49조제2항에 따른 전문경영진단기관
4. 다음 각 목의 어느 하나에 해당하는 자가 신청일 전 최근 90일 이내에 작성한 자산평가액 또는 소방청장이 정하여 고시하는 바에 따라 작성된 기업진단 보고서(소방시설공사업만 해당한다)
   가. 「공인회계사법」 제7조에 따라 금융위원회에 등록한 공인회계사
   나. 「세무사법」 제6조에 따라 재정경제부에 등록한 세무사
   다. 「건설산업기본법」 제49조제2항에 따른 전문경영진단기관
5. 신청인(법인인 경우에는 대표자 및 임원을 포함한다)이 외국인인 경우에는 법 제5조 각 호의 어느 하나에 해당하는 사유와 같거나 비슷한 사유에 해당하지 않음을 확인할 수 있는 서류로서 다음 각 목의 어느 하나에 해당하는 서류
   가. 해당 국가의 정부나 공증인(법률에 따른 공증인의 자격을 가진 자만 해당한다), 그 밖의 권한이 있는 기관이 발행한 서류로서 해당 국가에 주재하는 우리나라 영사가 확인한 서류
   나. 「외국공문서에 대한 인증의 요구를 폐지하는 협약」을 체결한 국가의 경우에는 해당 국가의 정부나 공증인(법률에 따른 공증인의 자격을 가진 자만 해당한다), 그 밖의 권한이

있는 기관이 발행한 서류로서 해당 국가의 아포스티유(Apostillee: 외국 공문서에 대한 인증 요구 폐지 협약) 확인서 발급 권한이 있는 기관이 그 확인서를 발급한 서류

② 제1항에 따른 신청서류는 업종별로 제출하여야 한다.

③ 제1항에 따라 등록신청을 받은 협회는 「전자정부법」 제36조제1항에 따라 행정정보의 공동이용을 통하여 다음 각 호의 서류를 확인해야 한다. 다만, 신청인이 제2호부터 제4호까지의 서류의 확인에 동의하지 않는 경우에는 해당 서류(제2호의 경우에는 사업자등록증 사본을 말한다)를 제출하도록 해야 한다. 〈개정 2025. 5.15〉

1. 법인등기사항 전부증명서(법인인 경우만 해당한다)
2. 사업자등록증명(개인인 경우만 해당하며, 주민등록번호가 제외된 사업자등록증명을 말한다)
3. 「출입국관리법」 제88조제2항에 따른 외국인등록 사실증명(외국인인 경우만 해당한다)
4. 「국민연금법」 제16조에 따른 국민연금가입자 증명서(이하 "국민연금가입자 증명서"라 한다) 또는 「국민건강보험법」 제11조에 따라 건강보험의 가입자로서 자격을 취득하고 있다는 사실을 확인할 수 있는 증명서("건강보험자격취득 확인서"라 한다) **〈전문개정 2015.8.4〉**

칙 제2조의2 (등록신청 서류의 보완)

협회는 제2조에 따라 받은 소방시설업의 등록신청 서류가 다음 각 호의 어느 하나에 해당되는 경우에는 10일 이내의 기간을 정하여 이를 보완하게 할 수 있다.

1. 첨부서류(전자문서를 포함한다)가 첨부되지 아니한 경우
2. 신청서(전자문서로 된 소방시설업 등록신청서를 포함한다) 및 첨부서류(전자문서를 포함한다)에 기재되어야 할 내용이 기재되어 있지 아니하거나 명확하지 아니한 경우

칙 제2조의3 (등록신청 서류의 검토·확인 및 송부)

① 협회는 제2조에 따라 소방시설업 등록신청 서류를 받았을 때에는 영 제2조 및 영 별표 1에 따른 등록기준에 맞는지를 검토·확인하여야 한다.

② 협회는 제1항에 따른 검토·확인을 마쳤을 때에는 제2조에 따라 받은 소방시설업 등록신청 서류에 그 결과를 기재한 별지 제1호의2서식에 따른 소방시설업 등록신청서 서면심사 및 확인 결과를 첨부하여 접수일(제2조의2에 따라 신청서류의 보완을 요구한 경우에는 그 보완이 완료된 날을 말한다. 이하 같다)부터 7일 이내에 신청인의 주된 영업소 소재지(법인의 경우에는 등기사항 전부증명서상 본점소재지, 개인사업자의 경우에는 사업자 등록상의 사업장 소재지를 말한다)를 관할하는 특별시장·광역시장·특별자치시장·도지사 또는 특별자치도지사(이하 "시·도지사"라 한다)에게 보내야 한다. 〈개정 2021.6.10〉

칙 제3조 (소방시설업등록증 및 등록수첩의 교부 등)

시·도지사는 제2조에 따른 접수일부터 <u>15일 이내</u>에 협회를 경유하여 별지 제3호서식에 따른 소방시설업 등록증 및 별지 제4호서식에 따른 소방시설업 등록수첩을 신청인에게 발급해 주어야 한다.

칙 제4조 (소방시설업등록증 또는 등록수첩의 재교부 및 반납)

① 법 제4조제3항에 따라 소방시설업자는 다음 각 호의 어느 하나에 해당하는 경우에는 시·도지사에게 소방시설업 등록증 또는 등록수첩의 재발급을 신청할 수 있다. 〈개정 2025.1.23〉

1. 소방시설업 등록증 또는 등록수첩을 잃어버린 경우
2. 소방시설업 등록증 또는 등록수첩이 헐어 못쓰게 된 경우
3. 소방시설업 등록증 또는 등록수첩의 기재란이 부족한 경우

② 소방시설업자는 제1항에 따라 재발급을 신청하는 경우에는 별지 제6호서식의 소방시설업 등록증(등록수첩) 재발급신청서[전자문서로 된 소방시설업 등록증(등록수첩) 재발급신청서를 포함한다] 를 협회를 경유하여 시·도지사에게 제출하여야 한다.

③ 시·도지사는 제2항에 따른 재발급신청서 [전자문서로 된 소방시설업 등록증(등록수첩) 재발급신청서를 포함한다] 를 제출받은 경우에는 3일 이내에 협회를 경유하여 재발급신청서를 포함한다] 를 제출받은 경우에는 3일 이내에 소방시설업 등록증 또는 등록수첩을 재발급하여야 한다.

④ 소방시설업자는 다음 각 호의 어느 하나에 해당하는 경우에는 지체 없이 협회를 경유하여 시·도지사에게 그 소방시설업 등록증 및 등록수첩을 반납하여야 한다.

1. 법 제9조의 규정에 따라 소방시설업 등록이 취소된 경우
2. 〈삭제〉
3. 제1항에 따라 재발급을 받은 경우. 다만, 소방시설업 등록증 또는 등록수첩을 잃어버리고 재발급을 받은 경우에는 이를 다시 찾은 경우에만 해당한다.

칙 제4조의2 (등록관리)

① 시·도지사는 제3조에 따라 소방시설업 등록증 및 등록수첩을 발급(제4조에 따른 재발급, 제6조제4항 단서 및 제7조제5항에 따른 발급을 포함한다)하였을 때에는 별지 제4호의2서식에 따른 소방시설업 등록증 및 등록수첩 발급(재발급)대장에 그 사실을 일련번호 순으로 작성하고 이를 관리(전자문서를 포함한다)하여야 한다. 〈신설 2015.8.4〉

② 협회는 제1항에 따라 발급한 사항에 대하여 별지 제5호서식에 따른 소방시설업 등록대장에 등록사항을 작성하여 관리(전자문서를 포함한다)하여야 한다. 이 경우 협회는 다음 각 호의 사항을 협회 인터넷 홈페이지를 통하여 공시하여야 한다.

1. 등록업종 및 등록번호
2. 등록 연월일
3. 상호(명칭) 및 성명(법인의 경우에는 대표자의 성명을 말한다)
4. 영업소 소재지

제5조 (등록의 결격사유)

다음 각 호의 어느 하나 해당하는 자는 소방시설업의 등록을 할 수 없다.

1. **피성년후견인**
2. 〈삭제 2015.7.20〉
3. 이 법, 「소방기본법」, 「화재의 예방 및 안전관리에 관한 법률」, 「소방시설 설치 및 관리에 관한 법률」 또는 「위험물안전관리법」에 따른 금고 이상의 실형을 선고받고 그 집행이 끝나거나(집행이 끝난 것으로 보는 경우를 포함한다) 면제된 날부터 2년이 지나지 아니한 사람
4. 이 법, 「소방기본법」, 「화재의 예방 및 안전관리에 관한 법률」, 「소방시설 설치 및 관리에 관한 법률」 또는 「위험물안전관리법」에 따른 금고 이상의 형의 집행유예를 선고받고 그 유예기간 중에 있는 사람
5. 등록하려는 소방시설업 등록이 취소(제1호에 해당하여 등록이 취소된 경우는 제외한다)된 날부터 2년이 지나지 아니한 자
6. 법인의 대표자가 제1호 또는 3호부터 제5호까지에 해당하는 경우 그 법인
7. 법인의 임원이 제3호부터 제5호까지의 규정에 해당하는 경우 그 법인

제6조 (등록사항의 변경신고)

소방시설업자는 제4조에 따라 등록한 사항 중 행정안전부령으로 정하는 중요 사항을 변경할 때에는 행정안전부령으로 정하는 바에 따라 시·도지사에게 신고하여야 한다.

직 제5조 (등록사항의 변경신고사항)

법 제6조에서 "행정안전부령이 정하는 중요사항"이란 다음 각 호의 어느 하나에 해당하는 사항을 말한다.

1. 상호(명칭) 또는 영업소 소재지
2. 대표자
3. 기술인력

직 제6조 (등록사항의 변경신고 등)

① 법 제6조에 따라 소방시설업자는 제5조 각 호의 어느 하나에 해당하는 등록사항이 변경된 경우에는 변경일부터 30일 이내에 별지 제7호서식의 소방시설업 등록사항 변경신고서(전자문서로 된 소방시설업 등록사항 변경신고서를 포함한다)에 변경사항별로 다음 각 호의 구분에 따른 서류(전자문서를 포함한다)를 첨부하여 협회에 제출해야 한다. 다만, 「전자정부법」 제36조제1항에 따른 행정정보의 공동이용을 통하여 첨부서류에 대한 정보를 확인할 수 있는 경우에는 그 확인으로 첨부서류를 갈음할 수 있다.

1. 상호(명칭) 또는 영업소 소재지가 변경된 경우: 소방시설업 등록증 및 등록수첩
2. 대표자가 변경된 경우: 다음 각 목의 서류
   가. 소방시설업 등록증 및 등록수첩
   나. 변경된 대표자의 성명, 주민등록번호 및 주소지 등의 인적사항이 적힌 서류
   다. 외국인인 경우에는 제2조제1항제5호 각 목의 어느 하나에 해당하는 서류
3. 기술인력이 변경된 경우: 다음 각 목의 서류
   가. 소방시설업 등록수첩　나. 기술인력 증빙서류　다. 〈삭제〉

② 제1항에 따른 신고서를 제출받은 협회는 「전자정부법」 제36조제1항에 따라 행정정보의 공동이용을 통하여 다음 각 호의 서류를 확인해야 한다. 다만, 신청인이 제2호부터 제4호까지의 서류의 확인에 동의하지 않는 경우에는 해당 서류(제2호의 경우에는 사업자등록증 사본을 말한다)를 제출하도록 해야 한다. 〈개정 2025. 5.15〉

1. 법인등기사항 전부증명서(법인인 경우만 해당한다)
2. 사업자등록증명(개인인 경우만 해당하며, 주민등록번호가 제외된 사업자등록증명을 말한다)
3. 「출입국관리법」 제88조제2항에 따른 외국인등록 사실증명(외국인인 경우만 해당한다)
4. 국민연금가입자 증명서 또는 건강보험자격취득 확인서(기술인력을 변경하는 경우에만 해당한다)

③ 제1항에 따라 변경신고 서류를 제출받은 협회는 등록사항의 변경신고 내용을 확인하고 5일 이내에 제1항에 따라 제출된 소방시설업 등록증·등록수첩 및 기술인력 증빙서류에 그 변경된 사항을 기재하여 발급하여야 한다.

④ 제3항에도 불구하고 영업소 소재지가 등록된 특별시·광역시·특별자치시·도 및 특별자치도(이하 "시·도"라 한다)에서 다른 시·도로 변경된 경우에는 제1항에 따라 제출받은 변경신고 서류를 접수일로부터 7일 이내에 해당 시·도지사에게 보내야 한다. 이 경우 해당 시·도지사는 소방시설업 등록증 및 등록수첩을 협회를 경유하여 신고인에게 새로 발급하여야 한다.

⑤ 제1항에 따라 변경신고 서류를 제출받은 협회는 별지 제5호서식의 소방시설업 등록대장에 변경사항을 작성하여 관리(전자문서를 포함한다)하여야 한다.

⑥ 협회는 등록사항의 변경신고 접수현황을 매월 말일을 기준으로 작성하여 다음 달 10일까지 별지 제7호의2서식에 따라 시·도지사에게 알려야 한다.

⑦ 변경신고 서류의 보완에 관하여는 제2조의2를 준용한다. 이 경우 “소방시설업의 등록신청 서류”는 “소방시설업의 등록사항 변경 신고 서류”로 본다.

제6조의2 (휴업·폐업 등의 신고)

① 소방시설업자는 소방시설업을 휴업·폐업 또는 재개업하는 때에는 행정안전부령으로 정하는 바에 따라 시·도지사에게 신고하여야 한다.

② 제1항에 따른 폐업신고를 받은 시·도지사는 소방시설업 등록을 말소하고 그 사실을 행정안전부령으로 정하는 바에 따라 공고하여야 한다. **[본조신설 2016.1.27.]**

③ 제1항에 따른 폐업신고를 한 자가 제2항에 따라 소방시설업 등록이 말소된 후 6개월 이내에 같은 업종의 소방시설업을 다시 제4조에 따라 등록한 경우 해당 소방시설업자는 폐업신고 전 소방시설업자의 지위를 승계한다. **〈개정 2020.6.9〉**

④ 제3항에 따라 소방시설업자의 지위를 승계한 자에 대해서는 폐업신고 전의 소방시설업자에 대한 행정처분의 효과가 승계된다.**〈개정 2020.6.9〉**

칙 제6조의2 (소방시설업의 휴업·폐업 등의 신고)

① 소방시설업자는 법 제6조의2제1항에 따라 휴업·폐업 또는 재개업 신고를 하려면 휴업·폐업 또는 재개업일부터 30일 이내에 별지 제7호의3서식의 소방시설업 휴업·폐업·재개업 신고서(전자문서로 된 신고서를 포함한다)에 다음 각 호의 구분에 따른 서류(전자문서를 포함한다)를 첨부하여 협회를 경유하여 시·도지사에게 제출하여야 한다. 다만, 「전자정부법」 제36조 제1항에 따른 행정정보의 공동이용을 통하여 첨부서류에 대한 정보를 확인할 수 있는 경우에는 그 확인으로 첨부서류를 갈음할 수 있다.

1. 휴업·폐업의 경우: 등록증 및 등록수첩
2. 재개업의 경우: 제2조제1항제2호 및 제3호에 해당하는 서류.〈개정 2024.1.4〉

② 제1항에 따른 신고서를 제출받은 협회는 「전자정부법」 제36조제1항에 따라 행정정보의 공동이용을 통하여 국민연금가입자 증명서 또는 건강보험자격취득 확인서를 확인하여야 한다. 다만, 신고인이 서류의 확인에 동의하지 아니하는 경우에는 해당 서류를 제출하도록 하여야 한다.

③ 제1항에 따른 신고서를 제출받은 협회는 법 제6조의2제2항에 따라 다음 각 호의 사항을 협회 인터넷 홈페이지에 공고하여야 한다.

1. 등록업종 및 등록번호
2. 휴업·폐업 또는 재개업 연월일
3. 상호(명칭) 및 성명(법인의 경우에는 대표자의 성명을 말한다)
4. 영업소 소재지

제7조 (소방시설업자의 지위승계)

① 다음 각 호의 어느 하나에 해당하는 자가 종전의 소방시설업자의 지위를 승계하려는 경우에는 그 상속일, 양수일 또는 합병일부터 30일 이내에 행정안전부령으로 정하는 바에 따라 그 사실을 시·

도지사에게 신고하여야 한다.

1. 소방시설업자가 사망한 경우 그 상속인
2. 소방시설업자가 그 영업을 양도한 경우 그 양수인
3. 법인인 소방시설업자가 다른 법인과 합병한 경우 합병 후 존속하는 법인이나 합병으로 설립되는 법인

② 다음 각 호의 어느 하나에 해당하는 절차에 따라 소방시설업자의 소방시설의 전부를 인수한 자가 종전의 소방시설업자의 지위를 승계하려는 경우에는 그 인수일부터 30일 이내에 행정안전부령으로 정하는 바에 따라 그 사실을 시·도지사에게 신고하여야 한다.

1. 「민사집행법」에 따른 경매 / 2. 「채무자 회생 및 파산에 관한 법률」에 따른 환가(換價)
3. 「국세징수법」, 「관세법」 또는 「지방세기본법」에 따른 압류재산의 매각
4. 그 밖에 제1호부터 제3호까지의 규정에 준하는 절차

③ 시·도지사는 제1항 또는 제2항에 따른 신고를 받은 경우 그 내용을 검토하여 이 법에 적합하면 신고를 수리하여야 한다.

④ 제1항이나 제2항에 따른 지위승계에 관하여는 제5조를 준용한다. 다만, 상속인이 제5조 각 호의 어느 하나에 해당하는 경우 상속받은 날부터 3개월 동안은 그러하지 아니하다.

⑤ 제1항 또는 제2항에 따른 신고가 수리된 경우에는 제1항 각 호에 해당하는 자 또는 소방시설업자의 소방시설의 전부를 인수한 자는 그 상속일, 양수일, 합병일 또는 인수일부터 종전의 소방시설업자의 지위를 승계한다. 〈개정 2020.6.9〉

칙 제7조 (지위승계신고 등)

① 법 제7조제1항 및 2항에 따라 소방시설업자 지위 승계를 신고하려는 자는 그 상속일, 양수일, 합병일 또는 인수일부터 30일 이내에 다음 각 호의 구분에 따른 서류(전자문서를 포함한다)를 협회에 제출해야 한다.〈개정 2021.6.10〉

1. 양도·양수의 경우(분할 또는 분할합병에 따른 양도·양수의 경우를 포함한다. 이하 이 조에서 같다): 다음 각 목의 서류
   가. 별지 제8호서식에 따른 소방시설업 지위승계신고서
   나. 양도인 또는 합병 전 법인의 소방시설업 등록증 및 등록수첩
   다. 양도·양수 계약서 사본, 분할계획서 사본 또는 분할합병계약서 사본(법인의 경우 양도·양수에 관한 사항을 의결한 주주총회 등의 결의서 사본을 포함한다)
   라. 제2조제1항 각 호에 해당하는 서류. 이 경우 같은 항 제1호 및 제5호의 "신청인"은 "신고인"으로 본다.
   마. 양도·양수 공고문 사본
2. 상속의 경우: 다음 각 목의 서류
   가. 별지 제8호 서식에 따른 소방시설업 지위승계신고서
   나. 피상속인의 소방시설업 등록증 및 등록수첩
   다. 제2조 제1항 각 호에 해당하는 서류. 이 경우 같은 항 제1호 및 제5호의 "신청인"은 "신고인"으로 본다.
   라. 상속인임을 증명하는 서류
3. 합병의 경우: 다음 각 목의 서류

가. 별지 제9호 서식에 따른 소방시설업 합병신고서

나. 합병 전 법인의 소방시설업 등록증 및 등록수첩

다. 합병계약서 사본(합병에 관한 사항을 의결한 총회 또는 창립총회 결의서 사본을 포함.)

라. 제2조 제1항 각 호에 해당하는 서류. 이 경우 같은 항 제1호 및 제5호의 “신청인”은 “신고인”으로 본다.

마. 합병공고문 사본

② 제1항에 따라 소방시설업자 지위 승계를 신고하려는 상속인이 법 제6조의2제1항에 따른 폐업 신고를 함께 하려는 경우에는 제1항제2호다목 전단의 서류 중 제2조제1항제1호 및 제5호의 서류만을 첨부하여 제출할 수 있다. 이 경우 같은 항 제1호 및 제5호의 "신청인"은 "신고인"으로 본다.

③ 제1항에 따른 신고서를 제출받은 협회는 「전자정부법」 제36조제1항에 따라 행정정보의 공동이용을 통하여 다음 각 호의 서류를 확인해야 한다. 다만, 신고인이 제2호부터 제4호까지의 서류의 확인에 동의하지 않는 경우에는 해당 서류(제2호의 경우에는 사업자등록증 사본을 말한다)를 제출하도록 해야 한다.

1. 법인등기사항 전부증명서(법인인 경우에만 해당한다)
2. 사업자등록증(지위승계 인이 개인인 경우만 해당하며, 주민등록번호가 제외된 사업자등록증명을 말한다)
3. 「출입국관리법」 제88조제2항에 따른 외국인등록 사실증명(외국인인 경우에만 해당한다)
4. 국민연금가입자 증명서 또는 건강보험자격취득 확인서

④ 제1항에 따른 지위승계 신고 서류를 제출받은 협회는 접수일부터 7일 이내에 지위를 승계한 사실을 확인한 후 그 결과를 시·도지사에게 보고하여야 한다.

⑤ 시·도지사는 제3항에 따라 소방시설업의 지위승계 신고의 확인 사실을 보고받은 날부터 3일 이내에 협회를 경유하여 법 제7조제1항에 따른 지위승계인에게 등록증 및 등록수첩을 발급하여야 한다.

⑥ 제1항에 따라 지위승계 신고 서류를 제출받은 협회는 별지 제5호서식에 따른 소방시설업 등록대장에 지위승계에 관한 사항을 작성하여 관리(전자문서를 포함한다)하여야 한다.

⑦ 지위승계 신고 서류의 보완에 관하여는 제2조의2를 준용한다. 이 경우 “소방시설업의 등록신청 서류”는 “소방시설업의 지위승계 신고 서류”로 본다.

제8조 (소방시설업의 운영)

① 소방시설업자는 다른 자에게 자기의 성명이나 상호를 사용하여 소방시설공사등을 수급 또는 시공하게 하거나 소방시설업의 등록증 또는 등록수첩을 빌려주어서는 아니 된다.〈개정 2020.6.9〉

② 제9조제1항에 따라 영업정지처분이나 등록취소처분을 받은 소방시설업자는 그 날부터 소방시설을 소방시설공사등을 하여서는 아니 된다. 다만, 소방시설의 착공신고가 수리(受理)되어 공사를 하고 있는 자로서 도급계약이 해지되지 아니한 소방시설공사업자 또는 소방공사감리업자가 그 공사를 하는 동안이나 제4조제1항에 따라 방염처리업을 등록한 자(이하 “방염처리업자”라 한다)가 도급을 받아 방염 중인 것으로서 도급계약이 해지되지 아니한 상태에서 그 방염을 하는 동안에는 그러하지 아니하다.

③ 소방시설업자는 다음 각 호의 어느 하나에 해당하는 경우에는 소방시설공사등을 맡긴 특정소방 대상물의 관계인에게 지체 없이 그 사실을 알려야 한다.

1. 제7조에 따라 소방시설업자의 지위를 승계한 경우

2. 제9조제1항에 따라 소방시설업의 등록취소처분 또는 영업정지처분을 받은 경우
3. 휴업하거나 폐업한 경우

④ 소방시설업자는 행정안전부령으로 정하는 관계 서류를 제15조제1항에 따른 하자보수 보증기간 동안 보관하여야 한다.

칙 제8조 (소방시설업자가 보관하여야 하는 관계서류)

법 제8조제4항에서 "행정안전부령이 정하는 관계서류"란 다음 각호의 구분에 따른 해당 서류(전자문서를 포함한다)를 말한다. 〈개정 2025.1.23〉

1. 소방시설설계업: 별지 제10호서식의 소방시설 설계기록부 및 「소방시설 설치 및 관리에 관한 법률 시행규칙」 제3조제2항제2호나목에 따른 소방시설 설계도서
2. 소방시설공사업: 별지 제11호서식의 소방시설공사 기록부
3. 소방공사감리업: 별지 제12호서식의 소방공사 감리기록부, 별지 제13호서식의 소방공사 감리일지 및 소방시설의 완공 당시 설계도서(「소방시설 설치 및 관리에 관한 법률 시행규칙」 제3조제2항제2호에 따른 설계도서를 말한다. 이하 같다)

제9조 (등록의 취소와 영업정지 등)

① 시·도지사는 소방시설업자가 다음 각 호의 어느 하나에 해당하면 행정안전부령으로 정하는 바에 따라 그 등록을 취소하거나 6개월 이내의 기간을 정하여 시정이나 그 영업의 정지를 명할 수 있다. 다만, 제1호·제3호 또는 제7호에 해당하는 경우에는 그 등록을 취소하여야 한다.〈개정 2021.1.5〉

1. 거짓이나 그 밖의 부정한 방법으로 등록한 경우
2. 제4조제1항에 따른 등록기준에 미달하게 된 후 30일이 경과한 경우 다만, 자본금기준에 미달한 경우 중 「채무자 회생 및 파산에 관한 법률」에 따라 법원이 회생절차의 개시의 결정을 하고 그 절차가 진행 중인 경우 등 대통령령으로 정하는 경우는 30일이 경과한 경우에도 예외로 한다.
3. 제5조 각 호의 등록 결격사유에 해당하게 된 경우 다만, 제5조제6호 또는 제7호에 해당하게 된 법인이 그 사유가 발생한 날부터 3개월 이내에 그 사유를 해소한 경우는 제외한다.
4. 등록을 한 후 정당한 사유 없이 1년이 지날 때까지 영업을 시작하지 아니하거나 계속하여 1년 이상 휴업한 때
5. 〈삭제 2013.5.22〉
6. 제8조제1항을 위반하여 다른 자에게 자기의 성명이나 상호를 사용하여 소방시설공사등을 수급 또는 시공하게 하거나 소방시설업의 등록증 또는 등록수첩을 빌려준 경우
7. 제8조제2항을 위반하여 영업정지 기간 중에 소방시설공사등을 한 경우
8. 제8조제3항 또는 제4항을 위반하여 통지를 하지 아니하거나 관계서류를 보관하지 아니한 경우
9. 제11조나 제12조제1항을 위반하여 「소방시설 설치 및 관리에 관한 법률」 제2조제1항6호에 따른 화재안전기준(이하 "화재안전기준" 이라 한다) 등에 적합하게 설계·시공을 하지 아니하거나, 제16조제1항에 따라 적합하게 감리를 하지 아니한 경우
10. 제11조, 제12조제1항 또는 제16조제1항에 따른 설계, 시공 또는 감리의 업무수행의무 등을 고의 또는 과실로 위반하여 다른 자에게 상해를 입히거나 재산피해를 입힌 경우
11. 제12조제2항을 위반하여 소속 소방기술자를 공사현장에 배치하지 아니하거나 거짓으로 한 경우
12. 제13조나 제14조를 위반하여 착공신고(변경신고를 포함한다)를 하지 아니하거나 거짓으로 한

때 또는 완공검사(부분완공검사를 포함한다)를 받지 아니한 경우
13. 제13조제2항 후단을 위반하여 착공신고사항 중 중요한 사항에 해당하지 아니하는 변경사항을 같은 항 각 호의 어느 하나에 해당하는 서류에 포함하여 보고하지 아니한 경우
14. 제15조제3항을 위반하여 하자보수 기간 내에 하자보수를 하지 아니하거나 하자보수계획을 통보하지 아니한 경우
14의2. 제16조제3항에 따른 감리의 방법을 위반한 경우
15. 제17조제3항을 위반하여 인수·인계를 거부·방해·기피한 경우
16. 제18조제1항을 위반하여 소속 감리원을 공사현장에 배치하지 아니하거나 거짓으로 한 경우
17. 제18조제3항의 감리원 배치기준을 위반한 경우
18. 제19조제1항에 따른 요구에 따르지 아니한 경우
19. 제19조제3항을 위반하여 보고하지 아니한 경우
20. 제20조를 위반하여 감리 결과를 알리지 아니하거나 거짓으로 알린 경우 또는 공사감리 결과보고서를 제출하지 아니하거나 거짓으로 제출한 경우
20의2. 제20조의2를 위반하여 방염을 한 경우
20의3. 제20조의3제2항에 따른 방염처리능력 평가에 관한 서류를 거짓으로 제출한 경우
20의4. 제21조의3제4항을 위반하여 하도급 등에 관한 사항을 관계인과 발주자에게 알리지 아니하거나 거짓으로 알린 경우
20의5. 제21조의5제1항 또는 제3항을 위반하여 부정한 청탁을 받고 재물 또는 재산상의 이익을 취득하거나 부정한 청탁을 하면서 재물 또는 재산상의 이익을 제공한 경우
21. 제22조제1항 본문을 위반하여 도급받은 소방시설의 설계, 시공, 감리를 하도급한 경우
21의2. 제22조제2항을 위반하여 하도급받은 소방시설공사를 다시 하도급한 경우
23. 제22조의2제2항을 위반하여 정당한 사유 없이 하수급인 또는 하도급 계약내용의 변경요구를 따르지 아니한 경우
23의2. 제22조의3을 위반하여 하수급인에게 대금을 지급하지 아니한 경우
24. 제24조를 위반하여 동일인이 시공과 감리를 함께 한 경우
24의2. 제26조제2항에 따른 시공능력 평가에 관한 서류를 거짓으로 제출한 경우
24의3. 제26조의2제1항 후단에 따른 사업수행능력 평가에 관한 서류를 위조하거나 변조하는 등 거짓이나 그 밖의 부정한 방법으로 입찰에 참여한 경우
25. 제31조에 따른 명령을 위반하여 보고 또는 자료 제출을 하지 아니하거나 거짓으로 보고 또는 자료 제출을 한 경우
26. 정당한 사유 없이 제31조에 따른 관계 공무원의 출입 또는 검사·조사를 거부·방해 또는 기피한 경우

② 제7조에 따라 소방시설업자의 지위를 승계한 상속인이 제5조 각 호의 어느 하나에 해당할 때에는 상속을 개시한 날부터 6개월 동안은 제1항제3호를 적용하지 아니한다.

③ 발주자는 소방시설업자가 제1항 각 호의 어느 하나에 해당하는 경우 그 사실을 시·도지사에게 통보하여야 한다.

④ 시·도지사는 제1항 또는 제10조제1항에 따라 등록취소, 영업정지 또는 과징금 부과 등의 처분을 하는 경우 해당 발주자에게 그 내용을 통보하여야 한다.

직 제2조의2 (일시적인 등록기준 미달에 관한 예외)

법 제9조제1항제2호 단서에서 "「채무자 회생 및 파산에 관한 법률」에 따라 법원이 회생절차의 개시의 결정을 하고 그 절차가 진행 중인 경우 등 대통령령으로 정하는 경우"란 다음 각 호의 어느 하나에 해당하는 경우를 말한다.

1. 「상법」 제542조의8제1항 단서의 적용 대상인 상장회사가 최근 사업연도 말 현재의 자산 총액 감소에 따라 등록기준에 미달하는 기간이 50일 이내인 경우
2. 제2조제1항에 따른 업종별 등록기준 중 자본금 기준에 미달하는 경우로서 다음 각 목의 어느 하나에 해당하는 경우
   가. 「채무자 회생 및 파산에 관한 법률」에 따라 법원이 회생절차 개시의 결정을 하고, 그 절차가 진행 중인 경우
   나. 「채무자 회생 및 파산에 관한 법률」에 따라 법원이 회생계획의 수행에 지장이 없다고 인정하여 해당 소방시설업자에 대한 회생절차 종결의 결정을 하고, 그 회생계획을 수행 중인 경우
   다. 「기업구조조정 촉진법」에 따라 금융채권자협의회가 금융채권자협의회에 의한 공동관리절차 개시의 의결을 하고, 그 절차가 진행 중인 경우

제10조 (과징금처분)

① 시·도지사는 제9조제1항 각 호의 어느 하나에 해당하는 경우로서 영업정지가 그 이용자에게 불편을 주거나 그 밖에 공익을 해칠 우려가 있을 때에는 영업정지처분을 갈음하여 2억 원 이하의 과징금을 부과할 수 있다.〈개정 2020.6.9〉

② 제1항에 따른 과징금을 부과하는 위반행위의 종류와 위반 정도 등에 따른 과징금과 그 밖에 필요한 사항은 행정안전부령으로 정한다.

③ 시·도지사는 제1항에 따른 과징금을 내야 할 자가 납부기한까지 과징금을 내지 아니하면 「지방행정제재·부과금의 징수 등에 관한 법률」에 따라 징수한다.

직 제10조 (과징금을 부과하는 위반행위의 종별과 과징금의 부과기준)

법 제10조제2항에 따라 과징금을 부과하는 위반행위의 종류와 그에 대한 과징금의 의 금액은 다음 각 호의 기준에 따라 산정한다. [전문개정 2021.6.10.]

1. 2021년 6월 10일부터 2023년 12월 31일까지의 기간 중에 위반행위를 한 경우: 별표2
2. 2024년 1월 1일 이후에 위반행위를 한 경우: 별표 2의2

직 제11조2 (소방시설업자의 처분통지 등)

소방청장 또는 시·도지사는 다음 각 호의 경우에는 처분일부터 7일 이내에 협회에 그 사실을 알려주어야 한다.〈개정 2021.6.10.〉

1. 법 제9조제1항에 따라 등록취소·시정명령 또는 영업정지를 하는 경우
2. 법 제10조제1항에 따라 과징금을 부과하는 경우
3. 법 제28조제4항에 따라 자격을 취소하거나 정지하는 경우

제3장 소방시설공사 등

제1절 설　계

제11조 (설계)

① 제4조제1항에 따라 소방시설설계업을 등록한 자(이하 "설계업자"라 한다)는 이 법이나 이 법에 따른 명령과 화재안전기준에 맞게 소방시설을 설계하여야 한다. 다만, 「소방시설 설치 및 관리에 관한 법률」 제18조제1항에 따른 중앙소방기술심의위원회의 심의를 거쳐 소방시설의 구조와 원리 등에서 특수한 설계로 인정된 경우는 화재안전기준을 따르지 아니할 수 있다.

② 제1항 본문에도 불구하고 「소방시설 설치 및 관리에 관한 법률」 제18조제1항에 따른 특정소방대상물(신축하는 것만 해당한다)에 대해서는 그 용도, 위치, 구조, 수용 인원, 가연물(可燃物)의 종류 및 양 등을 고려하여 설계(이하 "성능위주설계"라 한다)하여야 한다.

③ 성능위주설계를 할 수 있는 자의 자격, 기술인력 및 자격에 따른 설계의 범위와 그 밖에 필요한 사항은 대통령령으로 정한다.

④ 〈삭제〉

영 제2조의2 (일시적인 등록기준 미달에 관한 예외)

법 제9조제1항제2호 단서에서 "「채무자 회생 및 파산에 관한 법률」에 따라 법원이 회생절차의 개시의 결정을 하고 그 절차가 진행 중인 경우 등 대통령령으로 정하는 경우"란 다음 각 호의 어느 하나에 해당하는 경우를 말한다.

1. 「상법」 제542조의8제1항 단서의 적용 대상인 상장회사가 최근 사업연도 말 현재의 자산 총액 감소에 따라 등록기준에 미달하는 기간이 50일 이내인 경우
2. 제2조제1항에 따른 업종별 등록기준 중 자본금 기준에 미달하는 경우로서 다음 각 목의 어느 하나에 해당하는 경우
   가. 「채무자 회생 및 파산에 관한 법률」에 따라 법원이 회생절차 개시의 결정을 하고, 그 절차가 진행 중인 경우
   나. 「채무자 회생 및 파산에 관한 법률」에 따라 법원이 회생계획의 수행에 지장이 없다고 인정하여 해당 소방시설업자에 대한 회생절차 종결의 결정을 하고, 그 회생계획을 수행 중인 경우
   다. 「기업구조조정 촉진법」에 따라 채권금융기관협의회가 채권금융기관 공동관리절차 개시의 의결을 하고, 그 절차가 진행 중인 경우

제2절 시　공

제12조 (시공)

① 제4조제1항에 따라 소방시설공사업을 등록한 자(이하 "공사업자"라 한다)는 이 법이나 이 법에 따른 명령과 화재안전기준에 맞게 시공하여야 한다. 이 경우 소방시설의 구조와 원리 등에서 그 공법이 특수한 시공에 관하여는 제11조제1항 단서를 준용한다.

② 공사업자는 소방시설공사의 책임시공 및 기술관리를 위하여 대통령령으로 정하는 바에 따라 소속 소방기술자를 공사 현장에 배치하여야 한다.

영 제3조 (소방기술자의 배치기준 및 배치기간)

법 제4조제1항에 따라 소방시설공사업을 등록한 자(이하 "공사업자"라 한다)는 법 제12조제2항에 따라 별표 2의 배치기준 및 배치기간에 맞게 소속 소방기술자를 소방시설공사 현장에 배치해야 한다.

제13조 (착공신고)

① 공사업자는 대통령령으로 정하는 소방시설공사를 하려면 행정안전부령으로 정하는 바에 따라 그 공사의 내용, 시공 장소, 그 밖에 필요한 사항을 소방본부장이나 소방서장에게 신고하여야 한다.

② 공사업자가 제1항에 따라 신고한 사항 가운데 행정안전부령으로 정하는 중요한 사항을 변경하였을 때에는 행정안전부령으로 정하는 바에 따라 변경신고를 하여야 한다. 이 경우 중요한 사항에 해당하지 아니하는 변경 사항은 다음 각 호의 어느 하나에 해당하는 서류에 포함하여 소방본부장이나 소방서장에게 보고하여야 한다.〈개정 2020.6.9.〉

1. 제14조제1항 또는 제2항에 따른 완공검사 또는 부분완공검사를 신청하는 서류
2. 제20조에 따른 공사감리 결과보고서

③ 소방본부장 또는 소방서장은 제1항 또는 제2항 전단에 따른 착공신고 또는 변경신고를 받은 날부터 2일 이내에 신고수리 여부를 신고인에게 통지하여야 한다. 〈개정 2020.6.9〉

④ 소방본부장 또는 소방서장이 제3항에서 정한 기간 내에 신고수리 여부 또는 민원 처리 관련 법령에 따른 처리기간의 연장을 신고인에게 통지하지 아니하면 그 기간(민원처리 관련 법령에 따라 처리기간이 연장 또는 재연장된 경우에는 해당 처리기간을 말한다)이 끝난 날의 다음 날에 신고를 수리한 것으로 본다. 〈개정 2020.6.9.〉

영 제4조 (소방시설공사의 착공신고 대상)

법 제13조제1항에서 "대통령령으로 정하는 소방시설공사"란 다음 각 호의 어느 하나에 해당하는 소방시설공사를 말한다. 〈개정 2025.1.21.〉

다만, 「위험물안전관리법」 제2조제1항제6호에 따른 제조소등 또는 「다중이용업소의 안전관리에 관한 특별법」 제2조제1항제4호에 따른 다중이용업소에서의 소방시설공사는 제외한다.

1. 특정소방대상물에 다음 각 목의 어느 하나에 해당하는 설비를 신설하는 공사
   가. 옥내소화전설비(호스릴옥내소화전설비를 포함한다. 이하 같다), 스프링클러설비등(「소방시설 설치 및 관리에 관한 법률 시행령」 별표 1 제1호라목에 따른 스프링클러설비등을 말한다. 이하 같다), 물분무등소화설비(「소방시설 설치 및 관리에 관한 법률 시행령」 별표 1 제1호마목에 따른 물분무등소화설비를 말한다. 이하 같다), 옥외소화전설비, 소화용수설비(소화용수설비를 「건설산업기본법 시행령」 별표 1에 따른 기계설비·가스공사업자 또는 상·하수도설비공사업자가 공사하는 경우는 제외한다), 제연설비(소방용 외의 용도와 겸용되는 제연설비를 「건설산업기본법 시행령」 별표 1에 따른 기계설비·가스공사업자가 공사하는 경우는 제외한다), 연결송수관설비, 연결살수설비 또는 연소방지설비.
   나. 비상경보설비, 자동화재탐지설비, 화재알림설비, 비상방송설비(소방용 외의 용도와 겸용되는 비상방송설비를 「정보통신공사업법」에 따른 정보통신공사업자가 공사하는 경우는 제외한다), 비상콘센트설비(비상콘센트설비를 「전기공사업법」에 따른 전기공사업자가 공사하는 경우는 제외한다) 또는 무선통신보조설비(소방용 외의 용도와 겸용되는 무선통신보조설비를 「정보통신공사업법」에 따른 정보통신공사업자가 공사하는 경우는 제외한다)

2. 특정소방대상물에 다음 각목의 어느 하나에 해당하는 설비 또는 구역 등을 증설하는 공사
   가. 옥내·옥외소화전설비
   나. 스프링클러설비등·또는 물분무등소화설비의 방호·방수구역, 자동화재탐지설비 또는 화재알림설비의 경계구역, 제연설비의 제연구역(소방용 외의 용도와 겸용되는 제연설비를 「건설산업기본법 시행령」 별표 1에 따른 기계설비·가스공사업자가 공사하는 경우는 제외한다), 연결송수관설비의 송수구역, 연결살수설비의 살수구역, 비상콘센트설비의 전용회로, 연소방지설비의 살수구역
3. 특정소방대상물에 설치된 소방시설등을 구성하는 다음 각목의 어느 하나에 해당하는 것의 전부 또는 일부를 개설(改設), 이전(移轉) 또는 정비(整備)하는 공사. 다만, 고장 또는 파손 등으로 인하여 작동시킬 수 없는 소방시설을 긴급히 교체하거나 보수하여야 하는 경우에는 신고하지 않을 수 있다.
   가. 수신반(受信盤) 나. 소화펌프 다. 동력제어반 라. 감시제어반

칙 제12조 (착공신고 등)

① 법 제4조제1항에 따라 소방시설공사업을 등록한 자(이하 "공사업자"라 한다)는 소방시설공사를 하려면 법 제13조제1항에 따라 해당 소방시설공사의 착공 전까지 별지 제14호서식의 소방시설공사 착공(변경)신고서[전자문서로 된 소방시설공사 착공(변경)신고서를 포함한다]에 다음 각 호의 서류(전자문서를 포함한다)를 첨부하여 소방본부장 또는 소방서장에게 신고해야 한다. 다만, 「전자정부법」 제36조제1항에 따른 행정정보의 공동이용을 통하여 첨부서류에 대한 정보를 확인할 수 있는 경우에는 그 확인으로 첨부서류를 갈음할 수 있다.
1. 공사업자의 소방시설공사업 등록증 사본 1부 및 등록수첩 사본 1부
2. 소방시설공사의 책임시공 및 기술관리를 하는 기술인력의 기술등급을 증명하는 서류 사본 1부
3. 법 제21조의3제2항에 따라 체결한 소방시설공사 계약서 사본 1부
4. 설계도서 1부. 다만, 영 제4조제3호에 해당하는 소방시설공사인 경우 또는 「소방시설 설치 및 관리에 관한 법률 시행규칙」 제3조제2항에 따라 건축허가등의 동의요구서에 첨부된 설계도서가 변경되지 않은 경우에는 첨부하지 않을 수 있다.〈개정 2025.1.23.〉
5. 소방시설공사를 하도급하는 경우 다음 각 목의 서류
   가. 제20조제1항 및 별지 제31호서식에 따른 소방시설공사등의 하도급통지서 사본 1부
   나. 하도급대금 지급에 관한 다음의 어느 하나에 해당하는 서류
      1) 「하도급거래 공정화에 관한 법률」 제13조의2에 따라 공사대금 지급을 보증한 경우에는 하도급대금 지급보증서 사본 1부
      2) 「하도급거래 공정화에 관한 법률」 제13조의2제1항 각 호 외의 부분 단서 및 같은 법 시행령 제8조제1항에 따라 보증이 필요하지 않거나 보증이 적합하지 않다고 인정되는 경우에는 이를 증빙하는 서류 사본 1부

② 법 제13조제2항에서 "행정안전부령으로 정하는 중요한 사항"이란 다음 각 호의 어느 하나에 해당하는 사항을 말한다.
1. 시공자
2. 설치되는 소방시설의 종류
3. 책임시공 및 기술관리 소방기술자

③ 법 제13조제2항에 따라 공사업자는 제2항 각 호의 어느 하나에 해당하는 사항이 변경된 경우에는 변경일부터 30일 이내에 별지 제14호서식의 소방시설공사 착공(변경)신고서[전자문서로 된 소방시설공사 착공(변경)신고서를 포함한다]에 제1항 각 호의 서류(전자문서를 포함한다) 중 변경된 해당 서류를 첨부하여 소방본부장 또는 소방서장에게 신고하여야 한다.

④ 소방본부장 또는 소방서장은 소방시설공사 착공신고 또는 변경신고를 받은 경우에는 2일 이내에 처리하고 그 결과를 신고인에게 통보하며, 소방시설공사현장에 배치되는 소방기술자의 성명, 자격증 번호· 등급, 시공현장의 명칭· 소재지· 면적 및 현장 배치기간을 법 제26조의3제1항에 따른 소방시설업 종합정보시스템에 입력해야 한다. 이 경우 소방본부장 또는 소방서장은 별지 제15호서식의 소방시설 착공 및 완공대장에 필요한 사항을 기록하여 관리하여야 한다.〈개정 2020. 1. 15.〉

⑤ 소방본부장 또는 소방서장은 소방시설공사 착공신고 또는 변경신고를 받은 경우에는 공사업자에게 별지 제16호서식의 소방시설공사현황 표지에 따른 소방시설공사현황의 게시를 요청할 수 있다.

제14조 (완공검사)

① 공사업자는 소방시설공사를 완공하면 소방본부장 또는 소방서장의 완공검사를 받아야 한다. 다만, 제17조제1항에 따라 공사감리자가 지정되어 있는 경우에는 공사감리 결과보고서로 완공검사를 갈음하되, 대통령령으로 정하는 특정소방대상물의 경우에는 소방본부장이나 소방서장이 소방시설공사가 공사감리 결과보고서대로 완공되었는지를 현장에서 확인할 수 있다.

② 공사업자가 소방대상물 일부분의 소방시설공사를 마친 경우로서 전체 시설이 준공되기 전에 부분적으로 사용할 필요가 있는 경우에는 그 일부분에 대하여 소방본부장이나 소방서장에게 완공검사(이하 "부분완공검사" 라 한다)를 신청할 수 있다. 이 경우 소방본부장이나 소방서장은 그 일부분의 공사가 완공되었는지를 확인하여야 한다.

③ 소방본부장이나 소방서장은 제1항에 따른 완공검사나 제2항에 따른 부분완공검사를 하였을 때에는 완공검사증명서나 부분완공검사증명서를 발급하여야 한다.

④ 제1항부터 제3항까지의 규정에 따른 완공검사 및 부분완공검사의 신청과 검사증명서의 발급, 그 밖에 완공검사 및 부분완공검사에 필요한 사항은 행정안전부령으로 정한다.

영 제5조 (**완공검사를 위한 현장확인대상** 특정소방대상물의 범위)

법 제14조제1항 단서에서 "대통령령으로 정하는 특정소방대상물"이란 특정소방대상물 중 다음 각 호의 대상물을 말한다.

1. 문화 및 집회시설, 종교시설, 판매시설, 노유자(老幼者)시설, 수련시설, 운동시설, 숙박시설, 창고시설, 지하상가 및 「다중이용업소의 안전관리에 관한 특별법」에 따른 다중이용업소
2. 다음 각 목의 어느 하나에 해당하는 설비가 설치되는 특정소방대상물
   가. 스프링클러설비등
   나. 물분무등소화설비(호스릴 방식의 소화설비는 제외한다)
3. 연면적 1만제곱미터 이상이거나 11층 이상인 특정소방대상물(아파트는 제외한다)
4. 가연성가스를 제조· 저장 또는 취급하는 시설 중 지상에 노출된 가연성가스 탱크의 저장용량 합계가 1천톤 이상인 시설

칙 제13조 (소방시설의 완공검사 신청 등)

① 공사업자는 소방시설공사의 완공검사 또는 부분완공검사를 받으려면 법 제14조제4항에 따라

별지 제17호서식의 소방시설공사 완공검사신청서(전자문서로 된 소방시설공사 완공검사신청서를 포함한다) 또는 별지 제18호서식의 소방시설 부분완공검사신청서(전자문서로 된 소방시설 부분완공검사신청서를 포함한다)에 설계도서 1부를 첨부하여(법 제13조제1항에 따른 착공신고 또는 같은 조 제2항에 따른 변경신고 후 설계도서가 변경되지 않거나, 법 제20조에 따라 감리업자가 공사감리 결과를 통보하는 경우는 제외한다) 소방본부장 또는 소방서장에게 제출하여야 한다. 다만, 「전자정부법」 제36조제1항에 따른 행정정보의 공동이용을 통하여 첨부서류에 대한 정보를 확인할 수 있는 경우에는 그 확인으로 첨부서류를 갈음할 수 있다.

② 제1항에 따라 소방시설 완공검사신청 또는 부분완공검사신청을 받은 소방본부장 또는 소방서장은 법 제14조제1항 및 제2항에 따른 현장 확인 결과 또는 감리 결과보고서를 검토한 결과 해당 소방시설공사가 법령과 화재안전기준에 적합하다고 인정하면 별지 제19호서식의 소방시설 완공검사증명서 또는 별지 제20호서식의 소방시설 부분완공검사증명서를 공사업자에게 발급하여야 한다.

제15조 (공사의 하자보수 등)

① 공사업자는 소방시설공사 결과 자동화재탐지설비 등 대통령령으로 정하는 소방시설에 하자가 있을 때에는 대통령령으로 정하는 기간 동안 그 하자를 보수하여야 한다. ② 〈삭제〉

③ 관계인은 제1항에 따른 기간에 소방시설의 하자가 발생하였을 때에는 공사업자에게 그 사실을 알려야 하며, 통보를 받은 공사업자는 3일 이내에 하자를 보수하거나 보수 일정을 기록한 하자보수계획을 관계인에게 서면으로 알려야 한다.

④ 관계인은 공사업자가 다음 각 호의 어느 하나에 해당하는 경우에는 소방본부장이나 소방서장에게 그 사실을 알릴 수 있다.

1. 제3항에 따른 기간에 하자보수를 이행하지 아니한 경우
2. 제3항에 따른 기간에 하자보수계획을 서면으로 알리지 아니한 경우
3. 하자보수계획이 불합리하다고 인정되는 경우

⑤ 소방본부장이나 소방서장은 제4항에 따른 통보를 받았을 때에는「소방시설 설치 및 관리에 관한 법률」 제18조제2항에 따른 지방 소방기술 심의위원회에 심의를 요청하여야 하며, 그 심의 결과 제4항 각 호의 어느 하나에 해당하는 것으로 인정할 때에는 시공자에게 기간을 정하여 하자보수를 명하여야 한다. / ⑥ 〈삭제〉

영 제6조 (**하자보수대상 소방시설과 하자보수보증기간**)

법 제15조제1항에 따라 하자를 보수하여야 하는 소방시설과 소방시설별 하자보수 보증기간은 다음 각 호의 구분과 같다. 〈개정 2025.1.21.〉

1. 비상경보설비, 비상방송설비, 피난기구, 유도등, 비상조명등 및 무선통신보조설비: 2년
2. 자동소화장치, 옥내소화전설비, 스프링클러설비등, 물분무등소화설비, 옥외소화전설비, 자동화재탐지설비, 화재알림설비, 소화용수설비 및 소화활동설비(무선통신보조설비는 제외한다): 3년

제3절 감 리

제16조 (감리)

① 제4조제1항에 따라 소방공사감리업을 등록한 자(이하 "감리업자"라 한다)는 소방공사를 감리할

때 다음 각 호의 업무를 수행하여야 한다.

1. 소방시설등의 설치계획표의 적법성 검토
2. 소방시설등 설계도서의 적합성(적법성과 기술상의 합리성을 말한다. 이하 같다) 검토
3. 소방시설등 설계 변경 사항의 적합성 검토
4. 「소방시설 설치 및 관리에 관한 법률」 제2조제1항제7호의 소방용품의 위치·규격 및 사용자재의 적합성 검토
5. 공사업자가 한 소방시설등의 시공이 설계도서와 화재안전기준에 맞는지에 대한 지도·감독
6. 완공된 소방시설등의 성능시험
7. 공사업자가 작성한 시공 상세 도면의 적합성 검토
8. 피난시설 및 방화시설의 적법성 검토
9. 실내장식물의 불연화(부연화)와 방염 물품의 적법성 검토

② 용도와 구조에서 특별히 안전성과 보안성이 요구되는 소방대상물로서 대통령령으로 정하는 장소에서 시공되는 소방시설물에 대한 감리는 감리업자가 아닌 자도 할 수 있다.

③ 감리업자는 제1항 각 호의 업무를 수행할 때에는 대통령령으로 정하는 감리의 종류 및 대상에 따라 공사기간 동안 소방시설공사 현장에 소속 감리원을 배치하고 업무수행 내용을 감리일지에 기록하는 등 대통령령으로 정하는 감리의 방법에 따라야 한다. 〈개정 2020.6.9〉

영 제8조(감리업자가 아닌 자가 감리할 수 있는 보안성 등이 요구되는 소방대상물의 시공장소)
법 제16조제2항에서 "대통령령으로 정하는 장소"란 「원자력안전법」 제2조제10호에 따른 관계시설이 설치되는 장소를 말한다.

제17조 (공사감리자의 지정 등)

① 대통령령으로 정하는 특정소방대상물의 관계인이 특정소방대상물에 대하여 자동화재탐지설비, 옥내소화전설비 등 대통령령으로 정하는 소방시설을 시공할 때에는 소방시설공사의 감리를 위하여 감리업자를 공사감리자로 지정하여야 한다. 다만, 제26조의2제2항에 따라 시·도지사가 감리업자를 선정한 경우에는 그 감리업자를 공사감리자로 지정한다.〈개정 2021.1.5〉

② 관계인은 제1항에 따라 공사감리자를 지정하였을 때에는 행정안전부령으로 정하는 바에 따라 소방본부장이나 소방서장에게 신고하여야 한다. 공사감리자를 변경하였을 때에도 또한 같다.

③ 관계인이 제1항에 따른 공사감리자를 변경하였을 때에는 새로 지정된 공사감리자와 종전의 공사감리자는 감리 업무 수행에 관한 사항과 관계 서류를 인수·인계하여야 한다.

④ 소방본부장 또는 소방서장은 제2항에 따른 공사감리자 지정신고 또는 변경신고를 받은 날부터 2일 이내에 신고수리 여부를 신고인에게 통지하여야 한다.〈개정 2020.6.9〉

⑤ 소방본부장 또는 소방서장이 제4항에서 정한 기간 내에 신고수리 여부 또는 민원 처리 관련 법령에 따른 처리기간의 연장을 신고인에게 통지하지 아니하면 그 기간(민원처리 관련 법령에 따라 처리기간이 연장 또는 재연장된 경우에는 해당 처리기간을 말한다)이 끝난 날의 다음 날에 신고를 수리한 것으로 본다.〈개정 2020.6.9.〉

영 제10조 (**공사감리자 지정대상** 특정소방대상물의 범위)

① 법 제17조제1항에서"대통령령으로 정하는 특정소방대상물"이란 「소방시설 설치 및 관리에 관한 법률」제2조제1항제3호의 특정소방대상물을 말한다.

② 법 제17조제1항에서"자동화재탐지설비, 옥내소화전설비 등 대통령령으로 정하는 소방시설을 시공할 때"란 다음 각 호의 어느 하나에 해당하는 소방시설을 시공할 때를 말한다.

1. 옥내소화전설비를 신설·개설 또는 증설할 때
2. 스프링클러설비등(캐비닛형 간이스프링클러설비는 제외한다)을 신설·개설하거나 방호·방수구역을 증설할 때
3. 물분무등소화설비(호스릴 방식의 소화설비는 제외한다)를 신설·개설하거나 방호·방수 구역을 증설할 때
4. 옥외소화전설비를 신설·개설 또는 증설할 때
5. 자동화재탐지설비를 신설·개설할 때

5의2. 화재알림설비를 신설 또는 개설할 때

5의3. 비상방송설비를 신설 또는 개설할 때

6. 통합감시시설을 신설 또는 개설할 때
7. 소화용수설비를 신설 또는 개설할 때.
8. 다음 각 목에 따른 소화활동설비에 대하여 각 목에 따른 시공을 할 때
   가. 제연설비를 신설·개설하거나 제연구역을 증설할 때
   나. 연결송수관설비를 신설 또는 개설할 때
   다. 연결살수설비를 신설·개설하거나 송수구역을 증설할 때
   라. 비상콘센트설비를 신설·개설하거나 전용회로를 증설할 때
   마. 무선통신보조설비를 신설 또는 개설할 때
   바. 연소방지설비를 신설·개설하거나 살수구역을 증설할 때 / 9. 삭제 〈2017.12.12.〉

칙 제15조 (**소방공사감리자의 지정신고 등**)

① 법 제17조제2항에 따라 특정소방대상물의 관계인은 공사감리자를 지정한 경우에는 해당 소방시설공사의 착공 전까지 별지 제21호서식의 소방공사감리자 지정신고서에 다음 각 호의 서류(전자문서를 포함한다)를 첨부하여 소방본부장 또는 소방서장에게 제출해야 한다. 다만, 「전자정부법」 제36조제1항에 따른 행정정보의 공동이용을 통하여 첨부서류에 대한 정보를 확인할 수 있는 경우에는 그 확인으로 첨부서류를 갈음할 수 있다. 〈개정 2021.6.10.〉

1. 소방공사감리업 등록증 사본 1부 및 등록수첩 사본 1부
2. 해당 소방시설공사를 감리하는 소속 감리원의 감리원 등급을 증명하는 서류(전자문서를 포함한다) 각 1부
3. 별지 제22호서식의 소방공사감리계획서 1부
4. 법 제21조의3제2항에 따라 체결한 소방시설설계계약서 사본(「소방시설 설치 및 관리에 관한 법률 시행규칙」 제3조제2항에 따라 건축허가등의 동의요구서에 소방시설설계 계약서가 첨부되지 않았거나 첨부된 서류 중 소방시설설계 계약서가 변경된 경우에만 첨부한다) 1부

③ 소방본부장 또는 소방서장은 제1항 및 제2항에 따라 공사감리자의 지정신고 또는 변경신고를 받은 경우에는 2일 이내에 처리하고 그 결과를 신고인에게 통보해야 한다. 〈개정 2020. 1. 15.〉

제18조 (감리원의 배치 등)

① 감리업자는 소방시설공사의 감리를 위하여 소속 감리원을 대통령령으로 정하는 바에 따라 소방시설공사 현장에 배치하여야 한다.

② 감리업자는 제1항에 따라 소속 감리원을 배치하였을 때에는 행정안전부령으로 정하는 바에 따라 소방본부장이나 소방서장에게 통보하여야 한다. 감리원의 배치를 변경하였을 때에도 또한 같다.

③ 제1항에 따른 감리원의 세부적인 배치 기준은 행정안전부령으로 정한다.

영 제11조 (소방공사감리원의 배치기준)

법 제18조제1항에 따라 감리업자는 별표 4의 배치기준 및 배치기간에 맞게 소속 감리원을 소방시설공사 현장에 배치하여야 한다.

칙 제16조 (감리원의 세부배치기준 등)

① 법 제18조제3항에 따른 감리원의 세부적인 배치 기준은 다음 각 호의 구분에 따른다.

1. 영 별표 3에 따른 상주 공사감리 대상인 경우
   가. 기계분야의 감리원 자격을 취득한 사람과 전기분야의 감리원 자격을 취득한 사람 각 1명 이상을 감리원으로 배치할 것. 다만, 기계분야 및 전기분야의 감리원 자격을 함께 취득한 사람이 있는 경우에는 그에 해당하는 사람 1명 이상을 배치할 수 있다.
   나. 소방시설용 배관(전선관을 포함한다. 이하 같다)을 설치하거나 매립하는 때부터 소방시설완공검사증명서를 발급받을 때까지 소방공사감리현장에 감리원을 배치할 것
2. 영 별표 3에 따른 일반 공사감리 대상인 경우
   가. 기계분야의 감리원 자격을 취득한 사람과 전기분야의 감리원 자격을 취득한 사람 각 1명 이상을 감리원으로 배치할 것. 다만, 기계분야 및 전기분야의 감리원 자격을 함께 취득한 사람이 있는 경우에는 그에 해당하는 사람 1명 이상을 배치할 수 있다.
   나. 별표 3에 따른 기간 동안 감리원을 배치할 것
   다. 감리원은 주 1회 이상 소방공사감리현장에 배치되어 감리할 것
   라. 1명의 감리원이 담당하는 소방공사감리현장은 5개 이하(자동화재탐지설비 또는 옥내소화전설비 중 어느 하나만 설치하는 2개의 소방공사감리현장이 최단 차량주행거리로 30킬로미터 이내에 있는 경우에는 1개의 소방공사감리현장으로 본다)로서 감리현장 연면적의 총 합계가 10만제곱미터 이하일 것. 다만, 일반 공사감리 대상인 아파트의 경우에는 연면적의 합계에 관계없이 1명의 책임감리원이 5개 이내의 공사현장을 감리할 수 있다.

② 영 별표3 상주 공사감리의 방법란 각 호에서 "행정안전부령으로 정하는 기간"이란 소방시설용배관을 설치하거나 매립하는 때부터 소방시설완공검사증명서를 발급받을 때까지를 말한다.

③ 영 별표 3 일반공사감리의 방법란 제1호 및 제2호에서 "행정안전부령으로 정하는 기간"이란 별표 3에 따른 기간을 말한다.

칙 제17조 (감리원배치통보 등)

① 소방공사감리업자는 법 제18조제2항에 따라 감리원을 소방공사감리현장에 배치하는 경우에는 별지 제24호서식의 소방공사감리원 배치통보서(전자문서로 된 소방공사감리원 배치통보서를 포함한다)에, 배치한 감리원이 변경된 경우에는 별지 제25호서식의 소방공사감리원 배치변경통보서(전자문서로 된 소방공사감리원 배치변경통보서를 포함한다)에 다음 각 호의 구분에 따

른 해당 서류(전자문서를 포함한다)를 첨부하여 감리원 배치일부터 7일 이내에 소방본부장 또는 소방서장에게 알려야 한다. 이 경우 소방본부장 또는 소방서장은 배치되는 감리원의 성명, 자격증 번호·등급, 감리현장의 명칭·소재지·면적 및 현장 배치기간을 법 제26조의3제1항에 따른 소방시설업 종합정보시스템에 입력해야 한다. 〈개정 2020. 1. 15.〉

1. 소방공사감리원 배치통보서에 첨부하는 서류(전자문서를 포함한다)
   가. 별표 4의2 제3호나목에 따른 감리원의 등급을 증명하는 서류
   나. 법 제21조의3제2항에 따라 체결한 소방공사 감리계약서 사본 1부   다. 〈삭제〉
2. 소방공사감리원 배치변경통보서에 첨부하는 서류(전자문서를 포함한다)
   가. 변경된 감리원의 등급을 증명하는 서류(감리원을 배치하는 경우에만 첨부한다)
   나. 변경 전 감리원의 등급을 증명하는 서류   다. 〈삭제〉 / ②, ③, ④ 〈삭제〉

제19조 (위반사항에 대한 조치)

① 감리업자는 감리를 할 때 소방시설공사가 설계도서나 화재안전기준에 맞지 아니할 때에는 관계인에게 알리고, 공사업자에게 그 공사의 시정 또는 보완 등을 요구하여야 한다.

② 공사업자가 제1항에 따른 요구를 받았을 때에는 그 요구에 따라야 한다.

③ 감리업자는 공사업자가 제1항에 따른 요구를 이행하지 아니하고 그 공사를 계속할 때에는 행정안전부령으로 정하는 바에 따라 소방본부장이나 소방서장에게 그 사실을 보고하여야 한다.

④ 관계인은 감리업자가 제3항에 따라 소방본부장이나 소방서장에게 보고한 것을 이유로 감리계약을 해지하거나 감리의 대가 지급을 거부하거나 지연시키거나 그 밖의 불이익을 주어서는 아니 된다.

칙 제18조 (위반사항의 보고 등)

소방공사감리업자는 법 제19조제1항에 따라 공사업자에게 해당 공사의 시정 또는 보완을 요구하였으나 이행하지 아니하고 그 공사를 계속할 때에는 법 제19조제3항에 따라 시정 또는 보완을 이행하지 아니하고 공사를 계속하는 날부터 3일 이내에 별지 제28호서식의 소방시설공사 위반사항보고서(전자문서로 된 소방시설공사 위반사항보고서를 포함한다)를 소방본부장 또는 소방서장에게 제출하여야 한다. 이 경우 공사업자의 위반사항을 확인할 수 있는 사진 등 증명서류(전자문서를 포함한다)가 있으면 이를 소방시설공사 위반사항보고서(전자문서로 된 소방시설공사 위반사항보고서를 포함한다)에 첨부하여 제출하여야 한다. 다만, 「전자정부법」 제36조제1항에 따른 행정정보의 공동이용을 통하여 첨부서류에 대한 정보를 확인할 수 있는 경우에는 그 확인으로 첨부서류를 갈음할 수 있다.

제20조 (공사감리결과의 통보 등)

감리업자는 소방공사의 감리를 마쳤을 때에는 행정안전부령으로 정하는 바에 따라 그 감리 결과를 그 특정소방대상물의 관계인, 소방시설공사의 도급인, 그 특정소방대상물의 공사를 감리한 건축사에게 서면으로 알리고, 소방본부장이나 소방서장에게 공사감리 결과보고서를 제출하여야 한다.

칙 제19조 (감리결과의 통보 등)

법 제20조에 따라 감리업자가 소방공사의 감리를 마쳤을 때에는 별지 제29호서식의 소방공사감리 결과보고(통보)서[전자문서로 된 소방공사감리 결과보고(통보)서를 포함한다]에 다음 각 호의 서류(전자문서를 포함한다)를 첨부하여 공사가 완료된 날부터 7일 이내에 특정소방대상물의 관계인, 소

방시설공사의 도급인 및 특정소방대상물의 공사를 감리한 건축사에게 알리고, 소방본부장 또는 소방서장에게 보고해야 한다. 〈개정 2025.1.23.〉

1. 별지 제30호서식의 소방시설 성능시험조사표 1부(소방청장이 정하여 고시하는 소방시설 세부성능시험조사표 서식을 첨부한다)
2. 법 제13조제1항에 따른 착공신고 또는 같은 조 제2항에 따른 변경신고 후 변경된 설계도서 1부
3. 별지 제13호서식의 소방공사 감리일지(소방본부장 또는 소방서장에게 보고하는 경우에만 첨부한다)1부
4. 특정소방대상물의 사용승인(「건축법」 제22조에 따른 사용승인으로서 「주택법」제49조에 따른 사용검사 또는「학교시설사업 촉진법」제13조에 따른 사용승인을 포함한다. 이하 같다) 신청서 등 사용승인 신청을 증빙할 수 있는 서류 1부

제3절의2 방 염

제20조의2 (방염)

제4조제1항에 따라 방염처리업을 등록한 자는「소방시설 설치 및 관리에 관한 법률」 제2조제3항에 따른 방염성능기준 이상이 되도록 방염을 하여야 한다.

제20조의3 (방염처리능력 평가 및 공시)

① 소방청장은 방염처리업자의 방염처리능력 평가 요청이 있는 경우 해당 방염처리업자의 방염처리 실적 등에 따라 방염처리능력을 평가하여 공시할 수 있다.

② 제1항에 따른 평가를 받으려는 방염처리업자는 전년도 방염처리 실적이나 그 밖에 행정안전부령으로 정하는 서류를 소방청장에게 제출하여야 한다.

③ 제1항 및 제2항에 따른 방염처리능력 평가신청 절차, 평가방법 및 공시방법 등에 필요한 사항은 행정안전부령으로 정한다.[본조신설 2018.2.9]

칙 제19조의2 (방염처리능력 평가의 신청)

① 법 제4조제1항에 따라 방염처리업을 등록한 자(이하 "방염처리업자"라 한다)는 법 제20조의3제2항에 따라 방염처리능력을 평가받으려는 경우에는 별지 제30호의2서식의 방염처리능력 평가 신청서(전자문서를 포함한다)를 협회에 매년 2월 15일까지 제출해야 한다. 다만, 제2항제4호의 서류의 경우에는 법인은 매년 4월 15일, 개인은 매년 6월 10일(「소득세법」 제70조의2제1항에 따른 성실신고확인대상사업자는 매년 7월 10일)까지 제출해야 한다.

② 별지 제30호의2서식의 방염처리능력 평가 신청서에는 다음 각 호의 서류(전자문서를 포함한다)를 첨부해야 하며, 협회는 방염처리업자가 첨부해야 할 서류를 갖추지 못한 경우에는 15일의 보완기간을 부여하여 보완하게 해야 한다. 이 경우 「전자정부법」 제36조제1항에 따른 행정정보의 공동이용을 통하여 첨부서류에 대한 정보를 확인할 수 있는 경우에는 그 확인으로 첨부서류를 갈음할 수 있다.

1. 방염처리 실적을 증명하는 다음 각 목의 구분에 따른 서류
   가. 제조·가공 공정에서의 방염처리 실적
   나. 현장에서의 방염처리 실적
   다. 가목 및 나목 외의 방염처리 실적

– 이하 서류 생략 –

③ 제1항에 따른 기간 내에 방염처리능력 평가를 신청하지 못한 방염처리업자가 다음 각 호의 어느 하나에 해당하는 경우에는 제1항의 신청 기간에도 불구하고 다음 각 호의 어느 하나의 경우에 해당하게 된 날부터 6개월 이내에 방염처리능력 평가를 신청할 수 있다.

1. 법 제4조제1항에 따라 방염처리업을 등록한 경우
2. 법 제7조제1항 또는 제2항에 따라 방염처리업을 상속·양수·합병하거나 소방시설 전부를 인수한 경우
3. 법 제9조에 따른 방염처리업 등록취소 처분의 취소 또는 집행정지 결정을 받은 경우

④ 제1항부터 제3항까지에서 규정한 사항 외에 방염처리능력 평가 신청에 필요한 세부규정은 협회가정하되, 소방청장의 승인을 받아야 한다.

직 제19조의3 (방염처리능력 평가 및 공시)

① 법 제20조의3제1항에 따른 방염처리능력 평가의 방법은 별표 3의2와 같다.

② 협회는 방염처리능력을 평가한 경우에는 그 사실을 해당 방염처리업자의 등록수첩에 기재하여 발급해야 한다.

③ 협회는 제19조의2에 따라 제출된 서류가 거짓으로 확인된 경우에는 확인된 날부터 10일 이내에 해당 방염처리업자의 방염처리능력을 새로 평가하고 해당 방염처리업자의 등록수첩에 그 사실을 기재하여 발급해야 한다.

④ 협회는 방염처리능력을 평가한 경우에는 법 제20조의3제1항에 따라 다음 각 호의 사항을 매년 7월 31일까지 협회의 인터넷 홈페이지에 공시해야 한다. 다만, 제19조의2제3항 또는 제3항에 따라 방염처리능력을 평가한 경우에는 평가완료일부터 10일 이내에 공시해야 한다.

1. 상호 및 성명(법인인 경우에는 대표자의 성명을 말한다)
2. 주된 영업소의 소재지
3. 업종 및 등록번호
4. 방염처리능력 평가 결과

⑤ 방염처리능력 평가의 유효기간은 공시일부터 1년간으로 한다. 다만, 제19조의2제3항 또는 제3항에 따라 방염처리능력을 평가한 경우에는 해당 방염처리능력 평가 결과의 공시일부터 다음 해의 정기 공시일(제4항 본문에 따라 공시한 날을 말한다)의 전날까지로 한다.

⑥ 제1항부터 제5항까지에서 규정한 사항 외에 방염처리능력 평가 및 공시에 필요한 세부규정은 협회가 정하되, 소방청장의 승인을 받아야 한다.

제4절 도　급

제21조 (소방시설공사 등의 도급)

① 특정소방대상물의 관계인 또는 발주자는 소방시설공사등을 도급할 때에는 해당 소방시설업자에게 도급하여야 한다.

② 소방시설공사는 다른 업종의 공사와 분리하여 도급하여야 한다. 다만, 공사의 성질상 또는 기술관리상 분리하여 도급하는 것이 곤란한 경우로서 대통령령으로 정하는 경우에는 다른 업종의 공사와 분리하지 아니하고 도급할 수 있다. 〈개정 2020.6.9〉

영 제11조의2 (소방시설공사 분리 도급의 예외)

법 제21조제2항 단서에서 "대통령령으로 정하는 경우"란 다음 각 호의 어느 하나에 해당하는 경우를 말한다.

1. 「재난 및 안전관리 기본법」 제3조제1호에 따른 재난의 발생으로 긴급하게 착공해야 하는 공사인 경우

2. 국방 및 국가안보 등과 관련하여 기밀을 유지해야 하는 공사인 경우
3. 제4조 각 호에 따른 소방시설공사에 해당하지 않는 공사인 경우
4. 연면적이 1천제곱미터 이하인 특정소방대상물에 비상경보설비를 설치하는 공사인 경우
5. 다음 각 목의 어느 하나에 해당하는 입찰로 시행되는 공사인 경우(가,나 법조항 내용 생략)
   가. 대안입찰 또는 일괄입찰
   나. 실시설계 기술제안입찰 또는 기본설계 기술제안입찰

5의2 국가첨단전략기술 관련 연구시설 개발시설, 그 기술을 이용하여 제품을 생산하는 시설 공사

6. 그 밖에 국가유산수리 및 재개발·재건축 등의 공사로서 공사의 성질상 분리하여 도급하는 것이 곤란하다고 소방청장이 인정하는 경우

제21조의2 (임금에 대한 압류 금지)

① 공사업자가 도급받은 소방시설공사의 도급금액 중 그 공사(하도급한 공사를 포함한다)의 근로자에게 지급하여야 할 임금에 해당하는 금액은 압류할 수 없다.

② 제1항의 임금에 해당하는 금액의 범위와 산정방법은 대통령령으로 정한다. 〈제목개정 2021.10.19〉

영 제11조의3 (압류대상에서 제외되는 임금)

법 제21조의2에 따라 압류할 수 없는 임금에 해당하는 금액은 해당 소방시설공사의 도급 또는 하도급 금액 중 설계도서에 기재된 노임을 합산하여 산정한다.

제21조의3 (도급의 원칙 등)

① 소방시설공사등의 도급 또는 하도급의 계약당사자는 서로 대등한 입장에서 합의에 따라 공정하게 계약을 체결하고, 신의에 따라 성실하게 계약을 이행하여야 한다.

② 소방시설공사등의 도급 또는 하도급의 계약당사자는 그 계약을 체결할 때 도급 또는 하도급 금액, 공사기간, 그 밖에 대통령령으로 정하는 사항을 계약서에 분명히 밝혀야 하며, 서명날인한 계약서를 서로 내주고 보관하여야 한다.

③ 수급인은 하수급인에게 하도급과 관련하여 자재구입처의 지정 등 하수급인에게 불리하다고 인정되는 행위를 강요하여서는 아니 된다.

④ 제21조에 따라 도급을 받은 자가 해당 소방시설공사등을 하도급할 때에는 행정안전부령으로 정하는 바에 따라 미리 관계인과 발주자에게 알려야 한다. 하수급인을 변경하거나 하도급 계약을 해지할 때에도 또한 같다.

⑤ 하도급에 관하여 이 법에서 규정하는 것을 제외하고는 그 성질에 반하지 아니하는 범위에서 「하도급거래 공정화에 관한 법률」의 해당 규정을 준용한다.

영 제11조의4 (도급계약서의 내용)

① 법 제21조의3제2항에서 "그 밖에 대통령령으로 정하는 사항"이란 다음 각 호의 사항을 말한다.
   1. 소방시설의 설계, 시공, 감리 및 방염(이하 "소방시설공사등"이라 한다)의 내용
   2. 도급(하도급을 포함한다. 이하 이 항에서 같다)금액 중 노임(勞賃)에 해당하는 금액
   3. 소방시설공사등의 착수 및 완성 시기　　　　4~17번 생략(중요도 낮음)

② 소방청장은 계약 당사자가 대등한 입장에서 공정하게 계약을 체결하도록 하기 위하여 소방시설

공사등의 도급 또는 하도급에 관한 표준계약서(하도급의 경우에는 「하도급거래 공정화에 관한 법률」에 따라 공정거래위원회가 권장하는 소방시설공사업종 표준하도급계약서를 말한다)를 정하여 보급할 수 있다.

제21조의4 (공사대금의 지급보증 등)

① 수급인이 국가, 지방자치단체 또는 대통령령으로 정하는 공공기관 외의 자가 발주하는 공사를 도급받은 경우로서 수급인이 발주자에게 계약의 이행을 보증하는 때에는 발주자도 수급인에게 공사대금의 지급을 보증하거나 담보를 제공해야 한다. 다만, 발주자는 공사대금의 지급보증 또는 담보 제공을 하기 곤란한 경우에는 수급인이 그에 상응하는 보험 또는 공제에 가입할 수 있도록 계약의 이행보증을 받은 날부터 30일 이내에 보험료 또는 공제료(이하 "보험료등"이라 한다)를 지급해야 한다.

② 발주자 및 수급인은 소규모공사 등 대통령령으로 정하는 소방시설공사의 경우 제1항에 따른 계약이행의 보증이나 공사대금의 지급보증, 담보의 제공 또는 보험료등의 지급을 않을 수 있다.

③ 발주자가 제1항에 따른 공사대금의 지급보증, 담보의 제공 또는 보험료등의 지급을 하지 아니한 때에는 수급인은 10일 이내 기간을 정하여 발주자에게 그 이행을 촉구하고 공사를 중지할 수 있다. 발주자가 촉구한 기간 내에 그 이행을 하지 아니한 때에는 수급인은 도급계약을 해지할 수 있다.

④ 제3항에 따라 수급인이 공사를 중지하거나 도급계약을 해지한 경우에는 발주자는 수급인에게 공사중지나 도급계약의 해지에 따라 발생하는 손해배상을 청구하지 못한다.

⑤ 제1항에 따른 공사대금의 지급보증, 담보의 제공 또는 보험료등의 지급 방법이나 절차 및 제3항에 따른 촉구의 방법 등에 필요한 사항은 행정안전부령으로 정한다. 〈신설 2021.4.20〉

영 제11조의5 (공사대금의 지급보증 등의 예외가 되는 공공기관의 범위)

법 제21조의4제1항 본문에서 "대통령령으로 정하는 공공기관"이란 다음 각 호의 공공기관을 말한다.〈신설 2022.1.4〉

1. 「공공기관의 운영에 관한 법률」 제5조에 따른 공기업 및 준정부기관
2. 「지방공기업법」 제49조에 따른 지방공사 및 같은 법 제76조에 따른 지방공단.

영 제11조의6 (공사대금의 지급보증 등의 예외가 되는 소방시설공사의 범위)

법 제21조의4제2항에서 "소규모공사 등 대통령령으로 정하는 소방시설공사"란 다음 각 호의 소방시설공사를 말한다.〈신설 2022.1.4〉

1. 공사 1건의 도급금액이 1천만 원 미만인 소규모 소방시설공사
2. 공사기간이 3개월 이내인 단기의 소방시설공사

칙 제20조의2 (공사대금의 지급보증 등의 방법 및 절차)

① 법 제21조의4제1항 본문에 따라 발주자가 수급인에게 공사대금의 지급을 보증하거나 담보를 제공해야 하는 금액은 다음 각 호의 구분에 따른 금액으로 한다.

1. 공사기간이 4개월 이내인 경우: 도급금액에서 계약상 선급금을 제외한 금액
2. 공사기간이 4개월을 초과하는 경우로서 기성부분에 대한 대가를 지급하지 않기로 약정하거나 그 대가의 지급주기가 2개월 이내인 경우: 다음의 계산식에 따라 산출된 금액

$$\frac{\text{도급금액} - \text{계약상 선급금}}{\text{공사기간(월)}} \times 4$$

3. 공사기간이 4개월을 초과하는 경우로서 기성부분에 대한 대가의 지급주기가 2개월을 초과하는 경우: 다음의 계산식에 따라 산출된 금액

$$\frac{\text{도급금액} - \text{계약상 선급금}}{\text{공사기간(월)}} \times \text{기상부분에 대한 대가의 지급주기} \times 2$$

② 제1항에 따른 공사대금의 지급 보증 또는 담보의 제공은 수급인이 발주자에게 계약의 이행을 보증한 날부터 30일 이내에 해야 한다.

③ 공사대금의 지급 보증은 현금(체신관서 또는 「은행법」에 따른 은행이 발행한 자기앞수표를 포함한다)의 지급 또는 다음 각 호의 기관이 발행하는 보증서의 교부에 따른다.

1. 「소방산업의 진흥에 관한 법률」에 따른 소방산업공제조합
2. 「보험업법」에 따른 보험회사
3. 「신용보증기금법」에 따른 신용보증기금
4. 「은행법」에 따른 은행
5. 「주택도시기금법」에 따른 주택도시보증공사

④ 법 제21조의4제1항 단서에 따라 발주자가 공사대금의 지급을 보증하거나 담보를 제공하기 곤란한 경우에 지급하는 보험료 또는 공제료는 제1항에 따라 산정된 금액을 기초로 발주자의 신용도 등을 고려하여 제3항 각 호의 기관이 정하는 금액으로 한다.

⑤ 법 제21조의4제3항 전단에 따른 이행촉구의 통지는 다음 각 호의 어느 하나에 해당하는 방법으로 한다.

1. 「우편법 시행규칙」 제25조제1항제4호가목의 내용증명
2. 「전자문서 및 전자거래 기본법」에 따른 전자문서로서 다음 각 목의 어느 하나에 해당하는 요건을 갖춘 것
   가. 「전자서명법」에 따른 전자서명(서명자의 실지명의를 확인할 수 있는 것으로 한정한다)이 있을 것
   나. 「전자문서 및 전자거래 기본법」에 따른 공인전자주소를 이용할 것
3. 그 밖에 이행촉구의 내용 및 수신 여부를 객관적으로 확인할 수 있는 방법

제21조의5 (부정한 청탁에 의한 재물 등의 취득 및 제공 금지)

① 발주자ㆍ수급인ㆍ하수급인(발주자, 수급인 또는 하수급인이 법인인 경우 해당 법인의 임원 또는 직원을 포함한다) 또는 이해관계인은 도급계약의 체결 또는 소방시설공사등의 시공 및 수행과 관련하여 부정한 청탁을 받고 재물 또는 재산상의 이익을 취득하거나 부정한 청탁을 하면서 재물 또는 재산상의 이익을 제공하여서는 아니 된다.

② 국가, 지방자치단체 또는 대통령령으로 정하는 공공기관이 발주한 소방시설공사등의 업체 선정에 심사위원으로 참여한 사람은 그 직무와 관련하여 부정한 청탁을 받고 재물 또는 재산상의 이익을 취득하여서는 아니 된다.

③ 국가, 지방자치단체 또는 대통령령으로 정하는 공공기관이 발주한 소방시설공사등의 업체 선정에 참여한 법인, 해당 법인의 대표자, 상업사용인, 그 밖의 임원 또는 직원은 그 직무와 관련하여 부정한 청탁을 받고 재물 또는 재산상의 이익을 취득하거나 부정한 청탁을 하면서 재물 또는 재산상의 이익을 제공하여서는 아니 된다.

제21조의6 (위반사실의 통보)

국가, 지방자치단체 또는 대통령령으로 정하는 공공기관은 소방시설업자가 제21조의5를 위반한 사실을 발견하면 시·도지사가 제9조제1항에 따라 그 등록을 취소하거나 6개월 이내의 기간을 정하여 그 영업의 정지를 명할 수 있도록 그 사실을 시·도지사에게 통보하여야 한다.

제22조 (하도급의 제한)

① 소방시설공사업과 다음 각 호의 어느 하나에 해당하는 사업을 함께 하는 공사업자가 소방시설공사와 해당 사업의 공사를 함께 도급받은 경우에는 법 제22조제1항 단서에 따라 도급받은 소방시설공사의 일부를 다른 공사업자에게 하도급할 수 있다.〈개정 2021.6.1〉

영 제12조 (소방시설공사의 시공을 하도급 할 수 있는 경우)

① 소방시설공사업과 다음 각 호의 어느 하나에 해당하는 사업을 함께 하는 공사업자가 소방시설공사와 해당 사업의 공사를 함께 도급받은 경우에는 법 제22조제1항 단서에 따라 도급받은 소방시설공사의 일부를 다른 공사업자에게 하도급할 수 있다.〈개정 2021.6.1〉

1. 「주택법」 제4조에 따른 주택건설사업
2. 「건설산업기본법」 제9조에 따른 건설업
3. 「전기공사업법」 제4조에 따른 전기공사업
4. 「정보통신공사업법」 제14조에 따른 정보통신공사업

② 공사업자가 제1항에 따라 다른 공사업자에게 그 일부를 하도급할 수 있는 소방시설공사는 제4조제1호 각 목의 소방설비 중 하나 이상의 소방설비를 설치하는 공사로 한다.〈개정2021.6.1〉

칙 제20조 (하도급의 통지)

① 소방시설업자는 소방시설의 설계, 시공, 감리 및 방염(이하 "소방시설공사등"이라 한다)을 하도급하려고 하거나 하수급인을 변경하는 경우에는 법 제21조의3제4항에 따라 별지 제31호서식의 소방시설공사등의 하도급통지서(전자문서로 된 소방시설공사등의 하도급통지서를 포함한다)에 다음 각 호의 서류(전자문서를 포함한다)를 첨부하여 미리 관계인 및 발주자에게 알려야 한다.

1. 하도급계약서(안) 1부
2. 예정공정표 1부
3. 하도급내역서 1부
4. 하수급인의 소방시설업 등록증 사본 1부

② 제1항에 따라 하도급을 하려는 소방시설업자는 관계인 및 발주자에게 통지한 소방시설공사등의 하도급통지서(전자문서로 된 소방시설공사등의 하도급통지서를 포함한다) 사본을 하수급자에게 주어야 한다.

③ 소방시설업자는 하도급계약을 해지하는 경우에는 법 제21조의3제4항에 따라 하도급계약 해지 사실을 증명할 수 있는 서류(전자문서를 포함한다)를 관계인 및 발주자에게 알려야 한다.

제22조의2 (하도급계약의 적정성 심사 등)

① 발주자는 하수급인이 계약내용을 수행하기에 현저하게 부적당하다고 인정되거나 하도급계약금액이 대통령령으로 정하는 비율에 따른 금액에 미달하는 경우에는 하수급인의 시공 및 수행능력, 하도급계약 내용의 적정성 등을 심사할 수 있다. 이 경우, 국가, 지방자치단체 또는 대통령령으로 정하는 공공기관이 발주자인 때에는 적정성 심사를 실시하여야 한다.

② 발주자는 제1항에 따라 심사한 결과 하수급인의 시공 및 수행능력 또는 하도급계약 내용이 적정하지 아니한 경우에는 그 사유를 분명하게 밝혀 수급인에게 하수급인 또는 하도급계약 내용의 변경을 요구할 수 있다. 이 경우 제1항 후단에 따라 적정성 심사를 하였을 때에는 하수급인 또는 하도급계약 내용의 변경을 요구하여야 한다.

③ 발주자는 수급인이 정당한 사유 없이 제2항에 따른 요구에 따르지 아니하여 공사 등의 결과에 중대한 영향을 끼칠 우려가 있는 경우에는 해당 소방시설공사등의 도급계약을 해지할 수 있다.

④ 제1항 후단에 따른 발주자는 하수급인의 시공 및 수행능력, 하도급계약 내용의 적정성 등을 심사하기 위하여 하도급계약심사위원회를 두어야 한다.

⑤ 제1항 및 제2항에 따른 하도급계약의 적정성 심사기준, 하수급인 또는 하도급계약 내용의 변경 요구 절차, 그 밖에 필요한 사항 및 제4항에 따른 하도급계약심사위원회의 설치·구성 및 심사방법 등에 관하여 필요한 사항은 대통령령으로 정한다.

영 제12조의2 (하도급계약의 적정성 심사 등)

① 법 제22조의2제1항 전단에서 "하도급계약금액이 대통령령으로 정하는 비율에 따른 금액에 미달하는 경우"란 다음 각 호의 어느 하나에 해당하는 경우를 말한다.

1. 하도급계약금액이 도급금액 중 하도급부분에 상당하는 금액[하도급하려는 소방시설공사등에 대하여 수급인의 도급금액 산출내역서의 계약단가(직접·간접 노무비, 재료비 및 경비를 포함한다)를 기준으로 산출한 금액에 일반관리비, 이윤 및 부가가치세를 포함한 금액을 말하며, 수급인이 하수급인에게 직접 지급하는 자재의 비용 등 관계 법령에 따라 수급인이 부담하는 금액은 제외한다]의 100분의 82에 해당하는 금액에 미달하는 경우
2. 하도급계약금액이 소방시설공사등에 대한 발주자의 예정가격의 100분의 60에 해당하는 금액에 미달하는 경우

② 법 제22조의2제1항 후단에서 "대통령령으로 정하는 공공기관"이란 제11조의5 각 호의 공공기관을 말한다.〈개정 2022.1.4〉

③ 소방청장은 법 제22조의2제1항에 따라 하수급인의 시공 및 수행능력, 하도급 계약 내용의 적정성 등을 심사하는 경우에 활용할 수 있는 기준을 정하여 고시하여야 한다.

④ 발주자는 법 제22조의2제2항에 따라 하수급인 또는 하도급계약 내용의 변경을 요구하려는 경우에는 법 제21조의3제4항에 따라 하도급에 관한 사항을 통보받은 날 또는 그 사유가 있음을 안 날부터 30일 이내에 서면으로 하여야 한다.

영 제12조의3 (하도급계약심사위원회의 구성 및 운영)

① 법 제22조의2제4항에 따른 하도급계약심사위원회(이하 "위원회"라 한다)는 위원장 1명과 부위원장 1명을 포함하여 10명 이내의 위원으로 구성한다.

② 위원회의 위원장(이하 "위원장"이라 한다)은 발주기관의 장(발주기관이 특별시·광역시·특별

자치시·도 및 특별자치도인 경우에는 해당 기관 소속 2급 또는 3급 공무원 중에서, 발주기관이 제11조의5 각 호의 공공기관인 경우에는 1급 이상 임직원 중에서 발주기관의 장이 지명하는 사람을 각각 말한다)이 되고, 부위원장과 위원은 다음 각 호의 어느 하나에 해당하는 사람 중에서 위원장이 임명하거나 성별을 고려하여 위촉한다. 〈개정 2022.1.4〉

1. 해당 발주기관의 과장급 이상 공무원(제11조의5 각 호의 공공기관의 경우에는 2급 이상의 임직원을 말한다)
2. 소방 분야 연구기관의 연구위원급 이상인 사람
3. 소방 분야의 박사학위를 취득하고 그 분야에서 3년 이상 연구 또는 실무경험이 있는 사람
4. 대학(소방 분야로 한정한다)의 조교수 이상인 사람
5. 「국가기술자격법」에 따른 소방기술사 자격을 취득한 사람

③ 제2항제2호부터 제5호까지의 규정에 해당하는 위원의 임기는 3년으로 하며, 한 차례만 연임할 수 있다.

④ 위원회의 회의는 재적위원 과반수의 출석으로 개의하고, 출석위원 과반수의 찬성으로 의결한다.

⑤ 제1항부터 제4항까지에서 규정한 사항 외에 위원회의 운영에 필요한 사항은 위원회의 의결을 거쳐 위원장이 정한다.

영 제12조의4 (위원회 위원의 제척·기피·회피)

① 위원회의 위원은 다음 각 호의 어느 하나에 해당하는 경우에는 해당 하도급계약심사에서 제척된다.

1. 위원 또는 그 배우자나 배우자이었던 사람이 해당 안건의 당사자(당사자가 법인·단체 등인 경우에는 그 임원을 포함한다. 이하 이 호 및 제2호에서 같다)가 되거나 그 안건의 당사자와 공동권리자 또는 공동의무자인 경우
2. 위원이 해당 안건의 당사자와 친족이거나 친족이었던 경우
3. 위원이 해당 안건에 대하여 진술이나 감정을 한 경우
4. 위원이나 위원이 속한 법인·단체 등이 해당 안건의 당사자의 대리인이거나 대리인이었던 경우
5. 위원이 해당 안건의 원인이 된 처분 또는 부작위에 관여한 경우

② 해당 안건의 당사자는 위원에게 공정한 심사를 기대하기 어려운 사정이 있는 경우에는 위원회에 기피 신청을 할 수 있으며, 위원회는 의결로 이를 결정한다. 이 경우 기피 신청의 대상인 위원은 그 의결에 참여하지 못한다.

③ 위원이 제1항 각 호에 따른 제척 사유에 해당하는 경우에는 스스로 해당 안건의 심사에서 회피(回避)하여야 한다.

제22조의3 (하도급대금의 지급 등)

① 수급인은 발주자로부터 도급받은 소방시설공사등에 대한 준공금(竣工金)을 받은 경우에는 하도급대금의 전부를, 기성금(旣成金)을 받은 경우에는 하수급인이 시공하거나 수행한 부분에 상당한 금액을 각각 지급받은 날(수급인이 발주자로부터 대금을 어음으로 받은 경우에는 그 어음만기일을 말한다)부터 15일 이내에 하수급인에게 현금으로 지급하여야 한다.

② 수급인은 발주자로부터 선급금을 받은 경우에는 하수급인이 자재의 구입, 현장근로자의 고용, 그 밖에 하도급 공사 등을 시작할 수 있도록 그가 받은 선급금의 내용과 비율에 따라 하수급인에게 선

금을 받은 날(하도급 계약을 체결하기 전에 선급금을 받은 경우에는 하도급 계약을 체결한 날을 말한다)부터 15일 이내에 선급금을 지급하여야 한다. 이 경우 수급인은 하수급인이 선급금을 반환하여야 할 경우에 대비하여 하수급인에게 보증을 요구할 수 있다.

③ 수급인은 하도급을 한 후 설계변경 또는 물가변동 등의 사정으로 도급금액이 조정되는 경우에는 조정된 금액과 비율에 따라 하수급인에게 하도급 금액을 증액하거나 감액하여 지급할 수 있다.

제22조의4 (하도급계약 자료의 공개)

① 국가·지방자치단체 또는 대통령령으로 정하는 공공기관이 발주하는 소방시설공사등을 하도급한 경우 해당 발주자는 다음 각 호의 사항을 누구나 볼 수 있는 방법으로 공개하여야 한다.

1. 공사명 2. 예정가격 및 수급인의 도급금액 및 낙찰률
3. 수급인(상호 및 대표자, 영업소 소재지, 하도급 사유)
4. 하수급인(상호 및 대표자, 업종 및 등록번호, 영업소 소재지)
5. 하도급 공사업종
6. 하도급 내용(도급금액 대비 하도급 금액 비교명세, 하도급률) 7. 선급금 지급 방법 및 비율
8. 기성금 지급 방법(지급 주기, 현금지급 비율) 9. 설계변경 및 물가변동에 따른 대금 조정 여부
11. 하도급대금 지급보증서 발급 여부(발급하지 아니한 경우에는 그 사유를 말한다)
12. 표준하도급계약서 사용 유무 13. 하도급계약 적정성 심사 결과

② 제1항에 따른 하도급계약 자료의 공개와 관련된 절차 및 방법, 공개대상 계약규모 등에 관하여 필요한 사항은 대통령령으로 정한다.

영 제12조의5 (하도급계약 자료의 공개)

① 법 제22조의4제1항 각 호 외의 부분에서 "대통령령으로 정하는 공공기관"이란 제11조의5 각 호의 공공기관을 말한다.〈개정 2022.1.4〉

② 법 제22조의4제1항에 따른 소방시설공사등의 하도급계약 자료의 공개는 법 제21조의3제4항에 따라 하도급에 관한 사항을 통보받은 날부터 30일 이내에 해당 소방시설공사등을 발주한 기관의 인터넷 홈페이지에 게재하는 방법으로 하여야 한다.

③ 법 제22조의4제1항에 따른 소방시설공사등의 하도급계약 자료의 공개대상 계약규모는 하도급계약금액[하수급인의 하도급금액 산출내역서의 계약단가(직접·간접 노무비, 재료비 및 경비를 포함한다)를 기준으로 산출한 금액에 일반관리비, 이윤 및 부가가치세를 포함한 금액을 말하며, 수급인이 하수급인에게 직접 지급하는 자재의 비용 등 관계 법령에 따라 수급인이 부담하는 금액은 제외한다]이 1천만 원 이상인 경우로 한다.

제23조 (도급계약의 해지)

특정소방대상물의 관계인 또는 발주자는 해당 도급계약의 수급인이 다음 각 호의 어느 하나에 해당 하는 경우에는 도급계약을 해지할 수 있다.

1. 소방시설업이 등록취소되거나 영업정지된 경우
2. 소방시설업을 휴업하거나 폐업한 경우
3. 정당한 사유 없이 30일 이상 소방시설공사를 계속하지 아니하는 경우
4. 제22조의2제2항 전단에 따른 요구에 정당한 사유 없이 따르지 아니하는 경우

제24조 (공사업자의 감리제한)

다음 각 호의 어느 하나에 해당되면 동일한 특정소방대상물의 소방시설에 대한 시공과 감리를 함께 할 수 없다.

1. 공사업자(법인인 경우 법인의 대표자 또는 임원을 말한다. 이하 제4호에서 같다)와 감리업자(법인인 경우 법인의 대표자 또는 임원을 말한다. 이하 제4호에서 같다)가 같은 자인 경우
2. 「독점규제 및 공정거래에 관한 법률」 제2조제11호에 따른 기업집단의 관계인 경우
3. 법인과 그 법인의 임직원의 관계인 경우
4. 공사업자와 감리업자가 「민법」 제777조에 따른 친족관계인 경우

제25조 (소방기술용역의 대가기준)

소방시설공사의 설계와 감리에 관한 약정을 할 때 그 대가는 「엔지니어링산업 진흥법」 제31조에 따른 엔지니어링사업의 대가 기준 가운데 행정안전부령으로 정하는 방식에 따라 산정한다. 〈개정 2020.6.9〉

칙 제21조 (소방기술용역의 대가기준 산정방식)

법 제25조에서 "행정안전부령이 정하는 방식"이란 「엔지니어링기술 진흥법」 제31조제2항에 따라 산업통상자원부장관이 고시한 엔지니어링사업대가 기준 중 다음 각호에 따른 방식을 말한다.

1. 소방시설설계의 대가: 통신부문에 적용하는 공사비 요율에 따른 방식
2. 소방공사감리의 대가: 실비정액 가산방식

제26조 (시공능력평가 및 공시)

① 소방청장은 관계인 또는 발주자가 적절한 공사업자를 선정할 수 있도록 하기 위하여 공사업자의 신청이 있으면 그 공사업자의 소방시설공사 실적, 자본금 등에 따라 시공능력을 평가하여 공시할 수 있다.

② 제1항에 따른 평가를 받으려는 공사업자는 전년도 소방시설공사 실적, 자본금, 그 밖에 행정안전부령으로 정하는 사항을 소방청장에게 제출하여야 한다.

③ 제1항 및 제2항에 따른 시공능력 평가신청 절차, 평가방법, 공시방법 등에 관하여 필요한 사항은 행정안전부령으로 정한다.

칙 제22조 (소방시설공사 시공능력 평가의 신청)

① 법 제26조제1항에 따라 소방시설공사의 시공능력을 평가받으려는 공사업자는 법 제26조제2항에 따라 별지 제32호서식의 소방시설공사 시공능력평가신청서(전자문서로 된 소방시설공사 시공능력평가신청서를 포함한다)에 다음 각 호의 서류(전자문서를 포함한다)를 첨부하여 협회에 매년 2월 15일[제5호의 서류는 법인의 경우에는 매년 4월 15일, 개인의 경우에는 매년 6월 10일(소득세법」 제70조의2제1항에 따른 성실신고확인대상사업자는 매년 7월 10일)]까지 제출해야 하며, 이 경우 협회는 공사업자가 첨부하여야 할 서류를 갖추지 못하였을 때에는 15일의 보완기간을 부여하여 보완하게 해야 한다. 다만, 「전자정부법」 제36조제1항에 따른 행정정보의 공동이용을 통하여 첨부서류에 대한 정보를 확인할 수 있는 경우에는 그 확인으로 첨부서류를 갈음할 수 있다.

1. 소방공사실적을 증명하는 다음 각 목의 구분에 따른 해당 서류(전자문서를 포함한다)
   가.~마 – 이하 구체적인 서류생략 –

② 제1항에서 규정한 사항 외에 시공능력 평가 등 업무수행에 필요한 세부규정은 협회가 정하되, 소방청장의 승인을 받아야 한다.

칙 제23조 (시공능력의 평가)

① 법 제26조제3항에 따른 시공능력평가의 방법은 별표 4와 같다.

② 제1항에 따라 평가된 시공능력은 공사업자가 도급받을 수 있는 1건의 공사도급금액으로 하고, 시공능력 평가의 유효기간은 공시일부터 1년간으로 한다. 다만, 다음 각 호의 어느 하나에 해당하는 사유로 평가된 시공능력의 유효기간은 그 시공능력 평가 결과의 공시일부터 다음 해의 정기 공시일(제3항 본문에 따라 공시한 날을 말한다)의 전날까지로 한다.

1. 법 제4조에 따라 소방시설공사업을 등록한 경우
2. 법 제7조제1항이나 제2항에 따라 소방시설공사업을 상속·양수·합병하거나 소방시설 전부를 인수한 경우
3. 제22조제1항 각 호의 서류가 거짓으로 확인되어 제4항에 따라 새로 평가한 경우

③ 협회는 시공능력을 평가한 경우에는 그 사실을 해당 공사업자의 등록수첩에 기재하여 발급하고, 매년 7월 31일까지 각 공사업자의 시공능력을 일간신문(「신문 등의 진흥에 관한 법률」 제2조제1호가목 또는 나목에 해당하는 일간신문으로서 같은 법 제9조제1항에 따른 등록 시 전국을 보급지역으로 등록한 일간신문을 말한다. 이하 같다) 또는 인터넷 홈페이지를 통하여 공시하여야 한다. 다만, 제2항 각 호의 어느 하나에 해당하는 사유로 시공능력을 평가한 경우에는 인터넷 홈페이지를 통하여 공시하여야 한다.

④ 협회는 시공능력평가 및 공시를 위하여 제22조에 따라 제출된 자료가 거짓으로 확인된 경우에는 그 확인된 날부터 10일 이내에 제3항에 따라 공시된 해당 공사업자의 시공능력을 새로 평가하고 해당 공사업자의 등록수첩에 그 사실을 기재하여 발급하여야 한다.

제26조의2 (설계·감리업자의 선정)

① 국가, 지방자치단체 또는 대통령령으로 정하는 공공기관은 그가 발주하는 소방시설의 설계·공사 감리 용역 중 소방청장이 정하여 고시하는 금액 이상의 사업에 대하여는 대통령령으로 정하는 바에 따라 집행 계획을 작성하여 공고하여야 한다. 이 경우 공고된 사업을 하려면 기술능력, 경영능력, 그 밖에 대통령령으로 정하는 사업수행능력 평가기준에 적합한 설계·감리업자를 선정하여야 한다.

② 시·도지사 또는 시장, 군수가 「주택법」 제15조제1항에 따라 주택건설사업계획을 승인하거나 특별자치시장, 특별자치도지사, 시장, 군수 또는 자치구의 구청장이 「도시 및 주거환경정비법」 제50조제1항에 따라 사업시행계획을 인가할 때에는 그 주택건설공사에서 소방시설공사의 감리를 할 감리업자를 제1항 후단에 따른 사업수행능력 평가기준에 따라 선정하여야 한다. 이 경우 감리업자를 선정하는 주택건설공사의 규모 및 대상 등에 관하여 필요한 사항은 대통령령으로 정한다.

③ 제1항 및 제2항에 따른 설계·감리업자의 선정 절차 등에 필요한 사항은 대통령령으로 정한다.

영 제12조의6(설계 및 공사감리 용역사업의 집행·계획 작성공고대상자)

① 법 제26조의2제1항 전단에서 "대통령령으로 정하는 공공기관"이란 제11조의5 각호의 공고기관을 말한다.

영 제12조의7(설계 및 공사감리 용역사업의 집행·계획 내용 등)

① 법 제26조의2제1항 전단에 따른 집행 계획에는 다음 각 호의 사항이 포함되어야 한다.

1. 설계·공사 감리 용역명
2. 설계·공사 감리 용역사업 시행 기관명
3. 설계·공사 감리 용역사업의 주요 내용
4. 총사업비 및 해당 연도 예산 규모

5. 입찰 예정시기 6. 그 밖에 입찰 참가에 필요한 사항

② 법 제26조의2제1항 전단에 따른 집행 계획의 공고는 입찰공고와 함께 할 수 있다.

영 제12조의8(설계·감리업자의 선정 절차 등)

① 법 제26조의2제2항 후단에서 "대통령령으로 정하는 사업수행능력 평가기준"이란 다음 각 호의 사항에 대한 평가기준을 말한다. 〈개정 2022.1.4〉

1. 참여하는 소방기술자의 실적 및 경력
2. 입찰참가 제한, 영업정지 등의 처분 유무 또는 재정상태 건실도 등에 따라 평가한 신용도
3. 기술개발 및 투자 실적 4. 참여하는 소방기술자의 업무 중첩도
5. 그 밖에 행정안전부령으로 정하는 사항 - 이하 생략 -

영 제12조의9(감리업자를 선정하는 주택건설공사의 규모 및 대상 등)

① 법 제26조의2 제2항 전단에 따라 시·도지사가 감리업자를 선정해야 하는 주택건설공사의 규모 및 대상은「주택법」에 따른 공동주택(기숙사는 제외한다)으로서 300세대 이상인 것으로 한다.

② 다음 각 호의 어느 하나에 해당하는 자(이하 "감리업자지정권자"라 한다)는 법 제26조의2제2항 전단에 따라 감리업자를 선정하려는 경우에는「주택법」제15조제1항에 따라 주택건설사업계획(이하 이 조에서 "주택건설사업계획"이라 한다)을 승인하거나「도시 및 주거환경정비법」제50조제1항에 따라 사업시행계획(이하 이 조에서 "사업시행계획"이라 한다)을 인가한 날부터 7일 이내에 다른 공사와는 별도로 소방시설공사의 감리를 할 감리업자의 모집공고를 해야 한다.

1. 주택건설사업계획을 승인하는 경우: 시·도지사 또는 시장·군수
2. 사업시행계획을 인가하는 경우: 특별자치시장, 특별자치도지사, 시장, 군수 또는 자치구의 구청장

③ 감리업자지정권은 제2항에도 불구하고「주택법 시행령」제31조에 따른 공사 착수기간의 연장 등 부득이한 사유가 있어 사업주체가 요청하는 경우에는 그 사유가 없어진 날부터 7일 이내에 제2항에 따른 모집공고를 할 수 있다.

④ 제2항에 따른 모집공고에는 다음 각 호의 사항이 포함되어야 한다.

1. 접수기간
2. 낙찰자 결정방법
3. 사업내용 및 제출서류
4. 감리원 응모자격 기준시점(신청접수 마감일을 원칙으로 한다)
5. 감리업자 실적과 감리원 경력의 기준시점(모집공고일을 원칙으로 한다)
6. 입찰의 전자적 처리에 관한 사항
7. 그 밖에 감리업자 모집에 필요한 사항

⑤ 제2항에 따른 모집공고는 일간신문에 싣거나 해당 특별시·광역시·특별자치시·도, 특별자치도, 시·군 또는 자치구의 게시판과 인터넷 홈페이지에 7일 이상 게시하는 등의 방법으로 한다.

직 제23조의2 (설계업자 또는 감리업자의 선정 등)

① 법 제26조의2제1항 후단 및 영 제12조의8제1항에 따른 사업수행능력 평가의 세부기준은 다음 각 호의 평가기준을 말한다.

1. 설계용역의 경우: 별표 4의3의 사업수행능력 평가기준
2. 공사감리용역의 경우: 별표 4의4의 사업수행능력 평가기준 - 이하 생략

제26조의3 (소방시설업 종합정보시스템의 구축 등)

① **소방청장**은 다음 각 호의 정보를 종합적이고 체계적으로 관리·제공하기 위하여 소방시설업 종합정보시스템을 구축·운영할 수 있다.

1. 소방시설업자의 자본금·기술인력 보유 현황, 소방시설공사등 수행상황, 행정처분 사항 등 소방시설업자에 관한 정보
2. 소방시설공사등의 착공 및 완공에 관한 사항, 소방기술자 및 감리원의 배치 현황 등 소방시설공사등과 관련된 정보

② 소방청장은 제1항에 따른 정보의 종합관리를 위하여 소방시설업자, 발주자, 관련 기관 및 단체 등에게 필요한 자료의 제출을 요청할 수 있다. 이 경우 요청을 받은 자는 특별한 사유가 없으면 이에 따라야 한다.

③ 소방청장은 제1항에 따른 정보를 필요로 하는 관련 기관 또는 단체에 해당 정보를 제공할 수 있다.

④ 제1항에 따른 소방시설업 종합정보시스템의 구축 및 운영 등에 필요한 사항은 행정안전부령으로 정한다.

칙 제23조의4 (감리업자의 선정 및 변경통보)

영 제12조의9제2항에 따른 감리업자지정권자(이하 "감리업자지정권자" 라 한다)는 법 제26조의2 제2항에 따라 감리업자를 선정하거나 선정된 감리업자의 감리원이 변경되었을 때에는 그 사실을 별지 제37호서식에 따라 소방본부장 또는 소방서장에게 통보해야 한다.

칙 제23조의5 (소방시설업 종합정보시스템의 구축 · 운영)

① 소방청장은 법 제26조의3 제1항에 따른 소방시설업 종합정보시스템(이하 "소방시설업 종합정보시스템"이라 한다)의 구축 및 운영 등을 위하여 다음 각 호의 업무를 수행할 수 있다.

1. 소방시설업 종합정보시스템의 구축 및 운영에 관한 연구개발
2. 법 제26조의3제1항 각 호의 정보에 대한 수집 · 분석 및 공유
3. 소방시설업 종합정보시스템의 표준화 및 공동활용 촉진

② 소방청장은 소방시설업 종합정보시스템의 효율적인 구축과 운영을 위하여 협회, 소방기술과 관련된 법인 또는 단체와 협의체를 구성 · 운영할 수 있다.

③ 소방청장은 법 제26조의3제2항 전단에 따라 필요한 자료의 제출을 요청하는 경우에는 그 범위, 사용 목적, 제출기한 및 제출방법 등을 명시한 서면으로 해야 한다.

④ 법 제26조의3제3항에 따른 관련 기관 또는 단체는 소방청장에게 필요한 정보의 제공을 요청하는 경우에는 그 범위, 사용 목적 및 제공방법 등을 명시한 서면으로 해야 한다.

제4장 소방기술자

제27조 (소방기술자의 의무)

① 소방기술자는 이 법과 이 법에 따른 명령과 「소방시설 설치 및 관리에 관한 법률」 및 같은 법에 따른 명령에 따라 업무를 수행하여야 한다.

② 소방기술자는 다른 사람에게 자격증[제28조에 따라 소방기술 경력 등을 인정받은 사람의 경우에는 소방기술 인정(이하 "자격수첩" 이라 한다)과 소방기술자 경력수첩(이하 "경력수첩" 이라 한다)을 말한다]을 빌려 주어서는 아니 된다.

③ 소방기술자는 동시에 둘 이상의 업체에 취업하여서는 아니 된다. 다만, 제1항에 따른 소방기술자 업무에 영향을 미치지 아니하는 범위에서 근무시간 외에 소방시설업이 아닌 다른 업종에 종사하는 경우는 제외한다.

제28조 (소방기술 경력 등의 인정 등)

① 소방청장은 소방기술의 효율적인 활용과 소방기술의 향상을 위하여 소방기술과 관련된 자격·학력 및 경력을 가진 사람을 소방기술자로 인정할 수 있다.

② 소방청장은 제1항에 따라 자격·학력 및 경력을 인정받은 사람에게 소방기술 인정 자격수첩과 경력수첩을 발급할 수 있다.

③ 제1항에 따른 소방기술과 관련된 자격·학력 및 경력의 인정 범위와 제2항에 따른 자격수첩의 발급 절차 등에 관하여 필요한 사항은 행정안전부령으로 정한다.

④ 소방청장은 제2항에 따라 자격수첩과 경력수첩을 발급받은 사람이 다음 각 호의 어느 하나에 해당하는 경우에는 행정안전부령으로 정하는 바에 따라 그 자격을 취소하거나 6개월 이상 2년 이하의 기간을 정하여 그 자격을 정지시킬 수 있다. 다만, 제1호와 제2호에 해당하는 경우에는 그 자격을 취소하여야 한다.

1. 거짓이나 그 밖의 부정한 방법으로 자격수첩 또는 경력수첩을 발급받은 경우
2. 제27조제2항을 위반하여 자격수첩 또는 경력수첩을 다른 사람에게 빌려준 경우
3. 제27조제3항을 위반하여 동시에 둘 이상의 업체에 취업한 경우
4. 이 법 또는 이 법에 따른 명령을 위반한 경우

⑤ 제4항에 따라 자격이 취소된 사람은 취소된 날부터 2년간 자격수첩 또는 경력수첩을 발급받을 수 없다.

칙 제24조 (소방기술과 관련된 자격·학력 및 경력의 인정범위 등)

① 법 제28조제3항에 따른 소방기술과 관련된 자격·학력 및 경력의 인정 범위는 별표 4의2와 같다.

② 협회 또는 영 제20조제4항에 따라 소방기술과 관련된 자격·학력 및 경력의 인정업무를 위탁받은 소방기술과 관련된 법인 또는 단체는 법 제28조제1항에 따라 소방기술과 관련된 자격·학력 및 경력을 가진 사람을 소방기술자로 인정하는 경우에는 인정하려는 경우에는 법 제28조의2제1항에 따른 소방기술자 양성·인정 교육훈련(이하 "소방기술자 양성·인정 교육훈련" 이라 한다)의 수료 여부를 확인하고 별지 제39호서식의 소방기술 인정 자격수첩과 별지 제39호의2서식에 따른 소방기술자 경력수첩을 발급하여야 한다. 〈개정 2022. 4. 21.〉

③ 제1항 및 제2항에서 규정한 사항 외에 자격수첩과 경력수첩의 발급절차 수수료 등에 관하여 필요한 사항은 소방청장이 정하여 고시한다. 〈개정 2015.8.4.〉

제28조의2 (소방기술자 양성 및 교육)

① 소방청장은 소방기술자를 육성하고 소방기술자의 전문기술능력 향상을 위하여 소방기술자와 제28조에 따라 소방기술과 관련된 자격、학력 및 경력을 인정받으려는 사람의 양성、인정 교육훈련(이하 "소방기술자 양성、인정 교육훈련"이라 한다)을 실시할 수 있다.

② 소방청장은 전문적이고 체계적인 소방기술자 양성、인정 교육훈련을 위하여 소방기술자 양성、인정 교육훈련기관을 지정할 수 있다.

③ 제2항에 따라 지정된 소방기술자 양성、인정 교육훈련기관의 지정취소, 업무정지 및 청문에 관하여

는 「소방시설 설치 및 관리에 관한 법률」 제47조 및 제49조를 준용한다. 〈개정 2021. 11. 30.〉

④ 제1항 및 제2항에 따른 소방기술자 양성ㆍ인정 교육훈련 및 교육훈련기관 지정 등에 필요한 사항은 행정안전부령으로 정한다. 〈전문 개정 2021. 4. 20.〉

칙 제25조의2 (소방기술자 양성ㆍ인정 교육훈련의 실시 등)

① 법 제28조의2 제2항에 따른 소방기술자 양성ㆍ인정 교육훈련기관(이하 "소방기술자 양성ㆍ인정 교육훈련기관" 이라 한다)의 지정 요건은 다음 각 호와 같다.

1. 전국 4개 이상의 시ㆍ도에 이론교육과 실습교육이 가능한 교육ㆍ훈련장을 갖출 것
2. 소방기술자 양성ㆍ인정 교육훈련을 실시할 수 있는 전담인력을 6명 이상 갖출 것
3. 교육과목별 교재 및 강사 매뉴얼을 갖출 것
4. 교육훈련의 신청ㆍ수료, 성과측정, 경력관리 등에 필요한 교육훈련 관리시스템을 구축ㆍ운영할 것

② 소방기술자 양성ㆍ인정 교육훈련기관은 다음 각 호의 사항이 포함된 다음 연도 교육훈련계획을 수립하여 해당 연도 11월 30일까지 소방청장의 승인을 받아야 한다.

1. 교육운영계획
2. 교육 과정 및 과목
3. 교육방법
4. 그 밖에 소방기술자 양성ㆍ인정 교육훈련의 실시에 필요한 사항

③ 소방기술자 양성ㆍ인정 교육훈련기관은 교육 이수 사항을 기록ㆍ관리해야 한다

제29조 (소방기술자의 실무교육)

① 화재 예방, 안전관리의 효율화, 새로운 기술 등 소방에 관한 지식의 보급을 위하여 소방시설업 또는 「소방시설 설치 및 관리에 관한 법률」 제29조에 따른 소방시설관리업의 기술인력으로 등록된 소방기술자는 행정안전부령으로 정하는 바에 따라 실무교육을 받아야 한다.

② 제1항에 따른 소방기술자가 정하여진 교육을 받지 아니하면 그 교육을 이수할 때까지 그 소방기술자는 소방시설업 또는 「소방시설 설치 및 관리에 관한 법률」 제29조에 따른 소방시설관리업의 기술인력으로 등록된 사람으로 보지 아니한다. 〈개정 2021. 11. 30.〉

③ 소방청장은 제1항에 따른 소방기술자에 대한 실무교육을 효율적으로 하기 위하여 실무교육기관을 지정할 수 있다.

④ 제3항에 따른 실무교육기관의 지정방법ㆍ절차ㆍ기준 등에 관하여 필요한 사항은 행정안전부령으로 정한다.

⑤ 제3항에 따라 지정된 실무교육기관의 지정취소, 업무정지 및 청문에 관하여는 「소방시설 설치 및 관리에 관한 법률」 제47조 및 제49조를 준용한다.

칙 제26조 (소방기술자의 실무교육)

① 소방기술자는 법 제29조제1항에 따른 실무교육을 2년마다 1회 이상 받아야 한다. 다만, 실무교육을 받아야 할 기간 내에 소방기술자 양성ㆍ인정 교육훈련을 받은 경우에는 해당 실무교육을 받은 것으로 본다. 〈개정 2022. 4. 21.〉

② 영 제20조제1항에 따라 소방기술자 실무교육에 관한 업무를 위탁받은 실무교육기관 또는 「소방기본법」 제40조에 따른 한국소방안전원장(이하 "실무교육기관등의 장"이라 한다)은 소방기술자에 대한 실무교육을 실시하려면 교육일정 등 교육에 필요한 계획을 수립하여 소방청장에게 보고한

후 교육 10일 전까지 교육대상자에게 알려야 한다.

③ 제1항에 따른 실무교육의 시간, 교육과목, 수수료, 그 밖에 실무교육에 관하여 필요한 사항은 소방청장이 정하여 고시한다.

칙 제27조 (교육수료 사항의 기재 등)

① 실무교육기관등의 장은 실무교육을 수료한 소방기술자의 기술자격증(자격수첩)에 교육수료 사항을 기재·날인하여 발급하여야 한다.

② 실무교육기관등의 장은 별지 제40호서식의 소방기술자 실무교육수료자 명단을 교육대상자가 소속된 소방시설업의 업종별로 작성하고 필요한 사항을 기록하여 갖춰 두어야 한다.

칙 제28조 (감독)

소방청장은 실무교육기관등의 장이 실시하는 소방기술자 실무교육의 계획·실시 및 결과에 대하여 지도·감독하여야 한다.

칙 제29조 (소방기술자 실무교육기관의 지정기준)

① 법 제29조제4항에 따라 소방기술자에 대한 실무교육기관의 지정을 받으려는 자가 갖추어야 하는 실무교육에 필요한 기술인력 및 시설장비는 별표 6과 같다.

② 제1항에 따라 실무교육기관의 지정을 받으려는 자는 비영리법인이어야 한다.

칙 제30조 (지정신청)

① 법 제29조제4항에 따라 실무교육기관의 지정을 받으려는 자는 별지 제41호서식의 실무교육기관 지정신청서(전자문서로 된 실무교육기관 지정신청서를 포함한다)에 다음 각 호의 서류(전자문서를 포함한다)를 첨부하여 소방청장에게 제출하여야 한다. – 이하 구체적 서류 생략 –

칙 제31조 (서류심사 등)

① 제30조에 따라 실무교육기관의 지정신청을 받은 소방청장은 제29조의 지정기준을 충족하였는지를 현장 확인하여야 한다. 이 경우 소방청장은 「소방기본법」 제40조에 따른 한국소방안전원에 소속된 사람을 현장 확인에 참여시킬 수 있다.

② 소방청장은 신청자가 제출한 신청서(전자문서로 된 신청서를 포함한다) 및 첨부서류(전자문서를 포함한다)가 미비되거나 현장 확인 결과 제29조에 따른 지정기준을 충족하지 못하였을 때에는 15일 이내의 기간을 정하여 이를 보완하게 할 수 있다. 이 경우 보완기간 내에 보완하지 않으면 신청서를 되돌려 보내야 한다.

칙 제32조 (지정서교부 등)

① 소방청장은 제30조에 따라 제출된 서류(전자문서를 포함한다)를 심사하고 현장 확인한 결과 제29조의 지정기준을 충족한 경우에는 신청일부터 30일 이내에 별지 제42호서식의 실무교육기관 지정서(전자문서로 된 실무교육기관 지정서를 포함한다)를 발급하여야 한다.

② 제1항에 따라 실무교육기관을 지정한 소방청장은 지정한 실무교육기관의 명칭, 대표자, 소재지, 교육실시 범위 및 교육업무 개시일 등 교육에 필요한 사항을 관보에 공고하여야 한다.

칙 제33조 (지정사항의 변경)

제32조제1항에 따라 실무교육기관으로 지정된 기관은 다음 각 호의 어느 하나에 해당하는 사항을 변경하려면 변경일부터 10일 이내에 소방청장에게 보고하여야 한다.

1. 대표자 또는 각 지부의 책임임원

2. 기술인력 또는 시설장비 등 지정기준
3. 교육기관명칭 또는 교육기관의 소재지

칙 제34조 (휴·폐업 신고 등)

① 제32조제1항에 따라 지정을 받은 실무교육기관은 휴업·재개업 또는 폐업을 하려면 그 휴업 또는 재개업을 하려는 날의 14일 전까지 별지 제43호서식의 휴업·재개업·폐업 보고서에 실무교육기관 지정서 1부를 첨부(폐업하는 경우에만 첨부한다)하여 소방청장에게 보고하여야 한다.
② 제1항에 따른 보고는 방문·전화·팩스 또는 컴퓨터통신으로 할 수 있다.
③ 소방청장은 제1항에 따라 휴업보고를 받은 경우에는 실무교육기관 지정서에 휴업기간을 기재하여 발급하고, 폐업보고를 받은 경우에는 실무교육기관 지정서를 회수하여야 한다. 이 경우 소방청장은 휴업·재개업·폐업 사실을 인터넷 등을 통하여 널리 알려야 한다.

칙 제35조 (교육계획의 수립·공고 등)

① 실무교육기관등의 장은 매년 12월 31일까지 다음 해 교육계획을 실무교육의 종류별·대상자별·지역별로 수립하여 이를 일간신문 또는 인터넷 홈페이지에 공고하고 소방본부장 또는 소방서장에게 보고하여야 한다.〈개정 2024.1.4〉
② 제1항에 따른 교육계획을 변경하는 경우에는 변경한 날부터 10일 이내에 이를 일간신문에 공고하고 소방본부장 또는 소방서장에게 보고해야 한다.

칙 제36조 (교육대상자 관리 및 교육실적 보고)

① 실무교육기관등의 장은 그 해의 교육이 끝난 후 직능별·지역별 교육수료자 명부를 작성하여 소방본부장 또는 소방서장에게 다음 해 1월 말까지 알려야 한다.
② 실무교육기관등의 장은 매년 1월 말까지 전년도 교육 횟수·인원 및 대상자 등 교육실적을 소방청장에게 보고하여야 한다.

제5장 소방시설업자협회

제30조의 2 (소방사설업자의 설립)

① 소방시설업자는 소방시설업자의 권익보호와 소방기술의 개발 등 소방시설업의 건전한 발전을 위하여 소방시설업자협회(이하 "협회"라 한다)를 설립할 수 있다.
② 협회는 법인으로 한다.
③ 협회는 소방청장의 인가를 받아 주된 사무소의 소재지에 설립등기를 함으로써 성립한다.
④ 협회의 설립인가 절차, 정관의 기재사항 및 협회에 대한 감독에 관하여 필요한 사항은 대통령령으로 정한다.

영 제19조2 (소방시설업자협회의 설립인가 절차 등)

① 법 제30조의2제1항에 따라 소방시설업자협회(이하 "협회"라 한다)를 설립하려면 법 제2조제1항 제2호에 따른 소방시설업자 10명 이상이 발기하고 창립총회에서 정관을 의결한 후 소방청장에게 인가를 신청하여야 한다.
② 소방청장은 제1항에 따른 인가를 하였을 때에는 그 사실을 공고하여야 한다.

영 제19조3 (정관의 기재사항)

협회의 정관에는 다음 각 호의 사항이 포함되어야 한다.

1. 목적 2. 명칭 3. 주된 사무소의 소재지 4. 사업에 관한 사항
5. 회원의 가입 및 탈퇴에 관한 사항 6. 회비에 관한 사항
7. 자산과 회계에 관한 사항 8. 임원의 정원·임기 및 선출방법
9. 기구와 조직에 관한 사항 10. 총회와 이사회에 관한 사항
11. 정관의 변경에 관한 사항

영 제19조4 (감독)

① 소방청장은 법 제30조의2제4항에 따라 협회에 대하여 다음 각 호의 사항을 보고하게 할 수 있다.

1. 총회 또는 이사회의 중요 의결사항
2. 회원의 가입·탈퇴와 회비에 관한 사항
3. 그 밖에 협회 및 회원에 관계되는 중요한 사항

제30조의 3 (협회의 업무)

협회의 업무는 다음 각 호와 같다.

1. 소방시설업의 기술발전과 소방기술의 진흥을 위한 조사·연구·분석 및 평가
2. 소방산업의 발전 및 소방기술의 향상을 위한 지원
3. 소방시설업의 기술발전과 관련된 국제교류·활동 및 행사의 유치
4. 이 법에 따른 위탁 업무의 수행

제30조의 4 (민법의 준용)

협회에 관하여 이 법에 규정되지 아니한 사항은 「민법」 중 사단법인에 관한 규정을 준용한다.

제6장 보 칙

제31조 (감독)

① 시·도지사, 소방본부장 또는 소방서장은 소방시설업의 감독을 위하여 필요할 때에는 소방시설업자나 관계인에게 필요한 보고나 자료 제출을 명할 수 있고, 관계 공무원으로 하여금 소방시설업체나 특정소방대상물에 출입하여 관계 서류와 시설 등을 검사하거나 소방시설업자 및 관계인에게 질문하게 할 수 있다.

② 소방청장은 제33조제2항부터 제4항까지의 규정에 따라 소방청장의 업무를 위탁받은 제29조제3항에 따른 실무교육기관(이하 "실무교육기관"이라 한다) 또는 「소방기본법」 제40조에 따른 한국소방안전원, 협회, 법인 또는 단체에 필요한 보고나 자료 제출을 명할 수 있고, 관계 공무원으로 하여금 실무교육기관, 한국소방안전원, 협회, 법인 또는 단체의 사무실에 출입하여 관계 서류 등을 검사하거나 관계인에게 질문하게 할 수 있다.

③ 제1항과 제2항에 따라 출입·검사를 하는 관계 공무원은 그 권한을 표시하는 증표를 지니고 이를 관계인에게 보여주어야 한다.

④ 제1항과 제2항에 따라 출입·검사업무를 수행하는 관계 공무원은 관계인의 정당한 업무를 방해하거나 출입·검사업무를 수행하면서 알게 된 비밀을 다른 자에게 누설하여서는 아니 된다.

제32조 (청문)

제9조제1항에 따른 소방시설업 등록취소처분이나 영업정지처분 또는 제28조제4항에 따른 소방기술 인정 자격취소처분을 하려면 청문을 하여야 한다.

제33조 (권한의 위임·위탁 등)

① 소방청장은 이 법에 따른 권한의 일부를 대통령령으로 정하는 바에 따라 시·도지사에게 위임할 수 있다.

② 소방청장은 제29조에 따른 실무교육에 관한 업무를 대통령령으로 정하는 바에 따라 실무교육기관 또는 한국소방안전원에 위탁할 수 있다.

③ 소방청장 또는 시·도지사는 다음 각 호의 업무를 대통령령으로 정하는 바에 따라 협회에 위탁할 수 있다.

1. 제4조제1항에 따른 소방시설업 등록신청의 접수 및 신청내용의 확인
2. 제6조에 따른 소방시설업 등록사항 변경신고의 접수 및 신고내용의 확인

2의2. 제6조의2에 따른 소방시설업 휴업·폐업 등 신고의 접수 및 신고내용의 확인

3. 제7조제3항에 따른 소방시설업자의 지위승계 신고의 접수 및 신고내용의 확인
4. 제20조의3에 따른 방염처리능력
5. 제26조에 따른 시공능력 평가 및 공시
6. 제26조의3제1항에 따른 소방시설업 종합정보시스템의 구축·운영 〈개정 2020.6.9〉

④ 소방청장은 다음 각 호의 업무를 대통령령으로 정하는 바에 따라 협회, 소방기술과 관련된 법인 또는 단체에 위탁할 수 있다. 〈개정 2021. 4. 20.〉

1. 제28조에 따른 소방기술과 관련된 자격·학력 및 경력의 인정 업무
2. 제28조의2에 따른 소방기술자 양성·인정 교육훈련 업무

영 제20조 (업무의 위탁)

① 소방청장은 법 제33조제2항에 따라 법 제29조에 따른 소방기술자 실무교육에 관한 업무를 법 제29조제3항에 따라 소방청장이 지정하는 실무교육기관 또는 「소방기본법」 제40조에 따른 한국소방안전원에 위탁한다.

② 소방청장은 법 제33조제3항에 따라 다음 각 호의 업무를 협회에 위탁한다.

1. 법 제20조의3에 따른 방염처리능력 평가 및 공시에 관한 업무
2. 법 제26조에 따른 시공능력 평가 및 공시에 관한 업무

③ 시·도지사는 법 제33조제3항에 따라 다음 각 호의 업무를 협회에 위탁한다.

1. 법 제4조제1항에 따른 소방시설업 등록신청의 접수 및 신청내용의 확인
2. 법 제6조에 따른 소방시설업 등록사항 변경신고의 접수 및 신고내용의 확인

2의2. 법 제6조의2에 따른 소방시설업 휴업·폐업 또는 재개업 신고의 접수 및 신고내용의 확인

3. 법 제7조제3항에 따른 소방시설업자의 지위승계 신고의 접수 및 신고내용의 확인

④ 소방청장은 법 제33조제4항에 따라 다음 각 호 업무를 업무를 협회, 소방기술과 관련된 법인 또는 단체에 위탁한다. 이 경우 소방청장은 수탁기관을 지정하여 관보에 고시해야 한다.

1. 법 제28조에 따른 소방기술과 관련된 자격·학력 및 경력의 인정 업무
2. 법 제28조의2에 따른 소방기술자 양성·인정 교육훈련 업무

제34조의2 (벌칙 적용 시의 공무원 의제)

다음 각 호의 어느 하나에 해당하는 사람은 「형법」 제129조부터 제132조까지의 규정을 적용할 때에는 공무원으로 본다. / 1. 제16조, 제19조 및 제20조에 따라 그 업무를 수행하는 감리원

2. 제33조제2항부터 제4항까지의 규정에 따라 위탁받은 업무를 수행하는 실무교육기관, 한국소방안전원, 협회 및 소방기술과 관련된 법인 또는 단체의 담당 임원 및 직원

제7장 벌　칙

제35조 (벌칙)

다음 각 호의 어느 하나에 해당하는 자는 3년 이하의 징역 또는 3천만 원 이하의 벌금에 처한다.

1. 제4조제1항을 위반하여 소방시설업 등록을 하지 아니하고 영업을 한 자.
2. 제21조의5를 위반하여 부정한 청탁을 받고 재물 또는 재산상의 이익을 취득하거나 부정한 청탁을 하면서 재물 또는 재산상의 이익을 제공한 자.〈신설 2023.1.3〉

제36조 (벌칙)

다음 각 호의 어느 하나에 해당하는 자는 1년 이하의 징역 또는 1천만 원 이하의 벌금에 처한다.

1. 제9조제1항을 위반하여 영업정지처분을 받고 그 영업정지 기간에 영업을 한 자
2. 제11조나 제12조제1항을 위반하여 설계나 시공을 한 자
3. 제16조제1항을 위반하여 감리를 하거나 거짓으로 감리한 자
4. 제17조제1항을 위반하여 공사감리자를 지정하지 아니한 자

4의2. 제19조제3항에 따른 보고를 거짓으로 한 자

4의3. 제20조에 따른 공사감리 결과의 통보 또는 공사감리 결과보고서의 제출을 거짓으로 한 자

5. 제21조1항을 위반하여 공사업자가 아닌 자에게 소방시설공사를 도급한 자
6. 제22조제1항을 위반하여 도급받은 소방시설의 설계, 시공, 감리를 하도급한 자

6의2. 제22조제2항을 위반하여 하도급받은 소방시설공사를 다시 하도급한 자

7. 제27조제1항을 위반하여 같은 항에 따른 법 또는 명령을 따르지 아니하고 업무를 수행한 자

제37조 (벌칙)

다음 각호의 어느 하나에 해당하는 자는 300만 원 이하의 벌금을 처한다. 〈개정 2020.6.9〉

1. 제8조제1항을 위반하여 다른 자에게 자기의 성명이나 상호를 사용하여 소방시설공사등을 수급 또는 시공하게 하거나 소방시설업의 등록증이나 등록수첩을 빌려준 자
2. 제18조1항을 위반하여 소방시설공사 현장에 감리원을 배치하지 아니한 자
3. 제19조제2항을 위반하여 감리업자의 보완 요구에 따르지 아니한 자
4. 제19조제4항을 위반하여 공사감리 계약을 해지하거나 대가 지급을 거부하거나 지연시키거나 불이익을 준 자

4의2. 제21조제2항 본문을 위반하여 소방시설공사를 다른 업종의 공사와 분리하여 도급하지 아니한 자

5. 제27조제2항을 위반하여 자격수첩 또는 경력수첩을 빌려 준 사람

6. 제27조제3항을 위반하여 동시에 둘 이상의 업체에 취업한 사람
7. 제31조제4항을 위반하여 관계인의 정당한 업무를 방해하거나 업무상 알게 된 비밀을 누설한 사람

제38조 (벌칙)

다음 각호의 어느 하나에 해당하는 자는 100만 원 이하의 벌금에 처한다.

1. 제31조제2항에 따른 명령을 위반하여 보고 또는 자료 제출을 하지 아니하거나 거짓으로 한 자
2. 제31조제1항 및 제2항을 위반하여 정당한 사유 없이 관계 공무원의 출입 또는 검사·조사를 거부·방해 또는 기피한 자

제39조 (양벌규정)

법인의 대표자나 법인 또는 개인의 대리인, 사용인, 그 밖의 종업원이 그 법인 또는 개인의 업무에 관하여 제35조부터 제38조까지의 어느 하나에 해당하는 위반행위를 하면 그 행위자를 벌하는 외에 그 법인 또는 개인에게도 해당 조문의 벌금형을 과(科)한다. 다만, 법인 또는 개인이 그 위반행위를 방지하기 위하여 해당 업무에 관하여 상당한 주의와 감독을 게을리하지 아니한 경우에는 그러하지 아니하다.

제40조 (과태료)

① 다음 각호의 어느 하나에 해당하는 자에게는 200만 원 이하의 과태료에 처한다.

1. 제6조, 제6조의2제1항, 제7조제1항 및 2항, 제13조제1항 및 제2항 전단, 제17조제2항을 위반하여 신고를 하지 아니하거나 거짓으로 신고한 자
2. 제8조제3항을 위반하여 관계인에게 지위승계, 행정처분 또는 휴업·폐업의 사실을 거짓으로 알린 자
3. 제8조제4항을 위반하여 관계 서류를 보관하지 아니한 자
4. 제12조제2항을 위반하여 소방기술자를 공사 현장에 배치하지 아니한 자
5. 제14조제1항을 위반하여 완공검사를 받지 아니한 자
6. 제15조제3항을 위반하여 3일 이내에 하자를 보수하지 아니하거나 하자보수계획을 거짓으로 알린 자
8. 제17조제3항을 위반하여 감리 관계 서류를 인수·인계하지 아니한 자 / 7. 〈삭제〉

8의2. 제18조제2항에 따른 배치통보 및 변경통보를 하지 아니하거나 거짓으로 통보한 자

9. 제20조의2를 위반하여 방염성능기준 미만으로 방염을 한 자
10. 제20조의3제2항에 따른 방염처리능력 평가에 관한 서류를 거짓으로 제출한 자

10조의3. 제21조의3제2항에 따른 도급계약 체결 시 의무를 이행하지 아니한 자(하도급 계약의 경우에는 하도급 받은 소방시설업자는 제외한다)

11. 제21조의3제4항에 따른 하도급 등의 통지를 하지 아니한 자

11의2. 제21조의4제1항에 따른 공사대금의 지급보증, 담보의 제공 또는 보험료등의 지급을 정당한 사유 없이 이행하지 아니한 자.〈신설 2021. 4. 20.〉 / 12. 13. 〈삭제〉

13의2. 제26조제2항에 따른 자료제출을 거짓으로 한 자

13의3. 제26조의2제1항 후단에 따른 사업수행능력 평가에 관한 서류를 위조하거나 변조하는 등 거짓이나 그 밖의 부정한 방법으로 입찰에 참여한 자

14. 제31조제1항에 따른 명령을 위반하여 보고 또는 자료 제출을 하지 아니하거나 거짓으로 보고 또는 자료 제출을 한 자

② 제1항에 따른 과태료는 대통령령으로 정하는 바에 따라 관할 시·도지사, 소방본부장 또는 소방서장이 부과·징수한다.

영 제20조의2 (고유식별정보의 처리), 영 제20조의3 (규제의 재검토) – 생략 –

영 제21조 (과태료 부과기준) 법 제40조제1항에 따른 과태료의 부과기준은 별표 5와 같다.

기적처럼..

기적! 어디선가 기적이 일어나고 있기 때문에 우리는 "기적" 이라는 말을 쓰고 있다.

시행령

[영 별표 1] <2025, 1, 21>

소방시설업의 업종별 등록기준 및 영업범위 (제2조관련)

1. 소방시설설계업

업종별 \ 항목		기술인력	영업범위
전문소방시설 설계업		가. 주된 기술인력: <u>소방기술사 1인 이상</u> 나. 보조기술인력: 1명 이상	• 모든 특정소방대상물에 설치되는 소방시설의 설계
일반소방시설 설계업	기계 분야	가. 주된 기술인력: 소방기술사 또는 기계분야 소방설비기사 1인 이상 나. 보조기술인력: 1명 이상	가. 아파트에 설치되는 기계분야소방시설(제연설비를 제외한다)의 설계 나. 연면적 <u>3만m²</u> (공장의 경우에는 <u>1만m²</u>) <u>미만</u>의 특정소방대상물(제연설비가 설치되는 특정소방대상물을 제외한다)에 설치되는 기계분야 소방시설의 설계 다. 위험물제조소등에 설치되는 기계분야 소방시설의 설계
	전기 분야	가. 주된 기술인력: 소방기술사 또는 전기분야 소방설비기사 1인 이상 나. 보조기술인력: 1명 이상	가. 아파트에 설치되는 전기분야 소방시설의 설계 나. 연면적 <u>3만m²</u> (공장의 경우에는 <u>1만m²</u>) <u>미만</u>의 특정소방대상물에 설치되는 전기분야 소방시설의 설계 다. 위험물제조소등에 설치되는 전기분야 소방시설의 설계

※ 비 고

1. 위 표의 일반소방시설설계업에서 기계분야 및 전기분야의 대상이 되는 소방시설의 범위는 다음과 같다.
   가. **기계분야**
      (1) 소화기구·자동소화장치·옥내소화전설비·스프링클러설비등· 물분무등소화설비·옥외소화전설비·피난기구·인명구조기구·상수도소화용수설비·소화수조·저수조·그 밖의 소화용수설비·**제연설비**·연결송수관설비·연결살수설비 및 **연소방지설비**
      (2) 기계분야 소방시설에 부설되는 전기시설. 다만, 비상전원·동력회로·제어회로·기계분야 소방시설을 작동하기 위하여 설치하는 화재감지기에 의한 화재감지장치 및 전기신호에 의한 소방시설의 작동장치 제외
   나. **전기분야**
      (1) **단독경보형**감지기·비상경보·**비상방송설비**·누전경보기·**자동화재탐지설비**·시각경보기, 화재알림설비·자동화재속보설비·가스누설경보기·**통합감시시설**·유도등·비상조명등·휴대용비상조명등·비상콘센트설비 및 **무선통신보조설비**
      (2) 기계분야 소방시설에 부설되는 전기시설 중 가목(2) 단서의 전기시설
2. 일반소방시설설계업의 기계분야 및 전기분야를 함께 하는 경우 주된 기술인력은 소방기술사 1명 또는 **기계분야** 소방설비기사와 **전기분야** 소방설비기사 자격을 **함께 취득한 자 1명 이상**으로 할 수 있다.
3. 소방시설설계업을 하려는 자가 소방시설공사업, 「소방시설 설치 및 관리에 관한 법률」 제29조1항에 따른 소방시설관리업(이하 "소방시설관리업"이라 한다) 또는 「다중이용업소의 안전관리에 관한 특별법」 제16조에 따른 화재위험평가 대행 업무(이하 "화재위험평가 대행업"이라 한다) 중 어느 하나를 함께 하려는 경우 소방시설공사업, 소방시설관리업 또는 화재위험평가 대행업 기술인력으로 등록된 기술인력은 다음 각 목의 기준에 따라 소방시설설계업 등록 시 갖추어야 하는 해당 자격을 가진 기술인력으로 볼 수 있다.
   가. 전문소방시설설계업과 소방시설관리업을 함께 하는 경우: 소방기술사 자격과 소방시설관리사 자격을 취득한 자
   나. 전문소방시설설계업과 전문소방시설공사업을 함께 하는 경우: 소방기술사 자격을 취득한 사람
   다. 일반소방시설설계업과 소방시설관리업을 함께 하는 경우: 기계분야 또는 전기분야 소방설비기사 자격

과 소방시설관리사 자격을 취득한 사람

라. 일반소방시설설계업과 일반소방시설공사업을 함께 하는 경우: 소방기술사자격을 취득하거나 기계분야 또는 전기분야 소방설비기사 자격을 취득한 사람

1) 소방기술사 자격과 소방시설관리사 자격을 함께 취득한 사람

2) 기계분야 소방설비기사 또는 전기분야 소방설비기사 자격을 취득한 사람 중 소방시설관리사 자격을 취득한 사람

마. 일반 소방시설설계업과 전문 소방시설공사업을 함께 하는 경우: 소방기술사 자격을 취득하거나 기계분야 및 전기분야 소방설비기사 자격을 취득한 사람

바. 전문 소방시설설계업과 일반 소방시설공사업을 함께하는 경우: 소방기술사 자격을 취득한 사람

4. **"보조기술인력"**은 다음 각 목의 어느 하나에 해당하는 자를 말한다.

가. **소방기술사**, 소방설비기사 또는 소방설비산업기사 자격을 취득한 사람

나. 소방공무원으로 재직한 경력이 **3년 이상**인 사람으로서 자격수첩을 발급받은 사람

다. 법 제28조제3항에 따라 행정안전부령으로 정하는 소방기술과 관련된 자격·경력 및 학력을 갖춘 사람으로서 자격수첩을 발급받은 사람

5. 위 표 및 제2호에도 불구하고 다음 각 목의 어느 하나에 해당하는 자가 소방시설설계업을 등록하는 경우 「엔지니어링산업 진흥법」, 「건축사법」, 「기술사법」 및 「전력기술관리법」에 따른 신고 또는 등록기준을 충족하는 기술인력을 확보한 경우로서 해당 기술인력이 위 표의 기술인력(주된 기술인력만 해당한다)의 기준을 충족하는 경우에는 위 표의 등록기준을 충족한 것으로 본다. -이하 생략 -

6. 가스계소화설비의 경우에는 해당 설비의 설계프로그램 제조사가 참여하여 설계(변경을 포함한다)할 수 있다.

2. 소방시설공사업

<table>
<tr><th colspan="2">항목
업종별</th><th>기술인력</th><th>자본금
(자산평가액)</th><th>영업범위</th></tr>
<tr><td colspan="2">전문소방
시설공사업</td><td>가. 주된 기술인력: 소방기술사 또는 기계분야와 전기분야의 소방설비기사 각1명(기계분야 및 전기분야의 자격을 함께 취득한 자 1명)이상
나. 보조기술인력: 2명 이상</td><td>가. 법인: 1억 원 이상
나. 개인: 자산평가액 1억 원 이상</td><td>• 특정소방대상물에 설치되는 기계분야 및 전기분야 소방시설의 공사·개설·이전 및 정비</td></tr>
<tr><td rowspan="2">일반
소방
시설
공사
업</td><td>기계
분야</td><td>가. 주된 기술인력: 소방기술사 또는 기계분야 소방설비기사 1명 이상
나. 보조기술인력: 1명 이상</td><td>가. 법인: 1억 원 이상
나. 개인: 자산평가액 1억 원 이상</td><td>가. 연면적 1만m^2 미만의 특정소방대상물에 설치되는 기계분야 소방시설의 공사·개설·이전 및 정비
나. 위험물제조소등에 설치되는 기계분야 소방시설의 공사·개설·이전 및 정비</td></tr>
<tr><td>전기
분야</td><td>• 주된 기술인력: 소방기술사 또는 전기분야 소방설비기사 1명 이상
• 보조기술인력: 1명 이상</td><td>가. 법인: 1억 원 이상
나. 개인: 자산평가액 1억 원 이상</td><td>가. 연면적 1만m^2 미만의 특정소방대상물에 설치되는 전기분야 소방시설의 공사·개설·이전·정비
나. 위험물제조소등에 설치되는 전기분야 소방 시설의 공사·개설·이전·장비</td></tr>
</table>

※ 비 고

1. 위 표의 일반소방시설공사업에 있어서 기계분야 및 전기분야의 대상이 되는 소방시설의 범위는 이 표 제1호 비고 제1호 각목과 같다.

2. 기계분야 및 전기분야의 일반소방시설공사업을 함께 하는 경우 주된 기술인력은 소방기술사 1인 또는 기계분야 및 전기분야의 자격을 함께 취득한 소방설비기사 1명으로   수 있다.

3. 자본금(자산평가액)은 해당 소방시설공사업의 최근 결산일 현재(새로 등록한 자는 등록을 위한 기업진단

기준일 현재)의 총자산에서 총부채를 뺀 금액을 말하고, 소방시설공사업 외의 다른 업을 함께 하는 경우에는 자본금에서 겸업비율에 해당하는 금액을 뺀 금액을 말한다.

4. "보조기술인력"이란 소방시설설계업의 등록기준 및 영업범위의 비고란 제4호 각목의 어느 하나에 해당하는 사람을 말한다.
5. 소방시설공사업을 하려는 자가 소방시설설계업 또는 소방시설관리업 중 어느 하나를 함께 하려는 경우 소방시설설계업 또는 소방시설관리업 기술인력으로 등록된 기술인력은 다음 각 목의 기준에 따라 소방시설공사업 등록 시 갖추어야 하는 해당 자격을 가진 기술인력으로 볼 수 있다.
   가. 전문 소방시설공사업과 전문 소방시설설계업을 함께 하는 경우: 소방기술사 자격을 취득한 사람
   나. 전문 소방시설공사업과 일반 소방시설설계업을 함께 하는 경우: 소방기술사 자격을 취득하거나 기계분야 및 전기분야 소방설비기사 자격을 취득한 사람
   다. 일반 소방시설공사업과 전문 소방시설설계업을 함께 하는 경우: 소방기술사 자격을 취득한 사람
   라. 일반 소방시설공사업과 일반 소방시설설계업을 함께 하는 경우: 소방기술사 자격을 취득하거나 기계분야 또는 전기분야 소방설비기사 자격을 취득한 사람
   마. 전문소방시설공사업과 소방시설관리업을 함께 하는 경우: 소방시설관리사와 소방설비기사(기계분야 및 전기분야를 함께 취득한 사람) 또는 소방기술사를 함께 취득한 사람
   바. 일반소방시설공사업 기계분야와 소방시설관리업을 함께 하는 경우: 소방기술사 또는 기계분야 소방설비기사와 소방시설관리사를 함께 취득한 사람
   사. 일반소방시설공사업 전기분야와 소방시설관리업을 함께 하는 경우: 소방기술사 또는 전기분야 소방설비기사와 소방시설관리사를 함께 취득한 사람
6. "개설"이란 이미 특정소방대상물에 설치된 소방시설등의 전부 또는 일부를 철거하고 새로이 설치하는 것을 말한다. 다만, 제8호에 해당하는 경우는 제외한다.
7. "이전"이란 이미 설치된 소방시설등을 현재 설치된 장소에서 다른 장소로 옮기어 설치하는 것을 말한다.
8. "정비"란 이미 설치된 소방시설등을 구성하고 있는 기계·기구를 교체하거나 보수하는 것을 말한다.

3. 소방공사감리업

항목 업종별		기술인력	영업범위
전문소방 공사감 리 업		가. 소방기술사 1명 이상 나. 기계분야 및 전기분야의 특급감리원 각 1명(기계분야 및 전기분야의 자격을 함께 가지고 있는 자가 있는 경우에는 그에 해당하는 자 1명 이하 다목부터 마목까지에서 같다) 이상 다. 기계분야 및 전기분야의 고급감리원 이상의 감리원 각 1명 이상 라. 기계분야 및 전기분야의 중급감리원 이상의 감리원 각 1명 이상 마. 기계분야 및 전기분야의 초급감리원 이상의 감리원 각 1명 이상	• 모든 특정소방대상물에 설치되는 소방시설공사 감리
일반 소방 공사 감리업	기계 분야	가. 기계분야 특급감리원 1명 이상 나. 기계분야 고급감리원 또는 중급감리원 이상의 감리원 1명 이상 다. 기계분야 초급감리원 이상의 감리원 1명 이상	가. 연면적 3만m^2(공장의 경우에는 1만m^2) 미만의 특정소방대상물(제연설비가 설치되는 특정소방대상물을 제외한다)에 설치되는 기계분야소방시설의 감리 나. 아파트에 설치되는 기계분야소방시설(제연설비를 제외한다)의 감리 다. 위험물제조소등에 설치되는 기계분야의 소방시설의 감리
	전기 분야	가. 전기분야 특급감리원 1명 이상 나. 전기분야 고급감리원 또는 중급감리원 이상의 감리원 1명 이상 다. 전기분야 초급감리원 이상의 감리원 1명 이상	가. 연면적 3만m^2(공장의 경우에는 1만m^2) 미만의 특정소방대상물에 설치되는 전기분야 소방시설의 감리 나. 아파트에 설치되는 전기분야 소방시설의 감리 다. 위험물제조소등에 설치되는 전기분야의 소방시설의 감리

※ 비 고

1. 위 표의 일반소방공사감리업에 있어서 기계분야 및 전기분야의 대상이 되는 소방시설 등은 다음 각 목과 같다.
   가. 기계분야
      (1) 이 표 제1호 비고 제1호가목에 따른 기계분야 소방시설
      (2) 실내장식물 및 방염대상물품
   나. 전기분야
      이 표 제1호 비고 제1호가목에 따른 기계분야 소방시설
2. 위 표에서 **"특급소방감리원"**, **"고급소방감리원"**, **"중급소방감리원"** 및 **"초급소방감리원"**은 행정안전부령으로 정하는 소방기술과 관련된 자격·경력 및 학력을 갖춘 사람으로서 소방공사감리원의 기술등급 자격에 따른 경력수첩을 발급받은 사람을 말한다.
3. 일반소방공사감리업의 기계분야 및 전기분야를 함께 하는 경우 기계분야 및 전기분야를 함께 취득한 감리원 각 1명 이상 또는 기계분야 및 전기분야 일반소방공사감리업의 등록기준 중 각각의 분야에 해당하는 기술인력을 두어야 한다.
4. 소방공사감리업을 하려는 자가 「엔지니어링산업 진흥법」제21조제1항에 따른 엔지니어링사업, 「건축사법」제23조에 따른 건축사사무소 운영, 「건설기술 진흥법」제26조제1항에 따른 건설엔지니어링업, 「전력기술관리법」제14조제1항에 따른 전력시설물공사감리업, 「기술사법」제6조제1항에 따른 기술사사무소 운영 또는 화재위험평가 대행업(이하 "엔지니어링사업등"이라 한다) 중 어느 하나를 함께 하려는 경우 엔지니어링사업등의 보유 기술인력으로 신고나 등록된 소방기술사는 전문 소방공사감리업 등록 시 갖추어야 하는 기술인력으로 볼 수 있고, 특급 감리원은 일반 소방공사감리업의 등록 시 갖추어야 하는 기술인력으로 볼 수 있다.
5. 기술인력 등록기준에서 기준 등급보다 초과하여 상위등급의 기술인력을 보유하고 있는 경우 하위등급을 보유한 것으로 간주한다.

4. 방염처리업

종 류	실험실	방염처리시설 및 시험기기	영업범위
섬유류 방염업	1개 이상 갖출 것	부표에 따른 섬유류 방염업의 방염처리시설 및 시험기기를 모두 갖추어야 한다.	커튼·카펫 등 섬유류를 주된 원료로 하는 방염대상물품을 제조 또는 가공 공정에서 방염처리
합성 수지류 방염업		부표에 따른 합성수지류방염업의 방염처리시설 및 시험기기를 모두 갖추어야 한다.	합성수지류를 주된 원료로 하는 방염대상물품을 제조 또는 가공 공정에서 방염처리
합판·목재류 방염업		부표에 따른 합판·목재류방염업의 방염처리시설 및 시험기기를 모두 갖추어야 한다.	합판 또는 목재류를 제조·가공 공정 또는 설치 현장에서 방염처리

※ 비 고

1. 방염처리업자가 2개 이상의 방염업을 함께 하는 경우 갖춰야 하는 실험실은 1개 이상으로 한다.
2. 방염처리업자가 2개 이상의 방염업을 함께 하는 경우 공통되는 방염처리시설 및 시험기기는 중복하여 갖추지 않을 수 있다.
3. 방염처리업자가 실험실·방염처리시설 및 시험기기에 대하여 임차계약을 체결하고 공증을 받은 경우에는 해당 실험실·방염처리시설 및 시험기기를 갖춘 것으로 본다.

[영 별표1 부표]

방염처리시설 및 시험기기 기준 〈2021.1.5〉

종 류	방염처리시설	시험기기
섬유류 방염업	1. 커튼 등 섬유류(벽포지를 포함한다)를 방염처리하는 시설: 200℃ 이상의 온도로 1분 이상 열처리가 가능한 가공기를 갖출 것 2. 카펫을 방염처리하는 시설: 다음 중 하나 이상의 설비를 갖출 것 가. 카펫의 라텍스 코팅설비 나. 카펫 직조설비 다. 타일카펫 가공설비	1. 다음의 어느 하나에 해당하는 연소시험기 1개 이상 가. 카펫 방염처리업: 연소시험함, 에어믹스버너, 가열시간계, 잔염시간계, 가스압력계, 전기불꽃발생장치가 부착된 연소시험기 나. 그 밖의 방염처리업: 연소시험함, 마이크로버너, 맥켈버너, 가열시간계, 잔염시간계, 잔신시간계, 착염후초가열시간계, 전기불꽃발생장치가 부착된 연소시험기 2. 항온기 1개 이상: 열풍순환식으로서 상온부터 107℃ 이상으로 온도조절이 가능하고, 최소눈금이 1℃ 이하일 것 3. 데시케이터(물질 건조, 흡습성 시료 보존을 위한 유리 건조기를 말한다. 이하 같다) 1개 이상: 지름이 36cm 이상일 것 4. 세탁기 1대 이상(커튼만 해당한다): 커튼의 방염성능시험에 적합할 것 5. 건조기 1대 이상(커튼만 해당한다): 커튼의 방염성능시험에 적합할 것 6. 카펫세탁기 1대 이상(카펫만 해당한다): 카펫의 방염성능시험에 적합할 것
합성수지류 방염업	다음 중 하나 이상의 설비를 갖출 것 1) 제조설비 2) 가공설비 3) 성형설비	섬유류 방염처리업과 같음
합판 · 목재류 방염업	1) 섬유판 외의 합판·목재류를 방염처리하는 경우: 다음 중 하나 이상의 설비를 갖출 것 가) 합판의 제조설비 나) 감압설비(300mmHg이하) 및 가압설비(7kg/ cm² 이상) 다) 합판·목재 도장설비 2) 섬유판을 방염처리하는 경우: 제조설비 또는 가공설비를 갖출 것	1. 연소시험기: 방염성능시험에 적합하도록 연소시험함, 마이크로버너, 맥켈버너, 가열시간계, 잔염시간계, 잔신시간계, 착염후초가열시간계, 전기불꽃발생장치가 부착되어 있는 것 2. 항온기: 열풍순환식이며 상온부터 42℃ 이상으로 온도조절이 가능하고, 최소눈금 1℃ 이하일 것 3. 데시케이터: 지름이 36cm 이상일 것

[영 별표 1의2] <2022.11.29>

성능위주설계를 할 수 있는 자의 자격·기술인력 및 자격에 따른 설계범위(제2조의3 관련)

성능위주설계자의 자격	기술인력	설계범위
1. 법 제4조에 따라 전문 소방시설설계업을 등록한 자 2. 전문 소방시설설계업 등록기준에 따른 기술인력을 갖춘 자로서 소방청장이 정하여 고시하는 연구기관 또는 단체	소방기술사 2명 이상	「소방시설 설치 및 관리에 관한 법률 시행령」제9조에 따라 성능위주설계를 하여야 하는 특정소방대상물

[영 별표 2] 소방기술자의 배치기준 (제3조관련) <2025.1.21>

구분	배치기준
가. 행정안전부령으로 정하는 **특급** 기술자인 소방기술자 (기계분야 및 전기분야)	1) 연면적 **20만제곱미터** 이상인 특정소방대상물의 공사 현장 2) 지하층을 포함한 층수가 **40층 이상**인 특정소방대상물의 공사 현장
나. 행정안전부령으로 정하는 **고급** 기술자 이상의 소방기술자(기계분야 및 전기분야)	1) 연면적 **3만제곱미터** 이상 **20만제곱미터 미만**인 특정소방대상물(아파트는 제외한다)의 공사 현장 2) 지하층을 **포함한 층수가 16층 이상 40층 미만**인 특정소방대상물의 공사 현장
다. 행정안전부령으로 정하는 **중급** 기술자 이상의 소방기술자(기계분야 및 전기분야)	1) 물분무등소화설비(호스릴소화설비는 제외한다) 또는 제연설비가 설치되는 특정소방대상물의 공사 현장 / 2) 연면적 5천제곱미터 이상 3만제곱미터 미만인 특정소방대상물(아파트는 제외한다)의 공사 현장 3) 연면적 연면적 1만제곱미터 이상 20만제곱미터 미만인 아파트의 공사 현장
라. 행정안전부령으로 정하는 **초급** 기술자 이상의 소방기술자(기계분야 및 전기분야)	1) 연면적 1천제곱미터 이상 5천제곱미터 미만인 특정소방대상물(아파트는 제외한다)의 공사 현장 2) 연면적 1천제곱미터 이상 1만제곱미터 미만인 아파트의 공사 현장 3) 지하구(地下溝)의 공사 현장
마. 법 제28조에 따라 자격수첩을 발급받은 소방기술자	연면적 1천제곱미터 미만인 특정소방대상물의 공사 현장

※ 비 고

가. 다음의 어느 하나에 해당하는 기계분야 소방시설공사의 경우에는 소방기술자의 배치기준에 따른 기계분야의 소방기술자를 공사 현장에 배치해야 한다.
   1) 옥내소화전설비, 스프링클러설비등, 물분무등소화설비 또는 옥외소화전설비의 공사
   2) 상수도소화용수설비, 소화수조 · 저수조 또는 그 밖의 소화용수설비의 공사
   3) 제연설비, 연결송수관설비, 연결살수설비 또는 연소방지설비의 공사
   4) 기계분야 소방시설에 부설되는 전기시설의 공사. 다만, 비상전원, 동력회로, 제어회로, 기계분야의 소방시설을 작동하기 위해 설치하는 화재감지기에 의한 화재감지장치 및 전기신호에 의한 소방시설의 작동장치의 공사는 제외한다.

나. 다음의 어느 하나에 해당하는 전기분야 소방시설공사의 경우에는 소방기술자의 배치기준에 따른 전기분야의 소방기술자를 공사 현장에 배치해야 한다.
   1) 비상경보설비, 자동화재탐지설비, 화재알림설비 또는 비상방송설비의 공사 <개정 2025.1.21>
   2) 비상콘센트설비 또는 무선통신보조설비의 공사
   3) 기계분야 소방시설에 부설되는 전기시설 중 가목4) 단서의 전기시설 공사

다. 가목 및 나목에도 불구하고 기계분야 및 전기분야의 자격을 모두 갖춘 소방기술자가 있는 경우에는 소방시설공사를 분야별로 구분하지 않고 그 소방기술자를 배치할 수 있다.

라. 가목 및 나목에도 불구하고 소방공사감리업자가 감리하는 소방시설공사가 다음의 어느 하나에 해당하는 경우에는 소방기술자를 소방시설공사 현장에 배치하지 않을 수 있다.
   1) 소방시설의 비상전원을 「전기공사업법」에 따른 전기공사업자가 공사하는 경우/ 2) 상수도소화용수설비, 소화수조 · 저수조 또는 그 밖의 소화용수설비를 「건설산업기본법 시행령」 별표 1에 따른 기계가스설비공사업자 또는 상·하수도설비공사업자가 공사하는 경우/ 3) 소방 외의 용도와 겸용되는 제연설비를 「건설산업기본법 시행령」 별표 1에 따른 기계가스설비공사업자가 공사하는 경우/ 4) 소방 외의 용도와 겸용되는 비상방송설비 또는 무선통신보조설비를 「정보통신공사업법」에 따른 정보통신공사업자가 공사하는 경우.

마. 공사업자는 다음의 경우를 제외하고는 1명의 소방기술자를 2개의 공사 현장을 초과하여 배치해서는 안 된다. 다만, 연면적 3만제곱미터 이상의 특정소방대상물(아파트는 제외한다)이거나 지하층을 포함한 층수가 16층 이상으로서 500세대 이상인 아파트에 대한 소방시설 공사의 경우에는 1개의 공사 현장에만 배치해야 한다.

1) 건축물의 연면적이 5천제곱미터 미만인 공사 현장에만 배치하는 경우. 다만, 그 연면적의 합계는 2만제곱미터를 초과해서는 안 된다. / 2) 건축물의 연면적이 5천제곱미터 이상인 공사 현장 2개 이하와 5천제곱미터 미만인 공사 현장에 같이 배치하는 경우. 다만, 5천제곱미터 미만의 공사 현장의 연면적의 합계는 1만제곱미터를 초과해서는 안 된다.

2. 소방기술자의 배치기간

가. 공사업자는 제1호에 따른 소방기술자를 소방시설공사의 착공일부터 소방시설 완공검사증명서 발급일까지 배치한다. / 나. 공사업자는 가목에도 불구하고 시공관리, 품질 및 안전에 지장이 없는 경우로서 다음의 어느 하나에 해당하여 발주자가 서면으로 승낙하는 경우에는 해당 공사가 중단된 기간 동안 소방기술자를 공사 현장에 배치하지 않을 수 있다. 1) 민원 또는 계절적 요인 등으로 해당 공정의 공사가 일정 기간 중단된 경우 / 2) 예산의 부족 등 발주자(하도급의 경우에는 수급인을 포함. 이 목에서 같다)의 책임 있는 사유 또는 천재지변 등 불가항력으로 공사가 일정기간 중단된 경우 / 3) 발주자가 공사의 중단을 요청하는 경우

[영 별표 3] 소방공사감리의 종류 및 방법(제9조관련) <2019.12.10.>

종류	대 상	방 법
상주 공사 감리	1. 연면적 3만m² 이상의 특정소방대상물(아파트를 제외한다)에 대한 소방시설의 공사. 2. 지하층을 포함한 층수가 16층 이상으로서 500세대 이상인 아파트에 대한 소방시설의 공사	1. 감리업자가 지정하는 감리원은 행정안전부령으로 정하는 기간 동안 공사현장에 상주하여 법 제16조제1항 각 호에 따른 업무를 수행하고 감리일지에 기록해야 한다. 다만, 법 제16조제1항제9호에 따른 업무는 행정안전부령으로 정하는 기간 동안에 공사가 이루어지는 경우만 해당한다. 2. 감리원이 행정안전부령으로 정하는 기간 중 부득이한 사유로 1일 이상 현장을 이탈하는 경우에는 감리일지 등에 기록하여 발주청 또는 발주자의 확인을 받아야 한다. 이 경우 감리업자는 감리원의 업무를 대행할 자를 감리현장에 배치하여 감리업무에 지장이 없도록 해야 한다. 3. 감리업자는 감리원이 행정안전부령으로 정하는 기간 중 법에 따른 교육이나 「민방위기본법」 또는 「예비군법」에 따른 교육을 받는 경우나 「근로기준법」에 따른 유급휴가로 현장을 이탈하게 되는 경우에는 감리업무에 지장이 없도록 감리원의 업무를 대행할 자를 감리현장에 배치하여야 한다. 이 경우 감리원은 새로이 배치되는 업무대행자에게 업무인계인수 등의 필요한 조치를 해야 한다.
일반 공사 감리	• 상주공사감리에 해당하지 않는 소방시설의 공사	1. 감리원은 공사현장에 배치되어 법 제16조제1항 각 호에 따른 업무를 수행한다. 다만, 법 제16조 제1항 제9호에 따른 업무는 행정안전부령으로 정하는 기간 중에 공사가 이루어지는 경우만 해당한다. 2. 감리원은 행정안전부령으로 정하는 기간 중에는 주 1회 이상 공사현장에 배치되어 1호의 업무를 수행하고 감리일지에 기록해야 한다. 3. 감리업자는 감리원이 부득이한 사유로 14일 이내의 범위에서 나목의 업무를 수행할 수 없는 경우에는 업무대행자를 지정하여 그 업무를 수행하게 해야 한다. 4. 제3호에 따라 지정된 업무대행자는 주 2회 이상 공사현장에 배치되어 1호의 업무를 수행하며, 그 업무수행 내용을 감리원에게 통보하고 감리일지에 기록해야 한다.

[영 별표 4] 소방공사감리원의 배치기준 (제11조관련) 〈2019.12.10.〉

1. 소방공사 감리원의 배치기준

감리원의 배치기준		소방시설공사 현장의 기준
책임감리원	보조감리원	
가. 행정안전부령으로 정하는 특급감리원 중 소방기술사	행정안전부령으로 정하는 초급감리원 이상의 소방공사 감리원(기계분야 및 전기분야)	가. 연면적 20만제곱미터 이상인 특정소방대상물의 공사 현장 나. 지하층을 포함한 층수가 40층 이상인 특정소방대상물의 공사 현장
나. 행정안전부령으로 정하는 특급감리원 이상의 소방공사 감리원(기계분야 또는 전기분야)	행정안전부령으로 정하는 초급감리원 이상의 소방공사 감리원(기계분야 및 전기분야)	가. 연면적 3만제곱미터 이상 20만제곱미터 미만인 특정소방대상물(아파트는 제외한다)의 공사 현장 나. 지하층을 포함한 층수가 16층 이상 40층 미만인 특정소방대상물의 공사 현장
다. 행정안전부령으로 정하는 고급감리원 이상의 소방공사 감리원(기계분야 또는 전기분야)	행정안전부령으로 정하는 초급감리원 이상의 소방공사 감리원(기계분야 및 전기분야)	가. 물분무등소화설비(호스릴소화설비는 제외한다) 또는 제연설비가 설치되는 특정소방대상물의 공사 현장 나. 연면적 3만제곱미터 이상 20만제곱미터 미만인 아파트의 공사 현장
라. 행정안전부령으로 정하는 중급감리원 이상의 소방공사 감리원(기계분야 또는 전기분야)		연면적 5천제곱미터 이상 3만제곱미터 미만인 특정소방대상물의 공사 현장
마. 행정안전부령으로 정하는 초급감리원 이상의 소방공사 감리원(기계분야 또는 전기분야)		가. 연면적 5천제곱미터 미만인 특정소방대상물의 공사 현장 나. 지하구(地下溝)의 공사 현장

※ 비 고

가. "책임감리원"이란 해당 공사 전반에 관한 감리업무를 총괄하는 사람을 말한다.

나. "보조감리원"이란 책임감리원을 보좌하고 책임감리원의 지시를 받아 감리업무를 수행하는 사람을 말한다.

다. 소방시설공사 현장의 연면적 합계가 20만m^2 이상인 경우에는 20만제곱미터를 초과하는 연면적에 대하여 10만m^2(20만제곱미터를 초과하는 연면적이 10만m^2에 미달하는 경우에는 10만m^2로 본다)마다 보조감리원 1명 이상을 추가로 배치해야한다.

라. 위 표에도 불구하고 상주 공사감리에 해당하지 않는 소방시설의 공사에는 보조감리원을 배치하지 않을 수 있다.

마. 특정 공사 현장이 2개 이상의 공사 현장 기준에 해당하는 경우에는 해당 공사 현장 기준에 따라 배치해야 하는 감리원을 각각 배치하지 않고 그 중 상위 등급 이상의 감리원을 배치할 수 있다.

2. 소방공사 감리원의 배치기간

가. 감리업자는 제1호의 기준에 따른 소방공사 감리원을 상주 감리 및 일반 공사감리로 구분하여 소방시설공사의 착공일부터 소방시설 완공검사증명서 발급일까지의 기간 중 행정안전부령으로 정하는 기간 동안 배치한다.

나. 감리업자는 가목에도 불구하고 시공관리, 품질 및 안전에 지장이 없는 경우로서 다음에 해당하여 발주자가 서면으로 승낙하는 경우에는 해당 공사가 중단된 기간 동안 감리원을 공사현장에 배치하지 않을 수 있다.

1) 민원 또는 계절적 요인 등으로 해당 공정의 공사가 일정 기간 중단된 경우

2) 예산의 부족 등 발주자(하도급의 경우에는 수급인을 포함한다. 이하 이 목에서 같다)의 책임 있는 사유 또는 천재지변 등 불가항력으로 공사가 일정기간 중단된 경우

3) 발주자가 공사의 중단을 요청하는 경우

[영 별표 5] 과태료부과기준 (제21조 관련) <2025.1.21>

1. 일반기준

가. 위반행위의 횟수에 따른 과태료의 부과기준은 최근 1년간 같은 위반행위로 과태료를 부과받은 경우에 적용한다. 이 경우 기간의 계산은 위반행위에 대하여 과태료 부과처분을 받은 날과 그 처분 후 다시 같은 위반행위를 하여 적발된 날을 기준으로 한다.

나. 가목에 따라 가중된 부과처분을 하는 경우 가중처분의 적용 차수는 그 위반행위 전 부과처분 차수(가목에 따른 기간 내에 과태료 부과처분이 둘 이상 있었던 경우에는 높은 차수를 말한다)의 다음 차수로 한다. 다만, 적발된 날부터 소급하여 1년이 되는 날 전에 한 부과처분은 가중처분의 차수 산정 대상에서 제외한다.

다. 과태료 부과권자는 위반행위자가 다음 어느 하나에 해당하는 경우에는 제2호에 따른 과태료 금액의 1/2의 범위에서 그 금액을 줄여 부과할 수 있다. 다만, 과태료를 체납하고 있는 위반행위자에 대해서는 그렇지 않다.

1) 위반행위자가 〈질서위반행위규제법 시행령〉 제2조의2제1항 각 호의 어느 하나에 해당하는 경우

2) 위반행위자가 처음의 경우로서 3년 이상 해당 업종을 모범적으로 영위한 사실이 인정되는 경우

– 이하생략 –

2. 개별기준 〈2025.1.21.〉

위반행위	근거 법조문	과태료 금액 (단위: 만 원) / 이상		
		1차	2차	3차
가. 법 제6조, 제6조의2제1항, 제7조제1항 및 2항, 제13조제1항 및 제2항 전단, 제17조 제2항을 위반하여 신고를 하지 않거나 거짓으로 신고한 경우	법 제40조제1항제호	60	100	200
나. 법 제8조제3항을 위반하여 관계인에게 지위승계, 행정처분 또는 휴업·폐업의 사실을 거짓으로 알린 경우	법 제40조제1항제2호	60	100	200
다. 법 제8조제4항을 위반하여 관계서류를 보관하지 않은 경우	법 제40조제1항제3호	200		
라. 법 제12조제2항을 위반하여 소방기술자를 공사현장에 배치하지 않은 경우	법 제40조제1항제4호	200		
마. 법 제14조제1항을 위반하여 완공검사를 받지 않은 경우	법 제40조제1항제5호	200		
바. 법 제15조제3항을 위반하여 3일 이내에 하자를 보수하지 않거나 하자보수계획을 관계인에게 거짓으로 알린 경우 1) 4일 이상 30일 이내에 보수하지 않은 경우 2) 30일을 초과하도록 보수하지 않은 경우 3) 거짓으로 알린 경우	법 제40조제1항제6호	 50 100 200		
사. 법 제17조제3항을 위반하여 감리관계서류를 인수·인계하지 않은 경우	법 제40조제1항제8호	200		
아. 법 제18조제2항에 따른 배치통보 및 변경통보를 하지 아니하거나 거짓으로 통보한 경우	법 제40조제1항제8호의2	60	100	200
자. 법 제20조의2를 위반하여 방염성능기준 미만으로 방염을 한 경우	법제40조제1항제9호	200		
차. 법 제20조의3제2항에 따른 방염처리능력 평가에 관한 서류를 거짓으로 제출한 경우	법제40조제1항제10호	200		
카. 법 제21조의3제2항에 따른 도급계약 체결 시 의무를 이행하지 않은 경우 (하도급 계약의 경우에는 하도급 받은 소방시설업자는 제외한다)	법 제40조제1항제10호의3	200		
타. 법 제21조의3 제4항에 따른 하도급 등의 통지를 하지 않은 경우	법제40조제1항제11호	60	100	200
파. 법 제21조의4 제1항에 따른 공사대금의 지급보증, 담보의 제공 또는 보험료 등의 지급을 정당한 사유없이 이행하지 않는 경우	법제40조제1항제11호의2	200		
하. 법 제26조2항에 따른 시공능력 평가에 관한 서류를 거짓으로 제출한 경우	법제40조제1항제13호의3	200		
거. 법 제26조의2제1항 후단에 따른 사업수행능력 평가에 관한 서류를 위조하거나 변조하는 등 거짓이나 그 밖의 부정한 방법으로 입찰에 참여한 경우	법제40조제1항제13호의3	200		
너. 법 제31조제1항에 따른 명령을 위반하여 보고 또는 자료 제출을 하지 않거나 거짓으로 보고 또는 자료 제출을 한 경우	법제40조제1항제14호	60	100	200

시행규칙

[규칙 별표 1] 소방시설업에 대한 행정처분기준 (제9조제1항 관련) 〈2024.1.4〉

1. 일반기준
   가. 위반행위가 동시에 둘 이상 발생한 경우에는 그 중 중한 처분기준(중한 처분기준이 동일한 경우에는 그 중 하나의 처분기준을 말한다. 이하 같다)에 따르되, 둘 이상의 처분기준이 동일한 영업정지인 경우에는 중한 처분의 2분의 1까지 가중하여 처분할 수 있다.
   나. 영업정지 처분기간 중 영업정지에 해당하는 위반사항이 있는 경우에는 종전의 처분기간 만료일의 다음 날부터 새로운 위반사항에 대한 **영업정지의 행정처분**을 한다.
   다. 위반행위의 차수에 의한 행정처분기준은 **최근 1년간** 같은 위반행위로 행정처분을 받은 경우에 적용하되, 제2호처목에 따른 위반행위의 차수는 재물 또는 재산상의 이익을 취득하거나 제공한 횟수로 산정한다. 이 경우 기준적용일은 위반사항에 대한 행정처분일과 그 처분 후 다시 적발한 날을 기준으로 한다.
   라. 다목에 따라 가중된 행정처분을 하는 경우 가중처분의 적용차수는 그 위반행위 전 행정처분 차수(다목에 따른 기간 내에 행정처분이 둘 이상 있었던 경우에는 높은 차수를 말한다)의 다음 차수로 한다. 다만, 적발된 날부터 소급하여 1년이 되는 날 전에 한 행정처분은 가중처분의 차수 산정 대상에서 제외한다.
   마. 영업정지에 해당하는 위반사항으로서 위반행위의 동기·내용·횟수·사유 또는 그 결과를 고려하여 다음 각 목에 해당하는 경우 그 처분을 가중하거나 감경할 수 있다. 이 경우 그 처분이 영업정지일 때에는 그 처분기준의 2분의 1의 범위에서 가중하거나 감경할 수 있고, 등록취소일 때에는 등록취소 전 차수의 행정처분이 영업정지일 경우 처분기준의 2배 이상의 영업정지처분으로 감경(법 제9조제1항제1호·제3호·제6호를 위반하여 등록취소가 된 경우는 제외한다)할 수 있다.
      1) 가중사유
         가) 위반행위가 사소한 부주의나 오류가 아닌 고의나 중대한 과실에 의한 것으로 인정되는 경우
         나) 위반의 내용·정도가 중대하여 관계인에게 미치는 피해가 크다고 인정되는 경우
      2) 감경 사유
         가) 위반행위가 고의나 중대한 과실이 아닌 사소한 부주의나 오류로 인한 것으로 인정되는 경우
         나) 위반의 내용·정도가 경미하여 관계인에게 미치는 피해가 적다고 인정되는 경우
         다) 위반행위자의 위반행위가 처음이며 5년 이상 소방시설업을 모범적으로 해 온 사실이 인정되는 경우
         라) 위반행위자가 그 위반행위로 인하여 검사로부터 기소유예 처분을 받거나 법원으로부터 선고유예의 판결을 받은 경우
   바. 생략(소상공인 경우 영업정지시 70/100 범위에서 감경할 수 있고, 영업취소시 정지로 감경할 수 있다.)

2. 개별기준

위반사항	근거법령	행정처분기준		
		1차	2차	3차
가. 거짓이나 그 밖의 부정한 방법으로 등록한 경우	법제9조	등록취소	-	-
나. 법 제4조제1항에 따른 등록기준에 미달하게 된 후 30일이 경과한 경우(법 제9조제1항제2호 단서에 해당하는 경우는 제외한다)	법제9조	경고(시정명령)	영업정지3개월	등록취소
다. 법 제5조 각 호의 등록 결격사유에 해당하게 된 경우	법제9조	등록취소	-	-
라. 등록을 한 후 정당한 사유 없이 1년이 지날 때까지 영업을 시작하지 아니하거나 계속하여 1년 이상 휴업한 때	법제9조	경고(시정명령)	등록취소	-
마. 법 제8조제1항을 위반하여 다른 자에게 자기의 성명이나 상호를 사용하여 소방시설공사등을 수급 또는 시공하게 하거나 소방시설업의 등록증 또는 등록수첩을 빌려준 경우	법제9조	영업정지6개월	등록취소	-
바. 법 제8조제2항을 위반하여 영업정지기간 중에 소방시설공사등을 한 경우	법제9조	등록취소	-	-
사. 법 제8조제3항 또는 제4항을 위반하여 통지를 하지 아니하거나 관계서류를 보관하지 아니한 경우	법제9조	경고(시정명령)	영업정지1개월	등록취소
아. 법 제11조 또는 제12조제1항을 위반하여 화재안전기준 등에 적합하게 설계·시공을 하지 아니하거나, 법 제16조제1항에 따라 적합하게 감리를 하지 아니한 경우	법제9조	영업정지 1개월	영업정지 3개월	등록취소

자. 법 제11조, 제12조제1항, 제16조제1항 또는 제20조의2에 따른 소방시설공사등의 업무수행의무 등을 고의 또는 과실로 위반하여 다른 자에게 상해를 입히거나 재산피해를 입힌 경우	법제9조	영업정지 6개월	등록취소	-
차. 법 제12조제2항을 위반하여 소속 소방기술자를 공사현장에 배치하지 아니하거나 거짓으로 한 경우	법제9조	경고 (시정명령)	영업정지 1개월	등록취소
카. 법 제13조 또는 제14조를 위반하여 착공신고(변경신고를 포함한다)를 하지 아니하거나 거짓으로 한 때 또는 완공검사(부분완공 검사를 포함한다)를 받지 아니한 경우	법제9조	경고 (시정명령)	영업정지 3개월	등록취소
타. 법 제13조제2항 후단을 위반하여 착공신고사항 중 중요한 사항에 해당하지 아니하는 변경사항을 같은항 각 호의 어느 하나에 해당하는 서류에 포함하여 보고하지 아니한 경우	법제9조	경고 (시정명령)	영업정지 1개월	등록취소
파. 법 제15조제3항을 위반하여 하자보수 기간 내에 하자보수를 하지 아니하거나 하자보수계획을 통보하지 아니한 경우	법제9조	경고 (시정명령)	영업정지 1개월	등록취소
하. 법 제16조제3항에 따른 감리의 방법을 위반한 경우	법제9조	경고(시정명령)	영업정지1개월	등록취소
--------------------------------	----	------	-----	-----
거. 법 제17조제3항을 위반하여 인수·인계를 거부·방해·기피한 경우	법제9조	영업정지1개월	영업정지3개월	등록취소
너. 법 제18조제1항을 위반하여 소속 감리원을 공사현장에 배치하지 아니하거나 거짓으로 한 경우	법제9조	영업정지1개월	영업정지3개월	등록취소
더. 법 제18조제3항의 감리원 배치 기준을 위반한 경우	법제9조	경고(시정명령)	영업정지1개월	등록취소
러. 법 제19조제1항에 따른 요구에 따르지 아니한 경우	법제9조	영업정지1개월	영업정지3개월	등록취소
머. 법 제19조제3항을 위반하여 보고하지 아니한 경우	법제9조	경고(시정명령)	영업정지1개월	등록취소
버. 법 제20조를 위반하여 감리 결과를 알리지 아니하거나 거짓으로 알린 경우 또는 공사감리 결과보고서를 제출하지 아니하거나 거짓으로 제출한 경우	법제9조	경고(시정명령)	영업정지3개월	등록취소
서. 법 제20조의2를 위반하여 방염을 한 경우	법제9조	영업정지3개월	영업정지6개월	등록취소
어. 법 제20조의3제2항에 따른 방염처리 능력평가에 관한 서류를 거짓으로 제출한 경우	법제9조	영업정지3개월	영업정지6개월	등록취소
저. 법 제21조의3제4항을 위반하여 하도급 등에 관한 사항을 관계인과 발주자에게 알리지 아니하거나 거짓으로 알린 경우	법제9조	경고(시정명령)	영업정지1개월	등록취소
처 법 제21조의5제1항 또는 제3항을 위반하여 부정한 청탁을 받고 재물 또는 재산상의 이익을 취득하거나 부정한 청탁을 하면서 재물 또는 재산상의 이익을 제공한 경우	법제9조			
1) 취득하거나 제공한 재물 또는 재산상 이익의 가액(價額)이 1천만원 이상인 경우		영업정지3개월	영업정지6개월	등록취소
2) 취득하거나 제공한 재물 또는 재산상 이익의 가액이 1백만원 이상 1천만원 미만인 경우		영업정지2개월	영업정지5개월	등록취소
3) 취득하거나 제공한 재물 또는 재산상 이익의 가액이 1백만원 미만인 경우	법제9조	영업정지1개월	영업정지4개월	등록취소
커. 법 제22조1항 본문을 위반하여 도급받은 소방시설의 설계, 시공, 감리를 하도급한 경우	법제9조	영업정지3개월	영업정지6개월	등록취소
터. 법 제22조제2항을 위반하여 하도급받은 소방시설 공사를 다시 하도급한 경우	법제9조	영업정지3개월	영업정지6개월	등록취소
퍼. 법 제22조의2제2항을 위반하여 정당한 사유 없이 하수급인 또는 하도급 계약내용의 변경요구에 따르지 아니한 경우	법제9조 법제9조	경고(시정명령)	영업정지1개월	등록취소
허. 법 제22조의3을 위반하여 하수급인에게 대금을 지급하지 아니한 경우	법제9조	영업정지1개월	영업정지3개월	등록취소
고. 법 제24조를 위반하여 시공과 감리를 함께 한 경우		영업정지 3개월	등록취소	-
노. 법 제26조2항에 따른 사업수행능력 평가에 관한 서류를 거짓으로 제출한 경우	법제9조	영업정지3개월	영업정지6개월	등록취소
도. 법 제26조의2에 따른 사업수행능력 평가에 관한 서류를 위조하거나 변조하는 등 거짓이나 그 밖의 부정한 방법으로 입찰에 참여한 경우	법제9조	영업정지3개월	영업정지6개월	등록취소
로. 법 제31조에 따른 명령을 위반 하여 보고 또는 자료 제출을 하지 아니하거나 거짓으로 보고 또는 자료 제출을 한 경우	법제9조	영업정지3개월	영업정지6개월	등록취소
모. 정당한 사유 없이 법 제31조에 따른 관계 공무원의 출입 또는 검사·조사를 거부·방해 또는 기피한 경우		영업정지3개월	영업정지6개월	등록취소

[규칙 별표 2] 과징금의 부과기준(제10조 관련) 〈2025.1.23.〉

1. 일반기준

   가. 영업정지 1개월은 30일로 계산한다.

   나. 과징금 산정은 별표 1 제2호의 영업정기기간(일)에 제2호에 따른 1일 과징금 금액을 곱하여 얻은 금액으로 한다.

   다. 위반행위가 둘 이상 발생한 경우 과징금 부과에 따른 영업정지기간(일) 산정은 별표 1 제2호의 개별기준에 따른 각각의 영업정지처분기간을 합산한 기간으로 한다.

   라. 영업정지에 해당하는 위반사항으로서 위반행위의 동기·내용·횟수 또는 그 결과를 고려하여 그 처분기준의 2분의 1까지 감경한 경우 과징금 부과에 따른 영업정지기간(일) 산정은 감경한 영업정지기간으로 한다.

   마. 제2호에 따른 연간 매출액은 해당 업체에 대한 행정처분일이 속한 연도의 전년도 1년간 총 매출액을 기준으로 하며, 신규사업 · 휴업 등에 따라 전년도 1년간의 총매출액을 산출할 수 없는 경우에는 분기별 · 월별 또는 일별 매출액을 기준으로 하여 연간 매출액을 산정한다.

   바. 별표 1 제2호 행정처분 개별기준 중 나목·마목·거목·도목, 로목 및 모목의 위반사항에는 법 제10조제1항에 따른 영업정지를 갈음하여 과징금을 부과할 수 없다.

2. **개별기준** : 과징금 금액 산정기준(생략)

[규칙 별표 2의2] 과징금의 부과기준 (제10조 제2호 관련) - 일반기준 생략 - 〈2025.1.23.〉

2. **개별기준** : 가. 소방시설설계업 및 소방공사감리업의 과징금 산정기준 - 과징금 부과금액 = 1일 평균 매출액 × 영업정지 일수 × 0.0205 / 나. 소방시설공사업 및 방염처리업의 과징금 산정기준 - 과징금 부과금액 = 1일 평균 매출액 × 영업정지 일수 × 0.0423

[규칙 별표 3] 일반공사감리기간 제16조관련) 〈2010.11.1〉

1. 옥내소화전설비·스프링클러설비·포소화설비·물분무소화설비·연결살수설비 및 연소방지설비의 경우: 가압송수장치의 설치, 가지배관의 설치, 개폐밸브·유수검지장치·체크밸브·템퍼스위치의 설치, 앵글밸브·소화전함의 매립·스프링클러헤드·포헤드·포방출구·포노즐·포호스릴·물분무헤드·연결살수헤드·방수구의 설치, 포소화약제 탱크 및 포혼합기의 설치, 포소화약제의 충전, 입상배관과 옥상탱크의 접속, 옥외 연결송수구의 설치, 제어반의 설치, 동력전원 및 각종 제어회로의 접속, 음향장치의 설치 및 수동조작함의 설치를 하는 기간
2. 이산화탄소소화설비·할로겐화합물소화설비·청정소화약제소화설비 및 분말소화설비의 경우: 소화약제 저장용기와 집합관의 접속, 기동용기 등 작동장치의 설치, 제어반·화재표시반의 설치, 동력전원 및 각종 제어회로의 접속, 가지배관의 설치, 선택밸브의 설치, 분사헤드의 설치, 수동기동장치의 설치 및 음향경보장치의 설치를 하는 기간
3. 자동화재탐지설비·시각경보기·비상경보설비·비상방송설비·통합감시시설·유도등·비상콘센트설비 및 무선통신보조설비의 경우: 전선관의 매립, 감지기·유도등·조명등 및 비상콘센트의 설치, 증폭기의 접속, 누설동축케이블 등의 부설, 무선기기의 접속단자·분배기·증폭기의 설치 및 동력전원의 접속공사를 하는 기간
4. 피난기구의 경우: 고정금속구를 설치하는 기간
5. 제연설비의 경우: 가동식 제연경계벽·배출구·공기유입구의 설치, 각종 댐퍼 및 유입구 폐쇄장치의 설치, 배출기 및 공기유입기의 설치 및 풍도와의 접속, 배출풍도 및 유입풍도의 설치·단열조치, 동력전원 및 제어회로의 접속, 제어반의 설치를 하는 기간
6. 비상전원이 설치되는 소방시설의 경우: 비상전원의 설치 및 소방시설과의 접속을 하는 기간

※ 비 고 : 위 각호에 따른 소방시설의 일반공사감리기간은 소방시설의 성능시험, 소방시설완공검사필증의 발급·인수인계 및 소방공사의 정산을 하는 기간을 포함한다.

[규칙 별표 3의2] 방염처리능력평가의 방법 〈2019.2.18.〉

1. 방염처리업자의 방염처리능력은 다음 계산식으로 산정하되, 10만 원 미만의 숫자는 버린다. 이 경우 산정 기준일은 평가를 하는 해의 전년도 12월 31일로 한다.

방염처리능력평가액 = 실적평가액 + 자본금평가액 + 기술력평가액 + 경력평가액 ± 신인도평가액

2. 실적평가액 : 실적평가액 = 연평균 방염처리실적액 –(요약함)–
3. 자본금평가액 : 자본금평가액 = 실질자본금
4. 기술력평가액 : 전년도 연구·인력개발비 + 전년도 방염처리시설 및 시험기기 구입비용
5. 경력평가액 : 실적평가액 x 방염처리업 경영기간 평점 x 20/100
6. 신인도평가액 : (실적평가액 + 자본금평가액 + 기술력평가액 + 경력평가액) x 신인도 반영비율

[규칙 별표 4] 시공능력평가의 방법(제23조관련) 〈2025.10.31〉

소방시설공사업자의 시공능력 평가는 다음 계산식으로 산정하되, 10만 원 미만의 숫자는 버린다. 이 경우 산정기준일은 평가를 하는 해의 전년도 말일로 한다.

시공능력평가액 = 실적평가액 + 자본금평가액 + 기술력평가액 + 경력평가액 ± 신인도평가액

1. **실적평가액**은 다음 계산식으로 산정한다.

실적평가액 = 연평균공사 실적액

가. 공사실적액(발주자가 공급하는 자재비를 제외한다)은 해당 업체의 수급금액중 하수급금액은 포함하고 하도급금액은 제외한다.

나. 공사업을 한 기간이 산정일을 기준으로 3년 이상인 경우에는 최근 3년간의 공사실적을 합산하여 3으로 나눈 금액을 연평균공사실적액으로 한다.

다. 공사업을 한 기간이 산정일을 기준으로 1년 이상 3년 미만인 경우에는 그 기간의 공사실적을 합산한 금액을 그 기간의 개월수로 나눈 금액에 12를 곱한 금액을 연평균공사실적액으로 한다.

라. 공사업을 한 기간이 산정일을 기준으로 1년 미만인 경우에는 그 기간의 공사실적액을 연평균공사실적액으로 한다.

마. 다음의 어느 하나에 해당하는 경우에 실적은 종전 공사업자의 실적과 공사업을 승계한 자의 실적을 합산한다.

1) 공사업자인 법인이 분할에 의하여 설립되거나 분할합병한 회사에 그가 경영하는 소방시설공사업 전부를 양도하는 경우
2) 개인이 경영하던 소방시설공사업을 법인사업으로 전환하기 위하여 소방시설공사업을 양도하는 경우(소방시설공사업의 등록을 한 개인이 해당 법인의 대표자가 되는 경우에만 해당한다)
3) 합명회사와 합자회사 간, 주식회사와 유한회사 간의 전환을 위하여 소방시설공사업을 양도하는 경우
4) 공사업자는 법인 간에 합병을 하는 경우 또는 공사업자인 법인과 공사업자가 아닌 법인이 합병을 하는 경우
5) 공사업자가 영 제2조 별표 1 제2호에 따른 소방시설공사업의 업종 중 일반 소방시설공사업에서 전문 소방시설공사업으로 전환하거나 전문 소방시설공 사업에서 일반 소방시설공사업으로 전환하는 경우
6) 법 제6조의2에 따른 폐업신고로 소방시설공사업의 등록이 말소된 후 6개월 이내에 다시 소방시설공사업을 등록하는 경우

2. **자본금평가액**은 다음 계산식으로 산정한다.

자본금평가액 = (실질자본금 × 실질자본금의 평점 + 소방청장이 지정한 금융회사 또는 소방산업공제조합에 출자·예치·담보한 금액) × 70/100

가. 실질자본금은 해당 공사업체 최근 결산일 현재(새로 등록한 자는 등록을 위한 기업진단기준일 현재)의 총자산에서 총부채를 뺀 금액을 말하며, 소방시설공사업 외의 다른 업을 겸업하는 경우에는 실질자본금에서 겸업비율에 해당하는 금액을 공제한다.

나. 실질자본금의 평점은 다음 표에 따른다.

실질자본금의 규모	등록기준 자본금의 2배 미만	등록기준 자본금의 2배 이상 3배 미만	등록기준 자본금의 3배 이상 4배 미만	등록기준 자본금의 4배 이상 5배 미만	등록기준 자본금의 5배 이상
평 점	1.2	1.5	1.8	2.1	2.4

다. 출자금액은 평가연도의 직전연도 말 현재 출자한 좌수에 소방청장이 지정한 금융회사 또는 소방산업공제조합이 평가한 지분액을 곱한 금액으로 한다. 다만, 제23조제2항 각 호의 어느 하나의 사유로 시공능력을 평가하는 경우에는 시공능력 평가의 신청일을 기준으로 한다.

3. **기술력평가액**은 다음 계산식으로 산정한다.

기술력평가액 = 전년도 공사업계의 기술자1인당 평균생산액 × 보유기술인력 가중치합계 × 30/100 + 전년도 기술개발투자액

가. 전년도 공사업계의 기술자 1인당 평균생산액은 공사업계의 국내 총기성액을 공사업계에 종사하는 기술자의 총수로 나눈 금액으로 하되, 이 경우 국내 총기성액 및 기술자 총수는 협회가 관리하고 있는 정보를 기준으로 한다(전년도 공사업계 기술자 1인당 평균생산액이 산출되지 아니하는 경우에는 전전년도 공사업계의 기술자 1인당 평균생산액을 적용한다)

나. 보유기술인력 가중치의 계산은 다음의 방법에 따른다.

1) 보유기술인력은 해당 공사업체의 소방시설공사업 기술인력으로 등록되어 6개월 이상 근무한 사람(신규등록·신규양도·합병 후 공사업을 한 기간이 6개월 미만인 경우에는 등록신청서·양도신고서·합병신고서에 적혀 있는 기술인력자로 한다)만 해당한다.

2) 보유기술인력의 등급은 특급기술자, 고급기술자, 중급기술자 및 초급기술자로 구분하되, 등급구분의 기준은 별표4의2 제3호가목과 같다.

3) 보유기술인력의 등급별 가중치는 다음 표와 같다.

보유기술인력	특급기술자	고급기술자	중급기술자	초급기술자
가 중 치	2.5	2	1.5	1

4) 보유기술인력 1명이 기계분야 기술과 전기분야 기술을 함께 보유한 경우에는 3)의 가중치에 0.5를 가산한다.

다. 전년도 기술개발투자액은 「조세특례제한법 시행령」 별표 6에 규정된 비용 중 소방시설공사업 분야에 실제로 사용된 금액으로 한다.

4. **경력평가액**은 다음 계산식으로 산정한다.

경력평가액 = 실적평가액 × 공사업 경영기간 평점 × 20/100

가. 공사업경영기간은 등록일·양도신고일 또는 합병신고일부터 산정기준일까지로 한다.

나. 종전 공사업자의 공사업 경영기간과 공사업을 승계한 자의 공사업 경영기간의 합산에 관해서는 제1호마목을 준용한다.

다. 공사업경영기간 평점은 다음 표에 따른다.

공 사 업 경영기간	2년 미만	2년 이상 4년 미만	4년 이상 6년 미만	6년 이상 8년 미만	8년 이상 10년 미만
평 점	1.0	1.1	1.2	1.3	1.4

10년 이상 12년 미만	12년 이상 14년 미만	14년 이상 16년 미만	16년 이상 18년 미만	18년 이상 20년 미만	20년 이상
1.5	1.6	1.7	1.8	1.9	2.0

5. 신인도평가액은 다음 계산식으로 산정하되, 신인도평가액은 실적평가액·자본금평가액·기술력평가액·경력평가액을 합친 금액의 ±10%의 범위를 초과할 수 없으며, 가점요소와 감점요소가 있는 경우에는 이를 상계한다

신인도평가액 = (실적평가액 + 자본금평가액 + 기술력평가액 + 경력평가액) × 신인도 반영비율 합계

가. 신인도 반영비율 가점요소는 다음과 같다.
  1) 최근 1년간 국가기관·지방자치단체·공공기관으로부터 우수시공업자로 선정된 경우(+3%)
  2) 최근 1년간 국가기관·지방자치단체 및 공공기관으로부터 공사업과 관련한 표창을 받은 경우
    - 대통령 표창(+3%)
    - 그 밖의 표창(+2%)
  3) 공사업자의 공사 시공 상 환경관리 및 공사폐기물의 처리실태가 우수하여 기후에너지환경부장관으로부터 시공능력의 증액 요청이 있는 경우(+2%)
  4) 소방시설공사업에 관한 국제품질경영인증(ISO)을 받은 경우(+2%)

나. 신인도 반영비율 감점요소는 아래와 같다.
  1) 최근 1년간 국가기관·지방자치단체·공공기관으로부터 부정당업자로 제재처분을 받은 사실이 있는 경우(−3%)
  2) 최근 1년간 부도가 발생한 사실이 있는 경우(−2%)
  3) 최근 1년간 법 제9조 또는 제10조에 따라 영업정지처분 및 과징금처분을 받은 사실이 있는 경우
    - 1개월 이상 3개월 이하(−2%)
    - 3개월 초과(−3%)
  4) 최근 1년간 법 제40조에 따라 사유로 과태료처분을 받은 사실이 있는 경우(−2%)
  5) 최근 1년간 환경관리법령에 따른 과태료 처분, 영업정지 처분 및 과징금 처분을 받은 사실이 있는 경우(−2%)

[규칙 별표 4의2] 〈2025.1.23〉

소방기술과 관련된 자격·학력 및 경력의 인정 범위(제24조 1항 관련)

1. 공통기준

가. 「소방시설 설치 및 관리에 관한 법률 시행령」 별표 9 제2호라목 및 「소방시설공사업법 시행령」 별표 1 제1호 비고 제4호다목 및 같은표 제3호 비고 제2호에서 "소방기술과 관련된 자격"이란 다음 어느 하나에 해당하는 자격을 말한다.

1) 소방기술사, 소방시설관리사, 소방설비기사, 소방설비산업기사
2) 건축사, 건축기사, 건축산업기사
3) 건축기계설비기술사, 건축설비기사, 건축설비산업기사
4) 건설기계기술사, 건설기계설비기사, 건설기계설비산업기사, 일반기계기사
5) 공조냉동기계기술사, 공조냉동기계기사, 공조냉동기계산업기사
6) 화공기술사, 화공기사, 화공산업기사
7) 가스기술사, 가스기능장, 가스기사, 가스산업기사
8) 건축전기설비기술사, 전기기능장, 전기기사, 전기산업기사, 전기공사기사, 전기공사산업기사
9) 산업안전기사, 산업안전산업기사
10) 위험물기능장, 위험물산업기사, 위험물기능사

나. 「소방시설 설치 및 관리에 관한 법률 시행령」 별표 9 제2호라목 및 「소방시설공사업법 시행령」 별표 1 제1호 비고 제4호다목 및 같은표 제3호 비고 제2호에서 "소방기술과 관련된 자격"이란 다음 어느 하나에 해당하는 학과를 졸업한 사람을 말한다.

1) 소방안전관리학과(소방안전관리과, 소방시스템과, 소방학과, 소방환경관리과, 소방공학과 및 소방행정학과를 포함한다)
2) 전기공학과(전기과, 전기설비과, 전자공학과, 전기전자과, 전기전자공학과, 전기제어공학과를 포함한다)
3) 산업안전공학과(산업안전과, 산업공학과, 안전공학과, 안전시스템공학과를 포함한다)
4) 기계공학과(기계과, 기계학과, 기계설계학과, 기계설계공학과, 정밀기계공학과를 포함한다)
5) 건축공학과(건축과, 건축학과, 건축설비학과, 건축설계학과를 포함한다)
6) 화학공학과(공업화학과, 화학공업과를 포함한다)
7) 학군 또는 학부제로 운영되는 대학의 경우에는 1)부터 6)까지 학과에 해당하는 학과

다. 「소방시설 설치 및 관리에 관한 법률 시행령」 별표 9 제2호라목 및 「소방시설공사업법 시행령」 별표 1 제1호 비고 제4호다목 및 같은표 제3호 비고 제2호에서 "소방기술과 관련된 경력(이하 "소방관련업무"라 한다)"이란 다음 어느 하나에 해당하는 경력을 말한다.

1) 소방시설공사업, 소방시설설계업, 소방공사감리업, 소방시설관리업, 소방시설관리업에서 소방시설의 설계·시공·감리 또는 소방시설의 점검 및 유지관리업무를 수행한 경력
2) 소방공무원으로서 다음 어느 하나에 해당하는 업무를 수행한 경력
   가) 건축허가등의 동의 관련 업무
   나) 소방시설 착공·감리·완공검사 관련 업무
   다) 위험물 설치허가 및 완공검사 관련 업무
   라) 다중이용업소 완비증명서 발급 및 방염 관련 업무
   마) 소방시설점검 및 화재안전조사 관련 업무
   바) 가)부터 마)까지의 업무와 관련된 법령의 제도개선 및 지도·감독 관련 업무
3) 국가, 지방자치단체, 「공공기관의 운영에 관한 법률」 제4조에 따른 공공기관, 「지방공기업법」 제49조에 따른 지방공사 또는 같은 법 제76조에 따른 지방공단에서 소방시설의 공사감독 업무를 수행한 경력
4) 한국소방안전원, 한국소방산업기술원, 협회, 「화재로 인한 재해보상과 보험가입에 관한 법률」에 따른 한국화재보험협회 또는 「소방시설 설치 및 관리에 관한 법률 시행령」 제48조제3항에 따라 소방청장이 고시한 법인·단체에서 다음의 어느 하나에 해당하는 업무를 수행한 경력
   가) 소방 관련 법령에 따른 소방시설 관련 정부 위탁 업무
   나) 소방 관련 법령의 제도개선을 위한 지원 업무
5) 소방기술사, 소방시설관리사, 소방설비기사, 소방설비산업기사 자격을 취득한 이후 다음의 어느 하나에 해당하는 업무를 수행한 경력
   가) 「화재의 예방 및 안전관리에 관한 법률」 제24조제1항 또는 제3항에 따라 소방안전관리자 또

는 소방안전관리보조자로 선임되어 소방안전관리 업무를 수행한 경력

나)「초고층 및 지하연계 복합건축물 재난관리에 관한 특별법」 제12조제1항에 따라 총괄재난관리자로 지정되어 소방안전관리 업무를 수행한 경력

다)「공공기관의 소방안전관리에 관한 규정」 제5조제1항에 따라 소방안전관리자로 선임되어 소방안전관리 업무를 수행한 경력

6)「위험물안전관리법 시행규칙」 제57조에 따른 안전관리대행기관에서 위험물안전관리 업무를 수행하거나 위험물기능장, 위험물산업기사, 위험물기능사 자격을 취득한 이후「위험물안전관리법」 제15조제1항에 따른 위험물안전관리자로 선임되어 위험물안전관리 업무를 수행한 경력

7) 법 제4조제4항에 따른 요건을 모두 갖춘 기관에서 자체 기술인력으로서 소방시설의 설계 또는 감리 업무를 수행한 경력

8)「초ㆍ중등교육법 시행령」 제90조에 따른 특수목적고등학교 및 같은 영 제91조에 따른 특성화고등학교에서「초ㆍ중등교육법」 제19조제1항에 따른 교원 또는「고등교육법」 제2조제1호부터 제6호까지에 따른 학교에서 같은 법 제14조제2항에 따른 교원으로서 나목1)에 해당하는 학과에 소속되어 소방 관련 교과목 강의를 담당한 경력

라. 나목 및 다목의 소방기술분야는 다음 표에 따르되, 해당 학과를 포함하는 학군 또는 학부제로 운영되는 대학의 경우에는 해당 학과의 학력·경력을 인정하고, 해당 학과가 두 가지 이상의 소방기술분야에 해당하는 경우에는 다음 표의 소방기술분야(기계, 전기)를 모두 인정한다.

<table>
<tr><th colspan="4" rowspan="2">구분</th><th colspan="2">소방기술분야</th></tr>
<tr><th>기계</th><th>전기</th></tr>
<tr><td rowspan="3">학과·학위</td><td colspan="3">1) 소방안전관리학과(소방안전관리과, 소방시스템과, 소방학과, 소방환경관리과, 소방공학과, 소방행정학과)</td><td>○</td><td>○</td></tr>
<tr><td colspan="3">2) 전기공학과(전기과, 전기설비과, 전자공학과, 전기전자과, 전기전자공학과, 전기제어공학과)</td><td>×</td><td>○</td></tr>
<tr><td colspan="3">3) 산업안전공학과(산업안전과, 산업공학과, 안전공학과, 안전시스템공학과)
4) 기계공학과(기계과, 기계학과, 기계설계학과, 기계설계공학과, 정밀기계공학과)
5) 건축공학과(건축과, 건축학과, 건축설비학과, 건축설계학과)
6) 화학공학과(공업화학과, 화학공업과)</td><td>○</td><td>×</td></tr>
<tr><td rowspan="8">경력</td><td rowspan="4">1) 소방업체에서 소방 관련 업무를 수행한 경력</td><td rowspan="3">소방시설설계업
소방시설공사업
소방공사감리업</td><td>전문</td><td>○</td><td>○</td></tr>
<tr><td>일반전기</td><td>×</td><td>○</td></tr>
<tr><td>일반기계</td><td>○</td><td>×</td></tr>
<tr><td colspan="2">소방시설관리업</td><td>○</td><td>○</td></tr>
<tr><td colspan="3">2) 소방공무원으로서 다음 어느 하나에 해당하는 업무를 수행한 경력
가) 건축허가등의 동의 관련 업무
나) 소방시설 착공· 감리· 완공검사 관련 업무
다) 위험물 설치허가 및 완공검사 관련 업무
라) 다중이용업소 완비증명서 발급 및 방염 관련 업무
마) 소방시설점검 및 화재안전조사 관련 업무
바) 가)부터 마)까지의 업무와 관련된 법령의 제도개선 및 지도·감독 관련 업무</td><td>○</td><td>○</td></tr>
<tr><td colspan="3">3) 국가, 지방자치단체,「공공기관의 운영에 관한 법률」 제4조에 따른 공기업 및 준정부기관,「지방공기업법」 제49조에 따른 지방공사 또는 같은 법 제76조에 따른 지방공단에서 소방시설의 공사감독 업무를 수행한 경력</td><td>○</td><td>○</td></tr>
<tr><td colspan="3">4) 한국소방안전원·한국소방산업기술원, 협회,「화재로 인한 재해보상과 보험가입에 관한 법률」에 따른 한국화재보험협회 또는「소방시설 설치 및 관리에 관한 법률 시행령」 제48조제3항에 따라 소방청장이 고시한 법인ㆍ단체에서 소방 관련 법령에 따라 소방시설과 관련된 정부 위탁 업무를 수행한 경력</td><td>○</td><td>○</td></tr>
<tr><td colspan="3">5) 소방기술사, 소방시설관리사, 소방설비기사, 소방설비산업기사 자격을 취득한 이후 다음의 어느 하나에 해당하는 업무를 수행한 경력</td><td>○</td><td>○</td></tr>
</table>

<table>
<tr><td>가) 「화재의 예방 및 안전관리에 관한 법률」 제24조제1항 또는 제3항에 따라 소방안전관리자 또는 소방안전관리보조자로 선임되어 소방안전관리 업무를 수행한 경력
나) 「초고층 및 지하연계 복합건축물 재난관리에 관한 특별법」 제12조제1항에 따라 총괄재난관리자로 지정되어 소방안전관리 업무를 수행한 경력
다) 「공공기관의 소방안전관리에 관한 규정」 제5조제1항에 따라 소방안전관리자로 선임되어 소방안전관리 업무를 수행한 경력가) 「화재의 예방 및 안전관리에 관한 법률」 제24조제1항 또는 제3항에 따라 소방안전관리자 또는 소방안전관리보조자로 선임되어 소방안전관리 업무를 수행한 경력
나) 「초고층 및 지하연계 복합건축물 재난관리에 관한 특별법」 제12조제1항에 따라 총괄재난관리자로 지정되어 소방안전관리 업무를 수행한 경력
다) 「공공기관의 소방안전관리에 관한 규정」 제5조제1항에 따라 소방안전관리자로 선임되어 소방안전관리 업무를 수행한 경력</td><td></td><td></td></tr>
<tr><td>6) 「위험물안전관리법 시행규칙」 제57조에 따른 안전관리대행기관에서 위험물안전관리 업무를 수행하거나 위험물기능장, 위험물산업기사, 위험물기능사 자격을 취득한 이후 「위험물안전관리법」 제15조제1항에 따른 위험물안전관리자로 선임되어 위험물안전관리 업무를 수행한 경력</td><td>○</td><td>×</td></tr>
<tr><td>7) 법 제4조제4항에 따른 요건을 모두 갖춘 기관에서 자체 기술인력으로서 소방시설의 설계 또는 감리 업무를 수행한 경력</td><td>○</td><td>○</td></tr>
<tr><td>8) 「초·중등교육법 시행령」 제90조에 따른 특수목적고등학교 및 같은 영 제91조에 따른 특성화고등학교에서 「초·중등교육법」 제19조제1항에 따른 교원 또는 「고등교육법」 제2조제1호부터 제6호까지에 따른 학교에서 같은 법 제14조제2항에 따른 교원으로서 나목1)에 해당하는 학과에 소속되어 소방 관련 교과목 강의를 담당한 경력</td><td>○</td><td>○</td></tr>
</table>

2. 소방기술 인정 자격수첩의 자격 구분

<table>
<tr><th>소방업체 구분</th><th>기술 능력</th><th colspan="2">자격·학력·경력인정기준</th></tr>
<tr><td rowspan="2">소방 시설 공사업

소방 시설 설계업</td><td>기계 분야 보조 인력</td><td>가. 소방기술과 관련된 자격
제1호가목1)부터7)까지, 9) 및 10) 자격을 취득한 사람
나. 소방기술과 관련된 학력
고등교육법 제2조제1호부터 제6호까지에 해당하는 학교에서 제1호나목3)부터 6)까지를 졸업한 사람</td><td rowspan="2">기계·전기분야 공통
가. 고등교육법 제2조제1호부터 제6호까지에 해당하는 학교에서 제1호나목1)에 해당하는 학과를 졸업한 사람
나. 4년제 대학 이상 또는 이와 같은 수준 이상의 교육기관을 졸업한 후 1년 이상 제1호다목에 해당하는 경력이 있는 사람
다. 전문대학 또는 이와 같은 수준 이상의 교육기관을 졸업한 후 3년 이상 제1호다목에 해당하는 경력이 있는 사람
라. 5년 이상 제1호다목에 해당하는 경력이 있는 사람
마. 3년 이상 제1호다목2)에 해당하는 경력이 있는 사람
바. 제1호가목에 해당하는 자격으로 1년 이상 같은 호 다목에 해당하는 경력이 있는 사람
사. 「초·중등교육법 시행령」 제90조 및 제91조에 따른 학교에서 제1호나목1)에 해당하는 학과(이하 "고등학교 소방학과"라 한다)를 졸업한 사람</td></tr>
<tr><td>전기 분야 보조 인력</td><td>가. 소방기술과 관련된 자격
제1호가목1) 및 8)의 자격을 취득한 사람
나. 소방기술과 관련된 학력
고등교육법 제2조제1호부터 제6호까지에 해당하는 학교에서 제1호나목2)를 졸업한 사람</td></tr>
</table>

3. 소방기술자 경력수첩의 자격 구분

가. 소방기술자의 기술등급 자격

1) 기술자격에 따른 기술등급

<table>
<tr><th>등 급</th><th>기계분야</th><th>전기분야</th></tr>
<tr><td rowspan="2">특급기술자</td><td colspan="2">• 소방기술사
• 소방시설관리사 자격을 취득한 후 5년 이상 소방 관련 업무를 수행한 사람</td></tr>
<tr><td>• 건축사, 건축기계설비기술사, 건설기계기술사, 공조냉동기계기술사, 화공기술사, 가스기술사 자격을 취득한 후 5년 이상 소방 관련 업무를 수행한 사람
• 소방설비기사 기계분야의 자격을 취득한 후 8년 이상 소방 관련 업무를 수행한 사람
• 소방설비산업기사 기계분야의 자격을 취득한 후 11년 이상 소방 관련 업무를 수행한 사람
• 건축기사, 건축설비기사, 건설기계설비기사, 일반기계기사, 공조냉동기계기사, 화공기사, 가스기능장, 가스기사, 산업안전기사, 위험물기능장 자격을 취득한 후 13년 이상 소방 관련 업무를 수행한 사람</td><td>• 건축전기설비기술사 자격을 취득한 후 5년 이상 소방 관련 업무를 수행한 사람
• 소방설비기사 전기분야의 자격을 취득한 후 8년 이상 소방 관련 업무를 수행한 사람
• 소방설비산업기사 전기분야의 자격을 취득한 후 11년 이상 소방 관련 업무를 수행한 사람
• 전기기능장, 전기기사, 전기공사기사 자격을 취득한 후 13년 이상 소방 관련 업무를 수행한 사람</td></tr>
<tr><td rowspan="3">고급기술자</td><td colspan="2">• 소방시설관리사</td></tr>
<tr><td>• 건축사, 건축기계설비기술사, 건설기계기술사, 공조냉동기계기술사, 화공기술사, 가스기술사 자격을 취득한 후 3년 이상 소방 관련 업무를 수행한 사람</td><td>• 건축전기설비기술사를 취득한 후 3년 이상 소방 관련 업무를 수행한 사람</td></tr>
<tr><td>• 소방설비기사 기계분야의 자격을 취득한 후 5년 이상 소방 관련 업무를 수행한 사람
• 소방설비산업기사 기계분야의 자격을 취득한 후 8년 이상 소방 관련 업무를 수행한 사람
• 건축기사, 건축설비기사, 건설기계설비기사, 일반기계기사, 공조냉동기계기사, 화공기사, 가스기능장, 가스기사, 산업안전기사, 위험물기능장 자격을 취득한 후 11년 이상 소방 관련 업무를 수행한 사람
• 건축산업기사, 건축설비산업기사, 건설기계설비산업기사, 공조냉동기계산업기사, 화공산업기사, 가스산업기사, 산업안전산업기사 자격을 취득한 후 13년 이상 소방 관련 업무를 수행한 사람</td><td>• 소방설비기사 전기분야의 자격을 취득한 후 5년 이상 관련 업무를 수행한 사람
• 소방설비산업기사 전기분야의 자격을 취득한 후 8년 이상 소방 관련 업무를 수행한 사람
• 전기기능장, 전기기사, 전기공사기사 자격을 취득한 후 11년 이상 소방 관련 업무를 수행한 사람
• 전기산업기사, 전기공사산업기사 자격을 취득한 후 13년 이상 소방 관련 업무를 수행한 사람</td></tr>
<tr><td rowspan="2">중급기술자</td><td>• 건축사, 건축기계설비기술사, 건설기계기술사, 공조냉동기계기술사, 화공기술사, 가스기술사 / • 소방설비기사(기계분야)</td><td>• 건축전기설비기술사
• 소방설비기사(전기분야)</td></tr>
<tr><td>• 소방설비산업기사 기계분야의 자격을 취득한 후 3년 이상 소방 관련 업무를 수행한 사람
• 건축기사, 건축설비기사, 건설기계설비기사, 일반기계기사, 공조냉동기계기사, 화공기사, 가스기능장, 가스기사, 산업안전기사, 위험물기능장 자격을 취득한 후 5년 이상 소방 관련 업무를 수행한 사람
• 건축산업기사, 건축설비산업기사, 건설기계설비산업기사, 공조냉동기계산업기사, 화공산업기사, 가스산업기사, 산업안전산업기사 자격을 취득한 후 8년 이상 소방 관련 업무를 수행한 사람</td><td>• 소방설비산업기사 전기분야의 자격을 취득한 후 3년 이상 소방 관련 업무를 수행한 사람
• 전기기능장, 전기기사, 전기공사기사 자격을 취득한 후 5년 이상 소방 관련 업무를 수행한 사람
• 전기산업기사, 전기공사산업기사 자격을 취득한 후 8년 이상 소방 관련 업무를 수행한 사람</td></tr>
</table>

초급기술자	• 소방설비산업기사(기계분야) • 건축기사, 건축설비기사, 건설기계설비기사, 일반기계기사, 공조냉동기계기사, 화공기사, 가스기능장, 가스기사, 산업안전기사, 위험물기능장 자격을 취득한 후 2년 이상 소방 관련 업무를 수행한 사람 • 건축산업기사, 건축설비산업기사, 건설기계설비산업기사,공조냉동기계산업기사, 화공산업기사, 가스산업기사, 산업안전산업기사 자격을 취득한 후 4년 이상 소방 관련 업무를 수행한 사람 • 위험물기능사 자격을 취득한 후 6년 이상 소방 관련 업무를 수행한 사람	• 소방설비산업기사(전기분야) • 전기기능장, 전기기사, 전기공사기사 자격을 취득한 후 2년 이상 소방 관련 업무를 수행한 사람 • 전기산업기사, 전기공사산업기사 자격을 취득한 후 4년 이상 소방 관련 업무를 수행한 사람

2) 학력·경력 등에 따른 기술등급

등 급	학력·경력자	경력자
특 급 기술자	• 박사학위를 취득한 후 3년 이상 소방 관련 업무를 수행한 사람 • 석사학위를 취득한 후 7년 이상 소방 관련 업무를 수행한 사람 • 학사학위를 취득한 후 11년 이상 소방 관련 업무 수행한 사람 • 전문학사학위를 취득한 후 15년 이상 소방 관련 업무를 수행한 사람	
고 급 기술자	• 박사학위를 취득한 후 1년 이상 소방 관련 업무를 수행한 사람 • 석사학위를 취득한 후 4년 이상 소방 관련 업무를 수행한 사람 • 학사학위를 취득한 후 7년 이상 소방 관련 업무를 수행한 사람 • 전문학사학위를 취득한 후 10년 이상 소방 관련 업무를 수행한 사람 • 고등학교 소방학과를 졸업한 후 13년 이상 소방 관련 업무를 수행한 사람 • 고등학교[제1호나목 2]부터 6)까지에 해당하는 학과를 졸업한 후 15년 이상 소방 관련 업무를 수행한 사람	• 학사 이상의 학위를 취득한 후 12년 이상 소방 관련 업무를 수행한 사람 • 전문학사학위를 취득한 후 15년 이상 소방 관련 업무를 수행한 사람 • 고등학교를 졸업한 후 18년 이상 소방 관련 업무를 수행한 사람 • 22년 이상 소방 관련 업무를 수행한 사람
중 급 기술자	• 박사학위를 취득한 사람 • 석사학위를 취득한 후 2년 이상 소방 관련 업무를 수행한 사람 • 학사학위를 취득한 후 5년 이상 소방 관련 업무를 수행한 사람 • 전문학사학위를 취득한 후 8년 이상 소방 관련 업무를 수행한 사람 • 고등학교를 소방학과를 졸업한 후 10년 이상 소방 관련 업무를 수행한 사람 • 고등학교[제1호나목 2]부터 6)까지에 해당하는 학과를 졸업한 후 12년 이상 소방 관련 업무를 수행한 사람	• 학사 이상의 학위를 취득한 후 9년 이상 소방 관련 업무를 수행한 사람 • 전문학사학위를 취득한 후 12년 이상 소방 관련 업무를 수행한 사람 • 고등학교를 졸업한 후 15년 이상 소방 관련 업무를 수행한 사람 • 18년 이상 소방 관련 업무를 수행한 사람
초 급 기술자	• 석사 또는 학사학위를 취득한 사람 • 「고등교육법」 제2조제1호부터 제6호까지에 해당하는 학교에서 제1호나목1)에 해당하는 학과를 졸업한 사람 • 전문학사학위를 취득한 후 2년 이상 소방 관련 업무를 수행한 사람 • 고등학교 소방학과를 졸업한 후 3년 이상 소방 관련 업무를 수행한 사람 • 고등학교[제1호나목 2]부터 6)까지에 해당하는 학과를 졸업한 후 5년 이상 소방 관련 업무를 수행한 사람	• 학사 이상의 학위를 취득한 후 3년 이상 소방관련업무를 수행한 사람 • 전문학사학위를 취득한 후 5년 이상 소방 관련 업무를 수행한 사람 • 고등학교를 졸업한 후 7년 이상 소방 관련 업무를 수행한 사람 • 9년 이상 소방 관련 업무를 수행한 사람

※ 비 고

1. 동일한 기간에 수행한 경력이 두 가지 이상의 자격 기준에 해당하는 경우에는 하나의 자격 기준에 대해서만 그 기간을 인정하고 기간이 중복되지 아니하는 경우에는 각각의 기간을 경력으로 인정한다. 이 경우 동일 기술등급의 자격 기준별 경력기간을 해당 경력기준기간으로 나누어 합한 값이 1 이상이면 해당 기술등급의 자격 기준을 갖춘 것으로 본다.
2. 위 표에서 "학력·경력자"제1호나목의 학과를 졸업하고 소방 관련 업무를 수행한 사람을 말한다.
3. 위 표에서 "경력자" 란 제1호나목의 학과 외의 학과를 졸업하고 소방 관련 업무를 수행한 사람을 말한다.

나. 소방공사감리원의 기술등급 자격

구분	기계분야	전기분야
특 급 감리원	• 소방기술사 자격을 취득한 사람	
	• 소방설비기사 기계분야 자격을 취득한 후 8년 이상 소방 관련 업무를 수행한 사람 • 소방설비산업기사 기계분야 자격을 취득한 후 12년 이상 소방 관련 업무를 수행한 사람	• 소방설비기사 전기분야 자격을 취득한 후 8년 이상 소방 관련 업무를 수행한 사람 • 소방설비산업기사 전기분야 자격을 취득한 후 12년 이상 소방 관련 업무를 수행한 사람
고 급 감리원	• 소방설비기사 기계분야 자격을 취득한 후 5년 이상 소방 관련 업무를 수행한 사람 • 소방설비산업기사 기계분야 자격을 취득한 후 8년 이상 소방 관련 업무를 수행한 사람	• 소방설비기사 전기분야 자격을 취득한 후 5년 이상 소방 관련 업무를 수행한 사람 • 소방설비산업기사 전기분야 자격을 취득한 후 8년 이상 소방 관련 업무를 수행한 사람
중 급 감리원	• 소방설비기사 기계분야 자격을 취득한 후 3년 이상 소방 관련 업무를 수행한 사람 • 소방설비산업기사 기계분야 자격을 취득한 후 6년 이상 소방 관련 업무를 수행한 사람 • 초급감리원을 취득한 후 5년 이상 기계분야 소방감리업무를 수행한 사람	• 소방설비기사 전기분야 자격을 취득한 후 3년 이상 소방 관련 업무를 수행한 사람 • 소방설비산업기사 전기분야 자격을 취득한 후 6년 이상 소방 관련 업무를 수행한 사람 • 초급감리원을 취득한 후 5년 이상 기계분야 소방감리업무를 수행한 사람
초 급 감리원	• 제1호나목1)에 해당하는 학과 학사학위를 취득한 후 1년 이상 소방 관련 업무를 수행한 사람 • 「고등교육법」 제2조제1호부터 제6호까지에 해당하는 학교에서 제1호나목1)에 해당하는 학과 전문학사학위를 취득한 후 3년 이상 소방 관련 업무를 수행한 사람 • 고등학교 소방학과를 졸업한 후 4년 이상 소방 관련 업무를 수행한 사람 • 3년 이상 제1호다목2)에 해당하는 경력이 있는 사람 / • 5년 이상 소방 관련 업무를 수행한 사람	
	• 소방설비기사 기계분야 자격을 취득한 후 1년 이상 소방 관련 업무를 수행한 사람 • 소방설비산업기사 기계분야 자격을 취득한 후 2년 이상 소방 관련 업무를 수행한 사람 • 제1호나목3)부터 6)까지에 해당하는 학과의 학사학위를 취득한 후 1년 이상 소방 관련 업무를 수행한 사람 • 「고등교육법」 제2조제1호부터 제6호까지의 규정 중 어느 하나에 해당하는 학교에서 제1호나목3)부터 6)까지의 규정에 해당하는 학과 전문학사학위를 취득한 후 3년 이상 소방 관련 업무를 수행한 사람	• 소방설비기사 전기분야 자격을 취득한 후 1년 이상 소방 관련 업무를 수행한 사람 • 소방설비산업기사 전기분야 자격을 취득한 후 2년 이상 소방 관련 업무를 수행한 사람 • 제1호나목2)에 해당하는 학과 학사 이상의 학위를 취득한 후 1년 이상 소방 관련 업무를 수행한 사람 • 「고등교육법」 제2조제1호부터 제6호까지에 해당하는 학교에서 제1호나목2)에 해당하는 학과 전문학사학위를 취득한 후 3년 이상 소방 관련 업무를 수행한 사람

※ 비 고

1. 동일한 기간에 수행한 경력이 두 가지 이상의 자격 기준에 해당하는 경우에는 하나의 자격 기준에 대해서만 그 기간을 인정하고 기간이 중복되지 아니하는 경우에는 각각의 기간을 경력으로 인정한다. 이 경우 동일 기술등급의 자격 기준별 경력기간을 해당 경력기준기간으로 나누어 합한 값이 1 이상이면 해당 기술등급의 자격 기준을 갖춘 것으로 본다.
2. 소방 관련 업무를 수행한 경력으로서 위 표에서 정한 기술자격 취득 전의 경력은 그 경력의 50퍼센트만 인정한다.

다. 소방시설 자체 점검자의 기술등급 (기술자격에 따른 기술등급)

구분	기술자격
특급 점검자	•소방시설관리사, 소방기술사 •소방설비기사 자격을 취득한 후 8년 이상 소방 관련 업무를 수행한 사람 •소방설비산업기사 자격을 취득한 후 소방시설관리업체에서 10년 이상 점검업무를 수행한 사람
고급 점검자	•소방설비기사 자격을 취득한 후 5년 이상 소방 관련 업무를 수행한 사람 •소방설비산업기사 자격을 취득한 후 8년 이상 소방 관련 업무를 수행한 사람 •건축설비기사, 건축기사, 공조냉동기계기사, 일반기계기사, 위험물기능장 자격을 취득한 후 15년 이상 소방 관련 업무를 수행한 사람
중급 점검자	•소방설비기사 자격을 취득한 사람 •소방설비산업기사 자격을 취득한 후 3년 이상 소방 관련 업무를 수행한 사람 •건축설비기사, 건축기사, 공조냉동기계기사, 일반기계기사, 위험물기능장, 전기기사, 전기공사기사, 전파통신기사, 정보통신기사자 자격을 취득한 후 10년 이상 소방 관련 업무를 수행한 사람
초급 점검자	•소방설비산업기사 자격을 취득한 사람 •가스기능장, 전기기능장, 위험물기능장 자격을 취득한 사람 •건축기사, 건축설비기사, 건설기계설비기사, 일반기계기사, 공조냉동기계기사, 화공기사, 가스기사, 전기기사, 전기공사기사, 산업안전기사, 위험물산업기사 자격을 취득한 사람 •건축산업기사, 건축설비산업기사, 건설기계설비산업기사, 공조냉동기계산업기사, 화공산업기사, 가스산업기사, 전기산업기사, 전기공사산업기사, 산업안전산업기사, 위험물기능사 자격을 취득한 사람

– 이하 생략–

[규칙 별표 4의3~6] **설계업자의 사업수행능력 평가기준 등** - 생략(법제처 참고)

[규칙 별표 5] **소방기술자의 자격의 정지 및 취소에 관한 기준** (제25조관련) 〈2015.8.4〉

위반사항	근거법령	행정처분기준		
		1차	2차	3차
가. 거짓이나 그 밖의 부정한 방법으로 자격수첩 또는 경력수첩을 발급받은 경우	법 제28조 제4항	자격취소		
나. 법 제27조제2항의 규정을 위반하여 자격수첩 또는 경력수첩을 다른 자에게 빌려준 경우	법 제28조 제4항	자격취소		
다. 법 제27조제3항의 규정을 위반하여 동시에 둘 이상의 업체에 취업한 경우	법 제28조 제4항	자격정지 1년	자격취소	
라. 법 또는 법에 의한 명령을 위반한 경우	법 제28조 제4항			
(1) 법 제27조제1항의 업무수행중 해당자격과 관련하여 고의 또는 중대한 과실로 타인에게 손해를 끼치고 형의 선고를 받은 경우		자격취소		
(2) 법 제28조제4항의 규정에 따라 자격정지처분을 받고도 동 기간내에 자격증을 사용한 경우		자격정지 1년	자격정지 2년	자격취소

[규칙 별표 6] **소방기술자 실무교육에 필요한 기술인력 및 시설장비** (제29조관련) 〈2021.7.13〉

– 주요 부분 – 3. 시설 및 장비 (* 1. 조직구성 2. 기술인력 생략)

가. 사무실: 바닥면적이 60㎡ 이상일 것

나. 강의실: 바닥면적이 100㎡ 이상이고, 의자 · 탁자 및 교육용 비품을 갖출 것 – 이하 생략.

[규칙 별표 7] **수수료 및 교육비** (제37조 관련) 〈2022.4.21〉

– 주요 부분 – 소방시설업 등록증, 등록수첩을 재발급 받으려는 자: 각 1만 원 – 이하 생략

학습 문제

▶ 현, 출간일까지 소방관계시험에 기출된 기본문제를 수록함.

소방시설공사업법

01 **다음 중 소방시설업이 아닌 것은?*** ** • 필수 1단계

① 소방시설 설계업　　② 소방시설 공사업

③ 소방공사 감리업　　④ 소방시설 설비업

▣ 소방시설업은 설계를 하는 소방시설 설계업, 공사를 하는 소방시설 공사업, 공사를 잘 하는가의 감독·관리를 하는 소방공사 감리업과 방염을 하는 방염처리업이 있다고 이해한다. (공사업법 제2조)

■ 소방시설업의 정의

① 소방시설설계업: 소방시설공사에 기본이 되는 공사계획·설계도면·설계설명서(시방서)·기술계산서 및 이와 관련된 서류("설계도서")를 작성("설계")하는 영업

② 소방시설공사업: 설계도서에 따라 소방시설을 신설·증설·개설·이전 및 정비("시공"이라 한다)하는 영업

③ 소방공사감리업: 소방시설공사에 관한 발주자의 권한을 대행하여 소방시설공사가 설계도서와 관계법령에 따라 적법하게 시공되는지를 확인하고, 품질·시공관리에 대한 기술지도를 하는("감리") 영업

④ 방염처리업: 방염대상물품에 대하여 방염처리("방염")하는 영업

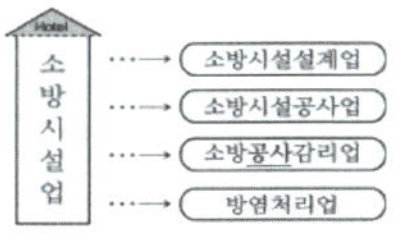

02 **다음 중 소방시설공사업 등록은 어디에 하는가?*** • 상식 1단계

① 소방서　　② 소방본부　　③ 시·도　　④ 소방청

▣ 모든 업체 등록신청 서류제출처는 시·도에 해당된다. (* 참고: 소방법령에서 업체 창업으로 허가를 받기위한 모든 서류는 시·도에 등록을 한다. 그 이유는 시·도에서 영업을 하기 때문이다.) (공사업법 제4조)

03 **소방시설공사업자가 시·도지사에게 신고하여야 할 변경사항이 아닌 것은?***** • 기본 2단계

① 대표자　　② 기술인력

③ 점검기구 교체　　④ 상호(명칭) 또는 영업소 소재지

▣ 소방시설업자는 ① 대표자 ② 기술인력 ④ 상호(명칭) 또는 영업소 소재지 변경할 때에는 행정안전부령으로 정하는 바에 따라 시·도지사에게 신고하여야 한다. (소방시설공사업법 규칙 제5조)

Ans. 01. ④　02. ③　03. ③

04 **완공검사를 위해 현장확인을 할 수 있는 특정소방대상물이 아닌 것은?**** • 학습 2단계

① 창고시설

② 근린생활시설

③ 연면적 1만m² 이상 특정소방대상물

④ 물분무등 또는 스프링클러등 소화설비

현장확인을 할 수 있는 특정소방대상물에 근린생활시설에 해당하지 않는다.(* 참고 : 하지만 연면적 1만m² 이상 근린생활시설은 "연면적 1만m² 이상의 특정소방대상물" 이니 현장확인 대상에 해당된다) (공사업법 영 제5조)

05 **소방시설공사의 증설공사 착공신고 대상이 아닌 것은?**** • 명품 2단계

① 옥내소화전설비, 옥외소화전설비, 화재알림설비

② 스프링클러설비등, 물분무등소화설비 연결송수관설비, 연결살수설비

③ 제연설비(단, 제연설비 중 기계설비·가스공사업자가 하는 해당설비는 제외한다.)

④ 비상경보설비, 비상방송설비, 무선통신보조설비, 소화용수설비 등

비상경보설비, 비상방송설비, 무선통신보조설비, 소화용수설비 등은 신설공사에 해당하지만 증설공사 대상에서는 해당하지 않는다.(공사업법 영 제4조)

06 **소방시설등을 구성하는 것으로서 개설·이전·정비하는 공사로서 틀린 것은?(단, 고장, 파손 등으로 작동시킬 수 없는 긴급히 교체·보수하는 경우는 제외)*** • 명품 2단계

① 일부를 교체하는 수신반

② 전부를 보수하는 동력제어반

③ 전부 또는 일부를 교체하거나 보수하는 소화펌프

④ 기계설비·가스공사업자가 공사하는 소방용 용도의 제연설비

기계설비·가스공사업자가 공사하는 소방용 용도의 제연설비는 신설 혹은 증설하는 공사에 해당된다. (소방시설공사업법 영 제4조)

07 **다음 중 소방시설공사의 하자보증기간이 다른 하나는?***** • 필수 2단계

① 무선통신보조설비 ② 자동소화장치

③ 자동화재탐지설비 ④ 비상콘센트설비

무선통신보조설비는 2년이고, 나머지는 3년에 해당된다. (공사업법 영 제6조) • 소방시설관리사

Ans. 04. ② 05. ④ 06. ④ 07. ①

08 소방시설공사업법에서 소방시설과 하자보수보증기간으로 틀린 것은?*** • 개념 1단계

① 자동소화장치 – 3년
② 비상방송설비 – 2년
③ 자동화재탐지설비 – 2년
④ 비상경보설비 – 2년

자동화재탐지설비는 전기분야에 해당되며 보증기간은 3년이다. (공사업법 영 제6조)

09 다음 중 감리업자가 할 내용이 아닌 것은?** • 혼동 3단계

① 완공된 소방시설 성능시험
② 소방시설 등의 공사에 관한 성능검사
③ 소방시설의 설계도서 적합성 검토
④ 실내장식물의 불연화 및 방염물품 적법성 검토

소방시설 등의 공사에 관한 성능검사는 해당되지 않는다. (공사업법 제16조)

10 다음 중 상주공사감리방법으로 잘못된 것은? • 개념 2단계

① 주 1회 방문하며 한 사람이 5곳 이하의 감리로서 10만m² 이하에 해당한다.
② 연면적 30,000m² 이상의 특정소방대상물에 대한 소방시설의 공사
③ 16층 이상(지하층 포함)으로 500세대 이상인 아파트에 대한 소방시설의 공사
④ 상주공사감리는 행정안전부령이 정하는 기간 동안 공사현장에 상주하여야 한다.

주 1회 방문, 한 사람이 5곳 이하, 10만m² 이하는 일반감리대상에 해당한다. (공사업법 영 제9조)

11 소방시설공사 감리자를 지정대상의 범위로 옳지 않은 것은?* • 학습 2단계

① 비상조명등설비를 신설·개설할 때
② 옥내·외 소화전설비를 신설·개설 또는 증설할 때
③ 소화용수설비·통합감시시설을 신설 또는 개설할 때
④ 자동화재탐지설비 · 비상방송설비를 신설· 또는 개설할 때

소방시설공사 감리자를 지정대상 특정소방대상물의 범위에 비상조명등설비는 해당되지 않는다. (공사업법 시행령 제10조)

Ans. 08. ③ 09. ② 10. ① 11. ①

12 다음 중 전문소방설계업의 주된 기술인력은?*

• 상식 1단계

① 소방기술사 1인 이상
② 소방전기기사 1인 이상
③ 소방관리사 각 1인 이상
④ 소방기계기사 1인 이상

전문소방설계업과 전문감리업의 주 기술인력은 소방기술사 1인 이상이다. (공사업법 영 별표1)

13 소방시설업과 관련된 업종별 등록기준에 대한 설명 중 틀린 것은?

• 개념 2단계

① 전문 공사업의 등록기준은 법인 자본금 1억 원 이상, 개인 자산평가액 1억 원 이상
② 일반 공사업의 등록기준은 법인 자본금 1억 원 이상, 개인 자산평가액 1억 원 이상
③ 소방시설업의 등록없이 영업을 한 자는 1년 이하의 징역 또는 1천만 원 이하의 벌금
④ 관계인이 공사감리자를 지정하지 아니한 때는 1년 이하의 징역 또는 1천만 원 이하 벌금

소방시설업의 등록을 하지 아니하고 영업을 한 자는 공사업법에서 제일 무거운 3년 이하의 징역 또는 3,000만 원 이하의 벌금을 부과할 수 있다. (공사업법 제35~36조)

14 다음 감리원 중 고급소방감리원의 소방관련업무를 수행할 수 있는 자는?

• 학습 2단계

① 소방설비기사 8년 이상, 소방설비산업기사 12년 이상 소방관련 업무를 수행한 자
② 소방설비기사 5년 이상, 소방설비산업기사 8년 이상 소방관련 업무를 수행한 자
③ 소방설비기사 3년 이상, 소방설비산업기사 6년 이상 소방관련 업무를 수행한 자
④ 소방설비기사 1년 이상, 소방설비산업기사 2년 이상 소방관련 업무를 수행한 자

고급소방감리원은 소방설비기사 5년 이상, 소방설비산업기사 8년 이상 소방관련 업무를 수행한 자에 해당한다.(공사업법 영 별표1 부표2)

15 다음 감리원의 세부배치기준에 대하여 옳지 않은 것은?

• 관찰 2단계

① 상주공사감리는 매일 소방공사감리현장에 책임감리원을 배치하여야 한다.
② 상주공사감리는 3만m^2 이상 공사현장을 감리하여야 한다.
③ 일반공사감리는 월 1회 이상 소방공사감리현장을 방문하여 감리하여야 한다.
④ 일반공사감리는 지하층을 포함한 층수가 16층 미만인 아파트의 경우에는 연면적에 관계없이 1명의 책임감리원이 5개 이내의 공사현장을 감리할 수 있다.

일반공사감리는 주 1회 이상 소방공사감리현장을 방문하여 감리하여야 한다. (공사업법 칙 제16조)

Ans. 12. ① 13. ③ 14. ② 15. ③

16 **다음 중 방염처리업의 종류로 옳지 않은 것은?*** • 기본 1단계

① 섬유류 방염업 ② 합성수지 방염업
③ 합판목재류 방염업 ④ 고무류 방염업

방염업의 종류에는 섬유류 방염업, 합성수지 방염업, 합판목재류 방염업이 있다.(공사업법 영 별표1)

17 **시·도지사는 소방시설업자에게 그 등록을 취소하거나 6개월 이내의 기간을 정하여 시정이나 그 영업의 정지를 명할 수 있다. 등록의 취소 요건이 아닌 것은?** • 개념 2단계

① 거짓으로 등록한 경우 ② 영업정지기간 중 영업을 한 자
③ 등록 결격사유인 경우 ④ 부정한 방법으로 등록한 경우

②번은 1년 이하의 징역 또는 1,000만 원 이하의 벌금에 해당한다.(공사업법 제9조)

18 **다음 중 소방시설업 시공능력평가 공시자는?** • 기본 1단계

① 소방서장 ② 소방본부장 ③ 소방대장 ④ 소방청장

소방시설업 시공능력평가 공시자는 소방청장이 된다.(공사업법 제26조)

19 **소방시설업자가 설계·시공 또는 감리를 수행하게 한 특정소방대상물의 관계인에게 지체 없이 그 사실을 알려야하는 내용으로 옳지 않은 것은?** • 학습 2단계

① 휴업 또는 폐업을 하였을 때
② 소방시설업자의 지위승계를 하였을 때
③ 등록의 취소처분 또는 영업정지처분을 받았을 때
④ 기술인력, 주소지 변경 및 업체의 합병을 하였을 때

소방기술인력, 주소지 변경 및 업체의 합병을 하였을 때는 해당하지 않는다. (공사업법 제8조)

20 **소방시설의 기술사 특급감리원 배치 내용(면적, 층수)으로 옳은 것은?** • 학습 2단계

① 20만㎡ 이상, 50층 이상 ② 5천~3만㎡ 이상, 16층 미만
③ 20만㎡ 이상, 40층 이상 ④ 3~20만㎡ 미만, 16~40층 미만

소방기술인력의 기술사 특급감리원 배치는 20만㎡ 이상, 40층 이상에 해당한다.(공사업법 영 별표4)

Ans. 16. ④ 17. ② 18. ④ 19. ④ 20. ③

소/방/관/계/법/규

제 5 편

위험물안전관리법(주내용) p42

법령 질문

학습질문사례(위험물법)

본 예는 수험생이 학습하면서 법령이 이해가 되지 않아 소방제도 발전을 위하여 질문한 내용입니다. 위험물안전법상 위험물안전관리자 선임 기재가 누락되어 있어서 전화한 결과, 부서가 달라서 전화상 답변이 명확하지 못하여 소방청 담당자가 "국민신문고(www.epeople.go.kr)"를 통하여 질문을 해달라고 하였기에 그에 대한 내용과 회신입니다.(20xx년 2월)

☞ **수험생 질문**: 화재예방법과 위험물안전관리법의 비교

화재예방법의 규칙 14조에는 소방안전관리자 선임을 30일 이내에 하라고 되어있습니다. 그러나 위험물법 15조 2항에는 위험물안전관리자 해임 시 재선임을 30일 이내로 하라고만 되어 있지 최초 선임일의 기준이 나와 있지 않습니다. 이것 또한 잘못된 점이라고 생각합니다. 법대로라면 위험물 안전관리자를 선임하지 않아도 법의 저촉을 받지 않는다는 말 아닌가요?

☞ **소방청 부서 담당자 회신**: 위험물안전관리자의 경우 위험물은 저장 및 취급하기 전에 관할 소방서에 위험물안전관리자 선임신고를 하여야 하고, 위반 시 벌칙 조항이 있습니다.(답변요약) ► 바른 답변 예: 위험물안전관리자의 경우 선임 명시가 명확하지 않는 점 죄송합니다. 또한 위험물은 저장 및 취급하기 전이라는 명시도 명확히 하겠으며, 미선임 시 벌칙조항은 제36조에 있습니다.

※ 답변내용 중 궁금한 사항에 대하여는 소방청 담당자: 이메일로 문의하시거나 추가로 민원을 신청하시면 성심껏 답변 드리겠습니다. 예 "국민신문고(www.epeople.go.kr)" 등

※ 또한, 소방제도 발전을 위하여 "민원만족도 조사"에 적극 협조해 주시길 부탁 드립니다 .

※ 본 회신내용은 해당 질의사항에만 국한되어 개별 사실 관계의 변동 등으로 인한 유사사례인 경우에 본 회신내용과 다른 해석이 있을 수 있습니다.

■ 각 부서별 전화 및 국민신문고 메일로 가능

① 기본법 법령 질문: 대응총괄과 044-205-7562 외 국민신문고 메일
② 화재의 예방 및 안전관리에 관한 법률: 화재예방총괄과. 044-205-7442
③ 소방시설 설치 및 관리에 관한 법률: 소방청(소방분석제도과) 044-205-7546
④ 소방시설공사업법: 소방청(소방산업과) 044-205-7507 외 국민신문고 메일 가능
⑤ 위험물안전관리법: 소방청(위험물안전과) 044-205-7488 외 국민신문고 메일 가능
⑥ 소방의 화재조사에 관한 법률: 소방청(화재대응조사과) 044-205-7475 외 메일 가능

구성 위험물안전관리법 구성이론

위험물안전관리법 구성

주요구성이론

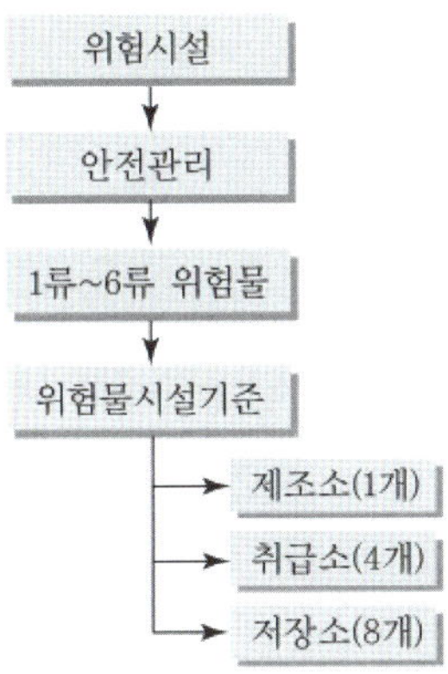

학습방법

위험물안전관리법은 위험물제조소등(제조소, 저장소, 취급소)의 제반사항을 얘기한다. 그 구성은 위험물시설설치 및 변경, 위험물시설의 안전관리, 위험물의 운반, 감독 및 조치명령으로 분류된다.

- **위험물시설설치 및 변경:** 위험물시설설치 및 탱크의 안전성능검사가 중요시 되고 있다.
- **위험물시설의 안전관리:** 위험물안전관리자, 예방규정, 자체소방대가 중요시 되고 있다.
- **위험물제조소:** 위험물제조소의 안전거리 및 제조소게시판 등 제반사항을 학습하도록 한다.
- **위험물저장소:** 옥외탱크저장소 등에서 방유제 등이 중요시 되고 있다.
- **위험물취급소:** 주유취급소와 판매취급소가 주요 중요시 되고 있다.
- 이법에서는 1류위험물부터 6류위험물의 성질, 품명, 지정수량까지 모두 학습할 수 있도록 한다.

제5편 위험물안전관리법(주내용)

▶ 이 법령은 2025년 8월 5일까지 변경기준으로 편집함.

01 총 칙

【법 제1조】 목 적

이 법은 위험물 저장·취급 및 운반과 안전관리사항을 규정함으로써 위험물로 인한 위해를 방지하여 공공의 안전을 확보함을 목적으로 한다.

【법 제2조】 용어의 정의

1. **위험물**: 대통령령이 정하는 인화성*·발화성*등의 물품을 말한다.
2. **지정수량**: 위험물의 종류별로 위험성을 고려하여 대통령령이 정하는 수량으로서 규정에 의한 제조소등의 설치허가 등에 있어서 최저의 기준이 되는 수량을 말한다.
3. **제조소**: 위험물을 제조할 목적으로 지정수량 이상의 위험물을 취급하기 위하여 규정에 따른 허가를 받은 장소를 말한다.
4. **저장소**: 지정수량 이상의 위험물을 저장하기 위한 대통령령이 정하는 장소로서 규정에 따른 허가를 받은 장소를 말한다.
5. **취급소**: 지정수량 이상의 위험물을 제조 외의 목적으로 취급하기 위한 대통령령이 정하는 장소로서 규정에 따른 허가를 받은 장소를 말한다.
6. **제조소등**: 대통령령이 정하는 장소로서 저장소, 취급소, 제조소를 말한다.

■ 취급소 및 저장소의 분류

- **취급소 종류**: 이송·주유·일반·판매 취급소
- **저장소 종류**: 옥내·옥외·옥내탱크·옥외탱크·이동탱크·지하탱크·간이탱크·암반탱크저장소

---

* 인화성 : 가연성 물질이 공기 중에서 인화(引火)하는데 충분한 농도의 증기를 발생하여 쉽게 불이 붙는 성질.
* 발화성(發火性): 스스로 쉽게 발화하거나 물과 접촉하여 발화하고 가연성 가스를 발생할 수 있는 성질의 것.
* 위험물: 이법에서는 고체와 액체에 한함.

※ 위험물제조소등 이야기

제조소등 용어의 뜻

1. 제조소

이 법에서 위험물은 고체 및 액체를 취급한다.(* 기체는 가스법에서 취급한다.)

2. 취급소

① **이송취급소**: 배관 등에 의하여 위험물을 이송하는 장소(송유관 설비)

② **주유취급소**: 고정된 주유설비에 의하여 자동차, 항공기, 선박 등에 주유하는 장소.(주유소)

③ **일반취급소**: ①,②,④ 취급소 외의 장소(* 취급소 중에서 위험하다)

④ **판매취급소**: 용기에 담아 판매하는 지정수량 40배 이하의 위험물을 취급하는 장소

㉠ 1종 판매취급소: 지정수량 20배 이하의 위험물을 취급하는 장소

㉡ 2종 판매취급소: 지정수량 40배 이하의 위험물을 취급하는 장소

3. 저장소

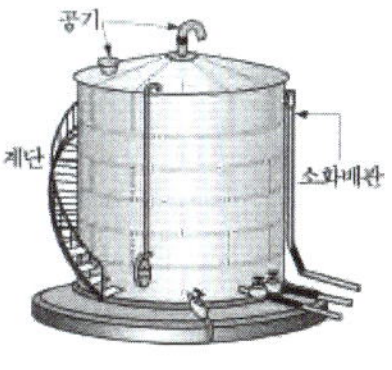

【옥외탱크저장소】

① **옥내저장소**: 주로 3·5류 등의 위험한 고체.(* 소화시설이 잘됨)

② **옥외저장소**: ①의 옥내저장소 외의 것으로 ①에 비해 위험도가 다소 낮은 것.

③ **옥내탱크저장소**: 주로 3·5류 및 4류위험물의 특수인화물 등의 액체 위험물

④ **옥외탱크저장소**: ③의 옥내탱크저장소 외의 것(▶ 주로 100만 이상의 탱크)

⑤ **이동탱크저장소**: 유조차(탱크로리)에 의하여 위험물을 저장하는 장소

⑥ **지하탱크저장소**: 지하 60cm 이상 아래에 있는 저장소

⑦ **간이탱크저장소**: 600ℓ이하의 간이탱크에 위험물을 저장하는 장소

⑧ **암반탱크저장소**: 천연 암반 내의 공간을 이용한 탱크에 액체 위험물을 저장하는 장소

(* ⑧번은 위험도가 높은 탱크이니 주로 탱크 크기의 숫자에 관계없이 법에 적용함)

(*^^ 제조소, 일반취급소, 암반탱크저장소는 위험도가 높지만, 옥내탱크, 지하탱크, 간이탱크저장소는 낮다.)

■ 위험물의 위험도 순서: **3·5류 위험물 〉 4류 위험물 〉 2류 위험물 〉 1·6류 위험물 순**

【법 제3조】 적용 제외

이 법* 은 항공기·선박·철도* 및 궤도에 의한 위험물의 저장·취급 및 운반에 있어서는 이를 적용하지 아니한다. (*^^ 항공기·선박·철도법령이 별도로 있음)

> 【규칙 제2조, 제5조】 용어의 정의
>
> ① **도로**: 항만·도로·사도*법에 의한 도로 및 너비 2m 이상 자동차 통행이 가능한 일반도로
>
> ② **내화구조**: 불을 차단하는 성능이 있고 소화 후 강도변화가 없는 것
>
> ③ **불연재료**: 불에 타지 않는 성능의 재료로 유리 외의 것
>
> ④ **탱크용적 산정기준**: 위험물을 저장 또는 취급하는 탱크의 용량은 해당 탱크의 내용적에서 공간용적을 뺀 용적으로 한다.
>
> 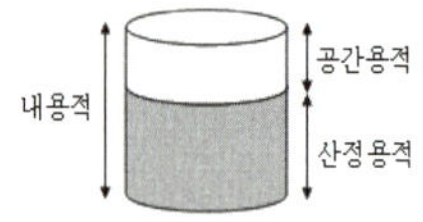
>
>
> (*^^ 유리는 300℃~700℃ 사이에서 녹기 때문에 소방에서는 불연재료에서 제외한다.)

【법 제3조의2】 국가의 책무*

국가는 위험물의 사고를 예방하기 위하여 다음의 시책을 수립·시행하여야 한다.

① 위험물의 유통실태 분석 ② 위험물에 의한 사고 유형의 분석

③ 사고 예방을 위한 안전기술 개발 ④ 전문인력 양성 등

【법 제4조】 지정수량 미만인 위험물의 저장취급

제1류~제6류까지의 위험물표에서 지정수량 미만인 위험물의 저장 또는 취급에 관한 기술상의 기준은 특별시·광역시·도 및 특별자치도(이하 "시·도"라 한다)의 조례로 정한다.

1. 기술상 기준: 시·도의 조례로 정한다.

【법 제5조】 위험물 저장 및 취급의 제한

지정수량 이상의 위험물을 저장소가 아닌 장소에서 저장하거나 제조소등이 아닌 장소에서 취급하여서는 아니 된다. 그러나 다음의 경우에는 제조소등이 아닌 장소에서 지정수량 이상의 위험물을 취급할 수 있다. (*^^ 예외사항을 말한다.)

1. 시·도의 조례가 정하는 바에 따라 관할 소방서장의 승인을 받아 지정수량 이상의 위험물을 90일 이내의 기간동안 임시로 저장 또는 취급하는 경우

---

* **사도**: 개인도로 * **이 법**: 위험물안전관리법 * **책무**: 책임이나 임무
* **철도**: 궤도를 구성하여 철도차량 등을 운반하기 위한 시설.

2. 군부대가 지정수량 이상의 위험물을 군사목적으로 임시로 저장 또는 취급하는 경우
   이 경우 임시로 저장 또는 취급하는 장소에서의 저장 또는 취급의 기준과 임시로 저장 또는 취급하는 장소의 위치·구조 및 설비의 기준은 시·도의 조례로 정한다.

■ 제조소등 외 장소에서 지정수량 이상의 위험물을 취급할 수 있는 경우(시·도의 조례)
① 임시저장기간: 소방서장 승인 후 90일 이내 저장 또는 취급
② 군부대가 지정수량 이상의 위험물을 군사목적으로 임시로 저장 또는 취급하는 경우

3. 제조소등에서의 위험물의 저장·취급에 관하여는 중요기준 및 세부기준에 따라야 한다.
4. 제조소등의 위치·구조·설비의 기술기준은 행정안전부령으로 정한다.

【규칙 제41~43조】 소화경보·피난구조설비의 기준
① 소화설비: 제조소등에는 화재 시 그 소화에 적응성이 있는 소화설비를 설치해야 한다.
② 경보설비: 지정수량의 10배 이상의 위험물을 저장·취급하는 제조소등(이동탱크저장소 제외)에는 화재 발생시 이를 알릴 수 있는 경보설비를 설치해야 한다.
③ 피난구조설비: 주유취급소 중 건축물 2층 이상의 부분을 점포·휴게음식점, 전시장의 용도로 사용하는 것과 옥내주유취급소에는 피난구조설비를 설치해야 한다.

5. 둘 이상의 위험물을 같은 장소에서 저장 또는 취급하는 경우에 있어서 해당 장소에서 저장 또는 취급하는 각 위험물의 수량을 그 위험물의 지정수량으로 각각 나누어 얻은 수의 합계가 1 이상인 경우 해당 위험물은 지정수량 이상의 위험물로 본다.

■ 해설: 하나의 창고에 지정수량 미만의 위험물이 둘 이상 존재할 때 각각의 배수를 계산한 결과 그 합이 1 이상이면 시·도법이 아닌 본 위험물안전관리법을 적용한다.

예제 하나의 옥내저장소에 다음과 같이 저장하는 경우 배수의 산정은 몇 배인가?

① 0.5배 ② 0.8배 ③ 1.1배 ④ 2.4배

휘발유 100ℓ + 경 유 200ℓ + 중 유 800ℓ

- 휘발유 → 제4류 위험물 1석유류: 지정수량 200ℓ
- 경 유 → 제4류 위험물 2석유류: 지정수량 1,000ℓ
- 중 유 → 제4류 위험물 3석유류: 지정수량 2,000ℓ

풀이: 100/200(0.5배) + 200/1,000(0.2배) + 800/2,000(0.4배) = 1.1배 // ③

5법

02 위험물시설의 설치 및 변경

【법 제6조】 위험물시설의 설치 및 변경 등

1. **제조소등을 설치하고자 하는 자**는 대통령령이 정하는 바에 따라 그 설치장소를 관할하는 **시·도지사의 허가**를 받아야 한다.
2. 제조소등의 위치·구조 또는 설비의 변경없이 해당 제조소등에서 저장하거나 취급하는 위험물에 대한 **지정수량의 배수, 품명·수량**을 변경하고자 하는 자는 변경하고자 하는 날의 1일 전까지 행정안전부령이 정하는 바에 따라 **시·도지사**에게 신고하여야 한다.
3. 제1항 및 제2항의 규정에 불구하고 다음에 해당하는 제조소등의 경우에는 허가를 받지 아니하고 해당 제조소등을 설치하거나 그 위치·구조 또는 설비를 변경할 수 있으며, 신고를 하지 아니하고 지정수량의 배수 위험물의 품명·수량을 변경할 수 있다.
   ① **주택의 난방시설**(공동주택의 **중앙난방시설을 제외**한다)을 위한 저장소 또는 취급소
   ② **농예용·축산용** 또는 **수산용**으로 필요한 난방시설 또는 건조시설을 위한 지정수량 20배 이하의 저장소

■ Reference(주 내용)
1. 제조소등 허가: 시·도지사
2. 위험물 지정수량*의 배수·품명·수량 변경의 경우: 1일 전까지 시·도지사에게 신고
3. 허가 및 신고 제외사항
   ① 주택의 난방시설(공동주택 중앙난방시설 제외)을 위한 저장소, 취급소
   ② 농예용·축산용·수산용의 난방시설 또는 건조시설을 위한 지정수량 20배 이하 저장소

예제 허가를 받지 않고 제조소등을 설치하거나 위치 등을 변경할 수 있으며, 신고를 하지 않고 위험물의 품명·수량, 지정수량의 배수를 변경할 수 있는 경우가 아닌 것은?

① 주택의 난방시설을 위한 지정수량 40배 이하의 저장소 또는 취급소
② 농예용의 난방시설 또는 건조시설을 위한 지정수량 30배 이하 저장소
③ 축산용의 난방시설 또는 건조시설을 위한 지정수량 20배 이하 저장소
④ 수산용의 난방시설 또는 건조시설을 위한 지정수량 20배 이하 저장소

해설: 시·도로부터 허가나 신고를 하지 아니 할 수 있는 경우는 농예용·축산용·수산용의 난방시설 또는 건조시설을 위한 지정수량 20배 이하 저장소에 해당된다.(* 주택의 난방시설은 지정수량 배수에 상관이 없다.)(위험물안전관리법 제6조) // ②

【영 제6조】 제조소등 설치 및 변경의 허가

제조소등의 설치허가 또는 변경허가를 받고자 하는 자는 행정안전부령이 정하는 서류를 첨부하여 **시·도지사**에게 제출하여야 한다. 설치허가 변경허가를 받고자 하는 저장소가 **50만ℓ 이상인 옥외탱크저장소, 암반탱크저장소**인 경우에는 기술원으로부터 적합한 것으로 인정될 것.

① **제조소등의 설치허가**: 시·도지사에게 제출.

② **제조소등의 변경허가**: 50만ℓ 이상 옥외탱크저장소, 암반탱크저장소

【영 제8조】 **탱크안전성능검사의 대상이 되는 탱크 등**

탱크안전성능검사를 받아야 하는 위험물탱크는 다음과 같다.

① **기초·지반검사**: 옥외탱크저장소의 액체위험물탱크 중 그 용량이 100만ℓ 이상인 탱크

② **충수(充水)·수압검사**: 액체위험물 탱크. 다만, 다음에 해당하는 탱크는 제외한다.

㉠ 제조소 또는 일반취급소에 설치된 탱크로서 용량이 지정수량 미만인 것

㉡ 「고압가스 안전관리법」에 따른 특정설비에 관한 검사에 합격한 탱크

㉢ 「산업안전보건법」에 따른 탱크

③ **용접부검사**: 제①호에 의한 탱크.(다만, 탱크의 저부에 관계된 변경공사(탱크 옆판과 관련되는 공사 제외)시에 행하여진 정기검사 기준에 적합하다고 인정된 탱크를 제외)

④ **암반탱크검사**: 액체위험물을 저장·취급하는 암반내의 공간을 이용한 탱크

【영 제9조】 탱크성능검사의 면제

시·도지사로부터 **충수·수압검사**를 면제받고자 하는 자는 탱크시험자나 기술원으로부터 충수·수압검사에 관한 탱크안전성능시험을 받아 **탱크검사합격확인증**을 시·도지사에게 제출해야 한다.

① **탱크성능검사의 면제**: 충수·수압검사.

탱크안전성능검사

검사 종류	안전성능 검사 대상	신청시기
① 기초·지반검사	100만ℓ 이상인 액체 옥외탱크저장소	기초·지반에 관한 공사의 개시 전
② 충수·수압검사 (누설·변형)	액체위험물을 저장·취급하는 탱크	위험물 저장·취급 탱크에 배관 그 밖의 부속설비를 부착하기 전
③ 용접부 검사	100만ℓ 이상인 액체 옥외탱크저장소(액체·특수액체위험물탱크·지중탱크)	탱크본체 공사 개시 전에 행하는 탱크에 배관 등을 부착하기 전
④ 암반탱크검사	위험물을 암반내의 공간을 이용한 탱크	탱크 본체에 관한 공사 개시 전

예제 다음 중 위험물탱크 안전성능검사로서 옳지 않은 것은?

① 기초·지반검사　　② 충수·수압검사
③ 재질·강도검사　　④ 용접부검사

해설: 위험물탱크 안전성능검사에 재질·강도검사는 해당하지 않는다. // ③

【법 제9조】 완공검사

제조소등에 대한 완공검사를 받고자 하는 자는 이를 **시·도지사**에게 신청하여야 한다.

1. **완공검사**: 시·도지사

(*^^ 소방서장에게 위임 및 한국소방산업기술원에 위탁할 수 있다.)

【영 제21조】 권한의 위임

다음의 시·도지사 권한을 **소방서장**에게 위임한다.

(단, 동일한 시·도에 있는 2 이상 소방서에 걸쳐 설치되는 **이송취급소** 권한을 제외한다.)

① 위험물의 지정수량의 배수·품명·수량 변경신고의 수리

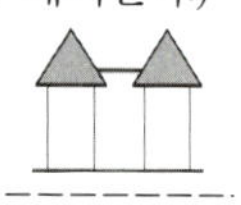

② **제조소등의 설치허가** 또는 변경허가 군사목적, **군부대시설**을 위한 제조소등을 **설치**하거나 그 위치·구조·설비의 **변경**에 관한 군부대의 장과의 **협의**

③ **탱크안전성능검사 또는 완공검사**(기술원에 위탁하는 것을 제외)

④ 제조소등의 설치자의 지위승계신고의 수리 및 제조소등의 용도폐지신고의 수리

⑤ 제조소등의 설치허가 취소와 사용정지, 과징금처분, 예방규정의 수리·반려, 변경명령

【영 제22조】 업무의 위탁

1. 다음에 해당하는 업무는 안전원에 위탁한다.
   ① 위험물안전교육(단, 탱크시험자는 기술원에 위탁한다)
2. 다음에 해당하는 시·도지사의 업무는 기술원에 위탁한다.
   ① 용량이 **100만리터 이상**인 액체위험물을 저장하는 탱크나 암반탱크
   ② 지하탱크저장소의 위험물탱크 중 행정안전부령이 정하는 액체위험물탱크
   ③ 지정수량의 3천배 이상의 위험물을 취급하는 제조소 또는 일반취급소의 설치 또는 (사용 중인 제조소, 일반취급소의 보수 또는 부분적인 증설은 제외)에 따른 완공검사
   ④ 옥외탱크저장소(50만 리터 이상), 암반탱크저장소의 설치 또는 변경에 따른 완공검사
   ⑤ 운반용기검사
3. 소방본부장 또는 소방서장의 정기검사를 기술원에 위탁한다.
   (*^^ 기술원은 검사결과 등을 기재한 완공검사업무대장을 작성하여 10년간 보관한다.)

【칙 제20조】 완공검사의 신청시기

법 제9조 규정에 의한 제조소등의 완공검사 신청시기는 다음과 같다.

1. **지하탱크가 있는 제조소등의 경우**: **해당 지하탱크를 매설하기 전**
2. **이동탱크저장소의 경우**: 이동저장탱크를 완공하고 상치장소를 확보한 후
3. **이송취급소의 경우**: 이송배관 공사의 전체 또는 일부를 완료한 후.
   (다만, 지하·하천 등에 매설하는 이송배관 공사의 경우에는 이송배관을 매설하기 전.)
4. **전체 공사가 완료된 후에는 완공검사를 실시하기 곤란한 경우**: 다음에서 정하는 시기
   ① **비파괴시험, 내압시험, 기밀시험**을 실시하는 시기.

【법 제10조】 제조소등 설치자의 지위승계

규정에 따라 제조소등의 설치자의 지위를 승계한 자는 행정안전부령이 정하는 바에 따라 승계한 날부터 30일 이내에 시·도지사에게 그 사실을 신고하여야 한다.

1. **제조소등의 설치자 지위승계**: 30일 내에 시·도지사에게 신고.

【법 제11조】 제조소등의 폐지

제조소등의 관계인은 해당 제조소등의 용도를 폐지한 때에는 행정안전부령이 정하는 바에 따라 제조소등의 용도를 폐지한 날부터 14일 이내에 **시·도지사**에게 신고하여야 한다.

1. **제조소등의 폐지**: 14일 이내에 시·도지사에게 신고하여야 한다.

【법 제13조】 과징금처분

시·도지사는 제조소등에 대한 사용정지처분에 갈음하여 **2억원** 이하의 과징금을 부과할 수 있다. 또한 규정에 따른 과징금을 부과하는 위반행위의 **종별·정도** 등에 따른 과징금의 **금액** 그 밖의 필요한 사항은 **행정안전부령**으로 정한다.

1. **과징금 부과권자**: 시·도지사
2. **과징금 금액**: 2억원 이하
3. **필요한 사항**(종별·정도 등에 따른 과징금의 금액): 행정안전부령

5법

날짜별 주내용

● 14일

- **사람 및 건물 신고**(2법 칙14조, 5법 11조, 15조)
  (*^^ 사람은 소방안전관리자·위험물안전관리자 등을, 건물은 제조소 폐지를 뜻한다.)

● 30일

- 지위승계 신고(4법 칙7조, 5법 10조)
- 선임, 재선임(2법 칙14조, 5법 15조)
- 영업(소방시설공사업) 중단 시 해지(4법 23조)
- 대리행위 - 30일 초과하지 못함(5법 15조)
- 변경신고 (“배, 품, 수” 신고 등 제외: 5법 6조)
- 불복 (과태료 불복, 손실보상)(5법 39조, 2법 영14조)
- 과징금 (한달을 30일로 산정)(3법 칙 별표4)

► 지선영 대변불과

03 위험물시설의 안전관리

【법 제15조】 위험물안전관리자(이하 "안전관리자")

1. 제조소등 관계인은 (제4류)위험물의 안전관리에 관한 직무를 수행하기 위하여 제조소등마다 위험물안전관리자(소방안전관리자 또는 유해유독물관리자로 선임된 자 포함)를 선임하여야 한다.(단, **이동탱크저장소는 제외한다.**)
2. 관계인은 그 안전관리자를 해임하거나 안전관리자가 퇴직한 때에는 해임하거나 퇴직한 날부터 **30일 이내에 다시 안전관리자를 선임**하여야 한다.
3. 관계인은 안전관리자를 선임 또는 해임하거나 안전관리자가 퇴직한 때에는 14일 이내에 **소방본부장 또는 소방서장에게 신고**하여야 한다.
4. 관계인은 안전관리자가 여행·질병 등으로 일시적으로 직무를 수행할 수 없거나 해임· 퇴직과 동시에 다른 안전관리자를 선임하지 못하는 경우에는 자격취득자나 위험물안전에 관한 기본지식과 경험이 있는 자를 대리자로 지정하여 그 직무를 대행하게 한다.

① 대리자가 안전관리자의 직무를 대행하는 기간은 30일을 초과할 수 없다.
② 위험물취급자가 아닌 자는 안전관리자나 대리자가 참여한 상태에서 취급하여야 한다.
③ 대리자는 안전교육을 받은 자나 안전관리자를 지휘.감독하는 직위에 있는 자를 말한다.

【규칙 제53조】 위험물안전관리자의 선임신고 등

관계인이 안전관리자의 선임·해임·퇴직 신고의 경우 소방본부장, 소방서장에게 제출서류.
① 위험물안전관리업무 대행계약서
② 위험물안전관리교육 수료증
③ 안전관리자를 겸직할 수 있는 관련 안전관리자로 선임된 사실을 증명할 수 있는 서류
④ 소방공무원 경력증명서

■ 주 내용
① 신고: 안전관리자를 선임 시 14일 이내 소방본부장 및 소방서장
② 재선임: 퇴직 또는 해임 후 30일 이내 재선임.
③ 직무대행기간(대리행위): 안전관리자 직무대행은 30일을 초과할 수 없다.
※ 사람신고는 소방본부장, 소방서장에게, 업체신고는 시·도지사에게..
➲ 안전관리자는 전국 주유소 13,000곳에 주로 근무하므로 특·1·2·3급 분류가 없다.

5. 다수의 제조소등을 **동일인이 설치한 경우**에는 관계인은 1인의 안전관리자를 중복하여 선임할 수 있다. 또한 제조소, 이송취급소, 일반취급소는 대리자 자격이 있는 자를 제조소등별로 지정하여 안전관리자를 보조하게 하여야한다.

【영 제12조】 1인의 안전관리자를 중복하여 선임할 수 있는 경우 등

다수의 제조소등을 설치한 자가 1인의 안전관리자를 중복하여 선임할 수 있는 경우

① **보일러·버너** 또는 이와 비슷한 것으로서 위험물을 소비하는 장치로 이루어진 7개 이하의 **일반취급소**와 그 일반취급소에 공급하기 위한 **저장소**를 **동일인이 설치한 경우**

② 위험물을 차량에 고정된 탱크 또는 운반용기에 **옮겨 담기** 위한 5개 이하의 **일반취급소**(일반취급소간의 보행거리가 300m 이내인 경우에 한한다)와 그 일반취급소에 공급하기 위한 위험물을 저장하는 저장소를 동일인이 설치한 경우

③ 동일구내에 있거나 상호 100m 이내의 거리에 있는 **저장소**로서 행정안전부령(규칙 제56조)이 정하는 저장소를 동일인이 설치한 경우

④ 동일구내에 100m 이내의 거리에 있으며 저장 또는 취급하는 위험물의 최대수량이 지정수량의 3천배 미만(저장소 제외)으로서 5개 이하의 **제조소등**을 동일인이 설치한 경우

【규칙 제56조】 1인의 안전관리자를 중복하여 선임할 수 있는 저장소 등

영 제12조 ③에서 "행정안전부령이 정하는 저장소"란 다음에 해당하는 저장소를 말한다.

① 10개 이하의 옥내저장소

② 10개 이하의 옥외저장소

③ 옥내탱크저장소

④ 30개 이하의 옥외탱크저장소

⑥ 지하탱크저장소

⑦ 간이탱크저장소

⑧ 10개 이하의 암반탱크저장소

【법 제16조】 탱크시험자의 등록 등(탱크시험업)

시·도지사 또는 제조소등의 관계인은 안전관리업무를 **전문적이고 효율적으로** 수행하기 위하여 탱크안전성능시험자("탱크시험자")로 하여금 이 법에 의한 검사 또는 점검의 일부를 실시하게 할 수 있다. 탱크시험자가 되고자 하는 자는 대통령령이 정하는 **기술능력·시설 및 장비**를 갖추어 시·도지사에게 등록하여야 하며 등록 후 행정안전부령이 정하는 중요사항을 변경한 경우에는 30일 이내에 시·도지사에게 변경신고를 하여야 한다.

1. **등록조건**: **기술능력·시설 및 장비**
2. **변경신고**: 시·도지사에게 30일 이내

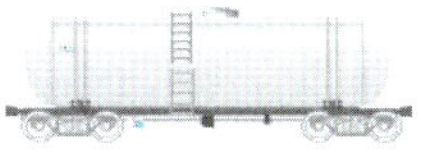

【법 제17조】 예방규정

대통령령(영 제15조)이 정하는 제조소등의 **관계인은** 해당 제조소등의 화재예방과 화재 등 재해발생 시의 **비상조치**를 위하여 행정안전부령이 정하는 바에 따라 예방규정을 정하여 해당 제조소등의 **사용을 시작하기 전에 시·도지사**에게 제출하여야 한다.

1. **제출처**: 관계인이 제조소등의 사용을 시작하기 전 작성하여 시·도지사에게 제출한다.

【영 제15조】 예방규정

법 제17조에서 "대통령령이 정하는 제조소등"이란 다음의 제조소등을 말한다.

1. 지정수량 **10배 이상**의 위험물을 취급하는 **제조소**
2. 지정수량 150배 이상의 위험물을 저장하는 옥내저장소
3. 지정수량 100배 이상의 위험물을 저장하는 옥외저장소
4. 지정수량 200배 이상의 위험물을 저장하는 옥외탱크저장소
5. 암반 탱크저장소
6. 이송취급소
7. 지정수량 10배 이상의 위험물을 취급하는 **일반취급소**.

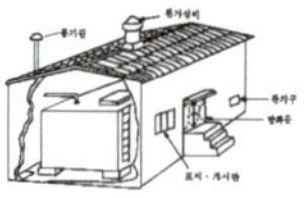

■ 주 내용(7가지)

① **10배 이상의 제조소, 일반취급소** ② 150배 이상의 옥내저장소
③ 100배 이상의 옥외저장소 ④ 200배 이상의 옥외탱크 ⑤ 암반탱크 ⑥ 이송취급소

【규칙 제63조】 예방규정의 작성 등

영 제15조에 해당하는 제조소등의 관계인은 다음 사항이 포함된 예방규정을 작성하여야 한다. 예방규정을 제정하거나 변경한 경우에는 **시·도지사 또는 소방서장**에게 제출한다.

1. **위험물의 안전관리업무**를 담당하는 자의 **직무 및 조직**에 관한 사항
2. 안전관리자가 여행·질병 등으로 그 직무를 수행할 수 없을 때 **그 직무의 대리자**에 관한 사항
3. 자체소방대를 설치하는 경우에는 **자체소방대의 편성과 화학소방자동차**의 배치 사항
4. 위험물의 안전에 관계된 작업에 종사하는 자에 대한 안전교육 및 훈련에 관한 사항
5. 위험물시설 및 작업장에 대한 안전순찰에 관한 사항 또한 위험물 안전기록에 관한 사항
6. 위험물시설·소방시설 그 밖의 관련시설에 대한 점검 및 정비에 관한 사항
7. 위험물시설의 운전 또는 조작에 관한 사항 및 위험물 취급작업의 기준에 관한 사항
8. 이송취급소에서 배관공사 현장책임자의 조건 등 배관공사 현장에 대한 감독체제에 관한 사항과 배관주위에 있는 이송취급소 시설 외의 공사를 하는 경우 배관의 안전확보 사항
9. 재난 그 밖의 비상시의 경우에 취하여야 하는 조치에 관한 사항
10. **제조소등의 위치·구조 및 설비**를 명시한 서류와 도면의 정비에 관한 사항
11. 그 밖에 위험물의 안전관리에 관하여 필요한 사항

【법 제18조】 정기점검 및 정기검사

대통령령이 정하는 제조소등(50만ℓ 이상의 옥외탱크저장소)의 관계인은 행정안전부령이 정하는 바에 따라 소방본부장 또는 소방서장으로부터 기술기준에 적합하게 유지되고 있는지에 대하여 정기적으로 검사를 받아야 하며 관계인은 점검을 한 날부터 30일 이내 그 결과를 시·도지사에게 제출해야 한다.

1. 정기 검사자: 소방본부장 또는 소방서장

- **정기검사:** 수년만에 특별히 한 번씩 하는 검사를 말한다.(탱크 구조안전점검도 함께 한다)
- **정기점검:** 짧은 기간(연 1회 이상)에 일반적으로 한 번씩 하는 간단한 점검을 말한다.

【규칙 제70조】 정기검사의 시기

법 제18조의 규정에 따라 특정옥외탱크저장소의 관계인은 다음의 정기검사를 받아야 한다.

① 특정옥외탱크저장소의 설치허가에 따른 완공검사필증을 발급받은 날부터 12년

② 최근의 정기검사를 받은 날부터 11년

【규칙 제65조】 특정옥외탱크저장소의 정기점검(구조안전점검)

50만ℓ 이상에 대하여 다음 기간 내에 1회 이상 정기점검 외에 **구조안전점검**을 실시한다.

① **완공검사필증을 교부받은 날부터 12년**

② **최근의 정기검사를 받은 날부터 11년**

③ 특정옥외저장탱크에 안전조치를 한 후 기술원에 **구조안전점검시기** 연장신청을 하여 해당 안전조치가 적정한 것으로 인정받은 경우에는 **최근의 정기검사를 받은 날부터 13년**

【규칙 제64·67조】 정기점검의 횟수 및 정기점검의 실시자

제조소등의 관계인은 해당 제조소등에 대하여 연 1회 이상 정기점검을 실시하여야 한다. 또한 제조소등의 정기점검의 실시자는 아래와 같다.

① 위험물운송자 ② 위험물안전관리자 ③ 탱크시험자 ④ 안전관리대행기관

【영 제16조】 정기점검의 대상인 제조소등

법 제18조 1항에서 "대통령령이 정하는 제조소등"이란 다음의 제조소등을 말한다.

① 예방규정을 정하는 **영 제15조 각 호**에 해당하는 제조소등

② 지하탱크저장소 및 이동탱크저장소

③ 위험물 취급 탱크로서 **지하**에 매설된 탱크가 있는 제조소, 일반취급소, 주유취급소

- **정기검사:** 본·서장이 50만ℓ 이상의 옥외탱크저장소로서 완공날→ 12년→ 11년→ 11년
- **정기점검:** 안전관리자, 운송자, 시험자, 대행기관이 10가지 제조소등을 1년에 1회 이상

5법

【법 제19조】 자체소방대

다량의 위험물을 저장·취급하는 제조소등으로서 대통령령이 정하는 제조소등이 있는 동일한 사업소에서 지정수량 이상의 위험물을 저장 또는 취급하는 경우 해당 사업소의 관계인은 대통령령이 정하는 바에 따라 해당 사업소에 **자체소방대**를 설치하여야 한다.

(또한 규정에 따라 자체소방대를 설치하는 사업소의 관계인은 규정에 따라 자체소방대에 화학소방자동차 및 자체소방대원을 두어야 한다.)

【영 제18조】 자체소방대를 설치하여야 하는 사업소

법 제19조에서 "대통령령이 정하는 제조소등"이란 **제4류 위험물**을 취급하는 지정수량 **3천배 이상의 제조소 또는 일반취급소와 50만 배 이상의 옥외탱크저장소**를 말한다.

■ 자체소방대 설치조건:

- 제4류 위험물을 취급하는 지정수량 3천배 이상의 제조소, 일반취급소. -

(* 자체소방대는 주로 정유공장에, 위험물안전관리자는 주로 주유소에 근무를 한다.)

【영 별표 8】 자체소방대에 두는 화학소방자동차 및 인원(영 제18조 관련)

제4류위험물, 3천배 이상을 취급하는 자체소방대에는 화학소방자동차와 인원을 두어야 한다.

제조소 또는 일반취급소에서 취급하는 사업소의 구분	화학소방 자동차	자체소방 대원의 수
① (최대수량의 합이) 지정수량의 12만배 미만인 사업소	1대	5인
② 지정수량의 12만배 이상 24만배 미만인 사업소	2대	10인
③ 지정수량의 24만배 이상 48만배 미만인 사업소	3대	15인
④ 최대수량의 합이 지정수량의 48만배 이상인 사업소	4대	20인
⑤ 옥외탱크저장소에 지정수량의 50만배 이상인 사업소	2대	10인

【규칙 제73조】 자체소방대의 설치 제외대상인 일반취급소

영 제18조에서 행정안전부령이 정하는 일반취급소로서 다음의 경우는 설치를 제외한다.

① 유압장치, 윤활유 순환장치 그 밖에 이와 유사한 장치로 위험물을 취급하는 일반취급소
② 보일러, 버너 그 밖에 이와 유사한 장치로 위험물을 소비하는 일반취급소
③ 광산보안법의 적용을 받는 일반취급소
④ 이동저장탱크 **그 밖에 이와 유사한 것**에 위험물을 주입하는 일반취급소
⑤ 용기에 위험물을 옮겨담는 일반취급소.

【규칙 별표 23】 화학소방자동차에 갖추어야 하는 소화능력 및 설비의 기준

물탱크차가 아닌 화학소방자동차에 갖추어야 하는 소화능력 및 설비의 기준은 다음과 같다.

화학차란 물탱크차가 아닌 포수용액·이산화탄소·할로젠화합물·분말방사차, 제독차를 말한다.

화학소방자동차의 구분	소화능력 및 설비의 기준
① 포수용액 방사차	포수용액의 방사능력이 매분 2,000ℓ 이상(10만ℓ 이상 비치)
② 이산화탄소 방사차	방사능력이 매초 40kg 이상일 것.(3,000kg 이상을 비치할 것)
③ 할로젠화합물 방사차	방사능력이 매초 40kg 이상일 것.(1,000kg 이상을 비치할 것)
④ 분말 방사차	방사능력이 매초 35kg 이상일 것.(1,400kg 이상을 비치할 것)
⑤ 제독차	가성소다 및 규조토를 각각 50kg 이상 비치할 것

【화학차】

【내폭화학차】

예제 제조소 또는 일반취급소에서 취급하는 4류 위험물의 최대수량의 합이 지정수량 24만 배 이상 48만 배 미만인 사업소에 두는 화학차의 수와 자체소방대원 인원은?

① 화학차 1대, 자체소방대원 5인
② 화학차 2대, 자체소방대원 10인
③ 화학차 3대, 자체소방대원 15인
④ 화학차 4대, 자체소방대원 20인

해설: 화학소방자동차 3대, 자동차 1대에 5명씩 필요하니 자체소방대원 15인이다. // ③

예제 4류위험물 중 알코올 8,000만ℓ 를 갖추어야할 화학소방차 대수와 자체소방대원은?

① 1대 – 5인
② 1대 – 10인
③ 2대 – 10인
④ 2대 – 15인
⑤ 3대 – 15인

해설: 알코올 8,000만 리터를 알코올의 지정수량 400ℓ로 나눈다. $\frac{80,000,000}{400}$=200,000

20만배 이므로 화학차 2대 이상, 인원 10인 이상에 해당한다. // ③

04 위험물의 운반 등

【법 제20조】 위험물의 운반

위험물의 운반은 그 **용기·적재방법 및 운반방법**에 관한 다음의 중요기준과 세부기준에 따라 행하여야 하며, 위험물운반자는 해당 국가기술자격자이거나 교육을 수료해야 한다.

시·도지사는 운반용기를 제작·수입한 자의 신청에 따라 운반용기를 검사하게 할 수 있다.

1. **중요기준**: 화재 등 위해의 예방과 응급조치에 있어서 큰 영향을 미치거나 그 기준을 위반하는 경우 직접적으로 화재를 일으킬 가능성이 큰 기준으로 행정안전부령이 정하는 기준
2. **세부기준**: 간접적으로 화재를 일으킬 수 있는 기준 및 위험물의 안전관리에 필요한 표시와 서류·기구 등의 비치에 관한 기준으로서 행정안전부령이 정하는 기준

> • **중요기준**: 직접적 기준 / • **세부기준**: 간접적 기준으로서 행정안전부령으로 정한다.
> (*^^ 위험물은 대통령령으로 정하지만 그 기준은 구체적이니 행정안전부령으로 정한다.)

【법 제21조】 위험물의 운송 (► 운송자 규정에 관한 법률)

1. 이동탱크저장소에 의하여 위험물을 운송하는 자는 해당 위험물을 취급할 수 있는 국가기술자격자 또는 법 제28조 규정에 따른 안전교육을 받은 자이어야 한다.
2. 위험물운송자는 이동탱크저장소에 의하여 위험물을 운송하는 때에는 해당 국가기술자격증 또는 교육수료증을 지녀야 한다.
3. 위험물의 운송에 있어서는 운송책임자*의 감독 또는 지원을 받아 운송하여야 하며 운송책임자의 범위, 감독, 지원법 등에 관한 구체적인 기준은 행정안전부령으로 정한다.

> 【영 제19조】 운송책임자의 감독·지원을 받아 운송하여야 하는 위험물
>
> 법 제21조 제2항에서 "대통령령이 정하는 위험물"이란 다음의 위험물을 말한다.
>
> ① 알킬알루미늄* ② 알킬리튬*
>
> ③ 알킬알루미늄, 알킬리튬 물질을 함유하는 위험물
>
> (*^^ ①②번은 제3류위험물로 분류되며 **지정수량 10kg의 자연발화성 및 금수성 물질이다.**)

---

* 알킬알루미늄: 제3류위험물로서 상온에서 무색투명한 액체로서 물과 공기 중에 자연발화 할 수 있다.
* 알킬리튬: 제3류위험물로 분류되며 알킬기와 리튬의 유기금속화합물로서 자연발화 할 수 있다.
* 운송책임자: 위험물 운송의 감독 또는 지원을 하는 자를 말함.
* 위험물운반자: 이동탱크저장소 운전자
* 위험물운송자: 운송책임자 및 이동탱크저장소운전자

05 감독 및 조치명령

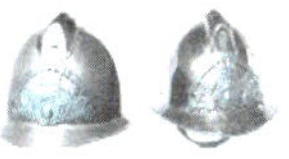

【법 제22조】 출입·검사 등

1. 소방청장, 시·도지사, 소방본부장·소방서장은 화재의 예방·진압대책을 위하여 필요한 때 위험물을 저장 또는 취급하고 있다고 인정되는 장소의 관계인에 대하여
   ① 필요한 보고·자료제출을 명할 수 있으며, 관계공무원에게 해당 장소에 출입하여
   ② 그 장소의 위치·구조·설비 및 위험물의 저장·취급상황에 대하여 검사하게 하거나
   ③ 관계인에게 질문하게 하고, (* 관계공무원은 증표를 지니고 관계인에게 내보여야 한다.)
   ④ 시험에 필요한 최소한의 위험물, 위험물로 의심되는 물품을 수거하게 할 수 있다.

   단, 개인의 주거는 ㉠ 관계인의 승낙을 얻은 경우나 ㉡ 긴급한 경우가 아니면 출입할 수 없다.

2. 소방공무원 또는 국가경찰공무원은 필요하다고 인정하는 경우에는 주행 중의 이동탱크저장소를 정지시켜 위험물의 취급에 관한 국가기술자격증, 교육수료증, 주민등록증, 여권, 운전면허증 등 신원확인을 위한 증명서를 제시를 요구하거나 질문을 할 수 있다.
3. 출입·검사 등은 그 장소의 공개시간이나 근무시간 내 또는 해가 뜬 후부터 해가 지기 전까지의 시간 내에 행하여야 한다. (다만, 관계인의 승낙이 있거나 화재발생의 우려가 커서 긴급한 경우에는 그러하지 아니하다.)
4. 출입·검사 등을 행하는 관계공무원은 관계인의 정당한 업무를 방해하거나 출입·검사 등을 수행하면서 알게 된 비밀을 다른 자에게 누설하여서는 아니 된다.

【법 제22조의2】 위험물 누출 등의 사고 조사

소방청장, 소방본부장, 소방서장은 위험물의 누출·화재·폭발 등의 사고가 발생한 경우 사고의 원인 및 피해 등을 조사하여야 한다.

【법 제23~26조】 무허가장소의 위험물에 대한 조치명령 등

시·도지사, 소방본부장·소방서장은 탱크시험자에 대한 명령(제23조), 위험물에 대한 조치명령(제24조), 제조소등에 대한 긴급 사용정지명령 등(제25조), 저장·취급기준 준수명령 등(제26조)을 명할 수 있다.

06 보 칙

【법 제28조】 안전교육

안전관리자·탱크시험자·위험물운송자 등 대통령령이 정하는 자는 해당 업무에 관한 능력의 습득 또는 향상을 위하여 **소방청장**이 실시하는 교육을 받아야 한다. (또한 **시·도지사, 소방본부장, 소방서장**은 교육을 받지 아니한 때에는 교육을 받을 때까지 그 자격을 **제한**할 수 있다.)

1. **실시자** : 소방청장
2. **제한자** : 시·도지사, 소방본부장, 소방서장

【영 제20조】 안전교육 대상자

법 제28조에서 대통령령이 정하는 자란 아래와 같다.

① (위험물)**안전관리자**로 선임된 자

② **탱크시험자**의 기술인력으로 종사하는 자

③ 위험물 **운반자**로 종사하는 자

④ 위험물 **운송자**로 종사하는 자

【규칙 제78조】 안전교육

① **실시처** : 기술원 또는 안전원.(강습교육과 실무교육으로 구분하여 실시)

② **지도·감독** : 소방본부장은 매년 10월말까지 안전원에 통보하고 지도·감독한다.

【법 제29조】 청 문

시·도지사, 소방본부장 또는 소방서장은 다음에 해당하는 처분을 하고자 하는 경우에는 청문을 실시하여야 한다.

1. 제조소등 설치허가의 취소
2. 탱크시험자의 등록취소

■ Reference

청문은 업체가 한번 취소되면 2년간 차릴 수 없기 때문에 신중을 기하자는 뜻으로 실시한다.
이 법에서 청문은 1·2번의 총 14개의 업체를 취소할 때에 적용한다.
즉, 상기 [법 제29조] 1번 제조소등의 13개 업체(1개의 제조소 + 4개의 취급소 + 8개의 저장소)와 2번 탱크시험자(탱크시험업)까지 이 법에서 소개되는 14개 업체의 취소시에만 적용이 된다.

07 벌 칙

【법 제33조】 1년 이상 10년 이하의 징역

1. 위험물을 **유출, 방출, 확산**시켜 사람의 생명·신체·재산에 위험을 발생시킨 자(고의!)
2. 제1항 죄를 범하여 상해에 이르게 한 때는 무기 또는 3년 이상의 징역, 사망이면 무기 또는 5년 이상의 징역에 처한다.

■ **양벌규정**: 제1항은 행위자를 벌하는 외에 그 법인 또는 개인을 **5천만 원** 이하의 벌금에 처하고, 제2항 위반 시 그 행위자를 벌하는 외에 그 법인 또는 개인을 **1억 원** 이하의 벌금에 처한다.

【법 제34조】 7년 이하의 금고 또는 7천만 원 이하의 벌금

1. 업무상 과실로 위험물을 유출 등, 확산시켜 사람의 생명·신체·재산에 위험 발생시킨 자
2. 1항의 죄를 범하여 사상에 이르게 한 때는 10년 이하의 징역 또는 금고* 나 1억원 이하의 벌금에 처한다. (*^^ 여기서 노동을 하지 않는 감옥살이인 금고는 10년 이하의 금고를 말한다.)

【법 제34조의2】 5년 이하의 징역 또는 1억 원 이하의 벌금

1. 제조소등의 설치허가를 받지 아니하고 설치한 자

【법 제34조의3】 3년 이하의 징역 또는 3천만 원 이하의 벌금

1. 제조소등이 아닌 장소에서 지정수량 이상의 위험물을 저장·취급한 자

【법 제35조】 1년 이하의 징역 또는 1천만 원 이하의 벌금

1. **탱크시험자**로 등록하지 아니하고 업무를 한 자
2. 정기점검을 하지 않거나 점검기록을 허위로 작성한 관계인으로 허가를 받은 자
3. **정기검사**를 받지 않거나, **자체소방대**를 두지 아니한 관계인으로 허가를 받은 자
4. 운반용기에 대한 **검사**를 받지 아니하고 사용하거나 유통시킨 자
5. 출입검사 관계공무원(청·시·본·서장) 명령에 대한 보고·자료제출 하지 않거나 허위로 보고·제출한 자 또는 **관계공무원의 출입**·검사 또는 수거를 거부·**방해**·기피한 자
6. 제조소등에 대한 긴급사용정지·제한명령(시·본·서장의 명령)을 위반한 자.

5법

【법 제36조】 1천500만 원 이하의 벌금

1. 위험물 저장·취급에 관한 중요기준을 따르지 아니한 자
2. 변경허가를 받지 아니하고 제조소등을 변경한 자
3. 완공검사를 받지 아니하고 위험물을 저장·취급한 자
4. 각종 명령(안전조치이행·사용정지·업무정지·조치·저장취급기준준수·응급조치) 위반자
5. 제조소 위치·구조·설비의 수리·개조·이전의 명령에 따르지 아니한 자
6. 위험물안전관리자 선임 또는 대리자를 지정하지 아니하고 허가를 받은 관계인
7. 탱크안전성능시험, 점검업무를 허위로 하거나 그 결과 증명서류를 허위 교부한 자
8. 예방규정을 제출하지 않거나 변경명령을 따르지 않은 관계인으로 허가를 받은 자
9. 이동탱크저장소의 정지 지시를 거부하거나 국가기술자격증·교육수료증 신원확인을 위한 증명서의 제시 요구 또는 신원확인을 위한 질문에 응하지 아니한 자
10. 탱크시험자에 대한 감독상 명령에 따르지 아니한 자. 또는 관계 공무원(시·본·서장)의 명령을 위반하여 (허위)보고, 자료제출 않거나 출입, 조사·검사를 거부·방해·기피한 자.

【법 제37조】 1천만 원 이하의 벌금

1. 위험물 취급에 관한 안전관리와 감독을 하지 아니한 자
2. 안전관리자나 그 대리자가 참여하지 아니하고 위험물을 취급한 자
3. 변경한 예방규정을 제출하지 않고 제조소등 허가받은 자(관계인)
4. 위험물의 운반에 관한 중요기준을 따르지 아니한 자
5. 자격요건·교육 미수료자인 위험물 운반자나 운송자 또는 감독지원을 위반한 운송자,
6. 출입·검사 시 관계인의 업무를 방해하거나 알게된 비밀을 누설한 자.(공무원)

※ 양벌규정(제38조): 제33~제37조까지 타 법의 양벌규정에 준용한다.

【법 제39조】 500만 원 이하의 과태료

1. 위험물 임시저장(90일 이내) 승인을 받지 아니한 자
2. 위험물의 저장·취급·운반에 관한 세부기준을 위반한 자
3. 정기점검결과를 기록·보존하지 아니하거나 그 결과를 제출(30일)하지 아니한 자,
4. 위험물의 운송에 관한 기준(자격 1년, 교육 2년 경력 등)을 따르지 아니한 자
5. 예방규정을 준수하지 아니한 자
6. 각종 신고(7가지)를 주로 기간 이내에 하지 않거나 허위로 한 자

※ 과태료: 대통령령으로 정하는 바에 따라 시·도지사, 소방본부장, 소방서장이 징수한다.

■ 법 제39조 6번 해설

각종 신고(7가지)를 주로 기간 이내에 하지 않거나 허위로 한 자는 다음과 같다

① 품명 등의 변경신고를 기간(1일) 이내에 하지 않거나 허위로 한 자
② 지위승계신고를 기간(30일) 이내에 하지 않거나 허위로 한 자
③ 제조소등의 폐지신고, 안전관리자 선임신고를 기간(14일) 이내 하지 아니한 자
④ 제조소등의 사용중지신고, 재개신고를 기간(14일) 이내에 하지않거나 거짓한 자
⑤ 탱크시험자 등록사항 변경신고를 기간 이내에 하지 않거나 허위로 한 자

청문정리

■ 청문 내용: (주로 주요한 업체, 주요한 자격 등을 취소·정지 시 적용)

1. 기본법: 업체나 자격증이 없어 청문 없음.
2. 화재예방법: 2가지
3. 소방시설법: 6가지
4. 공사업법: 2가지
5. 위험물법: 2가지
6. 화재조사법: 없음

※ 청문 실시자는.
– ① 소방청장 ② 시·도지사 ③ 소방본부장 ④ 소방서장으로 볼 때 –
• 2.3법은 ①②번이 실시. • 5법은 ②③④번이 실시한다.(* 4법은 명시 없음.)

법의 구분	청문 내용	청문 실시자
1. 소방기본법	·	·
2. 화재예방법	① 소방안전관리자의 자격취소 ② 화재예방안전진단기관의 지정취소	소방청장, 시·도지사
3. 소방시설법	① 관리사 자격 취소 및 정지 ② 관리업 등록 취소 및 영업정지 ③ 소방용품 형식승인 취소 및 제품검사 중지 ④ 소방용품 전문기관의 지정 취소 및 업무정지 ⑤ 소방용품 우수품질인증의 취소, ⑥ 성능인증 취소	소방청장, 시·도지사
4. 공사업법	① 소방시설업 등록취소나 영업정지 ② 소방기술인정자격 취소 시	(명시없음)
5. 위험물법	① 위험물제조소등 등록 취소 시 ② 탱크시험자 등록 취소 시	시·도지사, 본부장, 서장
6. 화재조사법	·	·

08 위험물안전관리법 시행령(별표1)

※ 위험물의 위험도: 3·5류 > 4류 > 2류 > 1·6류 순.　　※ 지정수량 기준치는 작을수록 위험하다.

위험물			지정수량
유 별	성 질	품 명	
제1류	산화성고체	1. 아염소산염류	50kg
		2. 염소산염류	50kg
		3. 과염소산염류	50kg
		4. 무기과산화물(예 알칼리금속의 과산화물 등)	50kg
		5. 질산염류(예 질산나트륨 등)	300kg
		6. 아이오드산염류	300kg
		7. 브로민산염류	300kg
		8. 과망가니즈산염류	1,000kg
		9. 다이크로뮴산염류	1,000kg
		10. 그 밖에 행정안전부령으로 정하는 것(8가지, 규칙 제3조 참고) 11. 제1호~제10호의 1에 해당하는 어느 하나 이상을 함유한 것	50kg, 300kg 또는 1,000kg
제2류	가연성고체	1. 황화인	100kg
		2. 적린	100kg
		3. 황(순도 60% 이상)	100kg
		4. 철분	500kg
		5. 금속분	500kg
		6. 마그네슘	500kg
		7. 그 밖에 행정안전부령으로 정하는 것 8. 제1호~제7호의 1에 해당하는 어느 하나 이상을 함유한 것	100kg 또는 500kg
		9. 인화성고체	1,000kg
제3류	자연발화성물질 및 금수성물질	1. 칼륨	10kg
		2. 나트륨	10kg
		3. 알킬알루미늄	10kg
		4. 알킬리튬	10kg
		5. 황린	20kg
		6. 알칼리금속(칼륨 및 나트륨을 제외한다) 및 알칼리토금속	50kg
		7. 유기금속화합물(알킬알루미늄 및 알킬리튬을 제외한다)	50kg
		8. 금속의 수소화물	300kg
		9. 금속의 인화물	300kg
		10. 칼슘 또는 알루미늄의 탄화물	300kg
		11. 그 밖에 행정안전부령으로 정하는 것(염소화규소화합물) 12. 제1호~제11호의 1에 해당하는 어느 하나 이상을 함유한 것	10kg, 20kg 50kg 또는 300kg

제4류	인화성액체	1. 특수인화물*	(이황화탄소, 다이에틸에터 등)	50ℓ
		2. 제1석유류	비수용성액체- (휘발유 등)	200ℓ ----(*1드럼)
			수용성액체- (아세톤 등)	400ℓ
		3. 알코올류(60%↑)	(예 메탄올, 에탄올, 프로판올)	400ℓ
		4. 제2석유류	비수용성액체- (등유, 경유 등)	1,000ℓ ---(*5드럼)
			수용성액체	2,000ℓ
		5. 제3석유류	비수용성액체- (중유, 클레오소오트 등)	2,000ℓ ---(*10드럼)
			수용성액체	4,000ℓ
		6. 제4석유류- (기어유, 실린더유 등)		6,000ℓ
		7. 동식물유류(예 아마인유)		10,000ℓ
제5류	자기반응성물질	1. 유기과산화물		10kg
		2. 질산에스터류(예 나이트로셀룰로오스 등)		10kg
		3. 하이드록실아민		100kg
		4. 하이드록실아민염류		100kg
		5. 하이드라진 유도체		200kg
		6. 나이트로화합물		200kg
		7. 나이트로소화합물		200kg
		8. 아조화합물		200kg
		9. 디아조화합물		200kg
		10. 그 밖에 행정안전부령으로 정하는 것 (질산구 아니딘 외 1종) 11. 제1호~제10호의 1에 해당하는 어느 하나 이상을 함유한 것		10kg, 100kg 또는 200kg
제6류	산화성액체	1. 과염소산		300kg
		2. 과산화수소(농도 36% 이상)		300kg
		3. 질산(비중 1.49 이상)		300kg
		4. 그 밖에 행정안전부령이 정하는 것(할로젠간화합물)		300kg
		5. 제1호~제4호의 1에 해당하는 어느 하나 이상을 함유한 것		300kg

지정품목 외 정리

- 1류위험물의 종류 품명란 10호에서 그 밖에 행정안전부령이 정하는 것이란? ① 과아이오드산 ② 염소화아이소사이아누르산 ③ 크로뮴, 납 또는 아이오딘의 산화물 ④ 아질산염류 ⑤ 차아염소산염류 ⑥ 염소화이소시아눌산 ⑦ 퍼옥소이황산염류 ⑧ 퍼옥소붕산염류가 있다.(*^^모두 산자가 있다.)
- 3류위험물의 종류 품명란 11호에서 "행정안전부령이 정하는 것"이란 염소화규소화합물을 말한다.
- 5류위험물의 종류 품명란 10호에서 말하는 것은 ① 금속의 아지화합물 ② 질산구아니딘을 말한다.
- 6류위험물은 종류 품명란 4호에서 말하는 것은 할로젠간화합물을 말한다.

비 고

1. **"산화성고체"**란 고체[액체(1기압 및 섭씨 20도에서 액상인 것 또는 섭씨 20℃ 초과 섭씨 40℃ 이하에서 액상인 것을 말한다.) 또는 기체(1기압 및 섭씨 20도에서 기상인 것.을 말한다.) 외의 것을 말한다]로서 **산화력의 잠재적인** 위험성 또는 충격에 대한 민감성을 판단하기 위하여 소방청장이 정하여 고시(이하 "고시"라 한다.)하는 시험에서 고시로 정하는 성질과 상태를 나타내는 것을 말한다.
   - 이 경우 **"액상"**이란 수직으로 된 시험관(안지름 30mm, 높이 120mm의 원통형유리관)에 시료를 55mm까지 채운 다음 해당 시험관을 수평으로 하였을 때 시료액면의 선단이 30mm(3cm)를 **이동하는데 걸리는 시간이 90초 이내**에 있는 것을 말한다.

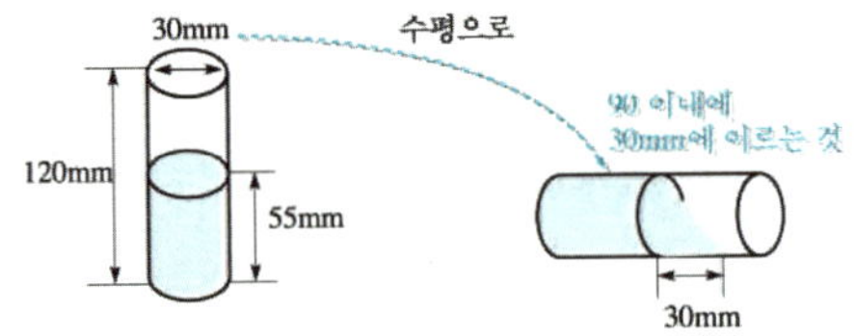

【액상 시험방법】

2. **"가연성 고체"**란 고체로서 화염에 의한 발화의 위험성 또는 인화의 위험성을 판단하기 위하여 고시로 정하는 시험에서 고시로 정하는 성질과 상태를 나타내는 것을 말한다.
3. 황은 순도가 **60중량% 이상**인 것을 말한다. 이 경우 순도측정에 있어서 불순물은 활석 등 불연성물질과 수분에 한한다.
4. **"철분"**이란 철의 분말로서 53m^{-6}의 표준체를 통과하는 것이 **50중량%** 미만인 것은 **제외**한다.
5. **"금속분"**이란 **알칼리금속·알칼리토류금속**·철 및 **마그네슘** 외의 금속의 분말을 말하고, 구리분·니켈분 및 150m^{-6}의 체를 통과하는 것이 **50중량%** 미만인 것은 **제외**한다.
6. **마그네슘** 및 제2류 제8호의 물품 중 마그네슘을 함유한 것에 있어서 다음의 어느 하나에 해당하는 것은 **제외**한다.
   ① 2mm의 체를 통과하지 아니하는 덩어리 상태의 것　② 직경 2mm 이상의 막대 모양의 것
7. **황화인·적린·황 및 철분**은 제2호에 따른 성상이 있는 것으로 본다.
8. **"인화성고체"**란 고형알코올 그 밖에 1기압에서 인화점이 섭씨 40℃ **미만인 고체**를 말한다.
   (*^^ 인화점이 섭씨 40℃ 이상인 고체는 덜 위험하니 특수가연물 중 "가연성 고체류"로 분류한다.)
9. **"자연발화성물질 및 금수성물질"**이란 고체 또는 액체로서 공기 중에서 발화의 위험성이 있거나 물과 접촉하여 발화하거나 가연성가스를 발생하는 위험성이 있는 것을 말한다.
10. **칼륨·나트륨·알킬알루미늄·알킬리튬 및 황린**은 제9호에 따른 성상이 있는 것으로 본다.
11. **"인화성액체"**란 액체(제3석유류, 제4석유류 및 **동식물유류**에 있어서는 **1기압과 섭씨 20℃**에서 액상인 것에 한한다)로서 인화의 위험성이 있는 것을 말한다. 다만 화장품, 의약품, 의약외품(알코올류는 제외), 50V% 이하, 체외진단용 의료기기, 안전확인대상생활화학제품(알코올류 제외) 중 수용성인 인화성 액체를 50V% 이하로 포함하고 있는 것은 제외한다.
12. **"특수인화물"**이란 **이황화탄소, 다이에틸에터** 그 밖에 1기압에서 ① **발화점이 섭씨 100℃** 이하인 것 또는 ② **인화점이** 섭씨 **영하 20℃ 이하이고 비점이 섭씨 40℃ 이하**인 것을 말한다.

13. "제1석유류"란 아세톤, 휘발유 그 밖에 1기압에서 인화점이 섭씨 21℃ 미만인 것을 말한다.
14. "알코올류"란 1분자를 구성하는 탄소원자의 수가 1개부터 3개까지인 포화 1가 알코올(변성알코올 포함.)을 말한다. 다만, 다음 각목의 1에 해당하는 것은 제외한다. (예 메탄올, 에탄올, 프로판올 등)
   ① 1분자를 구성하는 탄소원자의 수가 1개~3개의 포화1가 알코올의 함유량이 60중량% 미만인 수용액
   ② 가연성 액체량이 60중량% 미만이고 인화점 및 연소점(태그개방식 인화점측정기에 의한 연소점을 말한다.)이 에틸알코올 60중량% 수용액의 인화점 및 연소점을 초과하는 것.
   (※ 용어= *포화: 더 이상 결합할 수 없는 상태, *1가 알코올: OH(수산기)가 1개인 알코올)
15. "제2석유류"란 등유, 경유 그 밖에 1기압에서 인화점이 섭씨 21℃ 이상 70℃ 미만인 것을 말한다. (다만, 도료류 그 밖의 물품에 있어서 가연성 액체량이 40중량% 이하이면서 인화점이 섭씨 40℃ 이상인 동시에 연소점이 섭씨 60℃ 이상인 것은 제외한다.)
16. "제3석유류"란 중유, 클레오소트유 그 밖에 1기압에서 인화점이 섭씨 70℃ 이상 200℃ 미만인 것을 말한다. (다만, 도료류 등은 가연성 액체량이 40중량% 이하인 것은 제외한다.)
17. "제4석유류"란 기어유, 실린더유 그 밖에 1기압에서 인화점이 섭씨 200℃ 이상 250℃ 미만의 것을 말한다. (다만, 도료류 등은 가연성 액체량이 40중량% 이하인 것은 제외한다.)
18. "동식물유류"란 동물의 지육 등 또는 식물의 종자나 과육으로부터 추출한 것으로서 1기압에서 인화점이 섭씨 250℃ 미만인 것을 말한다.
   [다만, 법 제20조제1항의 규정에 따라 행정안전부령이 정하는 용기기준과 수납·저장기준에 따라 수납되어 저장·보관되고 용기의 외부에 물품의 통칭명, 수량 및 화기엄금(화기엄금과 같은 의미를 갖는 표시를 포함.)의 표시가 있는 경우를 제외한다] - (*^^표시가 있는것은 특수가연물 중 "가연성 액체류"로 분류한다.)
   (*^^ 또한 상단 동식물유류의 조건 중 1기압에서 인화점이 섭씨 250℃ 이상인 것은 덜 위험하니 소방기본법 시행령 별표2 특수가연물 비고란 중 "가연성 액체류"로 분류한다.)

1석유		2석유		3석유		4석유류
21	→	70	→	200	→	250℃
						동식물유류 ←

19. "자기반응성물질"이란 고체 또는 액체로서 폭발의 위험성 또는 가열분해의 격렬함을 고시로 정하는 성질과 상태를 나타내는 것을 말하며, 위험성 유무와 등급에 따라 제1종 또는 제2종으로 분류한다.
20. "산화성액체"란 액체로서 산화력의 잠재적인 위험성을 판단하기 위하여 나타내는 것을 말한다.
21. 과산화수소는 그 농도가 36중량% 이상인 것에 한하며, 제21호의 성상이 있는 것으로 본다.
22. 질산은 그 비중이 1.49 이상인 것에 한하며, 제21호의 성상이 있는 것으로 본다.
23. 위 표 성질란에 2가지 이상 포함 물품(복수성상물품)이 속하는 품명은 다음에 의한다.(* 중요하지 않음)
   ① 제1류 위험물 및 제2류 위험물의 성상을 가지는 경우 : 제2류 위험물 규정에 의한 품명
   ② 제1류 위험물 및 제5류 위험물의 성상을 가지는 경우 : 제5류 위험물 규정에 의한 품명
   ③ 제2류 위험물 의 성상과 제3류 위험물의 성상을 가지는 경우 : 제3류 위험물 규정에 의한 품명
   ④ 제3류 위험물의 성상 및 제4류 위험물의 성상을 가지는 경우 : 제3류 위험물 규정에 의한 품명
   ⑤ 제4류 위험물의 성상 및 제5류 위험물의 성상을 가지는 경우 : 제5류 위험물 규정에 의한 품명
   (* 복수성상물품은 위험도의 개념인 3·5류 > 4류 > 2류 > 1·6류 위험물 순으로 규정한다고 생각하면 쉽다.)
24. 동 표에 의한 필요한 실험은 국가표준기본법에 의한 공인시험기관, 한국소방산업기술원, 중앙소방학교 또는 소방청이 지정하는 기관으로 한다.

5법

【영 별표 2】 지정수량 이상의 위험물을 저장하기 위한 장소와 그에 따른 저장소의 구분

지정수량 이상의 위험물을 저장하기 위한 장소
1. 옥내저장소: 옥내에 저장하는 장소.(* 주로 고체) 2. 옥외저장소: 옥외에 다음에 해당하는 위험물을 저장하는 장소.(단, 제4호장소를 제외.) ① 제2류 위험물 중 황 또는 인화성고체(인화점이 0℃ 이상인 것.) ② 제4류 위험물 중 제1석유류(인화점이 0℃ 이상인 것.)·알코올류·제2석유류·제3석유류·제4석유류 및 동식물유류  ③ 제6류 위험물 ④ 제2류 위험물 및 제4류 위험물 중 특별시·광역시 또는 도의 조례에서 정하는 위험물(관세법에 따른 보세구역 안에 저장하는 경우) ⑤ 국제해사기구가 채택한 「국제해상위험물규칙」 (IMDG Code) 적합 용기에 수납된 것. 3. 옥내탱크저장소: 옥내에 있는 탱크에 위험물을 저장하는 장소.(*주로 액체) 4. 옥외탱크저장소: 옥외에 있는 탱크에 위험물을 저장하는 장소 5. 이동탱크저장소: 차량에 고정된 탱크에 위험물을 저장하는 장소(* 피견인자동차 포함) - 유조차 6. 지하탱크저장소: 지하에 매설한 탱크에 위험물을 저장하는 장소(* 지하 60cm 이상 아래) 7. 간이탱크저장소: 간이탱크에 위험물을 저장하는 장소(* 600ℓ 이하) 8. 암반탱크저장소: 암반내의 공간을 이용한 탱크에 액체의 위험물을 저장하는 장소

【영 별표 3】 위험물을 제조 외의 목적으로 취급하기 위한 장소와 그에 따른 취급소의 구분

위험물을 제조 외의 목적으로 취급하기 위한 장소
1. 주유취급소: 고정된 주유설비에 의하여 자동차·항공기 또는 선박 등의 연료탱크에 주유하기 위하여 위험물(위험물을 용기에 옮겨 담거나 차량에 고정된 3천ℓ 이하의 탱크에 주입하기 위하여 고정된 급유설비를 병설한 장소를 포함) 2. 판매취급소: 점포에서 위험물을 용기에 옮겨담거나 지정수량의 40배 이하를 취급하는 장소 3. 이송취급소: 배관 및 이에 부속된 설비에 의하여 위험물을 이송하는 장소. 다만, 다음 각목의 1에 해당하는 경우의 장소를 제외한다. ① 송유관에 의하여 위험물을 이송하는 경우 ② 시설(배관 제외) 및 그 부지가 같은 사업소에 있고 사업소 안에서만 이송하는 경우 ③ 사업소와 사업소의 사이에 도로(폭 2m 이상의 자동차의 통행이 가능한 것)만 있고 사업소와 사업소 사이의 이송배관이 그 도로를 횡단하는 경우 ④ 사업소와 사업소 사이의 이송배관이 제3자의 토지만을 통과하는 경우로서 해당 배관의 길이가 100m 이하인 경우 ⑤ 해상구조물에 설치된 배관(4류위험물 중 제1석유류 경우는 내경이 30cm 미만인 것)으로서 해당 해상구조물에 설치된 배관의 길이가 30m 이하인 경우 ⑥ 사업소 사이의 이송배관이 ③호~⑤호에 의한 경우 중 2 이상에 해당하는 경우 ⑦ 「농어촌전기공급사업 촉진법」의 자가발전시설에 사용되는 위험물을 이송하는 경우 4. 일반취급소: 제1호 내지 제3호 외의 장소(「석유 및 석유대체연료 사업법」 규정에 의한 유사석유제품에 해당하는 위험물을 취급하는 경우의 장소를 제외한다)

【영 별표 5】 위험물 취급자격자의 자격

1. 기술능력: ① 위험물기능장　② 위험물산업기사
③ 위험물기능사　④ 소방공무원 3년 이상 경력자
⑤ 소방청장이 실시하는 안전관리자 교육 이수자.
(= 법 28조에 의한 위험물안전관리자, 탱크시험자, 위험물운송자.)

■ ①②③번의 "위험물자격자"는 제1류~제6류위험물의 모든 위험물을 취급할 수 있으며, ④⑤의 위험물자격자가 아닌, 위험물취급자는 제4류 위험물만을 취급할 수 있다.
⑤ 교육이수자란? [법28조]의 위험물안전관리자, 탱크시험자, 위험물운송·운반자이다.
그러나 ⑤ 교육 이수자가"제조소" 등에서는 지정수량 5배 이하만 근무할 수 있다.(*별표6)

【영 별표 7】 탱크시험자의 기술능력·시설 및 장비

1. 기술능력 중 필수인력:
① 위험물기능장·위험물산업기사 또는 **위험물기능사** 중 1명 이상,
② **비파괴검사기술사 1명** 이상 또는 초음파비파괴검사·자기비파괴검사 및 침투비파괴검사별로 기사 또는 산업기사 1명 이상

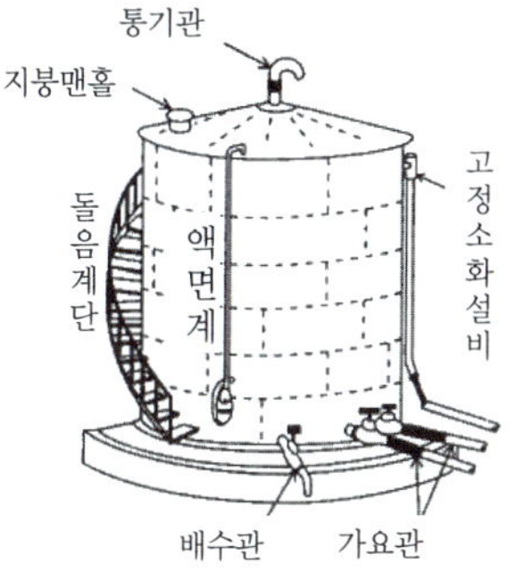

【콘루프탱크】

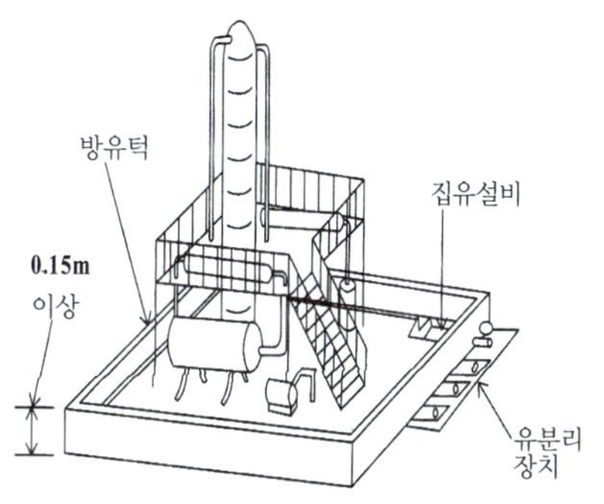

【옥외시설】

■ 소방학에서 사용되는 "등"에 대한 정리**
① 소방청장등: 소방청장 + 시도지사(1법 영12조)
② 소방시설등: 소방시설(5가지) + 비상구, 방화문, 방화셔터(3법2조, 영4조)
③ 건축허가등: 건축허가 + 소방시설 등의 허가·동의를 포함(3법 제6조)
④ 물분무등: 물분무+포·CO_2 ·미분무·고체에어로졸·할론·분말·강화액·할로젠화합물 및 불활성기체
⑤ 소방시설공사등: 소방시설의 설계, 시공(공사), 감리, 방염의 4가지(4법 제2조)
⑥ 제조소등: 제조소 + 저장소, 취급소(5법 제2조)

09 위험물안전관리법 시행규칙

1- 제조소 위험물 제조소의 위치·구조 및 설비의 기준

1. 제조소 【규칙 별표 4】

(1) 위험물 제조소의 안전거리

제조소 건축물의 외벽 또는 이에 상당하는 공작물의 외측으로부터 해당 제조소의 외벽 또는 이에 상당하는 공작물의 외측까지의 사이에 다음 규정에 의한 수평거리(이하 "안전거리"라 한다)를 두어야 한다.(단, 6류위험물은 제외)

① 주거용 건축물은 10m 이상
② 가스저장 및 취급시설: 20m 이상
③ 학교, 병원, 극장 등: 30m 이상
④ 국가유산: 50m 이상
⑤ 사용전압이 7,000V 초과 35,000V 이하의 특고압 가공전선에 있어서는 3m 이상
⑥ 사용전압이 35,000V를 초과하는 특고압 가공전선에 있어서는 5m 이상

제조소 안전거리

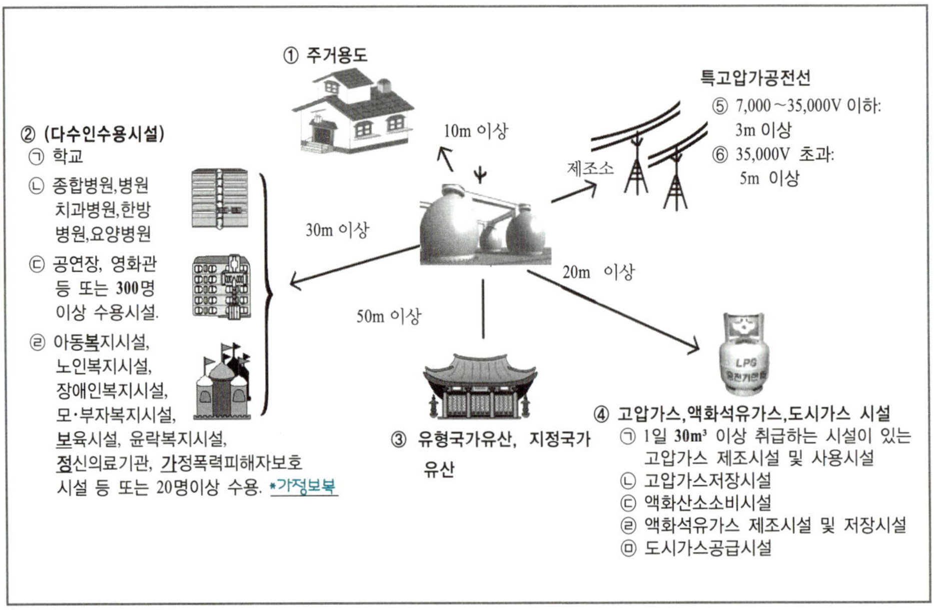

(2) 위험물 제조소의 보유공지

① 위험물을 취급하는 **건축물** 그 밖의 시설(배관 등 제외)의 주위에는 그 취급하는 위험물의 최대수량에 따라 위험물로부터 안전을 위하여 다음 표에 의한 너비의 공지를 보유하여야 한다.

■ **보유공지**: 건축물주위에 소방활동 및 피난 공간의 확보, 점검·보수 등에 필요한 공지.

(위험물) 제조소 보유공지

취급하는 위험물의 최대수량	공지의 너비
지정수량의 10배 이하	3m 이상
지정수량의 10배 초과	5m 이상

② 제조소의 작업공정이 다음의 기준에 따라 방화상 유효한 **격벽**(방화벽)을 설치한 경우에는 전항에 따른 공지를 보유하지 아니할 수 있다.

㉠ 방화벽은 내화구조로 할 것.(단, 제6류 위험물은 불연재료로 할 수 있다.)

㉡ 방화벽에 설치하는 출입구 및 창 등의 개구부는 가능한 한 **최소**로 하고, 출입구 및 창에는 자동폐쇄식의 60분+방화문, 60분방화문을 설치할 것

㉢ 방화벽의 양단 및 상단이 외벽 또는 지붕으로부터 50cm 이상 돌출하도록 할 것

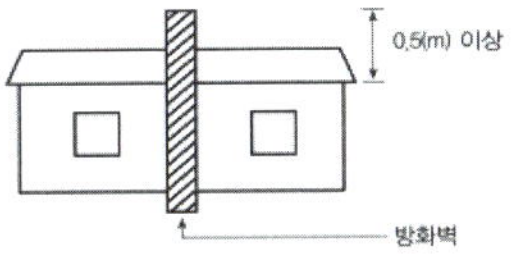

【목조건물】

(3) 위험물 제조소 표지 및 게시판

① 제조소에는 보기 쉬운 곳에 "**위험물 제조소**" 표지 및 게시판을 설치하여야 한다.

(위험물) "제조소 표지 및 게시판" 정리

구 분	설치 및 표시
공통사항	• 규격: 0.3m × 0.6m 이상 • 색상: 바탕은 백색, 문자는 흑색
표 지	• "위험물 제조소" 표시를 한 표지를 설치한다.
게시판	• 기재사항: 지정수량의 배수, 위험물안전관리자의 성명 또는 직명, 저장최대수량, 취급최대수량, 유별·품명을 기재한다.

"위험물 (주의사항) 게시판" 정리

게시판	품 명	게시판 색상
화기주의	2류위험물(인화성고체 제외)	적색바탕에 백색
화기엄금	4류, 5류 위험물, 2류의 인화성고체, 3류의 자연발화성 물질	적색바탕에 백색
물기엄금	3류 금수성물질, 1류 알칼리금속의 과산화물	청색바탕에 백색

(*^^ 제조소 표지 및 게시판과 위험물 게시판과의 색상·글씨 혼동에 주의한다.)
(*^^ 불을 상징하니 적색바탕이며, 물을 상징하니 청색바탕이 되며 글씨는 백색이 잘 보인다.)

표지	색상	대상
물기엄금	바탕…청색 글자…백색	제1류 위험물중 알칼리금속의 과산화물(이를 함유한 것 포함) 또는 제3류 위험물중 금수성물질
화기주의	바탕…적색 글자…백색	제2류 위험물(인화성고체는 제외)의 제조소등
화기엄금	바탕…적색 글자…백색	제2류 위험물중 인화성고체, 제3류 위험물중 자연발화성물질, 제4류 위험물 또는 제5류 위험물의 제조소등

(4) 건축물 구조

위험물을 취급하는 건축물의 구조는 원칙적으로 지하층을 없도록 한 기준에 의하여야 한다.

① **불연재료**: 벽, 기둥, 바닥, 보, 서까래 및 계단은 **불연재료**로 한다.

② **내화구조**: 연소의 우려가 있는 외벽은 개구부가 없는 내화구조로 한다.

③ **지붕**은 폭발에 의해 **날아가도록 가벼운 불연재료**로 덮어야 한다.

④ 출입구 및 비상구에는 60분+방화문・60분방화문 또는 30분방화문을 설치하되 연소우려가 있는 외벽에 설치하는 출입구에는 수시로 열 수 있는 자동폐쇄식의 60분+방화문 또는 60분방화문을 설치하여야 한다.

【자동폐쇄식 문】

⑤ 위험물을 취급하는 건축물의 창 및 출입구에 유리를 이용하는 경우에는 망입유리로 한다.

⑥ 액체의 위험물을 취급하는 바닥은 적당한 경사를 두어 그 최저부에 집유설비를 설치할 것

■ 제조소 표지 및 게시판:

이 법에서 표지 및 게시판의 규격은 한 변이 0.3m × 0.6m 이상으로서 세워도 눕혀도 된다
게시판의 색상은 일반적으로 우리의 교재처럼 바탕은 백색, 문자는 흑색이라고 생각한다.

■ 위험물(주의사항) 게시판:

- 위험물(창고) 주의사항 게시판은 "화기주의"나 "화기엄금"은 불을 상징하니 적색바탕이며, "물기엄금"은 물을 상징하니 청색이 되며, 글씨는 2색상 바탕은 백색이 잘 보이니 백색이 된다.
- 1류 및 6류 위험물은 불연성으로서 위험물(창고) 주의사항 게시판이 없다.
- 그러나 1류위험물 중 무기과산화물에 속해 있는 알칼리금속의 과산화물은 금수성 물질로서 물과 접촉하면 산소를 발생하니 물기엄금이며,
- 2류 위험물 중 인화성고체는 불이 빨리 붙는 인화성이므로 화기엄금이다.
- 또한 3류 위험물은 2가지 성질로서 자연발화성은 "화기엄금" 금수성은 물기엄금"이며 물기주의"는 이 법에서 규정되어 있지 않다.

예제 위험물 게시판의 한 변이 0.3m 이면 다른 한 변의 길이는 얼마인가?

① 0.3m ② 0.4m ③ 0.5m ④ 0.6m

해설: 위험물제조소의 표지는 한변이 0.3m이면 다른 한변의 길이는 0.6m이다. 또한 바탕색은 백색, 문자는 흑색이다(위험물안전관리법 시행규칙 별표4) // ④

(5) 채광·조명 및 환기설비

① 환기: 자연배기방식

② 급기구의 설치 및 크기: 급기구의 설치는 바닥면적 150m²마다 1개 이상 급기구 크기는 800cm² 이상일 것 다만, 바닥면적이 150cm² 미만인 경우에는 다음의 크기로 하여야 한다.

바닥면적에 따른 급기구의 면적

바닥면적	급기구의 면적	바닥면적	급기구의 면적
60m² 미만	150cm² 이상	90m² 이상 120m² 미만	450cm² 이상
60m² 이상 90m² 미만	300cm² 이상	120m² 이상 150m² 미만	600cm² 이상
150m² 이상	800cm² 이상.(*바닥면적 150m²마다 1개 이상)		

③ **급기구는 낮은 곳에 설치**하고 가는 눈의 구리망 등으로 인화방지망을 설치할 것

④ **환기구**: 지붕위 또는 지상 2m 이상의 높이에 회전식 고정벤티레이터 또는 루푸팬방식

⑤ **채광설비**: 불연재료로 하고 채광면적은 **최소**로 할 것

⑥ **조명설비**: 가연성가스 등이 체류할 우려가 있는 장소의 조명등은 **방폭등**(㊍)으로 하며, 또한 전선은 **내화·내열전선**으로하며 점멸스위치(⊡)는 출입구 **바깥부분**에 설치할 것

(6) 정전기 제거설비

① 접지를 한다(도체를 사용한다).

② 상대습도를 70% 이상으로 한다.

③ 공기를 이온화하는 방법이 있다.

예제 다음 중 정전기 제거설비로 맞지 않는 것은?

① 공기를 이온화한다.
② 접지 시설을 한다.
③ 피뢰설비를 한다.
④ 상대습도를 70% 이상으로 한다.

해설: 피뢰설비는 낙뢰(벼락)를 제거하는 설비에 해당하지만, 정전기(정지된 전기) 제거설비에는 해당하지 않는다.(위험물안전관리법 시행규칙 제4조) // ③

* 피뢰: 낙뢰(벼락) * 접지: 전기기구를 땅으로 연결.(* 지구하고 접함) * 도체: 전기가 통하는 물체. 전도체

(9) **피뢰설비**. (단, 제6류 위험물은 제외.)

지정수량의 **10배** 이상을 취급하는 제조소에는 낙뢰(벼락)를 피하는 피뢰침을 설치한다.

(*^^ 제1류~6류위험물 중에서 안전거리, 보유공지, 피뢰침 등 "제외"하면 주로 제6류 위험물이다)

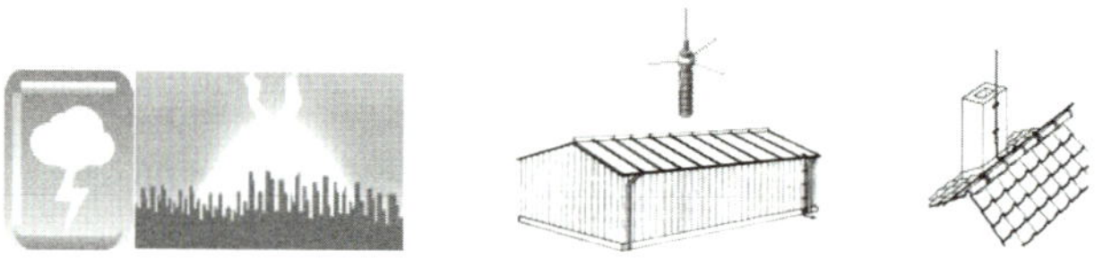

【피뢰설비】

(10) **알킬알루미늄 등을 취급하는 제조소.**

알킬알루미늄 등을 취급하는 설비에는 **불활성기체**(예 질소)를 봉입하는 장치를 갖출 것.

(11) **아세트알데하이드 취급 제조소**

① 아세트알데하이드 등을 취급하는 설비는 동·은·수은·마그네슘 또는 이들을 성분으로 하는 합금으로 만들지 아니할 것. (* **아세트알데하이드는** 알루미늄이나 철의 용기에 저장한다.)

■ **아세트알데이드**: 동(Cu), 은(Ag), 마그네슘(Mg), 수은(Hg)을 피할 것.

② 아세트알데하이드 등을 취급하는 설비에는 불활성기체나 수증기를 봉입하는 장치를 갖출 것

(12) **제조소 옥외탱크 방유제 용량**(이황화탄소를 제외): 해당 탱크용량의 **50% 이상**으로 하고, 2 이상의 취급탱크 주위에 하나의 방유제를 설치하는 경우 그 방유제의 용량은 해당 탱크 중 용량이 **최대인 것의 50%에 나머지 탱크용량 합계의 10%**를 가산한 양 이상이 되게 할 것

(*^^ 제조소 옥외탱크 방유제: 큰 탱크의 50% 이상 + 작은 탱크의 10%를 합산하여 설치한다.)

(13) **고인화점 위험물**: 인화점이 100℃ 이상인 제4류 위험물을 말한다.

【방유제】

【소방구조차】

* "소방구조차"에는 구조를 위한 모든 장비가 들어 있다.

---

* **보유공지**: 건축물 등 주위에 위험물의 위험성을 차단·완화시킬 수 있는 공간적 확보이며 또한 화재 시 연소확대 방지 및 소방활동에 그 취지를 두는 것
* **방유제**: 기름의 유출을 막기 위하여 탱크주위에 쌓은 둑
* (10) **알킬알루미늄**(= 제3류위험물)
* (11) **아세트알데하이드**(= 제4류위험물)

2- 제조소 위험물 저장소의 위치·구조 및 설비의 기준

1. 옥내저장소 【칙 별표 5】

1) 옥내저장소의 안전거리: 위험물제조소의 안전거리와 동일

(1) 안전거리 제외대상

① 지정수량의 20배 미만의 제4석유류, 동식물유류를 저장·취급하는 옥내저장소

② 제6류 위험물을 저장·취급하는 옥내저장소

③ 지정수량의 20배 이하의 위험물을 저장·취급하는 옥내저장소

(2) 옥내저장소의 구조 및 설비 등

① 창고의 **처마까지의 높이**가 6m 미만인 **단층건축물**로 하고 그 바닥은 지면보다 높아야 한다.

1,000m^2 이하로 하여야 하는 위험물을 저장하는 창고 기준면적
① 제1류 위험물(아염소산염류, 과염소산염류, 무기과산화물) 그 밖에 지정수량 50kg인 것 ② 제3류 위험물(칼륨, 나트륨, 알킬알루미늄, 알킬리튬), 황린 외 지정수량 10kg인 것 ③ 제4류 위험물(특수인화물, 제1석유류, 알코올류) 및 제6류 위험물 ④ 제5류 위험물(유기과산화물, 질산에스터류) 그 밖에 지정수량이 10kg인 위험물
위의 ①~④의 위험물 외의 위험물: 2,000m^2 이하

2. 옥내탱크저장소 【칙 별표 7】

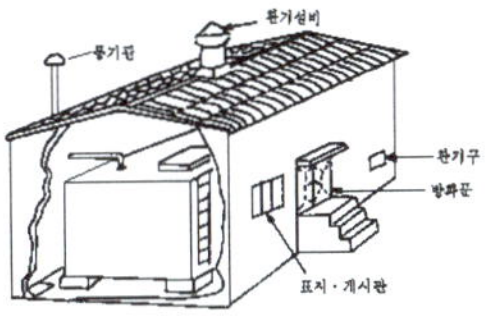

(1) 옥내저장탱크와 벽사이 및 옥내저장탱크의 상호간에는 0.5m 이상의 간격을 유지할 것

(2) **탱크의 용량**: 지정수량의 40배(제4석유류 및 동식물유류 외의 제4류 위험물에 있어서 해당수량이 2만ℓ를 초과할 때에는 2만ℓ) 이하일 것

▪ 옥내탱크저장소가 규제를 받지 않는 주요법령

① 예방규정(영15조) ② 정기점검(영16조) ③ 보유공지(칙 별표) ④ 안전거리(칙 별표)

3. 옥외저장소 【칙 별표 11】

① 선반은 불연재료로 만들고 견고한 지반면에 고정하며, 선반의 높이는 6m를 **초과**하지 말 것

② **인화성고체, 제1석유류 또는 알코올류**를 저장 또는 취급하는 장소에는 해당 위험물을 적당한 온도로 유지하기 위한 살수설비 등을 설치하여야 한다.

③ **과산화수소 또는 과염소산**을 저장하는 옥외저장소에는 불연성 또는 난연성의 천막 등을 설치하여 햇빛을 가릴 것.

4. 옥외탱크저장소 【칙 별표 6】

위험물 시행규칙 별표 6에서 말하는 규정의 중요사항은 다음과 같다.

(1) 옥외탱크저장소의 안전거리: 위험물제조소의 안전거리와 동일.

(2) 옥외탱크저장소의 보유공지

저장 또는 취급하는 위험물의 최대수량	공지의 너비
지정수량의 500배 이하	3m 이상
지정수량의 500배 초과 1,000배 이하	5m 이상 (*지정수량의 1,000배 초과 4,000배 이하 생략)
지정수량의 4,000배 초과	탱크의 수평단면의 최대지름과 높이 중 큰 것과 같은 거리 이상(30m 초과는 30m, 15m 미만은 15m로 한다)

옥외탱크저장소 제반사항

옥외탱크저장소에는 안전거리 및 보유공지, 게시판, 탱크의 구조에 대한 규정이 있다. 그러나 건축물의 구조는 위험물제조소, 주유취급소 등에서는 규정이 있으나 옥외탱크저장소에는 없다.

【옥외탱크저장소】

(3) 옥외저장탱크의 외부구조 및 설비

① 특정·준특정 옥외저장탱크 외에 3.2mm 이상의 강철판으로 할 것

② 밸브 없는 통기관(공기통)

㉠ 직경: 30mm 이상, 가는 눈의 구리망 등으로 인화방지장치를 할 것

㉡ 선단은 수평면보다 45도 이상 구부려 빗물 등의 침투를 막는 구조로 할 것

㉢ 위험물의 주입시를 제외하고 항상 개방되며 폐쇄 시에는 10kPa 이하에서 개방될 것

③ 대기밸브부착 통기관

㉠ 5kPa 이하의 압력차이로 작동되며 가는 눈의 구리망 등으로 인화방지장치를 할 것

④ 옥외저장탱크 펌프 주위: 3m 이상의 공지를 보유할 것

【펌프】

(4) 인화점이 21℃ 미만인 옥외탱크저장소 주입구의 게시판의 설치기준

① 게시판 크기: 0.3m 이상 × 0.6m 이상

② 표시: 옥외저장탱크 주입구

③ 기재사항: 유별, 품명, 주의사항

④ 게시판의 색상: 백색바탕, 흑색문자

(5) 옥외탱크저장소의 방유제(이황화탄소를 제외한다)

① 용량

㉠ 방유제안에 탱크가 하나인 때에는 그 탱크용량의 110% 이상

㉡ 2기 이상인 때에는 가장 큰 탱크용량의 110% 이상으로 할 것

② 높이: 0.5m 이상, 3m 이하

③ 면적: 80,000m² 이하. (두께 0.2m 이상, 지하매설깊이 1m 이상)

④ 방유제 내에 최대설치 개수: 10기 이하(인화점이 200℃ 이상은 예외 - 즉, 제4석유류 이상)
(* 탱크의 용량이 20만ℓ 이하이고, 인화점이 70℃ 이상 200℃ 미만인 경우: 20기 이하)

⑤ 방유제의 탱크 옆판으로부터 유지거리(인화점 200℃ 이상은 제외)

탱크의 지름	이격거리
지름이 15m 이상	탱크높이의 1/2 이상
지름이 15m 미만	탱크높이의 1/3 이상

⑥ 1m를 넘는 방유제 및 간막이 둑의 안팎에는 계단 또는 경사로를 약 50m마다 설치할 것.

※ 아세트알데하이드 등의 옥외탱크저장소
동, 은, 마그네슘, 수은을 피하며 냉각장치, 보냉장치, 불활성의 기체 봉입장치를 설치할 것

옥외저장탱크 도해정리

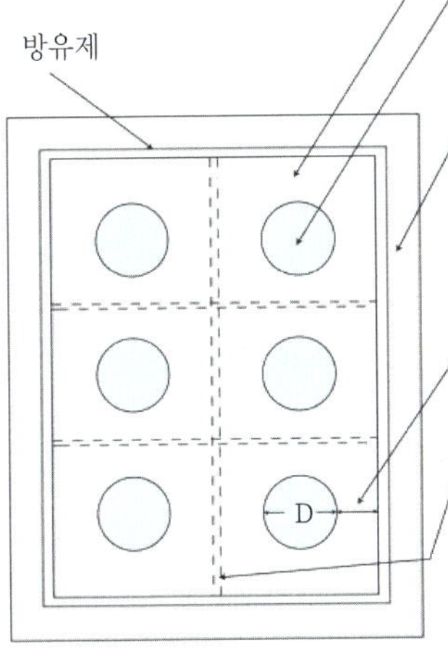

- 방유제 안의 면적(8만m² 이하)
- 방유제 내의 탱크수
  ① 원칙 ……… 10기 이하
  ② 전체탱크가 20만ℓ 이하이고, 70℃ ≦ fp < 200℃일 때 20기 이하)
  ③ 전체 탱크가 fp ≧ 200℃일 때 ……제한 없음 (* fp: 인화점)
- 구내도로 (소방활동을 고려하여 탱크에 직접 연결하도록 설치한 도로)
  ① 원칙 ……… 방유제 외면의 ½ 이상은 자동차등이 통행 가능한 노면폭 3m 이상의 구내도로에 접하여야 함
  ② 전체 탱크 용량합계가 20만ℓ 이하이고 소방활동상 지장이 없다고 인정될 때 …… 일반 도로 또는 공지에 접하는 것도 가능
- 탱크와 방유제와의 이격거리
  ① D<15m일 때 … 탱크높이의 ⅓ 이상 거리
  ② D≧15m일 때… 탱크높이의 ½ 이상 거리
- 칸막이 둑(흙 또는 철근콘크리트)
  ① 대상 … 1,000만ℓ 이상 옥외저장탱크의 주위에 설치하는 방유제
  ② 높이 … 0.3m 이상(방유제 내 탱크의 용량합계가 2억ℓ 를 넘는 방유제는 1m 이상)으로, 방유제보다 0.2m 이상 낮게

5. 이동탱크저장소 【칙 별표 10】

(1) 이동탱크저장소의 상치장소 (*^^ 유조차, 탱크로리를 말한다.)

① 옥외에 있는 상치장소는 화기를 취급하는 장소 또는 인근의 건축물로부터 5m 이상(인근건축물이 1층인 경우: 3m 이상)의 거리를 확보할 것(* 옥내는 1층에 설치할 것)

■ 이동탱크저장소 요약

- 방파판의 두께: 1.6mm 이상의 강철판을 2개 이상 설치
- 방호틀의 두께: 2.3mm 이상의 강철판
- 이동탱크저장소의 탱크의 두께: 3.2mm 이상의 강철판(맨홀 및 주입관의 뚜껑 포함)
- 칸막이: 내부에 4,000ℓ 이하마다 3.2mm 이상 설치
- 주유설비의 분당 토출량: 200ℓ 이하

(2) 표지 및 상치장소 표시

① 이동탱크저장소에는 저장하는 위험물의 위험성을 알리는 표지를 설치하여야 한다.

② 탱크 외부에 도장 등을 하여 쉽게 식별할 수 있도록 하고 상치장소 위치를 표시하여야 한다.

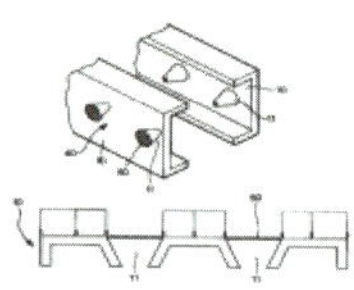

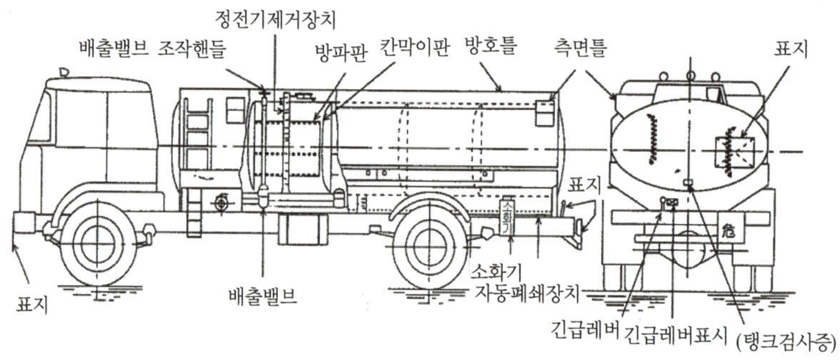

---

* 방호틀: 이동탱크 상부에 설치된 맨홀 및 안전장치 등을 보호하기 위한 장치(사진 A = 탱크외부 상부의 사각틀)
* 측면틀: 이동탱크가 전복시에 탱크를 보호하기 위한 장치(사진 B = 사다리 좌측의 상단 모서리 부분)
* 방파판: 유조차의 급가속 급회전 등으로 원심력에 대비하여 탱크내부에 출렁거림을 방지하기위하여 칸막이 판.

6. 지하탱크저장소 【칙 별표 8】

(1) 지하탱크저장소의 탱크

① 탱크는 지하철, 지하가 또는 지하터널로부터 수평거리 10m 이내의 장소 등에 설치하지 말 것.
② 탱크를 그 수평투영의 세로 및 가로보다 각각 0.6m 이상 크고 두께가 0.3m 이상인 철근콘크리트조의 뚜껑으로 할 것.
③ 탱크전용실은 지하의 가장 가까운 벽·피트·가스관 등의 시설물 및 대지경계선으로부터 0.1m 이상 떨어진 곳에 설치하고, 지하저장탱크와 탱크전용실의 안쪽과의 사이는 0.1m 이상의 간격을 유지하도록 하며, 해당 탱크의 주위에 마른 모래 또는 습기등에 의하여 응고되지 아니하는 입자지름 5mm 이하의 마른 자갈분을 채워야 한다.
④ 지하저장탱크의 윗부분은 지면으로부터 0.6m 이상 아래에 있을 것

(2) 지하탱크저장소 액체위험물의 누설검사관

① 4개소 이상 적당한 위치에 설치할 것
② 이중관으로 할 것. 다만, 소공(小空)이 없는 상부는 단관으로 할 수 있다.
③ 재료는 **금속관 또는 경질합성수지관**으로 할 것

■ **해설**: 지하탱크저장소는 지하에 방유제를 설치 할 수 없으니 액체 누설검사관을 설치한다.
• 비교: "소방기본법 영 별표1 불을 사용하는 설비"에서 보일러는 뜨거우니까 금속관으로 하며 지하탱크저장소는 열이 없으니 금속관이나 경질합성수지관(플라스틱관)으로 할 수 있다는 뜻.

(3) 탱크용량의 90%가 찰 때 경보음을 울리는 방법으로 과충전을 방지하는 장치를 설치하여야 한다.

7. 간이탱크저장소 【칙 별표 9】

(1) 탱크의 수 및 용량 등

① 하나의 간이탱크저장소에 설치하는 **탱크는** 3 이하로 하고 동일한 품질의 위험물의 간이저장탱크를 2 이상 설치하지 말 것
② 70kPa의 압력으로 10분간의 수압시험을 실시하여 새거나 변형되지 아니하여야 한다.
③ 옥외에 설치하는 경우 탱크주위에 너비 1m 이상의 공지를 두고 전용실 안에 설치하는 경우에는 탱크와 전용실의 벽과의 사이에 0.5m 이상의 간격을 유지하여야 한다.

■ **간이저장탱크의 용량**: 600ℓ 이하.

④ 통기관의 **지름은** 25mm 이상으로 할 것
⑤ 통기관은 옥외에 설치하되 그 선단의 높이는 지상 1.5m 이상으로 할 것

8. 암반탱크저장소 【칙 별표 12】

암반탱크는 암반투수계수가 1초당 **십만분의** 1m 이하인 천연암반 내에 설치할 것.

---

* 통기장치: 제품 입·출고 시 외기온도 변화에 따른 파손방지를 위한 장치 * 통기관: 공기통

3- 취급소 위험물 취급소의 위치·구조 및 설비의 기준

1. 주유취급소 【칙 별표 13】

위험물 시행규칙 별표 13에서 말하는 규정의 중요사항은 다음과 같다.

(1) 주유취급소의 주유공지

주유취급소에는 고정주유설비의 주위에는 주유를 받으려는 자동차 등이 출입할 수 있도록 **너비 15m 이상, 길이 6m 이상**의 콘크리트 등으로 포장한 공지를 보유하여야 하고, 고정급유설비를 설치하는 경우에는 고정급유설비의 호스기기 주위에 필요한 공지를 보유하여야 한다. 공지의 바닥은 주위 지면보다 **높게** 하고, 배수구·집유설비 및 유분리장치를 한다.

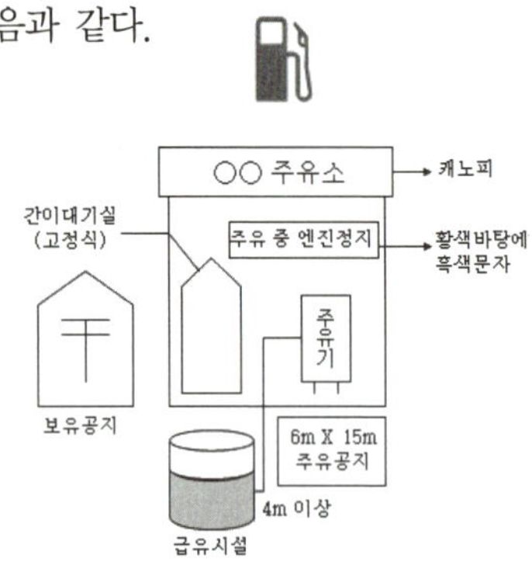

■ 주유취급소의 주유 공지: 길이 6m 이상, 너비 15m 이상

(2) 주유취급소의 표지 및 게시판

주유취급소에는 보기 쉬운 곳에 "위험물 주유취급소"라는 표시를 한 표지 및 **황색바탕에 흑색문자로 "주유 중 엔진정지"** 라는 표시를 한 게시판을 설치하여야 한다.

■ 주유취급소의 게시판: 황색바탕에 흑색문자로 "주유 중 엔진정지" (0.3m × 0.6m 이상)

표지 및 게시판 총요약

참고 요약(칙 별표 제4, 제6, 제10, 제13조 관련)

구 분	바탕 색상과 글씨 색상	기재내용
① 제조소 표지	백색바탕에 흑색	"위험물제조소"
② 제조소 게시판	〃	배수, 성명, 직명, 최대(저장, 취급), 유별, 품명.
③ 위험물 게시판	적색·청색바탕에 백색	"화기주의", "화기엄금", "물기엄금"
④ 옥외탱크저장소 (주입구 게시판)	백색바탕에 흑색	"옥외저장탱크 주입구" 유별, 품명, 주의사항
⑤ 이동탱크 저장소	(명시 없음)	위험성을 알리는 표지 및 상치장소 위치 표시.
⑥ 주유소 표지	(명시 없음)	"위험물 주유취급소"
⑦ 주유소 게시판	황색바탕에 흑색	"주유 중 엔진정지"

(3) 주유취급소의 고정주유설비 및 고정급유설비

① 고정주유설비와 고정급유설비의 사이에는 4m 이상의 거리를 유지할 것

② **고정주유설비** 또는 고정급유설비의 **주유관**의 길이 5m 이내로 할 것

③ 고정주유 및 급유설비의 중심선을 기점으로 도로경계선까지 4m 이상의 거리를 유지할 것

(4) 주유취급소의 건축물 등의 제한

주유취급소에는 주유 또는 그에 부대하는 업무를 위하여 사용되는 다음 각목의 건축물 또는 시설 외에는 다른 건축물 그 밖의 공작물을 설치할 수 없다.

① 주유 또는 등유·경유를 옮겨 담기 위한 작업장

② 주유취급소의 업무를 행하기 위한 사무소

③ 자동차 등의 점검 및 간이정비를 위한 작업장

④ 자동차 등의 세정을 위한 작업장

⑤ 주유취급소에 출입하는 사람을 대상으로 한 점포·휴게음식점 또는 전시장

⑥ 주유취급소의 관계자가 거주하는 주거시설

⑦ 그 밖의 소방청장이 정하여 고시하는 건축물 또는 시설

제①호의 건축물 중 주유취급소의 직원 외의 자가 출입하는 ②(사무소), ③(간이작업장), ⑤(점포, 휴게음식점, 전시장)의 용도에 제공하는 부분의 면적의 합은 $1,000m^2$를 초과할 수 없다.

■ 주유취급소에 설치 가능한 시설

① 주유 또는 등유·경유를 채우기 위한 **작업장**

② 주유취급소의 업무를 행하기 위한 **사무소**

③ 자동차 등의 점검 및 간이정비를 위한 작업장

④ 자동차 등의 **세정을 위한 작업장**

⑤ 주유취급소에 출입하는 사람을 대상으로 한 **점포·휴게음식점** 또는 **전시장**

⑥ 주유취급소의 관계자가 거주하는 **주거시설**

(5) 건축물 등의 구조

① 건축물의 벽・기둥・바닥・보 및 지붕을 내화구조 또는 불연재료로 할 것. 다만, (4) ②에 따른 면적의 합이 $500m^2$를 초과하는 경우에는 건축물의 벽을 내화구조로 하여야 한다.

② 주유취급소의 관계자가 거주하는 주거시설의 용도에 사용하는 부분은 개구부가 없는 내화구조의 바닥 또는 벽으로 해당 건축물의 다른 부분과 구획하고 주유를 위한 작업장 등 위험물 취급장소에 면한 쪽의 벽에는 출입구를 설치하지 아니할 것

③ 사무실 등의 창 및 출입구에 유리를 사용하는 경우에는 망입유리 또는 강화유리로 할 것. 이 경우 강화유리의 두께는 창에는 8mm 이상, 출입구에는 12mm 이상으로 하여야 한다.

④ 건축물 중 사무실 그 밖의 화기를 사용하는 곳(자동차 등의 점검 및 간이정비를 위한 작업장, 자동차 등의 세정을 위한 작업장에 사용하는 부분을 제외한다)은 누설한 가연성의 증기가 그 내부에 유입되지 아니하도록 다음의 기준에 적합한 구조로 할 것

5법

㉠ 출입구는 건축물의 안에서 밖으로 수시로 개방할 수 있는 자동폐쇄식의 것으로 할 것
㉡ 출입구 또는 사이통로의 문턱의 높이를 15cm 이상으로 할 것
㉢ 높이 1m 이하의 부분에 있는 창 등은 밀폐시킬 것

(6) 자동차 등의 점검·정비를 행하는 설비
① 고정주유설비로부터 4m 이상, 도로경계선으로부터 2m 이상 떨어지게 할 것
② 위험물을 취급하는 설비는 위험물의 누설·넘침 또는 비산을 방지할 수 있는 구조로 할 것

(7) 자동차 등의 세정을 행하는 설비
증기세차기를 설치하는 경우에는 그 주위에 불연재료로 된 높이 1m 이상의 담을 설치하고 출입구가 고정주유설비에 면하지 아니하도록 할 것. 이 경우 담은 고정주유설비로부터 4m 이상 떨어지게 하여야 한다. 증기세차기 외의 세차기를 설치하는 경우에는 고정주유설비로부터 4m 이상, 도로경계선으로부터 2m 이상 떨어지게 할 것

(8) 주유원 간이대기실
차량의 출입 및 주유작업에 지장을 주지 아니하는 위치의 기준에 의한다.
① 불연재료로 할 것
② 바퀴가 부착되지 아니한 고정식일 것
③ 바닥면적이 $2.5m^2$ 이하일 것

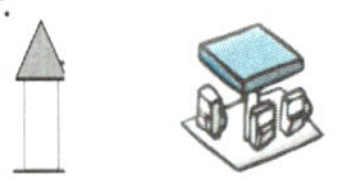

(9) 주유취급소의 담 또는 벽
주유취급소의 주위에는 자동차 등이 출입하는 쪽 외의 부분에 높이 2m 이상의 내화구조 또는 불연재료의 담 또는 벽을 설치할 것

(10) 고속국도 주유취급소의 특례
고속국도의 도로변에 설치된 주유취급소에는 탱크의 용량을 60,000(육만)ℓ 까지 할 수 있다.

【주유취급소의 주유시설】

2. 판매취급소의 위치·구조 및 설비의 기준 【칙 별표 14】

위험물 시행규칙 별표 14에서 말하는 규정의 중요사항은 다음과 같다.

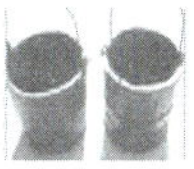

(1) 1종 판매취급소

제1종 판매취급소는 건축물의 **1층에 설치할 것**이며 저장 또는 취급하는 위험물의 수량이 지정수량의 20배 이하인 판매취급소(이하 "제1종 판매취급소"라 한다)로서 **위험물을 배합하는 실**의 위치·구조 및 설비의 기준은 다음 각목과 같다.

① 바닥면적은 6m² 이상 15m² 이하일 것.
② **내화구조** 또는 불연재료로 된 벽으로 구획할 것
③ 바닥은 위험물이 침투하지 아니하는 구조로 하여 적당한 **경사를 두고** 집유설비를 할 것
④ 출입구에는 수시로 열 수 있는 자동폐쇄식의 60분+방화문 또는 60분방화문을 설치할 것
⑤ 출입구 문턱의 높이는 바닥면으로부터 0.1m 이상으로 할 것
⑥ 내부에 체류한 가연성의 증기 또는 가연성의 미분을 지붕위로 방출하는 설비를 할 것

(2) 2종 판매취급소

저장 또는 취급하는 위험물의 수량이 지정수량의 40배 이하인 판매취급소를 말한다.
배합하는 실 외에는 1종~2종판매취급소의 창 또는 출입구에는 60분+방화문, 60분방화문 또는 30분방화문으로 하며 2종판매취급소는 1종판매취급소의 모든 내용을 포함하는 이론이다.

■ 턱의 높이
소방기본법 [영별표1]의 노·화덕 설비와 상기 ⑤ 1종판매취급소는 0.1m 이상이다.
그러나 옥외탱크저장소나 판매취급소는 더 높은 0.15m 이상이다.

3. 이송취급소 【칙 별표 15】

위험물 시행규칙 별표 15에서 말하는 규정의 중요사항은 다음과 같다.

(1) 이송취급소의 설치 제외장소

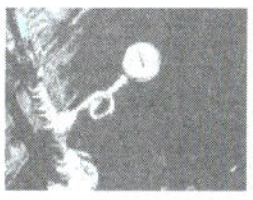

① 철도 및 도로의 터널 안
② 급경사지역으로서 붕괴의 위험이 있는 지역
③ 고속국도, 자동차전용도로의 차도·길어깨 및 중앙분리대
④ 호수, 저수지 등으로서 수리의 수원이 되는 곳 (* ③④ 횡단의 경우는 제외)

(2) 지하매설 기준

① 안전거리
② 배관은 그 외면으로부터 다른 공작물에 대하여 0.3m 이상의 거리를 보유할 것
③ 배관의 외면과 지표면과의 거리
　㉠ 산이나 들: 0.9m 이상　　㉡ 그 밖의 지역: 1.2m 이상

■ 이송취급소란 배관 및 이에 부속된 설비에 의하여 위험물을 이송하는 취급소를 말한다.

4- 소화설비 위험물 제조소등에 대한 소화설비 및 운반 기준

1. 제조소등에 소화설비의 설치기준 【칙 별표 17】

제조소등에 소화설비의 설치기준은 다음과 같다.

(1) 전기설비의 소화설비

① 면적 100m² 마다 소형수동식소화기 1개 이상 설치

② 위험물의 소요단위: 지정수량의 10배를 말한다.

(2) 옥내소화전설비의 설치 기준

① 하나의 호스접속구까지의 수평거리: 25m 이하

② 수원의 수량 = 설치개수(최대 5개) × 7.8m³ 이상 = 39m³

③ 노즐선단의 방수압력: 350kPa, 방수량: 260ℓ/min

(3) 옥외소화전설비의 설치 기준

① 하나의 호스접결구까지의 수평거리: 40m 이하(설치개수가 1개일 때는 2개로 할 것)

② 수원의 수량 = 설치개수(최대 4개) × 13.5m³ 이상(예 4개 이상은 54m³)

③ 노즐선단의 방수압력: 350kPa, 방수량: 450ℓ/min

(4) 스프링클러설비의 설치 기준

하나의 스프링클러헤드의 수평거리는 1.7m 이하로 설치할 것.

【소화기】

(5) 수동식소화기의 설치 기준

① 소형수동식소화기: 보행거리 20m 이하

② 대형수동식소화기: 보행거리 30m 이하

(6) 자동화재탐지설비의 설치기준

① 자동화재탐지설비의 경계구역은 건축물 그 밖의 공작물은 2 이상의 층에 걸치지 아니하도록 할 것 다만, 하나의 경계구역의 면적이 500m² 이하이면서 해당 경계구역이 두개의 층에 걸치는 경우이거나 계단·경사로·승강기의 승강로 그 밖에 이와 유사한 장소에 연기감지기를 설치하는 경우에는 그러하지 아니하다.

② 하나의 경계구역의 면적은 600m² 이하로 하고 그 한변의 길이는 50m(광전식분리형 감지기를 설치할 경우에는 100m) 이하로 할 것 다만, 해당 건축물 그 밖의 공작물의 주요한 출입구에서 그 내부의 전체를 볼 수 있는 경우에 있어서는 그 면적을 1,000m² 이하로 할 수 있다.

③ 자동화재탐지설비에는 비상전원을 설치할 것.

■ 자동화재탐지설비의 경계구역 요약

① **면적**: 600m² 이하(강당 등 내부전체가 보이는 곳: 1,000m² 이하)

② **길이**: 50m 이하(광전식 분리형 감지기 설치: 100m 이하)로서 **층마다** 설치한다.

③ 2개층의 면적이 500m² 이하일 때는 2개층을 하나의 경계구역으로 할 수 있다.

2. 위험물의 운반에 관한 기준 【칙 별표 19】

1. 위험물의 위험등급

1) 1등급 (* 주로 각 유별에서 지정수량이 적은 것 등)

① 제1류 위험물 중 아염소산염류 등 지정수량이 50kg인 위험물

② 제3류 위험물 중 칼륨, 황린 등 지정수량이 10kg 및 20kg인 위험물

③ 제4류 위험물 중 특수인화물 및 제6류 위험물(* 액체)

④ 제5류 위험물 중 유기과산화물, 질산에스터류 등 지정수량이 10kg인 위험물

2) 2등급

① 제1류 위험물 중 지정수량 300kg인 위험물 ② 제2류 위험물 중 지정수량 100kg인 위험물

③ 제3류 위험물 중 지정수량 50kg 인 위험물 ④ 제4류 위험물 중 제1석유류 및 알코올류

⑤ 제5류 위험물 중 제1등급 외의 위험물

※ 상기 외의 제1등급 및 제2등급으로 정하지 아니한 위험물은 제3등급으로 한다.

2. 수납하는 위험물에 따라 다음에 따른 주의사항

① 제1류 위험물에 있어서는 "화기·충격주의" 및 "가연물접촉주의" / 알칼리금속의 과산화물 등에 있어서는 "**화기·충격주의**", "물기엄금" 및 "가연물접촉주의"

② 제2류 위험물에 있어서는 "화기주의" / 인화성고체에 있어서는 "화기엄금", / 철분·금속분·마그네슘 등에 있어서는 "화기주의" 및 "물기엄금"

③ 제3류 위험물 중 자연발화성물질에 있어서는 "화기엄금" 및 "공기접촉엄금" / 금수성물질에 있어서는 "물기엄금"

④ 제4류 위험물에 있어서는 "**화기엄금**"

⑤ 제5류 위험물에 있어서는 "화기엄금" 및 "충격주의"

⑥ 제6류 위험물에 있어서는 "**가연물접촉주의**"

■ 제3·5류 〉 4류 〉 2류 〉 1·6류
주로 "엄금" ↲ ↳ 주로 "주의"

5법

3. 차량으로 운반할 때: 흑색바탕에 황색의 반사도료로 "위험물"이라는 표지를 설치한다.

4. 유별을 달리하는 위험물의 혼재기준

혼재기준 도해정리 (* 예 4류: 1류 6류와 혼재 불가능)

■ 요약: 1류부터 6류 위험물까지 유별이 달라도 혼재할 수 있는 기준
1류+6류, 3류+4류, 5류+2류+4류(* 16, 34, 524)
(* 단, 지정수량의 1/10 이하의 위험물에 대하여는 적용하지 아니함.)

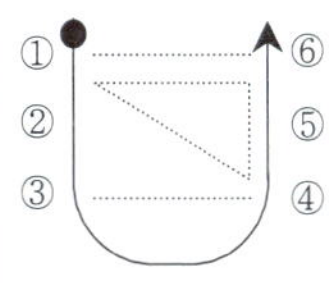

【혼재기준】

소/방/관/계/법/규

제 5 편

위험물안전관리법(원문)

시행령·시행규칙·별표

▸ 출제자들이 선호했던 소방관계시험의 중요문제 조항은 그 (법조항) 밑에 단어 문제는 그 문장의 단어 밑에 고딕체 및 밑줄로서 선별하였음.

※ 위험물법 질문: 소방청(화재대응조사과) 044-205-7488 외 메일

제5편 위험물안전관리법(원문)

법 개정 2024.2.20 법률 제20315호

시행령	시행규칙
개정 2025.8.5 대통령령 제35696호	개정 2024.12.31 행정안전부령 제530호

제1장 총 칙

제1조 (목적)

이 법은 위험물의 저장·취급 및 운반과 이에 따른 안전관리에 관한 사항을 규정함으로써 위험물로 인한 위해를 방지하여 공공의 안전을 확보함을 목적으로 한다.

영 제1조 (목적)

이 영은 「위험물안전관리법」에서 위임된 사항과 그 시행에 관하여 필요한 사항을 규정함을 목적으로 한다.

칙 제1조 (목적)

이 규칙은 「위험물안전관리법」 및 동법 시행령에서 위임된 사항과 그 시행에 관하여 필요한 사항을 규정함을 목적으로 한다.

제2조 (정의)

① 이 법에서 사용하는 용어의 정의는 다음과 같다.

1. **"위험물"**이란 **인화성** 또는 **발화성** 등의 성질을 가지는 것으로서 **대통령령**이 정하는 물품을 말한다.
2. **"지정수량"**이란 위험물의 종류별로 위험성을 고려하여 **대통령령**이 정하는 수량으로서 제6호에 따른 제조소등의 설치허가 등에 있어서 최저의 기준이 되는 수량을 말한다.
3. **"제조소"**란 위험물을 제조할 목적으로 지정수량 이상의 위험물을 취급하기 위하여 제6조제1항의 규정에 따른 허가(동조 제3항의 규정에 따라 허가가 면제된 경우 및 제7조제2항의 규정에 따라 협의로써 허가를 받은 것으로 보는 경우를 포함한다. 이하 제4호 및 제5호에서 같다)를 받은 장소를 말한다.
4. **"저장소"**란 지정수량 이상의 위험물을 저장하기 위한 대통령령이 정하는 장소로서 제6조제1항의 규정에 따른 허가를 받은 장소를 말한다.
5. **"취급소"**란 지정수량 이상의 위험물을 제조외의 목적으로 취급하기 위한 대통령령이 정하는 장소로서 제6조제1항의 규정에 따른 허가를 받은 장소를 말한다.
6. **"제조소등"**이란 제3호 내지 제5호의 **제조소·저장소** 및 **취급소**를 말한다.

② 이 법에서 사용하는 용어의 정의는 제1항에서 규정하는 것을 제외하고는 「소방기본법」·「화재의 예방 및 안전관리에 관한 법률」, 「소방시설 설치 및 관리에 관한 법률」 및 「소방시설공사업법」에서 정하는 바에 따른다.

영 제2조 (위험물) 「위험물안전관리법」(이하 "법"이라 한다) 제2조제1항제1호에서 "대통령령이 정하는 물품"이란 별표 1에 규정된 위험물을 말한다.

제3조 (위험물의 지정수량) 법 제2조제1항제2호에서 "대통령령이 정하는 수량"이란 별표 1의 위험물별로 지정수량란에 규정된 수량을 말한다.

제4조 (위험물을 저장하기 위한 장소 등) 법 제2조제1항제4호에 따른 지정수량 이상의 위험물을 저장하기 위한 장소와 그에 따른 저장소의 구분은 별표 2와 같다.

제5조 (위험물을 취급하기 위한 장소 등) 법 제2조제1항제5호에 의한 지정수량 이상의 위험물을 제조 외의 목적으로 취급하기 위한 장소와 그에 따른 취급소의 구분은 별표 3과 같다.

칙 제2조 (정의)

이 규칙에서 사용하는 용어의 뜻은 다음과 같다.

1. "**고속국도**"란 「도로법」 제10조제1호에 따른 도로를 말한다.
2. "**도로**"란 다음 각목의 어느 하나에 해당하는 것을 말한다.
   가. 「도로법」 제2조제1호에 따른 도로
   나. 「항만법」 제2조제5호에 따른 항만시설 중 임항교통시설에 해당하는 도로
   다. 「사도법」 제2조에 따른 사도
   라. 그 밖에 일반교통에 이용되는 너비 2m 이상의 도로로서 자동차의 통행이 가능한 것
3. "**하천**"이란 「하천법」 제2조제1항제1호에 따른 하천을 말한다.
4. "**내화구조**"란 「건축법 시행령」 제2조제7호에 따른 내화구조를 말한다.
5. "**불연재료**"란 「건축법 시행령」 제2조제10호에 따른 불연재료 중 **유리** 외의 것을 말한다.

칙 제3조 (위험물 품명의 지정)

① 「위험물안전관리법 시행령」(이하 "영"이라 한다) 별표 1 제1류의 품명란 제10호에서 "행정안전부령이 정하는 것"이란 다음 각 호의 어느 하나 해당하는 것을 말한다.〈24. 5. 20. 개정〉

1. 과아이오딘산염류
2. 과아이오딘산
3. 크로뮴, **납** 또는 아이오딘의 **산화물**
4. **아질산염류**
5. **차아염소산염류**
6. 염소화아이소사이아누르산
7. 퍼옥소이황산염류
8. 퍼옥소붕산염류

② 영 별표 1 제3류의 품명란 제11호에서 "행정안전부령이 정하는 것"이란 염소화규소화합물을 말한다.

③ 영 별표 1 제5류의 품명란 제10호에서 "행정안전부령이 정하는 것"이란 다음 각호의 어느 하나에 해당하는 것을 말한다.

1. 금속의 아지화합물
2. 질산구아니딘

④ 영 별표 1 제6류의 품명란 제4호에서 "행정안전부령이 정하는 것"이란 할로젠간화합물을 말한다.〈24. 5. 20. 개정〉

칙 제4조 (위험물의 품명)

① 제3조제1항 및 제3항 각호의 어느 하나에 해당하는 위험물은 각각 다른 품명의 위험물로 본다.

② 영 별표 1 제1류의 품명란 제11호, 동표 제2류의 품명란 제8호, 동표 제3류의 품명란 제12호, 동표 제5류의 품명란 제11호 또는 동표 제6류의 품명란 제5호의 위험물로서 해당 위험물에 함유된 위험물의 품명이 다른 것은 각각 다른 품명의 위험물로 본다.

칙 제5조 (탱크 용적의 산정기준)

① 위험물을 저장 또는 취급하는 탱크의 용량은 해당 탱크의 **내용적에서 공간용적을 뺀 용적**으로 한다. 이 경우 위험물을 저장 또는 취급하는 영 별표 2 제6호에 따른 차량에 고정된 탱크(이하 "이동저장탱크"라 한다)의 용량은「자동차 및 자동차부품의 성능과 기준에 관한 규칙」에 따른 최대적재량 이하로 하여야 한다.

② 제1항에 따른 탱크의 내용적 및 공간용적의 계산방법은 소방청장이 정하여 고시한다.

③ 제1항의 규정에 불구하고 제조소 또는 일반취급소의 위험물을 취급하는 탱크 중 특수한 구조 또는 설비를 이용함에 따라 해당 탱크내의 위험물의 최대량이 제1항에 따른 용량 이하인 경우에는 해당 최대량을 용량으로 한다.

제3조 (적용제외)

이 법은 **항공기·선박**(「선박법」 제1조의2의 제1항의 규정에 따른 선박을 말한다)·**철도 및 궤도**에 의한 **위험물의 저장·취급** 및 **운반**에 있어서는 이를 적용하지 아니한다.

제3조의2 (국가의 책무)

① 국가는 위험물에 의한 사고를 예방하기 위하여 다음 각 호의 사항을 포함하는 시책을 수립·시행하여야 한다.

1. 위험물의 유통실태 분석
2. 위험물에 의한 사고 유형의 분석
3. 사고 예방을 위한 안전기술 개발
4. 전문인력 양성
5. 그 밖에 사고 예방을 위하여 필요한 사항

② 국가는 지방자치단체가 위험물에 의한 사고의 예방·대비 및 대응을 위한 시책을 추진하는 데에 필요한 행정적·재정적 지원을 하여야 한다. [본조신설 2016.1.27]

제4조 (지정수량 미만인 위험물의 저장·취급)

지정수량 미만인 위험물의 저장 또는 취급에 관한 기술상의 기준은 특별시·광역시·특별자치시·도 및 특별자치도(이하 "**시·도**"라 한다)의 **조례**로 정한다.

제5조 (위험물의 저장 및 취급의 제한)

① 지정수량 이상의 위험물을 저장소가 아닌 장소에서 저장하거나 제조소등이 아닌 장소에서 취급하여서는 아니 된다.

② 제1항의 규정에 불구하고 다음 각 호의 어느 하나 해당하는 경우에는 제조소등이 아닌 장소에서 지정수량 이상의 위험물을 취급할 수 있다. 이 경우 임시로 저장 또는 취급하는 장소에서의 저장 또는 취급의 기준과 임시로 저장 또는 취급하는 장소의 **위치·구조 및 설비의 기준은 시·도의 조례**로 정한다.

1. 시·도의 조례가 정하는 바에 따라 관할소방서장의 승인을 받아 지정수량 이상의 위험물을 **90일** 이내의 기간동안 **임시**로 저장 또는 취급하는 경우
2. 군부대가 지정수량 이상의 위험물을 **군사목적**으로 임시로 저장 또는 취급하는 경우

③ 제조소등에서의 위험물의 저장 또는 취급에 관하여는 다음 각 호의 중요기준 및 세부기준에 따라야 한다.

1. **중요기준**: 화재 등 위해의 예방과 응급조치에 있어서 큰 영향을 미치거나 그 기준을 위반하는 경우 **직접적**으로 화재를 일으킬 가능성이 큰 기준으로서 행정안전부령이 정하는 기준
2. **세부기준**: 화재 등 위해의 예방과 응급조치에 있어서 중요기준보다 상대적으로 적은 영향을 미치거나 그 기준을 위반하는 경우 간접적으로 화재를 일으킬 수 있는 기준 및 위험물의 안전관리에 필요한 표시와 서류·기구 등의 비치에 관한 기준으로서 행정안전부령이 정하는 기준

④ 제1항의 규정에 따른 제조소등의 위치·구조 및 설비의 **기술기준**은 **행정안전부령**으로 정한다.

⑤ 둘 이상의 위험물을 같은 장소에서 저장 또는 취급하는 경우에 있어서 해당 장소에서 저장 또는 취급하는 각 위험물의 수량을 그 위험물의 지정수량으로 각각 나누어 얻은 수의 합계가 1 이상인 경우 해당 위험물은 지정수량 이상의 위험물로 본다.

칙 제28조 (제조소의 기준) ~ 제40조 (일반취급소의 기준)

법 제5조제4항에 따른 제조소등의 위치·구조 및 설비의 기준 중 제조소는 별표 4와 같다.

– 이하 요약함 –

옥내저장소는 별표5. 옥외탱크저장소는 별표6. 옥내탱크저장소는 별표 7과 같다.

지하탱크저장소는 별표8. 간이탱크저장소는 별표9. 이동탱크저장소는 별표10과 같다.

옥외저장소는 별표11과 같다. 암반탱크저장소는 별표12. 주유취급소는 별표13과 같다.

판매취급소는 별표14와 같다. 이송취급소는 별표15와 같다. 일반취급소는 별표16과 같다.

칙 제41조 (소화설비의 기준)

① 법 제5조제4항의 규정에 따라 제조소등에는 화재발생시 소화가 곤란한 정도에 따라 그 소화에 적응성이 있는 소화설비를 설치하여야 한다.

② 제1항에 따른 소화가 곤란한 정도에 따른 소화난이도는 소화난이도등급Ⅰ 소화난이도등급Ⅱ 및 소화난이도등급Ⅲ으로 구분하되, 각 소화난이도등급에 해당하는 제조소등의 규모, 저장 또는 취급하는 위험물의 품명 및 최대수량 등과 그에 따라 제조소등별로 설치하여야 하는 소화설비의 종류, 각 소화설비의 적응성 및 소화설비의 설치기준은 별표 17과 같다.

칙 제42조 (경보설비의 기준)

① 법 제5조제4항의 규정에 따라 영 별표 1에 따른 지정수량의 **10배** 이상의 위험물을 저장 또는 취급하는 제조소등(이동탱크저장소를 제외한다)에는 화재발생시 이를 알릴 수 있는 경보설비를 설치하여야 한다.

② 제1항에 따른 경보설비는 자동화재탐지설비·자동화재속보설비·비상경보설비(비상벨장치 또는 경종을 포함한다)·확성장치(휴대용확성기를 포함한다) 및 비상방송설비로 구분하되, 제조소등별로 설치하여야 하는 경보설비의 종류 및 설치기준은 별표 17과 같다.〈개정 2020 10 12〉

③ 자동신호장치를 갖춘 스프링클러설비 또는 물분무등소화설비를 설치한 제조소등에 있어서는 제2항에 따른 자동화재탐지설비를 설치한 것으로 본다.

칙 제43조 (피난구조설비의 기준)

① 법 제5조제4항의 규정에 따라 주유취급소 중 건축물의 2층 이상의 부분을 점포·휴게음식점 또는 전시장의 용도로 사용하는 것과 옥내주유취급소에는 피난구조설비를 설치하여야 한다.

② 제1항에 따른 피난구조설비의 설치기준은 별표 17과 같다.

칙 **제44조 (소화설비 등의 설치에 관한 세부기준)**

제41조 내지 제43조에 따른 기준 외에 소화설비·경보설비 및 피난구조설비의 설치에 관하여 필요한 세부기준은 소방청장이 정하여 고시한다.

칙 **제45조 (소화설비 등의 형식)**

소화설비·경보설비 및 피난구조설비는 「소방시설 설치 및 관리에 관한 법률」 제37조에 따라 소방청장의 형식승인을 받은 것이어야 한다.

칙 **제46조 (화재안전기준 등의 적용)**

제조소등에 설치하는 소화설비·경보설비 및 피난구조설비의 설치 기준 등에 관하여 제41조부터 제44조까지의 규정에 따른 기준 외에는 「소방시설 설치 및 관리에 관한 법률」 제2조제6호에 따른 화재안전기준에 따른다.〈2024. 5. 20. 개정〉

칙 **제47조 (제조소등의 기준의 특례)**

① 시·도지사 또는 소방서장은 다음 각 호에 해당하는 경우에는 이 장의 규정을 적용하지 아니한다.

1. 위험물의 품명 및 최대수량, 지정수량의 배수, 위험물의 저장 또는 취급의 방법 및 제조소등의 주위의 지형 그 밖의 상황 등에 비추어 볼 때 화재의 발생 및 연소의 정도나 화재 등의 재난에 의한 피해가 이 장에 따른 제조소등의 위치·구조 및 설비의 기준에 의한 경우와 동등 이하가 된다고 인정되는 경우
2. 예상하지 아니한 특수한 구조나 설비를 이용하는 것으로서 이 장에 따른 제조소등의 위치·구조 및 설비의 기준에 의한 경우와 동등 이상의 효력이 있다고 인정되는 경우

② 시·도지사 또는 소방서장은 제조소등의 기준의 특례 적용 여부를 심사함에 있어서 전문기술적인 판단이 필요하다고 인정하는 사항에 대해서는 기술원이 실시한 해당 제조소등의 안전성에 관한 평가(이하 이 조에서 "안전성 평가"라 한다)를 참작할 수 있다.

③ 안전성 평가를 받으려는 자는 제6조제1호부터 제4호까지 및 같은 조 제7호부터 제9호까지의 규정에 따른 서류 중 해당 서류를 기술원에 제출하여 안전성 평가를 신청할 수 있다.

④ 안전성 평가의 신청을 받은 기술원은 소방기술사, 위험물기능장 등 해당분야의 전문가가 참여하는 위원회(이하 이 조에서 "안전성평가위원회"라 한다)의 심의를 거쳐 안전성 평가 결과를 30일 이내에 신청인에게 통보하여야 한다.

⑤ 그 밖에 안전성평가위원회의 구성 및 운영과 신청절차 등 안전성 평가에 관하여 필요한 사항은 기술원의 원장이 정한다.

칙 **제48조 (화약류에 해당하는 위험물의 특례)**

염소산염류·과염소산염류·질산염류·황·철분·금속분·마그네슘·질산에스터류·나이트로화합물 중 「총포·도검·화약류 등의 안전관리에 관한 법률」에 따른 화약류에 해당하는 위험물을 저장 또는 취급하는 제조소 등에 대하여는 별표 4 Ⅱ·Ⅳ·Ⅸ·Ⅹ 및 별표 5 Ⅰ 제1호·제2호·제4호부터 제8호까지·제14호·제16호·Ⅱ·Ⅲ을 적용하지 않는다.〈개정 2024 5 20〉

칙 **제49조 (제조소등에서의 위험물의 저장 및 취급의 기준)**

법 제5조제3항에 따른 제조소등에서의 위험물의 저장 및 취급에 관한 기준은 별표 18과 같다.

제2장 위험물시설의 설치 및 변경

제6조 (위험물시설의 설치 및 변경 등)

① **제조소등을 설치하고자 하는 자**는 대통령령이 정하는 바에 따라 그 설치장소를 관할하는 특별시장·광역시장·특별자치시장·도지사 또는 특별자치도지사(이하 **"시·도지사"**라 한다)의 **허가**를 받아야 한다. 제조소등의 위치·구조 또는 설비 가운데 행정안전부령이 정하는 사항을 변경하고자 하는 때에도 또한 같다.

② 제조소등의 위치·구조 또는 설비의 변경없이 해당 제조소등에서 저장하거나 취급하는 위험물의 품명·수량 또는 지정수량의 배수를 변경하고자 하는 자는 변경하고자 하는 날의 **1일 전**까지 행정안전부령이 정하는 바에 따라 **시·도지사**에게 신고하여야 한다.

③ 제1항 및 제2항의 규정에 불구하고 다음 각 호의 어느 하나 해당하는 제조소등의 경우에는 허가를 받지 아니하고 해당 제조소등을 설치하거나 그 위치·구조 또는 설비를 변경할 수 있으며, 신고를 하지 아니하고 위험물의 품명·수량 또는 지정수량의 배수를 변경할 수 있다.

1. **주택**의 난방시설(**공동주택의 중앙난방시설을 제외**한다)을 위한 저장소 또는 취급소
2. **농예용·축산용 또는 수산용**으로 필요한 난방시설 또는 건조시설을 위한 지정수량 **20배** 이하의 저장소

영 제6조 (제조소등의 설치 및 변경의 허가)

① 법 제6조제1항에 따라 제조소등의 설치허가 또는 변경허가를 받으려는 자는 설치허가 또는 변경허가신청서에 행정안전부령이 정하는 서류를 첨부하여 특별시장·광역시장·특별자치시장·도지사 또는 특별자치도지사(이하 "시·도지사"라 한다)에게 제출하여야 한다.

② 시·도지사는 제1항에 따른 제조소등의 설치허가 또는 변경허가 신청 내용이 다음 각 호의 기준에 적합하다고 인정하는 경우에는 허가를 하여야 한다.

1. 제조소등의 위치·구조 및 설비가 법 제5조제4항에 따른 기술기준에 적합할 것
2. 제조소등에서의 위험물의 저장 또는 취급이 공공의 안전유지 또는 재해의 발생방지에 지장을 줄 우려가 없다고 인정될 것
3. 다음 각 목의 제조소등은 해당 목에서 정한 사항에 대하여 「소방산업의 진흥에 관한 법률」 제14조에 따른 기술원의 기술검토를 받고 그 결과가 행정안전부령으로 정하는 기준에 적합한 것으로 인정될 것. 다만, 보수 등을 위한 부분적인 변경으로서 소방청장이 정하여 고시하는 사항에 대해서는 기술원의 기술검토를 받지 않을 수 있으나 행정안전부령으로 정하는 기준에는 적합해야 한다.
   가. 지정수량의 1천배 이상의 위험물을 취급하는 제조소 또는 일반취급소: 구조·설비에 관한 사항
   나. **옥외탱크저장소**(저장용량이 **50만 리터** 이상인 것만 해당한다) 또는 암반탱크저장소: 위험물탱크의 기초·지반, 탱크본체 및 소화설비에 관한 사항

③ 제2항 제3호 각 목의 어느 하나에 해당하는 제조소등에 관한 설치허가 또는 변경허가를 신청하는 자는 그 시설의 설치계획에 관하여 미리 기술원의 기술검토를 받아 그 결과를 설치허가 또는 변경허가신청서류와 함께 제출할 수 있다.

칙 제6조 (제조소등의 설치허가의 신청)

「위험물안전관리법」(이하 "법"이라 한다) 제6조제1항 전단 및 영 제6조제1항에 따라 제조소등의 설치허가를 받으려는 자는 별지 제1호서식 또는 별지 제2호서식의 신청서(전자문서로 된 신청서를 포함한다)에 다음 각호의 서류(전자문서를 포함한다)를 첨부하여 특별시장·광역시장 특별자치시장·도지사 또는 특별자치도지사(이하 "시·도지사"라 한다)나 **소방서장**에게 제출하여야 한다. 다만, 「전자정부법」 제36조제1항에 따른 행정정보의 공동이용을 통하여 첨부서류에 대한 정보를 확인할 수 있는 경우에는 그 확인으로 첨부서류에 갈음할 수 있다.

1. 다음 각목의 사항을 기재한 제조소등의 **위치·구조 및 설비에 관한 도면**
   가. 해당 제조소등을 포함하는 사업소 안 및 주위의 주요 건축물과 공작물의 배치
   나. 해당 제조소등이 설치된 건축물 안에 제조소등의 용도로 사용되지 아니하는 부분이 있는 경우 그 부분의 배치 및 구조
   다. 해당 제조소등을 구성하는 건축물, 공작물 및 기계·기구 그 밖의 설비의 배치(제조소 또는 일반취급소의 경우에는 공정의 개요를 포함한다)
   라. 해당 제조소등에서 위험물을 저장 또는 취급하는 건축물, 공작물 및 기계·기구 그 밖의 설비의 구조(주유취급소의 경우에는 별표 13 V 제1호 각목에 따른 건축물 및 공작물의 구조를 포함한다)
   마. 해당 제조소등에 설치하는 전기설비, 피뢰설비, 소화설비, 경보설비 및 피난구조설비의 개요
   바. 압력안전장치·누설점검장치 및 긴급차단밸브 등 긴급대책에 관계된 설비를 설치하는 제조소등의 경우에는 해당 설비의 개요
2. 해당 제조소등에 해당하는 별지 제3호서식 내지 별지 제15호서식에 의한 **구조설비명세표**
3. 소화설비(**소화기구를 제외**한다)를 설치하는 제조소등의 경우에는 해당 설비의 설계도서
4. 화재탐지설비를 설치하는 제조소등의 경우에는 해당 설비의 설계도서
5. 50만리터 이상의 옥외탱크저장소의 경우에는 해당 옥외탱크저장소의 탱크(이하 "옥외저장탱크"라 한다)의 기초·지반 및 탱크본체의 설계도서, 공사계획서, 공사공정표, 지질조사자료 등 기초·지반에 관하여 필요한 자료와 용접부에 관한 설명서 등 탱크에 관한 자료
6. 암반탱크저장소의 경우에는 해당 암반탱크의 탱크본체·갱도(갱도) 및 배관 그 밖의 설비의 설계도서, 공사계획서, 공사공정표 및 지질·수리(수리)조사서
7. 옥외저장탱크가 지중탱크(저부가 지반면 아래에 있고 상부가 지반면 이상에 있으며 탱크내 위험물의 최고액면이 지반면 아래에 있는 원통종형식의 위험물탱크를 말한다. 이하 같다)인 경우에는 해당 지중탱크의 지반 및 탱크본체의 설계도서, 공사계획서, 공사공정표 및 지질조사자료 등 지반에 관한 자료
8. 옥외저장탱크가 해상탱크[해상의 동일장소에 정치(정치)되어 육상에 설치된 설비와 배관 등에 의하여 접속된 위험물탱크를 말한다. 이하 같다]인 경우에는 해당 해상탱크의 탱크본체·정치설비(해상탱크를 동일장소에 정치하기 위한 설비를 말한다. 이하 같다) 그 밖의 설비의 설계도서, 공사계획서 및 공사공정표
9. 이송취급소의 경우에는 공사계획서, 공사공정표 및 별표 1에 따른 서류
10. 「소방산업의 진흥에 관한 법률」 제14조에 따른 **한국소방산업기술원**(이하 "기술원")이 **발급한 기술검토서**(영 제6조제3항의 규정에 따라 기술원의 기술검토를 미리 받은 경우에 한한다)

칙 제7조 (제조소등의 변경허가의 신청)

법 제6조제1항 후단 및 영 제6조제1항의 규정에 따라 제조소등의 위치·구조 또는 설비의 변경허가를 받으려는 자는 별지 제16호서식 또는 별지 제17호서식의 신청서(전자문서로 된 신청서를 포함한다)에 다음 각 호의 서류(전자문서를 포함한다)를 첨부하여 설치허가를 한 시·도지사 또는 소방서장에게 제출해야 한다. 다만, 「전자정부법」 제36조제1항에 따른 행정정보의 공동이용을 통하여 첨부서류에 대한 정보를 확인할 수 있는 경우에는 그 확인으로 첨부서류에 갈음할 수 있다.

1. 제조소등의 완공검사합격확인증
2. 제6조제1호에 따른 서류(라목 내지 바목의 서류는 변경에 관계된 것에 한한다)
3. 제6조제2호 내지 제10호에 따른 서류 중 변경에 관계된 서류
4. 법 제9조제1항 단서에 따른 화재예방에 관한 조치사항을 기재한 서류(변경공사와 관계가 없는 부분을 완공검사 전에 사용하고자 하는 경우에 한한다)

칙 제8조 (제조소등의 변경허가를 받아야 하는 경우)

법 제6조제1항 후단에서 "행정안전부령이 정하는 사항"이란 별표 1의2에 따른 사항을 말한다.

칙 제9조 (기술검토의 신청 등) – 생략 –

칙 제10조 (품명 등의 변경신고서)

법 제6조제2항의 규정에 따라 저장 또는 취급하는 위험물의 품명·수량 또는 지정수량의 배수에 관한 변경신고를 하고자 하는 자는 별지 제19호서식의 신고서(전자문서로 된 신고서를 포함한다)에 제조소등의 완공검사합격확인증을 첨부하여 시·도지사 또는 소방서장에게 제출해야 한다.

제7조 (군용위험물시설의 설치 및 변경에 대한 특례)

① 군사목적 또는 군부대시설을 위한 제조소등을 설치하거나 그 위치·구조 또는 설비를 변경하고자 하는 군부대의 장은 대통령령이 정하는 바에 따라 미리 제조소등의 소재지를 관할하는 **시·도지사와 협의**하여야 한다.

② 군부대의 장이 제1항의 규정에 따라 제조소등의 소재지를 관할하는 시·도지사와 협의한 경우에는 제6조제1항의 규정에 따른 허가를 받은 것으로 본다.

③ 군부대의 장은 제1항의 규정에 따라 협의한 제조소등에 대하여는 제8조 및 제9조의 규정에 불구하고 탱크안전성능검사와 완공검사를 자체적으로 실시할 수 있다. 이 경우 완공검사를 자체적으로 실시한 군부대의 장은 지체없이 행정안전부령이 정하는 사항을 시·도지사에게 통보하여야 한다.

영 제7조 (군용위험물시설의 설치 및 변경에 대한 특례)

① 군부대의 장은 법 제7조제1항의 규정에 따라 군사목적 또는 군부대시설을 위한 제조소등을 설치하거나 그 위치·구조 또는 설비를 변경하고자 하는 경우에는 해당 제조소등의 설치공사 또는 변경공사를 착수하기 전에 그 공사의 설계도서와 행정안전부령이 정하는 서류를 시·도지사에게 제출하여야 한다. 다만, 국가안보상 중요하거나 국가기밀에 속하는 제조소등을 설치 또는 변경하는 경우에는 해당 공사의 설계도서의 제출을 생략할 수 있다.

② 시·도지사는 제1항의 규정에 따라 제출받은 설계도서와 관계서류를 검토한 후 그 결과를 해당 군부대의 장에게 통지하여야 한다. 이 경우 시·도지사는 검토결과를 통지하기 전에 설계도서와 관계서류의 보완요청을 할 수 있고, 보완요청을 받은 군부대의 장은 특별한 사유가 없는 한 이에 응하여야 한다.

칙 제11조 (군용위험물시설의 설치 등에 관한 서류 등)

① 영 제7조제1항 본문에서 "행정안전부령이 정하는 서류"란 군사목적 또는 군부대시설을 위한 제조소등의 설치공사 또는 변경공사에 관한 제6조 또는 제7조에 따른 서류를 말한다.

② 법 제7조제3항 후단에서 "행정안전부령이 정하는 사항"이란 다음 각 호의 사항을 말한다.

1. 제조소등의 완공일 및 사용개시일
2. 탱크안전성능검사의 결과(영 제8조제1항에 따른 탱크안전성능검사의 대상이 되는 위험물탱크가 있는 경우에 한한다)
3. 완공검사의 결과
4. 안전관리자 선임계획
5. 예방규정(영 제15조 각 호의 어느 하나 해당하는 제조소등의 경우에 한한다)

제8조 (탱크안전성능검사)

① 위험물을 저장 또는 취급하는 탱크로서 대통령령이 정하는 탱크(이하 "위험물탱크"라 한다)가 있는 제조소등의 설치 또는 그 위치·구조 또는 설비의 변경에 관하여 제6조제1항의 규정에 따른 허가를 받은 자가 위험물탱크의 설치 또는 그 위치·구조 또는 설비의 변경공사를 하는 때에는 제9조제1항의 규정에 따른 완공검사를 받기 전에 제5조제4항의 규정에 따른 기술기준에 적합한지의 여부를 확인하기 위하여 시·도지사가 실시하는 탱크안전성능검사를 받아야 한다. 이 경우 시·도지사는 제6조제1항의 규정에 따른 허가를 받은 자가 제16조제1항의 규정에 따른 탱크안전성능시험자 또는 소방산업의 진흥에 관한 법률」 제14조에 따른 한국소방산업기술원(이하 "기술원"이라 한다)으로부터 탱크안전성능시험을 받은 경우에는 대통령령이 정하는 바에 따라 해당 탱크안전성능검사의 전부 또는 일부를 면제할 수 있다.

② 제1항의 규정에 따른 탱크안전성능검사의 내용은 대통령령으로 정하고, 탱크안전성능검사의 실시 등에 관하여 필요한 사항은 행정안전부령으로 정한다.

영 제8조 (탱크안전성능검사의 대상이 되는 탱크 등)

① 법 제8조제1항 전단에 따라 탱크안전성능검사를 받아야 하는 위험물탱크는 제2항에 따른 탱크안전성능검사별로 다음 각 호의 어느 하나에 해당하는 탱크로 한다.

1. **기초·지반검사:** 옥외탱크저장소의 액체위험물탱크 중 그 용량이 100만ℓ 이상인 탱크
2. **충수(充水)·수압검사:** 액체위험물을 저장 또는 취급하는 탱크. 다만, 다음 각목 어느 하나에 해당하는 탱크는 제외한다.
   가. 제조소 또는 일반취급소에 설치된 탱크로서 용량이 지정수량 미만인 것
   나. 「고압가스 안전관리법」 제17조제1항에 따른 특정설비에 관한 검사에 합격한 탱크
   다. 「산업안전보건법」 제84조제1항에 따른 안전인증을 받은 탱크
3. **용접부검사:** 제1호의 따른 탱크. 다만, 탱크의 저부에 관계된 변경공사(탱크의 옆판과 관련되는 공사를 포함하는 것을 제외한다)시에 행하여진 법 제18조제3항에 따른 정기검사에 의하여 용접부에 관한 사항이 행정안전부령으로 정하는 기준에 적합하다고 인정된 탱크를 제외한다.
4. **암반탱크검사:** 액체위험물을 저장 또는 취급하는 암반내의 공간을 이용한 탱크

② 법 제8조제1항에 따른 탱크안전성능검사는 기초·지반검사, 충수·수압검사, 용접부검사 및 암반탱크검사로 구분하되, 그 내용은 별표 4와 같다.

영 제9조 (탱크안전성능검사의 면제)

① 법 제8조제1항 후단의 규정에 따라 시·도지사가 면제할 수 있는 탱크안전성능검사는 제8조제2항 및 별표 4에 따른 충수·수압검사로 한다.

② 위험물탱크에 대한 **충수·수압검사**를 면제받고자 하는 자는 법 제16조제1항에 따른 탱크안전성능시험자(이하"탱크시험자"라 한다) 또는 기술원으로부터 충수·수압검사에 관한 탱크안전성능시험을 받아 법 제9조제1항에 따른 완공검사를 받기 전(지하에 매설하는 위험물탱크에 있어서는 지하에 매설하기 전)에 해당 시험에 합격하였음을 증명하는 서류(이하 **"탱크시험합격확인증"**이라 한다)를 시·도지사에게 제출해야 한다.

③ 시·도지사는 제2항에 따라 제출받은 탱크시험합격확인증과 해당 위험물탱크를 확인한 결과 법 제5조제4항에 따른 기술기준에 적합하다고 인정되는 때에는 해당 충수·수압검사를 면제한다.

칙 제12조 (기초·지반검사에 관한 기준 등)

① 영 별표 4 제1호가목에서 "행정안전부령이 정하는 기준"이란 해당 위험물탱크의 구조 및 설비에 관한 사항 중 별표 6 Ⅳ 및 Ⅴ에 따른 기초 및 지반에 관한 기준을 말한다.

② 영 별표 4 제1호나목에서 "행정안전부령이 정하는 탱크"란 지중탱크 및 해상탱크(이하 "특수액체위험물탱크"라 한다)를 말한다.

③ 영 별표 4 제1호나목에서 "행정안전부령이 정하는 공사"란 지중탱크의 경우에는 지반에 관한 공사를 말하고, 해상탱크의 경우에는 정치설비의 지반에 관한 공사를 말한다.

④ 영 별표 4 제1호나목에서 "행정안전부령이 정하는 기준"이란 지중탱크의 경우에는 별표 6 ⅩⅡ제2호라목에 따른 기준을 말하고, 해상탱크의 경우에는 별표 6 ⅩⅢ제3호라목에 따른 기준을 말한다.

⑤ 법 제8조제2항에 따라 기술원은 100만리터 이상 옥외탱크저장소의 기초·지반검사를 「엔지니어링산업 진흥법」에 따른 엔지니어링사업자가 실시하는 기초·지반에 관한 시험의 과정 및 결과를 확인하는 방법으로 할 수 있다.

칙 제13조 (충수·수압검사에 관한 기준 등)

① 영 별표4제2호에서"행정안전부령이 정하는 기준"이란 다음 어느 하나에 해당하는 기준을 말한다.

1. 100만ℓ 이상의 액체위험물탱크의 경우
   별표 6 Ⅵ제1호에 따른 기준[충수시험(물 외의 적당한 액체를 채워서 실시하는 시험을 포함한다. 이하 같다) 또는 수압시험에 관한 부분에 한한다]
2. 100만ℓ 미만의 액체위험물탱크의 경우
   별표 4 Ⅸ제1호가목, 별표 6 Ⅵ제1호, 별표 7 Ⅰ제1호마목, 별표 8 Ⅰ제6호·Ⅱ제1호·제4호·제6호·Ⅲ, 별표 9 제6호, 별표 10 Ⅱ제1호·Ⅹ제1호가목, 별표 13 Ⅲ제3호, 별표 16 Ⅰ제1호에 따른 기준(충수시험·수압시험 및 그 밖의 탱크의 누설·변형에 대한 안전성에 관련된 탱크안전성능시험의 부분에 한한다)

② 법 제8조제2항의 규정에 따라 기술원은 제18조제6항에 따른 이중벽탱크에 대하여 제1항제2호의 규정의 의한 수압검사를 법 제16조제1항에 따른 탱크안전성능시험자(이하 "탱크시험자"라 한다)가 실시하는 수압시험의 과정 및 결과를 확인하는 방법으로 할 수 있다.

칙 제14조 (용접부검사에 관한 기준 등)

① 영 별표 4 제3호에서 "행정안전부령이 정하는 기준"이란 다음 각 호의 어느 하나 해당하는 기준을 말한다.

1. 특수액체위험물탱크 외의 위험물탱크의 경우: 별표 6 Ⅵ제2호에 따른 기준
2. 지중탱크의 경우: 별표 6 ⅫI제2호마목4)라)에 따른 기준(용접부에 관련된 부분에 한한다)

② 법 제8조제2항의 규정에 따라 기술원은 용접부검사를 탱크시험자가 실시하는 용접부에 관한 시험의 과정 및 결과를 확인하는 방법으로 할 수 있다.

칙 제15조 (암반탱크검사에 관한 기준 등)

① 영 별표 4 제4호에서 "행정안전부령이 정하는 기준"이란 별표 12 Ⅰ에 따른 기준을 말한다.

② 법 제8조제2항에 따라 기술원은 암반탱크검사를 「엔지니어링산업 진흥법」에 따른 엔지니어링사업자가 실시하는 암반탱크에 관한 시험의 과정 및 결과를 확인하는 방법으로 할 수 있다.

칙 제16조 (탱크안전성능검사에 관한 세부기준 등)

제13조부터 제15조까지에서 정한 사항 외에 탱크안전성능검사의 세부기준·방법·절차 및 탱크시험자 또는 엔지니어링사업자가 실시하는 탱크안전성능시험에 대한 기술원의 확인 등에 관하여 필요한 사항은 소방청장이 정하여 고시한다.

칙 제17조 (용접부검사의 제외기준)

② 영 제8조제1항제3호 단서의 규정에 따라 용접부검사 대상에서 제외되는 탱크로 인정되기 위한 기준은 별표 6 Ⅵ제2호에 따른 기준으로 한다. / ① 〈삭제 2006.8.3〉

칙 제18조 (탱크안전성능검사의 신청 등)

① 법 제8조제1항에 따라 탱크안전성능검사를 받아야 하는 자는 별지 제20호서식의 신청서(전자문서로 된 신청서를 포함한다)를 해당 위험물탱크의 설치장소를 관할하는 소방서장 또는 기술원에 제출하여야 한다. 다만, 설치장소에서 제작하지 아니하는 위험물탱크에 대한 탱크안전성능검사(충수·수압검사에 한한다)의 경우에는 별지 제20호서식의 신청서(전자문서로 된 신청서를 포함한다)에 해당 위험물탱크의 구조명세서 1부를 첨부하여 해당 위험물탱크의 제작지를 관할하는 소방서장에게 신청할 수 있다.

② 법 제8조제1항 후단에 따른 탱크안전성능시험을 받고자 하는 자는 별지 제20호서식의 신청서에 해당 위험물탱크의 구조명세서 1부를 첨부하여 기술원 또는 탱크시험자에게 신청할 수 있다.

③ 영 제9조제2항에 따라 충수·수압검사를 면제받고자 하는 자는 별지 제21호서식의 탱크시험합격확인증에 탱크시험성적서를 첨부하여 소방서장에게 제출하여야 한다.

④ 제1항에 따른 탱크안전성능검사의 신청시기는 다음 각호의 구분에 의한다.

1. **기초·지반검사**: 위험물탱크의 기초 및 지반에 관한 공사의 개시 전
2. **충수·수압검사**: 위험물을 저장 또는 취급하는 탱크에 배관 그 밖의 부속설비를 부착하기 전
3. **용접부검사**: 탱크본체에 관한 공사의 개시 전
4. **암반탱크검사**: 암반탱크의 본체에 관한 공사의 개시 전

⑤ **소방서장 또는 기술원**은 탱크안전성능검사를 실시한 결과 제12조제1항·제4항, 제13조제1항, 제14조제1항 및 제15조제1항에 따른 기준에 적합하다고 인정되는 때에는 해당 탱크안전성능검사를 신청한 자에게 별지 제21호서식의 **탱크검사합격확인증**을 교부하고, 적합하지 않다고 인정되는 때에는 신청인에게 서면으로 그 사유를 통보하여야 한다.

⑥ 영 제22조제2항 제1호 다목에서 "행정안전부령이 정하는 액체위험물탱크"란 별표 8 Ⅱ에 따른 이중벽탱크를 말한다. 〈개정 2024 5 20〉

제9조 (완공검사)

① 제6조제1항의 규정에 따른 허가를 받은 자가 제조소등의 설치를 마쳤거나 그 위치·구조 또는 설비의 변경을 마친 때에는 해당 제조소등마다 시·도지사가 행하는 완공검사를 받아 제5조제4항의 규정에 따른 기술기준에 적합하다고 인정받은 후가 아니면 이를 사용하여서는 아니 된다. 다만, 제조소등의 위치·구조 또는 설비를 변경함에 있어서 제6조제1항 후단의 규정에 따른 변경허가를 신청하는 때에 화재예방에 관한 조치사항을 기재한 서류를 제출하는 경우에는 해당 변경공사와 관계가 없는 부분은 **완공검사를 받기 전에 미리** 사용할 수 있다.

② 제1항 본문의 규정에 따른 완공검사를 받고자 하는 자가 제조소등의 일부에 대한 설치 또는 변경을 마친 후 그 일부를 미리 사용하고자 하는 경우에는 해당 제조소등의 일부에 대하여 완공검사를 받을 수 있다.

영 제10조 (완공검사의 신청 등)

① 법 제9조에 따른 제조소등에 대한 완공검사를 받고자 하는 자는 이를 시·도지사에게 신청하여야 한다.

② 제1항에 따른 신청을 받은 시·도지사는 제조소등에 대하여 완공검사를 실시하고, 완공검사를 실시한 결과 해당 제조소등이 법 제5조제4항에 따른 기술기준(탱크안전성능검사에 관련된 것을 제외한다)에 적합하다고 인정하는 때에는 **완공검사합격확인증을 교부**하여야 한다.

③ 제2항의 완공검사합격확인증을 교부받은 자는 완공검사합격확인증을 잃어버리거나 멸실·훼손 또는 파손한 경우에는 이를 교부한 시·도지사에게 **재교부를 신청**할 수 있다.

④ 완공검사합격확인증을 훼손 또는 파손하여 제3항에 따른 신청을 하는 경우에는 신청서에 해당 **완공**검사합격확인증을 첨부하여 제출하여야 한다.

⑤ 제2항의 완공검사합격확인증을 잃어버려 재교부를 받은 자는 잃어버린 완공검사합격확인증을 발견하는 경우에는 이를 10일 이내에 완공검사합격확인증을 재교부한 시·도지사에게 제출해야 한다.

칙 제19조 (완공검사의 신청 등)

① 법 제9조에 따라 제조소등에 대한 완공검사를 받으려는 자는 별지 제22호서식 또는 별지 제23호서식의 신청서(전자문서로 된 신청서를 포함한다)에 다음 각 호의 서류(전자문서를 포함한다)를 첨부하여 시·도지사 또는 소방서장(영 제22조제2항제2호에 따라 완공검사를 기술원에 위탁하는 제조소등의 경우에는 기술원)에게 제출하여야 한다. 다만, 첨부서류는 완공검사를 실시할 때까지 제출할 수 있되, 「전자정부법」 제36조제1항에 따른 행정정보의 공동이용을 통하여 첨부서류를 대한 정보를 확인할 수 있는 경우에는 그 확인으로 첨부서류에 갈음할 수 있다.

1. 배관에 관한 **내압시험, 비파괴시험** 등에 합격하였음을 증명하는 **서류**(내압시험 등을 하여야 하는 배관이 있는 경우에 한한다)
2. 소방서장, 기술원 또는 탱크시험자가 교부한 탱크검사합격확인증 또는 **탱크시험합격확인증**(해당 위험물탱크의 완공검사를 실시하는 소방서장 또는 기술원이 그 위험물탱크의 탱크안전성능검사를 실시한 경우는 제외한다)
3. **재료의 성능**을 증명하는 서류(이중벽탱크에 한한다)

② 영 제22조제2항제2호에 따라 기술원은 완공검사를 실시한 경우에는 완공검사결과서를 소방서장에게 송부하고, 검사대상명·접수일시·검사일·검사번호·검사자·검사결과 및 검사결과서 발송일 등을 기재한 완공검사업무대장을 작성하여 **10년간** 보관하여야 한다. 〈개정 2024 5 20〉

③ 영 제10조제2항의 완공검사합격확인증은 별지 제24호서식 또는 별지 제25호서식에 따른다.

④ 영 제10조제3항에 따른 완공검사필증의 재교부신청은 별지 제26호서식의 신청서에 따른다.

칙 제20조 (완공검사의 신청시기)

① 법 제9조제1항에 따른 제조소등의 완공검사 신청시기는 다음 각 호의 구분에 따른다.

1. **지하탱크가 있는 제조소등의 경우:** 해당 지하탱크를 **매설하기 전**
2. **이동탱크저장소의 경우:** 이동저장탱크를 완공하고 상치설치 장소(이하 "상치장소" 라 한다)를 확보한 후
3. **이송취급소의 경우:** 이송배관 공사의 전체 또는 일부를 완료한 후. 다만, 지하·하천 등에 매설하는 이송배관의 공사의 경우에는 이송배관을 매설하기 전
4. **전체 공사가 완료된 후에는 완공검사를 실시하기 곤란한 경우:** 다음 각목에서 정하는 시기
   가. 위험물설비 또는 배관의 설치가 완료되어 **기밀시험 또는 내압시험**을 실시하는 시기
   나. 배관을 지하에 설치하는 경우에는 시·도지사, 소방서장 또는 기술원이 지정하는 부분을 **매몰하기 직전**
   다. 기술원이 지정하는 부분의 **비파괴시험**을 실시하는 시기
5. **제1호 내지 제4호에 해당하지 아니하는 제조소등의 경우:** 제조소등의 공사를 **완료한 후**

칙 제21조 (변경공사 중 가사용의 신청)

법 제9조제1항 단서의 규정에 따라 제조소등의 변경공사 중에 변경공사와 관계없는 부분을 사용하고자 하는 자는 별지 제16호서식 또는 별지 제17호서식의 신청서(전자문서로 된 신청서를 포함한다) 또는 별지 제27호서식의 신청서(전자문서로 된 신청서를 포함한다)에 변경공사에 따른 화재예방에 관한 조치사항을 기재한 서류(전자문서를 포함한다)를 첨부하여 시·도지사 또는 소방서장에게 신청하여야 한다.

제10조 (제조소등 설치자의 지위승계)

① 제조소등의 설치자(제6조제1항의 규정에 따라 허가를 받아 제조소등을 설치한 자를 말한다. 이하 같다)가 사망하거나 그 제조소등을 양도·인도한 때 또는 법인인 제조소등의 설치자의 합병이 있는 때에는 그 상속인, 제조소등을 양수·인수한 자 또는 합병 후 존속하는 법인이나 **합병**에 의하여 설립되는 법인은 그 **설치자**의 지위를 승계한다.

② 민사집행법에 의한 경매, 「채무자 회생 및 파산에 관한 법률」에 의한 환가, 국세징수법·관세법 또는 지방세법에 의한 압류재산의 매각과 그 밖에 이에 준하는 절차에 따라 제조소등의 시설의 전부를 인수한 자는 그 설치자의 지위를 승계한다. 〈개정 2005.3.31〉

③ 제1항 또는 제2항의 규정에 따라 제조소등의 설치자의 지위를 승계한 자는 행정안전부령이 정하는 바에 따라 승계한 날부터 **30일** 이내에 **시·도지사**에게 그 사실을 신고하여야 한다.

칙 제22조 (지위승계의 신고)

법 제10조제3항에 따라 제조소등의 설치자의 지위승계를 신고하고자 하는 자는 별지 제28호서식의 신고서(전자문서로 된 신고서를 포함한다)에 제조소등의 **완공검사합격확인증**과 지위승계를 증명하는 서류(전자문서를 포함한다)를 첨부하여 시·도지사 또는 소방서장에게 제출해야 한다.

제11조 (제조소등의 폐지)

제조소등의 관계인(소유자·점유자 또는 관리자를 말한다. 이하 같다)은 해당 제조소등의 용도를 폐지(장래에 대하여 위험물시설로서의 기능을 완전히 상실시키는 것을 말한다)한 때에는 행정안전부령이 정하는 바에 따라 제조소등의 용도를 **폐지한 날부터 14일 이내에 시·도지사에게 신고**하여야 한다.

칙 제23조 (용도폐지의 신고)

① 법 제11조의 규정에 따라 제조소등의 용도폐지신고를 하려는 자는 별지 제29호서식의 신고서(전자문서로 된 신고서를 포함한다)에 제조소등의 완공검사합격확인증을 첨부하여 시·도지사 또는 소방서장에게 제출해야 한다.

② 제1항에 따른 신고서를 접수한 시·도지사 또는 소방서장은 해당 제조소등을 확인하여 위험물시설의 철거 등 용도폐지에 필요한 안전조치를 한 것으로 인정하는 경우에는 해당 신고서의 사본에 수리사실을 표시하여 용도폐지신고를 한 자에게 통보하여야 한다.

칙 제23조의2 (사용 중지신고 또는 재개신고 등)

① 법 제11조의2제1항에서 "위험물의 제거 및 제조소등에의 출입통제 등 행정안전부령으로 정하는 안전조치"란 다음 각 호의 조치를 말한다.

1. 탱크·배관 등 위험물을 저장 또는 취급하는 설비에서 위험물 및 가연성 증기 등의 제거
2. 관계인이 아닌 사람에 대한 해당 제조소등에의 출입금지 조치
3. 해당 제조소등의 사용중지 사실의 게시
4. 그 밖에 위험물의 사고 예방에 필요한 조치

② 법 제11조의2제2항에 따라 제조소등의 사용 중지신고 또는 재개신고를 하려는 자는 별지 제29호의2서식의 신고서(전자문서로 된 신고서를 포함한다)에 해당 제조소등의 완공검사합격확인증을 첨부하여 시·도지사 또는 소방서장에게 제출해야 한다.

③ 제2항에 따라 사용중지 신고서를 접수한 시·도지사 또는 소방서장은 해당 제조소등에 대한 법 제11조의2제1항 본문에 따른 안전조치 또는 같은 항 단서에 따른 위험물안전관리자의 직무수행이 적합하다고 인정되면 해당 신고서의 사본에 수리사실을 표시하여 신고를 한 자에게 통보해야 한다.

칙 제24조 (처리결과의 통보)

① 시·도지사가 영 제7조제1항의 설치·변경 관련 서류제출, 제6조의 설치허가신청, 제7조의 변경허가신청, 제10조의 품명 등의 변경신고, 제19조제1항의 완공검사신청, 제21조의 가사용승인신청, 제22조의 지위승계신고 또는 제23조제1항의 용도폐지신고 또는 제23조의2제2항의 사용 중지신고 또는 재개신고를 각각 접수하고 처리한 경우 그 신청서 또는 신고서와 첨부서류의 사본 및 처리결과를 관할소방서장에게 송부해야 한다.

② 시·도지사 또는 소방서장이 영 제7조제1항의 설치·변경 관련 서류제출, 제6조의 설치허가신청, 제7조의 변경허가신청, 제10조의 품명 등의 변경신고, 제19조제1항의 완공검사신청, 제22조의 지위승계신고 또는 제23조제1항의 용도폐지신고 또는 제23조의2제2항의 사용 중지신고 또는 재개신고를 각각 접수하고 처리한 경우 그 신청서 또는 신고서와 구조설비명세표(설치허가신청 또는 변경허가신청에 한한다)의 사본 및 처리결과를 관할 시장·군수·구청장에게 송부하여야 한다.

제11조의2 (제조소등의 사용 중지 등)

① 제조소등의 관계인은 제조소등의 사용을 중지(경영상 형편, 대규모 공사 등의 사유로 3개월 이상 위험물을 저장하지 아니하거나 취급하지 아니하는 것을 말한다. 이하 같다)하려는 경우에는 위험물의 제거 및 제조소등에의 출입통제 등 행정안전부령으로 정하는 안전조치를 하여야 한다. 다만, 제조소등의 사용을 중지하는 기간에도 제15조제1항 본문에 따른 위험물안전관리자가 계속하여 직무를 수행하는 경우에는 안전조치를 아니할 수 있다.

② 제조소등의 관계인은 제조소등의 사용을 중지하거나 중지한 제조소등의 사용을 재개하려는 경우에는 해당 제조소등의 사용을 중지하려는 날 또는 재개하려는 날의 14일 전까지 행정안전부령으로 정하는 바에 따라 제조소등의 사용 중지 또는 재개를 시·도지사에게 신고하여야 한다.

③ 시·도지사는 제2항에 따라 신고를 받으면 제조소등의 관계인이 제1항 본문에 따른 안전조치를 적합하게 하였는지 또는 제15조제1항 본문에 따른 위험물안전관리자가 직무를 적합하게 수행하는지를 확인하고 위해 방지를 위하여 필요한 안전조치의 이행을 명할 수 있다.

④ 제조소등의 관계인은 제2항의 사용 중지신고에 따라 제조소등의 사용을 중지하는 기간 동안에는 제15조제1항 본문에도 불구하고 위험물안전관리자를 선임하지 아니할 수 있다.

제12조 (제조소등 설치허가의 취소와 사용정지 등)

시·도지사는 제조소등의 관계인이 다음 각호의 어느 하나에 해당하는 때에는 행정안전부령이 정하는 바에 따라 제6조제1항에 따른 허가를 취소하거나 **6월** 이내의 기간을 정하여 제조소등의 **전부 또는 일부의 사용정지**를 명할 수 있다.

1. 제6조제1항 후단의 규정에 따른 변경허가를 받지 아니하고 제조소등의 **위치·구조 또는 설비**를 변경한 때
2. 제9조의 규정에 따른 완공검사를 받지 아니하고 제조소등을 사용한 때

2의2. 제11조의2제3항에 따른 안전조치 이행명령을 따르지 아니한 때

3. 제14조제2항의 규정에 따른 수리·개조 또는 이전의 명령에 위반한 때
4. 제15조제1항 및 제2항의 규정에 따른 **위험물안전관리자**를 선임하지 아니한 때
5. 제15조제5항을 위반하여 대리자를 지정하지 아니한 때
6. 제18조제1항에 따른 정기점검을 하지 아니한 때
7. 제18조제3항에 따른 정기검사를 받지 아니한 때
8. 제26조에 따른 저장·취급기준 준수명령에 위반한 때

칙 제25조 (허가취소 등의 처분기준)

법 제12조에 따른 제조소등에 대한 허가취소 및 사용정지의 처분기준은 별표 2와 같다.

제13조 (과징금처분)

① **시·도지사**는 제12조 각호의 어느 하나에 해당하는 경우로서 제조소등에 대한 사용의 정지가 그 이용자에게 심한 불편을 주거나 그 밖에 **공익을 해칠** 우려가 있는 때에는 사용정지처분에 갈음하여 **2억원** 이하의 과징금을 부과할 수 있다.

② 제1항의 규정에 따른 과징금을 부과하는 위반행위의 종별·정도 등에 따른 과징금의 금액 그 밖의

필요한 사항은 행정안전부령으로 정한다.

③ 시·도지사는 제1항의 규정에 따른 과징금을 납부하여야 하는 자가 납부기한까지 이를 납부하지 아니한 때에는「지방행정제재·부과금의 징수 등에 관한 법률」에 따라 징수한다.

칙 제26조 (과징금의 금액)

법 제13조제1항에 따라 과징금을 부과하는 위반행위의 종류와 위반 정도 등에 따른 과징금의 금액은 다음 각 호의 구분에 따른 기준에 따라 산정한다.

1. 2016년 2월 1일부터 2018년 12월 31일까지의 기간 중에 위반행위를 한 경우: 별표 3
2. 2019년 1월 1일 이후에 위반행위를 한 경우: 별표 3의2 [전문개정 2016.1.22]

제3장 위험물시설의 안전관리

제14조 (위험물시설의 유지·관리)

① 제조소등의 관계인은 해당 제조소등의 위치·구조 및 설비가 제5조제4항의 규정에 따른 기술기준에 적합하도록 유지·관리하여야 한다.

② **시·도지사, 소방본부장 또는 소방서장**은 제1항의 규정에 따른 유지·관리의 상황이 제5조제4항의 규정에 따른 기술기준에 부적합하다고 인정하는 때에는 그 기술기준에 적합하도록 제조소등의 위치·구조 및 설비의 수리·개조 또는 이전을 명할 수 있다.

제15조 (위험물안전관리자)

① 제조소등[제6조제3항의 규정에 따라 허가를 받지 아니하는 제조소등과 **이동탱크저장소**(차량에 고정된 탱크에 위험물을 저장 또는 취급하는 저장소를 말한다)**를 제외한다.** 이하 이 조에서 같다]의 관계인은 위험물의 안전관리에 관한 직무를 수행하게 하기 위하여 제조소등마다 대통령령이 정하는 위험물의 취급에 관한 자격이 있는 자(이하 **"위험물취급자격자"**라 한다)를 위험물안전관리자(이하 **"안전관리자"**라 한다)로 선임하여야 한다. 다만, 제조소등에서 저장·취급하는 위험물이「화학물질관리법」에 따른 인체급성유해성물질, 인체만성유해성물질, 생태유해성물질에 해당하는 경우 등 대통령령이 정하는 경우에는 해당 제조소등을 설치한 자는 다른 법률에 의하여 안전관리업무를 하는 자로 선임된 자 가운데 대통령령이 정하는 자를 안전관리자로 선임할 수 있다. 〈개정 2024.2.6〉

② 제1항의 규정에 따라 안전관리자를 선임한 제조소등의 관계인은 그 안전관리자를 해임하거나 안전관리자가 퇴직한 때에는 해임하거나 퇴직한 날부터 **30일 이내에 다시 안전관리자를 선임**하여야 한다.

③ 제조소등의 관계인은 제1항 및 제2항에 따라 안전관리자를 선임한 경우에는 선임한 날부터 14일 이내에 행정안전부령으로 정하는 바에 따라 소방본부장 또는 소방서장에게 신고하여야 한다.

④ 제조소등의 관계인이 안전관리자를 해임하거나 안전관리자가 퇴직한 경우 그 관계인 또는 안전관리자는 소방본부장이나 소방서장에게 그 사실을 알려 해임되거나 퇴직한 사실을 확인받을 수 있다.

⑤ 제1항의 규정에 따라 안전관리자를 선임한 제조소등의 관계인은 안전관리자가 여행·질병 그 밖의 사유로 인하여 일시적으로 직무를 수행할 수 없거나 안전관리자의 해임 또는 퇴직과 동시에 다른 안전관리자를 선임하지 못하는 경우에는 국가기술자격법에 따른 위험물의 취급에 관한 자격취득자 또는 위험물안전에 관한 기본지식과 경험이 있는 자로서 행정안전부령이 정하는 자를 대리자(代理

者)로 지정하여 그 직무를 대행하게 하여야 한다. 이 경우 대리자가 안전관리자의 직무를 대행하는 기간은 **30일**을 초과할 수 없다.

⑥ 안전관리자는 위험물을 취급하는 작업을 하는 때에는 작업자에게 안전관리에 관한 필요한 지시를 하는 등 행정안전부령이 정하는 바에 따라 위험물의 취급에 관한 안전관리와 감독을 하여야 하고, 제조소등의 관계인과 그 종사자는 안전관리자의 위험물 안전관리에 관한 의견을 존중하고 그 권고에 따라야 한다.

⑦ 제조소등에 있어서 위험물취급자격자가 아닌 자는 **안전관리자** 또는 제5항의 규정에 따른 **대리자**가 참여한 상태에서 위험물을 취급하여야 한다.

⑧ 다수의 제조소등을 **동일인이 설치한 경우**에는 제1항의 규정에 불구하고 관계인은 대통령령이 정하는 바에 따라 1인의 안전관리자를 중복하여 선임할 수 있다. 이 경우 대통령령이 정하는 제조소등의 관계인은 제4항의 규정에 따른 대리자의 자격이 있는 자를 각 제조소등별로 지정하여 안전관리자를 보조하게 하여야 한다.

⑨ 제조소등의 종류 및 규모에 따라 선임하여야 하는 안전관리자의 자격은 대통령령으로 정한다.

영 제11조 (위험물안전관리자로 선임할 수 있는 위험물취급자격자 등)

① 법 제15조제1항 본문에서 "대통령령이 정하는 위험물의 취급에 관한 자격이 있는 자"란 별표 5에 규정된 자를 말한다.

② 법 제15조제1항 단서에서 "대통령령이 정하는 경우"란 다음 각 호의 어느 하나에 해당하는 경우를 말한다. (개정 2025. 8. 5)

1. 제조소등에서 저장·취급하는 위험물이 「화학물질 관리법」 제2조제2호·제2호의2·제2호의3에 따른 인체급성유해성물질, 인체만성유해성물질, 생태유해성물질에 해당하는 경우
2. 「소방시설 설치 및 관리에 관한 법률」 제2조제1항제3호에 따른 특정소방대상물의 난방·비상발전 또는 자가발전에 필요한 위험물을 저장·취급하기 위하여 설치된 저장소 또는 일반취급소가 해당 특정소방대상물 안에 있거나 인접하여 있는 경우

③ 법 제15조제1항 단서에서 "대통령령이 정하는 자"란 다음 각 호의 어느 하나에 해당하는 자를 말한다.

1. 제2항제1호의 경우: 「화학물질 관리법」 제32조제1항에 따라 해당 제조소등의 유해화학물관리자로 선임된 자로서 법 제28조 또는 「화학물질 관리법」 제33조의 규정에 따라 위험물의 안전관리에 관한 교육을 받은 자
2. 제2항제2호의 경우: 「화재의 예방 및 안전관리에 관한 법률」 제24조제1항 또는 「공공기관의 소방안전관리에 관한 규정」 제5조의 규정에 따라 소방안전관리자로 선임된 자로서 법 제15조제9항에 따른 위험물안전관리자(이하 "안전관리자"라 한다)의 자격이 있는 자

영 제12조 (1인의 안전관리자를 중복하여 선임할 수 있는 경우 등)

① 법 제15조제8항 전단에 따라 다수의 제조소등을 설치한 자가 1인의 안전관리자를 중복하여 선임할 수 있는 경우는 다음 각 호의 어느 하나와 같다.

1. 보일러·버너 또는 이와 비슷한 것으로서 위험물을 소비하는 장치로 이루어진 **7개** 이하의 일반취급소와 그 일반취급소에 공급하기 위한 위험물을 저장하는 저장소[일반취급소 및 저장소가 모두 동일구내(같은 건물 안 또는 같은 울 안을 말한다. 이하 같다)에 있는 경우에 한한다. 이하 제2호에서 같다]를 **동일인이 설치한 경우**
2. 위험물을 차량에 고정된 탱크 또는 운반용기에 옮겨 담기 위한 **5개** 이하의 일반취급소[일반

취급소간의 거리(보행거리를 말한다. 제3호 및 제4호에서 같다)가 300m 이내인 경우에 한한다]와 그 일반취급소에 공급하기 위한 위험물을 저장하는 저장소를 동일인이 설치한 경우

3. 동일구내에 있거나 상호 100m 이내의 거리에 있는 저장소로서 저장소의 규모, 저장하는 위험물의 종류 등을 고려하여 행정안전부령이 정하는 저장소를 동일인이 설치한 경우
4. 다음 각목의 기준에 모두 적합한 5개 이하의 제조소등을 동일인이 설치한 경우
   가. 각 제조소등이 동일구내에 위치하거나 상호 100m 이내의 거리에 있을 것
   나. 각 제조소등에서 저장 또는 취급하는 위험물의 최대수량이 지정수량의 3천배 미만일 것. 다만, 저장소의 경우에는 그러하지 아니하다.
5. 그 밖에 제1호 또는 제2호에 따른 제조소등과 비슷한 것으로서 행정안전부령이 정하는 제조소등을 동일인이 설치한 경우

② 법 제15조제8항 후단에서 "대통령령이 정하는 제조소등"이란 다음 각 호의 어느 하나에 해당하는 제조소등을 말한다.

1. 제조소
2. 이송취급소
3. 일반취급소. 다만, 인화점이 38℃ 이상인 제4류 위험물만을 지정수량의 30배 이하로 취급하는 일반취급소로서 다음 각목의 1에 해당하는 일반취급소를 제외한다.
   가. 보일러·버너 또는 이와 비슷한 것으로서 위험물을 소비하는 장치로 이루어진 일반취급소
   나. 위험물을 용기에 옮겨 담거나 차량에 고정된 탱크에 주입하는 일반취급소

영 제13조 (위험물안전관리자의 자격)

법 제15조제9항에 따라 제조소등의 종류 및 규모에 따라 선임하여야 하는 안전관리자의 자격은 별표 6과 같다.

칙 제53조 (안전관리자의 선임신고 등)

① 제조소등의 관계인은 법 제15조제3항의 규정에 따라 안전관리자(「기업활동 규제완화에 관한 특별조치법」 제29조제1항·제3항 및 제32조제1항의 규정에 따른 안전관리자와 제57조제1항의 규정에 따른 안전관리대행기관을 포함한다)의 선임을 신고하려는 경우에는 별지 제32호서식의 신고서(전자문서로 된 신고서를 포함한다)에 다음 각 호의 해당 서류(전자문서를 포함한다)를 첨부하여 **소방본부장 또는 소방서장**에게 제출하여야 한다. 〈개정 2015.7.17〉

1. **위험물안전관리업무대행계약서**(제57조제1항에 따른 안전관리대행기관에 한한다)
2. **위험물안전관리교육 수료증**(제78조제1항 및 별표 24에 따른 안전관리자 강습교육을 받은 자에 한한다)
3. 위험물안전관리자를 **겸직할 수 있는** 관련 안전관리자로 선임된 사실을 증명할 수 있는 **서류**(「기업활동 규제완화에 관한 특별조치법」 제29조제1항제1호부터 제3호까지 및 제3항에 해당하는 안전관리자 또는 영 제11조제3항 각 호의 어느 하나에 해당하는 사람으로 위험물의 취급에 관한 국가기술자격자가 아닌 사람으로 한정한다.
4. 소방공무원 경력증명서(소방공무원 경력자에 한한다)

② 제1항에 따라 신고를 받은 담당 공무원은 「전자정부법」 제36조제1항에 따른 행정정보의 공동이용을 통하여 다음 각 호의 행정정보를 확인하여야 한다. 다만, 신고인이 확인에 동의하지 아니하는 경우에는 그 서류(국가기술자격증의 경우에는 그 사본을 말한다)를 제출하도록 하여야 한다.

1. **국가기술자격증**(위험물의 취급에 관한 국가기술자격자에 한한다)
2. 국가기술자격증(「기업활동 규제완화에 관한 특별조치법」 제29조제1항 및 제3항의 규정에 해당하는 자로서 국가기술자격자에 한한다)

직 제54조 (안전관리자의 대리자)

법 제15조제5항 전단에서 "행정안전부령이 정하는 자"란 다음 각호에 해당하는 자를 말한다.

1. 법 제28조제1항에 따른 안전교육을 받은 자
2. 〈삭제 2016,8,2〉
3. 제조소등의 위험물 안전관리업무에 있어서 안전관리자를 지휘·감독하는 직위에 있는 자

직 제55조 (안전관리자의 책무)

법 제15조제6항에 따라 안전관리자는 위험물의 취급에 관한 안전관리와 감독에 관한 다음 각 호의 업무를 성실하게 수행하여야 한다.

1. 위험물의 취급작업에 참여하여 해당 작업이 법 제5조제3항에 따른 저장 또는 취급에 관한 기술기준과 법 제17조에 따른 예방규정에 적합하도록 해당 작업자(해당 작업에 참여하는 위험물취급자격자를 포함한다)에 대하여 지시 및 감독하는 업무
2. 화재 등의 재난이 발생한 경우 응급조치 및 소방관서 등에 대한 연락업무
3. 위험물시설의 안전을 담당하는 자를 따로 두는 제조소등의 경우에는 그 담당자에게 다음 각 목에 따른 업무의 지시, 그 밖의 제조소등의 경우에는 다음 각목에 따른 업무
   가. 제조소등의 위치·구조 및 설비를 법 제5조제4항의 기술기준에 적합하도록 유지하기 위한 점검과 점검상황의 기록·보존
   나. 제조소등의 구조 또는 설비의 이상을 발견한 경우 관계자에 대한 연락 및 응급조치
   다. 화재가 발생하거나 화재발생의 위험성이 현저한 경우 소방관서 등에 대한 연락 및 응급조치
   라. 제조소등의 계측장치·제어장치 및 안전장치 등의 적정한 유지·관리
   마. 제조소등의 위치·구조 및 설비에 관한 설계도서 등의 정비·보존 및 제조소등의 구조 및 설비의 안전에 관한 사무의 관리
4. 화재 등의 재해의 방지와 응급조치에 관하여 인접하는 제조소등과 그 밖의 관련되는 시설의 관계자와 협조체제의 유지
5. 위험물의 취급에 관한 일지의 작성·기록
6. 그 밖에 위험물을 수납한 용기를 차량에 적재하는 작업, 위험물설비를 보수하는 작업 등 위험물의 취급과 관련된 작업의 안전에 관하여 필요한 감독의 수행

직 제56조 (1인의 안전관리자를 중복하여 선임할 수 있는 저장소 등)

① 영 제12조제1항제3호에서 "행정안전부령이 정하는 저장소"란 다음 각 호의 어느 하나 해당하는 저장소를 말한다.

1. 10개 이하의 옥내저장소
2. 30개 이하의 옥외탱크저장소
3. 옥내탱크저장소
4. 지하탱크저장소
5. 간이탱크저장소
6. 10개 이하의 옥외저장소
7. 10개 이하의 암반탱크저장소

② 영 제12조제1항제5호에서 "행정안전부령이 정하는 제조소등"이란 선박주유취급소의 고정주유설비에 공급하기 위한 위험물을 저장하는 저장소와 해당 선박주유취급소를 말한다.

직 **제57조 (안전관리대행기관의 지정 등)**

① 「기업활동 규제완화에 관한 특별조치법」 제40조제1항제3호의 규정에 따라 위험물안전관리자의 업무를 위탁받아 수행할 수 있는 관리대행기관(이하 "안전관리대행기관"이라 한다)은 다음 각호의 어느 하나에 해당하는 기관으로서 별표 22의 안전관리대행기관의 지정기준을 갖추어 **소방청장의 지정**을 받아야 한다.

1. 법 제16조제2항에 따른 탱크시험자로 등록한 법인
2. 다른 법령에 의하여 안전관리업무를 대행하는 기관으로 지정·승인 등을 받은 법인

② 안전관리대행기관으로 지정받고자 하는 자는 별지 제33호서식의 신청서(전자문서로 된 신청서를 포함한다)에 다음 각호의 서류(전자문서를 포함한다)를 첨부하여 소방청장에게 제출하여야 한다.

1. 〈삭제 2006.8.3〉
2. **기술인력 연명부 및 기술자격증**
3. **사무실의 확보를 증명할 수 있는 서류**
4. **장비보유명세서**

③ 제2항에 따른 지정신청을 받은 소방청장은 자격요건·기술인력 및 시설·장비보유현황 등을 검토하여 적합하다고 인정하는 때에는 별지 제34호서식의 위험물안전관리대행기관지정서를 발급하고, 제2항제2호의 규정에 따라 제출된 기술인력의 기술자격증에는 그 자격자가 안전관리대행기관의 기술인력자임을 기재하여 교부하여야 한다.

④ 소방청장은 안전관리대행기관에 대하여 필요한 지도·감독을 하여야 한다.

⑤ 안전관리대행기관은 지정받은 사항의 변경이 있는 때에는 그 사유가 있는 날부터 14일 이내에, 별지 제35호서식의 위험물안전관리대행기관 휴업、재개업、폐업 신고서(전자문서로 된 신고서를 포함한다)에 위험물안전관리대행기관지정서(전자문서를 포함한다)를 첨부하여 소방청장에게 제출하여야 한다. 〈개정 2024 5 20〉

1. 영업소의 소재지, 법인명칭 또는 대표자를 변경하는 경우
   가. 〈삭제 2006.8.3.〉
   나. 위험물안전관리대행기관지정서
2. 기술인력을 변경하는 경우
   가. 기술인력자의 연명부
   나. 변경된 기술인력자의 기술자격증

⑥ 안전관리대행기관은 휴업、재개업 또는 폐업을 하려는 경우에는 휴업、재개업 또는 폐업하려는 날 1일 전까지 별지 제35호의2서식의 위험물안전관리대행기관 휴업、재개업、폐업 신고서(전자문서로 된 신고서를 포함한다)에 위험물안전관리대행기관지정서(전자문서를 포함한다)를 첨부하여 소방청장에게 제출해야 한다.〈개정 2024 5 20〉

⑦ 제2항에 따른 신청서 또는 제5항제1호에 따른 신고서를 제출받은 경우에 담당공무원은 법인등기사항증명서를 제출받는 것에 갈음하여 그 내용을 「전자정부법」 제36조제1항에 따른 행정정보의 공동이용을 통하여 확인하여야 한다. 다만, 신청인 또는 신고인이 이에 동의하지 아니하는 경우에는 해당 서류를 첨부하도록 하여야 한다.

직 **제58조 (안전관리대행기관의 지정취소 등)**

① 「기업활동 규제완화에 관한 특별조치법」 제40조제3항의 규정에 따라 소방청장은 안전관리대행기관이 다음 각호의 어느 하나에 해당하는 때에는 별표 2의 기준에 따라 그 지정을 취소하거나 **6월** 이내의 기간을 정하여 그 업무의 **정지**를 명하거나 **시정**하게 할 수 있다. 다만, 제1호 내지 제3호까지의 규정 중 어느 하나에 해당하는 때에는 그 지정을 취소하여야 한다.

1. 허위 그 밖의 부정한 방법으로 지정을 받은 때
2. 탱크시험자의 등록 또는 다른 법령에 의하여 안전관리업무를 대행하는 기관의 지정·승인 등이 취소된 때
3. 다른 사람에게 지정서를 대여한 때
4. 별표 22의 안전관리대행기관의 **지정기준에 미달되는 때**
5. 제57조제4항에 따른 소방청장의 지도·감독에 정당한 이유 없이 따르지 아니하는 때
6. 제57조제5항에 따른 변경·휴업 또는 재개업의 신고를 연간 2회 이상 하지 아니한 때
6의2. 제57조제6항에 따른 휴업 또는 재개업 신고를 연간 2회 이상 하지 아니한 때
7. 안전관리대행기관의 기술인력이 제59조에 따른 안전관리업무를 성실하게 수행하지 아니한 때

② 소방청장은 안전관리대행기관의 지정·업무정지 또는 지정취소를 한 때에는 이를 관보에 공고하여야 한다.

③ 안전관리대행기관의 지정을 취소한 때에는 지정서를 회수하여야 한다.

직 제59조 (안전관리대행기관의 업무수행)

① 안전관리대행기관은 안전관리자의 업무를 위탁받는 경우에는 영 제13조 및 영 별표 6의 규정에 적합한 기술인력을 해당 제조소등의 안전관리자로 지정하여 안전관리자의 업무를 하게 하여야 한다.

② 안전관리대행기관은 제1항의 규정에 따라 기술인력을 안전관리자로 지정함에 있어서 1인의 기술인력을 다수의 제조소등의 안전관리자로 중복하여 지정하는 경우에는 영 제12조제1항 및 이 규칙 제56조의 규정에 적합하게 지정하거나 안전관리자의 업무를 성실히 대행할 수 있는 범위 내에서 관리하는 제조소등의 수가 25를 **초과하지 아니하도록** 지정하여야 한다. 이 경우 각 제조소(지정수량의 20배 이하를 저장하는 저장소는 제외한다)등의 **관계인**은 해당 제조소등마다 **위험물의 취급에 관한 국가기술자격자 또는 법 제28조제1항에 따른 안전교육**을 받은 자를 안전관리원으로 지정하여 대행기관이 지정한 안전관리자의 업무를 보조하게 하여야 한다.

③ 제1항에 따라 안전관리자로 지정된 안전관리대행기관의 기술인력(이하 이항에서 "기술인력"이라 한다) 또는 제2항에 따라 안전관리원으로 지정된 자는 위험물의 취급작업에 참여하여 법 제15조 및 이 규칙 제55조에 따른 안전관리자의 책무를 성실히 수행하여야 하며, 기술인력이 위험물의 취급작업에 참여하지 아니하는 경우에 기술인력은 제55조제3호 가목에 따른 점검 및 동조 제6호에 따른 감독을 **매월 4회(저장소의 경우에는 매월 2회) 이상** 실시하여야 한다.

④ 안전관리대행기관은 제1항의 규정에 따라 안전관리자로 지정된 안전관리대행기관의 기술인력이 여행·질병 그 밖의 사유로 인하여 일시적으로 직무를 수행할 수 없는 경우에는 안전관리대행기관에 소속된 다른 기술인력을 안전관리자로 지정하여 안전관리자의 책무를 계속 수행하게 하여야 한다.

제16조 (탱크시험자의 등록 등)

① **시·도지사** 또는 제조소등의 **관계인**은 안전관리업무를 **전문적이고 효율적으로 수행하기 위하여** 탱크안전성능시험자(이하 "**탱크시험자**"라 한다)로 하여금 이 법에 의한 검사 또는 점검의 일부를 실시하게 할 수 있다.

② 탱크시험자가 되고자 하는 자는 대통령령이 정하는 **기술능력·시설 및 장비**를 갖추어 시·도지사에게 등록하여야 한다.

③ 제2항의 규정에 따라 등록한 사항 가운데 행정안전부령이 정하는 중요사항을 변경한 경우에는 그

날부터 30일 이내에 **시·도지사**에게 변경신고를 하여야 한다.

④ 다음 각호의 어느 하나에 해당하는 자는 탱크시험자로 등록하거나 탱크시험자의 업무에 종사할 수 없다.

1. 피성년후견인 [개정 2021.1.12.]
2. 〈삭제 2006.9.22〉
3. 이 법, 「소방기본법」, 「화재의 예방 및 안전관리에 관한 법률」, 「소방시설 설치 및 관리에 관한 법률」 또는 「소방시설공사업법」에 의한 금고 이상의 실형의 선고를 받고 그 집행이 종료(집행이 종료된 것으로 보는 경우를 포함한다)되거나 집행이 면제된 날부터 **2년**이 지나지 아니한 자
4. 이 법, 「소방기본법」, 「화재의 예방 및 안전관리에 관한 법률」, 「소방시설 설치 및 관리에 관한 법률」 또는 「소방시설공사업법」에 의한 **금고 이상의 형의 집행유예 선고를 받고 그 유예기간 중에 있는 자**
5. 제5항의 규정에 따라 탱크시험자의 등록이 취소(제1호에 해당하여 자격이 취소된 경우는 제외한다)된 날부터 **2년**이 지나지 아니한 자
6. 법인으로서 그 대표자가 제1호 내지 제5호의 1에 해당하는 경우

⑤ 시·도지사는 탱크시험자가 다음 각 호의 어느 하나 해당하는 경우에는 행정안전부령으로 정하는 바에 따라 그 등록을 취소하거나 6월 이내의 기간을 정하여 업무의 **정지**를 명할 수 있다. 다만, 제1호 내지 제3호에 해당하는 경우에는 그 등록을 취소하여야 한다.

1. 허위 그 밖의 부정한 방법으로 등록을 한 경우
2. 제4항 각 호의 1의 등록의 결격사유에 해당하게 된 경우
3. 등록증을 다른 자에게 빌려준 경우
4. 제2항의 규정에 따른 등록기준에 미달하게 된 경우
5. 탱크안전성능시험 또는 점검을 허위로 하거나 이 법에 의한 기준에 맞지 아니하게 탱크안전성능시험 또는 점검을 실시하는 경우 등 **탱크시험자로서 적합하지 아니하다고 인정하는 경우**

⑥ 탱크시험자는 이 법 또는 이 법에 의한 명령에 따라 탱크안전성능시험 또는 점검에 관한 업무를 성실히 수행하여야 한다.

영 제14조 (탱크시험자의 등록기준 등)

① 법 제16조제2항의 규정에 따라 탱크시험자가 갖추어야 하는 기술능력·시설 및 장비는 별표 7과 같다.

② 탱크시험자로 등록하고자 하는 자는 등록신청서에 행정안전부령이 정하는 서류를 첨부하여 시·도지사에게 제출하여야 한다.

③ 시·도지사는 제2항에 따른 등록신청을 접수한 경우에 다음 각 호의 어느 하나에 해당하는 경우를 제외하고는 등록을 해 주어야 한다.

1. 제1항에 따른 기술능력·시설 및 장비 기준을 갖추지 못한 경우
2. 등록을 신청한 자가 법 제16조제4항 각 호의 어느 하나에 해당하는 경우
3. 그 밖에 법, 이 영 또는 다른 법령에 따른 제한에 위반되는 경우

칙 제60조 (탱크시험자의 등록신청 등)

① 법 제16조제2항에 따라 탱크시험자로 등록하려는 자는 별지 제36호서식의 신청서(전자문서로 된 신청서를 포함한다)에 다음 각 호의 서류(전자문서를 포함한다)를 첨부하여 시·도지사에게 제출하여야 한다.

1. 〈삭제 2006.8.3〉
2. 기술능력자 연명부 및 기술자격증

3. 안전성능시험장비의 명세서
4. 보유장비 및 시험방법에 대한 기술검토를 기술원으로부터 받은 경우에는 그에 대한 자료
5. 「원자력안전법」에 따른 방사성동위원소이동사용허가증 또는 방사선발생장치이동사용허가증의 사본 1부
6. 사무실의 확보를 증명할 수 있는 서류

② 제1항에 따른 신청서를 제출받은 경우에 담당공무원은 법인등기사항증명서를 제출받는 것에 갈음하여 그 내용을 「전자정부법」 제36조제1항에 따른 행정정보의 공동이용을 통하여 확인하여야 한다. 다만, 신청인이 이에 동의하지 아니하는 경우에는 해당 서류를 첨부하도록 하여야 한다.

③ 시·도지사는 제1항의 신청서를 접수한 때에는 15일 이내에 그 신청이 영 제14조제1항에 따른 등록기준에 적합하다고 인정하는 때에는 별지 제37호서식의 위험물탱크안전성능시험자등록증을 교부하고, 제1항의 규정에 따라 제출된 기술인력자의 기술자격증에 그 기술인력자가 해당 탱크시험기관의 기술인력자임을 기재하여 교부하여야 한다. 〈개정 2009.9.15〉

칙 제61조 (변경사항의 신고 등)

① 탱크시험자는 법 제16조제3항의 규정에 따라 다음 각호의 어느 하나에 해당하는 중요사항을 변경한 경우에는 별지 제38호서식의 신고서(전자문서로 된 신고서를 포함한다)에 다음 각호의 구분에 따른 서류(전자문서를 포함한다)를 첨부하여 시·도지사에게 제출하여야 한다.
1. 영업소 소재지의 변경: 사무소의 사용을 증명하는 서류와 위험물탱크안전성능시험자등록증
2. 기술능력의 변경: 변경하는 기술인력의 자격증과 위험물탱크안전성능시험자등록증
3. 대표자의 변경: 위험물탱크안전성능시험자등록증
4. 상호 또는 명칭의 변경: 위험물탱크안전성능시험자등록증

② 제1항에 따른 신고서를 제출받은 경우에 담당공무원은 법인등기사항증명서를 제출받는 것에 갈음하여 그 내용을 「전자정부법」 제36조제1항에 따른 행정정보의 공동이용을 통하여 확인하여야 한다. 다만, 신고인이 이에 동의하지 아니하는 경우에는 해당 서류를 첨부하도록 하여야 한다.

③ 시·도지사는 제1항의 신고서를 수리한 때에는 등록증을 새로 교부하거나 제출된 등록증에 변경사항을 기재하여 교부하고, 기술자격증에는 그 변경된 사항을 기재하여 교부하여야 한다.

칙 제62조 (등록의 취소 등)

① 법 제16조제5항에 따른 탱크시험자의 등록취소 및 업무정지의 기준은 별표 2와 같다.

② 시·도지사는 법 제16조제2항에 따라 탱크시험자의 등록을 받거나 법 제16조제5항에 따라 등록의 취소 또는 업무의 정지를 한 때에는 이를 특별시·광역시·특별자치시·도 또는 특별자치도(이하 "시·도"라 한다)의 공보에 공고하여야 한다.

③ 시·도지사는 탱크시험자의 등록을 취소한 때에는 등록증을 회수하여야 한다.

제17조 (예방규정)

① 대통령령으로 정하는 제조소등의 관계인은 해당 제조소등의 화재예방과 화재 등 재해발생시의 비상조치를 위하여 행정안전부령으로 정하는 바에 따라 예방규정을 정하여 해당 제조소등의 사용을 시작하기 전에 **시·도지사에게 제출**하여야 한다. 예방규정을 변경한 때에도 또한 같다.

② 시·도지사는 제1항에 따라 제출한 예방규정이 제5조제3항에 따른 기준에 적합하지 아니하거나 화재

예방이나 재해발생시의 비상조치를 위하여 필요하다고 인정하는 때에는 이를 반려하거나 그 변경을 명할 수 있다.

③ 제1항에 따른 제조소등의 관계인과 그 종업원은 예방규정을 충분히 잘 익히고 준수하여야 한다.

④ 소방청장은 대통령령으로 정하는 제조소등에 대하여 행정안전부령으로 정하는 바에 따라 예방규정의 이행 실태를 정기적으로 평가할 수 있다.

영 제15조 (예방규정)

법 제17조제1항에서 "**대통령령이 정하는 제조소등**"이란 다음 각 호의 어느 하나 해당하는 제조소등을 말한다. 〈개정 2006.5.25〉

1. 지정수량의 **10배** 이상의 위험물을 취급하는 **제조소**
2. 지정수량의 **100배** 이상의 위험물을 저장하는 **옥외저장소**
3. 지정수량의 **150배** 이상의 위험물을 저장하는 **옥내저장소**
4. 지정수량의 **200배** 이상의 위험물을 저장하는 **옥외탱크저장소**
5. **암반탱크저장소**
6. **이송취급소**
7. 지정수량의 **10배** 이상의 위험물을 취급하는 일반취급소. 다만, 제4류 위험물(특수인화물을 제외한다)만을 지정수량의 50배 이하로 취급하는 일반취급소(제1석유류·알코올류의 취급량이 지정수량의 10배 이하인 경우에 한한다)로서 다음 각 목의 어느 하나에 해당하는 것을 제외한다.
   가. 보일러·버너 또는 이와 비슷한 것으로서 위험물을 소비하는 장치로 이루어진 일반취급소
   나. 위험물을 용기에 옮겨 담거나 차량에 고정된 탱크에 주입하는 일반취급소

② 법 제17조제4항에서 "대통령령으로 정하는 제조소등" 이란 제1항에 따른 제조소등 가운데 저장 또는 취급하는 위험물의 최대수량의 합이 지정수량의 3천배 이상인 제조소등을 말한다. 이 경우 소방청장은 예방규정 이행 실태 평가 대상인 제조소등의 위험성 등을 고려하여 행정안전부령으로 정하는 바에 따라 평가 방법을 다르게 할 수 있다.〈신설 2024.7.2〉

직 제63조 (예방규정의 작성 등)

① 법 제17조제1항에 따라 영 제15조 각 호의 어느 하나에 해당하는 제조소등의 관계인은 다음 각 호의 사항이 포함된 예방규정을 작성하여야 한다.

1. 위험물의 안전관리업무를 담당하는 자의 **직무 및 조직**에 관한 사항
2. **안전관리자**가 여행·질병 등으로 인하여 그 직무를 수행할 수 없을 경우 그 **직무의 대리자**에 관한 사항
3. 영 제18조의 규정에 따라 자체소방대를 설치하여야 하는 경우에는 **자체소방대**의 편성과 **화학소방자동차**의 배치에 관한 사항
4. 위험물의 안전에 관계된 작업에 종사하는 자에 대한 안전교육 및 훈련에 관한 사항
5. 위험물시설 및 작업장에 대한 안전순찰에 관한 사항
6. 위험물시설·소방시설 그 밖의 관련시설에 대한 점검 및 정비에 관한 사항
7. 위험물시설의 운전 또는 조작에 관한 사항
8. 위험물 취급작업의 기준에 관한 사항
9. 이송취급소에 있어서는 배관공사 현장책임자의 조건 등 배관공사 현장에 대한 감독체제에 관한 사항과 배관주위에 있는 이송취급소 시설 외의 공사를 하는 경우 배관의 안전확보에 관한 사항

10. 재난 그 밖의 비상시의 경우에 취하여야 하는 조치에 관한 사항
11. 위험물의 안전에 관한 기록에 관한 사항
12. 제조소등의 **위치·구조 및 설비**를 명시한 서류와 도면의 정비에 관한 사항
13. 그 밖에 위험물의 안전관리에 관하여 필요한 사항

② 예방규정은 「산업안전보건법」 제20조에 따른 안전보건관리규정 같은 법 제44조에 따른 공정안전보고서 또는 「화학물질관리법」 제23조에 따른 화학사고예방관리계획서와 통합하여 작성할 수 있다.

③ 영 제15조 각 호의 어느 하나에 해당하는 제조소등의 관계인은 예방규정을 제정하거나 변경한 경우에는 별지 제39호서식의 예방규정제출서에 제정 또는 변경한 예방규정 1부를 첨부하여 **시·도지사 또는 소방서장**에게 제출하여야 한다. 〈개정 2009.9.15〉

칙 제63조의2 (**예방규정의 이행 실태 평가**)

① 법 제17조제4항에 따른 예방규정의 이행 실태 평가는 다음 각 호의 구분에 따라 실시한다.
1. 최초평가: 법 제17조제1항 전단에 따라 예방규정을 최초로 제출한 날부터 3년이 되는 날이 속하는 연도에 실시
2. 정기평가: 최초평가 또는 직전 정기평가를 실시한 날을 기준으로 4년마다 실시. 다만, 제3호에 따라 수시평가를 실시한 경우에는 수시평가를 실시한 날을 기준으로 4년마다 실시한다.
3. 수시평가: 위험물의 누출、화재、폭발 등의 사고가 발생한 경우 소방청장이 제조소등의 관계인 또는 종업원의 예방규정 준수 여부를 평가할 필요가 있다고 인정하는 경우에 실시

② 소방청장은 제1항에 따른 평가를 실시하는 경우 영 제15조제2항 후단에 따라 제조소등의 위험성 등을 고려하여 서면점검 또는 현장검사의 방법으로 실시할 수 있다. 이 경우 현장검사는 소방청장이 정하여 고시하는 고위험군의 제조소등에 대하여만 실시한다.

③ 소방청장은 제1항에 따른 평가를 실시하는 경우 평가실시일 30일 전까지(제1항제3호의 경우에는 7일 전까지를 말한다) 제조소등의 관계인에게 평가실시일, 평가항목 및 세부 평가일정에 관한 사항을 통보해야 한다.

④ 제1항에 따른 평가는 제63조제1항 각 호에 따른 예방규정의 세부항목에 대하여 실시한다. 다만, 평가실시일부터 직전 1년 동안 「산업안전보건법」 제46조제4항에 따른 공정안전보고서의 이행 상태 평가 또는 「화학물질관리법」 제23조의2제2항에 따른 화학사고예방관리계획서의 이행 여부 점검을 받은 경우로서 해당 평가 또는 점검 항목과 중복되는 항목이 있는 경우에는 해당 항목에 대한 평가를 면제할 수 있다.

⑤ 소방청장은 제1항부터 제4항까지의 규정에 따라 예방규정의 이행 실태 평가를 완료한 때에는 그 결과를 해당 제조소등의 관계인에게 통보해야 한다. 이 경우 소방청장은 제조소등의 관계인에게 화재예방과 화재 등 재해발생시 비상조치의 효율적 수행을 위하여 필요한 조치 등의 이행을 권고할 수 있다.

⑥ 제1항부터 제5항까지에서 규정한 사항 외에 예방규정의 이행 실태 평가의 내용、절차、방법 등에 관하여 필요한 사항은 소방청장이 정하여 고시한다.〈신설 2024.7.2〉

제18조 (정기점검 및 정기검사)

① 대통령령이 정하는 제조소등의 관계인은 그 제조소등에 대하여 행정안전부령이 정하는 바에 따라 제5조제4항의 규정에 따른 기술기준에 적합한지의 여부를 정기적으로 점검하고 점검결과를 기록하

여 보존하여야 한다.

② 제1항에 따라 정기점검을 한 제조소등의 관계인은 점검을 한 날부터 30일 이내에 점검결과를 시·도지사에게 제출하여야 한다.

③ 제1항에 따라 정기점검을 한 제조소등의 관계인 가운데 대통령령으로 정하는 제조소등의 관계인은 행정안전부령으로 정하는 바에 따라 소방본부장 또는 소방서장으로부터 해당 제조소등이 제5조제4항에 따른 기술기준에 적합하게 유지되고 있는지의 여부에 대하여 정기적으로 검사를 받아야 한다.

영 제16조 (정기점검의 대상인 제조소등)

법 제18조제1항에서"대통령령이 정하는 제조소등"이란 다음 각 호의 어느 하나 해당하는 제조소등을 말한다.

1. 제15조 각 호의 어느 하나 해당하는 제조소등
2. 지하탱크저장소
3. 이동탱크저장소
4. 위험물을 취급하는 탱크로서 지하에 매설된 탱크가 있는 제조소·주유취급소 또는 일반취급소

영 제17조 (정기검사의 대상인 제조소등)

법 제18조제3항에서 "대통령령으로 정하는 제조소등"이란 액체위험물을 저장 또는 취급하는 50만ℓ 이상의 옥외탱크저장소를 말한다.

칙 제64조 (정기점검의 횟수)

법 제18조제1항의 규정에 따라 제조소등의 관계인은 해당 제조소등에 대하여 연 1회 이상 정기점검을 실시하여야 한다.

칙 제65조 (특정·준특정옥외탱크저장소의 정기점검)

① 법 제18조제1항의 규정에 따라 옥외탱크저장소 중 저장 또는 취급하는 액체위험물의 최대수량이 50만ℓ 이상인 것(이하 "특정·준특정옥외탱크저장소"라 한다)에 대해서는 제64조에 따른 정기점검 외에 다음 각 호의 어느 하나 해당하는 기간 이내에 1회 이상 특정·준특정옥외저장탱크(특정·준특정옥외탱크저장소의 탱크)의 구조 등에 관한 안전점검(이하 "구조안전점검"이라 한다)을 해야 한다. 다만, 해당 기간 이내에 특정·준특정옥외저장탱크의 사용중단 등으로 구조안전점검을 실시하기가 곤란한 경우에는 별지 제39호의 2서식에 따라 관할소방서장에게 구조안전점검의 실시기간 연장신청(전자문서에 의한 신청을 포함한다)을 할 수 있으며, 그 신청을 받은 소방서장은 1년(특정·준특정옥외저장탱크의 사용을 중지한 경우에는 사용중지기간)의 범위 내에서 해당 기간을 연장할 수 있다. 〈개정 20.10.12〉

1. 특정·준특정옥외저장탱크의 설치허가에 따른 완공검사합격확인증을 발급받은 날부터 12년
2. 법 제70조제1항1호에 따른 최근의 정밀정기검사를 받은 날부터 11년
3. 제2항의 규정에 따라 특정·준특정옥외저장탱크에 안전조치를 한 후 제71조제2항의 규정에 따라 기술원에 구조안전점검시기 연장신청을 하여 해당 안전조치가 적정한 것으로 인정받은 경우에는 법 제70조제1항1호에 따른 최근의 정밀정기검사를 받은 날부터 13년

② "제1항제3호에 따른 특정·준특정옥외저장탱크의 안전조치는 특정·준특정옥외저장탱크"의 부식 등에 대한 안전성을 확보하는 데 필요한 다음 각 호의 어느 하나의 조치로 한다.

1. 특정·준특정옥외저장탱크의 부식방지 등을 위한 다음 각 목의 조치

가. 특정·준특정옥외저장탱크의 내부의 부식을 방지하기 위한 코팅[유리입자(글래스플레이크)코팅 또는 유리섬유강화플라스틱 라이닝(lining: 침식 및 부식 방지를 위해 재료의 접촉면에 약품재 등을 대는 일)에 한한다] 또는 이와 동등 이상의 조치
나. 특정·준특정옥외저장탱크의 에뉼러판(annular plate) 및 밑판 외면의 부식을 방지하는 조치
다. 특정·준특정옥외저장탱크의 에뉼러판 및 밑판의 두께가 적정하게 유지되도록 하는 조치
라. 특정·준특정옥외저장탱크에 구조상의 영향을 줄 우려가 있는 보수를 하지 아니하거나 변형이 없도록 하는 조치
마. 구조물이 현저히 불균형하게 가라앉는 현상(이하 "부등침하"라 한다)이 없도록 하는 조치
바. 지반이 충분한 지지력을 확보하는 동시에 침하에 대하여 충분한 안전성을 확보하는 조치
사. 특정 준특정옥외저장탱크의 유지관리체제의 적정 유지

2. 위험물의 저장관리 등에 관한 다음 각목의 조치
가. 부식의 발생에 영향을 주는 물 등의 성분의 적절한 관리
나. 특정·준특정옥외저장탱크에 대하여 현저한 부식성이 있는 위험물을 저장하지 아니하도록 하는 조치
다. 부식의 발생에 현저한 영향을 미치는 저장조건의 변경을 하지 아니하도록 하는 조치
라. 특정 준특정옥외저장탱크의 에뉼러판 및 밑판의 부식율(에뉼러판 및 밑판이 부식에 의하여 감소한 값을 판의 경과년수로 나누어 얻은 값을 말한다)이 연간 0.05mm 이하일 것
마. 특정·준특정옥외저장탱크의 에뉼러판 및 밑판 외면의 부식을 방지하는 조치
바. 특정·준특정옥외저장탱크의 에뉼러판 및 밑판의 두께가 적정하게 유지되도록 하는 조치
사. 특정·준특정옥외저장탱크에 구조상의 영향을 줄 우려가 있는 보수를 하지 아니하거나 변형이 없도록 하는 조치
아. 현저한 부등침하가 없도록 하는 조치
자. 지반이 충분한 지지력을 확보하는 동시에 침하에 대하여 충분한 안전성을 확보하는 조치
차. 특정 준특정옥외저장탱크의 유지관리체제의 적정 유지

③ 제1항제3호에 따른 신청은 별지 제40호서식 또는 별지 제41호서식의 신청서에 의한다.

칙 제66조 (정기점검의 내용 등)

제조소등의 위치·구조 및 설비가 법 제5조제4항의 기술기준에 적합한지를 점검하는데 필요한 정기점검의 내용·방법 등에 관한 기술상의 기준과 그 밖의 점검에 관하여 필요한 사항은 소방청장이 정하여 고시한다.

칙 제67조 (정기점검의 실시자)

① 제조소등의 관계인은 법 제18조제1항의 규정에 따라 해당 제조소등의 정기점검을 안전관리자(제65조에 따른 정기점검에 있어서는 제66조의 규정에 따라 소방청장이 정하여 고시하는 점검방법에 관한 지식 및 기능이 있는 자에 한한다) 또는 위험물운송자(이동탱크저장소의 경우에 한한다)로 하여금 실시하도록 하여야 한다. 이 경우 옥외탱크저장소에 대한 구조안전점검을 위험물안전관리자가 직접 실시하는 경우에는 점검에 필요한 영 별표 7의 인력 및 장비를 갖춘 후 이를 실시하여야 한다.

② 제1항에도 불구하고 제조소등의 관계인은 안전관리대행기관(제65조에 따른 특정·준특정옥외탱크저장소의 정기점검은 제외한다) 또는 탱크시험자에게 정기점검을 의뢰하여 실시할 수 있다. 이 경우 해당 제조소등의 안전관리자는 "안전관리대행기관 또는 탱크시험자의 점검현장에 참관해야 한다.

직 제68조 (정기점검의 기록·유지)

① 법 제18조제1항의 규정에 따라 제조소등의 관계인은 정기점검 후 다음 각 호의 사항을 기록하여야 한다.

1. 점검을 실시한 제조소등의 명칭　2. 점검의 방법 및 결과　3. 점검연월일
4. 점검을 한 안전관리자 또는 점검을 한 탱크시험자와 점검에 참관한 안전관리자의 성명

② 제1항에 따른 정기점검기록은 다음 각 호의 구분에 의한 기간 동안 이를 보존하여야 한다.

1. 제65조제1항에 따른 옥외저장탱크의 구조안전점검에 관한 기록: 25년(동항제3호에 규정한 기간의 적용을 받는 경우에는 30년) 2. 제1호에 해당하지 아니하는 정기점검의 기록: 3년

직 제69조 (정기점검의 의뢰 등)

① 제조소등의 관계인은 법 제18조제1항의 정기점검을 제67조제2항의 규정에 따라 탱크시험자에게 실시하게 하는 경우에는 별지 제42호서식의 정기점검의뢰서를 탱크시험자에게 제출하여야 한다.

② 탱크시험자는 정기점검을 실시한 결과 그 탱크 등의 유지관리상황이 적합하다고 인정되는 때에는 점검을 완료한 날부터 10일 이내에 별지 제43호서식의 정기점검결과서에 위험물탱크안전성능시험자등록증 사본 및 시험성적서를 첨부하여 제조소등의 관계인에게 교부하고, 적합하지 아니한 경우에는 개선하여야 하는 사항을 통보하여야 한다.

③ 제2항의 규정에 따라 개선하여야 하는 사항을 통보 받은 제조소등의 관계인은 이를 개선한 후 다시 점검을 의뢰하여야 한다. 이 경우 탱크시험자는 정기점검결과서에 개선하게 한 사항(탱크시험자가 직접 보수한 경우에는 그 보수한 사항을 포함한다)을 기재하여야 한다.

④ 탱크시험자는 제2항에 따른 정기점검결과서를 교부한 때에는 그 내용을 정기점검대장에 기록하고 이를 제68조제2항 각 호에 따른 기간동안 보관하여야 한다.

직 제70조 (정기검사의 시기)

① 법 제18조제2항에 따른 정기검사(이하 "정기검사"라 한다)"로, "각 호에 규정한 기간 이내에 정기검사"를 "각 호의 구분에 따라 정밀정기검사 및 중간정기검사"로 하고, 같은 항 각 호 외의 부분 단서 중 "아니하다고"를 "않다고"로 하며, 같은 항 각 호를 다음과 같이 한다.

1. 정밀정기검사 : 다음 각 목의 어느 하나에 해당하는 기간 내에 1회
   가. 특정·준특정옥외탱크저장소의 설치허가에 따른 완공검사합격확인증을 발급받은 날부터 12년
   나. 최근의 정밀정기검사를 받은 날부터 11년
2. 중간정기검사 : 다음 각 목의 어느 하나에 해당하는 기간 내에 1회
   가. 특정·준특정옥외탱크저장소의 설치허가에 따른 완공검사합격확인증을 발급받은 날부터 4년
   나. 최근의 정밀정기검사 또는 중간정기검사를 받은 날부터 4년 / ② 〈삭제 2009.3.17〉

③ 제1항1호에 따른 정밀정기검사(이하 "정밀정기검사"라 한다)"를 받아야 하는 특정·준특정옥외탱크저장소의 관계인은 제1항에도 불구하고 정밀정기검사를 제65조제1항에 따른 구조안전점검을 실시하는 때에 함께 받을 수 있다. 〈전문개정 20.10.12〉

직 제71조 (정기검사의 신청 등)

① 정기검사를 받아야 하는 특정·준특정옥외탱크저장소의 관계인은 별지 제44호서식의 신청서(전자문서로 된 신청서를 포함한다)에 다음 각 호의 서류(전자문서를 포함한다)를 첨부하여 기술원에 제출하고 별표 25 제8호에 따른 수수료를 기술원에 납부해야 한다. 다만, 제2호 및 제4호의 서류는 정기검사를 실시하는 때에 제출할 수 있다. 〈개정 20.10.12〉

1. 별지 제5호서식의 구조설비명세표 2. 제조소등의 위치·구조 및 설비에 관한 도면
3. 완공검사합격확인증 4. 밑판, 옆판, 지붕판 및 개구부의 보수이력에 관한 서류

② 제65조제1항제3호에 따른 기간 이내에 구조안전점검을 받으려는 별지 제40호서식 또는 별지 제41호서식의 신청서(전자문서로 된 신청서를 포함한다)를 제1항 각 호 외의 부분 본문에 따라 정기검사를 신청하는 때에 함께 기술원에 제출해야 한다.

③ 제70조제1항 각 호 외의 부분 단서에 따라 정기검사 시기를 변경하려는 자는 별지 제45호서식의 신청서(전자문서로 된 신청서를 포함한다)에 정기검사 시기의 변경을 필요로 하는 사유를 기재한 서류(전자문서를 포함한다)를 첨부하여 소방서장에게 제출해야 한다.

④ 기술원은 제72조제4항의 소방청장이 정하여 고시하는 기준에 따라 정기검사를 실시한 결과 다음 각 호의 구분에 따른 사항이 적합하다고 인정되면 검사종료일부터 10일 이내에 별지 제46호서식의 정기검사합격확인증을 관계인에게 발급하고, 그 결과보고서를 작성하여 소방서장에게 제출해야 한다.

1. 정밀정기검사 대상인 경우: 특정·준특정옥외저장탱크에 대한 다음 각 목의 사항
   가. 수직도·수평도에 관한 사항(지중탱크에 대한 것은 제외한다)
   나. 밑판(지중탱크의 경우에는 누액방지판을 말한다)의 두께에 관한 사항
   다. 용접부에 관한 사항 라. 구조·설비의 외관에 관한 사항
2. 제70조제1항제2호에 따른 중간정기검사 대상인 경우: 특정·준특정옥외저장탱크의 구조·설비의 외관에 관한 사항

⑤ 기술원은 정기검사를 실시한 결과 부적합한 경우에는 개선해야 하는 사항을 신청자 및 소방서장에게 통보하고 개선할 사항을 통보받은 관계인은 개선을 완료한 후 별지 제44호서식의 신청서를 기술원에 다시 제출하여야 한다.〈개정 2024 5 20〉

⑥ 정기검사를 받은 제조소등의 관계인과 정기검사를 실시한 기술원은 정기검사합격확인증 등 정기검사에 관한 서류를 해당 제조소등에 대한 차기 정기검사 시까지 보관해야 한다.

칙 제72조 (정기검사의 방법 등)

① 정기검사는 특정·준특정옥외탱크저장소의 위치·구조 및 설비의 특성을 고려하여 안전성 확인에 적합한 검사방법으로 실시하여야 한다.

② 특정·준특정옥외탱크저장소의 관계인이 제65조제1항에 따른 구조안전점검시에 제71조제4항1호 각 목에 따른 사항을 미리 점검한 후에 정밀정기검사를 신청하는 때에는 그 사항에 대한 정밀정기검사는 전체의 검사범위 중 임의의 부위를 발췌하여 검사하는 방법으로 실시한다.

③ 특정옥외탱크저장소의 변경허가에 따른 탱크안전성능검사를 하는 때에 정밀정기검사를 같이 실시하는 경우 검사범위가 중복되면 해당 검사범위에 대한 어느 하나의 검사를 생략한다.

④ 제1항부터 제3항까지의 규정에 따른 검사방법과 판정기준 그 밖의 정기검사의 실시에 관하여 필요한 사항은 소방청장이 정하여 고시한다.

제19조 (자체소방대)

다량의 위험물을 저장·취급하는 제조소등으로서 대통령령이 정하는 제조소등이 있는 동일한 사업소에서 대통령령이 정하는 수량 이상의 위험물을 저장 또는 취급하는 경우 해당 사업소의 관계인은 대통령령이 정하는 바에 따라 해당 사업소에 자체소방대를 설치하여야 한다.

영 제18조 (자체소방대를 설치하여야 하는 사업소)

① 법 제19조에서 "대통령령이 정하는 제조소등"이란 다음 각 호의 어느 하나에 해당하는 제조소등을 말한다.

1. 제4류 위험물을 취급하는 제조소 또는 일반취급소. 다만, 보일러로 위험물을 소비하는 일반취급소 등 행정안전부령으로 정하는 일반취급소는 제외한다.
2. 제4류 위험물을 저장하는 옥외탱크저장소

② 법 제19조에서 "대통령령이 정하는 수량"이란 다음 각 호의 구분에 따른 수량을 말한다.

1. 제1항제1호에 해당하는 경우: 제조소 또는 일반취급소에서 취급하는 제4류 위험물의 최대수량의 합이 지정수량의 **3천 배** 이상
2. 제1항제2호에 해당하는 경우: 옥외탱크저장소에 저장하는 제4류 위험물의 최대수량이 지정수량의 50만 배 이상

③ 법 제19조의 규정에 따라 자체소방대를 설치하는 사업소의 관계인(소유자, 점유자 또는 관리자를 말한다. 이하 같다)은 별표 8의 규정에 따라 자체소방대에 화학소방자동차 및 자체소방대원을 두어야 한다. 다만, 화재 그 밖의 재난발생시 다른 사업소 등과 상호응원에 관한 협정을 체결하고 있는 사업소에 있어서는 행정안전부령이 정하는 바에 따라 별표 8의 범위 안에서 화학소방자동차 및 인원의 수를 달리할 수 있다.

직 제73조 (**자체소방대의 설치 제외대상**인 일반취급소)

영 제18조제1항 단서에서 "행정안전부령이 정하는 일반취급소"란 다음 각 호 1에 해당하는 일반취급소를 말한다.

1. **보일러, 버너** 그 밖에 이와 유사한 장치로 위험물을 소비하는 일반취급소
2. **이동저장탱크** 그 밖에 이와 유사한 것에 위험물을 주입하는 일반취급소
3. 용기에 위험물을 **옮겨 담는** 일반취급소
4. **유압장치, 윤활유순환장치** 그 밖에 이와 유사한 장치로 위험물을 취급하는 일반취급소
5. 「**광산안전법**」의 적용을 받는 일반취급소

직 제74조 (자체소방대 편성의 특례)

영 제18조제3항 단서의 규정에 따라 2 이상의 사업소가 상호응원에 관한 협정을 체결하고 있는 경우에는 해당 모든 사업소를 하나의 사업소로 보고 제조소 또는 취급소에서 취급하는 제4류 위험물을 합산한 양을 하나의 사업소에서 취급하는 제4류 위험물의 최대수량으로 간주하여 동항 본문에 따른 화학소방자동차의 대수 및 자체소방대원을 정할 수 있다. 이 경우 상호응원에 관한 협정을 체결하고 있는 각 사업소의 자체소방대에는 영 제18조제3항 본문에 따른 화학소방차 대수의 2분의 1 이상의 대수와 화학소방자동차마다5인 이상의 자체소방대원을 두어야 한다.

직 제75조 (화학소방차의 기준 등)

① 영 별표 8 비고의 규정에 따라 화학소방자동차(내폭화학차 및 제독차를 포함한다)에 갖추어야 하는 소화능력 및 설비의 기준은 별표 23과 같다.

② 포수용액을 방사하는 화학소방자동차의 대수는 영 제18조제3항에 따른 화학소방자동차의 대수의 **2/3 이상**으로 하여야 한다.

제19조의2 (제조소등에서의 흡연금지)

① 누구든지 제조소등에서는 지정된 장소가 아닌 곳에서 흡연을 하여서는 아니 된다.

② 제조소등의 관계인은 해당 제조소등이 금연구역임을 알리는 표지를 설치하여야 한다.

③ 시ㆍ도지사는 제조소등의 관계인이 제2항을 위반하여 금연구역임을 알리는 표지를 설치하지 아니하거나 보완이 필요한 경우 일정한 기간을 정하여 그 시정을 명할 수 있다.

④ 제1항에 따른 지정 기준ㆍ방법 등은 대통령령으로 정하고, 제2항에 따른 표지를 설치하는 기준ㆍ방법 등은 행정안전부령으로 정한다. 〈신설 2024.1.30〉

영 제18조의2 (흡연장소의 지정기준 등)

① 제조소등의 관계인은 법 제19조의2에 따라 제조소등에서 흡연장소를 지정할 필요가 있다고 인정하는 경우 다음 각 호의 기준에 따라 흡연장소를 지정해야 한다.

1. 흡연장소는 폭발위험장소(「산업표준화법」 제12조에 따른 한국산업표준에서 정한 폭발성 가스에 의한 폭발위험장소의 범위를 말한다) 외의 장소에 지정하는 등 위험물을 저장ㆍ취급하는 건축물, 공작물 및 기계ㆍ기구, 그 밖의 설비로부터 안전 확보에 필요한 일정한 거리를 둘 것
2. 흡연장소는 옥외로 지정할 것. 다만, 부득이한 경우에는 건축물 내에 지정할 수 있다.

② 제조소등의 관계인은 제1항에 따라 흡연장소를 지정하는 경우에는 다음 각 호의 방법에 따른 화재예방 조치를 해야 한다.

1. 흡연장소는 구획된 실(室)로 하되, 가연성의 증기 또는 미분이 실내에 체류하거나 실내로 유입되는 것을 방지하기 위한 구조 또는 설비를 갖출 것
2. 소형수동식소화기(이에 준하는 소화설비를 포함한다)를 1개 이상 비치할 것

③ 제1항 및 제2항에서 규정한 사항 외에 흡연장소의 지정 기준ㆍ방법 등에 관한 세부적인 기준은 소방청장이 정하여 고시한다. 〈신설 2024.7.23.〉

제4장 위험물의 운반 등

제20조 (위험물의 운반)

① 위험물의 운반은 그 **용기·적재방법 및 운반방법**에 관한 다음 각호의 중요기준과 세부기준에 따라 행하여야 한다.

1. **중요기준**: 화재 등 위해의 예방과 응급조치에 있어서 큰 영향을 미치거나 그 기준을 위반하는 경우 **직접적**으로 화재를 일으킬 가능성이 큰 기준으로서 **행정안전부령**이 정하는 기준
2. **세부기준**: 화재 등 위해의 예방과 응급조치에 있어서 중요기준보다 상대적으로 적은 영향을 미치거나 그 기준을 위반하는 경우 **간접적**으로 화재를 일으킬 수 있는 기준 및 위험물의 안전관리에 필요한 표시와 서류·기구 등의 비치에 관한 기준으로서 **행정안전부령**이 정하는 기준

② 제1항에 따라 운반용기에 수납된 위험물을 지정수량 이상으로 차량에 적재하여 운반하는 차량의 운전자 (이하 "위험물운반자"라 한다)는 다음 각 호의 어느 하나에 해당하는 요건을 갖추어야 한다.

1. 「국가기술자격법」에 따른 위험물 분야의 자격을 취득할 것
2. 제28조제1항에 따른 교육을 수료할 것

③ 시·도지사는 운반용기를 제작하거나 수입한 자 등의 신청에 따라 제1항의 규정에 따른 운반용기를 검사할 수 있다. 다만, 기계에 의하여 하역하는 구조로 된 대형의 운반용기로서 행정안전부령이 정하는 것을 제작하거나 수입한 자 등은 행정안전부령이 정하는 바에 따라 해당 용기를 사용하거나 유통시키기 전에 시·도지사가 실시하는 운반용기에 대한 검사를 받아야 한다.

직 제50조 (위험물의 운반기준)

법 제20조제1항에 따른 위험물의 운반에 관한 기준은 별표 19와 같다.

직 제51조 (운반용기의 검사)

① 법 제20조제2항 단서에서 "행정안전부령이 정하는 것"이란 별표 20에 따른 운반용기를 말한다.

② 법 제20조제2항의 규정에 따라 운반용기의 검사를 받고자 하는 자는 별지 제30호서식의 신청서(전자문서로 된 신청서를 포함한다)에 용기의 설계도면과 재료에 관한 설명서를 첨부하여 기술원에 제출하여야 한다. 다만, "UN의 위험물 운송에 관한 권고(RTDG, Recommendations on the Transport of Dangerous Goods)에서" 정한 기준에 따라 관련 검사기관으로부터 검사를 받은 때에는 그러하지 아니하다.

③ 기술원은 제2항에 따른 검사신청을 한 운반용기가 별표 19 I 에 따른 기준에 적합하고 위험물의 운반상 지장이 없다고 인정되는 때에는 별지 제31호서식의 용기검사합격확인증을 교부해야 한다.

④ 기술원의 원장은 운반용기 검사업무의 처리절차와 방법을 정하여 운용하여야 한다.

⑤ 기술원의 원장은 전년도의 운반용기 검사업무 처리결과를 매년 1월 31일까지 시·도지사에게 보고하여야 하고, 시·도지사는 기술원으로부터 보고받은 운반용기 검사업무 처리결과를 매년 2월 말까지 소방청장에게 제출하여야 한다.

제21조 (위험물의 운송)

① 이동탱크저장소에 의하여 위험물을 운송하는 자(운송책임자 및 이동탱크저장소운전자를 말하며, 이하 "위험물운송자"라 한다)는 제20조제2항 각 호의 어느 하나에 해당하는 요건을 갖추어야 한다.

② 대통령령이 정하는 위험물의 운송에 있어서는 운송책임자(위험물 운송의 감독 또는 지원을 하는 자를 말한다. 이하 같다)의 감독 또는 지원을 받아 이를 운송하여야 한다. 운송책임자의 범위, 감독 또는 지원의 방법 등에 관한 구체적인 기준은 행정안전부령으로 정한다.

③ 위험물운송자는 이동탱크저장소에 의하여 위험물을 운송하는 때에는 행정안전부령으로 정하는 기준을 준수하는 등 해당 위험물의 안전확보를 위하여 세심한 주의를 기울여야 한다.

영 제19조 (운송책임자의 감독·지원을 받아 운송하여야 하는 위험물)

법 제21조제2항에서 "대통령령이 정하는 위험물"이란 다음 각 호의 어느 하나 해당하는 위험물을 말한다.

1. 알킬알루미늄
2. 알킬리튬
3. 제1호 또는 제2호의 물질을 함유하는 위험물

직 제52조 (위험물의 운송기준)

① 법 제21조제2항에 따른 위험물 운송책임자는 다음 각호의 어느 하나에 해당하는 자로 한다.

1. 해당 위험물의 취급에 관한 국가기술자격을 취득하고 관련 업무에 1년 이상 종사한 경력이 있는 자
2. 법 제28조제1항에 따른 위험물의 운송에 관한 안전교육을 수료하고 관련 업무에 2년 이상

종사한 경력이 있는 자

② 법 제21조제2항에 따른 위험물 운송책임자의 감독 또는 지원의 방법과 법 제21조제3항에 따른 위험물의 운송시에 준수하여야 하는 사항은 별표 21과 같다.

제5장 감독 및 조치명령

제22조 (출입·검사 등)

① 소방청장(중앙119구조본부장 및 그 소속 기관의 장을 포함한다. 이하 제22조의2에서 같다), **시·도지사, 소방본부장 또는 소방서장**은 위험물의 저장 또는 취급에 따른 화재의 예방 또는 진압대책을 위하여 필요한 때에는 위험물을 저장 또는 취급하고 있다고 인정되는 장소의 관계인에 대하여 **필요한 보고 또는 자료**제출을 명할 수 있으며, 관계공무원으로 하여금 해당 장소에 출입하여 그 장소의 위치·구조·설비 및 위험물의 저장·취급상황에 대하여 **검사**하게 하거나 **관계인에게 질문**하게 하고 시험에 필요한 최소한의 위험물 또는 위험물로 의심되는 물품을 **수거**하게 할 수 있다. 다만, 개인의 주거는 관계인의 승낙을 얻은 경우 또는 화재발생의 우려가 커서 긴급한 필요가 있는 경우가 아니면 출입할 수 없다.

② **소방공무원 또는 경찰공무원**은 위험물운반자 또는 위험물운송자의 요건을 확인하기 위하여 필요하다고 인정하는 경우에는 주행 중인 위험물 운반 차량 또는 이동탱크저장소를 정지시켜 해당 위험물운반자 또는 위험물운송자에게 그 자격을 증명할 수 있는 국가기술자격증 또는 교육수료증의 제시를 요구할 수 있으며, 이를 제시하지 아니한 경우에는 주민등록증(모바일 주민등록증을 포함한다), 여권, 운전면허증 등 신원확인을 위한 증명서를 제시할 것을 요구하거나 신원확인을 위한 질문을 할 수 있다.이 직무를 수행하는 경우에 있어서 소방공무원과 경찰공무원은 긴밀히 협력하여야 한다.

③ 제1항의 규정에 따른 출입·검사 등은 그 장소의 공개시간이나 근무시간내 또는 해가 뜬 후부터 해가 지기 전까지의 시간내에 행하여야 한다. 다만, 건축물 그 밖의 공작물의 관계인의 승낙을 얻은 경우 또는 화재발생의 우려가 커서 긴급한 필요가 있는 경우에는 그러하지 아니하다.

④ 제1항 및 제2항의 규정에 따라 출입·검사 등을 행하는 관계공무원은 관계인의 정당한 업무를 방해하거나 출입·검사 등을 수행하면서 알게 된 비밀을 다른 자에게 누설하여서는 아니 된다.

⑤ 시·도지사, 소방본부장 또는 소방서장은 탱크시험자에게 탱크시험자의 등록 또는 그 업무에 관하여 필요한 보고 또는 자료제출을 명하거나 관계공무원으로 하여금 해당 사무소에 출입하여 업무의 상황·시험기구·장부·서류와 그 밖의 물건을 검사하게 하거나 관계인에게 질문하게 할 수 있다.

⑥ 제1항·제2항 및 제5항의 규정에 따라 출입·검사 등을 하는 관계공무원은 그 권한을 표시하는 증표를 지니고 관계인에게 이를 내보여야 한다.

칙 제76조 (소방검사서)

법 제22조제1항에 따른 출입·검사 등을 행하는 관계공무원은 법 또는 법에 근거한 명령 또는 조례의 규정에 적합하지 아니한 사항을 발견한 때에는 그 내용을 기재한 별지 제47호서식의 위험물제조소등 소방검사서의 사본을 검사현장에서 제조소등의 관계인에게 교부하여야 한다. 다만, 도로상에서 주행중인 이동탱크저장소를 정지시켜 검사를 한 경우에는 그러하지 아니하다.

제22조의2 (위험물 누출 등의 사고 조사)

① 소방청장, 소방본부장 또는 소방서장은 위험물의 누출·화재·폭발 등의 사고가 발생한 경우 사고의 원인 및 피해 등을 조사하여야 한다.

② 제1항에 따른 조사에 관하여는 제22조제1항·제3항·제4항 및 제6항을 준용한다.

③ 소방청장, 소방본부장 또는 소방서장은 제1항에 따른 사고 조사에 필요한 경우 자문을 하기 위하여 관련 분야에 전문지식이 있는 사람으로 구성된 사고조사위원회를 둘 수 있다.

④ 제3항에 따른 사고조사위원회의 구성과 운영 등에 필요한 사항은 대통령령으로 정한다.

제23조 (탱크시험자에 대한 명령)

시·도지사, 소방본부장 또는 소방서장은 탱크시험자에 대하여 해당 업무를 적정하게 실시하게 하기 위하여 필요하다고 인정하는 때에는 감독상 필요한 명령을 할 수 있다.

제24조 (무허가장소의 위험물에 대한 조치명령)

시·도지사, 소방본부장 또는 소방서장은 위험물에 의한 재해를 방지하기 위하여 제6조제1항의 규정에 따른 허가를 받지 아니하고 지정수량 이상의 위험물을 **저장 또는 취급하는 자**(제6조제3항의 규정에 따라 허가를 받지 아니하는 자를 제외한다)에 대하여 그 위험물 및 시설의 제거 등 필요한 조치를 명할 수 있다.

제25조 (제조소등에 대한 긴급 사용정지명령 등)

시·도지사, 소방본부장 또는 소방서장은 공공의 안전을 유지하거나 재해의 발생을 방지하기 위하여 긴급한 필요가 있다고 인정하는 때에는 제조소등의 관계인에 대하여 해당 제조소등의 사용을 **일시정지하거나** 그 사용을 **제한**할 것을 명할 수 있다.

제26조 (저장·취급기준 준수명령 등)

① **시·도지사, 소방본부장 또는 소방서장**은 제조소등에서의 위험물의 저장 또는 취급이 제5조제3항의 규정에 위반된다고 인정하는 때에는 해당 제조소등의 관계인에 대하여 동항의 기준에 따라 위험물을 저장 또는 취급하도록 명할 수 있다.

② 시·도지사, 소방본부장 또는 소방서장은 관할하는 구역에 있는 이동탱크저장소에서의 위험물의 저장 또는 취급이 제5조제3항의 규정에 위반된다고 인정하는 때에는 해당 이동탱크저장소의 관계인에 대하여 동항의 기준에 따라 위험물을 저장 또는 취급하도록 명할 수 있다.

③ 시·도지사, 소방본부장 또는 소방서장은 제2항의 규정에 따라 이동탱크저장소의 관계인에 대하여 명령을 한 경우에는 행정안전부령이 정하는 바에 따라 제6조제1항의 규정에 따라 해당 이동탱크저장소의 허가를 한 시·도지사, 소방본부장 또는 소방서장에게 신속히 그 취지를 통지하여야 한다.

칙 제77조 (이동탱크저장소에 관한 통보사항)

시·도지사, 소방본부장 또는 소방서장은 법 제26조제3항의 규정에 따라 이동탱크저장소의 관계인에 대하여 위험물의 저장 또는 취급기준 준수명령을 한 때에는 다음 각 호의 사항을 해당 이동탱크저장소의 허가를 한 소방서장에게 통보하여야 한다.

1. 명령을 한 시·도지사, 소방본부장 또는 소방서장
2. 명령을 받은 자의 성명·명칭 및 주소
3. 명령에 관계된 이동탱크저장소의 설치자, 상치장소 및 설치 또는 변경의 허가번호
4. 위반내용
5. 명령의 내용 및 그 이행사항
6. 그 밖에 명령을 한 시·도지사, 소방본부장 또는 소방서장이 통보할 필요가 있다고 인정하는 사항

제27조 (응급조치·통보 및 조치명령)

① 제조소등의 관계인은 해당 제조소등에서 위험물의 유출 그 밖의 사고가 발생한 때에는 즉시 그리고 지속적으로 위험물의 유출 및 확산의 방지, 유출된 위험물의 제거 그 밖에 재해의 발생방지를 위한 응급조치를 강구하여야 한다.

② 제1항의 사태를 발견한 자는 즉시 그 사실을 소방서, 경찰서 또는 그 밖의 관계기관에 통보하여야 한다.

③ **소방본부장 또는 소방서장**은 제조소등의 관계인이 제1항의 응급조치를 강구하지 아니하였다고 인정하는 때에는 제1항의 응급조치를 강구하도록 명할 수 있다.

④ 소방본부장 또는 소방서장은 그 관할하는 구역에 있는 이동탱크저장소의 관계인에 대하여 제3항의 규정의 예에 따라 제1항의 응급조치를 강구하도록 명할 수 있다.

제5장의2 사고조사위원회

영 제19조의2 (사고조사위원회 구성)

① 법 제22조의2제3항에 따른 사고조사위원회(이하 이 조에서 "위원회"라 한다)는 위원장 1명을 포함하여 7명 이내의 위원으로 구성한다.

② 위원회의 위원은 다음 각 호의 어느 하나에 해당하는 사람 중에서 소방청장, 소방본부장 또는 소방서장이 임명하거나 위촉하고, 위원장은 위원 중에서 소방청장, 소방본부장 또는 소방서장이 임명하거나 위촉한다.

1. 소속 소방공무원
2. 기술원의 임직원 중 위험물 안전관리 관련 업무에 5년 이상 종사한 사람
3. 「소방기본법」 제40조에 따른 한국소방안전원(이하 “안전원”이라 한다)의 임직원 중 위험물 안전관리 관련 업무에 5년 이상 종사한 사람. <개정 2021. 6. 8.>
4. 위험물로 인한 사고의 원인·피해 조사 및 위험물 안전관리 관련 업무 등에 관한 학식과 경험이 풍부한 사람

③ 제2항제2호부터 제4호까지의 규정에 따라 위촉되는 민간위원의 임기는 2년으로 하며, 한 차례만 연임할 수 있다.

④ 위원회에 출석한 위원에게는 예산의 범위에서 수당, 여비, 그 밖에 필요한 경비를 지급할 수 있다. 다만, 공무원인 위원이 그 소관 업무와 직접 관련되어 위원회에 출석하는 경우에는 지급하지 않는다.

⑤ 제1항부터 제4항까지에서 규정한 사항 외에 위원회의 구성 및 운영에 필요한 사항은 소방청장이 정하여 고시할 수 있다.

제6장 보　칙

제28조 (안전교육)

① 안전관리자·탱크시험자·위험물운반자·위험물운송자 등 위험물의 안전관리와 관련된 업무를 수행하는 자로서 대통령령이 정하는 자는 해당 업무에 관한 능력의 습득 또는 향상을 위하여 **소방청장**이 실시하는 교육을 받아야 한다.

② 제조소등의 관계인은 제1항의 규정에 따른 교육대상자에 대하여 필요한 안전교육을 받게 하여야 한다.

③ 제1항의 규정에 따른 교육의 과정 및 기간과 그 밖에 교육의 실시에 관하여 필요한 사항은 행정안전부령으로 정한다.

④ **시·도지사, 소방본부장 또는 소방서장**은 제1항의 규정에 따른 교육대상자가 교육을 받지 아니한 때에는 그 교육대상자가 교육을 받을 때까지 이 법의 규정에 따라 그 자격으로 행하는 행위를 제한할 수 있다.

영 제20조 (안전교육대상자)

법 제28조제1항에서 "대통령령이 정하는 자"란 다음 각 호의 어느 하나 해당하는 자를 말한다.

1. **안전관리자**로 선임된 자
2. **탱크시험자**의 기술인력으로 종사하는 자
3. 법 제20조제2항에 따른 **위험물운반자**로 종사하는 자
4. 법 제21조제1항에 따른 **위험물운송자**(이하 "위험물운송자" 라 한다)로 종사하는 자

칙 제78조 (안전교육)

① 안전교육은 법 제28조제1항 및 영 제20조 각 호의 사람을 대상으로 하는 교육(이하 "실무교육"이라 한다)과 영 제22조제1항제1호가목ㆍ나목의 사람을 대상으로 하는 교육(이하 "강습교육"이라 한다)으로 구분한다.〈개정 2024 5 20〉

② 법 제28조제1항에 따른 안전교육의 과정·기간과 그 밖의 교육의 실시에 관한 사항은 별표 24와 같다.〈개정 2024 5 20〉

③ 기술원 또는 「소방기본법」 제40조에 따른 한국소방안전원(이하 "안전원"라 한다)는 매년 교육실시계획을 수립하여 교육을 실시하는 해의 전년도 말까지 소방청장의 승인을 받아야 하고, 해당 연도 교육실시결과를 교육을 실시한 해의 다음 연도 1월 31일까지 소방청장에게 보고하여야 한다.

④ 소방본부장은 **매년 10월말까지** 관할구역 안의 실무교육대상자 현황을 안전원에 통보하고 관할구역 안에서 안전원이 실시하는 안전교육에 관하여 지도·감독하여야 한다.

제29조 (청문)

시·도지사, 소방본부장 또는 소방서장은 다음 각 호의 어느 하나 해당하는 처분을 하고자 하는 경우에는 청문을 실시하여야 한다.

1. 제12조의 규정에 따른 제조소등 설치허가의 취소
2. 제16조제5항의 규정에 따른 탱크시험자의 등록취소

제29조의2 (위험물 안전관리에 관한 협회)

① 제조소등의 관계인, 위험물운송자, 탱크시험자 및 안전관리자의 업무를 위탁받아 수행할 수 있는

안전관리대행기관으로 소방청장의 지정을 받은 자는 위험물의 안전관리, 사고 예방을 위한 안전기술 개발, 그 밖에 위험물 안전관리의 건전한 발전을 도모하기 위하여 위험물 안전관리에 관한 협회(이하 "협회"라 한다)를 설립할 수 있다.

② 협회는 법인으로 한다.

③ 협회는 소방청장의 인가를 받아 주된 사무소의 소재지에 설립등기를 함으로써 성립한다.

④ 협회의 설립인가 절차 및 정관의 기재사항 등에 관하여 필요한 사항은 대통령령으로 정한다.

⑤ 협회의 업무는 정관으로 정한다.

⑥ 협회에 관하여 이 법에서 규정한 것 외에는 「민법」 중 사단법인에 관한 규정을 준용한다.

영 제20조의2 (위험물 안전관리에 관한 협회의 설립인가 절차 등)

① 법 제29조의2제1항에 따라 위험물 안전관리에 관한 협회(이하 "협회"라 한다)를 설립하려면 다음 각 호의 자 10명 이상이 발기인이 되어 정관을 작성한 후 창립총회의 의결을 거쳐 소방청장에게 인가를 신청해야 한다. 〈신설 2025 1 7〉

1. 제조소등의 관계인
2. 위험물운송자
3. 탱크시험자
4. 안전관리자의 업무를 위탁받아 수행할 수 있는 안전관리대행기관으로 소방청장의 지정을 받은 자

② 소방청장은 제1항에 따른 인가를 하였을 때에는 그 사실을 공고해야 한다.

영 제20조의3 (정관의 기재사항)

협회의 정관에는 다음 각 호의 사항이 포함되어야 한다. 〈신설 2025 1 7〉

1. 목적
2. 명칭
3. 주된 사무소의 소재지
4. 업무 및 자산·회계에 관한 사항
5. 회원의 가입·탈퇴 및 회비에 관한 사항
6. 임원의 정원·임기 및 선출 방법
7. 기구와 조직에 관한 사항
8. 총회와 이사회에 관한 사항
9. 정관의 변경에 관한 사항
10. 해산에 관한 사항

제30조 (권한의 위임·위탁)

① 소방청장 또는 시·도지사는 이 법에 따른 권한의 일부를 대통령령이 정하는 바에 따라 시·도지사, 소방본부장 또는 소방서장에게 위임할 수 있다.

② 소방청장, 시·도지사, 소방본부장 또는 소방서장은 이 법에 따른 업무의 일부를 대통령령이 정하는 바에 따라 소방기본법 제40조에 따른 한국소방안전원(이하 "안전원"라 한다) 또는 기술원에 위탁할 수 있다.

영 제21조 (권한의 위임)

시·도지사는 법 제30조제1항에 따라 다음 각 호의 권한을 이를 소방서장에게 위임한다. 다만, 동일한 시·도에 있는 **둘이상** 소방서장의 관할구역에 걸쳐 설치되는 이송취급소에 관련된 권한을 제외한다.

1. 법 제6조제1항에 따른 제조소등의 **설치허가** 또는 변경허가
2. 법 제6조제2항에 따른 위험물의 품명·수량 또는 지정수량의 배수의 변경신고의 수리
3. 법 제7조제1항의 규정에 따라 군사목적 또는 **군부대시설**을 위한 제조소등을 **설치**하거나 그 위치·구조 또는 설비의 **변경**에 관한 군부대의 장과의 **협의**
4. 법 제8조제1항에 따른 **탱크안전성능검사**(제22조제2항제1호의 규정에 따라 기술원에 위탁하

는 것을 제외한다)

5. 법 제9조에 따른 완공검사(제22조제1항제2호의 규정에 따라 기술원에 위탁하는 것을 제외한다)
6. 법 제10조제3항에 따른 제조소등의 설치자의 지위승계신고의 수리
7. 법 제11조에 따른 제조소등의 용도폐지신고의 수리

7의2. 법 제11조의2제2항에 따른 제조소등의 사용 중지신고 또는 재개신고의 수리

7의3. 법 제11조의2제3항에 따른 안전조치의 이행명령 〈신설 2021.10.19.〉

8. 법 제12조에 따른 제조소등의 설치허가의 취소와 사용정지
9. 법 제13조에 따른 과징금처분
10. 법 제17조에 따른 예방규정의 수리·반려 및 변경명령
11. 법 제18조제2항에 따른 정기점검 결과의 수리 〈신설 2021.10.19.〉

영 제22조 (업무의 위탁)

① 소방청장은 법 제30조제2항에 따라 다음 각 호의 구분에 따른 안전교육에 관한 업무를 안전원 또는 기술원에 위탁한다. 〈개정 2024. 4. 30.〉

1. 안전원: 다음 각 목의 어느 하나에 해당하는 사람에 대한 안전교육

가. 법 제20조제2항제2호 및 제21조제1항에 따라 위험물운반자 또는 위험물운송자의 요건을 갖추려는 사람

나. 제11조제1항 및 별표 5 제2호에 따라 위험물취급자격자의 자격을 갖추려는 사람

다. 제20조제1호, 제3호 및 제4호에 해당하는 사람

2. 기술원: 제20조제2호에 해당하는 사람에 대한 안전교육

② 시·도지사는 법 제30조제2항에 따라 다음 각 호의 업무를 기술원에 위탁한다.〈개정 24. 4. 30〉

1. 법 제8조제1항에 따른 탱크안전성능검사 중 다음 각 목의 탱크에 대한 탱크안전성능검사

가. 용량이 100만리터 이상인 액체위험물을 저장하는 탱크

나. 암반탱크

다. 지하탱크저장소의 위험물탱크 중 행정안전부령으로 정하는 액체위험물탱크

2. 법 제9조제1항에 따른 완공검사 중 다음 각 목의 완공검사

가. 지정수량의 1천배 이상의 위험물을 취급하는 제조소 또는 일반취급소의 설치 또는 변경(사용 중인 제조소 또는 일반취급소의 보수 또는 부분적인 증설은 제외한다)에 따른 완공검사

나. 옥외탱크저장소(저장용량이 50만 리터 이상인 것만 해당한다) 또는 암반탱크저장소의 설치 또는 변경에 따른 완공검사

3. 법 제20조제3항에 따른 운반용기 검사

③ 소방본부장 또는 소방서장은 법 제30조제2항에 따라 법 제18조제3항에 따른 정기검사를 기술원에 위탁한다.

제31조 (수수료 등)

다음 각 호의 어느 하나 해당하는 승인·허가·검사 또는 교육 등을 받으려는 자나 하거나 등록 또는 신고를 하려는 자는 자는 행정안전부령으로 정하는 바에 따라 수수료 또는 교육비를 납부해야 한다.

1. 제5조제2항제1호의 규정에 따른 임시저장·취급의 승인 / 2.~ 10. - 생략 -

제32조 (벌칙적용에 있어서의 공무원 의제)

다음 각 호의 자는 형법 제129조 내지 제132조의 적용에 있어서는 이를 공무원으로 본다.

1. 제8조제1항 후단의 규정에 따른 검사업무에 종사하는 기술원의 담당 임원 및 직원
2. 제16조제1항의 규정에 따른 탱크시험자의 업무에 종사하는 자
3. 제30조제2항의 규정에 따라 위탁받은 업무에 종사하는 안전원 및 기술원의 담당 임원 및 직원

제7장 벌　칙

제33조 (벌칙)

① 제조소등 또는 제6조제1항에 따른 허가를 받지 않고 지정수량 이상의 위험물을 저장 또는 취급하는 장소에서 **위험물을 유출·방출** 또는 확산시켜 사람의 생명·신체 또는 재산에 대하여 위험을 발생시킨 자는 **1년 이상 10년 이하의 징역**에 처한다.

② 제1항의 규정에 따른 죄를 범하여 사람을 **상해(傷害)**에 이르게 한 때에는 **무기 또는 3년 이상**의 징역에 처하며, **사망**에 이르게 한 때에는 **무기 또는 5년 이상**의 징역에 처한다.

제34조 (벌칙)

① **업무상 과실**로 제33조제1항의 죄를 범한 자는 **7년 이하의 금고 또는 7천만 원 이하의 벌금**에 처한다.

② 제1항의 죄를 범하여 사람을 **사상(死傷)**에 이르게 한 자는 **10년 이하의 징역 또는 금고나 1억 원 이하의 벌금**에 처한다.

제34조의2 (벌칙)

제6조제1항 전단을 위반하여 제조소등의 설치허가를 받지 아니하고 제조소등을 설치한 자는 5년 **이하의 징역 또는** 1억 **원 이하**의 벌금에 처한다.

제34조의3 (벌칙)

제5조제1항을 위반하여 저장소 또는 제조소등이 아닌 장소에서 지정수량 이상의 위험물을 저장 또는 취급한 자는 3년 **이하의 징역 또는** 3천만 **원 이하**의 벌금에 처한다.

제35조 (벌칙)

다음 각 호의 어느 하나 해당하는 자는 **1년 이하의 징역** 또는 **1천만 원 이하의 벌금**에 처한다.

1~2. 〈삭제〉

3. 제16조제2항의 규정에 따른 **탱크시험자로 등록하지 아니하고** 탱크시험자의 업무를 한 자
4. 제18조제1항의 규정을 위반하여 정기점검을 하지 아니하거나 점검기록을 허위로 작성한 관계인으로서 제6조제1항의 규정에 따른 허가(제6조제3항의 규정에 따라 허가가 면제된 경우 및 제7조제2항의 규정에 따라 협의로써 허가를 받은 것으로 보는 경우를 포함한다. 이하 제5호·제6호, 제36조제6호·7호·제10호 및 제37조제3호에서 같다)를 받은 자
5. 제18조제3항을 위반하여 **정기검사를 받지 아니한 관계인**으로서 제6조제1항에 따른 허가를 받은 자
6. 제19조의 규정을 위반하여 **자체소방대**를 두지 아니한 관계인으로서 제6조제1항의 규정에 따른 허가를 받은 자
7. 제20조제3항 단서의 규정을 위반하여 **운반용기에 대한 검사를 받지 아니**하고 운반용기를 사용하거나 유통시킨 자
8. 제22조제1항(제22조의2제2항에서 준용하는 경우를 포함한다)의 규정에 따른 명령을 위반하여 보

고 또는 자료제출을 하지 아니하거나 허위의 보고 또는 자료제출을 한 자 또는 **관계공무원**의 출입·검사 또는 수거를 거부·방해 또는 기피한 자

9. 제25조의 규정에 따른 제조소등에 대한 긴급 사용정지·제한명령을 위반한 자

제36조 (벌칙)

다음 각 호의 어느 하나 해당하는 자는 **1천500만 원 이하의 벌금**에 처한다.

1. 제5조제3항제1호의 규정에 따른 위험물의 **저장 또는 취급에 관한 중요기준**에 따르지 아니한 자
2. 제6조제1항 후단의 규정을 위반하여 변경허가를 받지 아니하고 제조소등을 변경한 자
3. 제9조제1항의 규정을 위반하여 제조소등의 **완공검사**를 받지 아니하고 위험물을 저장·취급한 자

3의2. 제11조의2제3항에 따른 안전조치 이행명령을 따르지 아니한 자

4. 제12조의 규정에 따른 제조소등의 사용정지명령을 위반한 자
5. 제14조제2항의 규정에 따른 수리·개조 또는 이전의 명령에 따르지 아니한 자
6. 제15조제1항 또는 제2항의 규정을 위반하여 **안전관리자를 선임하지 아니한 관계인**으로서 제6조제1항의 규정에 따른 허가를 받은 자
7. 제15조제5항의 규정을 위반하여 대리자를 지정하지 아니한 관계인으로서 제6조제1항의 규정에 따른 허가를 받은 자
8. 제16조제5항의 규정에 따른 업무정지명령을 위반한 자
9. 제16조제6항의 규정을 위반하여 탱크안전성능시험 또는 점검에 관한 업무를 허위로 하거나 그 결과를 증명하는 서류를 허위로 교부한 자
10. 제17조제1항 전단의 규정을 위반하여 예방규정을 제출하지 아니하거나 동조제2항의 규정에 따른 변경명령을 위반한 관계인으로서 제6조제1항의 규정에 따른 허가를 받은 자
11. 제22조제2항에 따른 정지지시를 거부하거나 국가기술자격증, 교육수료증·신원확인을 위한 증명서의 제시 요구 또는 신원확인을 위한 질문에 응하지 아니한 사람
12. 제22조제5항의 규정에 따른 명령을 위반하여 보고 또는 자료제출을 하지 아니하거나 허위의 보고 또는 자료제출을 한 자 및 관계공무원의 출입 또는 조사·검사를 거부·방해 또는 기피한 자
13. 제23조의 규정에 따른 탱크시험자에 대한 감독상 명령에 따르지 아니한 자
14. 제24조의 규정에 따른 무허가장소의 위험물에 대한 조치명령에 따르지 아니한 자
15. 제26조제1항·제2항 또는 제27조의 규정에 따른 저장·취급기준 준수명령 또는 응급조치명령을 위반한 자

제37조 (벌칙)

다음 각 호의 어느 하나 해당하는 자는 **1천만 원 이하의 벌금**에 처한다.

1. 제15조제6항의 규정을 위반하여 위험물의 취급에 관한 **안전관리와 감독**을 하지 아니한 자
2. 제15조제7항의 규정을 위반하여 안전관리자 또는 그 대리자가 참여하지 아니한 상태에서 위험물을 취급한 자
3. 제17조제1항 후단의 규정을 위반하여 변경한 예방규정을 제출하지 아니한 관계인으로서 제6조제1항의 규정에 따른 허가를 받은 자
4. 제20조제1항제1호의 규정을 위반하여 위험물의 **운반에 관한 중요기준**에 따르지 아니한 자

4의2. 제20조제2항을 위반하여 요건을 갖추지 아니한 위험물운반자

5. 제21조제1항 또는 제2항의 규정을 위반한 위험물운송자

6. 제22조제4항(제22조의2제2항에서 준용하는 경우를 포함한다)의 규정을 위반하여 관계인의 정당한 업무를 방해하거나 출입·검사 등을 수행하면서 알게 된 비밀을 누설한 자

제38조 (양벌규정)

① 법인의 대표자나 법인 또는 개인의 대리인, 사용인, 그 밖의 종업원이 그 법인 또는 개인의 업무에 관하여 제33조제1항의 위반행위를 하면 그 행위자를 벌하는 외에 그 법인 또는 개인을 **5천만 원** 이하의 벌금에 처하고, 같은 조 제2항의 위반행위를 하면 그 행위자를 벌하는 외에 그 법인 또는 개인을 1억 **원** 이하의 벌금에 처한다. 다만, 법인 또는 개인이 그 위반행위를 방지하기 위하여 해당 업무에 관하여 상당한 주의와 감독을 게을리하지 아니한 경우에는 그러하지 아니하다.

② 법인의 대표자나 법인 또는 개인의 대리인, 사용인, 그 밖의 종업원이 그 법인 또는 개인의 업무에 관하여 제34조부터 제37조까지의 어느 하나에 해당하는 위반행위를 하면 그 행위자를 벌하는 외에 그 법인 또는 개인에게도 해당 조문의 벌금형을 과(科)한다. 다만, 법인 또는 개인이 그 위반행위를 방지하기 위하여 해당 업무에 관하여 상당한 주의와 감독을 게을리하지 아니한 경우에는 그러하지 아니하다.

제39조 (과태료)

① 다음 각 호의 어느 하나 해당하는 자는 **500만 원 이하의 과태료**에 처한다.

1. 제5조제2항제1호의 규정에 따른 **승인을 받지 아니한 자**
2. 제5조제3항제2호의 규정에 따른 위험물의 저장 또는 취급에 관한 세부기준을 위반한 자
3. 제6조제2항의 규정에 따른 품명 등의 **변경신고를 기간 이내에 하지 아니**하거나 허위로 한 자
4. 제10조제3항의 규정에 따른 지위승계신고를 기간 이내에 하지 아니하거나 허위로 한 자
5. 제11조의 규정에 따른 제조소등의 폐지신고 또는 제15조제3항의 규정에 따른 안전관리자의 선임신고를 **기간 이내에 하지 아니**하거나 허위로 한 자

5의2. 제11조의2제2항을 위반하여 사용 중지신고 또는 재개신고를 기간 이내에 하지 아니하거나 거짓으로 한 자

6. 제16조제3항의 규정을 위반하여 등록사항의 변경신고를 기간 이내에 하지 아니하거나 허위로 한 자

6의2. 제17조제3항을 위반하여 예방규정을 준수하지 아니한 자

7. 제18조제1항의 규정을 위반하여 점검결과를 기록·보존하지 아니한 자

7의2. 제18조제2항을 위반하여 기간 이내에 점검결과를 제출하지 아니한 자

7의3. 제19조의2제1항을 위반하여 흡연을 한 자. 〈신설 2024.1.30〉

7의4. 제19조의2제3항에 따른 시정명령을 따르지 아니한 자 〈신설 2024.1.30〉

8. 제20조제1항제2호의 규정에 따른 위험물의 운반에 관한 **세부기준을 위반**한 자
9. 제21조제3항의 규정을 위반하여 위험물의 운송에 관한 기준을 따르지 아니한 자

② 제1항의 규정에 따른 과태료는 대통령령이 정하는 바에 따라 시·도지사, 소방본부장 또는 소방서장(이하 "부과권자"라 한다)이 부과·징수한다. ③ ④ ⑤ 〈삭제〉

⑥ 제4조 및 제5조제2항 각 호외의 부분 후단의 규정에 따른 조례에는 200만 원 이하의 과태료를 정할 수 있다. 이 경우 과태료는 부과권자가 부과·징수한다. ⑦ 〈삭제〉

영 제23조 (과태료 부과)

법 제39조제1항에 따른 과태료의 부과기준은 별표 9와 같다.

시행령

[영 별표 1]

위험물 및 지정수량(제2조 및 제3조관련)

위험물 유별	위험물 성질	위험물 품명	지 정 수 량
제1류	산화성 고체	1. 아염소산염류	50kg
		2. 염소산염류	50kg
		3. 과염소산염류	50kg
		4. 무기과산화물	50kg
		5. 브로민산염류	300kg
		6. 질산염류	300kg
		7. 아이오딘산염류	300kg
		8. 과망가니즈산염류	1,000kg
		9. 다이크로뮴산염류	1,000kg
		10. 그 밖에 행정안전부령으로 정하는 것 11. 제1호 내지 제10호의 1에 해당하는 어느 하나 이상을 함유한 것	50kg, 300kg 또는 1,000kg
제2류	가연성 고체	1. 황화인	100kg
		2. 적린	100kg
		3. 황	100kg
		4. 철분	500kg
		5. 금속분	500kg
		6. 마그네슘	500kg
		7. 그 밖에 행정안전부령으로 정하는 것 8. 제1호 내지 제7호의 1에 해당하는 어느 하나 이상을 함유한 것	100kg 또는 500kg
		9. 인화성고체	1,000kg
제3류	자연발화성 물질 및 금수성 물질	1. 칼륨	10kg
		2. 나트륨	10kg
		3. 알킬알루미늄	10kg
		4. 알킬리튬	10kg
		5. 황린	20kg
		6. 알칼리금속(칼륨 및 나트륨을 제외한다) 및 알칼리토금속	50kg
		7. 유기금속화합물(알킬알루미늄 및 알킬리튬을 제외한다)	50kg
		8. 금속의 수소화물	300kg
		9. 금속의 인화물	300kg
		10. 칼슘 또는 알류미늄의 탄화물	300kg
		11. 그 밖에 행정안전부령으로 정하는 것 12. 제1호 내지 제11호의 1에 해당하는 어느 하나 이상을 함유한 것	10kg, 20kg, 50kg 또는 300kg

제4류	인화성액체	1. 특수인화물		50ℓ
		2. 제1석유류	비수용성액체	200ℓ
			수용성액체	400ℓ
		3. 알코올류		400ℓ
		4. 제2석유류	비수용성액체	1,000ℓ
			수 용 성액체	2,000ℓ
		5. 제3석유류	비수용성액체	2,000ℓ
			수 용 성액체	4,000ℓ
		6. 제4석유류		6,000ℓ
		7. 동식물유류		10,000ℓ
제5류	자기반응성물질	1. 유기과산화물		10kg
		2. 질산에스터류		10kg
		3. 나이트로화합물		200kg
		4. 나이트로소화합물		200kg
		5. 아조화합물		200kg
		6. 디아조화합물		200kg
		7. 하이드라진 유도체		200kg
		8. 하이드록실아민		100kg
		9. 하이드록실아민염류		100kg
		10. 그 밖에 행정안전부령으로 정하는 것 11. 제1호 내지 제10호의 1에 해당하는 어느 하나 이상을 함유한 것		10kg, 100kg 또는 200kg
제6류	산화성액체	1. 과염소산		300kg
		2. 과산화수소		300kg
		3. 질산		300kg
		4. 그 밖에 행정안전부령으로 정하는 것		300kg
		5. 제1호 내지 제4호의 1에 해당하는 어느 하나 이상을 함유한 것		300kg

※ 비 고 〈개정 2024.4.30〉

1. **"산화성고체"**란 고체[액체(1기압 및 섭씨 20도에서 액상인 것 또는 섭씨 20℃ 초과 섭씨 40℃ 이하에서 액상인 것을 말한다. 이하 같다) 또는 기체(1기압 및 섭씨 20도에서 기상인 것을 말한다) 외의 것을 말한다. 이하 같다]로서 산화력의 잠재적인 위험성 또는 충격에 대한 민감성을 판단하기 위하여 소방청장이 정하여 고시(이하 "고시"라 한다)하는 시험에서 고시로 정하는 성질과 상태를 나타내는 것을 말한다. 이 경우 "액상"이란 수직으로 된 시험관(안지름 30mm, 높이 120mm의 원통형유리관을 말한다)에 시료를 55mm까지 채운 다음 해당 시험관을 수평으로 하였을 때 시료액면의 선단이 30mm를 이동하는데 걸리는 시간이 90초 이내에 있는 것을 말한다.
2. **"가연성고체"**란 고체로서 화염에 의한 발화의 위험성 또는 인화의 위험성을 판단하기 위하여 고시로 정하는 시험에서 고시로 정하는 성질과 상태를 나타내는 것을 말한다.
3. **황**은 순도가 **60중량%** 이상인 것을 말한다. 이 경우 순도측정에 있어서 불순물은 활석등 불연성물질과 수분에 한한다.
4. **"철분"**이란 철의 분말로서 53m-6의 표준체를 통과하는 것이 **50중량%** 미만인 것은 제외한다.

5. **"금속분"**이란 알칼리금속·알칼리토류금속·철 및 마그네슘 외의 금속의 분말을 말하고, 구리분·니켈분 및 150m-6의 체를 통과하는 것이 **50중량%** 미만인 것은 제외한다.
6. **마그네슘** 및 제2류제8호의 물품 중 마그네슘을 함유한 것에 있어서는 다음 각목의 1에 해당하는 것은 제외한다.
   가. 2mm의 체를 통과하지 아니하는 덩어리 상태의 것
   나. 지름 2mm 이상의 막대 모양의 것
7. **황화인·적린·황** 및 철분은 제2호에 따른 성질과 상태가 있는 것으로 본다.
8. **"인화성고체"**란 고형알코올 그 밖에 1기압에서 인화점이 **섭씨 40℃ 미만**인 고체를 말한다.
9. **"자연발화성물질 및 금수성물질"**이란 고체 또는 액체로서 공기 중에서 발화의 위험성이 있거나 물과 접촉하여 발화하거나 가연성가스를 발생하는 위험성이 있는 것을 말한다.
10. 칼륨·나트륨·알킬알루미늄·알킬리튬 및 황린은 제9호에 따른 성상이 있는 것으로 본다.
11. **"인화성액체"**란 액체(제3석유류, 제4석유류 및 동식물유류의 경우 **1기압과 섭씨 20℃에서 액체**인 것만 해당한다)로서 인화의 위험성이 있는 것을 말한다. 다만, 다음 각 목의 어느 하나에 해당하는 것을 법 제20조제1항의 중요기준과 세부기준에 따른 운반용기를 사용하여 운반하거나 저장(진열 및 판매를 포함한다)하는 경우는 제외한다.
    가. 「화장품법」 제2조제1호에 따른 화장품 중 인화성액체를 포함하고 있는 것
    나. 「약사법」 제2조제4호에 따른 의약품 중 인화성액체를 포함하고 있는 것
    다. 「약사법」 제2조제7호에 따른 의약외품(알코올류에 해당하는 것은 제외한다) 중 수용성인 인화성 액체를 50부피퍼센트 이하로 포함하고 있는 것
    라. 「의료기기법」에 따른 체외진단용 의료기기 중 인화성액체를 포함하고 있는 것
    마. 「생활화학제품 및 살생물제의 안전관리에 관한 법률」 제3조제4호에 따른 안전확인대상생활화학제품(알코올류에 해당하는 것은 제외한다) 중 수용성인 인화성액체를 50V% 이하로 포함하고 있는 것
12. **"특수인화물"**이란 **이황화탄소, 다이에틸에터** 그 밖에 1기압에서 **발화점이 섭씨 100℃ 이하**인 것 또는 **인화점이 섭씨 영하 20℃ 이하**이고 **비점이 섭씨 40℃ 이하**인 것을 말한다.
13. **"제1석유류"**란 **아세톤, 휘발유** 그 밖에 1기압에서 인화점이 섭씨 **21℃ 미만**인 것을 말한다.
14. **"알코올류"**란 1분자를 구성하는 탄소원자의 수가 1개부터 3개까지인 포화1가 알코올(변성알코올을 포함한다)을 말한다. 다만, 다음 각목의 1에 해당하는 것은 제외한다.
    가. 1분자를 구성하는 탄소원자의 수가 1개 내지 3개의 포화1가 알코올의 함유량이 **60중량%** 미만인 수용액
    나. 가연성액체량이 60중량% 미만이고 인화점 및 연소점(태그개방식 인화점측정기에 의한 연소점을 말한다. 이하 같다)이 에틸알코올 **60중량%** 수용액의 인화점 및 연소점을 초과하는 것
15. **"제2석유류"**란 **등유, 경유** 그 밖에 1기압에서 인화점이 섭씨 **21℃ 이상 70℃ 미만**인 것을 말한다. 다만, 도료류 그 밖의 물품에 있어서 가연성 액체량이 40중량% 이하이면서 인화점이 섭씨 40℃ 이상인 동시에 연소점이 섭씨 60℃ 이상인 것은 제외한다.
16. **"제3석유류"**란 **중유, 클레오소트유** 그 밖에 1기압에서 인화점이 섭씨 **70℃ 이상 200℃ 미만**인 것을 말한다. 다만, 도료류 그 밖의 물품은 가연성 액체량이 40중량% 이하인 것은 제외한다.
17. **"제4석유류"**란 **기어유, 실린더유** 그 밖에 1기압에서 인화점이 섭씨 **200℃ 이상 250℃ 미만**의 것을 말한다. 다만, 도료류 그 밖의 물품은 가연성 액체량이 40중량% 이하인 것은 제외한다.
18. **"동식물유류"**란 동물의 지육(枝肉: 머리, 내장, 다리를 잘라 내고 아직 부위별로 나누지 않은 고기를 말한다) 등 또는 식물의 종자나 과육으로부터 추출한 것으로서 1기압에서 인화점이 섭씨 **250℃ 미만**인 것을

말한다. 다만, 법 제20조제1항의 규정에 따라 행정안전부령이 정하는 용기기준과 수납·저장기준에 따라 수납되어 저장·보관되고 용기의 외부에 물품의 통칭명, 수량 및 화기엄금(화기엄금과 동일한 의미를 갖는 표시를 포함한다)의 표시가 있는 경우를 제외한다.

19. **"자기반응성물질"**이란 고체 또는 액체로서 폭발의 위험성 또는 가열분해의 격렬함을 판단하기 위하여 고시로 정하는 시험에서 고시로 정하는 성질과 상태를 나타내는 것을 말하며, 위험성 유무와 등급에 따라 제1종 또는 제2종으로 분류한다.

20. 제5류 제11호의 물품에 있어서는 유기과산화물을 함유하는 것 중에서 불활성고체를 함유하는 것으로서 다음 각목의 1에 해당하는 것은 제외한다.

가. 과산화벤조일의 함유량이 35.5중량% 미만인 것으로서 전분가루, 황산칼슘2수화물 또는 인산수소칼슘2수화물과의 혼합물

나. 비스(4-클로로벤조일)퍼옥사이드의 함유량이 30중량% 미만인 것으로서 불활성고체와의 혼합물

다. 과산화다이쿠밀의 함유량이 40중량% 미만인 것으로서 불활성고체와의 혼합물

라. 1·4비스(2—터셔리부틸퍼옥시아이소프로필)벤젠의 함유량이 40중량% 미만인 것으로서 불활성고체와의 혼합물

마. 사이클로헥산온퍼옥사이드의 함유량이 30중량% 미만인 것으로서 불활성고체와의 혼합물

21. **"산화성액체"**란 액체로서 산화력의 잠재적인 위험성을 판단하기 위하여 고시로 정하는 시험에서 고시로 정하는 성질과 상태를 나타내는 것을 말한다.

22. **과산화수소**는 그 농도가 **36중량%** 이상인 것에 한하며, 제21호의 성상이 있는 것으로 본다.

23. **질산**은 그 비중이 **1.49 이상**인 것에 한하며, 제21호의 성상이 있는 것으로 본다.

24. 위 표의 성질란에 규정된 성상을 2가지 이상 포함하는 물품(이하 이 호에서 "복수성상물품"이라 한다)이 속하는 품명은 다음 가목의 1에 의한다.

가. 복수성상물품이 산화성고체의 성상 및 가연성고체의 성상을 가지는 경우: 제2류제8호에 따른 품명

나. 복수성상물품이 산화성고체의 성상 및 자기반응성물질의 성상을 가지는 경우: 제5류제11호에 따른 품명

다. 복수성상물품이 가연성고체의 성상과 자연발화성물질의 성상 및 금수성물질의 성상을 가지는 경우: 제3류제12호에 따른 품명

라. 복수성상물품이 자연발화성물질의 성상, 금수성물질의 성상 및 인화성액체의 성상을 가지는 경우: 제3류제12호에 따른 품명

마. 복수성상물품이 인화성액체의 성상 및 자기반응성물질의 성상을 가지는 경우: 제5류제11호에 따른 품명

25. 위 표의 지정수량란에 정하는 수량이 복수로 있는 품명에 있어서는 해당 품명이 속하는 유(類)의 품명 가운데 위험성의 정도가 가장 유사한 품명의 지정수량란에 정하는 수량과 같은 수량을 해당 품명의 지정수량으로 한다. 이 경우 위험물의 위험성을 실험·비교하기 위한 기준은 고시로 정할 수 있다.

26. 위 표의 기준에 따라 위험물을 판정하고 지정수량을 결정하기 위하여 필요한 실험은 「국가표준기본법」 제23조에 따라 인정을 받은 시험·검사기관, 기술원, 국립소방연구원 또는 소방청장이 지정하는 기관에서 실시할 수 있다. 이 경우 실험 결과에는 실험한 위험물에 해당하는 품명과 지정수량이 포함되어야 한다.

[영 별표 2] 〈개정 2024.4.30〉

지정수량 이상의 위험물을 저장하기 위한 장소와 그에 따른 저장소의 구분(제4조관련)

지정수량 이상의 위험물을 저장하기 위한 장소	저장소의 구분
1. 옥내(지붕과 기둥 또는 벽 등에 의하여 둘러싸인 곳을 말한다. 이하 같다)에 저장(위험물을 저장하는 데 따르는 취급을 포함한다. 이하 이 표에서 같다)하는 장소. 다만, 제3호의 장소를 제외한다.	옥내저장소
2. 옥외에 있는 탱크(제4호 내지 제6호 및 제8호에 규정된 탱크를 제외한다. 이하 제3호에서 같다)에 위험물을 저장하는 장소	옥외탱크저장소
3. 옥내에 있는 탱크에 위험물을 저장하는 장소	옥내탱크저장소
4. 지하에 매설한 탱크에 위험물을 저장하는 장소	지하탱크저장소
5. 간이탱크에 위험물을 저장하는 장소	간이탱크저장소
6. 차량(피견인자동차에 있어서는 앞차축을 갖지 아니하는 것으로서 해당 피견인자동차의 일부가 견인자동차에 적재되고 해당 피견인자동차와 그 적재물의 중량의 상당부분이 견인자동차에 의하여 지탱되는 구조의 것에 한한다)에 고정된 탱크에 위험물을 저장하는 장소	이동탱크저장소
7. 옥외에 다음 각목의 1에 해당하는 위험물을 저장하는 장소. 다만, 제2호의 장소를 제외한다. 가. 제2류 위험물 중 황 또는 인화성고체(인화점이 섭씨 0℃ 이상인 것에 한한다) 나. 제4류 위험물 중 제1석유류(인화점이 섭씨 0℃ 이상인 것에 한한다)·알코올류·제2석유류·제3석유류·제4석유류 및 동식물유류 다. 제6류 위험물 라. 제2류 위험물 및 제4류 위험물 중 특별시·광역시·특별자치시·도 또는 특별자치도의 조례에서 정하는 위험물(「관세법」 제154조에 따른 보세구역 안에서 저장하는 경우에 한정한다) 마. 「국제해사기구에 관한 협약」에 의하여 설치된 국제해사기구가 채택한 「국제해상위험물규칙」(IMDG Code)에 적합한 용기에 수납된 위험물	옥외저장소
8. 암반내의 공간을 이용한 탱크에 액체의 위험물을 저장하는 장소	암반탱크저장소

[영 별표 3] 〈개정 2021.1.5〉

위험물을 제조 외의 목적으로 취급하기 위한 장소와 그에 따른 취급소의 구분(제5조관련)

위험물을 제조 외의 목적으로 취급하기 위한 장소	취급소의 구분
1. 고정된 주유설비(항공기에 주유하는 경우에는 차량에 설치된 주유설비를 포함한다)에 의하여 자동차·항공기 또는 선박 등의 연료탱크에 직접 주유하기 위하여 위험물(「석유 및 석유대체연료 사업법」 제29조에 따른 가짜석유제품에 해당하는 물품을 제외한다. 이하 제2호에서 같다)을 취급하는 장소(위험물을 용기에 옮겨 담거나 차량에 고정된 5천ℓ 이하의 탱크에 주입하기 위하여 고정된 급유설비를 병설한 장소를 포함한다)	주유취급소
2. 점포에서 위험물을 용기에 담아 판매하기 위하여 지정수량의 40배 이하의 위험물을 취급하는 장소	판매취급소
3. 배관 및 이에 부속된 설비에 의하여 위험물을 이송하는 장소. 다만, 다음 각목의 1에 해당하는 경우의 장소를 제외한다.	이송취급소

가. 「송유관 안전관리법」에 의한 송유관에 의하여 위험물을 이송하는 경우 나. 제조소등에 관계된 시설(배관을 제외한다) 및 그 부지가 같은 사업소 안에 있고 해당 사업소 안에서만 위험물을 이송하는 경우 다. 사업소와 사업소의 사이에 도로(폭 2m 이상의 일반교통에 이용되는 도로로서 자동차의 통행이 가능한 것을 말한다)만 있고 사업소와 사업소 사이의 이송배관이 그 도로를 횡단하는 경우 라. 사업소와 사업소 사이의 이송배관이 제3자(해당 사업소와 관련이 있거나 유사한 사업을 하는 자에 한한다)의 토지만을 통과하는 경우로서 해당 배관의 길이가 100m 이하인 경우 마. 해상구조물에 설치된 배관(이송되는 위험물이 별표 1의 제4류 위험물 중 제1석유류인 경우에는 배관의 안지름이 30cm 미만인 것에 한한다)으로서 해당 해상구조물에 설치된 배관의 길이가 30m 이하인 경우 바. 사업소와 사업소 사이의 이송배관이 다목 내지 마목에 따른 경우 중 2 이상에 해당하는 경우 사. 「농어촌 전기공급사업 촉진법」에 따라 설치된 자가발전시설에 사용되는 위험물을 이송하는 경우	
4. 제1호 내지 제3호 외의 장소(「석유 및 석유대체연료 사업법」 제29조에 따른 가짜석유제품에 해당하는 위험물을 취급하는 경우의 장소를 제외한다)	일반취급소

[영 별표 4]

탱크안전성능검사의 내용(제8조제2항관련)

구 분	검사내용
1. 기초·지반검사	가. 제8조제1항제1호에 따른 탱크 중 나목 외의 탱크: 탱크의 기초 및 지반에 관한 공사에 있어서 해당 탱크의 기초 및 지반이 행정안전부령으로 정하는 기준에 적합한지 여부를 확인함 나. 제8조제1항제1호에 따른 탱크 중 행정안전부령이 정하는 탱크: 탱크의 기초 및 지반에 관한 공사에 상당한 것으로서 행정안전부령이 정하는 공사에 있어서 해당 탱크의 기초 및 지반에 상당하는 부분이 행정안전부령으로 정하는 기준에 적합한지 여부를 확인함
2. 충수·수압검사	탱크에 배관 그 밖의 부속설비를 부착하기 전에 해당 탱크 본체의 누설 및 변형에 대한 안전성이 행정안전부령으로 정하는 기준에 적합한지 여부를 확인함
3. 용접부검사	탱크에 배관 그 밖의 부속설비를 부착하기 전에 행하는 해당 탱크의 본체에 관한 공사에 있어서 탱크의 용접부가 행정안전부령으로 정하는 기준에 적합한지 여부를 확인함
4. 암반탱크검사	탱크의 본체에 관한 공사에 있어서 탱크의 구조가 행정안전부령으로 정하는 기준에 적합한지 여부를 확인함

[영 별표 5]

위험물취급자격자의 자격(제11조제1항관련)

위험물취급자격자의 구분	취급할 수 있는 위험물
1. 「국가기술자격법」에 따라 위험물기능장, 위험물산업기사, 위험물기능사의 자격을 취득한 자	별표 1의 모든 위험물
2. 안전관리자교육이수자(법 제28조제1항의 규정에 따라 소방청장이 실시하는 안전관리자교육을 이수한 자를 말한다. 이하 별표 6에서 같다)	별표 1의 위험물 중 제4류 위험물
3. 소방공무원 경력자(소방공무원으로 근무한 경력이 3년 이상인 자를 말한다. 이하 별표 6에서 같다)	별표 1의 위험물 중 제4류 위험물

[영 별표 6]

제조소등의 종류 및 규모에 따라 선임하여야 하는 안전관리자의 자격(제13조관련)

<table>
<tr><th colspan="3">제조소등의 종류 및 규모</th><th>안전관리자의 자격</th></tr>
<tr><td rowspan="2">제조소</td><td colspan="2">1. 제4류 위험물만을 취급하는 것으로서 지정수량 5배 이하의 것</td><td>위험물기능장, 위험물산업기사, 위험물기능사, 안전관리자교육이수자 또는 소방공무원경력자</td></tr>
<tr><td colspan="2">2. 제1호에 해당하지 아니하는 것</td><td>위험물기능장, 위험물산업기사 또는 또는 2년 이상 실무경력이 있는 위험물기능사</td></tr>
<tr><td rowspan="10">저장소</td><td rowspan="2">1. 옥내저장소</td><td>제4류 위험물만을 저장하는 것으로서 지정수량 5배 이하의 것</td><td rowspan="10">위험물기능장, 위험물산업기사, 위험물기능사, 안전관리자교육이수자 또는 소방공무원경력자</td></tr>
<tr><td>제4류 위험물 중 알코올류·제2석유류·제3석유류·제4석유류·동식물유류만을 저장하는 것으로서 지정수량 40배 이하의 것</td></tr>
<tr><td rowspan="2">2. 옥외탱크 저장소</td><td>제4류 위험물만 저장하는 것으로서 지정수량 5배 이하의 것</td></tr>
<tr><td>제4류 위험물 중 제2석유류·제3석유류·제4석유류·동식물유류만을 저장하는 것으로서 지정수량 40배 이하의 것</td></tr>
<tr><td rowspan="2">3. 옥내탱크 저장소</td><td>제4류 위험물만을 저장하는 것으로서 지정수량 5배 이하의 것</td></tr>
<tr><td>제4류 위험물 중 제2석유류·제3석유류·제4석유류·동식물유류만을 저장하는 것</td></tr>
<tr><td rowspan="2">4. 지하탱크 저장소</td><td>제4류 위험물만을 저장하는 것으로서 지정수량 40배 이하의 것</td></tr>
<tr><td>제4류 위험물 중 제1석유류·알코올류·제2석유류·제3석유류·제4석유류·동식물유류만을 저장하는 것으로서 지정수량 250배 이하의 것</td></tr>
<tr><td colspan="2">5. 간이탱크저장소로서 제4류 위험물만을 저장하는 것</td></tr>
<tr><td colspan="2">6. 옥외저장소 중 제4류 위험물만을 저장하는 것으로서 지정수량의 40배 이하의 것</td></tr>
</table>

<table>
<tr><td rowspan="3"></td><td colspan="2">7. 보일러, 버너 그 밖에 이와 유사한 장치에 공급하기 위한 위험물을 저장하는 탱크저장소</td><td></td></tr>
<tr><td colspan="2">8. 선박주유취급소, 철도주유취급소 또는 항공기주유취급소의 고정주유설비에 공급하기 위한 위험물을 저장하는 탱크저장소로서 지정수량의 250배(제1석유류의 경우에는 지정수량의 100배)이하의 것</td><td></td></tr>
<tr><td colspan="2">9. 제1호 내지 제8호에 해당하지 아니하는 저장소</td><td>위험물기능장, 위험물산업기사 또는 2년 이상 실무경력이 있는 위험물기능사</td></tr>
<tr><td rowspan="8">취
급
소</td><td colspan="2">1. 주유취급소</td><td rowspan="7">위험물기능장, 위험물산업기사, 위험물기능사, 안전관리자교육이수자 또는 소방공무원경력자</td></tr>
<tr><td rowspan="2">2. 판매취급소</td><td>제4류 위험물만을 취급하는 것으로 지정수량 5배 이하의 것</td></tr>
<tr><td>제4류 위험물 중 제1석유류·알코올류·제2석유류·제3석유류·제4석유류·동식물유류만을 취급하는 것</td></tr>
<tr><td colspan="2">3. 제4류 위험물 중 제1류 석유류·알코올류·제2석유류·제3석유류·제4석유류·동식물유류만을 지정수량 50배 이하로 취급하는 일반취급소(제1석유류·알코올류의 취급량이 지정수량의 10배 이하인 경우에 한한다)로서 다음 각목의 어느 하나에 해당하는 것
가. 보일러, 버너 그 밖에 이와 유사한 장치에 의하여 위험물을 소비하는 것
나. 위험물을 용기 또는 차량에 고정된 탱크에 주입하는 것</td></tr>
<tr><td colspan="2">4. 제4류 위험물만을 취급하는 일반취급소로서 지정수량 10배 이하의 것</td></tr>
<tr><td colspan="2">5. 제4류 위험물 중 제2석유류·제3석유류·제4석유류·동식물유류만을 취급하는 일반취급소로서 지정수량 20배 이하의 것</td></tr>
<tr><td colspan="2">6. 「농어촌 전기공급사업 촉진법」에 따라 설치된 자가발전시설에 사용되는 위험물을 취급하는 일반취급소</td></tr>
<tr><td colspan="2">7. 제1호 내지 제6호에 해당하지 아니하는 취급소</td><td>위험물기능장, 위험물산업기사 또는 2년 이상 실무경력이 있는 위험물기능사</td></tr>
</table>

※ 비 고

1. 왼쪽란의 제조소등의 종류 및 규모에 따라 오른쪽란에 규정된 안전관리자의 자격이 있는 위험물취급자격자는 별표 5에 따라 해당 제조소등에서 저장 또는 취급하는 위험물을 취급할 수 있는 자격이 있어야 한다.
2. 위험물기능사의 실무경력 기간은 위험물기능사 자격을 취득한 이후 「위험물안전관리법」 제15조에 따른 위험물안전관리자로 선임된 기간 또는 위험물안전관리자를 보조한 기간을 말한다.

[영 별표 7]

탱크시험자의 기술능력·시설 및 장비(제14조제1항관련) 〈개정 2021.1.5〉

1. 기술능력

가. 필수인력

(1) 위험물기능장·위험물산업기사 또는 위험물기능사 중 1인 이상

(2) **비파괴검사기술사 1명 이상** 또는 초음파비파괴검사·자기비파괴검사 및 침투비파괴검사의 기사 또는 산업기사 1명 이상

나. **필요한 경우에 두는 인력**

1) 충·수압시험, 진공시험, 기밀시험 또는 내압시험의 경우: 누설비파괴검사 기사, 산업기사 또는 기능사

2) 수직·수평도시험의 경우: 측량 및 지형공간정보 기술사, 기사, 산업기사 또는 측량기능사

3) 방사선투과시험의 경우: 방사선비파괴검사 기사 또는 산업기사

4) 필수 인력의 보조: 방사선비파괴검사·초음파비파괴검사·자기비파괴검사 또는 침투비파괴검사 기능사

2. **시 설**: 전용사무실

3. **장 비**

가. **필수장비**: 자기탐상시험기, 초음파두께측정기 및 다음 1) 또는 2) 중 어느 하나

1) 영상초음파시험기

2) 방사선투과시험기 및 초음파시험기

나. **필요한 경우에 두는 장비**

1) 충·수압시험, 진공시험, 기밀시험 또는 내압시험의 경우

가) 진공능력 53KPa 이상의 진공누설시험기

나) 기밀시험장치(안전장치가 부착된 것으로서 가압능력 200KPa 이상, 감압의 경우에는 감압능력 10KPa 이상·감도 10Pa 이하의 것으로서 각각의 압력 변화를 스스로 기록할 수 있는 것)

2) **수직·수평도시험의 경우**: 수직·수평도 측정기

※ 비 고

둘 이상의 기능을 함께 가지고 있는 장비를 갖춘 경우에는 각각의 장비를 갖춘 것으로 본다.

[영 별표 8]

자체소방대에 두는 화학소방자동차 및 인원(제18조제3항관련)

사업소의 구분	화학소방자동차	자체소방대원의 수
1. 제조소 또는 일반취급소에서 취급하는 제4류 위험물의 최대수량의 합이 지정수량의 3천배 이상 12만배 미만인 사업소	1대	5인
2. 제조소 또는 일반취급소에서 취급하는 제4류 위험물의 최대수량의 합이 지정수량의 12만배 이상 24만배 미만인 사업소	2대	10인
3. 제조소 또는 일반취급소에서 취급하는 제4류 위험물의 최대수량의 합이 지정수량의 24만배 이상 48만배 미만인 사업소	3대	15인
4. 제조소 또는 일반취급소에서 취급하는 제4류 위험물의 최대수량의 합이 지정수량의 48만배 이상인 사업소	4대	20인
5. 옥외탱크저장소에 저장하는 제4류 위험물의 최대수량이 지정수량의 50만배 이상인 사업소	2대	10인

※ 비 고

화학소방자동차에는 행정안전부령으로 정하는 소화능력 및 설비를 갖추어야 하고, 소화활동에 필요한 소화약제 및 기구(방열복 등 개인장구를 포함한다)를 비치하여야 한다.

[영 별표 9]

과태료의 부과기준 및 금액(제23조제3항관련) 〈개정 2025.1.7〉

1. 일반기준

가. 과태료 부과권자는 다음의 어느 하나에 해당하는 경우에는 제2호의 개별기준에 따른 과태료 금액의 2분의 1까지 그 금액을 줄일 수 있다. 다만, 과태료를 체납하고 있는 위반행위자에 대해서는 그러하지 않다.

1) 위반행위자가 「질서위반행위규제법 시행령」 제2조의2제1항 각 호의 어느 하나에 해당하는 경우
2) 위반행위자가 처음 위반행위를 한 경우로서 3년 이상 해당 업종을 모범적으로 경영한 사실이 인정되는 경우
3) 위반행위가 사소한 부주의나 오류 등 과실로 인한 것으로 인정되는 경우
4) 위반행위자가 같은 위반행위로 다른 법률에 따라 과태료·벌금·영업정지 등의 처분을 받은 경우
5) 위반행위자가 위법행위로 인한 결과를 시정하거나 해소한 경우
6) 그 밖에 위반행위의 정도, 위반행위의 동기와 그 결과 등을 고려하여 과태료를 줄일 필요가 있다고 인정되는 경우

나. 부과권자는 고의 또는 중과실이 없는 위반행위자가 「소상공인기본법」 제2조에 따른 소상공인에 해당하고, 과태료를 체납하고 있지 않은 경우에는 다음의 사항을 고려하여 제2호의 개별기준에 따른 과태료의 100분의 70 범위에서 그 금액을 줄여 부과할 수 있다. 다만, 가목에 따른 감경과 중복하여 적용하지 않는다. / 1) 위반행위자의 현실적인 부담능력 / 2) 경제위기 등으로 위반행위자가 속한 시장·산업 여건이 현저하게 변동되거나 지속적으로 악화된 상태인지 여부

다. 위반행위의 횟수에 따른 과태료의 부과기준은 최근 1년간 같은 위반행위로 과태료 부과처분을 받은 경우에 적용한다. 이 경우 위반횟수는 과태료 부과처분을 한 날과 다시 같은 위반행위를 적발한 날을 각각 기준으로 하여 계산한다. 기간의 계산은 위반행위에 대하여 과태료 부과처분을 받은 날과 그 처분 후 다시 같은 위반행위를 하여 적발된 날을 기준으로 한다.

라. 나목에 따라 가중된 부과처분을 하는 경우 가중처분의 적용 차수는 그 위반행위 전 부과처분 차수(나목에 따른 기간 내에 과태료 부과처분이 둘 이상 있었던 경우에는 높은 차수를 말한다)의 다음 차수로 한다.

2. 개별기준(단위: 만원) 〈개정 2025.1.7〉

위반행위	해당법조문	과태료금액
가. 법 제5조제2항제1호에 따른 승인을 받지 아니한 자	법 제39조 제1항제1호	
(1) 승인기한(임시 저장 또는 취급 개시일의 전날)의 다음 날을 기산일로 하여 30일 이내에 승인을 신청한 경우		250
(2) 승인기한(임시 저장 또는 취급 개시일의 전날)의 다음 날을 기산일로 하여 31일 이후에 승인을 신청한 경우		400
(3) 승인을 받지 않은 경우		500
나. 법 제5조제3항제2호에 따른 위험물의 저장 또는 취급에 관한 세부기준을 위반한 경우	법 제39조 제1항제2호	
(1) 1차 위반 시		250
(2) 2차 위반 시		400
(3) 3차 이상 위반 시		500
다. 법 제6조제2항에 따른 품명 등의 변경신고를 기간 이내에 하지 아니하거나 허위로 한 경우	법 제39조 제1항제3호	
(1) 신고기한(변경하려는 날의 1일 전날)의 다음 날을 기산일로 하여 30일 이내에 신고한 경우		250
(2) 신고기한(변경하려는 날의 일 전날)의 다음 날을 기산일로 하여 31일 이후에 신고한경우		350
(3) 허위로 신고한 경우		500
(4) 신고를 하지 않은 경우		500
라. 법 제10조제3항에 따른 지위승계신고를 기간 이내에 하지 아니하거나 허위로 한 자	법 제39조 제1항제4호	
(1) 신고기한(지위승계일의 다음 날을 기산일로 하여 30일이 되는 날)의 다음 날을 기산일로 하여 30일 이내에 신고한 경우		250
(2) 신고기한(지위승계일의 다음 날을 기산일로 하여 30일이 되는 날)의 다음 날을 기산일로 하여 31일 이후에 신고한 경우		350
(3) 허위로 신고한 경우		500
(4) 신고를 하지 않은 경우		500
마. 법 제11조에 따른 폐지신고를 기간 이내에 하지 아니하거나 허위로 한 경우	법 제39조 제1항제5호	
(1) 신고기한(폐지일의 다음 날을 기산일로 하여 14일이 되는 날)의 다음 날을 기산일로 하여 30일 이내에 신고한 경우		250
(2) 신고기한(폐지일의 다음 날을 기산일로 하여 14일이 되는 날)의 다음 날을 기산일로		350

하여 31일 이후에 신고한 경우 (3) 허위로 신고한 경우 (4) 신고를 하지 않은 경우		500 500
바. 법 제11조의 2 제2항을 위반하여 사용중지신고 또는 재개신고를 기간 이내에 하지 않거나 거짓으로 한 경우 (1) 신고기한(폐지일의 다음 날을 기산일로 하여 14일이 되는 날)의 다음 날을 기산일로 하여 30일 이내에 신고한 경우 (2) 신고기한(폐지일의 다음 날을 기산일로 하여 14일이 되는 날)의 다음 날을 기산일로 하여 31일 이후에 신고한 경우 (3) 허위로 신고한 경우 (4) 신고를 하지 않은 경우	법 제39조 제1항제5호 의2	250 350 500 500
사. 법 제15조제3항에 따른 안전관리자의 선임신고를 기간 이내에 하지 아니하거나 허위로 한 경우 (1) 신고기한(선임한 날의 다음 날을 기산일로 하여 14일이 되는 날)의 다음 날을 기산일로 하여 30일 이내에 신고한 경우 (2) 신고기한(선임한 날의 다음 날을 기산일로 하여 14일이 되는 날)의 다음 날을 기산일로 하여 31일 이후에 신고한 경우 (3) 허위로 신고한 경우 (4) 신고를 하지 않은 경우	법 제39조 제1항제5호	250 350 500 500
아. 법 제16조제3항을 위반하여 등록사항의 변경신고를 기간 이내에 하지 아니하거나 허위로 한 경우 (1) 신고기한(변경일의 다음 날을 기산일로 하여 30일이 되는 날)의 다음 날을 기산일로 하여 30일 이내에 신고한 경우 (2) 신고기한(변경일의 다음 날을 기산일로 하여 30일이 되는 날)의 다음 날을 기산일로 하여 31일 이후에 신고한 경우 (3) 허위로 신고한 경우 (4) 신고를 하지 않은 경우	법 제39조 제1항제6호	250 350 500 500
자. 법 제17조제3항을 위반하여 예방규정을 준수하지 않은 경우 (1) 1차 위반 시 (2) 2차 위반 시 (3) 3차 이상 위반 시	법 제39조 제1항제6호 의2	250 400 500
차. 법 제18조제1항을 위반하여 점검결과를 기록하지 않거나 보존하지 않은 경우 (1) 1차 위반 시 (2) 2차 위반 시 (3) 3차 이상 위반 시	법 제39조 제1항제7호	250 400 500
카. 법 제18조 제2항을 위반하여 기간 이내에 점검결과를 제출하지 않은 경우 (1) 제출기한(점검일의 다음 날을 기산일로 하여 30일이 되는 날)의 다음 날을 기산일로 하여 30일 이내에 제출한 경우 (2) 제출기한(변경일의 다음 날을 기산일로 하여 30일이 되는 날)의 다음 날을 기산일로 하여 31일 이후에 제출한 경우 (3) 제출기 하지 않은 경우	법 제39조 제1항제7호 의2	250 400 500
타. 법 제19조의2 제1항을 위반하여 흡연을 한 경우 (1) 1차 위반 시 (2) 2차 위반 시 (3) 3차 이상 위반 시	법 제39조 제1항제7호 의3	250 400 500
파. 법 제19조의2 제3항에 따른 시정명령을 따르지 않은 경우 (1) 1차 위반 시 (2) 2차 위반 시 (3) 3차 이상 위반 시	법 제39조 제1항제7호 의4	250 400 500
하. 법 제20조제1항제2호에 따른 위험물의 운반에 관한 세부기준을 위반한 경우 (1) 1차 위반 시 (2) 2차 위반 시 (3) 3차 이상 위반 시	법 제39조 제1항제8호	250 400 500
거. 법 제21조제3항의 규정을 위반하여 위험물의 운송에 관한 기준을 따르지 아니한 경우 (1) 1차 위반 시 (2) 2차 위반 시 (3) 3차 이상 위반 시	법 제39조 제1항제9호	250 400 500

시행규칙

[규칙 별표 1]

이송취급소 허가신청의 첨부서류(제6조제9호관련)

구조 및 설비	첨 부 서 류
1. 배 관	1. 위치도(축적: 1/50,000 이상, 배관의 경로 및 이송기지의 위치를 기재할 것) 2. 평면도[축적: 1/3,000 이상, 배관의 중심선에서 좌우 300m 이내의 지형, 부근의 도로·하천·철도 및 건축물 그 밖의 시설의 위치, 배관의 중심선·신축구조·감진장치·배관계 내의 압력을 측정하여 자동적으로 위험물의 누설을 감지할 수 있는 장치의 압력계·방호장치 및 밸브의 위치, 시가지·별표 15 Ⅰ제1호각목에 따른 장소 그리고 행정구역의 경계를 기재하고 배관의 중심선에는 200m마다 체가(遞加)거리를 기재할 것] 3. 종단도면(축척: 가로는 1/3,000·세로는 1/300 이상, 지펴면으로부터 배관의 깊이·배관의 경사도·주요한 공작물의 종류 및 위치를 기재할 것) 4. 횡단도면(축척: 1/200 이상, 배관을 부설한 도로·철도 등의 횡단면에 배관의 중심과 지상 및 지하의 공작물의 위치를 기재할 것) 5. 도로·하천·수로 또는 철도의 지하를 횡단하는 금속관 또는 방호구조물 안에 배관을 설치하거나 배관을 가공횡단 하여 설치하는 경우에는 해당 횡단 개소의 상세도면 6. 강도계산서 7. 접합부의 구조도 8. 용접에 관한 설명서 9. 접합방법에 관하여 기재한 서류 10. 배관의 기점·분기점 및 종점의 위치에 관하여 기재한 서류 11. 연장에 관하여 기재한 서류(도로밑·철도밑·해저·하천밑·지상·해상 등의 위치에 따라 구별하여 기재할 것) 12. 배관내의 최대상용 압력에 관하여 기재한 서류 13. 주요 규격 및 재료에 관하여 기재한 서류 14. 그 밖에 배관에 대한 설비 등에 관한 설명도서
2. 긴급차단밸브 및 차단밸브	1. 구조설명서(부대설비를 포함한다) 2. 기능설명서 3. 강도에 관한 설명서 4. 제어계통도 5. 밸브의 종류·형식 및 재료에 관하여 기재한 서류
3. 누설탐지설비	
1) 배관계 내의 위험물의 유량 측정에 의하여 자동적으로 위험물의 누설을 검지할 수 있는 장치 또는 이와 동등 이상의 성능이 있는 장치	1. 누설검지능력에 관한 설명서 2. 누설검지에 관한 흐름도 3. 연산처리장치의 처리능력에 관한 설명서 4. 누설의 검지능력에 관하여 기재한 서류 5. 유량계의 종류·형식·정밀도 및 측정범위에 관하여 기재한 서류 6. 연산처리장치의 종류 및 형식에 관하여 기재한 서류

2) 배관계 내의 압력을 측정하여 자동적으로 위험물의 누설을 검지할 수 있는 장치 또는 이와 동등 이상의 성능이 있는 장치	1. 누설검지능력에 관한 설명서 2. 누설검지에 관한 흐름도 3. 수신부의 구조에 관한 설명서 4. 누설검지능력에 관하여 기재한 서류 5. 압력계의 종류·형식·정밀도 및 측정범위에 관하여 기재한 서류
3) 배관계내의 압력을 일정하게 유지하고 해당 압력을 측정하여 위험물의 누설을 검지할 수 있는 장치 또는 이와 동등 이상의 성능이 있는 장치	1. 누설검지능력에 관한 설명서 2. 누설검지능력에 관하여 기재한 서류 3. 압력계의 종류·형식·정밀도 및 측정범위에 관하여 기재한 서류
4. 압력안전장치	구조설명도 또는 압력제어방식에 관한 설명서
5. 감진장치 및 강진계	1. 구조설명도 2. 지진검지에 관한 흐름도 3. 종류 및 형식에 관하여 기재한 서류
6. 펌 프	1. 구조설명도 2. 강도에 관한 설명서 3. 용적식펌프의 압력상승방지장치에 관한 설명서 4. 고압판넬·변압기 등 전기설비의 계통도 (원동기를 움직이기 위한 전기설비에 한한다) 5. 종류·형식·용량·양정·회전수 및 상용·예비의 구별에 관하여 기재한 서류 6. 실린더 등의 주요 규격 및 재료에 관하여 기재한 서류 7. 원동기의 종류 및 출력에 관하여 기재한 서류 8. 고압판넬의 용량에 관하여 기재한 서류 9. 변압기용량에 관하여 기재한 서류
7. 피그취급장치	구조설명도
8. 전기방식설비, 가열·보온설비, 지지물, 누설확산방지설비, 운전상태감시장치, 안전제어장치, 경보설비, 비상전원, 위험물주입·취출구, 금속관, 방호구조물, 보호설비, 신축흡수장치, 위험물제거장치, 통보설비, 가연성증기체류방지설비, 부등침하측정설비, 기자재창고, 점검상자, 표지 그 밖에 이송취급소에 관한 설비	1. 설비의 설치에 관하여 필요한 설명서 및 도면 2. 설비의 종류·형식·재료·강도 및 그 밖의 기능·성능 등에 관하여 기재한 서류

[규칙 별표 1의2]

제조소등의 변경허가를 받아야 하는 경우(제8조관련) 〈2024. 5. 20. 개정〉

제조소등의 구분	변경허가를 받아야 하는 경우
1. 제조소 또는 일반취급소	가. 제조소 또는 일반취급소의 위치를 이전하는 경우 나. 건축물의 벽·기둥·바닥·보 또는 지붕을 신설·증설 또는 철거하는 경우 다. 배출설비를 신설하는 경우 라. 위험물취급탱크를 신설·교체·철거 또는 보수(탱크의 본체를 절개하는 경우에 한한다)하는 경우 마. 위험물취급탱크의 노즐 또는 맨홀을 신설하는 경우(노즐 또는 맨홀의 직경이 250mm를 초과하는 경우에 한한다) 바. 위험물취급탱크의 방유제의 높이 또는 방유제 내의 면적을 변경하는 경우 사. 위험물취급탱크의 탱크전용실을 증설 또는 교체하는 경우 아. 300미터(지상에 설치하지 아니하는 배관의 경우에는 30미터)를 초과하는 위험물배관을 신설·교체·철거 또는 보수(배관을 절개하는 경우에 한한다)하는 경우 자. 불활성기체의 봉입장치를 신설하는 경우 차. 별표 4 Ⅻ제2호 가목에 따른 누설범위를 국한하기 위한 설비를 신설하는 경우 카. 별표 4 Ⅻ제3호 다목에 따른 냉각장치 또는 보냉장치를 신설하는 경우 타. 별표 4 Ⅻ제3호 마목에 따른 탱크전용실을 신설·증설 또는 교체하는 경우 파. 별표 4 Ⅻ제4호 나목에 따른 담 또는 토제를 신설·철거 또는 이설하는 경우 하. 별표 4 Ⅻ제4호 다목에 따른 온도 및 농도의 상승에 의한 위험한 반응을 방지하기 위한 설비를 신설하는 경우 거. 별표 4 Ⅻ제4호 라목에 따른 철 이온 등의 혼입에 의한 위험한 반응을 방지하기 위한 설비를 신설하는 경우 너. 방화상 유효한 담을 신설·철거 또는 이설하는 경우 더. 위험물의 제조설비 또는 취급설비를 증설하는 경우. 다만, 펌프설비 또는 1일 취급량이 지정수량의 5분의 1 미만인 설비를 증설하는 경우는 제외한다. 러. 옥내소화전설비·옥외소화전설비·스프링클러설비·물분무등 소화설비를 신설·교체(배관·밸브·압력계·소화전본체·소화약제탱크·포헤드·포방출구 등의 교체는 제외한다) 또는 철거하는 경우 머. 자동화재탐지설비를 신설 또는 철거하는 경우
2. 옥내저장소	가. 건축물의 벽·기둥·바닥·보 또는 지붕을 신설·증설 또는 철거하는 경우 나. 배출설비를 신설하는 경우 다. 별표 5 Ⅷ 제3호가목에 따른 누설범위를 국한하기 위한 설비를 신설하는 경우 라. 별표 5 Ⅷ 제4호에 따른 온도의 상승에 의한 위험한 반응을 방지하기 위한 설비를 신설하는 경우 마. 별표 5 부표 1 비고 제1호 또는 같은 별표 부표 2 비고 제1호에 따른 담 또는 토제를 신설·철거 또는 이설하는 경우 바. 옥외소화전설비·스프링클러설비·물분무등소화설비를 신설·교체(배관·밸브·압력계·소화전본체·소화약제탱크·포헤드·포방출구 등의 교체는 제외한다) 또는 철거하는 경우 사. 자동화재탐지설비를 신설 또는 철거하는 경우
3. 옥외탱크저장소	가. 옥외탱크저장소의 위치를 이전하는 경우 나. 옥외탱크저장소의 기초·지반을 정비하는 경우 다. 별표 6 Ⅱ제5호에 따른 물분무 설비를 신설 또는 철거하는 경우 라. 주입구의 위치를 이전하거나 신설하는 경우

	마. 300m(지상에 설치하지 아니하는 배관의 경우에는 30m)를 초과하는 위험물배관을 신설·교체·철거 또는 보수(배관을 절개하는 경우에 한한다)하는 경우 바. 별표 6 Ⅵ제20호에 따른 수조를 교체하는 경우 사. 방유제(간막이 둑을 포함한다)의 높이 또는 방유제 내의 면적을 변경하는 경우 아. 옥외저장탱크의 밑판 또는 옆판을 교체하는 경우 자. 옥외저장탱크의 노즐 또는 맨홀을 신설하는 경우(노즐 또는 맨홀의 직경이 250㎜를 초과하는 경우에 한한다) 차. 옥외저장탱크의 밑판 또는 옆판의 표면적의 20%를 초과하는 겹침보수공사 또는 육성보수공사를 하는 경우 카. 옥외저장탱크의 에뉼러판의 겹침보수공사 또는 육성보수공사를 하는 경우 타. 옥외저장탱크의 에뉼러판 또는 밑판이 옆판과 접하는 용접이음부의 겹침보수공사 또는 육성보수공사를 하는 경우(용접길이가 300㎜를 초과하는 경우에 한한다) 파. 옥외저장탱크의 옆판 또는 밑판(에뉼러판을 포함한다) 용접부의 절개보수공사를 하는 경우 하. 옥외저장탱크의 지붕판 표면적 30% 이상을 교체하거나 구조 · 재질 또는 두께를 변경하는 경우 거. 별표 6 Ⅺ제1호가목에 따른 누설범위를 국한하기 위한 설비를 신설하는 경우 너. 별표 6 Ⅺ제2호나목에 따른 냉각장치 또는 보냉장치를 신설하는 경우 더. 별표 6 Ⅺ제3호가목에 따른 온도의 상승에 의한 위험한 반응을 방지하기 위한 설비를 신설하는 경우 러. 별표 6 Ⅺ제3호나목에 따른 철 이온 등의 혼입에 의한 위험한 반응을 방지하기 위한 설비를 신설하는 경우 머. 불활성기체의 봉입장치를 신설하는 경우 버. 지중탱크의 누액방지판을 교체하는 경우 서. 해상탱크의 정치설비를 교체하는 경우 어. 물분무등소화설비를 신설·교체(배관·밸브·압력계·소화전본체·소화약제탱크·포헤드·포방출구 등의 교체는 제외한다) 또는 철거하는 경우 저. 자동화재탐지설비를 신설 또는 철거하는 경우
4. 옥내탱크저장소	가. 옥내탱크저장소의 위치를 이전하는 경우 나. 주입구 또는 펌프설비의 위치를 이전하거나 신설하는 경우 다. 300미터(지상에 설치하지 아니하는 배관의 경우에는 30미터)를 초과하는 위험물배관을 신설·교체·철거 또는 보수(배관을 절개하는 경우에 한한다)하는 경우 라. 옥내저장탱크를 신설·교체 또는 철거하는 경우 마. 옥내저장탱크를 보수(탱크본체를 절개하는 경우에 한한다)하는 경우 바. 옥내저장탱크의 노즐 또는 맨홀을 신설하는 경우(노즐 또는 맨홀의 직경이 250mm를 초과하는 경우에 한한다) 사. 건축물의 벽·기둥·바닥·보 또는 지붕을 증설 또는 철거하는 경우 아. 배출설비를 신설하는 경우 자. 별표 7 Ⅱ에 따른 누설범위를 국한하기 위한 설비·냉각장치·보냉장치·온도의 상승에 의한 위험한 반응을 방지하기 위한 설비 또는 철 이온 등의 혼입에 의한 위험한 반응을 방지하기 위한 설비를 신설하는 경우 차. 불활성기체의 봉입장치를 신설하는 경우 카. 물분무등 소화설비를 신설·교체(배관·밸브·압력계·소화전본체·소화약제탱크·포헤드·포방출구 등의 교체는 제외한다) 또는 철거하는 경우 타. 자동화재탐지설비를 신설 또는 철거하는 경우

5. 지하탱크저장소	가. 지하탱크저장소의 위치를 이전하는 경우 나. 탱크전용실을 증설 또는 보수하는 경우 다. 지하저장탱크를 신설·교체 또는 철거하는 경우 라. 지하저장탱크를 보수(탱크본체를 절개하는 경우에 한한다)하는 경우 마. 지하저장탱크의 노즐 또는 맨홀을 신설하는 경우(노즐 또는 맨홀의 직경이 250mm를 초과하는 경우에 한한다) 바. 주입구 또는 펌프설비의 위치를 이전하거나 신설하는 경우 사. 300미터(지상에 설치하지 아니하는 배관의 경우에는 30미터)를 초과하는 위험물배관을 신설·교체·철거 또는 보수(배관을 절개하는 경우에 한한다)하는 경우 아. 특수누설방지구조를 보수하는 경우 자. 별표 8 Ⅳ제2호 나목 및 같은항제3호에 따른 냉각장치·보냉장치·온도의 상승에 의한 위험한 반응을 방지하기 위한 설비 또는 철 이온 등의 혼입에 의한 위험한 반응을 방지하기 위한 설비를 신설하는 경우 차. 불활성기체의 봉입장치를 신설하는 경우 카. 자동화재탐지설비를 신설 또는 철거하는 경우 타. 지하저장탱크의 내부에 탱크를 추가로 설치하거나 철판 등을 이용하여 탱크 내부를 구획하는 경우
6. 간이탱크저장소	가. 간이탱크저장소의 위치를 이전하는 경우 나. 건축물의 벽·기둥·바닥·보 또는 지붕을 신설·증설 또는 철거하는 경우 다. 간이저장탱크를 신설·교체 또는 철거하는 경우 라. 간이저장탱크를 보수(탱크본체를 절개하는 경우에 한한다)하는 경우 마. 간이저장탱크의 노즐 또는 맨홀을 신설하는 경우(노즐 또는 맨홀의 직경이 250mm를 초과하는 경우에 한한다)
7. 이동탱크저장소	가. 상치장소의 위치를 이전하는 경우(같은 사업장 또는 같은 울안에서 이전하는 경우는 제외한다) 나. 이동저장탱크를 보수(탱크본체를 절개하는 경우에 한한다)하는 경우 다. 이동저장탱크의 노즐 또는 맨홀을 신설하는 경우(노즐 또는 맨홀의 직경이 250mm를 초과하는 경우에 한한다) 라. 이동저장탱크의 구조를 변경하는 경우 마. 별표 10 Ⅳ제3호에 따른 주입설비를 설치 또는 철거하는 경우 바. 펌프설비를 신설하는 경우
8. 옥외저장소	가. 옥외저장소의 면적을 변경하는 경우 나. 별표 11 Ⅲ제1호에 따른 살수설비 등을 신설 또는 철거하는 경우 다. 옥외소화전설비·스프링클러설비·물분무등 소화설비를 신설·교체(배관·밸브·압력계·소화전본체·소화약제탱크·포헤드·포방출구 등의 교체는 제외한다) 또는 철거하는 경우
9. 암반탱크저장소	가. 암반탱크저장소의 내용적을 변경하는 경우 나. 암반탱크의 내벽을 정비하는 경우 다. 배수시설·압력계 또는 안전장치를 신설하는 경우 라. 주입구 위치를 이전하거나 신설하는 경우 마. 300미터(지상에 설치하지 아니하는 배관의 경우에는 30미터)를 초과하는 위험물배관을 신설·교체·철거 또는 보수(배관을 절개하는 경우에 한한다)하는 경우 바. 물분무등 소화설비를 신설·교체(배관·밸브·압력계·소화전본체·소화약제탱크·포헤드·포방출구 등의 교체는 제외한다) 또는 철거하는 경우 사. 자동화재탐지설비를 신설 또는 철거하는 경우

10. 주유취급소	가. 지하에 매설하는 탱크의 변경 중 다음의 어느 하나에 해당하는 경우 1) 탱크의 위치를 이전하는 경우 2) 탱크전용실을 보수하는 경우 3) 탱크를 신설·교체 또는 철거하는 경우 4) 탱크를 보수(탱크본체를 절개하는 경우에 한한다)하는 경우 5) 탱크의 노즐 또는 맨홀을 신설하는 경우(노즐 또는 맨홀의 직경이 250mm를 초과하는 경우에 한한다) 6) 특수누설방지구조를 보수하는 경우 나. 옥내에 설치하는 탱크의 변경 중 다음의 어느 하나에 해당하는 경우 1) 탱크의 위치를 이전하는 경우 2) 탱크를 신설·교체 또는 철거하는 경우 3) 탱크를 보수(탱크본체를 절개하는 경우에 한한다)하는 경우 4) 탱크의 노즐 또는 맨홀을 신설하는 경우(노즐 또는 맨홀의 직경이 250mm를 초과하는 경우에 한한다) 다. 고정주유설비 또는 고정급유설비를 신설 또는 철거하는 경우 라. 고정주유설비 또는 고정급유설비의 위치를 이전하는 경우 마. 건축물의 벽·기둥·바닥·보 또는 지붕을 증설 또는 철거하는 경우 바. 담 또는 캐노피를 신설 또는 철거(유리를 부착하기 위하여 담의 일부를 철거하는 경우를 포함한다)하는 경우 사. <u>주입구 위치를 이전하거나 신설하는 경우</u> 아. 별표 13 XVI에 따른 개질장치(改質裝置), 압축기(壓縮機), 충전설비, 축압기(蓄壓器) 또는 수입설비(受入設備)를 신설하는 경우. 자. 별표 13 V제1호 각목에 따른 시설과 관계된 공작물(바닥면적이 $4m^2$ 이상인 것에 한한다)을 신설 또는 증축하는 경우 차. 자동화재탐지설비를 신설 또는 철거하는 경우 카. 셀프용이 아닌 고정주유설비를 셀프용 고정주유설비로 변경하는 경우 타. 주유취급소 부지의 면적 또는 위치를 변경하는 경우 파. 300m(지상에 설치하지 않는 배관의 경우에는 30m)를 초과하는 위험물의 배관을 신설 · 교체 · 철거 또는 보수(배관을 자르는 경우만 해당한다)하는 경우 하. 탱크의 내부에 탱크를 추가로 설치하거나 철판 등을 이용하여 탱크 내부를 구획하는 경우
11. 판매취급소	가. 건축물의 벽·기둥·바닥·보 또는 지붕을 증설 또는 철거하는 경우 나. 자동화재탐지설비를 신설 또는 철거하는 경우
12. 이송취급소	가. 이송취급소의 위치를 이전하는 경우 나. 300미터(지상에 설치하지 아니하는 배관의 경우에는 30미터)를 초과하는 위험물배관을 신설·교체·철거 또는 보수(배관을 절개하는 경우에 한한다)하는 경우 다. 방호구조물을 신설 또는 철거하는 경우 라. 누설확산방지조치·운전상태의 감시장치·안전제어장치·압력안전장치·누설검지장치를 신설하는 경우 마. 주입구·토출구 또는 펌프설비의 위치를 이전하거나 신설하는 경우 바. 옥내소화전설비·옥외소화전설비·스프링클러설비·물분무등 소화설비를 신설·교체(배관·밸브·압력계·소화전본체·소화약제탱크·포헤드·포방출구 등의 교체는 제외한다) 또는 철거하는 경우 사. 자동화재탐지설비를 신설 또는 철거하는 경우

[규칙 별표 2]

행정처분기준(제25조, 제58조제1항 및 제62조제1항관련) <개정 2024.5.20>

1. 일반기준

가. 위반행위가 2 이상인 때에는 그 중 중한 처분기준(중한 처분기준이 동일한 때에는 그 중 하나의 처분기준을 말한다. 이하 이 호에서 같다)에 의하되, 2 이상의 처분기준이 동일한 사용정지이거나 업무정지인 경우에는 중한 처분의 1/2까지 가중처분할 수 있다.

나. 사용정지 또는 업무정지의 처분기간중에 사용정지 또는 업무정지에 해당하는 새로운 위반행위가 있는 때에는 종전의 처분기간 만료일의 다음 날부터 새로운 위반행위에 따른 사용정지 또는 업무정지의 행정처분을 한다.

다. 위반행위의 횟수에 따른 행정처분기준은 최근 2년간 같은 위반행위로 행정처분을 받은 경우에 적용한다. 이 경우 기간의 계산은 위반행위에 대하여 행정처분을 받은 날과 그 처분 후 다시 같은 위반행위를 하여 적발된 날을 기준으로 한다.

라. 사용정지 또는 업무정지의 처분기간이 완료될 때까지 위반행위가 계속되는 경우에는 사용정지 또는 업무정지의 행정처분을 다시 한다.

마. 사용정지 또는 업무정지에 해당하는 위반행위로서 **위반행위의 동기·내용·횟수** 또는 그 **결과** 등을 고려할 때 제2호 각목의 기준을 적용하는 것이 불합리하다고 인정되는 경우에는 그 처분기준의 1/2기간까지 경감하여 처분할 수 있다.

바. 처분권자는 다음의 사항을 고려하여 제2호의 개별기준에 따른 처분을 감경할 수 있다. 이 경우 그 처분이 사용정지 또는 업무정지인 경우에는 그 처분기준의 2분의 1 범위에서 처분기간을 감경할 수 있고, 그 처분이 지정취소(제58조제1항제1호부터 제3호까지에 해당하는 경우는 제외한다) 또는 등록취소(법 제16조제5항제1호부터 제3호까지에 해당하는 경우는 제외한다)인 경우에는 6개월의 업무정지 처분으로 감경할 수 있다.

1) 위반행위의 동기 · 내용 · 횟수 또는 그 결과 등을 고려할 때 제2호 각 목의 기준을 적용하는 것이 불합리하다고 인정되는 경우

2) 고의 또는 중과실이 없는 위반행위자가 「소상공인기본법」 제2조에 따른 소상공인인 경우로서 해당 행정처분으로 위반행위자가 더 이상 영업을 영위하기 어렵다고 객관적으로 인정되는지 여부, 경제위기 등으로 위반행위자가 속한 시장 · 산업 여건이 현저하게 변동되거나 지속적으로 악화된 상태인지 여부 등을 종합적으로 고려할 때 행정처분을 감경할 필요가 있다고 인정되는 경우

2. 개별기준

가. **제조소등**에 대한 행정처분기준

위 반 사 항	근거법규	행정처분기준		
		1차	2차	3차
(1) 법 제6조제1항의 후단에 따른 변경허가를 받지 않고, 제조소등의 위치·구조 또는 설비를 변경한 경우	법 제12조제1호	경고 또는 사용정지15일	사용정지 60일	허가 취소
(2) 법 제9조에 따른 완공검사를 받지 아니하고 제조소등을 사용한 경우	법 제12조제2호	사용정지 15일	사용정지 60일	허가 취소
(3) 법 제11조의2제3항에 따른 안전조치 이행명령을 따르지 않은 경우	법 제12조 제2호의2	경고	허가취소	-
(4) 법 제14조제2항에 따른 수리·개조 또는 이전의 명령에 위반한 경우	법 제12조제3호	사용정지 30일	사용정지 90일	허가 취소

(5) 법 제15조제1항 및 제2항에 따른 위험물안전관리자를 선임하지 않은 경우	법 제12조제4호	사용정지 15일	사용정지 60일	허가 취소
(6) 법 제15조제5항의 규정을 위반하여 대리자를 지정하지 않은 경우	법 제12조 제5호	사용정지 10일	사용정지 30일	허가 취소
(7) 법 제18조제1항에 따른 정기점검을 하지 않은 경우	법 제12조제6호	사용정지10일	사용정지30일	허가취소
(8) 법 제18조제3항에 따른 정기검사를 받지 않은 경우	법 제12조 제7호	사용정지10일	사용정지30일	허가취소
(9) 법 제26조에 따른 저장·취급기준 준수명령을 위반한 경우	법 제12조 제8호	사용정지30일	사용정지60일	허가취소

나. 안전관리대행기관에 대한 행정처분기준

위 반 사 항	근거법규	행정처분기준		
		1차	2차	3차
(1) 허위 그 밖의 부정한 방법으로 등록을 한 때	제58조	지정취소		
(2) 탱크시험자의 등록 또는 다른 법령에 의한 안전관리 업무대행기관의 지정·승인 등이 취소된 때	제58조	지정취소		
(3) 다른 사람에게 지정서를 대여한 때	제58조	지정취소		
(4) 별표 22에 따른 안전관리대행기관의 지정기준에 미달되는 때	제58조	업무정지 30일	업무정지 60일	지정 취소
(5) 제57조제4항에 따른 소방청장의 지도·감독에 정당한 이유 없이 따르지 아니한 때	제58조	업무정지 30일	업무정지 60일	지정 취소
(6) 제57조제5항에 따른 변경등의 신고를 연간 2회 이상 하지 아니한 때	제58조	경고 또는 업무정지 30일	업무정지 90일	지정 취소
(7) 제57조제6항에 따른 휴업 또는 재개업 신고를 연간 2회 이상 하지 아니한 때	제58조	경고 또는 업무정지 30일	업무정지 90일	지정 취소
(8) 안전관리대행기관의 기술인력이 제59조에 따른 안전관리업무를 성실하게 수행하지 아니한 때	제58조	경고	업무정지 90일	지정 취소

다. 탱크시험자에 대한 행정처분기준

위 반 사 항	근거법규	행정처분기준		
		1차	2차	3차
(1) 허위 그 밖의 부정한 방법으로 등록을 한 경우	법 제16조 제5항	등록취소		
(2) 법 제16조제4항 각호의 1의 등록의 결격사유에 해당하게 된 경우	법 제16조 제5항	등록취소		
(3) 다른 자에게 등록증을 빌려 준 경우	법 제16조 제5항	등록취소		
(4) 법 제16조제2항에 따른 등록기준에 미달하게 된 경우	법 제16조 제5항	업무정지 30일	업무정지 60일	등록 취소
(5) 탱크안전성능시험 또는 점검을 허위로 하거나 이 법에 의한 기준에 맞지 아니하게 탱크안전성능시험 또는 점검을 실시하는 경우 등 탱크시험자로서 적합하지 아니하다고 인정되는 경우	법 제16조 제5항	업무정지 30일	업무정지 90일	등록 취소

[규칙 별표 3]

과징금의 금액(제26조1호관련)

1. 일반기준

가. 과징금을 부과하는 위반행위의 종별에 따른 과징금의 금액은 제25조 및 별표 2에 따른 사용정지의 기간에 나목 또는 다목에 의하여 산정한 1일당 과징금의 금액을 곱하여 얻은 금액으로 한다.

나. 1일당 과징금의 금액은 해당 제조소등의 연간 매출액을 기준으로 하여 제2호가목의 기준에 의하여 산정한다. 이 경우 연간 매출액은 전년도의 1년간의 총 매출액을 기준으로 하되, 신규사업·휴업 등으로 인하여 1년간의 총 매출액을 산출할 수 없는 경우에는 분기별·월별 또는 일별 매출액을 기준으로 하여 연간 매출액을 환산한다.

다. 연간 매출액이 없거나 연간 매출액의 산출이 곤란한 제조소등의 경우에는 해당 제조소등에서 저장 또는 취급하는 위험물의 허가수량(지정수량의 배수)을 기준으로 하여 제2호나목의 기준에 의하여 산정한다.

2. 과징금 산정기준

가. 연간 매출액을 기준으로 한 과징금 산정기준

등급	연간 매출액(단위: 원)	1일당 과징금의 금액(단위: 천원)
1	5천만원 이하	7,000
2	5천만원 초과~ 1억 이하	20,000
3	1억원 초과~ 2억 이하	41,000
4~21	생략~ (법제처 참고)	생략~ (법제처 참고)
22	500억 초과~ 600억 이하	2,168,000
23	600억 초과	2,222,000

나. 저장 또는 취급하는 위험물의 허가수량을 기준으로 한 과징금 산정기준

등급	저장 또는 취급하는 위험물의 허가수량(지정수량의 배수)		1일당 과징금의 금액 (단위: 천원)
	저장량	취급량	
1	50배 이하	30배 이하	100
2	50배 초과 ~ 100배 이하	30배 초과 ~ 100배 이하	400
3	100배 초과 ~ 1,000배 이하	100배 초과 ~ 500배 이하	600
4	1,000배 초과 ~ 10,000배 이하	500배 초과 ~ 1,000배 이하	800
5	10,000배 초과 ~ 100,000배 이하	1,000배 초과 ~ 2,000배 이하	1000
6	100,000배 초과	2,000배 초과	

※ 비 고

1. 저장량과 취급량이 다른 경우에는 둘 중 많은 수량을 기준으로 한다.
2. 자가발전, 자가난방 그 밖의 이와 유사한 목적의 제조소등에 있어서는 이 표에 의한 금액의 1/2을 과징금의 금액으로 한다.

[규칙 별표 3의2] 과징금의 금액(제26조 제2호관련) – 생략 – <개정 2016.1.22>

[규칙 별표 4]

제조소의 위치·구조 및 설비의 기준(제28조관련) 〈개정 2024.7.30.〉

Ⅰ. 안전거리

1. **제조소**(제6류 위험물을 취급하는 제조소를 제외한다)는 다음 각목에 따른 건축물의 외벽 또는 이에 상당하는 공작물의 외측으로부터 해당 제조소의 외벽 또는 이에 상당하는 공작물의 외측까지의 사이에 다음 각목에 따른 수평거리(이하 "안전거리"라 한다)를 두어야 한다.
   가. 나목 내지 라목에 따른 것 외의 건축물 그 밖의 공작물로서 **주거용**으로 사용되는 것(제조소가 설치된 부지내에 있는 것을 제외한다)에 있어서는 10m 이상
   나. **학교·병원·극장** 그 밖에 다수인을 수용하는 시설로서 다음의 1에 해당하는 것에 있어서는 30m 이상
      (1) 「초·중등교육법」 제2조 및 「고등교육법」 제2조에 정하는 **학교**
      (2) 「의료법」 제3조제2항제3호에 따른 병원급 의료기관
      (3) 「**공연법**」 제2조제4호에 따른 **공연장**, 「영화진흥법」 제2조제13호에 따른 **영화상영관** 그 밖에 이와 유사한 시설로서 **3백명** 이상의 인원을 수용할 수 있는 것
      (4) 「아동복지법」 제3조제10호에 따른 아동복지시설, 「노인복지법」 제31조제1호부터 제3호까지에 해당하는 노인복지시설, 「장애인복지법」 제58조제1항에 따른 장애인복지시설, 「한부모가족지원법」 제19조제1항에 따른 한부모가족복지시설, 「영유아보육법」 제2조제3호에 따른 어린이집, 「성매매방지 및 피해자보호 등에 관한 법률」 제5조제1항에 따른 성매매피해자등을 위한 지원시설, 「정신보건법」 제3조제2호에 따른 정신보건시설, 「가정폭력방지 및 피해자보호 등에 관한 법률」 제7조의2제1항에 따른 보호시설 및 그 밖에 이와 유사한 시설로서 20명 이상의 인원을 수용할 수 있는 것
   다. 「**문화**유산의 보존 및 활용에 관한 법률」 제2조제3항에 따른 지정문화유산 및 「자연유산의 보존 및 활용에 관한 법률」 제2조제5호에 따른 천연기념물등에 있어서는 50m 이상
   라. **고압가스**, **액화석유가스** 또는 **도시가스**를 **저장** 또는 **취급하는 시설**로서 다음의 어느 하나에 해당하는 것에 있어서는 20m 이상. 다만, 해당 시설의 배관 중 제조소가 설치된 부지 내에 있는 것은 제외한다.
      (1) 「고압가스 안전관리법」의 규정에 따라 허가를 받거나 신고를 하여야 하는 고압가스제조시설(용기에 충전하는 것을 포함한다) 또는 고압가스사용시설로서 1일 $30m^3$ 이상의 용적을 취급하는 시설이 있는 것
      (2) 「고압가스 안전관리법」의 규정에 따라 허가를 받거나 신고를 하여야 하는 고압가스저장시설
      (3) 「고압가스 안전관리법」의 규정에 따라 허가를 받거나 신고를 하여야 하는 액화산소를 소비하는 시설
      (4) 「액화석유가스의 안전관리 및 사업법」의 규정에 따라 허가를 받아야 하는 액화석유가스제조시설 및 액화석유가스저장시설
      (5) 「도시가스사업법」 제2조제5호에 따른 가스공급시설
   마. 사용전압이 7,000V **초과** 35,000V 이하의 특고압 가공전선에 있어서는 3m 이상
   바. 사용전압이 35,000V를 초과하는 특고압 가공전선에 있어서는 5m 이상
2. 제1호가목 내지 다목에 따른 건축물 등은 부표의 기준에 의하여 불연재료로 된 방화상 유효한 담 또는 벽을 설치하는 경우에는 동표의 기준에 의하여 안전거리를 단축할 수 있다.

Ⅱ. 보유공지

1. 위험물을 취급하는 건축물 그 밖의 시설(위험물을 이송하기 위한 배관 그 밖에 이와 유사한 시설을 제외한다)의 주위에는 그 취급하는 위험물의 최대수량에 따라 다음 표에 의한 너비의 공지를 보유하여야 한다.

취급하는 위험물의 최대수량	공지의 너비
지정수량의 10배 이하	3m 이상
지정수량의 10배 초과	5m 이상

2. 제조소의 작업공정이 다른 작업장의 작업공정과 연속되어 있어 제조소의 건축물 그 밖의 공작물의 주위에 공지를 두게 되면 그 제조소의 작업에 현저한 지장이 생길 우려가 있는 경우 해당 제조소와 다른 작업장 사이에 다음 각목의 기준에 따라 방화상 유효한 격벽을 설치한 때에는 해당 제조소와 다른 작업장 사이에 제1호에 따른 공지를 보유하지 아니할 수 있다.

가. 방화벽은 **내화구조**로 할 것. 다만, 취급하는 위험물이 **제6류 위험물**인 경우에는 **불연재료**로 할 수 있다.

나. 방화벽에 설치하는 출입구 및 창 등의 개구부는 가능한 한 최소로 하고, 출입구 및 창에는 자동폐쇄식의 60분+방화문 또는 60분방화문을 설치할 것

다. 방화벽의 양단 및 상단이 외벽 또는 지붕으로부터 50cm 이상 돌출하도록 할 것

Ⅲ. 표지 및 게시판

1. 제조소에는 보기 쉬운 곳에 다음 각목의 기준에 따라 "위험물 제조소"라는 표시를 한 표지를 설치하여야 한다.

가. **표지는 한변의 길이가 0.3m 이상, 다른 한변의 길이가 0.6m 이상**인 직사각형으로 할 것

나. **표지의 바탕은 백색으로, 문자는 흑색**으로 할 것

2. 제조소에는 보기 쉬운 곳에 다음 각목의 기준에 따라 방화에 관하여 필요한 사항을 게시한 게시판을 설치하여야 한다.

가. 게시판은 한변의 길이가 0.3m 이상, 다른 한변의 길이가 0.6m 이상인 직사각형으로 할 것

나. 게시판에는 저장 또는 취급하는 **위험물의 유별·품명 및 저장최대수량 또는 취급최대수량, 지정수량의 배수 및 안전관리자의 성명 또는 직명**을 기재할 것

다. 나목의 게시판의 **바탕은 백색으로, 문자는 흑색**으로 할 것

라. 나목의 게시판 외에 저장 또는 취급하는 위험물에 따라 다음에 따른 주의사항을 표시한 게시판을 설치할 것

(1) **제1류 위험물 중 알칼리금속의 과산화물과 이를 함유한 것** 또는 제3류 위험물 중 금수성물질에 있어서는 "**물기엄금**"

(2) **제2류 위험물(인화성고체를 제외한다)**에 있어서는 "**화기주의**"

(3) **제2류 위험물 중 인화성고체, 제3류 위험물 중 자연발화성물질, 제4류 위험물 또는 제5류 위험물**에 있어서는 "**화기엄금**"

마. 라목의 게시판의 색은 "물기엄금"을 표시하는 것에 있어서는 **청색바탕**에 백색문자로, "화기주의" 또는 "화기엄금"을 표시하는 것에 있어서는 **적색바탕**에 백색문자로 할 것

3. 법 제19조의2제2항에 따라 제조소에는 보기 쉬운 곳에 다음 각 목의 기준에 따라 해당 제조소가 금연구역임을 알리는 표지를 설치해야 한다. 다만, 제조소에 출입하는 사람이 특정인으로 한정되고, 해당 제조소를 포함하는 사업소의 출입구에 해당 사업소 전체가 금연구역임을 알리는 표지를 설치한 경우에는 해당 제조소에 금연구역임을 알리는 표지를 설치한 것으로 본다. <개정 2024.7.30.>

가. 표지에는 금연을 상징하는 그림 또는 문자, 위반시 조치사항 등이 포함될 것

나. 건축물 또는 시설의 규모나 구조에 따라 표지의 크기를 다르게 할 수 있으며, 바탕색 및 글씨 색상 등은 그 내용이 눈에 잘 띄도록 배색할 것

Ⅳ. 건축물의 구조

위험물을 취급하는 건축물의 구조는 다음 각 호의 기준에 의하여야 한다.

1. **지하층이 없도록 하여야 한다.** 다만, 위험물을 취급하지 아니하는 지하층으로서 위험물의 취급장소에서 새어나온 위험물 또는 가연성의 증기가 흘러 들어갈 우려가 없는 구조로 된 경우에는 그러하지 아니하다.

2. 벽·기둥·바닥·보·서까래 및 계단을 불연재료로 하고, 연소(延燒)의 우려가 있는 외벽(소방청장이 정하여 고시하는 것에 한한다. 이하 같다)은 출입구 외의 개구부가 없는 내화구조의 벽으로 하여야 한다. 이 경우 제6류 위험물을 취급하는 건축물에 있어서 위험물이 스며들 우려가 있는 부분에 대하여는 아스팔트 그 밖에 부식되지 아니하는 재료로 피복하여야 한다.
3. 지붕(작업공정상 제조기계시설 등이 2층 이상에 연결되어 설치된 경우에는 최상층의 지붕을 말한다)은 폭발력이 위로 방출될 정도의 가벼운 불연재료로 덮어야 한다. 다만, 위험물을 취급하는 건축물이 다음 각목의 1에 해당하는 경우에는 그 지붕을 내화구조로 할 수 있다.
   가. 제2류 위험물(분상의 것과 인화성고체를 제외한다), 제4류 위험물 중 제4석유류·동식물유류 또는 제6류 위험물을 취급하는 건축물인 경우
   나. 다음의 기준에 적합한 밀폐형 구조의 건축물인 경우
      (1) 발생할 수 있는 내부의 과압(過壓) 또는 부압(負壓)에 견딜 수 있는 철근콘크리트조일 것
      (2) 외부화재에 90분 이상 견딜 수 있는 구조일 것
4. 출입구와 「산업안전보건기준에 관한 규칙」 제17조에 따라 설치하여야 하는 비상구에는 60분+방화문 · 60분방화문 또는 30분방화문을 설치하되, 연소의 우려가 있는 외벽에 설치하는 출입구에는 수시로 열 수 있는 자동폐쇄식의 60분+방화문 또는 60분방화문을 설치하여야 한다.
5. 위험물을 취급하는 건축물의 창 및 출입구에 유리를 이용하는 경우에는 망입유리로 하여야 한다.
6. 액체의 위험물을 취급하는 건축물의 바닥은 위험물이 스며들지 못하는 재료를 사용하고, 적당한 경사를 두어 그 최저부에 집유설비를 하여야 한다.

Ⅴ. 채광·조명 및 환기설비

1. 위험물을 취급하는 건축물에는 다음 각목의 기준에 의하여 위험물을 취급하는데 필요한 채광·조명 및 환기의 설비를 설치하여야 한다.
   가. 채광설비는 불연재료로 하고, 연소의 우려가 없는 장소에 설치하되 채광면적을 최소로 할 것
   나. 조명설비는 다음의 기준에 적합하게 설치할 것
      (1) 가연성가스 등이 체류할 우려가 있는 장소의 조명등은 방폭등으로 할 것
      (2) 전선은 내화·내열전선으로 할 것
      (3) 점멸스위치는 출입구 바깥부분에 설치할 것. 다만, 스위치의 스파크로 인한 화재·폭발의 우려가 없는 경우에는 그러하지 아니하다.
   다. 환기설비는 다음의 기준에 의할 것
      (1) 환기는 자연배기방식으로 할 것
      (2) 급기구는 해당 급기구가 설치된 실의 바닥면적 150m² 마다 1개 이상으로 하되, 급기구의 크기는 800cm² 이상으로 할 것. 다만, 바닥면적이 150cm² 미만인 경우에는 다음의 크기로 하여야 한다.

바닥면적	급기구의 면적
60m² 미만	150cm² 이상
60m² 이상 90m² 미만	300cm² 이상
90m² 이상 120m² 미만	450cm² 이상
120m² 이상 150m² 미만	600cm² 이상

      (3) 급기구는 낮은 곳에 설치하고 가는 눈의 구리망 등으로 인화방지망을 설치할 것
      (4) 환기구는 지붕위 또는 지상 2m 이상의 높이에 회전식 고정벤티레이터 또는 루푸팬방식으로 설치할 것

2. 배출설비가 설치되어 유효하게 환기가 되는 건축물에는 환기설비를 하지 아니할 수 있고, 조명설비가 설치되어 유효하게 조도가 확보되는 건축물에는 채광설비를 하지 아니할 수 있다.

Ⅵ. 배출설비

가연성의 증기 또는 미분이 체류할 우려가 있는 건축물에는 그 증기 또는 미분을 옥외의 높은 곳으로 배출할 수 있도록 다음 각 호의 기준에 의하여 배출설비를 설치하여야 한다.

1. 배출설비는 **국소방식**으로 하여야 한다. 다만, 다음 각목의 1에 해당하는 경우에는 **전역방식**으로 할 수 있다.
   가. **위험물취급설비가 배관이음 등으로만 된 경우**
   나. **건축물의 구조·작업장소의 분포 등의 조건에 의하여 전역방식이 유효한 경우**
2. 배출설비는 배풍기·배출닥트·후드 등을 이용하여 강제적으로 배출하는 것으로 하여야 한다.
3. 배출능력은 1시간당 배출장소 용적의 **20배** 이상인 것으로 하여야 한다. 다만, 전역방식의 경우에는 바닥면적 $1m^2$당 $18m^3$ 이상으로 할 수 있다.
4. 배출설비의 급기구 및 배출구는 다음 각목의 기준에 의하여야 한다.
   가. **급기구는 높은 곳에 설치**하고, 가는 눈의 구리망 등으로 인화방지망을 설치할 것
   나. 배출구는 지상 **2m** 이상으로서 연소의 우려가 없는 장소에 설치하고, 배출닥트가 관통하는 벽부분의 바로 가까이에 화재시 자동으로 폐쇄되는 방화댐퍼를 설치할 것
5. 배풍기는 **강제배기방식**으로 하고, 옥내닥트의 내압이 대기압 이상이 되지 아니하는 위치에 설치하여야 한다.

Ⅶ. 옥외설비의 바닥

옥외에서 액체위험물을 취급하는 설비의 바닥은 다음 각호의 기준에 의하여야 한다.

1. 바닥의 둘레에 높이 **0.15m** 이상의 턱을 설치하는 등 위험물이 외부로 흘러나가지 아니하도록 하여야 한다.
2. 바닥은 콘크리트 등 위험물이 스며들지 아니하는 재료로 하고, 제1호의 턱이 있는 쪽이 낮게 경사지게 하여야 한다.
3. 바닥의 최저부에 집유설비를 하여야 한다.
4. 위험물(온도 20℃의 물 100g에 용해되는 양이 1g 미만인 것에 한한다)을 취급하는 설비에 있어서는 해당 위험물이 직접 배수구에 흘러들어가지 아니하도록 집유설비에 유분리장치를 설치하여야 한다.

Ⅷ. 기타 설비

1. **위험물의 누출·비산방지**
   위험물을 취급하는 기계·기구 그 밖의 설비는 위험물이 새거나 넘치거나 비산하는 것을 방지할 수 있는 구조로 하여야 한다. 다만, 해당 설비에 위험물의 누출등으로 인한 재해를 방지할 수 있는 부대설비(**되돌림관·수막** 등)를 한 때에는 그러하지 아니하다.
2. **가열·냉각설비 등의 온도측정장치**
   위험물을 가열하거나 냉각하는 설비 또는 위험물의 취급에 수반하여 온도변화가 생기는 설비에는 온도측정장치를 설치하여야 한다.
3. **가열건조설비**
   위험물을 가열 또는 건조하는 설비는 직접 불을 사용하지 아니하는 구조로 하여야 한다. 다만, 해당 설비가 방화상 안전한 장소에 설치되어 있거나 화재를 방지할 수 있는 부대설비를 한 때에는 그러하지 아니하다.
4. **압력계 및 안전장치**
   위험물을 가압하는 설비 또는 그 취급하는 위험물의 압력이 상승할 우려가 있는 설비에는 압력계 및 다음

각목의 1에 해당하는 안전장치를 설치하여야 한다. 다만, 라목의 파괴판은 위험물의 성질에 따라 안전밸브의 작동이 곤란한 가압설비에 한한다.

가. 자동적으로 압력의 상승을 정지시키는 장치

나. 감압측에 안전밸브를 부착한 감압밸브

다. 안전밸브를 병용하는 경보장치

라. 파괴판

5. 전기설비

제조소에 설치하는 전기설비는 「전기사업법」에 의한 전기설비기술기준에 의하여야 한다.

6. 정전기 제거설비

위험물을 취급함에 있어서 정전기가 발생할 우려가 있는 설비에는 다음 각목의 1에 해당하는 방법으로 정전기를 유효하게 제거할 수 있는 설비를 설치하여야 한다.

가. **접지**에 의한 방법

나. 공기 중의 **상대습도를** 70% 이상으로 하는 방법

다. 공기를 **이온화**하는 방법

7. 피뢰설비

지정수량의 10배 이상의 위험물을 취급하는 제조소(제6류 위험물을 취급하는 위험물제조소를 제외한다)에는 피뢰침(「산업표준화법」 제12조에 따른 한국산업표준 중 피뢰설비 표준에 적합한 것을 말한다. 이하 같다)을 설치하여야 한다. 다만, 제조소의 주위의 상황에 따라 안전상 지장이 없는 경우에는 피뢰침을 설치하지 아니할 수 있다.

8. 전동기 등

전동기 및 위험물을 취급하는 설비의 펌프·밸브·스위치 등은 화재예방상 지장이 없는 위치에 부착하여야 한다.

Ⅸ. 위험물취급탱크

1. 위험물제조소의 옥외에 있는 위험물취급탱크(용량이 지정수량의 1/5 미만인 것을 제외한다)는 다음 각목의 기준에 의하여 설치하여야 한다.

가. 옥외에 있는 위험물취급탱크의 구조 및 설비는 별표 6 Ⅵ제1호(특정옥외저장탱크 및 준특정옥외저장탱크와 관련되는 부분을 제외한다)·제3호 내지 제9호·제11호 내지 제14호 및 XⅣ에 따른 옥외탱크저장소의 탱크의 구조 및 설비의 기준을 준용할 것

나. **옥외에 있는 위험물취급탱크**로서 액체위험물(이황화탄소를 제외한다)을 취급하는 것의 주위에는 다음의 기준에 의하여 방유제를 설치할 것

(1) 하나의 취급탱크 주위에 설치하는 **방유제의 용량은 해당 탱크용량의 50%** 이상으로 하고, **2 이상의 취급탱크 주위에 하나의 방유제를 설치하는 경우 그 방유제의 용량은 해당 탱크중 용량이 최대인 것의 50%에 나머지 탱크용량 합계의 10%를 가산한 양 이상이 되게 할 것.** 이 경우 방유제의 용량은 해당 방유제의 내용적에서 용량이 최대인 탱크 외의 탱크의 방유제 높이 이하 부분의 용적, 해당 방유제 내에 있는 모든 탱크의 지반면 이상 부분의 기초의 체적, 간막이 둑의 체적 및 해당 방유제 내에 있는 배관 등의 체적을 뺀 것으로 한다.

(2) 방유제의 구조 및 설비는 별표 6 Ⅸ 제1호나목·사목·차목·카목 및 파목에 따른 옥외저장탱크의 방유제의 기준에 적합하게 할 것

2. 위험물제조소의 옥내에 있는 위험물취급탱크(용량이 지정수량의 1/5 미만인 것을 제외한다)는 다음 각목의 기준에 의하여 설치하여야 한다.

가. 탱크의 구조 및 설비는 별표 7 Ⅰ 제1호마목 내지 자목 및 카목 내지 파목에 따른 옥내탱크저장소의 위험물을 저장 또는 취급하는 탱크의 구조 및 설비의 기준을 준용할 것

나. 위험물취급탱크의 주위에는 턱(이하 "방유턱"이라 한다)을 설치하는 등 위험물이 누설된 경우에 그 유출을 방지하기 위한 조치를 할 것. 이 경우 해당 조치는 탱크에 수납하는 위험물의 양(하나의 방유턱안에 2 이상의 탱크가 있는 경우는 해당 탱크 중 실제로 수납하는 위험물의 양이 최대인 탱크의 양)을 전부 수용할 수 있도록 하여야 한다.

3. 위험물제조소의 지하에 있는 위험물취급탱크의 위치·구조 및 설비는 별표 8 Ⅰ(제5호·제11호 및 제14호를 제외한다), Ⅱ(Ⅰ제5호·제11호 및 제14호의 규정을 적용하도록 하는 부분을 제외한다) 또는 Ⅲ(Ⅰ제5호·제11호 및 제14호의 규정을 적용하도록 하는 부분을 제외한다)에 따른 지하탱크저장소의 위험물을 저장 또는 취급하는 탱크의 위치·구조 및 설비의 기준에 준하여 설치하여야 한다.

Ⅹ. 배 관

위험물제조소내의 위험물을 취급하는 배관은 다음 각호의 기준에 의하여 설치하여야 한다.

1. 배관의 재질은 강관 그 밖에 이와 유사한 금속성으로 하여야 한다. 다만, 다음 각 목의 기준에 적합한 경우에는 그러하지 아니하다.
   가. 배관의 재질은 한국산업규격의 유리섬유강화플라스틱·고밀도폴리에틸렌 또는 폴리우레탄으로 할 것
   나. 배관의 구조는 내관 및 외관의 이중으로 하고, 내관과 외관의 사이에는 틈새공간을 두어 누설여부를 외부에서 쉽게 확인할 수 있도록 할 것 다만, 배관의 재질이 취급하는 위험물에 의해 쉽게 열화될 우려가 없는 경우에는 그러하지 아니하다.
   다. 국내 또는 국외의 관련 공인시험기관으로부터 안전성에 대한 시험 또는 인증을 받을 것
   라. 배관은 지하에 매설할 것. 다만, 화재 등 열에 의하여 쉽게 변형될 우려가 없는 재질이거나 화재 등 열에 의한 악영향을 받을 우려가 없는 장소에 설치되는 경우에는 그러하지 아니하다.
2. 배관은 다음 각 목의 구분에 따른 압력으로 내압시험을 실시하여 누설 또는 그 밖의 이상이 없는 것으로 해야 한다.
   가. 불연성 액체를 이용하는 경우에는 최대상용압력의 1.5배 이상
   나. 불연성 기체를 이용하는 경우에는 최대상용압력의 1.1배 이상
3. 배관을 지상에 설치하는 경우에는 지진·풍압·지반침하 및 온도변화에 안전한 구조의 지지물에 설치하되, 지면에 닿지 아니하도록 하고 배관의 외면에 부식방지를 위한 도장을 하여야 한다. 다만, 불변강관 또는 부식의 우려가 없는 재질의 배관의 경우에는 부식방지를 위한 도장을 아니할 수 있다.
4. 배관을 지하에 매설하는 경우에는 다음 각목의 기준에 적합하게 하여야 한다.
   가. 금속성 배관의 외면에는 부식방지를 위하여 도복장·코팅 또는 전기방식 등의 필요한 조치를 할 것
   나. 배관의 접합부분(용접에 의한 접합부 또는 위험물의 누설의 우려가 없다고 인정되는 방법에 의하여 접합된 부분을 제외한다)에는 위험물의 누설여부를 점검할 수 있는 점검구를 설치할 것
   다. 지면에 미치는 중량이 해당 배관에 미치지 아니하도록 보호할 것
5. 배관에 가열 또는 보온을 위한 설비를 설치하는 경우에는 화재예방상 안전한 구조로 하여야 한다.

Ⅺ. 고인화점 위험물의 제조소의 특례

인화점이 100℃ 이상인 제4류 위험물(이하 "고인화점위험물"이라 한다)만을 100℃ 미만의 온도에서 취급하는 제조소로서 그 위치 및 구조가 다음 각호의 기준에 모두 적합한 제조소에 대하여는 Ⅰ, Ⅱ, Ⅳ제1호, Ⅳ제3호 내지 제5호, Ⅷ제6호·제7호 및 Ⅸ제1호나목2)에 의하여 준용되는 별표 6 Ⅸ 제1호나목의 규정을 적용하지 아니한다.

1. 다음 각목에 따른 건축물의 외벽 또는 이에 상당하는 공작물의 외측으로부터 해당 제조소의 외벽 또는 이에 상당하는 공작물의 외측까지의 사이에 다음 각목에 따른 안전거리를 두어야 한다. 다만, 가목 내지 다목에

따른 건축물 등에 부표의 기준에 의하여 불연재료로 된 방화상 유효한 담 또는 벽을 설치하여 소방본부장 또는 소방서장이 안전하다고 인정하는 거리로 할 수 있다.

가. 나목 내지 라목 외의 건축물 그 밖의 공작물로서 주거용으로 제공하는 것(제조소가 있는 부지와 동일한 부지내에 있는 것을 제외한다)에 있어서는 10m 이상

나. Ⅰ제1호나목 1) 내지 4)에 따른 시설에 있어서는 30m 이상

다. 「문화유산의 보존 및 활용에 관한 법률」 제2조제3항에 따른 지정문화유산 및 「자연유산의 보존 및 활용에 관한 법률」 제2조제5호에 따른 천연기념물등에 있어서는 50m 이상

라. Ⅰ제1호라목 1) 내지 5)에 따른 시설(불활성 가스만을 저장 또는 취급하는 것을 제외한다)에 있어서는 20m 이상

2. 위험물을 취급하는 건축물 그 밖의 공작물(위험물을 이송하기 위한 배관 그 밖에 이에 준하는 공작물을 제외한다)의 주위에 3m 이상의 너비의 공지를 보유하여야 한다. 다만, Ⅱ제2호 각목의 규정에 따라 방화상 유효한 격벽을 설치하는 경우에는 그러하지 아니하다.
3. 위험물을 취급하는 건축물은 그 지붕을 불연재료로 하여야 한다.
4. 위험물을 취급하는 건축물의 창 및 출입구에는 60분+방화문 · 60분방화문 또는 30분방화문 또는 불연재료나 유리로 만든 문을 달고, 연소의 우려가 있는 외벽에 두는 출입구에는 수시로 열 수 있는 자동폐쇄식의 60분+방화문 또는 60분방화문을 설치하여야 한다.
5. 위험물을 취급하는 건축물의 연소의 우려가 있는 외벽에 두는 출입구에 유리를 이용하는 경우에는 망입유리로 하여야 한다.

XII. 위험물의 성질에 따른 제조소의 특례

1. 다음 각목의 1에 해당하는 위험물을 취급하는 제조소에 있어서는 Ⅰ 내지 제Ⅷ에 따른 기준에 의하는 외에 해당 위험물의 성질에 따라 제2호 내지 제4호의 기준에 의하여야 한다.

   가. 제3류 위험물 중 알킬알루미늄·알킬리튬 또는 이중 어느 하나 이상을 함유하는 것(이하 "알킬알루미늄등"이라 한다)

   나. 제4류 위험물 중 특수인화물의 아세트알데하이드·산화프로필렌 또는 이중 어느 하나 이상을 함유하는 것(이하"아세트알데하이드등"이라 한다)

   다. 제5류 위험물 중 하이드록실아민·하이드록실아민염류 또는 이중 어느 하나 이상을 함유하는 것(이하 "하이드록실아민등"이라 한다)
2. 알킬알루미늄등을 취급하는 제조소의 특례는 다음 각목과 같다.

   가. 알킬알루미늄등을 취급하는 설비의 주위에는 누설범위를 국한하기 위한 설비와 누설된 알킬알루미늄등을 안전한 장소에 설치된 저장실에 유입시킬 수 있는 설비를 갖출 것

   나. 알킬알루미늄등을 취급하는 설비에는 불활성기체를 봉입하는 장치를 갖출 것
3. 아세트알데하이드등을 취급하는 제조소의 특례는 다음 각 목과 같다.

   가. 아세트알데하이드등을 취급하는 설비는 은·수은·동·마그네슘 또는 이들을 성분으로 하는 합금으로 만들지 아니할 것

   나. 아세트알데하이드등을 취급하는 설비에는 연소성 혼합기체의 생성에 의한 폭발을 방지하기 위한 불활성기체 또는 수증기를 봉입하는 장치를 갖출 것

   다. 아세트알데하이드등을 취급하는 탱크(옥외에 있는 탱크 또는 옥내에 있는 탱크로서 그 용량이 지정수량의 1/5 미만의 것을 제외한다)에는 냉각장치 또는 저온을 유지하기 위한 장치(이하 "보냉장치"라 한다) 및 연소성 혼합기체의 생성에 의한 폭발을 방지하기 위한 불활성기체를 봉입하는 장치를 갖출 것. 다만, 지하에 있는 탱크가 아세트알데하이드등의 온도를 저온으로 유지할 수 있는 구조인 경우에는 냉각장치 및 보냉장치를 갖추지 아니할 수 있다.

라. 다목에 따른 냉각장치 또는 보냉장치는 둘 이상 설치하여 하나의 냉각장치 또는 보냉장치가 고장난 때에도 일정 온도를 유지할 수 있도록 하고, 다음의 기준에 적합한 **비상전원**을 갖출 것
 (1) 상용전력원이 고장인 경우에 자동으로 비상전원으로 전환되어 가동되도록 할 것
 (2) 비상전원의 용량은 냉각장치 또는 보냉장치를 유효하게 작동할 수 있는 정도일 것
마. 아세트알데하이드등을 취급하는 탱크를 지하에 매설하는 경우에는 Ⅸ제3호의 규정에 따라 적용되는 별표 8 Ⅰ제1호 단서의 규정에 불구하고 해당 탱크를 탱크전용실에 설치할 것

4. **하이드록실아민** 등을 취급하는 제조소의 특례는 다음 각 목과 같다.
가. Ⅰ제1호가목부터 라목까지의 규정에도 불구하고 지정수량 이상의 하이드록실아민등을 취급하는 제조소의 위치는 Ⅰ제1호가목부터 라목까지에 따른 건축물의 벽 또는 이에 상당하는 공작물의 외측으로부터 해당 제조소의 외벽 또는 이에 상당하는 공작물의 외측까지의 사이에 다음 식에 의하여 요구되는 거리 이상의 안전거리를 둘 것

$$D = 51.1\sqrt[3]{N}$$

D: 거리(m)　　N: 해당 제조소에서 취급하는 하이드록실아민등의 지정수량의 배수

나. 가목의 제조소의 주위에는 다음에 정하는 기준에 적합한 담 또는 토제(土堤)를 설치할 것
 (1) 담 또는 토제는 해당 제조소의 외벽 또는 이에 상당하는 공작물의 외측으로부터 2m 이상 떨어진 장소에 설치할 것
 (2) 담 또는 토제의 높이는 해당 제조소에 있어서 하이드록실아민등을 취급하는 부분의 높이 이상으로 할 것
 (3) 담은 두께 15cm 이상의 철근콘크리트조·철골철근콘크리트조 또는 두께 20cm 이상의 보강콘크리트블록조로 할 것
 (4) 토제의 경사면의 경사도는 60℃ 미만으로 할 것
다. 하이드록실아민등을 취급하는 설비에는 하이드록실아민등의 온도 및 농도의 상승에 의한 위험한 반응을 방지하기 위한 조치를 강구할 것
라. 하이드록실아민등을 취급하는 설비에는 철 이온 등의 혼입에 의한 위험한 반응을 방지하기 위한 조치를 강구할 것

[규칙 별표 4의 부표] 〈개정 2024. 12. 31〉

제조소등의 안전거리의 단축기준(별표 4관련)

1. 방화상 유효한 담을 설치한 경우의 안전거리는 다음 표와 같다. (단위: m)

구　　분	취급하는 위험물의 최대수량 (지정수량의 배수)	안전거리(이상)		
		주거용 건축물	학교·유치원등	국가 유산
제조소·일반취급소(취급하는 위험물의 양이 주거지역에 있어서는 30배, 상업지역에 있어서는 35배, 공업지역에 있어서는 50배 이상인 것을 제외한다)	10배 미만	6.5	20.0	35.0
	10배 이상	7.0	22.0	38.0
옥내저장소(취급하는 위험물의 양이 주거지역에	5배 미만	4.0	12.0	23.0

있어서는 지정수량의 120배, 상업지역에 있어서는 150배, 공업지역에 있어서는 200배 이상인 것을 제외한다)	5배 이상 10배 미만 10배 이상 20배 미만 20배 이상 50배 미만 50배 이상 200배 미만	4.5 5.0 6.0 7.0	12.0 14.0 18.0 22.0	23.0 26.0 32.0 38.0
옥외탱크저장소(취급하는 위험물의 양이 주거지역에 있어서는 지정수량의 600배, 상업지역에 있어서는 700배, 공업지역에 있어서는 1,000배 이상인 것을 제외한다)	500배 미만 500배 이상 1,000배 미만	6.0 7.0	18.0 22.0	32.0 38.0
옥외저장소(취급하는 위험물의 양이 주거지역에 있어서는 지정수량의 10배, 상업지역에 있어서는 15배, 공업지역에 있어서는 20배 이상인 것을 제외한다)	10배 미만 10배 이상 20배 미만	6.0 8.5	18.0 25.0	32.0 44.0

2. 방화상 유효한 담의 높이는 다음에 의하여 산정한 높이 이상으로 한다.

가. $H \leq pD^2 + a$ 인 경우 $h = 2$

나. $H > pD^2 + a$ 인 경우 $h = H - p(D^2 + d^2)$

다. 가목 및 나목에서 D, H, a, d, h 및 p는 다음과 같다.

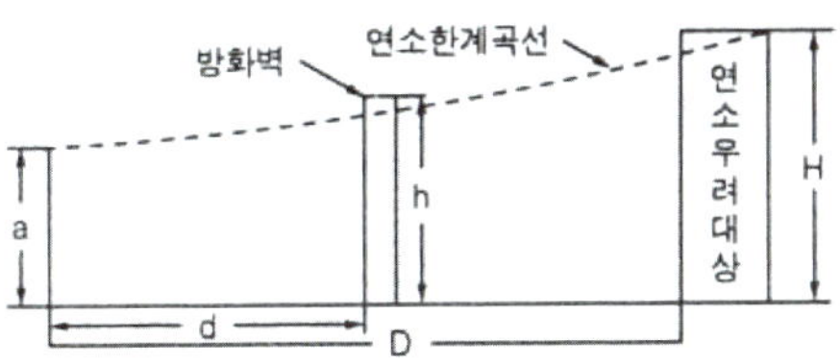

D: 제조소등과 인근 건축물 또는 공작물과의 거리(m)
H: 인근 건축물 또는 공작물의 높이(m)
a: 제조소등의 외벽의 높이(m)
d: 제조소등과 방화상 유효한 담과의 거리(m)
h: 방화상 유효한 담의 높이(m)
p: 상수

비고 1. 제조소등의 외벽의 높이(a)는 다음 각 호의 구분에 따른 그림에 따라 측정한다.

	구 분	제조소등의 높이(a)
제조소·일반취급소·옥내저장소	1) 벽체가 내화구조이고, 인접축에 면한 개구부가 없거나, 개구부에 60분+방화문 또는 60분방화문이 있는 경우	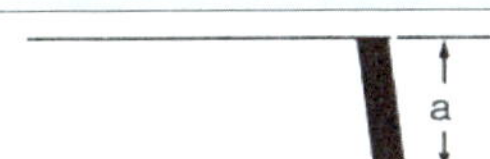
	2) 벽체가 내화구조이고, 개구부에 60분+방화문 또는 60분방화문이 없는 경우	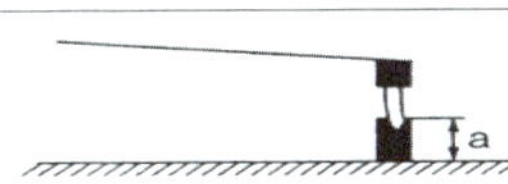
	3) 벽체가 내화구조 외의 것으로 된 경우	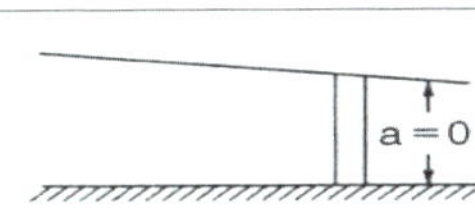
	4) 옮겨 담는 작업장에 공작물이 있는 경우	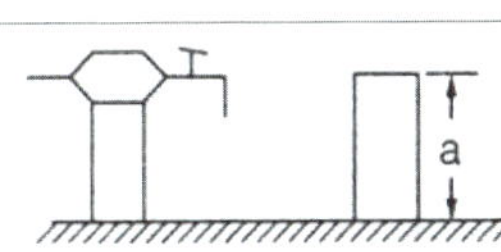

옥외 탱크 저장소	옥외에 있는 세로형탱크	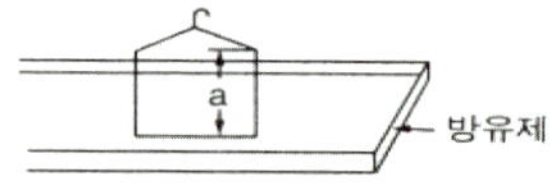
	옥외에 있는 가로형탱크. 다만, 탱크내의 증기를 상부로 방출하는 구조로 된 것은 탱크의 최상단까지의 높이로 한다.	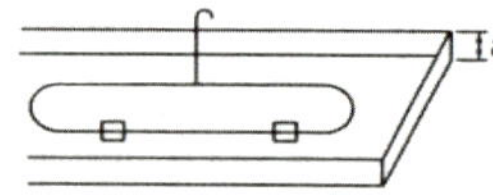
옥외 저장소		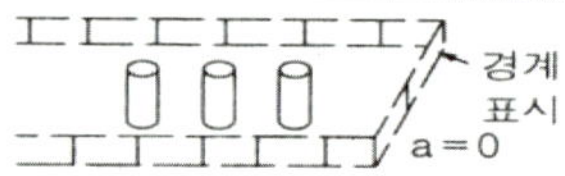

2. 상수(p)는 다음 각 목의 구분에 따라 정한다.

가. p=0.04

1) 학교·주택·국가유산 등의 건축물 또는 공작물이 목조인 경우

2) 학교·주택·국가유산 등의 건축물 또는 공작물이 방화구조 또는 내화구조이고, 제조소등에 면한 부분의 개구부에 60분+방화문 · 60분방화문 또는 30분방화문이 설치되지 않은 경우

나. p=0.15

1) 학교·주택·국가유산 등의 건축물 또는 공작물이 방화구조인 경우

2) 학교·주택·국가유산 등의 건축물 또는 공작물이 방화구조 또는 내화구조이고, 제조소등에 면한 부분의 개구부에 30분방화문이 설치된 경우

다. p=∞: 학교·주택·국가유산 등의 건축물 또는 공작물이 내화구조이고, 제조소등에 면한 개구부에 60분+방화문 또는 60분방화문이 설치된 경우

라. 가목 내지 다목에 의하여 산출된 수치가 2 미만일 때에는 담의 높이를 2m로, 4 이상일 때에는 담의 높이를 4m로 하되, 다음의 소화설비를 보강하여야 한다.

(1) 해당 제조소등의 소형소화기 설치대상인 것에 있어서는 대형소화기를 1개 이상 증설을 할 것

(2) 해당 제조소등이 대형소화기 설치대상인 것에 있어서는 대형소화기 대신 옥내소화전설비·옥외소화전설비·스프링클러설비·물분무소화설비·포소화설비·불활성가스소화설비·할로젠화합물소화설비·분말소화설비 중 적응소화설비를 설치할 것

(3) 해당 제조소등이 옥내소화전설비·옥외소화전설비·스프링클러설비·물분무소화설비·포소화설비·불활성가스소화설비·할로젠화합물소화설비 또는 분말소화설비 설치대상인 것에 있어서는 반경 30m 마다 대형소화기 1개 이상을 증설할 것

3. 방화상 유효한 담의 길이는 제조소등의 외벽의 양단(a1, a2)을 중심으로 Ⅰ제1호 각목에 정한 인근 건축물 또는 공작물(이 호에서 "인근 건축물등" 이라 한다)에 따른 안전거리를 반지름으로 한 원을 그려서 해당 원의 내부에 들어오는 인근 건축물등의 부분 중 최외측 양단(p1, p2)을 구한 다음, a1과 p1을 연결한 선분(L1)과 a2와 p2를 연결한 선분(L2) 상호간의 간격(L)으로 한다.

4. 방화상 유효한 담은 제조소등으로부터 5m 미만의 거리에 설치하는 경우에는 내화구조로, 5m 이상의 거리에 설치하는 경우에는 불연재료로 하고, 제조소등의 벽을 높게 하여 방화상 유효한 담을 갈음하는 경우에는 그 벽을 내화구조로 하고 개구부를 설치하여서는 아니 된다.

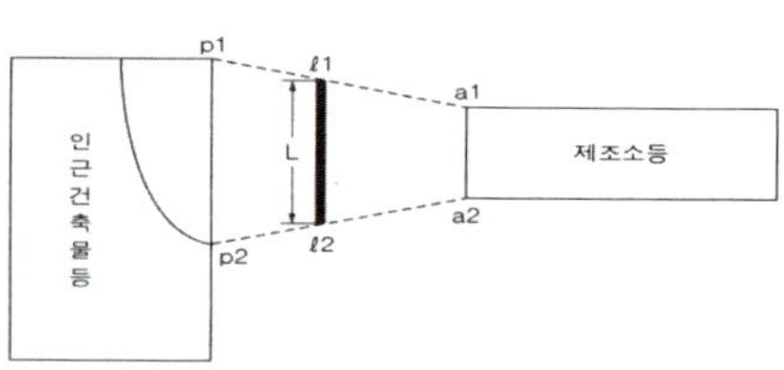

[규칙 별표 5]

옥내저장소의 위치·구조 및 설비의 기준(제29조관련)

Ⅰ. 옥내저장소의 기준 (Ⅱ 및 Ⅲ에 따른 것을 제외한다)

1. 옥내저장소는 별표 4 Ⅰ의 규정에 준하여 안전거리를 두어야 한다. 다만, 다음 각목의 1에 해당하는 옥내저장소는 안전거리를 두지 아니할 수 있다.
   가. 제4석유류 또는 동식물유류의 위험물을 저장 또는 취급하는 옥내저장소로서 그 최대수량이 지정수량의 20배 미만인 것
   나. 제6류 위험물을 저장 또는 취급하는 옥내저장소
   다. 지정수량의 20배(하나의 저장창고의 바닥면적이 150m² 이하인 경우에는 50배) 이하의 위험물을 저장 또는 취급하는 옥내저장소로서 다음의 기준에 적합한 것
      (1) 저장창고의 벽·기둥·바닥·보 및 지붕이 내화구조일 것
      (2) 저장창고의 출입구에 수시로 열 수 있는 자동폐쇄방식의 60분+방화문 또는 60분방화문이 설치되어 있을 것
      (3) 저장창고에 창이 설치하지 아니할 것
2. 옥내저장소의 주위에는 그 저장 또는 취급하는 위험물의 최대수량에 따라 다음 표에 의한 너비의 공지를 보유하여야 한다. 다만, 지정수량의 20배를 초과하는 옥내저장소와 동일한 부지내에 있는 다른 옥내저장소와의 사이에는 동표에 정하는 공지의 너비의 1/3(해당 수치가 3m 미만인 경우에는 3m)의 공지를 보유할 수 있다.

저장 또는 취급하는 위험물의 최대수량	공지의 너비	
	벽·기둥 및 바닥이 내화구조로 된 건축물	그 밖의 건축물
지정수량의 5배 이하		0.5m 이상
지정수량의 5배 초과 10배 이하	1m 이상	1.5m 이상
지정수량의 10배 초과 20배 이하	2m 이상	3m 이상
지정수량의 20배 초과 50배 이하	3m 이상	5m 이상
지정수량의 50배 초과 200배 이하	5m 이상	10m 이상
지정수량의 200배 초과	10m 이상	15m 이상

3. 옥내저장소에는 별표 4 Ⅲ제1호의 기준에 따라 보기 쉬운 곳에 "위험물 옥내저장소"라는 표시를 한 표지와 같은 표 Ⅲ제2호의 기준에 따라 방화에 관하여 필요한 사항을 게시한 게시판 및 같은 표 Ⅲ 제3호의 기준을 준용하여 해당 옥내저장소가 금연구역임을 알리는 표지를 설치해야 한다.
4. 저장창고는 위험물의 저장을 전용으로 하는 독립된 건축물로 하여야 한다.
5. 저장창고는 지면에서 처마까지의 높이(이하 "처마높이"라 한다)가 6m 미만인 단층건물로 하고 그 바닥을 지반면보다 높게 하여야 한다. 다만, 제2류 또는 제4류의 위험물만을 저장하는 창고로서 다음 각목의 기준에 적합한 창고의 경우에는 20m 이하로 할 수 있다.
   가. 벽·기둥·보 및 바닥을 내화구조로 할 것
   나. 출입구에 60분+방화문 또는 60분방화문을 설치할 것
   다. 피뢰침을 설치할 것. 다만, 주위상황에 의하여 안전상 지장이 없는 경우에는 그러하지 아니하다.
6. 하나의 저장창고의 바닥면적(2 이상의 구획된 실이 있는 경우에는 각 실의 바닥면적의 합계)은 다음 각목의 구분에 의한 면적 이하로 하여야 한다. 이 경우 가목의 위험물과 나목의 위험물을 같은 저장창고에 저장하

는 때에는 가목의 위험물을 저장하는 것으로 보아 그에 따른 바닥면적을 적용한다.

가. 다음의 위험물을 저장하는 창고: 1,000m²

1) 제1류 위험물 중 아염소산염류, 염소산염류, 과염소산염류, 무기과산화물 그 밖에 지정수량이 50kg인 위험물

2) 제3류 위험물 중 칼륨, 나트륨, 알킬알루미늄, 알킬리튬 그밖에 지정수량이 10kg인 위험물 및 황린

3) 제4류 위험물 중 특수인화물, 제1석유류 및 알코올류

4) 제5류 위험물 중 유기과산화물, 질산에스터류 그 밖에 지정수량이 10kg인 위험물

5) 제6류 위험물

나. 가목의 위험물 외의 위험물을 저장하는 창고: 2,000m²

다. 가목의 위험물과 나목의 위험물을 내화구조의 격벽으로 완전히 구획된 실에 각각 저장하는 창고: 1,500m²(가목의 위험물을 저장하는 실의 면적은 500m²를 초과할 수 없다)

7. 저장창고의 벽·기둥 및 바닥은 내화구조로 하고, 보와 서까래는 불연재료로 하여야 한다. 다만, 지정수량의 10배 이하의 위험물의 저장창고 또는 제2류와 제4류의 위험물(인화성고체 및 인화점이 70℃ 미만인 제4류 위험물을 제외한다)만의 저장창고에 있어서는 연소의 우려가 없는 벽·기둥 및 바닥은 불연재료로 할 수 있다.

8. 저장창고는 지붕을 폭발력이 위로 방출될 정도의 가벼운 불연재료로 하고, 천장을 만들지 아니하여야 한다. 다만, 제2류 위험물(분상의 것과 인화성고체를 제외한다)과 제6류 위험물만의 저장창고에 있어서는 지붕을 내화구조로 할 수 있고, 제5류 위험물만의 저장창고에 있어서는 해당 저장창고내의 온도를 저온으로 유지하기 위하여 난연재료 또는 불연재료로 된 천장을 설치할 수 있다.

9. 저장창고의 출입구에는 60분+방화문 · 60분방화문 또는 30분방화문을 설치하되, 연소의 우려가 있는 외벽에 있는 출입구에는 수시로 열 수 있는 자동폐쇄식의 60분+방화문 또는 60분방화문을 설치하여야 한다.

10. 저장창고의 창 또는 출입구에 유리를 이용하는 경우에는 망입유리로 하여야 한다.

11. 제1류 위험물 중 알칼리금속의 과산화물 또는 이를 함유하는 것, 제2류 위험물 중 철분·금속분·마그네슘 또는 이중 어느 하나 이상을 함유하는 것, 제3류 위험물 중 금수성물질 또는 제4류 위험물의 저장창고의 바닥은 물이 스며 나오거나 스며들지 아니하는 구조로 하여야 한다.

12. 액상의 위험물의 저장창고의 바닥은 위험물이 스며들지 아니하는 구조로 하고, 적당하게 경사지게 하여 그 최저부에 집유설비를 하여야 한다.

13. 저장창고에 선반 등의 수납장을 설치하는 경우에는 다음 각목의 기준에 적합하게 하여야 한다.

가. 수납장은 불연재료로 만들어 견고한 기초위에 고정할 것

나. 수납장은 해당 수납장 및 그 부속설비의 자중, 저장하는 위험물의 중량 등의 하중에 의하여 생기는 응력에 대하여 안전한 것으로 할 것

다. 수납장에는 위험물을 수납한 용기가 쉽게 떨어지지 아니하게 하는 조치를 할 것

14. 저장창고에는 별표 4 Ⅴ 및 Ⅵ의 규정에 준하여 채광·조명 및 환기의 설비를 갖추어야 하고, 인화점이 70℃ 미만인 위험물의 저장창고에 있어서는 내부에 체류한 가연성의 증기를 지붕 위로 배출하는 설비를 갖추어야 한다.

15. 저장창고에 설치하는 전기설비는 「전기사업법」에 의한 전기설비기술기준에 의하여야 한다.

16. 지정수량의 10배 이상의 저장창고(제6류 위험물의 저장창고를 제외한다)에는 피뢰침을 설치하여야 한다. 다만, 저장창고의 주위의 상황에 따라 안전상 지장이 없는 경우에는 피뢰침을 설치하지 아니할 수 있다.

17. 제5류 위험물 중 셀룰로이드 그 밖에 온도의 상승에 의하여 분해·발화할 우려가 있는 것의 저장창고는 해당 위험물이 발화하는 온도에 달하지 아니하는 온도를 유지하는 구조로 하거나 다음 각목의 기준에 적합한 비상전원을 갖춘 통풍장치 또는 냉방장치 등의 설비를 2 이상 설치하여야 한다.

가. 상용전력원이 고장인 경우에 자동으로 비상전원으로 전환되어 가동되도록 할 것

나. 비상전원의 용량은 통풍장치 또는 냉방장치 등의 설비를 유효하게 작동할 수 있는 정도일 것

Ⅱ. 다층건물의 옥내저장소의 기준

옥내저장소중 제2류 또는 제4류의 위험물(인화성고체 및 인화점이 70℃ 미만인 제4류 위험물을 제외한다)만을 저장 또는 취급하는 저장창고가 다층건물인 옥내저장소의 위치·구조 및 설비의 기술기준은 Ⅰ제1호 내지 제4호 및 제8호 내지 제16호의 규정에 의하는 외에 다음 각호의 기준에 의하여야 한다.

1. 저장창고는 각층의 바닥을 지면보다 높게 하고, 바닥면으로부터 상층의 바닥(상층이 없는 경우에는 처마)까지의 높이(이하 "층고"라 한다)를 6m 미만으로 하여야 한다.
2. 하나의 저장창고의 바닥면적 합계는 1,000m² 이하로 하여야 한다.
3. 저장창고의 벽·기둥·바닥 및 보를 내화구조로 하고, 계단을 불연재료로 하며, 연소의 우려가 있는 외벽은 출입구 외의 개구부를 갖지 아니하는 벽으로 하여야 한다.
4. 2층 이상의 층의 바닥에는 개구부를 두지 아니하여야 한다. 다만, 내화구조의 벽과 60분+방화문 · 60분방화문 또는 30분방화문으로 구획된 계단실에 있어서는 그러하지 아니하다.

Ⅲ. 복합용도 건축물의 옥내저장소의 기준

옥내저장소 중 지정수량의 20배 이하의 것(옥내저장소 외의 용도로 사용하는 부분이 있는 건축물에 설치하는 것에 한한다)의 위치·구조 및 설비의 기술기준은 Ⅰ제3호, 제11호 내지 제17호의 규정에 의하는 외에 다음 각호의 기준에 의하여야 한다.

1. 옥내저장소는 벽·기둥·바닥 및 보가 내화구조인 건축물의 1층 또는 2층의 어느 하나의 층에 설치하여야 한다.
2. 옥내저장소의 용도에 사용되는 부분의 바닥은 지면보다 높게 설치하고 그 층고를 6m 미만으로 하여야 한다.
3. 옥내저장소의 용도에 사용되는 부분의 바닥면적은 75m² 이하로 하여야 한다.
4. 옥내저장소의 용도에 사용되는 부분은 벽·기둥·바닥·보 및 지붕(상층이 있는 경우에는 상층의 바닥)을 내화구조로 하고, 출입구 외의 개구부가 없는 두께 70mm 이상의 철근콘크리트조 또는 이와 동등 이상의 강도가 있는 구조의 바닥 또는 벽으로 해당 건축물의 다른 부분과 구획되도록 하여야 한다.
5. 옥내저장소의 용도에 사용되는 부분의 출입구에는 수시로 열 수 있는 자동폐쇄방식의 60분+방화문 또는 60분방화문을 설치하여야 한다.
6. 옥내저장소의 용도에 사용되는 부분에는 창을 설치하지 아니하여야 한다.
7. 옥내저장소의 용도에 사용되는 부분의 환기설비 및 배출설비에는 방화상 유효한 댐퍼 등을 설치하여야 한다.

Ⅳ. 소규모 옥내저장소의 특례

1. 지정수량의 50배 이하인 소규모의 옥내저장소 중 저장창고의 처마높이가 6m 미만인 것으로서 저장창고가 다음 각목에 정하는 기준에 적합한 것에 대하여는 Ⅰ제1호·제2호 및 제6호 내지 제9호의 규정은 적용하지 아니한다.

   가. 저장창고의 주위에는 다음 표에 정하는 너비의 공지를 보유할 것

저장 또는 취급하는 위험물의 최대수량	공지의 너비
지정수량의 5배 이하	
지정수량의 5배 초과 20배 이하	1m 이상
지정수량의 20배 초과 50배 이하	2m 이상

   나. 하나의 저장창고 바닥면적은 150m² 이하로 할 것

   다. 저장창고는 벽·기둥·바닥·보 및 지붕을 내화구조로 할 것

   라. 저장창고의 출입구에는 수시로 개방할 수 있는 자동폐쇄방식의 60분+방화문, 60분방화문을 설치할 것

마. 저장창고에는 창을 설치하지 아니할 것

2. 지정수량의 50배 이하인 소규모의 옥내저장소 중 저장창고의 처마높이가 6m 이상인 것으로서 저장창고가 제1호나목 내지 마목에 따른 기준에 적합한 것에 대하여는 Ⅰ제1호 및 제6호 내지 제9호의 규정은 적용하지 아니한다.

Ⅴ. 고인화점 위험물의 단층건물 옥내저장소의 특례

1. 고인화점 위험물만을 저장 또는 취급하는 단층건물의 옥내저장소 중 저장창고의 처마높이가 6m 미만인 것으로서 위치 및 구조가 다음 각목의 규정에 적합한 것은 Ⅰ제1호·제2호·제8호 내지 제10호 및 제16호의 규정은 적용하지 아니한다.
   가. 지정수량의 20배를 초과하는 옥내저장소에 있어서는 별표 4 제1호의 규정에 준하여 안전거리를 둘 것
   나. 저장창고의 주위에는 다음 표에 정하는 너비의 공지를 보유할 것

저장 또는 취급하는 위험물의 최대수량	공지의 너비	
	해당 건축물의 벽·기둥 및 바닥이 내화구조로 된 경우	왼쪽란에 정하는 경우 외의 경우
20배 이하		0.5m 이상
20배 초과 50배 이하	1m 이상	1.5m 이상
50배 초과 200배 이하	2m 이상	3m 이상
200배 초과	3m 이상	5m 이상

   다. 저장창고는 지붕을 불연재료로 할 것
   라. 저장창고의 창 및 출입구에는 방화문 또는 불연재료나 유리로 된 문을 달고, 연소의 우려가 있는 외벽에 두는 출입구에는 수시로 열 수 있는 자동폐쇄방식의 60분+방화문 또는 60분방화문을 설치할 것
   마. 저장창고의 연소의 우려가 있는 외벽에 설치하는 출입구에 유리를 이용하는 경우에는 망입유리로 할 것
2. 고인화점 위험물만을 저장 또는 취급하는 단층건물의 옥내저장소 중 저장창고의 처마높이가 6m 이상인 것으로서 위치가 제1호가목에 따른 기준에 적합한 것은 Ⅰ제1호의 규정은 적용하지 아니한다.

Ⅵ. 고인화점 위험물의 다층건물 옥내저장소의 특례

1. 고인화점 위험물만을 저장 또는 취급하는 다층건물의 옥내저장소 중 그 위치 및 구조가 다음 각목에 따른 기준에 적합한 것에 대하여는 Ⅰ제1호·제2호·제8호 내지 제10호 및 제16호와 Ⅱ제3호의 규정은 적용하지 아니한다.
   가. Ⅴ제1호 각목의 기준에 적합할 것
   나. 저장창고는 벽·기둥·바닥·보 및 계단을 불연재료로 만들고, 연소의 우려가 있는 외벽은 출입구 외의 개구부가 없는 내화구조의 벽으로 할 것

Ⅶ. 고인화점 위험물의 소규모 옥내저장소의 특례

1. 고인화점 위험물만을 지정수량의 50배 이하로 저장 또는 취급하는 옥내저장소 중 저장창고의 처마높이가 6m 미만인 것으로서 Ⅳ제1호나목 내지 마목에 따른 기준에 적합한 것에 대하여는 Ⅰ제1호·제2호·제6호 내지 제9호 및 제16호의 규정은 적용하지 아니한다.
2. 고인화점 위험물만을 지정수량의 50배 이하로 저장 또는 취급하는 옥내저장소 중 처마높이가 6m 이상인 것으로서 저장창고가 Ⅳ제1호 각목에 따른 기준에 적합한 것에 대하여는 Ⅰ제1호·제2호 및 제6호 내지 제9호

의 규정은 적용하지 아니한다.

Ⅷ. 위험물의 성질에 따른 옥내저장소의 특례

1. 다음 각목의 1에 해당하는 위험물을 저장 또는 취급하는 옥내저장소에 있어서는 Ⅰ 내지 Ⅳ의 규정에 의하되, 해당 위험물의 성질에 따라 강화되는 기준은 제2호 내지 제4호에 의하여야 한다.
   가. 제5류 위험물 중 유기과산화물 또는 이를 함유하는 것으로서 지정수량이 10kg인 것(이하 "지정과산화물"이라 한다)
   나. 알킬알루미늄등
   다. 하이드록실아민등
2. 지정과산화물을 저장 또는 취급하는 옥내저장소에 대하여 강화되는 기준은 다음 각목과 같다.
   가. 옥내저장소는 해당 옥내저장소의 외벽으로부터 별표 4 Ⅰ제1호 가목 내지 다목에 따른 건축물의 외벽 또는 이에 상당하는 공작물의 외측까지의 사이에 부표 1에 정하는 안전거리를 두어야 한다.
   나. 옥내저장소의 저장창고 주위에는 부표 2에 정하는 너비의 공지를 보유하여야 한다. 다만, 2 이상의 옥내저장소를 동일한 부지내에 인접하여 설치하는 때에는 해당 옥내저장소의 상호간 공지의 너비를 동표에 정하는 공지 너비의 2/3로 할 수 있다.
   다. 옥내저장소의 저장창고의 기준은 다음과 같다.
      1) 저장창고는 150m² 이내마다 격벽으로 완전하게 구획할 것. 이 경우 해당 격벽은 두께 30cm 이상의 철근콘크리트조 또는 철골철근콘크리트조로 하거나 두께 40cm 이상의 보강콘크리트블록조로 하고, 해당 저장창고의 양측의 외벽으로부터 1m 이상, 상부의 지붕으로부터 50cm 이상 돌출하게 하여야 한다.
      2) 저장창고의 외벽은 두께 20cm 이상의 철근콘크리트조나 철골철근콘크리트조 또는 두께 30cm 이상의 보강콘크리트블록조로 할 것
      3) 저장창고의 지붕은 다음 각목의 1에 적합할 것
         가) 중도리 또는 서까래의 간격은 30cm 이하로 할 것
         나) 지붕의 아래쪽 면에는 한 변의 길이가 45cm 이하의 환강(丸鋼)·경량형강(輕量型鋼) 등으로 된 강제(鋼製)의 격자를 설치할 것
         다) 지붕의 아래쪽 면에 철망을 쳐서 불연재료의 도리·보 또는 서까래에 단단히 결합할 것
         라) 두께 5cm 이상, 너비 30cm 이상의 목재로 만든 받침대를 설치할 것
      4) 저장창고의 출입구에는 60분+방화문 또는 60분방화문을 설치할 것
      5) 저장창고의 창은 바닥면으로부터 2m 이상의 높이에 두되, 하나의 벽면에 두는 창의 면적의 합계를 해당 벽면의 면적의 1/80 이내로 하고, 하나의 창의 면적을 0.4m² 이내로 할 것
   라. Ⅱ 내지 Ⅳ의 규정은 적용하지 아니한다.
3. 알킬알루미늄등을 저장 또는 취급하는 옥내저장소에 대하여 강화되는 기준은 다음 각목과 같다.
   가. 옥내저장소에는 누설범위를 국한하기 위한 설비 및 누설한 알킬알루미늄등을 안전한 장소에 설치된 조(槽)로 끌어들일 수 있는 설비를 설치하여야 한다.
   나. Ⅱ 내지 Ⅳ의 규정은 적용하지 아니한다.
4. 하이드록실아민등을 저장 또는 취급하는 옥내저장소에 대하여 강화되는 기준은 하이드록실아민등의 온도의 상승에 의한 위험한 반응을 방지하기 위한 조치를 강구하는 것으로 한다.

Ⅸ. 수출입 하역장소의 옥내저장소의 특례

「관세법」 제154조에 따른 보세구역, 「항만법」 제2조제1호에 따른 항만 또는 같은 조 제7호에 따른 항만배후단지 내에서 수출입을 위한 위험물을 저 장 또는 취급하는 옥내저장소 중 Ⅰ(제2호는 제외한다)의 규정에 적합한 것은 다음 표에 정하는 너비의 공지(공지)를 보유할 수 있다.

저장 또는 취급하는 위험물의 최대수량	공지의 너비	
	벽·기둥 및 바닥이 내화구조로 된 건축물	그 밖의 건축물
지정수량의 5배 이하		0.5m 이상
지정수량의 5배 초과 10배 이하	1m 이상	1.5m 이상
지정수량의 10배 초과 20배 이하	2m 이상	3m 이상
지정수량의 20배 초과 50 이하	3m 이상	3.3m 이상
지정수량의 5배 초과 20 이하	3.3m 이상	3.5m 이상
지정수량의 200배 초과	3.5 m 이상	5m 이상

[규칙 별표 5의 부표 1]

지정과산화물의 옥내저장소의 안전거리(별표 5관련)

저장 또는 취급하는 위험물의 최대수량	안전거리(m)					
	별표 4 Ⅰ제1호가목에 정하는 것		별표 4 Ⅰ제1호나목에 정하는 것		별표 4 Ⅰ제1호다목에 정하는 것	
	저장창고의 주위에 비고 제1호에 정하는 담 또는 토제를 설치한 경우	왼쪽란에 정하는 경우 외의 경우	저장창고의 주위에 비고 제1호에 정하는 담 또는 토제를 설치한 경우	왼쪽란에 정하는 경우 외의 경우	저장창고의 주위에 비고 제1호에 정하는 담 또는 토제를 설치한 경우	왼쪽란에 정하는 경우 외의 경우
10배 이하	20m 이상	40m 이상	30m 이상	50m 이상	50m 이상	60m 이상
10배 초과 20배 이하	22m 이상	45m 이상	33m 이상	55m 이상	54m 이상	65m 이상
20배 초과 40배 이하	24m 이상	50m 이상	36m 이상	60m 이상	58m 이상	70m 이상
40배 초과 60배 이하	27m 이상	55m 이상	39m 이상	65m 이상	62m 이상	75m 이상
60배 초과 90배 이하	32m 이상	65m 이상	45m 이상	75m 이상	70m 이상	85m 이상
90배 초과 150배 이하	37m 이상	75m 이상	51m 이상	85m 이상	79m 이상	95m 이상
150배 초과 300배 이하	42m 이상	85m 이상	57m 이상	95m 이상	87m 이상	105m 이상
300배 초과	47m 이상	95m 이상	66m 이상	110m 이상	100m 이상	120m 이상

※ 비 고

1. 담 또는 토제는 다음 각목에 적합한 것으로 하여야 한다. 다만, 지정수량의 5배 이하인 지정과산화물의 옥내저장소에 대하여는 해당 옥내저장소의 저장창고의 외벽을 두께 30cm 이상의 철근콘크리트조 또는 철골

철근콘크리트조로 만드는 것으로서 담 또는 토제에 대신할 수 있다.

가. 담 또는 토제는 저장창고의 외벽으로부터 2m 이상 떨어진 장소에 설치할 것. 다만, 담 또는 토제와 해당 저장창고와의 간격은 해당 옥내저장소의 공지의 너비의 1/5을 초과할 수 없다.

나. 담 또는 토제의 높이는 저장창고의 처마높이 이상으로 할 것

다. 담은 두께 15cm 이상의 철근콘크리트조나 철골철근콘크리트조 또는 두께 20cm 이상의 보강콘크리트블록조로 할 것

라. 토제의 경사면의 경사도는 60도 미만으로 할 것

2. 지정수량의 5배 이하인 지정과산화물의 옥내저장소에 해당 옥내저장소의 저장창고의 외벽을 제1호 단서에 따른 구조로 하고 주위에 제1호 각목 에 따른 담 또는 토제를 설치하는 때에는 별표 4 Ⅰ제1호가목에 정하는 건축물 등까지의 사이의 거리를 10m 이상으로 할 수 있다.

[규칙 별표 5의 부표 2]

지정과산화물의 옥내저장소의 보유공지(별표 5관련)

저장 또는 취급하는 위험물의 최대수량	공지의 너비	
	저장창고의 주위에 비고 제1호에 담 또는 토제를 설치하는 경우	왼쪽란에 정하는 경우 외의 경우
5배 이하	3.0m 이상	10m 이상
5배 초과 10배 이하	5.0m 이상	15m 이상
10배 초과 20배 이하	6.5m 이상	20m 이상
20배 초과 40배 이하	8.0m 이상	25m 이상
40배 초과 60배 이하	10.0m 이상	30m 이상
60배 초과 90배 이하	11.5m 이상	35m 이상
90배 초과 150배 이하	13.0m 이상	40m 이상
150배 초과 300배 이하	15.0m 이상	45m 이상
300배 초과	16.5m 이상	50m 이상

※ 비 고

1. 담 또는 토제는 다음 각목에 적합한 것으로 하여야 한다. 다만, 지정수량의 5배 이하인 지정과산화물의 옥내저장소에 대하여는 해당 옥내저장소의 저장창고의 외벽을 두께 30cm 이상의 철근콘크리트조 또는 철골철근콘크리트조로 만드는 것으로서 담 또는 토제에 대신할 수 있다.

가. 담 또는 토제는 저장창고의 외벽으로부터 2m 이상 떨어진 장소에 설치할 것. 다만, 담 또는 토제와 해당 저장창고와의 간격은 해당 옥내저장소의 공지의 너비의 1/5을 초과할 수 없다.

나. 담 또는 토제의 높이는 저장창고의 처마높이 이상으로 할 것

다. 담은 두께 15cm 이상의 철근콘크리트조나 철골철근콘크리트조 또는 두께 20cm 이상의 보강콘크리트블록조로 할 것

라. 토제의 경사면의 경사도는 60도 미만으로 할 것

2. 지정수량의 5배 이하인 지정과산화물의 옥내저장소에 해당 옥내저장소의 저장창고의 외벽을 제1호 단서에 따른 구조로 하고 주위에 제1호각목 규정에 의한 담 또는 토제를 설치하는 때에는 그 공지의 너비를 2m 이상으로 할 수 있다.

[규칙 별표 6]

옥외탱크저장소의 위치·구조 및 설비의 기준(제30조관련)

Ⅰ. 안전거리

위험물을 저장 또는 취급하는 옥외탱크(이하 "옥외저장탱크"라 한다)는 별표 4 Ⅰ의 규정에 준하여 안전거리를 두어야 한다.

Ⅱ. 보유공지

1. 옥외저장탱크(위험물을 이송하기 위한 배관 그 밖에 이에 준하는 공작물을 제외한다)의 주위에는 그 저장 또는 취급하는 위험물의 최대수량에 따라 옥외저장탱크의 측면으로부터 다음 표에 의한 너비의 공지를 보유하여야 한다.

저장 또는 취급하는 위험물의 최대수량	공지의 너비
지정수량의 500배 이하	3m 이상
지정수량의 500배 초과 1,000배 이하	5m 이상
지정수량의 1,000배 초과 2,000배 이하	9m 이상
지정수량의 2,000배 초과 3,000배 이하	12m 이상
지정수량의 3,000배 초과 4,000배 이하	15m 이상
지정수량의 4,000배 초과	해당 탱크의 수평단면의 최대지름(횡형인 경우에는 긴변)과 높이 중 큰 것과 같은 거리 이상. 다만, 30m 초과의 경우에는 30m 이상으로 할 수 있고, 15m 미만의 경우에는 15m 이상으로 하여야 한다.

2. 제6류 위험물 외의 위험물을 저장 또는 취급하는 옥외저장탱크(지정수량의 4,000배를 초과하여 저장 또는 취급하는 옥외저장탱크를 제외한다)를 동일한 방유제안에 2개 이상 인접하여 설치하는 경우 그 인접하는 방향의 보유공지는 제1호에 따른 보유공지의 1/3 이상의 너비로 할 수 있다. 이 경우 보유공지의 너비는 3m 이상이 되어야 한다.
3. 제6류 위험물을 저장 또는 취급하는 옥외저장탱크는 제1호에 따른 보유공지의 1/3 이상의 너비로 할 수 있다. 이 경우 보유공지의 너비는 1.5m 이상이 되어야 한다.
4. 제6류 위험물을 저장 또는 취급하는 옥외저장탱크를 동일구내에 2개 이상 인접하여 설치하는 경우 그 인접하는 방향의 보유공지는 제3호의 규정에 따라 산출된 너비의 1/3 이상의 너비로 할 수 있다. 이 경우 보유공지의 너비는 1.5m 이상이 되어야 한다.
5. 제1호의 규정에 불구하고, 옥외저장탱크(이하 이 호에서 "공지단축 옥외저장탱크"라 한다)에 다음 각목의 기준에 적합한 물분무설비로 방호조치를 하는 경우에는 그 보유공지를 제1호에 따른 보유공지의 1/2 이상의 너비(최소 3m 이상)로 할 수 있다.
   가. 탱크의 표면에 방사하는 물의 양은 탱크의 15m 이하마다 원주길이 1m에 대하여 분당 37ℓ 이상으로 할 것
   나. 수원의 양은 가목에 따른 수량으로 20분 이상 방사할 수 있는 수량으로 할 것
   다. 탱크에 보강링이 설치된 경우에는 보강링의 아래에 분무헤드를 설치하되, 분무헤드는 탱크의 높이 및 구조를 고려하여 분무가 적정하게 이루어 질 수 있도록 배치할 것
   라. 물분무소화설비의 설치기준에 준할 것

Ⅲ. 표지 및 게시판

1. 옥외탱크저장소에는 별표 4 Ⅲ제1호의 기준에 따라 보기 쉬운 곳에 "위험물 옥외탱크저장소"라는 표시를 한 표지와 같은 표 Ⅲ제2호의 기준에 따라 방화에 관하여 필요한 사항을 게시한 게시판 및 같은 표 Ⅲ 제3호의 기준을 준용하여 해당 옥내저장소가 금연구역임을 알리는 표지를 설치해야 한다.
2. 탱크의 군(群)에 있어서는 제1호의 표지 및 게시판을 그 의미 전달에 지장이 없는 범위 안에서 보기 쉬운 곳에 일괄하여 설치할 수 있다. 이 경우 게시판과 각 탱크가 대응될 수 있도록 하는 조치를 강구하여야 한다.

Ⅳ. 특정옥외저장탱크의 기초 및 지반

1. 옥외탱크저장소 중 그 저장 또는 취급하는 액체위험물의 최대수량이 100만ℓ 이상의 것(이하 "특정옥외탱크저장소"라 한다)의 옥외저장탱크(이하 "특정옥외저장탱크"라 한다)의 기초 및 지반은 해당 기초 및 지반상에 설치하는 특정옥외저장탱크 및 그 부속설비의 자중, 저장하는 위험물의 중량 등의 하중(이하 "탱크하중"이라 한다)에 의하여 발생하는 응력에 대하여 안전한 것으로 하여야 한다.
2. 기초 및 지반은 다음 각목에 정하는 기준에 적합하여야 한다.
   가. 지반은 암반의 단층, 절토 및 성토에 걸쳐 있는 등 활동(滑動)을 일으킬 우려가 있는 경우가 아닐 것
   나. 지반은 다음의 어느 하나에 적합할 것
      1) 소방청장이 정하여 고시하는 범위내에 있는 지반이 표준관입시험(標準貫入試驗) 및 평판재하시험(平板載荷試驗)에 의하여 각각 표준관입시험치가 20 이상 및 평판재하시험치[5mm 침하시에 있어서의 시험치(K30치)로 한다. 제4호에서 같다]가 1m³당 100MN 이상의 값일 것
      2) 소방청장이 정하여 고시하는 범위내에 있는 지반이 다음의 기준에 적합할 것
         가) 탱크하중에 대한 지지력 계산에 있어서의 지지력안전율 및 침하량 계산에 있어서의 계산침하량이 소방청장이 정하여 고시하는 값일 것
         나) 기초(소방청장이 정하여 고시하는 것에 한한다. 이하 이 호에서 같다)의 표면으로부터 3m 이내의 기초직하의 지반부분이 기초와 동등 이상의 견고성이 있고, 지표면으로부터의 깊이가 15m까지의 지질(기초의 표면으로부터 3m 이내의 기초직하의 지반부분을 제외한다)이 소방청장이 정하여 고시하는 것 외의 것일 것
         다) 점성토 지반은 압밀도시험에서, 사질토 지반은 표준관입시험에서 각각 압밀하중에 대하여 압밀도가 90%[미소한 침하가 장기간 계속되는 경우에는 10일간(이하 이 호에서 "미소침하측정기간"이라 한다) 계속하여 측정한 침하량의 합의 1일당 평균침하량이 침하의 측정을 개시한 날부터 미소침하측정기간의 최종일까지의 총침하량의 0.3% 이하인 때에는 해당 지반에서의 압밀도가 90%인 것으로 본다] 이상 또는 표준관입시험치가 평균 15 이상의 값일 것
      3) 1) 또는 2)와 동등 이상의 견고함이 있을 것
   다. 지반이 바다, 하천, 호수와 늪 등에 접하고 있는 경우에는 활동에 관하여 소방청장이 정하여 고시하는 안전율이 있을 것
   라. 기초는 사질토 또는 이와 동등 이상의 견고성이 있는 것을 이용하여 소방청장이 정하여 고시하는 바에 따라 만드는 것으로서 평판재하시험의 평판재하시험치가 1m³당 100MN 이상의 값을 나타내는 것(이하 "성토"라 한다) 또는 이와 동등 이상의 견고함이 있는 것으로 할 것
   마. 기초(성토인 것에 한한다. 이하 바목에서 같다)는 그 윗면이 특정옥외저장탱크를 설치하는 장소의 지하수위와 2m 이상의 간격을 확보할 것
   바. 기초 또는 기초의 주위에는 소방청장이 정하여 고시하는 바에 따라 해당 기초를 보강하기 위한 조치를 강구할 것
3. 제1호 및 제2호에 규정하는 것 외에 기초 및 지반에 관하여 필요한 사항은 소방청장이 정하여 고시한다.

4. 특정옥외저장탱크의 기초 및 지반은 제2호나목1)에 따른 표준관입시험 및 평판재하시험, 동목2)다)에 따른 압밀도시험 또는 표준관입시험, 동호라목에 따른 평판재하시험 및 그 밖에 소방청장이 정하여 고시하는 시험을 실시하였을 때 해당 시험과 관련되는 규정에 의한 기준에 적합하여야 한다.

Ⅴ. 준특정옥외저장탱크의 기초 및 지반

1. 옥외탱크저장소 중 그 저장 또는 취급하는 액체위험물의 최대수량이 50만ℓ 이상 100만ℓ 미만의 것(이하 "준특정 옥외탱크저장소"라 한다)의 옥외저장탱크(이하 "준특정 옥외저장탱크"라 한다)의 기초 및 지반은 제2호 및 제3호에서 정하는 바에 따라 견고하게 하여야 한다.
2. 기초 및 지반은 탱크하중에 의하여 발생하는 응력에 대하여 안전한 것으로 하여야 한다.
3. 기초 및 지반은 다음의 각목에 정하는 기준에 적합하여야 한다.
   가. 지반은 암반의 단층, 절토 및 성토에 걸쳐 있는 등 활동을 일으킬 우려가 없을 것
   나. 지반은 다음의 어느 하나에 적합할 것
      1) 소방청장이 정하여 고시하는 범위 내에 있는 지반이 암반 그 밖의 견고한 것일 것
      2) 소방청장이 정하여 고시하는 범위 내에 있는 지반이 다음의 기준에 적합할 것
         가) 해당 지반에 설치하는 준특정옥외저장탱크의 탱크하중에 대한 지지력 계산에 있어서의 지지력안전율 및 침하량 계산에 있어서의 계산침하량이 소방청장이 정하여 고시하는 값일 것
         나) 소방청장이 정하여 고시하는 지질 외의 것일 것(기초가 소방청장이 정하여 고시하는 구조인 경우를 제외한다)
      3) 2)와 동등 이상의 견고함이 있을 것
   다. 지반이 바다, 하천, 호수와 늪 등에 접하고 있는 경우에는 활동에 관하여 소방청장이 정하여 고시하는 안전율이 있을 것
   라. 기초는 사질토 또는 이와 동등 이상의 견고성이 있는 것을 이용하여 소방청장이 정하여 고시하는 바에 따라 만들거나 이와 동등 이상의 견고함이 있는 것으로 할 것
   마. 기초(사질토 또는 이와 동등 이상의 견고성이 있는 것을 이용하여 소방청장이 정하여 고시하는 바에 따라 만드는 것에 한한다)는 그 윗면이 준특정옥외저장탱크를 설치하는 장소의 지하수위와 2m 이상의 간격을 확보할 것
4. 제2호 및 제3호에 규정하는 것 외에 기초 및 지반에 관하여 필요한 사항은 소방청장이 정하여 고시한다.

Ⅵ. 옥외저장탱크의 외부구조 및 설비

1. 옥외저장탱크는 특정옥외저장탱크 및 준특정옥외저장탱크 외에는 두께 3.2mm 이상의 강철판 또는 소방청장이 정하여 고시하는 규격에 적합한 재료로, 특정옥외저장탱크 및 준특정옥외저장탱크는 Ⅶ 및 Ⅷ에 의하여 소방청장이 정하여 고시하는 규격에 적합한 강철판 또는 이와 동등 이상의 기계적 성질 및 용접성이 있는 재료로 틈이 없도록 제작하여야 하고, 압력탱크(최대상용압력이 대기압을 초과하는 탱크를 말한다) 외의 탱크는 충수시험, 압력탱크는 최대상용압력의 1.5배의 압력으로 10분간 실시하는 수압시험에서 각각 새거나 변형되지 아니하여야 한다.
2. 특정옥외저장탱크의 용접부는 소방청장이 정하여 고시하는 바에 따라 실시하는 방사선투과시험, 진공시험 등의 비파괴시험에 있어서 소방청장이 정하여 고시하는 기준에 적합한 것이어야 한다.
3. 특정옥외저장탱크 및 준특정옥외저장탱크 외의 탱크는 다음 각목에 정하는 바에 따라, 특정옥외저장탱크 및 준특정옥외저장탱크는 Ⅶ 및 Ⅷ에 따른 바에 따라 지진 및 풍압에 견딜 수 있는 구조로 하고 그 지주는 철근콘크리트조, 철골콘크리트조 그 밖에 이와 동등 이상의 내화성능이 있는 것이어야 한다.
   가. 지진동에 의한 관성력 또는 풍하중에 의한 응력이 옥외저장탱크의 옆판 또는 지주의 특정한 점에 집중

하지 아니하도록 해당 탱크를 견고한 기초 및 지반 위에 고정할 것

나. 가목의 지진동에 의한 관성력 및 풍하중의 계산방법은 소방청장이 정하여 고시하는 바에 의할 것

4. 옥외저장탱크는 위험물의 폭발 등에 의하여 탱크내의 압력이 비정상적으로 상승하는 경우에 내부의 가스 또는 증기를 상부로 방출할 수 있는 구조로 하여야 한다.

5. 옥외저장탱크의 외면에는 녹을 방지하기 위한 도장을 하여야 한다. 다만, 탱크의 재질이 부식의 우려가 없는 스테인레스 강판 등인 경우에는 그러하지 아니하다.

6. 옥외저장탱크의 밑판[에뉼러판(특정옥외저장탱크의 옆판의 최하단 두께가 15mm를 초과하는 경우, 내경이 30m를 초과하는 경우 또는 옆판을 고장력강으로 사용하는 경우에 옆판의 직하에 설치하여야 하는 판을 말한다. 이하 같다)을 설치하는 특정옥외저장탱크에 있어서는 에뉼러판을 포함한다. 이하 이 호에서 같다]을 지반면에 접하게 설치하는 경우에는 다음 각목의 1의 기준에 따라 밑판 외면의 부식을 방지하기 위한 조치를 강구하여야 한다.

가. 탱크의 밑판 아래에 밑판의 부식을 유효하게 방지할 수 있도록 아스팔트샌드 등의 방식재료를 댈 것

나. 탱크의 밑판에 전기방식의 조치를 강구할 것

다. 가목 또는 나목에 따른 것과 동등 이상으로 밑판의 부식을 방지할 수 있는 조치를 강구할 것

7. 옥외저장탱크 중 압력탱크(최대상용압력이 부압 또는 정압 5kPa을 초과하는 탱크를 말한다) 외의 탱크(제4류 위험물의 옥외저장탱크에 한한다)에 있어서는 밸브 없는 통기관 또는 대기밸브부착 통기관을 다음 각목에 정하는 바에 의하여 설치하여야 하고, 압력탱크에 있어서는 별표 4 Ⅷ제4호에 따른 안전장치를 설치하여야 한다.

가. **밸브 없는 통기관**

1) 직경은 30mm 이상일 것

2) 선단은 수평면보다 45도 이상 구부려 빗물등의 침투를 막는 구조로 할 것

3) 가는 눈의 구리망 등으로 인화방지장치를 할 것. 다만, 인화점 70℃ 이상의 위험물만을 해당 위험물의 인화점 미만의 온도로 저장 또는 취급하는 탱크에 설치하는 통기관에 있어서는 그러하지 아니하다.

4) 가연성의 증기를 회수하기 위한 밸브를 통기관에 설치하는 경우에 있어서는 해당 통기관의 밸브는 저장탱크에 위험물을 주입하는 경우를 제외하고는 항상 개방되어 있는 구조로 하는 한편, 폐쇄하였을 경우에 있어서는 10kPa 이하의 압력에서 개방되는 구조로 할 것. 이 경우 개방된 부분의 유효단면적은 777.15mm² 이상이어야 한다.

나. **대기밸브부착 통기관**

1) 5kPa 이하의 압력차이로 작동할 수 있을 것

2) 가목3)의 기준에 적합할 것

8. 액체위험물의 옥외저장탱크에는 위험물의 양을 자동적으로 표시할 수 있도록 기밀부유식 계량장치, 증기가 비산하지 아니하는 구조의 부유식 계량장치, 전기압력자동방식이나 방사성동위원소를 이용한 방식에 의한 자동계량장치 또는 유리게이지(금속관으로 보호된 경질유리등으로 되어있고 게이지가 파손되었을 때 위험물의 유출을 자동적으로 정지할 수 있는 장치가 되어있는 것에 한한다)를 설치하여야 한다.

9. 액체위험물의 옥외저장탱크의 주입구는 다음 각목의 기준에 의하여야 한다.

가. 화재예방상 지장이 없는 장소에 설치할 것

나. 주입호스 또는 주입관과 결합할 수 있고, 결합하였을 때 위험물이 새지 아니할 것

다. **주입구**에는 **밸브 또는 뚜껑을 설치**할 것

라. 휘발유, 벤젠 그 밖에 정전기에 의한 재해가 발생할 우려가 있는 액체위험물의 옥외저장탱크의 주입구 부근에는 정전기를 유효하게 제거하기 위한 접지전극을 설치할 것

마. **인화점이 21℃ 미만인 위험물**의 옥외저장탱크의 주입구에는 보기 쉬운 곳에 다음의 기준에 의한 게시판을 설치할 것. 다만, 소방본부장 또는 소방서장이 화재예방상 해당 게시판을 설치할 필요가 없다고 인정

하는 경우에는 그러하지 아니하다.

1) 게시판은 한변이 **0.3m 이상**, 다른 한변이 **0.6m 이상**인 직사각형으로 할 것

2) 게시판에는 "옥외저장탱크 주입구"라고 표시하는 것 외에 취급하는 위험물의 **유별**, **품명** 및 별표 4 Ⅲ제2호라목의 규정에 준하여 **주의사항**을 표시할 것

3) 게시판은 **백색바탕에 흑색문자**(별표 4 Ⅲ제2호라목의 **주의사항은 적색문자**)로 할 것

바. 주입구 주위에는 새어나온 기름 등 액체가 외부로 유출되지 아니하도록 방유턱을 설치하거나 집유설비 등의 장치를 설치할 것

10. **옥외저장탱크**의 펌프설비(펌프 및 이에 부속하는 전동기를 말하며, 해당 펌프 및 전동기를 위한 건축물 그 밖의 공작물을 설치하는 경우에는 해당 공작물을 포함한다. 이하 같다)는 다음 각목에 의하여야 한다.

가. **펌프설비의 주위에는 너비 3m 이상의 공지를 보유할 것**. 다만, 방화상 유효한 격벽을 설치하는 경우와 제6류 위험물 또는 지정수량의 10배 이하 위험물의 옥외저장탱크의 펌프설비에 있어서는 그러하지 아니하다.

나. 펌프설비로부터 옥외저장탱크까지의 사이에는 해당 옥외저장탱크의 보유공지 너비의 1/3 이상의 거리를 유지할 것

다. 펌프설비는 견고한 기초 위에 고정할 것

라. 펌프 및 이에 부속하는 전동기를 위한 건축물 그 밖의 공작물(이하 "펌프실"이라 한다)의 벽·기둥·바닥 및 보는 불연재료로 할 것

마. 펌프실의 지붕을 폭발력이 위로 방출될 정도의 가벼운 불연재료로 할 것

바. 펌프실의 창 및 출입구에는 60분+방화문 · 60분방화문 또는 30분방화문을 설치할 것

사. 펌프실의 창 및 출입구에 유리를 이용하는 경우에는 망입유리로 할 것

아. 펌프실의 바닥의 주위에는 높이 **0.2m 이상의 턱**을 만들고 바닥은 콘크리트 등 위험물이 스며들지 아니하는 재료로 적당히 경사지게 하여 그 최저부에는 집유설비를 설치할 것

자. 펌프실에는 위험물을 취급하는데 필요한 **채광**, **조명 및 환기**의 설비를 설치할 것

차. 가연성 증기가 체류할 우려가 있는 펌프실에는 그 증기를 옥외의 높은 곳으로 배출하는 설비를 설치할 것

카. 펌프실 외의 장소에 설치하는 펌프설비에는 그 직하의 지반면의 주위에 높이 **0.15m 이상의 턱**을 만들고 해당 지반면은 콘크리트 등 위험물이 스며들지 아니하는 재료로 적당히 경사지게 하여 그 최저부에는 집유설비를 할 것. 이 경우 제4류 위험물(온도 20℃의 물 100g에 용해되는 양이 1g 미만인 것에 한한다)을 취급하는 펌프설비에 있어서는 해당 위험물이 직접 배수구에 유입하지 아니하도록 집유설비에 유분리장치를 설치하여야 한다.

타. 인화점이 21℃ 미만인 위험물을 취급하는 펌프설비에는 보기 쉬운 곳에 제9호마목의 규정에 준하여 "옥외저장탱크 펌프설비"라는 표시를 한 게시판과 방화에 관하여 필요한 사항을 게시한 게시판을 설치할 것. 다만, 소방본부장 또는 소방서장이 화재예방상 해당 게시판을 설치할 필요가 없다고 인정하는 경우에는 그러하지 아니하다.

11. 옥외저장탱크의 밸브는 주강 또는 이와 동등 이상의 기계적 성질이 있는 재료로 되어 있고, 위험물이 새지 아니하여야 한다.

12. 옥외저장탱크의 배수관은 탱크의 옆판에 설치하여야 한다. 다만, 탱크와 배수관과의 결합부분이 지진 등에 의하여 손상을 받을 우려가 없는 방법으로 배수관을 설치하는 경우에는 탱크의 밑판에 설치할 수 있다.

13. 부상지붕이 있는 옥외저장탱크의 옆판 또는 부상지붕에 설치하는 설비는 지진 등에 의하여 부상지붕 또는 옆판에 손상을 주지 아니하게 설치하여야 한다. 다만, 해당 옥외저장탱크에 저장하는 위험물의 안전관리에 필요한 가동(可動)사다리, 회전방지기구, 검척관(檢尺管), 샘플링(sampling)설비 및 이에 부속하는 설비에 있어서는 그러하지 아니하다.

14. 옥외저장탱크의 배관의 위치·구조 및 설비는 제15호에 따른 것 외에 별표 4 X에 따른 제조소의 배관의 기

준을 준용하여야 한다.

15. 액체위험물을 이송하기 위한 옥외저장탱크의 배관은 지진 등에 의하여 해당 배관과 탱크와의 결합부분에 손상을 주지 아니하게 설치하여야 한다.
16. 옥외저장탱크에 설치하는 전기설비는 전기사업법에 의한 전기설비기술기준에 의하여야 한다.
17. 지정수량의 10배 이상인 옥외탱크저장소(제6류 위험물의 옥외탱크저장소를 제외한다)에는 별표 4 Ⅷ제7호의 규정에 준하여 피뢰침을 설치하여야 한다. 다만, 탱크에 저항이 5Ω 이하인 접지시설을 설치하거나 인근 피뢰설비의 보호범위 내에 들어가는 등 주위의 상황에 따라 안전상 지장이 없는 경우에는 피뢰침을 설치하지 아니할 수 있다.
18. 액체위험물의 옥외저장탱크의 주위에는 Ⅸ의 기준에 따라 위험물이 새었을 경우에 그 유출을 방지하기 위한 방유제를 설치하여야 한다.
19. 제3류 위험물 중 금수성물질(고체에 한한다)의 옥외저장탱크에는 방수성의 불연재료로 만든 피복설비를 설치하여야 한다.
20. 이황화탄소의 옥외저장탱크는 벽 및 바닥의 두께가 0.2m 이상이고 누수가 되지 아니하는 철근콘크리트의 수조에 넣어 보관하여야 한다. 이 경우 보유공지·통기관 및 자동계량장치는 생략할 수 있다.
21. 옥외저장탱크에 부착되는 부속설비(교반기, 밸브, 폼챔버, 화염방지장치, 통기관대기밸브, 비상압력배출장치를 말한다)는 기술원 또는 소방청장이 정하여 고시하는 국내·외 공인시험기관에서 시험 또는 인증 받은 제품을 사용하여야 한다.

Ⅶ. 특정옥외저장탱크의 구조

1. 특정옥외저장탱크는 주하중(탱크하중, 탱크와 관련되는 내압, 온도변화의 영향 등에 의한 것을 말한다. 이하 같다) 및 종하중(적설하중, 풍하중, 지진의 영향 등에 의한 것을 말한다. 이하 같다)에 의하여 발생하는 응력 및 변형에 대하여 안전한 것으로 하여야 한다.
2. 특정옥외저장탱크의 구조는 다음 각목에 정하는 기준에 적합하여야 한다.
   가. 주하중과 주하중 및 종하중의 조합에 의하여 특정옥외저장탱크의 본체에 발생하는 응력은 소방청장이 정하여 고시하는 허용응력 이하일 것
   나. 특정옥외저장탱크의 보유수평내력(保有水平耐力)은 지진의 영향에 의한 필요보유수평내력(必要保有水平耐力) 이상일 것. 이 경우에 있어서의 보유수평내력 및 필요보유수평내력의 계산방법은 소방청장이 정하여 고시한다.
   다. 옆판, 밑판 및 지붕의 최소두께와 에뉼러판의 너비(옆판외면에서 바깥으로 연장하는 최소길이, 옆판내면에서 탱크중심부로 연장하는 최소길이를 말한다) 및 최소두께는 소방청장이 정하여 고시하는 기준에 적합할 것
3. 특정옥외저장탱크의 용접(겹침보수 및 육성보수와 관련되는 것을 제외한다)방법은 다음 각목에 정하는 바에 의한다. 이러한 용접방법은 소방청장이 정하여 고시하는 용접시공방법확인시험의 방법 및 기준에 적합한 것이거나 이와 동등 이상의 것임이 미리 확인되어 있어야 한다.
   가. 옆판의 용접은 다음에 의할 것
      1) 세로이음 및 가로이음은 완전용입 맞대기용접으로 할 것
      2) 옆판의 세로이음은 단을 달리하는 옆판의 각각의 세로이음과 동일선상에 위치하지 아니하도록 할 것. 이 경우 해당 세로이음간의 간격은 서로 접하는 옆판 중 두꺼운 쪽 옆판의 두께의 5배 이상으로 하여야 한다.
   나. 옆판과 에뉼러판(에뉼러판이 없는 경우에는 밑판)과의 용접은 부분용입그룹용접 또는 이와 동등 이상의 용접강도가 있는 용접방법으로 용접할 것. 이 경우에 있어서 용접 비드(bead)는 매끄러운 형상을 가져야 한다.
   다. 에뉼러판과 에뉼러판은 뒷면에 재료를 댄 맞대기용접으로 하고, 에뉼러판과 밑판 및 밑판과 밑판의 용

접은 뒷면에 재료를 댄 맞대기용접 또는 겹치기용접으로 용접할 것. 이 경우에 에뉼러판과 밑판이 접하는 면 및 밑판과 밑판이 접하는 면은 해당 에뉼러판과 밑판의 용접부의 강도 및 밑판과 밑판의 용접부의 강도에 유해한 영향을 주는 흠이 있어서는 아니 된다.

라. 필렛용접의 사이즈(부등사이즈가 되는 경우에는 작은 쪽의 사이즈를 말한다)는 다음 식에 의하여 구한 값으로 할 것

$$t_1 \geqq S \geqq \sqrt{2t_2} \quad (\text{단}, \ S \geqq 4.5)$$

t_1: 얇은 쪽의 강판의 두께(mm) t_2: 두꺼운 쪽의 강판의 두께(mm) S: 사이즈(mm)

4. 제1호 내지 제3호에 규정하는 것 외의 특정옥외저장탱크의 구조에 관하여 필요한 사항은 소방청장이 정하여 고시한다.

Ⅷ. 준특정옥외저장탱크의 구조

1. 준특정옥외저장탱크는 주하중 및 종하중에 의하여 발생하는 응력 및 변형에 대하여 안전한 것으로 하여야 한다.
2. 준특정옥외저장탱크의 구조는 다음 각목에 정하는 기준에 적합하여야 한다.
   가. 두께가 3.2mm 이상일 것
   나. 준특정옥외저장탱크의 옆판에 발생하는 상시의 원주방향인장응력은 소방청장이 정하여 고시하는 허용응력 이하일 것
   다. 준특정옥외저장탱크의 옆판에 발생하는 지진시의 축방향압축응력은 소방청장이 정하여 고시하는 허용응력 이하일 것
3. 준특정옥외저장탱크의 보유수평내력은 지진의 영향에 의한 필요보유수평내력 이상이어야 한다. 이 경우에 있어서의 보유수평내력 및 필요보유수평내력의 계산방법은 소방청장이 정하여 고시한다.
4. 제2호 및 제3호에 규정하는 것 외의 준특정옥외저장탱크의 구조에 관하여 필요한 사항은 소방청장이 정하여 고시한다.

Ⅸ. 방유제

1. 제3류, 제4류 및 제5류 위험물 중 인화성이 있는 액체(이황화탄소를 제외한다)의 옥외탱크저장소의 탱크 주위에는 다음 각목의 기준에 의하여 방유제를 설치하여야 한다.
   가. 방유제의 용량은 방유제안에 설치된 탱크가 하나인 때에는 그 탱크 용량의 110% 이상, 2기 이상인 때에는 그 탱크 중 용량이 최대인 것의 용량의 110% 이상으로 할 것. 이 경우 방유제의 용량은 해당 방유제의 내용적에서 용량이 최대인 탱크 외의 탱크의 방유제 높이 이하 부분의 용적, 해당 방유제 내에 있는 모든 탱크의 지반면 이상 부분의 기초의 체적, 간막이 둑의 체적 및 해당 방유제 내에 있는 배관 등의 체적을 뺀 것으로 한다.
   나. 방유제는 높이 0.5m 이상 3m 이하, 두께 0.2m 이상, 지하매설깊이 1m 이상으로 할 것. 다만, 방유제와 옥외저장탱크 사이의 지반면 아래에 불침윤성(不浸潤性) 구조물을 설치하는 경우에는 지하매설깊이를 해당 불침윤성 구조물까지로 할 수 있다.
   다. 방유제내의 면적은 8만m2 이하로 할 것
   라. 방유제내에 설치하는 옥외저장탱크의 수는 10(방유제내에 설치하는 모든 옥외저장탱크의 용량이 20만ℓ 이하이고, 해당 옥외저장탱크에 저장 또는 취급하는 위험물의 인화점이 70℃ 이상 200℃ 미만인 경우에는 20) 이하로 할 것. 다만, 인화점이 200℃ 이상인 위험물을 저장 또는 취급하는 옥외저장탱크에

있어서는 그러하지 아니하다.

마. 방유제 외면의 1/2 이상은 자동차 등이 통행할 수 있는 3m 이상의 노면폭을 확보한 구내도로(옥외저장탱크가 있는 부지내의 도로를 말한다. 이하 같다)에 직접 접하도록 할 것. 다만, 방유제내에 설치하는 옥외저장탱크의 용량합계가 20만ℓ 이하인 경우에는 소화활동에 지장이 없다고 인정되는 3m 이상의 노면폭을 확보한 도로 또는 공지에 접하는 것으로 할 수 있다.

바. 방유제는 옥외저장탱크의 지름에 따라 그 탱크의 옆판으로부터 다음에 정하는 거리를 유지할 것. 다만, 인화점이 200℃ 이상인 위험물을 저장 또는 취급하는 것에 있어서는 그러하지 아니하다.

1) 지름이 15m 미만인 경우에는 탱크 높이의 1/3 이상

2) 지름이 15m 이상인 경우에는 탱크 높이의 1/2 이상

사. 방유제는 철근콘크리트로 하고, 방유제와 옥외저장탱크 사이의 지표면은 불연성과 불침윤성이 있는 구조(철근콘크리트 등)로 할 것. 다만, 누출된 위험물을 수용할 수 있는 전용유조(專用油槽) 및 펌프 등의 설비를 갖춘 경우에는 방유제와 옥외저장탱크 사이의 지표면을 흙으로 할 수 있다.

아. 용량이 1,000만ℓ 이상인 옥외저장탱크의 주위에 설치하는 방유제에는 다음의 규정에 따라 해당 탱크마다 간막이 둑을 설치할 것

1) 간막이 둑의 높이는 0.3m(방유제내에 설치되는 옥외저장탱크의 용량의 합계가 2억ℓ 를 넘는 방유제에 있어서는 1m) 이상으로 하되, 방유제의 높이보다 0.2m 이상 낮게 할 것

2) 간막이 둑은 흙 또는 철근콘크리트로 할 것

3) 간막이 둑의 용량은 간막이 둑안에 설치된 탱크의 용량의 10% 이상일 것

자. 방유제내에는 해당 방유제내에 설치하는 옥외저장탱크를 위한 배관(해당 옥외저장탱크의 소화설비를 위한 배관을 포함한다), 조명설비 및 계기시스템과 이들에 부속하는 설비 그 밖의 안전확보에 지장이 없는 부속설비 외에는 다른 설비를 설치하지 아니할 것

차. 방유제 또는 간막이 둑에는 해당 방유제를 관통하는 배관을 설치하지 아니할 것. 다만, 위험물을 이송하는 배관의 경우에는 배관이 관통하는 지점의 좌우방향으로 각 1m 이상까지의 방유제 또는 간막이 둑의 외면에 두께 0.1m 이상, 지하매설깊이 0.1m 이상의 구조물을 설치하여 방유제 또는 간막이 둑을 이중구조로 하고, 그 사이에 토사를 채운 후, 관통하는 부분을 완충재 등으로 마감하는 방식으로 설치할 수 있다.

카. 방유제에는 그 내부에 고인 물을 외부로 배출하기 위한 배수구를 설치하고 이를 개폐하는 밸브 등을 방유제의 외부에 설치할 것

타. 용량이 100만ℓ 이상인 위험물을 저장하는 옥외저장탱크에 있어서는 카목의 밸브 등에 그 개폐상황을 쉽게 확인할 수 있는 장치를 설치할 것

파. 높이가 1m를 넘는 방유제 및 간막이 둑의 안팎에는 방유제내에 출입하기 위한 계단 또는 경사로를 약 50m마다 설치할 것

하. 용량이 50만리터 이상인 옥외탱크저장소가 해안 또는 강변에 설치되어 방유제 외부로 누출된 위험물이 바다 또는 강으로 유입될 우려가 있는 경우에는 해당 옥외탱크저장소가 설치된 부지 내에 전용유조(專用油槽) 등 누출위험물 수용설비를 설치할 것

2. 제1호 가목·나목·사목 내지 파목의 규정은 인화성이 없는 액체위험물의 옥외저장탱크의 주위에 설치하는 방유제의 기술기준에 대하여 준용한다. 이 경우에 있어서 제1호가목 중 "110%"는 "100%"로 본다.

3. 그 밖에 방유제의 기술기준에 관하여 필요한 사항은 소방청장이 정하여 고시한다.

X. 고인화점 위험물의 옥외탱크저장소의 특례

고인화점 위험물만을 100℃ 미만의 온도로 저장 또는 취급하는 옥외탱크저장소 중 그 위치·구조 및 설비가 다음 각목에 정하는 기준에 적합한 경우에는 Ⅰ·Ⅱ·Ⅵ제3호(지주와 관련되는 부분에 한한다)·제10호·제17호 및 제18호의 규정은 적용하지 아니한다.

가. 옥외탱크저장소는 별표 4 XI제1호의 규정에 준하여 안전거리를 둘 것

나. 옥외저장탱크(위험물을 이송하기 위한 배관 그 밖에 이에 준하는 공작물을 제외한다)의 주위에 다음의 표에 정하는 너비의 공지를 보유할 것

저장 또는 취급하는 위험물의 최대수량	공지의 너비
지정수량의 2,000배 이하	3m 이상
지정수량의 2,000배 초과 4,000배 이하	5m 이상
지정수량의 4,000배 초과	해당 탱크의 수평단면의 최대지름(횡형인 경우에는 긴변)과 높이 중 큰 것의 1/3과 같은 거리 이상. 다만, 5m 미만으로 하여서는 아니 된다.

다. 옥외저장탱크의 지주는 철근콘크리트조, 철골콘크리트구조 그 밖에 이들과 동등 이상의 내화성능이 있을 것. 다만, 하나의 방유제 안에 설치하는 모든 옥외저장탱크가 고인화점 위험물만을 100℃ 미만의 온도로 저장 또는 취급하는 경우에는 지주를 불연재료로 할 수 있다.

라. 옥외저장탱크의 펌프설비는 Ⅵ제10호(가목·바목 및 사목을 제외한다)의 규정에 준하는 것 외에 다음의 기준에 의할 것

1) 펌프설비의 주위에 1m 이상의 너비의 공지를 보유할 것. 다만, 내화구조로 된 방화상 유효한 격벽을 설치하는 경우 또는 지정수량의 10배 이하의 위험물을 저장하는 옥외저장탱크의 펌프설비에 있어서는 그러하지 아니하다.

2) 펌프실의 창 및 출입구에는 60분+방화문 · 60분방화문 또는 30분방화문을 설치할 것. 다만, 연소의 우려가 없는 외벽에 설치하는 창 및 출입구에는 불연재료 또는 유리로 만든 문을 달 수 있다.

3) 펌프실의 연소의 우려가 있는 외벽에 설치하는 창 및 출입구에 유리를 이용하는 경우는 망입유리를 이용할 것

마. 옥외저장탱크의 주위에는 위험물이 새었을 경우에 그 유출을 방지하기 위한 방유제를 설치할 것

바. Ⅸ제1호가목 내지 다목 및 사목 내지 파목의 규정은 마목의 방유제의 기준에 대하여 준용한다. 이 경우에 있어서 동호가목 중 "110%"는 "100%"로 본다.

XI. 위험물의 성질에 따른 옥외탱크저장소의 특례

알킬알루미늄등, 아세트알데하이드등 및 하이드록실아민등을 저장 또는 취급하는 옥외탱크저장소는 Ⅰ부터 Ⅸ에 따른 기준 외에 해당 위험물의 성질에 따라 다음 각호에 정하는 기준에 따라야 한다.

1. 알킬알루미늄등의 옥외탱크저장소

가. 옥외저장탱크의 주위에는 누설범위를 국한하기 위한 설비 및 누설된 알킬알루미늄등을 안전한 장소에 설치된 조에 이끌어 들일 수 있는 설비를 설치할 것

나. 옥외저장탱크에는 불활성의 기체를 봉입하는 장치를 설치할 것

2. 아세트알데하이드등의 옥외탱크저장소

가. 옥외저장탱크의 설비는 **동·마그네슘·은·수은** 또는 이들을 성분으로 하는 합금으로 만들지 아니할 것

나. 옥외저장탱크에는 **냉각장치** 또는 **보냉장치**, 그리고 연소성 혼합기체의 생성에 의한 **폭발을 방지하기 위한 불활성의 기체를 봉입하는 장치**를 설치할 것

3. 하이드록실아민등의 옥외탱크저장소
  가. 옥외탱크저장소에는 하이드록실아민등의 온도의 상승에 의한 위험한 반응을 방지하기 위한 조치를 강구할 것
  나. 옥외탱크저장소에는 철 이온등의 혼입에 의한 위험한 반응을 방지하기 위한 조치를 강구할 것

XII. 지중탱크에 관계된 옥외탱크저장소의 특례

1. 제4류 위험물을 지중탱크에 저장 또는 취급하는 옥외탱크저장소는 Ⅰ 내지 Ⅸ의 기준 중 Ⅰ·Ⅱ·Ⅳ·Ⅴ·Ⅵ제1호(충수시험 또는 수압시험에 관한 부분을 제외한다)·제2호·제3호·제5호·제6호·제10호·제12호·제16호 및 제18호의 규정은 적용하지 아니한다.
2. 제1호에 정하는 것 외에 다음 각목에 정하는 기준에 적합하여야 한다.
  가. 지중탱크의 옥외탱크저장소는 다음에 정하는 장소와 그 밖에 소방청장이 정하여 고시하는 장소에 설치하지 아니할 것
    1) 급경사지 등으로서 지반붕괴, 산사태 등의 위험이 있는 장소
    2) 융기, 침강 등의 지반변동이 생기고 있거나 지중탱크의 구조에 지장을 미치는 지반변동이 발생할 우려가 있는 장소
  나. 지중탱크의 옥외탱크저장소의 위치는 Ⅰ의 규정에 의하는 것 외에 해당 옥외탱크저장소가 보유하는 부지의 경계선에서 지중탱크의 지반면의 옆판까지의 사이에, 해당 지중탱크 수평단면의 내경의 수치에 0.5를 곱하여 얻은 수치(해당 수치가 지중탱크의 밑판표면에서 지반면까지 높이의 수치보다 작은 경우에는 해당 높이의 수치) 또는 50m(해당 지중탱크에 저장 또는 취급하는 위험물의 인화점이 21℃ 이상 70℃ 미만의 경우에 있어서는 40m, 70℃ 이상의 경우에 있어서는 30m)중 큰 것과 동일한 거리 이상의 거리를 유지할 것
  다. 지중탱크(위험물을 이송하기 위한 배관 그 밖의 이에 준하는 공작물을 제외한다)의 주위에는 해당 지중탱크 수평단면의 내경의 수치에 0.5를 곱하여 얻은 수치 또는 지중탱크의 밑판표면에서 지반면까지 높이의 수치 중 큰 것과 동일한 거리 이상의 너비의 공지를 보유할 것
  라. 지중탱크의 지반은 다음에 의할 것
    1) 지반은 해당 지반에 설치하는 지중탱크 및 그 부속설비의 자중, 저장하는 위험물의 중량 등의 하중(이하 "지중탱크하중"이라 한다)에 의하여 발생하는 응력에 대하여 안전할 것
    2) 지반은 다음에 정하는 기준에 적합할 것
      가) 지반은 Ⅳ제2호가목의 기준에 적합할 것
      나) 소방청장이 정하여 고시하는 범위내의 지반은 지중탱크하중에 대한 지지력계산에서의 지지력안전율 및 침하량계산에서의 계산침하량이 소방청장이 정하여 고시하는 수치에 적합하고, Ⅳ제2호나목2)다)의 기준에 적합할 것
      다) 지중탱크 하부의 지반[마목3)에 정하는 양수설비를 설치하는 경우에는 해당 양수설비의 배수층하의 지반]의 표면의 평판재하시험에 있어서 평판재하시험치(극한 지지력의 값으로 한다)가 지중탱크하중에 나)의 안전율을 곱하여 얻은 값 이상의 값일 것
      라) 소방청장이 정하여 고시하는 범위내의 지반의 지질이 소방청장이 정하여 고시하는 것 외의 것일 것
      마) 지반이 바다·하천·호소(湖沼)·늪 등에 접하고 있는 경우 또는 인공지반을 조성하는 경우에는 활동과 관련하여 소방청장이 정하여 고시하는 안전율이 있을 것
      바) 인공지반에 있어서는 가) 내지 마)에 정하는 것 외에 소방청장이 정하여 고시하는 기준에 적합할 것
  마. 지중탱크의 구조는 다음에 의할 것
    1) 지중탱크는 옆판 및 밑판을 철근콘크리트 또는 프리스트레스트 콘크리트로 만들고 지붕을 강철판으로

만들며, 옆판 및 밑판의 안쪽에는 누액방지판을 설치하여 틈이 없도록 할 것
2) 지중탱크의 재료는 소방청장이 정하여 고시하는 규격에 적합한 것 또는 이와 동등 이상의 강도 등이 있을 것
3) 지중탱크는 해당 지중탱크 및 그 부속설비의 자중, 저장하는 위험물의 중량, 토압, 지하수압, 양압력(揚壓力), 콘크리트의 건조수축 및 크립(creep)의 영향, 온도변화의 영향, 지진의 영향등의 하중에 의하여 발생하는 응력 및 변형에 대해서 안전하게 하고, 유해한 침하 및 부상(浮上)을 일으키지 아니하도록 할 것. 다만, 소방청장이 정하여 고시하는 기준에 적합한 양수설비를 설치하는 경우는 양압력을 고려하지 아니할 수 있다.
4) 지중탱크의 구조는 1) 내지 3)에 의하는 외에 다음에 정하는 기준에 적합할 것
가) 하중에 의하여 지중탱크본체(지붕 및 누액방지판을 포함한다)에 발생하는 응력은 소방청장이 정하여 고시하는 허용응력 이하일 것
나) 옆판 및 밑판의 최소두께는 소방청장이 정하여 고시하는 기준에 적합한 것으로 할 것
다) 지붕은 2매판 구조의 부상지붕으로 하고, 그 외면에는 녹 방지를 위한 도장을 하는 동시에 소방청장이 정하여 고시하는 기준에 적합하게 할 것
라) 누액방지판은 소방청장이 정하여 고시하는 바에 따라 강철판으로 만들고, 그 용접부는 소방청장이 정하여 고시하는 바에 따라 실시한 자분탐상시험 등의 시험에 있어서 소방청장이 정하여 고시하는 기준에 적합하도록 할 것

바. 지중탱크의 펌프설비는 다음의 기준에 적합한 것으로 할 것
1) 위험물 중에 설치하는 펌프설비는 그 전동기의 내부에 냉각수를 순환시키는 동시에 금속제의 보호관내에 설치할 것
2) 1)에 해당하지 아니하는 펌프설비는 Ⅵ제10호(갱도에 설치하는 것에 있어서는 가목·나목·마목 및 카목을 제외한다)에 따른 옥외저장탱크의 펌프설비의 기준을 준용할 것

사. 지중탱크에는 해당 지중탱크내의 물을 적절히 배수할 수 있는 설비를 설치할 것

아. 지중탱크의 옥외탱크저장소에 갱도를 설치하는 경우에 있어서는 다음에 의할 것
1) 갱도의 출입구는 지중탱크내의 위험물의 최고액면보다 높은 위치에 설치할 것. 다만, 최고액면을 넘는 위치를 경유하는 경우에 있어서는 그러하지 아니하다.
2) 가연성의 증기가 체류할 우려가 있는 갱도에는 가연성의 증기를 외부에 배출할 수 있는 설비를 설치할 것

자. 지중탱크는 그 주위가 소방청장이 정하여 고시하는 구내도로에 직접 면하도록 설치할 것. 다만, 2기 이상의 지중탱크를 인접하여 설치하는 경우에는 해당 지중탱크 전체가 포위될 수 있도록 하되, 각 탱크의 2 방향 이상이 구내도로에 직접 면하도록 하는 것으로 할 수 있다.

차. 지중탱크의 옥외탱크저장소에는 소방청장이 정하여 고시하는 바에 따라 위험물 또는 가연성 증기의 누설을 자동적으로 검지하는 설비 및 지하수위의 변동을 감시하는 설비를 설치할 것

카. 지중탱크의 옥외탱크저장소에는 소방청장이 정하여 고시하는 바에 따라 지중벽을 설치할 것. 단, 주위의 지반상황등에 의하여 누설된 위험물이 확산할 우려가 없는 경우에는 그러하지 아니하다.

3. 제1호 및 제2호에 규정하는 것 외에 지중탱크의 옥외탱크저장소에 관한 세부기준은 소방청장이 정하여 고시한다.

XⅢ. 해상탱크에 관계된 옥외탱크저장소의 특례

1. 원유·등유·경유 또는 중유를 해상탱크에 저장 또는 취급하는 옥외탱크저장소 중 해상탱크를 용량 10만ℓ 이하마다 물로 채운 이중의 격벽으로 완전하게 구분하고, 해상탱크의 옆부분 및 밑부분을 물로 채운 이중벽의 구조로 한 것은 Ⅰ 내지 Ⅸ의 규정에 불구하고 제2호 및 제3호의 규정에 의할 수 있다.

2. 제1호의 옥외탱크저장소에 대하여는 Ⅱ·Ⅳ·Ⅴ·Ⅵ제1호 내지 제7호 및 제10호 내지 제18호의 규정은 적용하지 아니한다.
3. 제2호에 정하는 것 외에 해상탱크에 관계된 옥외탱크저장소의 특례는 다음 각목과 같다.
   가. 해상탱크의 위치는 다음에 의할 것
      1) 해상탱크는 자연적 또는 인공적으로 거의 폐쇄된 평온한 해역에 설치할 것
      2) 해상탱크의 위치는 육지, 해저 또는 해당 해상탱크에 관계된 옥외탱크저장소와 관련되는 공작물 외의 해양 공작물로부터 해당 해상탱크의 외면까지의 사이에 안전을 확보하는데 필요하다고 인정되는 거리를 유지할 것
   나. 해상탱크의 구조는 선박안전법에 정하는 바에 의할 것
   다. 해상탱크의 정치(定置)설비는 다음에 의할 것
      1) 정치설비는 해상탱크를 안전하게 보존·유지할 수 있도록 배치할 것
      2) 정치설비는 해당 정치설비에 작용하는 하중에 의하여 발생하는 응력 및 변형에 대하여 안전한 구조로 할 것
   라. 정치설비의 직하의 해저면으로부터 정치설비의 자중 및 정치설비에 작용하는 하중에 의한 응력에 대하여 정치설비를 안전하게 지지하는데 필요한 깊이까지의 지반은 표준관입시험에서의 표준관입시험치가 평균적으로 15 이상의 값을 나타내는 동시에 정치설비의 자중 및 정치설비에 작용하는 하중에 의한 응력에 대하여 안전할 것
   마. 해상탱크의 펌프설비는 Ⅵ제10호에 따른 옥외저장탱크의 펌프설비의 기준을 준용하되, 현장상황에 따라 동 규정의 기준에 의하는 것이 곤란한 경우에는 안전조치를 강구하여 동 규정의 기준 중 일부를 적용하지 아니할 수 있다.
   바. 위험물을 취급하는 배관은 다음의 기준에 의할 것
      1) 해상탱크의 배관의 위치·구조 및 설비는 Ⅵ제14호에 따른 옥외저장탱크의 배관의 기준을 준용할 것. 다만, 현장상황에 따라 동 규정의 기준에 의하는 것이 곤란한 경우에는 안전조치를 강구하여 동 규정의 기준 중 일부를 적용하지 아니할 수 있다.
      2) 해상탱크에 설치하는 배관과 그 밖의 배관과의 결합부분은 파도 등에 의하여 해당 부분에 손상을 주지 아니하도록 조치할 것
   사. 전기설비는 「전기사업법」에 의한 전기설비기술기준의 규정에 의하는 외에, 열 및 부식에 대하여 내구성이 있는 동시에 기후의 변화에 내성이 있을 것
   아. 마목 내지 사목의 규정에 불구하고 해상탱크에 설치하는 펌프설비, 배관 및 전기설비(차목에 정하는 설비와 관련되는 전기설비 및 소화설비와 관련되는 전기설비를 제외한다)에 있어서는 「선박안전법」에 정하는 바에 의할 것
   자. 해상탱크의 주위에는 위험물이 새었을 경우에 그 유출을 방지하기 위한 방유제(부유식의 것을 포함한다)를 설치할 것
   차. 해상탱크에 관계된 옥외탱크저장소에는 위험물 또는 가연성 증기의 누설 또는 위험물의 폭발등의 재해의 발생 또는 확대를 방지하는 설비를 설치할 것

XⅣ. 옥외탱크저장소의 충수시험의 특례

옥외탱크저장소의 구조 또는 설비에 관한 변경공사(탱크의 옆판 또는 밑판의 교체공사를 제외한다) 중 탱크본체에 관한 공사를 포함하는 변경공사로서 해당 탱크본체에 관한 공사가 다음 각호(특정옥외탱크저장소 외의 옥외탱크저장소에 있어서는 제1호·제2호·제3호·제5호·제6호 및 제8호)에 정하는 변경공사에 해당하는 경우에는 해당 변경공사에 관계된 옥외탱크저장소에 대하여 Ⅵ제1호의 규정(충수시험에 관한 기준과 관련되는 부분에 한한다)은 적용하지 아니한다.

1. 노즐·맨홀 등의 설치공사
2. 노즐·맨홀 등과 관련되는 용접부의 보수공사
3. 지붕에 관련되는 공사(고정지붕식으로 된 옥외탱크저장소에 내부부상지붕을 설치하는 공사를 포함한다)
4. 옆판과 관련되는 겹침보수공사
5. 옆판과 관련되는 육성보수공사(용접부에 대한 열영향이 경미한 것에 한한다)
6. 최대저장높이 이상의 옆판에 관련되는 용접부의 보수공사
7. 에뉼러판 또는 밑판의 겹침보수공사 중 옆판으로부터 600mm 범위 외의 부분에 관련된 것으로서 해당 겹침보수부분이 저부면적(에뉼러판 및 밑판의 면적을 말한다)의 1/2 미만인 것
8. 에뉼러판 또는 밑판에 관한 육성보수공사(용접부에 대한 열영향이 경미한 것에 한한다)
9. 밑판 또는 에뉼러판이 옆판과 접하는 용접이음부의 겹침보수공사 또는 육성보수공사(용접부에 대한 열영향이 경미한 것에 한한다)

[규칙 별표 7]

옥내탱크저장소의 위치·구조 및 설비의 기준(제31조관련)

Ⅰ. 옥내탱크저장소의 기준

1. 옥내탱크저장소(제2호에 정하는 것을 제외한다)의 위치·구조 및 설비의 기술기준은 다음 각목과 같다.
   가. 위험물을 저장 또는 취급하는 옥내탱크(이하 "옥내저장탱크"라 한다)는 단층건축물에 설치된 탱크전용실에 설치할 것
   나. 옥내저장탱크와 탱크전용실의 벽과의 사이 및 옥내저장탱크의 상호간에는 0.5m 이상의 간격을 유지할 것. 다만, 탱크의 점검 및 보수에 지장이 없는 경우에는 그러하지 아니하다.
   다. 옥내탱크저장소에는 별표 4 Ⅲ제1호의 기준에 따라 보기 쉬운 곳에 "위험물 옥내탱크저장소"라는 표시를 한 표지와 같은 표 Ⅲ제2호의 기준에 따라 방화에 관하여 필요한 사항을 게시한 게시판 및 같은 표 Ⅲ 제3호의 기준을 준용하여 해당 옥내저장소가 금연구역임을 알리는 표지를 설치해야 한다.
   라. 옥내저장탱크의 용량(동일한 탱크전용실에 옥내저장탱크를 2 이상 설치하는 경우에는 각 탱크의 용량의 합계를 말한다)은 지정수량의 **40배**(제4석유류 및 동식물유류 외의 제4류 위험물에 있어서 해당 수량이 **20,000ℓ** 를 초과할 때에는 20,000ℓ) **이하일 것**
   마. 옥내저장탱크의 구조는 별표 6 Ⅵ제1호 및 ⅩⅣ에 따른 옥외저장탱크의 구조의 기준을 준용할 것
   바. 옥내저장탱크의 외면에는 녹을 방지하기 위한 도장을 할 것
   사. 옥내저장탱크 중 압력탱크(최대상용압력이 부압 또는 정압 5kPa을 초과하는 탱크를 말한다) 외의 탱크(제4류 위험물의 옥내저장탱크에 한한다)에 있어서는 **밸브 없는 통기관** 대기밸브 부착 통기관을 다음의 기준에 의하여 설치하고, 압력탱크에 있어서는 별표 4 Ⅷ제4호에 따른 **안전장치를 설치할 것**
      1) **밸브 없는 통기관**
         가) 통기관의 선단은 건축물의 창·출입구 등의 **개구부로부터 1m 이상** 떨어진 옥외의 장소에 **지면으로부터 4m 이상**의 높이로 설치하되, 인화점이 40℃ 미만인 위험물의 탱크에 설치하는 통기관에 있어서는 부지경계선으로부터 **1.5m 이상** 이격할 것. 다만, 고인화점 위험물만을 100℃ 미만의 온도로 저장 또는 취급하는 탱크에 설치하는 통기관은 그 선단을 탱크전용실 내에 설치할 수 있다.
         나) **통기관**은 가스등이 체류할 우려가 있는 **굴곡이 없도록** 할 것
         다) 별표 6 Ⅵ제7호가목의 기준에 적합할 것
      2) 대기밸브 부착 통기관
         가) 1)가) 및 나)의 기준에 적합할 것

나) 별표 6 Ⅵ제7호나목의 기준에 적합할 것

아. 액체위험물의 옥내저장탱크에는 위험물의 양을 **자동적으로 표시하는 장치**를 설치할 것

자. 액체위험물의 옥내저장탱크의 주입구는 별표 6 Ⅵ제9호에 따른 옥외저장탱크의 주입구의 기준을 준용할 것

차. 옥내저장탱크의 펌프설비 중 탱크전용실이 있는 건축물 외의 장소에 설치하는 펌프설비에 있어서는 별표 6 Ⅵ제10호(가목 및 나목을 제외한다)에 따른 옥외저장탱크의 펌프설비의 기준을 준용하고, 탱크전용실이 있는 건축물에 설치하는 펌프설비에 있어서는 다음의 어느 하나에 정하는 바에 의할 것

1) 탱크전용실외의 장소에 설치하는 경우에는 별표 6 Ⅵ제10호다목 내지 차목 및 타목의 규정에 의할 것. 다만, 펌프실의 지붕은 내화구조 또는 불연재료로 할 수 있다.

2) 탱크전용실에 설치하는 경우에는 펌프설비를 견고한 기초위에 고정시킨 다음 그 주위에 불연재료로 된 턱을 탱크전용실의 문턱높이 이상으로 설치할 것. 다만, 펌프설비의 기초를 탱크전용실의 문턱높이 이상으로 하는 경우를 제외한다.

카. 옥내저장탱크의 밸브는 별표 6 Ⅵ제11호에 따른 옥외저장탱크의 밸브의 기준을 준용할 것

타. 옥내저장탱크의 배수관은 별표 6 Ⅵ제12호에 따른 옥외저장탱크의 배수관의 기준을 준용할 것

파. 옥내저장탱크의 배관의 위치·구조 및 설비는 하목의 규정에 의하는 외에 별표 4 Ⅹ에 따른 제조소의 위험물을 취급하는 배관의 기준을 준용할 것

하. 액체위험물을 이송하기 위한 옥내저장탱크의 배관은 별표 6 Ⅵ제15호에 따른 옥외저장탱크의 배관의 기준을 준용할 것

거. 탱크전용실은 벽·기둥 및 바닥을 내화구조로 하고, 보를 불연재료로 하며, 연소의 우려가 있는 외벽은 출입구 외에는 개구부가 없도록 할 것. 다만, 인화점이 70℃ 이상인 제4류 위험물만의 옥내저장탱크를 설치하는 탱크전용실에 있어서는 연소의 우려가 없는 외벽·기둥 및 바닥을 불연재료로 할 수 있다.

너. 탱크전용실은 지붕을 불연재료로 하고, 천장을 설치하지 아니할 것

더. 탱크전용실의 창 및 출입구에는 60분+방화문 · 60분방화문 또는 30분방화문을 설치하는 동시에, 연소의 우려가 있는 외벽에 두는 출입구에는 수시로 열 수 있는 자동폐쇄식의 60분+방화문 또는 60분방화문을 설치할 것

러. 탱크전용실의 창 또는 출입구에 유리를 이용하는 경우에는 망입유리로 할 것

머. 액상의 위험물의 옥내저장탱크를 설치하는 탱크전용실의 바닥은 위험물이 침투하지 아니하는 구조로 하고, 적당한 경사를 두는 한편, 집유설비를 설치할 것

버. 탱크전용실의 출입구의 턱의 높이를 해당 탱크전용실내의 옥내저장탱크(옥내저장탱크가 2 이상인 경우에는 최대용량의 탱크)의 용량을 수용할 수 있는 높이 이상으로 하거나 옥내저장탱크로부터 누설된 위험물이 탱크전용실 외의 부분으로 유출하지 아니하는 구 조로 할 것

서. 탱크전용실의 채광·조명·환기 및 배출의 설비는 별표 5 Ⅰ14호에 따른 옥내저장소의 채광·조명·환기 및 배출의 설비의 기준을 준용할 것

어. 전기설비는 「전기사업법」에 의한 전기설비기술기준에 의하여야 한다.

2. 옥내탱크저장소 중 탱크전용실을 단층건물 외의 건축물에 설치하는 것(제2류 위험물 중 황화인·적린 및 덩어리 황, 제3류 위험물 중 황린, 제6류 위험물 중 질산 및 제4류 위험물 중 인화점이 38℃ 이상인 위험물만을 저장 또는 취급하는 것에 한한다)의 위치·구조 및 설비의 기술기준은 제1호나목·다목·마목 내지 자목·차목(탱크전용실이 있는 건축물 외의 장소에 설치하는 펌프설비에 관한 기준과 관련되는 부분에 한한다)·카목 내지 하목·머목·서목 및 어목의 규정을 준용하는 외에 다음 각목의 기준에 의하여야 한다.

가. **옥내저장탱크는 탱크전용실에 설치할 것**. 이 경우 제2류 위험물 중 **황화인·적린 및 덩어리 황**, 제3류 위험물 중 **황린**, 제6류 위험물 중 **질산**의 탱크전용실은 건축물의 **1층 또는 지하층**에 설치하여야 한다.

나. 옥내저장탱크의 주입구 부근에는 해당 옥내저장탱크의 위험물의 양을 표시하는 장치를 설치할 것. 다

만, 해당 위험물의 양을 쉽게 확인할 수 있는 경우에는 그러하지 아니하다.

다. 탱크전용실이 있는 건축물에 설치하는 옥내저장탱크의 펌프설비는 다음의 어느 하나에 정하는 바에 의할 것

1) 탱크전용실외의 장소에 설치하는 경우에는 다음의 기준에 의할 것

가) 이 펌프실은 벽·기둥·바닥 및 보를 내화구조로 할 것

나) 펌프실은 상층이 있는 경우에 있어서는 상층의 바닥을 내화구조로 하고, 상층이 없는 경우에 있어서는 지붕을 불연재료로 하며, 천장을 설치하지 아니할 것

다) 펌프실에는 창을 설치하지 아니할 것. 다만, 제6류 위험물의 탱크전용실에 있어서는 60분+방화문·60분방화문 또는 30분방화문이 있는 창을 설치할 수 있다.

라) 펌프실의 출입구에는 60분+방화문 또는 60분방화문을 설치할 것. 다만, 제6류 위험물의 탱크전용실에 있어서는 30분방화문을 설치할 수 있다.

마) 펌프실의 환기 및 배출의 설비에는 방화상 유효한 댐퍼 등을 설치할 것

바) 그 밖의 기준은 별표 6 Ⅵ제10호다목·아목 내지 차목 및 타목의 규정을 준용할 것

2) 탱크전용실에 펌프설비를 설치하는 경우에는 견고한 기초위에 고정한 다음 그 주위에는 불연재료로 된 턱을 0.2m 이상의 높이로 설치하는 등 누설된 위험물이 유출되거나 유입되지 아니하도록 하는 조치를 할 것

라. 탱크전용실은 벽·기둥·바닥 및 보를 내화구조로 할 것

마. 탱크전용실은 상층이 있는 경우에 있어서는 상층의 바닥을 내화구조로 하고, 상층이 없는 경우에 있어서는 지붕을 불연재료로 하며, 천장을 설치하지 아니할 것

바. 탱크전용실에는 창을 설치하지 아니할 것

사. 탱크전용실의 출입구에는 수시로 열 수 있는 자동폐쇄식의 60분+방화문 또는 60분방화문을 설치할 것

아. 탱크전용실의 환기 및 배출의 설비에는 방화상 유효한 댐퍼 등을 설치할 것

자. 탱크전용실의 출입구의 턱의 높이를 해당 탱크전용실내의 옥내저장탱크(옥내저장탱크가 2 이상인 경우에는 모든 탱크)의 용량을 수용할 수 있는 높이 이상으로 하거나 옥내저장탱크로부터 누설된 위험물이 탱크전용실 외의 부분으로 유출하지 아니하는 구조로 할 것

차. 옥내저장탱크의 용량(동일한 탱크전용실에 옥내저장탱크를 2 이상 설치하는 경우에는 각 탱크의 용량의 합계를 말한다)은 1층 이하의 층에 있어서는 지정수량의 40배(제4석유류 및 동식물유류 외의 제4류 위험물에 있어서 해당 수량이 2만ℓ 를 초과할 때에는 2만ℓ) 이하, 2층 이상의 층에 있어서는 지정수량의 10배(제4석유류 및 동식물유류 외의 제4류 위험물에 있어서 해당 수량이 5천ℓ 를 초과할 때에는 5천ℓ) 이하일 것

Ⅱ. 위험물의 성질에 따른 옥내탱크저장소의 특례

알킬알루미늄등, 아세트알데하이드등 및 하이드록실아민등을 저장 또는 취급하는 옥내탱크저장소에 있어서는 Ⅰ제1호에 따른 기준 외에 별표 6 Ⅺ 각호에 따른 알킬알루미늄등의 옥외탱크저장소, 아세트알데하이드등의 옥외탱크저장소 및 하이드록실아민등의 옥외탱크저장소의 규정을 준용하여야 한다.

[규칙 별표 8]

지하탱크저장소의 위치·구조 및 설비의 기준(제32조관련)

Ⅰ. 지하탱크저장소의 기준(Ⅱ 및 Ⅲ에 정하는 것을 제외한다)

1. 위험물을 저장 또는 취급하는 지하탱크(이하 Ⅰ, 별표 13 Ⅲ 및 별표 18 Ⅲ에서 "지하저장탱크"라 한다)는 지면하에 설치된 탱크전용실에 설치하여야 한다. 다만, 제4류 위험물의 지하저장탱크가 다음 가목 내지 마목의 기준에 적합한 때에는 그러하지 아니하다.
   가. 해당 탱크를 지하철·지하가 또는 지하터널로부터 수평거리 10m 이내의 장소 또는 지하건축물내의 장소에 설치하지 아니할 것
   나. 해당 탱크를 그 수평투영의 세로 및 가로보다 각각 0.6m 이상 크고 두께가 0.3m 이상인 철근콘크리트조의 뚜껑으로 덮을 것
   다. 뚜껑에 걸리는 중량이 직접 해당 탱크에 걸리지 아니하는 구조일 것
   라. 해당 탱크를 견고한 기초 위에 고정할 것
   마. 해당 탱크를 지하의 가장 가까운 벽·피트·가스관 등의 시설물 및 대지경계선으로부터 0.6m 이상 떨어진 곳에 매설할 것
2. 탱크전용실은 지하의 가장 가까운 벽·피트·가스관 등의 시설물 및 대지경계선으로부터 0.1m 이상 떨어진 곳에 설치하고, 지하저장탱크와 탱크전용실의 안쪽과의 사이는 0.1m 이상의 간격을 유지하도록 하며, 해당 탱크의 주위에 마른 모래 또는 습기등에 의하여 응고되지 아니하는 입자지름 5mm 이하의 마른 자갈분을 채워야 한다.
3. 지하저장탱크의 윗 부분은 지면으로부터 0.6m 이상 아래에 있어야 한다.
4. 지하저장탱크를 2 이상 인접해 설치하는 경우에는 그 상호간에 1m(해당 2 이상의 지하저장탱크의 용량의 합계가 지정수량의 100배 이하인 때에는 0.5m) 이상의 간격을 유지하여야 한다. 다만, 그 사이에 탱크전용실의 벽이나 두께 20㎝ 이상의 콘크리트 구조물이 있는 경우에는 그러하지 아니하다.
5. 지하탱크저장소에는 별표 4 Ⅲ제1호의 기준에 따라 보기 쉬운 곳에 "위험물 지하탱크저장소"라는 표시를 한 표지와 같은 표 Ⅲ제2호의 기준에 따라 방화에 관하여 필요한 사항을 게시한 게시판 및 같은 표 Ⅲ 제3호의 기준을 준용하여 해당 옥내저장소가 금연구역임을 알리는 표지를 설치해야 한다.
6. 지하저장탱크는 용량에 따라 다음 표에 정하는 기준에 적합하게 강철판 또는 동등 이상의 성능이 있는 금속재질로 완전용입용접 또는 양면겹침이음용접으로 틈이 없도록 만드는 동시에, 압력탱크(최대상용압력이 46.7kPa 이상인 탱크를 말한다) 외의 탱크에 있어서는 70kPa의 압력으로, 압력탱크에 있어서는 최대상용압력의 1.5배의 압력으로 각각 10분간 수압시험을 실시하여 새거나 변형되지 아니하여야 한다. 이 경우 수압시험은 소방청장이 정하여 고시하는 기밀시험과 비파괴시험을 동시에 실시하는 방법으로 대신할 수 있다.

저장탱크용량(단위 ℓ)	탱크의 최대직경(단위 mm)	강철판의 최소두께(단위 mm)
1,000 이하	1,067	3.20
1,000 초과 2,000 이하	1,219	3.20
2,000 초과 4,000 이하	1,625	3.20
4,000 초과 15,000 이하	2,450	4.24
15,000 초과 45,000 이하	3,200	6.10
45,000 초과 75,000 이하	3,657	7.67
75,000 초과 189,000 이하	3,657	9.27
189,000 초과		10.00

7. 지하저장탱크의 외면은 다음 각목에 정하는 바에 따라 보호하여야 한다. 다만, 지하저장탱크의 재질이 부식의 우려가 없는 스테인레스 강판 등인 경우에는 방청도장을 하지 않을 수 있다.
   가. 탱크전용실에 설치하는 지하저장탱크의 외면은 다음의 어느 하나에 해당하는 방법으로 보호할 것
      1) 탱크의 외면에 방청도장을 할 것
      2) 탱크의 외면에 방청제 및 아스팔트프라이머의 순으로 도장을 한 후 아스팔트 루핑 및 철망의 순으로 탱크를 피복하고, 그 표면에 두께가 2cm 이상에 이를 때까지 모르타르를 도장할 것. 이 경우에 있어서 다음에 정하는 기준에 적합하여야 한다.
         가) 아스팔트루핑은 아스팔트루핑(KS F 4902)(35kg)의 규격에 의한 것 이상의 성능이 있을 것
         나) 철망은 와이어라스(KS F 4551)의 규격에 의한 것 이상의 성능이 있을 것
         다) 모르타르에는 방수제를 혼합할 것. 다만, 모르타르를 도장한 표면에 방수제를 도장하는 경우에는 그러하지 아니하다.
      3) 탱크의 외면에 방청도장을 실시하고, 그 표면에 아스팔트 및 아스팔트루핑에 의한 피복을 두께 1cm에 이를 때까지 교대로 실시할 것. 이 경우 아스팔트루핑은 2)가)의 기준에 적합하여야 한다.
      4) 탱크의 외면에 프라이머를 도장하고, 그 표면에 복장재를 휘감은 후 에폭시수지 또는 타르에폭시수지에 의한 피복을 탱크의 외면으로부터 두께 2mm 이상에 이를 때까지 실시할 것. 이 경우에 있어서 복장재는 수도용 강관아스팔트도복장방법(KS D 8306)으로 정하는 비닐론클로스 또는 헤시안클로스에 적합하여야 한다.
      5) 탱크의 외면에 프라이머를 도장하고, 그 표면에 유리섬유등을 강화재로 한 강화플라스틱에 의한 피복을 두께 3mm 이상에 이를 때까지 실시할 것
   나. 탱크전용실 외의 장소에 설치하는 지하저장탱크의 외면은 가목2) 내지 4)의 1에 해당하는 방법으로 보호할 것
8. 지하저장탱크 중 압력탱크(최대상용압력이 부압 또는 정압 5kPa을 초과하는 탱크를 말한다) 외의 제4류 위험물의 탱크에 있어서는 밸브 없는 통기관 또는 대기밸브 부착 통기관을 다음 각목에 정하는 바에 따라 설치하고, 압력탱크에 있어서는 별표 4 Ⅷ제4호에 따른 제조소의 안전장치의 기준을 준용하여야 한다.
   가. 밸브 없는 통기관
      1) 통기관은 지하저장탱크의 윗 부분에 연결할 것
      2) 통기관중 지하의 부분은 그 상부의 지면에 걸리는 중량이 직접 해당 부분에 미치지 아니하도록 보호하고, 해당 통기관의 접합부분(용접 그 밖의 위험물의 누설의 우려가 없다고 인정되는 방법에 의하여 접합된 것을 제외한다)에 대하여는 해당 접합부분의 손상유무를 점검할 수 있는 조치를 할 것
      3) 별표 7 Ⅰ 제1호 사목에 따른 옥내저장탱크의 통기관의 기준에 적합할 것
   나. 대기밸브 부착 통기관
      1) 가목1) 및 2)의 기준에 적합할 것
      2) 별표 6 Ⅵ제7호나목의 기준에 적합할 것. 다만, 제4류 제1석유류를 저장하는 탱크는 다음의 압력 차이에서 작동하여야 한다.
         가) 정압: 0.6kPa 이상 1.5kPa 이하
         나) 부압: 1.5kPa 이상 3kPa 이하
      3) 별표 7 Ⅰ제1호사목1)가) 및 나)의 기준에 적합할 것
9. 액체위험물의 지하저장탱크에는 위험물의 양을 자동적으로 표시하는 장치 및 계량구를 설치하고, 계량구 직하에 있는 탱크의 밑판에 그 손상을 방지하기 위한 조치를 하여야 한다.
10. 액체위험물의 지하저장탱크의 주입구는 별표 6 Ⅵ제9호에 따른 옥외저장탱크의 주입구의 기준을 준용하여 옥외에 설치하여야 한다.
11. 지하저장탱크의 펌프설비는 펌프 및 전동기를 지하저장탱크 밖에 설치하는 펌프설비에 있어서는 별표 6 Ⅵ

제10호(가목 및 나목을 제외한다)에 따른 옥외저장탱크의 펌프설비의 기준에 준하여 설치하고, 펌프 또는 전동기를 지하저장탱크 안에 설치하는 펌프설비(이하 "액중펌프설비"라 한다)에 있어서는 다음 각목의 기준에 따라 설치하여야 한다.

가. 액중펌프설비의 전동기의 구조는 다음에 정하는 기준에 의할 것
 1) 고정자는 위험물에 침투되지 아니하는 수지가 충전된 금속제의 용기에 수납되어 있을 것
 2) 운전중에 고정자가 냉각되는 구조로 할 것
 3) 전동기의 내부에 공기가 체류하지 아니하는 구조로 할 것

나. 전동기에 접속되는 전선은 위험물이 침투되지 아니하는 것으로 하고, 직접 위험물에 접하지 아니하도록 보호할 것

다. 액중펌프설비는 체절운전에 의한 전동기의 온도상승을 방지하기 위한 조치가 강구될 것

라. 액중펌프설비는 다음의 경우에 있어서 전동기를 정지하는 조치가 강구될 것
 1) 전동기의 온도가 현저하게 상승한 경우
 2) 펌프의 흡입구가 노출된 경우

마. 액중펌프설비는 다음에 의하여 설치할 것
 1) 액중펌프설비는 지하저장탱크와 플랜지접합으로 할 것
 2) 액중펌프설비 중 지하저장탱크내에 설치되는 부분은 보호관내에 설치할 것. 다만, 해당 부분이 충분한 강도가 있는 외장에 의하여 보호되어 있는 경우에 있어서는 그러하지 아니하다.
 3) 액중펌프설비 중 지하저장탱크의 상부에 설치되는 부분은 위험물의 누설을 점검할 수 있는 조치가 강구된 안전상 필요한 강도가 있는 피트내에 설치할 것

12. 지하저장탱크의 배관은 제13호에 따른 것 외에 별표 4 Ⅹ에 따른 제조소의 배관의 기준을 준용하여야 한다.

13. 지하저장탱크의 배관은 해당 탱크의 윗 부분에 설치하여야 한다. 다만, 제4류 위험물 중 **제2석유류**(인화점이 40℃ 이상인 것에 한한다), **제3석유류**, **제4석유류** 및 **동식물유류**의 탱크에 있어서 그 직근에 유효한 제어밸브를 설치한 경우에는 그러하지 **아니**하다.

14. 지하저장탱크에 설치하는 전기설비는 「전기사업법」에 의한 전기설비기술기준에 의하여야 한다.

15. 지하저장탱크의 주위에는 해당 탱크로부터의 액체위험물의 **누설을 검사하기 위한 관**을 다음의 각목의 기준에 따라 **4개소 이상** 적당한 위치에 설치하여야 한다.

가. **이중관으로 할 것. 다만, 소공이 없는 상부는 단관으로 할 수 있다.**

나. 재료는 **금속관** 또는 **경질합성수지관**으로 할 것

다. 관은 탱크전용실의 바닥 또는 탱크의 기초까지 닿게 할 것

라. 관의 밑부분으로부터 탱크의 중심 높이까지의 부분에는 소공이 뚫려 있을 것. 다만, 지하수위가 높은 장소에 있어서는 지하수위 높이까지의 부분에 **소공이 뚫려 있어야** 한다.

마. 상부는 **물이 침투하지 아니하는 구조**로 하고, **뚜껑은 검사 시에 쉽게 열 수 있도록 할 것**

16. 탱크전용실은 벽·바닥 및 뚜껑을 다음 각 목에 정한 기준에 적합한 철근콘크리트구조 또는 이와 동등 이상의 강도가 있는 구조로 설치하여야 한다.

가. 벽·바닥 및 뚜껑의 두께는 0.3m 이상일 것

나. 벽·바닥 및 뚜껑의 내부에는 직경 9㎜부터 13㎜까지의 철근을 가로 및 세로로 5㎝부터 20㎝까지 의 간격으로 배치할 것

다. 벽·바닥 및 뚜껑의 재료에 수밀콘크리트를 혼입하거나 벽·바닥 및 뚜껑의 중간에 아스팔트층을 만드는 방법으로 적정한 방수조치를 할 것.

17. 지하저장탱크에는 다음 각목의 1에 해당하는 방법으로 **과충전을 방지하는 장치**를 설치하여야 한다.

가. 탱크용량을 초과하는 위험물이 주입될 때 **자동으로 그 주입구**를 폐쇄하거나 위험물의 공급을 **자동으로 차단하는 방법**

나. 탱크용량의 90%가 찰 때 경보음을 울리는 방법

18. 지하탱크저장소에는 다음 각목의 기준에 의하여 맨홀을 설치하여야 한다.

가. 맨홀은 지면까지 올라오지 아니하도록 하되, 가급적 낮게 할 것

나. 보호틀을 다음 각목에 정하는 기준에 따라 설치할 것

1) 보호틀을 탱크에 완전히 용접하는 등 보호틀과 탱크를 기밀하게 접합할 것

2) 보호틀의 뚜껑에 걸리는 하중이 직접 보호틀에 미치지 아니하도록 설치하고, 빗물등이 침투하지 아니하도록 할 것

다. 배관이 보호틀을 관통하는 경우에는 해당 부분을 용접하는 등 침수를 방지하는 조치를 할 것

Ⅱ. 이중벽탱크의 지하탱크저장소의 기준

1. 지하탱크저장소[지하저장탱크의 외면에 누설을 감지할 수 있는 틈(이하 "감지층"이라 한다)이 생기도록 강판 또는 강화플라스틱 등으로 피복한 것을 설치하는 지하탱크저장소에 한한다]의 위치·구조 및 설비의 기술기준은 Ⅰ 제3호 내지 제5호·제6호(수압시험과 관련되는 부분에 한한다)·제8호 내지 제14호·제17호·제18호 및 다음 각목의 1에 따른 기준을 준용하는 외에 Ⅱ에 정하는 바에 의한다.

가. Ⅰ 제1호나목 내지 마목(해당 지하저장탱크를 탱크전용실 외의 장소에 설치하는 경우에 한한다)

나. Ⅰ 제2호 및 제16호(해당 지하저장탱크를 지반면하에 설치된 탱크전용실에 설치하는 경우에 한한다)

2. 지하저장탱크는 다음 각목의 1 이상의 조치를 하여 지반면하에 설치하여야 한다.

가. 지하저장탱크(제3호가목에 따른 재료로 만든 것에 한한다)에 다음 에 정하는 바에 따라 강판을 피복하고, 위험물의 누설을 상시 감지하기 위한 설비를 갖출 것

1) 지하저장탱크에 해당 탱크의 저부로부터 위험물의 최고액면을 넘는 부분까지의 외측에 감지층이 생기도록 두께 3.2mm 이상의 강판을 피복할 것

2) 1)의 규정에 따라 피복된 강판과 지하저장탱크 사이의 감지층에는 적당한 액체를 채우고 채워진 액체의 누설을 감지할 수 있는 설비를 갖출 것. 이 경우 감지층에 채워진 액체는 강판의 부식을 방지하는 조치를 강구한 것이어야 한다.

나. 지하저장탱크에 다음에 정하는 바에 따라 강화플라스틱 또는 고밀도폴리에틸렌을 피복하고, 위험물의 누설을 상시 감지하기 위한 설비를 갖출 것

1) 지하저장탱크는 다음에 정하는 바에 따라 피복할 것

가) 제3호가목에 정하는 재료로 만든 지하저장탱크: 해당 탱크의 저부로부터 위험물의 최고액면을 넘는 부분까지의 외측에 감지층이 생기도록 두께 3mm 이상의 유리섬유강화플라스틱 또는 고밀도폴리에틸렌을 피복할 것. 이 경우 유리섬유강화플라스틱 또는 고밀도폴리에틸렌의 휨강도, 인장강도 등은 소방청장이 정하여 고시하는 성능이 있어야 한다.

나) 제3호나목에 정하는 재료로 만든 지하저장탱크: 해당 탱크의 외측에 감지층이 생기도록 유리섬유강화플라스틱을 피복할 것

2) 1)의 규정에 따라 피복된 강화플라스틱 또는 고밀도폴리에틸렌과 지하저장탱크의 사이의 감지층에는 누설한 위험물을 감지할 수 있는 설비를 갖출 것

3. 지하저장탱크는 다음 각목의 1의 재료로 기밀하게 만들어야 한다.

가. 두께 3.2mm 이상의 강판

나. 저장 또는 취급하는 위험물의 종류에 대응하여 다음 표에 정하는 수지 및 강화재로 만들어진 강화플라스틱

저장 또는 취급하는 위험물의 종류	수 지		강화재
	위험물과 접하는 부분	그 밖의 부분	
휘발유(KS M 2612에 규정한 자동차용가솔린), 등유, 경유 또는 중유(KS M 2614에 규정한 것 중 1종에 한한다)	KS M 3305(섬유강화플라스틱용액상불포화폴리에스터수지)(UP—CM, UP—CE 또는 UP—CEE에 관한 규격에 한한다)에 적합한 수지 또는 이와 동등 이상의 내약품성이 있는 바이닐에스터수지	제2호나목1)가)에 정하는 수지	제2호나목1)나)에 정하는 강화재

4. 제3호나목에 정하는 재료로 만든 지하저장탱크에 제2호나목에 정하는 조치를 강구한 것(이하 이 호에서 "강화플라스틱제 이중벽탱크"라 한다)은 다음 각목에 정하는 하중이 작용하는 경우에 있어서 변형이 해당 지하저장탱크의 직경의 3% 이하이고, 휨응력도비(휨응력을 허용휨응력으로 나눈 것을 말한다)의 절대치와 축방향 응력도비(인장응력 또는 압축응력을 허용축방향응력으로 나눈 것을 말한다)의 절대치의 합이 1 이하인 구조이어야 한다. 이 경우 허용응력을 산정하는 때의 안전율은 4 이상의 값으로 한다.
   가. 강화플라스틱제 이중벽탱크의 윗 부분이 수면으로부터 0.5m 아래에 있는 경우에 해당 탱크에 작용하는 압력
   나. 탱크의 종류에 대응하여 다음에 정하는 압력의 내수압
      1) 압력탱크(최대상용압력이 46.7kPa 이상인 탱크를 말한다) 외의 탱크: 70kPa
      2) 압력탱크: 최대상용압력의 1.5배의 압력
5. 제3호가목에 따른 재료로 만든 지하저장탱크 또는 동목에 따른 재료로 만든 지하저장탱크에 제2호가목에 따른 조치를 강구한 것(이하 나목 및 다목에서 "강제이중벽탱크"라 한다)의 외면은 다음 각목에 정하는 바에 따라 보호하여야 한다.
   가. 제3호가목에 정하는 재료로 만든 지하저장탱크에 제2호나목에 정하는 조치를 강구한 것의 지하저장탱크의 외면은 제2호나목1)가)의 규정에 따라 강화플라스틱을 피복한 부분에 있어서는 Ⅰ 제7호가목1)에 정하는 방법에 따라, 그 밖의 부분에 있어서는 동목5)에 정하는 방법에 따라 보호할 것
   나. 탱크전용실 외의 장소에 설치된 강제이중벽탱크의 외면은 Ⅰ 제7호가목2) 내지 5)에 정하는 어느 하나 이상의 방법에 따라 보호할 것
   다. 탱크전용실에 설치된 강제이중벽탱크의 외면은 Ⅰ 제7호가목1) 내지 5)에 정하는 어느 하나의 방법에 따라 보호할 것
6. 제1호 내지 제5호에 따른 기준 외에 이중벽탱크의 구조(재질 및 강도를 포함한다)·성능시험·표시사항·운반 및 설치 등에 관한 기준은 소방청장이 정하여 고시한다.

Ⅲ. 특수누설방지구조의 지하탱크저장소의 기준

지하탱크저장소 [지하저장탱크를 위험물의 누설을 방지할 수 있도록 두께 15cm(측방 및 하부에 있어서는 30cm) 이상의 콘크리트로 피복하는 구조로 하여 지면하에 설치하는 것에 한한다]의 위치·구조 및 설비의 기술기준은 Ⅰ 제1호 나목 내지 마목·제3호·제5호·제6호·제8호 내지 제15호·제17호 및 제18호의 규정을 준용하는 외에 지하저장탱크의 외면을 Ⅰ 제7호 가목2) 내지 5)의 어느 하나에 해당하는 방법으로 보호하여야 한다.

Ⅳ. 위험물의 성질에 따른 지하탱크저장소의 특례

1. 아세트알데하이드등 및 하이드록실아민등을 저장 또는 취급하는 지하탱크저장소는 해당 위험물의 성질에 따라Ⅰ부터 Ⅲ까지의 규정에 따른 기준을 적용하되, 강화되는 기준은 제2호 및 제3호에 따라야 한다.
2. 아세트알데하이드등을 저장 또는 취급하는 지하탱크저장소에 대하여 강화되는 기준은 다음 각목과 같다.
   가. Ⅰ제1호 단서의 규정에 불구하고 지하저장탱크는 지반면하에 설치된 탱크전용실에 설치할 것
   나. 지하저장탱크의 설비는 별표 6에 따른 아세트알데하이드등의 옥외저장탱크의 설비의 기준을 준용할 것. 다만, 지하저장탱크가 아세트알데하이드등의 온도를 적당한 온도로 유지할 수 있는 구조인 경우에는 냉각장치 또는 보냉장치를 설치하지 아니할 수 있다.
3. 하이드록실아민등을 저장 또는 취급하는 지하탱크저장소에 대하여 강화되는 기준은 별표 6 XI에 따른 하이드록실아민등을 저장 또는 취급하는 옥외탱크저장소의 규정을 준용한다.

[규칙 별표 9]

간이탱크저장소의 위치·구조 및 설비의 기준(제33조관련)

1. 위험물을 저장 또는 취급하는 간이탱크(이하 Ⅰ, 별표 13 Ⅲ 및 별표 18 Ⅲ에서 "간이저장탱크"라 한다)는 옥외에 설치하여야 한다. 다만, 다음 각목의 기준에 적합한 전용실안에 설치하는 경우에는 그러하지 아니하다.
   가. 전용실의 구조는 별표 7 Ⅰ제1호거목 및 너목에 따른 옥내탱크저장소의 탱크전용실의 구조의 기준에 적합할 것
   나. 전용실의 창 및 출입구는 별표 7 Ⅰ제1호더목 및 러목에 따른 옥내탱크저장소의 창 및 출입구의 기준에 적합할 것
   다. 전용실의 바닥은 별표 7 Ⅰ제1호머목에 따른 옥내탱크저장소의 탱크전용실의 바닥의 구조의 기준에 적합할 것
   라. 전용실의 채광·조명·환기 및 배출의 설비는 별표 5 Ⅰ제14호에 따른 옥내저장소의 채광·조명·환기 및 배출의 설비의 기준에 적합할 것
2. 하나의 간이탱크저장소에 설치하는 간이저장탱크는 그 수를 3 이하로 하고, 동일한 품질의 위험물의 간이저장탱크를 2 이상 설치하지 아니하여야 한다.
3. 간이탱크저장소에는 별표 4 Ⅲ제1호의 기준에 따라 보기 쉬운 곳에 "위험물 간이탱크저장소"라는 표시를 한 표지와 같은 표 Ⅲ제2호의 기준에 따라 방화에 관하여 필요한 사항을 게시한 게시판 및 같은 표 Ⅲ 제3호의 기준을 준용하여 해당 옥내저장소가 금연구역임을 알리는 표지를 설치해야 한다.
4. 간이저장탱크는 움직이거나 넘어지지 아니하도록 지면 또는 가설대에 고정시키되, <u>옥외에 설치하는 경우</u>에는 그 탱크의 주위에 너비 1m 이상의 **공지**를 두고, 전용실안에 설치하는 경우에는 탱크와 전용실의 벽과의 사이에 0.5m 이상의 간격을 유지하여야 한다.
5. **간이저장탱크의 용량은** 600ℓ 이하이어야 한다.
6. 간이저장탱크는 두께 3.2mm 이상의 강판으로 흠이 없도록 제작하여야 하며, 70kPa의 압력으로 10분간의 수압시험을 실시하여 새거나 변형되지 아니하여야 한다.
7. 간이저장탱크의 외면에는 녹을 방지하기 위한 도장을 하여야 한다.
8. **간이저장탱크에는** 다음 각목의 기준에 적합한 **밸브 없는 통기관** 또는 대기밸브부착 통기관을 **설치하여야** 한다.
   가. 밸브 없는 통기관
      1) **통기관의 지름은** 25mm 이상으로 할 것

2) 통기관은 옥외에 설치하되, 그 선단의 높이는 지상 1.5m 이상으로 할 것
3) 통기관의 선단은 수평면에 대하여 아래로 45도 이상 구부려 빗물등이 침투하지 아니하도록 할 것
4) 가는 눈의 구리망 등으로 인화방지장치를 할 것다만, 인화점 70℃ 이상의 위험물만을 해당 위험물의 인화점미만의 온도로 저장 또는 취급하는 탱크에 설치하는 통기관에 있어서는 그러하지 아니하다.

나. 대기밸브 부착 통기관
1) 가목2) 및 4)의 기준에 적합할 것
2) 별표 6 Ⅵ제7호나목1)의 기준에 적합할 것

9. 간이저장탱크에 고정주유설비 또는 고정급유설비를 설치하는 경우에는 별표 13 Ⅳ에 따른 고정주유설비 또는 고정급유설비의 기준에 적합하여야 한다.

[규칙 별표 10]

이동탱크저장소의 위치·구조 및 설비의 기준(제34조관련)

Ⅰ. 상치장소

이동탱크저장소의 상치장소는 다음 각호의 기준에 적합하여야 한다.

1. 옥외에 있는 상치장소는 화기를 취급하는 장소 또는 인근의 건축물로부터 5m 이상(인근의 건축물이 1층인 경우에는 3m 이상)의 거리를 확보하여야 한다. 다만, 하천의 공지나 수면, 내화구조 또는 불연재료의 담 또는 벽 그 밖에 이와 유사한 것에 접하는 경우를 제외한다.
2. 옥내에 있는 상치장소는 벽·바닥·보·서까래 및 지붕이 내화구조 또는 불연재료로 된 건축물의 1층에 설치하여야 한다.

Ⅱ. 이동저장탱크의 구조

1. 이동저장탱크의 구조는 다음 각목의 기준에 의하여야 한다.
   가. 탱크(맨홀 및 주입관의 뚜껑을 포함한다)는 두께 3.2mm 이상의 강철판 또는 이와 동등 이상의 강도·내식성 및 내열성이 있다고 인정하여 소방청장이 정하여 고시하는 재료 및 구조로 위험물이 새지 아니하게 제작할 것
   나. 압력탱크(최대상용압력이 46.7kPa 이상인 탱크를 말한다) 외의 탱크는 70kPa의 압력으로, 압력탱크는 최대상용압력의 1.5배의 압력으로 각각 10분간의 수압시험을 실시하여 새거나 변형되지 아니할 것. 이 경우 수압시험은 용접부에 대한 비파괴시험과 기밀시험으로 대신할 수 있다.
2. 이동저장탱크는 그 내부에 4,000ℓ 이하마다 3.2mm 이상의 강철판 또는 이와 동등 이상의 강도·내열성 및 내식성이 있는 금속성의 것으로 칸막이를 설치하여야 한다. 다만, 고체인 위험물을 저장하거나 고체인 위험물을 가열하여 액체 상태로 저장하는 경우에는 그러하지 아니하다.
3. 제2호에 따른 칸막이로 구획된 각 부분마다 맨홀과 다음 각목의 기준에 의한 안전장치 및 방파판을 설치하여야 한다. 다만, 칸막이로 구획된 부분의 용량이 2,000ℓ 미만인 부분에는 방파판을 설치하지 아니할 수 있다.
   가. 안전장치
   상용압력이 20kPa 이하인 탱크에 있어서는 20kPa 이상 24kPa 이하의 압력에서, 상용압력이 20kPa을 초과하는 탱크에 있어서는 상용압력의 1.1배 이하의 압력에서 작동하는 것으로 할 것
   나. 방파판
   1) 두께 1.6mm 이상의 강철판 또는 이와 동등 이상의 강도·내열성 및 내식성이 있는 금속성의 것으로 할 것
   2) 하나의 구획부분에 2개 이상의 방파판을 이동탱크저장소의 진행방향과 평행으로 설치하되, 각 방파판은 그 높이 및 칸막이로부터의 거리를 다르게 할 것

3) 하나의 구획부분에 설치하는 각 방파판의 면적의 합계는 해당 구획부분의 최대 수직단면적의 50% 이상으로 할 것. 다만, 수직단면이 원형이거나 짧은 지름이 1m 이하의 타원형일 경우에는 40% 이상으로 할 수 있다.

4. 맨홀·주입구 및 안전장치등이 탱크의 상부에 돌출되어 있는 탱크에 있어서는 다음 각목의 기준에 의하여 부속장치의 손상을 방지하기 위한 측면틀 및 방호틀을 설치하여야 한다. 다만, 피견인자동차에 고정된 탱크에는 측면틀을 설치하지 아니할 수 있다.
   가. 측면틀
   1) 탱크 뒷부분의 입면도에 있어서 측면틀의 최외측과 탱크의 최외측을 연결하는 직선(이하 Ⅱ에서 "최외측선"이라 한다)의 수평면에 대한 내각이 75도 이상이 되도록 하고, 최대수량의 위험물을 저장한 상태에 있을 때의 해당 탱크중량의 중심점과 측면틀의 최외측을 연결하는 직선과 그 중심점을 지나는 직선 중 최외측선과 직각을 이루는 직선과의 내각이 35도 이상이 되도록 할 것
   2) 외부로부터의 하중에 견딜 수 있는 구조로 할 것
   3) 탱크상부의 네 모퉁이에 해당 탱크의 전단 또는 후단으로부터 각각 1m 이내의 위치에 설치할 것
   4) 측면틀에 걸리는 하중에 의하여 탱크가 손상되지 아니하도록 측면틀의 부착부분에 받침판을 설치할 것
   나. 방호틀
   1) 두께 2.3mm 이상의 강철판 또는 이와 동등 이상의 기계적 성질이 있는 재료로써 산모양의 형상으로 하거나 이와 동등 이상의 강도가 있는 형상으로 할 것
   2) 정상부분은 부속장치보다 50mm 이상 높게 하거나 이와 동등 이상의 성능이 있는 것으로 할 것
5. 탱크의 외면에는 방청도장을 하여야 한다.

Ⅲ. 배출밸브 및 폐쇄장치

1. 이동저장탱크의 아랫부분에 배출구를 설치하는 경우에는 해당 탱크의 배출구에 밸브(이하 Ⅲ에서 "배출밸브"라 한다)를 설치하고 비상시에 직접 해당 배출밸브를 폐쇄할 수 있는 수동폐쇄장치 또는 자동폐쇄장치를 설치하여야 한다.
2. 제1호에 따른 수동폐쇄장치를 설치하는 경우에는 수동폐쇄장치를 작동시킬 수 있는 레버 또는 이와 유사한 기능을 하는 것을 설치하고, 그 바로 옆에 해당 장치의 작동방식을 표시하여야 한다. 이 경우 레버를 설치하는 경우에는 다음 각 목의 기준에 따라 설치하여야 한다.
   가. 손으로 잡아당겨 수동폐쇄장치를 작동시킬 수 있도록 할 것
   나. 길이는 15cm 이상으로 할 것
3. 제1호의 규정에 따라 배출밸브를 설치하는 경우, 그 배출밸브에 대하여 외부로부터의 충격으로 인한 손상을 방지하기 위하여 필요한 장치를 하여야 한다.
4. 탱크의 배관의 선단부에는 개폐밸브를 설치하여야 한다.

Ⅳ. 결합금속구 등

1. 액체위험물의 이동탱크저장소의 주입호스(이동저장탱크로부터 위험물을 저장 또는 취급하는 다른 탱크로 위험물을 공급하는 호스를 말한다. 제2호 및 제3호에서 같다)는 위험물을 저장 또는 취급하는 탱크의 주입구와 결합할 수 있는 금속구를 사용하되, 그 결합금속구(제6류 위험물의 탱크의 것을 제외한다)는 놋쇠 그 밖에 마찰 등에 의하여 불꽃이 생기지 아니하는 재료로 하여야 한다.
2. 제1호에 따른 주입호스의 재질과 규격 및 결합금속구의 규격은 소방청장이 정하여 고시한다.
3. 이동탱크저장소에 주입설비(주입호스의 선단에 개폐밸브를 설치한 것을 말한다)를 설치하는 경우에는 다음 각목의 기준에 의하여야 한다.
   가. 위험물이 샐 우려가 없고 화재예방상 안전한 구조로 할 것

나. 주입설비의 길이는 50m 이내로 하고, 그 선단에 축적되는 정전기를 유효하게 제거할 수 있는 장치를 할 것
다. 분당 토출량은 200ℓ 이하로 할 것

Ⅴ. 표지 및 상치장소 표시

1. 이동탱크저장소에는 소방청장이 정하여 고시하는 바에 따라 저장하는 위험물의 위험성을 알리는 표지를 설치하여야 한다.
2. 이동탱크저장소의 탱크외부에는 소방청장이 정하여 고시하는 바에 따라 도장 등을 하여 쉽게 식별할 수 있도록 하고, 보기 쉬운 곳에 Ⅰ에 따른 상치장소의 위치를 표시하여야 한다.
3. 법 제19조의2제2항에 따라 이동탱크저장소에는 보기 쉬운 곳에 해당 이동탱크저장소가 금연구역임을 알리는 표지를 설치해야 한다. 이 경우 표지에는 금연을 상징하는 그림 또는 문자가 포함되어야 한다.

Ⅵ. 펌프설비

1. 이동탱크저장소에 설치하는 펌프설비는 해당 이동탱크저장소의 차량구동용 엔진(피견인식 이동탱크저장소의 견인부분에 설치된 것은 제외한다)의 동력원을 이용하여 위험물을 이송하여야 한다. 다만, 다음 각목의 기준에 의하여 외부로부터 전원을 공급받는 방식의 모터펌프를 설치할 수 있다.
   가. 저장 또는 취급가능한 위험물은 인화점 40℃ 이상의 것 또는 비인화성의 것에 한할 것
   나. 화재예방상 지장이 없는 위치에 고정하여 설치할 것
2. 피견인식 이동탱크저장소의 견인부분에 설치된 차량구동용 엔진의 동력원을 이용하여 위험물을 이송하는 경우에는 다음 각목의 기준에 적합하여야 한다.
   가. 견인부분에 작동유탱크 및 유압펌프를 설치하고, 피견인부분에 오일모터 및 펌프를 설치할 것
   나. 트랜스미션(Transmission)으로부터 동력전동축을 경유하여 견인부분의 유압펌프를 작동시키고 그 유압에 의하여 피견인부분의 오일모터를 경유하여 펌프를 작동시키는 구조일 것
3. 이동탱크저장소에 설치하는 펌프설비는 해당 이동저장탱크로부터 위험물을 토출하는 용도에 한한다. 다만, 폐유의 회수등의 용도에 사용되는 이동탱크저장소에는 다음의 각목의 기준에 의하여 진공흡입방식의 펌프를 설치할 수 있다.
   가. 저장 또는 취급가능한 위험물은 인화점이 70℃ 이상인 폐유 또는 비인화성의 것에 한할 것
   나. 감압장치의 배관 및 배관의 이음은 금속제일 것. 다만, 완충용이음은 내압 및 내유성이 있는 고무제품을, 배기통의 최상부는 합성수지제품을 사용할 수 있다.
   다. 호스 선단에는 돌등의 고형물이 혼입되지 아니하도록 망 등을 설치할 것
   라. 이동저장탱크로부터 위험물을 다른 저장소로 옮겨 담는 경우에는 해당 저장소의 펌프 또는 자연하류의 방식에 의하는 구조일 것

Ⅶ. 접지도선

제4류 위험물 중 특수인화물, 제1석유류 또는 제2석유류의 이동탱크저장소에는 다음의 각호의 기준에 의하여 접지도선을 설치하여야 한다.

1. 양도체(良導體)의 도선에 비닐 등의 절연재료로 피복하여 선단에 접지전극 등을 결착시킬 수 있는 클립(clip) 등을 부착할 것
2. 도선이 손상되지 아니하도록 도선을 수납할 수 있는 장치를 부착할 것

Ⅷ. 컨테이너식 이동탱크저장소의 특례

1. 이동저장탱크를 차량 등에 옮겨 싣는 구조로 된 이동탱크저장소(이하 "컨테이너식 이동탱크저장소"라 한다)에 대하여는 Ⅳ의 규정을 적용하지 아니하되, 다음 각목의 기준에 적합하여야 한다.
   가. 이동저장탱크는 옮겨 싣는 때에 이동저장탱크하중에 의하여 생기는 응력 및 변형에 대하여 안전한 구조로 할 것
   나. 컨테이너식 이동탱크저장소에는 이동저장탱크하중의 4배의 전단하중에 견디는 걸고리체결금속구 및 모서리체결금속구를 설치할 것. 다만, 용량이 6,000ℓ 이하인 이동저장탱크를 싣는 이동탱크저장소의 경우에는 이동저장탱크를 차량의 샤시프레임에 체결하도록 만든 구조의 유(U)자볼트를 설치할 수 있다.
   다. 컨테이너식 이동탱크저장소에 주입호스를 설치하는 경우에는 Ⅳ의 기준에 의할 것
2. 다음 각목의 기준에 적합한 이동저장탱크로 된 컨테이너식 이동탱크저장소에 대하여는 Ⅱ제2호 내지 제4호의 규정을 적용하지 아니한다.
   가. 이동저장탱크 및 부속장치(맨홀·주입구 및 안전장치 등을 말한다)는 강재로 된 상자형태의 틀(이하 "상자틀"이라 한다)에 수납할 것
   나. 상자틀의 구조물중 이동저장탱크의 이동방향과 평행한 것과 수직인 것은 해당 이동저장탱크·부속장치 및 상자틀의 자중과 저장하는 위험물의 무게를 합한 하중(이하 "이동저장탱크하중"이라 한다)의 2배 이상의 하중에, 그 외 이동저장탱크의 이동방향과 직각인 것은 이동저장탱크하중 이상의 하중에 각각 견딜 수 있는 강도가 있는 구조로 할 것
   다. 이동저장탱크·맨홀 및 주입구의 뚜껑은 두께 6mm(해당 탱크의 직경 또는 장경이 1.8m 이하인 것은 5mm) 이상의 강판 또는 이와 동등 이상의 기계적 성질이 있는 재료로 할 것
   라. 이동저장탱크에 칸막이를 설치하는 경우에는 해당 탱크의 내부를 완전히 구획하는 구조로 하고, 두께 3.2mm 이상의 강판 또는 이와 동등 이상의 기계적 성질이 있는 재료로 할 것
   마. 이동저장탱크에는 맨홀 및 안전장치를 설치할 것
   바. 부속장치는 상자틀의 최외측과 50mm 이상의 간격을 유지할 것
3. 컨테이너식 이동탱크저장소에 대하여는 Ⅴ제2호를 적용하지 아니하되, 이동저장탱크의 보기 쉬운 곳에 가로 0.4m 이상, 세로 0.15m 이상의 백색 바탕에 흑색 문자로 허가청의 명칭 및 완공검사번호를 표시하여야 한다.〈개정 2016.8.2〉

Ⅸ. 주유탱크차의 특례

1. 항공기주유취급소(별표 13 Ⅹ에 따른 항공기주유취급소를 말한다. 이하 같다)에 있어서 항공기의 연료탱크에 직접 주유하기 위한 주유설비를 갖춘 이동탱크저장소(이하 "주유탱크차"라 한다)에 대하여는 Ⅳ 및 Ⅶ을을 적용하지 아니하되, 다음 각목의 기준에 적합하여야 한다.
   가. 주유탱크차에는 엔진배기통의 선단부에 화염의 분출을 방지하는 장치를 설치할 것
   나. 주유탱크차에는 주유호스 등이 적정하게 격납되지 아니하면 발진되지 아니하는 장치를 설치할 것
   다. 주유설비는 다음의 기준에 적합한 구조로 할 것
      1) 배관은 금속제로서 최대상용압력의 1.5배 이상의 압력으로 10분간 수압시험을 실시하였을 때 누설 그 밖의 이상이 없는 것으로 할 것
      2) 주유호스의 선단에 설치하는 밸브는 위험물의 누설을 방지할 수 있는 구조로 할 것
      3) 외장은 난연성이 있는 재료로 할 것
   라. 주유설비에는 해당 주유설비의 펌프기기를 정지하는 등의 방법에 의하여 이동저장탱크로부터의 위험물 이송을 긴급히 정지할 수 있는 장치를 설치할 것
   마. 주유설비에는 개방조작시에만 개방하는 자동폐쇄식의 개폐장치를 설치하고, 주유호스의 선단부에는

연료탱크의 주입구에 연결하는 결합금속구를 설치할 것. 다만, 주유호스의 선단부에 수동개폐장치를 설치한 주유노즐(수동개폐장치를 개방상태에서 고정하는 장치를 설치한 것을 제외한다)을 설치한 경우에는 그러하지 아니하다.

바. 주유설비에는 항공기와 전기적으로 접속하기 위한 도선을 설치하고, 주유호스의 선단에 축적된 정전기를 유효하게 제거하는 장치를 설치할 것

사. 주유호스는 최대상용압력의 2배 이상의 압력으로 수압시험을 실시하여 누설 그 밖의 이상이 없는 것으로 할 것

2. 공항 안에서 시속 40km 이하로 운행하도록 된 주유탱크차에는 Ⅱ제2호와 제3호(방파판에 관한 부분으로 한정한다)의 규정을 적용하지 아니하되, 다음 각 목의 기준에 적합하여야 한다.

가. 이동저장탱크는 그 내부에 길이 1.5m 이하 또는 부피 4천ℓ 이하마다 3.2㎜ 이상의 강철판 또는 이와 같은 수준 이상의 강도·내열성 및 내식성이 있는 금속성의 것으로 칸막이를 설치할 것

나. 가목에 따른 칸막이에 구멍을 낼 수 있되, 그 직경이 40㎝ 이내일 것

Ⅹ. 위험물의 성질에 따른 이동탱크저장소의 특례

1. 알킬알루미늄등을 저장 또는 취급하는 이동탱크저장소는 Ⅰ 내지 Ⅷ에 따른 기준에 의하되, 해당 위험물의 성질에 따라 강화되는 기준은 다음 각목에 의하여야 한다.

가. Ⅱ제1호의 규정에 불구하고 이동저장탱크는 두께 10mm 이상의 강판 또는 이와 동등 이상의 기계적 성질이 있는 재료로 기밀하게 제작되고 1MPa 이상의 압력으로 10분간 실시하는 수압시험에서 새거나 변형하지 아니하는 것일 것

나. 이동저장탱크의 용량은 1,900ℓ 미만일 것

다. Ⅱ제3호가목의 규정에 불구하고, 안전장치는 이동저장탱크의 수압시험의 압력의 2/3를 초과하고 4/5를 넘지 아니하는 범위의 압력으로 작동할 것

라. Ⅱ제1호가목의 규정에 불구하고, 이동저장탱크의 맨홀 및 주입구의 뚜껑은 두께 10mm 이상의 강판 또는 이와 동등 이상의 기계적 성질이 있는 재료로 할 것

마. Ⅲ제1호의 규정에 불구하고, 이동저장탱크의 배관 및 밸브 등은 해당 탱크의 윗부분에 설치할 것

바. Ⅷ제1호나목의 규정에 불구하고, 이동탱크저장소에는 이동저장탱크하중의 4배의 전단하중에 견딜 수 있는 걸고리체결금속구 및 모서리체결금속구를 설치할 것

사. 이동저장탱크는 불활성의 기체를 봉입할 수 있는 구조로 할 것

아. 이동저장탱크는 그 외면을 적색으로 도장하는 한편, 백색 문자로서 동판(胴板)의 양측면 및 경판(鏡板)에 별표 4 Ⅲ제2호라목에 따른 주의사항을 표시할 것

2. 아세트알데하이드등을 저장 또는 취급하는 이동탱크저장소는 Ⅰ부터 Ⅷ까지의 규정에 따르되, 해당 위험물의 성질에 따라 강화되는 기준은 다음 각 목에 따라야 한다.

가. 이동저장탱크는 불활성의 기체를 봉입할 수 있는 구조로 할 것

나. 이동저장탱크 및 그 설비는 은·수은·동·마그네슘 또는 이들을 성분으로 하는 합금으로 만들지 아니할 것

3. 하이드록실아민등을 저장 또는 취급하는 이동탱크저장소는 Ⅰ 내지 Ⅷ의 규정에 따르되, 강화되는 기준은 별표 6 Ⅺ제3호에 따른 하이드록실아민등을 저장 또는 취급하는 옥외탱크저장소의 규정을 준용하여야 한다.

[규칙 별표 11]

옥외저장소의 위치·구조 및 설비의 기준(제35조관련)

Ⅰ. 옥외저장소의 기준

1. 옥외저장소 중 위험물을 용기에 수납하여 저장 또는 취급하는 것의 위치·구조 및 설비의 기술기준은 다음 각목과 같다.
   가. 옥외저장소는 별표 4 Ⅰ의 규정에 준하여 안전거리를 둘 것
   나. 옥외저장소는 습기가 없고 배수가 잘 되는 장소에 설치할 것
   다. 위험물을 저장 또는 취급하는 장소의 주위에는 경계표시(울타리의 기능이 있는 것에 한한다. 이와 같다)를 하여 명확하게 구분할 것
   라. 다목의 경계표시의 주위에는 그 저장 또는 취급하는 위험물의 최대수량에 따라 다음 표에 의한 너비의 공지를 보유할 것. 다만, 제4류 위험물 중 제4석유류와 제6류 위험물을 저장 또는 취급하는 옥외저장소의 보유공지는 다음 표에 의한 공지의 너비의 1/3 이상의 너비로 할 수 있다.

저장 또는 취급하는 위험물의 최대수량	공지의 너비
지정수량의 10배 이하	3m 이상
지정수량의 10배 초과 20배 이하	5m 이상
지정수량의 20배 초과 50배 이하	9m 이상
지정수량의 50배 초과 200배 이하	12m 이상
지정수량의 200배 초과	15m 이상

   마. 옥외저장소에는 별표 4 Ⅲ제1호의 기준에 따라 보기 쉬운 곳에 "위험물 옥외저장소"라는 표시를 한 표지와 같은 표 Ⅲ제2호의 기준에 따라 방화에 관하여 필요한 사항을 게시한 게시판 및 같은 표 Ⅲ 제3호의 기준을 준용하여 해당 옥내저장소가 금연구역임을 알리는 표지를 설치해야 한다.
   바. **옥외저장소**에 선반을 설치하는 경우에는 다음의 기준에 의할 것
      1) 선반은 **불연재료**로 만들고 **견고한 지반면에 고정**할 것
      2) 선반은 해당 선반 및 그 부속설비의 자중·저장하는 위험물의 중량·풍하중·지진의 영향등에 의하여 생기는 응력에 대하여 안전할 것
      3) **선반의 높이는 6m를 초과하지 아니할 것**
      4) 선반에는 위험물을 수납한 용기가 쉽게 낙하하지 아니하는 조치를 강구할 것
   사. 과산화수소 또는 과염소산을 저장하는 옥외저장소에는 불연성 또는 난연성의 천막 등을 설치하여 햇빛을 가릴 것
   아. 눈·비 등을 피하거나 차광 등을 위하여 옥외저장소에 캐노피 또는 지붕을 설치하는 경우에는 환기 및 소화활동에 지장을 주지 아니하는 구조로 할 것. 이 경우 기둥은 내화구조로 하고, 캐노피 또는 지붕을 불연재료로 하며, 벽을 설치하지 아니하여야 한다.
2. 옥외저장소 중 덩어리 상태의 황만을 지반면에 설치한 경계표시의 안쪽에서 저장 또는 취급하는 것(제1호에 정하는 것을 제외한다)의 위치·구조 및 설비의 기술기준은 제1호 각목의 기준 및 다음 각목과 같다.
   가. 하나의 경계표시의 내부의 면적은 100m² 이하일 것
   나. 2 이상의 경계표시를 설치하는 경우에 있어서는 각각의 경계표시 내부의 면적을 합산한 면적은 1,000m² 이하로 하고, 인접하는 경계표시와 경계표시와의 간격을 제1호라목에 따른 공지의 너비의 1/2 이상으로 할 것. 다만, 저장 또는 취급하는 위험물의 최대수량이 지정수량의 200배 이상인 경우에는 10m 이상으로 하여야 한다.

다. 경계표시는 불연재료로 만드는 동시에 황이 새지 아니하는 구조로 할 것
라. 경계표시의 높이는 1.5m 이하로 할 것
마. 경계표시에는 황이 넘치거나 비산하는 것을 방지하기 위한 천막 등을 고정하는 장치를 설치하되, 천막 등을 고정하는 장치는 경계표시의 길이 2m마다 한 개 이상 설치할 것
바. 황을 저장 또는 취급하는 장소의 주위에는 배수구와 분리장치를 설치할 것

Ⅱ. 고인화점 위험물의 옥외저장소의 특례

1. 고인화점 위험물만을 저장 또는 취급하는 옥외저장소 중 그 위치가 다음 각목에 정하는 기준에 적합한 것에 대하여는 Ⅰ 제1호가목 및 라목의 규정을 적용하지 아니한다.
   가. 옥외저장소는 별표 4 제1호의 규정에 준하여 안전거리를 둘 것
   나. Ⅰ 제1호다목의 경계표시의 주위에는 다음 표에 정하는 너비의 공지를 보유할 것

저장 또는 취급하는 위험물의 최대수량	공지의 너비
지정수량의 50배 이하	3m 이상
지정수량의 50배 초과 200배 이하	6m 이상
지정수량의 200배 초과	10m 이상

Ⅲ. 인화성고체, 제1석유류 또는 알코올류의 옥외저장소의 특례

제2류 위험물 중 인화성고체(인화점이 21℃ 미만인 것에 한한다. 이하 Ⅲ에서 같다) 또는 제4류 위험물 중 제1석유류 또는 알코올류를 저장 또는 취급하는 옥외저장소에 있어서는 Ⅰ 제1호에 따른 기준에 의하는 외에 해당 위험물의 성질에 따라 다음 각호에 정하는 기준에 의한다.

1. 인화성고체, 제1석유류 또는 알코올류를 저장 또는 취급하는 장소에는 해당 위험물을 적당한 온도로 유지하기 위한 살수설비 등을 설치하여야 한다.
2. 제1석유류 또는 알코올류를 저장 또는 취급하는 장소의 주위에는 배수구 및 집유설비를 설치하여야 한다. 이 경우 제1석유류(온도 20℃의 물 100g에 용해되는 양이 1g 미만인 것에 한한다)를 저장 또는 취급하는 장소에 있어서는 집유설비에 유분리장치를 설치하여야 한다.

Ⅳ. 수출입 하역장소의 옥외저장소의 특례

「관세법」 제154조에 따른 보세구역, 「항만법」 제2조제1호에 따른 항만 또는 같은 조 제7호에 따른 항만배후단지 내에서 수출입을 위한 위험물을 저장 또는 취급하는 옥외저장소 중 Ⅰ 제1호(라목은 제외한다)의 규정에 적합한 것은 다음 표에 정하는 너비의 공지(空地)를 보유할 수 있다.

저장 또는 취급하는 위험물의 최대수량	공지의 너비
지정수량의 50배 이하	3m 이상
지정수량의 50배 초과 200배 이하	4m 이상
지정수량의 200배 초과	5m 이상

[규칙 별표 12]

암반탱크저장소의 위치·구조 및 설비의 기준(제36조관련)

Ⅰ. 암반탱크

1. 암반탱크저장소의 암반탱크는 다음 각목의 기준에 의하여 설치하여야 한다.
   가. 암반탱크는 암반투수계수가 1초당 10만분의 1m 이하인 천연암반내에 설치할 것
   나. 암반탱크는 저장할 위험물의 증기압을 억제할 수 있는 지하수면하에 설치할 것
   다. 암반탱크의 내벽은 암반균열에 의한 낙반을 방지할 수 있도록 볼트·콘크리트등으로 보강할 것
2. 암반탱크는 다음 각목의 기준에 적합한 수리조건을 갖추어야 한다.
   가. 암반탱크내로 유입되는 지하수의 양은 암반내의 지하수 충전량보다 적을 것
   나. 암반탱크의 상부로 물을 주입하여 수압을 유지할 필요가 있는 경우에는 수벽공을 설치할 것
   다. 암반탱크에 가해지는 지하수압은 저장소의 최대운영압보다 항상 크게 유지할 것

Ⅱ. 지하수위 관측공의 설치

암반탱크저장소 주위에는 지하수위 및 지하수의 흐름 등을 확인·통제할 수 있는 관측공을 설치하여야 한다.

Ⅲ. 계량장치

암반탱크저장소에는 위험물의 양과 내부로 유입되는 지하수의 양을 측정할 수 있는 계량구와 자동측정이 가능한 계량장치를 설치하여야 한다.

Ⅳ. 배수시설

암반탱크저장소에는 주변 암반으로부터 유입되는 침출수를 자동으로 배출할 수 있는 시설을 설치하고 침출수에 섞인 위험물이 직접 배수구로 흘러 들어가지 아니하도록 유분리장치를 설치하여야 한다.

Ⅴ. 펌프설비

암반탱크저장소의 펌프설비는 점검 및 보수를 위하여 사람의 출입이 용이한 구조의 전용공동에 설치하여야 한다. 다만, 액중펌프(펌프 또는 전동기를 저장탱크 또는 암반탱크 안에 설치하는 것을 말한다. 이하 같다)를 설치한 경우에는 그러하지 아니하다.

Ⅵ. 위험물제조소 및 옥외탱크저장소에 관한 기준의 준용

1. 암반탱크저장소에는 별표 4 Ⅲ제1호의 기준에 따라 보기 쉬운 곳에 "위험물 암반탱크저장소"라는 표시를 한 표지와 같은 표 Ⅲ제2호의 기준에 따라 방화에 관하여 필요한 사항을 게시한 게시판 및 같은 표 Ⅲ 제3호의 기준을 준용하여 해당 옥내저장소가 금연구역임을 알리는 표지를 설치해야 한다.
2. 별표 4 Ⅷ제4호·제6호, 동표 Ⅹ 및 별표 6 Ⅵ제9호의 규정은 암반탱크저장소의 압력계·안전장치, 정전기 제거설비, 배관 및 주입구의 설치에 관하여 이를 준용한다.

[규칙 별표 13]

주유취급소의 위치·구조 및 설비의 기준(제37조관련)

Ⅰ. 주유공지 및 급유공지

1. 주유취급소의 고정주유설비(펌프기기 및 호스기기로 되어 위험물을 자동차 등에 직접 주유하기 위한 설비로서 현수식의 것을 포함한다. 이하 같다)의 주위에는 주유를 받으려는 **자동차 등이 출입**할 수 있도록 **너비 15m 이상, 길이 6m 이상**의 콘크리트 등으로 포장한 공지(이하 "주유공지"라 한다)를 보유하여야 하고, 고정급유설비(펌프기기 및 호스기기로 되어 위험물을 용기에 옮겨 담거나 이동저장탱크에 주입하기 위한 설비로서 현수식의 것을 포함한다. 이하 같다)를 설치하는 경우에는 고정급유설비의 호스기기의 주위에 필요한 공지(이하 "급유공지"라 한다)를 보유하여야 한다.
2. 제1호에 따른 공지의 바닥은 주위 지면보다 높게 하고, 그 표면을 적당하게 경사지게 하여 새어나온 기름 그 밖의 액체가 공지의 외부로 유출되지 아니하도록 배수구·집유설비 및 유분리장치를 하여야 한다.

Ⅱ. 표지 및 게시판

주유취급소에는 별표 4 Ⅲ제1호의 기준에 준하여 보기 쉬운 곳에 "위험물 주유취급소"라는 표시를 한 표지, 같은 표 Ⅲ제2호의 기준에 준하여 방화에 관하여 필요한 사항을 게시한 게시판 및 **황색바탕에 흑색문자**로 "**주유중엔진정지**"라는 표시를 한 게시판 및 같은 표 Ⅲ 제3호의 기준을 준용하여 해당 옥내저장소가 금연구역임을 알리는 표지를 설치해야 한다.

Ⅲ. 탱 크

1. 주유취급소에는 다음 각목의 탱크 외에는 위험물을 저장 또는 취급하는 탱크를 설치할 수 없다. 다만, 별표 10 Ⅰ에 따른 이동탱크저장소의 상치장소를 주유공지 또는 급유공지 외의 장소에 확보하여 이동탱크저장소(해당 주유취급소의 위험물의 저장 또는 취급에 관계된 것에 한한다)를 설치하는 경우에는 그러하지 아니하다.
   가. **자동차** 등에 주유하기 위한 고정주유설비에 직접 접속하는 전용탱크로서 50,000ℓ 이하의 것
   나. **고정급유설비**에 직접 접속하는 전용탱크로서 50,000ℓ 이하의 것
   다. **보일러** 등에 직접 접속하는 전용탱크로서 10,000ℓ 이하의 것
   라. **자동차** 등을 점검·정비하는 작업장 등(주유취급소안에 설치된 것에 한한다)에서 사용하는 폐유·윤활유 등의 위험물을 저장하는 탱크로서 용량(2 이상 설치하는 경우에는 각 용량의 합계를 말한다)이 2,000ℓ 이하인 탱크(이하 "폐유탱크등"이라 한다)
   마. **고정주유설비** 또는 고정급유설비에 직접 접속하는 3기 이하의 간이탱크. 다만, 「국토의 계획 및 이용에 관한 법률」에 의한 방화지구안에 위치하는 주유취급소의 경우를 제외한다.
2. 제1호가목 내지 라목에 따른 탱크(다목 및 라목에 따른 탱크는 용량이 1,000ℓ 를 초과하는 것에 한한다)는 옥외의 지하 또는 캐노피 아래의 지하(캐노피 기둥의 하부를 제외한다)에 매설하여야 한다.
3. 제1호의 규정에 따라 설치하는 전용탱크·폐유탱크등 또는 간이탱크의 위치·구조 및 설비의 기준은 다음 각목과 같다.
   가. 지하에 매설하는 전용탱크 또는 폐유탱크등의 위치·구조 및 설비는 별표 8 Ⅰ[제5호·제10호(게시판에 관한 부분에 한한다)·제11호(액중펌프설비에 관한 부분을 제외한다)·제14호 및 용량 10,000ℓ 를 넘는 탱크를 설치하는 경우에 있어서는 제1호 단서를 제외한다]·별표 8 Ⅱ[별표 8 Ⅰ제5호·제10호(게시판에 관한 부분에 한한다)·제11호(액중펌프설비에 관한 부분을 제외한다)·제14호를 제외한다] 또는 별표 8 Ⅲ

[별표 8 Ⅰ제5호·제10호(게시판에 관한 부분에 한한다)·제11호(액중펌프설비에 관한 부분을 제외한다)·제14호를 제외한다]에 따른 지하저장탱크의 위치·구조 및 설비의 기준을 준용할 것

나. 지하에 매설하지 아니하는 폐유탱크등의 위치·구조 및 설비는 별표 7 Ⅰ(제1호다목을 제외한다)에 따른 옥내저장탱크의 위치·구조·설비 또는 시·도의 조례에 정하는 지정수량 미만인 탱크의 위치·구조 및 설비의 기준을 준용할 것

다. 간이탱크의 구조 및 설비는 별표 9 제4호 내지 제8호에 따른 간이저장탱크의 구조 및 설비의 기준을 준용하되, 자동차 등과 충돌할 우려가 없도록 설치할 것

Ⅳ. 고정주유설비 등

1. 주유취급소에는 자동차 등의 연료탱크에 직접 주유하기 위한 고정주유설비를 설치하여야 한다.
2. 주유취급소의 고정주유설비 또는 고정급유설비는 Ⅲ제1호가목·나목 또는 마목에 따른 탱크중 하나의 탱크만으로부터 위험물을 공급받을 수 있도록 하고, 다음 각목의 기준에 적합한 구조로 하여야 한다.

   가. 펌프기기는 주유관 선단에서의 최대토출량이 **제1석유류**의 경우에는 분당 50ℓ 이하, **경유**의 경우에는 분당 180ℓ 이하, **등유**의 경우에는 분당 80ℓ 이하인 것으로 할 것. 다만, 이동저장탱크에 주입하기 위한 고정급유설비의 펌프기기는 최대토출량이 분당 300ℓ 이하인 것으로 할 수 있으며, 분당 토출량이 200ℓ 이상인 것의 경우에는 주유설비에 관계된 모든 배관의 안지름을 40mm 이상으로 하여야 한다.

   나. 이동저장탱크의 상부를 통하여 주입하는 고정급유설비의 주유관에는 해당 탱크의 밑부분에 달하는 주입관을 설치하고, 그 토출량이 분당 80ℓ 를 초과하는 것은 이동저장탱크에 주입하는 용도로만 사용할 것

   다. 고정주유설비 또는 고정급유설비는 난연성 재료로 만들어진 외장을 설치할 것. 다만, Ⅸ에 따른 기준에 적합한 펌프실에 설치하는 펌프기기 또는 액중펌프에 있어서는 그러하지 아니하다.

   라. 고정주유설비 또는 고정급유설비의 본체 또는 노즐 손잡이에 주유작업자의 인체에 축적되는 정전기를 유효하게 제거할 수 있는 장치를 설치할 것

3. 고정주유설비 또는 **고정급유설비의 주유관의 길이**(선단의 개폐밸브를 포함한다)는 5m(현수식의 경우에는 지면위 0.5m의 수평면에 수직으로 내려 만나는 점을 중심으로 반경 3m)이내로 하고 그 선단에는 축적된 정전기를 유효하게 제거할 수 있는 장치를 설치하여야 한다.
4. 고정주유설비 또는 고정급유설비는 다음 각목의 기준에 적합한 위치에 설치하여야 한다.

   가. 고정주유설비의 중심선을 기점으로 하여 도로경계선까지 4m 이상, 부지경계선·담 및 건축물의 벽까지 2m(개구부가 없는 벽까지는 1m) 이상의 거리를 유지하고, 고정급유설비의 중심선을 기점으로 하여 도로경계선까지 4m 이상, 부지경계선 및 담까지 1m 이상, 건축물의 벽까지 2m(개구부가 없는 벽까지는 1m) 이상의 거리를 유지할 것

   나. **고정주유설비와 고정급유설비의 사이**에는 **4m 이상**의 거리를 유지할 것

Ⅴ. 건축물 등의 제한 등

1. 주유취급소에는 주유 또는 그에 부대하는 업무를 위하여 사용되는 다음 각목의 건축물 또는 시설 외에는 다른 건축물 그 밖의 공작물을 설치할 수 없다.

   가. 주유 또는 등유·경유를 옮겨 담기 위한 **작업장**

   나. 주유취급소의 업무를 행하기 위한 **사무소**

   다. 자동차 등의 점검 및 **간이정비**를 위한 작업장

   라. 자동차 등의 **세정**을 위한 작업장

   마. 주유취급소에 출입하는 사람을 대상으로 한 **점포·휴게음식점 또는 전시장**

   바. 주유취급소의 관계자가 **거주**하는 주거시설

   사. 전기자동차용 충전설비(전기를 동력원으로 하는 자동차에 직접 전기를 공급하는 설비를 말한다.

이하 같다)

아. 그 밖의 소방청장이 정하여 고시하는 건축물 또는 시설

2. 제1호 각목의 건축물 중 주유취급소의 직원 외의 자가 출입하는 나목·다목 및 마목의 용도에 제공하는 부분의 면적의 합은 1,000㎡ 를 초과할 수 없다.

3. 다음 각목의 1에 해당하는 주유취급소(이하 "옥내주유취급소"라 한다)는 소방청장이 정하여 고시하는 용도로 사용하는 부분이 없는 건축물(옥내주유취급소에서 발생한 화재를 옥내주유취급소의 용도로 사용하는 부분 외의 부분에 자동적으로 유효하게 알릴 수 있는 자동화재탐지설비 등을 설치한 건축물에 한한다)에 설치할 수 있다.

가. 건축물 안에 설치하는 주유취급소

나. 캐노피·처마·차양·부연·발코니 및 루버의 수평투영면적이 주유취급소의 공지면적(주유취급소의 부지면적에서 건축물 중 벽 및 바닥으로 구획된 부분의 수평투영면적을 뺀 면적을 말한다)의 1/3을 초과하는 주유취급소

Ⅵ. 건축물 등의 구조

1. 주유취급소에 설치하는 건축물 등은 다음 각목에 따른 위치 및 구조의 기준에 적합하여야 한다.

가. 건축물, 창 및 출입구의 구조는 다음의 기준에 적합하게 할 것

1) 건축물의 벽 · 기둥 · 바닥 · 보 및 지붕을 내화구조 또는 불연재료로 할 것. 다만, Ⅴ제2호에 따른 면적의 합이 500m²를 초과하는 경우에는 건축물의 벽을 내화구조로 하여야 한다.

2) 창 및 출입구(Ⅴ제1호 다목 및 라목의 용도에 사용하는 부분에 설치한 자동차 등의 출입구를 제외한다)에는 방화문 또는 불연재료로 된 문을 설치할 것. 이 경우 Ⅴ제2호에 따른 면적의 합이 500m²를 초과하는 주유취급소로서 하나의 구획실의 면적이 500m²를 초과하거나 2층 이상의 층에 설치하는 경우에는 해당 구획실 또는 해당 층의 2면 이상의 벽에 각각 출입구를 설치하여야 한다.

나. Ⅴ제1호바목의 용도에 사용하는 부분은 개구부가 없는 내화구조의 바닥 또는 벽으로 해당 건축물의 다른 부분과 구획하고 주유를 위한 작업장 등 위험물취급장소에 면한 쪽의 벽에는 출입구를 설치하지 아니할 것

다. 사무실 등의 창 및 출입구에 유리를 사용하는 경우에는 망입유리 또는 강화유리로 할 것. 이 경우 강화유리의 두께는 창에는 8mm 이상, 출입구에는 12mm 이상으로 하여야 한다.

라. 건축물 중 사무실 그 밖의 화기를 사용하는 곳(Ⅴ제1호다목 및 라목의 용도에 사용하는 부분을 제외한다)은 누설한 가연성의 증기가 그 내부에 유입되지 아니하도록 다음의 기준에 적합한 구조로 할 것

1) 출입구는 건축물의 안에서 밖으로 수시로 개방할 수 있는 자동폐쇄식의 것으로 할 것

2) 출입구 또는 사이통로의 문턱의 높이를 15cm 이상으로 할 것

3) 높이 1m 이하의 부분에 있는 창 등은 밀폐시킬 것

마. 자동차 등의 점검·정비를 행하는 설비는 다음의 기준에 적합하게 할 것

1) 고정주유설비로부터 4m 이상, 도로경계선으로부터 2m 이상 떨어지게 할 것. 다만, Ⅴ제1호다목에 따른 작업장 중 바닥 및 벽으로 구획된 옥내의 작업장에 설치하는 경우에는 그러하지 아니하다.

2) 위험물을 취급하는 설비는 위험물의 누설·넘침 또는 비산을 방지할 수 있는 구조로 할 것

바. 자동차 등의 세정을 행하는 설비는 다음의 기준에 적합하게 할 것

1) 증기세차기를 설치하는 경우에는 그 주위에 불연재료로 된 높이 1m 이상의 담을 설치하고 출입구가 고정주유설비에 면하지 아니하도록 할 것. 이 경우 담은 고정주유설비로부터 4m 이상 떨어지게 하여야 한다.

2) 증기세차기 외의 세차기를 설치하는 경우에는 고정주유설비로부터 4m 이상, 도로경계선으로부터 2m 이상 떨어지게 할 것. 다만, Ⅴ제1호라목에 따른 작업장 중 바닥 및 벽으로 구획된 옥내의 작업장에 설치하는 경우에는 그러하지 아니하다.

사. 주유원간이대기실은 다음의 기준에 적합할 것

1) **불연재료**로 할 것
2) **바퀴가 부착되지 아니한 고정식**일 것
3) 차량의 출입 및 주유작업에 장애를 주지 아니하는 위치에 설치할 것
4) 바닥면적이 2.5m² 이하일 것. 다만, 주유공지 및 급유공지 외의 장소에 설치하는 것은 그러하지 아니하다.

아. 전기자동차용 충전설비는 다음의 기준에 적합할 것
1) 충전기기(충전케이블로 전기자동차에 전기를 직접 공급하는 기기를 말한다. 이하 같다)의 주위에 전기자동차 충전을 위한 전용 공지(주유공지 또는 급유공지 외의 장소를 말하며, 이하 "충전공지"라 한다)를 확보하고, 충전공지 주위를 페인트 등으로 표시하여 그 범위를 알아보기 쉽게 할 것
2) 전기자동차용 충전설비를 Ⅴ. 건축물 등의 제한 등의 제1호 각 목의 건축물 밖에 설치하는 경우 충전공지는 폭발위험장소(「산업표준화법」 제12조에 따른 한국산업표준에서 정한 폭발성 가스에 의한 폭발위험장소의 범위를 말한다. 이하 이 목에서 같다) 외의 장소에 둘 것. 〈개정 2023.6.29〉
3) 전기자동차용 충전설비를 Ⅴ. 건축물 등의 제한 등의 제1호 각 목의 건축물 안에 설치하는 경우에는 다음의 기준에 적합할 것
  가) 해당 건축물의 1층에 설치할 것
  나) 해당 건축물에 가연성 증기가 남아 있을 우려가 없도록 별표 4 Ⅴ 제1호다목에 따른 환기설비 또는 별표 4 Ⅵ에 따른 배출설비를 설치할 것
4) 전기자동차용 충전설비의 전력공급설비[전기자동차에 전원을 공급하기 위한 전기설비로서 전력량계, 인입구(引入口) 배선, 분전반 및 배선용 차단기 등을 말한다]는 다음의 기준에 적합할 것
  가) 분전반은 방폭성능을 갖출 것 다만, 분전반을 폭발위험장소 외의 장소에 설치하는 경우에는 방폭성능을 갖추지 않을 수 있다. 〈개정 2023.6.29〉
  나) 전력량계, 누전차단기 및 배선용 차단기는 분전반 내에 설치할 것
  다) 인입구 배선은 지하에 설치할 것
  라) 「전기사업법」에 따른 전기설비의 기술기준에 적합할 것
5) 충전기기와 인터페이스[충전기기에서 전기자동차에 전기를 공급하기 위하여 연결하는 커넥터(connector) 케이블 등을 말한다. 이하 같다]는 다음의 기준에 적합할 것 〈개정 2023.6.29〉
  가) 충전기기는 방폭성능을 갖출 것. 다만, 다음의 기준을 모두 갖춘 경우에는 방폭성능을 갖추지 않을 수 있다.
    (1) 충전기기의 전원공급을 긴급히 차단할 수 있는 장치를 사무소 내부 또는 충전기기 주변에 설치할 것
    (2) 충전기기를 폭발위험장소 외의 장소에 설치할 것
  나) 인터페이스의 구성 부품은 「전기용품 및 생활용품 안전관리법」에 따른 기준에 적합할 것
6) 충전작업에 필요한 주차장을 설치하는 경우에는 다음의 기준에 적합할 것
  가) 주유공지, 급유공지 및 충전공지 외의 장소로서 주유를 위한 자동차 등의 진입·출입에 지장을 주지 않는 장소에 설치할 것
  나) 주차장의 주위를 페인트 등으로 표시하여 그 범위를 알아보기 쉽게 할 것
  다) 지면에 직접 주차하는 구조로 할 것

2. Ⅴ제3호에 따른 옥내주유취급소는 제1호의 기준에 의하는 외에 다음 각목에 정하는 기준에 적합한 구조로 하여야 한다.

가. 건축물에서 옥내주유취급소의 용도에 사용하는 부분은 벽·기둥·바닥·보 및 지붕을 내화구조로 하고, 개구부가 없는 내화구조의 바닥 또는 벽으로 해당 건축물의 다른 부분과 구획할 것. 다만, 건축물의 옥내주유취급소의 용도에 사용하는 부분의 상부에 상층이 없는 경우에는 지붕을 불연재료로 할 수 있다.
나. 건축물에서 옥내주유취급소(건축물안에 설치하는 것에 한한다)의 용도에 사용하는 부분의 2 이상의 방면은 자동차 등이 출입하는 측 또는 통풍 및 피난상 필요한 공지에 접하도록 하고 벽을 설치하지 아니할 것
다. 건축물에서 옥내주유취급소의 용도에 사용하는 부분에는 가연성증기가 체류할 우려가 있는 구멍·구덩이 등이 없도록 할 것
라. 건축물에서 옥내주유취급소의 용도에 사용하는 부분에 상층이 있는 경우에는 상층으로의 연소를 방지하

기 위하여 다음의 기준에 적합하게 내화구조로 된 캔틸레버를 설치할 것

1) 옥내주유취급소의 용도에 사용하는 부분(고정주유설비와 접하는 방향 및 나목의 규정에 따라 벽이 개방된 부분에 한한다)의 바로 윗층의 바닥에 이어서 1.5m 이상 내어 붙일 것. 다만, 바로 윗층의 바닥으로부터 높이 7m 이내에 있는 윗층의 외벽에 개구부가 없는 경우에는 그러하지 아니하다.

2) 캔틸레버 선단과 윗층의 개구부(열지 못하게 만든 방화문과 연소방지상 필요한 조치를 한 것을 제외한다)까지의 사이에는 7m에서 해당 캔틸레버의 내어 붙인 거리를 뺀 길이 이상의 거리를 보유할 것

마. 건축물 중 옥내주유취급소의 용도에 사용하는 부분외에는 주유를 위한 작업장 등 위험물취급장소와 접하는 외벽에 창(망입유리로 된 붙박이 창을 제외한다) 및 출입구를 설치하지 아니할 것

Ⅶ. 담 또는 벽

1. 주유취급소의 주위에는 자동차 등이 출입하는 쪽 외의 부분에 **높이 2m** 이상의 내화구조 또는 불연재료의 담 또는 벽을 설치하되, 주유취급소의 인근에 연소의 우려가 있는 건축물이 있는 경우에는 소방청장이 정하여 고시하는 바에 따라 방화상 유효한 높이로 하여야 한다.
2. 제1호에도 불구하고 다음 각 목의 기준에 모두 적합한 경우에는 담 또는 벽의 일부분에 방화상 유효한 구조의 유리를 부착할 수 있다.

가. 유리를 부착하는 위치는 주입구, 고정주유설비 및 고정급유설비로부터 4m 이상 이격될 것

나. 유리를 부착하는 방법은 다음의 기준에 모두 적합할 것

1) 주유취급소 내의 지반면으로부터 70㎝를 초과하는 부분에 한하여 유리를 부착할 것

2) 하나의 유리판의 가로의 길이는 2m 이내일 것

3) 유리판의 테두리를 금속제의 구조물에 견고하게 고정하고 해당 구조물을 담 또는 벽에 견고하게 부착할 것

4) 유리의 구조는 접합유리(두장의 유리를 두께 0.76㎜ 이상의 폴리바이닐뷰티랄 필름으로 접합한 구조를 말한다)로 하되, 「유리구획 부분의 내화시험방법(KS F 2845)」에 따라 시험하여 비차열 30분 이상의 방화성능이 인정될 것

다. 유리를 부착하는 범위는 전체의 담 또는 벽의 길이의 10분의 2를 초과하지 아니할 것

Ⅷ. 캐노피

주유취급소에 **캐노피**를 설치하는 경우에는 다음 각목의 기준에 의하여야 한다.

가. 배관이 캐노피 내부를 통과할 경우에는 **1개 이상의 점검구**를 설치할 것

나. 캐노피 외부의 점검이 곤란한 장소에 배관을 설치하는 경우에는 용접이음으로 할 것

다. 캐노피 외부의 배관이 일광열의 영향을 받을 우려가 있는 경우에는 단열재로 피복할 것

Ⅸ. 펌프실등의 구조

주유취급소에 펌프실 그 밖에 위험물을 취급하는 실(이하 Ⅸ에서 "펌프실등"이라 한다)을 설치하는 경우에는 다음 각목의 기준에 적합하게 하여야 한다.

가. 바닥은 위험물이 침투하지 아니하는 구조로 하고 적당한 경사를 두어 집유설비를 설치할 것

나. 펌프실등에는 위험물을 취급하는데 필요한 채광·조명 및 환기의 설비를 할 것

다. 가연성증기가 체류할 우려가 있는 펌프실등에는 그 증기를 옥외에 배출하는 설비를 설치할 것

라. 고정주유설비 또는 고정급유설비중 펌프기기를 호스기기와 분리하여 설치하는 경우에는 펌프실의 출입구를 주유공지 또는 급유공지에 접하도록 하고, 자동폐쇄식의 60분+방화문 또는 60분방화문을 설치할 것

마. 펌프실등에는 별표 4 Ⅲ제1호의 기준에 따라 보기 쉬운 곳에 "위험물 펌프실", "위험물 취급실" 등의 표시를 한 표지와 동표 Ⅲ제2호의 기준에 따라 방화에 관하여 필요한 사항을 게시한 게시판을

설치하여야 한다.

바. 출입구에는 바닥으로부터 0.1m 이상의 턱을 설치할 것

Ⅹ. 항공기주유취급소의 특례

1. 비행장에서 항공기, 비행장에 소속된 차량등에 주유하는 주유취급소에 대하여는 Ⅰ, Ⅱ, Ⅲ제1호·제2호, Ⅳ제2호·제3호(주유관의 길이에 관한 규정에 한한다), Ⅶ 및 Ⅷ의 규정을 적용하지 아니한다.
2. 제1호에서 규정한 것 외의 항공기 주유취급소에 대한 특례는 다음 각목과 같다.
   가. 항공기 주유취급소에는 항공기 등에 직접 주유하는데 필요한 공지를 보유할 것
   나. 제1호에 따른 공지는 그 지면을 콘크리트 등으로 포장할 것
   다. 제1호에 따른 공지에는 누설한 위험물 그 밖의 액체가 공지의 외부로 유출되지 아니하도록 배수구 및 유분리장치를 설치할 것. 다만, 누설한 위험물등의 유출을 방지하기 위한 조치를 한 경우에는 그러하지 아니하다.
   라. 지하식(호스기기가 지하의 상자에 설치된 형식을 말한다. 이하 같다)의 고정주유설비를 사용하여 주유하는 항공기 주유취급소의 경우에는 다음의 기준에 의할 것
   1) 호스기기를 설치한 상자에는 적당한 방수조치를 할 것
   2) 고정주유설비의 펌프기기와 호스기기를 분리하여 설치한 항공기 주유취급소의 경우에는 해당 고정주유설비의 펌프기기를 정지하는 등의 방법에 의하여 위험물저장탱크로부터 위험물의 이송을 긴급히 정지할 수 있는 장치를 설치할 것
   마. 연료를 이송하기 위한 배관(이하 "주유배관"이라 한다) 및 해당 주유배관의 선단부에 접속하는 호스기기를 사용하여 주유하는 항공기 주유취급소의 경우에는 다음의 기준에 의할 것
   1) 주유배관의 선단부에는 밸브를 설치할 것
   2) 주유배관의 선단부를 지면 아래의 상자에 설치한 경우에는 해당 상자에 대하여 적당한 방수조치를 할 것
   3) 주유배관의 선단부에 접속하는 호스기기는 누설우려가 없도록 하는 등 화재예방상 안전한 구조로 할 것
   4) 주유배관의 선단부에 접속하는 호스기기에는 주유호스의 선단에 축적되는 정전기를 유효하게 제거하는 장치를 설치할 것
   5) 항공기주유취급소에는 펌프기기를 정지하는 등의 방법에 의하여 위험물저장탱크로부터 위험물의 이송을 긴급히 정지할 수 있는 장치를 설치할 것
   바. 주유배관의 선단부에 접속하는 호스기기를 적재한 차량(이하 "주유호스차"라 한다)을 사용하여 주유하는 항공기 주유취급소의 경우에는 마목1)·2) 및 5)의 규정에 의하는 외에 다음의 기준에 의할 것
   1) 주유호스차는 화재예방상 안전한 장소에 상치할 것
   2) 주유호스차에는 별표 10 Ⅸ제1호가목 및 나목에 따른 장치를 설치할 것
   3) 주유호스차의 호스기기는 별표 10 Ⅸ제1호다목, 마목 본문 및 사목에 따른 주유탱크차의 주유설비의 기준을 준용할 것
   4) 주유호스차의 호스기기에는 항공기와 전기적으로 접속하기 위한 도선을 설치하고 주유호스의 선단에 축적되는 정전기를 유효하게 제거할 수 있는 장치를 설치할 것
   5) 항공기 주유취급소에는 정전기를 유효하게 제거할 수 있는 접지전극을 설치할 것
   사. 주유탱크차를 사용하여 주유하는 항공기 주유취급소에는 정전기를 유효하게 제거할 수 있는 접지전극을 설치할 것

Ⅺ. 철도주유취급소의 특례

1. 철도 또는 궤도에 의하여 운행하는 차량에 주유하는 주유취급소에 대하여는 Ⅰ 내지 Ⅷ의 규정을 적용하지

아니한다.
2. 제1호에서 규정한 것 외의 철도주유취급소에 대한 특례는 다음 각목과 같다.
   가. 철도 또는 궤도에 의하여 운행하는 차량에 직접 주유하는데 필요한 공지를 보유할 것
   나. 가목에 따른 공지 중 위험물이 누설할 우려가 있는 부분과 고정주유설비 또는 주유배관의 선단부 주위에 있어서는 그 지면을 콘크리트 등으로 포장할 것
   다. 나목의 규정에 따라 포장한 부분에는 누설한 위험물 그 밖의 액체가 외부로 유출되지 아니하도록 배수구 및 유분리장치를 설치할 것
   라. 지하식의 고정주유설비를 이용하여 주유하는 경우에는 Ⅹ제2호라목의 규정을 준용할 것
3. 주유배관의 선단부에 접속한 호스기기를 이용하여 주유하는 경우에는 Ⅹ제2호마목의 규정을 준용할 것

XII. 고속국도주유취급소의 특례

고속국도의 도로변에 설치된 주유취급소에 있어서는 Ⅲ제1호가목 및 나목에 따른 탱크의 용량을 60,000ℓ까지 할 수 있다.

XIII. 자가용주유취급소의 특례

주유취급소의 관계인이 소유·관리 또는 점유한 자동차 등에 대하여만 주유하기 위하여 설치하는 자가용주유취급소에 대하여는 Ⅰ제1호의 규정을 적용하지 아니한다.

XIV. 선박주유취급소의 특례

1. 선박에 주유하는 주유취급소에 대하여는 Ⅰ제1호, Ⅲ제1호 및 제2호, Ⅳ제3호(주유관의 길이에 관한 규정에 한한다) 및 Ⅶ의 규정을 적용하지 아니한다.
2. 제1호에서 규정한 것외의 선박 주유취급소(고정주유설비를 수상의 구조물에 설치하는 선박주유취급소는 제외한다)에 대한 특례는 다음 각목과 같다.
   가. 선박주유취급소에는 선박에 직접 주유하기 위한 공지와 계류시설을 보유할 것
   나. 가목에 따른 공지, 고정주유설비 및 주유배관의 선단부의 주위에는 그 지반면을 콘크리트 등으로 포장할 것
   다. 나목의 규정에 따라 포장된 부분에는 누설한 위험물 그 밖의 액체가 공지의 외부로 유출되지 아니하도록 배수구 및 유분리장치를 설치할 것. 다만, 누설한 위험물등의 유출을 방지하기 위한 조치를 한 경우에는 그러하지 아니하다.
   라. 지하식의 고정주유설비를 이용하여 주유하는 경우에는 Ⅹ제2호라목의 규정을 준용할 것
   마. 주유배관의 선단부에 접속한 호스기기를 이용하여 주유하는 경우에는 Ⅹ제2호마목의 규정을 준용할 것
   바. 선박주유취급소에는 위험물이 유출될 경우 회수 등의 응급조치를 강구할 수 있는 설비를 설치할 것
3. 제1호에서 규정한 것 외의 고정주유설비를 수상의 구조물에 설치하는 선박주유취급소에 대한 특례는 다음 각 목과 같다.
   가. Ⅰ제2호 및 Ⅳ제4호를 적용하지 않을 것
   나. 선박주유취급소에는 선박에 직접 주유하는 주유작업과 선박의 계류를 위한 수상구조물을 다음의 기준에 따라 설치할 것
      1) 수상구조물은 철재·목재 등의 견고한 재질이어야 하며, 그 기둥을 해저 또는 하저에 견고하게 고정 시킬 것

2) 선박의 충돌로부터 수상구조물의 손상을 방지할 수 있는 철재로 된 보호구조물을 해저 또는 하저에 견고하게 고정시킬 것

다. 수상구조물에 설치하는 고정주유설비의 주유작업 장소의 바닥은 불침윤성·불연성의 재료로 포장을 하고, 그 주위에 새어나온 위험물이 외부로 유출되지 않도록 집유설비를 다음의 기준에 따라 설치할 것

1) 새어나온 위험물을 직접 또는 배수구를 통하여 집유설비로 수용할 수 있는 구조로 할 것

2) 집유설비는 수시로 용이하게 개방하여 고여 있는 빗물과 위험물을 제거할 수 있는 구조로 할 것

라. 수상구조물에 설치하는 고정주유설비는 다음의 기준에 따라 설치할 것

1) 주유호스의 선단부에 수동개폐장치를 부착한 주유노즐을 설치하고, 개방한 상태로 고정시키는 장치를 부착하지 않을 것

2) 주유노즐은 선박의 연료탱크가 가득 찬 경우 자동적으로 정지시키는 구조일 것

3) 주유호스는 200kg중 이하의 하중에 의하여 파단(破斷) 또는 이탈되어야 하고, 파단 또는 이탈된 부분으로부터의 위험물 누출을 방지할 수 있는 구조일 것

마. 수상구조물에 설치하는 고정주유설비에 위험물을 공급하는 배관계에 위험물 차단밸브를 다음의 기준에 따라 설치할 것. 다만, 위험물을 공급하는 탱크의 최고 액표면의 높이가 해당 배관계의 높이보다 낮은 경우에는 그렇지 않다.

1) 고정주유설비의 인근에서 주유작업자가 직접 위험물의 공급을 차단할 수 있는 수동식의 차단밸브를 설치할 것

2) 배관 경로 중 육지 내의 지점에서 위험물의 공급을 차단할 수 있는 수동식의 차단밸브를 설치할 것

바. 긴급한 경우에 고정주유설비의 펌프를 정지시킬 수 있는 긴급제어장치를 설치할 것

사. 지하식의 고정주유설비를 이용하여 주유하는 경우에는 X제2호라목을 준용할 것

아. 주유배관의 선단부에 접속하는 호스기기를 이용하여 주유하는 경우에는 X제2호마목을 준용할 것

자. 선박주유취급소에는 위험물이 유출될 경우 회수 등의 응급조치를 강구할 수 있는 설비를 다음의 기준에 따라 준비하여 둘 것

1) 오일펜스: 수면 위로 20cm 이상 30cm 미만으로 노출되고, 수면 아래로 30cm 이상 40cm 미만으로 잠기는 것으로서, 60m 이상의 길이일 것

2) 유처리제, 유흡착제 또는 유겔화제: 다음의 계산식을 충족하는 양 이상일 것

$$20X + 50Y + 15Z = 10,000$$

X: 유처리제의 양(ℓ) Y: 유흡착제의 양(kg) Z: 유겔화제의 양[액상(ℓ), 분말(kg)]

XV. 고객이 직접 주유하는 주유취급소의 특례

1. 고객이 직접 자동차 등의 연료탱크 또는 용기에 위험물을 주입하는 고정주유설비 또는 고정급유설비(이하 "셀프용고정주유설비" 또는 "셀프용고정급유설비"라 한다)를 설치하는 주유취급소의 특례는 제2호 내지 제5호와 같다.

2. 셀프용고정주유설비의 기준은 다음의 각목과 같다.

가. 주유호스의 선단부에 수동개폐장치를 부착한 주유노즐을 설치할 것. 다만, 수동개폐장치를 개방한 상태로 고정시키는 장치가 부착된 경우에는 다음의 기준에 적합하여야 한다.

1) 주유작업을 개시함에 있어서 주유노즐의 수동개폐장치가 개방상태에 있는 때에는 해당 수동개폐장치를 일단 폐쇄시켜야만 다시 주유를 개시할 수 있는 구조로 할 것

2) 주유노즐이 자동차 등의 주유구로부터 이탈된 경우 주유를 자동적으로 정지시키는 구조일 것

나. 주유노즐은 자동차 등의 연료탱크가 가득 찬 경우 자동적으로 정지시키는 구조일 것

다. 주유호스는 200kg중 이하의 하중에 의하여 파단(破斷) 또는 이탈되어야 하고, 파단 또는 이탈된 부분으로부터의 위험물 누출을 방지할 수 있는 구조일 것

라. 휘발유와 경유 상호간의 오인에 의한 주유를 방지할 수 있는 구조일 것

마. 1회의 연속주유량 및 주유시간의 상한을 미리 설정할 수 있는 구조일 것. 이 경우 연속주유량 및 주유시간의 상한은 다음과 같다.

1) 휘발유는 100L 이하, 4분 이하로 할 것 2) 경유는 600L 이하, 12분 이하로 할 것

3. 셀프용고정급유설비의 기준은 다음 각목과 같다.

가. 급유호스의 선단부에 수동개폐장치를 부착한 급유노즐을 설치할 것

나. 급유노즐은 용기가 가득찬 경우에 자동적으로 정지시키는 구조일 것

다. 1회의 연속급유량 및 급유시간의 상한을 미리 설정할 수 있는 구조일 것. 이 경우 급유량의 상한은 100ℓ 이하, 급유시간의 상한은 6분 이하로 한다.

4. 셀프용고정주유설비 또는 셀프용고정급유설비의 주위에는 다음 각목에 의하여 표시를 하여야 한다.

가. 셀프용고정주유설비 또는 셀프용고정급유설비의 주위의 보기 쉬운 곳에 고객이 직접 주유할 수 있다는 의미의 표시를 하고 자동차의 정차위치 또는 용기를 놓는 위치를 표시할 것

나. 주유호스 등의 직근에 호스기기 등의 사용방법 및 위험물의 품목을 표시할 것

다. 셀프용고정주유설비 또는 셀프용고정급유설비와 셀프용이 아닌 고정주유설비 또는 고정급유설비를 함께 설치하는 경우에는 셀프용이 아닌 것의 주위에 고객이 직접 사용할 수 없다는 의미의 표시를 할 것

5. 고객에 의한 주유작업을 감시·제어하고 고객에 대한 필요한 지시를 하기 위한 감시대와 필요한 설비를 다음 각목의 기준에 의하여 설치하여야 한다.

가. 감시대는 모든 셀프용고정주유설비 또는 셀프용고정급유설비에서의 고객의 취급작업을 직접 볼 수 있는 위치에 설치할 것

나. 주유중인 자동차 등에 의하여 고객의 취급작업을 직접 볼 수 없는 부분이 있는 경우에는 해당 부분의 감시를 위한 카메라를 설치할 것

다. 감시대에는 모든 셀프용고정주유설비 또는 셀프용고정급유설비로의 위험물 공급을 정지시킬 수 있는 제어장치를 설치할 것

라. 감시대에는 고객에게 필요한 지시를 할 수 있는 방송설비를 설치할 것

XVI. 수소충전설비를 설치한 주유취급소의 특례

1. 전기를 원동력으로 하는 자동차등에 수소를 충전하기 위한 설비(압축수소를 충전하는 설비에 한정한다)를 설치하는 주유취급소(옥내주유취급소 외의 주유취급소에 한정하며, 이하 “압축수소충전설비 설치 주유취급소”라 한다)의 특례는 제2호부터 제5호까지와 같다.

2. 압축수소충전설비 설치 주유취급소에는 Ⅲ 제1호의 규정에 불구하고 인화성 액체를 원료로 하여 수소를 제조하기 위한 개질장치(改質裝置)(이하 “개질장치”라 한다)에 접속하는 원료탱크(50,000ℓ 이하의 것에 한정한다)를 설치할 수 있다. 이 경우 원료탱크는 지하에 매설하되, 그 위치, 구조 및 설비는 Ⅲ 제3호가목을 준용한다.

3. 압축수소충전설비 설치 주유취급소에 설치하는 설비의 기술기준은 다음의 각목과 같다.

가. 개질장치의 위치, 구조 및 설비는 별표 4 Ⅶ, 같은 표 Ⅷ 제1호부터 제4호까지, 제6호 및 제8호와 같은 표 Ⅹ에서 정하는 사항 외에 다음의 기준에 적합하여야 한다.

1) 개질장치는 자동차등이 충돌할 우려가 없는 옥외에 설치할 것

2) 개질원료 및 수소가 누출된 경우에 개질장치의 운전을 자동으로 정지시키는 장치를 설치할 것

3) 펌프설비에는 개질원료의 토출압력이 최대상용압력을 초과하여 상승하는 것을 방지하기 위한 장치를 설치할 것

4) 개질장치의 위험물 취급량은 지정수량의 10배 미만일 것

나. 압축기(壓縮機)는 다음의 기준에 적합하여야 한다.
  1) 가스의 토출압력이 최대상용압력을 초과하여 상승하는 경우에 압축기의 운전을 자동으로 정지시키는 장치를 설치할 것
  2) 토출측과 가장 가까운 배관에 역류방지밸브를 설치할 것
  3) 자동차등의 충돌을 방지하는 조치를 마련할 것
다. 충전설비는 다음의 기준에 적합하여야 한다.
  1) 위치는 주유공지 또는 급유공지 외의 장소로 하되, 주유공지 또는 급유공지에서 압축수소를 충전하는 것이 불가능한 장소로 할 것
  2) 충전호스는 자동차등의 가스충전구와 정상적으로 접속하지 않는 경우에는 가스가 공급되지 않는 구조로 하고, 200㎏중 이하의 하중에 의하여 파단 또는 이탈되어야 하며, 파단 또는 이탈된 부분으로부터 가스 누출을 방지할 수 있는 구조일 것
  3) 자동차등의 충돌을 방지하는 조치를 마련할 것
  4) 자동차등의 충돌을 감지하여 운전을 자동으로 정지시키는 구조일 것
라. 가스배관은 다음의 기준에 적합하여야 한다.
  1) 위치는 주유공지 또는 급유공지 외의 장소로 하되, 자동차등이 충돌할 우려가 없는 장소로 하거나 자동차등의 충돌을 방지하는 조치를 마련할 것
  2) 가스배관으로부터 화재가 발생한 경우에 주유공지·급유공지 및 전용탱크·폐유탱크등·간이탱크의 주입구로의 연소확대를 방지하는 조치를 마련할 것
  3) 누출된 가스가 체류할 우려가 있는 장소에 설치하는 경우에는 접속부를 용접할 것. 다만, 해당 접속부의 주위에 가스누출 검지설비를 설치한 경우에는 그러하지 아니하다.
  4) 축압기(蓄壓器)로부터 충전설비로의 가스 공급을 긴급히 정지시킬 수 있는 장치를 설치할 것. 이 경우 해당 장치의 기동장치는 화재발생 시 신속히 조작할 수 있는 장소에 두어야 한다.
마. 압축수소의 수입설비(受入設備)는 다음의 기준에 적합하여야 한다.
  1) 위치는 주유공지 또는 급유공지 외의 장소로 하되, 주유공지 또는 급유공지에서 가스를 수입하는 것이 불가능한 장소로 할 것
  2) 자동차등의 충돌을 방지하는 조치를 마련할 것

4. 압축수소충전설비 설치 주유취급소의 기타 안전조치의 기술기준은 다음 각 목과 같다.
가. 압축기, 축압기 및 개질장치가 설치된 장소와 주유공지, 급유공지 및 전용탱크·폐유탱크등·간이탱크의 주입구가 설치된 장소 사이에는 화재가 발생한 경우에 상호 연소확대를 방지하기 위하여 높이 1.5m 정도의 불연재료의 담을 설치할 것
나. 고정주유설비·고정급유설비 및 전용탱크·폐유탱크등·간이탱크의 주입구로부터 누출된 위험물이 충전설비·축압기·개질장치에 도달하지 않도록 깊이 30㎝, 폭 10㎝의 집유 구조물을 설치할 것
다. 고정주유설비(현수식의 것을 제외한다)·고정급유설비(현수식의 것을 제외한다) 및 간이탱크의 주위에는 자동차등의 충돌을 방지하는 조치를 마련할 것

5. 압축수소충전설비와 관련된 설비의 기술기준은 제2호부터 제4호까지에서 규정한 사항 외에 「고압가스 안전관리법 시행규칙」 별표 5에서 정하는 바에 따른다.

[규칙 별표 14]

판매취급소의 위치·구조 및 설비의 기준(제38조관련)

Ⅰ. 판매취급소의 기준

1. 저장 또는 취급하는 위험물의 수량이 지정수량의 20배 이하인 판매취급소(이하 "제1종 판매취급소"라 한다)의 위치·구조 및 설비의 기준은 다음 각목과 같다.
   가. 제1종 판매취급소는 건축물의 1층에 설치할 것
   나. 제1종 판매취급소에는 별표 4 Ⅲ제1호의 기준에 따라 보기 쉬운 곳에 "위험물 판매취급소(제1종)"라는 표시를 한 표지와 같은 표 Ⅲ제2호의 기준에 따라 방화에 관하여 필요한 사항을 게시한 게시판 및 같은 표 Ⅲ 제3호의 기준을 준용하여 해당 옥내저장소가 금연구역임을 알리는 표지를 설치해야 한다.
   다. 제1종 판매취급소의 용도로 사용되는 건축물의 부분은 내화구조 또는 불연재료로 하고, 판매취급소로 사용되는 부분과 다른 부분과의 격벽은 내화구조로 할 것
   라. 제1종 판매취급소의 용도로 사용하는 건축물의 부분은 보를 불연재료로 하고, 천장을 설치하는 경우에는 천장을 불연재료로 할 것
   마. 제1종 판매취급소의 용도로 사용하는 부분에 상층이 있는 경우에 있어서는 그 상층의 바닥을 내화구조로 하고, 상층이 없는 경우에 있어서는 지붕을 내화구조로 또는 불연재료로 할 것
   바. 제1종 판매취급소의 용도로 사용하는 부분의 창 및 출입구에는 60분+방화문 · 60분방화문 또는 30분방화문을 설치할 것
   사. 제1종 판매취급소의 용도로 사용하는 부분의 창 또는 출입구에 유리를 이용하는 경우에는 망입유리로 할 것
   아. 제1종 판매취급소의 용도로 사용하는 건축물에 설치하는 전기설비는 전기사업법에 의한 전기설비기술기준에 의할 것
   자. 위험물을 배합하는 실은 다음에 의할 것
      1) 바닥면적은 $6m^2$ 이상 $15m^2$ 이하일 것
      2) 내화구조 또는 불연재료로 된 벽으로 구획할 것
      3) 바닥은 위험물이 침투하지 아니하는 구조로 하여 적당한 경사를 두고 집유설비를 할 것
      4) 출입구에는 수시로 열 수 있는 자동폐쇄식의 60분+방화문 또는 60분방화문을 설치할 것
      5) 출입구 문턱의 높이는 바닥면으로부터 0.1m 이상으로 할 것
      6) 내부에 체류한 가연성의 증기 또는 가연성의 미분을 지붕위로 방출하는 설비를 할 것
2. 저장 또는 취급하는 위험물의 수량이 지정수량의 40배 이하인 판매취급소(이하 "제2종 판매취급소"라 한다)의 위치·구조 및 설비의 기준은 제1호가목·나목 및 사목 내지 자목의 규정을 준용하는 외에 다음 각목의 기준에 의한다.
   가. 제2종 판매취급소의 용도로 사용하는 부분은 벽·기둥·바닥 및 보를 내화구조 하고, 천장이 있는 경우에는 이를 불연재료로 하며, 판매취급소로 사용되는 부분과 다른 부분과의 격벽은 내화구조로 할 것
   나. 제2종 판매취급소의 용도로 사용하는 부분에 있어서 상층이 있는 경우에는 상층의 바닥을 내화구조로 하는 동시에 상층으로의 연소를 방지하기 위한 조치를 강구하고, 상층이 없는 경우에는 지붕을 내화구조로 할 것
   다. 제2종 판매취급소의 용도로 사용하는 부분중 연소의 우려가 없는 부분에 한하여 창을 두되, 해당 창에는 60분+방화문 · 60분방화문 또는 30분방화문을 설치할 것
   라. 제2종 판매취급소의 용도로 사용하는 부분의 출입구에는 60분+방화문 · 60분방화문 또는 30분방화문을 설치할 것. 다만, 해당 부분중 연소의 우려가 있는 벽 또는 창의 부분에 설치하는 출입구에는 수시로 열 수 있는 자동폐쇄식의 60분+방화문 또는 60분방화문을 설치하여야 한다.

[규칙 별표 15]

이송취급소의 위치·구조 및 설비의 기준(제39조관련)

Ⅰ. 설치장소

1. 이송취급소는 다음 각목의 장소 외의 장소에 설치하여야 한다.
   가. **철도 및 도로의 터널안**
   나. **고속국도 및 자동차전용도로**(「도로법」 제48조제1항에 따라 지정된 도로를 말한다)의 차도·길 어깨 및 중앙분리대
   다. **호수·저수지** 등으로서 수리의 수원이 되는 곳
   라. **급경사지역**으로서 붕괴의 위험이 있는 지역
2. 제1호의 규정에 불구하고 다음 각목의 1에 해당하는 경우에는 제1호 각목의 장소에 이송취급소를 설치할 수 있다.
   가. 지형상황 등 부득이한 사유가 있고 안전에 필요한 조치를 하는 경우
   나. 제1호나목 또는 다목의 장소에 횡단하여 설치하는 경우

Ⅱ. 배관등의 재료 및 구조

1. 배관·관이음쇠 및 밸브(이하 "배관등"이라 한다)의 재료는 다음 각목의 규격에 적합한 것으로 하거나 이와 동등 이상의 기계적 성질이 있는 것으로 하여야 한다.
   가. 배관: 고압배관용 탄소강관(KS D 3564), 압력배관용 탄소강관(KS D 3562), 고온배관용 탄소강관(KS D 3570) 또는 배관용 스테인레스강관(KS D 3576)
   나. 관이음쇠: 배관용강제 맞대기용접식 관이음쇠(KS B 1541), 철강제 관플랜지 압력단계(KS B 1501), 관플랜지의 치수허용차(KS B 1502), 강제 용접식 관플랜지(KS B 1503), 철강제 관플랜지의 기본치수(KS B 1511) 또는 관플랜지의 개스킷자리치수(KS B 1519)
   다. 밸브: 주강 플랜지형 밸브(KS B 2361)
2. 배관등의 구조는 다음 각목의 하중에 의하여 생기는 응력에 대한 안전성이 있어야 한다.
   가. 위험물의 중량, 배관등의 내압, 배관등과 그 부속설비의 자중, 토압, 수압, 열차하중, 자동차하중 및 부력 등의 주하중
   나. 풍하중, 설하중, 온도변화의 영향, 진동의 영향, 지진의 영향, 배의 닻에 의한 충격의 영향, 파도와 조류의 영향, 설치공정상의 영향 및 다른 공사에 의한 영향 등의 종하중
3. 교량에 설치하는 배관은 교량의 굴곡·신축·진동 등에 대하여 안전한 구조로 하여야 한다.
4. 배관의 두께는 배관의 외경에 따라 다음 표에 정한 것 이상으로 하여야 한다.

배관의 외경(단위 mm)	배관의 두께(단위 mm)
114.3 미만	4.5
114.3 이상 139.8 미만	4.9
139.8 이상 165.2 미만	5.1
165.2 이상 216.3 미만	5.5
216.3 이상 355.6 미만	6.4
355.6 이상 508.0 미만	7.9
508.0 이상	9.5

5. 제2호 내지 제4호에 규정한 것 외에 배관등의 구조에 관하여 필요한 사항은 소방청장이 정하여 고시한다.
6. 배관의 안전에 영향을 미칠 수 있는 신축이 생길 우려가 있는 부분에는 그 신축을 흡수하는 조치를 강구하

여야 한다.
7. 배관등의 이음은 아크용접 또는 이와 동등 이상의 효과를 갖는 용접방법에 의하여야 한다. 다만, 용접에 의하는 것이 적당하지 아니한 경우는 안전상 필요한 강도가 있는 플랜지이음으로 할 수 있다.
8. 플랜지이음을 하는 경우에는 해당 이음부분의 점검을 하고 위험물의 누설확산을 방지하기 위한 조치를 하여야 한다. 다만, 해저 입하배관의 경우에는 누설확산방지조치를 아니할 수 있다.
9. 지하 또는 해저에 설치한 배관등에는 다음의 각목의 기준에 의하여 내구성이 있고 전기절연저항이 큰 도복장재료를 사용하여 외면부식을 방지하기 위한 조치를 하여야 한다.
   가. 도장재(塗裝材) 및 복장재(覆裝材)는 다음의 기준 또는 이와 동등 이상의 방식효과를 갖는 것으로 할 것
      1) 도장재는 수도용강관아스팔트도복장방법(KS D 8306)에 정한 아스팔트에나멜, 수도용강관콜타르에나멜도복장방법(KS D 8307)에 정한 콜타르 에나멜
      2) 복장재는 수도용강관아스팔트도복장방법(KS D 8306)에 정한 비니론크로즈, 글라스크로즈, 글라스매트 또는 폴리에틸렌, 헤시안크로즈, 타르에폭시, 페트로라튬테이프, 경질염화비닐라이닝강관, 폴리에틸렌열수축튜브, 나이론12수지
   나. 방식피복의 방법은 수도용강관아스팔트도복장방법(KS D 8306)에 정한 방법, 수도용강관콜타르에나멜도복장방법(KS D 8307)에 정한 방법 또는 이와 동등 이상의 부식방지효과가 있는 방법에 의할 것
10. 지상 또는 해상에 설치한 배관등에는 외면부식을 방지하기 위한 도장을 실시하여야 한다.
11. 지하 또는 해저에 설치한 배관등에는 다음의 각목의 기준에 의하여 전기방식조치를 하여야 한다. 이 경우 근접한 매설물 그 밖의 구조물에 대하여 영향을 미치지 아니하도록 필요한 조치를 하여야 한다.
   가. 방식전위는 포화황산동전극 기준으로 마이너스 0.8V 이하로 할 것
   나. 적절한 간격(200m 내지 500m)으로 전위측정단자를 설치할 것
   다. 전기철로 부지 등 전류의 영향을 받는 장소에 배관등을 매설하는 경우에는 강제배류법 등에 의한 조치를 할 것
12. 배관등에 가열 또는 보온하기 위한 설비를 설치하는 경우에는 화재예방상 안전하고 다른 시설물에 영향을 주지 아니하는 구조로 하여야 한다.

Ⅲ. 배관설치의 기준

1. 지하매설

배관을 지하에 매설하는 경우에는 다음 각목의 기준에 의하여야 한다.

   가. 배관은 그 외면으로부터 건축물·지하가·터널 또는 수도시설까지 각각 다음에 따른 안전거리를 둘 것. 다만, 2) 또는 3)의 공작물에 있어서는 적절한 누설확산방지조치를 하는 경우에 그 안전거리를 1/2의 범위 안에서 단축할 수 있다.
      1) 건축물(지하가 내의 건축물을 제외한다): 1.5m 이상
      2) 지하가 및 터널: 10m 이상
      3) 「수도법」에 의한 수도시설(위험물의 유입우려가 있는 것에 한한다): 300m 이상
   나. 배관은 그 외면으로부터 다른 공작물에 대하여 0.3m 이상의 거리를 보유할 것. 다만, 0.3m 이상의 거리를 보유하기 곤란한 경우로서 해당 공작물의 보전을 위하여 필요한 조치를 하는 경우에는 그러하지 아니하다.
   다. 배관의 외면과 지표면과의 거리는 산이나 들에 있어서는 0.9m 이상, 그 밖의 지역에 있어서는 1.2m 이상으로 할 것. 다만, 해당 배관을 각각의 깊이로 매설하는 경우와 동등 이상의 안전성이 확보되는 견고하고 내구성이 있는 구조물(이하 "방호구조물"이라 한다) 안에 설치하는 경우에는 그러하지 아니하다.
   라. 배관은 지반의 동결로 인한 손상을 받지 아니하는 적절한 깊이로 매설할 것
   마. 성토 또는 절토를 한 경사면의 부근에 배관을 매설하는 경우에는 경사면의 붕괴에 의한 피해가 발생하지 아니하도록 매설할 것

바. 배관의 입상부, 지반의 급변부 등 지지조건이 급변하는 장소에 있어서는 굽은관을 사용하거나 지반개량 그 밖에 필요한 조치를 강구할 것

사. 배관의 하부에는 사질토 또는 모래로 20cm(자동차 등의 하중이 없는 경우에는 10cm) 이상, 배관의 상부에는 사질토 또는 모래로 30cm(자동차 등의 하중이 없는 경우에는 20cm) 이상 채울 것

2. 도로 밑 매설

배관을 도로 밑에 매설하는 경우에는 제1호(나목 및 다목을 제외한다)의 규정에 의하는 외에 다음 각목의 기준에 의하여야 한다.

가. 배관은 원칙적으로 자동차하중의 영향이 적은 장소에 매설할 것

나. 배관은 그 외면으로부터 도로의 경계에 대하여 1m 이상의 안전거리를 둘 것

다. 시가지(「국토의 계획 및 이용에 관한 법률」 제6조제1호에 따른 도시지역을 말한다. 다만, 동법 제36조제1항제1호다목에 따른 공업지역을 제외한다. 이하 같다) 도로의 밑에 매설하는 경우에는 배관의 외경보다 10cm 이상 넓은 견고하고 내구성이 있는 재질의 판(이하 "보호판"이라 한다)을 배관의 상부로부터 30cm 이상 위에 설치할 것. 다만, 방호구조물 안에 설치하는 경우에는 그러하지 아니하다.

라. 배관(보호판 또는 방호구조물에 의하여 배관을 보호하는 경우에는 해당 보호판 또는 방호구조물을 말한다. 이하 바목 및 사목에서 같다)은 그 외면으로부터 다른 공작물에 대하여 0.3m 이상의 거리를 보유할 것. 다만, 배관의 외면에서 다른 공작물에 대하여 0.3m 이상의 거리를 보유하기 곤란한 경우로서 해당 공작물의 보전을 위하여 필요한 조치를 하는 경우에는 그러하지 아니하다.

마. 시가지 도로의 노면 아래에 매설하는 경우에는 배관(방호구조물의 안에 설치된 것을 제외한다)의 외면과 노면과의 거리는 1.5m 이상, 보호판 또는 방호구조물의 외면과 노면과의 거리는 1.2m 이상으로 할 것

바. 시가지 외의 도로의 노면아래에 매설하는 경우에는 배관의 외면과 노면과의 거리는 1.2m 이상으로 할 것

사. 포장된 차도에 매설하는 경우에는 포장부분의 노반(차단층이 있는 경우는 해당 차단층을 말한다. 이하 같다)의 밑에 매설하고, 배관의 외면과 노반의 최하부와의 거리는 0.5m 이상으로 할 것

아. 노면밑 외의 도로밑에 매설하는 경우에는 배관의 외면과 지표면과의 거리는 1.2m[보호판 또는 방호구조물에 의하여 보호된 배관에 있어서는 0.6m(시가지의 도로밑에 매설하는 경우에는 0.9m)] 이상으로 할 것

자. 전선·수도관·하수도관·가스관 또는 이와 유사한 것이 매설되어 있거나 매설할 계획이 있는 도로에 매설하는 경우에는 이들의 상부에 매설하지 아니할 것. 다만, 다른 매설물의 깊이가 2m 이상인 때에는 그러하지 아니하다.

3. 철도부지 밑 매설

배관을 철도부지(철도차량을 운행하기 위한 궤도와 이를 받치는 노반 또는 공작물로 구성된 시설을 설치하거나 설치하기 위한 용지를 말한다. 이하 같다)에 인접하여 매설하는 경우에는 제1호(다목을 제외한다)의 규정에 의하는 외에 다음 각목의 기준에 의하여야 한다.

가. 배관은 그 외면으로부터 철도 중심선에 대하여는 4m 이상, 해당 철도부지(도로에 인접한 경우를 제외한다)의 용지경계에 대하여는 1m 이상의 거리를 유지할 것. 다만, 열차하중의 영향을 받지 아니하도록 매설하거나 배관의 구조가 열차하중에 견딜 수 있도록 된 경우에는 그러하지 아니하다.

나. 배관의 외면과 지표면과의 거리는 1.2m 이상으로 할 것

4. 하천홍수관리구역내 매설

배관을 「하천법」 제12조에 따라 지정된 홍수관리구역내에 매설하는 경우에는 제1호의 규정을 준용하는 외에 제방(堤防) 또는 호안(護岸)이 하천연안구역의 지반면과 접하는 부분으로부터 하천관리상 필요한 거리를 유지하여야 한다.

5. 지상설치

배관을 지상에 설치하는 경우에는 다음 각목의 기준에 의하여야 한다.

가. 배관이 지표면에 접하지 아니하도록 할 것

나. 배관[이송기지(펌프에 의하여 위험물을 보내거나 받는 작업을 행하는 장소를 말한다. 이하 같다)의 구내에 설치되어진 것을 제외한다]은 다음의 기준에 의한 안전거리를 둘 것
  1) 철도(화물수송용으로만 쓰이는 것을 제외한다) 또는 도로(「국토의 계획 및 이용에 관한 법률」에 의한 공업지역 또는 전용공업지역에 있는 것을 제외한다)의 경계선으로부터 25m 이상
  2) 별표4 I 제1호나목1)·2)·3) 또는 4)에 따른 시설로부터 45m 이상
  3) 별표4 I 제1호다목에 따른 시설로부터 65m 이상
  4) 별표4 I 제1호라목1)·2)·3)·4) 또는 5)에 따른 시설로부터 35m 이상
  5) 「국토의 계획 및 이용에 관한 법률」에 의한 공공공지 또는 「도시공원법」에 의한 도시공원으로부터 45m 이상
  6) **판매시설·숙박시설·위락시설** 등 불특정다중을 수용하는 시설 중 연면적 1,000m² 이상인 것으로부터 45m 이상
  7) 1일 평균 20,000명 이상 이용하는 **기차역** 또는 **버스터미널**로부터 45m 이상
  8) 「수도법」에 의한 **수도시설** 중 위험물이 유입될 가능성이 있는 것으로부터 300m 이상
  9) 주택 또는 1) 내지 8)와 유사한 시설 중 다수의 사람이 출입하거나 근무하는 것으로부터 25m 이상

다. 배관(이송기지의 구내에 설치된 것을 제외한다)의 양측면으로부터 해당 배관의 최대상용압력에 따라 다음 표에 의한 너비(「국토의 계획 및 이용에 관한 법률」에 의한 공업지역 또는 전용공업지역에 설치한 배관에 있어서는 그 너비의 1/3)의 공지를 보유할 것. 다만, 양단을 폐쇄한 밀폐구조의 방호구조물 안에 배관을 설치하거나 위험물의 유출확산을 방지할 수 있는 방화상 유효한 담을 설치하는 등 안전상 필요한 조치를 하는 경우에는 그러하지 아니하다.

배관의 최대상용압력	공지의 너비
0.3MPa 미만	5m 이상
0.3MPa 이상 1MPa 미만	9m 이상
1MPa 이상	15m 이상

라. 배관은 지진·풍압·지반침하·온도변화에 의한 신축 등에 대하여 안전성이 있는 철근콘크리트조 또는 이와 동등 이상의 내화성이 있는 지지물에 의하여 지지되도록 할 것. 다만, 화재에 의하여 해당 구조물이 변형될 우려가 없는 지지물에 의하여 지지되는 경우에는 그러하지 아니하다.

마. 자동차·선박 등의 충돌에 의하여 배관 또는 그 지지물이 손상을 받을 우려가 있는 경우에는 견고하고 내구성이 있는 보호설비를 설치할 것. 이 경우 보호설비는 소방청장이 정하여 고시하는 계산방법에 따른 충격강도로부터 손상을 받을 우려가 없어야 한다.

바. 배관은 다른 공작물(해당 배관의 지지물을 제외한다)에 대하여 배관의 유지관리상 필요한 간격을 가질 것

사. 단열재 등으로 배관을 감싸는 경우에는 일정구간마다 점검구를 두거나 단열재 등을 쉽게 떼고 붙일 수 있도록 하는 등 점검이 쉬운 구조로 할 것

6. 해저설치

배관을 해저에 설치하는 경우에는 다음 각목의 기준에 의하여야 한다.

가. 배관은 해저면 밑에 매설할 것. 다만, 선박의 닻 내림 등에 의하여 배관이 손상을 받을 우려가 없거나 그 밖에 부득이한 경우에는 그러하지 아니하다.

나. 배관은 이미 설치된 배관과 교차하지 말 것. 다만, 교차가 불가피한 경우로서 배관의 손상을 방지하기 위한 방호조치를 하는 경우에는 그러하지 아니하다.

다. 배관은 원칙적으로 이미 설치된 배관에 대하여 30m 이상의 안전거리를 둘 것

라. 2본 이상의 배관을 동시에 설치하는 경우에는 배관이 상호 접촉하지 아니하도록 필요한 조치를 할 것

마. 배관의 입상부에는 방호시설물을 설치할 것. 다만, 계선부표(繫船浮標)에 도달하는 입상배관이 강제 외

의 재질인 경우에는 그러하지 아니하다.

바. 배관을 매설하는 경우에는 배관외면과 해저면(해당 배관을 매설하는 해저에 대한 준설계획이 있는 경우에는 그 계획에 의한 준설 후 해저면의 0.6m 아래를 말한다)과의 거리는 닻 내림의 충격, 토질, 매설하는 재료, 선박교통사정 등을 감안하여 안전한 거리로 할 것

사. 패일 우려가 있는 해저면 아래에 매설하는 경우에는 배관의 노출을 방지하기 위한 조치를 할 것

아. 배관을 매설하지 아니하고 설치하는 경우에는 배관이 연속적으로 지지되도록 해저면을 고를 것

자. 배관이 부양 또는 이동할 우려가 있는 경우에는 이를 방지하기 위한 조치를 할 것

7. 해상설치

배관을 해상에 설치하는 경우에는 다음 각목의 기준에 의하여야 한다.

가. 배관은 지진·풍압·파도 등에 대하여 안전한 구조의 지지물에 의하여 지지할 것

나. 배관은 선박 등의 항행에 의하여 손상을 받지 아니하도록 해면과의 사이에 필요한 공간을 확보하여 설치할 것

다. 선박의 충돌 등에 의해서 배관 또는 그 지지물이 손상을 받을 우려가 있는 경우에는 견고하고 내구력이 있는 보호설비를 설치할 것

라. 배관은 다른 공작물(해당 배관의 지지물을 제외한다)에 대하여 배관의 유지관리상 필요한 간격을 보유할 것

8. 도로횡단설치

도로를 횡단하여 배관을 설치하는 경우에는 다음 각목의 기준에 의하여야 한다.

가. 배관을 도로 아래에 매설할 것. 다만, 지형의 상황 그 밖에 특별한 사유에 의하여 도로 상공외의 적당한 장소가 없는 경우에는 안전상 적절한 조치를 강구하여 도로상공을 횡단하여 설치할 수 있다.

나. 배관을 매설하는 경우에는 제2호(가목 및 나목을 제외한다)의 규정을 준용하되, 배관을 금속관 또는 방호구조물 안에 설치할 것

다. 배관을 도로상공을 횡단하여 설치하는 경우에는 제5호(가목을 제외한다)의 규정을 준용하되, 배관 및 해당 배관에 관계된 부속설비는 그 아래의 노면과 5m 이상의 수직거리를 유지할 것

9. 철도 밑 횡단 매설

철도부지를 횡단하여 배관을 매설하는 경우에는 제3호(가목을 제외)및 제8호나목의 규정을 준용한다.

10. 하천 등 횡단설치

하천 또는 수로를 횡단하여 배관을 설치하는 경우에는 다음 각목의 기준에 의하여야 한다.

가. 하천 또는 수로를 횡단하여 배관을 설치하는 경우에는 배관에 과대한 응력이 생기지 아니하도록 필요한 조치를 하여 교량에 설치할 것. 다만, 교량에 설치하는 것이 적당하지 아니한 경우에는 하천 또는 수로의 밑에 매설할 수 있다.

나. 하천 또는 수로를 횡단하여 배관을 매설하는 경우에는 배관을 금속관 또는 방호구조물 안에 설치하고, 해당 금속관 또는 방호구조물의 부양이나 선박의 닻 내림 등에 의한 손상을 방지하기 위한 조치를 할 것

다. 하천 또는 수로의 밑에 배관을 매설하는 경우에는 배관의 외면과 계획하상(계획하상이 최심하상 보다 높은 경우에는 최심하상)과의 거리는 다음에 따른 거리 이상으로 하되, 호안 그 밖에 하천관리시설의 기초에 영향을 주지 아니하고 하천바닥의 변동·패임 등에 의한 영향을 받지 아니하는 깊이로 매설하여야 한다.

1) 하천을 횡단하는 경우: 4.0m

2) 수로를 횡단하는 경우

가) 「하수도법」 제2조제3호에 따른 하수도(상부가 개방되는 구조로 된 것에 한한다) 또는 운하: 2.5m

나) 가)에 따른 수로에 해당하지 아니하는 좁은 수로(용수로 그 밖에 이와 유사한 것을 제외한다): 1.2m

라. 하천 또는 수로를 횡단하여 배관을 설치하는 경우에는 가목 내지 다목의 규정에 의하는 외에 제2호(나목·다목 및 사목을 제외한다) 및 제5호(가목을 제외한다)의 규정을 준용할 것

Ⅳ. 기타 설비 등

1. 누설확산방지조치
   배관을 시가지·하천·수로·터널·도로·철도 또는 투수성(透水性) 지반에 설치하는 경우에는 누설된 위험물의 확산을 방지할 수 있는 강철제의 관·철근콘크리트조의 방호구조물 등 견고하고 내구성이 있는 구조물의 안에 설치하여야 한다.
2. 가연성증기의 체류방지조치
   배관을 설치하기 위하여 설치하는 터널(높이 1.5m 이상인 것에 한한다)에는 가연성증기의 체류를 방지하는 조치를 하여야 한다.
3. 부등침하 등의 우려가 있는 장소에 설치하는 배관
   부등침하 등 지반의 변동이 발생할 우려가 있는 장소에 배관을 설치하는 경우에는 배관이 손상을 받지 아니하도록 필요한 조치를 하여야 한다.
4. 굴착에 의하여 주위가 노출된 배관의 보호
   굴착에 의하여 주위가 일시 노출되는 배관은 손상되지 아니하도록 적절한 보호조치를 하여야 한다.
5. 비파괴시험
   가. 배관등의 용접부는 비파괴시험을 실시하여 합격할 것. 이 경우 이송기지 내의 지상에 설치된 배관등은 전체 용접부의 20% 이상을 발췌하여 시험할 수 있다.
   나. 가목에 따른 비파괴시험의 방법, 판정기준 등은 소방청장이 정하여 고시하는 바에 의할 것
6. 내압시험
   가. 배관등은 최대상용압력의 1.25배 이상의 압력으로 4시간 이상 수압을 가하여 누설 그 밖의 이상이 없을 것. 다만, 수압시험을 실시한 배관등의 시험구간 상호간을 연결하는 부분 또는 수압시험을 위하여 배관등의 내부공기를 뽑아낸 후 폐쇄한 곳의 용접부는 제5호의 비파괴시험으로 갈음할 수 있다.
   나. 가목에 따른 내압시험의 방법, 판정기준 등은 소방청장이 정하여 고시하는 바에 의할 것
7. 운전상태의 감시장치
   가. 배관계(배관등 및 위험물 이송에 사용되는 일체의 부속설비를 말한다. 이하 같다)에는 펌프 및 밸브의 작동상황 등 배관계의 운전상태를 감시하는 장치를 설치할 것
   나. 배관계에는 압력 또는 유량의 이상변동 등 이상한 상태가 발생하는 경우에 그 상황을 경보하는 장치를 설치할 것
8. 안전제어장치
   배관계에는 다음 각목에 정한 제어기능이 있는 안전제어장치를 설치하여야 한다.
   가. 압력안전장치·누설검지장치·긴급차단밸브 그 밖의 안전설비의 제어회로가 정상으로 있지 아니하면 펌프가 작동하지 아니하도록 하는 제어기능
   나. 안전상 이상상태가 발생한 경우에 펌프·긴급차단밸브 등이 자동 또는 수동으로 연동하여 신속히 정지 또는 폐쇄되도록 하는 제어기능
9. 압력안전장치
   가. 배관계에는 배관내의 압력이 최대상용압력을 초과하거나 유격작용 등에 의하여 생긴 압력이 최대상용압력의 1.1배를 초과하지 아니하도록 제어하는 장치(이하 "압력안전장치"라 한다)를 설치할 것
   나. 압력안전장치의 재료 및 구조는 Ⅱ제1호 내지 제5호의 기준에 의할 것
   다. 압력안전장치는 배관계의 압력변동을 충분히 흡수할 수 있는 용량을 가질 것
10. 누설검지장치 등
   가. 배관계에는 다음의 기준에 적합한 누설검지장치를 설치할 것
      1) 가연성증기를 발생하는 위험물을 이송하는 배관계의 점검상자에는 가연성증기를 검지하는 장치
      2) 배관계내의 위험물의 양을 측정하는 방법에 의하여 자동적으로 위험물의 누설을 검지하는 장치 또는 이

와 동등 이상의 성능이 있는 장치

3) 배관계내의 압력을 측정하는 방법에 의하여 위험물의 누설을 자동적으로 검지하는 장치 또는 이와 동등 이상의 성능이 있는 장치

4) 배관계내의 압력을 일정하게 정지시키고 해당 압력을 측정하는 방법에 의하여 위험물의 누설을 검지하는 장치 또는 이와 동등 이상의 성능이 있는 장치

나. 배관을 지하에 매설한 경우에는 안전상 필요한 장소(하천 등의 아래에 매설한 경우에는 금속관 또는 방호구조물의 안을 말한다)에 누설검지구를 설치할 것. 다만, 배관을 따라 일정한 간격으로 누설을 검지할 수 있는 장치를 설치하는 경우에는 그러하지 아니하다.

11. 긴급차단밸브

가. 배관에는 다음의 기준에 의하여 긴급차단밸브를 설치할 것. 다만, 2) 또는 3)에 해당하는 경우로서 해당 지역을 횡단하는 부분의 양단의 높이 차이로 인하여 하류측으로부터 상류측으로 역류될 우려가 없는 때에는 하류측에는 설치하지 아니할 수 있으며, 4) 또는 5)에 해당하는 경우로서 방호구조물을 설치하는 등 안전상 필요한 조치를 하는 경우에는 설치하지 아니할 수 있다.

1) 시가지에 설치하는 경우에는 약 4km의 간격

2) 하천·호소 등을 횡단하여 설치하는 경우에는 횡단하는 부분의 양 끝

3) 해상 또는 해저를 통과하여 설치하는 경우에는 통과하는 부분의 양 끝

4) 산림지역에 설치하는 경우에는 약 10km의 간격

5) 도로 또는 철도를 횡단하여 설치하는 경우에는 횡단하는 부분의 양 끝

나. 긴급차단밸브는 다음의 기능이 있을 것

1) 원격조작 및 현지조작에 의하여 폐쇄되는 기능

2) 제10호에 따른 누설검지장치에 의하여 이상이 검지된 경우에 자동으로 폐쇄되는 기능

다. 긴급차단밸브는 그 개폐상태가 해당 긴급차단밸브의 설치장소에서 용이하게 확인될 수 있을 것

라. 긴급차단밸브를 지하에 설치하는 경우에는 긴급차단밸브를 점검상자 안에 유지할 것. 다만, 긴급차단밸브를 도로 외의 장소에 설치하고 해당 긴급차단밸브의 점검이 가능하도록 조치하는 경우에는 그러하지 아니하다.

마. 긴급차단밸브는 해당 긴급차단밸브의 관리에 관계하는 자 외의 자가 수동으로 개폐할 수 없도록 할 것

12. 위험물 제거조치

배관에는 서로 인접하는 2개의 긴급차단밸브 사이의 구간마다 해당 배관 안의 위험물을 안전하게 물 또는 불연성기체로 치환할 수 있는 조치를 하여야 한다.

13. 감진장치 등

배관의 경로에는 안전상 필요한 장소와 25km의 거리마다 감진장치 및 강진계를 설치하여야 한다.

14. 경보설비

이송취급소에는 다음 각목의 기준에 의하여 경보설비를 설치하여야 한다.

가. 이송기지에는 비상벨장치 및 확성장치를 설치할 것

나. 가연성증기를 발생하는 위험물을 취급하는 펌프실등에는 가연성증기 경보설비를 설치할 것

15. 순찰차 등

배관의 경로에는 다음 각목의 기준에 따라 순찰차를 배치하고 기자재창고를 설치하여야 한다.

가. 순찰차

1) 배관계의 안전관리상 필요한 장소에 둘 것

2) 평면도·종횡단면도 그 밖에 배관등의 설치상황을 표시한 도면, 가스탐지기, 통신장비, 휴대용조명기구, 응급누설방지기구, 확성기, 방화복(또는 방열복), 소화기, 경계로프, 삽, 곡괭이 등 점검·정비에 필요한 기자재를 비치할 것

나. 기자재창고

1) 이송기지, 배관경로(5km 이하인 것을 제외한다)의 5km 이내마다의 방재상 유효한 장소 및 주요한 하천·호소·해상·해저를 횡단하는 장소의 근처에 각각 설치할 것. 다만, 특정이송취급소 외의 이송취급소에 있어서는 배관경로에는 설치하지 아니할 수 있다.

2) 기자재창고에는 다음의 기자재를 비치할 것

가) 3%로 희석하여 사용하는 포소화약제 400ℓ 이상, 방화복(또는 방열복) 5벌 이상, 삽 및 곡괭이 각 5개 이상

나) 유출한 위험물을 처리하기 위한 기자재 및 응급조치를 위한 기자재

16. 비상전원

운전상태의 감시장치·안전제어장치·압력안전장치·누설검지장치·긴급차단밸브·소화설비 및 경보설비에는 상용전원이 고장인 경우에 자동적으로 작동할 수 있는 비상전원을 설치하여야 한다.

17. 접지 등

가. 배관계에는 안전상 필요에 따라 접지 등의 설비를 할 것

나. 배관계는 안전상 필요에 따라 지지물 그 밖의 구조물로부터 절연할 것

다. 배관계에는 안전상 필요에 따라 절연용접속을 할 것

라. 피뢰설비의 접지장소에 근접하여 배관을 설치하는 경우에는 절연을 위하여 필요한 조치를 할 것

18. 피뢰설비

이송취급소(위험물을 이송하는 배관등의 부분을 제외한다)에는 피뢰설비를 설치하여야 한다. 다만, 주위의 상황에 의하여 안전상 지장이 없는 경우에는 그러하지 아니하다.

19. 전기설비

이송취급소에 설치하는 전기설비는 「전기사업법」에 의한 전기설비기술기준에 의하여야 한다.

20. 표지 및 게시판

가. 이송취급소(위험물을 이송하는 배관등의 부분을 제외한다)에는 별표 4 Ⅲ제1호의 기준에 따라 보기 쉬운 곳에 "위험물 이송취급소"라는 표시를 한 표지와 같은 표 Ⅲ제2호의 기준에 따라 방화에 관하여 필요한 사항을 게시한 게시판 및 같은 표 Ⅲ 제3호의 기준을 준용하여 해당 옥내저장소가 금연구역임을 알리는 표지를 설치해야 한다.

나. 배관의 경로에는 소방청장이 정하여 고시하는 바에 따라 위치표지·주의표시 및 주의표지를 설치하여야 한다.

21. 안전설비의 작동시험

안전설비로서 소방청장이 정하여 고시하는 것은 소방청장이 정하여 고시하는 방법에 따라 시험을 실시하여 정상으로 작동하는 것이어야 한다.

22. 선박에 관계된 배관계의 안전설비 등

위험물을 선박으로부터 이송하거나 선박에 이송하는 경우의 배관계의 안전설비 등에 있어서 제7호 내지 제21호의 규정에 의하는 것이 현저히 곤란한 경우에는 다른 안전조치를 강구할 수 있다.

23. 펌프등

펌프 및 그 부속설비(이하 "펌프등"이라 한다)를 설치하는 경우에는 다음 각목의 기준에 의하여야 한다.

가. 펌프등(펌프를 펌프실 내에 설치한 경우에는 해당 펌프실을 말한다. 이하 나목에서 같다)은 그 주위에 다음 표에 의한 공지를 보유할 것. 다만, 벽·기둥 및 보를 내화구조로 하고 지붕을 폭발력이 위로 방출될 정도의 가벼운 불연재료로 한 펌프실에 펌프를 설치한 경우에는 다음 표에 의한 공지의 너비의 1/3로 할 수 있다.

펌프등의 최대상용압력	공지의 너비
1MPa 미만	3m 이상
1MPa 이상 3MPa 미만	5m 이상
3MPa 이상	15m 이상

나. 펌프등은 Ⅲ제5호나목의 규정에 준하여 그 주변에 안전거리를 둘 것. 다만, 위험물의 유출확산을 방지할 수 있는 방화상 유효한 담 등의 공작물을 주위상황에 따라 설치하는 등 안전상 필요한 조치를 하는 경우에는 그러하지 아니하다.

다. 펌프는 견고한 기초위에 고정하여 설치할 것

라. 펌프를 설치하는 펌프실은 다음의 기준에 적합하게 할 것

1) 불연재료의 구조로 할 것. 이 경우 지붕은 폭발력이 위로 방출될 정도의 가벼운 불연재료이어야 한다.
2) 창 또는 출입구를 설치하는 경우에는 60분+방화문 · 60분방화문 또는 30분방화문으로 할 것
3) 창 또는 출입구에 유리를 이용하는 경우에는 망입유리로 할 것
4) 바닥은 위험물이 침투하지 아니하는 구조로 하고 그 주변에 높이 20cm 이상의 턱을 설치할 것
5) 누설한 위험물이 외부로 유출되지 아니하도록 바닥은 적당한 경사를 두고 그 최저부에 집유설비를 할 것
6) 가연성증기가 체류할 우려가 있는 펌프실에는 배출설비를 할 것
7) 펌프실에는 위험물을 취급하는데 필요한 채광·조명 및 환기 설비를 할 것

마. 펌프등을 옥외에 설치하는 경우에는 다음의 기준에 의할 것

1) 펌프등을 설치하는 부분의 지반은 위험물이 침투하지 아니하는 구조로 하고 그 주위에는 높이 15cm 이상의 턱을 설치할 것
2) 누설한 위험물이 외부로 유출되지 아니하도록 배수구 및 집유설비를 설치할 것

24. 피그장치

피그장치를 설치하는 경우에는 다음 각목의 기준에 의하여야 한다.

가. 피그장치는 배관의 강도와 동등 이상의 강도를 가질 것

나. 피그장치는 해당 장치의 내부압력을 안전하게 방출할 수 있고 내부압력을 방출한 후가 아니면 피그를 삽입하거나 배출할 수 없는 구조로 할 것

다. 피그장치는 배관 내에 이상응력이 발생하지 아니하도록 설치할 것

라. 피그장치를 설치한 장소의 바닥은 위험물이 침투하지 아니하는 구조로 하고 누설한 위험물이 외부로 유출되지 아니하도록 배수구 및 집유설비를 설치할 것

마. 피그장치의 주변에는 너비 3m 이상의 공지를 보유할 것. 다만, 펌프실내에 설치하는 경우에는 그러하지 아니하다.

25. 밸브

교체밸브·제어밸브 등은 다음 각목의 기준에 의하여 설치하여야 한다.

가. 밸브는 원칙적으로 이송기지 또는 전용부지내에 설치할 것

나. 밸브는 그 개폐상태가 해당 밸브의 설치장소에서 쉽게 확인할 수 있도록 할 것

다. 밸브를 지하에 설치하는 경우에는 점검상자 안에 설치할 것

라. 밸브는 해당 밸브의 관리에 관계하는 자가 아니면 수동으로 개폐할 수 없도록 할 것

26. 위험물의 주입구 및 토출구

위험물의 주입구 및 토출구는 다음 각목의 기준에 의하여야 한다.

가. 위험물의 주입구 및 토출구는 화재예방상 지장이 없는 장소에 설치할 것

나. 위험물의 주입구 및 토출구는 위험물을 주입하거나 토출하는 호스 또는 배관과 결합이 가능하고 위험물의 유출이 없도록 할 것

다. 위험물의 주입구 및 토출구에는 위험물의 주입구 또는 토출구가 있다는 내용과 화재예방과 관련된 주의 사항을 표시한 게시판을 설치할 것

라. 위험물의 주입구 및 토출구에는 개폐가 가능한 밸브를 설치할 것

27. 이송기지의 안전조치

가. 이송기지의 구내에는 관계자 외의 자가 함부로 출입할 수 없도록 경계표시를 할 것. 다만, 주위의 상황에 의하여 관계자 외의 자가 출입할 우려가 없는 경우에는 그러하지 아니하다.

나. 이송기지에는 다음의 기준에 의하여 해당 이송기지 밖으로 위험물이 유출되는 것을 방지할 수 있는 조치를 할 것

1) 위험물을 취급하는 시설(지하에 설치된 것을 제외한다)은 이송기지의 부지경계선으로부터 해당 배관의 최대상용압력에 따라 다음 표에 정한 거리(「국토의 계획 및 이용에 관한 법률」에 의한 전용공업지역 또는 공업지역에 설치하는 경우에는 해당 거리의 1/3의 거리)를 둘 것

배관의 최대상용압력	거 리
0.3MPa 미만	5m 이상
0.3MPa 이상 1MPa 미만	9m 이상
1MPa 이상	15m 이상

2) 제4류 위험물(온도 20℃의 물 100g에 용해되는 양이 1g 미만인 것에 한한다)을 취급하는 장소에는 누설한 위험물이 외부로 유출되지 아니하도록 유분리장치를 설치할 것

3) 이송기지의 부지경계선에 높이 50cm 이상의 방유제를 설치할 것

Ⅴ. 이송취급소의 기준의 특례

1. 위험물을 이송하기 위한 배관의 연장(해당 배관의 기점 또는 종점이 2 이상인 경우에는 임의의 기점에서 임의의 종점까지의 해당 배관의 연장 중 최대의 것을 말한다. 이하 같다)이 15km를 초과하거나 위험물을 이송하기 위한 배관에 관계된 최대상용압력이 950kPa 이상이고 위험물을 이송하기 위한 배관의 연장이 7km 이상인 것(이하 "특정이송취급소"라 한다)이 아닌 이송취급소에 대하여는 Ⅳ제7호가목, Ⅳ제8호가목, Ⅳ제10호가목2) 및 3)과 제13호의 규정은 적용하지 아니한다.
2. Ⅳ제9호가목의 규정은 유격작용등에 의하여 배관에 생긴 응력이 주하중에 대한 허용응력도를 초과하지 아니하는 배관계로서 특정이송취급소외의 이송취급소에 관계된 것에는 적용하지 아니한다.
3. Ⅳ제10호나목의 규정은 위험물을 이송하기 위한 배관에 관계된 최대상용압력이 1MPa 미만이고 내경이 100mm 이하인 배관으로서 특정이송취급소 외의 이송취급소에 관계된 것에는 적용하지 아니한다.
4. 특정이송취급소 외의 이송취급소에 설치된 배관의 긴급차단밸브는 Ⅳ제11호나목1)의 규정에 불구하고 현지조작에 의하여 폐쇄하는 기능이 있는 것으로 할 수 있다. 다만, 긴급차단밸브가 다음 각목의 1에 해당하는 배관에 설치된 경우에는 그러하지 아니하다.

가. 「하천법」 제7조제2항에 따른 국가하천·하류부근에 「수도법」 제3조제7호에 따른 수도시설(취수시설에 한한다)이 있는 하천 또는 계획하폭이 50m 이상인 하천으로서 위험물이 유입될 우려가 있는 하천을 횡단하여 설치된 배관

나. 해상·해저·호소등을 횡단하여 설치된 배관

다. 산 등 경사가 있는 지역에 설치된 배관

라. 철도 또는 도로 중 산이나 언덕을 절개하여 만든 부분을 횡단하여 설치된 배관

5. 제1호 내지 제4호에 규정하지 아니한 것으로서 특정이송취급소가 아닌 이송취급소의 기준의 특례에 관하여 필요한 사항은 소방청장이 정하여 고시할 수 있다.

[규칙 별표 16]

일반취급소의 위치·구조 및 설비의 기준(제40조관련)

Ⅰ. 일 반

[취급소의 기준]

1. 별표 4 Ⅰ부터 Ⅹ의 규정은 일반취급소의 위치·구조 및 설비의 기술기준에 대하여 준용한다.
2. 제1호의 규정에도 불구하고 다음 각 목에 정하는 일반취급소에 대하여는 각각 제Ⅱ 부터 Ⅹ의 규정 및 Ⅹ의2에서 정한 특례에 따를 수 있다.
   가. 도장, 인쇄 또는 도포를 위하여 제2류 위험물 또는 제4류 위험물(특수인화물을 제외한다)을 취급하는 일반취급소로서 지정수량의 30배 미만의 것(위험물을 취급하는 설비를 건축물에 설치하는 것에 한하며, 이하 "분무도장작업등의 일반취급소"라 한다)
   나. 세정을 위하여 위험물(인화점이 40℃ 이상인 제4류 위험물에 한한다)을 취급하는 일반취급소로서 지정수량의 30배 미만의 것(위험물을 취급하는 설비를 건축물에 설치하는 것에 한하며, 이하 "세정작업의 일반취급소"라 한다)
   다. 열처리작업 또는 방전가공을 위하여 위험물(인화점이 70℃ 이상인 제4류 위험물에 한한다)을 취급하는 일반취급소로서 지정수량의 30배 미만의 것(위험물을 취급하는 설비를 건축물에 설치하는 것에 한하며, 이하 "열처리작업등의 일반취급소"라 한다)
   라. 보일러, 버너 그 밖의 이와 유사한 장치로 위험물(인화점이 38℃ 이상인 제4류 위험물에 한한다)을 소비하는 일반취급소로서 지정수량의 30배 미만의 것(위험물을 취급하는 설비를 건축물에 설치하는 것에 한하며, 이하 "보일러등으로 위험물을 소비하는 일반취급소"라 한다)
   마. 이동저장탱크에 액체위험물(알킬알루미늄등, 아세트알데하이드등 및 하이드록실아민등을 제외한다. 이하 이 호에서 같다)을 주입하는 일반취급소(액체위험물을 용기에 옮겨 담는 취급소를 포함하며, 이하 "충전하는 일반취급소"라 한다)
   바. 고정급유설비에 의하여 위험물(인화점이 38℃ 이상인 제4류 위험물에 한한다)을 용기에 옮겨 담거나 4,000ℓ 이하의 이동저장탱크(용량이 2,000ℓ 를 넘는 탱크에 있어서는 그 내부를 2,000ℓ 이하마다 구획한 것에 한한다)에 주입하는 일반취급소로서 지정수량의 40배 미만인 것(이하 "옮겨 담는 일반취급소"라 한다)
   사. 위험물을 이용한 유압장치 또는 윤활유 순환장치를 설치하는 일반취급소(고인화점 위험물만을 100℃ 미만의 온도로 취급하는 것에 한한다)로서 지정수량의 50배 미만의 것(위험물을 취급하는 설비를 건축물에 설치하는 것에 한하며, 이하 "유압장치등을 설치하는 일반취급소"라 한다)
   아. 절삭유의 위험물을 이용한 절삭장치, 연삭장치 그 밖의 이와 유사한 장치를 설치하는 일반취급소(고인화점 위험물만을 100℃ 미만의 온도로 취급하는 것에 한한다)로서 지정수량의 30배 미만의 것(위험물을 취급하는 설비를 건축물에 설치하는 것에 한하며, 이하 "절삭장치등을 설치하는 일반취급소"라 한다)
   자. 위험물 외의 물건을 가열하기 위하여 위험물(고인화점 위험물에 한한다)을 이용한 열매체유 순환장치를 설치하는 일반취급소로서 지정수량의 30배 미만의 것(위험물을 취급하는 설비를 건축물에 설치하는 것에 한하며, 이하 "열매체유 순환장치를 설치하는 일반취급소"라 한다)
   차. 화학실험을 위하여 위험물을 취급하는 일반취급소로서 지정수량의 30배 미만의 것(위험물을 취급하는 설비를 건축물에 설치하는 것만 해당하며, 이하 "화학실험의 일반취급소"라 한다)
   카. 「국가첨단전략산업 경쟁력 강화 및 보호에 관한 특별조치법」 제2조제1호에 따른 국가첨단전략기술 중 반도체 관련 제품의 제조를 위하여 위험물을 취급하는 일반취급소(위험물을 취급하는 설비를 건축물에 설치하는 것으로 한정하며, 이하 "반도체 제조공정의 일반취급소"라 한다)
   타. 「국가첨단전략산업 경쟁력 강화 및 보호에 관한 특별조치법」 제2조제1호에 따른 국가첨단전략기술 중

이차전지 관련 제품의 제조를 위하여 위험물을 취급하는 일반취급소(위험물을 취급하는 설비를 건축물에 설치하는 것으로 한정하며, 이하 "이차전지 제조공정의 일반취급소"라 한다)

3. 제1호 및 제2호의 규정에 불구하고 고인화점 위험물만을 XI에 따른 바에 따라 취급하는 일반취급소에 있어서는 XI에 정하는 특례에 의할 수 있다.
4. 알킬알루미늄등, 아세트알데하이드등 또는 하이드록실아민등을 취급하는 일반취급소는 제1호에 따르되, 해당 위험물의 성질에 따라 강화되는 기준은 제XII의 규정에 따라야 한다.
5. 제1호의 규정에 불구하고 발전소·변전소·개폐소 그 밖에 이에 준하는 장소(이하 이 호에서 “발전소등”이라 한다)에 설치되는 일반취급소에 대하여는 Ⅰ제1호의 규정에 따라 준용되는 별표 4 Ⅰ·Ⅱ·Ⅳ 및 Ⅶ의 규정을 적용하지 아니하며, 발전소등에 설치되는 변압기·반응기·전압조정기·유입(유입)개폐기·차단기·유입콘덴서·유입케이블 및 이에 부속된 장치로서 기기의 냉각 또는 절연을 위한 유류를 내장하여 사용하는 것에 대하여는 Ⅰ제1호의 규정에 따라 준용되는 별표 4의 규정을 적용하지 아니한다.

Ⅱ. 분무도장작업등의 일반취급소의 특례

Ⅰ제2호가목의 일반취급소 중 그 위치·구조 및 설비가 다음 각 호에 따른 기준에 적합한 것에 대하여는 Ⅰ제1호의 규정에 따라 준용되는 별표 4 Ⅰ·Ⅱ·Ⅳ·Ⅴ 및 Ⅵ의 규정은 적용하지 아니한다.

1. 건축물 중 일반취급소의 용도로 사용하는 부분에 지하층이 없을 것
2. 건축물 중 일반취급소의 용도로 사용하는 부분은 벽·기둥·바닥·보 및 지붕(상층이 있는 경우에는 상층의 바닥)을 내화구조로 하고, 출입구 외의 개구부가 없는 두께 70mm 이상의 철근콘크리트조 또는 이와 동등 이상의 강도가 있는 구조의 바닥 또는 벽으로 해당 건축물의 다른 부분과 구획될 것
3. 건축물 중 일반취급소의 용도로 사용하는 부분에는 창을 설치하지 아니할 것
4. 건축물 중 일반취급소의 용도로 사용하는 부분의 출입구에는 60분+방화문 또는 60분방화문을 설치하되, 연소의 우려가 있는 외벽 및 해당 부분 외의 부분과의 격벽에 있는 출입구에는 수시로 열 수 있는 자동폐쇄식의 것으로 할 것
5. 액상의 위험물을 취급하는 건축물 중 일반취급소의 용도로 사용하는 부분의 바닥은 위험물이 침투하지 아니하는 구조로 하고, 적당한 경사를 두어 집유설비를 설치할 것
6. 건축물 중 일반취급소의 용도로 사용하는 부분에는 위험물을 취급하는데 필요한 채광·조명 및 환기의 설비를 설치할 것
7. 가연성의 증기 또는 가연성의 미분이 체류할 우려가 있는 일반취급소의 용도로 사용하는 부분에는 그 증기 또는 미분을 옥외의 높은 곳으로 배출하는 설비를 설치할 것
8. 환기설비 및 배출설비에는 방화상 유효한 댐퍼 등을 설치할 것

Ⅲ. 세정작업의 일반취급소의 특례

1. Ⅰ제2호나목의 일반취급소 중 그 위치·구조 및 설비가 다음 각목에 정하는 기준에 적합한 것에 대하여는 Ⅰ제1호의 규정에 따라 준용되는 별표 4 Ⅰ·Ⅱ·Ⅳ·Ⅴ 및 Ⅵ의 규정은 적용하지 아니한다.
   가. 위험물을 취급하는 탱크(용량이 지정수량의 1/5 미만인 것을 제외한다)의 주위에는 별표 4 Ⅸ제1호나목 1)의 규정을 준용하여 방유턱을 설치할 것
   나. 위험물을 가열하는 설비에는 위험물의 과열을 방지할 수 있는 장치를 설치할 것
   다. Ⅱ 각호의 기준에 적합할 것
2. Ⅰ제2호나목의 일반취급소 중 지정수량의 10배 미만의 것으로서 그 위치·구조 및 설비가 다음 각목에 정하는 기준에 적합한 것에 대하여는 Ⅰ제1호의 규정에 따라 준용되는 별표 4 Ⅰ·Ⅱ·Ⅳ·Ⅴ 및 Ⅵ의 규정은 적용하지 아니한다.

가. 일반취급소는 벽·기둥·바닥·보 및 지붕이 불연재료로 되어 있고, 천장이 없는 단층 건축물에 설치할 것
나. 위험물을 취급하는 설비(위험물을 이송하기 위한 배관을 제외한다)는 바닥에 고정하고, 해당 설비의 주위에 너비 3m 이상의 공지를 보유할 것. 다만, 해당 설비로부터 3m 미만의 거리에 있는 건축물의 벽(수시로 열 수 있는 자동폐쇄식의 60분+방화문 또는 60분방화문이 달려 있는 출입구 외의 개구부가 없는 것에 한정한다) 및 기둥이 내화구조인 경우에는 해당 설비에서 해당 벽 및 기둥까지의 공지를 보유하는 것으로 할 수 있다.
다. 건축물 중 일반취급소의 용도로 사용하는 부분(나목의 공지를 포함한다. 이하 바목에서 같다)의 바닥은 위험물이 침투하지 아니하는 구조로 하고 적당한 경사를 두어 집유설비를 설치하는 한편, 집유설비 및 해당 바닥의 주위에 배수구를 설치할 것
라. 위험물을 취급하는 설비는 해당 설비의 내부에서 발생한 가연성의 증기 또는 가연성의 미분이 해당 설비의 외부에 확산하지 아니하는 구조로 할 것. 다만, 그 증기 또는 미분을 직접 옥외의 높은 곳으로 유효하게 배출할 수 있는 설비를 설치하는 경우에는 그러하지 아니하다.
마. 라목 단서의 설비에는 방화상 유효한 댐퍼 등을 설치할 것
바. Ⅱ제6호 내지 제8호, 제1호가목 및 나목의 기준에 적합할 것

Ⅳ. 열처리작업등의 일반취급소의 특례

1. Ⅰ제2호다목의 일반취급소 중 그 위치·구조 및 설비가 다음 각목에 정하는 기준에 적합한 것에 대하여는 Ⅰ제1호의 규정에 따라 준용되는 별표 4 Ⅰ·Ⅱ·Ⅳ·Ⅴ 및 Ⅵ의 규정은 적용하지 아니한다.
   가. 건축물 중 일반취급소의 용도로 사용하는 부분은 벽·기둥·바닥 및 보를 내화구조로 하고, 출입구 외의 개구부가 없는 두께 70mm 이상의 철근콘크리트조 또는 이와 동등 이상의 강도가 있는 구조의 바닥 또는 벽으로 해당 건축물의 다른 부분과 구획될 것
   나. 건축물 중 일반취급소의 용도로 사용하는 부분은 상층이 있는 경우에 있어서는 상층의 바닥을 내화구조로 하고, 상층이 없는 경우에 있어서는 지붕을 불연재료로 할 것
   다. 건축물 중 일반취급소의 용도로 사용하는 부분에는 위험물이 위험한 온도에 이르는 것을 경보할 수 있는 장치를 설치할 것
   라. Ⅱ(제2호를 제외한다)의 기준에 적합할 것
2. Ⅰ제2호다목의 일반취급소 중 지정수량의 10배 미만의 것으로서 그 위치·구조 및 설비가 다음 각목에 정하는 기준에 적합한 것에 대하여는 Ⅰ제1호의 규정에 따라 준용되는 별표 4 Ⅰ·Ⅱ·Ⅳ·Ⅴ 및 Ⅵ의 규정은 적용하지 아니한다.
   가. 위험물을 취급하는 설비(위험물을 이송하기 위한 배관을 제외한다)는 바닥에 고정하고, 해당 설비의 주위에 너비 3m 이상의 공지를 보유할 것. 다만, 해당 설비로부터 3m 미만의 거리에 있는 건축물의 벽(수시로 열 수 있는 자동폐쇄식의 60분+방화문 또는 60분방화문이 달려 있는 출입구 외의 개구부가 없는 것에 한정한다) 및 기둥이 내화구조인 경우에는 해당 설비에서 해당 벽 및 기둥까지의 공지를 보유하는 것으로 할 수 있다.
   나. 건축물 중 일반취급소의 용도로 사용하는 부분(가목의 공지를 포함한다. 이하 다목에서 같다)의 바닥은 위험물이 침투하지 아니하는 구조로 하고 적당한 경사를 두어 집유설비를 설치하는 한편, 집유설비 및 해당 바닥의 주위에 배수구를 설치할 것
   다. Ⅱ제6호 내지 제8호, Ⅲ제2호가목 및 제1호다목의 기준에 적합할 것

Ⅴ. 보일러등으로 위험물을 소비하는 일반취급소의 특례

1. Ⅰ제2호라목의 일반취급소 중 그 위치·구조 및 설비가 다음 각목에 정하는 기준에 적합한 것에 대하여는 Ⅰ

제1호의 규정에 따라 준용되는 별표 4 Ⅰ·Ⅱ·Ⅳ·Ⅴ 및 Ⅵ의 규정은 적용하지 아니한다.

가. Ⅱ제3호 내지 제8호 및 Ⅳ제1호가목 및 나목에 따른 기준에 적합할 것

나. 건축물 중 일반취급소의 용도로 제공하는 부분에는 지진시 및 정전시 등의 긴급시에 보일러, 버너 그 밖에 이와 유사한 장치(비상용전원과 관련되는 것을 제외한다)에 대한 위험물의 공급을 자동적으로 차단하는 장치를 설치할 것

다. 위험물을 취급하는 탱크는 그 용량의 총계를 지정수량 미만으로 하고, 해당 탱크(용량이 지정수량의 1/5 미만의 것을 제외한다)의 주위에 별표 4 Ⅸ제1호나목1)의 규정을 준용하여 방유턱을 설치할 것

2. Ⅰ제2호라목의 일반취급소 중 지정수량의 10배 미만의 것으로서 그 위치·구조 및 설비가 다음 각목에 정하는 기준에 적합한 것에 대하여는 Ⅰ제1호의 규정에 따라 준용되는 별표 4 Ⅰ·Ⅱ·Ⅳ·Ⅴ 및 Ⅵ의 규정은 적용하지 아니한다.

가. 위험물을 취급하는 설비(위험물을 이송하기 위한 배관을 제외한다)는 바닥에 고정하고, 해당 설비의 주위에 너비 3m 이상의 공지를 보유할 것. 다만, 해당 설비로부터 3m 미만의 거리에 있는 건축물의 벽(수시로 열 수 있는 자동폐쇄식의 60분+방화문 또는 60분방화문이 달려 있는 출입구 외의 개구부가 없는 것에 한정한다) 및 기둥이 내화구조인 경우에는 해당 설비에서 해당 벽 및 기둥까지의 공지를 보유하는 것으로 할 수 있다.

나. 건축물 중 일반취급소의 용도로 사용하는 부분(가목의 공지를 포함한다. 이하 다목에서 같다)의 바닥은 위험물이 침투하지 아니하는 구조로 하고 적당한 경사를 두는 한편, 집유설비 및 해당 바닥의 주위에 배수구를 설치할 것

다. Ⅱ제6호 내지 제8호, Ⅲ제2호가목, 제1호나목 및 다목의 기준에 적합할 것

3. Ⅰ제2호라목의 일반취급소 중 지정수량의 10배 미만의 것으로서 그 위치·구조 및 설비가 다음 각목에 따른 기준에 적합한 것에 대하여는 Ⅰ제1호의 규정에 따라 준용되는 별표 4 Ⅰ·Ⅱ·Ⅳ·Ⅴ·Ⅵ·Ⅶ 및 Ⅸ제1호나목의 규정은 적용하지 아니한다.

가. 일반취급소는 벽·기둥·바닥·보 및 지붕이 내화구조인 건축물의 옥상에 설치할 것

나. 위험물을 취급하는 설비(위험물을 이송하기 위한 배관을 제외한다)는 옥상에 고정할 것

다. 위험물을 취급하는 설비(위험물을 취급하는 탱크 및 위험물을 이송하기 위한 배관을 제외한다)는 큐비클식(강판으로 만들어진 보호상자에 수납되어 있는 방식을 말한다)의 것으로 하고, 해당 설비의 주위에 높이 0.15m 이상의 방유턱을 설치할 것

라. 다목의 설비의 내부에는 위험물을 취급하는데 필요한 채광·조명 및 환기의 설비를 설치할 것

마. 위험물을 취급하는 탱크는 그 용량의 총계를 지정수량 미만으로 할 것

바. 옥외에 있는 위험물을 취급하는 탱크의 주위에는 별표 4 Ⅸ제1호나목1)의 규정을 준용하여 높이 0.15m 이상의 방유턱을 설치할 것

사. 다목 및 바목의 방유턱의 주위에 너비 3m 이상의 공지를 보유할 것. 다만, 해당 설비로부터 3m 미만의 거리에 있는 건축물의 벽(수시로 열 수 있는 자동폐쇄식의 60분+방화문 또는 60분방화문이 달려 있는 출입구 외의 개구부가 없는 것에 한정한다) 및 기둥이 내화구조인 경우에는 해당 설비에서 해당 벽 및 기둥까지의 공지를 보유하는 것으로 할 수 있다.

아. 다목 및 바목의 방유턱의 내부는 위험물이 침투하지 아니하는 구조로 하고, 적당한 경사를 두어 집유설비를 설치할 것. 이 경우 위험물이 직접 배수구에 유입하지 아니하도록 집유설비에 유분리장치를 설치하여야 한다.

자. 옥내에 있는 위험물을 취급하는 탱크는 다음의 기준에 적합한 탱크전용실에 설치할 것

1) 별표 7 Ⅰ제1호너목 내지 머목의 기준을 준용할 것

2) 탱크전용실은 바닥을 내화구조로 하고, 벽·기둥 및 보를 불연재료로 할 것

3) 탱크전용실에는 위험물을 취급하는데 필요한 채광·조명 및 환기의 설비를 설치할 것

4) 가연성의 증기 또는 가연성의 미분이 체류할 우려가 있는 탱크전용실에는 그 증기 또는 미분을 옥외의 높은 곳으로 배출하는 설비를 설치할 것
5) 위험물을 취급하는 탱크의 주위에는 별표 4 Ⅸ제1호나목1)의 규정을 준용하여 방유턱을 설치하거나 탱크전용실의 출입구의 턱의 높이를 높게 할 것

차. 환기설비 및 배출설비에는 방화상 유효한 댐퍼 등을 설치할 것

카. 제1호나목의 기준에 적합할 것

Ⅵ. 충전하는 일반취급소의 특례

Ⅰ제2호마목의 일반취급소 중 그 위치·구조 및 설비가 다음 각호에 따른 기준에 적합한 것에 대하여는 Ⅰ제1호의 규정에 따라 준용되는 별표 4 Ⅳ제2호 내지 제6호·Ⅴ·Ⅵ 및 Ⅶ의 규정은 적용하지 아니한다.

1. 건축물을 설치하는 경우에 있어서 해당 건축물은 벽·기둥·바닥·보 및 지붕을 내화구조 또는 불연재료로 하고, 창 및 출입구에 60분+방화문 · 60분방화문 또는 30분방화문을 설치하여야 한다.
2. 제1호의 건축물의 창 또는 출입구에 유리를 설치하는 경우에는 망입유리로 하여야 한다.
3. 제1호의 건축물의 2 방향 이상은 통풍을 위하여 벽을 설치하지 아니하여야 한다.
4. 위험물을 이동저장탱크에 주입하기 위한 설비(위험물을 이송하는 배관을 제외한다)의 주위에 필요한 공지를 보유하여야 한다.
5. 위험물을 용기에 옮겨 담기 위한 설비를 설치하는 경우에는 해당 설비(위험물을 이송하는 배관을 제외한다)의 주위에 필요한 공지를 제4호의 공지 외의 장소에 보유하여야 한다.
6. 제4호 및 제5호의 공지는 그 지반면을 주위의 지반면보다 높게 하고, 그 표면에 적당한 경사를 두며, 콘크리트 등으로 포장하여야 한다.
7. 제4호 및 제5호의 공지에는 누설한 위험물 그 밖의 액체가 해당 공지 외의 부분에 유출하지 아니 하도록 집유설비 및 주위에 배수구를 설치하여야 한다. 이 경우 제4류 위험물(온도 20℃의 물 100g에 용해되는 양이 1g 미만인 것에 한한다)을 취급하는 공지에 있어서는 집유설비에 유분리장치를 설치하여야 한다.

Ⅶ. 옮겨 담는 일반취급소의 특례

Ⅰ제2호 바목의 일반취급소 중 그 위치·구조 및 설비가 다음 각호에 따른 기준에 적합한 것에 대하여는 Ⅰ제1호의 규정에 따라 준용되는 별표 4 Ⅰ·Ⅱ·Ⅳ·Ⅴ 내지 Ⅶ·Ⅷ(제5호를 제외한다) 및 Ⅸ의 규정은 적용하지 아니한다.

1. 일반취급소에는 고정급유설비 중 호스기기의 주위(현수식의 고정급유설비에 있어서는 호스기기의 아래)에 용기에 옮겨 담거나 탱크에 주입하는데 필요한 공지를 보유하여야 한다.
2. 제1호의 공지는 그 지반면을 주위의 지반면보다 높게 하고, 그 표면에 적당한 경사를 두며, 콘크리트등으로 포장하여야 한다.
3. 제1호의 공지에는 누설한 위험물 그 밖의 액체가 해당 공지 외의 부분에 유출하지 아니하도록 배수구 및 유분리장치를 설치하여야 한다.
4. 일반취급소에는 고정급유설비에 접속하는 용량 40,000ℓ 이하의 지하의 전용탱크(이하 "지하전용탱크"라 한다)를 지반면하에 매설하는 경우 외에는 위험물을 취급하는 탱크를 설치하지 아니하여야 한다.
5. 지하전용탱크의 위치·구조 및 설비는 별표 8 Ⅰ[제5호·제10호(게시판에 관한 부분에 한한다)·제11호·제14호를 제외한다]·별표 8 Ⅱ[별표 8 Ⅰ제5호·제10호(게시판에 관한 부분에 한한다)·제11호·제14호를 제외한다] 또는 별표 8 Ⅲ[별표 8 Ⅰ제5호·제10호(게시판에 관한 부분에 한한다)·제11호·제14호를 제외한다]에 따른 지하저장탱크의 위치·구조 및 설비의 기준을 준용하여야 한다.
6. 고정급유설비에 위험물을 주입하기 위한 배관은 해당 고정급유설비에 접속하는 지하전용탱크로부터의 배관

만으로 하여야 한다.

7. 고정급유설비는 별표 13 Ⅳ(제4호를 제외한다)에 따른 주유취급소의 고정주유설비 또는 고정급유설비의 기준을 준용하여야 한다.
8. 고정급유설비는 도로경계선으로부터 다음 표에 정하는 거리 이상, 건축물의 벽으로부터 2m(일반취급소의 건축물의 벽에 개구부가 없는 경우에는 해당 벽으로부터 1m) 이상, 부지경계선으로부터 1m 이상의 간격을 유지하여야 한다. 다만, 호스기기와 분리하여 별표 13 Ⅸ의 기준에 적합하고 벽·기둥·바닥·보 및 지붕(상층이 있는 경우에는 상층의 바닥)이 내화구조인 펌프실에 설치하는 펌프기기 또는 액중펌프기기에 있어서는 그러하지 아니하다.

고정급유설비의 구분		거 리
현수식의 고정급유설비		4m
그 밖의 고정급유설비	고정급유설비에 접속되는 급유호스중 그 전체길이가 최대인 것의 전체길이(이하 이 표에서"최대급유호스길이"라 한다)가 3m 이하의 것	4m
	최대급유호스길이가 3m 초과 4m 이하의 것	5m
	최대급유호스길이가 4m 초과 5m 이하의 것	6m

9. 현수식의 고정급유설비를 설치하는 일반취급소에는 해당 고정급유설비의 펌프기기를 정지하는 등에 의하여 지하전용탱크로부터의 위험물의 이송을 긴급히 중단할 수 있는 장치를 설치하여야 한다.
10. 일반취급소의 주위에는 높이 2m 이상의 내화구조 또는 불연재료로 된 담 또는 벽을 설치하여야 한다. 이 경우 해당 일반취급소에 인접하여 연소의 우려가 있는 건축물이 있을 때에는 담 또는 벽을 별표 13 Ⅶ. 담 또는 벽의 제1호의 규정에 준하여 방화상 안전한 높이로 하여야 한다.
11. 일반취급소의 출입구에는 60분+방화문 · 60분방화문 또는 30분방화문을 설치하여야 한다.
12. 펌프실 그 밖에 위험물을 취급하는 실은 별표 13 Ⅸ에 따른 주유취급소의 펌프실 그 밖에 위험물을 취급하는 실의 기준을 준용하여야 한다.
13. 일반취급소에 지붕, 캐노피 그 밖에 위험물을 옮겨 담는데 필요한 건축물(이하 이 호 및 제14호에서 "지붕등"이라 한다)을 설치하는 경우에는 지붕등은 불연재료로 하여야 한다.
14. 지붕등의 수평투영면적은 일반취급소의 부지면적의 1/3 이하이어야 한다.

Ⅷ. 유압장치등을 설치하는 일반취급소의 특례

1. Ⅰ제2호사목의 일반취급소 중 그 위치·구조 및 설비가 다음 각목에 따른 기준에 적합한 것에 대하여는 Ⅰ제1호의 규정에 따라 준용되는 별표 4 Ⅰ·Ⅱ·Ⅳ·Ⅴ·Ⅵ 및 Ⅷ제6호·제7호의 규정은 적용하지 아니한다.
   가. 일반취급소는 벽·기둥·바닥·보 및 지붕이 불연재료로 만들어진 단층의 건축물에 설치할 것
   나. 건축물 중 일반취급소의 용도로 사용하는 부분은 벽·기둥·바닥·보 및 지붕을 불연재료로 하고, 연소의 우려가 있는 외벽은 출입구 외의 개구부가 없는 내화구조의 벽으로 할 것
   다. 건축물 중 일반취급소의 용도로 사용하는 부분의 창 및 출입구에는 60분+방화문 · 60분방화문 또는 30분방화문을 설치하고, 연소의 우려가 있는 외벽에 있는 출입구에는 수시로 열 수 있는 자동폐쇄식의 60분+방화문 또는 60분방화문을 설치할 것
   라. 건축물 중 일반취급소의 용도로 사용하는 부분의 창 또는 출입구에 유리를 이용하는 경우에는 망입유리로 할 것
   마. 위험물을 취급하는 설비(위험물을 이송하기 위한 배관을 제외한다. 이하 제3호에서 같다)는 건축물 중 일반취급소의 용도로 사용하는 부분의 바닥에 견고하게 고정할 것
   바. 위험물을 취급하는 탱크(용량이 지정수량의 1/5 미만인 것을 제외한다)의 직하에는 별표 4 Ⅸ제1호나목

1)의 규정을 준용하여 방유턱을 설치하거나 건축물 중 일반취급소의 용도로 사용하는 부분의 문턱의 높이를 높게 할 것

사. Ⅱ제5호 내지 제8호의 기준에 적합할 것

2. Ⅰ제2호사목의 일반취급소 중 그 위치·구조 및 설비가 다음의 각목에 따른 기준에 적합한 것에 대하여는 Ⅰ제1호의 규정에 따라 준용되는 별표 4 Ⅰ·Ⅱ·Ⅳ·Ⅴ·Ⅵ 및 Ⅷ제6호·제7호의 규정은 적용하지 아니한다.
   가. 건축물 중 일반취급소의 용도로 사용하는 부분은 벽·기둥·바닥 및 보를 내화구조로 할 것
   나. Ⅱ제3호 내지 제8호, Ⅳ제1호나목 및 제1호바목의 기준에 적합할 것

3. Ⅰ제2호사목의 일반취급소 중 지정수량의 30배 미만의 것으로서 그 위치·구조 및 설비가 다음 각목에 따른 기준에 적합한 것에 대하여는 Ⅰ제1호의 규정에 따라 준용되는 별표 4 Ⅰ·Ⅱ·Ⅳ·Ⅴ·Ⅵ 및 Ⅷ제6호·제7호의 규정은 적용하지 아니한다.
   가. 위험물을 취급하는 설비는 바닥에 고정하고, 해당 설비의 주위에 너비 3m 이상의 공지를 보유할 것. 다만, 해당 설비로부터 3m 미만의 거리에 있는 건축물의 벽(수시로 열 수 있는 자동폐쇄식의 60분+방화문 또는 60분방화문이 달려 있는 출입구 외의 개구부가 없는 것에 한정한다) 및 기둥이 내화구조인 경우에는 해당 설비에서 해당 벽 및 기둥까지의 공지를 보유하는 것으로 할 수 있다.
   나. 건축물 중 일반취급소의 용도로 사용하는 부분(가목의 공지를 포함한다. 이하 라목에서 같다)의 바닥은 위험물이 침투하지 아니하는 구조로 하고, 적당한 경사를 두어 집유설비 및 해당 바닥의 주위에 배수구를 설치할 것
   다. 위험물을 취급하는 탱크(용량이 지정수량의 1/5 미만의 것을 제외한다)의 직하에는 별표 4 Ⅸ제1호나목1)의 규정을 준용하여 방유턱을 설치할 것
   라. Ⅱ제6호 내지 제8호 및 Ⅲ제2호가목의 기준에 적합할 것

Ⅸ. 절삭장치등을 설치하는 일반취급소의 특례

1. Ⅰ제2호아목의 일반취급소 중 그 위치·구조 및 설비가 Ⅱ제1호 및 제3호 내지 제8호, Ⅳ제1호나목 및 Ⅷ제1호바목·제2호가목에 따른 기준에 적합한 것에 대하여는 Ⅰ제1호의 규정에 따라 준용되는 별표 4 Ⅰ·Ⅱ·Ⅳ 및 Ⅷ제6호·제7호의 규정은 적용하지 아니한다.

2. Ⅰ제2호아목의 일반취급소 중 지정수량의 10배 미만의 것으로서 그 위치·구조 및 설비가 다음 각목에 따른 기준에 적합한 것에 대하여는 Ⅰ제1호의 규정에 따라 준용되는 별표 4 Ⅰ·Ⅱ·Ⅳ 및 Ⅷ제6호·제7호의 규정은 적용하지 아니한다.
   가. 위험물을 취급하는 설비(위험물을 이송하기 위한 배관을 제외한다)는 바닥에 고정하고, 해당 설비의 주위에 너비 3m 이상의 공지를 보유할 것. 다만, 해당 설비로부터 3m 미만의 거리에 있는 건축물의 벽(수시로 열 수 있는 자동폐쇄식의 60분+방화문 또는 60분방화문이 달려 있는 출입구 외의 개구부가 없는 것에 한정한다) 및 기둥이 내화구조인 경우에는 해당 설비에서 해당 벽 및 기둥까지의 공지를 보유하는 것으로 할 수 있다.
   나. 건축물 중 일반취급소의 용도로 사용하는 부분(가목의 공지를 포함한다. 이하 다목에서 같다)의 바닥은 위험물이 침투하지 아니하는 구조로 하고, 적당한 경사를 두어 집유설비 및 해당 바닥의 주위에 배수구를 설치할 것
   다. Ⅱ제6호 내지 제8호, Ⅲ제2호가목 및 Ⅷ제3호다목의 기준에 적합할 것

Ⅹ. 열매체유 순환장치를 설치하는 일반취급소의 특례

Ⅰ제2호자목의 일반취급소 중 그 위치·구조 및 설비가 다음 각 호에 따른 기준에 적합한 것에 대하여는 Ⅰ제1호의 규정에 따라 준용되는 별표 4 Ⅰ·Ⅱ·Ⅳ·Ⅴ 및 Ⅵ의 규정은 적용하지 아니한다.

1. 위험물을 취급하는 설비는 위험물의 체적팽창에 의한 위험물의 누설을 방지할 수 있는 구조의 것으로 하여야 한다.
2. Ⅱ제1호·제3호 내지 제8호, Ⅲ제1호가목·나목 및 Ⅳ제1호가목·나목에 따른 기준에 적합하여야 한다.

Ⅹ의2. 화학실험의 일반취급소의 특례

Ⅰ제2호차목의 화학실험의 일반취급소 중 그 위치·구조 및 설비가 다음 각 호에 정한 기준에 적합한 것에 대해서는 Ⅰ제1호에 따라 준용되는 규정 중 별표 4 Ⅰ·Ⅱ·Ⅳ·Ⅴ·Ⅵ·Ⅶ·Ⅷ (제5호는 제외한다)·Ⅸ 및 Ⅹ의 규정은 준용하지 아니한다.

1. 화학실험의 일반취급소는 벽·기둥·바닥 및 보가 내화구조인 건축물의 지하층 외의 층에 설치할 것
2. 건축물 중 화학실험의 일반취급소의 용도로 사용하는 부분은 벽·기둥·바닥·보 및 지붕(상층이 있는 경우에는 상층의 바닥)을 내화구조로 하고, 벽에 설치하는 창 또는 출입구에 관한 기준은 다음 각 목의 기준에 모두 적합할 것
   가. 해당 건축물의 다른 용도 부분(복도를 제외한다)과 구획하는 벽에는 창 또는 출입구를 설치하지 않을 것
   나. 해당 건축물의 복도 또는 외부와 구획하는 벽에 설치하는 창은 망입유리 또는 방화유리로 하고, 출입구에는 수시로 열 수 있는 자동폐쇄식의 60분+방화문 또는 60분방화문을 설치할 것
3. 건축물 중 화학실험의 일반취급소의 용도로 사용하는 부분에는 위험물을 취급하는데 필요한 채광·조명 및 환기를 위한 설비를 설치할 것
4. 가연성의 증기 또는 가연성의 미분이 체류할 우려가 있는 화학실험의 일반취급소의 용도로 사용하는 부분에는 그 증기 또는 미분을 옥외의 높은 곳으로 배출하는 설비를 설치하고, 배출덕트가 관통하는 벽부분의 바로 가까이에 화재 시 자동으로 폐쇄되는 방화댐퍼를 설치할 것
5. 위험물을 보관하는 설비는 외장을 불연재료로 하되, 제3류 위험물 중 자연발화성물질 또는 제5류 위험물을 보관하는 설비는 다음 각 목의 기준에 모두 적합한 것으로 할 것
   가. 외장을 금속재질로 할 것　　나. 보냉장치를 갖출 것　　다. 밀폐형 구조로 할 것
   라. 문에 유리를 부착하는 경우에는 망입유리 또는 방화유리로 할 것

Ⅹ의3. 반도체 제조공정의 일반취급소의 특례

1. 반도체 제조공정의 일반취급소 중 그 위치、구조 및 설비가 다음 각 목에 정한 기준에 적합한 것에 대해서는 Ⅰ 제1호에 따라 준용되는 규정 중 별표 4 Ⅳ 제2호、제3호、제5호、제6호, Ⅴ 제1호다목, Ⅵ 및 Ⅹ 제1호는 준용하지 않는다.
   가. 위험물을 취급하는 건축물의 벽、기둥、바닥、보、서까래 및 계단을 불연재료 또는 내화구조로 하고, 연소(延燒)의 우려가 있는 외벽은 출입구 외의 개구부가 없는 내화구조의 벽으로 할 것
   나. 위험물을 취급하는 건축물의 지붕을 불연재료 또는 내화구조로 하고, 내화구조로 하는 경우에는 해당 건축물에 가연성의 증기 체류를 방지하기 위한 조치를 마련할 것
   다. 위험물을 취급하는 건축물의 창 및 출입구에 유리를 이용하는 경우에는 망입유리 또는 방화유리로 할 것
   라. 액체 위험물을 취급하는 건축물의 바닥은 위험물이 스며들지 못하는 재료를 사용하고, 위험물 취급설비의 주위에 턱 또는 도랑을 설치하는 등 해당 설비에서 누설된 액체 위험물의 유출을 방지하기 위한 조치를 할 것
   마. 환기설비 또는 배출설비를 공조설비로 갈음하는 경우 해당 공조설비는 소방청장이 정하여 고시하는 기준에 적합할 것
   바. 위험물을 취급하는 배관의 재질은 강관 그 밖에 이와 유사한 금속성으로 해야 한다. 다만, 다음의 기준에 적합한 경우에는 그렇지 않다.

1) 배관의 재질은 다음의 어느 하나에 해당할 것

가) 「산업표준화법」 제12조에 따른 한국산업표준에서 정하는 유리섬유강화플라스틱ㆍ고밀도폴리에틸렌 또는 폴리우레탄

나) 불소수지 중 과불화알콕시 알케인(Perfluoroalkoxy alkane) 또는 이와 같은 수준 이상의 강도를 갖는 불소 중합체

2) 배관의 구조는 내관 및 외관의 이중으로 하고, 내관과 외관의 사이에는 틈새공간을 두어 누설여부를 외부에서 쉽게 확인할 수 있도록 할 것. 다만, 배관의 재질이 취급하는 위험물에 의해 쉽게 열화될 우려가 없는 경우에는 그렇지 않다.

3) 국내 또는 국외의 관련 공인시험기관으로부터 안전성에 대한 시험 또는 인증을 받을 것

4) 배관은 지하에 매설할 것. 다만, 화재 등 열에 의하여 쉽게 변형될 우려가 없는 재질이거나 화재 등 열에 의한 악영향을 받을 우려가 없는 장소에 설치되는 경우에는 그렇지 않다.

2. 반도체 제조공정의 일반취급소 외의 용도로 사용하는 부분이 있는 건축물에 설치하는 반도체 제조공정의 일반취급소의 위치ㆍ구조 및 설비가 다음 각 목에 정한 기준에 적합한 것에 대해서는 Ⅰ 제1호에 따라 준용되는 규정 중 별표 4 Ⅰ ㆍ Ⅱ ㆍ Ⅳ ㆍ Ⅴ 제1호다목 ㆍ Ⅵ ㆍ Ⅶ및 Ⅹ제1호가목은 준용하지 않는다.

가. 반도체 제조공정의 일반취급소는 벽ㆍ기둥ㆍ바닥 및 보가 내화구조인 건축물의 지하층 외의 층에 설치할 것

나. 건축물 중 반도체 제조공정의 일반취급소의 용도로 사용하는 부분은 벽ㆍ기둥ㆍ바닥ㆍ보 및 지붕(상층이 있는 경우에는 상층의 바닥을 말한다)을 내화구조로 할 것

다. 건축물 중 반도체 제조공정의 일반취급소의 용도로 사용하는 부분의 창은 망입유리 또는 방화유리로 하고, 출입구에는 60분+방화문ㆍ60분방화문(화재로 인한 연기ㆍ불꽃ㆍ열 등을 감지하여 자동으로 폐쇄되는 구조인 것으로 한정한다)을 설치하되, 연소의 우려가 있는 외벽에 있는 출입구에는 수시로 열 수 있는 자동폐쇄식의 것으로 할 것

라. 건축물 중 반도체 제조공정의 일반취급소의 용도로 사용하는 부분의 바닥은 위험물이 스며들지 못하는 재료를 사용하고, 적당한 경사를 두어 그 최저부에 집유설비를 설치할 것. 다만, 위험물 취급설비의 주위에 턱 또는 도랑을 설치하는 등 위험물 취급설비에서 누설된 액체 위험물의 유출을 방지하기 위한 조치를 한 경우에는 경사 및 집유설비를 두지 않을 수 있다.

마. 환기설비 또는 배출설비를 공조설비로 갈음하는 경우 해당 공조설비는 제1호마목에서 소방청장이 정하여 고시하는 기준에 적합할 것

바. 위험물을 취급하는 배관의 재질은 제1호바목의 기준에 적합할 것

Ⅹ의4. 이차전지 제조공정의 일반취급소의 특례

1. 이차전지 제조공정의 일반취급소 중 그 위치ㆍ구조 및 설비가 다음 각 목에 정한 기준에 적합한 것에 대해서는 Ⅰ제1호에 따라 준용되는 규정 중 별표 4 Ⅳ 제2호ㆍ제3호ㆍ제5호ㆍ제6호, Ⅴ 제1호다목, Ⅵ 및 Ⅹ 제1호는 준용하지 않는다.

가. 위험물을 취급하는 건축물의 벽ㆍ기둥ㆍ바닥ㆍ보ㆍ서까래 및 계단을 불연재료 또는 내화구조로 하고, 연소(延燒)의 우려가 있는 외벽은 출입구 외의 개구부가 없는 내화구조의 벽으로 할 것

나. 위험물을 취급하는 건축물의 지붕은 불연재료 또는 내화구조로 하고, 내화구조로 하는 경우에는 해당 건축물에 가연성의 증기 체류를 방지하기 위한 조치를 강구할 것

다. 위험물을 취급하는 건축물의 창 및 출입구에 유리를 이용하는 경우에는 망입유리 또는 방화유리로 할 것

라. 액체 위험물을 취급하는 건축물의 바닥에 경사 및 집유설비를 두는 것이 곤란한 경우에는 위험물 취급설비의 주위에 턱 또는 도랑을 설치하는 등 해당 설비에서 누설된 액체 위험물의 유출을 방지하기 위한 조치를 할 것

마. 환기설비 또는 배출설비를 공조설비로 갈음하는 경우 해당 공조설비는 「건설기술 진흥법」 제44조의2에 따른 국가건설기준센터가 정하는 기준 또는 소방청장이 정하여 고시하는 기준에 적합할 것

바. 위험물을 취급하는 배관의 재질은 강관 그 밖에 이와 유사한 금속성으로 해야 한다. 다만, 다음의 기준에 적합한 경우에는 그렇지 않다.

1) 배관의 재질은 다음의 어느 하나에 해당할 것

가) 「산업표준화법」 제12조에 따른 한국산업표준에서 정하는 유리섬유강화플라스틱ㆍ고밀도폴리에틸렌 또는 폴리우레탄

나) 불소수지 중 과불화알콕시 알케인(Perfluoroalkoxy alkane) 또는 이와 같은 수준 이상의 강도를 갖는 불소 중합체

2) 배관의 구조는 내관 및 외관의 이중으로 하고, 내관과 외관의 사이에는 틈새공간을 두어 누설여부를 외부에서 쉽게 확인할 수 있도록 할 것. 다만, 배관의 재질이 취급하는 위험물에 의해 쉽게 열화될 우려가 없는 경우에는 그렇지 않다.

3) 국내 또는 국외의 관련 공인시험기관으로부터 안전성에 대한 시험 또는 인증을 받을 것

4) 배관은 지하에 매설할 것. 다만, 화재 등 열에 의하여 쉽게 변형될 우려가 없는 재질이거나 화재 등 열에 의한 악영향을 받을 우려가 없는 장소에 설치되는 경우에는 그렇지 않다.

2. 이차전지 제조공정의 일반취급소 외의 용도로 사용하는 부분이 있는 건축물에 설치하는 이차전지 제조공정의 일반취급소(지정수량의 30배 미만의 것으로 한정한다)의 위치ㆍ구조 및 설비가 다음 각 목에 정한 기준에 적합한 것에 대해서는 Ⅰ 제1호에 따라 준용되는 규정 중 별표 4 Ⅰㆍ Ⅱㆍ Ⅳㆍ Ⅴ 제1호다목ㆍ Ⅵㆍ Ⅷ및 Ⅹ 제1호는 준용하지 않는다.

가. 이차전지 제조공정의 일반취급소는 벽ㆍ기둥ㆍ바닥 및 보가 내화구조인 건축물의 지하층 외의 층에 설치할 것

나. 건축물 중 이차전지 제조공정의 일반취급소의 용도로 사용하는 부분은 벽ㆍ기둥ㆍ바닥ㆍ보 및 지붕(상층이 있는 경우에는 상층의 바닥을 말한다)을 내화구조로 할 것

다. 건축물 중 이차전지 제조공정의 일반취급소의 용도로 사용하는 부분의 창은 망입유리 또는 방화유리로 하고, 출입구에는 60분+방화문 또는 60분방화문(화재로 인한 연기ㆍ불꽃ㆍ열 등을 감지하여 자동으로 폐쇄되는 구조인 것으로 한정한다)을 설치하되, 연소의 우려가 있는 외벽에 있는 출입구에는 수시로 열 수 있는 자동폐쇄식의 것으로 할 것

라. 건축물 중 이차전지 제조공정의 일반취급소의 용도로 사용하는 부분의 바닥은 위험물이 스며들지 못하는 재료를 사용하고, 적당한 경사를 두어 그 최저부에 집유설비를 설치할 것. 다만, 위험물 취급설비의 주위에 턱 또는 도랑을 설치하는 등 해당 설비에서 누설된 액체 위험물의 유출을 방지하기 위한 조치를 한 경우에는 경사 및 집유설비를 두지 않을 수 있다.

마. 환기설비 또는 배출설비를 공조설비로 갈음하는 경우 해당 공조설비는 「건설기술 진흥법」 제44조의2에 따른 국가건설기준센터가 정하는 기준 또는 제1호마목에서 소방청장이 정하여 고시하는 기준에 적합할 것

바. 위험물을 취급하는 배관의 재질은 제1호바목의 기준에 적합할 것

XI. 고인화점 위험물의 일반취급소의 특례

1. Ⅰ제3호의 일반취급소 중 그 위치 및 구조가 별표 4 XI 각호에 따른 기준에 적합한 것에 대하여는 Ⅰ제1호의 규정에 따라 준용되는 별표 4 Ⅰ·Ⅱ·Ⅳ제1호·제3호 내지 제5호·Ⅷ제6호·제7호 및 Ⅸ제1호나목2)에 의하여 준용하는 별표 6 Ⅸ제1호나목의 규정은 적용하지 아니한다.
2. Ⅰ제3호의 일반취급소 중 충전하는 일반취급소로서 그 위치·구조 및 설비가 다음 각목에 따른 기준에 적합

한 것에 대하여는 Ⅰ제1호의 규정에 따라 준용되는 별표 4 Ⅰ·Ⅱ·Ⅳ·Ⅴ 내지 Ⅶ·Ⅷ제6호·제7호 및 Ⅸ제1호 나목2)에 의하여 준용하는 별표 6 Ⅸ제1호나목의 규정은 적용하지 아니한다.

가. 별표 4 Ⅺ제1호·제2호 및 Ⅵ제3호 내지 제7호에 따른 기준에 적합할 것

나. 건축물을 설치하는 경우에 있어서는 해당 건축물은 벽·기둥·바닥·보 및 지붕을 내화구조 또는 불연재료로 하고, 창 및 출입구에는 60분+방화문, 60분방화문, 30분방화문 또는 불연재료나 유리로 된 문을 설치할 것

XII. 위험물의 성질에 따른 일반취급소의 특례

1. 별표 4 Ⅻ제2호의 규정은 알킬알루미늄등을 취급하는 일반취급소에 대하여 강화되는 기준에 있어서 준용한다.
2. 별표 4 Ⅻ제3호의 규정은 아세트알데하이드등을 취급하는 일반취급소에 대하여 강화되는 기준에 있어서 준용한다.
3. 별표 4 Ⅻ제4호의 규정은 하이드록실아민등을 취급하는 일반취급소에 대하여 강화되는 기준에 있어서 준용한다.

[규칙 별표 17]

소화설비, 경보설비 및 피난설비의 기준

(제41조제2항·제42조제2항 및 제43조제2항관련)

Ⅰ. 소화설비

1. 소화난이도등급 Ⅰ의 제조소등 및 소화설비

가. 소화난이도등급 Ⅰ에 해당하는 제조소등

제조소등의 구분	제조소등의 규모, 저장 또는 취급하는 위험물의 품명 및 최대수량 등
제 조 소 일반취급소	연면적 1,000m² 이상인 것
	지정수량의 100배 이상인 것(고인화점위험물만을 100℃ 미만의 온도에서 취급하는 것 및 제48조의 위험물을 취급하는 것은 제외)
	지반면으로 부터 6m 이상의 높이에 위험물 취급설비가 있는 것(고인화점위험물만을 100℃ 미만의 온도에서 취급하는 것은 제외)
	일반취급소로 사용되는 부분 외의 부분을 갖는 건축물에 설치된 것(내화구조로 개구부 없이 구획 된 것 및 고인화점위험물만을 100℃ 미만의 온도에서 취급하는 것 및 별표 16 Ⅹ의2의 화학실험의 일반취급소는 은 제외)
주유취급소	별표13 Ⅴ제2호에 따른 면적의 합이 500m²를 초과하는 것
옥내 저장소	지정수량의 150배 이상인 것(고인화점위험물만을 저장하는 것 및 제48조의 위험물을 저장하는 것은 제외)
	연면적 150m²을 초과하는 것(150m² 이내마다 불연재료로 개구부 없이 구획 된 것 및 인화성고체 외의 제2류 위험물 또는 인화점 70℃ 이상의 제4류 위험물만을 저장하는 것은 제외)
	처마높이가 6m 이상인 단층건물의 것
	옥내저장소로 사용되는 부분 외의 부분이 있는 건축물에 설치된 것(내화구조로 개구부 없이 구획된 것 및 인화성고체 외의 제2류 위험물 또는 인화점 70℃ 이상의 제4류 위험물만을 저장하는 것은 제외)

<table>
<tr><td rowspan="4">옥외
탱크
저장소</td><td>액표면적이 40m² 이상인 것(제6류 위험물을 저장하는 것 및 고인화점위험물만을 100℃ 미만의 온도에서 저장하는 것은 제외)</td></tr>
<tr><td>지반면으로부터 탱크 옆판의 상단까지 높이가 6m 이상인 것(제6류 위험물을 저장하는 것 및 고인화점위험물만을 100℃ 미만의 온도에서 저장하는 것은 제외)</td></tr>
<tr><td>지중탱크 또는 해상탱크로서 지정수량의 100배 이상인 것(제6류 위험물을 저장하는 것 및 고인화점위험물만을 100℃ 미만의 온도에서 저장하는 것은 제외)</td></tr>
<tr><td>고체위험물을 저장하는 것으로서 지정수량의 100배 이상인 것</td></tr>
<tr><td rowspan="3">옥내
탱크
저장소</td><td>액표면적이 40m² 이상인 것(제6류 위험물을 저장하는 것 및 고인화점위험물만을 100℃ 미만의 온도에서 저장하는 것은 제외)</td></tr>
<tr><td>바닥면으로부터 탱크 옆판의 상단까지 높이가 6m 이상인 것(제6류 위험물을 저장하는 것 및 고인화점위험물만을 100℃ 미만의 온도에서 저장하는 것은 제외)</td></tr>
<tr><td>탱크전용실이 단층건물 외의 건축물에 있는 것으로서 인화점 38℃ 이상 70℃ 미만의 위험물을 지정수량의 5배 이상 저장하는 것(내화구조로 개구부 없이 구획된 것은 제외한다)</td></tr>
<tr><td rowspan="2">옥외
저장소</td><td>덩어리 상태의 황을 저장하는 것으로서 경계표시 내부의 면적(2 이상의 경계표시가 있는 경우에는 각 경계표시의 내부의 면적을 합한 면적)이 100m² 이상인 것</td></tr>
<tr><td>별표 11 Ⅲ의 위험물을 저장하는 것으로서 지정수량의 100배 이상인 것</td></tr>
<tr><td rowspan="2">암반탱크
저장소</td><td>액표면적이 40m² 이상인 것(제6류 위험물을 저장하는 것 및 고인화점위험물만을 100℃ 미만의 온도에서 저장하는 것은 제외)</td></tr>
<tr><td>고체위험물을 저장하는 것으로서 지정수량의 100배 이상인 것</td></tr>
<tr><td>이송취급소</td><td>모든 대상</td></tr>
</table>

※ 비 고 : 제조소등의 구분별로 오른쪽란에 정한 제조소등의 규모, 저장 또는 취급하는 위험물의 수량 및 최대수량 등의 어느 하나에 해당하는 제조소등은 소화난이도등급 Ⅰ에 해당하는 것으로 한다.

나. 소화난이도등급 Ⅰ의 제조소등에 설치하여야 하는 소화설비

<table>
<tr><th colspan="3">제조소등의 구분</th><th>소화설비</th></tr>
<tr><td colspan="3">제조소 및 일반취급소</td><td>옥내소화전설비, 옥외소화전설비, 스프링클러설비 또는 물분무등소화설비(화재발생시 연기가 충만할 우려가 있는 장소에는 스프링클러설비 또는 이동식 외의 물분무등소화설비에 한한다)</td></tr>
<tr><td colspan="3">주유취급소</td><td>스프링클러설비(건축물에 한정한다), 소형수동식소화기등(능력단위의 수치가 건축물 그 밖의 공작물 및 위험물의 소요단위의 수치에 이르도록 설치할 것)</td></tr>
<tr><td rowspan="2">옥내저장소</td><td colspan="2">처마높이가 6m 이상인 단층건물 또는 다른 용도의 부분이 있는 건축물에 설치한 옥내저장소</td><td>스프링클러설비 또는 이동식 외의 물분무등소화설비</td></tr>
<tr><td colspan="2">그 밖의 것</td><td>옥외소화전설비, 스프링클러설비, 이동식 외의 물분무등소화설비 또는 이동식 포소화설비(포소화전을 옥외에 설치하는 것에 한한다)</td></tr>
<tr><td rowspan="3">옥외탱크저장소</td><td rowspan="3">지중탱크 또는 해상탱크 외의 것</td><td>황만을 저장취급하는 것</td><td>물분무소화설비</td></tr>
<tr><td>인화점 70℃ 이상의 제4류 위험물만을 저장취급하는 것</td><td>물분무소화설비 또는 고정식 포소화설비</td></tr>
<tr><td>그 밖의 것</td><td>고정식 포소화설비(포소화설비가 적응성이 없는 경우에는 분말소화설비)</td></tr>
</table>

	지중탱크	고정식 포소화설비, 이동식 이외의 불활성가스소화설비 또는 이동식 이외의 할로젠화합물소화설비
	해상탱크	고정식 포소화설비, 물분무소화설비, 이동식 이외의 불활성가스소화설비 또는 이동식 이외의 할로젠화합물소화설비
옥내탱크저장소	황만을 저장취급하는 것	물분무소화설비
	인화점 70℃ 이상의 제4류 위험물만을 저장취급하는 것	물분무소화설비, 고정식 포소화설비, 이동식 이외의 불활성가스소화설비, 이동식 이외의 할로젠화합물소화설비 또는 이동식 이외의 분말소화설비
	그 밖의 것	고정식 포소화설비, 이동식 이외의 불활성가스소화설비, 이동식 이외의 할론젠화합물소화설비 또는 이동식 이외의 분말소화설비
옥외저장소 및 이송취급소		옥내소화전설비, 옥외소화전설비, 스프링클러설비 또는 물분무등소화설비(화재발생시 연기가 충만할 우려가 있는 장소에는 스프링클러설비 또는 이동식 이외의 물분무등소화설비에 한한다)
암반탱크저장소	황만을 저장 취급하는 것	물분무소화설비
	인화점 70℃ 이상의 제4류 위험물만을 저장취급하는 것	물분무소화설비 또는 고정식 포소화설비
	그 밖의 것	고정식 포소화설비(포소화설비가 적응성이 없는 경우에는 분말소화설비)

※ 비 고

1. 위 표 오른쪽란의 소화설비를 설치함에 있어서는 해당 소화설비의 방사범위가 해당 제조소, 일반취급소, 옥내저장소, 옥외탱크저장소, 옥내탱크저장소, 옥외저장소, 암반탱크저장소(암반탱크에 관계되는 부분을 제외한다) 또는 이송취급소(이송기지 내에 한한다)의 건축물, 그 밖의 공작물 및 위험물을 포함하도록 하여야 한다. 다만, 고인화점 위험물만을 100℃ 미만의 온도에서 취급하는 제조소 또는 일반취급소의 경우에는 해당 제조소 또는 일반취급소의 건축물 및 그 밖의 공작물만 포함하도록 할 수 있다.
2. 고인화점위험물만을 100℃ 미만의 온도에서 취급하는 제조소 또는 일반취급소의 위험물에 대해서는 대형수동식소화기 1개 이상과 해당 위험물의 소요단위에 해당하는 능력단위의 소형수동식소화기를 설치하여야 한다. 다만, 해당 제조소 또는 일반취급소에 옥내·외소화전설비, 스프링클러설비 또는 물분무등소화설비를 설치한 경우에는 해당 소화설비의 방사능력범위 내에는 대형수동식소화기를 설치하지 아니할 수 있다.
3. 가연성증기 또는 가연성미분이 체류할 우려가 있는 건축물 또는 실내에는 대형수동식소화기 1개 이상과 해당 건축물, 그 밖의 공작물 및 위험물의 소요단위에 해당하는 능력단위의 소형수동식소화기 등을 추가로 설치하여야 한다.
4. 제4류 위험물을 저장 또는 취급하는 옥외탱크저장소 또는 옥내탱크저장소에는 소형수동식소화기 등을 2개 이상 설치하여야 한다.
5. 제조소, 옥내탱크저장소, 이송취급소, 또는 일반취급소의 작업공정상 소화설비의 방사능력범위 내에 해당 제조소 등에서 저장 또는 취급하는 위험물의 전부가 포함되지 아니하는 경우에는 해당 위험물에 대하여 대형수동식소화기 1개 이상과 해당 위험물의 소요단위에 해당하는 능력단위의 소형수동식소화기 등을 추가로 설치하여야 한다.
6. 별표 16 Ⅰ 제2호카목에 따른 반도체 제조공정의 일반취급소에 설치하는 소화설비의 방사범위 내에 있는 위험물 취급설비에 소방청장이 정하여 고시하는 기준에 적합한 소화장치가 내장 또는 부착된 경우 해당 방사범위는 제1호에 따른 소화설비를 설치한 것으로 본다.

2. 소화난이도등급Ⅱ의 제조소등 및 소화설비

가. 소화난이도등급Ⅱ에 해당하는 제조소등

제조소등의 구분	제조소등의 규모, 저장 또는 취급하는 위험물의 품명 및 최대수량 등
제 조 소 일반취급소	연면적 $600m^2$ 이상인 것

	지정수량의 10배 이상인 것(고인화점위험물만을 100℃ 미만의 온도에서 취급하는 것 및 제48조의 위험물을 취급하는 것은 제외)
	별표 16 Ⅱ·Ⅲ·Ⅳ·Ⅴ·Ⅷ·Ⅸ 또는 Ⅹ 또는 Ⅹ의2 일반취급소로서 소화난이도등급Ⅰ의 제조소등에 해당하지 아니하는 것(고인화점위험물만을 100℃ 미만의 온도에서 취급하는 것은 제외)
옥내저장소	단층건물 이외의 것
	별표 5 Ⅱ 또는 Ⅳ제1호의 옥내저장소
	지정수량의 10배 이상인 것(고인화점위험물만을 저장하는 것 및 제48조의 위험물을 저장하는 것은 제외)
	연면적 150m² 초과인 것
	별표 5 Ⅲ의 옥내저장소로서 소화난이도등급Ⅰ의 제조소등에 해당하지 아니하는 것
옥외탱크저장소 옥내탱크저장소	소화난이도등급Ⅰ의 제조소등 외의 것(고인화점위험물만을 100℃ 미만의 온도로 저장하는 것 및 제6류 위험물만을 저장하는 것은 제외)
옥외저장소	덩어리 상태의 황을 저장하는 것으로서 경계표시 내부의 면적(2 이상의 경계표시가 있는 경우에는 각 경계표시의 내부의 면적을 합한 면적)이 5m² 이상 100m² 미만인 것
	별표 11 Ⅲ의 위험물을 저장하는 것으로서 지정수량의 10배 이상 100배 미만인 것
	지정수량의 100배 이상인 것(괴상의 황등 또는 고인화점위험물을 저장하는 것은 제외)
주유취급소	옥내주유취급소로서 소화난이도 등급 1의 제조소에 해당하지 아니하는 것
판매취급소	제2종 판매취급소

※ 비 고 : 제조소등의 구분별로 오른쪽란에 정한 제조소등의 규모, 저장 또는 취급하는 위험물의 수량 및 최대수량 등의 어느 하나에 해당하는 제조소등은 소화난이도등급Ⅱ에 해당하는 것으로 한다.

나. 소화난이도등급Ⅱ의 제조소등에 설치하여야 하는 소화설비

제조소등의 구분	소 화 설 비
제조소, 옥내저장소 옥외저장소, 주유취급소 판매취급소, 일반취급소	방사능력범위 내에 해당 건축물, 그 밖의 공작물 및 위험물이 포함되도록 대형수동식소화기를 설치하고, 해당 위험물의 소요단위의 1/5 이상에 해당하는 능력단위의 소형수동식소화기등을 설치할 것
옥외탱크저장소 옥내탱크저장소	대형수동식소화기 및 소형수동식소화기등을 각각 1개 이상 설치할 것

※ 비 고

1. 옥내소화전설비, 옥외소화전설비, 스프링클러설비 또는 물분무등소화설비를 설치한 경우에는 해당 소화설비의 방사능력범위 내의 부분에 대해서는 대형수동식소화기를 설치하지 아니할 수 있다.
2. 소형수동식소화기등이란 제4호에 따른 소형수동식소화기 또는 기타 소화설비를 말한다. 이하 같다.

3. 소화난이도등급Ⅲ의 제조소등 및 소화설비

가. 소화난이도등급Ⅲ에 해당하는 제조소등

제조소등의 구분	제조소등의 규모, 저장 또는 취급하는 위험물의 품명 및 최대수량 등
제 조 소 일반취급소	제48조의 위험물을 취급하는 것
	제48조의 위험물 외의 것을 취급하는 것으로서 소화난이도등급Ⅰ 또는 소화난이도등급Ⅱ의 제조소등에 해당하지 아니하는 것

옥내저장소	제48조의 위험물을 취급하는 것
	제48조의 위험물 외의 것을 취급하는 것으로서 소화난이도등급Ⅰ 또는 소화난이도등급Ⅱ의 제조소등에 해당하지 아니하는 것
지하탱크, 간이탱크 이동탱크저장소	모든 대상
옥외저장소	덩어리 상태의 황을 저장하는 것으로서 경계표시 내부의 면적(2 이상의 경계표시가 있는 경우에는 각 경계표시의 내부의 면적을 합한 면적)이 $5m^2$ 미만인 것
	덩어리 상태의 황 외의 것을 저장하는 것으로서 소화난이도등급Ⅰ 또는 소화난이도등급Ⅱ의 제조소등에 해당하지 아니하는 것
주유취급소	옥내주유취급소 외의 것으로서 소화난이도 등급 1의 제조소에 해당하지 아니하는 것.
제1종 판매취급소	모든 대상

※ 비 고 : 제조소등의 구분별로 오른쪽란에 정한 제조소등의 규모, 저장 또는 취급하는 위험물의 수량 및 최대수량 등의 어느 하나에 해당하는 제조소등은 소화난이도등급Ⅲ에 해당하는 것으로 한다.

나. 소화난이도등급Ⅲ의 제조소등에 설치하여야 하는 소화설비

제조소등의 구분	소화설비	설치기준	
지하탱크저장소	소형수동식 소화기등	능력단위의 수치가 3 이상	2개 이상
이동탱크저장소	자동차용소화기	무상의 강화액 8ℓ 이상	2개 이상
		이산화탄소 3.2kg 이상	
		브로모클로다이플루오로메탄(CF2ClBr) 2ℓ 이상	
		브로모트라이플루오로메탄(CF3Br) 2ℓ 이상	
		다이브로모테트라플루오로에탄(C2F4Br2) 1ℓ 이상	
		소화분말 3.3kg 이상	
	마른모래 및 팽창질석 또는 팽창진주암	마른모래 150ℓ 이상	
		팽창질석 또는 팽창진주암 640ℓ 이상	
그 밖의 제조소등	소형수동식 소화기등	능력단위의 수치가 건축물 그 밖의 공작물 및 위험물의 소요단위의 수치에 이르도록 설치할 것. 다만, 옥내소화전설비, 옥외소화전설비, 스프링클러설비, 물분무등소화설비 또는 대형수동식소화기를 설치한 경우에는 해당 소화설비의 방사능력범위 내의 부분에 대하여는 수동식소화기등을 그 능력단위의 수치가 해당 소요단위의 수치의 1/5 이상이 되도록 하는 것으로 족하다.	

※ 비 고

알킬알루미늄등을 저장 또는 취급하는 이동탱크저장소에 있어서는 자동차용소화기를 설치하는 외에 마른모래나 팽창질석 또는 팽창진주암을 추가로 설치하여야 한다.

4. 소화설비의 적응성

소화설비의 구분			건축물·그밖의 공작물	전기설비	제1류 위험물 알칼리금속과산화물등	제1류 위험물 그 밖의 것	제2류 위험물 철분·금속분·마그네슘 등	제2류 위험물 인화성고체	제2류 위험물 그 밖의 것	제3류 위험물 금수성물품	제3류 위험물 그 밖의 것	제4류 위험물	제5류 위험물	제6류 위험물
옥내소화전설비 또는 옥외 소화전설비			○			○		○	○		○		○	○
스프링클러설비			○			○		○	○		○	△	○	○
물분무등소화설비	물분무소화설비		○	○		○		○	○		○	○	○	○
물분무등소화설비	포소화설비		○			○		○	○		○	○	○	○
물분무등소화설비	불활성가스소화설비			○				○				○		
물분무등소화설비	할로젠화합물소화설비			○				○				○		
물분무등소화설비	분말소화설비	인산염류 등	○	○		○		○	○			○		○
물분무등소화설비	분말소화설비	탄산수소염류 등		○	○		○	○		○		○		
물분무등소화설비	분말소화설비	그 밖의 것			○		○			○				
대형·소형수동식소화기	봉상수(棒狀水)소화기		○			○		○	○		○		○	○
대형·소형수동식소화기	무상수(霧狀水)소화기		○	○		○		○	○		○		○	○
대형·소형수동식소화기	봉상강화액소화기		○			○		○	○		○		○	○
대형·소형수동식소화기	무상강화액소화기		○	○		○		○	○		○	○	○	○
대형·소형수동식소화기	포소화기		○			○		○	○		○	○	○	○
대형·소형수동식소화기	이산화탄소소화기			○				○				○		△
대형·소형수동식소화기	할로젠화합물소화기			○				○				○		
대형·소형수동식소화기	분말소화기	인산염류소화기	○	○		○		○	○			○		○
대형·소형수동식소화기	분말소화기	탄산수소염류소화기		○	○		○	○		○		○		
대형·소형수동식소화기	분말소화기	그 밖의 것			○		○			○				
기타	물통 또는 수조		○			○		○	○		○		○	○
기타	건조사				○	○	○	○	○	○	○	○	○	○
기타	팽창질석 또는 팽창진주암				○	○	○	○	○	○	○	○	○	○

※ 비 고

1. "○"표시는 해당 소방대상물 및 위험물에 대하여 소화설비가 적응성이 있음을 표시하고, "△"표시는 제4류 위험물을 저장 또는 취급하는 장소의 살수기준면적에 따라 스프링클러설비의 살수밀도가 다음 표에 정하는 기준 이상인 경우에는 해당 스프링클러설비가 제4류 위험물에 대하여 적응성이 있음을, 제6류 위험물을 저장 또는 취급하는 장소로서 폭발의 위험이 없는 장소에 한하여 이산화탄소소화기가 제6류 위험물에 대하여 적응성이 있음을 각각 표시한다.

살수기준면적(m²)	방사밀도(ℓ /m² 분)		비 고
	인화점 38℃ 미만	인화점 38℃ 이상	
279 미만 279 이상 372 미만 372 이상 465 미만 465 이상	16.3 이상 15.5 이상 13.9 이상 12.2 이상	12.2 이상 11.8 이상 9.8 이상 8.1 이상	살수기준면적은 내화구조의 벽 및 바닥으로 구획된 하나의 실의 바닥면적을 말하고, 하나의 실의 바닥면적이 465m² 이상인 경우의 살수기준면적은 465m²로 한다. 다만, 위험물의 취급을 주된 작업내용으로 하지 아니하고 소량의 위험물을 취급하는 설비 또는 부분이 넓게 분산되어 있는 경우에는 방사밀도는 8.2ℓ /m² 분 이상, 살수기준 면적은 279m² 이상으로 할 수 있다.

2. 인산염류등은 인산염류, 황산염류 그 밖에 방염성이 있는 약제를 말한다.
3. 탄산수소염류등은 탄산수소염류 및 탄산수소염류와 요소의 반응생성물을 말한다.
4. 알칼리금속과산화물등은 알칼리금속의 과산화물 및 알칼리금속의 과산화물을 함유한 것을 말한다.
5. 철분·금속분·마그네슘등은 철분·금속분·마그네슘과 철분·금속분 또는 마그네슘을 함유한 것을 말한다.

5. 소화설비의 설치기준

가. 전기설비의 소화설비

제조소등에 전기설비(전기배선, 조명기구 등은 제외한다)가 설치된 경우에는 해당 장소의 면적 100m²마다 소형수동식소화기를 1개 이상 설치할 것

나. 소요단위 및 능력단위

1) 소요단위: 소화설비의 설치대상이 되는 건축물 그 밖의 공작물의 규모 또는 위험물의 양의 기준단위
2) 능력단위: 1)의 소요단위에 대응하는 소화설비의 소화능력의 기준단위

다. 소요단위의 계산방법

건축물 그 밖의 공작물 또는 위험물의 소요단위의 계산방법은 다음의 기준에 의할 것

1) 제조소 또는 취급소의 건축물은 외벽이 내화구조인 것은 연면적(제조소등의 용도로 사용되는 부분 외의 부분이 있는 건축물에 설치된 제조소등에 있어서는 해당 건축물중 제조소등에 사용되는 부분의 바닥면적의 합계를 말한다. 이하 같다) 100m²를 1소요단위로 하며, 외벽이 내화구조가 아닌 것은 연면적 50m²를 1소요단위로 할 것
2) 저장소의 건축물은 외벽이 내화구조인 것은 연면적 150m²를 1소요단위로 하고, 외벽이 내화구조가 아닌 것은 연면적 75m²를 1소요단위로 할 것
3) 제조소등의 옥외에 설치된 공작물은 외벽이 내화구조인 것으로 간주하고 공작물의 최대수평투영면적을 연면적으로 간주하여 1) 및 2)의 규정에 따라 소요단위를 산정할 것
4) 위험물은 지정수량의 10배를 1소요단위로 할 것

라. 소화설비의 능력단위

1) 수동식소화기의 능력단위는 수동식소화기의형식승인 및 검정기술기준에 의하여 형식승인 받은 수치로 할 것
2) 기타 소화설비의 능력단위는 다음의 표에 의할 것

소화설비	용량	능력단위
소화전용(專用)물통	8ℓ	0.3
수조(소화전용물통 3개 포함)	80ℓ	1.5
수조(소화전용물통 6개 포함)	190ℓ	2.5
마른 모래(삽 1개 포함)	50ℓ	0.5
팽창질석 또는 팽창진주암(삽 1개 포함)	160ℓ	1.0

마. 옥내소화전설비의 설치기준은 다음의 기준에 의할 것

1) 옥내소화전은 제조소등의 건축물의 층마다 해당 층의 각 부분에서 하나의 호스접속구까지의 수평거리가 25m 이하가 되도록 설치할 것. 이 경우 옥내소화전은 각층의 출입구 부근에 1개 이상 설치하여야 한다.

2) 수원의 수량은 옥내소화전이 가장 많이 설치된 층의 옥내소화전 설치개수(설치개수가 5개 이상인 경우는 5개)에 7.8m³ 를 곱한 양 이상이 되도록 설치할 것

3) 옥내소화전설비는 각층을 기준으로 하여 해당 층의 모든 옥내소화전(설치개수가 5개 이상인 경우는 5개의 옥내소화전)을 동시에 사용할 경우에 각 노즐선단의 방수압력이 350kPa 이상이고 방수량이 1분당 260ℓ 이상의 성능이 되도록 할 것

4) 옥내소화전설비에는 비상전원을 설치할 것

바. 옥외소화전설비의 설치기준은 다음의 기준에 의할 것

1) 옥외소화전은 방호대상물(해당 소화설비에 의하여 소화하여야 할 제조소등의 건축물, 그 밖의 공작물 및 위험물을 말한다. 이하 같다)의 각 부분(건축물의 경우에는 해당 건축물의 1층 및 2층의 부분에 한한다)에서 하나의 호스접속구까지의 수평거리가 40m 이하가 되도록 설치할 것. 이 경우 그 설치개수가 1개일 때는 2개로 하여야 한다.

2) 수원의 수량은 옥외소화전의 설치개수(설치개수가 4개 이상인 경우는 4개의 옥외소화전)에 13.5m³ 를 곱한 양 이상이 되도록 설치할 것

3) 옥외소화전설비는 모든 옥외소화전(설치개수가 4개 이상인 경우는 4개의 옥외소화전)을 동시에 사용할 경우에 각 노즐선단의 방수압력이 350kPa 이상이고, 방수량이 1분당 450ℓ 이상의 성능이 되도록 할 것

4) 옥외소화전설비에는 비상전원을 설치할 것

사. 스프링클러설비의 설치기준은 다음의 기준에 의할 것

1) 스프링클러헤드는 방호대상물의 천장 또는 건축물의 최상부 부근(천장이 설치되지 아니한 경우)에 설치하되, 방호대상물의 각 부분에서 하나의 스프링클러헤드까지의 수평거리가 1.7m(제4호 비고 제1호의 표에 정한 살수밀도의 기준을 충족하는 경우에는 2.6m) 이하가 되도록 설치할 것

2) 개방형 스프링클러헤드를 이용한 스프링클러설비의 방사구역(하나의 일제개방밸브에 의하여 동시에 방사되는 구역을 말한다. 이하 같다)은 150m² 이상(방호대상물의 바닥면적이 150m² 미만인 경우에는 해당 바닥면적)으로 할 것

3) 수원의 수량은 폐쇄형 스프링클러헤드를 사용하는 것은 30(헤드의 설치개수가 30 미만인 방호대상물인 경우에는 해당 설치개수), 개방형 스프링클러헤드를 사용하는 것은 스프링클러헤드가 가장 많이 설치된 방사구역의 스프링클러헤드 설치개수에 2.4m³ 를 곱한 양 이상이 되도록 설치할 것

4) 스프링클러설비는 3)에 따른 개수의 스프링클러헤드를 동시에 사용할 경우에 각 선단의 방사압력이 100kPa(제4호 비고 제1호의 표에 정한 살수밀도의 기준을 충족하는 경우에는 50kPa) 이상이고, 방수량이 1분당 80ℓ (제4호 비고 제1호의 표에 정한 살수밀도의 기준을 충족하는 경우에는 56ℓ) 이상의 성능이 되도록 할 것

5) 스프링클러설비에는 비상전원을 설치할 것

아. 물분무소화설비의 설치기준은 다음의 기준에 의할 것

1) 분무헤드의 개수 및 배치는 다음 각목에 의할 것

가) 분무헤드로부터 방사되는 물분무에 의하여 방호대상물의 모든 표면을 유효하게 소화할 수 있도록 설치할 것

나) 방호대상물의 표면적(건축물에 있어서는 바닥면적. 이하 이 목에서 같다) 1m²당 3)에 따른 양의 비율로 계산한 수량을 표준방사량(해당 소화설비의 헤드의 설계압력에 의한 방사량을 말한다. 이하 같다)으로 방사할 수 있도록 설치할 것

2) 물분무소화설비의 방사구역은 150m² 이상(방호대상물의 표면적이 150m² 미만인 경우에는 해당 표면적)으로 할 것

3) 수원의 수량은 분무헤드가 가장 많이 설치된 방사구역의 모든 분무헤드를 동시에 사용할 경우에 해당 방

사구역의 표면적 1m²당 1분당 20ℓ 의 비율로 계산한 양으로 30분간 방사할 수 있는 양 이상이 되도록 설치할 것

4) 물분무소화설비는 3)에 따른 분무헤드를 동시에 사용할 경우에 각 선단의 방사압력이 350kPa 이상으로 표준방사량을 방사할 수 있는 성능이 되도록 할 것

5) 물분무소화설비에는 비상전원을 설치할 것

자. **포소화설비**의 설치기준은 다음의 기준에 의할 것

1) 고정식 포소화설비의 포방출구등은 방호대상물의 형상, 구조, 성질, 수량 또는 취급방법에 따라 표준방사량으로 해당 방호대상물의 화재를 유효하게 소화할 수 있도록 필요한 개수를 적당한 위치에 설치할 것

2) 이동식 포소화설비(포소화전 등 고정된 포수용액 공급장치로부터 호스를 통하여 포수용액을 공급받아 이동식 노즐에 의하여 방사하도록 된 소화설비를 말한다. 이하 같다)의 포소화전은 옥내에 설치하는 것은 마목1), 옥외에 설치하는 것은 바목1)의 규정을 준용할 것

3) 수원의 수량 및 포소화약제의 저장량은 방호대상물의 화재를 유효하게 소화할 수 있는 양 이상이 되도록 할 것

4) 포소화설비에는 비상전원을 설치할 것

차. **불활성가스소화설비**의 설치기준은 다음의 기준에 의할 것

1) 전역방출방식 불활성가스소화설비의 분사헤드는 불연재료의 벽·기둥·바닥·보 및 지붕(천장이 있는 경우에는 천장)으로 구획되고 개구부에 자동폐쇄장치(60분+방화문, 60분방화문, 30분방화문 또는 불연재료의 문으로 이산화탄소소화약제가 방사되기 직전에 개구부를 자동적으로 폐쇄하는 장치를 말한다)가 설치되어 있는 부분(이하 "방호구역"이라 한다)에 해당 부분의 용적 및 방호대상물의 성질에 따라 표준방사량으로 방호대상물의 화재를 유효하게 소화할 수 있도록 필요한 개수를 적당한 위치에 설치할 것. 다만, 해당 부분에서 외부로 누설되는 양 이상의 불활성가스소화약제를 유효하게 추가하여 방출할 수 있는 설비가 있는 경우는 해당 개구부의 자동폐쇄장치를 설치하지 아니할 수 있다.

2) 국소방출방식 불활성가스소화설비의 분사헤드는 방호대상물의 형상, 구조, 성질, 수량 또는 취급방법에 따라 방호대상물에 이산화탄소소화약제를 직접 방사하여 표준방사량으로 방호대상물의 화재를 유효하게 소화할 수 있도록 필요한 개수를 적당한 위치에 설치할 것

3) 이동식 불활성가스소화설비(고정된 이산화탄소소화약제 공급장치로부터 호스를 통하여 이산화탄소소화약제를 공급받아 이동식 노즐에 의하여 방사하도록 된 소화설비를 말한다. 이하 같다)의 호스접속구는 모든 방호대상물에 대하여 해당 방호 대상물의 각 부분으로부터 하나의 호스접속구까지의 수평거리가 15m 이하가 되도록 설치할 것

4) 불활성가스소화약제용기에 저장하는 불활성가스소화약제의 양은 방호대상물의 화재를 유효하게 소화할 수 있는 양 이상이 되도록 할 것

5) 전역방출방식 또는 국소방출방식의 불활성가스소화설비에는 비상전원을 설치할 것

카. **할로젠화합물소화설비**의 설치기준은 차목의 불활성가스소화설비의 기준을 준용할 것

타. **분말소화설비**의 설치기준은 차목의 불활성가스소화설비의 기준을 준용할 것

파. **대형수동식소화기**의 설치기준은 방호대상물의 각 부분으로부터 하나의 대형수동식소화기까지의 **보행거리가 30m 이하**가 되도록 설치할 것. 다만, 옥내소화전설비, 옥외소화전설비, 스프링클러설비 또는 물분무등소화설비와 함께 설치하는 경우에는 그러하지 아니하다.

하. **소형수동식소화기**등의 설치기준은 소형수동식소화기 또는 그 밖의 소화설비는 지하탱크저장소, 간이탱크저장소, 이동탱크저장소, 주유취급소 또는 판매취급소에서는 유효하게 소화할 수 있는 위치에 설치하여야 하며, 그 밖의 제조소등에서는 방호대상물의 각 부분으로부터 하나의 소형수동식소화기까지의 **보행거리가 20m 이하**가 되도록 설치할 것. 다만, 옥내소화전설비, 옥외소화전설비, 스프링클러설비, 물분무등소화설비 또는 대형수동식소화기와 함께 설치하는 경우에는 그러하지 아니하다.

Ⅱ. 경보설비

1. 제조소등별로 설치하여야 하는 경보설비의 종류

제조소등의 구분	제조소등의 규모, 저장 또는 취급하는 위험물의 종류 및 최대수량 등	경보설비
1. 제조소 및 일반취급소	·연면적 500m² 이상인 것 ·옥내에서 지정수량의 100배 이상을 취급하는 것(고인화점 위험물만을 100℃ 미만의 온도에서 취급하는 것을 제외한다) ·일반취급소로 사용되는 부분 외의 부분이 있는 건축물에 설치된 일반취급소(일반취급소와 일반취급소 외의 부분이 내화구조의 바닥 또는 벽으로 개구부 없이 구획된 것을 제외한다)	자동화재 탐지설비
2. 옥내저장소	·지정수량의 100배 이상을 저장 또는 취급하는 것(고인화점위험물만을 저장 또는 취급하는 것을 제외한다) ·저장창고의 연면적이 150m²를 초과하는 것[해당 저장창고가 연면적 150m² 이내마다 불연재료의 격벽으로 개구부 없이 완전히 구획된 것과 제2류 또는 제4류의 위험물(인화성고체 및 인화점이 70℃ 미만인 제4류 위험물을 제외한다)만을 저장 또는 취급하는 것에 있어서는 저장창고의 연면적이 500m² 이상의 것에 한한다] ·처마높이가 6m 이상인 단층건물의 것 ·옥내저장소로 사용되는 부분 외의 부분이 있는 건축물에 설치된 옥내저장소[옥내저장소와 옥내저장소 외의 부분이 내화구조의 바닥 또는 벽으로 개구부 없이 구획된 것과 제2류 또는 제4류의 위험물(인화성고체 및 인화점이 70℃ 미만인 제4류 위험물을 제외한다)만을 저장 또는 취급하는 것을 제외한다]	
3. 옥내탱크저장소	단층 건물 외의 건축물에 설치된 옥내탱크저장소로서 소화난이도등급 Ⅰ에 해당하는 것	
4. 주유취급소	옥내주유취급소	
5. 제1호 내지 제4호의자동화재탐지설비 설치대상에 해당하지 아니하는 제조소등	지정수량의 10배 이상을 저장 또는 취급하는 것	자동화재탐지설비, 비상경보설비, 확성장치 또는 비상방송설비 중 1종 이상

※ 비고 : 이송취급소의 경보설비는 별표 15 Ⅳ제14호에 따른다.

2. 자동화재탐지설비의 설치기준
   가. 자동화재탐지설비의 경계구역(화재가 발생한 구역을 다른 구역과 구분하여 식별할 수 있는 최소단위의 구역을 말한다. 이하 이 호 및 제2호에서 같다)은 건축물 그 밖의 공작물의 2 이상의 층에 걸치지 아니하도록 할 것. 다만, 하나의 경계구역의 면적이 500m² 이하이면서 해당 경계구역이 두개의 층에 걸치는 경우이거나 계단·경사로·승강기의 승강로 그 밖에 이와 유사한 장소에 연기감지기를 설치하는 경우에는 그러하지 아니하다.
   나. 하나의 경계구역의 면적은 600m² 이하로 하고 그 한변의 길이는 50m(광전식분리형 감지기를 설치할 경우에는 100m)이하로 할 것. 다만, 해당 건축물 그 밖의 공작물의 주요한 출입구에서 그 내부의 전체를 볼 수 있는 경우에 있어서는 그 면적을 1,000m² 이하로 할 수 있다.
   다. 자동화재탐지설비의 감지기는 지붕(상층이 있는 경우에는 상층의 바닥) 또는 벽의 옥내에 면한 부분(천장이 있는 경우에는 천장 또는 벽의 옥내에 면한 부분 및 천장의 뒷 부분)에 유효하게 화재의 발생을 감지할 수 있도록 설치할 것
   라. 자동화재탐지설비에는 비상전원을 설치할 것

Ⅲ. 피난설비

1. 주유취급소 중 건축물의 2층 이상의 부분을 점포·휴게음식점 또는 전시장의 용도로 사용하는 것에 있어서는 해당 건축물의 2층 이상으로부터 주유취급소의 부지 밖으로 통하는 출입구와 해당 출입구로 통하는 통로·계단 및 출입구에 유도등을 설치하여야 한다.
2. 옥내주유취급소에 있어서는 해당 사무소 등의 출입구 및 피난구와 해당 피난구로 통하는 통로·계단 및 출입구에 유도등을 설치하여야 한다.
3. 유도등에는 **비상전원**을 설치하여야 한다.

[규칙 별표 18]

제조소등에서의 위험물의 저장 및 취급에 관한 기준(제49조관련)

Ⅰ. 저장·취급의 공통기준

1. 제조소등에서 법 제6조제1항에 따른 허가 및 법 제6조제2항에 따른 신고와 관련되는 품명 외의 위험물 또는 이러한 허가 및 신고와 관련되는 수량 또는 지정수량의 배수를 초과하는 위험물을 저장 또는 취급하지 아니하여야 한다(중요기준). / 2~6번 〈삭제 2009.3.17〉
7. 위험물을 저장 또는 취급하는 건축물 그 밖의 공작물 또는 설비는 해당 위험물의 성질에 따라 차광 또는 환기를 실시하여야 한다.
8. 위험물은 온도계, 습도계, 압력계 그 밖의 계기를 감시하여 해당 위험물의 성질에 맞는 적정한 온도, 습도 또는 압력을 유지하도록 저장 또는 취급하여야 한다. 9번. 〈삭제 2009.3.17〉
10. 위험물을 저장 또는 취급하는 경우에는 위험물의 변질, 이물의 혼입등에 의하여 해당 위험물의 위험성이 증대되지 아니하도록 필요한 조치를 강구하여야 한다.
11. 위험물이 남아 있거나 남아 있을 우려가 있는 설비, 기계·기구, 용기 등을 수리하는 경우에는 안전한 장소에서 위험물을 완전하게 제거한 후에 실시하여야 한다.
12. 위험물을 용기에 수납하여 저장 또는 취급할 때에는 그 용기는 해당 위험물의 성질에 적응하고 파손·부식·균열 등이 없는 것으로 하여야 한다. / 13번. 〈삭제 2009.3.17〉
14. 가연성의 액체·증기 또는 가스가 새거나 체류할 우려가 있는 장소 또는 가연성의 미분이 현저하게 부유할 우려가 있는 장소에서는 전선과 전기기구를 완전히 접속하고 불꽃을 발하는 기계·기구·공구·신발 등을 사용하지 아니하여야 한다.
15. 위험물을 보호액중에 보존하는 경우에는 해당 위험물이 보호액으로부터 노출되지 아니하도록 하여야 한다.

Ⅱ. 위험물의 유별 저장·취급의 공통기준(중요기준)

1. 제1류 위험물은 가연물과의 접촉·혼합이나 분해를 촉진하는 물품과의 접근 또는 과열·충격·마찰등을 피하는 한편, 알카리금속의 과산화물 및 이를 함유한 것에 있어서는 물과의 접촉을 피하여야 한다.
2. 제2류 위험물은 산화제와의 접촉·혼합이나 불티·불꽃·고온체와의 접근 또는 과열을 피하는 한편, 철분·금속분·마그네슘 및 이를 함유한 것에 있어서는 물이나 산과의 접촉을 피하고 인화성 고체에 있어서는 함부로 증기를 발생시키지 아니하여야 한다.
3. 제3류 위험물 중 자연발화성물질에 있어서는 불티·불꽃 또는 고온체와의 접근·과열 또는 공기와의 접촉을 피하고, 금수성물질에 있어서는 물과의 접촉을 피하여야 한다.
4. 제4류 위험물은 불티·불꽃·고온체와의 접근 또는 과열을 피하고, 함부로 증기를 발생시키지 아니하여야 한다.
5. 제5류 위험물은 불티·불꽃·고온체와의 접근이나 과열·충격 또는 마찰을 피하여야 한다.

6. 제6류 위험물은 가연물과의 접촉·혼합이나 분해를 촉진하는 물품과의 접근 또는 과열을 피하여야 한다.
7. 제1호 내지 제6호의 기준은 위험물을 저장 또는 취급함에 있어서 해당 각 호의 기준에 의하지 아니하는 것이 통상인 경우는 해당 각 호를 적용하지 아니한다. 이 경우 해당 저장 또는 취급에 대하여는 재해의 발생을 방지하기 위한 충분한 조치를 강구하여야 한다.

Ⅲ. 저장의 기준

1. 저장소에는 위험물 외의 물품을 저장하지 아니하여야 한다. 다만, 다음 각목의 1에에 해당하는 경우에는 그러하지 아니하다(중요기준).
   가. 옥내저장소 또는 옥외저장소에서 다음에 따른 위험물과 위험물이 아닌 물품을 함께 저장하는 경우. 이 경우 위험물과 위험물이 아닌 물품은 각각 모아서 저장하고 상호간에는 1m 이상의 간격을 두어야 한다.
      1) 위험물(제2류 위험물 중 인화성고체와 제4류 위험물을 제외한다)과 영 별표 1에서 해당 위험물이 속하는 품명란에 정한 물품(동표 제1류의 품명란 제11호, 제2류의 품명란 제8호, 제3류의 품명란 제12호, 제5류의 품명란 제11호 및 제6류의 품명란 제5호에 따른 물품을 제외한다)을 주성분으로 함유한 것으로서 위험물에 해당하지 아니하는 물품
      2) 제2류 위험물 중 인화성고체와 위험물에 해당하지 아니하는 고체 또는 액체로서 인화점을 갖는 것 또는 합성 수지류(「소방기본법 시행령」 별표 2 비고 제8호의 합성수지류를 말한다)(이하 Ⅲ에서 "합성수지류등" 이라 한다) 또는 이들중 어느 하나 이상을 주성분으로 함유한 것으로서 위험물에 해당하지 아니하는 물품
      3) 제4류 위험물과 합성수지류등 또는 영 별표 1의 제4류의 품명란에 정한 물품을 주성분으로 함유한 것으로서 위험물에 해당하지 아니하는 물품
      4) 제4류 위험물 중 유기과산화물 또는 이를 함유한 것과 유기과산화물 또는 유기과산화물만을 함유한 것으로서 위험물에 해당하지 아니하는 물품
      5) 제48조에 따른 위험물과 위험물에 해당하지 아니하는 화약류(「총포·도검·화약류 등 단속법」에 의한 화약류에 해당하는 것을 말한다)
      6) 위험물과 위험물에 해당하지 아니하는 불연성의 물품(저장하는 위험물 및 위험물외의 물품과 위험한 반응을 일으키지 아니하는 것에 한한다)
   나. 옥외탱크저장소·옥내탱크저장소·지하탱크저장소 또는 이동탱크저장소(이하 이 목에서 "옥외탱크저장소등"이라 한다)에서 해당 옥외탱크저장소등의 구조 및 설비에 나쁜 영향을 주지 아니하면서 다음에서 정하는 위험물이 아닌 물품을 저장하는 경우
      1) 제4류 위험물을 저장 또는 취급하는 옥외탱크저장소등: 합성수지류등 또는 영 별표 1의 제4류의 품명란에 정한 물품을 주성분으로 함유한 것으로서 위험물에 해당하지 아니하는 물품 또는 위험물에 해당하지 아니하는 불연성 물품(저장 또는 취급하는 위험물 및 위험물외의 물품과 위험한 반응을 일으키지 아니하는 것에 한한다)
      2) 제6류 위험물을 저장 또는 취급하는 옥외탱크저장소등: 영 별표 1의 제6류의 품명란에 정한 물품(동표 제6류의 품명란 제5호에 따른 물품을 제외한다)을 주성분으로 함유한 것으로서 위험물에 해당하지 아니하는 물품 또는 위험물에 해당하지 아니하는 불연성 물품(저장 또는 취급하는 위험물 및 위험물 외의 물품과 위험한 반응을 일으키지 아니하는 것에 한한다)
2. 영 별표 1의 유별을 달리하는 위험물은 동일한 저장소(내화구조의 격벽으로 완전히 구획된 실이 2 이상 있는 저장소에 있어서는 동일한 실. 이하 제3호에서 같다)에 저장하지 아니하여야 한다. 다만, 옥내저장소 또는 옥외저장소에 있어서 다음의 각목에 따른 위험물을 저장하는 경우로서 위험물을 유별로 정리하여 저장하는 한편, 서로 1m 이상의 간격을 두는 경우에는 그러하지 아니하다(중요기준).

가. 제1류 위험물(알칼리금속의 과산화물 또는 이를 함유한 것을 제외한다)과 제5류 위험물을 저장하는 경우
나. 제1류 위험물과 제6류 위험물을 저장하는 경우
다. 제1류 위험물과 제3류 위험물 중 자연발화성물질(황린 또는 이를 함유한 것에 한한다)을 저장하는 경우
라. 제2류 위험물 중 인화성고체와 제4류 위험물을 저장하는 경우
마. 제3류 위험물 중 알킬알루미늄등과 제4류 위험물(알킬알루미늄 또는 알킬리튬을 함유한 것에 한한다)을 저장하는 경우
바. 제4류 위험물 중 유기과산화물 또는 이를 함유하는 것과 제5류 위험물 중 유기과산화물 또는 이를 함유한 것을 저장하는 경우

3. 제3류 위험물 중 황린 그 밖에 물속에 저장하는 물품과 금수성물질은 동일한 저장소에서 저장하지 아니하여야 한다(중요기준).
4. 옥내저장소에 있어서 위험물은 V에 따른 바에 따라 용기에 수납하여 저장하여야 한다. 다만, 덩어리 상태의 황과 제48조에 따른 위험물에 있어서는 그러하지 아니하다.
5. 옥내저장소에서 동일 품명의 위험물이더라도 자연발화할 우려가 있는 위험물 또는 재해가 현저하게 증대할 우려가 있는 위험물을 다량 저장하는 경우에는 지정수량의 10배 이하마다 구분하여 상호간 0.3m 이상의 간격을 두어 저장하여야 한다. 다만, 제48조에 따른 위험물 또는 기계에 의하여 하역하는 구조로 된 용기에 수납한 위험물에 있어서는 그러하지 아니하다(중요기준).
6. 옥내저장소에서 위험물을 저장하는 경우에는 다음 각목에 따른 높이를 초과하여 용기를 겹쳐 쌓지 아니하여야 한다.
   가. 기계에 의하여 하역하는 구조로 된 용기만을 겹쳐 쌓는 경우에 있어서는 6m
   나. 제4류 위험물 중 제3석유류, 제4석유류 및 동식물유류를 수납하는 용기만을 겹쳐 쌓는 경우에 있어서는 4m
   다. 그 밖의 경우에 있어서는 3m
7. 옥내저장소에서는 용기에 수납하여 저장하는 위험물의 온도가 55℃를 넘지 아니하도록 필요한 조치를 강구하여야 한다(중요기준). / 8. 〈삭제 2009.3.17〉
9. 옥외저장탱크·옥내저장탱크 또는 지하저장탱크의 주된 밸브(액체의 위험물을 이송하기 위한 배관에 설치된 밸브중 탱크의 바로 옆에 있는 것을 말한다) 및 주입구의 밸브 또는 뚜껑은 위험물을 넣거나 빼낼 때 외에는 폐쇄하여야 한다.
10. 옥외저장탱크의 주위에 방유제가 있는 경우에는 그 배수구를 평상시 폐쇄하여 두고, 해당 방유제의 내부에 유류 또는 물이 괴었을 때에는 지체 없이 이를 배출하여야 한다.
11. 이동저장탱크에는 해당 탱크에 저장 또는 취급하는 위험물의 위험성을 알리는 표지를 부착하고 잘 보일 수 있도록 관리하여야 한다.
12. 이동저장탱크 및 그 안전장치와 그 밖의 부속배관은 균열, 결합불량, 극단적인 변형, 주입호스의 손상 등에 의한 위험물의 누설이 일어나지 아니하도록 하고, 해당 탱크의 배출밸브는 사용시 외에는 완전하게 폐쇄하여야 한다.
13. 피견인자동차에 고정된 이동저장탱크에 위험물을 저장할 때에는 해당 피견인자동차에 견인자동차를 결합한 상태로 두어야 한다. 다만, 다음 각목의 기준에 따라 피견인자동차를 철도·궤도상의 차량(이하 이 호에서 "차량"이라 한다)에 싣거나 차량으로부터 내리는 경우에는 그러하지 아니하다.
   가. 피견인자동차를 싣는 작업은 화재예방상 안전한 장소에서 실시하고, 화재가 발생하였을 경우에 그 피해의 확대를 방지할 수 있도록 필요한 조치를 강구할 것
   나. 피견인자동차를 실을 때에는 이동저장탱크에 변형 또는 손상을 주지 아니하도록 필요한 조치를 강구할 것
   다. 피견인자동차를 차량에 싣는 것은 견인자동차를 분리한 즉시 실시하고, 피견인자동차를 차량으로부터 내렸을 때에는 즉시 해당 피견인자동차를 견인자동차에 결합할 것
14. 컨테이너식 이동탱크저장소외의 이동탱크저장소에 있어서는 위험물을 저장한 상태로 이동저장탱크를 옮겨

싣지 아니하여야 한다(중요기준).

15. 이동탱크저장소에는 해당 이동탱크저장소의 완공검사필증 및 정기점검기록을 비치하여야 한다.
16. 알킬알루미늄등을 저장 또는 취급하는 이동탱크저장소에는 긴급시의 연락처, 응급조치에 관하여 필요한 사항을 기재한 서류, 방호복, 고무장갑, 밸브 등을 죄는 결합공구 및 휴대용 확성기를 비치하여야 한다.
17. 옥외저장소(제20호에 따른 경우를 제외한다)에 있어서 위험물은 Ⅴ에 정하는 바에 따라 용기에 수납하여 저장하여야 한다.
18. 옥외저장소에서 위험물을 저장하는 경우에 있어서는 제6호 각목에 따른 높이를 초과하여 용기를 겹쳐 쌓지 아니하여야 한다.
19. 옥외저장소에서 위험물을 수납한 용기를 선반에 저장하는 경우에는 6m를 초과하여 저장하지 아니하여야 한다.
20. 황을 용기에 수납하지 아니하고 저장하는 옥외저장소에서는 황을 경계표시의 높이 이하로 저장하고, 황이 넘치거나 비산하는 것을 방지할 수 있도록 경계표시 내부의 전체를 난연성 또는 불연성의 천막 등으로 덮고 해당 천막 등을 경계표시에 고정하여야 한다.
21. 알킬알루미늄등, 아세트알데하이드등 및 다이에틸에터등(다이에틸에터 또는 이를 함유한 것을 말한다. 이하 같다)의 저장기준은 제1호 내지 제20호의 규정에 의하는 외에 다음 각목과 같다(중요기준).
   가. 옥외저장탱크 또는 옥내저장탱크 중 압력탱크(최대상용압력이 대기압을 초과하는 탱크를 말한다. 이하 이 호에서 같다)에 있어서는 알킬알루미늄등의 취출에 의하여 해당 탱크내의 압력이 상용압력 이하로 저하하지 아니하도록, 압력탱크 외의 탱크에 있어서는 알킬알루미늄등의 취출이나 온도의 저하에 의한 공기의 혼입을 방지할 수 있도록 불활성의 기체를 봉입할 것
   나. 옥외저장탱크·옥내저장탱크 또는 이동저장탱크에 새롭게 알킬알루미늄등을 주입하는 때에는 미리 해당 탱크안의 공기를 불활성기체와 치환하여 둘 것
   다. 이동저장탱크에 알킬알루미늄등을 저장하는 경우에는 20kPa 이하의 압력으로 불활성의 기체를 봉입하여 둘 것
   라. 옥외저장탱크·옥내저장탱크 또는 지하저장탱크 중 압력탱크에 있어서는 아세트알데하이드등의 취출에 의하여 해당 탱크내의 압력이 상용압력 이하로 저하하지 아니하도록, 압력탱크 외의 탱크에 있어서는 아세트알데하이드등의 취출이나 온도의 저하에 의한 공기의 혼입을 방지할 수 있도록 불활성 기체를 봉입할 것
   마. 옥외저장탱크·옥내저장탱크·지하저장탱크 또는 이동저장탱크에 새롭게 아세트알데하이드등을 주입하는 때에는 미리 해당 탱크안의 공기를 불활성 기체와 치환하여 둘 것
   바. 이동저장탱크에 아세트알데하이드등을 저장하는 경우에는 항상 불활성의 기체를 봉입하여 둘 것
   사. 옥외저장탱크·옥내저장탱크 또는 지하저장탱크 중 압력탱크 외의 탱크에 저장하는 다이에틸에터등 또는 아세트알데하이드등의 온도는 산화프로필렌과 이를 함유한 것 또는 다이에틸에터등에 있어서는 30℃ 이하로, 아세트알데하이드 또는 이를 함유한 것에 있어서는 15℃ 이하로 각각 유지할 것
   아. 옥외저장탱크·옥내저장탱크 또는 지하저장탱크 중 압력탱크에 저장하는 아세트알데하이드등 또는 다이에틸에터등의 온도는 40℃ 이하로 유지할 것
   자. 보냉장치가 있는 이동저장탱크에 저장하는 아세트알데하이드등 또는 다이에틸에터등의 온도는 해당 위험물의 비점 이하로 유지할 것
   차. 보냉장치가 없는 이동저장탱크에 저장하는 아세트알데하이드등 또는 다이에틸에터등의 온도는 40℃ 이하로 유지할 것

Ⅳ. 취급의 기준

1. 위험물의 취급 중 제조에 관한 기준은 다음 각목과 같다(중요기준).

가. 증류공정에 있어서는 위험물을 취급하는 설비의 내부압력의 변동 등에 의하여 액체 또는 증기가 새지 아니하도록 할 것
나. 추출공정에 있어서는 추출관의 내부압력이 비정상으로 상승하지 아니하도록 할 것
다. 건조공정에 있어서는 위험물의 온도가 국부적으로 상승하지 아니하는 방법으로 가열 또는 건조할 것
라. 분쇄공정에 있어서는 위험물의 분말이 현저하게 부유하고 있거나 위험물의 분말이 현저하게 기계·기구 등에 부착하고 있는 상태로 그 기계·기구를 취급하지 아니할 것
2. 위험물의 취급중 용기에 옮겨 담는데 대한 기준은 다음 각목과 같다.
가. 위험물을 용기에 옮겨 담는 경우에는 Ⅴ에 정하는 바에 따라 수납할 것 / 나. 〈삭제 2009.3.17〉
3. 위험물의 취급 중 소비에 관한 기준은 다음 각목과 같다(중요기준).
가. 분사도장작업은 방화상 유효한 격벽 등으로 구획된 안전한 장소에서 실시할 것 / 다. 〈삭제 2009.3.17〉
나. 담금질 또는 열처리작업은 위험물이 위험한 온도에 이르지 아니하도록 하여 실시할 것
라. 버너를 사용하는 경우에는 버너의 역화를 방지하고 위험물이 넘치지 아니하도록 할 것
4. 〈삭제 2009.3.17〉
5. 주유취급소·판매취급소·이송취급소 또는 이동탱크저장소에서의 위험물의 취급기준은 다음 각목과 같다.
가. 주유취급소(항공기주유취급소·선박주유취급소 및 철도주유취급소를 제외한다)에서의 취급기준
1) 자동차 등에 주유할 때에는 고정주유설비를 사용하여 직접 주유할 것(중요기준)
2) 자동차 등에 인화점 40℃ 미만의 위험물을 주유할 때에는 자동차 등의 원동기를 정지시킬 것. 다만, 연료탱크에 위험물을 주유하는 동안 방출되는 가연성 증기를 회수하는 설비가 부착된 고정주유설비에 의하여 주유하는 경우에는 그러하지 아니하다.
3) 이동저장탱크에 급유할 때에는 고정급유설비를 사용하여 직접 급유할 것
4) 〈삭제 2009.3.17〉 / 5) 〈삭제 2009.3.17〉
6) 고정주유설비 또는 고정급유설비에 접속하는 탱크에 위험물을 주입할 때에는 해당 탱크에 접속된 고정주유설비 또는 고정급유설비의 사용을 중지하고, 자동차 등을 해당 탱크의 주입구에 접근시키지 아니할 것
7) 고정주유설비 또는 고정급유설비에는 해당 설비에 접속한 전용탱크 또는 간이탱크의 배관외의 것을 통하여서는 위험물을 공급하지 아니할 것
8) 자동차 등에 주유할 때에는 고정주유설비 또는 고정주유설비에 접속된 탱크의 주입구로부터 4m 이내의 부분(별표 13 Ⅴ제1호다목 및 라목의 용도에 제공하는 부분 중 바닥 및 벽에서 구획된 것의 내부를 제외한다)에, 이동저장탱크로부터 전용탱크에 위험물을 주입할 때에는 전용탱크의 주입구로부터 3m 이내의 부분 및 전용탱크 통기관의 선단으로부터 수평거리 1.5m 이내의 부분에 있어서는 다른 자동차 등의 주차를 금지하고 자동차 등의 점검·정비 또는 세정을 하지 아니할 것
9) 〈삭제 2009.3.17〉 / 10) 〈삭제 2014.6.23〉
11) 주유원간이대기실 내에서는 화기를 사용하지 아니할 것
12) 전기자동차 충전설비를 사용하는 때에는 다음의 기준을 준수할 것
가) 충전기기와 전기자동차를 연결할 때에는 연장코드를 사용하지 아니할 것
나) 전기자동차의 전지·인터페이스 등이 충전기기의 규격에 적합한지 확인한 후 충전을 시작할 것
다) 충전 중에는 자동차 등을 작동시키지 아니할 것
나. 항공기주유취급소에서의 취급기준은 가목[1) 및 7)은 제외한다]의 규정을 준용하는 외에 다음의 기준에 의할 것
1) 항공기에 주유하는 때에는 고정주유설비, 주유배관의 선단부에 접속한 호스기기, 주유호스차 또는 주유탱크차를 사용하여 직접 주유할 것(중요기준) / 2) 〈삭제 2009.3.17〉
3) 고정주유설비에는 해당 주유설비에 접속한 전용탱크 또는 위험물을 저장 또는 취급하는 탱크의 배관외의 것을 통하여서는 위험물을 주입하지 아니할 것
4) 주유호스차 또는 주유탱크차에 의하여 주유하는 때에는 주유호스의 선단을 항공기의 연료탱크의 급유

구에 긴밀히 결합할 것. 다만, 주유탱크차에서 주유호스 선단부에 수동개폐장치를 설치한 주유노즐에 의하여 주유하는 때에는 그러하지 아니하다.

5) 주유호스차 또는 주유탱크차에서 주유하는 때에는 주유호스차의 호스기기 또는 주유탱크차의 주유설비를 항공기와 전기적으로 접속할 것

다. 철도주유취급소에서의 취급기준은 가목[1) 및 7)은 제외한다]의 규정 및 나목3)의 규정을 준용하는 외에 다음의 기준에 의할 것

1) 철도 또는 궤도에 의하여 운행하는 차량에 주유하는 때에는 고정주유설비 또는 주유배관의 선단부에 접속한 호스기기를 사용하여 직접 주유할 것(중요기준)

2) 철도 또는 궤도에 의하여 운행하는 차량에 주유하는 때에는 콘크리트 등으로 포장된 부분에서 주유할 것

라. 선박주유취급소에서의 취급기준은 가목[1)·3) 및 7)을 제외한다]의 규정 및 나목3)의 규정을 준용하는 외에 다음의 기준에 의할 것

1) 선박에 주유하는 때에는 고정주유설비 또는 주유배관의 선단부에 접속한 호스기기를 사용하여 직접 주유할 것(중요기준)

2) 선박에 주유하는 때에는 선박이 이동하지 아니하도록 계류시킬 것

3) 수상구조물에 설치하는 고정주유설비를 이용하여 주유작업을 할 때에는 5m 이내에 다른 선박의 정박 또는 계류를 금지할 것

4) 수상구조물에 설치하는 고정주유설비의 주위에 설치하는 집유설비 내에 고인 빗물 또는 위험물은 넘치지 않도록 수시로 수거하고, 수거물은 유분리장치를 이용하거나 폐기물 처리 방법에 따라 처리할 것

5) 수상구조물에 설치하는 고정주유설비를 이용한 주유작업은 위험물을 공급하는 배관·펌프 및 그 부속설비의 안전을 확인한 후에 시작할 것(중요기준)

6) 수상구조물에 설치하는 고정주유설비를 이용한 주유작업이 종료된 후에는 별표 13 XⅣ제3호마목에 따른 차단밸브를 모두 잠글 것(중요기준)

7) 수상구조물에 설치하는 고정주유설비를 이용한 주유작업은 총 톤수가 300미만인 선박에 대해서만 실시할 것(중요기준)

마. 고객이 직접 주유하는 주유취급소에서의 기준

1) 셀프용고정주유설비 및 셀프용고정급유설비 외의 고정주유설비 또는 고정급유설비를 사용하여 고객에 의한 주유 또는 용기에 옮겨 담는 작업을 행하지 아니할 것(중요기준) / 2) 〈삭제 2009.3.17〉

3) 감시대에서 고객이 주유하거나 용기에 옮겨 담는 작업을 직시하는 등 적절한 감시를 할 것

4) 고객에 의한 주유 또는 용기에 옮겨 담는 작업을 개시할 때에는 안전상 지장이 없음을 확인 한 후 제어장치에 의하여 호스기기에 대한 위험물의 공급을 개시할 것

5) 고객에 의한 주유 또는 용기에 옮겨 담는 작업을 종료한 때에는 제어장치에 의하여 호스기기에 대한 위험물의 공급을 정지할 것

6) 비상시 그 밖에 안전상 지장이 발생한 경우에는 제어장치에 의하여 호스기기에 위험물의 공급을 일제히 정지하고, 주유취급소 내의 모든 고정주유설비 및 고정급유설비에 의한 위험물 취급을 중단할 것

7) 감시대의 방송설비를 이용하여 고객에 의한 주유 또는 용기에 옮겨 담는 작업에 대한 필요한 지시를 할 것

8) 감시대에서 근무하는 감시원은 안전관리자 또는 위험물안전관리에 관한 전문지식이 있는 자일 것

바. 판매취급소에서의 취급기준

1) 판매취급소에서는 도료류, 제1류 위험물 중 염소산염류 및 염소산염류만을 함유한 것, 황 또는 인화점이 38℃ 이상인 제4류 위험물을 배합실에서 배합하는 경우 외에는 위험물을 배합하거나 옮겨 담는 작업을 하지 아니할 것. 이 경우 이동저장탱크로부터 이동저장탱크로의 위험물 주입은 허용되지 않는다.

2) 위험물은 별표 19 Ⅰ에 따른 운반용기에 수납한 채로 판매할 것

3) 판매취급소에서 위험물을 판매할 때에는 위험물이 넘치거나 비산하는 계량기(액용되를 포함한다)를 사용하지 아니할 것

사. 이송취급소에서의 취급기준

1) 위험물의 이송은 위험물을 이송하기 위한 배관·펌프 및 그에 부속한 설비(위험물을 운반하는 선박으로부터 육상으로 위험물의 이송취급을 하는 이송취급소에 있어서는 위험물을 이송하기 위한 배관 및 그에 부속된 설비를 말한다. 이하 나목에서 같다)의 안전을 확인한 후에 개시할 것(중요기준)
2) 위험물을 이송하기 위한 배관·펌프 및 이에 부속한 설비의 안전을 확인하기 위한 순찰을 행하고, 위험물을 이송하는 중에는 이송하는 위험물의 압력 및 유량을 항상 감시할 것(중요기준)
3) 이송취급소를 설치한 지역의 지진을 감지하거나 지진의 정보를 얻은 경우에는 소방청장이 정하여 고시하는 바에 따라 재해의 발생 또는 확대를 방지하기 위한 조치를 강구할 것

아. 이동탱크저장소(컨테이너식 이동탱크저장소를 제외한다)에서의 취급기준

1) 이동저장탱크로부터 위험물을 저장 또는 취급하는 탱크에 액체의 위험물을 주입할 경우에는 그 탱크의 주입구에 이동저장탱크의 주입호스를 견고하게 결합할 것. 다만, 주입호스의 선단부에 수동개폐장치를 한 주입노즐(수동개폐장치를 개방상태로 고정하는 장치를 한 것을 제외한다)을 사용하여 지정수량 미만의 양의 위험물을 저장 또는 취급하는 탱크에 인화점이 40℃ 이상인 위험물을 주입하는 경우에는 그러하지 아니하다.
2) 이동저장탱크로부터 액체위험물을 용기에 옮겨 담지 아니할 것. 다만, 주입호스의 선단부에 수동개폐장치를 한 주입노즐(수동개폐장치를 개방상태로 고정하는 장치를 한 것을 제외한다)을 사용하여 별표 19 Ⅰ의 기준에 적합한 운반용기에 인화점 40℃ 이상의 제4류 위험물을 옮겨 담는 경우에는 그러하지 아니하다.
3) 이동저장탱크로부터 위험물을 저장 또는 취급하는 탱크에 인화점이 40℃ 미만인 위험물을 주입할 때에는 이동탱크저장소의 원동기를 정지시킬 것
4) 이동저장탱크로부터 직접 위험물을 자동차(「자동차관리법」 제2조제1호에 따른 자동차와 「건설기계관리법」 제2조제1항제1호에 따른 건설기계 중 덤프트럭 및 콘크리트믹서트럭을 말한다)의 연료탱크에 주입하지 말 것. 다만, 다음의 어느 하나에 해당하는 경우에는 그렇지 않다.
   가) 「건설산업기본법」 제2조제4호에 따른 건설공사를 하는 장소에서 별표 10 Ⅳ제3호에 따른 주입설비를 부착한 이동탱크저장소로부터 해당 건설공사와 관련된 자동차(「건설기계관리법」 제2조제1항제1호에 따른 건설기계 중 덤프트럭과 콘크리트믹서트럭으로 한정한다)의 연료탱크에 인화점 40℃ 이상의 위험물을 주입하는 경우
   나) 「재난 및 안전관리 기본법」 제3조제1호에 따른 재난이 발생한 장소에서 별표 10 Ⅳ제3호에 따른 주입설비를 부착한 이동탱크저장소로부터 다음의 어느 하나에 해당하는 자동차의 연료탱크에 인화점 40℃ 이상의 위험물을 주입하는 경우. 이 경우 주유장소는 「소방기본법」 제2조제6호에 따른 소방대장(이하 "소방대장"이라 한다) 또는 「재난 및 안전관리 기본법」 제3조제8호에 따른 긴급구조지원기관(이하 "긴급구조지원기관"이라 한다)의 장이 지정하는 안전한 장소로 해야 하고, 해당 이동탱크저장소는 주유장소에 정차 중인 자동차 1대에 대해서 주유를 완료한 후가 아니면 다른 자동차에 주유하지 않아야 한다.
      (1) 「소방장비관리법」 제8조에 따른 소방자동차
      (2) 긴급구조지원기관 소속의 자동차
      (3) 그 밖에 재난에 긴급히 대응할 필요가 있는 경우로서 소방대장 및 긴급구조지원기관의 장이 지정하는 자동차
5) 휘발유·벤젠 그 밖에 정전기에 의한 재해발생의 우려가 있는 액체의 위험물을 이동저장탱크에 주입하거나 이동저장탱크로부터 배출하는 때에는 도선으로 이동저장탱크와 접지전극 등과의 사이를 긴밀히 연결하여 해당 이동저장탱크를 접지할 것
6) 휘발유·벤젠·그밖에 정전기에 의한 재해발생의 우려가 있는 액체의 위험물을 이동저장탱크의 상부로 주입하는 때에는 주입관을 사용하되, 해당 주입관의 선단을 이동저장탱크의 밑바닥에 밀착할 것
7) 휘발유를 저장하던 이동저장탱크에 등유나 경유를 주입할 때 또는 등유나 경유를 저장하던 이동저장탱크에 휘발유를 주입할 때에는 다음의 기준에 따라 정전기등에 의한 재해를 방지하기 위한 조치를 할 것
   가) 이동저장탱크의 상부로부터 위험물을 주입할 때에는 위험물의 액표면이 주입관의 선단을 넘는 높이

가 될 때까지 그 주입관내의 유속을 초당 1m 이하로 할 것
나) 이동저장탱크의 밑부분으로부터 위험물을 주입할 때에는 위험물의 액표면이 주입관의 정상부분을 넘는 높이가 될 때까지 그 주입배관내의 유속을 초당 1m 이하로 할 것
다) 그 밖의 방법에 의한 위험물의 주입은 이동저장탱크에 가연성증기가 잔류하지 아니하도록 조치하고 안전한 상태로 있음을 확인한 후에 할 것
8) 이동탱크저장소는 별표 10 Ⅰ에 따른 상치장소에 주차할 것. 다만, 원거리 운행 등으로 상치장소에 주차할 수 없는 경우에는 다음의 장소에도 주차할 수 있다.
가) 다른 이동탱크저장소의 상치장소
나)「화물자동차 운수사업법」에 의한 일반화물자동차운송사업을 위한 차고로서 별표 10 Ⅰ의 규정에 적합한 장소
다)「물류시설의 개발 및 운영에 관한 법률」에 따른 물류터미널의 주차장으로서 별표 10 Ⅰ의 규정에 적합한 장소
라)「주차장법」에 의한 주차장중 노외의 옥외주차장으로서 별표 10 Ⅰ의 규정에 적합한 장소
마) 제조소등이 설치된 사업장 내의 안전한 장소
바) 도로(길어깨 및 노상주차장을 포함한다) 외의 장소로서 화기취급장소 또는 건축물로부터 10m 이상 이격된 장소
사) 벽·기둥·바닥·보·서까래 및 지붕이 내화구조로 된 건축물의 1층으로서 개구부가 없는 내하구조의 격벽 등으로 해당 건축물의 다른 용도의 부분과 구획된 장소
아) 소방본부장 또는 소방서장으로부터 승인을 받은 장소
9) 이동저장탱크를 8)에 따른 상치장소 등에 주차시킬 때에는 완전히 빈 상태로 할 것. 다만, 해당 장소가 별표 6 Ⅰ·Ⅱ 및 Ⅸ의 규정에 적합한 경우에는 그러하지 아니하다.
10) 이동저장탱크로부터 직접 위험물을 선박의 연료탱크에 주입하는 경우에는 다음의 기준에 따를 것
가) 선박이 이동하지 아니하도록 계류(繫留)시킬 것
나) 이동탱크저장소가 움직이지 않도록 조치를 강구할 것
다) 이동탱크저장소의 주입호스의 선단을 선박의 연료탱크의 급유구에 긴밀히 결합할 것. 다만, 주입호스 선단부에 수동개폐장치를 설치한 주유노즐로 주입하는 때에는 그러하지 아니하다.
라) 이동탱크저장소의 주입설비를 접지할 것. 다만, 인화점 40℃ 이상의 위험물을 주입하는 경우에는 그러하지 아니하다.
자. 컨테이너식 이동탱크저장소에서의 위험물취급은 아목[1)을 제외한다]의 규정을 준용하는 외에 다음의 기준에 의할 것
1) 이동저장탱크에서 위험물을 저장 또는 취급하는 탱크에 액체위험물을 주입하는 때에는 주입구에 주입호스를 긴밀히 연결할 것. 다만, 주입호스의 선단부에 수동개폐장치를 설비한 주입노즐(수동개폐장치를 개방상태로 고정하는 장치를 한 것을 제외한다)에 의하여 지정수량 미만의 탱크에 인화점이 40℃ 이상인 제4류 위험물을 주입하는 때에는 그러하지 아니하다.
2) 이동저장탱크를 체결금속구, 변형금속구 또는 샤시프레임에 긴밀히 결합한 구조의 유(U)볼트를 이용하여 차량에 긴밀히 연결할 것
6. 알킬알루미늄등 및 아세트알데하이드등의 취급기준은 제1호 내지 제5호에 정하는 것 외에 해당 위험물의 성질에 따라 다음 각목에 정하는 바에 의한다(중요기준).
가. 알킬알루미늄등의 제조소 또는 일반취급소에 있어서 알킬알루미늄등을 취급하는 설비에는 불활성의 기체를 봉입할 것
나. 알킬알루미늄등의 이동탱크저장소에 있어서 이동저장탱크로부터 알킬알루미늄등을 꺼낼 때에는 동시에 200kPa 이하의 압력으로 불활성의 기체를 봉입할 것
다. 아세트알데하이드등의 제조소 또는 일반취급소에 있어서 아세트알데하이드등을 취급하는 설비에는 연소성 혼합기체의 생성에 의한 폭발의 위험이 생겼을 경우에 불활성의 기체 또는 수증기[아세트알데하이

드등을 취급하는 탱크(옥외에 있는 탱크 또는 옥내에 있는 탱크로서 그 용량이 지정수량의 1/5 미만의 것을 제외한다)에 있어서는 불활성의 기체]를 봉입할 것

라. 아세트알데하이드등의 이동탱크저장소에 있어서 이동저장탱크로부터 아세트알데하이드등을 꺼낼 때에는 동시에 100kPa 이하의 압력으로 불활성의 기체를 봉입할 것

Ⅴ. 위험물의 용기 및 수납

1. Ⅲ제4호 및 제17호의 규정에 따라 위험물을 용기에 수납할 때 또는 Ⅳ제2호가목의 규정에 따라 위험물을 용기에 옮겨 담을 때에는 다음 각목에 정하는 용기의 구분에 따라 해당 각목에 정하는 바에 의한다. 다만, 제조소등이 설치된 부지와 동일한 부지내에서 위험물을 저장 또는 취급하기 위하여 다음 각목에 정하는 용기 외의 용기에 수납하거나 옮겨 담는 경우에 있어서 해당 용기의 저장 또는 취급이 화재의 예방상 안전하다고 인정될 때에는 그러하지 아니하다.
   가. 나목에 정하는 용기 외의 용기: 고체의 위험물에 있어서는 부표 제1호, 액체의 위험물에 있어서는 부표 제2호에 정하는 기준에 적합한 내장용기(내장용기의 용기의 종류란이 공란인 것에 있어서는 외장용기) 또는 저장 또는 취급의 안전상 이러한 기준에 적합한 용기와 동등 이상이라고 인정하여 소방청장이 정하여 고시하는 것(이하 Ⅴ에서 "내장용기등"이라고 한다)으로서 별표 19 Ⅱ제1호에 정하는 수납의 기준에 적합할 것
   나. 기계에 의하여 하역하는 구조로 된 용기(기계에 의하여 들어 올리기 위한 고리·기구·포크리프트포켓 등이 있는 용기를 말한다. 이하 같다): 별표 19 Ⅰ제3호나목에 규정하는 운반용기로서 별표 19 Ⅱ제2호에 정하는 수납의 기준에 적합할 것
2. 제1호가목의 내장용기등(내장용기등을 다른 용기에 수납하는 경우에 있어서는 해당 용기를 포함한다. 이하 Ⅴ에서 같다)에 있어서는 별표 19 Ⅱ제8호에 정하는 표시를, 제1호나목의 용기에 있어서는 별표 19 Ⅱ제8호 및 별표 19 Ⅱ제13호에 정하는 표시를 각각 보기 쉬운 위치에 하여야 한다.
3. 제2호의 규정에 불구하고 제1류·제2류 또는 제4류의 위험물(별표 19 Ⅴ제1호에 따른 위험등급Ⅰ의 위험물을 제외한다)의 내장용기등으로서 최대용적이 1ℓ 이하의 것에 있어서는 별표 19 Ⅱ제8호가목 및 다목의 표시를 각각 위험물의 통칭명 및 동호에 따른 표시와 동일한 의미가 있는 다른 표시로 대신할 수 있다.
4. 제2호 및 제3호의 규정에 불구하고 제4류 위험물에 해당하는 화장품(에어졸을 제외한다)의 내장용기등으로서 최대용적이 150mℓ 이하의 것에 있어서는 별표 19 Ⅱ제8호가목 및 다목에 정하는 표시를 하지 아니할 수 있고, 최대용적이 150mℓ 초과 300mℓ 이하의 것에 있어서는 별표 19 Ⅱ제8호가목에 정하는 표시를 하지 아니할 수 있으며, 별표 19 Ⅱ제8호다목의 주의사항은 동목에 따른 표시와 동일한 의미가 있는 다른 표시로 대신할 수 있다.
5. 제2호 및 제3호의 규정에 불구하고 제4류 위험물에 해당하는 에어졸의 내장용기등으로서 최대 용적이 300mℓ 이하의 것에 있어서는 별표 19 Ⅱ제8호가목에 따른 표시를 하지 아니할 수 있고, 별표 19 Ⅱ제8호다목의 주의사항을 동목에 따른 표시와 동일한 의미가 있는 다른 표시로 대신할 수 있다.
6. 제2호 및 제3호의 규정에 불구하고 제4류 위험물 중 동식물유류의 내장용기등으로서 최대용적이 3ℓ 이하의 것에 있어서는 별표 19 Ⅱ제8호가목 및 다목의 표시를 각각 해당 위험물의 통칭명 및 동호에 따른 표시와 동일한 의미가 있는 다른 표시로 대신할 수 있다.

Ⅵ. 법 제5조제3항에 따른 중요기준 및 세부기준은 다음 각 호의 구분에 의한다.

1. 중요기준: Ⅰ 내지 Ⅴ의 저장 또는 취급기준 중 "중요기준"이라 표기한 것
2. 세부기준: 중요기준 외의 것

[규칙 별표 18의 부표] 운반용기의 최대용적 또는 중량(별표 18관련)

1. 고체위험물

※ 비 고

1. "○"표시는 수납위험물의 종류별 각란에 정한 위험물에 대하여 해당 각란에 정한 운반용기가 적응성이 있음을 표시한다.
2. 내장용기는 외장용기에 수납하여야 하는 용기로서 위험물을 직접 수납하기 위한 것을 말한다.
3. 내장용기의 용기의 종류란이 공란인 것은 외장용기에 위험물을 직접 수납하거나 유리용기, 플라스틱용기, 금속제용기, 폴리에틸렌포대 또는 종이포대를 내장용기로 할 수 있음을 표시한다.

2. 액체위험물

운반용기				수납 위험물의 종류									
내장용기		외장용기		제1류			제2류		제3류			제5류	
용기의 종류	최대용적 또는 중량	용기의 종류	최대용적 또는 중량	Ⅰ	Ⅱ	Ⅲ	Ⅱ	Ⅲ	Ⅰ	Ⅱ	Ⅲ	Ⅰ	Ⅱ
유리용기 또는 플라스틱용기	10ℓ	나무상자 또는 플라스틱상자(필요에 따라 불활성의 완충재를 채울 것)	125kg	○	○	○	○	○	○	○	○	○	○
			225kg		○	○		○		○	○		○
		파이버판상자(필요에 따라 불활성의 완충재를 채울 것)	40kg	○	○	○	○	○	○	○	○	○	○
			55kg		○	○		○		○	○		○
금속제용기	30ℓ	나무상자 또는 플라스틱상자	125kg	○	○	○	○	○	○	○	○	○	○
			225kg		○	○		○		○	○		○
		파이버판상자	40kg	○	○	○	○	○	○	○	○	○	○
			55kg		○	○		○		○	○		○
플라스틱필름포대 또는 종이포대	5kg	나무상자 또는 플라스틱상자	50kg	○	○	○	○	○		○	○	○	○
	50kg		50kg	○	○	○	○	○					○
	125kg		125kg		○	○	○	○					
	225kg		225kg			○		○					
	5kg	파이버판상자	40kg	○	○	○	○	○		○	○	○	○
	40kg		40kg	○	○	○	○	○					○
	55kg		55kg			○		○					
		금속제용기(드럼 제외)	60ℓ	○	○	○	○	○	○	○	○	○	○
		플라스틱용기(드럼 제외)	10ℓ		○	○	○	○		○	○		○
			30ℓ			○		○					○
		금속제드럼	250ℓ	○	○	○	○	○	○	○	○	○	○
		플라스틱드럼 또는 파이버드럼(방수성이 있는 것)	60ℓ	○	○	○	○	○	○	○	○	○	○
			250ℓ		○	○		○		○	○		○
		합성수지포대(방수성이 있는 것), 플라스틱필름포대, 섬유포대(방수성이 있는 것) 또는 종이포대(여러겹으로서 방수성이 있는 것)	50kg		○	○	○	○		○	○		○

운 반 용 기				수납위험물의 종류								
내장 용기		외 장 용 기		제3류			제4류			제5류		제6류
용기의 종류	최대용적 또는 중량	용기의 종류	최대용적 또는 중량	Ⅰ	Ⅱ	Ⅲ	Ⅰ	Ⅱ	Ⅲ	Ⅰ	Ⅱ	Ⅰ
유리용기	5ℓ	나무 또는 플라스틱상자 (불활성의 완충재를 채울 것)	75kg	○	○	○	○	○	○	○	○	○
	10ℓ		125kg		○	○		○	○		○	
			225kg						○			
	5ℓ	파이버판상자 (불활성의 완충재를 채울 것)	40kg	○	○	○	○	○	○	○	○	○
	10ℓ		55kg						○			
플라스틱용기	10ℓ	나무 또는 플라스틱상자 (필요에 따라 불활성의 완충재를 채울 것)	75kg	○	○	○	○	○	○	○	○	○
			125kg		○	○		○	○		○	
			225kg						○			
		파이버판상자 (필요에 따라 불활성의 완충재를 채울 것)	40kg	○	○	○	○	○	○	○	○	○
			55kg						○			
금속제용기	30ℓ	나무 또는 플라스틱상자	125kg	○	○	○	○	○	○	○	○	○
			225kg						○			
		파이버판상자	40kg	○	○	○	○	○	○	○	○	○
			55kg		○	○		○	○		○	
		금속제용기 (금속제드럼제외)	60ℓ		○	○		○	○		○	
		플라스틱용기 (플라스틱드럼제외)	10ℓ		○	○		○	○		○	
			20ℓ					○	○			
			30ℓ						○		○	
		금속제드럼(뚜껑고정식)	250ℓ	○	○	○	○	○	○	○	○	○
		금속제드럼(뚜껑탈착식)	250ℓ					○	○			
		플라스틱또는파이버드럼(플라스틱내용기부착의 것)	250ℓ		○	○			○		○	

※ 비 고

1. "○"표시는 수납위험물의 종류별 각 란에 정한 위험물에 대하여 해당 각란에 정한 운반용기가 적응성이 있음을 표시한다.
2. 내장용기는 외장용기에 수납하여야 하는 용기로서 위험물을 직접 수납하기 위한 것을 말한다.
3. 내장용기의 용기의 종류란이 공란인 것은 외장용기에 위험물을 직접 수납하거나 유리용기, 플라스틱용기 또는 금속제용기를 내장용기로 할 수 있음을 표시한다.

[규칙 별표 19]

위험물의 운반에 관한 기준(제50조관련)

Ⅰ. 운반용기

1. 운반용기의 재질은 강판·알루미늄판·양철판·유리·금속판·종이·플라스틱·섬유판·고무류·합성섬유·삼·짚 또는 나무로 한다.
2. 운반용기는 견고하여 쉽게 파손될 우려가 없고, 그 입구로부터 수납된 위험물이 샐 우려가 없도록 하여야 한다.
3. 운반용기의 구조 및 최대용적은 다음 각호에 따른 용기의 구분에 따라 해당 각목에 정하는 바에 의한다.
   가. 나목에 따른 용기 외의 용기
      고체의 위험물을 수납하는 것에 있어서는 부표 1 제1호, 액체의 위험물을 수납하는 것에 있어서는 부표 1 제2호에 정하는 기준에 적합할 것. 다만, 운반의 안전상 이러한 기준에 적합한 운반용기와 동등 이상이라고 인정하여 소방청장이 정하여 고시하는 것에 있어서는 그러하지 아니하다.
   나. 기계에 의하여 하역하는 구조로 된 용기
      고체의 위험물을 수납하는 것에 있어서는 별표 20 제1호, 액체의 위험물을 수납하는 것에 있어서는 별표 20 제2호에 정하는 기준 및 1) 내지 6)에 정하는 기준에 적합할 것. 다만, 운반의 안전상 이러한 기준에 적합한 운반용기와 동등 이상이라고 인정하여 소방청장이 정하여 고시하는 것과 UN의 위험물 운송에 관한 권고(RTDG, Recommendations on the Transport of Dangerous Goods)에서 정한 기준에 적합한 것으로 인정된 용기에 있어서는 그러하지 아니하다.
      1) 운반용기는 부식 등의 열화에 대하여 적절히 보호될 것
      2) 운반용기는 수납하는 위험물의 내압 및 취급시와 운반시의 하중에 의하여 해당 용기에 생기는 응력에 대하여 안전할 것
      3) 운반용기의 부속설비에는 수납하는 위험물이 해당 부속설비로부터 누설되지 아니하도록 하는 조치가 강구되어 있을 것
      4) 용기본체가 틀로 둘러싸인 운반용기는 다음의 요건에 적합할 것
         가) 용기본체는 항상 틀내에 보호되어 있을 것
         나) 용기본체는 틀과의 접촉에 의하여 손상을 입을 우려가 없을 것
         다) 운반용기는 용기본체 또는 틀의 신축등에 의하여 손상이 생기지 아니할 것
      5) 하부에 배출구가 있는 운반용기는 다음의 요건에 적합할 것
         가) 배출구에는 개폐위치에 고정할 수 있는 밸브가 설치되어 있을 것
         나) 배출을 위한 배관 및 밸브에는 외부로부터의 충격에 의한 손상을 방지하기 위한 조치가 강구되어 있을 것
         다) 폐지판등에 의하여 배출구를 이중으로 밀폐할 수 있는 구조일 것. 다만, 고체의 위험물을 수납하는 운반용기에 있어서는 그러하지 아니하다.
      6) 1) 내지 5)에 규정하는 것 외의 운반용기의 구조에 관하여 필요한 사항은 소방청장이 정하여 고시한다.
4. 제3호의 규정에 불구하고 승용차량(승용으로 제공하는 차실내에 화물용으로 제공하는 부분이 있는 구조의 것을 포함한다)으로 인화점이 40℃ 미만인 위험물 중 소방청장이 정하여 고시하는 것을 운반하는 경우의 운반용기의 구조 및 최대용적의 기준은 소방청장이 정하여 고시한다.
5. 제3호의 규정에 불구하고 운반의 안전상 제한이 필요하다고 인정되는 경우에는 위험물의 종류, 운반용기의 구조 및 최대용적의 기준을 소방청장이 정하여 고시할 수 있다.
6. 제3호 내지 제5호의 운반용기는 다음 각목에 따른 용기의 구분에 따라 해당 각목에 정하는 성능이 있어야 한다.

가. 나목에 따른 용기 외의 용기 - 소방청장이 정하여 고시하는 낙하시험, 기밀시험, 내압시험 및 겹쳐쌓기시험에서 소방청장이 정하여 고시하는 기준에 적합할 것. 다만, 수납하는 위험물의 품명, 수량, 성질과 상태 등에 따라 소방청장이 정하여 고시하는 용기에 있어서는 그러하지 아니하다.

나. 기계에 의하여 하역하는 구조로 된 용기 - 소방청장이 정하여 고시하는 낙하시험, 기밀시험, 내압시험, 겹쳐쌓기시험, 아랫부분 인상시험, 윗부분 인상시험, 파열전파시험, 넘어뜨리기시험 및 일으키기시험에서 소방청장이 정하여 고시하는 기준에 적합할 것. 다만, 수납하는 위험물의 품명, 수량, 성질과 상태 등에 따라 소방청장이 정하여 고시하는 용기에 있어서는 그러하지 아니하다.

Ⅱ. 적재방법

1. 위험물은 Ⅰ에 따른 운반용기에 다음 각목의 기준에 따라 수납하여 적재하여야 한다. 다만, 덩어리 상태의 황을 운반하기 위하여 적재하는 경우 또는 위험물을 동일구내에 있는 제조소등의 상호간에 운반하기 위하여 적재하는 경우에는 그러하지 아니하다(중요기준).

가. 위험물이 온도변화 등에 의하여 누설되지 아니하도록 운반용기를 밀봉하여 수납할 것. 다만, 온도변화 등에 의한 위험물로부터의 가스의 발생으로 운반용기안의 압력이 상승할 우려가 있는 경우(발생한 가스가 독성 또는 인화성을 갖는 등 위험성이 있는 경우를 제외한다)에는 가스의 배출구(위험물의 누설 및 다른 물질의 침투를 방지하는 구조로 된 것에 한한다)를 설치한 운반용기에 수납할 수 있다.

나. 수납하는 위험물과 위험한 반응을 일으키지 아니하는 등 해당 위험물의 성질에 적합한 재질의 운반용기에 수납할 것

다. **고체위험물**은 운반용기 내용적의 95% 이하의 수납률로 수납할 것

라. **액체위험물**은 운반용기 내용적의 98% 이하의 수납률로 수납하되, 55도의 온도에서 누설되지 아니하도록 충분한 공간용적을 유지하도록 할 것

마. 하나의 외장용기에는 다른 종류의 위험물을 수납하지 아니할 것

바. 제3류 위험물은 다음의 기준에 따라 운반용기에 수납할 것

1) 자연발화성물질에 있어서는 불활성 기체를 봉입하여 밀봉하는 등 공기와 접하지 아니하도록 할 것

2) 자연발화성물질외의 물품에 있어서는 파라핀·경유·등유 등의 보호액으로 채워 밀봉하거나 불활성 기체를 봉입하여 밀봉하는 등 수분과 접하지 아니하도록 할 것

3) 라목의 규정에 불구하고 **자연발화성물질중 알킬알루미늄등은 운반용기의 내용적의 90% 이하의 수납률로 수납하되, 50℃의 온도에서 5% 이상의 공간용적을 유지하도록 할 것**

2. 기계에 의하여 하역하는 구조로 된 운반용기에 대한 수납은 제1호(다목을 제외한다)의 규정을 준용하는 외에 다음 각목의 기준에 따라야 한다(중요기준).

가. 다음에 따른 요건에 적합한 운반용기에 수납할 것

1) 부식, 손상 등 이상이 없을 것

2) 금속제의 운반용기, 경질플라스틱제의 운반용기 또는 플라스틱내용기 부착의 운반용기에 있어서는 다음에 정하는 시험 및 점검에서 누설 등 이상이 없을 것

가) 2년 6개월 이내에 실시한 기밀시험(액체의 위험물 또는 10kPa 이상의 압력을 가하여 수납 또는 배출하는 고체의 위험물을 수납하는 운반용기에 한한다)

나) 2년 6개월 이내에 실시한 운반용기의 외부의 점검·부속설비의 기능점검 및 5년 이내의 사이에 실시한 운반용기의 내부의 점검

나. 복수의 폐쇄장치가 연속하여 설치되어 있는 운반용기에 위험물을 수납하는 경우에는 용기본체에 가까운 폐쇄장치를 먼저 폐쇄할 것

다. 휘발유, 벤젠 그 밖의 정전기에 의한 재해가 발생할 우려가 있는 액체의 위험물을 운반용기에 수납 또는 배출할 때에는 해당 재해의 발생을 방지하기 위한 조치를 강구할 것

라. 온도변화 등에 의하여 액상이 되는 고체의 위험물은 액상으로 되었을 때 해당 위험물이 새지 아니하는

운반용기에 수납할 것

마. 액체위험물을 수납하는 경우에는 55℃의 온도에서의 증기압이 130kPa 이하가 되도록 수납할 것

바. 경질플라스틱제의 운반용기 또는 플라스틱내용기 부착의 운반용기에 액체위험물을 수납하는 경우에는 해당 운반용기는 제조된 때로부터 5년 이내의 것으로 할 것

사. 가목 내지 바목에 규정하는 것 외에 운반용기에의 수납에 관하여 필요한 사항은 소방청장이 정하여 고시한다.

3. 위험물은 해당 위험물이 전락(轉落)하거나 위험물을 수납한 운반용기가 전도·낙하 또는 파손되지 아니하도록 적재하여야 한다(중요기준).
4. 운반용기는 수납구를 위로 향하게 하여 적재하여야 한다(중요기준).
5. 적재하는 위험물의 성질에 따라 일광의 직사 또는 빗물의 침투를 방지하기 위하여 유효하게 피복하는 등 다음 각목에 정하는 기준에 따른 조치를 하여야 한다(중요기준).

가. 제1류 위험물, 제3류 위험물 중 자연발화성물질, 제4류 위험물 중 특수인화물, 제5류 위험물 또는 제6류 위험물은 차광성이 있는 피복으로 가릴 것

나. 제1류 위험물 중 알칼리금속의 과산화물 또는 이를 함유한 것, 제2류 위험물 중 철분·금속분·마그네슘 또는 이들중 어느 하나 이상을 함유한 것 또는 제3류 위험물 중 금수성물질은 방수성이 있는 피복으로 덮을 것

다. 제5류 위험물 중 55℃ 이하의 온도에서 분해될 우려가 있는 것은 보냉 컨테이너에 수납하는 등 적정한 온도관리를 할 것

라. 액체위험물 또는 위험등급Ⅱ의 고체위험물을 기계에 의하여 하역하는 구조로 된 운반용기에 수납하여 적재하는 경우에는 해당 용기에 대한 충격등을 방지하기 위한 조치를 강구할 것. 다만, 위험등급Ⅱ의 고체위험물을 플렉서블(flexible)의 운반용기, 파이버판제의 운반용기 및 목제의 운반용기 외의 운반용기에 수납하여 적재하는 경우에는 그러하지 아니하다.

6. 위험물은 다음 각목에 따른 바에 따라 종류를 달리하는 그 밖의 위험물 또는 재해를 발생시킬 우려가 있는 물품과 함께 적재하지 아니하여야 한다(중요기준).

가. 부표 2의 규정에서 혼재가 금지되고 있는 위험물

나. 「고압가스 안전관리법」에 의한 고압가스(소방청장이 정하여 고시하는 것을 제외한다)

7. 위험물을 수납한 운반용기를 겹쳐 쌓는 경우에는 그 높이를 3m 이하로 하고, 용기의 상부에 걸리는 하중은 해당 용기 위에 해당 용기와 동종의 용기를 겹쳐 쌓아 3m의 높이로 하였을 때에 걸리는 하중 이하로 하여야 한다(중요기준).
8. 위험물은 그 운반용기의 외부에 다음 각목에 정하는 바에 따라 위험물의 품명, 수량 등을 표시하여 적재하여야 한다. 다만, UN의 위험물 운송에 관한 권고(RTDG)에서 정한 기준 또는 소방청장이 정하여 고시하는 기준에 적합한 표시를 한 경우에는 그러하지 아니하다.

가. 위험물의 품명·위험등급·화학명 및 수용성("수용성" 표시는 제4류 위험물로서 수용성인 것에 한한다)

나. 위험물의 수량

다. 수납하는 위험물에 따라 다음에 따른 주의사항

1) 제1류 위험물 중 알칼리금속의 과산화물 또는 이를 함유한 것에 있어서는 "화기·충격주의", "물기엄금" 및 "가연물접촉주의", 그 밖의 것에 있어서는 "화기·충격주의" 및 "가연물접촉주의"

2) 제2류 위험물 중 철분·금속분·마그네슘 또는 이들 중 어느 하나 이상을 함유한 것에 있어서는 "화기주의" 및 "물기엄금", 인화성고체에 있어서는 "화기엄금", 그 밖의 것에 있어서는 "화기주의"

3) 제3류 위험물 중 자연발화성물질에 있어서는 "화기엄금" 및 "공기접촉엄금", 금수성물질에 있어서는 "물기엄금"

4) 제4류 위험물에 있어서는 "화기엄금"

5) 제5류 위험물에 있어서는 "화기엄금" 및 "충격주의"
6) 제6류 위험물에 있어서는 "가연물접촉주의"

9. 제8호의 규정에 불구하고 제1류·제2류 또는 제4류 위험물(위험등급Ⅰ의 위험물을 제외한다)의 운반용기로서 최대용적이 1ℓ 이하인 운반용기의 품명 및 주의사항은 위험물의 통칭명 및 해당 주의사항과 동일한 의미가 있는 다른 표시로 대신할 수 있다.
10. 제8호 및 제9호의 규정에 불구하고 제4류 위험물에 해당하는 화장품(에어졸을 제외한다)의 운반용기중 최대용적이 150mℓ 이하인 것에 대하여는 제8호가목 및 다목에 따른 표시를 하지 아니할 수 있고, 최대용적이 150mℓ 초과 300mℓ 이하의 것에 대하여는 제8호가목에 따른 표시를 하지 아니할 수 있으며, 동호다목에 따른 주의사항을 해당 주의사항과 동일한 의미가 있는 다른 표시로 대신할 수 있다.
11. 제8호 및 제9호의 규정에 불구하고 제4류 위험물에 해당하는 에어졸의 운반용기로서 최대용적이 300mℓ 이하의 것에 대하여는 제8호가목에 따른 표시를 하지 아니할 수 있으며, 동호다목에 따른 주의사항을 해당 주의사항과 동일한 의미가 있는 다른 표시로 대신할 수 있다.
12. 제8호 및 제9호의 규정에 불구하고 제4류 위험물 중 동식물유류의 운반용기로서 최대용적이 3ℓ 이하인 것에 대하여는 제8호가목 및 다목의 표시에 대하여 각각 위험물의 통칭명 및 동호에 따른 표시와 동일한 의미가 있는 다른 표시로 대신할 수 있다.
13. 기계에 의하여 하역하는 구조로 된 운반용기의 외부에 행하는 표시는 제8호 각목의 규정에 의하는 외에 다음 각목의 사항을 포함하여야 한다. 다만, UN의 위험물 운송에 관한 권고(RTDG)에서 정한 기준 또는 소방청장이 정하여 고시하는 기준에 적합한 표시를 한 경우에는 그러하지 아니하다.
   가. 운반용기의 제조년월 및 제조자의 명칭
   나. 겹쳐쌓기시험하중
   다. 운반용기의 종류에 따라 다음에 따른 중량
      1) 플렉서블 외의 운반용기: 최대총중량(최대수용중량의 위험물을 수납하였을 경우의 운반용기의 전중량을 말한다)
      2) 플렉서블 운반용기: 최대수용중량
   라. 가목 내지 다목에 규정하는 것 외에 운반용기의 외부에 행하는 표시에 관하여 필요한 사항으로서 소방청장이 정하여 고시하는 것

Ⅲ. 운반방법

1. 위험물 또는 위험물을 수납한 운반용기가 현저하게 마찰 또는 동요를 일으키지 아니하도록 운반하여야 한다(중요기준).
2. 지정수량 이상의 위험물을 차량으로 운반하는 경우에는 해당 차량에 소방청장이 정하여 고시하는 바에 따라 운반하는 위험물의 위험성을 알리는 표지를 설치하여야 한다.
   가. 한변의 길이가 0.3m 이상, 다른 한변의 길이가 0.6m 이상인 직사각형의 판으로 할 것
   나. 바탕은 흑색으로 하고, 황색의 반사도료 그 밖의 반사성이 있는 재료로 "위험물"이라고 표시할 것
   다. 표지는 차량의 전면 및 후면의 보기 쉬운 곳에 내걸 것
3. 지정수량 이상의 위험물을 차량으로 운반하는 경우에 있어서 다른 차량에 바꾸어 싣거나 휴식·고장 등으로 차량을 일시 정차시킬 때에는 안전한 장소를 택하고 운반하는 위험물의 안전확보에 주의하여야 한다.
4. 지정수량 이상의 위험물을 차량으로 운반하는 경우에는 해당 위험물에 적응성이 있는 소형수동식소화기를 해당 위험물의 소요단위에 상응하는 능력단위 이상 갖추어야 한다.
5. 위험물의 운반도중 위험물이 현저하게 새는 등 재난발생의 우려가 있는 경우에는 응급조치를 강구하는 동시에 가까운 소방관서 그 밖의 관계기관에 통보하여야 한다.
6. 제1호 내지 제5호의 적용에 있어서 품명 또는 지정수량을 달리하는 2 이상의 위험물을 운반하는 경우에 있어서 운반하는 각각의 위험물의 수량을 해당 위험물의 지정수량으로 나누어 얻은 수의 합이 1 이상인 때에는 지정수량 이상의 위험물을 운반하는 것으로 본다.

Ⅳ. 법 제20조제1항에 따른 중요기준 및 세부기준은 다음 각 호의 구분에 의한다.

1. 중요기준: Ⅰ 내지 Ⅲ의 운반기준 중 "중요기준"이라 표기한 것
2. 세부기준: 중요기준 외의 것

Ⅴ. 위험물의 위험등급

별표 18 Ⅴ, 이 표 Ⅰ 및 Ⅱ에 있어서 위험물의 위험등급은 위험등급Ⅰ·위험등급Ⅱ 및 위험등급Ⅲ으로 구분하며, 각 위험등급에 해당하는 위험물은 다음 각 호와 같다.

1. 위험등급Ⅰ의 위험물
   가. 제1류 위험물 중 아염소산염류, 염소산염류, 과염소산염류, 무기과산화물 그 밖에 지정수량이 50kg인 위험물
   나. 제3류 위험물 중 칼륨, 나트륨, 알킬알루미늄, 알킬리튬, 황린 그 밖에 지정수량이 10kg 또는 20kg인 위험물
   다. 제4류 위험물 중 특수인화물
   라. 제5류 위험물 중 그 밖에 지정수량이 10kg인 위험물
   마. 제6류 위험물
2. 위험등급Ⅱ의 위험물
   가. 제1류 위험물 중 브로민산염류, 질산염류, 아이오딘산염류 그 밖에 지정수량이 300kg인 위험물
   나. 제2류 위험물 중 황화인, 적린, 황 그 밖에 지정수량이 100kg인 위험물
   다. 제3류 위험물 중 알칼리금속(칼륨 및 나트륨을 제외한다) 및 알칼리토금속, 유기금속화합물(알킬알루미늄 및 알킬리튬을 제외한다) 그 밖에 지정수량이 50kg인 위험물
   라. 제4류 위험물 중 제1석유류 및 알코올류
   마. 제5류 위험물 중 제1호라목에 정하는 위험물 외의 것
3. 위험등급Ⅲ의 위험물: 제1호 및 제2호에 정하지 아니한 위험물

[규칙 별표19의 부표 1] 운반용기의 최대용적 또는 중량(별표 19관련)

1. 고체위험물 2. 액체위험물 (별표 18의 부표와 동일)

[규칙 별표19의 부표 2]

유별을 달리하는 위험물의 혼재기준(별표 19관련)

위험물의 구 분	제1류	제2류	제3류	제4류	제5류	제6류
제1류		×	×	×	×	○
제2류	×		×	○	○	×
제3류	×	×		○	×	×
제4류	×	○	○		○	×
제5류	×	○	×	○		×
제6류	○	×	×	×	×	

※ 비 고
1. "×" 표시는 혼재할 수 없음을 표시하고, "○" 표시는 혼재할 수 있음을 표시한다.
2. 이 표는 지정수량의 1/10 이하의 위험물에 대하여는 적용하지 아니한다.

[규칙 별표 20]

기계에 의하여 하역하는 구조로 된 운반용기의 최대용적(제51조제1항관련)

1. 고체위험물

운 반 용 기		수납위험물의 종류									
종 류	최대용적	제1류			제2류		제3류			제5류	
		Ⅰ	Ⅱ	Ⅲ	Ⅱ	Ⅲ	Ⅰ	Ⅱ	Ⅲ	Ⅰ	Ⅱ
금속제	3,000ℓ	○	○	○	○	○	○	○	○		○
플렉시블(flexible) 합성수지제	3,000ℓ		○	○	○	○		○	○		○
플렉시블(flexible) 플라스틱필름제	3,000ℓ		○	○	○	○		○	○		○
플렉시블(flexible) 섬유제	3,000ℓ		○	○	○	○		○	○		○
플렉시블(flexible) 종이제(여러겹의 것)	3,000ℓ		○	○	○	○		○	○		○
경질플라스틱제	1,500ℓ	○	○	○	○	○		○	○		○
	3,000ℓ		○	○	○	○		○	○		○
플라스틱 내용기 부착	1,500ℓ	○	○	○	○	○		○	○		○
	3,000ℓ		○	○	○	○		○	○		○
파이버판제	3,000ℓ		○	○	○	○		○	○		○
목제(라이닝부착)	3,000ℓ		○	○	○	○		○	○		○

※ 비 고

1. "○"표시는 수납위험물의 종류별 각란 정한 위험물에 대하여 해당 각란에 정한 운반용기가 적응성이 있음을 표시한다.
2. 플렉시블제, 파이버판제 및 목제의 운반용기에 있어서는 수납 및 배출방법을 중력에 의한 것에 한한다.

2. 액체위험물

운 반 용 기		수납위험물의 종류								
종 류	최대용적	제3류			제4류			제5류		제6류
		Ⅰ	Ⅱ	Ⅲ	Ⅰ	Ⅱ	Ⅲ	Ⅰ	Ⅱ	Ⅰ
금속제	3,000ℓ		○	○		○	○		○	
경질플라스틱제	3,000ℓ		○	○		○	○		○	
플라스틱 내용기부착	3,000ℓ		○	○		○	○		○	

※ 비 고"○"표시는 수납위험물의 종류별 각란 정한 위험물에 대하여 해당 각란에 정한 운반용기가 적응성이 있음을 표시한다.

[규칙 별표 21]

위험물 운송책임자의 감독 또는 지원의 방법과 위험물의 운송 시에 준수하여야 하는 사항(제52조제2항관련)

1. 운송책임자의 감독 또는 지원의 방법은 다음 각목의 1과 같다.
   가. 운송책임자가 이동탱크저장소에 동승하여 운송 중인 위험물의 안전확보에 관하여 운전자에게 필요한 감독 또는 지원을 하는 방법. 다만, 운전자가 운송책임자의 자격이 있는 경우에는 운송책임자의 자격이 없

는 자가 동승할 수 있다.

나. 운송의 감독 또는 지원을 위하여 마련한 별도의 사무실에 운송책임자가 대기하면서 다음의 사항을 이행하는 방법

1) 운송경로를 미리 파악하고 관할 소방관서 또는 관련 업체(비상대응에 관한 협력을 얻을 수 있는 업체를 말한다)에 대한 연락체계를 갖추는 것

2) 이동탱크저장소의 운전자에 대하여 수시로 안전확보 상황을 확인하는 것

3) 비상시의 응급처치에 관하여 조언을 하는 것

4) 그 밖에 위험물의 운송 중 안전확보에 관하여 필요한 정보를 제공하고 감독 또는 지원하는 것

2. 이동탱크저장소에 의한 위험물의 운송 시에 준수하여야 하는 기준은 다음 각목과 같다.

가. 위험물운송자는 운송의 개시전에 이동저장탱크의 배출밸브 등의 밸브와 폐쇄장치, 맨홀 및 주입구의 뚜껑, 소화기 등의 점검을 충분히 실시할 것

나. 위험물운송자는 장거리(고속국도에 있어서는 340km 이상, 그 밖의 도로에 있어서는 200km 이상을 말한다)에 걸치는 운송을 하는 때에는 2명 이상의 운전자로 할 것. 다만, 다음의 어느 하나에 해당하는 경우에는 그러하지 아니하다.

1) 제1호가목의 규정에 따라 운송책임자를 동승시킨 경우

2) 운송하는 위험물이 제2류 위험물·제3류 위험물(칼슘 또는 알루미늄의 탄화물과 이것만을 함유한 것에 한한다) 또는 제4류 위험물(특수인화물을 제외한다)인 경우

3) 운송도중에 2시간 이내마다 20분 이상씩 휴식하는 경우

다. 위험물운송자는 이동탱크저장소를 휴식·고장 등으로 일시 정차시킬 때에는 안전한 장소를 택하고 해당 이동탱크저장소의 안전을 위한 감시를 할 수 있는 위치에 있는 등 운송하는 위험물의 안전확보에 주의할 것

라. 위험물운송자는 이동저장탱크로부터 위험물이 현저하게 새는 등 재해발생의 우려가 있는 경우에는 재난을 방지하기 위한 응급조치를 강구하는 동시에 소방관서 그 밖의 관계기관에 통보할 것

마. 위험물(제4류 위험물에 있어서는 특수인화물 및 제1석유류에 한한다)을 운송하게 하는 자는 별지 제48호서식의 위험물안전카드를 위험물운송자로 하여금 휴대하게 할 것

바. 위험물운송자는 위험물안전카드를 휴대하고 해당 카드에 기재된 내용에 따를 것. 다만, 재난 그 밖의 불가피한 이유가 있는 경우에는 해당 기재된 내용에 따르지 아니할 수 있다.

[규칙 별표 22]

안전관리대행기관의 지정기준(제57조제1항관련)

구분	기준
기술인력	1. 위험물기능장 또는 위험물산업기사 1인 이상 2. 위험물산업기사 또는 위험물기능사 2인 이상 3. 기계분야 및 전기분야의 소방설비기사 1인 이상
시 설	전용사무실을 갖출 것
장 비	1. 절연저항계 2. 접지저항측정기(최소눈금 0.1Ω 이하) 3. 가스농도측정기(탄화수소계 가스의 농도측정이 가능할 것) 4. 정전기 전위측정기 5. 토크렌치 6. 진동시험기 7. <삭제 2016,8,2> 8. 표면온도계(−10℃ ~ 300℃) 9. 두께측정기(1.5mm ~ 99.9mm) 10. <삭제 2016,8,2> 11. 안전용구(안전모, 안전화, 손전등, 안전로프 등) 12. 소화설비점검기구(소화전밸브압력계, 방수압력측정계, 포콜렉터, 헤드렌치, 포콘테이너)

※ 비 고 : 기술인력란의 각호에 정한 2 이상의 기술인력을 동일인이 겸할 수 없다.

[규칙 별표 23]

화학소방자동차에 갖추어야 하는 소화능력 및 설비의 기준(제75조제1항관련)

화학소방자동차의 구분	소화능력 및 설비의 기준
포수용액 방사차	포수용액의 방사능력이 매분 2,000ℓ 이상일 것
	소화약액탱크 및 소화약액혼합장치를 비치할 것
	10만ℓ 이상의 포수용액을 방사할 수 있는 양의 소화약제를 비치할 것
분말 방사차	분말의 방사능력이 매초 35kg 이상일 것
	분말탱크 및 가압용가스설비를 비치할 것
	1,400kg 이상의 분말을 비치할 것
할로젠화합물 방사차	할로젠화합물의 방사능력이 매초 40kg 이상일 것
	할로젠화합물탱크 및 가압용가스설비를 비치할 것
	1,000kg 이상의 할로젠화합물을 비치할 것
이산화탄소 방사차	이산화탄소의 방사능력이 매초 40kg 이상일 것
	이산화탄소저장용기를 비치할 것
	3,000kg 이상의 이산화탄소를 비치할 것
제독차	가성소다 및 규조토를 각각 50kg 이상 비치할 것

[규칙 별표 24]

안전교육의 과정·기간과 그 밖의 교육의 실시에 관한 사항 등(제78조제2항관련)

1. 교육과정·교육대상자·교육시간·교육시기 및 교육기관

교육과정	교육대상자	교육시간	교육시기	교육기관
강습교육	안전관리자가 되려는 사람	24시간	최초 선임되기 전	안전원
	위험물운반자가 되려는 사람	8시간	최초 종사하기 전	안전원
	위험물운송자가 되려는 사람	16시간	최초 종사하기 전	안전원
실무교육	안전관리자	8시간	가. 제조소등의 안전관리자로 선임된 날부터 6개월 이내 나. 가목에 따른 교육을 받은 후 2년마다 1회	안전원
	위험물운반자	4시간	가. 위험물운반자로 종사한 날부터 6개월 이내 나. 가목에 따른 교육을 받은 후 3년마다 1회	안전원
	위험물운송자	8시간	가. 이동탱크저장소의 위험물운송자로 종사한 날부터 6개월 이내 나. 가목에 따른 교육을 받은 후 3년마다 1회	안전원
	탱크시험자의 기술인력	8시간	가. 탱크시험자의 기술인력으로 등록한 날부터 6개월 이내 나. 가목에 따른 교육을 받은 후 2년마다 1회	기술원

※ 비 고

1. 안전관리자 강습교육 및 위험물운송자 강습교육의 공통과목에 대하여 둘 중 어느 하나의 강습교육 과정에서 교육을 받은 경우에는 나머지 강습교육 과정에서도 교육을 받은 것으로 본다.
2. 안전관리자 실무교육 및 위험물운송자 실무교육의 공통과목에 대하여 둘 중 어느 하나의 실무교육 과정에서 교육을 받은 경우에는 나머지 실무교육 과정에서도 교육을 받은 것으로 본다.
3. 안전관리자 및 위험물운송자의 실무교육 시간 중 일부(4시간 이내)를 사이버교육의 방법으로 실시할 수 있다. 다만, 교육대상자가 사이버교육의 방법으로 수강하는 것에 동의하는 경우에 한정한다.

2. 교육계획의 공고 등
  가. 안전원의 회장은 강습교육을 하고자 하는 때에는 매년 1월5일까지 일시·장소 그 밖의 강습의 실시에 관한 사항을 공고할 것
  나. 기술원 또는 안전원은 실무교육을 실시하고자 하는 때에는 교육실시 10일 전까지 교육대상자에게 그 내용을 통보할 것

3. 교육신청
  가. 강습교육을 받고자 하는 자는 안전원이 지정하는 교육일정 전에 교육수강신청을 할 것
  나. 실무교육 대상자는 교육일정 전까지 교육수강신청을 할 것

4. 교육일시 통보
  기술원 또는 안전원은 제3호에 따라 교육신청이 있는 때에는 교육실시 전까지 교육대상자에게 교육장소와 교육일시를 통보하여야 한다.

5. 기타
  기술원 또는 안전원은 교육대상자별 교육의 과목·시간, 강사의 자격, 교육의 신청·접수, 교육수료증의 교부·재교부, 교육수료증의 기재사항, 교육수료자명부의 작성·보관 등 교육의 실시에 관하여 필요한 세부사항을 정하여 소방청장의 승인을 받아야 한다. 이 경우 안전관리자 강습교육 및 위험물운송자 강습교육의 과목에는 각 강습교육별로 다음 표에 정한 사항을 포함하여야 한다.

<table>
<tr><th>교육과정</th><th colspan="2">교육과목</th></tr>
<tr><td>안전관리자
강습교육</td><td>·제4류 위험물의 품명별 일반성질, 화재예방 및 소화의 방법</td><td rowspan="2">·연소 및 소화에 관한 기초이론
·모든 위험물의 유별 공통성질과 화재예방 및 소화의 방법
·위험물안전관리법령 및 위험물의 안전관리에 관계된 법령</td></tr>
<tr><td>위험물운송자
강습교육</td><td>·이동탱크저장소의 구조 및 설비작동법
·위험물운송에 관한 안전기준</td></tr>
</table>

[규칙 별표 25] 수수료 및 교육비(제79조제1항관련) - 이하 생략(* 법제처 참고)

학습 문제

▶ 현, 출간일까지 소방관계시험에 기출된 기본문제임.

위험물안전관리법

01 **위험물에 관한 내용으로 옳지 않은 것은?** ** • 관찰 2단계

① 위험물은 대통령령이 정하는 인화성·발화성 등의 물품을 말한다.

② 지정수량이란 위험물의 종류별로 위험성을 고려하여 대통령령이 정하는 수량으로서 규정에 의한 제조소등의 설치허가 등에 있어서 최저의 기준이 되는 수량을 말한다.

③ 취급소란 지정수량 이상의 위험물을 저장 외의 목적으로 취급하기 위한 행정안전부령이 정하는 규정에 따른 허가를 받은 장소로서 이송·주유·일반·판매취급소가 있다.

④ 저장소란 지정수량 이상의 위험물을 저장하기 위한 대통령령이 정하는 장소로서 규정에 따른 허가를 받은 장소로서 옥내·옥외·옥내탱크·옥외탱크·이동탱크·지하탱크·간이탱크·암반탱크저장소가 있다.

➡ 취급소란 지정수량 이상의 위험물을 제조 외의 목적으로 취급하기 위한 대통령령이 정하는 장소로서 규정에 따른 허가를 받은 장소로서 이송·주유·일반·판매취급소가 있다.(위험물안전관리법 제2조)

02 **위험물안전관리법에서 위험물에 관한 내용으로 옳지 않은 것은?** * • 개념 2단계

① 지정수량 미만의 위험물 취급기준은 시·도의 조례에 의한다.

② 제조소등이 아닌 장소에서 위험물의 임시저장 최대일수는 90일 이내이다

③ 제조소등이란 대통령령이 정하는 장소로서 저장소, 취급소, 제조소를 말한다.

④ 위험물은 모든 물질로서 이루어진 대통령령이 정하는 인화성 발화성의 물품이다.

➡ 위험물은 대통령령이 정하는 인화성·발화성 등의 물품이다. / 여기서 대통령령이라는 뜻은 시행령을 가리키며, 즉 위험물안전관리법 [시행령 별표1]에 1류위험물~6류위험물까지 명시되어있다는 뜻이며 인화성이란 인화물질로서 쉽게 연소가 가능한 성질을 뜻하며 발화성이란 자연발화 할 수 있는 물질을 말한다. 참고로 기체는 고체 및 액체보다 더 위험한 물질로서 가스(고압가스, 액화석유가스, 도시가스) 법에서 다루고 있으며 위험물안전관리법상에 위험물에 해당되지 않는다. 그러므로 위험물은 모든 물질로서 이루어진 인화성 발화성 물품이라 할 수는 없다. (위험물안전관리법 제2·제4·제5조)

Ans. 01. ③ 02. ④

03 **위험물의 저장·취급기준에 대한 설명으로 틀린 것은?**** • 학습 2단계

① 둘 이상의 위험물을 같은 장소에서 저장 또는 취급하는 경우에 있어서 해당 장소에서 저장 또는 취급하는 각 위험물의 수량을 그 위험물의 지정수량으로 각각 나누어 얻은 수의 합계가 1 이상인 경우 해당 위험물은 지정수량 이상의 위험물로 본다.

② 제조소등을 설치하고자 하는 자는 대통령령이 정하는 바에 따라 그 설치장소를 관할하는 시·도지사의 허가를 받아야 한다.

③ 제조소등의 위치·구조 또는 설비의 변경없이 해당 제조소등에서 저장하거나 취급하는 위험물에 대한 지정수량의 배수, 품명·수량을 변경하고자 하는 자는 1일 전까지 행정안전부령이 정하는 바에 따라 시·도지사에게 신고하여야 한다.

④ 농예용·축산용 또는 수산용으로 필요한 난방시설 또는 건조시설을 위한 지정수량 30배 이하의 저장소는 허가를 받지 아니하고 해당 제조소등을 설치할 수 있다.

➡ 농예용·축산용 또는 수산용으로 필요한 난방시설 또는 건조시설을 위한 지정수량 20배 이하의 저장소는 허가를 받지 아니하고 해당 제조소등을 설치할 수 있다. (위험물법 제5·제6조)

04 **다음 중 제조소등의 경우 완공검사 신청시기로 옳지 않은 것은?** • 개념 1단계

① 이동탱크저장소의 경우: 이동저장탱크를 완공하고 상치장소를 확보한 후

② 지하탱크가 있는 제조소등의 경우: 해당 지하탱크를 매설한 후

③ 이송취급소의 경우: 이송배관 공사의 전체 또는 일부를 완료한 후. 다만, 지하·하천 등에 매설하는 이송배관의 공사의 경우에는 이송배관을 매설하기 전

④ 전체 공사가 완료된 후에는 완공검사를 실시하기 곤란한 경우: 위험물설비 또는 배관의 설치가 완료되어 기밀시험 또는 내압시험을 실시하는 시기 및 배관을 지하에 설치하는 경우에는 시·도지사, 소방서장 또는 기술원이 지정하는 부분을 매몰하기 직전 또는 기술원이 지정하는 부분의 비파괴시험을 실시하는 시기

➡ 지하탱크가 있는 제조소의 경우 위험물의 완공검사 신청시기는 지하탱크 매설 전에 신청한다. (위험물법 시행규칙 제20조)

제조소등의 완공검사 신청 시기

1. 지하탱크가 있는 제조소등의 경우: 해당 지하탱크를 매설하기 전
2. 이동탱크저장소의 경우: 이동저장탱크를 완공하고 상치장소를 확보한 후
3. 이송취급소의 경우: 이송배관 공사의 전체 또는 일부를 완료한 후.
   다만, 지하·하천 등에 매설하는 이송배관의 공사의 경우에는 이송배관을 매설하기 전

Ans. 03. ④ 04. ②

05 제조소등의 용도를 폐지한 때에는 며칠 이내에 폐지 신고를 하여야 하는가?** • 기본 1단계

① 7일 이내 ② 10일 이내 ③ 14일 이내 ④ 30일 이내

▶ 제조소등의 용도를 폐지한 때에는 폐지한 날부터 14일 이내에 시·도지사에게 신고하여야 한다. (위험물법 제11조)

06 다음 중 소방서장의 업무에 해당되는 것을 모두 고르시오.* • 난도 3단계

㉠ 과태료 부과권자	㉡ 옥외탱크저장소 정기검사
㉢ 위험물 예방규정 작성	㉣ 옥외탱크저장소 정기점검

① ㉠, ㉡ ② ㉡, ㉣
③ ㉠, ㉢, ㉣ ④ ㉠, ㉡, ㉢, ㉣

▶ 예방규정작성은 관계인이 하며, 정기점검은 안전관리자 등이 실시한다. (위험물법 제17조, 규칙 제67조)

07 제조소 관계인이 위험물안전관리자를 해임 후 재 선임해야 하는 기간은?** • 기본 1단계

① 10일 이내 ② 15일 이내
③ 20일 이내 ④ 30일 이내

▶ 위험물안전관리자를 해임 후 다시 재 선임해야 하는 기간은 30일 이내이다. (위험물법 제15조)

08 안전관리자의 선임·해임·퇴직 시 신고하는 대상과 기간은?* • 개념 2단계

① 시•도지사에게 14일 이내 ② 시•도지사에게 30일 이내
③ 소방본부장, 소방서장에게 14일 이내 ④ 소방본부장, 소방서장에게 30일 이내

▶ 위험물안전관리자를 선임 또는 해임하거나 안전관리자가 퇴직할 때에는 14일 이내에 소방본부장·소방서장(즉, 소방서)에게 신고하여야 한다. (위험물법 제15조)

09 위험물 법령에서 관계인이 예방규정을 하는 것은?*** • 필수 1단계

① 지정수량 10배 이상의 제조소 ② 지정수량 50배 이상의 옥외저장소
③ 지정수량 100배 이상의 옥내저장소 ④ 지정수량 150배 이상의 옥내탱크저장소

▶ 관계인이 예방규정을 정하는 제조소는 지정수량 10배 이상의 제조소, 100배 이상의 옥외저장소, 150배 이상의 옥내저장소, 200배 이상의 옥외탱크저장소에 해당된다. (위험물법 시행령 제15조)
• 소방간부후보시험, 소방설비기사,

Ans. 05. ③ 06. ① 07. ④ 08. ③ 09. ①

10 **자체소방대의 설치기준은 지정수량 몇 배 이상의 제4류 위험물을 저장 취급하는 제조소 또는 일반취급소를 말하는가?**** • 기본 1단계

① 지정수량 3,000배 이상 ② 지정수량 5,000배 이상
③ 지정수량 10,000배 이상 ④ 지정수량 20,000배 이상

자체소방대의 설치기준은 제4류 위험물을 지정수량 3천배 이상 저장·취급하는 제조소 또는 일반취급소와 50만배 이상의 옥외탱크저장소에 설치가 된다. (위험물법 시행령 제18조) • 소방설비기사

11 **다음 중 위험물의 특성이 바르게 연결된 것은?***** • 이도 1단계

① 제1류 위험물－인화성 액체 ② 제2류 위험물－가연성 고체
③ 제4류 위험물－산화성 액체 ④ 제5류 위험물－자연발화성 물질

1류－산화성고체, 2류－가연성고체, 3류－자연발화성 및 금수성물질, 4류－인화성액체, 5류－자기반응성물질, 6류－산화성액체이다. (위험물법 시행령 별표1)

12 **다음 중 제2류 위험물의 종류가 아닌 것은?*** • 혼동 1단계

① 황화인 ② 적린 ③ 황 ④ 황린

황린은 3류 위험물이다. (위험물법 시행령 별표1)

13 **다음에서 제4류 위험물과 관련된 것이 아닌 것은?** • 기본 1단계

① 액체로서 인화의 위험성이 있는 것을 말한다.
② 동·식물 유류에 있어서는 1기압과 섭씨 20도에서 액상인 것을 말한다.
③ 산화성 액체로서 산화력의 잠재적인 위험성을 정하는 성질과 상태를 말한다.
④ 휘발유는 전기의 부도체이며 연소 시 공기보다 무거운 인화성 증기가 발생한다.

4류위험물은 인화성 액체로서 비점(비등점= 끓는점)이 높은 3~4 석유류 및 동식물유류는 표준대기압인 1기압과 섭씨 20도에서 액체상태인 것을 말한다. 산화성액체는 6류위험물에 속한다.(위험물법 시행령 별표 비고)

14 **다음 중 위험물과 지정수량의 연결이 잘못된 것은?*** • 학습 2단계

① 유기과산화물－50kg ② 과염소산－300kg
③ 아이오딘산염류－300kg ④ 금속의 인화물－300kg

유기과산화물은 제5류 위험물로서 매우 위험하므로 제일 무게가 적은 지정수량인 10kg이다. (위험물법 시행령 별표1)

Ans. 10. ① 11. ② 12. ④ 13. ③ 14. ①

15 **다음 위험물 중 지정수량이 다른 하나는?** • 학습 3단계

① 유기과산화물　② 금속의 수소화물
③ 과염소산　④ 아이오딘산염류

➡ 10kg = 유기과산화물(5류 위험물), 300kg = 금속의 수소화물(3류 위험물), 과염소산(6류 위험물), 아이오딘산염류(1류 위험물)에 해당된다. (위험물법 시행령 별표1)

16 **위험물 지정수량이 48만 배 이상일 때 자체 화학소방차 보유대수는?**** • 학습 2단계

① 1대　② 2대　③ 3대　④ 4대

➡ 위험물 지정수량이 48만 배 이상은 4대 이상이다. (위험물법 시행령 별표8)

17 **다음 중 위험물 안전교육을 받아야 하는 안전교육 대상자가 아닌 자는?*** • 혼동 2단계

① 안전관리자로 선임된 자　② 위험물운송자로 종사하는 자
③ 탱크대행기관　④ 탱크시험자의 기술인력으로 종사하는 자

➡ 안전교육 대상자는 ①②④ 및 '위험물운반자로 종사하는 자'에 해당한다.(* 위험물 제조소의 탱크대행기관은 안전교육 대상자에 해당하지 않는다.) (위험물안전관리법 시행령 제20조)

18 **위험물 표지 및 게시판의 한 변이 0.3m 이면 다른 한 변의 길이는?** • 기본 1단계

① 0.3m　② 0.4m　③ 0.5m　④ 0.6m

➡ 위험물제조소의 표지는 한 변이 0.3m이면 다른 한 변의 길이는 0.6m 이다. 또한 바탕색은 백색, 문자는 흑색이다. (위험물법 시행규칙 별표4)

19 **위험물시설에 대한 설명 중 틀린 것은?** • 개념 2단계

① 벽, 계단의 시설은 불연재료를 사용한다.
② 원칙적으로 지하층이 없도록 한다.
③ 지붕은 무겁고 두꺼운 철판으로 된 재료를 사용한다.
④ 출입구와 비상구에는 60분+방화문 · 60분방화문 또는 30분방화문을 설치한다.

➡ 지붕은 폭발력이 위로 방출될 정도의 가벼운 불연재료로 덮어야 한다. (위험물법 시행규칙 별표4－4)

Ans. 15. ①　16. ④　17. ③　18. ④　19. ③

20 **다음 중 정전기를 유효하게 제거하는 방법으로 가장 거리가 먼 것은?*** • 기본 1단계**

① 접지에 의한 방법
② 도체를 사용하는 방법
③ 공기를 이온화하는 방법
④ 공기 중의 절대습도를 70% 이상으로 하는 방법

전도체를 사용하여 접지를 하며 공기를 변화시켜 이온화하고, 공기 중의 상대습도를 70% 이상으로 한다. (위험물법 시행규칙 별표4)

21 **주유소에서 "주유 중 엔진정지" 게시판의 색깔은?** • 개념 1단계**

① 흰색바탕－흑색문자 ② 흑색바탕－황색문자
③ 황색바탕－흑색문자 ④ 흰색바탕－황색문자

게시판은 황색바탕에 흑색문자로 "주유 중 엔진정지"라는 표시를 하여야 한다. 황색이 멀리서 잘 보이고 기름이 황색 표시이기도 하니 황색바탕으로 생각한다. (위험물법 시행규칙 별표13)

22 **다음 중 저장 또는 취급하는 1종 판매취급소의 지정수량은 몇 배 이하인가?* • 기본 1단계**

① 지정수량의 10배 이하를 말한다.
② 지정수량의 20배 이하를 말한다.
③ 지정수량의 40배 이하를 말한다.
④ 지정수량의 100배 이하를 말한다.

제1종 판매취급소는 건축물의 1층에 설치할 것이며 저장 또는 취급하는 위험물의 수량이 지정수량의 20배 이하인 판매취급소를 말하며, 제2종 판매취급소는 지정수량의 40배 이하인 판매취급소이다. (위험물법 시행규칙 별표14)

23 **다음 중 소형 수동소화기를 설치할 때 몇 m마다 설치해야 하는가?* • 기본 1단계**

① 보행거리 10미터마다 설치한다.
② 보행거리 20미터마다 설치한다.
③ 수평거리 10미터마다 설치한다.
④ 수평거리 20미터마다 설치한다

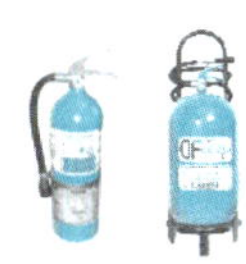

소형은 보행거리 20m 이내, 대형은 보행거리 30m 이내에 해당된다. (위험물법 시행규칙 별표 제17 또는 소화기구 화재안전기준 제4조)

Ans. 20. ④ 21. ③ 22. ② 23. ②

소/방/관/계/법/규

제 6 편

소방의 화재조사에 관한 법률

(주내용) p8

제6편 (주내용) 소방의 화재조사에 관한 법률

▶ 이 법령은 2024년 12월 20일까지 신설된 기준으로 편집함.

01 총 칙

【법 제1조】 목 적

이 법은 화재예방 및 소방정책에 활용하기 위하여 화재원인, 화재성장 및 확산, 피해현황 등에 관한 과학적 · 전문적인 조사에 필요한 사항을 규정함을 목적으로 한다.

【법 제2조】 용어의 정의

1. 화재: 사람의 의도에 반하거나 고의 또는 과실에 의하여 발생하는 연소 현상으로서 소화할 필요가 있는 현상 또는 사람의 의도에 반하여 발생하거나 확대된 화학적 폭발현상.
2. 화재조사: 소방청장, 소방본부장 또는 소방서장이 화재원인, 피해상황, 대응활동 등을 파악하기 위하여 자료의 수집, 관계인등에 대한 질문, 현장 확인, 감식, 감정 및 실험 등을 하는 일련의 행위.
3. 화재조사관: 화재조사에 전문성을 인정받아 화재조사를 수행하는 소방공무원.
4. 관계인등: 화재가 발생한 소방대상물의 소유자·관리자·점유자 및 다음의 사람을 말한다
   ① 화재 현장을 발견하고 신고한 사람
   ② 화재 현장을 목격한 사람
   ③ 소화활동을 행하거나 인명구조활동(유도대피 포함)에 관계된 사람
   ④ 화재를 발생시키거나 화재발생과 관계된 사람

【법 제3조】 국가 등의 책무*

① 국가와 지방자치단체는 화재조사에 필요한 기술의 연구·개발 및 화재조사의 정확도를 향상시키기 위한 시책을 강구하고 추진하여야 한다.

② 관계인등은 화재조사가 적절하게 이루어질 수 있도록 협력하여야 한다.

---

* 관계인: 화재가 발생한 소방대상물의 소유자·관리자·점유자　　* 책무: 책임이나 임무

02 화재조사의 실시 등

【법 제5조】 화재조사의 실시

1. 소방관서장은 화재 발생 사실을 알게 된 때에는 지체 없이 화재조사를 하여야 한다. 이 경우 수사기관의 범죄 수사에 지장을 주어서는 아니 된다.
2. 소방관서장(소방청장·소방본부장·소방서장)은 다음에 대하여 조사하여야 한다.
   ① 화재원인에 관한 사항
   ② 화재로 인한 인명·재산피해상황
   ③ 대응활동에 관한 사항
   ④ 소방시설 등의 설치·관리 및 작동 여부에 관한 사항
   ⑤ 화재발생건축물과 구조물, 화재유형별 화재위험성 등에 관한 사항
   ⑥ 그 밖에 대통령령으로 정하는 사항

> 【영 제3조】 화재조사의 내용·절차
> 화재조사는 다음의 절차에 따라 실시한다.
> ① 현장출동 중 조사: 화재발생 접수, 출동 중 화재상황 파악 등
> ② 화재현장 조사: 화재의 발화원인, 연소상황 및 피해상황 조사 등
> ③ 정밀조사: 감식·감정, 화재원인 판정 등 ④ 화재조사 결과 보고

【법 제6조】 화재조사전담부서의 설치·운영 등

1. 소방관서장은 전문성 기반을 위하여 화재조사전담부서를 설치·운영하여야 한다.
2. 전담부서(화재조사전담부서)는 다음의 업무를 수행한다.
   ① 화재조사의 실시 및 조사결과 분석·관리
   ② 화재조사 관련 기술개발과 화재조사관의 역량증진
   ③ 화재조사에 필요한 시설·장비의 관리·운영
   ④ 그 밖의 화재조사에 관하여 필요한 업무
3. 화재조사관은 소방청장이 실시한 시험에 합격한 소방공무원 등 전문자격자로 한다.
4. 전담부서의 구성·운영, 화재조사관의 구체적인 자격기준 및 교육훈련 등에 필요한 사항은 대통령령으로 정한다. (*^^ 화재조사 결과는 "소방관서장" 에게 보고해야 한다.)

6법

【영 제4조】 화재조사전담부서의 구성·운영

소방관서장은 화재조사전담부서에 화재조사관을 2명 이상 배치해야 한다.

【영 제5조】 화재조사관의 자격 기준 등

화재조사 업무를 수행하는 화재조사관은 다음에 해당하는 소방공무원으로 한다.

① 소방청장이 실시하는 화재조사에 관한 시험에 합격한 소방공무원
(*^^시험실시 30일 전까지 소방청 인터넷 홈페이지에 공고한다.)

② 국가기술자격 중 화재감식평가 기사 또는 산업기사 자격을 취득한 소방공무원
- 응시자격은 소방공무원 중 다음에 해당하는 사람으로 한다.

㉠ 화재조사관 양성을 위한 전문교육을 이수한 사람

㉡ 국립과학수사연구원 또는 소방청장이 인정하는 외국의 화재조사 관련 기관에서 8주 이상 화재조사에 관한 전문교육을 이수한 사람

【영 제6조】 화재조사에 관한 교육·훈련

① 화재조사관 양성을 위한 전문교육 또는 전문능력 향상을 위한 전문교육

② 전담부서에 배치된 화재조사관 의무 보수교육(* 배치 후 1년 이내, 이후 2년마다.)

【법 제7조】 화재합동조사단의 구성·운영

① 소방관서장은 사상자가 많거나 사회적 이목을 끄는 화재 등 대통령령으로 정하는 대형화재 등이 발생한 경우 종합적이고 정밀한 화재조사를 위하여 유관기관 및 관계 전문가를 포함한 화재합동조사단을 구성·운영할 수 있다.

② 화재합동조사단의 구성과 운영 등에 필요한 사항은 대통령령으로 정한다.

【영 제7조】 화재합동조사전담부서의 구성·운영

1. "사상자가 많거나 사회적 이목을 끄는 화재 등 대형화재"란 다음의 화재를 말한다.
   ① 사망자가 5명 이상 발생한 화재
   ② 화재로 인한 사회적 · 경제적 영향이 광범위하다고 소방관서장이 인정하는 화재
2. 화재합동조사단 단원은 다음에 해당하는 사람 중 소방관서장이 임명하거나 위촉한다.
   ① 화재조사관
   ② 화재조사 업무에 관한 경력이 3년 이상인 소방공무원
   ③ 학교 또는 이에 준하는 교육기관에서 화재조사, 소방 또는 안전관리 등 관련 분야 조교수 이상의 직에 3년 이상 재직한 사람
   ④ 국가기술자격 직무분야 중 안전관리 분야에서 산업기사 이상의 자격 취득자
   ⑤ 그 밖에 건축 · 안전 분야 또는 화재조사에 관한 학식과 경험이 풍부한 사람
3. 화재합동조사단의 단장은 단원 중 소방관서장이 지명하거나 위촉하는 사람이 된다.

【법 제8조】 화재현장 보존 등

① 소방관서장은 화재조사를 위하여 필요한 범위에서 화재현장 보존조치를 하거나 화재현장과 그 인근 지역을 통제구역으로 설정할 수 있다. 다만, 방화(放火) 또는 실화(失火)의 혐의로 수사의 대상이 된 경우에는 관할 경찰서장 또는 해양경찰서장(이하 경찰서장)이 통제구역을 설정한다.

② 누구든지 소방관서장·경찰서장 허가 없이 설정된 통제구역에 출입해서는 아니 된다.

③ 화재현장 보존조치를 하거나 통제구역을 설정한 경우 누구든지 소방관서장 또는 경찰서장의 허가 없이 화재현장에 있는 물건 등을 이동시키거나 변경 · 훼손하여서는 아니 된다.
- 다만, 공공의 이익에 중대한 영향을 미친다고 판단되거나 인명구조 등 긴급한 사유가 있는 경우에는 그러하지 아니하다.

④ 화재현장 보존조치, 통제구역 설정 및 출입 등에 필요한 사항은 대통령령으로 정한다.

> 【영 제8조】 화재현장 보존조치 통지 등
>
> 소방관서장이나 관할 경찰서장 또는 해양경찰서장(이하 경찰서장)은 화재현장 보존조치를 하거나 통제구역을 설정하는 경우 다음 사항을 화재가 발생한 소방대상물의 소유자·관리자 또는 점유자(이하 관계인)에게 알리고 해당 사항이 포함된 표지를 설치한다.
>
> ① 화재현장 보존조치나 통제구역 설정의 이유 및 주체
> ② 화재현장 보존조치나 통제구역 설정의 범위
> ③ 화재현장 보존조치나 통제구역 설정의 기간

【법 제9조】 출입·조사 등

① 소방관서장은 화재조사를 위하여 필요한 경우에 관계인에게 보고 또는 자료 제출을 명하거나 화재조사관으로 하여금 해당 장소에 출입하여 화재조사를 하게 하거나 관계인등에게 질문하게 할 수 있다.

② 제1항에 따라 화재조사를 하는 화재조사관은 그 권한을 표시하는 증표를 지니고 이를 관계인등에게 보여주어야 한다.

③ 화재조사를 하는 화재조사관은 관계인의 정당한 업무를 방해하거나 화재조사를 수행하면서 알게 된 비밀을 다른 용도로 사용하거나 다른 사람에게 누설하여서는 아니 된다.

【법 제10조】 관계인등의 출석 등

① 소방관서장은 화재조사가 필요한 경우 관계인등을 소방관서에 출석하게 하여 질문할 수 있다. (*^^ 출석일 3일 전까지 출석 일시와 장소, 출석 요구 사유 등을 알려야 한다.)

② 제1항에 따른 관계인등의 출석 및 질문 등에 필요한 사항은 대통령령으로 정한다.

【법 제11조】 화재조사 증거물 수집 등

① 소방관서장은 화재조사를 위하여 필요한 경우 증거물을 수집하여 검사 · 시험 · 분석 등을 할 수 있다. 다만, 범죄수사와 관련된 증거물인 경우에는 수사기관의 장과 협의하여 수집할 수 있다.

② 소방관서장은 수사기관의 장이 방화 또는 실화의 혐의가 있어서 이미 피의자를 체포하였거나 증거물을 압수하였을 때에 화재조사를 위하여 필요한 경우에는 범죄수사에 지장을 주지 아니하는 범위에서 그 피의자 또는 압수된 증거물에 대한 조사를 할 수 있다.(이 경우 수사기관의 장은 소방관서장의 신속한 화재조사를 위하여 특별한 사유가 없으면 조사에 협조하여야 한다.)

③ 증거물 수집의 범위, 방법 및 절차 등에 필요한 사항은 대통령령으로 정한다.

(*^^ 소방관서장은 화재조사를 위하여 필요한 최소한의 범위에서 화재조사관에게 증거물을 수집하여 검사 · 시험 · 분석 등을 하게 할 수 있다.)

【법 제12조】 소방공무원과 경찰공무원의 협력 등

1. 소방공무원과 경찰공무원(제주특별자치도 자치경찰 포함)은 다음 각 호의 사항에 대하여 서로 협력하여야 한다.
   ① 화재현장의 출입·보존 및 통제에 관한 사항
   ② 화재조사에 필요한 증거물의 수집 및 보존에 관한 사항
   ③ 관계인등에 대한 진술 확보에 관한 사항
   ④ 그 밖에 화재조사에 필요한 사항
2. 소방관서장은 방화 또는 실화의 혐의가 있다고 인정되면 지체 없이 경찰서장에게 그 사실을 알리고 필요한 증거를 수집·보존하는 등 그 범죄수사에 협력하여야 한다.

【법 제13조】 관계 기관 등의 협조

① 소방관서장, 중앙행정기관의 장, 지방자치단체의 장, 보험회사, 그 밖의 관련 기관 · 단체의 장은 화재조사에 필요한 사항에 대하여 서로 협력하여야 한다.

② 소방관서장은 화재원인 규명 및 피해액 산출 등을 위하여 필요한 경우에는 금융감독원, 관계 보험회사 등에 「개인정보 보호법」에 따른 개인정보를 포함한 보험가입 정보 등을 요청할 수 있다. 이 경우 정보 제공을 요청받은 기관은 정당한 사유가 없으면 이를 거부할 수 없다.

03 화재조사 결과의 공표 등

【법 제14조】 화재조사 결과의 공표

① 소방관서장은 국민이 유사한 화재로부터 피해를 입지 않도록 하기 위한 경우 등 필요한 경우 화재조사 결과를 공표할 수 있다. 다만, 수사가 진행 중이거나 수사의 필요성이 인정되는 경우에는 관계 수사기관의 장과 공표 여부에 관하여 사전에 협의하여야 한다.

② 공표의 범위·방법 및 절차 등에 관하여 필요한 사항은 행정안전부령으로 정한다.

【법 제16조】 화재증명원의 발급

① 소방관서장은 화재와 관련된 이해관계인 또는 화재발생 내용 입증이 필요한 사람이 화재를 증명하는 서류 발급을 신청하는 때에는"화재증명원"을 발급하여야 한다.

② 화재증명원의 발급신청 절차·방법·서식 및 기재사항, 온라인 발급 등에 필요한 사항은 행정안전부령으로 정한다.

04 화재조사 기반구축

【법 제17조】 감정기관의 지정 · 운영 등

1. 소방청장은 과학적이고 전문적인 화재조사를 위하여 대통령령으로 정하는 시설과 전문인력 등 지정기준을 갖춘 기관을 화재감정기관으로 지정 · 운영하여야 한다.
2. 소방청장은 지정된 감정기관에서의 과학적 조사 · 분석 등에 소요되는 비용의 전부 또는 일부를 지원할 수 있다.
3. 소방청장은 감정기관으로 지정받은 자가 다음에 해당하는 경우에는 지정을 취소할 수 있다. 다만, 제1호에 해당하는 경우에는 지정을 취소(필수!)하여야 한다.
   ① 거짓이나 그 밖의 부정한 방법으로 지정을 받은 경우
   ② 제1항에 따른 지정기준에 적합하지 아니하게 된 경우
   ③ 고의 또는 중대한 과실로 감정 결과를 사실과 다르게 작성한 경우
   ④ 그 밖에 대통령령으로 정하는 사항을 위반한 경우
   (*^^ 의뢰받은 감정을 정당한 사유 없이 거부하거나 1개월 이상 수행하지 않은 경우)

6법

4. 소방청장은 감정기관의 지정을 취소하려면 청문을 하여야 한다.

5. 감정기관의 지정기준·절차·취소·운영 등에 필요한 사항은 대통령령으로 정한다.

【영 제12조】 화재감정기관의 지정기준

1. 주된 기술인력은 다음에 해당하는 사람을 2명 이상 보유할 것
 ① 화재감식평가 분야의 기사 자격 취득 후 화재조사 분야에서 5년 이상 근무한 사람
 ② 화재조사관 자격 취득 후 화재조사 관련 분야에서 5년 이상 근무한 사람
 ③ 이공계 분야의 박사학위 취득 후 화재조사 분야에서 2년 이상 근무한 사람
2. 보조 기술인력: 다음에 해당하는 사람을 3명 이상 보유할 것
 ① 화재감식평가 분야의 기사 또는 산업기사 자격을 취득한 사람
 ② 화재조사관 자격을 취득한 사람
 ③ 소방청장이 인정하는 화재조사 관련 국제자격증 소지자
 ④ 이공계 분야의 석사 이상 학위 취득 후 화재조사 분야에서 1년 이상 근무한 사람

【법 제19조】 국가화재정보시스템의 구축·운영

① 소방청장은 화재조사 결과, 화재원인, 피해상황 등에 관한 화재정보를 종합적으로 수집·관리하여 국가화재정보시스템을 구축·운영하여야 한다.

② 화재정보의 수집·관리 및 활용 등에 필요한 사항은 대통령령으로 정한다.

【법 제20조】 연구개발사업의 지원

① 소방청장은 화재조사 기법에 필요한 연구·실험·조사·기술개발 등(이하 연구개발사업)을 지원하는 시책을 수립할 수 있다.

② 소방청장은 연구개발사업을 효율적으로 추진하기 위하여 다음 어느 하나에 해당하는 기관 또는 단체 등에게 연구개발사업을 수행하게 하거나 공동으로 수행할 수 있다.

㉠ 국공립 연구기관 ㉡ 특정연구기관 ㉢ 과학기술분야 정부출연 연구기관 ㉣ 대학·산업대학·전문대학·기술대학 ㉤ 화재조사 관련 연구기관 또는 법인 부설 연구소 ㉥ 기업부설연구소 또는 기업의 연구개발전담부서 ㉦ 그 밖에 대통령령으로 정하는 화재조사와 관련한 연구·조사·기술개발 등을 수행하는 기관 또는 단체.

③ 소방청장은 기관 또는 단체 등에 대하여 연구개발사업을 실시하는 데 필요한 경비의 전부 또는 일부를 출연하거나 보조할 수 있다.

④ 연구개발사업의 추진에 필요한 사항은 행정안전부령으로 정한다.

05 벌 칙

【법 제21조】 300만 원 이하의 벌금

다음의 어느 하나에 해당하는 사람은 300만 원 이하의 벌금에 처한다.

① 허가 없이 화재현장에 있는 물건 등을 이동시키거나 변경·훼손한 사람

② 정당한 사유 없이 화재조사관의 출입 또는 조사를 거부·방해·기피한 사람

③ 관계인의 정당한 업무를 방해하거나 화재조사를 수행하면서 알게 된 비밀을 다른 용도로 사용하거나 다른 사람에게 누설한 사람

④ 정당한 사유 없이 증거물 수집을 거부·방해 또는 기피한 사람

※ 양벌규정(제22조): 21조에 대하여 타 법의 양벌규정에 준용한다.

【법 제23조】 과태료

1. 다음에 해당하는 사람은 200만 원 이하의 과태료를 부과한다.

① 소방관서장 또는 경찰서장의 허가 없이 통제구역에 출입한 사람

② 화재조사 출입조사 시 소방관서장에 따른 명령을 위반하여 보고 또는 자료 제출을 하지 아니하거나 거짓으로 보고 또는 자료를 제출한 사람

③ 정당한 사유 없이 소방관서장의 출석을 거부하거나 질문에 대하여 거짓 진술한 사람

2. 과태료는 대통령령으로 정하는 바에 따라 소방관서장 또는 경찰서장이 부과·징수한다

(※ 상기 ①②③ 과태료 부과는 1회: 100만 원, 2회: 150만 원, 3회: 200만 원으로 정한다)

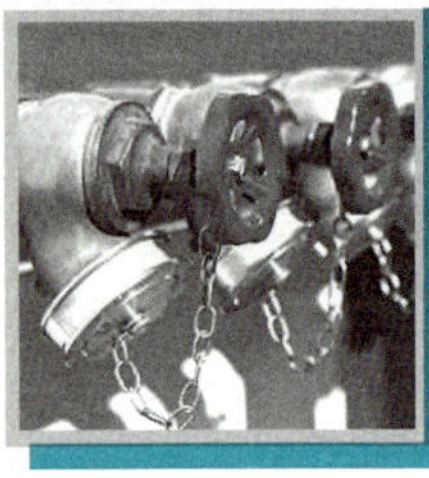

제6편 소방의 화재조사에 관한 법률(원문)

법 개정 2021.6.8 법률 제18204호

시행령	시행규칙
개정 2022. 11. 29 대통령령 제33005호	개정 2024. 12. 20 행정안전부령 제531호

제1장 총칙

제1조(목적)

이 법은 화재예방 및 소방정책에 활용하기 위하여 화재원인, 화재성장 및 확산, 피해현황 등에 관한 과학적·전문적인 조사에 필요한 사항을 규정함을 목적으로 한다.

영 제1조(목적)

이 영은 「소방의 화재조사에 관한 법률」에서 위임된 사항과 그 시행에 필요한 사항을 규정함을 목적으로 한다.

칙 제1조(목적)

이 규칙은 「소방의 화재조사에 관한 법률」 및 같은 법 시행령에서 위임된 사항과 그 시행에 필요한 사항을 규정함을 목적으로 한다.

제2조(정의)

① 이 법에서 사용하는 용어의 뜻은 다음과 같다.

1. "화재"란 사람의 의도에 반하거나 고의 또는 과실에 의하여 발생하는 연소 현상으로서 소화할 필요가 있는 현상 또는 사람의 의도에 반하여 발생하거나 확대된 화학적 폭발현상을 말한다.
2. "화재조사"란 소방청장, 소방본부장 또는 소방서장이 화재원인, 피해상황, 대응활동 등을 파악하기 위하여 자료의 수집, 관계인등에 대한 질문, 현장 확인, 감식, 감정 및 실험 등을 하는 일련의 행위를 말한다.
3. "화재조사관"이란 화재조사에 전문성을 인정받아 화재조사를 수행하는 소방공무원을 말한다.
4. "관계인등"이란 화재가 발생한 소방대상물의 소유자·관리자 또는 점유자(이하 "관계인"이라 한다) 및 다음 각 목의 사람을 말한다.
   가. 화재 현장을 발견하고 신고한 사람
   나. 화재 현장을 목격한 사람
   다. 소화활동을 행하거나 인명구조활동(유도대피 포함)에 관계된 사람
   라. 화재를 발생시키거나 화재발생과 관계된 사람

② 이 법에서 사용하는 용어의 뜻은 제1항에서 규정하는 것을 제외하고는 「소방기본법」, 「화재예방, 소방시설 설치·유지 및 안전관리에 관한 법률」에서 정하는 바에 따른다.

제3조(국가 등의 책무)

① 국가와 지방자치단체는 화재조사에 필요한 기술의 연구·개발 및 화재조사의 정확도를 향상시키기 위한 시책을 강구하고 추진하여야 한다.

② 관계인등은 화재조사가 적절하게 이루어질 수 있도록 협력하여야 한다.

제4조(다른 법률과의 관계)

화재조사에 관하여 다른 법률에 특별한 규정이 있는 경우를 제외하고는 이 법에서 정하는 바에 따른다.

제2장 화재조사의 실시 등

제5조(화재조사의 실시)

① 소방청장, 소방본부장 또는 소방서장(이하 "소방관서장"이라 한다)은 화재발생 사실을 알게 된 때에는 지체 없이 화재조사를 하여야 한다. 이 경우 수사기관의 범죄수사에 지장을 주어서는 아니 된다.

② 소방관서장은 제1항에 따라 화재조사를 하는 경우 다음 각 호의 사항에 대하여 조사하여야 한다.

1. 화재원인에 관한 사항
2. 화재로 인한 인명·재산피해상황
3. 대응활동에 관한 사항
4. 소방시설 등의 설치·관리 및 작동 여부에 관한 사항
5. 화재발생건축물과 구조물, 화재유형별 화재위험성 등에 관한 사항
6. 그 밖에 대통령령으로 정하는 사항

③ 제1항 및 제2항에 따른 화재조사의 대상 및 절차 등에 필요한 사항은 대통령령으로 정한다.

영 제2조(화재조사의 대상)

「소방의 화재조사에 관한 법률」(이하 "법"이라 한다) 제5조에 따라 소방청장, 소방본부장, 소방서장(이하 "소방관서장")이 화재조사를 실시해야 할 대상은 다음 각 호와 같다.

1. 「소방기본법」에 따른 소방대상물에서 발생한 화재
2. 그 밖에 소방관서장이 화재조사가 필요하다고 인정하는 화재

영 제3조(화재조사의 내용 · 절차)

① 법 제5조제2항제6호에서 "대통령령으로 정하는 사항"이란 「화재의 예방 및 안전관리에 관한 법률」 제7조에 따른 화재안전조사의 실시 결과에 관한 사항을 말한다.

② 화재조사는 다음 각 호의 절차에 따라 실시한다.

1. 현장출동 중 조사: 화재발생 접수, 출동 중 화재상황 파악 등
2. 화재현장 조사: 화재의 발화(發火)원인, 연소상황 및 피해상황 조사 등
3. 정밀조사: 감식·감정, 화재원인 판정 등
4. 화재조사 결과 보고

③ 소방관서장은 화재조사를 하는 경우 「산림보호법」 제42조에 따른 산불 조사 등 다른 법률에 따른 화재 관련 조사가 원활히 수행될 수 있도록 협조해야 한다.

6법

제6조(화재조사전담부서의 설치 · 운영 등)

① 소방관서장은 전문성에 기반하는 화재조사를 위하여 화재조사전담부서(이하 "전담부서"라 한다)를 설치·운영하여야 한다.

② 전담부서는 다음 각 호의 업무를 수행한다.

1. 화재조사의 실시 및 조사결과 분석·관리
2. 화재조사 관련 기술개발과 화재조사관의 역량증진
3. 화재조사에 필요한 시설·장비의 관리·운영
4. 그 밖의 화재조사에 관하여 필요한 업무

③ 소방관서장은 화재조사관으로 하여금 화재조사 업무를 수행하게 하여야 한다.

④ 화재조사관은 소방청장이 실시하는 화재조사에 관한 시험에 합격한 소방공무원 등 화재조사에 관한 전문적인 자격을 가진 소방공무원으로 한다.

⑤ 전담부서의 구성·운영, 화재조사관의 구체적인 자격기준 및 교육훈련 등에 필요한 사항은 대통령령으로 정한다.

영 제4조(화재조사전담부서의 구성 · 운영)

① 소방관서장은 법 제6조제1항에 따른 화재조사전담부서(이하 "전담부서"라 한다)에 화재조사관을 2명 이상 배치해야 한다.

② 전담부서에는 화재조사를 위한 감식·감정 장비 등 행정안전부령으로 정하는 장비와 시설을 갖추어 두어야 한다.

③ 제1항 및 제2항에서 규정한 사항 외에 전담부서의 구성·운영에 필요한 사항은 행정안전부령으로 정한다.

칙 제2조(화재조사 결과의 보고)

① 「소방의 화재조사에 관한 법률」(이하 "법"이라 한다) 제6조제1항에 따른 화재조사전담부서(이하 "전담부서"라 한다)가 화재조사를 완료한 경우에는 화재조사 결과를 소방청장, 소방본부장 또는 소방서장(이하 "소방관서장"이라 한다)에게 보고해야 한다.

② 제1항에 따른 보고는 소방청장이 정하는 화재발생종합보고서에 따른다.

칙 제3조(전담부서의 장비 · 시설)

소방의 화재조사에 관한 법률 시행령」(이하 "영") 제4조제2항에서 "화재조사를 위한 감식·감정 장비 등 행정안전부령으로 정하는 장비와 시설"이란 별표의 장비와 시설을 말한다.

영 제5조(화재조사관의 자격기준 등)

① 법 제6조제3항에 따라 화재조사 업무를 수행하는 화재조사관은 다음 각 호의 어느 하나에 해당하는 소방공무원으로 한다.

1. 소방청장이 실시하는 화재조사에 관한 시험에 합격한 소방공무원
2. 「국가기술자격법」에 따른 국가기술자격의 직무분야 중 화재감식평가 분야의 기사 또는 산업기사 자격을 취득한 소방공무원

② 제1항제1호의 화재조사에 관한 시험의 방법, 과목, 그 밖에 시험 시행에 필요한 사항은 행정안전부령으로 정한다.

직 제4조(화재조사에 관한 시험)

① 소방청장이 영 제5조제1항제1호의 화재조사에 관한 시험(이하 "자격시험"이라 한다)을 실시하는 경우에는 시험의 과목·일시·장소 및 응시 자격·절차 등을 시험 실시 30일 전까지 소방청의 인터넷 홈페이지에 공고해야 한다.

② 자격시험에 응시할 수 있는 사람은 소방공무원 중 다음 각 호의 어느 하나에 해당하는 사람으로 한다.

1. 영 제6조제1항제1호의 화재조사관 양성을 위한 전문교육을 이수한 사람
2. 국립과학수사연구원 또는 소방청장이 인정하는 외국의 화재조사 관련 기관에서 8주 이상 화재조사에 관한 전문교육을 이수한 사람

③ 자격시험은 1차 시험과 2차 시험으로 구분하여 실시하며, 1차 시험에 합격한 사람만이 2차 시험에 응시할 수 있다.

④ 소방청장은 영 제5조제1항 각 호의 소방공무원에게 별지 제1호서식의 화재조사관 자격증을 발급해야 한다.

⑤ 소방청장은 자격시험에서 부정한 행위를 한 사람에 대해서는 그 시험을 정지 또는 무효로 하거나 합격을 취소한다.

영 제6조(화재조사에 관한 교육훈련)

① 소방관서장은 다음 각 호의 구분에 따라 화재조사관에 대한 교육훈련을 실시한다.

1. 화재조사관 양성을 위한 전문교육
2. 화재조사관의 전문능력 향상을 위한 전문교육
3. 전담부서에 배치된 화재조사관을 위한 의무 보수교육

② 소방관서장은 필요한 경우 제1항에 따른 교육훈련을 다른 소방관서나 화재조사 관련 전문기관에 위탁하여 실시할 수 있다.

③ 제1항 및 제2항에서 규정한 사항 외에 화재조사에 관한 교육훈련에 필요한 사항은 행정안전부령으로 정한다.

직 제5조(화재조사에 관한 교육훈련)

① 영 제6조제1항제1호의 화재조사관 양성을 위한 전문교육의 내용은 다음 각 호와 같다.

1. 화재조사 이론과 실습
2. 화재조사 시설 및 장비의 사용에 관한 사항
3. 주요·특이 화재조사, 감식·감정에 관한 사항
4. 화재조사 관련 정책 및 법령에 관한 사항
5. 그 밖에 소방청장이 화재조사 관련 전문능력의 배양을 위해 필요하다고 인정하는 사항

② 전담부서에 배치된 화재조사관은 영 제6조제1항제3호의 의무 보수교육을 2년마다 받아야 한다. 다만, 전담부서에 배치된 후 처음 받는 의무 보수교육은 배치 후 1년 이내에 받아야 한다.

③ 소방관서장은 제2항에 따라 의무 보수교육을 이수하지 않은 사람에게 보수교육을 이수할 때까지 화재조사 업무를 수행하게 해서는 안 된다.

④ 제1항부터 제3항까지에서 규정한 사항 외에 화재조사에 관한 교육훈련에 필요한 사항은 소방청장이 정한다.

제7조(화재합동조사단의 구성 · 운영)

① 소방관서장은 사상자가 많거나 사회적 이목을 끄는 화재 등 대통령령으로 정하는 대형화재 등이 발생한 경우 종합적이고 정밀한 화재조사를 위하여 유관기관 및 관계 전문가를 포함한 화재합동조사단을 구성·운영할 수 있다.

② 제1항에 따른 화재합동조사단의 구성과 운영 등에 필요한 사항은 대통령령으로 정한다.

영 제7조(화재합동조사단의 구성 · 운영)

① 법 제7조제1항에서 "사상자가 많거나 사회적 이목을 끄는 화재 등 대통령령으로 정하는 대형화재"란 다음 각 호의 화재를 말한다.

1. 사망자가 5명 이상 발생한 화재
2. 화재로 인한 사회적·경제적 영향이 광범위하다고 소방관서장이 인정하는 화재

② 법 제7조제1항에 따른 화재합동조사단(이하 "화재합동조사단"이라 한다)의 단원은 다음 각 호의 어느 하나에 해당하는 사람 중에서 소방관서장이 임명하거나 위촉한다.

1. 화재조사관
2. 화재조사 업무에 관한 경력이 3년 이상인 소방공무원
3. 「고등교육법」 제2조에 따른 학교 또는 이에 준하는 교육기관에서 화재조사, 소방 또는 안전관리 등 관련 분야 조교수 이상의 직에 3년 이상 재직한 사람
4. 「국가기술자격법」에 따른 국가기술자격의 직무분야 중 안전관리 분야에서 산업기사 이상의 자격을 취득한 사람
5. 그 밖에 건축·안전 분야 또는 화재조사에 관한 학식과 경험이 풍부한 사람

③ 화재합동조사단의 단장은 단원 중에서 소방관서장이 지명하거나 위촉하는 사람이 된다.

④ 소방관서장은 화재합동조사단 운영을 위하여 관계 행정기관 또는 기관·단체의 장에게 소속 공무원 또는 소속 임직원의 파견을 요청할 수 있다.

⑤ 화재합동조사단은 화재조사를 완료하면 소방관서장에게 다음 각 호의 사항이 포함된 화재조사 결과를 보고해야 한다.

1. 화재합동조사단 운영 개요
2. 화재조사 개요
3. 화재조사에 관한 법 제5조제2항 각 호의 사항
4. 다수의 인명피해가 발생한 경우 그 원인
5. 현행 제도의 문제점 및 개선 방안
6. 그 밖에 소방관서장이 필요하다고 인정하는 사항

⑥ 소방관서장은 화재합동조사단의 단장 또는 단원에게 예산의 범위에서 수당·여비와 그 밖에 필요한 경비를 지급할 수 있다. 다만, 공무원이 소관 업무와 직접적으로 관련되어 참여하는 경우에는 지급하지 않는다.

⑦ 제1항부터 제6항까지에서 규정한 사항 외에 화재합동조사단의 구성·운영에 필요한 사항은 소방청장이 정한다.

제8조(화재현장 보존 등)

① 소방관서장은 화재조사를 위하여 필요한 범위에서 화재현장 보존조치를 하거나 화재현장과 그 인근 지역을 통제구역으로 설정할 수 있다. 다만, 방화(放火) 또는 실화(失火)의 혐의로 수사의 대상이 된 경우에는 관할 경찰서장 또는 해양경찰서장(이하 "경찰서장"이라 한다)이 통제구역을 설정한다.

② 누구든지 소방관서장 또는 경찰서장의 허가 없이 제1항에 따라 설정된 통제구역에 출입하여서는 아니 된다.

③ 제1항에 따라 화재현장 보존조치를 하거나 통제구역을 설정한 경우 누구든지 소방관서장 또는 경찰서장의 허가 없이 화재현장에 있는 물건 등을 이동시키거나 변경·훼손하여서는 아니 된다. 다만, 공공의 이익에 중대한 영향을 미친다고 판단되거나 인명구조 등 긴급한 사유가 있는 경우에는 그러하지 아니하다.

④ 화재현장 보존조치, 통제구역의 설정 및 출입 등에 필요한 사항은 대통령령으로 정한다.

영 제8조(화재현장 보존조치 통지 등)

소방관서장이나 관할 경찰서장 또는 해양경찰서장(이하 "경찰서장"이라 한다)은 법 제8조제1항에 따라 화재현장 보존조치를 하거나 통제구역을 설정하는 경우 다음 각 호의 사항을 화재가 발생한 소방대상물의 소유자·관리자 또는 점유자(이하 "관계인"이라 한다)에게 알리고 해당 사항이 포함된 표지를 설치해야 한다.

1. 화재현장 보존조치나 통제구역 설정의 이유 및 주체
2. 화재현장 보존조치나 통제구역 설정의 범위
3. 화재현장 보존조치나 통제구역 설정의 기간

영 제9조(화재현장 보존조치 등의 해제)

소방관서장이나 경찰서장은 다음 각 호의 경우에는 법 제8조제1항에 따른 화재현장 보존조치나 통제구역의 설정을 지체 없이 해제해야 한다.

1. 화재조사가 완료된 경우
2. 화재현장 보존조치나 통제구역의 설정이 해당 화재조사와 관련이 없다고 인정되는 경우

제9조(출입·조사 등)

① 소방관서장은 화재조사를 위하여 필요한 경우에 관계인에게 보고 또는 자료 제출을 명하거나 화재조사관으로 하여금 해당 장소에 출입하여 화재조사를 하게 하거나 관계인등에게 질문하게 할 수 있다.

② 제1항에 따라 화재조사를 하는 화재조사관은 그 권한을 표시하는 증표를 지니고 이를 관계인등에게 보여주어야 한다.

③ 제1항에 따라 화재조사를 하는 화재조사관은 관계인의 정당한 업무를 방해하거나 화재조사를 수행하면서 알게 된 비밀을 다른 용도로 사용하거나 다른 사람에게 누설하여서는 아니 된다.

칙 제6조(화재조사관 증표)

법 제9조제2항에 따른 화재조사관의 권한을 표시하는 증표는 별지 제1호서식의 화재조사관 자격증으로 한다.

6법

제10조(관계인등의 출석 등)

① 소방관서장은 화재조사가 필요한 경우 관계인등을 소방관서에 출석하게 하여 질문할 수 있다.

② 제1항에 따른 관계인등의 출석 및 질문 등에 필요한 사항은 대통령령으로 정한다.

영 제10조(관계인등에 대한 출석요구 및 질문 등)

① 소방관서장은 법 제10조제1항에 따라 관계인등의 출석을 요구하려면 출석일 3일 전까지 다음 각 호의 사항을 관계인등에게 알려야 한다.

1. 출석 일시와 장소　2. 출석 요구 사유　3. 그 밖에 화재조사와 관련하여 필요한 사항

② 관계인등은 제1항에 따라 지정된 출석 일시에 출석하는 경우 업무 또는 생활에 지장이 있을 때에는 소방관서장에게 출석 일시를 변경하여 줄 것을 신청할 수 있다. 이 경우 소방관서장은 화재조사의 목적을 달성할 수 있는 범위에서 출석 일시를 변경할 수 있다.

③ 소방관서장은 법 제10조제1항에 따라 출석한 관계인등에게 수당과 여비를 지급할 수 있다.

제11조(화재조사 증거물 수집 등)

① 소방관서장은 화재조사를 위하여 필요한 경우 증거물을 수집하여 검사·시험·분석 등을 할 수 있다. 다만, 범죄수사와 관련된 증거물인 경우에는 수사기관의 장과 협의하여 수집할 수 있다.

② 소방관서장은 수사기관의 장이 방화 또는 실화의 혐의가 있어서 이미 피의자를 체포하였거나 증거물을 압수하였을 때에 화재조사를 위하여 필요한 경우에는 범죄수사에 지장을 주지 아니하는 범위에서 그 피의자 또는 압수된 증거물에 대한 조사를 할 수 있다. 이 경우 수사기관의 장은 소방관서장의 신속한 화재조사를 위하여 특별한 사유가 없으면 조사에 협조하여야 한다.

③ 제1항에 따른 증거물 수집의 범위, 방법 및 절차 등에 필요한 사항은 대통령령으로 정한다.

영 제11조(화재조사 증거물 수집 등)

① 소방관서장은 법 제11조에 따라 화재조사를 위하여 필요한 최소한의 범위에서 화재조사관에게 증거물을 수집하여 검사·시험·분석 등을 하게 할 수 있다.

② 소방관서장은 제1항에 따라 증거물을 수집한 경우 이를 관계인에게 알려야 한다.

③ 소방관서장은 제1항에 따라 수집한 증거물이 다음 각 호의 어느 하나에 해당하는 경우에는 증거물을 지체 없이 반환해야 한다.

1. 화재와 관련이 없다고 인정되는 경우
2. 화재조사가 완료되는 등 증거물을 보관할 필요가 없게 된 경우

④ 제1항부터 제3항까지에서 규정한 사항 외에 증거물의 수집·관리에 필요한 사항은 행정안전부령으로 정한다.

칙 제7조(화재조사 증거물의 수집·관리)

① 영 제11조제1항에 따라 화재조사 증거물을 수집하는 경우 증거물의 수집과정을 사진 촬영 또는 영상 녹화의 방법으로 기록해야 한다.

② 제1항에 따른 사진 또는 영상 파일은 법 제19조에 따른 국가화재정보시스템에 전송하여 보관한다.

③ 제1항 및 제2항에서 규정한 사항 외에 화재조사 증거물의 수집·관리에 필요한 사항은 소방청장이 정한다.

제12조(소방공무원과 경찰공무원의 협력 등)

① 소방공무원과 경찰공무원(제주특별자치도의 자치경찰공무원을 포함한다)은 다음 각 호의 사항에 대하여 서로 협력하여야 한다.

1. 화재현장의 출입·보존 및 통제에 관한 사항
2. 화재조사에 필요한 증거물의 수집 및 보존에 관한 사항
3. 관계인등에 대한 진술 확보에 관한 사항
4. 그 밖에 화재조사에 필요한 사항

② 소방관서장은 방화 또는 실화의 혐의가 있다고 인정되면 지체 없이 경찰서장에게 그 사실을 알리고 필요한 증거를 수집·보존하는 등 그 범죄수사에 협력하여야 한다.

제13조(관계 기관 등의 협조)

① 소방관서장, 중앙행정기관의 장, 지방자치단체의 장, 보험회사, 그 밖의 관련 기관·단체의 장은 화재조사에 필요한 사항에 대하여 서로 협력하여야 한다.

② 소방관서장은 화재원인 규명 및 피해액 산출 등을 위하여 필요한 경우에는 금융감독원, 관계 보험회사 등에 「개인정보 보호법」 제2조제1호에 따른 개인정보를 포함한 보험가입 정보 등을 요청할 수 있다. 이 경우 정보 제공을 요청받은 기관은 정당한 사유가 없으면 이를 거부할 수 없다.

제3장 화재조사 결과의 공표 등

제14조(화재조사 결과의 공표)

① 소방관서장은 국민이 유사한 화재로부터 피해를 입지 않도록 하기 위한 경우 등 필요한 경우 화재조사 결과를 공표할 수 있다. 다만, 수사가 진행 중이거나 수사의 필요성이 인정되는 경우에는 관계 수사기관의 장과 공표 여부에 관하여 사전에 협의하여야 한다.

② 제1항에 따른 공표의 범위·방법 및 절차 등에 관하여 필요한 사항은 행정안전부령으로 정한다.

칙 제8조(화재조사 결과의 공표)

① 소방관서장은 법 제14조제1항에 따라 다음 각 호의 경우에는 화재조사 결과를 공표할 수 있다.

1. 국민이 유사한 화재로부터 피해를 입지 않도록 하기 위해 필요한 경우
2. 사회적 관심이 집중되어 국민의 알 권리 충족 등 공공의 이익을 위해 필요한 경우

② 소방관서장은 제1항에 따라 화재조사의 결과를 공표할 때에는 다음 각 호의 사항을 포함시켜야 한다.

1. 화재원인에 관한 사항
2. 화재로 인한 인명·재산피해에 관한 사항
3. 화재발생 건축물과 구조물에 관한 사항
4. 그 밖에 화재예방을 위해 공표할 필요가 있다고 소방관서장이 인정하는 사항

③ 제1항에 따른 화재조사 결과의 공표는 소방관서의 인터넷 홈페이지에 게재하거나, 「신문 등의 진흥에 관한 법률」에 따른 신문 또는 「방송법」에 따른 방송을 이용하는 등 일반인이 쉽게 알 수 있는 방법으로 한다.

第15조(화재조사 결과의 통보)

소방관서장은 화재조사 결과를 중앙행정기관의 장, 지방자치단체의 장, 그 밖의 관련 기관·단체의 장 또는 관계인 등에게 통보하여 유사한 화재가 발생하지 않도록 필요한 조치를 취할 것을 요청할 수 있다.

제16조(화재증명원의 발급)

① 소방관서장은 화재와 관련된 이해관계인 또는 화재발생 내용 입증이 필요한 사람이 화재를 증명하는 서류(이하 이 조에서 "화재증명원"이라 한다) 발급을 신청하는 때에는 화재증명원을 발급하여야 한다.

② 화재증명원의 발급신청 절차·방법·서식 및 기재사항, 온라인 발급 등에 필요한 사항은 행정안전부령으로 정한다.

칙 제9조(화재증명원의 신청 및 발급)

① 법 제16조제1항에 따른 화재증명원(이하 "화재증명원"이라 한다)의 발급을 신청하려는 자는 별지 제2호서식의 화재증명원 발급신청서를 소방관서장에게 제출해야 한다. 이 경우 신청인은 본인의 신분이 확인될 수 있는 신분증명서 또는 법인 등기사항증명서(법인인 경우만 해당한다)를 제시해야 한다.

② 제1항에 따라 신청을 받은 소방관서장은 신청인이 화재와 관련된 이해관계인 또는 화재발생 내용 입증이 필요한 사람인 경우에는 별지 제3호서식의 화재증명원을 신청인에게 발급해야 한다. 이 경우 별지 제4호서식의 화재증명원 발급대장에 그 사실을 기록하고 이를 보관·관리해야 한다.

제4장 화재조사 기반구축

제17조(감정기관의 지정·운영 등)

① 소방청장은 과학적이고 전문적인 화재조사를 위하여 대통령령으로 정하는 시설과 전문인력 등 지정기준을 갖춘 기관을 화재감정기관(이하 "감정기관"이라 한다)으로 지정·운영하여야 한다.

② 소방청장은 제1항에 따라 지정된 감정기관에서의 과학적 조사·분석 등에 소요되는 비용의 전부 또는 일부를 지원할 수 있다.

③ 소방청장은 감정기관으로 지정받은 자가 다음 각 호의 어느 하나에 해당하는 경우에는 지정을 취소할 수 있다. 다만, 제1호에 해당하는 경우에는 지정을 취소하여야 한다.

1. 거짓이나 그 밖의 부정한 방법으로 지정을 받은 경우
2. 제1항에 따른 지정기준에 적합하지 아니하게 된 경우
3. 고의 또는 중대한 과실로 감정 결과를 사실과 다르게 작성한 경우
4. 그 밖에 대통령령으로 정하는 사항을 위반한 경우

④ 소방청장은 제3항에 따라 감정기관의 지정을 취소하려면 청문을 하여야 한다.

⑤ 감정기관의 지정기준, 지정 절차, 지정 취소 및 운영 등에 필요한 사항은 대통령령으로 정한다.

영 제12조(화재감정기관의 지정기준)

① 법 제17조제1항에서 "대통령령으로 정하는 시설과 전문인력 등 지정기준"이란 다음 각 호의 기준을 말한다.

1. 화재조사를 수행할 수 있는 다음 각 목의 시설을 모두 갖출 것
   가. 증거물, 화재조사 장비 등을 안전하게 보호할 수 있는 설비를 갖춘 시설
   나. 증거물 등을 장기간 보존· 보관할 수 있는 시설
   다. 증거물의 감식· 감정을 수행하는 과정 등을 촬영하고 이를 디지털파일의 형태로 처리· 보관할 수 있는 시설
2. 화재조사에 필요한 다음 각 목의 구분에 따른 전문인력을 각각 보유할 것
   가. 주된 기술인력: 다음의 어느 하나에 해당하는 사람을 2명 이상 보유할 것
      1) 「국가기술자격법」에 따른 국가기술자격의 직무분야 중 화재감식평가 분야의 기사 자격 취득 후 화재조사 관련 분야에서 5년 이상 근무한 사람
      2) 화재조사관 자격 취득 후 화재조사 관련 분야에서 5년 이상 근무한 사람
      3) 이공계 분야의 박사학위 취득 후 화재조사 관련 분야에서 2년 이상 근무한 사람
   나. 보조 기술인력: 다음의 어느 하나에 해당하는 사람을 3명 이상 보유할 것
      1) 「국가기술자격법」에 따른 국가기술자격의 직무분야 중 화재감식평가 분야의 기사 또는 산업기사 자격을 취득한 사람
      2) 화재조사관 자격을 취득한 사람
      3) 소방청장이 인정하는 화재조사 관련 국제자격증 소지자
      4) 이공계 분야의 석사 이상 학위 취득 후 화재조사 관련 분야에서 1년 이상 근무한 사람
3. 화재조사를 수행할 수 있는 감식 · 감정 장비, 증거물 수집 장비 등을 갖출 것

② 법 제17조제1항에 따라 지정된 화재감정기관(이하 "화재감정기관"이라 한다)이 갖추어야 할 시설과 전문인력 등에 관한 세부적인 기준은 소방청장이 정하여 고시한다.

영 제13조(화재감정기관 지정 절차 및 취소 등)

① 화재감정기관으로 지정받으려는 자는 행정안전부령으로 정하는 화재감정기관 지정신청서에 다음 각 호의 서류를 첨부하여 소방청장에게 제출해야 한다. 이 경우 소방청장은 제출된 서류에 보완이 필요하다고 판단되면 보완에 필요한 기간을 정하여 보완을 요구할 수 있다.

1. 시설 현황에 관한 서류
2. 조직 및 인력 현황에 관한 서류(인력 현황의 경우에는 자격 및 경력을 증명하는 서류를 포함한다)
3. 화재조사 관련 장비 현황에 관한 서류
4. 법인의 정관 또는 단체의 규약(법인 또는 단체인 경우만 해당한다)

② 소방청장은 제1항에 따라 화재감정기관의 지정을 신청한 자가 제12조에 따른 지정기준을 충족하는 경우 화재감정기관으로 지정하고, 행정안전부령으로 정하는 화재감정기관 지정서를 발급해야 한다.

③ 법 제17조제3항제4호에서 "대통령령으로 정하는 사항을 위반한 경우"란 다음 각 호의 어느 하나에 해당하는 경우를 말한다.

1. 의뢰받은 감정을 정당한 사유 없이 거부하거나 1개월 이상 수행하지 않은 경우
2. 거짓이나 그 밖의 부정한 방법으로 감정 비용을 청구한 경우

④ 법 제17조제3항에 따라 지정이 취소된 화재감정기관은 지정이 취소된 날부터 10일 이내에 화재감정기관 지정서를 반환해야 한다.

⑤ 제1항부터 제4항까지에서 규정한 사항 외에 화재감정기관의 지정 및 지정 취소 등에 필요한 사항은 행정안전부령으로 정한다.

칙 제10조(화재감정기관의 지정 신청 및 지정서 발급)

① 영 제13조제1항 각 호 외의 부분 전단에서 "행정안전부령으로 정하는 화재감정기관 지정신청서"란 별지 제5호서식의 화재감정기관 지정신청서를 말한다.

② 제1항에 따른 화재감정기관 지정신청서를 받은 소방청장은 「전자정부법」 제36조제1항에 따른 행정정보의 공동이용을 통하여 법인 등기사항증명서(법인인 경우만 해당한다)와 사업자등록증을 확인해야 한다. 다만, 신청인이 사업자등록증의 확인에 동의하지 않는 경우에는 그 사본을 첨부하도록 해야 한다.

③ 소방청장은 영 제13조제1항 각 호 외의 부분 후단에 따라 화재감정기관 지정신청서 또는 첨부서류에 보완이 필요하다고 판단되면 10일 이내의 기간을 정하여 보완을 요구할 수 있다.

④ 영 제13조제2항에서 "행정안전부령으로 정하는 화재감정기관 지정서"란 별지 제6호서식의 화재감정기관 지정서를 말한다.

⑤ 제4항에 따른 화재감정기관 지정서를 발급한 소방청장은 별지 제7호서식의 화재감정기관 지정대장에 그 사실을 기록하고 이를 보관·관리해야 한다.

⑥ 소방청장이 법 제17조제1항에 따라 화재감정기관을 지정한 경우에는 그 사실을 소방청의 인터넷 홈페이지에 게재해야 한다.

칙 제11조(감정의뢰 등)

① 소방관서장이 법 제17조제1항에 따라 지정된 화재감정기관(이하 "화재감정기관"이라 한다)에 감정을 의뢰할 때에는 별지 제8호서식의 감정의뢰서에 증거물 등 감정대상물을 첨부하여 제출해야 한다.

② 화재감정기관의 장은 제1항에 따라 제출된 감정의뢰서 등에 흠결이 있을 경우 보완을 요청할 수 있다.

칙 제12조(감정 결과의 통보)

① 화재감정기관의 장은 감정이 완료되면 감정 결과를 감정을 의뢰한 소방관서장에게 지체 없이 통보해야 한다.

② 제1항에 따른 통보는 별지 제9호서식의 감정 결과 통보서에 따른다.

③ 화재감정기관의 장은 제1항에 따라 감정 결과를 통보할 때 감정을 의뢰받았던 증거물 등 감정대상물을 반환해야 한다. 다만, 훼손 등의 사유로 증거물 등 감정대상물을 반환할 수 없는 경우에는 감정 결과만 통보할 수 있다.

④ 화재감정기관의 장은 소방청장이 정하는 기간 동안 제1항에 따른 감정 결과 및 감정 관련 자료(데이터 파일을 포함한다)를 보존해야 한다.

제18조(벌칙 적용에서 공무원 의제)

제17조에 따라 지정된 감정기관의 임직원은 「형법」 제127조 및 제129조부터 제132조까지의 규정에 따른 벌칙을 적용할 때에는 공무원으로 본다.

영 제14조(국가화재정보시스템의 운영)

① 소방청장은 법 제19조제1항에 따른 국가화재정보시스템(이하 "국가화재정보시스템"이라 한다)을 활용하여 다음 각 호의 화재정보를 수집·관리해야 한다.

1. 화재원인
2. 화재피해상황
3. 대응활동에 관한 사항
4. 소방시설 등의 설치·관리 및 작동 여부에 관한 사항
5. 화재발생건축물과 구조물, 화재유형별 화재위험성 등에 관한 사항
6. 화재예방 관계 법령 등의 이행 및 위반 등에 관한 사항
7. 법 제13조제2항에 따른 관계인의 보험가입 정보 등에 관한 사항
8. 그 밖에 화재예방과 소방활동에 활용할 수 있는 정보

② 소방관서장은 국가화재정보시스템을 활용하여 제1항 각 호의 화재정보를 기록·유지 및 보관해야 한다.

③ 제1항 및 제2항에서 규정한 사항 외에 국가화재정보시스템의 운영 및 활용 등에 필요한 사항은 소방청장이 정한다.

제19조(국가화재정보시스템의 구축 · 운영)

① 소방청장은 화재조사 결과, 화재원인, 피해상황 등에 관한 화재정보를 종합적으로 수집·관리하여 화재예방과 소방활동에 활용할 수 있는 국가화재정보시스템을 구축·운영하여야 한다.

② 제1항에 따른 화재정보의 수집·관리 및 활용 등에 필요한 사항은 대통령령으로 정한다.

영 제16조(민감정보 및 고유식별정보의 처리)

① 소방관서장은 다음 각 호의 사무를 수행하기 위하여 불가피한 경우 「개인정보 보호법」 제23조제1항에 따른 건강에 관한 정보가 포함된 자료를 처리할 수 있다.

1. 법 제5조제2항제2호에 따른 인명피해상황 조사에 관한 사무
2. 국가화재정보시스템의 운영에 관한 사무

② 소방관서장은 법 제16조에 따른 화재증명원의 발급에 관한 사무를 수행하기 위하여 불가피한 경우 「개인정보 보호법 시행령」 제19조 각 호의 주민등록번호, 여권번호, 운전면허의 면허번호 또는 외국인등록번호가 포함된 자료를 처리할 수 있다.

제20조(연구개발사업의 지원)

① 소방청장은 화재조사 기법에 필요한 연구·실험·조사·기술개발 등(이하 이 조에서 "연구개발사업"이라 한다)을 지원하는 시책을 수립할 수 있다.

② 소방청장은 연구개발사업을 효율적으로 추진하기 위하여 다음 각 호의 어느 하나에 해당하는 기관 또는 단체 등에게 연구개발사업을 수행하게 하거나 공동으로 수행할 수 있다.

1. 국공립 연구기관
2. 「특정연구기관 육성법」 제2조에 따른 특정연구기관
3. 「과학기술분야 정부출연연구기관 등의 설립· 운영 및 육성에 관한 법률」에 따라 설립된 과학기술분야 정부출연연구기관
4. 「고등교육법」 제2조에 따른 대학· 산업대학· 전문대학· 기술대학
5. 「민법」이나 다른 법률에 따라 설립된 법인으로서 화재조사 관련 연구기관 또는 법인 부설 연구소
6. 「기초연구진흥 및 기술개발지원에 관한 법률」 제14조의2제1항에 따라 인정받은 기업부설연구소 또는 기업의 연구개발전담부서
7. 그 밖에 대통령령으로 정하는 화재조사와 관련한 연구· 조사· 기술개발 등을 수행하는 기관 또는 단체

③ 소방청장은 제2항 각 호의 기관 또는 단체 등에 대하여 연구개발사업을 실시하는 데 필요한 경비의 전부 또는 일부를 출연하거나 보조할 수 있다.

④ 연구개발사업의 추진에 필요한 사항은 행정안전부령으로 정한다.

영 제15조(연구개발사업의 지원 등)

법 제20조제2항제7호에서"대통령령으로 정하는 화재조사와 관련한 연구·조사·기술개발 등을 수행하는 기관 또는 단체"란 화재감정기관을 말한다.

제5장 벌칙

제21조(벌칙)

다음 각 호의 어느 하나에 해당하는 사람은 300만원 이하의 벌금에 처한다.

1. 제8조제3항을 위반하여 허가 없이 화재현장에 있는 물건 등을 이동시키거나 변경·훼손한 사람
2. 정당한 사유 없이 제9조제1항에 따른 화재조사관의 출입 또는 조사를 거부·방해 또는 기피한 사람
3. 제9조제3항을 위반하여 관계인의 정당한 업무를 방해하거나 화재조사를 수행하면서 알게 된 비밀을 다른 용도로 사용하거나 다른 사람에게 누설한 사람
4. 정당한 사유 없이 제11조제1항에 따른 증거물 수집을 거부·방해 또는 기피한 사람

제22조(양벌규정)

법인의 대표자나 법인 또는 개인의 대리인, 사용인, 그 밖의 종업원이 그 법인 또는 개인의 업무에 관하여 제21조에 해당하는 위반행위를 하면 그 행위자를 벌하는 외에 그 법인 또는 개인에게도

해당 조문의 벌금형을 과(科)한다. 다만, 법인 또는 개인이 그 위반행위를 방지하기 위하여 해당 업무에 관하여 상당한 주의와 감독을 게을리 하지 아니한 경우에는 그러하지 아니하다.

제23조(과태료)

① 다음 각 호의 어느 하나에 해당하는 사람에게는 200만원 이하의 과태료를 부과한다.

1. 제8조제2항을 위반하여 허가 없이 통제구역에 출입한 사람
2. 제9조제1항에 따른 명령을 위반하여 보고 또는 자료 제출을 하지 아니하거나 거짓으로 보고 또는 자료를 제출한 사람
3. 정당한 사유 없이 제10조제1항에 따른 출석을 거부하거나 질문에 대하여 거짓으로 진술한 사람

② 제1항에 따른 과태료는 대통령령으로 정하는 바에 따라 소방관서장 또는 경찰서장이 부과·징수한다.

영 제17조(과태료의 부과 · 징수)

① 법 제23조제1항에 따른 과태료는 소방관서장이 부과·징수한다. 다만, 법 제8조제2항을 위반하여 경찰서장이 설정한 통제구역을 허가 없이 출입한 사람에 대한 과태료는 경찰서장이 부과·징수한다.

② 제1항에 따른 과태료의 부과기준은 별표와 같다.

6법

시행령

[영 별표] 〈개정 2022.11.29〉

과태료의 부과기준(제17조 관련)

1. 일반기준

가. 위반행위의 횟수에 따른 과태료의 가중된 부과기준은 최근 1년간 같은 위반행위로 과태료 부과처분을 받은 경우에 적용한다. 이 경우 기간의 계산은 위반행위에 대하여 과태료 부과처분을 받은 날과 그 처분 후 다시 같은 위반행위를 하여 적발된 날을 기준으로 한다.

나. 가목에 따라 가중된 부과처분을 하는 경우 가중처분의 적용 차수는 그 위반행위 전 부과처분 차수(가목에 따른 기간 내에 과태료 부과처분이 둘 이상 있었던 경우에는 높은 차수를 말한다)의 다음 차수로 한다.

다. 과태료 부과권자는 다음 어느 하나에 해당하는 경우에는 제2호의 개별기준에 따른 과태료의 2분의 1 범위에서 그 금액을 줄여 부과할 수 있다. 다만, 줄여 부과할 사유가 여러 개 있는 경우라도 감경의 범위는 2분의 1을 넘을 수 없다.

1) 위반행위자가 화재 등 재난으로 재산에 현저한 손실이 발생한 경우 또는 사업의 부도·경매 또는 소송 계속 등 사업여건이 악화된 경우로서 과태료 부과권자가 감경하는 것이 타당하다고 인정하는 경우. 다만, 최근 1년 이내에 소방 관계 법령(「소방의 화재조사에 관한 법률」, 「소방기본법」, 「화재의 예방 및 안전관리에 관한 법률」, 「소방시설 설치 및 관리에 관한 법률」, 「소방시설공사업법」, 「위험물안전관리법」, 「다중이용업소의 안전관리에 관한 특별법」 및 그 하위법령을 말한다)을 2회 이상 위반한 자는 제외한다.

2) 위반행위자가 위반행위로 인한 결과를 시정하거나 해소한 경우

2. 개별기준

위반 행위	근거 법조문	과태료 금액(단위: 만원)		
		1회	2회	3회
가. 법 제8조제2항을 위반하여 허가 없이 통제구역에 출입한 경우	법 제23조제1항제1호	100	150	200
나. 법 제9조제1항에 따른 명령을 위반하여 보고 또는 자료 제출을 하지 않거나 거짓으로 보고 또는 자료 제출을 한 경우	법 제23조제1항제2호	100	150	200
다. 정당한 사유 없이 법 제10조제1항에 따른 출석을 거부하거나 질문에 대하여 거짓으로 진술한 경우	법 제23조제1항제3호	100	150	200

나를 넘어서야 이곳을 떠나고 나를 이겨내야 그곳에 이른다.
갈 만큼 갔다고 생각하는 곳에서 얼마나 더 갈 수 있는지는 누구도 모르고,
할 만큼 했다고 생각하는 곳에서 얼마나 더 해낼 수 있는지는 아무도 모른다.

시행규칙

[규칙 별표]

전담부서에 갖추어야 할 장비와 시설(제3조 관련)

구분	기자재명 및 시설규모
발굴용구(8종)	공구세트, 전동 드릴, 전동 그라인더(절삭·연마기), 전동 드라이버, 이동용 진공청소기, 휴대용 열풍기, 에어컴프레서(공기압축기), 전동 절단기
기록용 기기(13종)	디지털카메라(DSLR)세트, 비디오카메라세트, TV, 적외선거리측정기, 디지털온도·습도측정시스템, 디지털풍향풍속기록계, 정밀저울, 버니어캘리퍼스(아들자가 달려 두께나 지름을 재는 기구), 웨어러블캠, 3D스캐너, 3D카메라(AR), 3D캐드시스템, 드론
감식기기(16종)	절연저항계, 멀티테스터기, 클램프미터, 정전기측정장치, 누설전류계, 검전기, 복합가스측정기, 가스(유증)검지기, 확대경, 산업용실체현미경, 적외선열상카메라, 접지저항계, 휴대용디지털현미경, 디지털탄화심도계, 슈미트해머(콘크리트 반발 경도 측정기구), 내시경현미경
감정용기기(21종)	가스크로마토그래피, 고속카메라세트, 화재시뮬레이션시스템, X선 촬영기, 금속현미경, 시편(試片)절단기, 시편성형기, 시편연마기, 접점저항계, 직류전압전류계, 교류전압전류계, 오실로스코프(변화가 심한 전기 현상의 파형을 눈으로 관찰하는 장치), 주사전자현미경, 인화점측정기, 발화점측정기, 미량융점측정기, 온도기록계, 폭발압력측정기세트, 전압조정기(직류, 교류), 적외선 분광광도계, 전기단락흔실험장치[1차 용융흔(鎔融痕), 2차 용융흔(鎔融痕), 3차 용융흔(鎔融痕) 측정 가능]
조명기기(5종)	이동용 발전기, 이동용 조명기, 휴대용 랜턴, 헤드랜턴, 전원공급장치(500A 이상)
안전장비(8종)	보호용 작업복, 보호용 장갑, 안전화, 안전모(무전송수신기 내장), 마스크(방진마스크, 방독마스크), 보안경, 안전고리, 화재조사 조끼
증거 수집 비(6종)	증거물수집기구세트(핀셋류, 가위류 등), 증거물보관세트(상자, 봉투, 밀폐용기, 증거수집용 캔 등), 증거물 표지세트(번호, 스티커, 삼각형 표지 등), 증거물 태그 세트(대, 중, 소), 증거물보관장치, 디지털증거물저장장치
화재조사 차량(2종)	화재조사 전용차량, 화재조사 첨단 분석차량(비파괴 검사기, 산업용 실체현미경 등 탑재)
보조장비(6종)	노트북컴퓨터, 전선 릴, 이동용 에어컴프레서, 접이식 사다리, 화재조사 전용 의복(활동복, 방한복), 화재조사용 가방
화재조사 분석실	화재조사 분석실의 구성장비를 유효하게 보존·사용할 수 있고, 환기 시설 및 수도·배관시설이 있는 30제곱미터(㎡) 이상의 실(室)
화재조사 분석실 구성장비(10종)	증거물보관함, 시료보관함, 실험작업대, 바이스(가공물 고정을 위한 기구), 개수대, 초음파세척기, 실험용 기구류(비커, 피펫, 유리병 등), 건조기, 항온항습기, 오토 데시케이터(물질 건조, 흡습성 시료 보존을 위한 유리 보존기)

※ 비 고

1. 위 표에서 화재조사 차량은 탑승공간과 장비 적재공간이 구분되어 주요 장비의 적재·활용이 가능하고, 차량 내부에 기초 조사사무용 테이블을 설치할 수 있는 차량을 말한다.
2. 위 표에서 화재조사 전용 의복은 화재진압대원, 구조대원 및 구급대원의 의복과 구별이 가능하고, 화재조사 활동에 적합한 기능을 가진 것을 말한다.
3. 위 표에서 화재조사용 가방은 일상적인 외부 충격으로부터 가방 내부의 장비 및 물품이 손상되지 않을 정도의 강도를 갖춘 재질로 제작되고, 휴대가 간편한 가방을 말한다.
4. 위 표에서 화재조사 분석실의 면적은 청사 공간의 효율적 활용을 위하여 불가피한 경우 최소 기준 면적의 절반 이상에 해당하는 면적으로 조정할 수 있다.

학습 문제 (화재조사법)

▶ 현, 출간일까지 소방관계시험에 기출된 기본문제임.

소방의 화재조사에 관한 법률

01 **소방의 화재조사에 관한 법률에서 "화재"에 해당하지 않는 것은?** • 개념 1단계

① 고의 또는 과실 ② 사람 의도에 반함
③ 물리·화학적 폭발현상 ④ 소화할 필요가 있는 현상

화재: 사람의 의도에 반하거나 고의 또는 과실에 의하여 발생하는 연소현상으로서 소화할 필요가 있는 현상 또는 사람의 의도에 반하여 발생하거나 확대된 화학적 폭발현상.(화재조사법 제2조)

02 **소방의 화재조사에 관한 법률에서 "관계인등"에 해당하지 않는 것은?** • 개념 1단계

① 화재 발생과 관계된 사람 ② 화재현장에 참석한 사람
③ 화재 현장을 목격한 사람 ④ 소유자관리자 또는 점유자

화재현장에 참석자는 "관계인등"에 해당되지 않는다.(화재조사법 제2조)

03 **화재조사의 내용·절차에 대하여 옳지 않은 것은?** • 개념 2단계

① 현장출동 중 조사 - 화재발생 접수, 출동 중 화재상황 파악 등
② 화재현장 조사 - 화재의 발화원인, 연소상황 및 피해상황 조사 등
③ 정밀조사 - 감식·감정, 화재결과 판정 등
④ 화재조사 결과 보고

정밀조사 – 감식·감정, 화재원인 판정 등(화재조사법 시행령 제3조)

04 **화재조사전담부서에 화재조사관을 몇 명 이상 배치하는가?** • 학습 1단계

① 1명 이상 ② 2명 이상 ③ 5명 이상 ④ 10명 이상

소방관서장은 화재조사전담부서에 화재조사관을 2명 이상 배치해야 한다.(화재조사법 영 제4조)

Ans. 01. ③ 02. ② 03. ③ 04. ②

05 **화재조사의 실시에서 소방관서장이 하는 조사에 해당하지 않는 것은?** • 학습 2단계

① 화재원인에 관한 사항
② 화재로 인한 인명·재산피해상황
③ 대응활동에 관한 사항
④ 건축시설 등의 설치·관리, 작동 상황

①②③ 외 소방시설 등의 설치·관리 및 작동 여부에 관한 사항, 화재발생건축물과 구조물, 화재유형별 화재위험성 등에 관한 사항 등이 있다.(화재조사법 제5조)

06 **"화재현장 보존 등"의 내용에 해당하지 않는 것은?** • 개념 3단계

① 소방관서장은 화재현장과 그 인근 지역을 통제구역으로 설정할 수 있다.
② 관할 경찰서장 또는 해양경찰서장은 통제구역을 설정할 수 있다.
③ 소방관서장 또는 경찰서장의 허가 없이 통제구역에 출입하여서는 아니 된다.
④ 어떠한 경우라도 화재현장에 있는 물건을 이동, 변경•훼손시켜서는 아니 된다.

화재현장 보존조치를 하거나 통제구역을 설정한 경우 누구든지 '소방관서장 또는 경찰서장의 허가 없이' 화재현장에 있는 물건 등을 이동시키거나 변경 · 훼손하여서는 아니 된다. '다만, 공공의 이익에 중대한 영향을 미친다고 판단되거나 인명구조 등 긴급한 사유가 있는 경우에는 그러하지 아니하다.' (화재조사법 제8조)

07 **화재감정기관의 지정기준에서 주된 기술인력은 보조 기술인력(이상)은?** • 학습 2단계

① 주인력: 1명, 보조인력: 2명
② 주인력: 2명, 보조인력: 3명
③ 주인력: 3명, 보조인력: 4명
④ 주인력: 4명, 보조인력: 5명

주인력: 2명 이상, 보조인력: 3명 이상이 된다.(화재조사법 시행령 제12조)

08 **다음 중 300만 원 이하의 벌금에 해당하지 않는 것은?** • 학습 3단계

① 소방관서장 또는 경찰서장의 허가 없이 통제구역에 출입한 사람
② 허가 없이 화재현장에 있는 물건 등을 이동시키거나 변경·훼손한 사람
③ 정당한 사유 없이 화재조사관의 출입 또는 조사를 거부·방해·기피한 사람
④ 화재조사를 수행하면서 알게 된 비밀을 다른 사람에게 누설한 사람

소방관서장 또는 경찰서장의 허가 없이 통제구역에 출입한 사람은 200만 원 이하의 과태료이다.②③④번은 300만 원 이하의 벌금에 해당한다.(화재조사법 제21조, 제23조)

Ans. 05. ④ 06. ④ 07. ② 08. ①

소/방/관/계/법/규

부 록

다중이용업소의 안전관리에 관한 특별법 (주내용)

▶ 2025년 9월 30일까지 개정된 법령에 의하여 편집하였습니다.

01 총 칙

【법 제1조】 목적

이 법은 화재 등 재난 그 밖의 위급한 상황으로부터 국민의 생명·신체 및 재산을 보호하기 위하여 다중이용업소의 소방시설·안전시설 등의 설치·유지 및 안전관리와 화재위험평가 다중이용업주의 화재배상책임보험에 관하여 필요한 사항을 정함으로써 공공의 안전과 복리증진에 이바지함을 목적으로 한다.

【법 제2조】 용어의 정의

1. 다중이용업: 불특정 다수인이 이용하는 영업 중 화재 등 재난발생 시 생명·신체·재산상의 피해가 발생할 우려가 높은 것으로서 대통령령이 정하는 영업.
2. 안전시설등: 소방시설, 비상구, 영업장 내부 피난통로, 그 밖의 안전시설로서 대통령령으로 정하는 것을 말한다.
3. 실내장식물: 건축물 내부의 천장 또는 벽에 설치하는 것으로서 대통령령이 정하는 것.
4. 화재위험평가: 다중이용업의 영업소(이하 "다중이용업소")가 밀집한 지역 또는 건축물에 대하여 화재의 가능성과 화재로 인한 불특정 다수인의 생명·신체·재산상의 피해 및 주변에 미치는 영향을 예측·분석하고 이에 대한 대책을 강구하는 것.
5. 밀폐구조의 영업장: 지상층의 다중이용업소의 영업장 중 채광·환기·통풍 및 피난 등이 용이하지 못한 구조로 되어 있으면서 대통령령으로 정하는 기준에 해당하는 영업장.
6. 영업장의 내부구획: 다중이용업소의 영업장 내부를 이용객들이 사용할 수 있도록 벽 또는 칸막이 등을 사용하여 구획된 실(室)을 만드는 것을 말한다.

예제 다중이용업의 영업소가 밀집한 지역에 불특정 다수인의 생명·신체·재산상의 피해 및 주변에 미치는 영향을 예측·분석하고 이에 대한 대책을 강구하는 것을 무엇이라 하는가?

① 안전시설등 ② 화재예방평가 ③ 영업장의 내부구획 ④ 화재위험평가

해설: 설문을 "화재위험평가"라고 한다. // ④

【영 제2조】 다중이용업

1. 휴게음식점영업·제과점영업 또는 일반음식점 영업장 바닥면적 합계가 100㎡(지하층은 66㎡) 이상인 것, 게임제공업·인터넷컴퓨터게임시설제공업(PC방)
   다만, 영업장이 지상 1층 또는 지상과 직접 접하는 층에 설치되고 그 영업장의 주된 출입구가 건축물 외부의 지면과 곧바로 연결된 구조에 해당하는 경우를 제외한다.
2. 단란주점, 유흥주점 영업 및 **영화상영관**, **산후조리업**, **고시원업**, 복합영상물제공업
3. 기숙사와 함께 있는 수용인원 100인 이상, 소방법에서 산정된 수용인원 300인 이상의 학원
4. 비디오물 감상실업·비디오물 소극장업·**노래연습장업**·복합유통게임제공업.
5. 목욕장업 중 맥반석 또는 대리석 등 돌을 가열하여 발생되는 열기 또는 원적외선 등을 이용하여 땀을 배출하게 할 수 있는 시설로서 수용인원이 100인 이상인 것
6. 안마시술소, 실내의 권총사격장 또는 골프 연습장업 * **오답**: 숙박시설, 백화점, 종합병원

【규칙 제2조】 다중이용업

1. **종류**: 수면방업, **전화방업**, 화상대화방업, 콜라텍업, 방탈출·키즈·만화 카페업
   ▶ **암기**: 수 전화콜 방키만 (* **연상**: 수는 다중이용업에서 방기만과 전화를 했다.)

요점정리(영 제2조+규칙 제2조)

① 유흥주점, 제과점, 맥반석 등의 찜질방류, 고시원업, 일반음식점, 영화상영관
② 휴게음식점영업, 게임제공업, 산후조리업, 안마시술소, (실내)권총사격장, 골프연습장
③ 노래연습장업, 인터넷컴퓨터게임업, 단란주점, 복합유통게임제공업, 복합영상물제공업, 학원, 비디오물업.
④ 수면방업·전화방업·화상대화방업·콜라텍업, 방탈출·키즈·만화 카페업
[단, 제과점영업, 휴게음식점영업, 일반음식점영업 100㎡ 이상(지하층은 66㎡ 이상), 게임제공업, 인터넷컴퓨터게임시설제공업(PC방)이 외부의 지면과 곧바로 연결된 구조의 경우는 제외.]
(* ① ② ③은 대통령령에 의한 다중이용업소 대상물이며, ④는 행정안전부령에 의한 다중이용업소 대상물에 해당한다.) ▶ **암기**: 유제석 고음영 휴게산 안사골 노인단 복학비 + 수 전화콜 방키만

【영 별표1】 안전시설등

다중이용업소의 영업장에 설치·유지해야 하는 안전시설등이란 다음과 같다.

1. 소방시설
   ① 소화설비: 소화기, 자동확산소화기, 간이스프링클러설비(캐비닛형 포함)
   ② 경보설비: 비상벨설비, 자동화재탐지설비, 가스누설경보기
   ③ 피난구조설비: 피난기구(= 미끄럼대, 피난사다리, 구조대, 완강기, 다수인피난장비, 승강식피난기), 피난유도선, 유도등, 유도표지, 비상조명등, 휴대용비상조명등
2. 비상구
3. 영업장 내부 피난통로
4. 그 밖의 안전시설: 영상음향차단장치, 누전차단기, 창문.

02 다중이용업소의 안전관리기본계획 등

【법 제5조】 안전관리기본계획의 수립·시행 등*

소방청장은 다중이용업소의 화재 등 재난 그 밖의 위급한 상황으로 인한 인적·물적 피해의 감소, 안전기준의 개발, 자율적인 안전관리능력의 향상, 화재배상책임보험제도의 정착 등을 위하여 5년마다 다중이용업소의 안전관리기본계획("기본계획")을 수립·시행해야 한다.

【법 제8조】 소방안전교육

다중이용업주와 종업원은 소방청장·소방본부장, 소방서장이 실시하는 소방안전교육을 2년에 1회 이상 받아야 한다. (다만, 다중이용업주나 종업원이 그 해당년도에 "소방안전관리자 강습 또는 실무교육"이나 "위험물안전관리자 교육"을 받은 경우에는 그러하지 않다.)

【법 제10조】 다중이용업소의 실내 장식물*

반자돌림대등의 너비가 10cm 이하를 제외하고 다중이용업소에 설치 또는 교체하는 실내장식물은 불연재료(부연재료) 또는 준불연재료로 해야 한다.
(단, 합판 또는 목재로 실내장식물의 설치하는 경우, 그 면적이 영업장의 천장과 벽을 합한 면적의 10분의 3(스프링클러, 간이스프링클러의 경우는 10분의 5) 이하의 부분은 방염성능기준 이상의 것으로 설치할 수 있다.)

【법 제10조의2】 영업장의 내부구획

다중이용업소의 영업장 내부를 구획하고자 할 때에는 불연재료로 구획해야 한다.
이 경우 다음의 어느 하나에 해당하는 영업장은 천장(반자속)까지 구획해야 한다.
① 단란주점 ② 유흥주점 영업 ③ 노래연습장

【영 제3조】 실내장식물

건축물 내부의 천장이나 벽에 설치하는 것으로서 다음의 어느 하나에 해당하는 것을 말한다. 다만, 가구류(옷장, 찬장, 식탁, 식탁용 의자, 사무용 책상, 사무용 의자 및 계산대 등)와 너비 10cm 이하인 반자돌림대(천장 몰딩)를 제외한다.

① 종이류(두께가 2mm 이상인 것), 합성수지류, 섬유류를 주원료로 한 물품
② 공간을 구획하기 위하여 설치하는 간이 칸막이(접이식 등 이동 가능한 벽체나 천장 또는 반자가 실내에 접하는 부분까지 구획하지 아니하는 벽체를 말한다)
③ 흡음(吸音)이나 방음(防音)을 위하여 설치하는 흡음재 (흡음용 커튼 포함) 또는 방음재(방음용 커튼 포함)
④ 합판이나 목재.

【법 제12조】 피난안내도 비치 또는 피난안내 영상물의 상영

다중이용업주는 이용객들이 안전하게 피난할 수 있도록 피난계단·피난통로, 피난설비 등이 표시되어 있는 피난안내도를 갖추거나 피난안내에 관한 영상물을 상영해야 한다.
그 밖에 피난안내도 위치, 피난안내 영상물의 상영시간 등은 행정안전부령으로 정한다.

【규칙 별표2의2】 피난안내도의 비치 대상 등

1. 피난안내도 비치대상: 영 제2조의 영업장(단, 다음의 경우 비치를 제외)
   ① 영업장으로 사용하는 바닥면적의 합계가 33㎡ 이하인 경우
   ② 영업장내 구획된 실이 없고, 영업장에서 출입구나 비상구를 확인할 수 있는 경우
2. 피난안내 영상물 상영대상:
   ① 영화상영관, 노래연습장, 비디오물소극장업.
   ② 유흥주점, 단란주점은 피난영상물이 설치된 경우에 한한다.
   ③ 위험유발지수가 D등급, E등급인 경우로서 영상물상영시설을 갖춘 영업장.

【법 제13조】 다중이용업주의 안전시설등에 대한 정기점검 등

1. 점검결과서: 다중이용업주는 정기적으로 안전시설 등을 점검하고 그 점검결과서를 1년간 보관해야 한다.

【법 제15조】 다중이용업소에 대한 화재위험평가 등*

소방청장·소방본부장·소방서장은 화재위험평가를 실시할 수 있다.
① 2천㎡ 지역 안에 다중이용업소가 50개 이상 밀집하여 있는 경우
② 5층 이상인 건축물로서 다중이용업소가 10개 이상 있는 경우
③ 하나의 다중이용업소로 사용하는 바닥면적 합계가 1천㎡ 이상인 경우

(*^^③번의 경우 예로서 하나의 나이트클럽이 1,000㎡(300평) 이상인 경우를 말한다.)

【법 제16조】 화재위험평가대행자의 등록 등

다음 각 호의 어느 하나에 해당하는 자는 평가대행자로 등록할 수 없다.
① 피성년후견인
② 심신상실자, 알코올 중독자 등 대통령령으로 정하는 정신적 제약이 있는 자
③ 화재평가대행자 등록이 취소된 후 2년이 경과되지 아니한 자
④ 징역 이상의 실형의 선고를 받고 그 형의 집행이 종료되거나 집행을 받지 아니하기로 확정 된 후 2년이 경과되지 아니한 자
⑤ 임원 중 제1호 내지 제3호의 어느 하나에 해당하는 자가 있는 법인

【법 제17의2조】 청문

소방청장은 평가대행자의 등록을 취소하거나 업무를 정지하려면 청문을 해야 한다.

【법 제23조】 벌칙

다음 어느 하나에 해당하는 자는 1년 이하의 징역 또는 1천만 원 이하의 벌금에 처한다.

1. 화재위험평가대행자로 등록하지 아니하고 화재위험평가 업무를 대행한 자
2. 직무상 알게 된 정보를 누설 및 다른 사람에게 제공하거나 부당한 목적으로 이용한 자

【법 제25조】 300만 원 이하의 과태료

과태료 부과권자는 소방청장·소방본부장 또는 소방서장으로 한다.

1. 소방안전교육을 받지 아니하거나 종업원이 소방안전교육을 받도록 하지 아니한 업주
2. 설치신고를 하지 아니하고 안전시설등을 설치하거나 영업장 내부구조를 변경한 자 또는 안전시설등의 공사를 마친 후 신고를 하지 아니한 자
3. 비상구에 추락 등의 방지를 위한 장치를 기준에 따라 갖추지 아니한 자
4. 다중이용업소에 설치 또는 교체하는 실내장식물을 기준에 따라 설치·유지하지 아니한 자
5. 다중이용업소의 영업장의 내부구획을 기준에 따라 설치·유지하지 아니한 자
6. 피난시설 또는 방화시설을 폐쇄·훼손·변경 등의 행위를 한 자
7. 피난안내도를 비치하지 아니하거나 피난안내에 관한 영상물을 상영하지 아니한 자
8. 정기점검결과서를 보관하지 아니한 자 또는 소방안전관리업무를 하지 아니한 자
9. 화재배상책임보험에 가입하지 아니한 자, 통지를 하지 아니한 보험회사, 다중이용업주와의 화재배상책임보험 계약 체결을 거부하거나 임의로 계약을 해제·해지한 보험회사
10. 안전사고 보고의무를 위반하여 소방본부장 또는 소방서장에게 보고 또는 즉시보고를 하지 아니하거나 거짓으로 한 자

【법 제26조】 이행강제금

1. 소방청장·소방본부장 또는 소방서장은 규정에 따라 조치 명령을 받은 후 기간 내 명령을 이행하지 아니하는 자에 대하여는 1천만 원 이하의 이행강제금을 부과한다.
2. 소방청장·소방본부장 또는 소방서장은 최초의 조치 명령을 한 날을 기준으로 매년 2회의 범위에서 그 조치 명령이 이행될 때까지 반복하여 제1항에 따른 이행강제금을 부과·징수할 수 있다.

【규칙 별표2】 안전시설 등의 설치유지기준* 〈개정 2024.4.12.〉

1. 비상구**
   ① 설치위치: 비상구는 영업장의 주된 출입구의 반대방향에 설치하되, 주된 출입구 중심선으로부터의 수평거리가 영업장의 긴 변 길이의 2분의 1 이상 떨어진 위치에 설치할 것. (다만, 건물구조로 인하여 주된 출입구의 반대방향에 설치할 수 없는 경우에는 주된 출입구 중심선으로부터의 수평거리가 영업장의 가장 긴 변 길이의 2분의 1 이상 떨어진 위치에 설치할 수 있다.)
   ② 비상구 규격: 가로 75cm 이상, 세로 150cm 이상(문틀을 제외한 가로×세로를 말한다)

   ■ 비상구 규격: 비상구 문틀을 제외한 가로 75cm 이상, 세로 150cm 이상

   ③ 비상구 구조: 비상구는 구획된 실 또는 천장으로 통하는 구조가 아닌 것으로 할 것. (다만, 영업장 바닥에서 천장까지 불연재료(不燃材料) 이상의 것으로 구획된 부속실(전실)은 그러하지 않다)
   ④ 문의 열림 방향: 문이 열리는 방향: 피난방향으로 열리는 구조로 할 것. 다만, 주된 출입구의 문이 피난계단 또는 특별피난계단의 설치 기준에 따라 설치해야 하는 문이 아니거나 설치되는 방화구획이 아닌 곳에 위치한 주된 출입구가 다음의 기준을 충족하는 경우에는 자동문[미서기(슬라이딩)문을 말한다]으로 설치할 수 있다.
   ㉠ 감지기와 연동하여 개방되는 구조 ㉡ 정전 시 자동개방되는 구조 ㉢ 수동개방 구조
   ⑤ 문의 재질: 주요구조부(영업장의 벽, 천장, 바닥을 말한다. 이하 같다)가 내화구조(耐火構造)인 경우 비상구 및 주 출입구의 문은 방화문으로 설치할 것.
   ⑥ 2층 이상 4층 이하에 설치하는 영업장의 발코니 또는 부속실과 연결되는 비상구 경우의 기준
   ㉠ 피난 시에 유효한 발코니(가로 75cm 이상, 세로 150cm 이상, 면적1.12m², 높이 100cm 이상 난간을 설치한 것을 말한다) 또는 부속실(불연재료로 바닥에서 천장까지 구획된 실로서 가로 75cm 이상, 세로 150cm 이상인 것을 말한다)을 설치하고, 그 장소에 적합한 피난기구를 설치할 것
   ㉡ 부속실을 설치하는 경우 부속실 입구의 문과 건물 외부로 나가는 문의 규격은 가목2)에 따른 비상구 규격으로 할 것 다만, 120cm 이상의 난간이 있는 경우에는 발판 등을 설치하고 건축물 외부로 나가는 문의 규격과 재질을 가로 75cm이상, 세로 100cm 이상의 창호로 설치할 수 있다.
2. 영상음향차단장치 설치기준
   ① 설치대상: 노래반주기 등 영상음향장치를 사용하는 영업장
   ② 설치기준: 영상음향차단장치는 화재 시 감지기에 의하여 자동으로 음향 및 영상이 정지될 수 있는 구조로 설치하되, 수동으로도 조작할 수 있도록 설치 할 것. 단, 소방법령에 따른 자동화재탐지설비설치 대상이 아닌 경우에는 수동으로 설치할 수 있다.
3. 영업장 내부·통로 설치기준
   ① 내부·피난통로 폭 기준: 120cm 이상으로 할 것. (다만 양 옆에 구획된 실이 있는 경우에 피난통로 방향 출입문의 경우 150cm 이상으로 하고 구획된 실에서부터 주 출입구 또는 비상구까지 내부 피난통로의 구조는 3번 이상 구부러지는 형태로 설치하지 말 것.)
4. 영업장 창문설치기준: 층별 영업장 내부에는 가로 50cm 이상, 세로 50cm 이상 크기의 창문을 바깥 공기와 접하는 부분에 1개 이상 설치할 것

REFERENCE: 소방관계법규 암기(단축기억)

—— 1법(소방기본법)

p18 [법2조] (1번오답: 항해 중인 선박 / 4번오답: 기관의 장 / 5번오답: 자체 자위소방대)
p20 [칙3조] ① 5x10=50 [법5조] ▸ 청박시체 / p21 [법7조] 11월9일 빼빼로데이 2틀전
p23 [법10조] 2. ▸ 소급저 / [칙7조] ② ▸ 도교토건
p24 [칙8조] 1. ▸ 조경구 (* 오답: 화재치료, 화재예방조치, 지휘권범위)
p25 [법16조2 및 칙8조의4] ▸ 산집화자 오방군
p26 [칙9조] ▸ 대구지진처 / p27 [영별표2의3] ▸ 청본기: 2명
p28 [칙10조] ▸ 해경훈발 / / p30 [영8조] ④ ▸ 전통가수교통 업무종사자
p33 [법40조~] 1. ▸ 국정교관 대위 / p36 [과태료] ①~⑦ ▸ 소소한 정당, 전환 화재

—— 2법(화재예방법)

p87 [법4조] 2. ▸ 법대 전산기기 [법5조] ▸ 용소화기(* 용서하기)
p88 [영7조] ▸ 감초점방 예시 자다 소피 위안 건방 / p89 [영8조] ⑤ ▸ 청중전화 안가기
p93 [법18조] 1~9. ▸ 목석소위 시공 노물산 / [영20조] 3. ▸ 지결설교예
p94 [영22조] ③ ▸ 기부전화 안가기 / [영24조] ① ▸ 수다중지(하고) 노소
p95 [법24조] 1 ▸ 계자씨 교훈 감초피기/ p98 [영27조] 3 ▸ 자자 방위 인권피소 기초소화 훈시
p99 [법29조] 2. ▸ 게임피교 초기감청 / p100 [법35조] ▸ 복지시장 113
p101 [법37조] ① ▸ 소피통훈련 / [법39조] ▸ 자업자근 / p102 [영42조] 중사교훈 안전
p102 [법40조] 항공지도 영천석산 천초지전 발전500 10만물류/ [법41조] 조계시비 위대
p103 [영43조] 공항발 철도가공 / [영44조] 우육양오미사 / [영별표7] ▸ 우와바이블
p107 [영별표1] 개건배 벽조연 / p108 [영별표2] ②②① ③④⑤⑥순 자음: ▸ 나대면 나뿐자식
p109 [영별표3] 1. 연성직 품질 저화(* 연성직씨 품질이 저화)

—— 3법(소방시설법)

p196 [법2조] 1. ▸ 소경피 활용(* 연상: 소방시설은 소경의 피를 활용할 만큼 중요하다)
p199 [영7조] 6층, 승강기, 공학가(100), 무지(150), 노수(200), 차주, 장정(300), 연(400), 특수(750)
지하구, 방송용, 위험물, 항공기, 관맘, 조리원, 산후원, 의원, 요양병원, 전기, 공동, 숙박
(* 6층에 사는 승강기공학 가스가 무지 약한 노숙자 차주 장정연이가 특수 지방위 항공관에서~
p200 [법7조] ▸ 옥내스물,(물포 이미 고항분 강할불) / p202 [법13조]①~③ ▸ 소비자 피난공지 노의
p213 [법29조] 2. ▸지영취소 휴폐업 / p214 [법37조] 심형제, 형제상표, [법49조] ⑥ ▸ 성인취소
p218 [영별표1] 1 ①~⑥ ▸ 소옥 스물 옥자 <① 소자간이(㉢ 소공간에 투척) ② ▸ 분주가고 상쾌!>
2. ▸ 비비자자 시누(이)가 통단앞! / p219 3 ▸ 인조유피< ①방방호인 ④피구완강>
5.①~⑥ ▸ 무제비3연(* 인명구조 및 소화활동으로 제비가 3년간 오지 않는다)
p225 [비고란] 2.① ㉠ 무6(*무우6개) ㉡ 유10(우유10개) ▸ 무6, 유10' (&6 ❒10)
p231~2 소화설비: ② ▸ 3천6백 천오백 ③ ㉠ ▸ 129,000 / 경보설비: ▸ 비경400, ▸ 비방 사모님 113
p232 경보: ⑥ 3째줄: ▸ 장근위 의복 600불 / 피난: ② ▸ 7간호병 백지영 ③ 비조: ▸ 외삼촌
p233 소화활동 ① 제연: 문운리 200 / ② 연속357, 6천 / ③ 학교칠 / ④ 비콘11자 / ⑥ 연방지하구
p234 1. 4비(뽀삐) / 1. 공자제휴 스프링 / 3, 연인특급 비성감 / 4, 3비무송, 자옥 / 5, 스무제자
p236 [영별표6] ▸ 낮어달자(* 낮게달자) / [영별표7] 2 ① ▸ 강의상실 휴교하구(19, 하나 구)

REFERENCE: 소방관계법규 암기(단축기억)

— 4법(공사업법)

p347 [칙5조] ▸ 명상소 대기 / p349 [법11조] 구용수 위종양

p350 [영4조] 1. 신설: 3연 자알제비 옥내외 스물 + 비비무용
2. 증설: 3연 자알제비 옥내외 스물 / 3. 개설 등: 수소감동
(* **오답들**: 헤드, 경보기, 소화기구, 등종류 피난기구 자속, 함종류)
(* **오답 암기**: 헤경이가 소등을 하고 피자함을 열었다)

p351 [영5조] ▸ 천만스물 고문숙종 노판창 지 운수다

p352 [영6조] 2년: ▸ 3비피유무(6가지) / 3년: ▸ 자옥자옥 스물 활용알(9가지)

p353 ③ 고급: 5년, 8년(▸ 고급 오빠)

p354 [법16조] 2. 적법: 방실표피, 적합: 상시용변도 / ⑨ ▸ 완성시

p355 [영10조] 2 ▸ 자옥내외 스물 비방용 통합활동.(* 자옥내외가 20세 비방용과 통합활동)

p366 4. 합섬수지(* 합성된 수지의 방염사진)(* **오답**: 종이류, 벽지류, 고무류 방염업)

— 5법(위험물법)

p448 [법6조] 2. ▸ 배품수(* 배철수)

p449 [영8조] ▸ 기지충수용암

p450 [칙20조] 4 ① 비내기시험

p453 [칙56조] 저장소종류: 옥내외 이지간암 순 128-4367

p455 [영16조] ▸ 예방(영15조 예방규정 7가지)이지 주유소(* **오답**: 내탱간판)

p456 [영18조] ▸ 3천배 이상 제일취급소 + 50만 옥외탱크
[영별표8] ①번 1자가 1개니 1대 / ② 2자가 2개니 2대 / ③ 평균이 36이니 3대 / ④ 48이니 4대
[칙73조] ▸ 유보광 이용

p457 [칙별표23] 포이할분 2,000→40→40→35. / * 13145= 10만, 3,000, 1,000, 1,400, 50.

p458 [법20조] ▸ 용적운, 1.2. ▸ 중직세간 [영19조] ▸ 알킬형제

p460 [영20조] * **오답**: 관계인, 안전관리 보조자

p464 [1류] 끝자가 '염류'자 + 무기과산화물→ 50, 300, 1000(외삼촌)
* '염소' 자 들어가는 품명은 50kg(* 염소는 무기물에 속하며 몸무게 50kg)
[2류] 황화유적 마금철인→ 100, 500, 1000(외삼촌 이름이 백오천)
[3류] 주로 거센발음, 4형제(알킬형제, 알칼형제, 칼칼형제, 금금형제) + 황유나
[4류] 크게 특인물, 알코올류, 석유류(1~4까지), 동식물유류 4가지로 기억,
(* 비수용성 지정수량: 1드럼, 5드럼, 10드럼, 30드럼, 50드럼(* 1드럼: 200ℓ)
[5류] 끝자가'물'자(5개) + 첫 자가 '히히히'(3개)+ 유기과산화물→ 10, 100, 200
[6류] 2산+1소(산 사이에 소가 1마리) 소 한 마리 무게가 300kg(* 63빌딩)

p465 [1류] 모두 '산'자가 있다. [5류] 아직 아니(* 5류 소화약제 개발은 아직은 아니다)

p470 [칙별표4] (1) ①~④ 주가학문 10, 20, 30, 50(* 혹은 문병가져 50, 30, 20, 10)

p480 [칙별표13] (1) 615(공동성명) / (2) 게시판: 황바탕 흑으로 주유 중 엔진정지!

p481 [칙별표13] 주유취급소 많은 숫자는 주로 4m, 2m, 1m 순이다

참고 법률의 구성과 문장

▶ 소방관계법규 법률의 구성과 문장 해설을 정리한다.

① 본문 ·단서의 구조 : 일반적 표현방식은 "다만, "단" 또는 "그러나" 라는 용어를 사용한다.

② 가운뎃점(·) : 일정 기준으로 묶거나, 짝을 이루는 어구들 사이에, 공통 성분을 줄여서 하나로 묶을 때.
반점(,) : 첫 머리 접속이나 연결의 쉼표, 콤마.(그러나, 그러므로, 그리고, 그런데 등 뒤에는 쓰지 않음)

③ "본다(간주한다)"는 법률상 확정된 것이므로 반대 증거를 제출하더라도 번복되지 않는다.
"추정한다"고 하는 것은 당사자가 반대 증거를 제출하면 번복이 가능하다.

④ "적용한다"고 함은 규정이 조금도 수정됨이 없이 그대로 적용되는 경우에 사용한다.
"준용한다"고 함은 대체로 유사한 사항에 대해 다소 수정되어 적용이 가능한 경우에 사용된다.

⑤ 법률 규정을 포괄적으로 다른 동종의 것에 적용하려고 하는 경우에는 "예(例)에 의한다(정하는 바에 의한다)"를 사용하고, 법률의 개별 규정에 한정하여 다른 사항에 적용할 경우에는 "준용한다"를 사용한다.

⑥ "과(科)한다"는 형벌 또는 과태료를 부담시킬 것인가를 추상적으로 규정할 때 사용된다.
그러나 "처(處)한다"는 표현은 형벌이나 과태료를 구체적으로 규정할 때 사용한다.

⑦ 시간(時間)을 표시할 때에는 "내"로, 지역(地域)이나 범위(範圍)를 표시할 때에는 "안"으로 한다.
(* 즉 "...... 기간 내에", "...... 범위 안에서"와 같이 구별하여 사용한다.)

⑧ "기일"이란 어떤 행위나 사실이 발생하는 일정한 시점 또는 시기를 말하고,
"기간"은 일정 시점부터 다른 시점까지라고 하는 시간적인 간격을 의미한다.
"기한"은 법률효과의 발생 또는 소멸을 일정한 시점의 도달에 의존하게 하는 경우에 쓴다.

⑨ "경우"는 가정적 조건을 가리키고, "때"는 시점 또는 시간에 사용한다.

⑩ "즉시"는 바로 해야 한다는 빠르고 강한 것이다. / 그러나 "지체 없이"는 즉시보다 약하며 정당하고 합리적인 이유가 있는 지체는 허용된다고 해석되고, 사정이 허락하는 한 가장 신속하게 하여야 한다는 뜻.

⑪ "또는"이란 둘 이상의 사항 중에서 선택적 경우에 사용하는 선택적 접속사이다.(영어의 "or"에 해당.)
"및"이란 둘 이상의 사항을 함께 필요로 하는 경우에 사용하는 병합적 접속사(영어의 "and"에 해당.)
셋 이상의 사항을 열거할 때에는 마지막으로 연결되는 사항 앞에만 "또는"이나 "및"을 쓰고 그 앞에서는 가운뎃점(·) 또는 반점(,)으로 연결한다. 이 경우 접속사인 "또는" 이나 "및"에 의해 의미가 결정된다.
(예 ㉠ 가나다 또는 라 : 4가지 중 하나라는 의미. ㉡ 가나다 및 라 : 4가지 모두라는 의미.)

⑫ "이상"과 "이하"는 기준점(숫자)을 포함하여 그보다 많거나 적은 경우를 표시하는 것이다.
"초과"와 "미만"은 기준점(숫자)을 포함하지 않고 그보다 많거나 적은 경우를 표시하는 것이다.
(예 ㉠ 5 이상은 5, 6~ / 5 초과는 6, 7~ ㉡ 5 이하는 5, 4~ / 5 미만은 4, 3~)

⑬ "이전"과 "이후"는 기준시점을 포함하는 것. / "전"과 "후"는 기준 시점을 포함하지 않는 것.
(예 "4월 1일 이후 15일간"은 4월 1일~15일까지, "4월 1일 후 15일간"은 4월 2일~4월 16일까지)

⑭ 제1조 내지 ~ 제5조라 함은 제1조부터 제5조까지 1.2.3.4.5조 모두를 포함한다.

⑮ 기타 용어에서 협의는 대등한자들이 의견을 모으는 일, / 승인은 윗분이 하위자에게 허락하는 것 /
동의는 대등한자 또는 상위자가 하위자에게 찬성의 의사표시, / 등록은 서류를 갖추어 제출하는 것 /
(* 인가는 있어야 할 것을 상위 기관에서 인정, / 허가는 없는 것을 조건에 타당하니 허락하는 것).

조 동 훈(약력)

- 소방서적출간 약 200권(네이버 통계)
- 소방신문 연재, 소방매거진 출제위원
- 소방전문사관(뉴단기) 소방학대표교수
- 부산 경상대학 소방안전관리학과 교수
- EBS강의 소방학개론 및 소방관계법규
- 질문: 필자메일 jodh119@hanmail.net

The 쉬운 **소방관계법규** 정가 29,000원

저자 : 전국소방대학연구소(조동훈)

발행인 : 임정대
발행처 : 도서출판 **화수목**

발행 : 2016년 3월 07일 초판
2017년 2월 28일 제2판
2018년 2월 12일 제3판
2019년 1월 15일 제4판
2020년 1월 15일 제5판
2021년 2월 16일 제6판
2022년 2월 05일 제7판
2023년 1월 16일 제8판
2024년 2월 01일 제9판
2025년 2월 9일 제10판
2026년 2월 2일 제11판

등록 : 제2014-000166호
주소 : 서울시 마포구 신촌로 2길 5-15
전화 : 02-338-9119
팩스 : 02-335-2201

ISBN : 979-11-89933-72-2 (93530)